FASHION DICTIONARY
패션큰사전

FASHION DICTIONARY

패션큰사전

· 패션큰사전 편찬위원회 ·

교 문 사

책을 내면서

　　패션의 세계는 끊임없이 새로운 용어를 탄생시키고 있다. 과학의 발달과 함께 정치·사회·경제·예술의 지속되는 변화는 복잡하고 다양한 문화를 창조하면서 패션 세계를 변모시킨다.

　　패션 용어는 동양과 서양의 여러 곳에서 끊임없이 변화·발생하면서 국제적인 공감대를 형성하고 있다. 이러한 세계화의 경향을 배경으로 패션 용어는 민족과 국가의 다양한 언어로 표현되고 있으며, 발음과 원래의 뜻이 전해지고 사용되는 과정에 따라 달라지기도 한다. 패션 용어의 이러한 특성 때문에 패션 분야의 전문인은 물론 TV 방송 프로그램이나 패션 잡지 등 매스 미디어를 다루는 곳에서도 패션 용어가 잘못 표기되고 오용되는 사례를 종종 볼 수 있다.

　　이러한 오류를 바로 잡고 누구나 기준으로 삼을 수 있는 패션 용어를 정립하기 위해 여러 교육기관에서 후진을 양성하고 있는 교육자들이 뜻을 같이하여 《패션큰사전》을 집필하게 되었다. 10여 년 동안 50여 차례의 회의를 진행하면서 분야별로 집필하고 교정·감수하는 단계를 거쳐 사전을 완성하였으며, 이 과정에서 언어학자의 자문을 받아 용어의 발음과 표기를 통일하는 연구 작업도 병행하였다.

　　이 사전은 한국 복식사를 포함한 동·서양 복식사, 패션 디자인, 패션 마케팅, 의상사회심리, 텍스타일 분야의 전문용어를 다루고 있다. 그리고 색체, 액세서리, 염색, 봉제, 자수, 패션 디자이너 등도 세부적으로 포함시켰으며, 용어의 이해를 돕기 위해 사진과 일러스트레이션을 함께 수록하였다.

　　《패션큰사전》은 의상·의류학을 전공하는 학생뿐 아니라 패션 산업 현장에서 활동하는 디자이너, 머천다이저, 경영인, 저널리스트, 평론가 등 패션을 다루는 모든 분들께 유용할 것이라 기대한다.

　　사전을 시작할 때부터 마칠 때까지 여러 차례의 회의를 위해 흔쾌히 장소를 제공해 주신 국제패션디자인연구원의 최경자 이사장님께 감사드리고, 10여 년이라는 오랜 시간 동안 방대한 출판을 맡아 주신 교문사의 류제동 사장님과 편집부의 양계성 부장님의 희생적인 지원과 노고에 진심으로 감사드린다.

1999년 10월
패션큰사전 편찬위원회

추천의 글

새 천 년을 앞둔 역사적 시점에서 국내외 복식 전문 연구가의 공동 작업으로 《패션큰사전》이 출간됨을 매우 의미 깊게 생각합니다.

복식문화는 인류의 시원부터 인류와 불가분의 관계로 발전해온 인류문화 그 자체라고 할 수 있습니다. 동서고금을 통하여 광범위하고 풍부하게 발전해온 복식문화는 20세기 들어 체계적으로 멋과 유행을 만들어내는 패션 산업으로 질적 성장을 거듭하여 왔습니다. 독특한 복식문화의 전통을 이어온 우리 나라에서도 1960년대 이래 섬유의류산업이 양적 성장기를 거쳐 이제는 고부가가치형 생활문화를 제안하는 패션 산업으로 꽃피고 있습니다.

그러나 업계의 비약적인 발전에 비하여 인류 복식의 전통과 현대 패션의 동향을 학문적으로 조망하는 작업은 상대적으로 미흡하여, 늘 아쉽게 생각해 왔습니다. 이러한 때에 국내 학계를 주도하는 분야별 권위자 열 분의 공동 작업으로 10여 년 간의 준비 끝에 빛을 보게 된 《패션큰사전》은 우리 섬유 패션업계에 든든한 지적 바탕을 제공하고 새로운 도약을 위한 촉매제가 될 것으로 확신합니다.

특히 이 사전은 기존의 복식 사전에 비하여 동·서양의 복식사는 물론, 패션 디자인, 색채, 텍스타일 관련 용어를 보강하였고, 현대에 급진적인 발전을 보인 패션 산업 분야의 마케팅 및 브랜드 관련 용어도 수록하여 내용이 참신합니다. 또한 엄연히 우리 복식문화의 모태이자 패션 문화 발전의 실마리가 될 한국 및 동양 복식 용어를 적극 수록한 점이 돋보입니다.

모쪼록 이 사전이 우리 패션 산업의 체계화에 일조하고, 관련 학생과 학계에 필독서가 되기를 바라며, 오랜 시간 동안 사전 출간을 위해 애쓰신 신혜순 편찬위원장님 외 위원님들의 노고에 격려를 보냅니다.

한국패션협회
회장 공 석 붕

추천의 글

《패션큰사전》의 발간을 축하드리며 업계를 대표하여 먼저 감사드립니다.

1990년대 우리 나라의 경제를 이끌어온 섬유산업은 2000년대를 맞아 패션산업으로 재도약하기 위해 노력을 경주하고 있습니다. 패션 산업은 그 어느 분야보다도 가능성이 풍부한 고부가가치 산업으로서 단지 기술의 우위를 가늠하는 수준이 아닌 그 나라의 문화적 우수성의 척도로 인식되고 있습니다.

우리 민족은 어느 민족보다 문화적 자긍심이 강하며, 특히 근래에 우리 패션인들이 대거 패션의 본고장으로 진출하고, 학생들도 선진국으로 유학하여 그 기량을 키우고 있으므로 우리 섬유산업의 패션화는 어렵지 않다고 자신합니다.

그러나 패션의 시발점이 서양이라는 점 때문에 서양의 선진국으로부터 많은 패션 정보와 낯선 복식 용어들이 홍수처럼 유입되어, 이러한 용어의 정확한 의미 해석에 혼동을 겪기도 하는 안타까운 실정이었습니다. 이러한 때에 쏟아져 들어오는 새로운 패션 지식을 소화할 수 있도록 제대로 정립된 《패션큰사전》의 발간은 무척 기쁜 일입니다.

특히 밀려들어오는 서양의 패션 용어에만 물들기 쉬운 상황에서 본서는 한국 및 동양 복식 용어를 심도 있게 다루어, 우리 나라와 주변 국가의 복식 용어를 정립하였을 뿐만 아니라, 외국 복식 용어와 같은 무게로 조화를 이루게 함으로써 우리 문화의 자긍심도 높이고 후손들에게 우리의 전통을 전할 수 있게 한 값진 성과를 이루었습니다.

이러한 이유로 《패션큰사전》은 관련 학계, 업계 및 이제 막 입문하려는 후학들에게도 큰 도움이 되리라 생각되어 적극 추천하는 바입니다.

끝으로 이같이 방대한 분량의 대사전을 제작하기 위해 장기간 수고하신 집필진 여러분의 노고에 다시 한번 치하의 말씀을 드립니다.

한국섬유산업연합회
회장 박 성 철

■ 표제어

1. 표제어는 한국 복식사를 포함한 동·서양 복식사, 패션 디자인, 패션 마케팅, 의상사회심리, 텍스타일 분야의 전문용어와 색체, 액세서리, 염색, 봉제, 자수 관련 용어 그리고 패션 디자이너를 가나다순으로 배열하였다.
2. 표제어의 설명은 첫머리에 뜻을 압축해서 정의한 다음, 자세한 내용을 풀이하였다.
3. 표제어의 어원과 국적은 필요할 경우 설명의 도입부에 밝혀 주었다.
4. 표제어가 외래어일 경우 한글 발음을 우선하고 (　)안에 원어를 병기하였다. 단 일본어일 경우에는 [　]안에 해당 한자를 병기하는 것을 원칙으로 하였다.

   예) 벨보이 재킷(bellboy jacket)
   　　기모노[着物]

■ 표기

1. 외래어 표기는 1986년 1월 7일 확정된 〈새 외래어 표기법〉(문교부 고시 제85-11호)에 따르는 것을 원칙으로 하되, 다음과 같은 경우는 발음에 더 가깝게 표기하였다.

   예) shirt　셔츠 → 셔트
   　　socks　속스 → 삭스
   　　suit　슈트 → 수트
   　　costume　코스튬 → 커스튬
   　　collection　콜렉션 → 컬렉션 등

2. 어말의 '-ed', 복수형 '-s', 소유격 '-'s'는 발음대로 표기하였다.

   예) pleated skirt　플리티드 스커트
   　　jodhpurs boots　조드퍼즈 부츠
   　　bachelor's gown　배처러즈 가운

3. 용어의 어원이 인명, 지명 등의 고유명사인 경우에는 해당 단어의 첫글자를 대문자로 표기하였다.

   예) Norfolk jacket　노퍽 재킷

4. 외국 인명은 성을 먼저 쓰고 ','를 한 다음 이름을 표기하였다. 단 일본인은 성과 이름 사이에 ','를 하지 않았다.

   예) 디오르, 크리스티앙(Dior, Christian)
   　　고시노 미치코(Koshino Michiko)

5. 외래어의 띄어쓰기는 외래어 표기법대로 하였다. 단 '-'로 연결된 것은 한 단어로 보고 띄지 않았다.

   예) chemise dress　슈미즈 드레스
   　　see-through skirt　시스루 스커트

■ 기타

1. 한 용어가 두 가지 이상의 뜻을 가질 때는 ①, ②, ③으로 구분하였다.
2. 한 항목 내에서 소제목으로 분류할 때는 【　】로 구분하였다.

   예) 블라우스
   　　【블라우스의 기능】
   　　【블라우스의 종류】

3. 관련 항목이 있을 경우에는 설명의 마지막에 '～ 참조'라고 덧붙였다.
4. 한글과 한자를 병기할 때 서로 음이 다를 경우에는 한자를 [　]로 묶었다.

   예) 굴갓[屈笠]

5. 동의어는 '⇒'로 나타내었다.

   예) 그물자수 ⇒ 그물수

6. 책명·잡지명은 《　》, 작품명은 〈　〉, 인용은 "　", 내용상 강조는 '　'로 나타내었다.

차 례

가나마

가격(price) 본질적이고 내재적인 요인에 의해서 결정되며, 구매자들이 특정 제품을 구입함으로써 얻게 되는 효용에 부여된 자연가치로 시장에서의 제품의 교환가치를 말한다.

가격대(price zone) 한 상품군 중에서 가격의 고저(高低)폭을 말한다. 협정가격대라고도 하며 가격의 대폭적인 변동을 피하기 위해 사전에 최저가와 최고가를 결정하여 놓고 그 범위 내에서 가격의 변동을 억제한다.

가격 인하(mark down) 특매, 변질, 파손, 유행에 뒤떨어지는 상품을 팔기 위해 상품의 소매 가격을 낮추는 것이다.

가계(假髻) 조선 시대에 유행하던 머리 형태로, 부녀자들이 머리를 탐스럽게 보이기 위하여 쪽을 찔 때 다리를 덧드려 놓은 것을 말한다.

가공(finish) 섬유 또는 섬유제품에 보다 개선된 성능을 부여하기 위하여 물리적 또는 화학적인 처리를 하여 특성을 변형시키는 과정을 말한다.

가그라(ghagra) 앞이 열려 있고 허리에서 끈으로 매게 되어 있는 헐렁한 스타일로, 보통 종아리 또는 발목 길이의 붉은 면 스커트를 말하며, 인도 여성들이 착용하였다.

가나깅[金巾] 28~40번수의 단사로 경위사 밀도를 거의 같게 제직한 평직 면포의 일본명이다.

가나슈(garnache) 13~14세기 중엽에 보온을 위하여 옷 위에 걸친 케이프의 하나이다. 긴 직사각형 옷감 중심에 머리가 들어갈 만큼의 구멍을 내고, 소매를 만들기 위하여 소매 밑 위치에서 허리까지는 박고, 허리에서부터 단까지는 풀어 놓았다. 카프탄(caftan), 타바드(tabard)라고도 한다.

가나마(加尼磨) 조선 시대 가체(假髢) 위에 쓰는 독특한 쓰개의 하나로, 기녀(妓女)와 의녀(醫女) 등이 사용하였으나 족두리(簇頭里)의 사용 후 없어졌다. 자금(紫錦) 전폭(全幅) 가운데를 접어 두 겹으로 하고, 후지(厚紙)로 안을 접(帖)하여 썼는데, 이마에서 정수리를 덮고 뒤로 드리어 어깨를 덮는다. 차액(遮額)이라고도 한다. 가리마 참조.

가니메데 샌들(Ganymede sandal) 1960년대 미니 드레스와 함께 소개된 고대 그리스 샌들의 형태를 모방한 샌들로, 신 밑창에 부착된 여러 가닥의 긴 끈들을 발등으로 감아올려 다리를 따라 일정한 간격을 두고 교차시켜 그물 형상을 이루므로 장화를 연상시킨다. 명칭은 그리스 신화에서 신에게 술을 따르는 미소년의 이름을 따라 명명되었다.

가닛(garnet) 석류석이라고 불리는 보석의 일종으로 청색을 제외한 모든 색상이 있으며, 투명한 것에서 불투명한 것까지 다양하다. 안드라다이트(andradite)와 앨먼다이트(almandite) 등도 가닛에 포함된다.

가닛 레드(garnet red) 석류석(石榴石)에서

볼 수 있는 적색으로 어둡고 깊은 분위기를 띤 색조가 특징이다. 주로 추동 패션 컬러에서 깊이 있고 따뜻한 느낌의 색이 각광받을 때 마호가니 적갈색, 유리병(bottle) 그린, 오렌지 등과 함께 주목받는 색의 하나이다.

가드즈맨 코트(guardsman coat)　뒤쪽에 벨트가 반만 달리고 맞주름이 잡혀 있으며, 넓은 칼라에 주머니가 사선으로 달린 코트이다. 영국의 경비원 유니폼에서 유래되었으며, 오피서즈 코트라고도 한다.

가드 헤어(guard hair)　산양 등과 같은 털이다. 짐승의 무솜털을 보호하는 보호털로, 길고 굵으며 튼튼하고 광택이 있다.

가라구미[唐組]　중국에서 일본으로 보내진 평조직(平組織)의 다회(多繪)이다.

가라테 수트(karate suit)　일본식 레슬링인 가라테 시합 때 입는 유도복과 비슷한 옷으로, 허리띠의 색상으로 실력의 정도를 상징한다.

가라테 재킷(karate jacket)　기모노 스타일의 짧은 실내용 재킷이다. 가라테 시합 때 운동복으로 착용한 데서 유래되었으며, 1960년도 후반기에는 남녀용 홈 웨어로 사용되기도 하였다.

가라테 커스튬(karate costume)　가라테 시합 때 입는 의상으로, 가라테는 일본과 미국에서 대중 스포츠가 된 자기 방어 수단이다. 17세기에 오키나와[沖繩]에서 개발되었다.

가라테 파자마(karate pajamas)　싸서 입는 일본 기모노풍으로, 가라테를 할 때 착용하는 것과 같은 스타일의 상의와 바지가 곁들인 잠옷이다. 1960년대 후반기와 1970년대 전반기에 유행하였다.

가락바퀴　고대 방적구의 부품으로, 일본에서는 방추차(紡錘車), 중국에서는 방륜(紡輪)이라고 한다. 원반형, 사다리형, 주산알형 등이 있다.

가락지(加絡指)　여자의 손가락에 끼는 장식물의 하나로, 안은 판판하고 겉은 통통한 모양으로 되어 있다. 가락지의 재료는 금(金), 도금(鍍金) 또는 은(銀)을 많이 사용하였으며, 옥·마노·호박·비취·구리 등으로 만든 것도 있다. 반지 참조.

가란화잠(加蘭花簪)　비녀의 하나이다. 궁중에서 예장시(禮裝時) 사용하던 것으로 잠두(簪頭) 부위에 난초의 잎맥과 꽃잎을 섬세히 조각하여 장식한 비녀이다. 가란잠(加蘭簪)이라고도 한다.

가래 단속곳　여자가 치마 밑에 입는 두 가랑이로 된 속치마의 일종으로, 넓은 통치마를 갈라서 꿰매어 양다리를 꿰어 입게 되어 있다.

가래바대　홑옷의 안쪽에 대어 헤어짐을 막는 바대의 일종으로, 단속곳, 속곳 등 속옷의 밑부분 양옆에 대어 튼튼히 하며, 시접이 보이지 않도록 하는 역할을 한다.

가례도감의궤(嘉禮都監儀軌)　조선 시대 국혼(國婚)의 절차를 적은 책이다. 국혼을 거행함에 따른 모든 절차를 기록하였으며, 아울러 채색한 의궤반차도(儀軌班次圖)를 부수하고 있어 궁중복식(宮中服飾)을 살피는 데 중요한 자료가 된다. 현재 규장각도서에 1627년(인조 5년)~1906년(광무 10년)의 279년 동안에 있었던 국혼 20건의 기록 30책이 있으며, 장서각 도서에는 그 중 11건의 기록 14책이 있고, 파리 국립도서관에는 13건의 18책이 따로 있다.

가로대 재봉틀　각부의 다리를 위쪽에서 가로로 지탱하고 있는 부분으로, 흔히 재봉틀 이름이나 제품 회사 이름이 적혀 있다. 베틀의 가로대란 누운다리 사이에 가로지른 나무이며, 방언으로는 가릿대, 가랫세장, 허리라고 부른다.

가르드코르(garde-corps)　14세기 영국의 남녀들이 착용한 풍성한 튜닉으로 헐렁한 소매와 후드가 달려 있으며, 벨트가 없고 팔꿈치에 슬릿이 있어 시클라스(cyclas)와 유사하다.

가르보 슬라우치(Garbo slouch)　영화 배우 그레타 가르보가 주로 쓴 모자에서 유래되었다. 슬라우치 헤트 참조.

가르보 헤트(Garbo hat)　스웨덴 태생의 미국 배우인 그레타 가르보(Greta Garbo, 1905~)

의 이름을 붙인 카플린형의 모자를 말한다. 모자의 넓은 챙을 눌러 착용하여 얼굴에 그림자가 지는 것이 특징이며, 1930년대의 세련됨과 퇴폐적인 분위기가 잘 반영되었다.

가르세트(garcette) 루이 13세 기간 동안 앞이마에 착용한 머리의 프린지를 말한다.

가르손느 룩(garçonne look) 프랑스어로 가르손느는 소년이라는 뜻으로, 남성처럼 짧은 머리 스타일과 남성 같은 활달한 복장을 한 여성 스타일을 말한다. 1930년대에 유행하였으며, 프랑스 작가 빅토르 마르그리트(victor margueritte, 1886~1942)가 1922년에 발표한 '가르손느'라는 소설에서 많은 영향을 받았다.

가름솔(plain seam) 두 장 이상의 천을 겉끼리 맞추어 완성선에서 한 번 박아 솔기를 양쪽으로 가르는 방법으로, 오픈 심(open seam)이라고도 한다. 처리하는 방식에 따라 접어박기 가름솔(clean stitched seam), 휘갑치기 가름솔(overcast stitched seam), 핑크트 가름솔(pinked seam), 홈질 가름솔(self-stitching seam), 테이프 대기 가름솔(binding seam) 등이 있으며, 평솔, 플레인 심이라고도 한다.

가름수 사선 평수의 사선 각도를 중앙을 향해 좌우로 대칭되게 표현하는 수법이다. 중앙선을 똑바로 하는 것이 중요하다. 나뭇잎 표현에 많이 쓰이며, 잎맥의 중심선을 향하여 마주보도록 사선으로 놓는다. 먼저 한쪽 잎의 바깥쪽에서 안쪽으로 수놓은 후 나머지 한쪽도 바깥쪽에서 안쪽으로 수놓는 방법이다.

가리마(加里亇) 조선 시대 부녀자들이 사용하던 쓰개의 일종으로, 검은 비단(너비 65 cm)을 반으로 접어 두 겹으로 한 다음 그 속에 두꺼운 종이로 배접하여 만든다. 형태는 책갑(冊匣) 모양으로 체계(髢髻) 위에 쓰며, 견배(肩背)에 이른다.

가리발디 셔트(Garibaldi shirt) 붉은 메리노 양모로 만든 높은 목선의 셔트를 말하는 것으로, 검정색 브레이드로 장식하였으며 벨트를 착용하였고 소매가 풍성하다. 검정색 크라바트(cravate)가 있는 작은 칼라에 어깨에는 견장이 있다. 19세기 중엽 이탈리아의 애국자인 가리발디(1807~1882)와 그의 부하들이 입었던 블라우스처럼 생긴 셔트에서 유래하여 가리발디라는 이름이 붙었다.

가리발디 셔트

가르손느 룩

가리발디 수트(Garibaldi suit) ① 어깨선을 내리고 허리선에 벨트를 한 허벅지 길이의 오버 블라우스와 종아리 길이의 바지로 구성된, 소년들이 입었던 칼라 없는 수트를 말한다. 바인딩이나 리크랙(rickrack)으로 장식되어 있고, 블라우스의 앞단 중앙과 소매, 바지의 양옆을 단추로 고정시켰으며, 1860년대 초에 착용되었다. ② 어깨선을 내리고 소매가 달린 헐렁한 블라우스와 스커트로 된, 소녀들이 입었던 칼라 없는 투피스 드레스를 말하는 것으로, 가죽이나 직물의 밴드를 목과 허리 주변, 손목과 단에 장식하였으며, 1860년대 초에 착용하였다.

가리발디 수트

가리발디 슬리브(Garibaldi sleeve) 소맷부리에 개더를 잡아 헐렁하게 만든 여성용과 아동용 블라우스의 소매를 일컫는다. 19세기 중반기에 등장했으며, 이탈리아 통일 운동에 공헌한 가리발디 장군이 지휘했던 병사들의 붉은 셔트를 본떠 만든 것이다.

가리발디 재킷(Garibaldi jacket)　검정색 브레이드로 장식한 붉은색의 캐시미어 직물을 정방형으로 자른, 허리선 길이의 재킷을 말한다. 이탈리아의 애국자인 가리발디가 군대에서 입었던 붉은 셔츠를 모방한 여성용 블라우스에서 영감을 얻은 여성용 의복으로, 19세기 후반에 유행하였다.

가릴라(ghalila)　목선이 낮으며 소매는 짧고 헐렁하며 힙 정도의 길이인 북아프리카의 베스트(vest)를 말하는 것으로, 보통 여성들이 입었으며, 재킷 스타일로 남성들이 입기도 하였다. 모로코와 알제리에서는 블라우스 위에 착용하였다.

가맹(gamin)　뒤와 옆을 바짝 치켜 짧게 깎은 남자형 헤어 스타일로 앞은 불규칙한 뱅(bang) 스타일로 깎았다. 1940년대 유행한 헤어 스타일이다. 이튼 크롭 참조.

가먼트(garment)　⇒ 어패럴

가먼트 다이(garment dye)　의복을 제작한 후 염색하는 방법으로 의류염색이라고도 한다. 이 방법은 새 옷도 중고 감각이 나게 하므로 스톤 워시, 파라핀 가공 등과 함께 헌 옷 룩(오래된 옷 룩)을 표현하는 중요한 테크닉의 하나로 사용된다. 이 방법을 반복하는 것을 더블 염색이라고 한다.

가문(家紋)　가문(家門)을 상징적으로 나타낸 문장(紋章)이다.

가미스(gamis)　목주위와 앞부분에 자수를 놓은 발목까지 오는 길이가 긴 백색 면 셔츠로, 대개 적색이나 백색 실크로 만들고, 사우디아라비아, 모로코인들이 착용하였으며, 이집트인들은 푸른색으로 염색을 하여 사용하였다. 가미라고도 발음한다.

가반(柯半)　신라 시대 고(袴)의 명칭이다. 바지에 해당되는 아래옷으로, 고(袴)가 한문 표기인 것에 비하여 가반은 우리말로 된 신라 시대 표기이다.

가발(wig)　본인의 머리카락이나 다른 사람의 머리카락으로 머리다발을 만들어 머리에 부분적으로나 전체로 쓰는 것의 총칭이다. 역사적으로 가발은 이집트 시대부터 썼으며,

강한 햇빛으로부터 머리를 보호하거나 신분 상징, 법관의 위엄 상징, 의례용, 장식용, 무대용, 연예용으로 썼다. 최근 20세기에는 대머리를 감추기 위하여 가발을 쓰며, 1960년대 말과 1970년대 초에는 남녀 헤어 스타일의 유행으로서 가발을 쓰기도 하였다. 사람의 머리카락이나 양의 털, 기타 인공 머리카락이 유행에 따라 사용된다. 가발의 종류에는 캡리스(capless), 시뇽(chignon), 폴(fall), 스위치(switch), 투페이(toupee), 위글릿(wiglet) 등이 있다.

가봉　본봉을 하기 전에 먼저 하는 시침 바느질을 말한다.

가부키 드레스(kabuki dress)　몸판과 소매 사이의 이음선이 없는 돌먼 소매가 달리고, 새시(sash) 벨트로 묶어 싸매듯이 착용한 칼라가 없는 랩 어라운드 드레스를 말한다. 일본의 전통 극장 가부키에서 배우들이 특수 화장을 하고 연기할 때 착용하는 무대 의상의 하나이다.

가부키 슬리브(kabuki sleeve)　진동 밑부분에 여유를 많이 넣어 늘어지게 하고, 소맷부리는 꼭 맞게 만든 소매로, 1984년에 기모노 슬리브의 변형으로 소개되었다. 기모노 슬리브 참조.

가브리엘 드레스(Gabrielle dress)　① 앞면은 어깨에서부터 치마단까지 한 장으로 이어져 있고, 뒷면은 2개의 큰 박스 주름으로 되어 있는 드레스로, 1865년에 유행하였다. ② 하이네크에 풍성한 7부 소매가 달린 블라우스로, 20세기 소녀들이 착용하였던 프린세스 스타일의 점퍼 드레스이다.

가브리엘 슬리브(Gabrielle sleeve)　어깨에서 팔꿈치까지 이르는 상단부는 풍성하고, 소맷부리로 갈수록 좁아지며 손목에 커프스가 달린 퍼프 슬리브이다. 만주 사람들의 옷에 이용되었던 꼭 붙는 어깨 모양에, 7부로 된 소매끝에는 크고 넓은 커프스가 달려 있다. 스펜서 재킷에 사용되면서 허리는 꼭 맞게 되었고, 1820~1870년대에 유행하였다.

가브리엘 웨이스트(Gabrielle waist)　앞면 중

가브리엘 드레스

심에 단추가 쭉 내려 달려 있고 허리가 꼭 맞는 여자 드레스로, 1870년대에 유행하였으며 소매를 작은 주름 러플로 장식하는 경우가 많다.

가사(袈裟)   불교 법복(法服)의 하나로 장삼 위에 왼쪽 어깨에서 오른쪽 겨드랑이 밑으로 걸쳐 입는 옷이며, 종파와 법계에 따라 그 색과 형태에 엄격한 규정이 있다. 범어(梵語)인 카사야(kasaya)에서 음을 딴 것이다. 가사는 삼의(三衣)인 승가리(僧伽梨, Sanghati), 울다라승(鬱多羅僧, Uttarasanga), 안타회(安陀會, Antaravasa)를 총칭하는 것으로, 일반적으로 가사라 하면 승가리를 뜻한다.

가산치   인상형성에 있어서 사람들이 기본적으로 알고 있는 사실에 새로운 특질 정보가 얻어지면 더 높은 점수를 주는데, 이때의 점수가 가산치이다.

가선(加襈)   의복에 선(襈)을 가하는 것이다. 주로 깃·섶·끝동·소매끝에 다른 색의 선을 두르는 것으로, 삼국·고려·조선 시대에 이르기까지 성행했다. 초기에는 실용적으로 사용했으나, 점차 장식적인 것으로 바뀌었다.

가스리(絣)   이캇(ikat)의 일본명이다.

가스사(gassed yarn)   실이나 직물의 표면에는 섬유의 잔털이 많아 표면이 평활하지 못하다. 따라서 가스 불에 가열된 금속판 또는 전열선상을 급속히 통과시켜 털을 태워 표면을 평활하게 하고 조직을 선명하게 하는데, 이것을 털태우기 가공 또는 신징(singeing)이라 한다. 이와 같이 가스의 불꽃을 일정 속도로 통과해서 실표면의 잔털을 태우고 광택이 나게 한 실을 가스사라고 한다.

가슴둘레(bust)   젖꼭지를 지나는 앞뒤 총 둘레를 말한다.

가시(加翅)   새깃[鳥羽]을 관모의 장식으로 꽂는 것이다. 삼국 시대에는 조배(朝拜)나 제사(祭祀)시 새깃을 꽂은 관모를 착용했다. 이는 아시아 북방의 여러 민족에게도 있던 풍속이다.

가약(gatyak)   헝가리의 남자 농부들이 입었던 무릎 밑으로 내려오는 풍성한 바지이다. 퀼로트와 비슷하며, 백색 리넨이나 모직으로 만들고 단은 레이스나 수로 장식하였다.

가연법(false twisting)   기계적 권축을 부여하는 방법 중의 하나로, 실 두 올의 양끝을 잡고 중간에 바늘을 꽂아 회전시켜 바늘 양쪽에 반대 방향의 꼬임이 생기게 한 후 열처리하는 방법이다.

가와쿠보 레이(Kawakubo Rei 1942~)   '콤므 데 가르송(Comme des Garcons)'이란 브랜드로 유명한 일본 동경 출신의 디자이너이다. 동경 게이오 대학에서 문학을 전공한 후 일본의 직물회사인 아사히 카세이에 들어가 광고 부문에서 근무하다가, 1966년부터 독립하여 프리랜서로 활약하며 1969년 콤므 데 가르송을 만들었다. 그녀는 처음부터 일본적인 것을 주장하며 서양 패션의 섹시한 면을 잘 절충시킨 디자이너이다. 찢겨지고 구겨진 의복, 인체형에 대한 인식이 없이 인체에 걸쳐진 드레이프는 처음에는 우습고 흉하게 보였지만, 전통적인 일본의 기모노 사고에서 현대적 감각으로 마무리한 그녀의 디자인에는 언제나 동양의 신비가 담겨져 있어 서양인의 눈에 신선한 충격을 주었다

가우초 벨트(gaucho belt)   남아메리카의 카우보이 벨트에서 유래하였다. 둥글게 자른 가죽이나 금속이 체인(chain)으로 연결된 벨트로, 1960년대 후기에 유행되었다.

가우초 블라우스(gaucho blouse)   남아메리카의 팜파스 지방에 살고 있는 목동을 가우초(에스파냐인과 인디언의 혼혈아)라고 하는데 그들이 착용했던, 허리와 소매에 풍부하게 주름으로 여유를 준 짧은 블라우스를 말한다. 이러한 스타일의 셔츠를 가우초 셔츠라 한다.

가우초 수트(gaucho suit)   긴 소매 블라우스와 소매가 없는 볼레로, 통이 넓은 퀼로트로 이루어진 여성용 팬츠 수트로 주로 가죽을 사용하여 만든다. 1960년대 중반기에 등장하였으며, 남아메리카 대초원의 카우보이나 에스파냐계 혼혈인 인디오의 자손들의 복장

가선

가우초 수트

에서 유래되었다.

가우초 스커트(gaucho skirt)   남아메리카의 팜파스 지방에 살고 있는 목동을 가우초라고 부르며, 그들이 착용하였던 무릎 밑까지 오는 7부 길이의 스타일에서 유래된 바지로 된 스커트를 말한다. 대개 앞뒤 중앙에 큰 주름을 잡아서 스커트같이 보이도록 되어 있으며, 1960년대 초부터 목이 긴 롱 부츠와 함께 유행하기 시작하였다. 디바이디드 스커트, 스플릿 스커트, 팬츠 스커트라고도 한다.

가우초 팬츠(gaucho pants)   남아메리카의 목동 가우초들이 착용했던 무릎 밑까지 오는 7부 길이의 넉넉한 바지를 가우초 팬츠라고 하며, 이러한 스타일의 치마를 가우초 스커트라고 한다. 1960년대 후반부터 1970년대까지 목이 긴 장화와 함께 유행하였다.

가우초 팬츠

가우초 해트(gaucho hat)   중간 높이의 평평한 크라운에 챙이 넓은 검정색의 펠트 모자를 말한다. 약간 기울여 쓰며 가죽끈으로 턱 밑에서 맨다. 원래는 남아메리카 카우보이들이 썼던 모자이지만, 1960년대 말 가우초 팬츠와 함께 여성들에게 유행된 모자이다.

가운(gown)   소매가 넓고 풍성한 여성들의 겉옷 드레스와 판사·검사들의 법복, 성직자들

가우츠 해트

의 성복, 각종 예식에 착용되는 겉옷 로브를 말한다. 11세기에 애용되었다.

가운 아 라 르방틴(gown à la levantine)   헐렁하게 오픈된 로브를 말한다.

가위(scissors)   옷감이나 종이 등을 자르는 데 쓰는 쇠붙이 기구로, 그 형태와 용도는 다양하다.

가잠견(cultivated silk)   뽕을 먹고 자라는 누에나방(Bombyx mori)의 유충으로부터 얻는 섬유로, 주로 양잠 농가에서 생산된다. 야잠견에 비해 생산량도 많고 품질도 우수하므로 피복 재료로 매우 중요하다.

가장자리 댄 파이핑   바이어스 테이프를 접어 바탕천과 맞추어 시침한 후 가장자리를 박고, 바이어스 테이프의 다른 한쪽 꺾임선은 바탕천의 안쪽에서 감침질이나 박음질을 한 것을 말한다.

가정용 재봉틀   가정에서 사용되는 재봉틀의 총칭이다. 재봉 성능이 광범위한 것으로 직업용으로 사용할 수도 있지만 속도가 느리고 취급이 쉽도록 간소화되어 있다. 사용 방식에 따라 발틀식, 손틀식, 전동식으로 구분된다.

가젤 브라운(gazelle brown)   온화하고 부드러운 눈을 가진 작은 영양인 가젤의 모피색을 말한다. 따뜻해 보이는 색이며, 유사한 색으로는 테라코타, 타바코, 카키, 브론즈 등을 들 수 있다.

가젯 디테일(gadget detail)   기발한 장치를 특징으로 하는 디테일의 총칭으로, 가젯의 원뜻은 '기계 등의 부속품, 기발한 기계장치, 고안, 묘안' 등이다. 반드시 편리한 것은 아니더라도 즐거움이나 재미를 줄 수 있는 것들을 일컫는다.

가족생활주기(Family Life Cycle)   인간의 개성과 행동에 영향을 끼치는 가족 집단을 생활주기에 따라 분류한 것으로, 윌리엄 디 웰스(William D. Wells)와 조지 거버(George Guber)는 독신기, 신혼기, 보금자리 1·2·3기, 노부부 1·2기, 고독생존기로 분류하였다.

가족의 구매의사결정　가정의 소비행동에 있어서 물품구매에 영향을 주는 가족의 의사결정 패턴을 말한다.

가죽옷　가죽으로 지은 옷을 말한다. 우피(牛皮)·양피(羊皮)·돈피(豚皮) 등을 사용하여 만든다.

가지방석 매듭　매듭의 한 종류로 조선 시대에 많이 이용되었으며, 그 구성법은 위와 아래를 도래매듭으로 맺고 여기에 다섯 개의 생쪽매듭을 연결하여, 방석매듭 양쪽 귀에 고를 크게 하여 균형을 이루게 한 것이다.

가체(加髢)　조선 시대 부녀자들이 성장(盛裝) 시 머리 위에 덧드리는 다른 머리로, 머리숱을 많아 보이게 하려고 덧넣는 딴 머리이다. 흔히 '다래' 또는 '다레' 라고 하나 표준어는 '다리' 이다. 가체는 머리 모양에 따라 다리를 머리에 붙이거나 위에 얹어 사용하였다. 종류로는 조짐머리, 얹은머리, 새앙머리, 어여머리, 대수, 큰머리, 첩지머리, 족머리 등이 있다. 다리 참조.

가체

가체금지(加髢禁止)　1756년(영조 32년)에 가체를 금하고 족두리로 대용하게 한 금지령이다. 가체로 인한 사치로 가산을 탕진하는 등 폐단이 많아지자 이를 바로잡으려 하였으나, 예장할 때 꾸미는 머리 모양에 가체가 사용되는 등 금체령의 완전 실시는 이루어지지 않았다.

가체신금절목(加髢申禁節目)　1788년(정조 12년)에 여인들의 가체를 금할 것을 규정한 사목이다. 1책 18장으로 내용의 전반부는 한문으로 쓰고 뒤에 다시 한글 번역 및 별도의 한글 전교(傳敎)를 실었는데, 본문은 대략 가체를 금지하게 된 이유와 법령의 준수를 강조한 서두 및 8가지 실천 조목으로 되어 있다.

가치관(value)　사람의 행동과 판단을 결정하는 직접적인 동기가 되는 정서적인 감정으로, 여러 가지 문제에 관하여 바람직한 것 또는 해야 할 것에 대한 일반적인 생각이나 개념을 뜻한다.

가치관 측정 검사지　일반적인 가치관 측정을 위한 검사방법으로, 1931년 올포트(Allport)와 버넌(Vernon)에 의해서 개발되었다. 올포트와 버넌은 에드워드 스프랜저(Edward Spranger)의 《타입스 오브 멘(Types of Men)》을 기초로 6가지 하위척도를 가진 가치관 측정검사지를 만들었는데, 다시 린지(Lindzey)와 수정 보완해서 AVL(Allport-Vernon-Lindzey) 검사지를 개발했다.

가치표현적 기능　상표충성에 작용하는 기능 중의 하나로, 가치표현을 위한 상표충성일 경우는 상표충성이 강하고 영구적이며, 성능의 속성과 상표의 심리적 특성에 따른 것이다.

가터(garter)　양말이 흘러내리는 것을 방지하기 위하여 착용하는 것으로, 신축성이 좋은 고무줄로 만들어진 밴드이다. 무릎 근처에서 버클로 조이도록 되어 있으며, 18~19세기에 걸쳐 유행하였다. 또한 소매가 흘러내리는 것을 방지하기 위해 사용하는 고무 밴드도 가터라고 한다.

가터 벨트(garter belt)　양말이 흘러내리지 않도록 힙이나 허리 주위에 두르는 10~20cm의 넓은 고무벨트로 아랫배를 가볍게 누르며, 4~6개의 고무 가터가 부착되어 있다. 대개 홑겹으로 되어 가볍고 시원하며 편하다. 꼭 맞는 거들 모양으로 된 것도 있으며, 작은 비키니 팬티에 레이스로 화려하게 장식한 것도 있다.

가터 벨트 호즈(garter belt hose)　허리선에 두 개의 고무 밴드를 연결하여 착용하는 호즈를 말한다.

가터 브리프(garter brief)　붙였다 떼었다 할 수 있게 된 덜 조이는 가터(garter)로 신축성

가터

있는 팬티나 거들을 말한다. 스트레치 브리프 또는 컨트롤 브리프라고도 한다. 스타킹을 끼는 가터가 부착된 짧은 팬티를 가리키기도 한다.

가퍼(goffer, gauffer)　옷이나 모자의 가장자리에 사용되는 장식 주름을 말한다.

가화(假花)　조선 시대 무녀(巫女) · 광대(廣大) · 무동(舞童)들의 모자에 장식한 종이나 헝겊으로 만든 꽃이다.

각(袼)　겨드랑이 밑의 합쳐지는 부분으로, 옷옷의 소매와 몸통이 맞닿아 붙은 부분을 말한다.

각건(角巾)　조선 시대 무동(舞童)들이 쓰던 복두(幞頭)의 하나이다. 형태는 모두(帽頭)가 비스듬히 각이 져 있으며, 포(包)를 사용하여 만든다.

각낭(角囊)　주머니를 형태에 따라 분류한 것으로 주머니의 양옆이 모가 나 있는 것을 말한다. 단독으로 차는 주머니로 오색(五色)의 술을 달아 모양을 아름답게 한다. 주단(綢緞)에 부귀 · 장생 등의 길상문(吉祥紋)을 수놓는다. 귀주머니 참조.

각대(角帶)　짐승의 뿔로 장식하여 만든 띠로, 백관의 관복(官服)에 두르던 띠의 총칭이다. 착용자의 신분과 계급에 따라 차별을 두었다. 신라 시대에 이미 제도화되었고, 고려 시대에는 계급에 따라 구분하였으며, 조선 시대에는 더욱 발달하여 계급에 따라 장식이 다양화되었다.

각진 곳 박기　틀바느질법의 일종이다. 각진 곳을 정확하게 박으려면 각의 끝에 재봉틀 바늘을 끼운 채 노루발을 올려 옷감을 돌린 후 다시 박는다.

간도[間道, 漢道, 漢東, 廣東]　일본의 명물 염직품 중에서 견 · 면으로 된 줄무늬 · 격자무늬의 직물이다.

간수 주머니　색헝겊, 골무, 바늘 등 없어지기 쉬운 작은 물건을 넣어두는, 천으로 만든 주머니이다.

간접발문　연구의 주제가 응답자의 반응을 일으킬 염려가 있는 경우에 다른 질문을 던져서 정보를 얻고자 할 때, 간접질문을 통해 응답자의 성격 등을 추리하는 것이다.

간접적인 규제　사람들이 사회에서 자기가 소속되기를 원하는 집단에 어울리는 옷차림을 하려는 것을 말한다. 즉 직접적인 규제는 없으나 사회압력을 느껴 스스로 의복 행동을 조심하는 행위이다.

갈(褐)　고대의 거친 모직물을 말한다.

갈건(葛巾)　중국 진 · 한 시대의 건의 한 종류로 갈포로 만들었고 홑겹으로 대부분이 본색견(本色絹)을 사용하였다. 뒤쪽에 두 개의 띠를 드리웠는데 사서인의 남자용이다.

갈고(褐袴)　신라 시대의 굵은 베를 사용하여 만든 바지이다. 《신당서》 신라조(新羅條)에 "남자는 갈고(褐袴)를 입었다"고 하였다.

갈고리 바늘　모사, 레이스 등을 뜰 때 사용하는 끝이 갈고리형으로 된 바늘이다. 아프간 바늘도 갈고리 바늘의 일종이며, 영어로는 크로셰 훅(crochet hook), 크로셰 니들(crochet needle)이라 하고 간단하게 크로셰라고도 한다. 레이스용 갈고리 바늘은 G(00)~(20)호까지 있고 호수가 클수록 가늘다. 금속제 바늘은 매끄럽고 튼튼하며 대나무나 뿔로 만든 것도 있다. 모사용 갈고리 바늘은 0~8호 정도까지 있고 호수의 증가에 따라 굵어진다. 짐승의 뿔, 뼈, 상아, 대나무, 금속 등으로 만든 것이 있다.

갈고리 훅　의복의 여밈 부위에 사용되는 훅을 말한다. 갈고리 훅은 고대에서부터 사용되어 온 것이지만, 16세기에서부터 17세기에 걸쳐서 오 드 쇼스와 푸르푸앵을 서로 연결하는 데 사용되었던 레글릿(leglet)이 매우 불

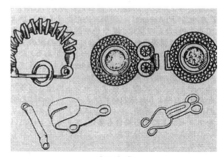

갈고리 훅

편하여 그것을 대신해서 사용되었다. 현재까지도 그 모양은 크게 변하지 않았지만, 혹이라고 불려지며 의복에 필요한 여러 부위를 서로 연결하는 데 사용되고 있다.

갈라노스, 제임스(Galanos, James 1925~) 미국 필라델피아에서 그리스인의 이민 2세로 출생하여 뉴욕에서 패션을 공부한 후 자신의 스케치를 팔기도 하며 하티 카네기(Hattie Carnegie)에서 일했다. 1947년 파리로 가서 피게 밑에서 감각을 익힌 후 뉴욕에서 기성복 디자이너로 일을 하다가 1951년 자신의 브랜드로 독립했다. 1944년부터 1954년까지 콜롬비아 영화사의 수석 의상 담당자였으며, 1953년 뉴욕 컬렉션에서 크게 호평을 받았다. 그의 디자인은 구슬 하나하나를 의상에 등고선 형태로 붙여 마치 레몬 껍질이 온몸을 둥글게 감싸는 것처럼 한 자수가 특징이다. 또한 보디 콘셔스 라인, 시폰과 주름 장식 등이 특징이다.

갈라비아(galabeya) 펠러(fellah)라고 불리는 이집트 원주민 노동자들이 입었던 드레스이다.

갈랑(galant) 17세기 말 루이 14세 때 여성복을 장식한 리본·루프 다발이다. 영어로는 갤런트(gallant)라고 한다.

갈롱 테이프(galon tape) 갈롱이란 '금·은·견사로 된 장식끈이나 묶는 끈, 또는 군복에 사용되는 신장(紳章), 금몰'의 의미를 지닌 프랑스어로, 영어의 브레이드와 같이 의복의 가장자리 장식에 사용된다. 악센트로서의 브레이드 사용방법이 새롭게 재조명된 것이라 할 수 있다.

갈리가스킨즈(galligaskins) 16~17세기에 유행한 헐렁한 바지를 말한다.

갈리비아(gallibiya) 사우디아라비아 사람들이 많이 착용하는 헐렁한 겉옷으로, 긴 소매에 칼라가 없고, 카프탄과 유사한 면으로 되어 있다.

갈릴라 칼라(gallila collar) 풀을 먹인 빳빳한 천으로 만든 작은 백색 속칼라로, 14세기 말경부터 17세기까지 많이 사용되었다.

갈모 우장(雨裝)의 한 가지이다. 비올 때 갓 위에 덮어쓰던 것으로 펼치면 위가 뾰족한 고깔의 형태가 되고, 접으면 쥘부채 모양이 된다. 기름 먹인 갈모지에 가는 대오리로 살을 붙여 만든다.

갈포(葛布) 산야에 자생하는 칡껍질로 만든 직물이다.

감각상품 감각적 부분에 기준을 둔 기획상품을 말한다. 성능, 기능, 경제성에 중점을 둔 기능상품과 대조되는 상품이다.

감개수 선을 도톰하고 도드라지게 표현하는 수법으로, 밑그림선을 따라 1번, 또는 서로 어긋나게 2번 홈질을 한 후 홈질한 땀과 수직이 되는 방향으로 홈질을 덮으며 촘촘히 수놓는다. 수놓을 때 한 가닥의 실을 넣으면서 하기도 한다.

감비손(gambeson) 가죽이나 누빈 직물로 된 소매 없는 옷으로, 중세에는 갑옷 아래에 입었다. 무릎 길이의 일반 시민복에서 응용된 것이다.

감색(紺色) 검정색 기미가 있는 짙은 남색을 말한다. 곤색이라고도 하지만 곤색은 잘못된 용어이다.

감은 단처리(rolled edge) 정교한 손바느질로, 시폰이나 얇고 비치는 옷감, 가벼운 실크 직물에 사용된다. 이 스티치를 손쉽게 하기 위해서는 가장자리가 처리되지 않은 단에서 0.8cm 정도 떨어져서 작은 기계 스티치 한 줄을 박은 후 천에서 0.4cm 정도 떨어져 바느질한다. 단은 천의 안쪽으로 말아 넣고 간단한 단처리 스티치로 마무리한다. 롤드 에지라고도 한다.

감정-인지 일관성 이론 로손버그(Rosonberg, 1960)에 의하여 제시된 태도 이론 중의 하나로, 우리의 태도는 감정적인 평가가 인지적 내용보다 우세하므로 신념명제는 감정평가와 합치되는 방향으로 일관성 있게 변화한다.

감침바늘(darning needle) 다닝(darning)은 '터진 곳을 깁다, 꿰매다'란 뜻으로 감침용 바늘을 말한다. 다닝 니들이라고도 한다.

갈라노스, 제임스

갈모

감침박음 복봉 재봉틀 양복의 소맷부리, 옷단 등에 땀이 보이지 않게 처리하기 위해 천 사이를 뜨도록 하는 공업용 특수 재봉틀이다.

감침질(hemming stitch) 옷감을 덧대고 꿰맬 때 사용하는 바느질법의 일종이다. 밑단을 단단하게 고정시킬 때도 이용되는 바느질로 시접을 꺾어 대고 꿰맨다. 실땀이 겉으로 나타나지 않게 잘게 감치며, 안쪽은 긴 사선의 땀이 된다. 종류로는 보통 감치기(slant hemming stitch), 속감치기(blind hemming stitch), 수직감치기(vertical hemming stitch), 말아감치기, 돌려감치기 등이 있다. 헤밍 스티치라고도 한다.

감투[坎頭, 匼頭] 말총이나 가죽, 헝겊 등으로 차양 없이 만든 관모의 하나로 '次頭, 匼頭, 䯻頭'라고도 표기하며, 모양은 탕건과 비슷하나 턱이 없이 밋밋하다. 《양자방언(揚子方言)》에는 상자류(箱子類)라 하였고, 《광운(廣員)》에는 머리를 덮은 것이라 하였는데, 사모(紗帽)의 변형이라고 할 수 있다.

갑골무늬 패고팅 옷감의 단을 약간 뜰 때 바늘에 실을 걸어 잡아당긴 것을 말한다. 끝실이 뒤틀린 크로스 스티치 패고팅이 된다.

갑사(甲紗) 문사의 일종으로, 인문(鱗紋)의 변화사직의 바탕에 사직과 평직으로 된 용문, 문자문, 화문 등으로 제직되어 남녀의 하복지로 사용된다. 조선 시대의 기록에는 화문, 도류문, 매란문, 운학문, 칠보문, 화접문, 학용봉문, 운문, 칠보초롱문, 백복문 등의 갑사가 있다.

갑상(甲裳) 갑옷[甲衣]의 일종으로 허리 아랫

갑사

부분에 치마처럼 둘러 양다리를 보호하는 역할을 한다. 재료로는 쇠미늘을 사용한다.

갑신의제개혁(甲申衣制改革) 1884년(고종 21년) 윤 5월에 있었던 관복(官服) 및 사복(私服)에 대한 개정이다. 당상의 시복(時服)인 홍단령을 입지 못하게 하고, 대·소조의 진견 및 궐 내외 공무시에는 모두 흑단령(黑團領)을 착용하게 하였으며 관복의 소매를 좁게 고치고, 사복은 도포·중치막·직령·창의 등을 광수의 대신 착수의로 입게 하였다. 갓의 넓이를 알맞게 고치게 했음에도 불구하고 뿌리깊은 인습과 전통에 부딪쳐 잘 시행되지 않았다.

갑옷 싸움터에서 적의 화살이나 창검으로부터 몸을 보호하기 위해 입었던 호신구(護身具)이다. 종류에 따라 모양은 다르지만 대개 어깨 위를 가리는 피박(披膊), 가슴을 가리는 흉개(胸鎧), 허리와 양다리를 가리는 퇴군(退裙)의 세 부분으로 구성되어 있다. 갑옷은 관청뿐 아니라 일반 사가(私家)에서도 유사시에 대비한 필수품이었다. 갑옷의 재료는 대개 단(緞)과 철, 두석(頭錫), 무명, 솜, 종이 등을 사용하였다. 갑주(甲冑) 참조.

갑주(甲冑) 갑옷과 투구를 말한다. 갑옷은 만든 방법에 따라 단갑(短甲)과 찰갑(札甲)으로 구분되며, 투구는 충각부주(衝角付冑)와 미비부주(眉庇付冑)로 나뉜다. 찰갑은 단갑에 비해 행동하기에 용이하고 말타기에도 편리한 갑옷이다. 유물로는 고대 박물관에 두석린갑주(頭錫鱗甲冑), 두정갑주(頭釘甲冑) 등이 보관되어 있다. 갑옷 참조.

갓[笠] 조선 시대 사대부의 대표적인 관모(冠

앞

뒤

갑주

帽)의 하나로, 머리를 덮는 부분인 모자(帽子)와 얼굴을 가리는 차양 부분인 양태(凉太)로 이루어졌다. 우리 나라의 갓은 형태상으로 볼 때 모자와 양태의 구별이 어려운 방갓형[方笠型]과 구별이 뚜렷한 패랭이형[平凉子型]의 두 계열이 있다. 넓은 의미의 갓이라고 하면 방갓형과 패랭이형에 속하는 모든 종류의 갓을 말하나, 일반적으로는 좁은 의미의 갓, 즉 흑립을 말한다. 갓은 싸기(갓싸개)의 종류에 따라 진사립(眞絲笠), 음양사립(陰陽絲笠), 포립(布笠), 마미립(馬尾笠) 등으로 나뉜다.

갓

갓골　갓을 만들기 위해 사용하는 틀이다. 나무를 재료로 모부(帽部)나 양태의 형을 만들어 갓의 모양과 형태를 바로잡고 가늠할 목적으로 사용한다.

갓끈[笠纓]　갓을 매는 데 사용하는 끈으로 대개 헝겊으로 만들었으며, 옥·마노·호박·산호·밀화·수정 등으로 만든 장식적인 것도 있다. 또한 신분이나 갓의 종류에 따라 갓끈의 모양이나 재료를 달리 하였다.

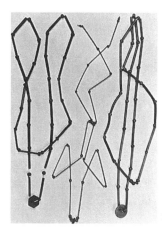

갓끈

갓두루마기　조선 시대 추운 지방에서 착용하던 방한복(防寒服)의 하나로 초피(貂皮), 토끼털 등의 부드러운 가죽을 옷 안에 대어, 저고리 위에 착용하였다. 길이도 길고 품도 넉넉하게 했다.

갓모[笠帽]　비가 올 때 갓 위에 덮어쓰는 우장(雨裝)으로 우모(雨帽)라고도 한다. 위가 뾰족하고 아래는 둥그스름하게 퍼져 있어 펼치면 고깔 모양이 되고 접으면 홀쭉해져 쥘부채처럼 된다.

갓양태　갓의 둘레로 둥글고 넙적한 부분을 말한다. 죽사(竹絲)를 사용하여 만들며, 갓의 종류와 시대에 따라 양태(凉太)의 크기가 다르다. 입첨, 양태(凉太)라고도 한다.

갓옷[裘]　상고 시대에 착용한 동물의 가죽으로 만든 포(袍)의 일종으로, 우리 나라에서는 제주도에서 개가죽으로 만든 두루마기인 고제(古制)의 전승이 있었으며, 《이계집(耳溪集)》에 "적구피(赤狗皮)를 몸에 걸쳤으며, 이것을 여름·겨울에 입었다"고 하였다.

갓집　갓을 넣어 두는 함이다. 조선 시대에 갓의 착용이 일반화되면서 사용하게 된 것으로, 형태상으로는 크게 받침(갓을 올려놓는 부분)과 덮개가 분리된 형과 분리되지 않은 형 두 가지가 있다.

강두라(gandoura)　상체에서부터 밑으로 여유 있게 헐렁하게 내려온 가운 타입의 아프리카 풍 의상을 말한다.

강력 레이온(high tenacity viscose rayon)　보통 비스코스 레이온과 동일한 방사 원액을 사용하나, 응고액의 산 농도는 낮추고 황산아연의 농도를 높이며, 방사 속도를 느리게 하고 응고액의 온도를 높임으로써 배향성과 결정성을 향상시킨 후, 이를 다시 90℃의 묽은 황산 용액 속에 75~100%까지 연신하는

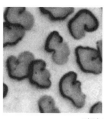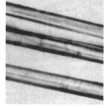

강력 레이온

이욕 방사법으로 배향성을 더욱 향상시킨 레이온이다. 주로 자동차의 타이어 코드로 사용되었으나, 최근에는 합성 섬유의 진출로 그 용도가 상당히 제한되어 고습 강력 레이온의 생산으로 전환되고 있다.

강박형(obsessional type)　　프로이트(Freud)의 성격 유형 중 하나로, 초자아(superego)가 우세해서 양심에 지배되고 비판적이고 회의적이며, 자신이 객관적이고 합리적이라는 점에 긍지를 느끼며, 단순한 상황을 복잡하게 해석하는 유형을 뜻한다.

강사포(絳紗袍)　　국왕이 착용했던 붉은색의 조복(朝服)이다. 포(袍) · 상(裳) · 중단(中單) · 폐슬(蔽膝) · 대대(大帶) · 혁대(革帶) · 패옥(佩玉) · 수(綬) · 말(襪) · 석(舃)으로 일습이 구성되며, 머리에 원유관(遠遊冠)을 쓰므로 원유관포 또는 원유관복이라고도 하였다. 삭망(朔望), 조강(朝講), 진표(進表), 조근(朝覲) 등의 조하(朝賀)를 받을 때 착용하였다.

강사포

강신도 곡선(stress–strain diagram)　　섬유의 한쪽 끝을 고정시키고 다른 한쪽 끝에 하중을 증가시켜, 하중 증가에 따른 길이의 증가를 백분율(%)로 표시한 그래프를 말한다. 보통 섬유의 강도와 신도는 온도 20℃, 습도 65% R.H.의 표준 상태에서 측정한 값을 말한다.

강연사(强撚絲)　　보통의 방적사보다 단위길이당 꼬임을 훨씬 많이 주어서 결과적으로 강하게 만든 실로, 경사에 쓰인다.

강포(江布)　　강릉 · 삼척에서 제직된 상품의 마포이다.

갖맺음 재봉틀　　끝맺음 재봉시, 또는 단추와 같은 작은 부속품을 부착할 때 사용하는 재봉틀이다. 1개 분량의 작업이 끝나면 자동으로 정지한다.

개갑(鎧甲)　　쇠미늘을 달아서 만든 고려 시대의 갑옷[甲衣]으로 용호중맹군(籠虎中猛軍)이 착용하였다.

개구(shedding)　　제직시 위사가 경사 사이에 걸쳐질 수 있도록 필요한 종광틀을 상하로 운동하게 하여 경사층 사이를 열어 주는 과정을 말한다.

개구리첩지　　상류층의 여인이 예장시 사용하던 장신구인 첩지의 일종이다. 첩지의 머리 부분에 개구리 모양이 조각되어 있는 것으로 내명부와 외명부가 사용하였다.

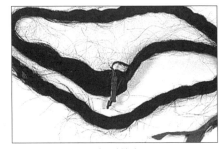
개구리첩지

개기(改機)　　중국 명 · 청시대에 유행했던 중국의 쌍층금이다.

개당고(開襠袴)　　말(襪 : 버선)과 붙어 있는 밑바대가 없는 바지로 바짓부리 밑에 선(襈) 장식을 대었으며 화(靴)를 신었다.

개더(gather)　　'모으다, 주름을 모으다' 라는 뜻으로 프랑스어로는 프롱스(fronce)라고도 한

개더 스커트

다. 천에 주름을 잡아서 아름답게 만들며 주름을 한 곳에 모아 풍부하게 돌출감을 주기도 한다. 또한 두 땀 이상의 땀으로 개더를 만들기도 한다. 셔링이라고도 하며 요크나 스커트의 절개선, 소매, 소매산 등에 자주 이용된다. 스커트에 개더가 있는 것은 개더 스커트라고 부르며, 소매산에 개더가 있는 경우는 개더 슬리브라고 부른다.

개더링(gathering)   옷감을 홈질하거나, 또는 재봉틀로 박은 후 실을 잡아당겨 잔주름을 만드는 방법이다. 부인복·어린이복의 요크, 스커트, 소매산, 소맷부리 등에 응용되며, 개더의 분량은 옷감의 종류와 응용되는 부분에 따라 다르다.

개더 스커트(gather skirt)   허리에 작은 주름을 잡은 스커트로 직선과 플레어로 된 것이 있으며, 플레어로 된 경우에는 개더 플레어 스커트라고 한다. 1830년 이래로 유행하였다.

개두(蓋頭)   ① 고려의 부인들이 나들이할 때 검은 라(羅)로 만든 몽수(夢首)라는 것을 머리에 썼는데 일명 개두라고도 한다. 검은 비단 세 폭에 길이 8자로 이마에서부터 머리를 내려 덮어 면목(面目)만 내보였다. 길이는 땅에 끌게 하였는데 값이 금(金) 1근(斤)과 맞먹었다. ② 조선 시대 여자 머리 덮개의 하나로 주로 국휼(國恤)시 상복(喪服)으로 착용하던 것을 일컫는다. 푸른 대로 둥글게 테를 만드는데, 위는 뾰족하고 아래는 넓게 하며, 흰 명주로 안을 바르고 테 위에 베를 씌웠다. 꼭대기에는 베로 만든 꽃 세 개를 덧붙인다.

개두건(蓋頭巾)   중국 송나라의 검정 비단으로 만든 여자의 나들이용 얼굴 가리개로 나중에는 홍색의 비단으로 대신하였다.

개라지 숍(garage shop)   미국의 개인주택의 차고를 이용하여 개인적인 소품을 판매하는 바자 형태이다. 주로 의류, 가구, 식기류 등을 취급하며, 물건이 풍부한 현대사회에서 인기가 높다.

개리슨 캡(garrison cap)   미국 군인들이 착용하는 모자로, 배 모양의 약식 모자를 말한다. 오버사이즈 캡이라고도 한다.

개버딘(gabardine)   2/2 또는 3/1의 능직물로, 경사 밀도가 커서 능선각은 60° 내외를

개버딘(gabardine)

이루며 능선이 뚜렷하다. 코트, 바지, 여성복, 아동복 등에 쓰인다.

개버딘(gaberdine)   보통 펠트(felt)로 만들며, 소매가 넓고 벨트가 달린 길고 헐렁한 오버코트를 말하는 것으로 특히 16세기에 멋쟁이 남성들이 입었고, 17세기 초까지는 가난한 사람들이 착용하였다.

개성(individuality)   타인과는 다르게 보이고자 하는 욕구가 나타난 것이다.

개인 브랜드(private brand)   상점 자체의 브랜드로 개발된 제한된 제품이나 개인 상표 제품, 또는 회원으로 있는 상점들에게만 독점적으로 제공하기 위해 자체적으로 개발된 상품이다.

개인적 결정요인   소비자가 물품을 구입할 때 소비자의 행동에 영향을 끼치는 학습경험, 개성, 태도, 신념 및 자아개념을 포함하는 소비자 개인의 심리적 요인을 말한다.

개주(介冑)   갑옷과 투구를 말한다. 군복(軍服)의 일종으로, 검은 가죽[烏革]과 쇠를 사용하여 만들고 무늬 있는 비단으로 꿰매어 붙였다. 고려 시대의 상육군좌우위장군(上六軍左右衛將軍), 조선 시대의 무관이 착용하였다.

개차대포(開衩大袍)   중국 청나라 때의 것으로 전의(箭衣)라고 부르며, 수구(袖口) 밖으로 돌출한 전수(箭袖)는 그 모양이 말발굽과 비슷하였기 때문에 속칭 마제수(馬蹄袖)라고도 하였다. 그 모양의 연원은 북방의 악천

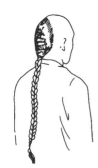

개체변발

갱스터 수트

후와 추위를 피하기 위한 데 있으며 수렵을 하고 활을 쏠 때에는 걷을 수 있어서 행동에 장애를 받지 않았다. 황족은 사차(四杈)였고 평민은 불개차(不開杈)를 입었다.

개책(介幘)　중국 전국시대에 문관(文官)들이 착용하던 관(冠)으로, 앞이 낮고 뒤가 높게 이단(二段)으로 되어 있으며, 턱밑에서 묶을 수 있는 끈이 달려 있다.

개체변발(開剃辮髮)　고려 시대 원(元)의 영향을 받은 머리 모양으로, 머리의 아랫부분을 깎고 정수리 부위의 머리를 땋아 늘어뜨린 형태이다. 충렬왕 4년 개체변발을 처음 시행했으나 공민왕 때 폐지되었다.

개화기 복식(開化期 服飾)　우리 나라의 개화기는 1876년부터 1910년까지이다. 1884년 '갑신의제개혁'에서는 모든 관리가 흑단령을 입고 흉배로 품계를 나타냈으며, 관복의 소매를 착수로 고쳤다. 또한 1895년(고종 31년)에는 답호를 금하고 진궁(進宮)시에 모·화·사대를 사용하며, 주의는 관민 모두 흑색으로 입게 하였다. 1900년 '문관복장규칙'이 반포되어 문관예복으로 양복을 입게 하였다. 대례복에는 프록 코트(frock coat)와 바이콘 해트(bicorn hat)를, 소례복으로는 프록 코트와 색이 다른 바지를 입고 실크 해트(silk hat)를 썼다.

개화짚신(開化—)　조선 말에 많이 신던 혼직 초혜(混織草鞋)로, 왕골과 황짚을 곱게 삼아서 문양을 넣어 만든 상품(上品)의 짚신이다.

객관적 측정방법　직업, 소득, 교육, 주택의 크기 및 형태, 소유 재산, 소속된 단체 및 조직 등과 같은 객관적인 변수로 사회계층을 측정하는 방법이다.

갤러티어(galatea)　청색과 백색의 줄무늬를 넣은 질이 좋은 영국산 면 셔츠감이며, 3장 종광 능직의 조직으로, 종류가 다양하다. 스커트, 간호원 제복 등에 사용되며 청색이나 백색 이외에 갈색, 올리브색, 흑색 등이 사용되기도 한다.

갤런츠(gallants)　17세기에 남녀가 의상이나

머리에 사용한 작은 리본이다.

갤로 그릭 보디스(Gallo Greek bodice)　어깨에서부터 앞뒤 몸판에 대각선으로 맞게 된 1820년대에 유행했던 스타일이다.

갬비토(gambeto)　에스파냐 카탈루냐 지역 남성들이 입었던 두꺼운 모직 코트이다.

갱룩(gang look)　길이가 긴 테일러드 재킷과 타이트한 바지와 셔츠 차림에, 모자와 검정색 선글라스를 착용하고, 바지에는 어깨 멜빵, 서스팬더(suspender)를 멘, 1950년대의 갱들의 옷차림을 재현한 스타일이다.

갱스터 수트(gangster suit)　어깨와 깃을 넓게 만든 수트로, 주로 검정색이나 회색의 가느다란 줄무늬가 있는 플란넬로 만들며, 싱글 브레스티드 또는 더블 브레스티드로 디자인된다. 1967년에 상영되었던 영화 '보니 앤드 클라이드(Bonnie & Clyde)'의 영향으로 유행하였으며, 1930년대의 남성복 스타일을 개조한 것이다.

갱 에이지(gang age)　어떤 운동집단의 조직원의 한 사람으로 소속되거나, 또는 어떤 놀이조직, 친우관계의 조직 등의 단체에 소속되기를 원하는 시기를 말하며, 이 시기의 어린이들은 남들이 조롱하는 것을 두려워한다. 초등학교 연령층이 이 시기에 해당된다.

갱프(guimpe)　원래는 수녀의 목과 가슴을 덮는 것을 의미하나, 여기에서는 목을 깊이 판 드레스 아래에 입어 가슴을 덮은 천 장식이나 네크라인이 눈에 띄지 않게 덮은 주름장식을 말한다. 어깨와 목을 덮고 뒷목에서 묶게 된 역삼각형의 장식천으로, 레이스 천이나 모슬린 등의 가벼운 천으로 만드는 경우가 많다.

거(袪)　소맷부리를 말하며 메(袂)와 함께 쓰인다. 《한씨심의설(韓氏深衣設)》에서 "염소 가죽 옷에 표범 가죽으로 소매를 다다"고 하였는데, 그 소(疏)에 거(袪)는 소매의 윗머리[袖頭]가 작은 것이고, 메는 큰 것이라고 하였다.

거두미(巨頭味)　조선 시대 상류층 부녀자들이 예장(禮裝)시 착용한 큰 머리로, 가체(加

髢)나 떠구지를 착용하여 머리 위에 사용하였다.

거두미

거들(girdle)　주로 여성들이 날씬하게 보이기 위해 하체 부분이 꼭 조이도록 입는, 신축성이 좋은 이중직의 잘 늘어나는 고무로 만든 속옷의 일종이다.

거들 수트(girdle suit)　몸에 꼭 맞는 타이트한 실루엣이 특징인 여성 수트이다. 코튼, 저지 등 신축성 있는 소재를 사용하며, 스웨터와 스커트의 세트로 된 것이 많다.

거들스테드(girdlestead)　허리를 가늘게 하고 강조하기 위해 거들을 많이 착용한 중세부터 17세기의 시기를 말한다.

거물상(mass merchandising)　모든 종류의 상품을 디스플레이하고 판매하는 셀프 서비스 상점으로, 고객들은 원하는 상품을 골라 그들 스스로 출납계원에게 가져가 계산한다.

거싯(gusset)　동작을 편하게 하기 위해 겨드랑이 안쪽에 덧대거나, 슬릿 포켓, 장갑 등을 보강하기 위해 덧대는 삼각형의 천을 말한다.

거좌기(居坐機)　우리 나라에서 베, 모시, 무명, 명주 등을 제작하는 베틀에 대한 일본식 직기 이름으로, 지기(地機), 하기(下機)라고도 한다. 《임원십육지》에 기록된 요기(腰機)와 같은 것이다.

거즈(gauze)　사직물로 경거즈와 위거즈로 구분되고, 익직물로서 익경사와 바닥경사가 교차되어 꼬임을 갖게 되며, 리노(leno)라고도 한다. 면평직물의 얇은 천을 뜻하기도 하고, 견평직물의 얇은 생지를 백·흑·갈색 등으로 하여 여름 부인용 스커트의 투명성을 막기 위해 안감으로 쓰는 것을 말하기도 한

다. 또한 메리야스의 얇은 천을 말하기도 한다. 거즈의 어원은 팔레스타인의 서남부 해안에 있는 가자(Gaza) 항구에서 따온 것이다.

건(巾)　삼국 시대부터 사용하기 시작한 쓰개의 한 가지이다. 우리 나라 관모의 기본형으로, 조각 천 하나로 싸는 가장 간단한 형태의 것이다. 종류로는 삼국 시대에는 책(幘)·건귁(巾幗)·흑건(黑巾) 등이 있었고, 고려 시대에는 감투[坎頭]·평정두건(平頂頭巾)·녹라두건(綠羅頭巾)·오건(烏巾) 등이 있었으며, 조선 시대에는 망건(網巾)·탕건(宕巾)·유건(儒巾)·평정건(平頂巾)·두건(頭巾) 등이 있었다.

건귁(巾幗)　여자용 머리쓰개 중의 하나로 머릿수건이라고도 한다. 건(巾)의 일종이며, 정상은 삼각형의 변형(變形)을 이루고 있다. 머리카락이 흩어짐을 방지하기 위해 일할 때는 물론, 비단 등 좋은 감으로 만들어 외출시에도 사용하였으며, 방한(防寒)의 역할도 겸했다.

건너감침　꺾어 접은 모서리와 모서리를 서로 꿰매어 잔잔하게 감치는 법을 말한다. 테일러드 칼라의 라펠과 윗깃을 마주 대고 감치는 데 사용한다.

건넘수　실을 의도한 길이만큼 건너서 수놓는 방법으로 길이가 짧은 땀과 긴 땀이 있는데, 긴 땀은 0.2~0.3cm 정도의 간격으로 건넘실과 직각이 되게 징거준다. 주로 솔잎, 꽃술, 잎맥의 윤곽선을 돌릴 때 사용한다. 올수와 그 방법은 비슷하나 바탕천의 올 방향과 관계없이 어느 방향으로나 건널 수 있다는 것이 다르다.

건메탈(gunmetal)　총의 몸체에 보이는 금속성의 색을 의미한다. 특히 대포의 포신에 사용되는 구리와 주석의 합금색을 말하며, 거의 검은색에 가까운 농담의 회색을 가리킨다. 1980년대 말 유럽풍의 남성복에 애용되었다.

건식방사(dry spinning)　화학 방사법의 하나로, 원료 중합제를 휘발성 유기 용매에 용해

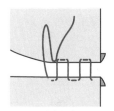

건너감침

한 방사 원액을 더운 공기 속에 압출하여 유기 용매를 증발시켜서 섬유를 얻는 방법이다. 이때 사용한 유기 용매는 회수하여 다시 사용하게 된다. 건식 방사의 대표적인 섬유로는 아세테이트가 있다.

건염 염료(vat dye)　⇒ 배트 염료

건 클럽 체크(gun club check)　셰퍼드 체크의 변형이다. 두 가지 색이나 명도가 다른 실을 사용하여 두 종류의 셰퍼드 체크를 함께 이용한 격자무늬 직물이다. 미국 수렵 클럽의 유니폼으로 이 문양이 지정된 데서 이름이 붙여졌다.

걸리시 룩(girlish look)　소녀다운 청순하고 귀여운 스타일을 말한다.

걸즈 사이즈(girls size)　4~14세 소녀들의 치수를 말한다.

검은 유행　1960년대 말 흑인 종교가인 킹 목사의 죽음이 흑인을 돋보이게 하여 파상모가 유행하는가 하면 쇼윈도의 마네킹이 검은 얼굴로 바뀌는 등의 유행이 1980년대 초까지 이어진 것으로, 즉 흑인들의 외모가 유행한 것이다.

겉뜨기(plain stitch)　대바늘 뜨기의 가장 기본적인 형태로서 메리야스편이라고도 말한다. 안과 겉이 뚜렷하게 구분되며 스웨터, 스타킹, 장갑 등에 많이 사용된다. 어떤 한 부분이 구멍이 나거나 하여도 땀이 생기므로 그 땀을 이용해서 다시 메울 수도 있다. 저지(jersey)라고도 하며 내의류에 광범위하게 사용된다.

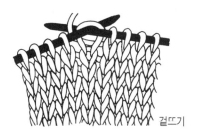

겉뜨기

게른라이히, 루디(Gernreich, Rudi 1922~1985)　오스트리아 빈 출생으로 1938년 캘리포니아로 이주해서 무용을 전공했다. 무용수와 디자이너로 일하다가 자회사를 설립하였으며,

1960년대 스포츠 웨어 분야에서 유능하고 혁신적인 디자이너로 인정을 받았다. 토플리스 수영복, 노 브라 수영복이 대표적이다.

게른라이히, 루디

게스 후(guess who)　'누구인지 알아맞히기' 조사방법으로 티론(Tyron)이 청소년의 바람직한 성격과 특질에 대한 생각을 조사하기 위해 사용한 방법이다.

게이 셔트(gay shirt)　해변가에서 편하고 즐겁게 입을 수 있는 발랄한 무늬의 반소매 셔트로, 비치 셔트라고도 한다.

게이지(gauge)　편성물의 밀도를 표시하는 것으로 보통 1인치 사이에 놓인 코수를 말한다.

게이징(gaugeing)　개더는 잔주름인데 반해 이것은 주름이 겉에서 규칙적으로 포개지는 큰 주름이다. 반드시 손바느질로 0.2cm 또는 0.7~1cm의 간격으로 일정하게 홈질한 다음 실을 잡아당겨 주름을 잡는다.

게이 컬러(gay color)　밝고 쾌활한 색으로, 즐거운 느낌의 색을 의미한다. 즉 화사하고 화려한 색채로 주로 광택이 있는 원색을 가리킨다. 디스코 룩에 자주 사용되는 색이며, 비비드 컬러의 다른 표현이다.

게이터(gaiter)　다리를 보호하기 위해 가죽이나 튼튼한 리넨으로 만든 각반으로, 단추나 버클로 여미고, 발바닥을 지나는 끈이 달린 것도 있다.

게인즈버러 해트(Gainsborough hat)　챙이 넓고 한쪽 옆이 올라간 모자이다. 풍성한 깃털로 장식되어 있으며 퐁파두르 헤어 스타일이나 어깨까지 컬이 있는 헤어스타일에 주로 쓰는 모자로 18세기 영국의 화가 토마스 게인즈버러의 그림에 주로 나타난다.

게타(geta) 밑창이 나무토막으로 된 높은 일본식 샌들이다. 발바닥에서 나온 끈이 첫 번째와 두 번째 발가락 사이로 올라와 발등에서 두 가닥으로 나뉘어 양쪽 밑창을 향해 굽어지며 연결되어 발을 고정시킨다. 1960년대에 비치 웨어로 많이 애용되었다.

게트르(guêtre) 다리 부분을 보호하거나 기능성을 고려하여 착용하는 각반의 일종으로, 소재와 디자인이 다양하다. 스패츠(spats)도 게트르의 일종이며, 영어로는 게이터(gaiter)라고 한다. 조선시대에 남성들이 바지 위에 착용했던 행전도 이와 유사한 형태와 용도를 갖고 있다.

게피에르(guêpiere) 허리 부분에 착용하는 좁고 짧은 거들의 하나로, 때로는 가터에 부착되어 있다. 1947년 파리 쿠튀르의 디자이너 마르셀 로샤(Marcel Rochas)에 의해 디자인되었다. 프렌치 신치, 웨이스트 신처 참조.

겔(gele) 길이 2야드 반, 넓이 반 야드의 스카프로 주로 머리쓰개로 사용하는 천을 말한다. 서부 아프리카의 요루바(Yoruba)에서 영감을 받은 것으로, 현지의 겔은 착용자의 결혼 상태, 남편의 신분 등의 상징성을 갖는다.

격자 국화수 사선 격자나 직선 격자를 수놓은 후 격자 속에 국화 모양을 수놓은 것이다. 격자 속에 +자 모양으로 각각 2번 건넘수를 하고, 그 사이를 의도한 간격으로 선을 넣어 국화 모양을 만든 후 중심에 매듭수를 놓는다.

격자수 수평·수직 또는 사선으로 실을 건너서 정방형이나 마름모형의 기하학적 모양을 만들고 그 교차점을 징거주는 수법으로 면을 메울 때 사용한다.

격지[脚澁] 나막신[木屐]의 하나이다. 즉 나무를 파서 만든 신이다. 굽이 높아 비올 때는 좋으나 무겁고 활동적이지 못하다. 조선 시대에는 남녀노소의 구별 없이 신었다. 목극

(木屐)·극자(屐子)라고도 한다.

견(繭, cocoon) 누에고치를 말한다. 누에 한 마리가 한 개의 고치를 지은 것을 단견(單繭), 두 마리 이상의 누에가 공동으로 한 개의 고치를 지은 것을 쌍견, 옥견(玉繭)이라고 한다.

견(絹, silk) ① 누에고치로부터 얻는 섬유로 천연 섬유 중 유일한 필라멘트사이다. 피복 재료로 이용되기 시작한 것은 B.C. 2640년경 중국에서부터였다고 알려져 있다. 값이 비싸고 관리가 어렵고 내일광성이 나쁜 단점을 지니고 있으나, 삼각단면으로 인한 우아한 광택과 흡습성이 좋고 염색이 용이한 점 등이 오랫동안 고급 섬유로서 인정되어 한복감이나 여성의 드레스, 스카프, 넥타이 등에 널리 사용된다. ② 가잠, 야잠의 고치에서 얻은 실로 제작된 직물명 또는 섬유명으로, 중국의 한대에는 특정한 직물명으로 사용되었다. 《석명》에는 굵은 비단실로 제작된 견직물이라고 기록되어 거친 비단을 지칭하기도 하였다.

게타

겔

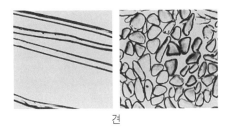
견

견단화(絹緞靴) 비단으로 만든 신의 일종으로, 조선 시대 말 대원군(大阮君)이 사치스럽다 하여 금지령을 내렸다.

견면(floss blaze) 누에가 고치를 만들 때 고치를 안정시키기 위해 토해낸 고치의 외부를 뜯어 모은 섬유로, 견사 방직의 원료가 된다.

견방사(spun silk) 연속 조사가 불가능한 부잠사를 적당한 길이로 절단하여 단섬유로 하여 방적한 견사를 말한다.

견본(sample) 거래시 보여지는 모델이나 신제품 의복, 디자인을 말한다. 카피(copy)에서는 오리지널을 뜻한다.

견본실(sample room) 매각인(賣却人)이 바

이어나 시장 대표들에게 제시하기 위해 상품 견본을 디스플레이하는 상점 내의 한 구역을 말한다.

견지(繭紙)   불량한 누에고치[綿繭]에서 실을 풀어 만든 비단 종이를 말한다. 예로 고려지라고 명명되었는데, 빛은 비단처럼 희고, 질기기는 명주와 같아서 먹을 잘 받는다고 하였다.

결관포(結棺布)   상(喪)을 당했을 때 관(棺)을 묶는 데 사용하는 외올베로, 결관바가 없을 때 대용한다.

결금포(缺襟袍)   중국 청나라 복식으로 말타기에 편리하도록 전금(前襟 : 앞단)의 아래폭이 갈라졌고 오른쪽이 왼쪽에 비해 1척 정도 짧았다. 이것을 행장(行裝)이라고도 하였으며, 말을 타지 않을 때에는 짧은 앞쪽을 옷 사이로 단추로 잠그었다.

결금포

결정(crystal)   결정은 분자(원자)가 3차원의 공간에서 상호 위치 관계가 규칙적으로 질서 있게 되어 있는 부분을 말한다. 섬유 내의 결정 부분에서는 분자들이 규칙적으로 치밀하게 배열되어 강력히 결합되어 있으므로, 섬유 내에 결정이 발달되어 있으면 섬유의 강도, 탄성, 내열성 등이 향상된다.

결핍동기(deficiency motivation)   인간동기의 가장 기본적인 개념으로서 유기체는 자기에게 중요한 어떤 것이 결핍되면 그것을 얻기 위한 행동을 하게 된다는 개념이다.

결합사(binder yarn)   장식사에서 식사를 심사에 엮어 매는 역할을 하는 실을 말한다.

겸(縑)   견직물의 일종으로《설문》에서는 병사로 제직된 증이라고 하였다. 우리 나라에서는 삼한 시대에 직물명으로서《삼국지》등에 기록되어 있다.

겹군(裌裙)   겹으로 된 치마를 말한다.

겹바지   옥양목·명주·사(紗) 등으로 만든 겹으로 지은 바지이다. 솜을 두지 않으며, 여자는 치마 속에 입었다.

겹장삼(裌長衫)   조선 시대에 입었던 소매가 길고 넓은, 겹으로 지은 옷으로 궁중 예복의 하나이다.

겹저고리   솜을 두지 않고 겹으로 지은 저고리이다.

겹치마   안을 받쳐 겹으로 지은 치마를 말한다.

경공장(京工匠)   《경국대전》의 공장조에 기록된 전문적 수공업자로 구성된 중앙관사 소속 각종 공장이다. 직물에 관계된 공장으로는 능라장, 모의장, 전장, 사금장, 재금장, 침선장, 합사장, 청염장, 홍염장, 연사장, 방직장, 초염장, 성장 등이 있다.

경금(經錦)   경사로 지(地)와 문(紋)을 이루는 금(錦)이다. 일반적으로 2~3색 정도의 경사가 중첩되어 평조직 또는 능조직으로 제직된 문직물(紋織物)이다. 특별한 경우에는 5색, 7색으로도 제직되었다. 우리 나라에서 부여인들이 입은 금이 경금으로, 중국 길림성의 부여 유적지에서 경금 유품이 조사되었다. 중국에서는 주나라의 유적에서 경금이 조사되고 있다. 경금은 세계적으로 우리 나라와 중국 지역에서 일찍이 사용된 경중직의 문직물이다.

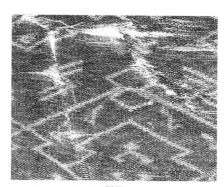
경금

경대(脛帶)　조선 시대 전복(戰服)의 바지에 활동이 간편하도록 다리에 매던 것으로 윗부분 양끝에 끈을 달아 동여매도록 되어 있다.

경두둑직(warp rib pattern)　변화 평직 중 두둑직(무직)의 한 방법으로, 경사 한 올에 대하여 한 개구에 둘 또는 그 이상의 위사를 나란히 투입하여 위사 방향의 경사가 떠오른 이랑이 나타나는 조직이다. 경무직이라고도 하며 그로그랭(grosgrain)이 이 조직에 속한다.

경두둑직

경무직(warp rib pattern)　⇒ 경두둑직

경번갑(鏡幡甲)　전쟁시 몸을 보호하기 위해 입는 갑옷[甲衣]의 일종으로, 쇠미늘[鐵札]과 쇠고리[鐵環]를 사이에 서로 두고 엮어서 만든 것이다.

경사(end, warp)　직물변 또는 직물의 길이 방향에 평행하게 배열하고 있는 실을 말한다. 위사에 비해 꼬임이 많고 강한 실을 쓰며 풀을 먹여 사용하기도 하는데, 이는 직기에서 받는 힘과 북의 왕래시에 받는 마찰에 견딜 수 있도록 하기 위해서이다. 날실이라고도 한다.

경사날염(warp printing)　직기의 경사빔에 경사를 감은 상태에서 날염하는 방법이다. 이렇게 날염된 경사에 위사를 넣어 제직하면 부드럽고, 불분명하며, 약간 번진 듯한 디자인 효과를 낼 수 있다.

경사 렙(warp rep)　경사 방향에 두둑을 이루는 면직물을 일컫는다. 렙 직물은 본래 위사 방향에 두둑을 이루며 포플린보다 두둑이 뚜렷한 직물이다. 모린이라고도 한다.

경사 빔(warp beam)　직기의 기본 구조의 하나로, 직조하고자 하는 천의 길이와 너비에 해당하는 수만큼의 경사를 감아두는 장치이다. 도투마리라고도 한다.

경사 빔

경사송출(letting off)　제직시 경사 빔에 감겨진 경사를 제직에 필요한 양만큼 풀어 주는 과정을 말한다.

경사직기(傾斜織機)　경사가 직기에 경사지게 배열되어 제직되는 직기로, 우리 나라의 무명, 명주, 베, 모시를 제직하는 베틀이 곧 경사직기이다.

경사호부(warp sizing)　실에 보호막을 형성하여 제직 중 실이 손상되거나 절단되는 것을 방지하기 위하여 제직하기 전에 풀을 먹이는 것을 말한다.

경식(頸飾)　목 부위를 치장하기 위한 모든 종류의 장식을 말한다. 목걸이 참조.

경위이캇　경사, 위사를 방염하여 염색한 실로 만든 이캇(ikat)이다.

경의(景衣)　궁중 복식의 하나로, 먼 길을 갈 때 먼지 등에 성장이 더럽혀지지 않게 하기 위한 여성의 덧옷이다. 옷 모양은 광수(廣袖)에 품이 넓으며, 고름 등 앞자락을 여미는 것이 없다.

경의고(脛衣袴)　바지의 다른 말로 《설문(設文)》에서는 고경의지(袴脛衣地)라고 했다. 바지 참조.

경이캇(經 ikat)　경사를 방염하여 제직한 염문직물이다.

경제적 구매동기　사용상의 효율성, 내구성, 실용성 등을 따져보는 구매 동기이다.

경제적 유형　스톤(Stone)이 제시한 고객의 4가지 유형 중의 하나로 가격, 질, 상품 등에 민감한 유형이며, 중하층의 가정주부에 많다.

경족의(脛足衣)　바지통에 버선[足袋]을 꿰매붙인 각반(脚絆) 모양의 하의로 비단으로 만들었다. 양쪽 허리 부분을 혁대에 끼어 입게 되어 있다.

경직도(耕織圖)　중국 송·원·명대의 농경, 양잠 방적의 도첩이다.

경척(鯨尺)　일본의 화재용 척도로 일척이 곡척의 일척이촌오분(一尺二寸五分 : 약 38cm)이다.

경편성물(warp knitted fabric)　직물의 경사와 같이 배열된 실들이 각각 대응하는 편침에 세로 방향으로 공급되어 형성되는 편성물로, 위편성물에 비해 전선이 생기지 않고 신축성이 적으며 봉제성이 좋다.

경편직(warp knitting)　코가 상하로 비스듬히 지그재그형으로 진행하면서 경편성물을 만드는 편성 과정으로, 경편이라고도 한다. 편성기의 종류에 따라서 트리코, 밀라니즈, 라셀, 심플렉스 등으로 분류된다.

경험적 자아(empirical self)　윌리엄 제임스(William James)가 내린 자아의 정의이다. 자기의 이름으로 부르고 싶어지는 모든 것으로, 넓은 의미에서는 내가 나의 것이라고 부를 수 있는 모든 것을 말한다. 즉 신체적·정신적인 것뿐만 아니라 의복, 집, 주변인물, 소유물 등에 대해 개인이 갖는 총체적 느낌을 뜻한다.

곁마기[傍莫只, 狹隔音, 絹莫伊]　저고리의 일종으로 요즈음의 삼회장저고리와 같은 옷이다. 노랑이나 초록 바탕에 자주색으로 겨드랑이를 막고 깃과 고름을 달며, 끝동은 자주색이나 남색으로 댄다.

계(紊)　경위사 빌노가 큰 치밀한 견직물을 말한다.

계(髻)　머리를 맺는 결발(結髮) 양식으로, 삼국 시대부터 남성보다는 여성의 머리 형태에서 여러 가지의 결발 양식을 발견할 수 있다.

머리 형태로는 얹은머리[髼髻], 쪽찐머리[北髻], 채머리[垂髻], 쌍상투[雙髻], 고계(高髻), 쌍계(雙髻), 추계(椎髻), 가체(加髢), 경혹계(驚鵠髻) 등이 있다.

계(筓)　비녀의 일종으로 관(冠)에 꽂기 위해 사용되며, 위는 둥글게 끝은 뾰족하게 만들었다.

계(罽)　섬세한 모직물로 부여인들이 사용하였으며 조선 시대까지 우리 나라에서 제직 사용된 모직물이다.

계금(罽錦)　모섬유로 제직된 금으로 우리 나라에서는 금은선계금, 홍지금오색선직성화조계금 등이 고려시대에 제직되어 후진(後晋)에 보냈다는《고려사》의 기록이 있다.

계담(罽毯)　모섬유로 제조된 모제품으로 깔개, 담요로 사용된 것이다.

계절상품(seasonal merchandise)　특정한 계절 동안 수요에 부응하기 위해 구입된 상품이나 집중적으로 팔리는 상품을 말한다. 예를 들면 여름용·겨울용 의복, 수영복, 레인웨어, 방한용 모자나 장갑 등이다.

계칙동환수(鸂鶒銅鐶綬)　후수(後綬)의 하나로, 조선 시대 7~9품의 백관(百官)들이 조복·제복에 황·녹의 2색을 사용하였다. 비오리[鸂鶒]를 수놓았으며, 동으로 만든 2개의 고리를 달았다.

계획구매　금전, 제품, 시간, 장소 등을 사전에 계획하고 선택하는 것이다.

계획적 충동　충동구매의 한 형태로, 구매자가 그 상점에서 가격, 쿠폰 제공 등의 특전이 있을 것을 기대하고 구매를 결정하는 행동을 말한다.

고(袴)　고대 사회 바지의 총칭이다. 유(襦)와 함께 우리 나라의 기본 복제의 한 가지로 남녀 모두 착용하였으며, 여자는 그 위에 상(裳)을 입기도 하였다. 고의 종류에는 궁고(窮袴), 대구고(大口袴) 등이 있다.

고고리(古古里)　몽고 시대 귀부인이 쓰던 특수 관모로, 우리 나라에서는 고려 시대 부녀자가 예복에 썼다. 형태는 매우 높은 모정(帽頂)에 채색 깃털을 장식하고 모부(帽部)

고고리

전후에 꽃을 꽂는다. 계상(髻上)에는 대주(大珠) 장식을 길게 늘이고 이마에는 붉은색 띠를 띤다.

고고 부츠(go-go boots)　　장딴지 중간까지 오는 흰색 부츠로 구두 끝이 트인 형태와 트이지 않은 형태가 있다. 1960년대에 유행하였다.

고고 워치(go-go watch)　　화려하고 다양한 색상과 넓은 밴드가 특징인 시계로, 교환이 가능한 넓은 밴드는 의상과 대조 또는 조화를 위한 코디네이션의 용도로 사용한다. 1966년에 출현하였으며 그 후 널리 유행되어 여성용 큰 시계와 큰 시계줄의 출현에 많은 영향을 주었다.

고고 워치

고고 워치밴드(go-go watchband)　　고고 워치에 사용되는 밝은 색상의 가죽이나 플라스틱 밴드로, 1960년대 후반에 소개된 당시 이음쇄 부분이나 연결 부분이 독특하여 각광을 받았다.

고관여 상품(high involvement product)　　고가품이나 전문품 등과 같이 구매하고자 하는 상품이 소비자에게 중요하고, 잘못 결정을 내리게 되면 입게 될 사회적·경제적 위험이 일정 수준 이상인 상품이다. 냉장고, 자동차 등 고가의 내구재와 특정 스타일의 의상 등이 포함된다.

고구라(古九羅)　　일본의 고구라 지역의 직물이다.

고구려복(高句麗服)　　관(冠)은 절풍(折風)이 대표적이며, 남녀 모두 엉덩이 길이의 저고리를 입고 바지를 입었는데, 귀족일수록 대구고(大口袴)를 입었다. 그 위에 섶·단과 소맷부리에 선(襈)을 댄 포(袍)를 입었다. 여자는 주름치마·색동치마도 입었으며 신으로는 화(靴)·이(履)를 신었다.

고글(goggles)　　일반적으로 과격한 활동에서 눈을 보호하기 위해 착용하는 보안용 안경의 일종으로, 렌즈는 보통 깨지지 않는 소재를 사용하며, 안전을 위해 안경다리 대신에 밴드를 부착하여 머리 주위에 둘러서 착용한다. 자동차 경기 선수, 스키 선수 등이 주로 착용하며 수영용 고글은 방수 처리 되어 있다.

고기(高機)　　일본에서 만들어진 수직기의 일종으로 지기(地機)보다 앉을개판이 높은 수직기이다. 경사는 수평으로 고정되었으며, 답목으로 경사를 개구하는 직기이다. 우리나라에서는 재래식 베틀에 대하여 개량직기라고 이름붙였다. 명주, 베, 모시 등이 제직되기도 하고, 이캇(ikat)을 제직하기도 한다.

고깔　　승려가 쓰는 건(巾)의 하나로, 천이나 종이를 배접하여 만들며 주로 저마포(苧麻布)를 사용한다. '곳갈'의 음이 변하여 고깔이 되었는데 '곳'은 첨각(尖角), '갈'은 관모(冠帽)를 뜻한다. 삼국 시대의 변(弁)의 형태에서 비롯되었고, 조선 시대의 상좌들이 썼으며, 사헌부의 나장(羅將)이나 관아의 급창(及唱) 등의 하급 관리들도 썼다.

고넬(gonel)　　14세기에 착용하였던 가운을 말한다.

고넬(gonelle)　　중세에 남녀가 착용한 튜닉으로, 넓적다리까지 오는 길이에 잘 맞는 소매가 달렸다. 목둘레선과 소매끝, 스커트 단에 자수로 장식했다.

고단(庫緞)　　팔매주자조직의 대문단으로 중국 청대에 내무부의 '단고(段庫)'에 직물을 수장하였는데, 단고의 단이 고단으로 와전된 것이다.

고데(godet)　　삼각형(triangular) 모양의 조각으로 스커트나 소매에 첨가함으로써 풍부함을 증가시키고, 밑단 부분에 플레어가 지게 하며, 윗부분을 둥글게 해 주는 효과가 있다. 고어(gore), 거싯(gusset)이라고도 한다.

고데 스커트(godet skirt)　　플레어를 많이 지게 하기 위해 치마 끝단에서부터 위쪽으로 스커트의 양옆에 또는 앞뒤에 삼각형 모양의 천 조각을 끼워 넣은 스커트로, 1930년대부터 유행하기 시작하였다. 롱 스커트나 이브닝

고고 부츠

고글

고깔

드레스 등 우아하고 드레시한 스커트에 많이 쓰인다.

고데 플리츠(godet pleats)　연속적으로 주름을 말아 잡아 고어 스커트와 같은 형태를 이루게 만든 주름으로, 1890년대에 유행하였다. 파이프 오르간 플리츠라고도 한다.

고디언 노트 드롭 스티치(gordian knot drop stitch)　체인 스티치와 같은 방법으로 끝을 돌려가며 꽂는 스티치이다.

고디언 노트 스티치(gordian knot stitch)　매듭을 지으면서 직선으로 꽂아가는 스티치이다.

고려금(高麗錦)　우리 나라에서 일본에 전해진 금과 그 기술로 제직된 금 또는 고구려의 금을 말한다. 일본 정창원(正倉院)에 수장되어 있는 산수팔괘배팔면경(山水八卦背八面鏡)을 넣은 팔각형 상자의 뚜껑에 바른 금이 고려금이라고 알려져 있다. 일본 나라 시대의 고문서에도 고려금에 대한 기록이 있다.

고려도경(高麗圖經)　1123년(인종 1년)에 송나라 사절로 고려에 왔던 서긍(徐兢)이 지은 책으로, 고려의 여러 가지 실정을 글과 그림으로 설명하고 있다. 현재는 그 글만이 전해지고 그림은 소실되었으나, 이 책은 다른 고려사 관계 자료들에서는 볼 수 없는 귀중한 기사를 많이 수록하고 있다.

고려백금(高麗白錦)　고려의 특산금으로 일본, 중국에 널리 알려져 제직되었다. 고려에서 전백금(全白錦)을 송나라에 보냈다는 기록이 있다.

고려복식(高麗服飾)　고려의 복식은 4기로 나눌 수 있다. 제1기는 신라의 복식을 착용한 시기이고, 제2기는 송나라 복식의 영향기이다. 제3기는 몽고 복식의 영향하의 1세기 동안이며, 제4기는 1386년 명제 복식을 도입한 이후로 조선 초기까지이다. 이것은 백관복에 관한 것으로 서민의 의복은 변화가 거의 없었다.

고려승무(高麗勝武)　5세기경 고구려에서 일본으로 건너간 가죽공인이 염색한 가죽염색명이다. 사슴의 가죽, 소가죽으로 염색하여 갑옷을 만들었다.

고려염부(高麗染部)　5세기경 고려왕이 일본에 보낸 가죽염색공이 조상이 되어 제도화된 일본의 염부이다.

고려의 공장(工匠)　고려에는 관영공장, 사영공장이 있었다. 관영공장에는 액정국(掖庭局)에 금장(錦匠)·라장·능장·견장이 있었고, 잡직서(雜織署)에 금장·라장·능장·견장이 있었다. 상복서(裳服署)의 어의 봉공을 위한 수장, 대장(帶匠) 등도 있어 금·능·라·견·수 등을 제직하였다. 사영공장은 농촌수공업으로서 저포·마포·주가 제직된 것으로 본다. 도염서(都染署)도 있어 염색을 하였다.

고름　한복의 저고리나 두루마기의 앞길을 여미기 위한 약간 폭이 있는 두 개의 끈으로, 고려 시대 후기에 저고리 길이가 짧아지면서 등장하였다. 처음에는 실용성만을 고려하여 좁고 짧았으나, 조선 후기에는 고름이 넓고 길어져 우리 옷의 직선과 곡선미의 조화를 더욱 두드러지게 만들었다.

고마, 미셸(Goma, Michel 1932~)　프랑스 태생의 에스파냐계 디자이너로, 패션과 예술을 공부한 뒤 19세 때 파리로 가서 회화를 공부하려고 하였으나, 자신의 패션 디자인을 팔기 시작하였다. 1950~1958년에 라포리(Lafaurie)에서 일했으며, 이 회사를 인수하여 '미셸 고마'라고 이름을 바꾸었다. 1963년 회사 문을 닫고 파투사에서 10년 동안 일한 뒤 프리랜서로 전향, 계속적으로 컬렉션을 제시하고 있다.

고무 섬유(rubber fiber)　고무나무 수액의 라텍스(latex)를 원료로 하여 얻는 섬유로, 양말 등에 가장 많이 사용된다. 고무사는 부드럽고 신축성이 좋으나 열에 약하고 내일광성이 좋지 못하며, 특히 피지를 비롯한 동·식물유, 광물유 등에 의해 노화되므로 내구성이 좋지 않다.

고무신　굽이 낮으며 고무를 재료로 하여 만든 신발로, 남자 고무신은 갓신을 본떴고 여자의 것은 당혜를 본떠서 만들었다. 고무신을 최초로 신은 사람은 순종이었으며, 운동화의 대중화 및 구두의 생활화로 선호도가 날로 저하되고 있다.

고무편(rib stitch)　평편과 펄편을 교대로 짠 편성 조직으로 양편의 외관이 같다. 웨일이 하나씩 교대로 앞뒤에 나타나는 것을 1×1 고무편이라고 하고, 두 웨일이 교대로 나타나는 것을 2×2 고무편이라고 표시한다. 고무편은 코스 방향의 신축성이 커서 셔트의 소매끝이나 장갑의 손목 등에 이용된다.

고무편성물(rib knitted fabric)　표면의 웨일(wale)이 양면에 교대로 나타나는 위편성물이다. 배열된 웨일이 교대된 수에 따라 1×1, 2×2, 2×1, 3×3 이랑을 만든다. 평편에 비해 신축성·내구성이 좋고 부피감이 있다. 스웨터의 소매나 목단 등에 사용된다.

고블랭 코르셋(gobelin corset)　가슴 밑에서 허리까지 오는 여성들의 코르셋형 벨트로, 뒤쪽으로 가면서 점점 좁아지고 러플로 된 레이스 장식이 되어 있다. 1860년 중반에 유행하였다.

고블랭 태피스트리(gobelin tapestry)　세계에 널리 알려진 고블랭직의 철직(綴織)으로, 주로 17세기 중반 프랑스의 고블랭가 공장에 창설되었던 왕실 가구 공장에서 만들어냈으며, 벽걸이나 고급 가구의 덮개로 사용한다.

고블랭 프린트(gobelin print)　고블랭은 태피스트리의 일종으로 모·견·면 등에 몇 가지 색실로 무늬를 짜 넣은 직물을 뜻하며, 고블랭 프린트는 그러한 느낌을 주는 프린트를 말한다.

고블릿 칼라(goblet collar)　고블릿이란 굽이 있고 손잡이가 없는 술잔으로, 이러한 형상을 닮은 칼라를 지칭한다. 퍼널 칼라(funnel collar)와 같은 형의 스탠딩 칼라이다.

고세나이트(goshenite)　무색의 투명한 광물로 녹주석(綠柱石)의 하나이다. 엷은 푸른색을 띤 경우도 있다.

고소데[小袖]　무로마치·에도시대에 상류 무가(武家) 여성이 입었던 예장용 의복이다. 현대에는 방문복, 사교복, 예복 등으로 사용되는 와후쿠[和服]의 대표적 의상이 되었다.

고송총(高松塚) **고분벽화 여인상**　1972년 일

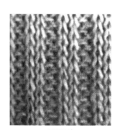

고무편

고소데

고블랭 태피스트리

고송총 고분벽화

본에서 발견된 고분인 고송총에 나타난 여인상으로 상의는 기누[衣]를 입었으며 하의로 모[裳]를 입고 있는데, 모는 치마로서 여기의 색동치마는 고구려 수산리(修山里) 벽화에 보이는 색동치마와 같은 형태이다.

고습 강력 레이온(high wet modulus rayon) 비스코스 레이온의 수축성을 개량한 특수 레이온 섬유이다. 노성을 억제하고 방사 방법을 개량하여 만들며, 고결정화도, 고배향도로 팽윤도가 낮으며, 습윤시 탄성률이 높은 섬유이다.

고시노 미치코(Koshino Michiko 1943~) 일본 오사카 출생으로, 일본의 유명 디자이너였던 어머니 고시노 아야코와 세계적인 디자이너로 성장한 두 언니 고시노 히로코와 고시노 준코의 영향 속에서 자랐다. 동경의 문화복장학원에서 공부한 후 1975년 영국 런던에 미치코사를 창설했으나 빛을 보지 못하고 오히려 이탈리아에서 성공을 거두었다. 이후 런던 디자이너 컬렉션에서 자신의 이름으로 디자인을 선보인 후 국제적인 명성을 쌓기 시작했다.

고시노 히로코(Koshino Hiroko 1938~) 일본 동경 출생의 일본 패션계 정상에 있는 디자이너로 1983년 파리에서도 알려지기 시작하였다. 그녀의 디자인은 일본의 전통복인 기모노나 오비 벨트를 응용한 디자인이나 대나무, 새의 프린트 무늬가 특징적이다.

고어(gore) 덧대는 천, 또는 삼각형의 천을 말하는 것으로, 고어드 스커트는 여기에서 비롯된 명칭이다.

고어드 스커트(gored skirt) 2~27쪽의 옷감을 세로로 이어서 만든 스커트로, 허리는 맞고 밑으로 가면서 플레어가 진다. 디자인에 따라 허리 부분에 부드러운 잔주름이나 개더·플리츠로 된 것도 있으며, 일반적으로 쪽이 많을수록 주름이 더 많아진다. 이어진 조각수대로 고어에 이름이 붙여져서 4장으로 된 것은 4고어드 스커트, 6·7·8·9 등으로 되며, 12장 붙임은 12고어드 스커트라고 한다. 엄브렐러 스커트, 파라슈트 스커트,

파라솔 스커트라고도 한다. 14세기에 명칭이 지어졌으며 19세기 후반에서 20세기 초까지 유행하였다.

고어텍스(Gore-Tex) 라미네이트형의 투습발수 직물로, 피브릴 구조를 갖는 미다공피막인 PTFE(poly tetra fluoro ethylene) 필름을 사용한 것이다. 스키복, 등산복, 겨울용 파카 등에 사용된다.

고의(袴衣) 저고리와 함께 우리 나라 기본 의복의 하나로 다리가 들어갈 수 있도록 가랑이가 나누어져 있는 형태의 하의(下衣)이다. 남자 고의는 계절에 따라 옷감과 색깔, 만드는 방법이 다르고, 여자 고의는 속옷화하여 밑이 벌어지는 형태에서 다시 막히는 형태로 돌아왔을 뿐, 고대에서 오늘에 이르기까지 옷의 기본 형태에는 거의 변화가 없다.

고자(褲子) 중국 청대에 일반 여성들이 입었던 것으로 허리띠를 왼쪽으로 늘어뜨렸는데 초기에는 좁았으나 후기에는 넓고 긴 것을 좋아하였다. 띠 끝에는 꽃무늬를 수놓아 장식하였다.

고쟁이 여름용 여자 속옷의 하나로 속곳 위, 단속곳 밑에 입는다. 주로 여름용이므로 무명, 베, 모시 등을 사용하여 홑으로 박아서 만든다.

고전적인 성격유형론 성격이론 중의 하나로 B.C. 400년경 히포크라테스(Hippocrates)가 성격을 체액에 따라서 다혈질(blood), 우울질(black bile), 담즙질(bile), 점액질(phlegm)로 구분한 것을 말한다.

고정관념(stereotypes) 어떤 집단이나 개인에 대한 선입견을 뜻하며, 일반적으로 지나치게 단순화되고 고정된 어떤 이미지를 말한다.

고종(古綜) 고대의 면직물명이다.

고주파 재봉틀(electronic-seamer machine) 실과 바늘을 사용하지 않고 고주파를 사용하여 2장의 천을 밀착시키는 재봉틀이다. 최근에는 비옷이나 스포츠 용품 등의 접착에 이용하기도 한다.

고패(古貝) 면직물의 고대명이다. 《남사(南史)》에 해남제국 서남이전에 "고패는 나무이

고어드 스커트

름이고 열매가 열면 깃털과 같이 되는데 그것을 실로 하여 포를 만든다"고 하였다. 곧 면모로 실을 만들어 면포를 만든 것을 고패라고 한다고 한 것이다.

곡(穀)　《석명(釋名)》에서 곡은 좁쌀같이 보인다고 하였다. 강연사의 평직물에 대한 고대의 직물명으로 본다. 석주선 박물관 소장 17세기 수성 최씨묘 출토 중치막의 직물, 충북대 소장 17세기 남양 홍씨묘 출토품 중에 무연경사와 강연위사로 제직된 평직물을 곡의 종류로 본다. 중국에서도 강연사의 평직물로 보고 있으나, 일본에서는 평안조 이래로 발달한 사지(紗地)에 삼매능조의 부문이 직입되어 제직된 직물을 곡이라고 하기도 한다.

곡거포(曲裾袍)　중국 진·한 시대 포의 일종으로 앞자락폭 도련의 형태는 거(裾)가 허리를 감고 있다.

곡생초　전라남도 당진에서 제직된 조선 시대의 초(綃)이다.

곡선박기　틀바느질법의 일종이다. 깨끗하고 예쁜 곡선이 되도록 하기 위해서는 실조절과 누름조절을 약간 늦추고 옷감을 왼손으로 움직여가면서 바느질한다.

곡옥(曲玉)　옥으로 만든 장신구의 일종으로 '곱은 옥'이라고도 한다. 크기는 1cm 내외에서 10cm 내외까지이며, 재료는 흙·돌·뿔·뼈·비취·백옥·청옥·수정·마노(瑪瑙) 등이 있으나 옥으로 된 것이 많다. 곡옥은 중국 일부와 아시아 지역에서도 출토되고 있으나, 한반도 및 일본에서 크게 발달되었다.

곡자(curved measure)　커브드 룰(curved rule)이라고도 불린다. 거의 직선상으로 시작되어 끝이 휘어지는 모양으로, 소매나 허리, 옆선 등 곡선 부분을 제도할 때 용이하다.

곤(褌)　통이 좁고 가랑이가 짧은 바지로 상고 시대부터 착용되었으며, 지금의 잠방이와 같은 형태이다. 고구려의 궁고(窮袴)와 비슷하나 가랑이가 좀더 짧다.

곤돌라 스트라이프(gondola stripe)　굵기가 가는 핀 스트라이프(pin stripe)의 반대 용어로, 굵기가 일정한 간격으로 된 굵은 줄무늬를 말한다.

곤돌라 팬츠(gondola pants)　베네치아에서 곤돌라의 노를 젓는 뱃사공들이 착용하는 무릎 길이의 바지류를 말한다.

곤룡포(袞龍袍)　조선 시대 국왕이 집무시에 입던 상복(常服)으로 용포(龍袍)·망포(蟒袍)·어곤(御袞)이라고도 한다. 왕은 대홍색(帶紅色) 곤룡포에 금사(金絲)로 수를 놓은 오조룡보(五爪龍補) 네 개를 양 어깨·가슴 등에 각각 달았고, 황제는 황색 곤룡포에 일월오조룡보(日月五爪龍補)를 같은 위치에 달았다. 왕의 시무복은 곤룡포를 입고 익선관(翼善冠)을 쓰고 옥대(玉帶)를 띠고 화(靴)를 신는 것이다.

곤복(袞服)　현의(玄衣 : 검은색의 웃옷)와 훈상(纁裳)으로 각각 여명의 하늘과 황혼의 땅을 상징하고 있다. 현의(玄衣)와 상(裳)에는 12장문(章紋)을 베풀었는데 현의의 문양은 그림으로 그렸고 훈상에는 수를 놓았다.

곤틀릿(gauntlet)　손목 부분이 강조되거나 장식된 장갑이다. 원래는 중세의 무사들이 사용한 긴 장갑으로, 승마용의 긴 장갑을 의미할 때도 있다.

곤틀릿 커프스(gauntlet cuffs)　꺾어 접어 위에서 비스듬히 벌어지게 하고, 손목을 꼭 맞게 만든 손목 덮개 형태의 넓은 커프스를 말한다.

골드(gold)　황금색·차색 기미를 띤 짙고 깊은 분위기의 황색으로, 적금과 청금 등도 여기에 포함된다.

골드 비즈(gold beads)　14K의 금구슬로, 때때로 낱개로 구입하여 목걸이에 첨가시키기도 하며, 도금한 구슬, 인조 장신구용 금구슬, 금도금, 금박 처리한 구슬 등도 포함된다.

골드 악센트(gold accent)　금색을 사용해 의복에 악센트를 준 수법 또는 그러한 디자인을 말한다. 금단추, 엠블럼, 금색의 끈, 자수 등의 여러 가지 아이템이 있다.

곡거포

곤돌라 팬츠

곤틀릿

곤틀릿 커프스

골드 호즈(gold hose)　금빛 광택이 나는 소재로 만든 호즈이다. 글리터 호즈(glitter hose) 참조.

골든 머스크랫(golden muskrat)　황금 사향쥐의 모피이다. 머스크랫 참조.

골든 베릴(golden beryl)　황금빛이 가미된 녹주석(綠柱石)으로, 준보석에 포함된다.

골무(thimble)　재봉시 손끝을 보호하기 위해 손가락에 끼우는 손끝 보호대를 말한다. 대개 엄지나 중지에 끼우며 재료로는 가죽이 주로 쓰이고 표면에 자수 등으로 장식하여 사용하기도 한다. 양재에서는 주로 금속으로 만들어 중지에 끼었다. 처음에 네덜란드에서 발명되어 17세기에 영국으로 전해졌다. 원래는 엄지손가락에 끼웠던 것이었으며, 영어의 엄지손가락을 의미하는 섬(thumb)에서 심블(thimble)로 된 것이라고 본다. 나라와 시대에 따라 각기 형이 다른데 일반적으로 가죽 제품이 많고 손바닥에 붙이는 것이나 2개 이상의 손가락에 끼우는 것도 있다. 불어로는 데(dé)라고 하며, 핑거 스톨(finger stall), 핑거 팁(finger tip), 핑거 링(finger ring)이라고도 한다. 조선 시대에는 답(搭), 정정(頂釘)이라고 불렀으며, 방언으로는 골매, 골맹이, 골모, 골미 등이 있다. 한국 골무의 경우 재료는 무늬 있는 헝겊, 색비단, 가죽 등을 사용하며 모양은 여러 가지가 있으나 기본형은 반달형이며, 매화, 모란, 연꽃, 석류, 나비, 새, 박쥐, 태극무늬, 길상문자 등의 수를 놓았다.

골침(骨針)　뼈바늘로, 동물의 뼈를 깎아 만든 바늘이다. 우리 나라에서는 신석기시대 유적인 궁산패총(弓山貝塚)에서 출토되었으며 골침의 귀에 마사(麻絲)가 감겨 있었다고 한다.

골티에, 장 폴(Gaultier, Jean Paul 1952~)　프랑스 태생의 디자이너로, 17세 때 그의 디자인 스케치가 피에르 카르댕에게 인정받아 패션계에 입문했다. 그 후 자크 에스테르사를 거쳐 장 파투사에서 미셸 고마와 안젤로 타르라치와 함께 일했다. 1975년 프리랜서를 선언하고 1977년 자신의 회사를 설립하였다. 그의 디자인은 유머가 넘치고 충격적이며 매우 독창적이다. 직물과 재단에서 새로운 것과 전통의 것을 잘 혼합하여 소화시키고 있다. 레이스와 새틴으로 장식된 스웨트 셔츠, 신발에 에펠탑이 거꾸로 된 힐, 통조림 깡통의 형태를 닮은 팔찌 등 재치 있는 디자인은 거부감 없이 제시된다. 1980년대 초 런던의 펑크 룩을 파리 감각으로 선보였으며 전위적이고 속된 섹시한 패션을 제시하였다.

골티에, 장 폴

골프 베스트(golf vest)　1890년대 중엽에 유행한 남자들의 니트 조끼로, 싱글 브레스티드로 양쪽 가슴에 주머니가 있고 시계를 넣는 주머니도 있다. 조끼 가장자리를 테이프로 장식했으며 칼라가 없다. 주로 골프를 칠 때 입는 조끼를 말한다.

골프 셔트(golf shirt)　골프를 칠 때 입는 셔트이다. 푸른 잔디와 잘 어울리는 다양한 색의 목면으로 만든 셔트로, 폴로나 라코스테 셔트 등을 많이 이용한다.

골프 슈즈(golf shoes)　골프칠 때 신는 옥스퍼드형 구두로, 여성용 골프화는 킬티(kiltie)형이나 스펙테이터 옥스퍼드형을 신기도 한다. 구두창 밑에 스파이크(spike)가 있다.

골프 스커트(golf skirt)　플레어나 퀼로트 타입으로 활동에 편하게 재단된 스커트로, 대개 밴드는 없으며 주머니가 달려 있어 골프

골프 베스트

골프 셔트

칠 때 적합하다. 1970년대에 특히 유행하였다.

골프 아웃피츠(golf outfits) 골프칠 때 입는 옷과 골프용품 일습을 말한다. 여성은 골프 치기에 편한 주머니가 있는 바지나 퀼로트 스커트에 신축성 있는 니트로 된 주머니가 있는 T셔트를 입고, 남성은 니트 셔트에 긴 바지나 짧은 바지를 입는다. 남녀 모두 바닥에 스파이크가 나사로 박혀 있는 신발을 신는다.

골프 재킷(golf jacket) 앞지퍼가 달리고, 허리까지 오는 골프용 짧은 재킷이다. 주로 가벼운 나일론 섬유를 사용하여 만든다.

골프 클로즈(golf clothes) 골프칠 때 입는 옷을 말한다. 골프 아웃피츠라고도 한다. 1890년대 남녀에게 골프는 인기있는 스포츠 종목이었다. 남성들은 니커즈(knickers)와 노퍽 재킷에 캡 모자를 썼다. 1920년대에는 스웨터를 곁들여 입었으며, 여성들은 노퍽 재킷과 비슷한 스타일의 상의에 글렌개리(glengarry)라는 캡 모자를 썼다. 때로는 짧은 치마나 퀼로트를 입었고, 제1차 세계 대전 후에는 스웨터 코트를 입었으며, 1930년대에는 햇빛을 막기 위해 챙이 달린 바이저(visor)라는 모자를 썼다.

골프 팬츠(golf pants) 골프칠 때 착용하는 바지로서, 뒤쪽 주머니에 주름을 잡아 공 등의 소지품을 편하게 넣을 수 있도록 되어 있다. 일상복 중에서도 운동에 적합한 편한 바지로 골프 팬츠를 이용하기도 한다.

곱솔 여름철 홑옷을 지을 때 사용하는 바느질법이다. 여름철의 얇은 옷은 솔기가 겉으로 비쳐 보이므로 솔기를 가늘고 튼튼하게 하여 아름답고 시원한 느낌을 주게 한 것이다. 시접이 풀리기 쉬운 얇고 성근 옷감에 많이 쓰이므로 모시옷이나 베옷 또는 적삼과 같은 홑옷의 솔기에 많이 쓰인다. 바느질법은 두 겹을 맞추어 원선보다 0.4cm 밖에서 박고, 박은 선을 꺾어 네 겹을 접어 박은 선에서 0.2cm 되는 곳을 박은 후, 시접을 반씩 자르고 두 번째 박은 선을 꺾어서 첫 번째 박은 선과 두 번째 박은 선의 중간을 곱게 박은 다음 펼쳐서 다린다. 깨끼저고리, 치마, 모시, 고의, 적삼 등을 만드는 데 사용된다.

곳갈 꼭대기가 뾰족한 형태의 모자로 보통 종이를 접어서 만든다. 고깔 참조.

공그르기(slip stitch) 홑옷의 단을 접어서 실밥이 보이지 않게 바느질하는 방법이다. 바늘을 접은 솔기 사이로 넣어 뽑으면서 바닥의 올을 2~3개 뜨는 것을 반복한다. 단처리에 많이 사용하며, 안에서도 실땀이 단 속으로 들어가기 때문에 겉에서나 안쪽에서 잘 보이지 않게 된다. 공금질, 슬립 스티치라고도 한다.

공금질 ⇒ 공그르기

공급원(resource) 위탁판매나 소유주로서 한 상점에서 상품을 구입하거나 받아들이는 제조업자, 수입업자, 전판매사원, 분배자, 판매 대리인, 판매대 책임자, 매각인 또는 공급의 원천을 말한다.

공급자(supplier) 재판매를 위해 물건을 구입하는 제조업자, 수입업자, 전판매사원, 그 밖의 공급원들을 말한다.

공기 제트 직기(air jet loom) 무북 직기의 하나로, 한쪽에서 빠른 속도로 분출하는 공기의 흐름으로 위사를 개구에 투입시키는 직기를 말한다.

공단(貢緞, 公緞) 무늬가 없는 경수자직물이다. 조선시대의 유물에서 많이 발견되며, 근래에는 견 외에 합성소재로서 많이 제직되고 있다. 청나라에서 주자직물, 주자문직물이 많이 제직되었는데, 나라에 공물로 바친 단이라는 뜻에서 공단(貢緞)이라 했다.

공보(publicity) 회사의 상품·활동·서비스에 대한 것을 대중 정보 매체인 인쇄 또는 방송을 통해서 대금을 치르지 않고 전달하는 메시지이다.

공복(公服) 문무 백관들의 관복(冠服)의 하나로 문무관이 공사(公事)에 참여할 때 착용하였다. 공복은 복두(幞頭), 포(袍), 대(帶), 화(靴), 홀(笏)로 구성되었으며, 포의 색과 대의 장식, 홀의 재료로 품계를 가렸다.

골프 클로즈

공복(功服) 상복(喪服)의 오복(五服) 중 대공(大功)과 소공(小功)의 옷을 같이 일컫는 말이다.

공사(貢紗) 조선 시대에 사용된 의식용 초롱에 씌운 사(紗)이다.

공업용 재봉틀 전문 봉제업의 대량생산용 재봉틀이다. 주로 동력을 이용하는 재봉틀로 분당 3,000~6,500회전 정도의 고속이며, 장시간 연속 사용에도 견디도록 견고하게 설계되었다. 일반 봉제용 재봉틀 외에 단춧구멍 재봉틀, 피코 재봉틀, 단추달이 재봉틀 등의 특수한 목적을 위한 특수 재봉틀도 이에 속한다.

공인기(空引機) 일본 고대의 문양직기에 대한 이름으로, 중국에서는 화기(花機)라고 한다. 자카드 문직기 이전의 문직기이며, 금을 제직한 직기이다.

공작선(孔雀扇) 방구부채[圓扇]의 일종으로 조선 시대 궁중에서 사용하던 의장(儀仗)의 하나이다. 부채의 앞면에 공작 2마리를 붉은 색으로 화려하게 대칭으로 그리며, 자루의 길이는 180cm 정도로 한다.

공작혁명(peacock revolution) 남성복이 남성다운 의복에서 탈피하여 유행에 민감해지면서 색상이 다양해지고, 러플 달린 셔트, 패셔너블한 신발 등을 착용하게 되면서 화려해진 복식행동을 말한다.

공장(工匠) 전근대 사회에 있어서 각종 수공업을 전업으로 한 장인을 말한다. 공장의 성격은 그들이 종사하던 업종이나 시대에 따라서 많은 차이와 변천이 있었다.

공적인 자아개념(public self consciousness) 개인이 공적인 소속집단의 자기존재를 중요시 생각하는 개념으로, 이것이 높은 사람은 그렇지 않은 사람보다 의복에 의존하고 관심이 많아지며, 특히 의복의 동조성을 중요하게 생각한다.

공정책(空頂幘) 조선 시대에 왕세자 또는 왕세손이 관례 전에 착용했던 관모이다. 형태는 면류관에서 평천판(平天板) 없이 각(殼)만을 살린 것으로, 모정(帽頂)이 비어 있다.

관례 전에는 면복이나 강사포 착용시 관모 대신 썼으며, 상복(常服)인 곤룡포에도 썼다.

공정책

공중합체(copolymer) 두 종류 또는 그 이상의 단량체를 혼합·중합시킨 중합체로, 단독 중합체에서 얻을 수 없는 성질을 얻을 수 있기 때문에 우리가 사용하는 많은 중합체들이 공중합체로 되어 있다.

과대(銙帶) 포대(布帶) 또는 혁대의 표면에 띠돈인 과판(銙板, 飾板)을 붙인 띠로 띠돈의 소재에 따라 옥대(玉帶)·서대(犀帶)·금대·은대·석대(石帶)·각대 등으로 불린다. 과(銙)의 재료·색·수·문양의 유무에 따라서 착용 계급을 달리 하였다.

과대

과두(裹肚) 왕(王)이나 왕세자(王世子)의 예복 속에 받쳐입는 포의 일종으로, 색은 흰색이며 토주(吐紬)나 초(綃)로 만든다. 관리들의 것은 소매가 없는 쾌자형(快子形)의 내의

(內衣)이다.

과시적 소비(conspicuous consumption) 비생산적 소비를 감당할 수 있는 부와 능력을 과시함으로써, 자신의 사회적인 신분이 상류계층이나 유한계층 같은 특정한 계층에 속하는 것을 상징하기 위해, 재화나 서비스를 효용에 관계없이 필요 이상으로 사치스럽게 소비하는 행위이다.

과실섬유　식물 섬유의 일종으로, 야자 섬유와 같이 과실에서 원료를 분리해 만드는 섬유이다.

과잉보상(overcompensation)　열등감의 위장으로 자신을 더 긍정적이고 자신있게 보이도록 해주는 단서들(예 : 지위, 상징물)만을 다른 사람에게 제시함으로써 마음의 안정을 찾는 행위를 말한다.

관건(冠巾)　쓰개의 총칭으로, 관습·제도에 따라 예복용·관리용·평상시용·평민용·부인용 등으로 분류된다.

관고(寬袴)　삼국 시대에 귀인(貴人) 계층이 입던 폭이 넓은 바지이다.

관구(菅屨)　짚신의 일종으로 왕골로 만들었다. 가난한 사람들이 신었으며, 상복(喪服)에 사용하였다. 엄짚신, 관비(菅菲)라고도 한다.

관기복(官妓服)　조선 시대에 가무(歌舞)를 익혀 관청에 속한 기녀들이 입던 의복으로, 연두색이나 분홍색 저고리에 남갑사 홑치마를 입고 트레머리를 하였다. 양반 부녀와 구별하기 위해 노랑저고리·삼회장 저고리·겹치마는 금하고 반회장저고리는 허용하였다.

관대(冠帶)　벼슬아치가 입던 공복(公服)인 의관속대(衣冠束帶)의 통칭으로, 특히 단령(團領)을 입고 관을 쓴 것을 말한다.

관두의(貫頭衣, poncho)　동물의 가죽이나 옷감의 중앙에 머리가 들어갈 만한 구멍을 뚫고 그 구멍으로 머리를 넣어 어깨에 걸쳐 입는 옷의 종류이다. 중앙 아메리카, 남아메리카, 북아메리카 지역에서 많이 입었으며, 몸통과 소매를 꿰매지 않은 형태로 더운 지방에서 많이 입었다. 멕시코의 판초는 현대에

관두의

도 입혀지고 있다.

관례(冠禮)　전통 사회에서의 남자들의 성인 의식을 말한다. 15세가 넘은 남자에게 행하는 의식으로, 상투를 틀어 갓을 씌우는 등의 여러 절차가 행해지며, 관례는 삼가례(三加禮)로 행해지며, 삼가례는 초가(初加)·재가(再加)·삼가(三加)로 이루어진다. 이 의식은 1894년 갑오개혁 이후 단발령이 내려져 전통적 의미의 관례는 사라지게 되었다.

관례복(冠禮服)　남자들의 성인 의식인 관례 때 입는 복장이다. 관례에는 초가(初加)·재가(再加)·삼가(三加)가 있으며, 절차에 따라 옷이 달랐다. 초가에는 치관(緇冠)과 계(笄)·복건(幅巾)·심의(深衣)·대대(大帶)와 조(條)·구(屨)를, 재가에는 모자(帽子)·조삼(皂衫)·혁대(革帶)·혜(鞋)를, 삼가에는 복두(幞頭)나 사모(紗帽)에 난삼(襴衫)·대(帶)·화(靴)를 착용하였다.

관록(官綠)　짙은 초록을 말한다.

관리성(management)　경제적인 측면에서 의복과 관련된 계획·구매 등에 시간, 금전, 에너지 등을 신중하고 주의 깊게 사용하려는 행위이다.

관모(冠帽)　머리를 보호하고, 장식·의례를

관복

갖추기 위한 쓰개의 총칭이다. 관모(冠帽)를 형태상으로 크게 나누어 보면 관(冠)·모(帽)·갓[笠]·건(巾) 등으로 분류할 수 있다. 관모는 이마에 대고 머리에 맞게 두르는 테인 무(武)와 머리를 싸는 부분인 옥(屋), 옆에 내리는 수(收)로 이루어져 있다.

관복(官服) 문무백관(文武百官)의 정복(正服)으로 관에서 지급한 제복(制服)이다. 편복(便服)을 제외한 모든 제복을 일컬으나 일반적으로는 상복(常服)을 뜻하는 것으로, 단령(團領)의 포(袍)만을 지칭하는 경우가 많다. 관복은 삼국 시대부터 착용하기 시작하였는데, 시대에 따라 옷의 색이나 관식(冠飾)의 재료·문양, 흉배(胸背) 등을 달리 하여 품계를 구별하였다.

관복색(冠服色) 조선 시대 백관의 관복을 연구하고 제정하기 위하여 임시로 설치된 기관이다. 관복색은 주로 백관의 조복(朝服)과 제복(祭服)을 상정하였으며, 특히 조복에 치중하였다. 이는 명나라 홍무예제(洪武禮制)를 기본으로 삼았는데, 명나라 관등에 비하여 2등급 낮추어 백관복을 제정한 이등체강 원칙(二等遞降原則)을 충실히 따른 것이다.

관사(官紗) 생관사·숙관사가 있다. 무문과 유문이 있는데, 무문은 소관사(素官紗)라고 한다.

관여(involvement) 개인이 자신에게 제공되는 설득적 자극의 내용과 자신의 삶의 내용을 연결 또는 연상시키는 정도나 연결의 수를 말한다.

관자(貫子) 망건(網巾)에 달아 당줄을 꿰는 구실을 하는 작은 고리로 망건의 윗부분은

관자

'당', 아랫부분은 '편자', 전면은 '앞', 뒤통수를 싸는 부분은 '뒤'라고 한다. 관자는 망건 편자의 귀 부분에 달려서 당줄을 걸어서 넘기는 구실과 재료 및 새김 장식에 따라 관리의 계급을 표시하는 상징적 구실을 하였다.

광고(advertising) 신원이 확실한 스폰서가 대금을 치르고 신문, 잡지, 텔레비전, 라디오와 같은 매체를 이용하여 광고주의 아이디어, 상품, 서비스에 대한 메시지를 내보냄으로써 소비자들로 하여금 이를 수용하도록 유도하여 판매에 영향을 주는 물적 방법이다.

광고 대행업(advertising agency) 광고주 대신 광고의 기획, 실시 및 그것에 관련되는 모든 마케팅 서비스를 제공하고 실시하는 기관이다. 광고 대행업의 종류에는 종합광고 대행업, 한정 서비스 대행업, 외국광고 대행업, 외국 국제광고 대행업, 산업광고 대행업, 사내 대행업, 매체 대행업 등이 있으며, 주류를 이루는 것은 종합광고 대행업이다.

광고 대행업자(advertising agent) 광고주의 의뢰에 의해 광고에 관한 업무를 기획·개발·제작하여 광고 매체에 싣는 크리에이티브(creative) 및 영업업무를 맡고 있는 사람들로 구성된 독립적인 기업 조직체이다.

광고 매체(advertising media) 광고주가 자기의 상품, 서비스 또는 기업 자체에 대하여 판매 상품의 품질, 가격, 사용법, 그 밖의 제품 특징 및 브랜드, 판매 장소 또는 판매점 등에 대한 정보를 소비자에게 제공하여 이에 대한 적절한 반응을 기대하는데, 이들 광고를 전달하는 유료(有料) 커뮤니케이션 수단의 총칭이다.

광고비 산정법(advertising budget) 특별한 기간 동안 광고에 소비되는 지출계획서로서 주간·월간·계간·연간 계획서가 있으며, 일반적으로 매체와 부서 또는 구역에 의해 세분화된다. 일반적으로 광고비에는 광고 매체나 광고 회사에 지불하는 간접비와 광고 부문의 인건비나 사무비, 관리운영비 등이 포함되는 간접비로 구성된다.

광다회(廣多繪)　조선 시대 군사의 융복(戎服) 위에 띤 넓은 다회이다. 형태는 폭이 넓고 납작한 모양의 끈으로, 실을 두 가닥 또는 세 가닥으로 합사하였다.

광대(廣帶)　조선 시대에 구군복(具軍服) 차림을 할 때 두르던 띠로, 전복을 입고 광대를 가슴 위에다 바싹 졸라매고 다시 전대를 매어 앞으로 길게 늘어뜨렸다. 광대의 색은 홍색·녹색·남색·흑색 등이 있다.

광동금(廣東錦)　중국 광동 지방에서 제직한 금에 대한 일본의 지칭이다. 염문된 경사와 소색위사로, 평직으로 제직된 경이캇 양식의 염직물이다. 신라의 하금(霞錦)이 이 종류의 금으로 생각되며, 일본에서는 '태자간도(太子間道)'로 명명된 염직물이 광동금으로 알려져 있다. 그러나 태자간도는 신라의 하금일 가능성이 크다. 우리 나라에서는 오늘날에도 색사인 경사와 소색사인 위사로 평직물을 성글게 제직하여 직물 표면에 안개가 낀 듯한 직물이 전통 한복감으로 많이 사용되고 있다.

광동호(廣東縞)　중국 동북 지방에서 산출되는 줄무늬에 대한 일본의 지칭이다.

광목(廣木)　평직으로 제직된 표백되지 않은 상태로 시판되는 면직물로, 경·위사에 Ne18 이하의 단사가 사용된다. 밀도는 52×52/2.5cm 내외이다. 수직기로 제직된 30cm 정도 폭의 무명에 대한 그보다 넓은 폭의 면포를 지칭하여 명명된 것이다. 면직물은 목(木), 목면, 면포(綿布)로 명명되어 오늘에 이른다.

광물성 섬유(mineral fiber)　유기화합물이 아닌 무기화합물로부터 얻은 섬유를 말하는 것으로, 석면이 천연에서 얻는 유일한 광물성 섬유이다. 석면은 자연 상태에서는 보통 암석과 같으나 이것을 분해하면 섬유 모양으로 분리할 수 있다. 단, 석면 단독으로는 방적이 되지 않아 10~20%의 면을 섞어서 석면사를 만든다. 최근 석면이 체내에 유입되면 배출되지 않고 암을 유발한다는 것이 알려지면서 사용이 규제되고 있다.

광사(廣紗)　《국혼정례》에 문사 대용으로 사용하게 한 사(紗)의 일종이다. 청광사·홍광사·초록광사 등 각종 색광사가 있었는데 다홍사·초록사·갑사보다 값이 싼 사의 종류이다.

광선수　도안에서 광선을 받는 곳만 길고 짧은 실땀을 꽂는 방법으로, 그늘지는 곳은 수놓지 않는 것이 효과적이다.

광수(廣袖)　넓은 소매를 말하는 것으로, 조선 시대의 대표적인 광수포(廣袖袍)에는 도포(道袍), 단령(團領) 등이 있다.

광적(廣的)　《국혼정례》에 문단 대신 사용하게 한 직물의 일종이다. 다홍광적·자적광적·백광적 등 각색 광적이 조선 시대에 사용되었다. 단과 같은 값으로 거래된 단과 같은 직물이다.

광택섬유(bright fiber)　인조섬유는 섬유 자체에 강한 광택이 있는데, 이를 광택 섬유라 하며 무광택 섬유에 비해 내광성이 좋아 직사광선을 받는 용도에 사용된다. 의류용으로는 광택을 부드럽게 하기 위해 방사 원액에 이산화티탄(TiO₂)을 넣는다. 이산화티탄의 양에 따라 무광택(dull), 반광택(semidull) 등 광택의 정도를 조절한다.

광택처리 면(polished cotton)　표면 광택이 있는 면직물을 말한다. 열경화성 수지를 사용함으로써 광택이 내구성을 갖도록 한다. 수지로 처리된 천은 기계적인 유연가공을 하여 그 표면이 깊이 있는 경감된 광택을 갖거나 친츠(chintz)에서 보는 반짝이는 윤을 내게 된다. 방추성과 세탁에 대해 형태 안정성을 가지며 빨리 마른다. 론(lawn), 퍼케일(percale), 새틴 등에 광택처리를 한다.

광폭세포　《삼국지》에 변진(弁辰)의 직물로 기록되어 있다. 동국대학교 박물관에 소장되어 있는 고려 시대 문주사 유물포의 포폭이 35cm 정도인 점에서 고려 시대의 포폭이 35cm임이 나타나나, 통일신라 시대까지도 포폭이 50cm 정도였으므로 변진의 포폭도 기본은 50cm 정도였을 것으로 본다. 광폭이라 함은 50cm가 넘는 넓은 폭임을 나타낸 것인지는 단언할 수 없으나, 다만 상당히 넓은 폭이 제직되었음을 알 수 있다.

과두노계(魁頭露紒)　상투만 틀고 모자를 쓰지 않은 맨머리를 말한다. 날상투 참조.

괴불　수공예 장신구의 하나로, 오색(五色)의 비단 조각을 이용하여 겹으로 삼각 모양을 만들어 속에 솜을 탄탄히 넣은 뒤 색실로 휘갑치기 하여 만들며, 때로는 천에 수를 놓기도 한다. 괴불은 귀주머니, 염낭주머니 끈에 끼워 사용하기도 하고, 액자의 밑바침, 어린이의 노리개 등에도 사용하였다.

괴수문(怪獸紋)　곰, 호랑이, 사자, 돼지, 토끼 등을 문양화한 것으로, 직물 문양으로는 위금문에 많이 나타나는데, 주술적인 의미를 갖는다.

괴화(槐花)　식물염료의 일종으로 학명은 Sophora japonica L.이다. 황색염료 남과 교염하여 녹색이 된다.

교답(蹻蹋)　이(履)에 속하는 신으로, 삼국 시대에 신었던 목이 짧은 신발을 일컫는다.

교직물(union fabric)　두 종류 이상의 섬유로 실을 섞어 짠 혼방직물로, 경사와 위사가 서로 다른 실을 사용하여 제직하며, 주로 경사에는 면을, 위사에는 모를 사용한다. 두꺼운 외출용 코트 등에 사용된다.

교차(攪車)　씨앗틀을 말한다. 면화의 종자를 제거하는 기구이다.

교초(蛟綃)　전설에 동해의 인어가 짠 가장 고운 비단이다.

교합사(combination yarn)　⇒ 콤비네이션 얀

교환정책(return policy)　교환, 신용, 현금 교환, 정산을 포함하는, 고객에 의해 되돌려진 상품을 보완하는 상점의 운영에 의해 형성된 규칙이다.

교힐(絞纈)　협힐·납힐과 같이 삼힐 중의 하나로, 방염직물의 일종이다. 실 또는 철사 등으로 직물을 잡아매어 방염하여 무늬를 낸 염문직물, 또는 경사·위사를 군데군데 염직물의 문양에 맞추어 방염하여 제조한 실로 제직한 이캇(ikat) 등의 염직물이다. 우리 나라에서는 삼국 시대부터 오늘날까지 사용되

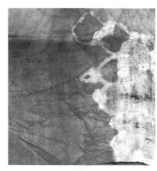

교힐

고 있다.

구(裘)　털가죽, 가죽으로 된 의복의 총칭으로,《삼국지》에 부여에서 여우, 산고양이, 검은 원숭이, 돼지의 구를 국외에 나갈 때 입은 기록이 있다.

구간수(區限繡)　망사의 올을 이용하여 규칙적으로 세어가며 수놓은 방법으로, 망사의 올이 바르게 짜여진 것이라야 한다.

구갑능(龜甲綾)　구갑문을 직문으로 제직한 능으로, 고려시대의 능문으로 사용된 것이 있다.

구갑문(龜甲紋)　육각형의 거북의 잔등껍질을 문양화한 것으로, 장수를 기원하는 길상문의 일종이다. 고려 시대의 직물문에도 나타나 있다.

구갑화문(龜甲花紋)　구갑의 지문에 화문을 조합한 문양으로, 고려 시대의 직문에 나타나 있다.

구군복(具軍服)　조선 시대 무관들이 갖추어 입던 군복으로 전립(戰笠)·협수(狹袖, 동다리)·전복(戰服)·전대(戰帶)·목화(木靴)로 구성되어 있으며, 여기에 병부를 차고 동개·환도·등채를 갖추었다. 그 위에 개주(介胄)를 입기도 한다. 고종 32년(1895)에 육군 복장 규칙의 반포로 인해 자취를 감추었다.

구두　신발의 일종으로, 구두가 우리 나라에 유입된 것은 1880년대 개화파 정객들과 외교관들이 구두를 신고 들어오면서부터이다. 처음 구두를 신은 여성은 기독교의 전도 부인, 해외 유학생 등 서양 문물을 먼저 접할 수 있었던 계층이다. 구두의 주재료는 소,

말, 돼지, 양, 염소, 사슴 등의 가죽이나 고무, 비닐, 합성 고무, 합성 피혁 등의 재료로 만들기도 한다.

구례하도리[吳織] 《일본서기》에 의하면 응신 37년에 고구려에 와서 구례[吳]에서 데려간 직녀이다. 일본에서는 중국 삼국 시대의 오(吳)나라에서 데려간 직녀라고 하나, 중국의 오나라는 기원 222~280년에 존재한 지역으로 응신 37년에는 이미 없었던 지역이므로, 《일본서기》의 '구례[吳]'는 백제와 가라의 경계에 있던 구례 지역으로 본다. 곧 우리 나라에서 데려간 직녀인 것이다.

구룡사봉관(九籠四鳳冠) 황후의 예복(禮服)에 착용하는 관(冠)으로, 칠죽사(漆竹絲)를 사용하여 둥글게 만들어 비취로 덮고, 취룡(翠籠) 아홉 마리, 금봉(金鳳) 네 마리를 장식한다. 주결(珠結)을 늘어뜨리며, 관의 좌우에는 금룡취운(金籠翠雲)이 장식된 3선(扇)이 달린 박빈(博鬢)이 붙어 있다.

구룡사봉관

구리(絇履) 신발의 코에 장식[絇繶]을 하고 준(純)을 둘렀던 신의 하나로, 중국 한(漢)나라 시대 제복에 착용하였다. 이(履)를 묶는 띠를 기(綦)라 하였고, 이를 묶을 때는 기를 구에 꿰어 단단히 묶고 이를 벗을 때는 기를 푼다.

구리암모늄 레이온(cuprammonium rayon) 재생 섬유소 섬유의 일종으로, 비스코스 레이온과 비슷한 특성을 지녔으나 비스코스 레이온보다 견에 가깝고, 1데니어 정도의 아주

가는 실을 만들 수 있기 때문에 고급 레이온에 속하지만 생산비가 높다. 1899년 독일의 벰베르크(Bemberg)사에서 벰베르크라는 이름으로 구리암모늄 레이온을 처음 생산하여 이것이 구리암모늄 레이온의 대명사가 되었다.

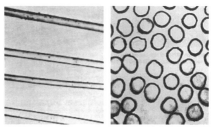
구리암모늄 레이온

구매결정(decision making) 물품을 구입하려는 소비자가 소비 활동의 합리적 운영을 목적으로 어떤 품종과 품질의 상품을 얼마만큼 누구로부터 효과적으로 사는가를 결정하는 문제이다.

구매결정 과정(purchase decision) 존 듀이(John Dewey)의 구매의사 결정 5단계의 4번째 단계로서, 탐색과 평가 과정 후 구매를 할 것이냐 아니냐를 결정하는 단계로, 상점 또는 상표 선택 등의 구매행동이 일어난다.

구매시점(point of purchase) 약어로 POP라고 한다. 구매자가 점포 앞이나 점포 안에서 구매를 하는 시점에 전시되어 있는 광고를 POP광고라고 하는데, 예를 들면 매장의 포스터, 디스플레이, 상품 설명 패널(panel), 쇼 카드(show card), 프라이스 카드(price card) 등이 해당된다.

구매의사 결정과정 존 듀이(John Dewey)는 소비자가 물품을 구입하는 단계를 문제인식, 만족스러운 대안의 탐색, 대안의 평가, 구매 결정, 구매 후 평가의 5단계로 나누고 있는데, 이와 같은 과정을 뜻한다.

구매 후 태도(postpurchase behavior) 소비자 행동에 있어서 상품을 구입한 후 그 상품에 대하여 평가하는 것을 말한다. 오늘날 마케팅의 입장에서 보면 소비자 행동에서 가장 중요한 과정 중의 하나이다.

구매 후 평가　소비자들이 물품을 사용한 후 평가하는 과정으로, 물품을 구매할지의 여부를 결정하는 데 중요한 변수가 된다.

구배문(龜背文)　구갑문에 대한 중국의 명명으로, 구문이라고도 한다.

구색(assortment)　판매업자가 시장에 제공하는 제품과 서비스의 조합으로, 어패럴 산업에서는 드레스를 포함한 광의의 의복인 아우터웨어와 언더웨어, 이너 웨어를 포함한 속옷을 총칭한다.

구색결정(assortment decision)　소비자들이 자신의 만족을 얻고 욕구를 충족시킬 수 있도록 신중하게 고려하면서 물품의 구색을 결정하는 것을 말한다.

구색계획(assortment plan)　고객의 수요에 부응하기 위해 한 카테고리 속에 전 상품의 계열을 정하여 다양한 상품 목록으로 준비하는 것을 말한다.

구스(goose)　원래 거위를 의미하나, 복식 용어로는 양복집에서 사용하는 무거운 다리미를 가리킨다. 모양이 거위의 목과 같다고 하여 붙여진 이름이다.

구아나코(guanoco)　안데스 산맥을 중심으로 서식하는 낙타의 일종인 야생의 라마로, 생후 3~4개월 된 새끼(구아나키토)의 털을 모피로 사용한다. 약간 오그라진 갈색 털에 배가 흰 모피이며, 실크 같은 광택이 난다. 주로 코트 등에 사용된다.

구아나키토(guanaquito)　⇒ 비큐나

구아야베라 셔트(guayabera shirt)　각이 진 컨버터블 칼라에 상하 4개의 큰 주머니가 달려 있고, 앞면 양쪽에 가는 주름 핀턱이 2세트, 뒤쪽에는 3세트가 어깨에서부터 단끝까지 잡혀 있으며, 핀턱 대신에 레이스를 사용하기도 하는, 진주 단추가 달린 가벼운 옷감으로 된 반팔 셔트를 말한다. 옷을 잘 입는 비즈니스맨, 쿠바의 수상 카스트로 하바나가 입어서 더 유행시켰고, 쿠바의 구아바 나무를 기르는 남자들이 입었던 셔트에서 유래하였다고 하여 이런 이름이 붙었다.

구앙 부앙(guang buang)　미얀마인들의 민속 의상에서 유래한 7부 정도 길이의 상의를 말한다.

구역(area)　상점의 크기를 말하며, 일반적으로 세부적인 설명이 덧붙여진다. 예를 들어 전체 구역은 상품 진열실과 추가 판매 구역, 비판매 구역을 포함하는 전체 건물의 공간을 의미하고, 판매 구역은 단지 판매에만 사용되는 공간을 의미한다.

구유(氍毹)　《삼국유사》의 만불산조, 《두양잡편》에 신라의 구유에 대한 기록이 있으며, 《삼국사기》 잡지의 기용에 구유, 답 등에 대한 금제사항이 기록되어 있다. 《남국이물지》에서 구유는 양모와 여러 짐승의 털로 조, 수, 인물, 운기, 앵무 등의 문양을 제직한 것이라고 하였다. 《집운》에서는 '깔개'라고 하였다. 곧 각종 문양을 각종 모로 제조한 카펫, 러그 종류이다.

구의(裘衣)　짐승 가죽으로 만든 옷으로, 원시 시대부터 한대 지방에서 추위를 막기 위해 입기 시작하였으며, 한때 남녀 구별없이 애용하였던 것으로 보인다. 목 부분이 둥글고 양소매가 달렸으며, 길이는 무릎 정도에 닿는 웃옷이다.

구장복(九章服)　고려 말엽부터 조선조에 걸쳐 착용한 구장문(九章紋)의 제복(祭服)이다. 왕의 제복인 면복은 면류관(冕旒冠)과 곤복(袞服)으로 되어 있다. 곤복은 의(衣)·상(裳)에 장문(章紋)이 있어 장복(章服)이라고도 하며, 황제는 12장복, 왕은 9장복, 왕세자는 7장복을 입었다.

구적관(九翟冠)　황비(皇妃)가 국의(鞠衣)에 착용한 관(冠)이다. 조곡(皂縠)으로 하되 취박산(翠博山)을 붙이며, 입에 주적(珠滴)을

구장복

구아야베라 셔트

물린 대주적(大珠翟) 둘, 소주적(小珠翟) 셋, 취적(翠翟) 넷으로 장식한다.

구휘사봉관(九翬四鳳冠)　　고종(高宗) 황제 즉위시 황태자비가 대례복에 쓰던 관으로, 칠죽사(漆竹絲)로 둥글게 만들어 비취 장식을 하며, 입에 주적을 물린 취휘(翠翬) 아홉, 금봉(金鳳) 넷을 붙인다. 취운(翠雲)이 40편(片), 대주화(大珠花)·소주화(小珠花)가 9수(樹)이다.

국내 시장(domestic market)　　시장을 지역별로 고찰할 경우 한 국가 내에 있어서 수요와 공급에서 발생하는 가격관계로 되어 있으며, 일정한 가격과 품질의 타당한 시간적·공간적 범위를 말한다. 즉 가치와 품질을 결정하는 수요와 공급의 균형의 장소이다.

국민복　　국민들 옷차림의 사치를 막기 위해 국가에서 제의하는 더러움이 덜 타 보이는 흑색, 갈색 등의 짙은 색으로 된 실용적인 유니폼 형태의 옷을 말한다. 일명 재건복이라고도 한다. 네루 칼라에 편리하도록 앞쪽 상하에 주머니가 달려 있다. 우리 나라에서는 1961년 8월 재건국민운동본부가 주관하여 국민복 콘테스트가 열리기도 했다.

국사(菊紗)　　사직물의 일종으로, 지는 평직이고 문은 사직인 바탕에 부직(浮織)으로 문양을 제직한 봄·가을용 사직물이다. 국사에 문양이 없을 때 소국사라고 한다. 경은 생사, 위는 연사가 일반적으로 사용된다.

국의(鞠衣)　　왕비의 상복(常服) 중의 하나인 친잠복(親蠶服)으로, 조선 시대에는 성종 때 처음 착용하였다. 국의(鞠衣)의 색은 뽕색을 본떠 황색으로 하였는데, 뽕잎이 돋는 빛깔을 상징한 것이다.

국제 여성복 제작 연맹(International Ladies Garment Worker's Union)　　의류제조 장소의 비위생, 긴 작업시간, 낮은 임금 같은 상황에 불평이 많아지면서 1990년에 이 제작연맹이 설립되었다. 그 이후로 의류업 종사자들의 경제적 상황의 개선이 계속되고 있다.

국조오례의(國朝五禮儀)　　조선 초기 왕명에 의해 오례의 예법과 절차 등을 그림으로 곁들여 편찬한 책이다. 조선조의 통치 이념은 유교로 《경국대전》과 더불어 기본 예전으로 시행의 근간이 되었다. 구성은 국가의 기본 예식인 오례의, 즉 길례(吉禮)·가례(嘉禮)·빈례(賓禮)·군례(軍禮)·흉례(凶禮)로 되어 있다.

국혼정례(國婚定例)　　국혼에 관한 정식(定式)을 적은 책이다. 1749년(영조 25년)에 박문수(朴文秀) 등이 왕명에 의해 당시의 혼속(婚俗)이 사치하여 국비의 낭비가 심하므로 궁중 혼수를 줄여쓰도록 하기 위해 이 정례를 만들었다. 내용은 제1책 건(乾, 권 1~3)에서는 왕비가례·왕세자가례·숙의가례, 제2책 곤(坤, 권 4~7)에서는 대군가례·왕자가례·공주가례·옹주가례 등을 적고 있다.

국화수　　국화 모양을 표현하는 수법으로, 원의 지름을 0.2~0.3cm 간격으로 원의 둘레를 돌아가며 수놓고, 그 위에 처음 실보다 1/2 정도 가는 실로 0.2~0.3cm 정도 안쪽에서 다시 수놓은 후, 마지막으로 중심을 +자로 눌러준다.

국화잠(菊花簪)　　개화기에 일반 부녀자들이 사용한 비녀의 하나로, 비녀머리에 절의·길조·불로장수를 상징하는 국화문을 새겼다.

군(裙)　　상고 시대부터 여인이 입던 치마이다. 치마의 총칭은 상(裳)으로서, 상 중에서도 치마폭을 넓게 하고 길이를 길게 하여 주름을 치마 위부터 아래까지 깊이 잡아서 길게 끌리도록 만든 것이다.

군복(軍服)　　군인이 착용하는 제복의 총칭으로, 군복은 군인이 자신의 소속 집단에 대해 소속감을 갖게 하는 상징적 기능이 있다. 문헌에 보이는 최초의 기록은 《삼국사기》 권 40 잡지 직관소에 보이는 것으로, 무관은 소속에 따라 깃의 색을 달리 하였다고 기록되어 있다. 개화기를 맞이하여 1895년 4월 9일에는 칙령의 반포에 의해 조선 시대의 융복·구군복 등 재래식 군복이 서구식으로 개혁되었다. 그리고 1945년 2월에 정식으로 군

국사

굴레

권의(인도의 사리)

복이 제정되어 정장과 전투장으로 구분하여 착용하게 되었다.

군자(裙子)　중국 명나라 여성의 치마로서 안에는 슬고(膝褲)를 입었다. 8에서 10폭의 재료를 사용하였는데, 허리에 수십 가닥의 주름을 잡기도 하였다.

굴갓[屈笠]　조선 시대 국조(國朝)의 무학(無學)·유정(惟正) 등의 중들이 공복(公服)에 착용한 방립(方笠)의 한 가지로, 검은 대로 만들고 마루가 둥글고 차양이 넓은 형태이다.

굴건(屈巾)　조선 시대 상주(喪主)가 상복(喪服)을 입을 때 쓰던 건으로 거친 마포(麻布)로 만들며 두건(頭巾) 위에 덧쓴다.

굴레　조선 후기 상류층 집안의 어린이들이 쓰던 모자로, 일반적인 형태는 정수리를 덮은 모부(帽部)가 세 가닥 또는 그 이상의 여러 가닥으로 얽어져 있고, 그 밑으로 여러 가닥의 드림(댕기)이 드리워져 있다. 정상부(頂上部)에는 꽃 모양의 꼭지를 달았으며, 수(壽)·복(福)·희(囍), 수복강녕(壽福康寧) 등의 길상(吉祥) 문자를 수놓거나 금박(金箔)을 하였다. 장식과 방한의 목적을 겸하였다.

궁고(窮袴)　고구려에서 입던 통이 좁은 바지이다. 형태는 오늘의 총대바지와 비슷하고, 발목 가까이에서 좁아져 꼭 끼게 되어 있다. 세고(細袴) 참조.

궁낭(宮囊)　조선 시대 임금이 음력 정월 첫 해일(亥日)에 신하에게 하사하던 비단 주머니로, 좋은 비단에 색이 다른 헝겊으로 회장을 둘러 실이 겉으로 나오도록 꿰매며, 나비·벌·잠자리 등의 매듭을 지어 끈을 만든다.

궁수(宮繡)　민수(民繡)와 대비되는 궁중 자수로, 궁중 내의 규범에 따라 작품의 수준이 고르고 기법이 정교하고 치밀하였다. 기법상 겹수를 일컬으며 실은 약간 느슨하게 꼰 푼사를 사용하여 납작하게 수를 놓는데, 표면이 매끄럽고 매우 곱다.

궁혜(弓鞋)　중국 한(漢)나라 부녀자들이 신던 활(弓) 형태의 신으로, 신목이 없는 단요형의 신이다. 우리 나라에서는 신었던 기록이 없다.

권의(券衣, draped garment)　하나의 긴 포(布)를 재단이나 봉제의 과정 없이 허리에 감아 어깨에 걸치거나 머리를 감싸서 입는 옷으로, 허리를 감는다는 점에서 요의의 발전된 형태라고도 볼 수 있다. 대표적인 권의로는 인도의 사리, 그리스의 히마티온, 로마의 토가 등을 들 수 있다.

권자(圈子)　망건의 당줄을 꿰어 거는 고리로, 계급이나 관품(官品)에 따라 재료를 달리 사용했다. 관자(貫子) 참조.

권축(crimp)　섬유가 길이 방향으로 물결 모양을 하고 있거나 꼬여 있는 상태를 말한다. 섬유에 권축이 있으면 방적성·압축탄성·마찰 강도 등이 향상되고, 보온성·통기성·투습성·촉감 등이 좋다. 양모에는 천연적인 권축이 있으며, 인조 섬유의 경우에는 기계적인 방법과 화학적인 방법으로 권축을 준다.

권축 레이온(crimped rayon)　노성 과정을 거친 비스코스와 거치지 않은 비스코스를 함께 방사하여 복합 방사 섬유를 만들면 권축 레이온을 얻을 수 있다. 또 이욕 방사를 통해 제1욕으로부터 생성된 두꺼운 표피층과 제2욕에서 생긴 얇은 표피층의 흡습 및 팽윤의 정도가 다른 점을 이용해서 권축 레이온을 얻을 수 있다.

귀갑수　거북의 등껍질 모양을 연속 무늬로 수놓은 것으로, 3가지 종류가 주로 사용된다. 첫번째 방법은 가는 실을 사용하여 사선으로 격자를 만든 후 다시 수직선을 내려 정삼각형 무늬가 나도록 한 뒤, 그 위에 Y자형의 기러기수를 이용하여 6각형을 만들어 6각형의 중심을 ＊형으로 징거서 귀갑 문양을 만든다. 두 번째 방법은 가는 실로 사선 격자를 한 후 교차점을 징그고, 마름모의 한 변을 기준으로 6각형을 만들어 처음 6각형의 안에 크기를 줄인 6각형을 차례로 2개 더 만든 뒤 ＊형으로 실을 건너 귀갑 문양을 만든다. 세

번째 방법은 2개의 바늘을 이용하여 수평선을 여유있게 건넘수한 후, 의도한 땀의 간격과 길이로 수평실을 조금씩 당기면서 수직으로 건넘수하여 첫번째 칸을 한 후, 그 간격의 중심 위치에서 위 수평줄은 아래로 조금 당기고 아래 수평줄은 위로 당기며 수직으로 건넘수를 반복하며 6각형을 만든다.

귀고리　귀에 거는 장신구이다. 장신구 중에서 가장 일찍부터 사용된 것으로, 우리 나라의 귀고리는 그 제작 기술이 우수하며 형태와 제작 기법에서 시대적 특징을 잘 나타내고 있다. 삼국 시대에는 귀고리의 재료로 금이 가장 많이 쓰였으며, 그 외에 은·금동·청동 등이 쓰였다.

귀밑머리　조선 시대 미혼녀의 일반적인 머리 형태이다. 앞머리 가운데 가리마를 타고 양쪽 귀의 위부터 머리를 땋아 내려가 뒤의 나머지 머리와 함께 하나로 모아 땋아 늘어뜨린 머리 모양으로, 머리 끝에는 자주색의 금박 댕기를 드렸다.

귀속이론(attribution theory)　관찰자가 타인의 행동을 관찰할 때 그의 행동에서부터 그 행동을 일으키게 하는 원인을 추론하는 과정으로, 행동의 원인을 그 조건에 귀속시키기 때문에 귀속이론이라고 한다. 내적 귀속과 외적 귀속이 있으며, 귀인 이론이라고도 한다.

귀이개　귀지를 파내는 기구로 처음에는 귀지만 파는 도구였으나, 점차 장식적인 의미가

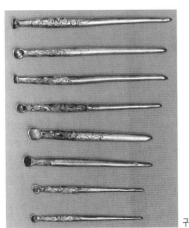

귀이개

가해져 쪽진 머리의 뒤꽂이나 노리개로도 이용되었다. 주로 나무나 금속으로 만들어졌으며, 그 외에 은이나 옥 등으로도 만들었다.

귀주머니　각이 져 있는 형태의 주머니로, 다홍색 비단을 정사각형으로 하여 폭을 3등분하며, 양쪽 솔기를 중앙을 향해 앞 위로 접어 육모주름을 잡는다. 매듭으로 된 끈을 단다.

귓밥수　두 개의 면을 맞붙여 하나로 만들 때 둘레를 감쳐주는 뒤처리 수법이다.

규(圭)　왕이 면복(冕服)이나 원유관포(遠遊冠袍)를 입을 때 쥐는 서옥(瑞玉)이다. 위가 뾰족하고 아래가 사각인 옥으로, 제후를 봉하는 신인(信印)으로 제사나 조빙(朝聘) 때 든다.

규의(袿衣)　중국 진·한 시대 여성의 평상 의복으로 그 양식이 심의와 비슷하나 간편한 형태이다.

균열수　돌담 또는 도자기의 균열 같은 모양을 표현할 때 사용한다. 한 땀을 여유 있게 건너 준 뒤 그 실을 당기며 다른 땀을 길게 놓고, 다시 다른 땀으로 처음 실을 당기는 것을 반복하여 큰 균열을 만든 후, 그 속에 점차로 작은 균열을 만드는 수법이다.

균형직물(balanced cloth)　경사와 위사의 단위 밀도가 같은 직물로, 양방향의 성질이 비슷하다.

그라운드 점퍼(ground jumper)　경기장의 야구 선수들이 유니폼 위에 입는 상의로, 붉은색과 백색, 감색과 백색, 흑색과 백색 등으로 배색이 되어 있으며, 앞트임은 대개 스냅으로 되어 있다. 베이스볼 재킷이라고도 한다.

그래니 글라스(granny glasses)　할머니들이 사용하는 안경과 유사한 안경을 말한다. 벤 프랭클린 글라시즈(ben franklin glasses)와 같은 것이다.

그래니 드레스(granny dress)　하이네크에 긴 소매, 몸판의 요크에 러플이 장식되고 허리선이 없이 길게 내려온 풍성한 A라인 드레스로, 때로는 치마단도 러플로 되어 있다. 어린 소녀가 할머니들의 의복과 유사한 옷을 입었다는 데서 이런 이름이 지어졌다. 작은

귀주머니

그래니 글라스

꽃무늬가 있는 캘리코(calico) 천으로 만들어지고, 1960년대에 미국 캘리포니아에서 비치 드레스로 소개되었으며, 1970년대에는 졸업 무도회에 프롬 드레스(prom dress)로 인기가 있었다.

그래니 드레스

그래니 부츠(granny boots)   앞이 끈으로 쭉 여며지게 된 길이가 긴 부츠로, 19세기의 부츠에서 유래하였으며, 1960년대 잠시 유행하였다.

그래니 블라우스(granny blouse)   높게 선 하이 네크라인과 긴 소매에 러플이나 턱으로 장식된 빅토리안 스타일 블라우스이다.

그래니 스커트(granny skirt)   단에 러플이 달린 풍성하고 길이가 긴 스커트로, 1960년대에 소개되어 소녀들이 그들의 할머니 스커트를 흉내내어 즐겨 입었으며, 그래니(granny)라고도 한다.

그래니트 레드(granite red)   화강암에 보이는 붉은색을 의미한다.

그래니트 핑크(granite pink)   화강암(granite)에 보이는 핑크색을 말한다. 강철에 보이는 스틸 그레이, 광택있는 청색을 의미하는 메탈릭 블루 등과 함께 찬 감각의 색상을 보이는 광물색(鑛物色)의 일종으로 포함된다.

그래스 그린(grass green)   초목에 보이는 녹색으로, 황색 기미가 있는 밝은 녹색에서 이끼가 낀 듯한 진한 녹색까지 다양한 녹색을 의미한다. 내추럴 컬러의 부활로 이러한 종

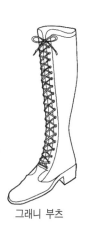

그래니 부츠

류의 자연스런 녹색계가 주목받고 있다.

그래파이트 컬러(graphite color)   흑연의 암회색(暗灰色)을 말한다.

그래픽스(graphics)   스케치, 수채화, 유화, 워시 드로잉, 판화, 사진을 포함하는 일러스트레이션이나 설명 기술을 말한다. 오늘날에는 인쇄 기술의 발달로 그래픽스의 이용 범위가 금속, 플라스틱, 유리, 옷감 등 광범위하게 확대되어 가고 있다.

그랜드파더 네크라인(grandfather neckline)   라운드 네크라인에 짧은 플래킷(placket)과 2~3개의 버튼으로 고정시키게 만든 네크라인이다. 그랜드파더 셔트 등 고풍의 셔트에서 많이 볼 수 있으므로 이러한 명칭이 생겼다. 그랜드파더 칼라라고 하면 옛 예장용 셔트에서 볼 수 있는 윙 칼라의 의미가 된다. 헨리 네크라인 참조.

그랜드파 룩(grandpa look)   그랜드파란 할아버지를 칭하는 말로, 서부개척 시대나 농촌 할아버지들의 복장을 재현한 스타일이다. 할머니 옷 스타일의 그랜드마 룩(grandma look)과 함께 유행하였다.

그랜재머(granjamers)   덧단으로 된 플래킷 네크라인에 요크가 달린 할머니 스타일의 상의는 러플로 장식이 되었으며, 조화가 되는 팬츠를 곁들였다. 1960년에 잠옷으로 유행하였다.

그러데이셔널 패턴 프린트(gradational pattern print)   하나의 색상이 연한 색에서 진한 색으로, 또는 진한 색에서 연한 색으로 변화될 때 톤의 단계 기점이 뚜렷하지 않고 서서히 변화되는 그러데이션 패턴의 프린트를 말한다.

그러데이션(gradation)   점진적인 변화를 표현하는 용어로, 줄무늬 등을 색상의 유사한 정도 순으로 배색하거나, 동일 색상을 명도순, 채도순으로 배열하는 배색 효과를 말한다. 또 동일색의 폭을 점점 좁힌다든지 해서 분량을 변화시킨 배색 효과를 말한다. 일반적으로 이 종류의 배색은 참신한 리듬감이 보이는 색채 복합 효과로 인해 대중적인 지원

을 얻고 있다. 문양의 크기에 의한 그러데이션도 가능하다.

그런지 룩(grunge look)　그런지란 속어로 불결하다는 뜻으로, 불결하게 보이는 보헤미안이나 히피들이 걸치는 누더기 같은 의류 스타일을 가리킨다.

그레고(grego)　그리스인과 동부 지중해 연안의 레반트 사람들이 입던 거친 옷감으로 만들어진, 모자가 달린 길이가 짧은 상의나 코트이다.

그레나딘(grenadine)　면·견·모·인조 섬유 등의 강연사로 만든 직물이다. 몇 가지 색으로 염색한 실들을 조밀하게 제직하여 줄무늬 또는 체크무늬를 만들고, 바디끼는 것을 드물게 하여 제직한 곳에 틈새가 있다.

그레듀에이션 드레스(graduation dress)　학교 졸업식 때 입는 드레스이다. 전통적으로 상하가 백색으로 된 수트나 옷 위에 걸치는 로브를 착용하기도 한다.

그레, 알릭스(Grès, Alix 1910~)　프랑스 파리 출생의 디자이너로 랑뱅, 비요네로 이어지는 디자이너 중에서 생존하는 마지막 인물이며, '천의 조각가', '드레이프의 여왕'으로 불리는 디자이너이다. 얇은 리본을 이용한 드레스 제작이 성공한 것을 계기로 알릭스 바르통이란 자신의 부티크를 내게 되었다. 1939년 자본주의와의 불화로 문을 닫고 1942년 다시 그레 하우스를 열어 제1회 컬렉션으로 프랑스 국기의 3색을 이용한 작품이 프랑스 국민의 저항 의식을 고취시켰다 하여

그레, 알릭스

독일 점령군으로부터 강제 폐점당하고, 1944년 이후 '그레'를 재건하여 현재에 이르고 있다. 그리스의 조각을 닮은 그녀의 드레스는 저지, 실크, 울의 직물로 드레이프되는 형을 이룬다. 특히 조각가와 같이 패턴 없이 마네킹에 천을 둘러 가며 완성시키며 재단도 최소화하는 것이 특징이다. 비대칭형, 바이어스 컷, 돌먼 슬리브를 자주 사용하며, 호박이나 진줏빛을 띤 베이지, 분꽃색, 침엽수의 짙은 녹색, 진홍과 그린을 매치시킨 배색 등이 특징적이다.

그레이(gray)　일반적인 모든 회색의 총칭으로, 무채색의 순수한 회색은 뉴트럴 그레이라고 부르며, 색상이 가미된 회색계도 포함된다.

그레이딩(grading)　'등급법'이란 의미로서 의상에서는 평균적인 패턴을 완성한 후, 이것을 기본으로 하여 크고 작은 사이즈의 패턴을 만들어가는 것을 말한다. 즉 일반적으로는 패턴을 각각의 사이즈마다 하나씩 만드는 것이 아니라, 충분히 고려된 사이즈 체계를 만들고 이것을 기본으로 하여 표준적인 사이즈를 기본으로 확대시키거나 축소시켜서 크고 작은 여러 단계의 패턴을 만들어내는 것이다. 교차점의 위치나 포켓의 크기, 직선, 곡선 부위 등 여러 가지 부위에 대한 그레이딩 방법이 다르다. 이렇게 잘 연구된 그레이딩법은 기성복 제조에서 매우 중요한 한 과정이다. 표준적인 체형을 기준으로 만들어진 패턴을 중심으로 크고 작은 여러 사이즈의 체형에 적합하도록 여러 단계의 그레이딩 작업을 통해 기성복용 패턴을 만들 수 있다.

그레이 머스크랫(gray muskrat)　남쪽 지방에서 산출되는 머스크랫 모피의 복부 부분을 가리킨다. 머스크랫 참조.

그레이시 톤(grayish tone)　회색이 감도는 색조를 의미한다. 빨강·청색·초록색 등에 회색이 가미된 색으로 1990년대에 이르러 신선한 색으로 부각되고 있다. 특히 명도가 낮은 다크계의 색이 주목된다.

그레이지(greige)　베이지색이 가미된 그레이

또는 그레이가 가미된 베이지를 말한다.

그레이지 그레이(greige gray)　방직기에서 나온 상태의 미가공된 생사 본래의 색으로, 회색을 띤 밝은 다색(茶色)을 말한다. 에크뤼(ecru) 참조.

그레이트 모골 다이아몬드(great mogol diamond)　인도의 모골에서 발견된 가장 큰 다이아몬드로, 원석 상태가 787캐럿이었다. 가공한 것 중에 가장 큰 것은 240캐럿이었으나 1665년 이후에 사라졌다.

그레이트 코트(great coat)　털 안감을 대어 웅장하게 보이는 얼스터(ulster)와 유사한 남녀 코트로, 19세기부터 현재까지 착용되고 있다.

그레이 폭스(gray fox)　길고 부드러운 털과 촘촘한 솜털을 지닌 회색 여우 모피이다. 주로 트리밍에 사용되며 미국산이 최고급품으로 취급된다.

그레이프 컬러(grape color)　포도의 회색을 띤 탁한 청색(靑色)을 말한다.

그레이프 프루트 컬러(grape fruit color)　초록색[綠色]을 띤 산뜻한 노랑색[黃色]으로, 캘리포니아산 그레이프 프루트에 보이는 색을 의미한다.

그레인 스킨(grain skin)　스킨이나 하이드 바깥면의 털이 가공 처리된 가죽을 말한다.

그레코 로만 룩(Greco Roman look)　부드럽게 흘러내리는 드레이프 기법으로 제작한 여성다운 스타일로, 화려한 자수 등으로 장식을 한 그리스의 영향을 받은 로마풍의 스타일을 말한다. 1982년 춘하 파리 프레타 포르테 컬렉션에서 보여주었던 폼페이풍의 룩이다.

그로그랭(grosgrain)　경사 밀도를 크게 하고 위사를 사용하여 표면에 위사 방향으로 이랑이 나타나도록 짠 견고하고 치밀한 직물이다. 경사에는 견이나 레이온을, 위사에는 면을 주로 사용하며, 실은 합연사를 사용한다. 포플린보다 조금 무겁고 웨일보다 이랑이 뚜렷하며, 리본, 넥타이, 트리밍, 모자류 등에 사용된다.

그로 드 롱드르(gros de londres)　폭이 좁은 평직, 다소 넓은 평직, 위사 두둑 조직이 교대로 들어 있는 가벼운 견 또는 레이온 직물로, 평직이나 평직의 변화 조직이 있다. 직물 상태로 염색되거나 경사 날염 등으로 변화를 갖도록 염색된다.

그로서리 리테일링(grocery retailing)　식품 잡화류 관련의 소매업과 그 판매 방법을 뜻한다.

그로스 마진(gross margin)　총이익이라는 뜻으로 순수 판매와 상품 가격 사이의 차이, 운영 비용을 뺀 후 순수 운영 이윤을 결정하는 것이다. 매상 총이익, 차익고, 매매차익 또는 그로스 프로피트(gross profit)라고도 하며, 중요한 상품 가격 인하, 디스카운트를 조심스럽게 다룸으로써 손실을 피할 수 있다.

그로 슬리퍼(grow sleeper)　어린아이들이 키가 자람에 따라 조절할 수 있도록 허리선에 몇 줄의 스냅이 달린 어린이들의 잠옷을 말한다.

그룹 매니저(group manager)　전시나 상품, 판매원을 책임지는 지점의 관리자로서 대체로 재주문 상품이 없을 때는 구입을 하지 않으며, 무엇이 팔리고 무엇이 필요하며 무엇이 팔리지 않는지에 관하여 보고를 받는다.

그리크 피셔맨즈 캡(greek fisherman's cap)　모자의 뒤쪽보다는 앞쪽이 높고 소재는 주로 데님의 청직물이나 모직으로 만들어진 부드러운 모자이다. 모자의 챙과 윗부분이 만나는 솔기 부분이 정교하게 장식되어 있다. 검정 모직, 청색 데님, 백색 데님 등이 주로 사용되고, 1980년대에는 남녀 구분 없이 스포츠 웨어나 보팅(boating)의 용도로 많이 사용하였다.

그리퍼 직기(gripper loom)　무북 직기의 하나로 작은 위사 운반체인 그리퍼에 의해서 위사를 개구에 투입하는 직기이다. 이때 위사는 콘(cone)에 감긴 그대로 사용한다.

그리프, 자크(Griffe, Jacques 1917~)　프랑스 태생의 디자이너로 자신의 고향에서 수년간 재단사로 일하다가 16세 때 기술을 익히기 위해 투르로 갔다. 1936년 파리의 비요네 밑에서 전통적인 기법으로 직물을 드레이프 하고 재단하는 일을 익혔다. 제2차 세계대전 후 몰리뇌에서 일한 뒤 1946년 자신의 의상실을 개업하였다. 재단과 드레이핑이 뛰어나며, 흐르는 듯한 유연함과 부드러움이 있다.

그린(green)　녹색을 말하며, 그 범위는 황록색에서 청록색까지가 모두 포함된다.

그린 베레(green beret)　베트남 전쟁시 군인들이 위장하기 위해 썼던 모자이다.

그물바늘(netting needle)　철, 나무, 상아, 뼈 등으로 만들며, 바늘 끝이 갈라져서 실이 감겨 있도록 되어 있는 그물용 바늘이다. 네트(net)를 만들 때 사용한다.

그물수　Y자형으로 연결지어 놓아 그물 같은 무늬를 나타내는 것으로 6각형, 7각형, 8각형 등을 자유롭게 놓는 수법이며, 넓은 면을 쉽게 메울 때 사용한다. 그물자수라고도 한다.

그물자수(net embroidery)　⇒ 그물수

극(屐)　중국 진 · 한 시기 관원들이 외출시에 착용하였던 신발의 양식으로 오늘날 일본인의 게다와 비슷한 형태이다.

글라세 브라운(glacé brown)　글라세는 불어로 '얼다' 또는 '광택이 있는, 윤이 나는' 이라는 의미로, 매끈매끈하여 윤이 있는 갈색[茶色]을 말한다. 무두질한 가죽에서 볼 수 있는 색으로 이탈리아 패션계에서 쿨 브라운이라고 불리는 유행색도 여기에 속한다. 찬 감촉이 현대 패션과 부합되어 인기를 얻고 있다.

글라스(glasses)　시력을 보완하거나 태양으로부터 눈을 보호하기 위하여 눈 위에 사용하는 안경을 말한다. 전형적인 안경의 형태는 렌즈가 있는 안경테와 귀 윗부분에 걸칠 수 있게 휘어진 금속이나 플라스틱 안경다리로 구성되어 있다. 빛의 세기와 양에 의해 렌즈의 색이 어둡고 밝게 변하는 광색성 렌즈(photochrome lens)는 1980년대의 획기적인 발명품 중의 하나이다. 안경은 13세기 말에 이탈리아에서 처음으로 사용되었으며, 그

것은 특수한 소수 계층에 한정되어 글을 읽을 수 있다는 것을 암시하는 지식의 상징이었다. 17세기에는 태양 광선으로부터 눈을 보호하기 위한 목적으로 유색의 렌즈가 사용되었다. 안경이 아름다움을 손상시킨다는 생각이 1960년대에 와서는 갑자기 유행 아이템의 하나가 되었다. 처음에는 스펙터클즈(spectacles)라고 불렀다.

글래드스턴 칼라(Gladstone collar)　타이처럼 생긴 각이 진 칼라 끝이 뺨까지 올라오도록 높게 선 스탠드 칼라로, 19세기에 넓은 검정색 실크 스카프와 함께 착용하는 경우가 많았다. 1868~1894년 빅토리아 여왕 시대에 영국의 수상을 지낸 W. E. 글래드스턴(William Ewart Gladstone)의 이름에서 유래되었다.

글래디에이터 샌들(gladiator sandal)　밑창에 달린 몇 개의 넓은 끈이 발등 위로 올라와서 발목에서 돌려 매어 착용하는 평평한 샌들이다. 로마 시대 원형 경기장에서 검투사들이 신었던 샌들을 모방한 것으로, 1960년대에 다시 소개되어 애용되었다.

글래머(glamour)　'황홀하게 하는 매력, 신비로운 매력, 사람을 매혹하는 아름다움'이란 의미로, 의상을 세련되고 아름답게 착용하여 매혹적으로 보이는 것을 말한다.

글러버 니들(glover needle)　글러버즈 니들 참조.

글러버즈 니들(glover's needle)　장갑이나 그 외 다른 피혁 제품용 바늘이다. 바늘끝이 삼각뿔의 형상이며, 돛누비 바늘(sail needle)과 같은 것으로 그보다는 짧다. 글러버 니들 이라고도 한다.

글러브 커프스(glove cuffs)　소매를 연장시켜 꺾어 접어 나팔 모양으로 벌어지게 만든 커프스로, 장갑을 낀 것처럼 보인다.

글레이징(glazing)　열, 압력 또는 마찰 등을 이용하여 직물 표면을 매끄럽고 평평하며 광택이 나게 만들거나, 코팅을 시킴으로써 매끄럽고 광택이 나도록 하는 가공법을 말한다.

글래디에이터 샌들

글렌개리

글렌개리(glengarry)　모자의 측면 앞쪽에 군대의 연대 배지가 있고, 뒤쪽에는 두 개의 검은 리본이 부착된 군인용 모자의 하나이다. 형태는 오버시즈 캡(overseas cap)과 유사하며 접을 수 있도록 주름이 져 있다. 스코티시 하이랜드(scottish highland) 소속 연대 유니폼의 일부로 19세기에는 부인과 소년들까지 스포츠 웨어로 즐겨 사용하였다. 스코틀랜드의 인버네스(Inverness)에 있는 계곡에서 유래되었다.

글렌개리 케이프(glengarry cape)　1890년대에 여성들이 착용하였던, 싱글 브레스티드의 테일러드 칼라 밑 목선에 부착된 모자이다. 후드 안감은 격자 무늬로 되어 있는 7부 길이의 케이프를 말한다. 카우도(cowdor) 케이프라고도 한다.

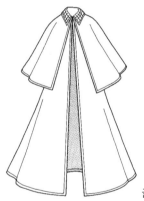
글렌개리 케이프

글렌 체크(glen check)　집단화된 스트라이프를 가로, 세로로 배열한 격자 무늬로 주로 트위드(tweed) 직물에 많이 사용되며 다양한 색상이 사용된다.

글렌 플레이드(glen plaid)　경위사를 2올 또는 4올씩 색사를 사용하여 색상효과를 나타내도록 짠 체크무늬 조직이나 직물을 일컫는다.

글로시 컬러(glossy color)　광택이 있는 색이란 뜻으로 원색계의 번쩍이는 색의 총칭이다. 디스코 룩의 의복이나 우주적 감각의 패션에 자주 사용되는 색으로 대개의 경우 광택이 있는 소재에 많이 사용된다.

글로카(glocke)　둥글게 된 큰 옷감 중앙에 머

글로카

리가 들어갈 만큼 구멍을 내고 로덴 옷감으로 만들어진 중세의 판초 타입의 상의를 말한다. 현재도 착용되고 있으며 유럽의 알프스 지역에서 많이 입었다.

글리시닌 섬유(glycinin fiber)　재생 단백질 섬유를 말한다. 재생 단백질 섬유 참조.

글리터 호즈(glitter hose)　광택이 있는 소재로 만들어진 호즈이다. 금, 은, 구리 등 금속 성분의 소재에 따라 광택의 색상도 다양하다. 1960년대에 미니 드레스와 함께 소개되었으며, 색상에 따라 실버·골드·메탈릭 호즈라고도 불린다.

금(錦)　각색으로 선염된 채색실로 제직한 문직물이다. 직물의 바탕에 경사로 무늬를 제직한 것과 위사로 무늬를 제직한 것으로 구분된다. 일본에서는 전자를 경금, 후자를 위금이라고 명명하였는데, 이러한 명명 형식은 오늘날 우리 나라, 중국에서도 통용되고 있다. 경금은 조직이 평조직·능조직의 중조직이며, 색은 2~3색이 일반적이나 그 이상 5색·6색·7색인 경우도 있다. 위금은 거의 능조직의 중조직으로 제직되며, 평조직의 중조직으로도 제직되었으나 극히 드물다. 색은 경금과 달리 자유롭게 여러 색이 사용되었다. 경금은 우리 나라에서는 선사 시대(부여)와 삼국 시대에 사용되었는데, 부여의 금이 길림성 부여의 옛유적에서 조사되어 그 실상이 나타나 있다. 중국에서는 주시대, 전국 시대, 한대에 제직되었다. 위금은 페르시아에서 제직되었다는 견해이며, 5세기 이후에 발달되어 우리 나라의 통일신라 시대에 중국에서는 당대에 발달되었다.

금관(金冠)　금관은 시대에 따라 그 형태가 다르다. 삼국 시대 금관은 금으로 만든 관모(冠帽) 또는 금속으로 만들어진 모든 관모의 통칭이다. 우리 나라에서 지금까지 알려진 고대의 관모는 주로 삼국 시대의 고분에서 출토된 것들이며, 그 중에서도 특히 신라 고분의 출토품이 주류를 이루고 있다. 금관은 그 형태와 용도에 따라 의식용으로 생각되는 외관(外冠)과 내관(內冠)으로 나눌 수 있으

며, 관모에 딸린 장식들은 지역에 따라 제작이나 의장 수법에서 각기 독특한 양식을 보인다. 조선 시대 금관(金冠)은 문무백관이 조복을 입을 때 쓰던 관이다. 관의 밑부분에 당초문(唐草紋)을 새겨 금니(金泥)로 칠했으며, 윗부분에는 품급(品級)에 따라 5량(梁)부터 1량까지 금니를 칠한 줄을 배치하였다. 이러한 양이 있어서 양관(梁冠)이라고도 한다.

금관(조선)

금관(신라)

금관자(金貫子)   망건(網巾)에 부착된 금으로 된 작은 고리로, 당줄을 꿰어 걸어 넘기는 구실을 한다. 조선 시대 정2품, 종2품 관리가 사용하였다.

금구혁대(金釦革帶)   상고 시대에 사용한 가죽에 금장식을 한 대(帶)로, 혁대의 환판(鐶板)을 순금으로 만들고 여기에 여러 가지 형상을 새겨 주옥을 박아 장식한 띠이다.

금단(金緞)   금사를 직입한 주자조직의 문직으로, 금선단·금란·직금과 같은 종류이다.

금동관   삼국 시대 상류층에서 사용한 관모(冠帽)를 말한다. 금에 동을 섞은 얇은 금동판으로 머리둘레만큼의 띠 형태를 재단하고, 산자형(山子形)이나 불꽃무늬를 투조한 장식을 세운다.

금동리(金銅履)   상고 시대의 신의 하나로, 중국의 화자(靴子)와 유사하며 운두는 좀 깊고 뒤축은 각져 있다. 바닥은 악창이 둘려져 있고, 표면에는 작은 영락(瓔珞)이 붙어 있다.

신 운두에는 만자(卍字)의 정자형이 투각되어 있다.

금동리

금란(金襴)   평금사·연금사로 직문된 문직물로, 직금이라고도 한다. 금란은 바탕이 삼매능인 것이 원칙이나 평직·주자직 바탕일 경우나 금사로 직문된 경우 모두 금란이라고 한다.

금란

금란가사(金襴袈裟)   가사의 조각조각에 금색 실로 수를 놓아서 승복의 장엄함을 갖춘 옷이다. 금란가사는 우리 나라에서 신라 시대 이래 많이 유행하였다. 현재에도 삼족오(三足鳥), 일월광수(日月光繡), 천왕, 불경 및 불상의 이름과 옴(唵)·남(囕)자를 수놓은 금란가사를 볼 수 있다.

금박(金箔)   금가루나 금종이를 사용하여 의복이나 장식품에 문양을 찍은 것으로 부금(附金)이라고도 한다. 주로 조선 시대 궁중 예복에 여러 가지 문양을 금색으로 찍어서 입었다. 궁중 예복은 옷감의 종류와 색채 및 무늬로도 지체를 구별하였다. 일반에서는 혼례 때 머리에 장식하는 도투락댕기와 뒷댕기에 금박을 하여 화려하게 하였다.

금박장(金箔匠)   조선 시대에 금박(金箔)을 만

금박

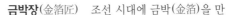

들던 장인이다. 금을 두드리거나 압연하여 매우 얇은 금박 조각으로 만들어 옷감·부채·현판 등의 장식에 사용하였다.

금봉채(金鳳釵)　조선 시대에 반가(班家) 부녀자들이 예식 때 사용한 비녀로, 금으로 봉(鳳)을 조각하였다. 인조(仁祖) 때 금봉채의 사용을 금하였다.

금사(金紗)　직물의 바탕은 사조직으로 제직하고, 무늬는 금편사·금연사로 제직한 직물이다. 무늬에 자수를 놓는 경우도 있다.

금사

금사라사　금박·금분으로 사라사 문양에 교착시킨 염직물로, 인도·자바·타이의 샴의 금사라사가 유명하다. 오늘날에는 합성금을 직물에 교착시켜 값이 싼 사라사를 제조한다.

금사자수　중세에 성행했던 자수의 일종으로, 도안의 표면에 금사를 늘어 놓고 징그는 자수이며, 교회 자수품으로 많이 사용되었다.

금사주사(金絲走絲)　금사를 직입한 주자조직 직물로, 《고려사》에 보면 현종 9년(1018년)에 동여진에 보낸 직물이다.

금선(金線)　금사를 직입한 직물로, 직금·금란과 같은 직물이다.

금선단(金線緞)　금사를 직입하여 문양을 제직한 단으로, 조선시대의 유품에는 금편사를 사용한 것이 일반적이다.

금선주사(金線注絲)　고려에서 남송에 입공한 직금단이다.

금선혜(金線鞋)　조선 시대 반가 부녀자들이 신던 신목이 없는 신의 일종으로, 신의 밑둘레에 금선(金線)으로 장식을 했다.

금속섬유(metallic fiber)　주로 장식적인 효과

를 나타내기 위해 사용되는 섬유로, 현재는 스테인리스 스틸 섬유를 제외하고는 폴리에스테르나 아세테이트에 알루미늄박을 입혀 염색하거나 색을 넣어서 금·은과 같은 장식 효과를 낸다.

금은사 사슬수　박음수를 한 후 한 땀의 중앙에서 다음 땀의 중앙으로 이어지는 루프를 만들며 금은사를 걸어준다. 금은사는 굵어서 사슬수로 수놓기가 어렵고 상하기 쉬우므로 이러한 방법을 사용한다.

금은사 징검수　금은사를 가는 꼰사나 비단 재봉실 등으로 징거 주는 수법이다. 0.2~0.3 cm 정도의 간격으로 금은사 1가닥을 징그거나 2가닥을 나란히 징그기도 한다.

금은선직성(金銀線織成)　고려 시대에 송나라에 보낸 직물의 일종으로, 홍지금은오색선직성용어계(紅地金銀五色線織成籠魚罽)가 있다. 금은사로 제직된 화려한 직성이다.

금장(錦帳)　화려한 비단으로 만든 방장으로, 일본의 긴메이 왕 때(562년) 고구려 궁전에서 칠직의 장[七織帳]을 가져갔다고 하는데, 일본에서는 이것을 7색의 금으로 된 방장이라고 한다.

금조인물화문자수모직물(禽鳥人物華文刺繡毛織物)　몽고 노인우라 출토 직물로 고구려 삼실총 벽화에 보이는 주작(朱雀)의 그림과 비슷한 문양의 주작문과 인물문, 화문 등이 수놓인 모직물의 조각이다. 자주색과 초록색이 우리 나라 한복의 기본색인데 몽골 노인우라 지방에서도 같은 색을 사용하였다.

금조인물화문자수모직물

금추(金墜) 왕비가 사용한 머리용 장식품의 하나로, 꽃무늬를 새겨 만들었다. 태조 3년(1394년), 예종 원년(1469년)에 중국에서 적의(翟衣)에 착용하는 삽화금추자(鈒花金墜子)를 사여받았다. 금타자(金朶子)라고도 한다.

금향낭자(金香囊子) 고려 시대 귀부인들이 차던 주머니이다. 고운 비단으로 둥글게 만들어 그 속에 향(香)을 넣었다.

금화포(金華布) 금박을 하여 문양을 나타낸 금사라사이다.

금환(金環) 조복(朝服)·제복(祭服)의 후수(後綬)에 부착된 금(金)으로 만든 작은 고리이다. 조선 시대에는 1·2품의 관원이 금환을 사용했다.

금환수(金環綬) 금으로 도금한 고리가 2개 달린 수(綬)로 조선 시대 1·2품의 관원이 조복(朝服)·제복(祭服) 착용시 뒤에 늘여뜨렸다.

급능직(steep twill) 능직에서 사문각의 각도가 45°보다 큰 조직을 말한다. 경사의 부상점이 위사보다 많은 것으로, 정칙능직에서 경사를 주기적으로 삭제하거나 다른 조직과 배합하여 얻는다.

긍정적 편향(positivity bias) 다른 사람들을 평가할 때 가급적이면 부정적인 평가를 하지 않고 긍정적인 평가를 하려는 편향적 경향을 말한다.

기(綺) 기에 대하여《육서고(六書故)》에서는 채사로 무늬를 짠 것을 금이라고 하고, 소사로 무늬를 짠 것을 기라고 한다고 하였다. 우리 나라의《삼국사기》에는 통일신라의 직관에 '기전(綺典)'이 있는데 이 기전은 경덕왕 때 별금방(別錦房)으로 고쳤다가 다시 그대로 하였다는 기록이 있어, 역시 기는 금과 어떤 양식에서 혼돈될 수 있는 공통점이 있는 직물의 명명이다. 오늘날 중국에서는 평직 바탕에 능직으로 직문된 은나라 시대의 직물을 말한다. 그러나 일본에서는 이와 같은 직물은 능으로 분류되는 경향이다. 우리 나라에서는 온양 민속박물관 소장 아미타불 복장

기

유물 중에 평조직과 능조직의 혼합조직인 자의(紫衣)의 직물을 기로 보고 있는데, 엄밀하게 조직학적으로는 평지능문의 직물이 된다. 우리 나라에서는 조선 시대부터 오늘날까지 평조직 바탕에 소문(小紋)을 능직으로 제직한 견직물이 많이 사용되었는데, 이러한 직물이 고대에 기로 명명되었을 가능성이 크다.

기(旗) 헝겊이나 종이에 글자·그림·부호 등의 도안을 하거나, 물들인 것을 막대 따위에 달아서 특정한 뜻을 나타내는 표상(表象)의 총칭이다. 기는 보통 모양·목적·용도에 따라 분류되며, 각 명칭이 있다.

기계시침질(machine basting) 빠른 바느질법의 하나로, 2장의 천을 임시로 바느질하는 기계 스티치로 바느질 간격이 가장 넓다. 시침실을 뜯어냈을 때 실밥이나 바늘구멍이 있으면 안 되며, 천이 기계 시침질 때문에 압력을 받으면 지속적인 실자국이 나므로 눌리지 않게 주의해야 한다. 실밥을 뜯어낼 때는 바느질땀 중간을 자르고 바느질땀 처음 부분을 잡아당긴다. 머신 베이스팅이라고도 한다.

기계적 권축(mechanical crimp) 인조섬유에 인위적으로 부여한 권축을 말하며, 주로 열가소성 섬유를 파상 또는 나선상으로 열고정하여 얻는다. 대표적인 방법으로는 가연법(false twisting)이 있다.

기녀복(妓女服) 의약이나 침선의 기술 및 가무(歌舞)의 기예를 익혀서 필요할 때 나라에 봉사하던 여성들의 복식을 말한다. 기녀는 천인 계층에 속했지만 그들의 의복은 신분의

기모노

기모노 드레스

기모노 수트

특수성으로 의례복과 일상복으로 나누어 볼 수 있다. 의례복은 각종 의례에 맞춰 장식을 매우 많이 하였다.

기러기 격자수　격자수 속에 Y자형의 기러기 수를 놓는 것으로, 푼사수한 위에 장식할 때에는 바탕수의 결과 반대 방향으로 Y자 모양을 수놓는다.

기러기수　Y자형 수를 말하는 것으로, 이를 겹쳐 수놓아 엉겅퀴꽃이나 숲의 배경에 사용한다. 수평으로 실을 건 후 그 중앙 아래쪽으로 바늘을 뽑아 수평의 실을 바늘에 건 후, 수직으로 실을 걸어 Y자형을 만든다.

기린문(麒麟紋)　영수문의 일종이다. 고대로부터 상서로운 징조를 나타내는 상상적인 영수의 종류로, 봉·황 암수를 나타낸 것과 같이 수컷은 기, 암컷은 린이라고 하였으며, 가슴·배 등은 뱀의 형태로 변형되고, 머리·다리·꼬리 끝에 말총과 같은 털을 부착하였다. 이와 같은 문양은 신선사상에서 비롯되어 불교적인 문양 요소로 많이 사용되었다. 기린은 용, 봉황, 거북 등과 함께 4령이라 부르고 있다.

기린문

기마인물문(騎馬人物紋)　말을 탄 인물상을 문양화한 것이다. 사산조 페르시아의 원환문으로, 위금문양에 나타나 있는 경우가 많다.

기모가공(napping)　직물이나 편물의 표면에 실이나 섬유의 끝을 세우는 과정으로 코듀로이 직물이나 플란넬 등에 한다.

기모기(起毛機)　직조를 짠 후에 털을 세우는 금속제의 기구이다.

기모노[着物]　일본 민속 의상의 총칭으로 흔히 여성의 기모노를 가리키는 말로 쓰인다. 발목 길이에 앞이 터져 있으며, 앞길을 여며 허리에 대로 맨다.

기모노 드레스(kimono dress)　일본 전통 의상 기모노에서 영향을 받아 기모노 소매를 하고 벨트로 묶게 된 랩 어라운드 드레스이다. 거의가 앞·뒤판이 한 장으로 되어 있고 소매에 이음선이 없다. 처음에는 욕실이나 집에서 사용하는 로브로 착용하였으며, 1960년대에 유행하였다.

기모노 룩(kimono look)　일본의 전통의상 기모노에서 힌트를 얻어 디자인한 의상들로, 1980년대 초 일본 다자이너 다카다 겐조가 유행시켰다. 기모노 드레스 참조.

기모노 수트(kimono suit)　벨트로 여미게 되어 있는 랩 스타일의 재킷과 스커트나 팬츠로 이루어진 여성용 수트이다. 일본의 기모노에서 유래하였다.

기모노 슬리브(kimono sleeve)　붙임선 솔기가 없이 몸판에서 하나로 연결된 소매로, 일본 의상 기모노에서 유래하였다. 소매 밑에 무가 달려 있는 것도 있다.

기모노 재킷(kimono jacket)　일본 고유 의상 기모노를 본뜬 것으로, 기모노 소매에 칼라 없이 도련이 길게 내려온 스타일이다. 벨트로 허리를 묶어 헐렁하고 여유 있게 입는다. 일본풍의 꽃무늬 프린트지로 만들며, 19세기 초에 유행하였고, 1970년에는 라운지 웨어로 유행하였다.

기모노 재킷

기본상품(basic stock)　의복 분류의 한 라인에 반드시 포함되는 품목 · 수 · 모델들로 주 상품을 일컫는 말이다. 주상품이 아닌 품목 도 일시적으로 고객의 수요를 증가시킨 유행 상품은 기본 상품이 될 수 있다. 기본 상품에 대한 최선책은 고객들이 원하는 상품을, 고 객들이 원할 때 보유하고 있는 것이다.

기본색상(basic hue) 복장을 이루고 있는 여 러 가지 다양한 색의 조합체 중에서 그 복장 전체를 규정하는 기본적 색채의 통칭이다.

기성복(ready-to-wear) 고객의 특별 주문 에 따라 만든 옷과는 달리 제조업자에 의해 표준 치수로 만들어진 것으로, 대중의 호응 을 얻기 위해 대량 생산된 의복이다.

기슈(guiche) 귀 앞쪽에서 둥글게 말린 장식 용 머리카락 모양을 말한다. 키스 컬(kiss curl)이라고 불리기도 한다.

기슈

기업광고(institutional advertisement) 상점 의 이미지를 증진하고 고객들에게 서비스 · 정책 · 목표를 알리기 위한 광고이다. 어떤 의미에서 모든 광고는 기업 광고라 할 수 있 는데, 그것은 상점에 대한 좋은 인상 또는 나 쁜 인상을 만들어내기 때문이다.

기저귀 젖먹이 어린아이나 병자의 대소변을 받아내는 헝겊으로, 감은 부드럽고 흡수성이 좋으며 잘 건조된 흰색으로 하는 것이 좋다. 남자 아이는 앞쪽, 여자 아이는 뒤쪽을 두껍 게 하여 채워준다.

기전(綺典) 신라 공장의 하나로, 기를 제직하 던 곳이다. 경덕왕 때 별금방으로 고쳤다는 기록으로 보아 기전에서는 별금으로 불린 직 물을 제직했던 것으로 볼 수 있다.

기퓌르 레이스(guipure lace) 거친 그물 바탕

에 니들포인트나 보빈으로 만든 테이프를 가 지고 패턴을 이루는 레이스 직물을 말한다. 원래는 금이나 은사를 이용해 만든 보빈 또 는 니들포인트 레이스를 일컬었다.

기하문(幾何紋) 고대부터 사용되어 온 무늬 로 글 · 점 · 선 등을 엇갈리어 만든 추상적 무늬이다. 만자문(卍字紋)과 아자문(亞字紋) 이 가장 많이 쓰이며, 전반적인 생활 장식에 변형되어 이용되고 있다.

기호화(signing) 상징적 상호작용으로서의 기 호는 과거 경험에 비추어 행동을 지시하거나 언급하게 된다. 예컨대 신호 등의 여러 기호 는 운전자의 행동을 지시한다. 이와 같이 어 떤 상징성이 기호로 되어 기능을 발휘하도록 만드는 것을 의미한다.

긴뜨기(plain trebles stitch) 편물의 기본이 되는 코바늘 뜨기의 일종으로 한 코의 길이 를 더 길게 떠가는 방법이다. 이 방법으로 하 면 편물을 더 빨리 뜰 수 있다.

긴 시침(uneven basting) 직선의 솔기를 붙일 때 옷감이 움직이지 않도록 하면서 박음선의 위치를 표시할 때 사용한다. 본바느질을 할 장소에 시침할 때는 완성선의 위치보다 0.1 cm 정도 시접 쪽으로 나아가 시침한다. 보통 시침보다 고정시키는 힘이 약하다. 언이븐 베이스팅이라고도 한다.

길 저고리나 두루마기와 같은 상의(上衣)의 몸판 부분을 말한다.

길링(gilling) 모 방적시 선모, 정련, 카딩이 끝난 슬라이버의 굵기 및 섬유의 평행 상태 가 완전하지 못하므로 길 박스(gill box)에 슬라이버를 넣어 섬유가 잘 배열되고 균일한 슬라이버가 되도록 하는 공정을 말한다.

길 박스(gill box) 길링을 할 때 사용하는 장 치를 말한다.

길버트 , 아이린(Gilbert, Irene 1920~) 아일 랜드 더블린 태생의 디자이너로 런던에서 패 션을 공부하였고, 1950년에 그녀의 살롱을 더블린에서 열고 1954년 뉴욕에서 컬렉션을 가졌다. 트위드 수트나 울 코트, 케이프가 주 조를 이루며, 정교하면서 시골풍의 분위기를

긴뜨기

준다.

길복(吉服)　상(喪)을 끝내고 다시 갈아입는 평상복을 말한다. 1년 후 소상에 대상복을 입고, 2년 후 대상에 담복(禪服)을 입으며, 27개월 뒤에 길복(吉服)을 입는다.

길상문(吉祥紋)　오행설과 역(易)의 사상에 기초하여 종교, 신앙, 기타 뜻있는 감정적 표현을 문양화한 것이다. 동물(용, 봉황, 학, 거북, 편복, 기린, 호랑이, 사신, 양, 호접, 원앙, 사자, 사슴), 식물(매, 난, 국, 죽, 연, 모란, 도화, 석류, 불수, 보상화, 만초)과 여의(如意), 상운(祥雲), 팔선(八仙), 십이장문 등을 문양화한 것이다. 그 외에 삼족조(三足鳥), 비천(飛天), 문자 등 각기 길상의 뜻을 상징적으로 나타낸 문양이다.

길상사(吉祥紗)　길상문으로 제직된 관사를 말한다.

길쌈　베, 모시, 무명, 명주 기타 직물을 제조하는 모든 공정으로, 베길쌈, 모시길쌈 등으로 일컫는다.

길패(吉貝)　면직물의 고대명이다. 《본초강목》에 길패는 고패(古貝)가 잘못 전해진 것이라고 하였다.

김나지움 커스튬(gymnasium costume)　작은 테일러드 칼라와 커프스가 달린 긴 소매에, 앞은 단추로 여미게 되어 있는 풍성한 블라우스와 짧은 주름 치마나 반바지로 구성된다. 칼라와 커프스는 튜닉으로 장식되었으며, 1890년대에서 20세기 초에 유행하였다.

김프 드레스(guimpe dress)　반팔 블라우스에 목둘레가 많이 파인 점퍼 드레스 스타일을 말한다. 1880년대부터 20세기 초에 많이 입었으며, 어린 아이들이 먼저 입기 시작하여 후에 소녀와 숙녀들도 입었다. 경우에 따라서는 블라우스에 어깨끈이 달린 점퍼 드레스 스타일도 있다. 김프는 원래 숙녀의 목과 가슴을 덮는 장식으로 목에서부터 어깨와 가슴을 덮고 뒷목에서 묶거나 오픈하였으며, 백색 천이나 레이스 등의 가벼운 천으로 만들었다. 일명 김프 커스튬(guimpe costume)이라고도 한다.

김프 얀(gimp yarn)　가는 실 둘레에 한 가닥 이상의 굵은 실을 감아 만든 장식사로, 나선 모양의 효과를 나타낸다. 트리밍, 레이스, 자수 등에 사용된다. 라틴이라고도 한다.

깁, 빌(Gibb, Bill 1943~)　스코틀랜드 태생의 디자이너로, 1962년 런던 세인트 마틴 예술학교에서 패션을 공부하고 영국 왕립 미술학교에서 공부했다. 야들리 패션상을 수상하고 벤델의 뉴욕 백화점에서 디자이너로 일하기 시작했다. 1970년 영국 보그지가 선정하는 '올해의 디자이너'로 뽑히기도 했다. 호화스런 이브닝 드레스, 환상적인 시폰, 아플리케와 수 장식의 저지 드레스가 특징이다.

깁슨 걸 스타일(Gibson girl style)　하이 네크에 어깨는 주름으로 불룩하고 밑으로 내려가면서 타이트하게 맞게 된 레그 오브 머튼 소매에 레이스로 장식을 한 스타일로, 미국의 화가 찰스 다나 깁슨(1867~1944)이 그린 초상화에서 여성들이 착용한 로맨틱하고 여성다운 의상 스타일을 말한다. 깁슨 블라우스 참조.

깁슨 걸 스타일

깁슨 블라우스(Gibson blouse)　소매에는 주름이 풍성하고 어깨에도 입체적인 주름이 잡혀 있는 레그 오브 머튼 소매에, 칼라가 높게 달려 있는 정장 스타일의 우아하고 여성다운 블라우스를 말한다. 1890년대와 1900년대 초기에 유명했던 화가 찰스 다나 깁슨(Charles Dana Gibson)이 그렸던 초상화 속에 나오는 여인들이 이런 모양의 블라우스를 많이 입었기 때문에 깁슨 블라우스 또는 깁슨 웨이스트라고 부르기 시작했으며, 이런 옷차림의 여성을 깁슨 걸이라 불렀다. 19~20세기에 여러 번 이런 모양의 블라우스가 유행하였다.

깁슨 블라우스

깁슨 웨이스트(Gibson waist)　깁슨 블라우스 참조.

깃　목을 싸는 옷옷의 세부 명칭으로 한자로는 영(領)·금(衿)·금(襟)·임(袵) 등으로 표기한다. 깃은 형태에 따라 직령(直領)·단령(團領)·곡령(曲領)·반령(盤領)·방령(方領) 등이 있고, 문양에 따라 불령(黻領)이 있다. 또한 세부 형태에 따라 반달깃·동구래깃·당코깃 등으로 나뉜다.

깅엄(gingham)　가벼운 평직의 면직물로, 경사에 20~40s 색사와 표백사를 사용하여 줄무늬, 체크무늬를 만든다. 실의 종류, 밀도, 염색 견뢰도 등에 따라 품질이 구분되며, 셔트나 커튼 등에 사용된다. 직물의 밀도는 48×44에서 106×94/2.5cm로 매우 다양하다.

까치두루마기　설날에 입는 어린이 설빔의 하나이다. 오색(五色)으로 만든 두루마기로, 소매는 연두나 색동, 안은 꽃분홍색, 길은 연두, 겉섶은 황토색을 사용했다. 현재는 돌복으로 사용한다.

까치선　둥근형으로 된 방구부채의 일종으로 비단·깁[紗]·종이를 붙여 둥글게 만든다. 조선 시대에 주로 가정에서 여인들이 사용한 부채이다.

깔깔수　실꼬는 법을 달리 하여 깔깔실을 만들

어 도안대로 건너놓은 다음 가는 실로 징그는 방법이다. 오래된 고목, 바위 등에 응용된다. 실꼬는 법은 한 올을 많이 꼬고 한 올은 꼬지 않고 합쳐 반대 방향으로 꼬며, 또 한 올은 굵게 하고 한 올은 가늘게 하여 꼰 후 가는 올을 잡아당겨 오글오글하게 하여 사용한다. 실의 꼬임이 특이하므로 어떤 부분을 강조하거나 고목, 바위 등을 입체적으로 표현할 때 사용한다.

깨끼당의(一唐衣)　여름용 옷감인 사(紗)의 종류로, 겉과 안을 같은 감으로 하고 솔기를 곱솔로 하여 시접을 모두 잘라 만든 당의이다.

깨끼저고리치마　노방과 같이 비치는 옷감으로 겉감과 안감 사이에 시접이 밖으로 비치지 않도록 가늘게 쌈솔로 처리하여 만든 저고리치마이다.

꺾음솔　바느질감의 겉과 겉을 맞붙여 홈질하거나 박은 시접을 한쪽으로 꺾은 솔기를 말한다.

꽃잎 모양 단(petal hem)　꽃잎 모양과 비슷한 둥근 모양을 한 부분에 쓰인다. 페털 헴이라고도 한다.

꾸리　북 안에 넣어 씨실을 공급할 수 있도록 감아둔 실을 말한다.

꾸민족두리　부녀자가 예식시 사용하는 족두리의 일종이다. 검은 단(緞)을 이어 솜을 두고 몸체를 만들어, 위에 옥판(玉板)을 받치고 산호주(珊瑚珠)·밀화주(密花珠)·진주(眞珠) 등을 꿰어 만든다.

끈목수　끈의 짜임새를 표현하는 수법이다. 수놓을 폭의 중앙에 2개의 기준선을 그린 후 (이 폭의 넓이가 양쪽 사선의 겹치는 양을 결정) 왼쪽 기준선의 조금 아래쪽에서 실을 뽑아 폭 넓이의 오른쪽 모서리로 사선을 만든다. 다시 오른쪽 기준선과 처음 바늘을 뽑았던 왼쪽 기준선, 폭넓이의 왼쪽 모서리를 지나는 사선을 만들어 소문자 y를 거꾸로 한 모양을 만든 후 이를 반복한다. 직선·곡선 모두 표현할 수 있으며, 이때 한 번에 3가닥씩 나란히 수놓으며 교차시켜 가면 좌우 사선이 중앙에서 서로 겹치게 되어 속수처럼

깅엄

꾸민족두리

중심이 도드라지게 된다. 처음 수놓을 때 남겨준 자리는 맨 끝에 수놓아 메운다.

끝감치기 ⇒ 보통 감치기

끝동 저고리의 소매 끝에 다른 색의 옷감을 댄 것으로 기혼녀(旣婚女)만 사용했다. 보통 자주색이나 남색이 많이 쓰인다.

끝박음 가늘게 접어감침 바탕이 얇은 목면이나 견과 같은 천의 러플이나 프릴의 바깥 둘레를 가볍게 처리할 때 사용한다. 천의 단에서 약 0.2cm 정도 들어간 자리를 재봉틀로 외가닥 발이하여 이 재봉틀 땀을 한쪽으로 쏠리게 섬세히 감쳐 나간다. 또는 시접의 단을 재봉틀로 박는 것으로 목면이나 모직물의 시접을 처리할 때 사용한다.

끝접어박기단 말아 공그르기단보다 시간을 단축시키기 위해 사용하는 것으로, 끝을 한 번 접어박은 후 시접을 바짝 자르고 다시 접어서 그 위를 박는다. 얇은 단의 가장자리, 러플, 보 등의 가장자리에 사용한다.

끝접어박음 올이 잘 풀리는 얇은 옷감의 시접을 처리할 때 주로 쓰이는 방법이다. 마름질한 끝이 풀리지 않도록 하기 위해 시접의 단을 접어 미싱으로 박는 것을 말한다.

나가기[長着] 일본 전통 의복 중 남녀 공용의 주요 겉옷으로 우리 나라의 도포(道袍)와 비슷하며 허리에 대(帶)를 매어 고정시키고 소맷부리는 모두 고소데[小袖]인데, 여자복은 소매 배래쪽의 늘어지는 부분의 길이에 따라 오오후리소데[大振袖 : 큰 소매] 나카후리소데[中振袖 : 중간 소매] 등 5~6 종류의 명칭이 있다.

나가카미시모[長裃] 일본 에도 시대 무사의 가장 일반적인 공복, 예장이다. 가타기누[肩衣]와 하카마[袴]를 붙인 경장(輕裝)은 무사에게 적합하기 때문에 이것이 정형화되고, 여기에 어깨를 늘려서 가느다란 전신과 몸 뒤를 덮은 후신을 고(袴)에 넣어 입는다.

나가카미시모

나까오리 모자 조선 말 개화기에 널리 유행한 모자로 가격이 비쌌으며, 둥근 챙이 달리고 모정(帽頂) 부위도 약간 둥근 형태이다. 파나마 모자와 맥고 모자가 유행하자 일인(日人)이 다른 나라에는 없는 나까오리 모자를 만들어 팔았다. 중절모(中折帽)라고도 한다.

나막신[木履] 나무로 만든 신이며, 비올 때 신던 신으로 남녀 모두 신었다. 오동나무로 만든 것이 최상품이며, 앞뒤로 높은 굽이 달려 있다. 남자용은 극치(屐齒)가 뚜렷하게 나누어지고, 여자용은 극치가 인자형(人字形)으로 되어 있으며 코가 날카롭고 매끈하다. 목혜(木鞋)·각색(脚濇)·목극(木屐), 격지라고도 한다.

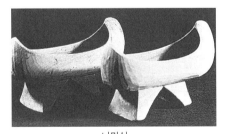

나막신

나뭇결수 특별한 순서 없이 나뭇결을 표현하는 수법이다.

나선사(spiral yarn) ⇒ 스파이럴 얀

나시시[納石失] 직금금(織金錦), 직금(織錦)에 대한 중국 원대(元代)의 상칭(常稱). 파기자(波欺字) 'nasich'에 대한 역음(譯音)이라고 한다.

나이트 가운(night gown)　여성, 남성, 아동들이 밤에 입는 원피스 드레스로 된 잠옷을 말하며, 나이트 드레스, 나이티, 슬리퍼(sleeper)라고도 한다. 초기에는 거의가 길이도 길고 긴 소매였으나 19세기 중반에는 엉덩이둘레선 정도의 짧은 길이도 있었고 최근에는 짧은 반소매나 소매가 없는 가운도 있다. 16~19세기에는 남성들의 실내·실외 코트로도 착용되었으며, 18세기에는 여성들의 실내·실외에서의 편안한 드레스로 착용이 되었다.

나이트 가운

나이트 드레스(night dress)　⇒ 나이트 가운

나이트 레일(night rail)　① 미국 식민지 시대의 여성들이 아침에 입었던 어두운 색의 풍성한 드레스나 로브를 말한다. ② 실크, 새틴, 레이스 등으로 만든 여성들의 케이프로, 16~18세기 초에 유행하였다. 나이트 가운에서 명칭이 변형되었다.

나이트 셔트(night shirt)　길이가 무릎까지 내려오는 긴 셔트처럼 생긴 남자용 잠옷을 말한다. 나이트 셔트 종류에는 나이트 시프트, 돔 셔트, 플래시 나이트 셔트, 네글리제 셔트 등이 있다. 때로는 길이가 짧은 것도 있다.

나이트 시프트(night shift)　나이트 셔트의 일종이다.

나이티(nightie)　⇒ 나이트 가운

나이프 플리츠(knife pleats)　한 방향을 향하여 잡은 주름으로 보통 1/2″~1″ 간격으로 만들어진다.

나이프 플리츠 스커트(knife pleats skirt)　한쪽 방향으로 좁게 혹은 1인치 폭의 외주름을 쭉 돌려 접은 주름치마로, 주름들의 끝이 칼날같이 예리하게 생겼다고 하여 나이프라는 이름이 붙여졌다. 가장 기본적인 스커트의 하나로 1960년대 말에 다시 유행하였다.

나이프 플리츠 스커트

나일 그린(Nile green)　나일 강물의 색을 연상시키는 초록색으로, 전체적으로 청색 기미를 띤 황록색을 말한다. 카키색의 하나이기도 하며, 밀리터리 룩의 부활로 각광받는 색조이다.

나일론 6(nylon 6)　폴리아미드계 합성 섬유의 대표적 섬유로 $[NH(CH_2)_5 CO]_n$ 로 표시되며, 이때 6은 나일론 중합체를 이루는 단량체의 탄소수를 표시하는 것이다. 현재 우리 나라에서 생산되는 나일론의 대부분이 나

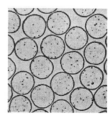
나일론

일론 6이다.

나일론 6, 6(nylon 6, 6)　미국 뒤퐁사의 캐러더스에 의해서 개발된 대표적인 폴리아미드 섬유로, 헥사메틸렌디아민과 아디프산의 중축합에 의해 만들어진다. 〔NH(CH$_2$)$_6$ NHOC(CH$_2$)$_4$ CO〕$_n$ 로 표시되며, 이때 6, 6은 나일론의 종류를 표시하는 데 쓰이는 숫자로 나일론 중합체를 이루는 단량체의 탄소 수를 표시한다. 나일론 6과 여러 가지 특성이 비슷하나 열에 대한 성질의 차이가 있어 나일론 6의 용융점(215℃)보다 높은 용융점(250℃)을 갖는다.

나일론 호즈(nylon hose)　1939년 나일론이 출현하면서 생긴 호즈로, 이전에 사용하던 실크 호즈보다 질기고 더 투명하다. 제2차 세계대전 중 과잉 수요로 인해 나일론 호즈는 암시장의 인기 품목이 되었으며 동시에 단어 '나일론'은 호즈의 동의어가 되기도 하였다.

나일 블루(Nile blue)　청색을 말하는 것으로, 아프리카의 나일강에서 볼 수 있거나 나일강을 연상시키는 청색을 말한다.

나자쥬반〔長襦袢〕　차가운 날씨에 일본 여성들이 입는 기모노 스타일의 시반쥬반 위에 덧입는 긴 옷이다.

나장복(羅將服)　조선 시대 하부 군졸인 조례(皂隷)의 옷으로, 나장은 검은 두건인 조건(皂巾)을 쓰고 청반비의(靑半臂衣)를 입고 납작한 끈으로 된 도아(條兒)를 매었다.

나제립(羅濟笠)　신라와 백제 시대부터 착용한 절풍건 모양의 입자(笠子)의 한 종류이다. 조선 시대에는 지방의 아전들이 나제립을 썼으나, 신라에서 고려 시대까지는 공사 간(公私間)에 통행되어 사용되었다.

나타샤 룩(Natasha look)　허리의 위치가 올라가 있는 하이웨이스트에 프릴이나 리본으로 장식을 한 로맨틱하고 여성스러운 스타일이다. '전쟁과 평화'라는 영화의 여주인공인 오드리 햅번이 분장한 나타샤의 의상으로 크게 유행을 일으켰다.

나폴레오닉 칼라(Napoleonic collar)　목 뒤에 서 높게 올려 세워 뒤로 접어젖힌 넓은 칼라로 더블 브레스티드 재킷에 단다. 프랑스 화가 다비드(Jacques Louis David, 1748~1825)의 그림에 묘사된 나폴레옹 보나파르트(Napoléon Bonaparte, 1769~1821)의 복장에서 유래되었다.

나폴레옹 커스튬(Napoleon costume)　나폴레옹이 입었던 의상 스타일들로, 타이트하게 딱 맞는 바지, 각진 어깨, 뒤가 길게 된 테일러드 코트, 높게 서 젖혀진 넓은 칼라, 무릎까지 오는 긴 장화, 치켜올린 삼각으로 된 모자 등이다.

나폴레옹 코트(Napoleon coat)　스탠딩 칼라와 레그 오브 머튼 소매와 힙 정도 길이의 군복풍의 정장 스타일 재킷으로, 군복풍의 장식 테이프로 앞단을 장식하고 큰 장식여밈으로 처리된 경우가 많다. 이런 군복 스타일은 나폴레옹이 군복무시에 입었다고 하여 그의 이름에서 유래하였고, 1890년 중반에 유행하였다.

나폴레옹 코트

나화립(羅火笠)　부녀자들이 사용하던 쓰개의 일종이다. 나화립은 고려 시대 개두(蓋頭)에서 기원을 찾을 수 있으며, 여기에 원립(圓笠)이 들어가 나화립(羅火笠)－넓은 립〔廣笠〕－나올립(羅兀笠)－나올(羅兀)이 되었다고 본다.

낙랑의 직물　1916년부터 일인들에 의하여 조선총독부 주관으로 조선전역(朝鮮全域)의 유적(遺蹟)·유물(遺物)에 대한 학술조사가 연차적(年次的)으로 실시되었는데, 평안남

나폴레오닉 칼라

도 평양 부근의 석엄리(石嚴里), 왕한묘(王旰墓), 오야리(梧野里), 채광총(彩筐塚), 도제리(道濟里) 외에 1924년에 조사된 갑(甲)·을(乙)·병(丙)·정(丁)·무(戊)로 명명된 오분(五墳)이 중국 한(漢)의 낙랑유적(藥浪遺蹟)이라고 보고되었다. 이들 유적 중에서 일본(日本)의 하라다[原田淑人]에 의하여 왕한묘의 견직물(絹織物)이 조사되었고 누노매[布目順郞]에 의하여 채광총과 병분(丙墳), 석엄리, 왕한묘(하라다가 조사한 이외의 직물)가 조사되었다. 조사된 직물 중 대표적인 것을 보면 다음과 같다. 첫째, 하라다에 의하여 문사(紋紗)로 발표된 직물. 둘째, 하라다에 의하여 평견(平絹)으로 발표된 직물. 평견으로 발표된 직물은 경위사 밀도가 1cm²에(68×39)본인 오늘날의 익이중(羽二重)과 비슷하다고 하였다. (44×34)본으로 된 보통 평견도 조사되었다. 그 외에 경위사가 확실하지 않으나 경사로 생각되는 쪽이 23본, 위사로 생각되는 쪽이 20본으로, 소(疎)한 평직으로 관(冠)의 잔편으로 상상되는 칠사(漆紗)로 볼 수 있는 것이다. 이것은 곧 중국에서 방공사(方空紗)라고 명명되었던 평직으로 된 투직(透織)이다. 셋째, 누노매가 조사한 직물. (70×30), (80×40), (74×40), (80×33), (100×40), (30×30), (18×18), (76×38) 등의 경위사 밀도의 평견과 진면(眞綿)이 조사되었다. 누노메는 낙랑의 견직물은 거의 현지에서 제직된 것으로 보고 있다. 이상의 견직물들은 오늘날 중국 한대(漢代)의 직물로 일반적으로 보고되어 알려져 있다. 그러나 이 지역은 예(濊)의 고지(故地)로, 우리 나라의 선사시대(先史時代)부터 양잠직조(養蠶織造)가 이루어져 왔던 곳인 점을 감안할 때 반드시 한(漢)의 제직기술이 이입(移入)되어 제작된 것으로만 볼 수는 없다. 또한 낙랑의 위치에 대해서도 오늘날 사학계(史學界)에서 논의가 진행중이니 앞으로의 귀추가 주목된다.

낙인이론(labelling theory)　상징적 상호작용론자들이 개인이나 하위집단이 규범에서 일탈된 행동을 할 때 일탈자라는 낙인을 찍어 상징성에 초점을 맞출 수 있다고 주장하는 이론이다. 즉 일탈표지가 찍힌 사람끼리는 자기들끼리 동일시함으로써 일탈을 촉진시킬 수 있다.

낙타모(camel hair)　몽골, 티베트 등 중앙 아시아의 사막에 분포하는 쌍봉낙타(Bactrian camel)로부터 얻는 헤어 섬유로, 보온성과 방수성이 우수하다.

난모(暖帽)　추위를 막기 위한 방한모의 총칭으로, 겉은 검은색·자주색·남색의 비단이나 무명으로 하고, 안은 녹색·남색의 융이나 무명으로 했으며, 가장자리는 털로 선(縇)을 둘렀다. 사대부에서 평민 남녀에 이르기까지 사용했다. 남자용으로는 이암(耳掩)·휘항(揮項)이 있고, 여자용으로는 풍차아얌·조바위·남바위가 있다. 피견(披肩) 참조.

난삼(襴衫, 幱衫)　조선 시대 유생복으로 진사복(進士服)과 관례복(冠禮服)의 하나로, 전하는 유물이 없어서 형태·재질·색을 정확히 알 수 없지만 앵삼(鶯衫)과 비슷한 것으로 본다. 형태는 옷깃이 둥글고 소매가 넓으며 옆과 아래는 선을 둘렀으며, 옥색이다. 복두(幞頭)를 쓰고 검은띠[皁帶]를 둘렀다.

난색(暖色)　색에는 연상에 의한 감정 작용이 있다. 일반적으로 따뜻한 느낌을 주는 색을 난색, 웜 컬러(warm color)라고 부른다. 색상에서 말하면 적색, 황적색, 황색 계통을 말한다. 이것은 태양, 빛, 불 등의 이미지에서 온 것으로 보는 사람에게 흥분을 느끼게 한다. 고동색 계통도 황적 계통이므로 난색의 하나이다. 난색은 일반적으로는 가을에서 겨울의 추운 계절에 요구되는 색상이지만 따뜻하고 정열적인 남국적 이미지로 인해 반대로 여름의 계절감과 연결되기도 한다.

난십자수　일정한 크기의 +자를 방향이 겹쳐지지 않도록 흩어서 수놓으며, 넓은 면을 성기게 메울 때 쓰인다. 땀의 길이는 실의 굵기에 따라 정한다.

난연가공직물(flame retardant fabrics)　가연

성 직물에 제2인산암모늄 등을 처리하여 일시적인 난연가공직물을 만들거나, 불용성 침전물을 섬유 제품에 침착시키거나 섬유소의 OH기와 결합시켜 영구적인 난연가공직물을 만든다. 실내장식 등에 사용된다.

난연성(flameproofing) 섬유에 불꽃을 가까이 접근시켰을 때 쉽게 불이 붙지 않고, 또 불꽃을 멀리 하면 즉시 꺼지는 성질이다. 내연성(fireproofing), 방염성(flameresistant)과 거의 같은 의미로 쓰인다.

날상투 결혼한 남자의 전통적인 머리 모양인 상투[推髻]의 일종이다. 《삼국지(三國志)》위서 동이전 한조(韓條)에 '괴두노계(魁頭露紒)', 즉 관모를 쓰지 않는 날상투를 하였다는 기록이 있다.

날실(warp, end) ⇒ 경사

날염(printing) ⇒ 프린팅

남(藍) 마디풀과의 일년초인 염료식물로, 수십 종의 종류가 있다. 요남(蓼藍), 대청(大靑), 산남(山藍), 목남(木藍), 인도남(印度藍)이 대표적이다. 우리 나라에서는 쪽풀이라고 한다. 한국, 중국, 일본의 남은 주로 요남이다. 잎과 줄기가 염료로 사용되며, 남색의 염료로서, 셀룰로오스 섬유의 남색염에 주로 사용된다. 색소는 인디고(indigo, 靑藍)이다. 브라질, 중앙아메리카, 유럽, 아프리카, 인도네시아, 필리핀, 마레 등지에서 재배된다. 남은 가장 오래된 염료식물로서 기원전 4000년의 기록에 남염법이 보이며, 이집트 투탕카멘(Tutankhamen, 재위 B.C. 1361~1351)왕의 묘에서 남염된 직물이 발견되었고, 《후한서(後漢書)》에 '변진의복결청 의복금청(弁辰衣服潔淸衣服禁靑)' 이란 기록이 있다. 오늘날에는 합성남이 생산되고 있다. 남의 염색법은 규합총서, 임원경제지 등에 전해지고 있다. 남염은 환원, 산화의 조건에 따라 색상이 황색·황녹색·청색·녹색·청록색으로 변한다. 남의 색소는 물에 녹지 않으나 아연말(亞鉛末), 하이드로설파이드 등과 같은 알칼리성 환원제를 사용하여 환원시키면 물에 녹는다. 이와 같은 환원 조

작으로 불용성 남색소를 불용성 화합체로 변화시키는 것을 남을 세운다고 한다. 또 발효에 의해서도 불용성색소를 수용성으로 변화시킨다. 이것을 발효건(發酵建)이라고 한다. 불용성 색소를 수용성 색소로 환원하면 색소 자체의 색이 소멸되어 무색이 되는데, 이를 화학적으로 류－고 인디고라고 하며, 산화형에서 환원형으로 변한 것이다. 환원형은 셀룰로오스 섬유에 잘 염착된다. 염색은 무색 환원액 속에 섬유를 담가 염색한다. 비교적 저온에서 염색되므로 끓이면서 염색할 필요가 없다. 염색 후 류－고 인디고로 염착된 섬유를 환원액에서 꺼내어 공기 중에 두면 공기 중의 산소를 흡수하여 산화되며, 산화형 색소로 돌아가서 발색된다.

남건(藍建) 염색기법의 하나로 불용성 인디고를 수용성으로 환원하여 가용성의 백남(白藍)으로 하는 조작이다. 발효건과 환원건이 있다.

남교염(藍絞染) 남(藍)으로 교염(絞染)한 것으로, 주로 목면포에 남교염을 한다. 중국의 운남성(雲南省)에서 오랜 역사를 가지고 있다. 일본에서도 아이시보리(あいしぼり)라고 하여 많이 염색되고 있다.

남만 팬츠(南蠻 pants) 남만은 일본 사람이 서양인을 가리키는 말로, 남만 팬츠는 포르투갈 사람들이 착용하던 크게 부풀린 실루엣의 팬츠를 일컫는다.

남바위 겨울에 이마·귀·목덜미를 덮는 방한모의 일종으로 남녀노소 공용이다. 형태는 위가 트여 있고 뒷골을 길게 하여 뒷덜미를 덮으며, 가장자리에는 모선(毛縇)이 둘러져 있다. 전면상부(前面上部)에는 술·매듭·보석 장식을 했다. 겉은 비단(緋緞)을 사용하고 안에는 털이나 솜을 넣기도 했다.

남방 셔츠(南方 shirt) 더운 남양 지방에서 남자들이 착용하는 헐렁하게 맞는 앞터짐으로 된 반팔 셔트로, 하와이, 마닐라 등의 섬 지방에서 많이 착용하며, 일명 알로하 셔트라고도 한다.

남백(藍白) 불용성의 인디고를 환원하여 생

남바위

성된 류-고 인디고이다.

남복(男服)   남자(男子)들이 입는 의복을 말한다. 시대에 따라 입는 법이나 모양 등이 약간씩 다르지만, 남자의 기본 복장은 저고리·바지·두루마기이다. 그 외에 예복(禮服)으로 도포(道袍)·창의(氅衣) 등의 포(袍)를 입었다.

남색(藍色)   푸른 빛에 검정이 섞인 색으로 오행법(五行法)으로는 동방(東方)을 뜻하고 봄[春]에 해당된다. 여자 의복에서는 왕비·동궁빈만 남색의 스란·대란치마를 입을 수 있었고, 일반인은 문양(紋樣)이 없는 남치마를 입었다.

남송(南松)   연송화색을 말한다.

남인화포(藍印花布)   남의 형염(型染)이다. 문양에 따라 형지를 만들고, 방염호(防染糊)로 방염한 후 말려서 남으로 염색한다. 오늘날에도 중국, 일본에서 많이 염색되며, 일본에서는 아이가다[藍型]라고 한다. 보통 남 한 가지 색으로 염색하거나 농담의 색을 섞어서 염색한다.

납가사(衲袈裟)   고려 시대 국사복(國師服)으로, 헝겊 조각을 누벼 만든 옷을 말한다. 승복(僧服)을 납의(衲衣)라고도 한다.

납셋(nabchet)   캡이나 모자를 말하는 16세기의 속어이다.

납염(摺染)   일본의 《고사기(古事記)》, 《일본서기(日本書記)》 등에 청랍(靑摺), 단랍(丹摺), 차랍(茶摺) 등의 이름으로 나타나 있는 염색법(染色法)이다. 평판(平板)에 포(布)를 놓고 형지(型紙)를 놓아 염료를 쇄모(刷毛)에 바르거나 또는 형목(型木)으로 염료를 찍어 염색하였다고 추정되는 염색법이다.

납작누비   누비의 한 종류로 솜을 비교적 얇게 두고 넓게 누벼 납작한 효과를 낸 것이다.

납폐(納幣)   납폐서(納幣書)와 폐백(幣帛)을 신부집에 보내는 의식으로, 폐백으로는 청단(靑緞)과 홍단(紅緞)의 채단(綵緞)을 보낸다. 함에 넣는 물건은 지방과 사회 계층, 빈부에 따라 다르지만, 반드시 신부의 상·하의 두 벌과 패물·혼서지(婚書紙)를 넣는다.

낭(囊)   주머니의 총칭으로 남녀노소 모두 사용하며 청초한 색이나 미려한 색으로 귀를 각이 지거나 둥글게 만든다. 금전·물건을 넣어 허리에 찬다. 각낭(角囊)·홍낭(紅囊)·겹낭(袷囊) 등이 있다.

낭읍(囊邑)   중국(中國)의 현명(懸名). 진(秦), 한대(漢代) 하남성(河南省)에 있었고 진유군(陳留郡)에 속해 있었다. 한대(漢代) 대표적(代表的)인 고급 견직물의 산지이다. 낭읍금(囊邑錦), 진유견(陳留絹)으로 유명하다.

낭자(娘子)   조선 시대 부녀자들이 예장(禮裝)할 때 사용하던 머리 모양의 일종으로 쪽찐 머리 위에 덧얹어진 긴 비녀를 꽂았다. 정조(正祖) 이후 가체를 금하고 낭자(娘子)가 성했다. 북계(北髻)라고도 한다.

내공목(內拱木)   안감으로 사용된 면포이다.

내광목(內廣木)   16s 이하의 카드 단사를 이용하여 평직으로 짠 직물로, 광목보다 거칠고 성기다. 직물 밀도는 44×44/2.5cm이다.

내로 레이스(narrow lace)   가는 폭으로 편성한 레이스를 말하며, 여기에는 니들 포인트 레이스 등 많은 기법의 레이스가 있다.

내로 숄더(narrow shoulder)   좁은 어깨를 말한다.

내로 스커트(narrow skirt)   치마폭이 좁은 스커트를 말한다. 활동에 불편하므로 이를 보완하기 위해 대개 슬릿(slit)을 한다.

내로 슬림 라인(narrow slim line)   좁고 가늘고 폭이 좁은 실루엣으로, 직선적인 모드를 뜻한다.

내면 지향성(inner directness)   외부 지향성과 반대의 개념으로 다른 이의 기대에 대해서는 별 관심을 두지 않고, 자신에게만 관심을 기울이는 일련의 내면화된 목표를 갖는 경향을 말한다. 보편적으로 사람은 내면 지향성과 외부 지향성을 농시에 지니고 있다.

내명부복(內命婦服)   조선 시대 궁중에서 봉직하던 빈(嬪)·귀인(貴人)·소의(昭儀)·숙의(淑儀) 등 여관(女官)의 총칭으로, 그들이 입던 옷을 말한다. 그 기능은 직무에 따라

공적인 것부터 사사로운 일까지 국왕 및 왕실을 보필하였으며, 복색(服色)에도 차이가 있다.

내섬유층(cortex)   양모의 표피 스케일층 내부에 존재하는 층을 말한다. 평평하고 길쭉한 내섬유 세포(cortical cell)로 구성되어 있으며, 이는 성질이 다른 두 부분, 즉 오르소 내섬유(ortho cortex)와 파라 내섬유(para cortex)로 구성된다. 오르소 내섬유는 파라 내섬유에 비해 수분이나 염료를 더 잘 흡수하여 팽윤성이 크다. 따라서 팽윤성이 큰 오르소 내섬유가 항상 섬유의 주위를 나선형으로 돌아 양모에 천연적인 권축이 생긴다.

내셔널 브랜드(national brand)   제조업자에 의해 소유된 브랜드로, 지명도나 상호명, 이미지가 전국적인 규모로 광고된다. 또한 규모가 큰 소매업자가 개발한 스토어 브랜드라 할지라도 그 판매가 전국적으로 확산되어 있는 브랜드도 여기에 속한다.

내셔널 프라이비트 브랜드(national private brand)   어패럴 메이커와 백화점, 전문점 등의 소매업이 공동으로 기획 개발한 브랜드를 말한다. 가령 백화점의 경우 지역성, 제한된 대상 고객층 등이 고려된 상품 기획이다.

내연성(fireproofing)   난연성과 거의 같은 의미로 쓰인다.

내의(under garments)   속옷의 총칭으로, 우선 속옷은 위생적이어야 하며, 보온과 흡수성이 좋아서 겨울에는 따뜻하고 여름에는 시원해야 하며, 입어서 상쾌해야 한다. 옷을 입은 모양은 체형을 아름답게 보충해 줄 수 있어야 한다. 속옷이 몸에 잘 맞지 않으면 겉옷의 맵시를 제대로 나타내지 못한다. 내의 종류에는 브래지어, 파운데이션, 속치마, 속바지 등이 있다.

내적 단서   대인지각에도 자아지각에 적용되는 것과 같은 지각 과정이 적용되나, 자아 지각에서는 특히 내적 단서에 접근한다. 사람들은 다른 사람에 대해서보다 자기 자신에 대해 보다 완화된 정보(내적 단서)를 고려해 자기 자신을 지각한다.

내적 탐색(internal search)   구매하려는 제품에 대한 정보를 기억으로부터 회상해 내는 것을 말한다.

내주(內紬)   하등품 명주(明紬)를 말하며, 안감으로 사용된 것이다.

내추럴 밍크(natural mink)   염색이나 어떠한 가공 처리도 하지 않은 천연 상태 그대로의 밍크를 일컫는다.

내추럴 셰이프(natural shape)   자연스러운 형, 특히 수트 라인을 지칭하는 경우가 많다. 자연스러운 어깨를 특징으로 한 아메리칸 트래디셔널 모델의 수트 등이 대표적이다.

내추럴 숄더(natural shoulder)   어깨에 패드(pad)를 넣지 않은 자연적인 어깨를 말하며, 1950년대와 1960년대에 유행하였다.

내추럴 슬림 라인(natural slim line)   슬림 라인은 전체적으로 호리호리한 실루엣을 말하며, 그것을 극단적으로 몸에 꼭 맞게 표현한 것이 아니라 자연스럽게 몸에 맞춰 나타낸 것을 말한다.

내추럴 앤드 파스텔(natural & pastel)   내추럴 컬러(자연색)와 파스텔 컬러를 조화시킨 색을 의미한다. 특히 1981년 이래 남성의 캐주얼 패션에서 자주 나타났다. 이 외에 파스텔 앤드 파스텔, 화이트 앤드 파스텔이라는 색채 조화 방법이 소개되고 있다. 여기에서 파스텔은 워터 파스텔로 불리는, 물을 탄 것 같은 색조가 주류를 이룬다.

내추럴 웨이스트 드레스(natural waist dress)   허리의 위치가 정상의 위치에 있는 드레스를 말한다.

내추럴 웨이스트라인(natural waistline)   가장 가는 허리, 정상적인 제 허리선으로 된 웨이스트라인을 말한다.

내추럴 컬러(natural color)   자연계의 색, 자연의 사물에서 볼 수 있는 색을 말한다. 인공 또는 강하고 자극적이지 않은 색, 조작하지 않은, 가공하지 않은 색의 총칭으로 사용된다. 주로 자연에서 모티브를 얻은 색으로, 패션에서는 바다, 하늘, 수목, 대지, 물 등의 색조를 일괄하여 내추럴 컬러나 내추럴 톤으로 칭하는 경우가 많다.

낸시 레드(Nancy red)　레이건 전 미국 대통령 부인인 낸시 레이건이 즐겨쓰던 적색으로, 아메리카 패션계의 거장 빌 브라스의 대명사(代名詞)가 된 색이다. 눈에 선명하게 뛰는 밝은 적색으로, 미국 사람들이 좋아하는 양기(陽氣)가 있는 점이 특징이다. 또한 빌 브라스 작품에 특징적으로 보이는 흑(黑)도 '빌 블랙'이라고 불리며, 이것도 그의 대명사로 취급된다.

냅색(knapsack)　군인이나 여행자의 룩색(rucksack)이다. 캔버스나 가죽 등으로 만들며 부드럽고 늘릴 수 있다. 주로 사각형으로 되어 있으며 등에 메었을 때 어깨에 걸칠 수 있는 끈이 달려 있다. 1960~1970년대에 청소년층에서 유행한 가방이다.

너깃 링(nugget ring)　자연스런 형태의 고리형 보석이 있는 반지를 말한다.

너른바지　조선 시대 여자들의 속바지 일종이다. 정장(正裝)시 하체를 풍성하게 하기 위해 입던 속바지로, 가랑이는 넓고 앞은 막히고 뒤가 터진 겹바지이다.

너스즈 캡(nurse's cap)　하얗고 빳빳하게 풀먹인 모자로 정규 대학교를 졸업한 간호사의 상징으로 착용하는 모자이다. 병원 근무 시간에만 핀을 꽂아 머리에 쓴다. 간호 학교는 각 학교의 전통에 따라 모자의 양식이 다양하다.

너스즈 캡

너스즈 케이프(nurse's cape)　감색이나 네이비 블루로 된 7부 길이에 적색 안감을 조화시키고, 금색의 금속 단추를 달고 모직 테이프로 가장자리를 마무리한, 간호사들의 유니폼에서 유래한 케이프이다.

너싱 바스크(nursing basque)　앞중심 양쪽을 단추로 여미게 된, 조끼와 같은 바스크(basque)를 가리킨다.

너울[汝火, 羅兀]　너울은 조선 전반기에는 여화(汝火)로 기록되어 있는데 '너 여'에 '불 화' 자가 합쳐서서 '너불'이 되며, '너불'이 차츰 '너울'로 불려진 것으로 보인다. 후반기에는 나올(羅兀)로 표기하였다. 너울은 부녀자들이 외출할 때 얼굴을 가리기 위해 착용한 쓰개의 일종으로 조선시대 내외용(內外用) 쓰개 중에서 가장 대표적인 것으로, 고려 몽수(夢首)의 유습이다. 자루 모양의 천을 원립(圓笠) 위에 씌워 아래로 드리우며, 얼굴 부분은 망사를 사용하여 앞을 투시(透視)할 수 있게 하였다. 《연려실기술》에 의하면 홍명일의 장녀가 시가(媤家)에 오면서 너울로 얼굴을 가렸는데, 그것은 깁으로 사면을 드리워서 어깨를 덮었다고 기록되어 있으며, 《오주연문장전산고》에서는 궁녀들이 너울을 썼는데 그 종류가 검은색·푸른색이 있으며, 직책에 따라 다른데 대개 검정색이 귀한 것이고 푸른 것은 천한 것이라고 하였다.

너트메그(nutmeg)　갈색의 일종으로, 향료나 약재로 사용되는 열대산 상록관목인 너트메그에서 볼 수 있는 회색 기미가 있는 갈색을 말한다.

너울

너스즈 케이프

네글리제

네글리제(négligé)　비치는 얇은 옷감에 레이스나 러플로 장식한 로브이다. 대개 속이 다 비치는 나이트 가운을 세트로 만들며, 페뉴아르(peignoir), 페냐(pen-wa)라고도 한다.

네글리제 셔트(négligé shirt)　백색의 빳빳하고 떼었다 붙였다 할 수 있는 칼라 커프스가 부착된 백색이나 줄무늬의 남자 셔트로, 1900년대 초에서 1925년까지 유행하였다.

네글리제 커스튬(négligé costume)　집이나 침실에서 주로 입는 정장이 아닌 옷을 말한다. 부드러운 옷감으로 편하게 입을 수 있도록 된 긴 로브 스타일이다. 18~19세기 사이에 남녀 모두가 입었으며, 19세기 말에는 여성들이 차를 마실 때 주로 입는 티가운으로 입었다. 페뉴아르 세트라고도 한다.

네루 수트(Nehru suit)　① 높은 깃의 네루 칼라가 달린 남녀 혼용 수트로, 다양한 소재를 사용하여 만들며, 1967년에 등장하였다. ② 네루 칼라와 튜닉 톱으로 구성된 여성용 팬츠 수트를 일컫기도 하는데, 상의는 드레스로 따로 입기도 한다. 인도의 수상 네루 (Nehru Jawaharlal, 1889~1964)의 이름을 본떠서 지었다.

네루 재킷(Nehru jacket)　중국풍의 차이니즈 칼라와 유사한, 깃이 선 스탠드업 칼라에 앞판은 단추로 여미게 되어 있으며, 힙을 가릴 정도로 좁게 내려온 재킷이다. 1947년부터 1964년까지 인도 수상을 지냈던 네루가 즐겨 입었던 재킷에서 응용되었으며, 1960년대 후반기에 남성들에게 유행하였다. 시초는 인도의 마하라자(Maharajah) 회교 군주들의 의상에서 유래되었다.

네루 칼라(Nehru collar)　목선에서 곧게 올려 세우고 끝을 둥글게 만들기도 하는 밴드 칼라이다. 인도 독립 후 초대 수상인 네루 (Nehru Jawaharlal)의 복장에서 유래하였으며, 라자 칼라라고 부르기도 한다.

네버 슈링크(never shrink)　양모의 방축 가공을 말하는 것으로, 양모 섬유의 축융성의 원인이 되는 섬유 가장 바깥의 비늘층(scale)을 과망간산 등으로 제거하거나, 섬유 표면을 수지로 코팅하여 축융을 방지하는 가공을 말한다.

네오 사이키델릭(neo psychedelic)　네오란 새롭다는 의미로, 환각 상태를 즐기는 젊은층들의 새로운 감각적인 체험을 말한다. 대담한 프린트물들이 대표적이다.

네오 클래식(neo classic)　새로운 클래식 풍을 뜻하는 말로, 과거의 패션물을 현대화한 모드를 말한다.

네오 히피(neo hippie)　1960년대 히피들이 즐겼던 단정하지 않고 불결하게 보이는 옷류에서 유래하여 1980년대 새로운 히피 스타일로 재유행하였다. 과거에 비해 좀더 고급스럽고 패션 감각이 깃든 모드를 말한다.

네온 삭스(neon socks)　100% 나일론의 매우 밝은 색상의 양말로, 윗부분에 골이 파인 발목 또는 무릎길이의 양말을 말한다.

네온 파스텔(neon pastel)　네온 빛에 보이는 독특한 파스텔의 색조를 말하며, 쇼킹 핑크, 라이트 그린, 라이트 그레이, 라이트 레몬 등이 대표적이다. 독특한 광채가 있는 색조는 옵티컬 효과도 있어 디스코 웨어뿐만 아니라 현대 감각의 의복에 자주 사용되고 있다.

네이벌 메스 재킷(naval mess jacket)　감색으로 만들었으며, 해군복에서 유래한 허리까지 오는 짧은 길이의 정장 상의를 말한다.

네이비 룩(navy look)　네이비는 해군이라는 뜻으로, 해군복 스타일의 패션을 말한다. 일명 세일러 룩, 미디 룩, 머린 룩이라고도 한다.

네이비 블루(navy blue)　청색의 일종으로, 영국 해군복에서 볼 수 있는 짙은 남색을 말한다. 자주색 기미가 있는 색과 회색 기미가 있는 색도 네이비 블루에 포함된다.

네이커 벨벳(nacre velvet)　벨벳 직물의 일종이다. 벨벳 참조.

네이키드 울(naked wool)　새로운 종류의 경량의 순모직이다. 패션 종사자들은 이 직물이 본질적으로 항상 쾌적하며, 날씨가 쌀쌀할 때에는 따뜻하고 더울 때에는 시원하다고

네루 재킷

네루 칼라

말한다.

네이플즈 옐로(naples yellow)　나폴리산 안료의 색으로, 적색을 띤 저채도의 황색을 말한다.

네인숙(nainsook)　인도산의 얇고 가벼우며 부드러운 광택이 나는 고급 면직물이다. 경사는 50~100s의 실을 사용하고 위사는 경사보다 더 가는 실로 조밀하게 평직으로 짠다. 드레스, 셔트, 블라우스 등에 쓰인다.

네커(necker)　추위를 막기 위해 신축성이 좋은 니트로 목과 가슴을 싸는 네크라인으로 된 액세서리이다. 터틀넥(turtleneck)과 유사하다.

네커치프(neckerchief)　삼각형 모양으로 재단을 하거나 정사각형을 대각선으로 접어 사용하는 삼각형의 스카프를 말한다. 19세기에는 목동들이 넥타이 대신으로 착용했으며, 보이 스카우트의 유니폼에 착용했다. 1960년대 후반과 1970년대 초반에는 남성과 여성 모두 착용했다. 14세기 후반부터 19세기 초반까지 여성들이 정사각형이나 직사각형의 직물을 목둘레에 접어 착용한 것을 말하기도 한다. 19세기에는 남성과 여성들이 착용한 실크 넥타이를 의미했다.

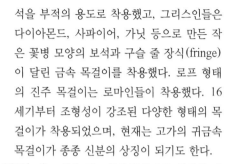
네커치프

네커치프 칼라(neckerchief collar)　마치 스카프를 감은 것처럼 보이게 만든 칼라이다.

네크라인(neckline)　목 주위에서 기본 원형을 변형한 여러 가지 종류의 목둘레선을 말한다. 옷에서 네크라인은 얼굴과 제일 가까운 곳이기에 무엇보다도 인상과 밀접한 관계가 있어 단점을 감추는 경우와 그 반대로 개성을 강조해 효과를 내는 경우 등이 있다.

넥 러프

네크리스(necklace)　목에 착용하는 장식으로, 흔히 구슬과 줄로 구성되며 금·은이나 금속을 박은 보석 또는 모조 보석이 악센트로 부착되기도 하는 목걸이의 총칭이다. 원시인들은 풀이나 가죽 끈에 종자, 열매, 조개껍질, 짐승의 이빨과 발톱을 부착하여 착용했고, 청동기 시대에는 토크(torque)라고 불리는 무거운 고리 형태(ring-type)를 착용했다. 이집트인들은 스카라브(scarab)와 같은 갑충

넥 링

석을 부적의 용도로 착용했고, 그리스인들은 다이아몬드, 사파이어, 가닛 등으로 만든 작은 꽃병 모양의 보석과 구슬 줄 장식(fringe)이 달린 금속 목걸이를 착용했다. 로프 형태의 진주 목걸이는 로마인들이 착용했다. 16세기부터 조형성이 강조된 다양한 형태의 목걸이가 착용되었으며, 현재는 고가의 귀금속 목걸이가 종종 신분의 상징이 되기도 한다.

네트(net)　실을 경·위사 방향으로 일정한 간격마다 서로 접합시켜 그물 눈을 형성하게 한 천의 일종으로, 제조 방법에 따라 결절망, 제직망, 꼬임그물, 편직망으로 나눌 수 있으며, 그물 눈의 형태에 따라 능목, 각목, 구갑형 등이 있다. 어망, 장식용, 운동용, 가구용 등으로 쓰인다.

네트 스웨터(net sweater)　네트란 그물을 뜻하는 말로, 그물처럼 성글게 짠 스웨터류를 총칭한다.

네트 클로스(net cloth)　⇒ 망직

네프라이트(nephrite)　옥(玉)의 일종이다. 제이드 참조.

넥 러프(neck ruff)　가볍고 부드러운 천으로 목에서부터 위로 주름을 올리거나 앞에서 묶은 리본을 말한다.

넥 링(neck ring)　목둘레에 바짝 붙여서 착용하는 금속 목걸이를 의미한다. 좁은 밴드에 장식물을 매달기도 하는데 이것은 1960년대 후반에 출현한 새로운 양식의 목걸이이다.

넥 밴드 셔트(neck band shirt)　깃이 서 있는 밴드 칼라로 된 셔트를 말한다.

넥 밴드 칼라(neck band collar)　목선을 따라 직선으로 재단한 밴드 칼라이다.

넥스탁(neckstock)　18세기 말과 19세기 초에 사용된 남자들의 목장식을 말한다. 빳빳하게 풀을 먹인 칼라를 세우고, 그 위를 길고 하얀 천으로 두세 번 감는 형식으로, 목 뒤에서 끝을 맺거나 앞에서 리본으로 맨다.

넥타이(neck-tie)　목에 두르는 길고 좁은 밴드이다. 주로 칼라 밑에 보(bow)와 매듭으로 매며 끝은 길게 늘어뜨린다. 19세기 이래 남성복에 유행하였으며, 크라바트 대용으로

쓰인다. 19세기 후반 여성들은 셔트 웨이스트 위에 매었으며, 유행에 따라 폭이 달라진다.

넥타이 드레스(necktie dress) 실루엣 모양이 넥타이 형태로 된 드레스로, 넥타이의 매듭 쪽을 목에 걸도록 하고 목에서부터 퍼져 나간 형태이다. 1980년대에 유행하였다.

넥타이 핀(necktie pin) 넥타이가 과다하게 움직이는 것을 방지하기 위해 착용하는 장식용 핀을 말하는데, 때로는 장식 또는 귀금속으로 치장하기도 한다.

넥트 보닛(necked bonnet) 안감이 있기도 하고 없기도 한 캡으로, 넓게 늘어진 챙이 목의 뒷부분 주위에 꼭맞게 되어 있다. 16세기 전반부에 남성들이 착용하였다.

넥 포인트(neck point) 목의 한 부분으로 칼라선과 어깨선이 만나는 점을 가리킨다. 의복구성을 위한 패턴 제도시 사용되는 용어이다.

넥 홀(neck hole) 앞뒤 길에 깃을 달 자리를 잘라낸 자리를 가리킨다.

넵(nep) 짧은 연섬유가 엉켜 좁쌀알같이 된 것을 말한다. 이는 코밍에 의해 제거될 수 있다.

넵사(nep yarn) 장식사의 한 종류로, 실의 표면에 매듭과 같은 것이 간헐적으로 돌출되어 있는 실을 말한다.

노렐, 노먼(Norell, Norman 1900~1972) 미국 인디애나주 출생의 디자이너로, 1919년 파슨스에서 회화를 공부하다가 의상 디자인으로 전환하였고, 1921년 프랫 인스티튜트를 졸업하였다. 파라마운트사 등에서 영화·무대의상 디자인을 담당했고 하티 카네기의 점포 등에서 근무한 후 1960년에 '노먼 노렐'을 창설하였다. 세심한 솜씨와 간결한 라인이 특징이며, 특히 안에 털을 댄 코트, 긴 스커트와 스웨터 차림의 이브닝 웨어는 그의 독특한 디자인이다. 미국 패션 디자이너 협회(The Council of Fashion Designers of America)의 창설자로 회장을 역임하였으며, 코티 아메리카 패션 비평가상 2회, 니만 마

커스상을 수상했다.

노루발(presser foot) 두부에 장치된 노루발대 앞에 붙어 있는 노루발 모양의 판이다. 재봉물을 눌러서 움직이지 않게 하고, 보내기 톱니 위에 밀착시켜 직물을 움직이는 방향으로 보내는 것을 도와 주는 동시에 땀을 뜰 때나 천에 주름이 지는 것을 방지하는 역할을 한다.

노루발대(presser foot bar) 하부에 노루발이 달려 있어 재봉중의 천이 재봉선상에 바르게 놓이도록 하기 위한 대와 평행하게 서 있는 수직의 둥근대이다.

노루발 손잡이(presser foot handle) 노루발을 올리고 내리는 손잡이로, 천을 빼내거나 바르게 눌러줄 때 사용한다. 리프터(lifter)라고도 불린다.

노루발 압력 조절기(presser foot regulator) 노루발대의 맨 위에 달려 있어 누르는 압력을 조절하는 역할을 하는 것이다. 최근에는 다이얼식으로 약한 압력부터 강한 압력까지 약 6종류 정도로 분류되어 있는 것도 있다.

노루발 용수철 노루발대의 상부에 감겨 있는 용수철로, 노루발 압력 조절기와 연결되어 노루발의 압력을 조절한다.

노르딕 삭스(Nordic socks) 노르딕은 큰 키에 금발과 푸른 눈, 길쭉한 머리를 한 북유럽 사람을 의미하는 것으로, 그들이 신는 북구 특유의 문양을 짜넣은 긴 양말을 말한다. 북유럽은 일반적으로 노르웨이나 핀란드, 스웨덴 등을 가리킨다. 무릎까지 올라오며 매우 두꺼운 것이 특징으로, 크로스컨트리 스키용으로 니커즈와 함께 착용되며, 크로스컨트리 스키 룩으로 일반에게 보급되기도 하였다. 장식 문양은 주로 눈의 결정체가 사용되며, 같은 문양을 사용한 노르딕 스웨터와 함께 자주 착용된다.

노르딕 스웨터(Nordic sweater) 노르딕이란 북유럽의 의미로, 스칸디나비아 사람들이 많이 입는 눈의 결정체, 침엽수 등의 무늬를 넣어서 대담하게 짠 스포티한 스웨터이다. 스칸디나비아 스웨터, 또는 스키 스웨터라고도

노렐, 노먼

노르딕 스웨터

불린다.

노르망디 케이프(Normandie cape)　1890년 대 말에 착용한 힙 길이의 가벼운 여성용 케이프로, 단 주위와 요크 주위, 스탠딩 칼라 주위에 러플이 장식되었으며, 네크라인에는 러플을 층으로 장식하였다.

노리개　저고리 고름이나 치마허리에 차는 부녀자들의 장신구로, 조선 시대 여자의 장신구로 가장 애용되었다. 노리개는 띠돈[帶金]·끈[多繪] 및 주체가 되는 패물(三作·單作)·매듭[每絹]·술[流蘇]로 구성된다. 패물의 종류·형태, 술의 종류에 따라 다양한 종류가 있다.

노립(蘆笠)　삿갓의 한 종류로, 갈대의 줄기를 말린 후 결어 만든 삿갓이다. 테의 둘레는 육각형의 깔때기를 엎어놓은 형태이다. 턱에서 끈을 매어 고정시킨다.

노매드 룩(nomad look)　중동의 유목민들의 복장에서 유래한 패션 경향이다.

노멕스(nomex)　나일론 6, 6과 비슷하며, 메타 페닐렌 디아민(H_2NONH_2)과 이소프탈산($HOOCOCOOH$)을 중합시켜 얻는 것으로, 약 5.3g/d의 강도와 22 %의 신도를 지닌다. 열안정성이 좋아서 370℃에서 분해가 시작되며, 주로 내열용 피복 재료로 사용된다.

노방주(老紡紬)　평직으로 제직된 생견직물(生絹織物)이다. 여름철 적삼, 깨끼저고리 치마감으로, 각색으로 염색된 것이 사용되었다. 오늘날에는 견직물의 다양하고 대량적인 생산 수요로 각종 전통직물로 된 한복의 안감으로 많이 사용된다.

노벌티사(novelty yarn)　⇒ 장식사

노벌티 스트라이프(novelty stripe)　다양한 굵기와 색상으로 자연스럽게 이루어진 줄무늬를 말한다.

노볼로이드(novoloid)　페놀포름알데하이드로부터 만들어진 가교를 가지는 노볼락(novolac)을 주성분으로 한 인조섬유의 일반명이다. 벤젠 고리를 포함하는 망상조직을 가지고 있어 내열성(2,500℃에서 분해)과 내약품성이 우수하다. 대표적인 상품명으로는 카이놀(kynol)이 있다. 제철소, 화학 약품을 다루는 곳 등에서 입는 보호복의 소재로 쓰인다.

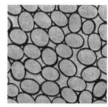

노볼로이드

노부부 제1기(Empty Nest Ⅰ)　가족생활주기의 6번째 단계로, 자녀들은 전부 독립하고 소득은 계속 증가하여 재정 상태에 만족하며, 독학과 취미생활을 통해 크게 만족하는 시기이다.

노부부 제2기(Empty Nest Ⅱ)　가족생활주기의 7번째 단계로, 퇴직하여 소득이 감소하여 집을 줄이기도 하고 의료비가 많이 들며, 소화제·수면제·의료기구의 구입·건강관리 등에 관심이 많은 시기이다.

노브 얀(knob yarn)　장식사의 일종으로, 심사 주위에 가는 실 또는 굵은 실을 일정 간격을 두고 빠른 속도로 내보내 꼬아 합쳐 실의 곳곳에 마디가 있는 실을 말한다.

노비 라인(nobby line)　'귀족다운, 말쑥한, 멋진 라인' 이란 뜻으로, 박스형의 상의와 가늘고 긴 하의를 합친 현대적인 분위기를 느낄 수 있는 실루엣이다.

노성(ageing)　비스코스레이온 섬유를 제조하

노리개

는 공정 중의 하나로, 셀룰로오스의 중합도를 낮추는 결과를 가져와 방적이 용이하다. 그러나 지나친 노성은 중합도가 너무 낮아져 제조 후 섬유의 강도가 떨어지므로 적절한 조절이 필요하다.

노의(露衣)　조선 시대 왕비와 상류 계층의 예복(禮服)을 말한다. 옷감은 대홍색의 필단(匹緞)이나 향직(鄕織)을 쓰며, 가슴에는 원문(圓紋)을 금박한 자색라(紫色羅)의 노의대(露衣帶)를 띠고, 소매끝에는 남색의 한삼(汗衫)을 단다.

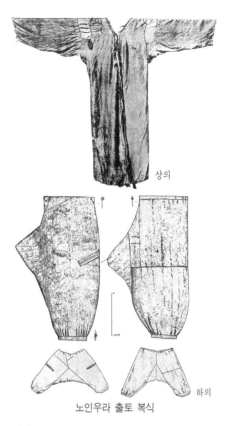

상의

노인우라 출토 복식

하의

노의

노인우라 출토 복식　상의(上衣)는 길이가 약 112cm, 소맷부리[袖口]가 약 24cm, 소매 길이가 34.5cm, 어깨넓이[肩幅]가 92cm로 진홍색(ruby coloured)의 사견지(絲絹地)로 만들었고, 목둘레와 옷깃 부분에 긴 털이 있는 무두질한 가죽을 붙인 카프탄(kaftan) 형태이다. 하의(下衣)는 제6호분에서 출토된 고(袴)의 형태로 첫번째 것은 견직물, 두 번째 것은 모직물로 된 바지이다. 고의 길이는 101cm, 폭은 49.1cm이다.

노일(noil)　모 방적시 코밍 과정에서 분리되는 짧은 양모를 말한다. 즉 방적 공정중에 생기는 단섬유로서, 양모의 노일은 보통 25mm 이하의 짧은 털로서 방모 펠트의 원료가 된다.

노일 스트라이프(noil stripe)　노일을 이용한 꼬임으로 줄무늬를 나타낸 것으로 실크 노일이 가장 많이 사용된다.

노일 클로스(noil cloth)　견직물의 일종으로, 견방주사를 경·위사에 사용한 마디가 많은 직물이다. 견방주사, 면사, 인견사를 교직한 것도 있고, 무지염 또는 줄무늬로 된 것도 있다. 용도는 숙녀복, 셔트감 등에 이용된다.

노치(notch)　U자 또는 V자 모양으로 패턴에 표시를 하거나 시접을 넣을 때 사용하는 가위집을 말한다. '새긴 눈금, 벤 자리'의 의미로 봉제시에 잘린 부분까지 연결하는 표시이다.

노치트 롤 칼라(notched roll collar)　V자형으로 오목하게 벤 자리가 있는 롤 칼라이다.

노치트 숄 칼라(notched shawl collar)　V자형으로 오목하게 벤 자리가 있는 숄 칼라이다.

노치트 칼라(notched collar)　노치란 V자형의 새긴 눈이나 벤 자리라는 뜻으로, 깃이 연결되는 부분에 V자형으로 오목하게 벤 자리가 있는 테일러드 칼라(tailored collar)를 말한다.

노크 오프(knock off)　미국 패션업계에서 호칭되는 용어로, 타사의 상품경향을 비교하여 민첩하게 상품화하는 효율적인 비즈니스 방법을 의미한다.

노트 스티치(knot stitch)　겉에 매듭이 생기도록 바늘에 실을 감아 자수한 스티치의 총칭이다.

노티드 버튼홀 스티치(knotted buttonhole stitch)　버튼홀 스티치를 이용하여 자수하는 기법으로, 길게 늘여서 매듭을 만들어 나가는 스티치이다. 천의 가장자리에 장식용으로 사용한다.

노티드 버튼홀 스티치

노티드 블랭킷 스티치(knotted blanket stitch)　천 가장자리 등에 윤곽선을 만들어내는 데 응용되는 기법으로 블랭킷 스티치에 매듭을 만들어서 끼는 방법이다. 주로 색실자수에 많이 이용되며 모직물 가장자리 장식에 사용된다.

노티드 블랭킷 스티치

노티드 스티치 패고팅(knotted stitch fagoting)　패고팅 스티치에 매듭이 들어간 형태이다. 싱글 패더 스티치처럼 두 장의 천을 연결하는 데 사용되는 장식 스티치의 한 종류이다. 실, 리본, 브레이드 등이 사용되며 인서션 스티치라고도 부른다.

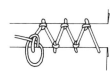
노티드 스티치 패고팅

노티드 인서션 스티치(knotted insertion stitch)

노퍽 수트

패고팅 기법의 일종으로 앞쪽의 실끝을 징글 때 매듭을 만들어낸다. 처음에는 천 끝에 수직으로 실을 잡아 빼고 다음에 패고팅 실을 돌리면서 매듭을 만들고 매듭의 중간을 통과하여 다른 천 끝쪽으로 건너가는 방법이다.

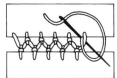
노티드 인서션 스티치

노티컬 룩(nautical look)　노티컬은 선원이라는 뜻으로, 블레이저, 피 코트 등 해군의 이미지를 재현한 스타일로이다. 일명 세일러 룩, 머린 룩이라고도 하여 1970년대에 유행하였다.

노티컬 블라우스(nautical blouse)　⇒ 미디 블라우스

노팅엄 레이스(Nottingham lace)　영국 북부 지방에 있는 노팅엄주에서 생산된 기계 편성 레이스를 말한다.

노퍽 셔트(Norfolk shirt)　트위드 옷감으로 된 셔트 스타일의 남자 라운징 재킷이다. 테일러드 칼라에, 상의 양쪽 악면에는 2개씩의 상자 주름이 있고 뒷면 중심에도 주름이 있다. 19세기 후반 이래로 영국의 노퍽(Norfolk) 공작이 즐겨 입었던 수렵용 스포츠 재킷을 말하는 것으로, 손목에는 밴드가 달려 있다.

노퍽 수트(Norfolk suit)　상의 앞뒤에는 1~2개의 상자 주름이 있고, 주름 밑에는 벨트가 있는 노퍽 스타일의 남자 아동복 수트이다. 무릎 위까지 오는 짧은 바지인 니커보커즈를 조화시켜 버스터 브라운 칼라에 보 타이를 맸으며, 1900년대에는 얼굴을 가리는 큰 챙 달린 모자를 함께 썼다. 노퍽 스타일의 상의에 코트와 바지를 조화시켜 착용하였으며, 1912~1930년에 유행하였다.

노퍽 재킷(Norfolk jacket)　어깨에서 밑단까지 몸판 앞뒤에 박스 플리츠를 잡고 허리에 벨트를 매게 만든 허벅지 길이의 재킷이다. 1880년경까지는 주로 남성용 운동복이나 여

행복으로 착용되었고, 1890~1920년에는 어린 소년들이 많이 입었다. 1960년대 후반과 1980년대에 남녀용 일상복으로 다시 등장하여 유행하였다. 영국의 노퍽 주의 지명을 본떠 지은 이름이며, 셜록 홈즈 탐정 이야기에 나오는 와트슨 의사가 입었던 재킷에서 응용되었다.

노퍽 재킷

녹지만초화문금(綠地蔓草花紋錦)　　온양 민속박물관에 소장되어 있는 고려 시대의 아미타불 복장유물 중의 문직물(紋織物)이다. 언뜻 보기에는 죽문(竹紋)에 매화문(梅花紋)이 복합된 문양으로 보이나, 사실은 넝쿨진 가지에 넓은 잎이 달려 있고 그 넝쿨대에 꽃이 달려 있어 만초화문(蔓草花紋)이다. 이 문직물은 경사가 녹색이고, 위사가 회색·황금색 2종으로 되어 있다. 녹색 경사와 회색 위사가 삼매경능직으로 조직되어 지조직(地組織)을 이루고, 황금색 위사가 녹색 경사와 육매능직으로 조직되어 문(紋)을 이룬 직금의 제직 양식과 같은 문직물(紋織物)이다.

논버벌 랭귀지(nonverbal language)　　복식은 무언중에 개인적인 신분, 직업, 성격, 사회적 지위 등의 단서로서 작용하는데, 소리없는 시각적인 상징으로서 타인에게 전달하여 의사소통을 하기 때문에 무성언어라고도 한다. 표정, 몸짓, 제스처 등도 논버벌 랭귀지이다.

논 섹션 웨어(non section wear)　　이제까지의 셔트나 블루종의 아이템 분류로는 구분 할 수 없는 옷으로, 중간 아이템이라고 한다. 블라우스와 브래지어가 붙은 옷들이 이에 해당되는데, 현대 패션의 특징으로 이런 아이템들이 증가하고 있다.

논 수트(non suit)　　명칭 그대로 수트가 아닌 수트라는 뜻으로, 기존의 형식에서 벗어나 새로운 스타일로 만든 수트를 일컫는다. 1970년 이후에 틀에 박힌 형식의 기성복에 대항하여 등장하였으며, 카디건 수트, 셔트 수트, 블루종 수트 등이 이에 속한다.

논 패션 스타일(non fashion style)　　계속 바뀌는 첨단의 유행 경향을 무조건 추종하지 않고 자기 나름대로 주관을 가진 클래식하고 자연스러운 스타일을 말한다.

농상인복(農商人服)　　농사·장사에 종사하는 사람의 복장으로, 고려 시대에는 백저포(白紵袍)에 사대오건(四帶烏巾)을 썼다.

농포(農布)　　조선 시대에 농부의 의복감으로 사용된 마포(麻布)를 말한다.

뇌문(雷文)　　뇌(雷)의 상형문자에서 전개된 문양으로, 고려 시대, 조선 시대의 직물 문양으로 많이 사용되었다. 발, 돗자리, 그 밖의 기물 등의 가장자리에 쓰인다. 형태는 직선을 꺾어 교차시킨 후 번개 모양을 나타낸다.

누금세공(鏤金細工)　　금구(金具)의 작은 표면에 둥글고 미세한 금분(金粉), 가느다란 금선(金線) 등을 도안에 사용하여 장식적인 효과를 나타내는 수법을 말한다. 태환(太環)의 표면 및 그 수식(垂飾) 부분에 사용된다.

누누르 파스텔(nounours pastel)　　메탈릭 파스텔과 같은 파스텔 컬러의 새로운 색으로, 소녀들이 좋아하는 귀여운 색조가 특징이다. 누누르(nounour)는 프랑스어로 '아가의 말'이라는 의미로 봉제 인형이나 만화 등에 사용되는 밝고 부드러운 색을 말한다. 예를 들면 밝은 자색이나 살구나무 색, 흰빛이 들어간 녹색(민트 그린), 베이비 핑크 등이 포함된다.

누드 브라(nude bra)　　벗은 것 같은 살색의 가벼운 감으로 뼈, 철사, 패드 없이 만든 브라이다. 내추럴 브라라고도 한다.

누레브 셔트(Nureyev shirt)　풍성한 긴 소매에 소매 끝은 손목에 맞도록 밴드로 조여졌고 둥글게 많이 파인 네크라인은 바이어스로 싸서 마무리가 된 셔트이다. 세계적인 발레리나 루돌프 누레브가 춤출 때 입었던 상의에서 유래하여 만들어졌다. 1960년 말에 유행하였다.

누루기[奴流枳]　서기 493년 일본의 인현천황(仁賢天皇) 때 고구려의 왕이 누루기[奴流枳], 수루기[須流枳] 등 혁공(革工)을 일본에 보내, 일본의 고마소메베[拍染部]의 조상(祖上)이 되었다.

누름 끈목수　끈목수의 변형이다. 메우려는 폭만큼 세로로 내려간 부분에서 실을 뽑아 반대편 모서리에 바늘을 넣어 사선을 만들고, 이어서 3가닥을 더 수놓은 후 이 4가닥의 실 중앙을 직각이 되게 4가닥의 실로 누르듯이 수놓는다. 처음에 남겨놓은 자리는 같은 방법으로 메워 준다.

누름상침(under stitching seam)　목둘레나 앞여밈 등의 안단을 대는 곳에 안단이 겉쪽으로 넘어오지 않도록 하기 위해 사용되는 것이다. 솔기를 박아 시접을 안단 쪽으로 꺾은 후 0.1~0.2cm 넓이로 얇게 눌러 박는다. 언더 스티칭 심, 랩트 심이라고도 한다.

누비(縷飛)　옷감의 겉과 안 사이에 솜을 넣고 함께 홈질하여 맞붙인 바느질법이다. 방한용(防寒用)으로 쓰이며, 누비는 방법은 홈질로 평행·직선 등으로 누비는데, 누비는 넓이와 솜의 두께에 따라 중(中)누비·세(細)누비·잔누비·납작누비로 구분된다.

누비밀대　의복을 누빌 때 안팎이 밀리는 것을 막고, 폭과 선을 바르게 하기 위한 도구이다. 직경 1.5cm, 길이 20cm 정도의 둥근 막대로, 재료는 나무에 화각(華角)을 입히거나 나전칠을 하고, 내나무를 그대로 쓰기도 한다.

누비치마　솜을 두어 누빈 치마이다. 겉감과 안감 사이에 솜을 대고 누빈 방한용 치마이다. 저고리보다 간격을 넓게 두어 잔누비·

오목누비·납작누비 등의 방법으로 누빈다.

누빔바늘(quilting needle)　누빌 때 쓰는 바늘을 말한다. 누비이불이나 누비옷을 만들 때 사용하는 끝이 날카롭고 뾰족한 짧은 바늘로, 퀼팅 니들이라고도 한다.

누에[蠶]　누에는 견사(絹絲)를 만드는 유충(幼蟲)이다. 누에는 알[卵], 유충(幼蟲), 번데기[踊], 성충(成蟲)의 사세대(四世代)가 한 주기이다. 누에는 가잠(家蠶)과 야잠(野蠶)이 있고 품종은 대단히 많다. 유충 때 3회 잠을 자는 누에가 3면잠(三眠蠶)인데, 우리나라 고대(古代)의 누에이며, 4면잠, 5면잠이 있다. 1세대가 1년에 1회인 것을 일화성잠(一火性蠶)이라고 하고, 이화성잠, 삼화성잠이 있다. 또 춘잠(春蠶), 하잠(夏蠶), 추잠(秋蠶) 등으로도 분류한다. 원산지에 의해서도 분류한다. 품종에 따라 견형(繭形), 크기, 색, 사량(絲量), 사질(絲質)이 다르다.

누운다리　베틀 원채를 이루는 것으로, 베틀의 무게를 지탱하고 앞다리와 뒷다리를 세워 주는, 한 쌍으로 이루어진 길고 굵은 나무를 말한다.

눈 브라이트(noon bright)　한낮의 햇빛처럼 아주 밝은 색으로, 브라이트 컬러(밝은, 빛이 나는, 선명한 색)의 다양한 표현의 하나로 뜨거운 느낌을 갖는 색을 말한다. 이런 색은 본래 여름색이라는 선입견이 있는데, 요즈음은 계절에 상관없이 겨울에도 사용된다.

눈썹끈　눈썹대에 연결된 끈으로 잉앗대를 걸게 되어 있다. 지방에 따라 용두끈, 찡가리, 눈썹포라고도 한다.

눈썹노리　눈썹대의 끝부분을 말하며, 이곳에 눈썹끈이 연결된다.

눈썹대　용두머리의 양쪽 끝에서 직물을 짜는 사람 쪽으로 뻗어 있는 가느다란 막대기로, 그 끝에 눈썹끈이 달려 있어 잉앗대에 연결된다. 나부산대, 눈썹누리대, 가부손이라고도 불린다.

눌림끈　베틀에서 눌림대를 누운다리에 잡아매는 끈이다.

눌림대　베날을 눌러 고정하는 막대로, 잉아

뒤에 위치한다.

뉘인버선　버선목과 수눅이 이어지는 곡선에 따라 뉘인버선과 곧은버선으로 분류된다. 이 때 뉘인버선은 수눅의 선이 사선으로 되어 있어 회목에 끼게 되어 있다.

뉜솔(welt seam)　시접을 가르거나 한 쪽으로 꺾어 위로 늘여서 박는다. 방법에 따라 외줄 뉜솔(single welt seam), 쌍줄 뉜솔(double welt seam) 등이 있다. 뉨솔, 웰트 심이라고도 한다.

뉨솔 ⇒ 뉜솔

뉴 다크 컬러(new dark color)　새롭게 부각된 어두운 색이라는 의미로, 특히 1980년 춘하부터 주목받기 시작한 색채군을 가리킨다. 예를 들면 퍼플을 중심으로 한 포도주색이 그 대표적인 색으로, 지금까지 사용해 온 흑색을 대신하여 새롭게 춘하의 다크 컬러로 주목된 색을 말한다.

뉴똥　경사에 무연사, 위사에 강연사를 사용하여 경사로 무늬를 나타낸 크레이프 직물이다. 한복, 블라우스 등에 사용된다.

뉴 라이트 컬러(new light color)　새로운 분위기의 밝은 색으로, 특히 명도가 높은 색 중에서도 도회적 감각이 넘치는 색채군을 가리킨다. 예를 들면 베이지, 아이보리 등의 오프 화이트 계열 등이 비비드 컬러(원색조의 선명한 색), 내추럴 컬러(자연색)와 함께 필수 불가결한 현대의 유행색이 된 색이다.

뉴 라이프 스타일(new life style)　현대인들이 추구하는 새로운 방식의 스타일을 말한다. 복식 생활에서도 여성들의 정장이 반드시 스커트 차림이어야 하던 것에서 편하고 캐주얼한 팬츠 차림으로 변화된 것이나, 레저 웨어가 붐을 일으켜 비행기 여행시에도 운동화나 간편한 차림으로 편하게 여행한다든지, 모양만 생각하는 작은 핸드백보다는 다양하게 사용할 수 있고 캐주얼하게 보이는 가볍고 큰 백이 등장한 것 등이 모두 뉴 라이프 스타일이다.

뉴 룩(New Look)　1947년 파리의 크리스티앙 디오르가 춘하 컬렉션에서 발표하여 패션계에 센세이션을 일으켰던 의상 스타일이다. 제2차 세계대전의 영향으로 어깨는 패드를 넣어 높게 치켜올리고 타이트한 스커트를 착용했던 군복 스타일에서 탈피하여, 패드를 떼어내 어깨를 부드럽고 둥글게 내리고 허리는 가늘게, 짧은 스커트는 길고 넓고 풍성하게 하였다. 새로운 스타일이라는 의미로 뉴 룩이라 칭하였다.

뉴 룩

뉴마켓 베스트(newmarket vest)　목둘레가 많이 파지지 않은 체크나 큰 격자 무늬로 된 조끼이다. 1890년대 중반에 스포츠맨들이 입었다.

뉴마켓 베스트

뉴마켓 재킷(newmarket jacket)　힙 길이의 몸에 꼭맞는 여성 재킷으로, 턴다운 칼라와 실크가 표면에 보이는 라펠, 뚜껑이 있는 주머니, 커프스가 있는 소매 등의 형태로 되어 있다. 1890년대의 테일러 메이드 패션(tailor-made fashion)인 마스큘린의 한 부분에 속한다.

뉴마켓 코트(newmarket coat)　소매에 커프스가 달리고 플랩 포켓이 부착되고 싱글이나 더블 여밈으로 된, 앞쪽에서 뒤쪽으로 가면서 점점 길이가 길어지는 남성의 테일러드 코트이다. 대개 소매의 커프스와 칼라는 벨벳으로 하고, 겨울용 두꺼운 코트지로 되어 있다. 1836년에 소개되기 시작하여 라이딩 코트라고 불리다가 1750~1800년대에 뉴마켓 플록으로 명칭이 바뀌었다. 또는 커터웨

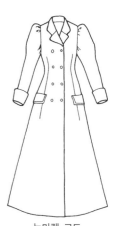

뉴마켓 코트

이(cutaway)라고도 불렸다. 영국의 경마장 뉴마켓에 참석하는 남성들의 옷차림에서 이런 이름이 지어졌다.

뉴마켓 톱 플록(newmarket top flock)　거친 모직 옷감에 벨벳 칼라를 댄 플록 코트와 유사한 남성 코트이다. 주머니는 옆선에 끼여 있고, 코트의 위쪽은 실크나 새틴으로 아래쪽은 체크 무늬 감으로 안감을 대는 경우가 많다.

뉴머럴 셔트(numeral shirt)　⇒ 풋볼 저지 셔트

뉴 버튼다운 칼라(new button-down collar) 버튼다운 칼라의 변형으로, 칼라 끝을 크고 길게 만들어 새롭게 표현한 셔트 칼라이다.

뉴 서티즈(new thirties)　새로운 30대라는 의미로, 보통 30대가 아니라 1947년 이후에 태어난 새로운 라이프 스타일을 추구하는 베이비 붐 세대인 30대를 특별히 구분하기 위해 생긴 용어이다.

뉴 세퍼레이트(new separate)　재킷과 팬츠를 따로 매치시켜 자유롭게 입음으로써 능률적인 효과를 낼 수 있는 새로운 감각의 수트를 일컫는다.

뉴스보이 캡(newsboy cap)　부드러운 천으로 된 챙이 달린 모자이다. 초기에 신문팔이 소년들이 썼고, 1920년대 무성 영화에서 아역 배우 재키 코건(Jackie Coogan)이 착용하여 유명해진 모자이다. 카나비 캡, 비밥 캡, 솔 캡, 애플잭 캡 등 다양한 명칭으로 불린다.

뉴 어스 컬러(new earth color)　자연의 대지에서 볼 수 있는 갈색과 녹색 등의 자연색을 가리킨다. 흙과 관계된 것만이 아니고 부드러운 분위기를 갖는 뉴트럴 톤(중간 톤)의 색들도 포함된다. 즉 베이지, 중명도의 갈색, 녹색, 회색, 올리브색 등이 대표적인 색이라고 할 수 있다.

뉴 웨이브 수트(new wave suit)　종래의 개념을 초월한 새로운 감각의 수트를 뜻하는 것이다. 런던의 뉴 웨이브 스타일 음악가들에 의해서 유행되었으며, 팝 아트와 함께 예술, 문학, 정치 등에서 전통적인 생각과 가치를

뉴스보이 캡

무시하려는 운동이나 유행인 뉴 웨이브로부터 영향을 받아 발생하였다.

뉴 클래시시즘(new classicism)　새로운 고전주의란 의미로, 과거의 모드를 현대적 감각의 패션 경향으로 재현한 모드이다.

뉴턴, 헬무트(Newton, Helmut)　독일 출생의 사진작가이다. 《에바(Eva)》에서 견습한 후 베를린 패션 사진 작가로서 일하였다. 호주로 이주한 후 시드니에서 프리랜서 사진작가로 활약하면서 《엘》, 《마리끌레르》, 《보그》에서도 일하였다. 1960년대 파리로 이주한 후 독일 잡지 《스턴(Stern)》, 프랑스와 영국의 《보그》에서 일하였다. 그의 섬세한 패션 사진은 사회의 전위적인 측면을 다룸으로써 충격적이기까지 하며 또한 환상적인 요소도 포함하고 있다.

뉴 트래디셔널 컬러(new traditional color) 새롭게 부각된 전통적인 색이라는 뜻으로, 즉 적색과 감색 등의 전통적인 감각의 베이식 컬러를 말한다. 트래디셔널한 분위기의 옷이 다시 주목받게 됨에 따라 이러한 기본적인 색도 다시 출현하게 되었다.

뉴트럴 컬러(neutral color)　뉴트럴은 '중간의, 중립의'라는 의미로 색채 용어로는 백, 그레이, 흑의 무채색 계통의 색을 가리킨다. 약간의 색을 띤 무채색계의 색을 오프 뉴트럴 컬러라고 한다.

뉴트럴 톤(neutral tone)　뉴트럴은 '중간의, 중립의'라는 뜻으로, 뉴트럴 톤은 색조의 분포상 라이트 그레이, 미들 그레이, 다크 그레이 톤에 속하는 무채색 계통 톤의 총칭이다.

뉴트리아(nutria)　남아메리카가 주산지이며, 비버나 머스크랫을 닮은 설치류의 모피 동물이다. 거친 보호털을 뽑으면 부드럽고 짧은 갈색의 솜털이 있다. 값이 싸서 염색하여 비버 모피의 대용으로 사용되기도 한다. 주로 스톨 등에 사용된다.

뉴 페일 톤(new pale tone)　새롭게 출현한 창백한 색조라는 의미로, 1981년 춘하 여성복에서 레인보 컬러로 불리기도 했다. 무지개처럼 희미하지 않은 것이 특징으로 낭만적인

분위기의 패션에 많이 사용되었으며, 그 사용 범위는 꽃무늬, 물방울무늬, 무지, 스트라이프 등 매우 다양하다.

뉴 푸어(new poor)　경제적으로 빈곤한 층은 아니나 궁핍감에 사로잡힌 중류층을 지칭한다. 좋은 집, 자가용, 멋진 인테리어 등 외견은 부유층과 유사하나 항상 생활에 여유가 없는 거짓 빈곤층으로, 중류계급 의식을 지닌 중산층의 반 이상이 여기에 속한다.

늑건(勒巾)　허리에 두르는 대(帶)의 일종으로 폭이 넓다. 늑백 참조.

늑백(勒帛)　고려 시대 왕이나 신하들이 공복을 입고 허리에 두르는 폭넓은 대의 일종이다. 늑건 참조.

능(綾)　우리 나라에서는 삼국 시대부터 조선 시대까지 다양한 명칭으로 문헌에 나타나 있다. 오늘날 고려 시대의 직물 유품에는 능, 특히 문능의 종류가 다양하게 발견되었다. 동국대학교 박물관 소장 문주사 복장유물 직물과 온양 민속박물관 소장 아미타불 복장유물 직물 중에는 다양한 문능직물이 있다. 황지능 문능이 월정사에 소장되어 있는데, 월정사 팔각구층석탑을 보수할 때 발견된 큰 합을 쌌던 황문늬의 보자기 겉감 직물이다. 크고 작은 능문이 연속된 무늬로, 능문(菱紋)은 4매 경능직이고 작은 능문은 바스켓직이다. 바스켓 조직 부분은 비율이 적다. 그 외에 바탕이 3매 경능, 무늬가 3매 위능인 양회색연지운보문이 동국대학교 박물관에 소장되어 있다. 바탕이 4매 경능직이고 무늬가 4매 위능직인 것도 있다. 바탕이 3매 경능직이고 무늬가 3매 위능직이며, 바탕이 5

매 위능직이고 무늬가 5매 위능인 것도 있다. 문능은 바탕과 무늬의 능선 방향이 같을 때 동방향능선문능이라고 하고 방향이 다를 때 이방향능선문능이라고 한다.

능고(綾袴)　상고 시대에 착용하던 바지의 하나이다. 비단을 사용하여 만든 것으로 귀족 계층에서 입었다.

능라방(綾羅房)　조선 시대에 비단을 짜던 공방을 말한다.

능라장(綾羅匠)　조선 시대 경공장(京工匠)의 능(綾)·라(羅) 제직공장으로, 비단을 짜던 장인을 말한다.

능문(綾紋)　문양이 능조직으로 제직된 것으로, 평지능문(平地綾紋), 능지능문(綾地綾紋) 등이 있다. 전자는 지(地)는 평직이고 문은 능직인 것이고, 후자는 지(地)와 문(紋)이 모두 능직인 것이다.

능색전(綾色典)　통일신라 때 있었던 능(綾)의 제직공장(製織工匠)이다.

능인(綾人)　서기 205년 일본의 신공(神功) 섭정 5년에 신라에서 적(績)을 제직하던 공인(工人)이 들어와 대화(大和)에 이주하여 그 자손을 능인(綾人)이라고 하였다. 능직(綾織)을 제직한 공인(工人)이다.

능장(綾匠)　고려 시대 관영공장(官營工匠)의 액정원(掖庭院)에 있던 사(絲)의 제직공장이다.

능지(綾地)　직물의 바탕을 능조직으로 제직한 것을 말한다.

능지부문능(綾地浮紋綾)　능(綾)의 일종으로, 바탕은 능조직으로 제직하고 무늬는 부직으로 제직한 문능이다.

능직(twill weave)　직물의 섬유조직 중의 하

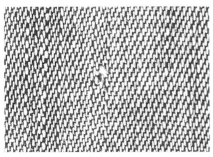
능(소능)

능직

나로 사문직이라고도 한다. 경사 또는 위사가 계속해서 두 올 또는 그 이상의 올과 위·아래로 교차되어 이루어지는 조직으로, 직물의 표면에 사선으로 골이 형성된다. 서지, 플란넬, 개버딘, 드릴, 진, 데님, 수라(surah) 등이 대표적인 능직물이다.

능피(能皮) 곰의 가죽을 말한다.

능형능직(diaper twill) 변화 능직의 일종으로, 산형능직을 배합하여 다이아몬드 무늬를 표현한 것이다.

능화판(菱花板) 목판(木版)에 능화(菱花)를 조각한 판이다. 고서(古書)의 표지에 문양을 찍거나 이불보 문양 등에 사용하였다.

니기다헤[和妙] 일본의 '신년제축사(新年祭祝詞)'에 니기다헤, 아가다헤[明妙], 아라다헤[荒妙], 데루다헤[昭妙]가 나오는데, 이것은 표백한 백포(白布)를 말하는 것이라고 한다. 《만엽집(萬葉集)》에 나오는 시로다헤도 같은 것이라고 한다.

니논(ninon) 경·위사에 12~14d 정도의 생사를 사용한 얇은 평직물로, 제직한 후에 정련한 견직물이다. 요즈음은 레이온, 나일론 등 인조 섬유 제품에도 이런 이름이 사용된다. 시폰보다 얇고 촘촘하다.

니들 펀치법(needle punch method) 부직포를 만드는 방법의 일종으로, 두꺼운 웹(web)이나 플리스(fleece)를 촉(barb, hook)이 있는 바늘로 찔러 섬유를 얽어서 만드는 방법이다. 담요나 의류용으로 이용한다.

니들포인트 레이스(needlepoint lace) 바늘 한 개와 실 한 가닥으로 만드는 레이스를 말한다. 실은 마사 또는 면사를 사용하며, 디자인을 실로 표시하고 작은 스티치들로 두꺼운 종이를 붙인다. 그러나 이러한 스티치들은 레이스가 완성된 후 잘라 없앤다.

니 브리치즈(knee breeches) ① 17~18세기에 남자들이 입은 바지 스타일로, 다리는 꼭 맞으며 단추나 버클이 있는 무릎 아래까지는 약간 블라우징(blousing) 되어 있다. ② 수트의 한 부분이거나 또는 따로 소년들이 입은 팬츠로, 19세기 말부터 1930년까지 입었다.

니 삭스(knee socks) ⇒ 니 하이 삭스

니스데일(Nithsdale) 니스데일 부인의 이름을 딴 18세기 여성들의 승마용 코트이다.

니시진오리[西陳織] ⇒ 서진직

니커보커즈(knickerbockers) 무릎 아래까지 오는 풍성한 느낌의 바지통을 밴드, 단추, 버클, 고무줄 등으로 처리하여 무릎 주위에 충분한 여유분이 있는 바지이다. 원래는 미국 작가의 이름이었는데, 그가 네덜란드로 이민을 감으로써 네덜란드의 남자 옷에서 많이 볼 수 있었으며, 19세기 후반에 자전거의 보급과 함께 그 이름이 널리 알려지게 되었다. 스포츠 웨어와 여행용으로 많이 입는다. 1920~1930년대에 소년 학생들이 주로 입었고, 1973년과 1980년대 여성들에게 유행하였다.

니커보커즈

니커 수트(knicker suit) 재킷과 베스트, 무릎 밑에서 매는 헐렁한 반바지인 니커즈로 이루어진 수트로, 주로 야외복으로 착용하였다. 19세기 후반부터 유행하였고, 1920년대에는 골프복으로 사용되기도 하였다.

니커즈(knickers) 니커보커즈의 약칭이다.

니트(knit) ⇒ 편성물

니트 셔트(knit shirt) 단색 줄무늬, 꽃무늬 등 니트지로 된 셔트류의 총칭이다.

니트 커프스(knit cuffs) 신축성 있게 골이 진 리브 니트로 만든 커프스이다.

니티드 니커즈(knitted knickers) 상의는 둥근 네크라인에 소매가 없고 몸에 꼭 맞으며, 무릎 밑부분까지 오는 바지의 끝단에는 러플이 달렸다.

니티드 수트(knitted suit) 편물로 만들어진 수트를 말한다.

니팅 스티치(knitting stitch) ⇒ 켈림 스티치

니 팬츠(knee pants) 무릎 길이 팬츠의 총칭이다. 니커보커즈 참조.

니폰, 앨버트(Nipon, Albert 1927~) 미국 태생의 제조업자이다. 1951년 필라델피아 템플 대학을 졸업하고 부인의 사업을 양도받을 때까지 뒤퐁사의 회계사로서 일하였다. 그의 부인 펄(Pearl) 니폰은 임신복을 만들었는데, 이것이 성공하면서 마 메르(Ma Mere)라는 체인점을 열었다. 니폰사는 임신복으로 성공을 거두었고 1973년 턱, 주름 그리고 작은 보(bow)를 강조하면서 단정하고 고전적인 스포츠 웨어를 생산하는 앨버트 니폰 회사를 설립하였다.

니하이 부츠(knee-high boots) 무릎까지 오는 부츠를 말한다.

니하이 삭스(knee-high socks) 무릎 길이의 긴 양말을 의미한다. 1900년대 소년들 사이에서 무릎 길이의 바지인 니커즈와 함께 유행했으며, 1920년대와 1930년대에는 소녀들에게도 수용되었다. 1940년부터는 어린아이들도 신었고, 미니 스커트가 크게 유행한 1960년대에는 틴에이저와 성인 여성들도 즐겨 착용하였다. 특히 1965년 파리의 디자이너인 앙드레 쿠레주의 컬렉션에서 주목을 받게 되었다. 전통적인 양말은 스코틀랜드의 하이랜드 사람들이 킬트(남성용 짧은 치마)와 함께 착용하는 목이 긴 양말을 말한다. 니 삭스라고도 한다.

니하이 호즈(knee-high hose) 무릎 아래까지 오며 윗부분을 탄력 있는 나일론사로 만든 호즈를 말한다. 처음에는 대부분 베이지색을 사용하여 긴 드레스에 착용하였다. 현재는 여러 가지 형태의 바지와 함께 착용하며, 1980년대에는 검은색, 회색을 포함한 다양한 색상이 사용되었다. 줄여서 니하이(knee-high)라고도 한다.

님버스 그레이(nimbus gray) 님버스는 불화(佛畫) 등에 보이는 후광, 빛둘레를 의미하는데, 여기에서는 곧 소나기를 내릴 것 같은 비구름의 어둠침침한 색조를 말한다. 비즈니스 수트의 기본색인 그레이라고 할 수 있는데, 짙은 남색과 대조되는 그레이계의 대표적인 색이다.

니티드 수트

니하이 삭스

ㄷ자 감치기(blanket stitch) 올이 풀리기 쉬운 옷감의 시접 처리 등에 주로 사용되는 바느질법으로, 블랭킷 스티치라고도 한다.

ㄷ자 감치기 솔(blanket stitch seam) 먼저 시접 끝에서 0.5cm 안쪽을 한 번 박아준 후, ㄷ자 감치기를 한다.

다니걸 능직(Donegal twill) 아일랜드 다니걸 지방에서 짠 방모 트위드로, 경사에는 단색의 염색사, 위사에는 모염(毛染)으로 섬유의 색이 다양한 실을 사용하여 평직이나 능직으로 짠다.

다닝 니들(darning needle) 바늘귀가 큰 감침용 바늘로, 가장자리가 터진 곳의 올풀림을 방지하는 데 이용한다. 코튼 다너(cotton darner)와 얀 다너(yarn darner)의 2종류가 있는데, 전자는 1~10번, 후자는 14~18번까지 등급이 있고, 수가 커질수록 바늘이 가늘어진다.

다닝 더블 스티치(darning double stitch) 다닝 스티치를 천의 양면에 틈이 없이 가득 채워넣는 방법이다. 천을 더 튼튼하게 만들거나 또는 천을 깁는 데 사용되는 전체 자수 기법의 일종으로 문양을 만들어 넣기도 하는데

다닝 더블 스티치

이를 패턴 다닝 스티치라고 한다. 땀의 길이나 색사 등을 서로 아름답게 조화시켜 여러 패턴을 형성하기도 하고 또 반복적인 문양을 사용하기도 하여 기하학적인 문양을 만들어 낸다.

다닝 스티치(darning stitch) 러닝 스티치를 엇겨서 또는 나란히 놓아 면을 메울 때 이용한다. 땀과 땀의 간격은 보통 겉땀의 1/4 정도이며, 겉땀 간격은 실의 굵기나 종류에 따라 여러 가지이다.

다닝 스티치

다듬이질 세탁된 옷감을 방망이로 두들겨 손질하는 일을 말한다. 한자어로는 도침(擣砧), 도의(擣衣)라고도 한다. 이때 사용되는 도구로는 다듬잇방망이, 다듬잇돌, 홍두깨와 홍두깨틀, 옷감을 싸는 보자기와 끈 등이 있다.

다듬잇돌 옷감을 다듬거나 바로잡을 때 밑받치는 돌을 말한다. 결이 매끄럽고 단단한 돌이나 박달나무로 만든다. 중앙 부위가 약간 위로 올라온 장방형이며, 양쪽 밑 옆쪽에는 들 수 있게 홈이 파져 있다. 침석(砧石), 방춧돌, 방독이라고도 한다.

다리 재봉틀의 테이블을 받치고 있는 각부 좌

우 바깥쪽에 있는 다리 발판과 벨트 바퀴를 받쳐주는 역할을 한다.

다리[月子] 덧땋은 머리로, 머리숱이 적은 여인들이 숱이 많아 보이게 하기 위해 얹은 머리를 말한다. 다리를 사용한 머리가 지나치게 사치스러워지자 영조 32년에는 가체금지령(加髢禁止令)이 내려졌다. 가체(加髢) 참조.

다리미 옷감이나 옷의 구겨짐을 반듯하게 펴기 위해 사용하는 기구이다. 한자어로는 울두(熨斗) 또는 화두(火斗)라고 한다. 재료는 무쇠이며 철제도 있다. 대접 비슷한 형태로 그 안에 숯불을 담아 달구어 사용하였다. 현대에는 전열을 이용한 전기다리미가 많이 쓰인다. 영어로는 아이언(iron)이며 이는 철 또는 철로 만든 물건을 뜻한다.

【**다리미의 종류**】 컬링 아이언(curling iron : 머리카락을 모양 내기 위해 구부릴 때 사용하는 기구)과 플랫 아이언(flat iron)이 있는데, 플랫 아이언은 일반적으로 바닥이 평평하며, 열과 압력을 가하여 의복을 다려 구김살을 편다. 다리미의 열원에 따라 전기다리미, 석탄다리미, 가스다리미의 3종류로 나뉘며, 석탄다리미는 잘 이용되지 않는다. 가스다리미는 가격이 싸기 때문에 세탁소에서 사용하기도 하나 일반적으로는 쓰이지 않는다. 가정용, 공장용으로 주로 쓰이는 것은 전기다리미로 여기에는 건조식 다리미와 증기식 다리미가 있다. 자동 온도조절 장치가 붙은 것도 있으며, 건조식과 증기식 겸용인 다리미도 있다. 구조상으로 나누면 보일러식과 드립(drip)식이 있으며, 가정용으로는 350W의 것이, 증기다리미는 500W 전후의 것이 적당하다. 이외에 60~100W의 소형 다리미도 있어 자수 등의 부분 다림질에 이용된다.

【**사용법**】 천연 섬유류는 열에 강한 반면 화학 섬유는 일반적으로 열에 약하므로 특성에 맞는 온도의 선택이 중요하며, 천 위에 직접 다릴 경우 천이 번들거리는 경우도 있으므로 이때는 무명천을 한 장 덮고 그 위에서 다려야 번들거림을 방지할 수 있다. 한국 전통 다리미는 넓고 얕은 세숫대야 같은 전[火四]에 긴 자루와 나무 손잡이가 달린 형태로, 불이 붙은 숯을 넣고 옷감을 펴는 도구로, 삼국 시대부터 사용되었다. 섬유에 따른 다림질 온도는 목면·마는 200~250℃, 양모(직접)는 120~150℃, 양모(간접)는 150~200℃, 견·인견은 150~180℃, 그 외의 합성 섬유는 90~130℃이다.

다리[月子]

다리미대(ironing board) 다림질할 때 사용하는 대를 가리킨다. 용도에 따라 크기에 차이가 있는데, 종류로는 소매, 어깨, 칼라의 다림질에 사용되는 '말'과 부분적으로 둥근 부위나 소매의 마무리 부분에 사용되는 슬리브 보드(sleeve board), 스커트의 주름잡기에 이용되는 스커트 보드(skirt board) 등 여러 종류가 있다.

다리속곳 가장 밑에 입는 속옷으로 속속곳이 크기 때문에 자주 빨기 힘들어 입었던 속옷이다. 그 형태는 홑겹으로 긴 감을 허리띠에 달아 차게 되어 있다.

다리속곳

다마스쿠스 링(Damascus ring) 흑색의 금속에 순금 색상의 금사를 상감하여 만드는 섬세한 디자인의 장식 반지를 말한다.

다마스크(damask) 다마스크는 중국에서 다마스쿠스(damascus)를 거쳐 유럽으로 전래된 것에서 유래된 명칭이며, 다마스크 새틴 자카드(damask satin jacquard)라고도 불린다. 경주자 바탕에 큰 무늬를 표현한 문직물로, 견 외에 면, 모, 아마 등의 방적사 및 인조 섬유도 사용된다. 드레스, 블라우스, 실내 장식 등에 쓰인다.

다마스크

다마스크 다닝 스티치(damask darning stitch) 다닝 스티치를 다마스크 직물과 같은 느낌이 나도록 표현한 것을 말한다.

다마스크 다닝 스티치

다반(darvan)　대표적인 니트릴(nitril) 섬유로, 시안산 비닐리덴과 아세트산 비닐의 공중합체로 만들어진 미국산 섬유이다. 강도는 낮으나 신도가 높으며, 내일광성이 좋고 아주 부드러우며 압축 탄성이 좋으므로 양모가 사용되는 분야에 이용될 가능성이 인정되는 섬유이다.

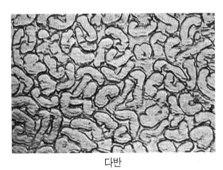
다반

다시키(dashiki)　중앙 아시아 스타일에서 유래한 것으로, 아프리카의 토속적인 무늬와 옷감으로 만들어졌다. 기모노 소매나 위보다 밑이 넓은 벨 소매에 속치마와 같은 직선의 슈미즈 라인의 드레스로, 1960년대 말에서 1970년대 초에 유행하였다.

다시키 블라우스(dashiki blouse)　풍성한 기모노 스타일의 소매와 칼라가 없는 카프탄 네크라인에, 손목 끝이 뾰족하고 길게 되어 있다. 목과 소매와 블라우스단 끝이 여러 색의 기하학적인 프린트로 장식되어 있는, 면으로 된 블라우스로, 아프리카 남자들이 착용하였던 셔츠에서 유래하였다. 1960년대 말과 1970년대에 미국에서 유행하였다.

다올대　바디질을 하며 직조할 때 도투마리에 감긴 날실을 풀기 위해 앉을개에 앉은 채로 도투마리를 밀어 넘기는 막대기이다. 밀대·다울대·다불대라고도 하며, 방언으로는 밀침대·밀짐대·밀어주는 방맹이라고도 한다.

다운 재킷(down jacket)　다운이란 오리털을 말하며, 이 오리털을 넣고 누빈 나일론지로 만든 방한용의 점퍼 스타일 재킷이다. 손목과 허리에 니트를 대어 만들며, 때로 진동에 지퍼를 달아 소매를 몸판과 분리시켜 조끼로 입을 수도 있게 디자인하기도 한다. 재킷은 물론 겨울용 다운 베스트로 젊은이들 사이에서 많이 이용되고 있다. 1970년대에 운동복이나 일상복으로 유행하였다.

다운 재킷

다운 클로스(down cloth)　코밍 양모를 경사로 사용하고, 양모로 된 랩(lap)과 물새의 털로 된 랩 2장을 겹쳐 카드(card)에 걸어 방적한 실을 위사로 사용한 직물이다. 부인용 외투에 사용한다.

다이렉트 마케팅(direct marketing)　DM이라고도 하며, 소비자에게 직접적으로 마케팅을 하는 비즈니스를 말한다. 무점포로 우편주문, 방문판매, 자동판매, CATV(유선 TV), 비디오텍스(화상정보 시스템) 등의 방법을 통한 판매를 지칭한다.

다이렉트 프린팅(direct printing)　밝은 색의 바탕 천에 각각의 색이 각각의 롤러를 통과하면서 날염시켜 주는 방법을 말한다. 오버 프린팅(over printing)이라고도 한다.

다이빙 팬츠(diving pants)   정확하게는 스카이다이빙 팬츠로, 낙하산을 이용하여 하늘을 날아다니는 스포츠인 스카이다이빙을 할 때 착용하는 팬츠에서 모티브를 얻어 만든 팬츠이다. 밀리터리풍의 캐주얼 팬츠로 대체로 카키색을 많이 사용한다.

다이아뎀(diadem)   크라운이 없는 밴드 형식의 왕관으로, 보통 여러 가지 보석으로 장식되어 있다.

다이아몬드(diamond)   커런덤(corundum)으로 알려진 투명한 광석으로, 연마하면 광택이 강하고 강도도 높다. 무색 다이아몬드는 일반적으로 잘 알려져 있지만, 노랑, 갈색, 녹색, 빨강, 파란색 등의 색조가 있는 것도 있다. 다이아몬드는 색깔, 각, 무게, 선명도, 광택의 정도에 따라 등급이 매겨진다. 처음에는 인도에서만 발견되었으나, 지금은 95% 정도가 브라질과 남아프리카에서 산출된다.

다이아몬드 네크리스(diamond necklace)   다이아몬드로 만든 목걸이로, 장신구 중에서도 가장 소중하게 취급되는 것 중의 하나이다. 목걸이의 형식으로는 다이아몬드 구슬이 연결된 것이나 금속 줄에 큰 다이아몬드 메달을 단 형식 등이 있다. 프랑스 혁명 당시 사라진 마리 앙투아네트(Marie Antoinette)의 다이아몬드 목걸이는 역사적으로도 유명하다.

다이아몬드 라펠(diamond lapel)   수트의 칼라형으로, 칼라와 라펠을 연결시키고 이것을 마름모형으로 재단한 것이다. 미국의 남성복 패션 디자이너로 유명한 제인 반즈 여사가 디자인하였다.

다이아몬드 바이 더 야드(diamond by the yard)   다이아몬드를 드문드문 부착한 18K 금의 장식줄로, 야드를 단위로 하여 판매한 데서 유래하였다. 뉴욕 티파니의 엘자 페레티(Elsa Peretti)에 의해 제작되었고, 1984년에는 다이아몬드의 크기에 따라 야드당 2,500달러에 판매되기도 하였다. 다이아몬드 대신 루비, 에메랄드 또는 사파이어 등으로 대체되기도 한다.

다이아몬드 브레이슬릿(diamond bracelet)   다이아몬드 또는 값비싼 보석의 작은 조각들과 금, 프로튬과 같은 비싼 금속으로 세공된 팔찌이다. 다이아몬드 시계와 함께 착용하는 시계 팔찌는 18세기에 시작되었으며, 19세기 말과 20세기 초에 유행하였다.

다이아몬드 스모킹(diamond smocking)   상하 2단을 1조로 하여 상단에서는 실을 바늘의 위로, 하단에서는 실을 바늘의 아래로 놓이도록 하여 반복한다. 사이를 뛰어서 스티치하는 것과 붙여서 스티치하는 것에 따라 효과가 다르며, 여러 가지 색실로 배색을 맞추는 방법도 있다. 원 웨이 스모킹이라고도 한다.

다이아몬드 스티치(diamond stitch)   색자수의 선누비기를 할 때 사용하는 기법으로, 가로실을 건네고 그 다음 실로 양쪽을 묶은 후 다음의 실을 중앙에서 묶어 건넨다.

다이아몬드 스티치

다이아몬드 워치(diamond watch)   다이아몬드와 다른 귀금석으로 숫자판과 시계의 둘레를 장식한 손목시계로 1920년대에 소개되었다. 시계줄에 은·백금을 사용하고 다이아몬드를 박아 장식하였다. 1960년대에는 준보석, 즉 사드(sard), 오닉스(onyx), 터키석(turquoise) 등으로 시계의 숫자판과 가장자리를 장식한 것도 있다.

다이아몬드 이어링(diamond earring)   신랑이 신부에게 주는 인기 있는 결혼 선물의 하나로, 귀를 뚫어 사용하거나 귓밥 위에 고정시켜 착용하는 귀고리이다. 1920년대에는 저녁 모임을 위하여 정교하게 세공된 다이아몬드 귀고리가 유행하였다. 큰 보석에 다이아몬드의 긴 줄이 부착된 마리 앙투아네트의 귀고리가 유명하다.

다카다 겐조

다이아몬드 체크(diamond check)　다이아몬드형으로 이루어진 경사진 격자 무늬를 말한다.

다이아몬테 드레스(diamonte dress)　옷 전체를 반짝거리는 구슬로 만든 드레스로, 1980년대 중반에 유행하였다. 1968년 노먼 노렐이 완전히 구슬로 장식된 드레스를 발표하여 유행시켰다. 1980년대 중반에 반짝거리는 다이아몬드와 유사하다는 데서 이런 이름이 붙여졌다.

다이애거널(diagonal)　능직에서 위사방향에 대하여 45°의 능선을 갖는 조직을 말한다.

다이애거널 베이스팅(diagonal basting)
⇒ 어슷시침

다이애거널 스티치(diagonal stitch)　길이가 일정하지 않은 스티치들로, 바탕천에 두 가닥 실을 대각선으로 수놓는다.

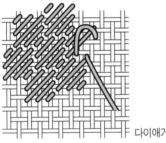

다이애거널 스티치

다이애거널 클로스(diagonal cloth)　두껍거나 중간 정도 무게의 소모사 능직물 또는 방모 직물로, 부드럽고 능선이 뚜렷한 특징이 있으며, 코트나 수트 등에 이용한다.

다이애나 버넌 해트(Diana Vernon hat)　넓은 챙이 부착된 1870년대 후반의 밀짚 보닛으로, 한쪽 챙은 위쪽으로 접히고 장미 모양의 장식을 부착한다. 넓은 테이프 장식이 챙 아래에서 턱까지 드리워져 있다. 1817년 월터 스콧(Walter Scott)경의 소설에서 유래하였다.

다층직(multiple-ply cloths)　3중 이상의 조직으로 된 직물을 말하는 것으로, 3중 이외에 4중, 5중 및 그 이상도 있다.

다층직물(layered fabric)　옷감과 옷감, 옷감과 필름, 옷감과 폼(foam) 등을 접착제 등으로 접착시킨 것이다.

다카다 겐조(Takada Kenzo 1940~)　일본 동경 출생의 디자이너로 문화복장학원 사범과를 졸업하고 기성복 메이커에 취업했다. 1964년 파리로 건너가 원피스 전문 메이커 '비잔틴'에 있다가 '르 라시옹 텍스틸' 사에서 염색 기술을 습득하고 1970년 '정글 잽 (Jangle Jap)'이란 자신의 의상실을 개업하였다. 첫번째 컬렉션에서 값싼 면으로 만든 것이 인기를 끌었고, 전통적인 일본의 가부키색이나 엄격한 명암이 특징적이며, 혼합된 프린트, 레이어링, 동양 스타일의 블라우스, 튜닉, 스목, 통 넓은 바지나 니트 웨어 디자인에 주력하고 있다. 1972년에는 FEC상을 수상하고, 1984년에는 프랑스 정부로부터 예술 문화 훈장 '슈발리에'를 수여받았으며, 1985년에는 동경에 '겐조 파리'를 설립했고, 제3회 매일 패션 대상도 수상했다. 미야케 이세이, 야마모토 간사이와 함께 '트로이 돌핀'으로 불린다.

다크 컬러(dark color)　명도가 낮은 어두운 색채의 총칭이다.

다트(dart)　평면적인 천을 입체적인 인체에 맞도록 하기 위해 필요한 부분을 재봉으로 감추는 것을 말한다. 다트 하나의 길이나 다트량은 어느 정도 한도가 있고 하나의 다트로 하기에 많은 양은 2개 이상의 다트로 나누어 필요한 부분을 아름답게 감싸도록 한다. 다트에는 숄더 다트, 사이드 다트, 힙 다트, 보디 다트 등이 있지만, 그 형은 유행에 따라서 다소 변화가 있다. 최근에는 디자인을 위해서 다트가 표현되기도 하고 다트 위에 스티치를 하기도 하며 여러 가지 장식을 첨가하기도 한다. 또한 다트인지 아닌지 명확하지 않을 만큼 아름다운 실루엣을 표현하기 위해 다트를 사용하는 경향이 강하다. 외관적인 프로포션에 맞도록, 또한 실루엣을 흐트러뜨리지 않는 범위 내에서 다트를 조정한다.

다트머스 그린(Dartmouth green)　깊이가 있으면서도 비교적 밝은 느낌의 그린을 말한다. 1986 추동에 특히 남성 재킷에 많이 사용된 색의 하나이다. 모노톤 일변도의 남성 복계에서 주목을 끄는 색조로 강조되고 있으며, 미국의 아이비 리그 중에서 나왔다고 한다.

다하라(doharra) 모로코(Morocco)에서 생산되는 넓은 모로칸의 길이가 긴 로브이다. 직사각형의 줄무늬지로 팔이 나올 양쪽 구멍만 만들고 목 주위를 자수로 장식한 카프탄과 유사한 스타일이다.

다혜[紵] 일본 고대 의복 재료의 일종으로, 마, 저(楮), 등(藤)의 포이다. 《만엽집(萬葉集)》에는 시로다혜[白妙], 아가다혜[明妙] 등도 있다.

다회(多繪) 끈을 말한다. 《대전회통(大典會通)》에 보면 짜는 끈을 '다회'라 칭하고, 끈 만드는 것을 '다회친다'라고 하였다. 다회에는 폭이 넓은 광다회(廣多繪)와 노리개에 주로 사용되는 끈목의 둘레가 둥근 원다회(圓多繪)가 있다.

다회장(多繪匠) 다회를 제조하는 공장이다. 《경국대전(經國大典)》에 보면 경공장(京工匠), 본조(本曹)에 속해 있었다.

닥터 덴톤 슬리퍼스(Dr. Denton sleepers) 몸체에서 발부분까지 하나로 연결되었고 앞으로 여미게 된 니트 파자마이다. 앞과 뒤쪽 힙 부분은 단추로 여미도록 되어 있다. 매사추세츠 주의 뉴 올바니에덴터 방적 회사가 유아들과 걸음마 하는 아이들의 옷으로 소개하였는데, 지금은 어른들을 위해 만들어지기도 한다. 뒷모양이 토끼를 닮았다고 해서 버니 수트(bunny suit)라고도 한다.

닥터 백(doctor bag) 의사들이 왕진다닐 때 들고다니던 가방을 말하는 것으로, 검정색 가죽과 견고하게 부착된 놋쇠 장식이 특징이다.

닥터즈 가운(doctor's gown) 졸업식과 같은 예식 때 착용하는 앞이 터져 있는 검정색 가운으로, 앞부분에는 벨벳으로 덧단을 대고 소매는 넓다.

닥터즈 후드(doctor's hood) 박사 학위를 소유한 사람들이 졸업식 같은 예식 때 가운 위에 입는 후드를 말한다.

닥터 커프스(doctor cuffs) 말아올리기 편하게 소매끝을 벌어지게 하고 단추로 채우게 만든 커프스이다. 의사복에 많이 사용되며 리무버블 커프스라고도 한다.

단(緞) 주자문직물로, 우리 나라에서는 문헌상으로 고려 시대에 단이 사용된 것으로 나타나 있으나 유물은 소단이 있을 뿐이다. 조선 시대에는 각색, 각문의 단이 많이 사용된 것이 문헌상에 나타나며, 유물로도 많이 발견되어 있다. 단은 오늘날 각문, 각색으로 다양하게 짜여져서 한복감과 이불, 기타 생활 용품 재료로서 널리 사용되고 있다. 조선시대에는 색과 문양에 따라 단을 명명하였는데, 오늘날에는 '양단'으로 일괄적으로 명명된다. 이것은 근세에 수입 영국단을 선호하여 부른 명명법이므로 다시 고쳐서 색과 문양에 따른 적합한 명명을 해야 될 것이다. 바탕은 경주자직으로 짜고 무늬는 위주자직으로 짠 단색단이 일반적이나 각색 회위를 중첩하여 제직한 화려한 단도 있다.

단(도류불수단)

단독중합체(homopolymer) 단독 중합체란 중합체가 한 종류의 단량체만으로 구성되었을 때를 말한다. 예를 들면 나일론 6은 $NH(CH_2)_5CO$의 한 가지 단량체만으로 중합체를 이루기 때문에 단독 중합체이다.

단량체(monomer) 중합체를 만드는 단위 분자를 단량체라고 한다.

단령(團領) 깃이 둥글게 생긴 포(袍)를 말한다. 서역 지방에서 시작되어 우리 나라 고구려의 고분벽화에도 나타난다. 신라 진덕여왕

단령포삼

2년(648년)에는 공복(公服)으로 채택되어 관직에 있는 사람이나 귀족층이 공청으로 나갈 때 입는 옷이 되었다. 고려 시대에도 계속 관복으로 입었다. 특히 조선 시대에는 공복·상복·시복(時服)에 착용하여 관복 중 가장 중요한 자리를 차지하게 되었으며, 지금도 결혼식 때 신랑의 관대로 입고 있다.

단령포삼(團領袍衫)　당 시대의 대표적인 남자 복식으로 원령포삼(圓領袍衫)이라고도 한다.

단발령(斷髮令)　1895년(고종 32년) 11월 성년 남자의 상투를 자르도록 내린 명령이다. 일본은 고종에게 먼저 단발을 강요하였으며 이를 백성들에게도 단발을 강행할 구실로 삼으려 했다. 그러나 유교 윤리가 부리 깊이 내린 조선 사회에서 일반 백성에게 내려진 단발령은 일본에 대한 반감을 절정에 달하게 하였다.

단배자(短背子)　배자(背子)의 하나로 길이가 짧은 것이다. 섶이 없고 옆이 트인 형태로 저고리 위에 입는다.

단배자

단백질 섬유(protein fiber)　폴리펩티드로서 단백질의 화학 구조는 다음과 같다.

$$[NH - \overset{\overset{\textstyle H}{|}}{C} - CO] - OH$$
$$\underset{\textstyle R}{|}$$

R기의 종류에 따라 여러 가지 아미노산이 이루어지며, 현재까지 26종의 아미노산의 존재가 확인되었다. 한 단백질은 20종 내외의 아미노산으로 구성되며, 종류에 따라 아미노산의 종류와 조성이 달라진다. 섬유를 이루는 단백질은 섬유상 단백질로서, 분자의 모양이 긴 사슬상 또는 나선상으로 규칙적인 배열을 하고 있어 물을 비롯한 용매나 약품에 잘 녹지 않는다. 단백질 섬유는 동물성 섬유라고도 불리며, 그 종류로는 동물에서 채취하는 양모 헤어 섬유, 견 등의 천연 단백질 섬유와 우유의 카세인(casein), 낙화생의 아라킨(arachin), 옥수수의 제인(zein), 대두 속의 글리시닌(glycinin) 등의 단백질을 원료로 한 재생 단백질 섬유로 나뉜다.

단사(single yarn)　방적 공정에서 얻어진 그대로의 한 올의 실을 말한다. 단사로 만든 직물은 부드러운 특징을 지닌다.

단상(單裳)　도랑치마라고도 하는 짧은 홑치마이다. 치마의 길이는 종아리가 드러날 정도로 짧다.

단서(cue)　단서는 자극화된 행동에 대하여 방향을 제공해 주는 원인이 되는 것이다. 예를 들면 인상형성에 있어서 단서는 신체적 외모, 비언어적 의사전달(몸짓·표정), 음성 등을 들 수 있다.

단선(團扇)　둥근 부채의 총칭이다. 깁이나 종이로 만들며, 모양에 따라 연엽선(蓮葉扇)·연화선(蓮花扇)·파초선(芭蕉扇)·오엽선(梧葉扇)·태극선(太極扇) 등이 있다. 둥글부채라고도 한다.

단속곳　여자들이 치마 속에 입는 가랑이가 넓은 홑바지이다. 앞뒤 중앙에 주름을 4개씩 잡아 허리를 단다. 겨울에는 명주, 여름에는 사(紗)·모시 등으로 만들며 흰색, 회색, 옥색 등을 사용한다.

단수편삼(短袖偏衫)　승복(僧服)의 일종으로 소매가 짧은 홑겹의 여름용이다. 단수편삼에는 회색괘의(壞色挂衣)·황상(黃裳)을 착용한다.

단어 연상(word association)　응답자에게 어떤 자극을 주고 거기에 연상되는 단어를 열거하게 하여, 그 결과를 보고 응답자에 관한 자료를 얻는 방법이다.

단요(短靿)　우리 나라의 운두가 낮은 남방 계통 신의 총칭이다. 즉 이(履), 혜(鞋), 비

(扉), 구(屨), 석(舃), 교(蹻), 답(踏) 등은 모두 단요에 속한다.

단의(襌衣) 중국 진·한 시대 여성의 속옷의 일종으로 흰색 실크로 만들었으며 깃과 소매가 있다.

단의(褖衣) 중국 주(周)나라 때의 황후가 임금을 뵐 때 입었던 옷으로, 육복 중의 하나이다. 흑색 바탕에 깃·소매에 붉은 선을 둘렀으며 흑구(黑屨)를 신었다.

단의(短衣) 우리 민족 저고리의 기본형으로 유(襦)라 하며, 신라에서는 위해(尉解)라 하였다. 단의는 여자만이 착용한 것이다. 저고리의 길이가 짧아진 것을 단의(短衣)로 해석할 수도 있다.

단자(緞子) 일반적으로 직물의 지(地)를 경유자조직(經襦子組織)으로 하고 문양(紋樣)을 위유자(緯襦子)로 조직한 문직물(紋織物)을 말한다. 우리 나라에서는 500여 년 전 조선 시대 초기의 단자 유품이 많이 있다. 그 후 계속 제직되었으며 오늘날까지 많이 제직되고 있다. 단(緞)이라고도 하는데 양단(洋緞)이라고 일반적으로 알려져 있다. 근대에 영국의 단이 수입되어 양단이라고 명명되어 오늘에 이른 것 같다. 이제 양단은 문양, 색 또는 조직에 따라 다양하게 명명하여야 될 것이다. 초록운문대단자(草綠雲紋大緞子), 다홍운문대단자(多紅雲紋大緞子), 백문단대홍운문필단(白文段大紅雲紋匹緞), 송화색금수복자별문단(松花色金壽福字別紋緞), 다홍운문단, 금면단(金線緞), 각색금단(各色金緞) 등이 모두 조선 시대 단자의 이름이다. 단은 주자조직(朱子組織)이 발명된 후에 제직된 것이다. 중국의 송(宋), 원(元), 청(淸)에서 발달하였다.

단자직조색(緞子織造色) 조선 시대 태종 16년(1416)에 설치된 단자 제직공장이다.

단작노리개(單作—) 부녀자들의 장신구인 노리개의 일종으로, 주체가 되는 패물을 한 개 또는 세 개를 다는데, 한 개로 된 노리개를 단작 또는 외줄노리개라고 한다.

단장(緞匠) 단 제조공장으로 조선 시대 경공장[本曹]에 속해 있었다.

단쟁[丹前] 일본 전통 의복으로 겹 나가기[長着]와 같은 형태이며, 평상복이나 욕의(浴衣) 위에 껴입는다.

단쯔[緞通, 段通] 중국어의 담자(毯子)의 음역(音譯)으로 고급부물(高級敷物), 즉 카펫이다. 일반적으로 2본(二本)의 지경(地經)에 파일사를 묶어서 제조한 것이다. 파일을 묶는 법에는 페르시아식, 터키식이 있다.

단체(單髢) 본 머리[本髢]만으로 높게 꾸민 머리로, 조선 시대 가체금지(加髢禁止) 이후 부녀자들이 사용하였다.

단추(button) 주로 옷을 여미기 위한 목적으로 쓰이는 것으로 원형, 사각형, 삼각형, 직사각형, 타원형 등 다양한 모양을 가진 의상의 부속품이다. 또한 옷을 장식하기 위한 장식용으로도 쓰여 옷의 한 부분으로 큰 비중을 차지하기도 한다. 재료로는 뼈, 쇠, 유리, 플라스틱, 천, 조개껍질, 보석류, 나무, 가죽 등 다양하며, 의상에 조화시켜 사용한다. 우리 옷에는 구조의 특징상 단추보다는 띠나 고름, 가는 끈 등이 많이 이용되었다. 단추의 사용이 일반화된 것은 개화기 이후 양복의 도입에 의해서이지만 맺은 단추나 원삼(圓衫)단추 등은 사용 역사가 매우 오래되었다. 단추의 재료는 주로 은을 사용하였고 칠보로 꾸미기도 하였다.

단추달이 재봉틀(button sewing machine) 2구멍, 4구멍 단추나 스냅을 다는 특수 공업용 재봉틀이다. 1개를 달고 나면 자동적으로 정지하도록 되어 있다.

단춧구멍 재봉틀 공업용 특수 재봉틀의 하나로, 단춧구멍의 주위를 옷감의 올이 풀리지 않도록 실로 마무리해 주는 재봉틀이다. 단춧구멍의 길이는 1인치(약 2.5cm)까지 가능하다.

단품(單品) 색깔이나 무늬, 소재, 가격 등에 있어서 더 이상 분류할 수 없는 한계까지 도달한 상품을 말하거나, 재킷이나 스커트처럼 다른 옷과 함께 입어야 하는 옷을 총칭하는 말이다. 그 밖에도 유니트 컨트롤의 단위가

되어 주는 품목과 유니트 아이템을 단품이라
고 표현하기도 한다.

단풍단(丹楓緞)　조선 시대 말기에 제직된 미
술단(美術緞)으로, 미술품 제작공장에서 제
직된 것이다. 백합단(百合緞), 국화단(菊花
緞), 이화단(李花緞), 태극단(太極緞) 외에
많은 종류의 미술단이 있었다.

달리아 퍼플(dahlia purple)　달리아꽃에 보이
는 적자색(赤紫色)을 말한다.

달마티카(dalmatica)　그리스와 로마의 복식
을 기본으로 하고 거기에 동양의 영향이 더
해진 비잔틴 시대의 느슨한 겉옷이다. 남녀
모두가 착용하였고 재료로는 울, 마, 견, 면
등을 사용하였으며, 클라비(clavi) 장식이 들
어가기도 했다. 기독교의 영향으로 몸을 완
전히 감싸는 형태였으며, 실루엣은 단순했지
만 직물과 장식이 화려해지고 종교적인 의미
가 강하게 나타났다. 현재 카톨릭 신부의 법
의로 남아 있다.

달마티카

달마틱(dalmatic)　2세기 로마인들이 입었던
튜니카 달마티카(tunica dalmatica)에서 유
래한 길고 넓은 소매의 헐렁한 튜닉을 말하
는 것으로, 앞에 2개의 수직선 장식이 있으
며 양옆이 트여 있다. 색상은 진홍색이며 성
직자, 수도원장, 주교의 제복으로 입었고, 대
영 제국의 대관복으로 착용되었다.

담(毯)　담요, 모석(毛席)을 말한다.

담복(禫服)　상복(喪服)의 일종으로 대상(大
祥) 이후 담제(禫祭)까지 입는다. 백의(白

衣)에 흑대(黑帶)를 띠며, 오사모(烏紗帽)를
착용한다.

담욕(毯褥)　모(毛)로 된 깔개이다.

답호(褡護)　소매가 달리지 않은 포(袍)로, 길
이가 무릎 아래 정도 내려오며, 무와 섶이 없
고, 뒤솔기를 허리 아래에서부터 튼다. 답호
는 왕상복(王常服)의 중의도 되었고 사대부
의 통복이 되기도 하였으며, 하료(下僚)의
제복(制服)이 되기도 하였다. 조선 말까지
관인(官人)의 중요한 제복이었다.

답호

당(襠)　두루마기나 전복(戰服) 등의 아래를
넓게 하기 위해 겨드랑이 아래에서 끝단까지
대는 다른 폭을 말한다. 곧은 솔은 옆솔이 되
도록 하여 양옆이 늘어지지 않게 하며, 어슨
솔은 길에 각각 붙인다. 무라고도 한다.

당기(唐機)　공인기(空引機)에 대한 일본의 속
칭이다. 능(綾), 금(錦), 금란(金襴), 단자
(緞子) 등을 제직하는 직기이다.

당능(唐綾)　일본에서 경6매능지(經六枚綾
地), 위6매능문(緯六枚綾紋)의 이방향능(異
方向綾) 문늬의 한 종류를 말한다.

당목(唐木)　경·위사에 20s 이상의 카드사를
사용하여 평직으로 짠 면직물로, 밀도는 140
×140/5cm 내외이며, 광목보다 짜임새가 있
고 섬세하다. 침구류에 쓰인다.

당의(唐衣)　조선 시대 여성의 예복 중 하나이
다. 당저고리·당적삼·당한삼이라고도 한
다. 《사례편람(四禮便覽)》에 보면 삼자(衫
子)를 속칭 당의라 하여, 그 길이는 무릎까

지 닳고 소매는 좁은 것으로 여자의 평상복
이라고 설명하고 있는데, 여기의 삼자는 저
고리를 지칭하는 것이다. 《사례편람》은 헌종
10년(1844)에 간행된 책으로, 당시에 《가례
도감의궤》 반차도에 나타나는 시녀(侍女)들
의 저고리도 옆이 터지고 무릎까지 오는 형
태였다. 속칭 당의라고 불리던 저고리는 평
상복이었으나 국말에 와서는 당의가 비·빈
과 내외명부의 소례복(小禮服)이 되었다. 당
의는 간이예복 또는 소례복으로 평복 위에
입었으며, 궁중에서도 평상복으로 입었고,
계절에 따라 옷감과 색상을 다양하게 입었
다. 조선 말엽에 이르러 당의가 왕실 소례복
이 되면서부터 여기에 흉배(胸背)를 달기도
하였다.

당의

당저고리　조선 시대 사대부 부인이 저고리 위
　에 덧입던 예복(禮服)의 하나이다. 앞뒤 길
　이가 저고리 길이의 3배 정도로 겨드랑이 밑
　에서부터 트이며, 아랫도련은 곡선을 이룬
　다. 연두색 비단 바탕에 안을 홍색으로 넣었
　으며 자주 고름을 단다. 당의(唐衣) 참조.

당주홍(唐朱紅)　중국산 붉은 빛 안료(顔料)를
　말한다.

당줄　망건에 달아 상투에 동여매는 줄로 윗당
　줄과 아랫당줄의 2종류가 있다. 윗당줄은 당
　에 꿰어 머리를 뒤에서 매고 아랫당줄은 편
　자 양끝에 달아, 좌우 당줄을 서로 바꾸어 관
　자(貫子)를 꿰어, 다시 망건 뒤에 엇걸어 맨
　후 그 끝을 상투 앞에서부터 동여맨다.

당직(唐織)　일본에서 중국풍의 직물 또는 중
　국에서 일본으로 보내진 직물을 당직이라고
　하였다. 또한 평안 시대(平安時代)부터 많이

제직된 유직직물(有織織物) 중 특히 부직(浮
織)으로, 지문(地紋) 위에 회위(繪緯)로 상
문(上紋)을 제직한 것을 말한다.

당직물(唐織物)　단자(段子), 유자(繻子), 능
　(綾), 금(錦), 금란(金襴) 등 중국에서 일본
　으로 전해진 직물의 총칭이다.

당초문(唐草紋)　식물의 형태를 일정한 형식
　으로 도안화시킨 장식 무늬의 일종이다. 당
　초문의 장식 요소는 민족의 조형 양식의 특
　질을 잘 나타내 주고 있으며, 각기 그 발생
　지역에 따라 특성을 달리 하여 지역적 특성
　을 잘 나타낸다. 당초 양식은 우리 나라에도
　많은 영향을 끼쳐서 고대 미술의 고분 벽화
　에서부터 조선 시대의 도자기·상감(象嵌)
　에 이르기까지 다양한 의장문양으로 나타난
　다.

당코　여자 저고리의 깃 부분에서 고름, 혹은
　단추를 다는 위치의 윗부분에 뾰족하게 튀어
　나온 끝을 말한다.

당항라(唐亢羅)　중국산의 항라를 말한다.

당혜(唐鞋)　조선시대에 당초문(唐草紋)과 같
　은 무늬 있는 비단을 신 둘레에 두른 갓신의
　하나이다. 안은 융 같은 푹신한 감으로 하고
　거죽은 비단으로 가죽을 싸서 만들었다. 재
　상집 부인이나 서민의 혼례 때 신부가 신었
　다.

당혜

당화문(唐花文)　당대(唐代)의 화문(花紋)으
　로 인도, 페르시아 등 서역(西域)의 요소가
　강하다. 각종 화(花)의 화문을 조합하여 화
　려하게 문양을 구성하였다. 금문(錦紋), 협
　힐(纐纈), 납힐(臘纈) 문양으로 많이 사용되
　었다. 문양 구성은 중앙에 큰 정면화(正面
　花)를 놓고 주위에 2중·3중으로 정면·측
　면의 화문을 배치한 것이 많다.

대(帶)　문무 백관이 관복 착용시 허리에 두르

던 띠를 말한다. 관직의 품계 및 장식품의 역할을 하여 품대(品帶)라고도 한다. 대의 종류에는 대대(大帶), 혁대(革帶), 서대(犀帶), 요대(腰帶) 등이 있다.

대가위(shears) 영어의 시저즈(scissors)보다 크고, 길이가 6인치 이상이며 무게도 무거운 가위를 말한다. 종류로는 페이퍼 시어즈(paper shears), 핑킹 시어즈(pingking shears), 테일러링 시어즈(tailoring shears) 등이 있다. 재단용 가위라고도 한다.

대공복(大功服) 대공의 상기는 9월이며, 대상은 종형제, 종자매, 조카 며느리, 장손이 아닌 손자, 큰며느리가 아닌 며느리이다. 대공의 재료로는 공들여 잘 가공한 삼베, 즉 초숙포(稍熟布)를 사용한다.

대관차(大關車) 사조구(絲繰具)로 누에고치에서 뽑아낸 생사(生絲)를 권취(卷取)하는 장치이다.

대구고(大口袴) 삼국 시대의 통이 넓은 바지로 주로 귀족층에서 입었다. 고구려의 귀족은 자라(紫羅)에 소골관(蘇骨冠)을 쓰고 대수삼(大袖衫)과 대구고를 입었다.

대그워시, 웬디(Dagworthy, Wendy 1950~) 영국 태생의 디자이너로 미들섹스 예술대학에서 공부한 후 라들리 의류 도매업체에서 디자이너로 일하다가 1973년 런던에서 자신의 부티크를 열었다. 1975년 런던 디자이너 컬렉션에 참가했다.

대깅(dagging) 독일에서 시작되어, 14~17세기에 유행한 가장자리 장식으로, 소매끝이나 아랫단을 불규칙한 형태의 톱니 모양으로 자른 것이다. 우플랑드(houppelande)가 그 하나의 예이다.

대님 남자의 바지 아래를 졸라매는 끈을 말한다. 남색, 옥색, 고동색 등의 바짓감과 같은 옷감을 폭 2.5cm, 길이 65~70cm 정도로 만들어 발목에서 바지 아래를 여며 두 번 둘러 졸라맨다.

대단(大緞) 단의 일종으로 《탁지준절》에는 다홍대단(多紅大緞), 남대단(藍大緞), 황대단(黃大緞), 분홍대단(粉紅大緞) 기타 각색대

단(各色大緞)의 절가가 나와 있다.

대당화문(大唐花紋) 성당문화(盛唐文化)를 상징하는 호화스럽고 복잡하고 대형화된 당화문(唐花紋)이다. 주문(主文)에 대당화, 부문(副紋)에 화엽문(花葉紋) 등을 배치한 문양으로 일본 정창원(正倉院)에 표지대당화문금(縹地大唐花文錦)이 있다.

대대(大帶) 왕·왕세자의 면복(冕服), 원유관포(遠遊冠袍), 조신의 조복(朝服)과 제복(祭服) 등 관복에 두르던 큰 띠이다. 이들 관복에는 대대 외에 혁대(革帶)를 더하였다.

대동목(大同木) 대동법에 의하여 쌀, 콩 등을 대신하여 바치던 무명을 말한다.

대라단(大羅緞) 폭이 넓은 라단을 말한다.

대란치마(大襴—) 조선 시대 궁중에서 비(妃)·빈(嬪)이 대례복(大禮服)에 입었던 치마이다. 다홍색이나 남색의 사(紗)나 단(緞)으로 만들고, 금박을 찍은 단을 따로 2층으로 붙인다. 왕후는 용문(龍紋), 왕세자빈은 봉황문(鳳凰紋), 공주·옹주는 화문(花紋)을 찍어 직위를 나타낸다. 스란치마 참조.

대란치마

대량생산(mass production) 특화, 분업, 부품 규격화 등의 원리를 제품 생산에 적용시킴으로써 한 번에 대량의 상품을 생산하는 것을 말한다. 매스프로(mass-pro)라고도 한다.

대렴금(大殮金) 대렴시에 시신을 싸는 이불이다. 길이는 220cm정도, 너비는 5폭으로 한다. 남색 바탕에 자주 깃을 달거나 자주색 바탕에 남새 깃을 달기도 하며, 흰색 동정을 약 17cm 정도 두른다.

대례복(大禮服) 국가의 중대한 의식 때 입는 예복이다. 조선 초기에는 문무 관리의 관복이 제복(祭服)·조복(朝服)·상복(常服)·

공복(公服)으로 구분되어 있었으나 조선 말 고종조에 대례복·소례복·상복으로 간소화 되면서 흑단령을 대례복으로 사용하였다. 1900년 4월에는 대례복제식(大禮服制式)을 구미식으로 정하였다.

대마(hemp)　삼베 또는 베로, 고온 습윤 지역 이 재배의 적지로 인도, 페르시아 등지에서 많이 생산되며, 기후에 대한 적응성이 좋아 서 세계의 모든 온대·열대 지방에서 재배된 다. 우리 나라에서는 특히 안동 지방이 특산 지이다. 대마섬유는 거칠고 신도가 적으며 탄성이 나쁘고 표백시 강도가 줄어드는 단점 이 있어 의류용으로는 부적당하여 옷감으로 는 거의 쓰여지지 않으나, 강도가 크고 내구 성·내수성이 좋으므로 로프용, 카펫의 기 포, 구두와 가방의 재봉실로 사용된다.

대마직물(大麻織物)　베, 대마섬유사로 제직 한 직물로, 인도, 페르시아, 러시아, 이탈리 아, 프랑스, 독일 등 각지에서 대마 섬유직물 이 재배된다. 그러나 직물로서 일상적으로 가장 많이 사용되는 지역은 우리 나라이며, 중국, 일본에서도 직물로 제조되어 사용된 다. 대마직물은 우리 나라에서 가장 섬세한 것이 제직되었다.

대바늘　니팅 니들(knitting needle)을 말하는 것으로 단침(single point), 쌍침(double point), 둥근 바늘(circular curved needle) 등이 있다. 사용하는 실에 따라 00호~20호 로 나누고 호수가 클수록 굵다. 대나무 제품 이 많으나 플라스틱, 금속 제품도 있다. 단침 은 실이 미끄러져 빠지기 쉬우므로 막는 구 슬이 한 쪽에 달려 있고, 평편뜨기에 사용한 다.

대비　하나의 색상이 인접한 다른 색상의 영향 으로 단독으로 있을 때와 다르게 보이는 성 질을 이용하는 것이다. 즉 명암의 영향으로 인접한 색상이 밝게도 보이고 어둡게도 보이 는 대비 효과를 명도 대비라고 부르며, 서로 보색 관계에 있는 색상들의 대비는 보색 대 비, 채도 관계에 있는 것은 채도 대비라고 부 른다. 또 이것들은 그 종류의 색을 동시에 보

고 있으므로 동시 대비라고 부르며, 시간적 으로 경과시켜 비교한 대비를 계시 대비라고 부른다.

대삼(大衫)　왕후 의대(衣襨)의 하나로 인조장 렬후가례시(仁祖莊烈后嘉禮時)에 대홍필단 (大紅疋緞)으로 대삼을 만들었으며, 금원쌍 운봉문(金圓雙雲鳳紋) 36개를 대삼 전후에 이금(泥金)하였다.

대삼작(大三作)　금은, 보석의 진귀함과 크기 나 규모에 따라서 분류되는 삼작노리개 중의 하나이다. 대삼작노리개는 노리개 중 가장 호화스럽고 큰 것으로 궁중에서만 사용하였 다.

대삿갓　승려가 쓰는 삿갓으로, 가늘게 쪼갠 대로 엮어서 보통 삿갓보다 작게 만든다. 죽 립(竹笠)이라고도 한다.

대상언어(object language)　대상 언어는 의 복, 액세서리, 자동차를 포함하여 개인을 둘 러싸고 있는 물질적 대상에 의해 제시되는 무언의 메시지를 포함한다.

대상으로서의 자아　사회화란 어린이에게 '인 간다운 성질'을 부여하는 특별한 사회적 대 상(부모나 친구 등의 사회적 매체)이나 물질 적 대상(의복을 포함)에 의존한다. 의복은 다양한 이유 때문에 어린이의 자아 개념을 발전시키는 중요한 요소가 된다.

대수삼(大袖衫)　상대 사회에서 관인(官人)이 착용하던 소매가 넓고 큰 포(袍)로, 홑겹으

대수삼

로 지었으며 길이는 둔부선(臀部線)까지 내려온다. 깃·도련·수구에는 장식선, 즉 색선(色襈)이 둘려져 있다.

대수자포(大襚紫袍)　삼국 시대 왕공·귀족이 착용한 큰 소매가 달린 자색(紫色)의 포이다. 길이는 발목까지 내려가며, 내의(內衣)를 덮는 표의(表衣)를 의미한다.

대수장군(大袖長裙)　조선 시대 왕비 이하 양반 부인들이 상중(喪中)에 입던 옷이다. 형태는 큰 소매가 달린 웃옷과 긴 치마로 되어 있다. 참최(斬衰)에는 아주 거친 생포(生布), 졸곡(卒哭) 후에는 백포(白布), 대상(大祥)에는 진한 옥색의 대수장군을 개두(蓋頭)·두수(頭䯼)·대(帶)·혜(鞋)와 같이 착용한다.

대숨치마　속치마의 하나로 조선 시대 궁중에서 여자가 정장시 속에 입었다. 모시에 풀을 먹여 만들며, 아랫단에는 백비를 모시로 싸서 붙여 자연스럽게 퍼지게 만든다.

대인지각　사람을 지각할 때 그의 성격 특질을 모두 하나로 통합하여 전체적으로 일관성 있게 특징지어 지각하는 것으로, 인상형성(印象形成)의 과정을 의미한다.

대전방지가공(antistatic finish)　합성 섬유나 합성 섬유 혼방 직물의 정전기 발생을 억제, 방지하기 위한 가공이다. 직물 표면에 양이온 계면 활성제를 사용하여 마찰을 줄여 주거나 전기 전도성을 높여 줌으로써 정전기를 억제할 수 있으나 영구적이지는 못하다. 영구적인 방법으로는 직물 표면에 친구성 피막을 형성하거나 섬유에 친수기를 도입하는 방법 등이 있다. 제전가공이라고도 한다.

대정포(大正布)　일본에서 대정(大正) 7, 8년경 김기[近畿]지역에서 제직한 인도, 동남아시아의 사문금포(斜紋錦布)이다.

대조실(comparison department)　가격, 형태, 질, 서비스 등을 경쟁 상점들의 그것과 비교하는 기능을 가진 상점 부서이다.

대중매체(mass media)　다양한 그룹의 사람들에게 호소하기 위해 광고하는 채널로, 선택된 청중이나 계층매체(class medium)에 제한을 두는 것이 아닌 불특정 다수에게 호소한다.

대중문화(masscult)　방대한 수의 대중을 대상으로 해서 생산되고 소비되는 문화이다. 오늘날 현대문화는 대중문화의 성격을 나타내는데, 현대사회에서는 모든 사람들이 많든 적든간에 대중으로서의 측면을 갖고 있기 때문이다.

대중사회(mass society)　정치, 경제, 사회, 문화 등 전반적인 사회의 모든 분야에 관심을 갖고 그 동향을 좌우하는 주체가 일반 대중인 사회 상황 또는 사회 형태이다. 일반적으로 봉건적·농업적·부족적 사회와 구별되는 현대 산업사회의 특징들을 나타내기 위해 대중 사회론자들이 사용하는 용어이다.

대중시장(mass market)　대량 판매와 대량 소비가 행해지고 이에 따라 성립되는 시장을 말한다.

대중유행(mass fashion)　극소수의 사람을 상대하는 하이 패션과는 달리 유행주기의 상승기 이후 단계에서 대중에게 가장 많이 받아들여지는 패션이다. 즉 룩이나 스타일, 컬러가 대다수의 사람들에 의해 지지받는 것을 말한다.

대즐링 컬러(dazzling color)　대즐링은 '현혹적인', '눈부신'이라는 의미로, 눈이 현혹될 것 같은 선명한 색을 말한다. 예를 들면 핑크라도 핫 핑크처럼 선명한 핑크, 터키 블루, 투명한 크림의 적색 등을 들 수 있다. 최근의 트래디셔널 패션에서 주목받는 색이다.

대창의(大氅衣)　조선 시대 사대부가 평거시(平居時)에 입던 흰색의 포(袍)이다. 대창의는 소매가 넓고 길이도 길며, 양겨드랑이 밑이 무가 없이 좀 트이고 뒤솔기도 갈라져 아랫부분이 네 자락으로 된 형태이다. 세조대(細條帶)를 띠었다.

대크 재킷(dack jacket)　후드가 달리고 방수 처리가 된 짧은 재킷으로, 가끔 안감으로 나일론 파일지를 사용했으며, 손목과 목둘레는 지퍼와 이랑이 있는 편물(knit-ribbed)로 마감처리를 했다.

대포(大布) 중국 청대(淸代)의 면포(綿布)로, 폭 1척 7~8촌, 장 8~9장이다.

대홍색(大紅色) 홍화병(紅花餅)으로 염색한 선명한 홍색(紅色)이다. 홍화병의 분량에 의해 도홍(桃紅), 수홍(水紅) 등 각종 홍색이 된다.

대홍직금운견만지교단삼(大紅織金雲肩滿地嬌團衫) 붉은 빛의 비단에 금실로 운견(雲肩)과 만지교(滿地矯)를 수놓은 단삼(團衫)을 말한다.

대화금(大和錦) 일본의 금(錦)의 일종으로 왜금(倭錦)이라고도 한다. 일본에 10세기 전반 승평(承平), 천경란(天慶亂) 후 기업이 쇠퇴하면서 중국에서 금(錦)이 많이 수입됨에 따라, 중국의 금을 당금(唐錦)이라고 하고 당금과 구별하기 위하여 일본제의 금을 대화금이라고 하였다. 대화금의 근원은 우리 나라의 금이다. 가라니 시키의 후신(後身)이다.

대화단(大花緞) 대화모본단(大花募本緞), 대화문단(大花紋緞)이 있다.

대화어아금(大花魚牙錦) 통일 신라(869년) 때에 당나라에 보낸 금(錦)의 일종이다.

대황(大黃) 식물염료의 일종으로 중국이 원산이다. 아루미나 매염(媒染)으로 양모의 적황색염(赤黃色染), 크롬 매염(媒染)으로 황색이 된다. 매염제 없이도 염색된다.

댄디(dandy) 옷에 신경을 많이 쓰고 옷을 좋아하는 1816년대 남성들을 가리킨다. 보 브루멜, 로드 피터샘, 도르세이 백작 등이 영국과 프랑스의 남성복 패션에 큰 영향을 끼쳤는데, 패션을 리드해 간 이러한 멋쟁이들을 댄디 보(dandy beau)라 하였으며, 더 앞선 사람들은 팹(fap)이라고 하였다. 그들이 착용한 러플로 장식된 정장 블라우스를 댄디 블라우스라고 한다.

댄디 셔트(dandy shirt) 앞가슴 부분과 소매 커프스가 레이스 러플로 장식된 셔트이다. 보 부르멜이 입기 시작하여 18~19세기에 옷을 잘 입는 패션을 리드해 간 멋쟁이 댄디들이 유행을 시켰고, 1960년 말에는 여성들에게 유행하였다.

댄디 셔트

댄디 칼라(dandy collar) 칼라 끝이 길고 뾰족한 롤 칼라를 말한다.

댄서 스커트(dancer skirt) 무용수, 댄서들이 착용하는 망사나 노방 같은 속이 들여다보이는 얇은 옷감으로, 폭이 넓게 만든 스커트를 말한다.

댄스 세트(dance set) 1920년대에 착용했던 브라와 세트가 되는 플레어지는 넓은 팬티를 말한다.

댄스 스커트(dance skirt) 춤추는 댄서들이 연습할 때 입는, 신축성 있는 얇은 니트로 된 레오타드나 타이즈 위에 입는 짧은 스커트이다.

댄싱 헴라인(dancing hemline) 가벼운 소재로 만들어진 플레어 스커트의 헴라인에서 나타나는 것으로, 움직일 때마다 경쾌하게 춤을 추는 듯한 라인이 나타난다고 하여 붙여진 이름이다.

댕글링 이어링(dangling earring) 달랑거리게 부착된 귀고리의 총칭으로, 대부분 귓밥에 길게 늘어져서 흔들리는 것이 특징이다. 모빌 이어링, 태슬 이어링, 후프 이어링, 이어 드롭(ear drop)이라고도 한다.

댕기[唐只] 땋은 머리 끝에 드리는 천으로 만든 일종의 장식이다. 주로 사(紗)로 만들어 금박이나 은박 등으로 장식하며, 모양과 색은 용도에 따라 다르다. 종류에는 앞댕기, 뒤댕기, 도투락 댕기, 제비부리 댕기 등이 있다.

더그레 세 자락으로 구성된 검은색의 짧은 포(袍)를 말한다. 조선 시대 군사와 마상재군(馬上才軍), 의금부의 나장(羅將) 등의 하급 관리들이 입던 겉옷이다. 호의(號衣), 흑의

댕기

(黑衣) 참조.

더 딜리니에이터(The Delineator)　1872년에 창간된 패션잡지이다. 패션문화와 예술에 관하여 서술되었고, 여성·아동들의 패턴지를 동봉하여 고객이 그 패턴지를 이용하여 옷을 만들 수 있어 호응도가 높았다. 이에 따라 뉴욕과 런던에 버털릭 패턴책을 발간하게 되었다.

더미(dummy)　옷을 만들기 위해 재단한 것을 입혀보거나 입체 재단을 하기 위해 사람의 체형과 똑같이 만든 마네킹이다. 더미(dummy)는 모조품이라는 의미로서 인간의 몸을 흉내낸 것이라 하여 이런 이름이 붙었다. 의상실에서는 고객에게 의상을 보여 주기 위해 주로 사용한다. 드레스 폼, 드레스메이커즈 더미, 드레스메이커 폼, 모델 폼이라고도 한다.

더브 스티치(dove stitch)　테드 폴 스티치(ted pole stitch)와 같은 방법으로 한쪽을 징거서 V자형으로 스티치한다.

더블 노트 스티치(double knot stitch)　아웃라인 스티치를 하면서 매듭을 만들어 가기 때문에 코럴 스티치(coral stitch)와 비슷하다. 코럴 스티치보다 매듭이 큰 장식 스티치이다.

더블 러닝 스티치(double running stitch)　러닝 스티치를 한 후 다른 색 실을 이용해서 반대 방향으로 또 한 번 수놓는 것이다. 홀바인(Holbein : 독일 화가 1465~1524)의 그림에 잘 보이므로 홀바인 스티치라고도 불린다. 스트로크 스티치, 이탈리안 스티치, 투 사이디드 스티치, 라인 스티치라는 이름도 있다.

더블 러닝 스티치

더블 레이지 데이지 스티치(double lazy daisy stitch)　레이지 네이지 스티치를 2번 겹쳐서 하는 것이다. 바깥쪽 레이지 데이지의 안에 또 1개의 작은 레이지 데이지를 수놓는다. 꽃이나 잎을 수놓을 때 사용된다.

더블릿(doublet)　몸에 꼭 맞는 조끼로 소매는

더블릿

더블 브레스티드 수트

더블 레이지 데이지 스티치

없으나 때로 길이가 짧은 캡 소매를 달기도 한다. 대개 앞면을 끈으로 여미도록 되어 있고 가죽으로 많이 만든다. 15세기에는 남성들만 입는 조끼였으나 오늘날에는 남성, 여성, 아동 모두 즐겨 입는다. 특히 주니어들에게 귀엽고 발랄하게 어울린다.

더블 버튼홀 스티치(double buttonhole stitch)　한 번 버튼홀 스티치를 한 후 방향을 바꾸어 한 번 더 버튼홀 스티치를 한 것이다. 색을 바꾸어 바느질하는 경우도 있고, 선이나 가장자리 장식, 꽃잎 등에 사용된다.

더블 브레스티드(double breasted)　단추가 2줄로 달려서 여미는 스타일이다. 2줄 중에서 한쪽은 장식으로만 달려 있는 경우가 많으며, 19세기에 속어로 d. b. 또는 브리티시 테일러라고도 불렸다. 이러한 스타일의 재킷을 더블 브레스티드 재킷, 코트는 더블 브레스티드 코트라 한다. 한 줄로 단추가 달린 싱글 브레스티드와 상반되는 명칭이다.

더블 브레스티드

더블 브레스티드 수트(double breasted suit)　앞 여밈이 깊고 두 줄의 단추가 달린 재킷으로 이루어진 수트이다.

더블 블랭킷 스티치(double blanket stitch) 블랭킷 스티치의 응용으로, 이중으로 땀의 간격을 촘촘하게 하여 가장자리나 테두리를 수놓을 때 사용한다.

더블 스레디드 백 스티치(double threaded back stitch) 백 스티치를 한 후, 별도의 실로 상하 번갈아가며 수놓는다. 줄무늬에 변화를 주거나 완만한 선을 표현하는 데 사용한다.

더블 스트라이프(double stripe) 두 개의 줄무늬가 일정한 간격으로 연속적으로 배열되어 있는 줄무늬를 말한다.

더블 슬리브(double sleeve) 이중으로 된 소매를 일컫는 것으로 주로 긴 소매의 옷 위에 짧은 소매의 옷을 겹쳐 입을 때 생기는 소매의 형태를 말한다.

더블 웰트 심(double welt seam) ⇒ 쌍줄 뉜솔

더블 익스텐션 커프스(double extension cuffs) 익스텐션 커프스를 두 개 겹쳐 만든 것을 말한다.

더블 재킷(double jacket) 상의 위에 또 다른 상의를 착용한 코오디네이트 개념으로 안과 겉의 상의를 조화시켜 이중의 효과를 거두는 재킷을 말한다.

더블 저지(double jersey) 표면은 저지편, 이면은 리브편과 비슷한 모양의 조직으로, 리브 더블 니트(rib double knit)라고도 한다.

더블 지퍼 파운데이션(double zipper foundation) 2개의 지퍼가 달려 있어서 입고 벗기에 편하게 된 속옷이다. 지퍼 한 개는 팔 밑에서 허리 밑으로, 또 다른 한 개는 반대쪽에 달려 있다.

더블 체인 스티치(double chain stitch) 넓이를 정한 다음 체인 스티치의 방법으로 U자

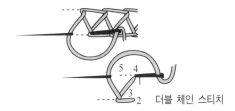

더블 체인 스티치

형으로 스티치한다.

더블 칼라(double collar) 크기가 다른 두 개의 칼라를 층이 지게 겹쳐 만든 커다란 칼라로, 비대칭의 형태로 재단하여 만들기도 한다.

더블 커프스(double cuffs) 꺾어 접고 커프링크(cuff link)로 여미게 만든 두 장으로 된 커프스를 말한다.

더블 코드 심(double cord seam) ⇒ 두줄 상침

더블 크로스 스티치(double cross stitch) 크로스 스티치 위에 다시 한 번 크로스 스티치를 수놓는 방법으로, 작은 꽃이나 면적을 채울 때 사용한다. 리바이어선 스티치라고도 한다.

더블 클로스(double cloth) ⇒ 이중직물

더블 톱(double top) 상반신 레이어드 룩으로 한 벌로 만들어진 것이 아니라 각각 독립된 아이템들을 조화시켜 입는 방법이다. 주로 베스트와 재킷을 함께 입는 방법을 택한다.

더블 톱 스티치트 심(double top stitched seam) ⇒ 쌍줄솔

더블 퍼프트 슬리브(double puffed sleeve) 소매 상단부에 밴드를 둘러 퍼프를 둘로 분리시킨 긴 소매이다. 1960년대에는 밴드 대신 팔찌를 사용하여 더블 퍼프트 슬리브의 효과를 내기도 하였다.

더블 페더 스티치(double feather stitch) 페더 스티치를 오른쪽과 왼쪽에 번갈아 가면서 두 개 또는 그 이상을 수놓아 좀더 뚜렷한 지그재그 형태를 만든다.

더블 페이스(double face) ⇒ 양모피

더블 헤링본 스티치(double herringbone stitch) 한 줄의 헤링본 스티치를 수놓고 다른 색의 실로 다시 한번 1단계처럼 헤링본 스티치를 수놓는데, 1단계 스티치 사이에 엇갈리게 하여 실을 위아래로 엮듯이 통과시키

더블 칼라

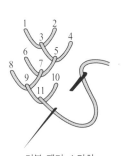

더블 페더 스티치

더블 헤링본 스티치

더스터

더스터 코트

며 진행한다.

더비(derby)　남성용 중산모자로 영국의 볼러(bowler)에 해당되는 미국식 이름이다.

더비, 제인(Derby, Jane 1895~1965)　미국 버지니아 출생으로, 몸집이 작은 여성을 위한 옷으로 유명한 그녀는 뉴욕 7번가의 기성복 회사인 제인 더비 회사의 소유주이며 회장이었다.

더비 레드(derby red)　진하고 깊은 등적색(橙赤色)을 말한다.

더스터(duster)　가벼운 옷감으로 만든 짧은 길이의 하우스 코트형의 로브이다. 앞여밈은 지퍼, 단추, 스냅 등으로 되어 있다. 브런치 코트라고도 한다.

더스터 코트(duster coat)　넓은 어깨에 풍성한 소매, 큰 주머니가 달리고, 뒤쪽 상체는 주름이 풍성한 스목(smock) 타입의 전통적인 코트이다. 1984년에 방수 옷감으로 만들어져 소개되었으며, 1950년대에는 얇고 가벼운 흑색의 벵갈린이나 훼일 같은 옷감으로 작은 롤 칼라에 플레어가 진 클러치 코트 형태로 만들어서 착용하였다. 그 후에는 꼭 맞는 코트로, 뒤쪽에 길게 터짐을 하여 단추를 달아서 승마할 때는 편하게 코트 자락을 벌려 놓았으며, 20세기에 처음 등장한 지붕이 없는 차를 타고 포장 안된 길 위를 달릴 때는 먼지를 방지하기 위해 덧입는 코트로도 착용하였다. 오토모빌 코트라는 명칭은 20세기 초반에 지어졌다. 더스터 클록, 더스터 랩이라고도 한다.

더스트 가운(dust gown)　18세기에 여성들이 말을 탈 때 옷이 더러워지는 것을 방지하기 위해 옷 위에 덧입은 오버스커트를 가리킨다.

더스트 셔트(dust shirt)　먼지를 방지하기 위해 가볍고 편하게 착용하는 자연색 셔트로, 캐주얼하고 길이가 길다. 때로는 앞자락에 여분으로 한 자락이 더 부착되었거나 조끼가 부착된 경우가 있다. 이러한 스타일의 재킷을 더스트 재킷이라 한다.

더스트 재킷(dust jacket)　더스트 셔트 참조.

더 식스틴 퍼서낼리티 팩터 퀘스처네어(The Sixteen Personality Factor Questionnaire, 16PF)　성격요인검사로 카텔(Cattel)이 16개의 기본적 특질을 측정하는 설문지에 의한 검사를 제작한 것이다.

더 임포턴스 오브 클로딩 퀘스처네어(The Importance of Clothing Questionnaire)　안나 M. 크리크모어(Anna M. Creekmore)가 미시간 주립 대학의 대학원 학생들과 함께 조사하여 1968년 간행한 복식행동 측정치로, 의복에 대한 태도나 의복행동의 연구에 많이 사용되고 있다.

더치 보이 캡(Dutch boy cap)　심청색 모직으로 만든 부드러운 모자로, 폭이 넓은 윗부분과 챙으로 구성되어 있다.

더치 보이 힐(Dutch boy heel)　신발의 뒷굽이 중간 정도 크기이고, 뒤가 약간 경사지고 안쪽이 각진 낮은 힐을 말한다.

더치 브리치즈(Dutch breeches)　독일의 섬에서 입었던 것으로, 짙은 회색의 무릎 밑까지 내려오는 바지이다.

더치 웨이스트(Dutch waist)　앞중심에 뾰족한 끝이 없는 여성용 몸판으로, 1580~1620년경에 휠 파딩게일(wheel fartingale)과 함께 착용하였다.

더치 칼라(Dutch collar)　목에 꼭 맞는 롤 칼라의 일종으로, 17세기 네덜란드 화가의 작품에 많이 등장하여 붙여진 이름이다.

더치 캡(Dutch cap)　① 네덜란드의 볼렌담(Volendam) 여성들이 썼던 모자로 모자 끝이 뾰족하며 레이스나 자수가 놓이고 양옆은 날개처럼 플레어진다. ② 작고 꼭 끼는 모자의 총칭이다. ③ 스카프로 작고 꼭 끼는 모자를 꼬아서 휘두른 모슬렘 머리장식을 말한다. ④ 오리엔탈 터번과 비슷한 여성용 머리장식이다.

더치 코트(Dutch coat)　14~15세기 날에 남성들이 착용한 짧은 코트형의 재킷이다.

더치 포켓(Dutch pocket)　단추가 달린 플랩 포켓의 속칭으로, 컨트리 재킷이나 캐주얼한 아이템에 자주 사용된다.

더플 백(duffel bag) 위에서 끈으로 잡아 당겨 여미는 형태의 캔버스로 된 가방이다. 군대용 잡낭에서 유래하였으며, 비치용으로 사용하기도 한다.

더플 재킷(duffel jacket) 나무 단추를 끈으로 걸어서 더블로 여미게 되어 있고, 두꺼운 모직으로 된 재킷이다. 어부와 군인들이 많이 입었고, 제2차 세계 대전 후 스포츠 코트로 일반인에게 유행하게 되었으며, 후드가 달려 있다.

더플 코트(duffel coat) 제2차 세계 대전 때 착용한 거친 모직의 코트로, 전후 스포츠 코트로 인기를 모았다. 후드가 달린 짧은 싱글 브레스티드 코트로, 단추 대신에 토글(toggle)과 끈으로 여미는 것이 특징이다.

더플 코트

덕(duck) 두껍고 강한 평직물을 널리 이르는 말로, 경·위사에 굵은 면사나 마사를 사용한 직물이다. 범포, 천막, 신발 등에 쓰인다.

덕 블루(duck blue) 오리나 집오리의 깃털에 보이는 녹색빛이 가미된 청색을 말한다. 1981, 1982년 추동 인터 스토프(Inter Stoff : 독일 프랑크푸르트에서 1년에 2회 개최되는 국제 소재전)에서 코튼 소재의 아우터 웨어의 색으로 발표된 것 중의 하나이다.

덕 빌 슈즈(duck bill shoes) 르네상스 시대에 널리 유행했던 앞이 네모진 신발로, 모양이 오리 부리와 비슷한 데서 덕 빌(duck bill)이라는 별명이 붙었다.

덕스(ducks) 19세기 후반에 덕(duck) 직물로 만든 남성용 바지를 말한다.

덕 테일(duck tail) 10대 소년들의 헤어 스타일의 하나이다. 긴 머리를 옆과 뒤로 빗어 넘겨 목에서 포인트를 이룬다.

던들(dirndle) 원래는 알프스 티롤 지방 농민풍의 여성복을 의미하는 것으로, 꼭 끼는 조끼와 허리를 조인 개더 스커트의 특징을 가진 실루엣을 던들 실루엣이라고 한다. 또한 이러한 스커트를 던들 스커트라고 한다.

던들 드레스(dirndle dress) 미국 개척 시대의 여성들이 입었던 실루엣과 비슷한 형태로, 알프스 산맥 지역 농가의 여성들이 입었던 드레스에서 힌트를 얻어 디자인되었다. 대개 컬러 프린트 옷감으로 만들며 가슴은 꼭 맞게 하고, 풀 개더 스커트 형태이다. 1940~1950년대와 1980년대에 유행하였다.

던들 미니(dirndle mini) 던들 스커트를 모티브로 한 미니 스커트이다. 웨이스트에서 약 10~15cm 정도 아래까지는 꼭 맞게 하고 여기부터 밑단까지는 플레어, 플리츠, 개더 등을 이용하여 다양한 변화를 준 것이다. 힙본 스커트와 비슷한 분위기의 새로운 미니 스커트이다.

던들 코트(dirndle coat) 상체는 몸에 꼭 맞고 허리 라인에 잔주름을 넣은 코트이다. 개더 스커트로 티롤리안 페전트 드레스 형태의 여성 코트이다. 1960년대 중반에 유행하였다.

던들 팬츠(dirndle pants) 허리 부분에 주름을 넣은 퀼로트 스타일의 팬츠이다. 1980년대 초반에 소개되었으며, 때로는 7부 정도의 길이에 양쪽 옆선에 큰 주머니를 겉에 부착하였으며 장식 테이프로 된 벨트를 맸다.

던들 페티코트(dirndle petticoat) 힙 주위는 맞고 밑으로 내려가면서 플레어진 속치마로 여러 층으로 되어 있으며, 오스트리아의 티롤 스커트, 페전트 스커트 밑에 입었다.

덜(dull) 덜은 '무딘, 흐릿한' 등의 의미로, 여기에서는 광택이 없는 실을 가리킨다. 덜 얀(dull yarn), 염소사, 무광택사라고도 한다. 가공하는 중간 과정에서 대개 산화타타늄 1~2%를 방사 원액에 혼합하여 광택을 감소시킨다.

덜 파스텔(dull pastel) 선명하지 않은 느낌의

덩거리

파스텔 색조를 의미한다. 전체적으로 부드럽고 침착한 느낌이 드는 담색의 뉘앙스를 띠고 있는 것을 말한다. 더스티 파스텔 또는 미스티 파스텔로 불리는 것도 같은 색조에 해당하며, 종래의 파스텔 컬러에 회색을 가미한 것으로 새로운 감각을 표현하고 있다.

덩거리(dungaree) ① 인도어로 덩거리라고 하는 것은 인도 고아 지방에서 직조된 면직물을 말한다. 이 감은 17세기에 네덜란드에 속해 있던 말레이시아의 도서 지방을 포함한 여러 곳으로 수출되었고, 특히 영국으로 수출하는 인도의 중요한 수출품이 되었다. 네덜란드인들은 이 감을 덩거리라고 했다. 데님과 비슷한 이 감은 경사·위사 양쪽이 모두 청색으로 염색되어 능직으로 직조된 것으로, 블루 덩거리 또는 블루엣(bluettes)이라고도 한다. ② 복수로 쓰여 오늘날 질긴 작업복 바지나 앞바대와 어깨끈이 부착된 긴 바지 등을 일컫는 말이 되었다.

데그라데(dégradé, dégrader) '선염을 하다. 부드럽게 만들다' 라는 의미로 영어의 그러데이션과 동의어이다. 즉 색조를 조금씩 변화시키는 수법을 가리키는 것으로, 트위드나 모피의 표현에 이용되어 환상적인 느낌을 자아내는 방법의 하나이다.

데니시 트라우저즈(Danish trousers) 1870년대 어린 소년들이 입었던 무릎까지 오는 바지를 말한다.

데니어(denier) 섬유나 실의 섬도를 표시하는 단위로, 9,000m의 섬유 또는 실의 무게를 g수로 표시한 것이다. 대표적 항장 표시법으로 견, 레이온, 합성 섬유 등의 필라멘트(사)의 굵기를 표시하는 데 사용된다. 데니어의 수가 커질수록 섬유나 실의 굵기가 굵어진다. d로 표시한다.

데님(denim) 프랑스어의 서지 드 님(serge de Nimes)에서 유래한 것으로, 님(Nimes) 지방에서 만든 능직이다. 경사에는 20s 이하의 색사를 쓰고 위사에는 백색 또는 색사를 사용하여 2/1 또는 3/1 능직으로 제직된 면 또는 면혼방 직물이다. 표준 데님은 인디고 청색 경사와 미표백 위사를 사용하여 표면은 청색, 이면은 백색을 나타내며 두껍고 질기다. 작업복, 아동복 등에 쓰인다.

데님 재킷(denim jacket) 오버 블라우스(overblouse) 타입의 서부 스타일 재킷이다. 청색 데님으로 만들며, 주로 허리 밴드와 앞뒤 몸판에 요크가 있고 스냅으로 잠그게 만든다.

데님 팬츠(denim pants) 데님으로 만든 실용적인 바지를 말한다. 짙은 청색의 경사에 회색 또는 표백하지 않은 위사로 직조된 것을 블루 데님이라고 부르며, 두꺼운 데님은 재킷이나 스커트, 바지용으로, 또 얇은 데님은 블라우스, 스포츠 셔츠용으로 사용되며, 그 외에 실내 장식품 제작에도 많이 사용된다.

데모데(démodé) 불어로 유행이 지나버린 올드 패션을 말한다.

데미 뱀브레이스(demi vambrace) 팔꿈치에서 팔목까지 끼는 장갑형이다.

데미 버프 밍크(demi buff mink) 양식 밍크의 일종으로 캐나다산 야생 밍크의 우수한 종과 비슷한 색을 가진다. 보호털은 적갈색이고 솜털은 청색을 띤 갈색이다.

데미 부츠(demi boots) 앵클 부츠 참조.

데미 브라(demi bra) 브래지어로 받침은 철사를 사용했고, 아랫부분은 불투명하고 윗부분은 비치는 천으로 만들었다. 깊게 파여 있어 목선이 깊게 파인 옷을 입을 때 착용한다. 하프 브라라고도 한다.

데미 브래사드(demi brassard) 14세기 초 금속판으로 된 갑옷으로 위의 팔을 보호하기 위해 입었다.

데미 슬리브(demi sleeve) 16세기에 사용한 팔꿈치 길이의 소매를 말한다.

데미 잼(demi jamb) 금속판으로 된 갑옷으로, 다리 앞의 무릎에서 발목까지를 구두에 연결한 것으로, 14세기 초에 기사들 또는 병사들이 착용하였다.

데미 지고(demi gigot) 1830~1840년대에 여성들이 착용했던 짧은 코르셋이다.

데미 지고 슬리브(demi gigot sleeve) 지고

슬리브보다 폭이 절반 정도 작은 소매를 말한다.

데미 투알레트(demi toilette)　18세기 말에서 19세기에 낮에 입었던 드레스 또는 반정장의 이브닝 드레스를 말한다. 하프 투알레트 또는 하프 드레스라고도 한다.

데미 허빌리먼트(demi habillement)　앞 목둘레가 많이 파지고 짧은 소매에 7부 길이인, 튜닉형 가운 위에 입는 반코트이다. 18세기 초에서 19세기에 유행하였다. 하프 코트라고도 부른다.

데뷔탕 드레스(debutante dress)　사회에 데뷔할 때 착용하는 드레스라는 의미로, 대개 처녀가 16세가 되어 사교계에 데뷔할 때 착용하는 정장의 긴 드레스를 말한다. 크게 부풀린 백색의 롱 드레스가 대표적이다.

데비시 스커트(devish skirt)　하프 팬츠와 비슷한 스타일로 회교도의 수도승들이 입는 것과 같은 스커트이다. 대개 우아하게 늘어지는 시폰이나 실크 저지 등으로 만드는 경우가 많다. 1976년에 유행하였다.

데비트 카드(debit card)　크레디트 카드(credit card)와는 역기능을 지닌 것으로, 매장에서 쇼핑을 하면 단말기와 은행이 온라인으로 연결되어 자동적으로 예금구좌에서 인출되는 방식으로, 현금 쇼핑과 같으나 직접 현금을 취급하지 않고 안전하고 편리한 것이 특징이다.

데시나퇴르(dessinateur)　스타일화를 그리는 사람으로, 영어의 일러스트레이터와 일치한다.

데시나퇴르 모델리스트(dessinateur modeliste)　창작한 디자인을 스타일화로 표현하는 작업을 하는 사람을 말한다.

데이글로 컬러(day-glo color)　네온풍의 인공적인 형광색을 말한다. 선명할 뿐만 아니라 화려하며 눈을 자극하는 듯한 색으로, 도회적인 냉정한 감성을 불러일으키는 색이다. 1984, 1985 추동 패션에 등장하였다. 데이글로는 '인쇄용 형광 잉크'의 상품명으로 여러 가지 색조가 있으나, 데이글로 옐로와 데

이글로 그린이 주목된다.

데이비 크로켓 캡(Davy Crokett cap)　너구리 꼬리가 뒤쪽에 달린 너구리 가죽 모자로, 식민지 시대의 미국에서 벌목꾼이나 개척자들 사이에서 착용되었다. 1836년 텍사스 알라모(Texas Alamo)에서 싸우다 죽은 데이비 크로켓의 이름을 따서 명명되었다. TV 프로그램에 자주 방영된 후 1950년대와 1960년대에 남자 아이들 사이에서 크게 유행하였다.

데이지 스티치(Daisy stitch)　⇒ 레이지 데이지 스티치

데이크론(Dacron)　미국 듀퐁사의 폴리 에스테르 섬유 상품명이다. 탄력성, 강도, 내구성이 있고, 주름이 잘 생기지 않으며, 관리가 편하고, 면·모·인조 섬유와 혼방해도 좋다.

데이타임 드레스(daytime dress)　낮에 착용하는 드레스류의 총칭이다.

데이타임 웨어(daytime wear)　낮에 착용하는 의상류의 총칭이다.

데일리 웨어(daily wear)　일상적으로 착용하는 활동성을 중요시한 의류의 총칭이다.

데자비에 스타일(déshabillé style)　집에서 입는 편안한 옷을 말한다.

데저트 부츠(desert boots)　⇒ 처커 부츠

데콜타주(décolletage)　불어의 명사로 벗은 어깨 또는 깊게 파여 많이 노출된 네크라인을 말한다.

데콜테(décolleté)　영국에서는 데콜타주(décolletage)라고 한다. 여성들의 드레스에서 목이 깊게 파인 형태를 가리키는데, 때로는 어깨까지 드러내기도 한다. 르네상스 이래 여성들의 에로티시즘을 강조해 주는 전형적인 의복 디자인이다.

데콜테 네크라인(décolleté neckline)　앞 가슴이 보일 정도로 깊게 파여서 목이 완전히 노출된 대담한 네크라인이다.

데콜테 브라(décolleté bra)　가슴선이 깊게 파진 브라로, 브라의 아랫부분은 주로 철사를 이용한다. 가슴이 깊게 파인 드레스를 입을

데콜테 네크라인

덱 슈즈

덱 팬츠

델포스 드레스

도그 칼라

때 착용한다.

데쿠파주(découpage)　종이나 헝겊을 오려내어 표면에 붙여 장식하는 것으로, 1960년대 중·후반에 유행하였다.

데페슈 모드(dépéche mode)　프랑스의 패션 잡지명이다. 데페슈란 최첨단이라는 뜻으로, 가장 유행에 민감한 20세에서 30세 이전의 여성복을 주제로 다룬 패션 전문 잡지이다.

덱 슈즈(deck shoes)　로퍼(loafer)의 일종으로 배의 갑판 위에서 미끄러지지 않도록 고무창이 있으며 장식적인 가죽의 여밈이 있다. 보팅 슈즈, 톱사이더(topsider) 또는 캠퍼스 모카신(campus moccasin)이라고도 부른다. 로퍼 참조.

덱 재킷(deck jacket)　후드가 달린 짧은 재킷으로, 보풀이 있는 나일론 소재로 안감을 대고 방수지를 사용하여 만들며, 손목과 목 부분은 신축성 있는 리브 니트를 대어 만든다.

덱 체어 스트라이프(deck chair stripe)　덱 체어 직물에서 볼 수 있는 독특한 줄무늬이다. 폭이 넓은 것이 많고, 봄·여름 옷에 주로 사용한다.

덱 파카(deck parka)　덱은 부둣가라는 뜻으로, 부둣가를 거닐 때 찬 바람을 막을 수 있는 모자가 달린 두꺼운 옷감으로 된 파카류를 말한다.

덱 팬츠(deck pants)　무릎 바로 밑까지 오는 길이의 꼭 맞는 바지로, 1950년대와 1960년대 초반에 보트놀이 할 때 입는 바지로 유행하였다. 남자 바지로 시작하여 선박의 갑판원들이 작업복으로 사용하였다.

덴시미터(densimeter)　직물의 밀도를 재는 기기로, 등고선의 원리에 의해 직물의 경사와 위사의 밀도를 측정한다.

덴트(dent)　직기에서 바디살 간의 간격으로, 직조 후 경사의 간격이 된다.

델라베(délavé)　'빨아서 바랜'이라는 의미로, 패션 용어에서는 '물표백'이라는 의미로 사용된다. 1974년경에 프랑스에서 델라베 코듀로이라는 탈색 가공천이 유행한 것에서 유래하였으며, 이것이 1982년 춘하 컬렉션에서 부활하여 유행하였다.

델리 워크(Delli work)　새틴이나 다른 직물에 금속사나 명주사를 사용하여 인도에서 만들어진 체인 스티치나 새틴 스티치를 수놓는다.

델포스 드레스(Delphos dress)　1909년 마리아노 포튜니가 드레스를 제작하는 새 시스템을 특허냈는데, 그리스 드레스 스타일로 앞뒤 드레스를 끈으로 엇갈리게 묶어서 연결하고 옆부분은 박았다. 1949년 그가 죽을 때까지 계속 판매되었으며, 많은 영화에 쓰였고, 1983년에 1,100달러에 팔렸으며, 현재는 수집가들의 수집품이 되었다.

델프트 블루(Delft blue)　네덜란드 델프트에서 제작되는 도기의 색깔과 유사한 중간 색조의 파란색을 말한다.

도갈린(dogaline)　중세와 16세기의 남녀가 입었던 소매가 매우 넓고 헐렁한 직선형의 가운을 말하는 것으로, 밑에서 접어 올리고 어깨에서 묶으면 밑의 가운의 소매가 보인다.

도구적 기능　복식의 기능 중 구체적인 목적을 수행하기 위한 도구로서의 기능을 말하며, 신체가 환경에 잘 적응하도록 도와주는 물리적 기능과 인간이 사회에 잘 적응하도록 도와주는 사회적 기능이 복식의 대표적인 도구적 기능이다.

도그즈 이어 칼라(dog's ear collar)　길고 끝이 둥근 중간 크기의 플랫 칼라로, 스패니얼의 늘어진 귀와 모양이 같아 붙여진 명칭이다.

도그즈 투스 체크(dog's tooth check)　경사와 위사에 흑과 백같이 대조되는 두 가지 색을 사용하여 4올씩 교대로 배열하고 2/2 능직으로 제직한 직물이다. 별 모양의 무늬를 나타내며 주로 모직물에 이용한다. 하운즈 투스 체크라고도 하지만, 하운즈 투스 체크의 무늬가 다소 크다.

도그 칼라(dog collar)　① 개목걸이와 유사한 넓은 목걸이를 가리킨다. 종종 진주 또는 다이아몬드나 모조 다이아몬드를 박은 금속 밴드로 되어 있다. 20세기 초기에 도입되어 1930년대에 유행하였으며, 1960년대에 다시 유행했던 목걸이다. 1970년대 초에 유행한, 목 주위를 꽉 죄는 색채가 다양한 스웨이드나 가죽으로 된 목걸이용 띠도 여기에 속한다. ② 목사 등 성직자들이 다는 목 뒤에서 잠그는 빳빳한 칼라로, 목에 꼭 맞게 만든다. 초커, 클레리컬 칼라라고도 한다.

도그 칼라 네크라인(dog collar neckline)　목밑선이 딱 맞고 높게 선 네크라인으로 때로는 홀터 네크라인에 이용된다.

도그 칼라 스카프(dog collar scarf)　삼각형 또는 사각형의 스카프를 대각선으로 접어 목을 두 바퀴 감아 끝부분을 매듭지어 연결한 후 매듭이나 고리를 앞면으로 끌어당겨 착용하는 스카프이다.

도금(鍍金)　수은(水銀)에 용해된 금을 동(銅)이나 기타의 금속 금구면에 칠한 후 열을 가해 금을 엷게 평면에 밀착시키는 방법이다. 우리 나라에서는 이식(耳飾)에 가장 많이 사용해 왔다.

도다익(都多益)　⇒ 도투락 댕기

도다익장(都多益匠)　《경국대전(經國大典)》, 경공장(京工匠), 본조(本曹)에 있던 도투락 댕기의 제조공장을 말한다.

도랑치마　⇒ 단상

도래매듭　가장 기본 형태의 매듭을 말한다. 즉 매듭의 시작과 끝맺음시에 다른 매듭 가락이 풀어지지 않게 고정시키거나 매듭과 매듭 사이를 연결할 때 사용한다.

도련　두루마기 혹은 저고리의 아래 둘레곡선으로 안섶에서 겉섶까지의 둘레 전체를 일컫는다. 겉도련·뒷도련·안도련 등이 있다.

도롱이[蓑衣]　조선 시대 농부들이 비오는 날 일을 할 때 착용한 우장(雨裝)의 하나로, 짚이나 띠를 엮어 만든다. 겉쪽에 줄기가 포개져 이어지게 만들어 빗물이 스며들지 않고 흘러내린다. 녹사의(綠蓑衣)라고도 한다.

도류문단(桃榴紋緞)　도화문(桃花紋)과 석류문(石榴紋)이 조합되어 제직된 단(緞)으로 악귀를 쫓고 다복하기를 기원하는 길상문이

다.

도류불수단(桃榴佛手緞)　도화문(桃花紋), 석류문(石榴紋), 불수문(佛手紋)이 조합되어 제직된 단(緞)으로, 조선 시대에 많이 사용되었다. 악귀를 쫓고 다복하며 부처님의 가호가 깃들기를 기원하는 길상문이다.

도르세이 코트(d'Orsay coat)　1830년대 후반의 남성용 오버코트로서, 파일럿 코트와 유사하다. 다트가 여러 개 있고 슬래시 또는 플랩 포켓이 달려 있으며, 칼라는 작고 소매는 3~4개의 단추로 장식되어 있으며, 뒤에 단추가 있고 허리가 꼭 맞게 되어 있다. 19세기 패션을 리드한 도르세이의 이름을 따라 명명되었다.

도르세이 코트

도르세이 펌프스(d'Orsay pumps)　앞부리가 막혔고 뒤가 낮게 재단된 구두를 말한다. 펌프스 참조.

도르세이 해빗 코트(d'Orsay habit coat)　1880년대 초에 소개된 꼭 맞는 남성풍의 여성용 7부 코트이다. 앞이 잘려 나가고 단추가 2줄로 달리고 젖혀진 큰 칼라가 달려 있다.

도리나(dorina)　보스니아의 여성들이 거리에 걸치고 다닌 겉옷의 하나로 허리에서 벨트로 고정을 시켰다.

도릭 키톤(Doric chiton)　소매 없는 고대 그리스인의 기본적인 의상으로 알카익 키톤 또는 페플로스(peplos)라고도 한다. 폭 2m에 착용자의 어깨부터 발목까지의 길이에다 약 45cm를 더한 길이의 직사각형 천을 반으로 접어 몸에 두르고 양쪽 어깨에 핀을 꽂는다. 열려진 한쪽 옆솔기선을 꿰매지 않고 그대로

도그 칼라 네크라인

도릭 키톤

도미노 마스크

도어 노커 이어링

트인 상태로 입거나 또는 허리부터 스커트단까지 꿰매기도 한다.

도문사(挑文師) 일본의 양로령(養老令) 직부사(織部司)에 나타난 것으로, 공인기(空引機)로 문직(紋織)을 제직할 때 경사의 개구운동(開口運動)을 주관하는 사람이다. 도문생(桃文生)이라고도 하였다.

도미넌트 컬러(dominant color) 배색에 있어 전체 중 가장 지배적인 색으로 다른 색과의 배색에 통일감을 주기 위해 사용되는 주조색을 말한다. 색상 중에서 가장 지배적인 색을 도미넌트 휴, 가장 우위를 점하는 톤을 도미넌트 톤이라고 한다.

도미노(domino) ① 원래 수도승이 입는 큰 후드로, 후에 남녀 모두가 후드가 달린 외투로 입었다. ② 보통 검은색이며 전통적인 카니발과 무도회 의복으로, 작은 마스크를 하고 입었다. 18세기 초와 19세기 말에 유행하였다.

도미노 마스크(domino mask) 가장 무도회 때 사용하는 것으로, 입은 노출시키고 얼굴의 윗부분만 가리는 작은 가면을 말한다. 반가면(half-mask)이라고도 불린다.

도비 직기(dobby loom) 직물에 무늬를 표현하고자 할 때 사용하는 장치로, 직기 곁에 붙여 무늬에 따라 20~40매의 종광 운동이 조절되어 여러 가지 개구가 만들어지며 이에 투입되는 위사에 의하여 무늬가 형성된다. 피케, 새눈직물(bird's eye), 크레이프직 등의 제직에도 이 장치가 이용된다.

도비 직기

도스킨(doeskin) 백양과 어린 양의 모피를 이용하여 포름알데히드와 명반 무두질 과정을 거쳐서 만든 가죽으로, 주로 장갑에 쓰인다. 또한 고급 소모사를 사용하여 5매 또는 8매

도스킨

수자로 제직하고 약간 축융기모하여 털을 한쪽으로 눕힌 후 짧게 전모한, 유연하고 광택이 있는 흑색 모직물이다.

도스킨 글러브(doeskin glove) 무두질한 암사슴의 가죽이나 이와 유사한 모직물로 만든 장갑을 말한다.

도어 노커 이어링(door knocker earing) 귀고리 밑에 부착된 커다란 고리가 현관문의 방문객 노크용 쇠고리를 연상시키는 데서 유래한 귀고리이다.

도염서(都染署) 고려 시대의 염색공장을 말한다.

도의(擣衣) ⇒ 다듬이질

도전성 섬유(electro-conductive fiber) 정전기가 잘 일어나는 합성 섬유의 대전성을 해결하기 위해 금속이나 금속 화합물, 탄소 등 전기가 잘 통하는 성분을 섬유의 축 방향으로 길게 줄기 모양으로 분출시켜 만든 섬유를 말한다. 주로 복합 섬유로 된 것이 많다.

도철문(饕餮紋) 중국 주대(周代)의 청동기, 동기(銅器)에 새겨진 문양이다. 식기(食器)와 제기(祭器)에 새겨진 주술적인 문양이다.

도침장(擣砧匠) 피륙이나 종이를 다듬잇돌에 다듬어서 반드럽게 만드는 장인, 즉 종이를 두드림하는 장이다.

도투락 댕기 예장시 신부가 사용하던 댕기를 말한다. 짙은 자주색 비단으로 만들며, 보통 댕기보다 넓고 두 갈래로 되어 치마 길이보다 약간 짧다. 전체적으로 화려한 금박으로 꾸미고 위에는 석웅황(石雄黃)과 옥판을 달고 밑에는 석웅황·밀화(密花) 등으로 만든 매미를 다섯 마리 달아 두 갈래진 댕기를 연결해 주었다. 도다익이라고도 한다.

도투마리 베매기에 의해 날실을 감는 H자형의 널빤지로, 베틀 앞다리 앞쪽의 누운다리 위에 얹어둔다. 방언으로는 도꾸마리, 도토마리, 도트바리라고 한다.

도트(dot) 물방울 무늬를 말하며, 크기에 따라 작은 물방울 무늬는 핀 도트, 지름 1cm 정도의 물방울 무늬는 폴카 도트라고 하고, 동전 크기의 무늬는 코인 도트라고 한다.

도트 스티치(dot stitch)　⇒ 심플리서터 노트 스티치

도티드 스모킹(dotted smocking)　물방울 모양을 이용하여 주름을 잡는 스모킹이다.

도티드 스위스(dotted Swiss)　론과 같은 얇은 면직물에 작은 점 무늬가 동일한 간격으로 배열되어 있는 것으로, 점 무늬는 직물 조직에 의한 것과 접착제에 의한 플로킹법이 있다.

도티드 스트라이프(dotted stripe)　동일한 간격으로 작은 점 무늬의 배열이 선을 이루는 직물의 패턴이다.

도티 쇼츠(dhoti shorts)　허리에 주름을 많이 잡은 대퇴부 길이의 반바지이다. 인도의 힌두교 남자들이 허리에 걸쳐 입는 간단한 옷인 도티에서 유래된 것이다.

도티 팬츠(dhoti pants)　허리에 주름이 많고 발목까지 점점 좁아지는 팬츠로, 인도에서 착용되었던 바지에서 유래하였다.

도포(道袍)　선비들의 편복포(便服袍)이다. 색은 백색이나 옥색(玉色)을 쓰고 저마나 면을 사용했다. 형태를 보면 깃, 섶, 고름은 두루마기와 같으나 그 형태가 매우 넓으며, 소매는 넓은 두리소매로 품도 넓고 길이도 발목까지 온다. 뒷자락은 두 겹으로 중심이 터졌으며 그 위에 전삼(展衫)이 붙어 터진 곳을 가린다. 두루마기로 대신하였다.

도포

독신기(Bachelor Stage)　가족생활주기의 첫 번째 단계로 결혼 전 직장생활을 시작하는 시기로, 소득은 많지 않고 개인적 소비품은 주로 의복, 식품, 자동차 등이며, 이사하는 데에 짐이 되지 않는 것을 사는 경향이다.

독일 자수(Berlin work)　13~14세기경 독일에서 가는 실로 아름답게 짜여진 캔버스천에 수놓아 교회의 쿠션이나 매트 등에 사용되었다. 캔버스 엠브로이더리(canvas embroidery), 캔버스 워크(canvas work)라고도 한다. 베를린 울을 사용하기 시작한 1820년경부터 베를린 워크로 불려지기 시작했으며, 현재는 크로스 스티치 외 여러 가지 다른 수법이 이용되고, 흑색 바탕에 화려한 꽃을 수놓으며, 주로 크로스 스티치를 한다.

돈키 코트(donkey coat)　앞 몸체 양쪽 부분에 큰 아웃 포켓이 부착되어 있고 칼라는 니트로 된 실용적인 겨울 코트를 말한다. 대개 래글런 소매로 되어 있다.

돌려감치기　밑단에서 나온 바늘을 바로 위지점에서 한 땀 뜬 다음, 실을 한 바퀴 돌려서 다시 처음에 바늘이 나온 밑단 지점에 꽂는다. 이것은 밑단이 한 번 뜯어지면 실이 계속 풀어지는 것을 방지해 주는 방법이다.

돌림격자수　수평실 2가닥, 수직실 2가닥으로 직선 격자를 만들고, 2땀 박음수로 징근 후, 선을 돌려 격자 속을 마름모형으로 표현하는 수법이다.

돌머네트(dolmanette)　뜨개질한 돌먼으로, 큰 리본으로 목선을 고정시킨 여성용 두르개를 말하며, 1890년대에 착용하였다.

돌먼(dolman)　둘러쓴 것 같이 케이프식으로 된 소매가 달린 망토의 하나로, 1870~1880년대에 여성들이 착용되었고 20세기 초에 다시 유행하였다. 터키 사람, 돌라막(dolamak)들이 착용한 긴 외투에서 기인하여 돌먼이라고 명명되었다.

돌먼 스웨터(dolman sweater)　몸판과 한 조각으로 이어진 배트윙, 돌먼 소매에, 목에 꼭 붙고 높은 터틀넥이나 약간 파여서 거의 직선으로 된 보트 네크라인에, 허리는 리브 니트로 된 스웨터를 말한다. 1970년대 초에는 벨트로 묶는 스타일이었으나, 1980년대에는 벨트 없이 넓게 퍼지게 입었다.

돌먼 스웨터

돌먼 슬리브(dolman sleeve) 진동을 깊게 파고 손목은 꼭 맞게 만든 소매로 배트윙 슬리브(batwing sleeve)와 유사하나 진동에 여유가 더 많다. 터키 사람들이 입는 케이프가 달린 긴 외투인 돌먼에서 유래하였다.

돌먼 슬리브

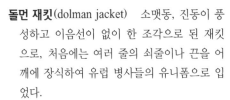
돌먼 슬리브

돌먼 재킷(dolman jacket) 소맷동, 진동이 풍성하고 이음선이 없이 한 조각으로 된 재킷으로, 처음에는 여러 줄의 쇠줄이나 끈을 어깨에 장식하여 유럽 병사들의 유니폼으로 입었다.

돌실나이 중요무형문화재 제32호로 지정된 베[麻布]짜기 기능 보유자를 일컫는 것으로, 전라남도 곡성군 석곡면 죽산리 229번지 김점순 할머니가 최초로 지정되었다. 돌실은 석곡마을의 별명이다.

돌 해트(doll hat) 인형 모자라는 뜻으로 어떠한 형태이든 작은 모자를 뜻한다. 약간 앞으로 기울여 쓰며 밴드로 뒤 머리 부분에 고정시킨다.

돔 링(dome ring) 윗부분이 돔(dome)과 같이 둥근 형태를 한 반지를 말하며, 그 위에 많은 보석을 박아 장식한 경우도 있다.

돔 셔트(dorm shirt) 무릎 위까지 오는 T셔츠처럼, 니트 옷감으로 된 나이트 셔츠이다.

돔 스커트(dome skirt) 돔이란 둥근 지붕을

돔 스커트

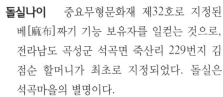
동곳

가리키는 것으로, 반구형의 실루엣을 지닌 벨 스커트(bell skirt)와 비슷하며, 스커트보다는 힙 부분에 풍성함을 주어서 더 입체적으로 보인다.

돔 실루엣(dome silhouette) 돔이란 둥근 지붕이라는 뜻으로, 둥근 지붕 형태로 된 스타일을 말한다.

돔 코트(dome coat) 어깨에서부터 밑으로 둥글게 흘러내린 형태의 코트로, 크리스티앙 디오르의 작품에서 영향을 받아 디자인된 것이다.

동곳 상투를 튼 후에 풀어지지 않게 고정시키는 장식물을 말한다. 상류 계급에서는 금·은·비취·옥·밀화·호박 등으로 만들어 상투를 장식했다.

동그래깃 깃의 한 종류로 깃 부리가 반월형으로 된 것이다.

동기(motivation drive) 동기란 개인의 행동을 일으키게 하는 원동력으로서 목표지향적이고, 개인이 만족하려고 추구하는 자극을 일으키는 욕구라고 할 수 있다.

동기설 인간욕구의 기본적인 동기를 중요시하는 학설로, 의복착용의 동기설로는 본능설, 욕구 충족설, 경제이론, 정신분석학적 이론 등이 있다.

동달이 조선 후기 군복(軍服)의 중의(中衣)이다. 길과 소매의 색이 다른 협수포(狹袖袍)로, 주황색의 길에 다홍색의 소매를 단 것이 일반적이나 소매의 색을 달리 하여 소속 및

동달이

직무를 나타내기도 하였다. 협수(狹袖)라고 도 한다.

동물문양(動物紋樣)　상징적, 장식적으로 실제의 동물 또는 전설적 동물을 문양화한 것이다.

동물섬유(animal fiber)　동물에서 원료를 채취하여 단백질이 주성분을 이루는 섬유로, 크게 모섬유와 견섬유가 있다. 모섬유는 면양의 털인 양모와 산양, 낙타, 기타 동물의 털인 헤어 섬유로 분류되며, 견섬유는 가정에서 생산하는 가잠견과 야생하는 야잠견의 2종류가 있다.

동방향능선문능(同方向綾線紋綾)　문능(紋綾)에 있어서 지(地)와 문(紋)의 능선(綾線)의 방향이 같은 것이다. 중국에서는 동향능(同向綾), 일본에서는 동방능(同方綾)의 문능(紋綾)이라고 한다.

동시대비(同時對比)　색은 단 하나의 색으로 보일 때도 있고, 여러 색이 동시적 또는 계시적으로 어우러져 보일 때도 있다. 이때 그 색들은 서로 다른 색에 영향을 주어 단 하나의 색만 볼 때와는 다른 효과를 준다. 이러한 현상을 색채대비라 하는데, 두 가지 이상의 색을 동시에 볼 경우를 동시대비, 연속적으로 볼 경우를 계시대비라 한다.

동심결(同心結)　두 고를 내고 맺는 매듭이다. 납폐(納幣)에 쓰는 실 또는 염습(殮襲)시 띠를 맺는 매듭에 사용된다.

동옷[胴衣]　남자가 입는 저고리이다. 동의라고도 한다.

동의(胴衣)　⇒ 동옷

동의대(胴衣襨)　저고리와 바지 위에 걸치는 포형(袍型)의 옷이다. 그 제양은 두루마기와 같아서 협수(夾袖)인데, 활동에 편리하도록 짧게 만든 것이 두루마기와 다르다.

동일시(identification)　개인이 자신에게 영향을 주는 사람이나 단체와 같아지기를 바라는 욕구 때문에 나타나는 현상으로, 집단적인 동일시 현상은 유행을 만든다.

동자포도문직금단(童子葡萄紋織金緞)　석주선박물관에 소장된 1550년대의 광주 이씨의

유의(遺衣) 중에 동자와 포도문으로 제작된 금단(金緞)이 있는 치마이다. 금단의 폭은 63cm이다.

동정　저고리나 두루마기의 깃 위쪽에 다는 흰색의 긴 헝겊을 말한다. 길이는 깃의 넓이보다 7cm 정도 짧으며, 너비는 깃너비의 3분의 1 정도가 보통이나 유행에 따라 다소의 차이가 있다.

동조성(conformity)　사회생활에서 집단이나 타인에게서 받는 심리적 압력 때문에, 그들을 따라서 비슷한 행동을 하거나 조화되는 방향으로 자신의 행동이나 생각을 바꾸는 것이다.

동종집단　사회 경제적 배경이 비슷한 집단을 말한다.

동파관(東坡冠)　조선 시대 사대부가 평시에 쓰던 관으로, 형태는 당건(唐巾), 사방건(四方巾)의 옆에 위로 올라가는 수(收)가 덧달렸다. 말총으로 만들고 외관(外冠)으로 착용했으며, 망건 위에 탕건(宕巾)을 쓰고 그 위에 착용했다.

동화효과　하나의 색이 다른 색에 둘러싸여 있을 때 둘러싸인 색이 주위의 색과 비슷해 보이는 현상을 말한다. 주위 색상에 영향을 받는 경우, 명도에 좌우되는 경우, 채도 관계에 동화되는 경우가 있으며, 이 3가지 동화가 함께 오는 경우도 있다. 또 동화에 보이는 조건은 다양한데 그 구체적인 조건은 아직 계통적으로 규명되어 있지 않다.

되돌아박기　재봉틀 바느질법의 일종으로 처음과 끝을 단단하게 고정시킬 때 사용한다. 되돌아박기를 하면 실끝을 묶어줄 필요가 없으나, 다트 등과 같이 옷의 형태를 보존해야 되는 곳에는 이용하지 않는다. 되돌아박을 때의 위치는 완성선보다 시접쪽으로 0.1cm 정도 나가서 5~6땀 정도 되돌아박는다. 되박음질이라고도 한다.

되박음질　⇒ 되돌아박기

두 갈래 로드　두부에 장치되어 있으며, 상축의 운동을 보내기 캠(cam)에서 받아 지렛대 작용에 의해 수평보내기 축에 전후 운동을

전달한다. 중간에 보내기 조절기가 달려 있다.

두건(頭巾) 머리에 쓰는 포제(布製)의 간단한 모자로 여기에 관 또는 모(帽)를 쓰기도 하고, 자체로 사용하기도 했다. 점차 상제(喪制)가 쓰는 간단한 삼각형의 건을 일컫게 되었다. 관모 참조.

두둑직(rib weave) 변화 평직으로 이랑 효과를 나타내는 직물이다. 무직이라고도 한다.

두 땀 시침 한 땀 띄어뜨기처럼 천을 누르기 위해 뜨는 시침으로 안쪽에 작은 실땀을 두 개 낸다. 두꺼운 모직물 등은 이와 같이 실땀을 장단으로 번갈아 뜨면 단단하게 된다.

두렁이 어린 아이의 배와 아랫도리를 둘러주는 치마 모양으로 만든 옷이다. 오줌을 가리지 못하는 갓난아이에게 보온을 위해 입히는 데 겹으로 하고, 솜을 누벼 만들기도 한다. 대개 돌 전까지 사용한다. 두렁치마라고도 한다.

두록색(豆綠色) 백황색(帛黃色)을 말한다.

두루마기 우리 나라의 전통적인 포(袍)의 일종으로 조선 말 의복의 간소화에 따라 일반인들이 입기 시작하여 오늘날 남녀 모두 착용하는 외출용 겉옷이다. 형태를 보면 소매는 좁고 직령교임식(直領交衽式)이며, 양옆에 무를 달고 길이는 발목에서 20~25cm 정도 올라온다. 주의(周衣)라고도 한다.

두루주머니 주머니를 형태별로 분류한 것으로 둥근 모양의 주머니를 말한다. 이것은 고뉴(高紐)·중뉴·저뉴로 분류할 수 있다. 견이나 무명 등을 사용하여 백·옥·적·분홍·청·남 등의 바탕색에 자수를 놓거나 금·은·보석 등의 장식을 한다.

두리소매 소매통이 넓은 소매이다. 조선 말기에 대례복(大禮服)은 소매통이 넓은 두리소매였으며, 소례복(小禮服)은 소매통이 좁은 협수(夾袖)였다.

두 번 접어박기단 겉에 스티치선이 보여도 지장이 없을 때, 세탁을 자주 하는 작업복, 아동복 등에 사용한다.

두블레(doublet) ① 14세기 후반에서 17세기 중반에 입었던 남성용 상의로, 트렁크 호즈 또는 브리치즈가 보이는 다양한 길이의 스커트에 꼭 맞는 재킷 스타일을 말한다. ② 1650~1670년대의 여성용 승마복의 일부이다. ③ 큰 원석에서 2가지 물질을 결합시키는 장신구에 쓰이는 용어이다. ④ 스코츠 하이랜더(Scots Highlander) 의복의 재킷을 말한다.

두세, 자크(Doucet, Jacques 1853~1932) 프랑스 파리 출생으로 란제리 숍을 경영하는 부모 밑에서 자란 자크는 세련된 감각을 지니고 화려하지 않으나 고급스러운 의상을 찾는 사람에게 널리 알려져 있었다. 1871년 가장 고급스러운 이브닝 가운, 리셉션용 드레스, 화장 가운을 파는 상점을 개점하였다. 가냘프고 섬세하며 장식적인 여성을 이상으로 보고 절제되면서도 우아한 실크 리본, 꽃, 가죽, 끈, 구슬 등의 디테일을 즐겼으며 18세기 회화나 가구, 피카소와 마티스의 초기 작품, 아르누보의 가구 수집가로도 유명하다.

두세, 자크

두 장 소매(tailored sleeve) 주로 서양복에서 재킷이나 코트 등에 보이는 소매 형태이다. 착장 후 팔을 늘어뜨렸을 때 다소 앞쪽으로 향하게 된다. 두 장으로 이루어지며 겉소매와 안소매로 구성되는데, 겉소매가 더 크고 안소매는 겉소매보다 작다.

두 줄 상침(double cord seam) 두 줄로 나타나게 상침하거나 박은 솔기를 가른 다음 양면으로 두 줄을 박는다. 쌍줄 상침 또는 더블 코드 심이라고도 한다.

둘레머리 ⇒ 얹은 머리

둥근 바늘 니팅 니들(knitting needle), 즉 뜨개바늘의 일종으로 가는 금속으로 되어 있다. 양쪽 끝이 모사뜨기에 알맞은 정도로 뾰족하고 바늘이 빙빙 돌아 통형의 뜨기에 사용한다. 서큘러 니들(circular needle), 커브드 니들(curved needle)이라고 한다.

뒤꽂이 쪽찐머리 뒤에 덧꽂는 비녀 이외의 수식물이다. 머리를 더욱 화려하게 꾸며주는 장식적인 것과 실용적인 면을 겸한 귀이개·빗치개 등이 있다. 일반 뒤꽂이의 대표적인 것으로 '과판'이라 하여 국화 모양의 장식이 달린 것이 있으며, '연봉'이라 하여 피어오르는 연꽃봉오리를 본떠 만든 장식이 달린 것과 매화·화접(花蝶)·나비·천도(天桃)·봉(鳳) 등의 모양을 장식한 것들도 있다. 이것들은 주로 산호·비취·칠보·진주 등의 보패류로 만들어 여인의 검은 머리를 더욱 화사하게 꾸며준다. 실용을 겸한 뒤꽂이로는 빗치개와 귀이개가 있다. 빗치개는 가리마를 탈 때나 기름을 바르거나 빗살 틈에 낀 때를 빼는 데 필요한 것으로, 다른 화장도구와 함께 경대에 두는 것이 보통이었으나 언제부터인가 머리를 장식하기에 알맞는 형태로 만들어 머리 수식물의 하나로 사용하게 된 것이다. 귀이개는 원래 귀지를 파내는 기구인데, 이것도 장식물로 쪽찐 머리에 꽂게 된 것이다. 여기에는 귀이개와 함께 꽂이가 가지처럼 달린 것도 있다.

뒤 바리 맨틀(Du Barry mantle) 앞과 뒤에 요크 장식이 있으며, 털로 된 칼라와 넓은 커프스로 장식되어 있는 맨틀이다. 1880년대 초에 착용되었으며, 뒤 바리 백작 부인의 이름에서 유래된 것이다.

뒤 바리 커스튬(Du Barry custome) 프랑스 루이 15세의 마지막 애인인 뒤 바리(Du Barry) 백작 부인이 입었던 드레스를 말하는 것으로, 낮은 데콜테의 꼭 맞는 몸판과 팔꿈치 길이의 소매, 그리고 풍성한 스커트로 구성되어 있다.

뒤 바리 코르사주(Du Barry corsage) 스터머커(stomacher)형 또는 넓은 V자형의 몸판으로 1859년과 1860년대에 입었던 것으로, 프랑스 루이 15세의 애인인 뒤 바리 백작 부인(1746~1793)에 의해 응용되었으며 코르사주 아 라 뒤 바리(corsage à la Du Barry)라고도 불렸다.

뒤셰스(duchesse) 고도의 광택이 있는 매끄러운 견직물 또는 레이온 직물로 경사밀도가 높으며, 종광매수 8~12의 경수자직으로 단색으로 염색한다. 뒤셰스 수자직이라고도 한다.

뒤셰스 레이스(duchesse lace) 베개를 덮는 백색의 기퓌르 레이스(guipure lace)를 말한다. 스크롤(scroll)이나 나뭇잎, 꽃 등의 우아하고 풍부한 무늬가 있으며, 때때로 바(bar)로 연결되기도 한다. 레이스는 배경이 거의 없이 모두 무늬로 채워져 있다. 호니턴 레이스와 비슷하지만, 더 가는 실로 짜여지며 돌출부위가 더 많다. 이 중 거친 종류는 브뤼주(Bruges) 레이스라고 불린다.

뒤품 옷의 뒤 겨드랑이 밑의 넓이로 후폭(後幅)이라고도 한다.

뒷길 웃옷의 뒤쪽에 있는 길이다.

뒷다리 누운다리 뒤쪽 아래에 구멍을 뚫어 박아 세운 한 쌍의 기둥을 말한다.

뒷자락 옷의 등 뒤에 늘어져 있는 자락을 말한다.

듀드 진즈(dude jeans) ⇒ 블루 진즈

듀러블 프레스(durable press) 직물이나 의복의 일상적인 사용 과정이나 세탁에서 생기는 주름, 구김을 방지하고 일정한 형태를 유지할 수 있도록 해 주는 가공을 말한다. 가공 방법은 수지 가공과 유사하나 수지 처리 후 의복을 만든 후에 열처리를 해 줌으로써 옷 전체의 형태가 완전히 고정되어 옷의 형태에 변화가 없다.

듀베틴(duvetyne) 벨벳과 유사한, 부드럽고 위사가 부출된 새틴 또는 능직물이다. 표면에 기모가 되어 있고, 원래는 부드러운 양모로 만들었다. 현재는 인조 섬유, 견, 면 또는 혼방 섬유를 사용한다. 여러 가지 색상의 원단이 생산되어 고급 의상재로 쓰이며, 면 듀 베틴은 스웨이드 직물이라고도 한다.

듀얼링 블라우스(dueling blouse) 17세기의 유럽 남성 셔트를 본떠 만든 블라우스로, 남녀 모두 착용하였다. 일반적으로 흰 면이나 크레이프 또는 저지로 만들었고 노치트 칼라에 드롭 숄더로 디자인되었으며, 길고 풍성한 소매는 주름을 잡아서 꼭 맞는 커프스를 연결시켰다. 펜싱 블라우스라고도 한다.

듀얼링 셔트(dueling shirt) 머리 위로 써서 입게 된 풍성하고 넓은 긴팔의 남자 셔트로, 목은 타이로 매게 되어 있다. 펜싱 셔트라고도 한다.

듀엣 수트(duet suit) 재킷 하나에 팬츠 두 개로 이루어져 두 벌의 수트와 같은 효과를 낼 수 있게 만든 수트이다.

듀엣 핀(duet pin) 두 개를 한 쌍으로 함께 꽂는 핀을 말한다.

듀오 렝스 코트(duo length coat) 미디 길이나 또는 길이가 긴 코트로, 단이 지퍼로 되어서 지퍼를 뜯어 내면 짧게 두 가지 길이로 입을 수 있는 코트이다. 때로는 털을 대기도 한다. 지프오프 코트(zip-off coat)라고도 한다.

듀플렉스 프린트(duplex print) 직물의 표면에 날염을 한 후 다시 이면에도 똑같이 날염을 해 주어 마치 직조에 의한 문양처럼 직물 양면의 문양이 선명하게 보이도록 하는 날염법을 말한다.

드 라 렌타, 오스카(de la Renta, Oscar 1932~) 칠레 산토도밍고 출생으로, 에스파냐 부모 사이에서 태어나 화가가 될 꿈을 안고 마드리드에서 미술을 공부하던 중 에스파냐 미국 대사 딸의 의상을 디자인하여 준 것이 계기가 되어 패션 디자이너로 진출하게 되었다. 그 후 마드리드에 있는 발렌시아가의 매장 '에이자'에서 일할 기회를 갖게 되었고, 1961년 파리의 랑방에서 카스틸로의 보조로 일하다 2년 후에는 엘리자베드 아렌의 디자이너가 되었으며, 1965년 자신의 부티크를 개장하였다. 그는 유럽풍을 미국적 감각으로 소화시켰으며, 로맨틱한 우아함과 화려함을 표현하는 데 능숙하다.

드 라 렌타, 오스카

드라이빙 글러브(driving glove) 차의 핸들을 잡기 쉽게 손바닥은 가죽으로 되어 있는 니트로 짜여진 장갑이다.

드레스(dress) 고대 이집트의 복장에서 유래하였으며, 오늘날의 원피스 드레스와 같은 형태의 원통형 의복이 사용되었던 것에서부터 시작되었다. 원피스 드레스는 상의 부분과 스커트 부분의 이은 자리가 있고 없고에 관계 없이 한 조각으로 연결되어 있는 옷을 말한다. 일반적으로 여성들이나 여아들이 입으며 상하의 조화를 이루어야 하는 다른 의상과 달리 드레스라는 단품이기에 비교적 입기가 쉬우며, 액세서리만 잘 조화시킨다면 보다 좋은 효과를 얻을 수 있다. 그 외에도 드레스는 장식용의 의복, 매력 있고 우아한 옷이라는 뜻도 있어 차려입는 것을 드레스 업(dress up)이라고도 하듯 예전에는 의식이나 특수한 경우에 착용하는 예복으로 불리기도 했다. 정식인 포멀의 경우인지 정식이 아닌 인포멀의 경우인지에 따라 드레스 스타일이 결정되어야 한다. 예식인 결혼식, 교회 의식, 생일, 장례식 등 예의를 갖추어야 하는

듀오 렝스 코트

옷차림에는 가능한 재킷을 갖춰 입는 것이 바람직하며, 저녁을 먹고 담소를 즐기는 정도의 경우에는 약간의 노출에 샤넬 정도 길이의 실크 드레스 정도면 충분하고, 낮이 아닌 조명 밑에서의 정식 만찬회인 경우에는 색깔, 옷감, 스타일 등이 좀더 대담하고 화려하게 보여야 하기 때문에 반짝거리는 금사·은사 등의 화사한 옷감도 효과적이다.

드레스 다운(dress down)   드레스 업(dress up)의 반대를 뜻한다. 즉 편안한 옷매무새를 나타내는 것으로 느슨한 느낌이 나는 옷차림을 말한다. 예를 들면 넥타이를 꼭 매는 타이트 업 스타일에서 아우터 칼라 룩으로, 수트 스타일에서 세퍼레이트 스타일로의 변신 등이다. 이는 드레스 업의 분위기를 없애는 대단히 어려운 테크닉으로, 단지 정장의 딱딱함을 없애는 것이 특징이다.

드레스덴 그린 다이아몬드(Dresden green diamond)   유명한 다이아몬드 중의 하나로, 사과의 녹색을 띠는 40캐럿의 흠이 없는 다이아몬드이다.

드레스 라운지(dress lounge)   1888년에 영국 신사들이 입었던 중간 정도 정장의 이브닝 재킷이다. 1898년부터는 디너 재킷이라고 불렀다.

드레스 리넨(dress linen)   해클링을 충분히 한 아마 섬유로 짠 직물을 말한다. 해클링 참조.

드레스 맨(dress man)   자문능력을 갖춘 판매사원을 가리킨다. 판매할 상품을 입어 움직이는 마네킹 역할을 함으로써 고객에게 입는 감각을 시각적으로 전달하며, 자문하는 것이 특징이다.

드레스메이커(dressmaker)   손님의 주문에 따라 옷을 만들어 주는 사람으로, 기성복이 발달하기 이전인 1850~1920년대에는 손님의 집에 방문하여 그 가족들의 옷을 만들어 주었다. 심스트레스(seamstress)라고도 한다.

드레스메이커 수트(dressmaker suit)   여성복 재봉사에 의하여 정교하고 섬세하게 공들여 만들어진 여성용 수트이다. 부드러운 선을 지니고 있으며, 1950년대에 유행하였다가 1980년대 중반에 다시 유행하였다.

드레스메이커 스윔수트(dressmaker swim-suit)   스커트가 붙어 있는 여성용 원피스 수영복이다.

드레스메이커즈 더미(dressmaker's dummy) ⇒ 스탠드

드레스메이커 핀(dressmaker pin)   보통 드레스 핀 또는 그냥 핀이라고 한다. 대개 금속으로 만들어지며, 의복의 재단시에 천을 고정시키거나 봉제시 천을 움직이지 않도록 하거나 표시하는 역할을 하며, 가봉시에도 쓰인다. 바늘과 유사하지만 핀의 한 쪽에 머리가 부착되어 있고 끝이 예리하다. 4, 5, 6의 세 가지 종류가 있다. 작은 상자에 넣어 무게로 판매하며, 일명 실크 핀이라고도 한다.

드레스 베스트(dress vest)   야회 정장용의 조끼로, 가슴의 깃 벌림이 깊게 V자형 또는 U자형으로 파여 있으며, 싱글 또는 더블로 단추가 세 개 또는 네 개, 때로는 두 개만 달린다. 숄 칼라, 테일러드 칼라 등 여러 종류의 칼라를 같은 천으로, 때로는 드레시한 주자 조직의 천으로 만들어서 단다. 턱시도 베스트라고도 부른다.

드레스 부츠(dress boots)   장딴지 중간까지 오는 여성용 부츠로, 당대에 유행하는 구두굽으로 디자인된 부츠이다.

드레스 삭스(dress socks)   가볍고 부드러운 소재의 남성용 양말을 말한다. 주로 짙은 색상으로 만들며 부피가 크지 않아 수트에 함께 착용한다.

드레스 셔트(dress shirt)   남자 정장 수트 밑에 입는, 앞단추가 달리고 넥타이를 곁들이는 정통 정장 스타일의 셔트이다. 정장 수트나 턱시도 밑에 입는 남성용 셔트로, 앞가슴 부분은 단순하기도 하지만 주름이나 러플로 처리하기도 하고, 칼라는 주로 네크라인에 밴드가 달려 있고 넥타이와 조화를 이루도록 디자인되었다. 1920년 이후로 계속 이용되고 있다.

드레스 수트(dress suit)   남성용 예복, 연미복, 야회복 등을 일컫는다.

드레스 업 팬츠 수트(dress up pants suit)　정장풍의 새로운 아이템으로 주목받는 드레시한 감각의 팬츠 수트를 말한다.

드레스 코트(dress coat)　남자용 야회복으로, 원단은 흑색무지 직물로 상의의 뒷부분이 길게 늘어져 제비꼬리를 닮아 연미복이란 이름이 붙게 되었다. 스왈로 테일드 코트라고도 한다.

드레스트 필로(dressed pillow)　필로 레이스(pillow lace)용의 대를 말한다.

드레스 팬츠(dress pants)　소재나 스타일이 야회복에 적당한 바지들을 말한다. 이브닝 웨어로 착용하기에 대개 벨트 고리가 없고 딱딱한 벨트보다는 드레시한 천으로 된 벨트 등을 매게 된다.

드레스 폼(dress form)　⇒ 스탠드

드레스 플록 코트(dress flock coat)　단추가 양쪽으로 달린 남성의 더블 브레스티드 코트로 양쪽이 파여져 있는, 1870년~1880년대에 착용하였다.

드레시 스포츠 셔트(dressy sports shirt)　스포티 드레스 셔트의 반대로, 종래의 드레스 셔트와 캐쥬얼 셔트의 중간 분위기이며 캐주얼의 성격을 강하게 띤다. 드레시한 표정의 스포츠 셔트로 넥타이를 맬 수도 있고 착용 범위가 넓다.

드레싱(dressing)　원피(raw skin) 상태에서 모피를 변환시키는 과정으로, 이 과정을 거치면 스킨을 보호하고 털이 윤기가 나며 아름답고, 펠트는 감촉이 부드럽고 유연하다.

드레싱 가운(dressing gown)　몸치장을 할 때까지 하의나 잠옷 위에 걸치는 화장용 가운을 말한다. 대개 숄 칼라로 되어 있으며, 품은 여유 있게 하여 띠로 묶게 되어 있다. 1770년대부터 19세기 말에 걸쳐 우아한 실크 프린트 옷감으로 만들었으며, 1850년~1960년까지 아침식사 때 많이 착용하였다. 드레싱 로브라고도 한다.

드레싱 로브(dressing robe)　⇒ 드레싱 가운

드레싱 색(dressing sacque)　① 벨트가 없이 허리에 느슨하게 맞는 긴팔의 드레시한 블라우스로, 대개 화사하고 가벼운 소재로 만들며 실내에서 잠옷이나 속옷 위에 쉽게 걸치는 상의이다. 17세기 말부터 19세기 말까지 유행하였으며 20세기 초에는 집에서 정장할 때 입었다. 쇼트 스목이라고도 한다. ② 박스 실루엣으로 벨트가 없고 힙까지 오는 직선의 짧은 재킷을 말한다.

드레이퍼리(drapery)　커튼이나 벽지 · 가구용 등 집안 치장을 위해 늘어뜨리는 직물들의 일반 명칭이다.

드레이프(drape)　① 일정한 형식을 갖추지 않은 부정(不定)형 주름을 부드럽고 자연스럽게 잡아 흘러내리는 효과를 내는 바느질법이다. ② 입체적으로 주름을 잡는 것으로 이 기법을 드레이핑이라 하며, 고대 그리스 의상에서 유래하였다.

드레이프 칼라(drape collar)　① 자연스러운 주름이 우아하게 늘어지도록 만든 칼라의 총칭이다. ② 칼라 끝부분에 작은 단춧구멍이 있어 몸판에 단추를 달고 고정시킬 수 있게 만든 칼라이다. ③ 따로 떼어낼 수 있게 만든 남성용 셔트 칼라로 주로 뒤에서 스냅으로 고정시키고 악에서 단추로 여미게 되어 있다. 1920년대까지 남성용 칼라로 유행하였으며, 후에 턱시도와 풀 드레스에 많이 사용되었다.

드레이프트 슬리브(draped sleeve)　부드러운 천을 여유 있게 사용해 주름을 잡아 늘어지게 한 것이 특징인 소매이다. 드레시하고 섹시한 느낌의 디자인에 많이 사용된다.

드레이프트 팬츠(draped pants)　입체적인 주름으로 된 바지의 총칭으로 허리에서부터 힙 근처에 여러 개의 입체적인 주름을 잡는다든가 양쪽 포켓 주위에 드레이프지게 주름을 잡아서 힙 주위를 과장되게 디자인한 바지를 말한다. 이러한 스타일의 스커트를 드레이프드 스커트라고 한다. 1980년대 초에 유행하였다.

드레이프트 힐(draped heel)　가죽 또는 천의 주름이 장식으로 활용된 여성용 신발의 뒷굽을 의미한다.

드레이프

드레이프트 팬츠

드레이프트 힐

드레인파이프 팬츠(drainpipe pants)　　배수관 형태를 닮아서 가늘고 길게 내려온 바지로 일명 시가렛 팬츠라고도 한다.

드로스트링 네크라인(drawstring neckline) 목 주위에 끈을 넣고 잡아당겨 주름이 생긴 네크라인을 말한다. 1930년대 어린 소녀가 입기 시작하였으며, 페전트 네크라인 또는 집시 네크라인이라고도 한다.

드로스트링 네크라인

드로스트링 백(drawstring bag)　　입구가 끈으로 조절되도록 되어 있는 백으로, 잡아당기는 것에 의해 열리고 잠기게 된다. 염낭 모양으로 되어 있으며, 숄더 백 스타일이 루이뷔통이나 구치에서 새롭게 소개되어 인기있는 품목이 되었다.

드로스트링 셔트(drawstring shirt)　　고무줄이나 끈으로 잡아당겨서 풍성하게 보이는 블루종된 셔트로, 길이는 힙을 가릴 정도로 약간 길다. 이러한 스타일의 블라우스를 드로스트링 블라우스라고 한다. 1940~1950년대에 소개되었으며, 처음에는 수영복 위에 입도록 타월류나 면 니트지로 만들었다.

드로스트링 쇼츠(drawstring shorts)　　파자마처럼 허리를 끈으로 조이게 만든 반바지로, 1960년도 후반기에 등장하였다.

드로스트링 웨이스트라인(drawstring waist-line)　　옷에 터널을 만들어 그 사이로 통하게 하여 나온 끈을 리본으로 묶는 웨이스트라인이다. 터널 웨이스트라인, 페이퍼 백 웨이스트라인이라고도 한다.

드로스트링 톱(drawstring top)　　목선이나 밑단에 끈을 넣어 잡아당겨 조일 수 있게 만든

드로스트링 톱

모든 형태의 커버업(cover-up)의 총칭이다.

드로스트링 팬츠(drawstring pants)　　허리 부분이 터널로 되어 그 속으로 통과된 끈을 잡아당겨서 입는, 대개 면으로 된 바지를 말한다. 1960년대 후반기에 남녀 공용으로 착용하였으며, 유니섹스 팬츠라고도 한다.

드로어즈(drawers)　　16~19세기 초에 바지 안에 입었던 여성·남성들의 속바지이다. 길이는 무릎, 무릎 아래, 종아리까지 등이 있다. 롱 존스(long johns)라고도 하며, 양장의 본격화와 기호의 변화에 따라 차츰 수요가 줄어 팬티가 그 기능을 대신한다.

드론 워크(drawn work)　　오픈 워크의 일종이다. 발생지는 이탈리아이며, 천의 가장자리 장식에서 발전된 것으로서 주로 교회의 제단이나 예배용 의상에 응용되었으며 16세기에는 책으로서 출판될 만큼 일반인에게도 널리 기술이 전해졌다. 드론이란 말은 '잡아빼다'는 의미로서 씨실이나 날실 방향 또는 씨실과 날실의 양쪽 방향에서 실을 천에서 뽑아내고 남은 실가닥을 가지고 여러 가지의 스티치로 묶음을 만들어내는 자수 기법이다. 실을 모으는 방법, 스티치의 방법 등에 따라 여러 가지 디자인을 만들어낼 수 있다. 대개는 땀이 성근 바탕천으로 만드는 경우가 많고 그 종류는 2가지이다. 첫번째 종류는 씨실과 날실 중 한 부분을 제거하는 것으로 드론 슬레이트 워크, 싱글 오픈 워크, 직선 드론 워크 등으로 불린다. 두 번째는 씨실과 날실을 모두 제거하는 방법으로서 컷 온 더 드론 워크 등으로 불리고 격자 모양이 생성된다. 드론 워크에 사용되는 천은 실을 뽑기 쉽

드레인파이프 팬츠

드로스트링 백

드로스트링 웨이스트라인

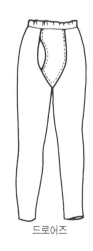

드로어즈

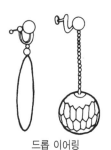

드롭 이어링

도록 가볍게 짜여지고 씨실과 날실이 같은 굵기인 것이 적당하다.

드론 워크

드롭트 웨이스트라인

드롭 스티치(drop stitch) 리본 자수의 선 자수에 이용하는 기법으로, 처음에는 도안선에 리본을 놓고 그 위에 다른 리본으로 방울 모양의 러닝 스티치를 한다.

드롭 이어링(drop earring) ① 귀고리의 길게 늘어뜨린 부분을 지칭한다. ② 귀고리 밑 부분을 늘어뜨린 모든 종류의 이어링을 말한다.

드롭트 숄더(dropped shoulder) 정상적인 위치에 있는 어깨보다 떨어져서 낮게 소매가 달려 넓게 보이는 어깨를 말한다. 1825년에서 1860년대, 그리고 1980년대 중반에 유행하였다.

드롭트 숄더 슬리브(dropped shoulder sleeve) 소매가 달리는 위치가 보통의 것보다 처지게 만든 소매의 총칭으로, 로 숄더(low shoulder)라고 부르기도 한다.

드롭트 스커트(dropped skirt) 허리선이 늘어져 달린 스커트로 토로소 스커트라고도 하며, 19세기 말에서 20세기에 걸쳐 유행하였다.

드롭트 암홀(dropped armhole) 정상적인 암홀보다 늘어지게 떨어져 달린 암홀을 말한다.

드롭트 웨이스트라인(dropped waistline) 정상적인 허리선보다 내려와서 낮게 된 웨이스트 라인이다.

드롭트 커프스(dropped cuffs) 꺾어 접지 않고 밑으로 늘어지게 만든 커프스로, 플레어,

개더, 플리츠 등으로 만들기도 한다.

드롭트 퍼프 슬리브(dropped puff sleeve) 제 위치보다 처지게 달린, 풍성하게 부풀린 퍼프 슬리브를 뜻한다.

드롭프런트(drop-front) 미국 해군복 바지나 승마복 바지의 형태로, 앞쪽에 양쪽으로 덧단을 하고 그 단에 단추가 2개씩 달린 바지이다.

드 루카, 장 클로드(de Luca, Jean Claude 1947~) 프랑스 파리 출생으로 스위스와 이탈리아에서 법률을 공부하다 밀라노의 니트 메이커의 스타일리스트로 일하였다. 파리의 지방시에서 디자이너로서의 기본적인 기술을 익힌 후 1972년 도로시 비스로 옮겨 프리랜서로 일했고, 1976년 자신의 컬렉션을 이탈리아에서 가졌다. 보디 콘셔스 라인을 추구하면서도 화려하고 정교한 옷을 만들었다.

드리즐 재킷(drizzle jacket) 드리즐은 이슬비가 내리는 것을 의미하는 말로, 비가 올 것 같은 날씨에 입는 재킷이며, 스포츠용 재킷으로 많이 착용한다. 나일론과 면의 혼방이다.

드릴(drill) 경·위사에 비교적 굵은 카드사를 시용하여 3매 좌능으로 제직한 시용적인 면직물로, 작업복, 군복 등에 쓰인다.

드림댕기 혼례복에서 뒷댕기인 도투락댕기와 짝을 이루는 앞댕기로, 다른 예복에서는 뒷댕기 없이 드림댕기만 한다. 검은 자주색에

금박을 했으며, 갈라진 양끝에는 진주·산호 주 등의 장식을 하였다.

드 바렌젠, 패트릭(de Barentzen Patrick 1920~) 덴마크의 코펜하겐 출생으로 파리 에서 자랐으며 파투사에서 일했다. 1956년 이탈리아 밀라노에서 공부한 후 폰타나, 시 몬타 등을 위해 디자인하였으며, 1960년대 그의 알타 모라 하우스를 설립하였다. 대담 성과 생동감 있는 혁신으로 널리 알려져 있 으며, 1971년 회사를 닫고 은퇴하였다.

드 베르듀라, 풀코(de Verdura, Fulco 1898~ 1978) 시칠리아 팔레르모 출생으로 1927년 파리로 와서 샤넬의 직물, 보석 디자이너로 일했으며, 1939년 뉴욕에서 자신의 보석 상 점을 열었다. 주로 자연으로부터 많은 영감 을 얻어 디자인하였다.

드세, 장(Dessés, Jean 1904~1970) 이집트 알 렉산드리아 출생으로 법률과 외교학을 공부 하러 파리에 왔으나 마담 제인 하우스에서 디자이너로 일하기 시작했다. 1937년 자신 의 가게를 열고 드레이핑 하는 방법에 기초 를 두고 부드럽고 여성적인 유동성 있는 디 자인을 하였다.

드 아비에(de habillé) 불어로 둘러싸서 입게 된 가운이나 네글리제를 말한다. 파리와 런 던에서 모닝 드레스라고도 불렀다.

들라우네, 소니아(Delaunay, Sonia 1885~ 1979) 러시아 우크라이나 출생. 1905년 파 리로 가서 미술을 공부하고, 1909년 결혼했 으나 다음해 첫남편과 이혼하고 로버트 들라 우네와 재혼하였다. 디아길레브와 일하면서 러시아 발레단을 위한 무대 장치와 의상을 디자인한 것이 계기가 되어 러시아 민속 복 식과 패치 워크로 동시성의 개념을 직물 디 자인에 도입하였으며, 이것이 1960년대 옵 아트 예술의 형성에 많은 영향을 끼쳤다.

등바대 저고리를 홑으로 만들 때 덧붙이는 헝 겊으로, 깃고대 안쪽에서 양어깨 부위까지 덧붙인다.

등색상면 먼셀의 색입체에서 볼 수 있는 동일 한 색상면을 말한다. 종축에 명도, 횡축에 채

도를 취해 동일 색상을 모두 계통적으로 정 리, 배열한 것을 말한다. 일반적으로 순단형 (楯丹形)의 반에 유사한 형태로 배열되었다. 제1횡에 돌출한 색표가 순색이며, 반순단형 (半楯丹形)의 바깥쪽에 배열한 것이 청색, 안쪽에 탁색이 배열되어 있다. 이 면을 블록 별로 나누어 색의 뉘앙스를 나타낸 것이 톤 이다. 또 각 색상의 등색상면을 하나로 묶는 것을 색입체라고 부른다.

등솔 의복의 등길이 중심선을 말하는 것으로, 옷 뒷길을 맞대어 꿰맨 솔기선이다.

디너 드레스(dinner dress) 만찬 때 입는 길이 가 긴 정장 드레스이다. 1930년대에 소개되 었으며, 드레스 위에 재킷을 걸치는 경우가 많다. 원피스, 투피스, 스리피스 등 여러 가 지가 있다. 만찬회, 극장관람, 파티 등에 널 리 착용된다.

디너 드레스

디너 링(dinner ring) ⇒ 칵테일 링

디너 재킷(dinner jacket) 디너 초대에 알맞는 남성용 재킷이다. 힙까지 내려오는 길이의 재킷으로 대개 숄 칼라이거나 각이 진 테일 러드 칼라로 되어 있고, 칼라를 새틴으로 하 는 경우가 많다. 초기에는 남성들만 입었으 나 나중에는 여성들도 입게 되었다. 턱시도 재킷이라고도 부른다.

디너 재킷

디너 팬츠(dinner pants)　　드레시한 분위기의 팬츠로 밤의 파티에도 착용할 수 있는 야한 팬츠를 말한다. 벨벳, 새틴 등 야회용의 소재를 사용하는 것이 특징이고 독특한 디자인이 많다.

디딜판(treadle)　　수직기의 발판을 말한다.

디렉션 컬러(direction color)　　미래의 경향에 어떤 방향을 제시해 주는 색을 말하며 유행색 중에서도 특히 전체를 리드해 가는 강한 힘을 지닌 색을 말한다. 또 유행색의 큰 흐름 안에서 특히 시장에 활력을 부여하는 목적으로 설정된 색을 지칭하기도 한다.

디렉터 가운(director gown)　　① 얇은 광목 같은 천으로 만든, 허리선이 올라가고 앞목이 많이 파진 가운이다. ② 프랑스 혁명 시기인 1795~1799년에 스펜서 재킷과 함께 입었던 코트이다. ③ 큰 칼라에 소매 끝에 넓은 커프스가 달리고 허리가 올라간, 19세기 말에 입었던 늘씬하게 보이는 코트 스타일의 드레스이다.

디렉터 웨이스트라인(director waistline)　　프랑스의 1795~1799년 통치자, 나폴레옹에게서 유래하였다고 하여 명칭이 지어졌다. 엠파이어 웨이스트 라인 참조.

디렉터즈 수트(director's suit)　　약식 예복의 일종으로, 검정색 더블 브레스티드 재킷과 모닝 코트용의 흑백 줄무늬 팬츠로 이루어진 수트이다.

디렉투아르 가운(Directoire gown)　　① 프랑스의 디렉투아르 시대인 1795~1799년에 입었던 여성용 드레스로, 흰 머슬린(muslin) 또는 캘리코(calico)로 만들었으며, 허리가 높고 얇은 신발과 함께 입었고 머리는 자연

디렉투아르 재킷

스럽게 하였다. ② 19세기 후반에 여성들이 입었던 코트 스타일의 드레스로서, 라펠(lapel)이 넓으며 소매는 긴 장갑 모양이고 굵은 장식용 허리띠를 하였다. 남성용 디렉투아르 코트를 응용한 것이다.

디렉투아르 스커트(Directoire skirt)　　7개로 절개되어 있고 뒤에는 4개의 선이 있으며, 딱딱한 파이프 오르간이나 고데(godet) 주름과 유사한 주름이 있는 스커트를 말한다. 가장자리의 넓이는 4~6야드이며 앞 중앙쪽에 주름을 넣고 무릎까지 길게 터 놓은 것으로, 1790년대에 착용하였다.

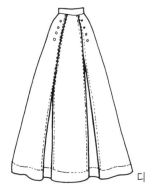

디렉투아르 스커트

디렉투아르 스타일(Directoire style)　　혁명정부 시기(1795~1799년)의 프랑스 복식을 말한다. 여성은 하이 웨이스트에 목선은 낮고 스커트의 폭이 좁은 머슬린 드레스에 스펜서 재킷, 살색의 스타킹에 끈으로 묶는 발레 슬리퍼를 함께 착용하였으며, 머리나 터번 위는 타조 깃털로 장식하였다. 남성은 안에 입은 웨이스트 코트를 보여주기 위해 앞을 오픈한 프록 코트와 꼭 맞는 브리치즈 스타킹, 굽이 낮은 신발 또는 굽이 있는 부츠, 꼭대기가 넓어지는 모양의 톱 해트를 착용하였다. 앵크루아야블 참조.

디렉투아르 재킷(Directoire jacket)　　18세기 후반에 입었던 허리가 긴 여성용 재킷을 말하는 것으로, 디렉투아르 코트와 비슷하다.

디렉투아르 코트(Directoire coat)　　① 프랑스 제1공화국을 지배하였던 1795~1799년 사이에 착용하였던 코트로, 넓고 뾰족한 라펠(lapel)과 높게 접은 칼라에 무릎 길이의 싱

글 또는 더블 브레스티드를 말한다. ② 1880년 후반에 여성들이 입었던 것으로, 18세기 남성용 코트 스타일이다. ③ 허리선이 높고 라펠이 있으며 종종 긴 장갑을 끼기도 하는 맥시(maxi) 길이의 현대 여성용 코트로, 디렉투아르 시대의 남성용 코트에서 유래된 것이다.

디미티(dimity) 경·위사에 30~40s 또는 60~80s 단사를 사용한 얇은 평직물에, 기사(基絲) 외에 기사와 같은 굵기의 실 두 올 이상을 1cm당 2~3회 넣어 경방향의 줄무늬 또는 경·위 방향의 바둑줄 무늬를 나타낸 것이다. 여름철 드레스, 유아복, 드레스 셔트, 커튼 등에 쓰인다.

디바이디드 새틴 스티치(divided satin stitch) 디바이디드는 '분리되다, 분할되다'는 의미로 새틴 스티치를 할 때 좌우로 나누어 수놓은 것을 말한다.

디바이디드 스커트(divided skirt) 디바이디드란 '나누어졌다'는 의미로 바지같이 보이는 스커트를 말하며, 퀼로트(culotte)라고도 한다. 1880년대 초 영국의 하버턴(Harberton) 여사가 자전거를 탈 때 처음으로 입기 시작하였으며, 1890년대에 미국 서부에서 여자들이 말을 탈 때 입었고, 1930년대와 1980년대에 다시 유행하였다.

디사이징(desizing) 직조하기 전에 실에 처리해 주었던 전분이나 수지를 제거하기 위한 과정을 말한다. 직물을 디사이징 목조에 넣어 주면, 그 안에 있는 전분 또는 수지 분해 효소나 물질에 의해 전분이나 수지가 제거된다.

디스카운트 스토어(discount store) 할인 판매장으로, 상품의 재고량을 줄이기 위하여 마진을 낮게 하여 싸게 파는 점포를 말한다.

디스코 셔트(disco shirt) 밝고 반짝이는 광택이 있는 소재로 만든 화려한 셔트를 말한다. 디스코테크에서 춤출 때 입으며 프랑스 디스코테크(Discothèque) 백작의 이름에서 명명되었다.

디스코테크 샌들(discothèque sandal) 1960년대 중반에서 말에 이르기까지 디스코테크에서 춤출 때 착용하여 유행했던 샌들이다. 굽이 작고 낮으며 좁은 가죽 끈으로 신발창을 연결하여 발을 고정시키는 것이 특징이다.

디스트리뷰터즈 레이블(distributor's label) 소매업자의 사양에 따라 소매업계에서 소유하는 브랜드명을 말한다. 소매업에서만 판매하는 상품으로 경쟁 상대방에 대해 이익률이 높다.

디스트릭트 체크(district check) 타탄 체크의 하나로, 민속 전용 문양을 쓸 수 없었던 신분의 사람들이 사용하던 격자 문양을 말한다.

디스플레이(display) 상품이나 아이디어를 시각적으로 제시하는 것으로, 진열장 장식, 외부 장식, 내부 장식, 멀리 떨어진 곳의 장식 등을 포함한다. 입체적 진열이라는 의미로 사용되는 경우도 있으며, 장소에 의해 윈도 디스플레이, 코너 디스플레이, 스테이지 디스플레이라고 부르기도 한다.

디스플레이 담당자(display manager) 모든 진열장, 인테리어 디스플레이, 간판 등을 감독하는 사람이다. 소매점에서 일하며, 그들은 바이어나 홍보 대행인, 창의력 있는 아티스트나 사진작가들과 상담하여 디스플레이를 조정한다.

디어스킨(deerskin) 북아메리카에서 서식하는 사슴의 가죽으로, 결이 곱고 신축성이 있다. 때때로 소가죽이나 송아지 가죽과 유사하게 보이기도 한다. 주로 핸드백, 구두, 장갑의 트리밍 등에 사용된다.

디어스토커 캡(deerstalker cap) 체크나 트위드를 사용하여 만든 모자로 앞과 뒤쪽에 챙이 있다. 양쪽의 귀덮개는 모자 위쪽에서 서로 단추로 고정될 수 있으며, 1860년대 이후부터 사용되어 왔다. 아서 코난 도일의 탐정 소설에 나오는 셜록 홈스(Sherlock Holmes)와 관련된 모자이다. 원래 영국에서는 사냥할 때 주로 썼으며 포어 앤드 애프터(fore-and-after)라고도 불렀다.

디어 파스텔 컬러(dear pastel color) 친근감

디오르, 크리스티앙

있는 파스텔 컬러를 가리킨다. 밝은 회색계의 파스텔 컬러로 각지의 민속복에 많이 이용되며, 오랫동안 사랑받아 온 전통적 색조라는 뜻에서 이렇게 명명되었다. 자연스런 감각이 있으며, 부드럽고 친근한 감각의 색조이다.

디오르 그레이(Dior gray)　파리의 명문 크리스티앙 디오르가 독자적으로 사용한 회색으로, 일반적으로 말하면 은회색, 즉 실버 그레이이다. 특히 1981년 춘하 남성복 컬렉션에서 이 색이 집중적으로 부각되었다.

디오르, 크리스티앙(Dior, Christian 1905~1957)　프랑스 노르망디에서 실업가의 아들로 태어났다. 외교관 지망생이었던 그는 부친의 사망 후 화랑을 경영하면서 모자 디자인의 스케치가 호평을 받아 디자이너로 입문했다. 1938년 피게, 르롱 하우스에서 일하다가 1946년 크리스티앙 디오르 하우스를 설립했다. 그가 데뷔작으로 발표한 것은 화관 라인으로, 이 스타일은 둥근 모양의 어깨, 가늘게 들어간 허리, 풍성한 플레어를 살린 롱 스커트로서 당시 사회에 새로운 '뉴 룩'을 선보였다. 이 뉴 룩의 대성공으로 디오르는 10년 간 세계 모드를 이끌어 갔다. 1950년에는 볼륨을 상체에 집중시키는 버티컬 라인(vertical line)을, 1951년에는 처음으로 허리를 해방시킨 오벌 라인(oval line)을, 1953년에는 튤립 라인(tulip line)을 잇따라 발표했다. 1954년에는 H 라인을 발표하면서 우아함을 고집하던 태도를 바꿔 단순하고 직선적인 경향을 보이며 계속해서 A 라인, Y 라인을 발표하였다. 1956년에는 18세기 카라코(caraco)를 발전시켜 블라우스나 드레스와 콤비네이션시켜 입는 방법을 보여 주었고, 마그넷 라인(magnet line)을 발표하였다. 1957년에는 스핀들 라인(spindle line)을 개발, 발표 준비를 하던 중 갑자기 세상을 뜨고 말았다. 뉴 룩으로서 전후 패션계에 활력을 불어넣었던 디오르는 모드의 세계화, 기업화를 위한 발판을 구축하였으며, 피에르 카르댕, 이브 생 로랑, 마크 보앙 등 후진 양성에

도 기여하였다. 디오르사는 1960년대 중반부터 프레타포르테에 진출하였고, 1966년 '미스디오르' 및 모피 부분에 이어 '디오르 베이비', '디오르 스포츠', 향수, 화장품 산업에까지 영역을 확장시키고 있다. 1947년 니만 마커스상을 수상하였고, 1956년 파슨스 메달을 받았다.

디자이너 상표(designer brand)　유명 디자이너의 이름을 상표명으로 한 것이다. 지명도가 높은 디자이너의 상품에는 기업명이나 따로 고안된 이름을 붙이는 경우보다 디자이너명을 그대로 상표명으로 쓰는 경우가 많다.

디자이너 스카프(designer scarf)　1960년대 후반에 유행한 스카프로, 회사나 디자이너의 이름이 인쇄되어 있다. 정교한 디자인 또는 진기한 색상으로 만들어졌으며, 그 당시에는 서명 스카프(signature scarf)라고 불렀다.

디자이너즈 수트(designer's suit)　디자이너 브랜드의 수트로, 일반 기성복과 구별짓기 위하여 붙인 명칭이다.

디자이너즈 하우스(designer's house)　한 명의 디자이너의 개성을 추구하여 기업으로 성공한 패션 메이커의 총칭으로, 의미는 오트 쿠튀르와 동일하다.

디자이너 진즈(designer jeans)　청바지가 유행하여 학교, 사무실에서까지 많이 착용됨에 따라 캘빈 클라인, 글로리어, 밴더 벨트 등의 디자이너들이 진바지를 생산하기 시작하면서 그들의 이름을 바지 뒷주머니에 부착하여 판매하면서 생긴 명칭이다.

디자인(design)　한 스타일의 변형을 창조하기 위해 라인, 색상, 형식, 형상, 부분 등을 꾸미는 것으로, 어떤 구상이나 작업 계획을 구체적으로 나타내는 과정 또는 마음 속에 이미 세워져 있는 모형을 말한다. 밑그림으로 나타낸 구상이나 계획 자체를 뜻하기도 한다.

디저트 퍼티그 캡(desert fatigue cap)　폭이 넓은 밴드 위에 부드러운 면이나 포플린을 덮어서 만든 바이저 캡(visor cap)으로 윗부분의 양옆을 내리 눌러 쓴다. 제2차 세계대

전시 착용되었던 독일 포리지 캡(forage cap)을 모방한 것으로, 1960년대 후반에 일상복의 하나로 도입되었다.

디지털 워치(digital watch) 숫자판과 시간을 가리키는 시계 바늘 대신 끊임없이 바뀌는 숫자로 시간, 분, 초 단위의 시각을 알려 주는 시계이다.

디 카마리노, 로베르타(Di Camarino, Roberta 1920~) 이탈리아 베니스 출생으로, 제2차 세계대전 동안 스위스에서 망명 생활을 했던 그녀는 1945년 자회사를 설립하여 독특한 줄무늬의 벨벳, 핸드백, 스카프, 우산, 의상 등 고품질의 패션 아이템을 생산하였다. 'R'이라는 상표를 붙여 전세계에 옷감과 의상을 팔았다. 1956년 니만 마커스상을 받았다.

디카처 링(Decatur ring) 검은 에나멜 두 줄이 삽입된 금반지로 결혼 반지와 비슷하다. 1804년 장교였던 리차드 솝머(Richard Somers)가 미국 해군 장교인 스티븐 디카처(Stephen Decatur)에게 준 우정의 반지(friendship ring)에서 유래되었으며, 진품은 현재 미국 워싱턴 소재 스미스소니언 박물관에 소장되어 있다.

디커타이징(decatizing) 모직물의 촉감이나 광택을 증가시키고 직물 표면의 잔털을 세워 평활하게 하거나 주름을 펴 주는 가공 공정을 말한다. 구멍이 뚫린 롤러에 직물을 감은 후 그 사이로 증기를 통과시킨 다음 냉각한다.

디클라이닝 스커트(declining skirt) 치마 앞뒤 자락의 길이가 차이 나는 스커트이다. 옆에서 보면 스커트단의 앞뒤·옆의 차이가 많이 남으로써 균형이 잡힌 정상적인 안정된 단에서 느낄 수 없는 언밸런스의 재미있고 독특한 멋을 연출할 수 있다.

디키 블라우스(dickey blouse) 남자 예복의 셔트 프런트에서 시작되었으며, 가슴 부분에 떼었다 붙였다 할 수 있는 부분을 주름이나 턱으로 장식하여 덧붙이는 블라우스를 말한다. 아동용의 턱받이 비브(bib)나 가슴받이

가 붙은 에이프런 피나포어(pinafore)로 된 블라우스를 말한다.

디키 블라우스

디태처블 슬리브(detachable sleeve) 기능성을 강조한 캐주얼 감각의 디자인으로 지퍼나 단추를 사용하여 자유롭게 붙였다 떼었다 할 수 있도록 만든 소매를 말한다.

디태처블 팬티호즈(detachable pantyhose) 스타킹을 교체하기 위해 팬티와 분리되는 독특한 밴드로 구성된 세 조각(three-piece)의 팬티호즈를 말한다.

디태치트 체인 스티치(detached chain stitch) ⇒ 레이지 데이지 스티치

디테일(detail) 옷을 만드는 봉제 과정에서 그 옷을 장식할 목적으로 이용된 세부장식을 말한다.

디토 수트(ditto suit) 상하가 모두 같은 색상과 소재로 된 수트를 일컫는다. 코디네이트형의 수트가 많이 등장함에 따라 이들과 구분해서 붙여진 명칭이다.

디토스(dittos) 1750년대에 남성들이 똑같은 옷감으로 바지, 재킷, 조끼, 때로는 모자까지 만든 세트를 말한다.

디트리히 수트(Dietrich suit) 왕년의 명배우 마를레느 디트리히(Marlene Dietrich)의 의상을 연상시키는 유럽 스타일의 복고풍 수트로 1985~1986년 추동 파리 컬렉션에서 피에르 발맹에 의하여 발표된 것이다.

디퓨전 라인(diffusion line) 디퓨전은 '살포, 보급, 확산'의 뜻으로 디자이너 브랜드가 주로 하는 컬렉션 라인에 대해서 보급된 브랜드인 제2브랜드로 구성된 상품군을 말한다. 즉 가격, 디자인면에서 좀더 대중적인, 한 디

디태처블 팬티호즈

자이너의 이미지를 고수한 상품라인이다.

디프딘 다이아몬드(deepdeen diamond)   원래 필라델피아의 출판가인 캐리복(Careybok, 1863~1930)이 소유했던 104. 88캐럿의 다이아몬드로, 쿠션컷으로 세공되었으며 황금빛이 독특하다.

디프 슬리브(deep sleeve)   소매 진동을 깊게 판 것을 말하며, 주로 노 슬리브(no sleeve)의 대담한 디자인을 뜻한다.

디프테라(diphtera)   크리트의 사냥꾼이나 농부들이 입었던 가죽이나 울로 만든 외투를 말한다.

디프 프러시안 칼라(deep prussian collar)   폭이 넓은 컨버터블 칼라의 일종이다.

디플렉스(diplax)   로마 여성들이 4각으로 된 큰 옷감을 반으로 접어서 걸쳤던 망토의 일종으로, 쥬노 동상에서 볼 수 있는 것처럼 왼팔 밑으로 드레이프를 만들어 오른쪽 어깨에서 모아 핀으로 고정시켰다. 미네르바(minerva) 동상에서 볼 수 있듯이 네크라인 주위에 드레이프를 잡았다.

디플로이돈(diploidon)   고대 그리스 사람들이 착용하였던 망토의 일종으로, 사각이나 타원형의 옷감을 반으로 접어서 왼쪽 팔밑으로 통과하여 오른쪽 어깨에 고정시켰다. 디플렉스라고도 한다.

딤플드 숄더(dimpled shoulder)   어깨선에 일부러 움푹 들어간 곳을 만들어 장식적인 효과를 나타낸 것으로, 패드를 넣거나 턱을 잡아 이런 모양을 만든다.

딥톱 부츠(dip-top boots)   ⇒ 카우보이 부츠

딩크(dink)   ⇒ 비니

떠구지   어여머리 위에 얹는 커다란 나무로 만든 장식용 머리 형태로, 조선 시대에 궁중에서 예복(禮服)을 입을 때 사용했다. 나무에 검은 칠을 하고 표면은 머리결과 같이 조각한다.

떠구지

또래집단(peer group)   초등학교나 고등학교의 같은 연령층의 또래집단을 말한다. 청소년기에는 다른 어떤 시기보다도 또래집단의 수용을 중요시하여 동조성이 가장 강하게 나타난다. 동료집단이라고도 한다.

또야머리   조선 시대 궁중에서 예장(禮裝) 시 어여머리를 위해 뒷덜미 위에 쪽을 찐 머리 형태이다. 머리를 뒤로 땋아 댕기를 드리고 고를 틀어 위로 올린 후 중간에 비녀를 꽂는다.

똑딱단추   ⇒ 스냅

뜨개질 바늘(aiguille à tricoter)   에귀유(aiguille)는 '바늘', 트리코테(tricoter)는 '뜨다'를 의미한다. 즉 뜨개바늘 또는 대바늘이란 뜻이다. 영어의 니팅 니들에 해당한다

라(羅) 삼국사기, 고려사 등 기록에 의하면 우리 나라에서는 삼국 시대에 라·포방라·야초라·월라가 사용되었고, 고려 시대에는 각색라·화문라가 사용되었다. 조선 시대에는 항라·생항라·은라·숙라·추라 등이 사용되었고, 오늘날에는 항라·문항라가 짜여져 사용되고 있으며, 소라(素羅)도 있다. 라는 《설문》에서 새고물이라고 한 바와 같이 전형적인 라는 경위사가 4올이 한 조가 되어 서로 규칙적으로 익경되어 짜여진 직조직물이다. 짜는 공이 힘들어 그 기술이 고려 시대 이후에는 쇠퇴하였다. 라의 기술은 일찍이 일본의 쥬아이 천황[仲哀天皇] 때에 우리 나라로부터 전파되어 갔으며 아스카 시대까지 우리 나라의 라가 일본에서 사용되었다.

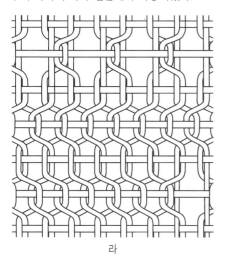

라

라거펠트, 칼(Lagerfeld, Karl 1938~) 독일 함부르크 출생으로, 1952년 가족과 함께 파리로 이주했고, 16세 때 IWS디자인 콘테스트 코트 부문에서 2위를 차지했다. 이를 계기로 발맹, 파투 하우스에서 일한 뒤 1964년경부터 프레타포르테계에 진출했다. 1970년에는 클로에사와 계약하고 책임 디자이너로 명성을 얻었다. 그는 다카다 겐조와 함께 '두 사람의 K'로 불리며 파리 프레타포르테계에서 톱 디자이너로 손꼽었다. 그의 옷들은 비싸고 훌륭한 양재의 표준으로 화려한 기성복 시장에서 수위를 차지하고 있다. 1973년에는 1920년대, 1930년대의 최고조의 모드를, 1974년에는 로맨틱한 빅 드레스를, 1974년에는 베르제르 룩(18세기 양치기 의상)을 발표하기도 했다. 그는 펜디사의 모피 디자인으로 유명하며, 1982년 샤넬 하우스로 자리를 옮겨 오랫동안 침체된 샤넬사를 부활시켜 놓았다. 샤넬라인에 그의 여성스러움을 강조하는 디자인 감각을 혼합하여 샤넬의 정신을 살려나가고 있다. 또한 무엇보다도 18세기와 그의 팬들, 그리고 피그테일(pigtail)이 그의 디자인에 영감을 주는 원천이다.

라거펠트, 칼

라관사(羅官紗) 익직물(搦織物)이 아니고 경생사(經生絲), 위연사(緯練絲)로 3본 또는 5본 위사(緯絲)마다 생사(生絲)로 평직(平織)으로 직입하여 제직한 직물이다.

라구사 기퓌르(Ragusa guipure)　라구사 (Ragusa)는 시칠리아 섬(이탈리아 반도 끝에 위치한 섬)에 있는 마을 이름이며, 기퓌르(guipure)는 '감다, 덮다'의 의미로, 라구사 기퓌르는 이 지역에서 오랜 옛날부터 행해지고 있는 컷 워크를 말한다. 도안의 가장자리를 감치거나 블랭킷 스티치를 하고, 브레이드(braid : 견, 인견, 마, 모 등으로 직조한 끈)로 연결한 것이다. 시칠리안 자수(Sicilian embroidery)라고도 하고 로만 컷 워크라고도 한다. 주로 테이블보에 사용된다.

라단(羅緞)　경휴직(經畦織)의 문직(紋織)으로 조선 시대에 사용되었다. 견, 면으로 제직되며, 면으로 제직된 것을 목라단(木羅緞)이라고 하였다. 폭이 넓은 것은 대라단(大羅緞)이라고 하였다.

라듐 견(radium silk)　광택있는 견직물로, 생사를 경사로, 강연사를 위사로 하여 후염한다. 가볍고 착용감이 좋으며 얇고 부드러운 촉감을 준다. 외의, 내의, 슬립, 조끼 등으로 사용한다.

라라 수트(rah-rah suit)　전통적인 스타일의 수트로, 1910년 아이비 리그의 학생들에게 유행하였다.

라로시, 기(Laroche, Guy 1923~1989)　프랑스 로셸 출생. 정규 디자인 교육은 받지 않았지만 여성 모자점에서 일을 한 것이 계기가 되어 데세 하우스에서 8년 간 수업을 하였고, 크리스티앙 디오르 하우스에서 수련을 마친 다음 제2차 세계 대전 후 뉴욕의 7번가에서 업자를 위한 컬렉션 디자인을 담당하게 되었다. 그 후 파리로 돌아와 1957년 봄 파리 모드계에 데뷔하였다. 스포티하며 우아한 패션의 신봉자로, 여성복 디자이너로 출발하여 신사복 쪽에서 더 큰 성공을 거둔 디자이너이다. 1977년에는 향수 '세 오제'를 개발하였으며, 1980년에는 스키 웨어를 발표하는 등 활발한 활동을 전개했다. 황금골무상을 두 번 받았다.

라마(lama)　안데스 산맥의 고지대에 서식하는 라마로부터 얻은 헤어 섬유를 말한다. 알파카나 낙타모보다 약하나 보온성이 우수하며 발수성을 지니고 있다. 또한 다양한 색상이 있어 염색하지 않고도 다양한 색조를 얻을 수 있다.

라메(lamé)　금속사를 이용한 직물을 일컫는다. 금속사가 직물의 바탕이나 무늬 중 어떤 것에 쓰여도 라메라고 하며, 브로케이드 직물에 사용하기도 한다. 어원은 금·은으로 된 나뭇잎으로 장식되었다는 뜻의 프랑스어로, 현재는 슬릿 필름(slit-film)상으로 된 다양한 형태의 금속사를 일컫는다. 무대 의상이나 환상적인 감각의 의복에 사용된다.

라멜라 로즈 스티치(lamellar rose stitch)　직선으로 겹쳐놓음으로써 장미꽃송이를 표현하는 스티치를 말한다.

라미(lamie)　우리 나라에서는 모시라고 한다. 모시풀 껍질로 만든 실로 짠 피륙으로, 삼베보다 곱고 빛이 희어 여름 옷감으로 많이 쓰인다.

라미네이트 직물(laminat fabric)　한쪽에는 섬유, 다른 한쪽에는 기공이 있거나 또는 없는 플라스틱 시트상을 접착제나 열을 이용하여 서로 접합시켜 다층구조를 이루는 직물이다. 발포상(發泡狀)의 우레탄 얇은 층을 가열해서 메리야스 생지나 직물의 뒷면에 접착시킨 것이 많다.

라미네이트 프로세스(laminate process)　각각 별개인 두 개를 합치는 것으로 직물과 고무나 합성 수지 등을 열이나 접착제 등을 이용하여 서로 접착시켜 다층구조를 이루는 것을 말한다.

라밀리즈 위그(ramillies wig)　유럽의 남성들이 18세기경에 착용하였던 가발의 일종으로 군인의 머리형이 일반인에게 영향을 준 좋은 예이다. 세 가닥으로 땋았으며, 목덜미 부분과 끝에 검정색 리본을 매었다. 18세기 후반에는 리본을 목덜미 또는 후두부에 모아지게 하였다.

라밀리즈 해트(ramillies hat)　18세기 트라이콘 해트(tricorn hat)의 일종으로 뒤챙이 앞보다 더 올라갔다. 라밀리즈는 같은 시대에 유행한 머리 모양, 즉 피그테일(pigtail)을 의미한다.

라바(rabat) ① 등이 파이고 허리 길이의 깃이 달린 가슴받이로, 성직자가 제의 안에 입는 조끼처럼 생긴 옷이며, 래비라 부르기도 한다. ② 17세기부터 현재까지 성직자들의 외출복에 달아 착용하였으며, 클레리컬 칼라라고 부르기도 한다.

라바라바(lava-lava) 폴리네시아인들이 입는 것으로, 직사각형의 컬러플한 프린트지 옷감을 둘러싸서 입는 치마를 말한다. 1950년대 비치 패션으로 미국에서 유행하였으며, 패레(parea)라고도 한다.

라반, 파코(Rabanne, Paco 1934~) 에스파냐 태생의 디자이너로 1939년 프랑스로 가족이 이주해 왔고, 그의 어머니는 발렌시아가의 재봉사로 일했다. 파리에서 건축학을 전공했는데 후에 플라스틱, 금속, 알루미늄 등을 응용한 패션 디자인에 흥미를 가졌다. 1966년 파리에 자신의 점포를 열었으며, 사각이나 원반의 플라스틱을 모티브로 연결하여 융합한 드레스, 원색의 플라스틱제 선글라스, 삼각이나 사각의 모피를 연결시켜 만든 코트 등 미래적이며 선구적인 패션 디자이너로 세계적인 명성을 얻고 있다.

라발리어 네크리스(lavaliere necklace) 보석이 박힌 가는 줄에 펜던트가 부착된 목걸이로, 프랑스 루이 14세의 부인이었던 라 발리에르(La Vallière)의 이름에서 유래한 목걸이이다.

라벤더 컬러(lavender color) 라벤더 꽃에 보이는 약간 탁하고 짙은 보라색을 말한다.

라벨(label) 상품명, 상표, 상호 등을 표시하여 상품에 부착한 종이나 헝겊 조각의 인쇄물이다. 의류 상품의 표시 사항은 그 외에도 소재, 치수, 취급 방법, 제조 연월일 그리고 제조 업체, 제조 번호, 원산지 표시 등이 있다. 라벨 정보의 대부분은 법에 의해 규정된다. 레이블이라고도 한다.

라빈 프런트(robin front) 어깨에서부터 허리까지 V자 형태로 생긴 상체의 옷모양을 말하며, 19세기에 유행하였다.

라세(lacet) 다양한 넓이로 납작하게 직조한 끈(braid)으로 실크나 면이 주로 쓰이며, 끝처리는 루프로 된 경우가 많다. 장식이나 가장자리 처리 등에 주로 사용한다.

라셀(raschel knit) 라셀 편직기로 제직한 경편성물의 일종이다. 라셀 편성은 1바(bar) 이상의 편침열로 웨일 방향으로 편환을 형성하고, 이들 편침열 사이에 삽입사로 코스열을 걸치면서 편성하는 것으로, 레이스편과 같은 다공성인 것부터 파일편까지 다양하게 편성할 수 있다. 또한 장식사 등 모든 복잡한 실을 사용하여 다양한 편성물을 얻을 수 있다.

라셀 레이스(raschel lace) 라셀 편성의 일종이다. 라셀 참조.

라운드 네크라인(round neckline) 목에서부터 앞가슴이나 등쪽으로 둥글게 파인 네크라인을 말한다.

라운드 드레스(round dress) 18세기와 19세기 중반까지의 길이가 긴 드레스로 트레인 장식이 없으며, 속의 언더스커트가 보이는 앞이 트인 드레스와 구분된다. 18세기에는 트레인이 있는 경우가 많았으나 19세기에는 트레인이 없어졌다.

라운드 스커트(round skirt) 앞이나 뒤쪽 자락이 갈라져서 언더스커트가 보이는 스타일의 스커트로, 이중으로 넓고 둥글게 막혀 있다. 18~19세기 중반에 유행하였다.

라운드 심(round seam) ⇒ 오버심

라운드 어바웃 재킷(round about jacket) 소년들, 기계공들이 몸에 맞게 입는 허리까지 오는 짧은 재킷이다.

라운드 이어드 캡(round eared cap) 1730~1760년대의 흰 케임브릭 천이나 레이스로 된 여성들의 실내용 캡으로, 얼굴 주위를 따라 둥글게 디자인되었으며 러플로 끝처리를 하였다. 뒤쪽은 낮게 끈으로 당겨 조였으며, 양옆의 늘어진 부분을 핀으로 고정하거나 턱 밑에서 느슨하게 묶었다. 코이프(coif)라고

라운드 네크라인

라운드 어바웃 재킷

라운지 웨어

라운징 캡

도 한다.

라운드 칼라(round collar) 둥근 모양으로 만든 칼라의 총칭이다. 피터 팬 칼라처럼 작은 것에서부터 케이프 칼라처럼 어깨를 가릴 정도로 큰 것까지 다양하다.

라운드 해트(round hat) 1770년대에 트라이콘(tricorn) 대신 착용한 모자를 말한다.

라운드 호즈(round hose) 1550~1610년까지 착용한 트렁크 호즈(trunk hose)로, 양파 모양으로 패딩이 된 스타일이다.

라운지 수트(lounge suit) 편히 입을 수 있는 헐렁한 수트로, 1820년경에 등장하였다. 비즈니스 수트 참조.

라운지 웨어(lounge wear) 집에서 휴식을 취할 때 편안하게 입을 수 있는 의류이다. 라운징 파자마, 호스테스 로브 등이 여기에 속한다. 오늘날 남자들이 일반적으로 입고 있는 신사복 상하 세트를 라운지 수트라고도 하였다. 이 말의 발생은 지금의 신사복이 만들어지기 시작한 1800년대에 남자의 복장이 아직 프록형 중심으로, 여유 있고 헐렁한 형의 신사복은 점잖치 않다고 보아 이것을 라운지 수트라고 불렀고, 그 후 남자의 일상복으로 착용하게 된 것은 타운 수트, 비즈니스 수트라는 말로 쓰여졌다. 라운지 재킷, 라운지 색, 라운지 드레스 또는 라운지 로브, 라운지 가운 등을 숄 칼라로 만들어서 화장할 때나 방에서 입는 홈 웨어류를 라운지 웨어라고 한다.

라운징 로브(lounging robe) 여성들이 집에서 편하게 입을 수 있는 길이가 긴 로브이다. 1890년대, 옷 길이가 길고 소매 윗부분은 풍성하고 밑부분은 타이트하게 맞는 레그 오브 머튼 소매에 레이스와 러플로 장식되었다. 1920년대부터는 드레싱 로브라는 명칭이 라운징 로브로 불렸다.

라운징 재킷(lounging jacket) 앞부분 모서리가 둥글게 처리된 남성용 재킷으로 양옆에 플랩 포켓 또는 슬릿 포켓이 달려 있으며 가슴 주머니가 한 개 달려 있다. 1848년에 처음 소개되어 집에서 편안하게 쉴 때 착용하

였으며 여러 차례의 변천을 거쳐 현대의 신사복으로 되었다.

라운징 캡(lounging cap) 1860년대 중반에 착용한 신사들의 실내용 캡으로, 실크 태슬이 중심에 늘어져 장식된 챙없는 원통형의 모자이다. 돔 형태로 만들어졌으며, 그리크 라운징 캡(Greek lounging cap)이라고도 한다.

라운징 톱(lounging top) 집에서 편안하게 착용할 수 있는 상의를 말한다.

라운징 파자마(lounging pajamas) 길이가 긴 드레스형이나 7부 길이의 튜닉 바지 스타일로 되어 있으나, 길이가 길고 넓은 플레어가 져 있을 때는 치마로 보일 수도 있다. 1930년대에 소개되어 집에서 입는 라운징 웨어와 해변가에서 입는 비치 웨어로 입었으며, 1960년대 중반기에 다시 이브닝 웨어와 홈 웨어로 유행하여 호스테스 파자마라고도 한다.

라이너 코트(liner coat) 떼었다 붙였다 할 수 있는 안감을 댄 코트의 총칭이다.

라이너 코트

라이닝(lining) 안감대기를 말한다. 안감은 보온 또는 동작시에 옷이 몸에 잘 따르도록 하기 위한 것이며, 때로는 실루엣을 강조하기 위해 길감으로 충분치 못한 점을 보완히기도 한다.

라이더 베스트(rider vest) 오토바이를 탈 때 입는 것으로 길이가 허리선까지 오는 매우 짧은 조끼이다. 검은색, 붉은색 등의 짙은색

가죽에 굵은 지퍼를 달아 스포티한 스타일로 많이 만들어진다. 같은 스타일의 재킷을 라이더 재킷이라고 한다. 말을 탈 때 정장 옷차림에 입는 승마용 조끼는 라이딩 베스트라고 부른다.

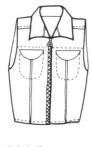

라이더 베스트

라이더 재킷(rider jacket)　오토바이를 탈 때에 입는 짧은 재킷 종류를 말한다. 더블 브레스티드의 스포티한 가죽 점퍼들이 대표적이다. 유사한 발음의 르댕고트 재킷은 원래 승마복의 상의를 말하며, 넓은 어깨, 잘룩한 허리에서부터 플레어진 스타일이 특징이다. 르댕고트는 영어의 라이딩 코트가 프랑스어식으로 변화한 것이다. 1983년부터 1985년에 유행하였다.

라이딩 부츠(riding boots)　부드러운 고급 가죽으로 길이가 무릎까지 오는 부츠를 말한다. 일반적으로 조드퍼즈와 함께 신는 승마용 구두이다.

라이딩 브리치즈(riding breeches)　승마할 때 입는 바지로, 힙에서부터 무릎까지는 넓고, 무릎에서부터 점점 좁아져 바지 끝단에는 움직일 때 바지가 딸려 올라가지 않도록 발목에 끈을 넣어 조였다. 신축성 있는 스트래치 옷감이나 지퍼, 단추 등으로 되어 있으며, 라이딩 팬츠, 조드퍼즈라고도 부른다. 대개 버클이 달린 목이 긴 장화를 함께 신으며 모자도 곁들인다.

라이딩 수트(riding suit)　한 벌의 승마복이나 승마복을 연상시키는 분위기의 여성용 수트의 총칭이다. 종전에는 특수한 승마용 스커트와 상의를 갖춰 착용하였으나, 현재는 승

마의 분위기만을 도입하여 자유롭게 디자인된다.

라이딩 스몰즈(riding smalls)　밝은색 도스킨 옷감으로 만든 것으로, 힙 주위는 넓고 무릎부터 밑으로는 꼭 맞게 된, 1814~1835년에 입었던 남자용 승마 바지이다.

라이딩 스커트(riding skirt)　종아리 정도 길이의 둘러싸서 입는 랩 어라운드 스커트이다. 19세기 말과 20세기 초에 여성들이 말을 옆으로 탈 때 착용했던 치마이다.

라이딩 코트(riding coat)　승마할 때 착용하는 몸에 맞는 테일러드 코트이다. 처음에는 주홍색을 많이 사용하였지만, 격자무늬나 다양한 색으로 만든다. 핑크 코트와 유사하다.

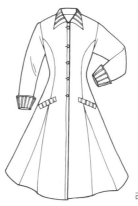

라이딩 코트

라이딩 코트 드레스(riding coat dress)　코트 스타일로 만들어진 여성들의 드레스로, 1785~1800년경에 착용하였으며, 앞에는 단추가 쭉 달려 있다.

라이딩 팬츠(riding pants)　⇒ 라이딩 브리치즈

라이딩 해빗(riding habit)　경마 시합 때 입는 수트이다. 재킷과 무릎 길이의 반바지인 브리치즈나 허리 부분이 헐렁하고 무릎에서 복사뼈까지는 꼭 끼는 조드퍼즈로 구성되어 있다. 인포멀 해빗 참조.

라이선서(licensor)　면허를 인정하는 사람이나 기관을 말한다.

라이선스(license)　합작 또는 제휴기업이 소유하고 있는 브랜드 사용 허가나 제공받은 디자인이나 제조 기술의 사용 허가를 말한

라이더 재킷

라이딩 브리치즈

라이딩 해빗

다.

라이선싱(licensing)　라이선서의 이름을 인정받은 상품을 생산하고 판매하기를 원하는 회사들에게 허가받은 회사들이 자신의 이름을 사용하게 하는 대신 전체 판매의 1%를 받는 것이다.

라이켄(lichen)　돌의 표면이나 나무의 이끼 등에 보이는 자연색의 하나이다. 그린을 중심으로 윤이 나고 싱싱한 색조이다.

라이크라(Lycra)　미국 뒤퐁(Du Pont)사에서 개발한 스판덱스 섬유의 상품명이다. 독특한 탄성을 가지므로 가볍고 내구성이 우수한 직물에 사용된다. 인장 강도, 굴곡 강도, 마모 강도 및 열안정성이 좋으며, 건습, 세탁성도 우수하다. 또한 땀이나 화장용 기름이나 로션 등에 내구성이 있어 브래지어 등의 파운데이션 의류나 수영복, 팬티호즈 등에 쓰인다.

라이트 앤드 라이트 컬러(light & light color)　1985년 춘하 시즌에 갑자기 주목을 받고 부상한 밝은 느낌의 색이다. 라이트를 반복하여 사용함으로써 밝은 이미지를 강조하는 효과를 노린 것으로, 브라이트 온 브라이트나 멀티 브라이트 등으로 불리는 색채 경향과 같은 것이다. 라이트가 가볍다는 의미도 포함하고 있어서 라이트 앤드 라이트 컬러는 가볍고 밝은 색이라고 할 수 있다.

라이트 크로스 스티치(right cross stitch)　크로스 스티치의 방향은 사선인 데 비해 이것은 수직과 수평의 방향으로 수놓는다.

라이트 파스텔(light pastel)　밝은 색에서도 선명한 색조를 가리킨다. 특히 아이들이 좋아하는 색이며, 최근에는 핑크와 퍼플이 그 중심이 되고 있다.

라이프 마스크(life mask)　탄소 필터를 가진 외과 수술용 마스크와 유사한 마스크로, 현대 산업화 사회의 공해와 스모그로부터 신체를 보호하기 위해서 사용하는 얼굴 덮개를 가리킨다.

라이프 베스트(life vest)　배나 비행기에 비치해 놓는 구명 조끼로, 눈에 잘 띄는 노랑이나

라자 네크라인

오렌지색으로 되어 있는 경우가 많다.

라이프 스타일(life style)　개인이 지닌 가치관으로 지향된 생활 스타일 또는 살아가는 방식을 말하며, 종합적인 상징으로서의 성격을 가지고 생활양식이라고도 한다. 즉 소비자의 행동이나 기업 행동을 이해하고 설명하기 위해 사용되는 행동주의에 있어서 중요한 개념의 하나이다.

라인(line)　주어진 계절에 디자이너나 제조업자에 의해 제시된 스타일이나 디자인 컬렉션을 말한다.

라인스톤(rhinestone)　수정의 일종으로, 모조 다이아몬드이다.

라인 클로스 페어 오브(line cloths pair of)　15세기에 남자들이 착용했던 리넨 바지를 말한다.

라일(lisle)　불순물을 제거하고 난 후 길고 매끄러운 섬유만으로 추린 2합연사의 면섬유를 강도를 높이기 위해 여러 번 꼬은 면사이다. 니트 웨어, 양말류와 남성들의 언더셔트에 사용된다.

라일 호저리(lisle hosiery)　거의 실크와 같이 섬세한 코튼 라일(cotton lisle) 직물로 만든 양말과 호즈로, 흰색·갈색·검정색 등이 있다. 1920년대의 실크와 1940년대의 나일론에 의해 대체되기 전까지인 19세기와 20세기 초에 걸쳐 남성·여성·어린이들이 착용하였다.

라임 그린(lime green)　과실인 라임에 보이는 황록색을 말한다.

라임 옐로(lime yellow)　과실인 라임에 보이는 녹색 기미를 가진 저채도의 황색을 말한다.

라자 네크라인(rajah neckline)　네루 네크라인과 유사한 네크라인으로 인도에서 마하라자들이 착용하였다고 하여 라자 칼라라고도 불린다. 1960년대 중반과 말기에 걸쳐 유행하였다.

라자 수트(rajah suit)　라자란 인도의 국왕이나 수장 또는 힌두인에 대한 존칭을 뜻하며, 그들의 복장인 네루 칼라가 달린 재킷과 홀

쭉한 바지로 이루어진 수트를 말한다.

라자 재킷(rajah jacket)　길이가 힙을 가리는 7부 정도이며, 깃이 선 네루 칼라로 된 재킷을 가리킨다. 네루 재킷과 유사하며 바지와 함께 입는 경우가 많다. 인도 마하라자(Maharajah)의 이름을 줄인 말이다.

라자 칼라(rajah collar)　⇒ 네루 칼라

라장(羅匠)　고려 시대의 액정국(掖庭局)과 잡직서(雜織署)에 라장이 있었는데, 라의 제직 공장이다. 조선 시대에는 능라장(綾羅匠)이 있었다.

라진지 프런트(lozenge front)　18세기 말에서 19세기 초에 입은 데이 타임 드레스 보디스(day time dress bodice)로 프랑스 루이 14세의 두 번째 부인이 입었던 드레스와 유사하다. 앞판은 그물, 리본, 레이스 등의 길고 가느다란 천조각으로 다이아몬드 모양의 패턴을 만들기 위해 십자형식으로 배열하여 장식했다. 라진지(lozenge), 즉 '다이아몬드 모양'에서 유래하였다.

라체트(latchet)　중세시대에 사용된 가죽 끈으로, 신발을 얽어매기 위해 사용하였다.

라케르나(lacerna)　무릎까지 오는 둥글게 재단된 세미 서큘러 케이프로, 고대 로마의 모든 사람이 착용하였다. 오른쪽 어깨에 피불라(fibula)를 꽂아 여몄으며, 백색 등에 보라색, 금색 등으로 화려하게 장식하였다. 토가 위에 입을 만큼 충분히 길고 폭이 넓었으며,

후드가 달려 추위를 막기에 적당했다.

라코스테 셔트(Lacoste shirt)　1925년 윔블던 테니스 대회의 챔피언인 악어라는 별명을 가진 라코스테가 시작한 악어 표시가 심벌인 이 셔트는 리스의 라코스테 회사에서 제조되었다. 대개 피터 팬 칼라에 머리가 들어갈 만큼 앞 단추가 2~3개 달려 있고 운동할 때 밖으로 셔트가 나오지 않도록 앞보다 뒤를 길게 만든 간편한 셔트이다. 캐주얼 웨어로, 특히 골프복, 테니스복 등의 스포츠웨어로 세계적으로 널리 알려져서 남자, 여자, 아동 모두가 입는다.

라크루아, 크리스티앙(Lacroix, Christian 1951~)　프랑스 아를르 출생의 디자이너로 예술과 문학 분야를 공부한 후 루브르 미술학교에서 박물관 전문위원이 되기 위한 준비를 하였으나 그는 의상에 더 관심이 있었다. '에르메스' 사의 보조 디자이너로 출발하였으며, 7년 간 프리랜서 생활을 한 뒤 1984년 파투사의 디자이너로 취직했다. 930년대와 비아리츠 스타일'이라는 컬렉션에서 호평을 받고 1986년 황금골무상을 수상하였다. 동료 장 자크 피카르와 함께 자신의 하우스를 열었다. 그의 디자인은 팔레트에서 교묘히 색을 섞어내는 색채의 마술로서 특히 붉은색과 오렌지색, 녹색 등의 강렬한 원색과 물방

라케르나

라크루아, 크리스티앙

울무늬나 체크무늬, 야생의 꽃무늬 등이 대담한 결합을 이루고, 부풀린 소매, 주름이나 레이스, 리본으로 장식한 짧은 스커트가 특징적인데, 이것은 그가 태어난 아를르 지방을 연상시키는 것이다.

라텍스(latex)　고무 섬유의 원료로 쓰이는 물질이다.

라티느(ratine)　장식사의 일종으로 링 얀이다. 즉 보풀이 곱슬곱슬한 실 또는 그 실로 편직된 표면이 불규칙한 복지를 나타내는 프랑스어이다. 부클레 얀과 비슷하나 루프가 더 촘촘히 배치되어 있고 꼬임이 있다. 김프 얀이라고도 한다.

라티느

라티클라브(laticlave)　로마 시대 토가의 일종으로, 붉은 보라색의 트리밍을 대어 착용자가 고귀한 신분임을 표시했다.

라파엘즈 보디(Raphael's body)　1850년대 말부터 1860년대 중반까지 착용하였던 몸에 꼭 맞고 사각으로 많이 파진 로 네크라인의 상체를 말한다. 때로는 하이네크에 스커트와 속치마를 매치시켰다.

라파조(rafajo)　둘러싸 입는 랩이나 주름으로 된 과테말라풍의 여성용 스커트를 말한다.

라팽(lapin)　토끼(rabbit)의 모피를 말한다.

라펠(lapel)　재킷 등의 위칼라와 연결되어 안단이 보이도록 뒤집어 꺾어 접은 깃을 뜻한다. 클로버잎과 같은 모양의 클로버리프(cloverleaf), 엘 셰이프트(L shaped), 노치트(notched), 피크트(peaked) 등 다양한 형태로 만들어진다.

라펠 워치(lapel watch)　⇒ 샤틀레느 워치

라펠 핀(lapel pin)　재킷의 라펠에 꽂는 장식용 핀이다. 현재 중간 크기의 거의 모든 장식 핀을 라펠 핀이라고 한다.

라포니카(lapponica)　핀란드에서 수입된 것으로, 격자무늬 모직으로 되었고 끝에 술이 달린 판초이다. 사이즈나 색깔이 다양한 격자무늬가 이용된다.

라프치(lapchi)　러시아, 우크라이나, 리투아니아 등에서 농부들이 신는 낮은 신발로, 나무껍질을 엮어서 만들었다. 백색의 직물을 무릎에서 발까지 감은 후 그 위에 라프치를 신는다. 기온이 내려가면 천으로 감싼 발 밑에 보리짚을 넣어 발을 보호하였다. 이 신발은 습한 지대를 걸을 때 편리하다.

라 플리앙(la pliant)　스커트의 뒷부분을 강조하기 위해 많은 페티코트를 입어야 하는 패션의 요구를 충족시키기 위한 1896년의 발명품으로, 스커트의 뒷부분에 철심을 삽입함으로써 여러 겹의 페티코트를 입지 않아도 스커트의 뒷부분이 강조되었다.

라피두스, 테드(Lapidus, Ted 1929~)　프랑스 파리에서 재단사의 아들로 태어나 일본 동경에서 기술 교육을 받았다. 1949년 파리로 돌아와 부티크를 열고 정확한 재단으로 곧 인정을 받기 시작했다. 1960년대 그의 사파리 재킷은 성공적이었으며 1964년 정식으로 오트 쿠튀르 조합에 가입했다. 1976년 컬렉션에서 스포티한 디자인에 엘레강스한 여성미를 가미시켜 큰 호평을 얻었다.

라피스라쥘리(lapis-lazuli)　청금석(靑金石) 청색, 짙은 청색, 하늘색의 청색, 베를린(Berlin) 청색, 녹청색의 색깔로 투명한 것에서 불투명한 광석을 말한다. 아프가니스탄, 시베리아, 칠레에서 생산되며 구슬, 브로치, 펜던트와 커프스 링에 사용된다.

라피아(raffia)　마다가스카르(Madagascar)의 야자식물 종류의 섬유로, 모자와 가방 등의 재료로 쓰인다.

라피아 엠브로이더리(raffia embroidery)　라피아(raffia)는 라피아 야자 나뭇잎에서 나오는 질긴 섬유로, 물건을 묶거나 모자나 바구니를 만들 때 사용한다. 이 라피아를 비느질하는 자수법을 라피아 엠브로이더리라고 하며 핸드백, 쿠션 등에 응용된다.

란(襴)　금사(金絲), 은사(銀絲)를 문(紋)에 직입한 문직물(紋織物)이다. 삼매능직의 문

직물(紋織物)을 란이라고 하였는데, 차차 금사, 은사가 직입된 직물을 란이라고 하게 되었다. 금사가 직입된 것을 금란, 은사가 직입된 것을 은란이라고 한다. 주자조직으로 된 경우 금단(金段)이라고도 하는데, 이것도 금란이라고도 한다. 문양과 용도에 따라 대란(大襴), 스란[膝襴]이라고도 한다. 대란, 스란은 후에 금박으로 문(紋)을 찍어 나타내기도 하였다.

란제리(lingerie) 속치마, 나이트 가운, 팬티, 브라 등을 포함한 여성들의 속옷을 말한다. 중세에서 20세기 초에는 불어의 랭주(linge), 영어의 리넨으로 만들어졌다고 하여 이렇게 명명되었다. 한편 친한 사람이 본다는 뜻으로 인티메이트 어패럴(intimate apparel)이라고도 한다. 1876년에 미국에서 처음으로 만들어졌으며, 원래는 실크로 만들었는데 그 후 레이온, 나일론 또는 다른 화학섬유로 대체되었다.

란제리 헴(lingerie hem) 자수와 자수 사이에 부푼 모양을 한 부분을 휘갑치기한 롤드 헴(rolled hem)의 종류로, 1920년대에 손바느질로 한 헴의 인기 이래로 오늘날에도 여전히 각광받고 있다.

란체티, 피노(Lancetti, Pino 1932~) 이탈리아 페루지아 출생의 디자이너로 페루지아 예술학교에서 순수 회화를 공부한 후 로마로 갔다. 1958년 패션업계에 진출하였으며, 1963년 피렌체의 피티궁에서 연 패션쇼에서 언론의 주목을 받은 그의 밀리터리 룩은 그 후 명성을 얻기 시작하였다. 회화적인 프린

란체티, 피노

트 소재를 개발하여 더욱 개성적인 빛깔의 아름다운 블라우스를 만들었고, 란체티의 사인이 있는 새로운 프린트 천은 미국, 일본 등지의 시장에 소개되어 크게 히트하기도 했다. 오트 쿠튀르와 기성복 사이에는 영원한 대립이 없다고 생각하는 그는 최근 오트 쿠튀르 정신을 그대로 존중하는 기성복 메이커를 갖고 향수, 모피, 니트, 인테리어용 천과 동양 취향의 장식품까지 디자인하고 있다.

람바(lamba) 스카프나 숄처럼 어깨에 감는 천으로 마다가스카르(Madagascar) 여성들이 착용했다. 백색의 길고 좁은 천으로, 줄무늬가 있는 경우도 있다. 오른쪽 팔에서 시작해서 등을 가로질러 왼쪽 어깨 위를 지나 앞쪽을 거쳐 오른쪽 어깨 위를 감고, 남은 부분은 등쪽에서 무릎쪽으로 늘어뜨린다.

랑구티(languti) 인도의 고유복식인 도터(dhoti)를 만드는 직물을 말한다.

랑발 보닛(lamballe bonnet) 1860년대 중반에 착용한 컵받침 모양의 밀짚 보닛으로, 머리에 납작하게 눌러 썼으며, 옆은 약간 내려오고 턱밑에서 크게 리본을 맸다. 레이스의 라펫(lappet)이나 커튼이라 불리는 작은 베일이 달리기도 한다.

랑뱅, 잔느(Lanvin, Jeanne 1867~1946) 프랑스 브르타뉴 출생의 디자이너로, 13세 때 모자점에 봉재사로 들어간 것이 후에 디자이너로 성공하는 계기가 되었다. 1890년 포브르 생토노레에 의상실을 열어 지금까지 계속하고 있다. 개업 당시 아동복은 어른의 옷의 축소에 지나지 않았는데, 그녀가 만든 옷은 어린이에게 편안하고 신선하고 새로운 것이었다. 많은 여성들이 자신의 자녀들을 위하여 옷을 주문하기 시작하였고 여성복도 인기를 끌기 시작하였다. 우아하고 낭만적인 것이 특색이며, 특히 화가의 그림을 모티브로 한 픽처 드레스(picture dress)와 중세 교회의 스테인드 글라스를 모방한 '랑뱅블루'는 유명하다. 1920년대에는 샤넬, 비요네와 함께 가르손느 풍의 디자인으로 유명하며, 1930년대에는 파자마 드레스, 케이프 드레스, 블

루머 스커트가 있다. 특히 직접 염색을 하여 사용한 색채는 그녀의 디자인에서 중요한 요소이다. 1925년 향수와 신사복 분야에 진출하였으며, 1946년 그녀가 죽은 후 마리 블랑쉬가 의상실을 맡아 운영하였으며, 디자인은 A.C. 카스티요가 맡고 있고, 1963년에 랑뱅의 아들과 그의 부인이 맡았다.

랑뱅, 잔느

래글런 부츠(raglan boots)　1850년대 말의 남성들이 사냥시 착용한 넓적다리 길이의 부드러운 검정색 가죽 부츠이다.

래글런 숄더(raglan shoulder)　앞뒤 네크라인이 직접 진동으로 연결되어 목에서 소매까지 통으로 된 어깨이다. 크림 전쟁 때 팔을 잃은 영국의 장군 로드 래글런(Lord Raglan, 1788~1855)을 위해 특별히 디자인되었다는 데서 유래하였다.

래글런 슬리브(raglan sleeve)　진동이 없이 목둘레에서부터 몸판을 비스듬히 가로질러 소매끝까지 연결된 소매로 1850년대 중반에 등장하였다. 크림 전쟁 중에 영국의 래글런 장군이 부상으로 팔을 잃고 특별히 고안한 소매를 단 코트를 입은 데서 유래하였다. 겨

래글런 슬리브

드랑이에서 목까지 한 선으로 연결되고 일체 다른 선은 없으므로 활동에 매우 편하다.

래글런 코트(raglan coat)　방수 직물로 된 길고 편안한 코트로 목에서 팔목까지 한 장으로 경사지게 재단된 소매가 달렸다. 1854년 크림 전쟁에서 한 팔을 잃은 래글런 백작이 보다 편안한 소매를 고안한 데서 유래하였다.

래글런 코트

래글런 플래시 나이트 셔트(raglan flashy night shirt)　소매의 양쪽 옆선이 터져 있고 옆단이 둥글고 목둘레선이 많이 파인 셔트를 말한다. 스웨트 셔트의 회색 폴리에스테르 니트로 된 플래시댄스 니트 셔트와 비슷하다.

래더 스티치(ladder stitch)　래더는 '사다리'라는 뜻으로 패고팅과 비슷한 형태의 장식적인 스티치를 총칭한다. 오버캐스트 스티치, 버튼홀 스티치, 캐치 스티치 등이 포함된다. 폭이 넓은 선의 양끝에 실을 걸고 양끝에 작은 십자형을 수놓는다.

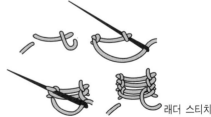

래더 스티치

래리엇 네크리스(lariat necklace)　① 구슬이나 금속의 긴 줄과 술로 구성되어 있어 연결 부분이 필요 없는 목걸이를 말한다. 매듭으로 둥근 테를 만들거나 두 끝이 자유롭게 늘어지도록 하여 착용한다. ② 은으로 된 슬라

이드와 자유롭게 연결 부착된 두 가닥의 은줄로 구성되었으며, 보통 은가죽으로 만든 남성용 짧은 목걸이나 타이를 말하기도 한다.

래버러토리 코트(laboratory coat)　한줄로 단추가 달린 싱글 브레스티드 가운에 대개 칼라는 뒤집어서 백색 면으로 하고, 실험실에서 화학 약품을 만질 때 착용한다. 랩 코트(lab coat), 래버러토리 스목이라고도 한다.

래빗(rabbit)　토끼털을 말한다. 오스트레일리아, 유럽에서 주로 서식하며 흰색, 회색, 브라운, 황색, 검정색 등 다양하다. 털은 짧고 부드러우며 보온성은 좋으나 질기지 못하고 값이 싸다. 비버 등과 비슷하게 염색해서 사용하며, 코트, 재킷, 케이프, 스톨, 트리밍, 안감 등에 쓰인다. 털을 코니(coney), 라팽(lapin)이라고도 한다.

래스팅 부츠(lasting boots)　19세기 말의 검정색의 캐시미어 갑피(upper)로 된 부츠를 말한다.

래즈베리(raspberry)　산딸기에 보이는 자색(紫色)을 띤 어두운 적색(赤色)을 말한다.

래치 훅 엠브로이더리(latch hook embroidery)　우리 나라에서는 주로 스킬(skill) 수예라고 하며 털실로 수놓아 러그 매트(rug mat)나 쿠션 받침 종류에 많이 응용된다. 이 자수는 오래 전부터 유럽에서 수놓은 것으로, 걸쇠형의 바늘을 이용하여 망사처럼 성글게 짜여진 감에 털실 조각을 도안대로 한 올씩 걸어매는 수예이다. 거는 바늘의 모양은 나라마다 다르게 만들어져 있으며, 쇠로 된 것과 플라스틱으로 된 것 등이 있다. 이 수예는 먼저 털실의 길이를 똑같이 자르는 것이 중요하므로 같은 길이로 자르는 방법은 나이프 니들을 사용해서 그 곳에 실을 감은 다음 잡아당기면 같은 길이로 잘라지며, 이 실을 한 올씩 걸면서 수를 놓으면 된다.

래커 가공(lacquer finish)　직물 표면에 얇은 피막을 입혀 매끄럽고 광택이 있는 표면을 만드는 것을 말한다. 또한 피막 위에 문양을 더하기도 한다.

래커 프린트(lacquer print)　백색 안료에 고착제와 수지(resin)를 첨가한 풀을 이용하여 무늬를 날염하는 것으로, 대개 좁은 면적이나 다른 문양의 윤곽선 끝 쪽 등을 그리는 데 많이 이용된다. 래커 프린팅을 한 부분은 불투명한 백색을 띤다.

래쿤(raccoon)　너구리의 일종으로, 캐나다 남부, 미국, 멕시코 등지가 주산지인 긴 털을 가진 동물의 모피이다. 솜털이 치밀하고 길며, 연한 갈색에서 진한 갈색까지의 털에 회색과 검정색의 긴 보호털이 나 있다. 꼬리는 검정과 갈색의 얼룩무늬로 되어 있고, 중앙은 더 짙은 색의 줄무늬가 있다. 모피의 자연색 그대로 사용하거나 염색해서 코트나 재킷 등에 쓴다.

래쿤 도그(raccoon dog)　동부 아시아에서 산출되는 너구리의 모피이다. 황갈색의 긴털을 지니고 있으며, 어깨와 꼬리 부분은 검정색을 띠고 있다. 우수리언 래쿤 참조.

래쿤 코트(racoon coat)　너구리 털로 만든 길고 큰 코트로, 1920년대에 롤 칼라를 달아서 대학생들이 착용한 데서 유래하였으며, 1960년대에 다시 유행하였다. 중고 옷들을 파는 상점에서 구입하는 경우가 많다.

래튼(ratten)　① 열대지방의 야자과 식물의 납작한 밀짚과 같은 줄기로, 바스켓, 핸드백 등을 만드는 데 사용된다. ② 동인도의 야자과 나무로 만든 17~18세기의 남성들이 사용한 지팡이를 말한다.

래티스 바스켓 스티치(lattice basket stitch)　실을 평행하게 수놓고 여기에 다닝 스티치를 한 것이다. 사각형, 마름모형, 바구니형 등의 모양을 수놓는 데 사용한다.

래포트(lapot)　러시아의 농부들이 신었던 끈이 있는 투박한 신발로, 자작나무의 속껍질이나 라임나무 등을 재료로 만들었다.

래피더리(lapidary)　다이아몬드 이외의 보석의 커팅을 전문으로 하는 사람으로, 젬 커터(gem cutter)라고도 한다.

래피어 직기(rapier loom)　무북직기의 하나로 북 대신 캐리어(carrier)를 사용하여 위사를 전달한다. 즉 위사를 콘에 감긴 그대로 직기에 배치하고 캐리어라는 도입봉의 끝에 위사를 걸어서 개구를 통하여 투입하면 중간에 반대 방향에서 나온 투입봉과 만나 실을 인계하고 제자리에 돌아옴으로써 위사를 전달하는 것이다.

래피어 직기

래핏 조직(lappet weave)　기계적 자수 방식의 하나로 직조시 별도의 경사를 사용하여 수를 놓는 것이다.

랜덤 플리츠(random pleats)　일정한 리듬이 없이 불규칙하게 배열됨으로써 동적인 아름다움을 만드는 플리츠를 말한다.

랜드린(landrine)　프랑스 루이 13세의 승마용 부츠로, 넓게 플레어진 커프스가 다리의 중간까지 오며, 부츠의 끝을 위로 걷어올린 형태이다.

랜스다운(lansdown)　부드럽고 가벼우며 섬세한 트윌 조직의 직물로, 날실로 사용된 실크가 직물의 앞면에 나타나고, 면 또는 소모사의 씨실은 직물의 뒤쪽에 나타난다.

랜치 밍크(ranch mink)　양식 밍크를 말하는 것으로, 목장에서 자란 밍크가 야생 밍크보다 일반적으로 색이 더 우수하고 가볍다.

랜치 재킷(ranch jacket)　미국 서부 목장에서 일하는 사람들이 착용하는 방한용 재킷으로 안감은 털로 대는 경우가 많으며, 소재로는 질긴 데님이나 코듀로이 등을 사용한다.

랜치 코트(ranch coat)　웨스턴 스타일의 가죽으로 된 카 코트로, 때로는 털 안감을 댄다.

랜턴 슬리브(lantern sleeve)　손목에서부터 팔꿈치 사이를 풍선처럼 부풀린 소매로, 가장 불룩하게 나간 부분에 소매둘레를 따라 절개선을 넣어 아래·위 두 장으로 재단한다.

램(lamb)　어린 양의 모피로 주로 장갑용으로

랜치 코트

랜턴 슬리브

랩 드레스

사용된다.

램블러 로즈 스티치(rambler rose stitch)　문양의 중심에서 나선형으로 뜨고 바깥쪽으로 나옴에 따라 실땀을 길게 잡아 장미 꽃송이를 만드는 스티치이다.

램블러 로즈 스티치

램 양모(lamb's wool)　① 생후 7개월까지의 양털을 말하는 것으로, 처음 깎은 털은 부드럽고 미끈하다. 처음 깎은 털 이후의 양털은 플리스 모라고 부른다. ② 두껍고 거친 질의 편성 제품에 대한 일반적인 영국 상표명으로, 꼭 양의 모를 가리키는 것이 아니라 어느 정도의 모조털도 섞여 있다.

램프셰이드 비즈(lampshade beads)　램프 갓의 가장자리에 매단 구슬 줄을 연상시키는 모습에서 유래된 명칭이다. 목에 착용한 리본의 가장자리에 매달린 가늘고 짧은 길이의 구슬을 말하며, 1970년대 초에 착용한 목에 밀착하는 목걸이에 애용되었다. 램프 갓의 가장자리에 구슬을 부착하는 것은 후기 빅토리아 시대와 1920년대에 유행하였다.

랩 드레스(wrap dress)　옷의 한쪽이 또 다른 한쪽을 포개듯이 감싸는 것으로, 단추나 끈으로 여민다. 1970년대에 미국 디자이너인 다이안 폰 퍼스틴버그(Diane Von Furstenberg)에 의해 소개되었다. 기모노 드레스와 유사하며, 1960년대에 유행하였다.

랩 블라우스(wrap blouse)　둘러싸서 입는 블라우스류를 말한다. 랩어라운드 블라우스 참조.

랩 스웨터 재킷(wrap sweater jacket)　둘러싸서 입는 스웨터형의 재킷으로, 대개 벨트로 묶는다. 1917년경에 유행하였다.

랩 스커트(wrap skirt)　⇒ 랩어라운드 스커트

랩 심(lap seam)　신발 갑피에 사용되는 단순한 솔기로 가죽의 한쪽 가장자리를 다른쪽 위에 올려놓고 상침한다. 장갑에도 주로 사

용되며, 오버 랩트 심(over lapped seam)이
라고도 한다.

랩어라운드 로브(wraparound robe)　둘러싸
서 입는 로브 스타일의 총칭이다. 대개 끈,
벨트로 묶도록 되어 있다.

랩어라운드 블라우스(wraparound blouse)　앞
네크라인을 깊게 파서 입고 벗기에 편하며,
몸체에 달린 끈으로 허리를 둘러싸서 입는다
는 뜻에서 랩어라운드 블라우스라는 명칭이
붙었다. 1917년경에 유행하였다.

랩어라운드 스웨터(wraparound sweater)　칼
라가 없이 둘러싸서 입는 카디건 스타일에,
힙까지 오는 길이가 긴 스웨터로 매치가 되
는 리브 니트의 새시 벨트로 묶게 되어 있다.

랩어라운드 스커트(wraparound skirt)　감싸
듯이 입는 스커트로, 허리 부분을 끈, 단추,
스냅, 호크 등으로 여미게 되어 있다. 랩 스
커트라고도 한다.

랩 어라운드 스커트

랩 재킷(wrap jacket)　앞섶을 엇갈리게 겹치
고 허리에 끈을 묶어 입는 엉덩이 길이의 커
버 업(cover up)이다. 주로 칼라가 없이 밴
디드 네크라인으로 만든다.

랩 점퍼(wrap jumper)　몸을 감싸듯이 포개서
앞이나 뒤에서 묶도록 된 점퍼 스커트이다.

랩 칼라(wrap collar)　한쪽 끝만 길게 늘려 옆
으로 감아 두르게 만든 칼라로, 1983년에 소
개되었다.

랩 재킷

랩 코트(wrap coat)　단추가 없이 여며 입는
코트로, 대개 제 천이나 가죽으로 된 타이나
새시 벨트로 묶도록 되어 있다. 1970년대 여
성들에게 유행하였다. 랩어라운드 코트, 클
러치 코트라고도 한다.

랩트 수트(wrapped suit)　단추를 사용하지 않
고 벨트 등을 이용해서 여미게 만든 재킷과
같은 소재의 스커트와 팬츠가 한 벌을 이룬
것이다. 특히 여성의 수트에 많으며 래핑
(wrapping) 감각의 대두로 이러한 디자인이
증가하고 있다.

랩트 슬리브(lapped sleeve)　여러 장으로 포
개어 만든 종 모양의 세트인 슬리브이다. 튤
립 슬리브 참조.

랩트 심(lapped seam)　⇒ 누름 상침

랩트 톱(wrapped top)　약 1.5~2마 길이로 1
마 폭의 수직 옷감을 반폭으로 접어 몸에 둘
둘 말아서 끝을 묶은, 즉 어깨가 없는 상체를
말한다.

랩 핀(wrap pin)　랩 스커트의 트임 부분을 여
미기 위하여 사용하는 일종의 안전핀으로,
실용성과 장식성이 고려된 것이다. 대표적인
무빙 액세서리(moving accessary)의 하나
로, 젊은이들 사이에서 장식으로 가방에 달
거나 브로치로 사용하기도 한다.

랫캐처 셔트(Ratcatcher shirt)　떼었다 붙였다
할 수 있도록 된 테일러드형의 셔트를 생산
하는 유명 회사의 상표이다. 대개 칼라 끝이
길고 타이를 매게 되어 있다. 남녀 승마용 반
정장의 셔트로 많이 입는다. 영국에서 여우
사냥철이 지나서 쥐 사냥을 할 때 입었던 반

랩트 수트

정장의 셔트에서 유래하였다.

랭그라브(rhingrave)　스커트처럼 짧은 바지로 페티코트 브리치즈의 프랑스 이름이다.

랭글러 재킷(Wrangler jacket)　웨스턴 재킷(western jacket)의 상표명이다.

랭글러즈(Wranglers)　웨스턴 팬츠나 블루진즈를 많이 생산하는 회사의 트레이드 마크이다.

랭젯(langet)　① 15세기에 사용된 가죽끈이나 레이스끈으로, 옷을 단단히 얽어매거나 조여서 여미는 데 사용하였다. ② 기사들의 헬멧에 장식으로 사용한 큰 깃털을 말한다.

랭트리 버슬(Langtry bustle)　가볍고 접을 수 있는 여성 전용이라고 할 수 있는 버슬로 양 옆을 받치기 위해 반원형의 후프로 만들어졌으며, 1880년대 후반에 착용되었다. 연극 배우인 리틀 랭트리(Little Langtry)의 이름에서 붙여졌다.

랭트리 후드(Langtry hood)　아카데믹(academic)과 유사한 여성용 외출복에 달린 분리할 수 있는 후드로, 색깔 있는 안감이 들어 있다. 1880년대에 입었으며, 연극배우인 리틀 랭트리(Little Langtry)가 입은 후에 이름이 붙여졌다.

러거 셔트(rugger shirt)　럭비, 풋볼, 축구 등의 운동을 할 때 착용하는 셔트류이다.

러그 니들(rug needle)　융단 등의 두꺼운 직물용 바늘이다.

러닝 셔트(running shirt)　운동 경기 또는 경주할 때 입는 것으로, 목둘레가 깊게 파이고 소매가 없는 메리야스 상의를 말한다.

러닝 쇼츠(running shorts)　체조나 각종 경기 때 입는, 허리에 고무줄을 넣은 남성용 반바지이다. 엑서사이즈 쇼츠, 애슬레틱 쇼츠, 트랙 쇼츠라고 부르기도 한다.

러닝 스티치(running stitch)　⇒ 홈질

러닝 트렁크스(running trunks)　앞이나 옆에 개폐할 수 있는 단추집이 없고 옆 포켓이 없는 스포츠용의 짧은 바지이다.

러닝 헴 스티치(running hem stitch)　헴 스티치의 일종으로 버티컬 헤밍 스티치라고도 불린다. 가장자리에 수직으로 자수한 것이다.

러미지 세일 클로즈(rummage sale clothes)　교회의 후원 아래 함께 모아 파는 중고 또는 골동품 옷을 말한다. 보통 봄·가을에 기금 조성을 위해 열린다.

러버 마스크(rubber mask)　미국의 할로윈(Halloween : 10월 31일) 때 변장하기 위해 고무로 만든 가면으로, 얼굴 전체에 꼭 맞는 라텍스 마스크를 말한다. 가면의 주인공은 유명 인사, 괴물, 코믹 만화, 풍자 만화, 소설, 영화, TV의 주인공들이 묘사되고, 여러 가지 색깔로 채색하여 사실적으로 보이는 마스크이다.

러버즈(rubbers)　방수가 되는 가벼운 신발로, 비올 때 평상시의 신발 위로 잡아당겨 신었다.

러브 비즈 네크리스(love beads necklace)　플라워 칠드런(Flower Children)으로 알려진 1960년대의 아방가르드 단체에 의해 히피 구슬 목걸이의 후속으로 사용된 목걸이이다. 어떤 러브 비즈는 나무로 제작된 것도 있다.

러스터 다크 컬러(luster dark color)　러스터(luster)는 광택, 빛, 광채의 의미로 칠기나 도자기 등의 유약과 같은 깊은 맛이 있는 광택을 지닌 어두운 색조를 말한다. 특히 고동색, 청색 등의 다크를 중심으로 한 고전적인 분위기의 색조로 마(麻) 패션 등에 애용되었다.

러시아 레더(Russia leather)　원래는 러시아산 송아지 가죽에 무두질을 하여 기름 가공한 것을 말하나 요즘은 이 과정으로 가공한 다른 가죽을 가리키기도 한다. 또한 송아지, 소 등을 이용하여 유사한 외관을 나타내는 크롬 무두질한 가죽을 말하기도 한다. 주로 주머니, 구두 등에 사용한다.

러시안 부츠(Russian boots)　장딴지까지 오는 가죽 부츠로 위에는 주로 커프스가 있으며 앞은 태슬(tassel)로 장식하기도 한다.

러시안 브로드테일(Russian broadtail)　무아레 무늬가 있는 가볍고 부드러운 러시아산 브로드테일을 말한다. 털색은 검정색과 회색

이며, 고급품의 소재로 사용된다.

러시안 블라우스(Russian blouse) 러시안 시대의 마부 복장에서 유래되었다고 하여 러시안 블라우스라는 명칭이 붙여졌다. 소매는 주름을 많이 넣어서 풍성하고 길게 내려오며 소매끝은 고무줄이나 커프스로 손목에 맞도록 조여져 있고, 깃이 선 스탠드 칼라, 앞단, 소매끝, 벨트 등은 수를 많이 놓아 화려하게 장식하였다. 힙을 가릴 정도로 길게 직선으로 내려온 상의는 대개 벨트를 매도록 되어 있으며, 벨트 끝에는 실을 풀어서 장식한 술, 태슬(tassel)이 달려 있다. 남녀 모두 입을 수 있으며, 1960~1970년대에 유행하였다. '닥터 지바고' 영화가 상영된 이후에 세계적으로 유행하여 지바고 블라우스, 코사크 블라우스라고도 불린다.

러시안 블라우스

러시안 세이블(Russian sable) 시베리아, 캄차카 반도를 중심으로 서식하는 흑담비로, 담비과 중에서 가장 비싼 모피이다. 섬세한 솜털에 보호털이 고르게 나 있으며 견과 같은 광택을 가졌다. 코트, 재킷, 스톨 등에 사용된다.

러시안 셔트 드레스(Russian shirt dress) 밴드로 된 하이 네크라인에 소매는 풍성하고 러시안 고유의 장식 테이프 트림(trim)을 목, 앞단, 밑단, 소매끝 등에 장식한 드레스이다. 지바고 드레스라고도 하며, 1965년에 영화 '닥터 지바고'라는 작품으로 더 유행했다. 러시안 블라우스 참조.

러시안 스타일(Russian style) 러시아인의 액세서리와 의상을 모방한 스타일이다.

러시안 스타일 드레스(Russian style dress) ① 높게 선 러시안 칼라에, 네크라인, 커프스, 앞단, 밑단 등에는 러시아 특유의 자수로 장식을 하였다. 러시아 셔트 드레스라고도 한다. ② 1890년대에 착용하였던 긴 스커트에 무릎까지 오는 길이의 튜닉 투피스를 말한다.

러시안 엠브로이더리(Russian embroidery) 폴란드 리넨의 윤곽 디자인에 주로 사용하는 자수를 말한다. 네덜란드 리넨과 같이 올이 성긴 천에 굵은 실로 커다란 무늬를 자수하는 것으로, 세탁에 강하다.

러시안 체인 스티치(Russian chain stitch) 색실 자수에 이용하는 기법으로, 러시아식 체인 스티치라는 뜻이다. 수놓는 방법은 하나의 루프 위에 V형 레이지 데이지 스티치를 놓는 것이다.

러시안 칼라(Russian collar) 차이니즈 칼라나 밴디드 칼라와 비슷한 모양의 높게 세운 칼라로, 주로 밴드에 수를 놓아 장식하며 옆에서 여미게 만든다. 유럽 쪽 구소련 남부에 사는 코사크(Cossack)인의 복장에서 유래되었다. 코사크 칼라라고도 한다.

러시안 테이블 포트레이트 다이아몬드(Russian table portrait diamond) 세계에서 가장 큰 초상화 다이아몬드로 25캐럿이며, 러시아 보석 왕관의 한 부분을 차지하고 있다.

러프(ruff) 16세기부터 17세기 초에 걸쳐 크게 성행했던 르네상스의 대표적인 칼라로 론(lawn)이나 케임브릭(cambric)에 풀을 먹여 정교하게 주름잡은 것이다. 바퀴 모양의 가장 넓은 러프는 목에서 18인치 정도로 넓어 철사로 만든 받침대로 받쳐야 했다. 대개 흰색이었으나 다른 색으로 만든 흔적도 엿보인다.

러프 라이더 셔트(rough rider shirt) 카키색

러프 라이더 셔트

러프

러플

러플드 스커트

군복 타입의 셔트로, 루즈벨트와 그의 자원대 러프 라이더(rough rider)가 1878년 에스파냐와 미국 전쟁 때 쿠바에서 입었다고 해서 이름이 지어졌다. 가슴에는 뚜껑이 달린 포켓이, 어깨에는 견장이 달렸고, 스탠드 칼라에 앞단추로 되어 있다.

러프 크레이프(rough crepe) 크레이프의 일종으로, 뚜렷하게 자갈과 같은 효과가 있는 표면이 매우 거친 직물이다. 아세테이트나 기타 크레이프사, 레이온사, 견사 등으로 이루어지며, 면사를 쓰기도 한다.

러플(ruffle) 프릴과 비슷하나, 한 쪽은 직선이고 다른 한쪽만 주름을 잡은 형태이다.

러플드 스커트(ruffled skirt) 스커트의 치마단에 주름을 풍성하게 잡아 층층이 덧단을 댄 스커트이다. 러플이 2단, 3단 또는 그 이상으로 달리는 경우도 있지만 옆으로, 때로는 위에서 밑으로 혹은 사선으로 플레어진 러플이 달리는 경우도 있다. 러플의 폭은 디자인에 따라 넓게도 좁게도 변화를 가질 수 있다.

러플드 칼라(ruffled collar) 주름 장식을 특징으로 한 칼라로, 원형으로 재단한 옷감으로 만들어 여성의 로맨틱한 블라우스 등에 자주 사용된다. 러플의 길이가 짧고 아기자기하게 표현될 때에는 리플드 칼라라고도 한다.

러플링(ruffling) 칼라, 소매끝 등의 가장자리나 솔기 부분에 개더 또는 플리츠한 레이스나 천을 부착하는 것이다. 블라우스, 원피스, 어린이 옷 등의 커프스, 칼라 둘레, 가슴 장식, 치마단 장식에 이용하며, 이렇게 해서 가장자리를 장식한 것을 러플이라고 한다.

러플 셔트(ruffle shirt) 식민지 시대에 미국에서 입었던 이 셔트는 앞면을 러플로 장식한 드레스 셔트로, 주로 정장 턱시도 속에 받쳐 입은 남성용 셔트를 말한다. 셔트 프릴(shirt frill)이라고도 한다.

러플 에지(ruffle edge) 소매단이나 스커트단 등의 가장자리에 러플을 붙이는 것을 말한다. 로맨틱한 분위기나 귀여운 분위기를 내고자 할 때 주로 쓰인다.

러플 에지

럭비 셔트(rugby shirt) 두 가지 대조가 되는 색의 대담한 줄무늬 니트지에 칼라와 커프스만 백색의 좁은 리브 니트로 처리한 셔트를 말한다. 덧단의 플래킷 네크라인은 지퍼나 단추로 여미게 되었으며, 영국의 럭비 선수들의 운동복에서 유래하였다.

럭비 쇼츠(rugby shorts) 허리에 고무줄을 넣고 안에서 끈으로 조여 입게 되어 있는 대퇴부 길이의 반바지로, 주로 강한 능직 면을 사용하여 만든다. 이중 스티치를 박은 사이드 포켓이 있고 활동하기 편리하게 재단되었다. 럭비 경기 때의 복장에서 유래하였다.

런던 룩(London look) 런던의 남성 맞춤양복점들이 모여 있는 거리인 세빌 로(Savile Row)의 영향이 반영된, 보수적이면서도 우아한 남성 룩을 말한다.

런던 슈렁크(London shrunk) 모직물의 방축 가공으로, 모직물을 젖은 모포에 싸서 12~24시간 습한 기후에 방치한 후 통풍이 잘되는 곳에서 건조시킨다.

런던 포그(London Fog) 인터코 회사의 브랜드명인 런던 포그에서 만든 남녀의 클래식한 레인 코트이다.

런지 수트(longe suit) 영국의 남성용 수트를 가리키는 것으로, 1860년대에 평상복으로 착용하였으며 같은 옷감으로 된 라운징 재킷과 베스트, 바지로 구성되어 있다.

런치 박스 백(lunch box bag) 위가 둥근 상자형 가방으로, 주로 종이 조각을 이어 붙여 만든 그림으로 장식한다.

런칭 수트(lunching suit) 상하복을 각각 다른 질감의 소재나 색상을 사용하여 만든 스포티한 수트를 말한다.

럼버맨즈 오버(lumberman's over)　20세기 초에 남성들이 착용한 부츠로, 특히 목재벌목산업에 종사하는 벌목공들이 착용하였다. 두꺼운 끈으로 여미고 신발목이 10인치 정도 되며, 톱은 기름먹인 가죽으로, 등가죽(vamp)은 고무로 되었고, 안바닥에는 펠트가 깔렸다.

럼버 재킷(lumber jacket)　손목과 허리에 니트를 대고 옆솔기선이 곧은 격자무늬의 울로 만들어진 짧은 재킷이다. 나무꾼이 작업복으로 입었던 것을 1920년대 후반에 운동복으로 도입시키기 시작하였으며, 1980년대 초반에 다시 등장하였다. 럼버 잭이라고도 한다.

럼버 재킷

럼버 잭(lumber jack)　⇒ 럼버 재킷

럼프 퍼빌로(rump furbelow)　버슬을 만들기 위해 밀어넣어 채우는 패드로, 18세기 말에 착용하였다.

레귤러 칼라(regular collar)　흔히 사용되는 셔트 칼라를 일컫는 것으로, 플레인 칼라라고 부르기도 한다.

레귤러 포인트 칼라(regular point collar)　칼라 끝이 보통의 길이나 폭이 되게 기본형으로 만든 셔트 칼라이다.

레그 스웨터(leg sweater)　다리에 착용하는 스웨터라는 의미를 가진 타이츠로, 레그 워머와 그 용도가 같다. 직조하는 방법과 표면 디자인에 따라 매우 다양한 종류가 나올 수 있는 패션 아이템의 하나이다.

레그 오브 머튼 슬리브(leg of mutton sleeve)　소매산에 개더나 플리츠를 잡아 넣어 상단부를 풍성하게 하고 소맷부리로 갈수록 점점

좁아지는 소매로, 르네상스 시대의 복식에 잘 나타나 있다. 1895년경에 소재가 1~2야드나 필요할 정도로 넓고 크게 만들어 어깨 부분을 부풀린 소매는 프렌치 지고 슬리브라고 부르기도 한다.

레그 워머(leg warmer)　발목에서부터 무릎까지 오는 방한용 장식으로 주로 니트로 되어 있다.

레그혼(leghorn)　적색 기미가 약간 있고 밝은 회색이 가미된 황색으로, 보리에 보이는 색을 말한다.

레그혼 해트(leghorn hat)　자연의 색깔인 레그혼 밀짚으로 짠 챙이 넓은 여성용 모자이다. 크라운이 낮고 장미꽃이나 푸른색 리본으로 장식하여 턱밑에서 리본으로 묶는 스타일이다. 픽처 해트나 셰퍼드 해트라고도 한다.

레글릿(leglet)　장딴지 바로 위를 장식하는 링이나 밴드를 말한다.

레깅스(leggings)　윗부분은 넓지만 무릎 밑으로는 꼭 맞는 바지로 때로는 승마복 바지 조드퍼즈처럼 재단된다. 풍성하게 된 발목 부분은 니트 밴드로 조이도록 되어 겨울철에 보온을 위해 어린이들이 많이 입는다. 얇은 라이크라 스판덱스로 체조복을 만들어 몸에 꼭 맞게 입기도 한다. 움직일 때 따라 올라가지 않도록 바지 끝단에 발걸이가 된 스타일

런던 포그

럼버맨즈 오버

레그 오브 머튼 슬리브

레깅스

도 있으며, 1980년대 후반에 유행하였다. 어린이들이 주로 입는 겉옷으로 코트와 꼭 끼는 바지가 따로 분리되어 투피스로 된 것도 있고, 또 아래 위가 다 붙어 있는 원피스로 된 것도 있으나, 바지는 항상 고무줄 끈이 달려 있어 발에 걸치게 되어 있다.

레노(rheno) 메로빙거 왕조 때 사용된 동물의 가죽으로 만든 짧은 맨틀을 말한다.

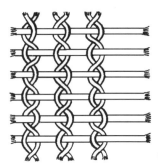

레노

레더(leather) 무두질되었거나 화학적으로 보호, 수축된 동물의 하이드나 스킨을 일컫는다. 짐승, 새, 어류, 파충류의 스킨이나 하이드 어떤 것도 레더가 될 수 있다.

레더레트(leatherette) 가죽을 모방해서 만들어진 직물의 잘못된 명칭이다.

레더링(leathering) 가죽을 사용해 디자인한 것을 말한다. 예를 들면, 모피와 모피 사이에 가죽을 넣는다든가 모직 외투에 부분적으로 가죽을 사용하는 것 등을 말한다.

레더 수트(leather suit) 가죽을 소재로 사용하여 만든 수트이다.

레더 수트

레드 세이블(red sable) 중앙아시아, 중국, 러시아 등지에 주로 서식하는 담비로, 카키색에서 황갈색까지의 광택있는 털을 가졌다. 타타 세이블 또는 콜린스키라고도 하며, 코트, 재킷, 케이프 등에 이용된다.

레드 크라운(red crown) 고대 상이집트의 왕이 쓰던 관으로 절대권력을 상징했다. 바깥쪽으로 벌어진 깔때기 모양이 뒤쪽 잇부분으로 길게 연장된 형태이다. 이집트 왕국의 상·하 이집트가 하이집트에 의해 통일되면서 왕은 레드 크라운과 하이집트를 상징한 화이트 크라운을 함께 썼다.

레드 크라운

레드펀, 존(Redfern, John) 영국 태생의 디자이너로 레드펀 하우스의 창시자이다. 레드펀 하우스는 1841년 창설되어 1920년대에 문을 닫았다. 빅토리아 여왕과 알렉산더 여왕 등의 왕실 디자이너로 활약하였다.

레드 폭스(red fox) 북아메리카, 유럽, 아시아, 오스트리아에 서식하는 여우의 모피로, 엷은 적색에서 짙은 적색까지 있다. 털이 길고 견과 같은 광택을 가지며, 캐주얼한 느낌을 준다.

레디 투 웨어(ready to wear) 입을 수 있게 준비가 되었다는 뜻으로, 맞춤복이 아닌 기성복을 말한다.

레몬 옐로(lemon yellow) 레몬 껍질에서 볼 수 있는 황색을 말한다.

레보소 숄(rebozo shawl) 에스파냐계 미국 여성들이 머리 위에서 어깨로 걸쳐서 착용하는 긴 숄 형태의 스카프를 말한다.

레세투페르(laissé-tout-faire) 17세기에 집에서 드레스 위에 걸쳤던 긴 에이프런을 말한다.

레스터 재킷(Leicester jacket) 래글런 소매로 된 영국 남자들의 수트나 라운지 재킷으로 1857년에 입었다.

레슬링 팬츠(wrestling pants) 레슬링 선수들이 착용하는 팬츠류를 말한다.

레시프로시티 스티치(reciprocity stitch) ⇒ 체커드 체인 스티치

레오타드(leotard) 댄스, 에어로빅, 체조 등을 할 때 착용하는 몸에 꼭 붙는 타이츠로 19세기 프랑스의 곡예사 레오타드의 이름에서 비롯된 명칭이다. 네크라인과 소매가 다양하며, 타이츠가 있는 것과 없는 것 등 그 형태가 다양하다. 여성용 속옷, 스포츠 웨어, 일상복 등으로 착용된다.

레오타드 셔트(leotard shirt) 바지 밑부분을 스냅으로 잠글 수 있게 만든 몸에 꼭 붙는 셔트로, 보디 셔트라고도 한다.

레오퍼드(leopard) 아프리카, 중국, 인도에서 서식하는 표범의 모피로 아프리카 동부 소말릴랜드산이 최고급품이다. 배열된 반점의 규

칙성, 털결의 균일성, 바탕의 색조 등이 모피의 품질을 좌우하며, 색은 엷고 가벼울수록 고급품이다. 모자, 머플러 등에 이용된다.

레오퍼드 프린트(leopard print)　레오퍼드(표범)의 털 무늬를 형상화한 패턴으로 일반적으로 실론, 인도, 중국, 아프리카 일부 지역에서 발견되는 푸른빛이 도는 밝은 색의 모피를 가리킨다.

레이(lei)　난초나 각종 꽃으로 만든 하와이식의 목에 거는 화환으로, 보통 하와이 도착시 방문객에게 증정된다.

레이니 데이지 스커트(rainy daisy skirt)　발목까지 오는 정장형의 스커트로, 롤러 스케이트를 탈 때 입기도 하였으며, 레이니 데이지 클럽 여자 회원들이 착용한 데서 유래되었다. 레이니 데이 스커트라고도 하였다. 1902년에 유행하였다.

레이더호젠(lederhosen)　가죽 소재의 반바지로 1960년대 후반에 미국에서 청소년들이 비브 톱과 함께 입어 유행시켰다. 오스트리아 서부에 위치한 티롤(Tyrol) 지방의 민속의상인 티롤리안 스타일에서 유래하였다.

레이드 스티치(laid stitch)　천의 표면에 땀을 길고 평행하게 놓고, 다른 실로 일정한 간격으로 징거가는 방법의 총칭이다. 크로스 스티치, 페더 스티치 등을 이용하여 고정시키기도 한다.

레이드 엠브로이더리(laid embroidery)　레이드는 '두다, 깔다, 수평으로 놓다'는 의미로, 형대로 잘라낸 코드를 바탕천 위에 두고 모양을 만들어 금은사를 사용하여 새틴 스티치 등으로 표면을 덮는 자수법이다. 김프트 엠브로이더리(gimped embroidery)와 같은 종류의 자수법이다.

레이드 워크(laid work)　도안대로 긴 스티치를 일정하게 두고 다른 실로 일정하게 간격을 두고 그 스티치를 누르며 수놓는 방법으로, 교차점을 징그기도 하고, 크로스 스티치, 페더 스티치 등을 이용하여 징그기도 하는 수법이다.

레이스(lace)　면, 실그, 모직, 나일론이나 기타 다른 소재의 실을 가지고 고리 만들기, 땋기, 섞어 얽기, 뜨기, 꼬기 등의 기법을 써서 무늬를 만드는 올이 성긴 장식용 직물로 수공이나 직조로 생산된다. 사용 기법에 따라 니들 포인트(바늘로 뜬 레이스), 포인트 레이스, 베갯잇, 보빈 레이스, 태팅(손으로 하는 마디있는 장식용 레이스 뜨개질) 등으로 분류된다. 레이스 제조는 15세기의 자수에서 발달되었으며, 그 후 수세기 동안 중요한 산업으로 자리잡아 왔다. 베니스, 안트베르펜, 브뤼셀 같은 도시에서는 각자 독특한 기법과 문양들이 개발되었다. 16세기에는 칼라나 커프스, 러프용으로 인기가 있었으며, 17·18세기에는 트리밍과 플라운스용으로 유행했다. 19세기 초 존 히스코트(John Heathcoat)가 보빈기계를 발명했고, 영국의 존 리버(John Leavers)는 레이스를 공장에서 생산해내기 시작했다. 미국 최초의 레이스 공장은 1818년 매사추세츠주 미드웨이에 설립되었다. 기계 생산된 레이스는 숄이나 파라솔, 버서(bertha)에 트리밍용으로 쓰인다. 20세기에는 특히 란제리 장식, 칼라, 커프스, 면사포 등에 사용되고 있다.

레오타드

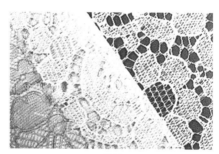

레이스

레이스드 거들(laced girdle)　여성이나 남성들이 몸을 바로 교정하기 위하여 사용하는 거들의 종류로, 앞뒤 또는 옆부분이 끈으로 묶여 있다. 강한 옷감으로 만들어진다.

레이스드 파운데이션(laced foundation)　여러 개의 구멍을 끈으로 엇갈리게 묶어서 몸을 조이는 속옷류의 총칭이다. 신축성이 있는 고무로 되어 있으며, 하체의 거들 부분은 레이스 패션에 옷감과 러플로 되어 있는 것

레이스

도 있다.

레이 스티치(ray stitch)　⇒ 스포크 스티치

레이스 팬티호즈(lace pantyhose)　신축성 있는 레이스로 만든 팬티호즈를 말한다.

레이스 필링 스티치(lace filling stitch)　레이스 구멍을 메울 수 있는 스티치로, 드론 워크(drawn work)나 롱 워크(long work)에서 발전된 레이스 뜨기 등에 사용되는 스티치의 총칭이다.

레이스 호즈(lace hose)　1960년대 도입되어 1980년대 어린이와 여성에게 인기가 있었던 다양한 문양의 레이스로 된 호즈를 말한다.

레이싱(racing)　자동차 경주, 경마, 사이클 경기 등 시합의 의미를 지닌 경주에서 영향을 받은 다양한 형태의 의류나 액세서리 등의 부속 아이템을 말한다.

레이싱 수트(racing suit)　① 몸에 붙는 니트로 만든 남성용 투피스 수영복이다. 1920년대와 1930년대에 착용되었으며, 올림픽 수영 선수였던 조니 와이즈뮬러(Johnny Weissmuller)에 의하여 유행하였다. ② 자동차 경주나 오토바이 경주할 때 입는 옷으로, 상하가 이어진 것과 점퍼와 팬츠로 이루어진 것 두 가지 스타일로 만들어지며, 주로 줄무늬 패턴을 많이 사용한다.

레이싱 수트

레이싱 스터즈(lacing studs)　타원형의 황동 후크로, 1897년 이래 스피드 스케이팅용 부츠로 사용되었다.

레이싱 재킷(racing jacket)　밑단에 끈을 넣어 조이게 만든 재킷으로, 앞지퍼가 달리고 빨간색의 줄무늬 두 개가 왼쪽 어깨에서부터 밑단까지 처져 있다. 방수와 방풍 처리가 된 두 겹으로 짜여진 가벼운 나일론을 소재로 사용하여 만든다. 원래 자동차 경주용으로 착용되며, 주로 오른쪽 가슴에 자동차 회사 마크가 표시된 표장을 단다.

레이어드(layered)　층이 있는 모양이라는 뜻으로 여러 가지 길이의 옷들을 겹쳐 입은 것을 말한다. 1960년대 말에 형용사로 사용되기 시작하여 1970년대에 유행하였다.

레이어드

레이어드 스커트(layered skirt)　각기 다른 길이의 스커트를 겹쳐 입은 스커트를 가리킨다.

레이어드 스커트

레이어드 시스템(layered system)　레이어드 룩을 시스템화한 것으로, 일반적인 레이어드 룩과 같으나 의복을 공급하는 메이커나 상점 측에서 만든 용어이다. 특히 프로 지향적인 스포츠 웨어 등에 완벽한 구색을 갖추기 위한 목적에서 실용적으로 코디네이트된 시스템을 말하는 경향이 크다.

레이에트(layette)　예비 엄마들이 새로 태어날 아기들을 위해 준비하는 아기의 옷들과 장식용품들을 말한다. 기저귀, 아기의 헐렁한 저고리, 내복 등이 포함된다.

레이온(rayon)　순수한 셀룰로오스로 된 인조 섬유로 인견이라고도 불린다. 순수한 목재 펄프나 면 린터를 원료로 하며, 제조 방법에 따라 비스코스 레이온과 구리 암모늄 레이온이 있다. 재생 섬유소인 레이온은 천연 섬유소 섬유에 비해 강도 특히 습윤 강도가 나쁘며 탄성, 압축 탄성이 좋지 못해 구김이 잘 생겨 고급 피복 재료로는 적합하지 못하다. 그러나 매끄럽고 광택이 좋으며, 표면 전기의 발생이 없고 의복을 언제나 안정된 위치로 돌아오게 하므로 안감으로 우수하다. 그 외에도 커튼, 테이블보, 레이스 등에 널리 쓰

이며, 최근에는 여러 가지 합성 섬유와 혼방
하여 흡습성 및 촉감을 개선시키고 있다.

레이온

레이즈드 엠브로이더리(raised embroidery)
영어로 레이즈드(raised)는 '풍성하게 솟아
올린, 위로 떠오르는' 이라는 의미로, 패딩
스티치를 한 위에 새틴 스티치를 수놓아 위
로 솟아오른 듯한 느낌의 모양을 만드는 자
수이다. 침대 커버나 테이블보의 스캘럽 모
노그램에 응용되어 스텀프 워크라고도 한다.

레이즈드 웨이스트라인 드레스(raised
waistline dress) 허리선이 정상보다 올라
가게 디자인된 드레스로 일명 하이 웨이스트
라고도 부른다.

레이즈드 피시본 스티치(raised fishbone
stitch) 겉에서 보기에는 피시본 스티치와
같으나, 위로 솟아오른 느낌이 드는 것이다.
도안 끝에서 바늘을 빼고 스트레이트 스티치
를 한 다음 가장자리에서 번갈아 대각선으로
수놓는 방법으로, 나뭇잎 표현 등에 주로 사
용한다.

레이지 데이지 스티치(lazy daisy stitch) 체
인 스티치를 한 개씩 띄어서 하고, 고리를 징
거주는 수법이다. 작은 꽃이나 잎, 가늘고 긴
엽맥을 나타내는 경우에 사용한다. 데이지
스티치, 디태치트 체인 스티치라고도 한다.

레이지 데이지 스티치

레이징(raising) 직물 표면에 빗질을 하거나
문질러 섬유 끝을 일으켜 세워 주는 것을 말
한다.

레이캬비크 스웨터(Reykjavik sweater)
⇒ 아이슬랜딕 스웨터

레이크 조지 다이아몬드(Lake George
diamond) ⇒ 록 크리스털

레인 드레스(rain dress) 방수된 플라스틱이
나 옷감으로 된 드레스로, 1960년대에 유행
하였다.

레인 보닛(rain bonnet) 비올 때 머리를 보호
하기 위해서 쓰도록 고안된 보닛으로, 아코
디언 주름이 있고 턱 아래에서 묶게 되어 있
다. 주로 방수의 합성수지로 만들며, 사용하
지 않을 때는 접어서 지갑에 넣을 수 있다.

레인보 스트라이프(rainbow stripe) 무지개처
럼 선명한 여러 색의 줄무늬가 반복되면서
만들어진 줄무늬를 말한다.

레인 수트(rain suit) 방수처리가 된 소재를
사용하여 만든 비옷으로, 주로 면 개버딘이
나 면 폴리에스테르 혼방지를 사용한다. 면
개버딘 소재의 여성용 맨테일러드 수트를 이
와 같이 부르기도 한다.

레인 슈즈(rain shoes) 비가 올 때 신는 구두
로 방수처리되어 있다. 보통 고무나 비닐제
품의 부츠 스타일을 말한다.

레인웨어(rainwear) 비오는 날에 착용하는 의
상류로 장화, 케이프 코트, 드레스, 모자, 레
인 코트 등의 총칭이다.

레인지 코트(range coat) 탐색대원, 특공대
원, 산림 경비원들이 입는 코트류를 말한다.

레인, 케네스 제이(Lane, Kenneth Jay 1932~)
미국 미시간 출생의 디자이너로 로드 아일랜
드 디자인 학교에서 디자인을 공부한 후 보
그 잡지의 예술 부분에서 일하였다. 로저 비
비에를 만난 것이 계기가 되어 크리스티앙
디오르사의 구두를 디자인해 주는 비비에의
보조가 되었고, 그 후 보석 장신구 디자이너
로 전념하였다. 1966년 코티 특별상을 수상
했고, 1972년 자사를 설립하였다.

레인 케이프(rain cape) 방수된 옷감이나 비
닐로 되었고, 뚫린 몸체 사이로 팔이 나오게
된 미니·미디·맥시 등 각종 길이의 케이프
이다. 가벼운 플라스틱으로 된 작은 케이스

레이즈드 웨이스트라인 드레스

레인 슈즈

레인지 코트

레저 웨어

에 접어서 담아 가지고 다니다가 비올 때 쉽게 사용할 수 있다. 1850~1860년에 많이 착용하였던 남성들의 케이프류를 가리키기도 한다. 사이퍼니아(siphonia)라고도 한다.

레인 코트(rain coat)　비오는 날에 입는 방수 처리된 비옷으로, 보통 래글런 소매로 된 것이 많다. 처음에는 비옷을 위하여 옷감과 스타일이 특별히 디자인되었으나 현재는 4계절 내내 편한 코트로 착용한다. 1830년에 처음 소개되어 1823년 찰스 매킨토시에 의하여 고무로 된 비옷에 적합한 옷감이 개발되었으나 화학 처리된 냄새가 불만스러웠다. 제1차 세계대전 이후 코트 중에 가장 많이 착용되는 트렌치 코트가 소개되었다. 레인 코트를 위해 계속 소재가 개발되고 있으며, 고어 텍스도 그 중의 하나이다.

레인 트라이 앵글(rain triangle)　비가 올 때 머리를 보호하기 위해 쓰는 삼각형으로 접힌 작은 플라스틱 모자이다.

레인 판초(rain poncho)　약 140×200cm되는 나일론 옷감에 방수 처리를 하고 팔이 나올 구멍을 만들어 비올 때 머리 위로 써서 입는 모자가 달린 판초이다. 처음에는 비오는 날 경찰들이 착용하는 비닐 비옷에서 유래하였으며, 올 퍼퍼스 판초라고도 한다.

레일(rail)　18세기에 프랑스에서 특히 성행했던 케이프로, 가운 위에 착용하였다.

레일로드 트라우저즈(railroad trousers)　1830년대 후반부터 1850년대까지 착용하였던 남성용 바지로, 수직이나 수평선의 줄무늬가 있다.

레일웨이 스티치(railway stitch)　⇒ 체인 스티치

레일웨이 포켓(railway pocket)　옆으로 오프닝이 있는 납작한 핸드백으로, 테이프로 허리에 묶었다. 1850년대 말부터 여성들이 여행시 드레스 밑에 착용하였다.

레저 브라(leisure bra)　형에 맞춘 것 같은 딱딱한 느낌의 것이 아니고 가벼운 드레스 천이나 신축성 있는 니트로 만든 브라로, 주로 홈 웨어나 잠옷 등에 많이 응용되고 있다. 슬

리프 브라라고도 한다.

레저 수트(leisure suit)　캐주얼 스타일의 남성용 수트이다. 니트로 만들어지기도 하며, 편안하고 헐렁한 셔트 스타일이다.

레저 웨어(leisure wear)　여가를 즐길 때 어울리는 옷으로, 소탈하고 개방적인 디자인과 선명한 색상 등 활동에 편리한 옷을 말한다.

레저 재킷(leisure jacket)　느슨하게 직선으로 내려온 상자형의 박스 스타일 재킷으로, 벨트는 상태에 따라 사용하고 남녀 모두 입으며, 대개 컨버터블 칼라로 되어 있고, 1970년대에 유행하였다.

레지멘틀 스트라이프(regimental stripe)　군인의 군복에 사용되는 것과 유사한 줄무늬를 말한다.

레진 피니싱(resin finishing)　후처리 방법의 일종으로 수지 가공이라고도 한다. 직물의 경화, 촉감, 탄성, 방추, 방축 및 내마모성의 향상을 목적으로 레이온, 면 등에 실시한다. 직물의 표면에 합성수지를 도포하고 건조, 열처리 과정을 거쳐 만들어지는데 퍼머넌트 프레스 가공이 대표적이다.

레터 스웨터(letter sweater)　덧대어 짠 포켓과 소매, 가슴에 숫자나 글자 등을 아플리케한 무거운 카디건으로, 주로 학교 운동 선수들이 많이 입는다. 1950년대 축구팀, 농구팀의 선수들이 그들의 여자 친구한테 기념으로 선수가 입었던 스웨터를 선물로 줌으로써 더 유명해졌다. 유니버시티(university)의 준말인 버시티(versity) 또는 스쿨 스웨터, 어워드 스웨터라고도 한다. 스웨터 대신에 옷감으로 만들어진 것도 많으며 이것은 레터 재킷(letter jacket)이라고 불린다.

레트로 블라우스(retro blouse)　레트로는 '회고의, 옛것의'라는 의미를 가진 접두어로, 복고풍의 블라우스를 말한다. 1950년대 모드의 블라우스가 그 대표적인 것으로, 클래식한 디테일을 현대에 부활시킨 것이 특징이다.

레트로 패션(retro fashion)　레트로는 레트로그레시브(retrogressive)의 축약된 용어로,

이전 시대 특유의 스타일로 역행하는 복고적 모드를 말한다.

레트 아웃(let out)　　원래는 '넓히다, 늘리다' 라는 의미로, 여기에서는 모피 봉제와 기본 기술의 하나를 말한다. 즉 가죽을 잘라서 줄 무늬를 만들고 선이나 무늬가 두드러지게 하기 위해 가죽을 붙이는 과정을 말한다. 레트 아웃 가공은 특히 밍크 봉제시 5mm 정도의 폭에 경사지고 길게 절단된 모피를 조금씩 비껴가면서 봉제해가는 방법을 말한다.

레티 린톤 드레스(Letty Lynton dress)　　힙이 꼭 맞고 아주 넓은 스커트에, 러플로 풍성한 벌룬 소매로 되었다. 1932년 MGM 영화사의 레티 린톤의 영화에 출연한 존 크로포드가 입었던 것으로, 무릎 정도 길이에 몸에 꼭 맞는 상체 부분과 플레어진 트럼펫 스커트로 된 드레스에서 유래하여 이름이 지어졌다.

레티스 러프(lettice ruff)　　평평한 나선형으로 양상추처럼 부드럽게 주름잡힌 17세기의 러프를 말한다.

레티스 캡(lettice cap)　　① 16세기 여성들이 착용한 삼각형 모양의 실외용 캡이나 보닛으로, 귀를 덮도록 되어 있다. 어마인(ermine : 유럽 북극상의 족제비과에 속하는 산족제비로 여름에는 털이 적갈색으로, 겨울에는 꼬리끝만 빼고 순백색으로 변한다)과 흡사한 레티스라는 모피로 만든다. ② 16~17세기에 레티스 모피로 만든 남성의 취침용 캡을 말한다.

레티첼라 레이스(reticella lace)　　가장자리를 자르거나 뜯어내어 아마 바탕에 기하학적인 디자인을 남긴 컷(cut)과 드론(drawn), 니들 포인트 레이스의 초기 형태이다. 테이블보의 깃이나 드레스의 가장자리를 장식할 때 쓰인다.

레티큘(reticule)　　새틴, 망사, 벨벳, 모로코 가죽 등의 여러 가지 재료로 만든 여성들의 지갑을 말한다.

렉탱글 드레스(rectangle dress)　　직사각형의 형태로 된 드레스를 말한다.

렉트라 삭스(Lectra Socks)　　일렉트릭 삭스 (electric socks)에 대한 타임리 제작 회사 (Timely Products Corp.)의 상표명이다.

렙(rep, repp)　　면직물의 포플린과 같이 위사 방향에 두둑을 이루는 직물로, 두둑이 한층 뚜렷하다. 2개의 경사 빔을 사용하여 이완된 실 2올에 긴장된 실 1올을 배열하여, 이완된 2올의 경사를 합사하여 두둑을 내게 하고, 긴장된 실로 평직으로 짠 것은 머서라이즈드 가공과 천 염색 또는 날염하여 셔츠감이나 코르셋 등으로 쓴다. 위사를 2올 합사한 것과 1올 피킹한 것을 교대로 사용하여 만든 것, 즉 굵은 두둑과 가는 두둑을 교대로 만든 것은 의료용 걸이천으로 쓰인다. 또한 굵은 위사를 여러 올 피킹하여 만든 것은 가구용 생지로 쓰인다. 경사 렙(warp rep)은 모린이라고도 불리며, 두둑이 경사의 방향으로 나타나 있는 것을 말한다.

렙 스티치(rep stitch)　　이중 천(double thread canvas)에 대각선으로 반땀씩 수놓는 방법으로, 오뷔송 스티치라고도 한다.

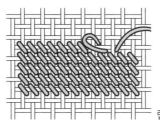

레 스티치

렙타일즈 레더(reptiles leather)　　파충류의 가죽으로, 주로 신발, 핸드백, 벨트 등에 사용된다.

려(絽)　　익직물(搦織物)의 일종으로, 경사이본(二本)이 일회익직(一回搦織)된 후 평견직(平絹織)으로 3, 5, 7회씩 조직하고 다시 익직하여 제직한 익직물이다. 우리 나라의 항라(亢羅)가 대표적인 것이다. 삼월려(三越櫨), 오월려(五越櫨), 칠월려(七越櫨) 또는 삼족라(三足羅), 오족라(五足羅), 칠족라(七足羅)라고 평조직의 횟수에 따라 명명한다. 삼족라는 생직물(生織物)로 하절용(夏節用), 오족라는 늦은 봄의 남녀 한복지(韓腹地), 칠족라는 남자의 의복감으로 사용된다.

레티큘

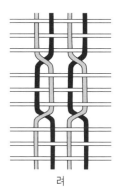

려

로데오 셔트

로고 티셔트(logo T-shirt)　로고를 주제로 하여 제작된 티셔트로, 대개 유명 브랜드명이나 디자이너들의 로고를 이용하는 경우가 많다.

로고 프린트(logo print)　특정의 메이커, 숍 또는 브랜드의 로고 타입(logo type)을 프린트한 무늬이다.

로 네크라인(low neckline)　앞이 많이 파진 네크라인으로 이브닝 웨어에 많이 이용된다.

로데오 셔트(rodeo shirt)　소나 말을 모는 카우보이, 로데오들이 착용하였던 셔트에서 유래하였다. 칼라 밴드가 붙어 있는 셔트 칼라에 앞단에는 단추가 달려 있으며, 스포티한 캐주얼 웨어에는 물론, 1970년대 이후부터 캐주얼한 패션의 경향으로 구슬이나 자수를 화려하게 놓아 이브닝 셔트로도 많이 입는다.

로데오 수트(rodeo suit)　로데오 시합 때 입는 웨스턴 타입의 수트이다. 웨스턴 셔트와 팬츠, 네커치프, 카우보이 모자, 부츠로 이루어져 있다. 정교하게 수를 놓거나 비즈나 술 등으로 장식하기도 한다.

로덴 진즈(loden jeans)　방모지인 로덴 옷감으로 제작된 진 바지로, 데님이나 코듀로이가 미국풍의 진이라고 하면 로덴 진즈는 유럽풍이라고 할 수 있다.

로덴 코트(loden coat)　오스트리아 티롤 지방에서 남자용으로 쓰이던 소모 직물로 된 코트이다.

로덴 코트

로덴 클로스(loden cloth)　오스트리아와 티롤 지방에서 직조된 보통보다 더 성긴 등급의 천연 방수성을 갖는 모직물로, 플리스 직물의 일종이며, 모와 낙타털의 혼합도 가능하다.

로드 바이런 셔트(Lord Byron shirt)　V자 모양으로 깊게 앞이 열리게 파인 네크라인에, 길고 뾰족하게 내려온 칼라와 풍성한 긴 소매로 된 셔트이다. 1920~1960년대 말에 유행하였으며, 포이츠 셔트(poets shirt)라고도 한다. 19세기 초에 영국 시인 바이런이 즐겨 입었다고 하여 이름이 지어졌다.

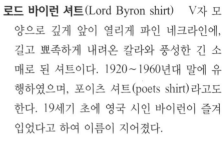

로드 바이런 셔트

로디어(lodier)　17세기에 힙을 강조하기 위해 두른 둥근 패드를 말한다.

로럴 리스(laurel wreath)　승리를 상징하는 월계관으로, 그리스의 올림픽 경기의 승리자나 로마의 시저(Caesar) 등이 착용하였다.

로렌, 랠프(Lauren, Ralph 1939~)　미국 뉴욕 출생의 디자이너로, 미국 스포츠 웨어의 제왕답게 어려서부터 농구와 야구를 좋아했으며 그의 첫 작품도 마을 야구팀의 재킷이었다. 뉴욕 시립대학을 다녔고 졸업 후 바이어 보조원, 세일즈맨으로 일하는 등 다채로운 경험을 가지고 있다. 1967년 보 브루멜 타이즈 회사의 후원을 받아 자신이 직접 넥타이를 디자인해 보기로 결심했으며, 1968년부터 '폴로'라는 남성 의류를 생산하기 시작했다. 이때 그가 만든 넥타이는 당시 유행하던 넥타이보다 두 배나 넓은 것으로 큰 성공을 거두었으며, 이에 어울리는 셔트 칼라, 양복 등도 제작하였다. 1970년 남성복 코티상을 수상하고 블루밍 데일즈에서 당당한 위치를 차지하였다. 1971년 여성복에 손을 대면서 남성용 와이셔트감으로 제작된 무명 셔트를 선보였고, 1974년 '위대한 개츠비'에 나오는 로버트 레드포드의 의상과 1977년 '애니 홀' 등의 영화 의상도 만들어 1970년대 패션을 주도했다. 그는 데님, 코듀로이,

로렌, 랠프

플란넬 등으로 아이비 리그적인 것과 영국의 상류 사회가 선호하는 멋까지도 담긴 지속적인 옷을 만들며, 특히 활동과 상황에 어울리게 디자인하는 것이 특징적이다.

로만 스티치(Roman stitch)　스트레이트 스티치의 중앙을 같은 실로 징그면서 수놓는 것이다. 루마니안 스티치와 같은 방법이나, 한가운데 고정시킨 스티치가 더 짧고 직각으로 교차하는 것이 다르다. 나뭇잎이나 꽃잎 등에 사용한다.

로만 칼라(Roman collar)　카톨릭 사제가 착용하는 검은 옷에 달린 백색 칼라로, 1986년 춘하 파리 프레타포르테 컬렉션에서 릴리전룩(religion look)으로 주목을 끌었다.

로만 컷 워크(Roman cut work)　자수한 다음 필요없는 부분을 잘라내는 것으로 복식용, 실내장식용으로 많이 이용된다. 문양을 헝겊에 그리고 먼저 러닝 스티치를 한 다음 버튼홀 스티치 또는 스캘럽 스티치를 바늘땀 간격이 0.2~0.3cm가 되도록 자수하여 필요없는 부분을 잘라낸다.

로맨틱 드레스(romantic dress)　기능적이기보다는 낭만적인 분위기에 초점을 맞추어 제작된 여성다운 드레스를 말한다.

로맨틱 스타일(romantic style)　레이스, 프릴, 리본 등으로 장식한 여성스러운 스타일이다.

로메인 크레이프(romaine crepe)　직물 표면에 부드러운 느낌을 주기 위하여 가는 실로 제직하였으며, 평직, 크레이프 또는 바스켓직으로 견, 아세테이트, 레이온 직물이다. 부인용 봄옷, 잠옷 등에 사용된다.

로미오 슬리퍼(Romeo slipper)　부츠처럼 신는 남성용 슬리퍼로 양옆에 신축성 있는 고어가 있어 신기 편하다.

로베르타 컬러(Roberta color)　의복과 장식품 브랜드인 로베르타의 제품에 사용되는 색채를 말한다. 로베르타는 이탈리아의 일류 브랜드로, 로베르타의 트레이드 마크인 제품, 특히 스카프에서 볼 수 있는 독특한 색을 말한다. 튤립의 적색, 초원의 녹색, 바다의 푸른색 등 3개의 색을 기조색으로 한 것으로

밝고 명랑한 이탈리아의 분위기를 느낄 수 있다.

로베스피에르 칼라(Robespierre collar)　1790년대에 남성의 코트에 달린 칼라로, 목뒤의 칼라는 높이 올라가고 앞은 접어젖혀진 모양으로 자보(jabot)가 앞에 보인다. 더블 브레스티드의 리전시 칼라(regency collar)와 비슷하다. 프랑스의 법률가이며 혁명주의자였던 로베스피에르(M. F. M. Isidore de Robespierre)의 이름에서 명칭이 유래하였다.

로브(robe)　헐렁한 의상으로 주로 잠옷이나 라운지 웨어 위에 입는다. 길이는 힙까지 오는 것 등 다양하며, 소매는 반팔 또는 긴 팔로 되어 있다.

로브 데콜테(robe décolleté)　프랑스어로 데콜테란 목을 깊게 판다는 의미로, 네크라인을 많이 파 가슴을 노출시킨 정장용 이브닝 드레스를 말한다.

로브 드 게프(robe de guêpe)　벌의 몸통 모양과 같이 몸통 부분을 고무줄로 타이트하게 맞게 처리한 허리가 잘록한 드레스를 말한다.

로브 드 뉘(robe de nuit)　밤에 입는 잠옷류의 총칭이다.

로브 드 마리에(robe de mariée)　결혼식에 신부가 착용하는 웨딩 드레스를 말한다.

로브 르댕고트(robe redingote)　1830~1840년대의 드레스로, 칼라와 라펠이 있다. 스커트의 앞이 열려 있어 그 사이로 언더스커트가 보이도록 하였다.

로브 망토(robe manteau)　여유있는 드레스 형태의 소매가 없는 코트를 말한다.

로브 몽탕트(robe montante)　이브닝 드레스를 말하며, 대개 하이 네크에 긴 소매 스타일로 되어 있다.

로브 아 라 르방틴(robe à la levantine)　르방틴 가운이라고도 하며 네글리제 커스튬과 비교되는 1778년의 편안한 의복이다. 핀으로 가슴 부분을 고정시켰고 오버스커트와 보디스로 구성되어 있으며, 스커트 아래에 겉으

로미오 슬리퍼

로 보이는 언더스커트를 착용하였다.

로브 아 라 튀르크(robe à la turque)　터키시 가운이라고도 하며, 보디스는 단단하게 주름지게 하였고, 턴다운 칼라와 플레어진 소매, 그리고 힙 한쪽에서 잡아맨 벨트가 달린 의복이다. 1799년경 파리의 왕실에서 크게 유행하였다.

로브 아 라 폴로네즈(robe à la polonaise)　폴리시 가운(Polish gown)이라고도 하며, 보디스에 뼈를 넣어 고정시켰다. 목선은 낮고 사보 슬리브와 부풀린 3개의 오버스커트로 구성되었으며, 루프를 잡아 당기면 오버스커트는 위로 올라가게 디자인되었다. 대체로 18세기 후반에 착용하였으며, 19세기 후반에 다시 착용하였다.

로브 아 라 프랑세즈(robe à la française)　앞부분에 장식된 스터머커가 있고 뒤에는 어깨에서 단까지 2개의 넓은 박스 주름인 와토 주름이 있는 헐렁한 드레스로, 18세기에 유행하였다. 프렌치 가운이라고도 한다.

로브 아 라 프랑세즈

로브 아 랑글레즈(robe à l'anglaise)　파니에가 없고 허리에서 말총처럼 주름을 넣어준 드레스로, 18세기 후반에 착용하였다. 잉글리시 가운이라고도 한다.

로브 아 랑글레즈

로브 엘레(robe ailé)　롱 드레스의 옷자락을 치켜올린 모양이 새가 날개를 편 것처럼 보이는 화려한 이브닝 드레스이다.

로브 우스(robe housse)　크고 헐렁한 덮개 모양으로 보이는 드레스를 말한다.

로브 지로네(robe gironné)　허리 부분에 파이프 오르간 주름이 있으며, 몸에 헐렁하게 맞는 드레스로 15세기에 착용하였다.

로브 지탄(robe gitane)　집시풍의 드레스를 말한다.

로브 타블리에(robe tablier)　앞치마 형태의 귀여운 에이프런 드레스류를 말한다. 에이프런 드레스 참조.

로브 푸로(robe fourreau)　몸에 타이트하게 꼭 맞는 칼집 형태의 드레스로, 일명 시스 드레스(sheath dress)라고도 한다.

로브 플리아주(robe pliage)　접는 형태를 특징으로 하는 드레스류를 말한다.

로 블루종 라인(low blouson line)　정상적인 허리 위치보다 밑으로 내려와서 불룩하게 블루종된 실루엣을 뜻한다.

로비 윈도(lobby window)　거리에서 상점으로 유인하는 것으로 문 안쪽에 디스플레이된 작은 진열창을 말한다.

로빈 후드 해트(Robin hood hat)　높고 뾰족한 크라운이 있는 모자로, 모자 뒤의 챙은 위로 올라가고 앞은 내려왔으며, 1개의 긴 깃털 장식이 있다. 12세기의 영국의 전설적인 무법자인 로빈 후드가 이 형태의 모자를 착용한 데서 명칭이 유래하였다.

로빈 후드 해트

로샤, 마르셀(Rochas, Marcel 1902~1955)　프랑스 파리 출생의 디자이너로 1924년 로샤 하우스를 개점하였으며, 파리 쿠튀르에 공헌한 디자이너 중의 한 사람이다. 1930년 파리 마티뇽 거리에서 호화스러운 하우스를 개점할 때 8명의 여성에게 똑같은 드레스를 입혀 사교계를 놀라게 했으며, 다채로운 색상과 리본이나 튤의 사용, 젊고 환상적인 디자인으로 유명하다. 그는 '뉴 룩'의 선두주자라고 할 수 있는데, 이미 1941년 롱 스커트, 1943년 뷔스티에(bustier) 등을 발표했고 스커트에 포켓(pocket)을 달거나 7부 길이의 코트를 디자인하기도 했다. 또한 검정 베일의 향수 '팜(Femme)'으로도 유명하다.

로셸로(roccelo)　⇒ 로클로르 코트

로쉐(rochet)　17세기 초에 남자들에게 유행하였던 칼라가 없는 짧은 코트로 작은 스플릿이 소매를 대신한다.

로 슬렁 스커트(low slung skirt)　허리에서 낮게 둘러싸서 입도록 된 스커트로, 섬나라 사람들이 착용한 스커트에서 유래하였다.

로 슬렁 웨이스트라인(low slung waistline)　정상적인 허리선보다 낮게 내려와 있는 웨이스트라인으로 대개 힙에 걸쳐 입는 힙 허거스 스커트나 팬츠에 많이 이용하며, 1960년대 중반에 유행하였다.

로 슬렁 팬츠(low slung pants)　⇒ 힙 허거즈 팬츠

로열 블루(royal blue)　영국의 왕실에서 자주 사용하는 밝은 하늘색을 의미한다.

로열 조지 스톡(Royal George stock)　1820 ~1830년대에 남성들이 착용한 검정 벨벳 스톡으로, 목밑 부분에는 벨벳을 대고 그 위를 새틴으로 덮었으며, 앞은 나비 모양으로 묶었다.

로열티(royalty)　브랜드 상호를 소유하고 있는 사람의 이름이나 브랜드 등을 사용하고자 할 때 지불하는 보상금으로, 외국의 유명 브랜드와 기술제휴 및 합작의 형식을 통해 국내에 도입하게 될 때의 상품 사용료이다.

로 웨이스트 드레스(low waist dress)　허리가 정상보다 내려와 스커트가 달린 드레스로 1950년대와 1980년대에 유행하였다. 드롭 웨이스트라고도 한다.

로인클로스(loincloth)　가슴 아랫부분을 둘러서 입는 옷으로, 원주민, 아메리칸 인디언, 고대 이집트인들이 입었으며 현재까지도 몇

몇 나라에서 착용하고 있다. 길이는 매우 짧은 것에서부터 발목까지 오는 것까지 매우 다양하며 브리치 클로스(breech cloth) 또는 룬지라고도 한다.

로저리(rosary)　십자가 펜던트가 달린 체인으로 일정한 간격을 두고 구슬이 있는 묵주이다. 주로 천주교 신자들이 기도의 수를 셀 때 사용하는 장식의 하나이다.

로제트(rosette)　17세기에 신발에 장식한 리본 다발을 말한다.

로제트 체인 스티치(rosette chain stitch)　로제트는 장미 모양의 장식이라는 뜻이다. 선 자수에 변화를 준 기법으로 색실 자수에 이용한다. 천을 떠낸 바늘에 실을 걸거나 실을 빠져나가게 하여 묶는 방법을 이용하여 장미 모양의 매듭을 만들고, 이를 반복하여 수놓는 기법이다.

로즈 매더(rose madder)　자색 기미의 적색으로 짙은 마젠타색을 말한다. 그림 도구의 명칭으로도 유명하다.

로 웨이스트 드레스

로즈 엠브로이더리(Rhodes embroidery)　로즈 섬(지중해에 있는 투르크 부근의 섬)의 박물관에 수집된 데에 기인하여 이름이 붙여진 것으로, 모로코 자수라고도 한다. 바래지 않은 마에 살짝 겹친 붉은 갈색 견사를 이용하여 바탕천에 바로 자수하며, 대칭형의 기하학적인 모양이 주종을 이룬다.

로즈, 잔드라(Rhodes, Zandra 1942~)　영국 태생의 전위적인 패션 디자이너로, 1946년 영국 왕립 미술대학을 졸업한 후 런던의 카나비 거리를 중심으로 '모즈 룩(mods look)'을 위한 직물 디자인을 하였다. 튤이나 시폰 등 부드러운 프린트 천을 사용한 환상적인 디자인이 특징이며, '펑크 룩(punk look)'의 디자인이나 구멍 뚫린 저지에 옷핀으로 장식된 웨딩드레스 등 개성적이며 강한 이미지를 추구하고 있는 디자이너이다.

로인클로스

로즈 쿼츠(rose quartz)　장밋빛 핑크색이 투명한 수정류로, 석영의 일종이다.

로즈 포인트(rose point)　바닥에 융기(融起)형 대형 무늬가 있는 니들 포인트 레이스를

로즈, 잔드라

말한다.

로지 베이지(rosy beige)　로지는 '장미색의 적색을 띰'이라는 의미로, 장미색을 띤 베이지색을 말한다. 남성복의 새로운 색으로 최근 주목받는 색이다.

로커 스타일(rocker style)　록 음악을 즐기는 젊은층들의 옷 스타일이다.

로켓(locket)　사랑하는 사람의 사진이나 머리카락, 기념품 따위를 넣어 시계줄이나 목걸이에 매달아 착용하는 작은 금합이다. 19세기 중반에서 20세기 초에 유행하였으며, 아직도 특히 아이들이 즐겨 사용하고 있다.

로코코(rococo)　① 어원은 프랑스어로 로카유(rocaille)와 코키유(coquille)인데 이는 '정원의 장식으로 사용된 조개 껍데기나 작은 돌의 곡선'을 의미한다. ② 빅토리아 시대에 쓴 모자 스타일을 칭한다.

로코코 스티치(rococo stitch)　로코코 풍의 스티치라는 뜻이다. 수놓는 법은 드론 워크의 장식 얽기와 같으며 경위의 직사를 격자 모양으로 빼고, 이때 생겨난 구멍에 바둑판 무늬가 되도록 실을 걸고 루마니안 스티치풍으로 자수한다.

로코코 엠브로이더리(rococo embroidery)　차이나 리본이라고 불리는 폭이 좁은 리본으로 만든 자수의 형태로, 0.3~0.5cm 정도의 좁은 리본으로 수놓는 자수 기법이다. 체인 리본 엠브로이더리, 또는 브레이드를 사용할 경우에는 브레이드 엠브로이더리라고도 한다. 이것은 로코코 시대에 발생한 것으로, 작은 꽃이나 꽃다발의 모양을 자수화하는 데 이용되며 바탕천 전체를 메우기도 한다.

로코코 프린트(rococo print)　1720~1770년대 루이 15세 시대의 로코코 양식을 문양에 응용한 프린트 방식이다. 여성적이고 화려하며 섬세한 장식적인 문양이 대부분이며, 조개, 소용돌이, 당초문양, 그 밖의 꽃이나 식물 등을 모티브로 사용하였고 주로 금빛이나 담채색으로 묘사된다.

로 콘트라스트(low contrast)　대비가 적은 배색을 가리킨다. 종래의 경우는 격자 문양이

로코코 프린트

라도 선과 바탕색이 시선을 끌도록 서로 대조를 이루는, 명도나 채도 등의 차이가 크게 나는 색채를 사용하는 것이 보통이지만, 1990년대에는 수수하고 은은한 무늬가 대두하고 있는 경향이다. 내추럴한 감각의 패션 유행과 파스텔 컬러를 비롯한 부드러운 색채 경향에서 주로 나타나는 색채 대비 방법의 하나이다.

로크 스티치(lock stitch)　윗실, 아랫실을 이용하여 재봉하는 보통의 재봉 스티치를 말한다.

로크 스티치

로큰롤 룩(rock'n roll look)　전세계 젊은이들을 사로잡았던 1950년대 로큰롤 음악을 추구하는 젊은이들의 의상 스타일을 말한다.

로클로르 코트(roquelaure coat)　무릎까지 오는 길이부터 아주 긴 길이까지의 두꺼운 외투로, 17세기 말에서 18세기 초에 남자들이 착용하였다. 경우에 따라서는 털로 장식하고 밝은 색의 실크로 안감을 댔으며, 케이프형의 칼라를 달고 승마할 때 착용하기도 한다. 루이 16세 때 목사였던 로클로르(1656~1738)의 이름을 따서 명명되었다. 로셀로라고도 한다.

로터리 스크린 프린팅(rotary screen printing)　자동으로 조절되며 롤러 프린팅과 스크린 프린팅을 합친 형태로 볼 수 있는 스크린 프린

팅 기법의 하나이다. 공정이 계속적으로 진행되어 생산 속도가 플랫 베드 스크린 프린팅법에 비해 빠르나 롤러 프린팅보다는 느리다. 그러나 롤러 프린팅에 비해 패턴을 교환하는 데 걸리는 시간은 더 짧다.

로톤데(rotonde) 레이스나 드레스와 같은 옷감으로 만들어진, 짧거나 7부 정도 길이의 서큘러 케이프로, 1850년대와 1860년대에 입었다.

로퍼즈(loafers) 모카신 토(moccasin toe) 구두와 같은 모양으로 발등에서 U자형으로 꿰맨 구두로, 형태가 다양하며 굽이 낮다. 덱 슈즈, 페니 로퍼, 태슬 슈즈 등이 있다.

로페스, 안토니오(Lopez, Antonio 1943~) 푸에르토리코 태생으로 뉴욕으로 이주하여 F.I.T.에서 수학한 후 일러스트레이터로 활약하였다. 1964년까지 뉴욕 7번가에서 스케치 아티스트로 일하다 찰스 제임스를 만나 그의 의상을 그려주었다. 그 후 1970년대에 파리로 이주하여 패션 일러스트레이터로 일하였다. 그의 일러스트레이션은 긍정적이며 활동적이고 현대적 힘을 느끼게 하며, 특히 대담한 붓놀림은 의상과 액세서리의 디테일을 잘 묘사하고 있다.

로프 네크리스(rope necklace) 로프를 연상시킬 정도의 긴 구슬 목걸이로, 보통은 진주로 만든다. 목 주위를 여러 번 감아서 착용하기도 하고 길게 늘어뜨린 후 매듭을 지어 착용하기도 한다. 1920년대에 유행하였으며, 그 이후로도 지속적으로 착용되는 우아한 목걸이이다.

로프 스티치(rope stitch) 한 번 꼰 체인 스티치를 간격을 좁혀 자수하는 방법으로, 완성되면 로프와 같은 느낌이 나므로 체인 스티치와는 완전히 다르다. 오버 스티치라고도 한다.

록살렌 보디스(roxalane bodice) 1820년대 말에 착용한 네크라인이 많이 파인 보디스로, 넓게 주름져서 접힌 것이 허리선과 비스듬히 만난다. 보디스 중앙에 뼈대가 있어서 주름을 제자리에 잡아주었다.

록살렌 슬리브(roxalane sleeve) 팔꿈치에 밴드를 대거나 절개하여 위아래로 불룩하게 부풀린 소매를 말한다. 1820년대 말에 착용하였다.

록 크리스털(rock crystal) 석영의 일종으로 맑고 투명한 수정류이다. 주변에서 많이 발견되기 때문에 가격이 비교적 저렴하다. 염주로 조각하기도 하며, 유리를 주물에 부어 염주를 만들어 모방한 모조 수정도 있다. 레이크 조지 다이아몬드는 록 크리스털의 잘못된 이름이다.

론(lawn) 경·위사에 60~100s 코마사를 사용하여 밀도를 작게 평직으로 제직한 얇은 면직물로, 침염 또는 날염하여 손수건, 블라우스, 커튼 등에 사용한다.

론 테니스 에이프런(lawn tennis apron) 왼쪽에서 잡아당겨 힘에서 주름이 지는 담갈색의 비브 에이프런으로, 왼쪽에는 테니스 공을 넣기 위한 큰 패치 포켓이 있으며, 다른 포켓은 앞 오른쪽에 낮게 달려 있다. 비브와 포켓은 자수로 장식되며, 1880년대의 여성들이 테니스할 때 착용하였다.

론 테니스 커스튬(lawn tennis costume) 몸에 타이트하게 맞는 상의에 스커트 뒷부분이 불룩하게 튀어나오게 한 버슬의 풍성한 스커트로 된 의상을 말한다. 때로는 스커트 끝단에다 테니스채와 공모양을 자수로 장식하는 경우도 있다. 1880년대 여성들이 테니스칠 때 착용하였다.

로톤데

로퍼즈

로프 스티치

론 테니스 커스튬

론 파티 드레스

롤 스티치

롤 슬리브

론 파티 드레스(lawn party dress)　초커 칼라가 달린 보디스와 길이는 발끝까지 내려오고 허리선에 장식띠를 한 고어드 스커트로 구성된, 야외에서 접대할 때 입기에 적합하도록 만든 1890년대의 애프터눈 드레스를 말한다. 꽃과 리본으로 장식된 펄럭이는 밀짚 모자와 베일을 같이 착용하였다.

롤드 에지(rolled edge)　⇒ 감은 단처리

롤드 칼라(rolled collar)　① 목선에서 올려 세운 뒤 둥글게 굴려 뒤집어 접은 칼라로, 앞보다 뒤가 높게 만들어졌다. ② 칼라 허리가 없이 평평한 플랫 칼라와 구분되는 칼라로, 목선에서 세워 올려 굴려 접고 내려오면서 어깨 부분에서 평평하게 눕게 만든 모든 종류의 칼라의 총칭이다.

롤드 칼라

롤드 헴(rolled hem)　⇒ 말아공그르기단

롤러(roller)　펠트로 만든 여성용 모자로, 모자의 챙이 위를 향해 둥글게 말려 올라간 것이 특징이다.

롤러 프린팅(roller printing)　금속 롤러에 프린트하고자 하는 패턴을 새긴 후 디자인의 색이 다른 날염호를 하나씩 별도의 롤러에 묻힌 다음 직물 표면에 반복적으로 회전시켜 완성된 무늬를 얻는 날염법이다. 생산 속도가 빠르고 16가지의 색까지 표현할 수 있다. 직접 날염(direct printing)이라고도 한다.

롤링 링(rolling ring)　링이 맞물려진 세 개의 금 고리 밴드 반지를 말한다. 1920년대 이래 카르티에(Cartier)에 의해 디자인되어 만들어졌다. 또한 6개의 맞물린 원으로 만들어진 것도 있다.

롤 스모킹(roll smocking)　주름 하나 하나를 롤 스티치로 엮어가는 스모킹의 한 방법이다. 스티치를 하면서 주름을 모으는 것이 어

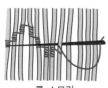

롤 스모킹

려우므로 먼저 주름을 잡고 그 위에 스티치하여 주름을 고정시킨다.

롤 스티치(roll stitch)　먼저 러닝 스티치를 한 후, 그 위에 휘감으면서 수놓는 방법이다. 선을 입체적으로 나타내는 데 사용하지만, 테두리에는 사용하지 않는다. 컷 워크와 드론 워크에 사용되며, 오버캐스트 스티치라고도 한다.

롤 슬리브(roll sleeve)　커프스 대신에 소매단을 여러 번 접어 올려 입게 만든 팔꿈치 정도 길이의 소매이다. 1950년대와 1960년대에 걸쳐 긴 소매를 접어 올려 입던 일시적인 유행으로부터 자연적으로 파생되었으며, 여성들의 테일러드 셔츠에 사용되어 유행하였다. 롤 업 슬리브라고도 한다.

롤업스(rollups)　17세기 말에서 18세기 중엽까지 착용한 남자들의 스타킹으로, 바지의 무릎 위까지 잡아당겨 신고 넓은 밴드로 접어 겹치게 하였다. 롤러즈(rollers), 롤링 스타킹(rolling stocking)이라고도 한다.

롤업 커프스(roll-up cuffs)　소매를 길게 연장시켜 접어 올려 커프스처럼 보이게 만든 것이다.

롤 업 커프스

롤 파딩게일(roll farthingale)　관 모양의 스커트로, 패딩한 롤을 허리 주위에 묶어 스커트의 형태를 부풀려 주었다.

롬퍼즈(rompers)　쇼츠나 블루머즈로 된 하의와 셔츠의 상의가 붙어 있는 것으로, 운동복이나 잠옷으로 사용된다. 제1차 세계대전 중에 블루머 타입의 롬퍼즈를 어린이들이 플레이 웨어로 입으면서 등장하였다. 1970년대의 여성과 아동들에게 유행하였다.

롬퍼즈

롱 베스트　　　　　　롱 블라우스

롱게트(longuette)　길이가 무릎과 발목 사이에 오는 드레스로, 1970년대 초부터 이 용어가 쓰이기 시작했으며, 미디라고도 한다.

롱 라인 브라(long line bra)　브래지어의 길이가 허리까지 내려오며 가슴을 받쳐 주듯이 딱딱하게 디자인되었다. 위장과 복근을 조정할 경우에나 가슴이 너무 풍만하여 짧은 형으로는 불안정할 때 사용한다. 때로는 어깨끈 없이 뼈나 철사로 만든다.

롱 라인 브라 슬립(long line bra slip)　길이가 긴 브라인 롱라인 브라가 부착된 페티코트나 반 속치마를 말한다.

롱 레그 크로스 스티치(long leg cross stitch)　크로스 스티치와 같은 모양의 방법으로 자수하지만 한쪽 방향의 바늘땀이 다른쪽 방향의 바늘땀보다 2배 길다. 롱 암드 크로스 스티치라고도 한다. 사각의 느낌을 낼 때나 직물을 빨리 메울 때 사용한다.

롱 레그 팬티 거들(long leg panty girdle)　살이 찐 곳을 조이기 위하여 착용하는 길이가 긴 팬티같이 생긴 거들이다.

롱 롤 칼라(long roll collar)　길이가 긴 롤 칼라를 말한다.

롱 베스트(long vest)　길이가 긴 조끼로 1970년대 히피들이 많이 착용하여 유행시켰다.

롱 블라우스(long blouse)　짧은 블라우스와 대조되는 상의로 힙을 가리는 길이가 긴 블라우스를 말한다. 튜닉이라고도 부르며, 대개 벨트를 코디네이트시켜 변화를 준다.

롱 슬리브(long sleeve)　소매의 길이를 뜻하는 명칭으로, 보통 손목까지 오는 긴 소매의 총칭이다.

롱 암드 스티치(long armed stitch)　플라이 스티치의 응용으로, 바늘을 사선으로 하여 위에서 아래까지 떠서 중심에서 실을 고정시킨다. 굵은 줄무늬에 사용된다.

롱 앤드 쇼트 스티치(long & short stitch)　직선으로 긴 스티치와 짧은 스티치를 교대로 꽂아 면을 메우는 데 이용한다. 문양의 외곽선에는 바늘땀의 간격이 촘촘하고 고르게 놓이도록 하고, 안쪽에는 긴 땀과 짧은 땀이 번갈아 놓이도록 한다. 꽃잎, 나뭇잎, 나무줄기 등에 수의 결을 살리면서 색상의 변화를 표현하는 수법이다.

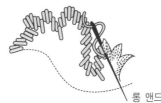

롱 앤드 쇼트 스티치

롱 존스(long johns)　길이가 긴 노동 조합 유니폼의 일부 또는 체온 보온을 위해서 착용하는 속바지의 속어이다. 롱 핸들즈라고도 불린다.

롱 존 트렁크스(Long John trunks)　무릎 바로 위에까지 오는 니트 팬츠의 남성용 수영복이다. 주로 밝은 빨간색, 초록색 또는 검정색의 폭이 넓은 줄무늬 패턴을 사용하여 만든다. 19세기 후반기에 헤비 웨이트급 권투 챔피언이었던 존 설리번(John L. Sullivan)이 입었던 권투 시합용 트렁크스에서 유래되

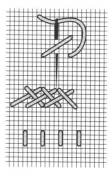

롱 레그 크로스 스티치

롱 암드 스티치

롱 토르소 드레스

롱 클로즈(long clothes)　① 17세기 후반에 나타난 갓난아기의 배내옷으로, 이전에 갓난 아기를 감싸던 강보 대신에 생긴 것이다. 길이는 약 3피트 정도이며 일반적으로 자수로 장식되어 있고 페티코트와 함께 착용했다. 오늘날에는 세례복이나 로브에서 볼 수 있다. ② 고급 면을 사용한 40~50번수 평직물로, 조직이 치밀하고 외관은 가공하여 순백색이다. 부드럽기 때문에 어린이용 의류나 란제리, 일반 내의 등에 사용된다.

롱 토르소 드레스(long torso dress)　허리 라인이 정상 위치보다 훨씬 길게 내려와 있는 드레스이다. 토르소 드레스 참조.

롱 트레인 드레스(long train dress)　바닥에 끌리는 트레인이 달린 이브닝 가운이나 정장 드레스, 웨딩 드레스 등을 말한다.

롱 팬츠(long pants)　길이가 긴 바지의 총칭이다.

롱 포인트 칼라(long point collar)　길고 뾰족하며 좌우로 벌어지고 간격도 좁은 셔트 칼라의 일종으로, 폭이 좁은 넥타이와 어울린다.

롱 포인트 칼라

롱 프렌치 노트 스티치(long french knot stitch)　프렌치 노트 스티치와 같은 모양으로 바늘에 1~3회 정도 실을 감고, 실을 뽑아낸 위치에서부터 조금 길게 바늘을 안으로 잡아 빼는 스티치이다.

롱 후드(long hood)　18세기의 여성들의 후드로, 양옆에 긴 끈(tab)이 달려 턱밑에서 묶을 수 있다.

루(loup)　16~17세기 동안 여성들이 착용한 검정 벨벳 마스크로, 당시 유행에 민감한 여

롱 프렌치 노트 스티치

성들이 거리에서 햇빛, 비, 먼지, 지나치는 남성들의 시선 등으로부터 얼굴을 보호하기 위해 착용하였다. 16세기에 얼굴 전체를 덮는 마스크는 여성들의 필수 패션 품목으로 승마를 할 때도 착용하였다. 착용하지 않을 때는 끈으로 허리의 벨트에 매달았다.

루나 패션(lunar fashion)　1969년 7월 20일에 미국의 우주인들이 인류 최초로 달에 착륙한 후, 그들의 옷과 액세서리를 모방하여 나타난 패션이다.

루렉스(lurex)　특수한 세공을 곁들인 금속사의 일종으로 우리 나라에서는 금속 섬유의 대명사로 쓰이며, 일명 반짝이로 불리고 있다. 광택을 특징으로 하는 메탈릭 패션(metallic fashion)에 많이 이용된다.

루렉스 얀(lurex yarn)　루렉스 참조.

루마니안 스티치(Rumanian stitch)　새틴 스티치처럼 면을 평행으로 메워 나가면서 각 실의 중앙을 비스듬히 짧게 하여 뜨는 수법이다. 오리엔탈 스티치라고도 한다.

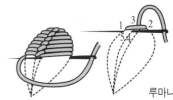

루마니안 스티치

루마니안 엠브로이더리(Rumanian embroidery)　홀바인 워크처럼 선자수에 의한 기하학적인 모양이다. 빨간색과 소량의 녹색과 황색의 색사로 하얀 울 블라우스, 셔트에 이용하며, 꽃모양이나 기하학적 모양을 자수한 것도 있다. 비즈나 스팽글을 장식으로 붙이기도 한다.

루마니안 카우칭 스티치(Rumanian couching stitch)　색실 자수의 표면자수에 이용하는 기법으로 루마니아식의 카우칭 스티치라는 뜻이다. 기로실 위로 건너 뜨며 비스듬히 고

루마니안 카우칭 스티치

정시키면서 수놓아 늘어놓는 방법이다.

루미 셔트(roomy shirt)　　여유있게 넉넉하게 착용하는 셔트류를 말한다.

루바슈카(rubashka)　　러시아의 민속의상으로, 풍성한 긴 소매에 힙을 가릴 정도로 길이가 길게 일직선으로 느슨하게 내려온 블라우스이다. 허리를 장식끈으로 묶거나 자수로 된 벨트를 매도록 되어 있다. 머리에서부터 입을 때 머리가 들어가기 편하게 앞 네크라인을 약간 또는 길게 터서 단추로 여미게 하였고, 네크라인, 소매둘레, 단 등을 자수나 민속적인 트리밍으로 장식하였다. 러시안 블라우스라고도 한다.

루바하(rubakha)　　리넨으로 풍성하게 만들어진 러시아 여성들의 블라우스이다. 긴 소매에 커프스가 달려 있고, 스탠드 칼라, 커프스, 앞단, 밑단에는 자수로 장식이 되어 있다. 사라판(sarafan)과 파뇨바(paneva)와 함께 착용되었다.

루벤스 해트(Rubens hat)　　1870~1880년대에 여자들이 착용한 모자로, 크라운이 높고 측면의 챙을 위로 접어올렸다. 때때로 깃털장식과 나비모양의 장식이 있다. 플란더즈의 화가 루벤스(Peter Paul Rubens, 1577~1640)의 이름에서 명칭이 유래하였다.

루비(ruby)　　커런덤(corundum)이라는 광석으로부터 얻어지는 적색계의 투명한 보석이다. 암적색이 선호되는 색깔이며, 별 모양의 광채를 지니고 있는 것은 별도로 스타 루비(star ruby)라고 한다. 가장 양질의 것은 미얀마에서 생산된다. 케이프 루비(Cape ruby)와 애리조나 루비는 사실 석류석(garnet)을 가리키는 말이며, 발라스 루비(balas ruby)는 스피넬을 가리키므로 원래의 루비와 혼동하기 쉽다. 심홍색(深紅色)에 가까운 루비색을 말한다.

루비셀(rubicelle)　　알루민산 마그네슘을 주성분으로 하는 광물로, 보석으로 쓰이는 변종도 있다. 스피넬 참조.

루비 킬러 슈즈(Ruby Keeler shoes)　　발등에서 리본으로 여미며, 굽이 낮은 펌프형 슈즈로 탭 슈즈와 유사하다. 1930년대 영화 배우 루비 킬러의 탭 댄스에서 유래하였다.

루스 부츠(loose boots)　　전체적으로 느슨하여 신기에 편한 실루엣을 특징으로 하는 부츠의 총칭이다. 특히 여성용에서 많이 볼 수 있으며, 발목 부분은 넓게 하여 착용하기에 편리한 디자인이 주류를 이루고 있다. 82/83 AW에 유행했던 부츠로, 그 후로 캐주얼하고 스포티한 패션에 많이 착용되고 있다.

루스 삭스(loose socks)　　느슨하여 흘러 내리게 신는 여성용 양말로, 1983년 춘하에 샌들과 함께 착용하는 것이 유행이었다. 당시 넝마 룩에 사용된 아이템의 하나였으며, 소재로는 주로 그물류(mesh)를 사용하였다. 또 양말의 데님도 늘어져서 누더기 룩의 독특한 분위기를 연출하는 데 일조하였다.

루스 슬리브(loose sleeve)　　헐렁하게 여유를 주어 만든 소매의 총칭이다.

루스 타이츠(loose tights)　　느슨하게 맞는 타이츠의 총칭으로, 어느 정도 두터운 니트 소재로 만들며 화려한 색채를 사용한 것이 많다. 착용자의 실제 크기보다 길고 느슨하게 만들기 때문에 무릎에서 발목에 이르기까지 주름이 지는 것이 특징이다. 레그 워머와 함께 주목받게 된 패션 아이템이며, 이즈 타이츠라고도 한다.

루시(ruche)　　여성복의 깃이나 앞중심, 소매끝 등에 붙이는 주름 장식끈이다.

루실(Lucile 1862~1935)　　영국 런던 출생의 디자이너로, 여자 친구를 위하여 옷을 만든 것이 계기가 되어 1892년 패션 스토어를 열게 되었다. 20세기 초 20여 년 동안 런던, 뉴욕, 시카고, 파리에 지사를 갖고 가냘픈 거즈, 태피터, 포플린, 실크로 만든 티 가운이 유명하다. 영화 배우와 왕족들이 그녀의 고객이었고, 1907년 영화 '행복한 미망인(The Merry Widow)'의 스타인 릴리 엘지를 위한 의상을 만들고 국제적인 명성을 얻기 시작했다. 동양적이며 낭만적인 감각의 이브닝 드레스, 레이스와 구슬 장식이 있는 볼 가운이 특징적이다. 1918년 문을 닫았다.

루비 킬러 슈즈

루프 버튼홀

루싱(ruching)　옷감을 특수한 바느질로 오그려 만든 일종의 장식끈이다. 어린이 모자, 부인복 수트의 안주머니, 코트의 안단선 장식에 쓰인다.

루아너(ruana)　남아메리카 콜롬비아의 투우사들이 입는 사각으로 된 작은 판초로, 콜롬비아에서는 다목적으로 입으며, 콜롬비안 비행기 회사의 유니폼으로 입었다.

루아우 팬츠(luau pants)　하와이의 대담한 프린트지로 만든 종아리까지 오는 길이의 남성용 반바지로, 하와이의 루아우섬의 파티에서 처음 등장한 데서 유래하였다.

루이, 장(Louis, Jean 1907~)　프랑스 파리 출생의 디자이너로, 파리의 아르 데코에서 공부하였고 1930년대 초 뉴욕으로 가서 하티 카네기에 고용되어 일하였다. 1943년 할리우드의 콜롬비아 영화사의 의상 부문 수석 디자이너로 일하다가 1958년 유니버설 스튜디오로 옮겼다. 1961년 이래 이브닝 웨어를 전문으로 하는 기성복 사업을 경영하며 프리랜서로 무대 의상 디자인을 하고 있다.

루이 필립 커스튬(Louis Philippe costume)　1830~1850년에 유행했던 여성복 스타일로, 케이프 또는 레이스나 러플로 어깨를 강조하였으며, 허리 부분은 꼭 맞고 스커트는 넓고 풍성하다. 일반적으로 앞부분을 강조하였으며, 밀짚으로 정교하게 장식한 보닛과 함께 착용하였는데, 이 의복의 명칭은 1830~1848년에 프랑스의 왕이었던 루이 필립에서 유래한 것이다.

루이 힐(Louis heel)　구두 뒷굽의 옆면과 뒷면 주위가 안쪽으로 심하게 굴곡이 지고 바닥이 약간 벌어진 구두로, 루이 15세 때 신었던 구두와 비슷한 중간 높이의 힐이다. 낮게 변형된 것은 베이비 루이 힐(baby Louis heel)이라고 한다.

루이 힐

루카스, 오토(Lucas, Otto 1903~1971)　독일 태생의 여성 모자 디자이너로, 파리와 베를린에서 공부한 후에 1932년 런던에서 살롱을 열었고, 고객과 영화를 위해 모자를 디자인하였다.

루프(loop)　실이 고리로 되어 있는 상태를 말한다. 천으로 고리를 만들 때는 바이어스천으로 만들며, 용도는 단춧구멍, 벨트 고리, 속옷 고리 또는 안감과 겉감을 고정시키는 데 사용된다. 장식을 목적으로 할 때는 주로 드레시한 옷에 사용한다.

루프 버튼홀(loop buttonhole)　코드, 얇은 안감지 등을 사용하여 만든 고리 단춧구멍을 말한다. 실로 만드는 경우에는 블랭킷 스티치 등을 사용하여 스레드 루프(thread loop), 혹은 핸드 워크 루프라 한다. 또한 얇은 천으로 통형의 관형으로 만든 것은 패브릭 루프, 혹은 룰로 루프(rouleau loop)라고 부른다.

루프사(loop yarn)　⇒ 루프 얀

루프 스티치(loop stitch)　루프를 만들면서 자수해 가는 스티치의 총칭이다. 스티치 도중에 루프를 만들며 자수하는 방법도 이에 속한다. 굵은 선이나 잎맥 등을 수놓는 데 적당하며, 루프트 스티치, 탬부어 스티치라고도 한다.

루프 얀(loop yarn)　루프가 가깝게 일정한 간격으로 심사의 주위에 배치된 이합 장식사를 말한다. 컬 얀(curl yarn)이라고도 한다.

루프트 드레스

루프트 노트 스티치(looped knot stitch)　그림과 같이 번호순대로 매듭을 지으면서 꽂는 스티치이다.

루프트 드레스(looped dress)　1860년대 착용

한 두 겹으로 된 후프 스커트 드레스이다. 드
레스의 겉스커트를 라이온즈 루프(lyons
loop)라는 클립(드레스 홀더 또는 탭)을 이
용해 4~6군데를 둥글고 우아하게 걷어올려
언더스커트를 보여준다.

루프트 브레이드 스티치(looped braid stitch)
⇒ 브레이드 스티치

루프트 스티치(looped stitch)　⇒ 루프 스티치

루프 파일(loop pile)　파일 섬유가 고리의 형
태로 기포면에 수직으로 심어져 있는 파일
직물을 말한다.

룩(look)　의복의 특수한 소재나 실루엣 또는
스타일 등 디자인의 특징을 말할 때 사용하
는 용어이다. 일반적으로 스타일과 혼용되어
사용된다.

룬지(lungi)　① 인도의 낮은 계급층의 남성들
이 착용한 한 장의 천으로 둘러입는 짧은 길
이의 랩 스커트 또는 로인클로스이다. ② 인
도에서 스카프, 터번, 로인클로스 등을 만드
는 직물을 말한다.

룰렛(roulette)　패턴을 제도할 때 선을 다른
종이에 베끼는 데 사용하는 기구이다. 또는
면에 표시를 남기기 위하여 사용하기도 한
다. 영어로는 트레이싱 휠(tracing wheel)이
라고 불린다.

룰렛

룰록스(rouleaux)　천에 일정한 간격으로 스티
치하여 퍼프를 준 관 모양의 장식으로, 1820
년대 여성들의 스커트 단 가장자리 장식에
사용하였다.

룸바 드레스(rhumba dress)　허리가 노출된
것으로, 룸바 춤을 출 때 입는 앞이 터진 넓
은 스커트로 된 드레스를 말한다. '사우스
아메리칸 댄스'라는 영화에 출연한 여배우
카르멘 미란다로 인하여 더 유행하였다.

룸바 슬리브(rhumba sleeve)　러플이 여러 줄
달린 원통 모양의 소매로, 남아메리카 지방
의 룸바 춤을 추는 남자 무용수의 복장에서
유래하였다.

룸바 팬티즈(rhumba panties)　여러 줄의 러
플로 된 어린 소녀들의 팬티로, 남아메리카
의 무희들이 춤출 때 착용한 의상에서 유래
하였다.

뤼세(ruché)　목 주위에 트리밍으로 사용한 정
교한 프릴이나 레이스 장식으로, 16세기 말
러프로 발전했다.

르네상스 레이스(Renaissance lace)　삼끈, 테
이프, 마사 등을 모아 무늬를 만든 것으로 약
간 엉성한 느낌이 들며, 수편과 기계편이 있
다. 수편인 것은 깃과 소매 부분에, 기계편인
것은 덮개, 수예용 등에 사용한다.

르네상스 엠브로이더리(Renaissance embro-
idery)　⇒ 컷 워크

르네상스 컬러(Renaissance color)　1980년,
1981년 추동 시즌을 위해 영국 울 트랜드 컬
렉션에서 발표된 색상이다. 스테인드 글라스
에 보이는 색배합으로 전통적인 태피스트리
의 색조이다. 이탈리아 프레스코화에 보이는
부드러운 색조 등 중세의 르네상스 시대 예
술을 이미지의 원천으로 한다. 1980, 1981
년 추동 파리 오트 쿠튀르 컬렉션의 일부 디
자인에 사용된 바 있다.

르댕고트(redingote)　① 속에 입은 드레스나

르댕고트

르댕고트

르롱, 루시앙

페티코트가 보이도록 앞이 열리고 벨트가 달린 여성용 코트이다. ② 삼각천(gore)이 들어간 코트 드레스를 말한다. ③ 18세기에 남자가 주로 입은 더블 브레스티드의 긴 오버코트이다.

르댕고트 멘(redingote men)　① 1725년경 프랑스에서 말을 탈 때 착용한 칼라가 크고 넉넉한 오버코트이다. ② 1830년에 나타난 청색의 군복 스타일의 방한용 외투로, 프로그(frog : 상의의 가슴 따위에 다는 단추고리를 겸한 장식끈)로 여미며, 슬로핑 포켓(sloping pocket : 경사진 주머니)과 모피 칼라가 달렸다.

르댕고트 코트(redingote coat)　① 여성들이 입는 프린세스 스타일의 몸에 꼭 맞는 긴 코트이다. 앞자락은 약간 벌어지게 하여 속의 드레스가 들여다 보이도록 디자인되었고, 때로는 더 잘 보이게 하기 위하여 일부러 치마의 앞자락을 잘라내기도 한다. 르댕고트는 영어의 라이딩 코트가 프랑스어식으로 변화한 것으로, 원래는 승마복의 상의를 말한다. 넓은 어깨, 잘록한 허리, 퍼져 내려간 스커트가 특징이다. 넓고 큰 칼라에 풍성한 오버코트로 1725년경에 프랑스에서 승마복으로 착용한 데서 시작되었다. ② 1830년대 청색 옷감으로 된 군복 스타일로, 털 칼라가 달렸고 프록 장식으로 여밈을 한 코트로 폴로네즈라고도 부른다. ③ 남성들의 코트에서 시작하

르댕고트 코트

여 1790년, 1890년 등 여러 차례 유행하였다. 남성적인 여성의 프록 코트 또는 영국의 승마 코트가 대표적이다.

르 데르니에 모드(le dernier mode)　프랑스 용어로 패션의 최신유행을 말한다.

르 데르니에 크리(le dernier cri)　프랑스 용어로 패션에서의 최상품을 말한다.

르롱, 루시앙(Lelong, Lucien 1889~1958)　프랑스 파리 출생의 디자이너로, 작은 의상실을 경영하던 양친 밑에서 태어나 가업을 계승했다. 그는 혁신적인 디자인보다는 아름다운 직물들의 기교와 솜씨에 더 주력한 디자이너로, 란제리와 스타킹에까지 영역을 넓혔다. 1934년 부티크 '에디시옹'을 창설하고 오트 쿠튀르 부문에서 만들어낸 작품을 기초로 소재를 바꾸거나 가봉 횟수를 줄이는 등 제작 비용을 삭감함으로써 적당한 가격으로 모드의 대중화에 앞장섰다. 제2차 세계대전 중 오트 쿠튀르 조합의 회장이 되어 파리 모드계의 발전에 공헌했다. 그러나 전후 모델리스트인 피에르 발맹과 크리스티앙 디오르가 연이어 그의 곁을 떠나자 1948년 하우스의 문을 닫았고, 1926년에 설립한 향수 부분만이 잠시 유지되었다.

르방틴(levantine)　① 라이닝으로 사용된 트윌직의 광택이 나는 면직물로, 짧은 면섬유로 조밀하게 직조한다. 원래는 르방(Levant : 동지중해의 끝과 에게해에 둘러싸인 지역)에서 영국으로 수입되는 실크로 만들었다. ② 19세기 초의 벨벳을 말한다.

르브라(rebras)　13~17세기에 의류나 액세서리 등의 일부가 젖혀져서 안감이 드러난 것을 말한다.

르비아탕(leviathan)　자수나 편물을 하는 데 사용하는 부드러운 모사를 가리킨다.

르파조(refajo)　여성들이 착용한 랩 또는 플리츠 스타일의 스커트를 말한다.

리가드 링즈(regard rings)　16세기에 유행한 반지로, 보석으로 러브(love)나 사랑하는 사람의 이름 등의 스펠링을 이니셜로 세팅하였다.

리개터 룩(regatta look)   보트 경기를 할 때 선수들이 착용하는 유니폼에서 유래한 스타일로, 백색과 감색의 굵은 줄무늬, 금색 단추, 세일러 칼라 등으로 이루어져 머린 룩과 유사하다.

리개터 부츠(regatta boots)   요트 경주를 할 때 신는 부츠이다.

리개터 셔트(regatta shirt)   앞면은 단순하게 된 케임브릭, 옥스퍼드 줄무늬지로 된 남자들의 셔트이다. 1840년에 캐주얼한 여름 상의로 착용하였다.

리넨(linen)   ⇒ 아마

리넨 다마스크(linen damask)   리넨으로 짠 다마스크로, 자카드 무늬를 넣은 후 일광 표백하여 광택이 있는 두꺼운 직물이다. 가구용 천, 커튼, 책상보, 냅킨, 타월, 베갯잇 등에 사용된다.

리넨 엠브로이더리(linen embroidery)   리넨을 바탕감으로 한 자수로서, 구간 자수와 바탕감에 자유로이 수놓는 방법 등 두 가지가 있으며, 이 자수는 여러 나라 농민들의 수공업으로 알려져 있다. 따라서 각 나라에 따라 특색있는 방법이 탄생되어 모양이나 색으로 쉽게 국적을 판별할 수 있다. 16~17세기 이탈리아, 그리스, 에스파냐의 자수는 대개 엷은 빨간색 한 가지 색이었고, 이에 비해 동양을 기원으로 하는 것은 금사, 은사, 색사가 혼합된다. 또한 슬로베니아, 헝가리, 스웨덴 농부들의 리넨 자수는 빨간색, 노란색, 파란색 등의 원색을 주조로 하고 있다.

리넨 크래시(linen crash)   실을 염색한 후 직조한 표면이 고르지 않은 질감의 효과를 지닌 직물로, 특히 백색과 검정색의 조화로 직조한다. 리넨이나 면사를 배합하여 평직으로 직조하며, 1920년대의 니커즈에 많이 사용하였다.

리노직(leno weave)   ⇒ 사직

리뉴얼(renewal)   고객의 라이프 스타일의 변화에 대응하여 매장을 새롭게 재구성해 새로운 시각을 재개하는 의미의 업계 용어이다.

리더 아이템(leader item)   소비자 유치를 위해 일정 기간 동안 가격을 저하시킨 상품을 말한다.

리더 프라이싱(leader pricing)   선도적인 가격 설정의 뜻으로 스페셜 프라이싱과 같은 의미이다. 상품의 원가나 그 상품의 매상은 별로 생각하지 않고 어디까지나 상품에 의해서 고객을 불러 상점 전체의 매상이나 이익을 올리려고 하는 것이 제일 큰 목적으로 되어 있다.

리드미컬 노트 드롭 스티치(rhythmical knot drop stitch)   체인 스티치와 같은 방법으로, 번호순대로 꽂는다.

리딩 스트링즈(leading strings)   부모들이 걸음마를 배우는 어린아이들을 보호하기 위해 아이 옷의 등에 부착시킨 긴 끈으로, 17~18세기 영국이나 프랑스에서 성행했다.

리머릭 램스킨(Limerick lambskin)   18세기 후반과 19세기 전반 동안 여성들이 착용한 짧거나 긴 장갑으로, 어린 양이나 아직 태어나지 않은 태내의 양의 가죽으로 만들었다.

리무버블 커프스(removable cuffs)   ⇒ 닥터 커프스

리무진(limousine)   목 주변에 셔링이 있어서 몸판이 풍성한 발목 길이의 원형의 여성용 이브닝 케이프를 말하는 것으로, 1880년대 후반에 착용하였다.

리미티드 머천다이징 크레디트 스토어(Limited Merchandising Credit Store)   한정된 품목만 취급하는 크레디트 스토어를 LMCS라고 부른다. 이에 반하여 모든 상품을 취급하는 경우는 GMCS(General Merchandising Credit Store)라고 한다.

리바이스(Levi's)   앞뒤에 장식 스티치를 스포티하게 박은 2개의 옆주머니와 또 양쪽 힙에 겉주머니가 달린 리바이스 회사에서 만든 진즈를 말한다. 덩거리즈, 블루 진즈의 상표로 칭하며 남북 전쟁 약 10년 전인 1840년 바바리안 이민인인 20세의 리바이 스트라우스(Levi Strauss)가 샌프란시스코에서 금을 캐기 위해 텐트와 마차 커버용으로 두꺼운 갈색 캔버스지를 준비하였다가 금을 캐는 동안

질기고 튼튼한 옷이 필요한 것을 알고 캔버스지로 바지를 만들어 팔기 시작한 것이 시초가 되었다. 현재 샌프란시스코에 29층의 리바이스 본사 빌딩이 있고, 그 이름을 따서 전세계에서 가장 질기고 좋은 진 바지, 작업복 바지 등의 하나가 리바이스라는 명칭을 얻게 되었으며 전세계로 수출되고 있다. 뉴욕시의 메트로폴리탄 박물관, 인스티튜션, 워싱턴 D.C.의 스미스소니언 인스티튜션, 미국 컬렉션에 리바이스가 포함되어 있다.

리바이스

리바이어선 스티치(leviathan stitch) ⇒ 더블 크로스 스티치

리버 레이스(Leaver lace) 1813년 영국인 리버(J. Leaver)가 발명한 레이스 편기나 이 편기로 제편한 레이스를 말한다. 부인복지, 커튼, 테이블보 등에 사용된다.

리버리(livery) 하인들이 착용한 옷이나 유니폼을 말했으나 지금은 간단히 자가용의 고용운전사(chauffeurs)의 유니폼을 말한다.

리버스(libas) 현대의 이집트 남성들이 민족고유복식의 하나로 착용하는 길고 풍성한 바지로, 길이는 무릎까지 오는 것도 있다.

리버스 기슈 컬(reverse guiches curl) 귀의 뒤쪽으로 곱슬하게 굽은 머리의 컬을 말한다.

리버시블(reversible) 안쪽이나 바깥쪽을 원하는 대로 뒤집어 양면으로 입을 수 있는 것을 말한다. 대개 안팎을 각각 다른 천으로 만들어서 두 가지로 코디네이트시켜 입을 수 있는 장점이 있다.

리버시블 베스트(reversible vest) 체크지, 코듀로이, 페이즐리, 프린트 등으로 안과 겉을 조화시켜서 양쪽으로 착용하게 만든 조끼이다. 남성들의 네 가지로 된 수트에 바지 2개와 같은 옷감으로 이러한 스타일의 조끼를 만드는 경우가 많다.

리버시블 재킷(reversible jacket) ① 안팎을 뒤집어 입을 수 있게 디자인된 재킷을 말한다. ② 오리털을 넣어 누빈 것으로, 지프 아웃(zip-out) 소매에 앞지퍼를 달고 손목과 허리에 니트를 댄 짧은 재킷이다. 나일론 소재를 사용하여 만들고, 뒤집으면 소매를 떼어 내고 니트 재킷으로 입을 수 있게 디자인된다.

리버시블 코트(reversible coat) 양면을 모두 사용할 수 있는 옷감으로 만들거나 겉과 안을 뒤집어서 양쪽으로 입을 수 있도록 두 가지 다른 옷감을 사용하여 만든 코트이다. 겉과 안의 질감과 색깔의 조화로써 좋은 효과를 얻을 수 있다. 방수처리된 겉감에 어울리는 프린트지로 안감을 조화시키는 경우도 많다.

리버시블 클로딩(reversible clothing) 뒤집어 입을 수 있는 동시에 양면으로 된 옷 종류들을 말한다. 대개 색, 무늬, 스타일들이 양쪽이 달라서 한 가지 옷으로 두 가지의 색다른 느낌을 가질 수 있는 것이 특징이며, 케이프 판초, 코트 등에 이용된다.

리버시블 패브릭(reversible fabric) 직물의 표면과 뒷면을 똑같이 가공하여 뒤집어 사용할 수 있는 직물을 말하거나 또는 남녀의 코트감으로 한 면은 소모사로, 다른 면은 방수처리한 면능직으로 이루어진 직물을 가리킨다.

리버티 베스트(liberty vest) 마부들이 정장 차림에 입는 조끼로, 7개 내외의 작은 단추가 한 줄로 달린 싱글 브레스티드이고, 작은 칼라가 달려 있다.

리버티 스트라이프(liberty stripe)　히코리 스트라이프(hickory stripe) 또는 빅토리 스트라이프(victory stripe)라고도 한다. 보통 청색과 흰색의 세로 방향의 줄무늬로, 청색이 흰색의 두 배 넓이이거나 또는 청색 바탕에 다양한 넓이로 된 흰색 줄무늬가 있다. 문지기나 수위의 유니폼, 노동복, 근래에는 스포츠 웨어에 즐겨 이용된다.

리버티 캡(liberty cap)　고대 그리스인들이 착용했던 프리지안 캡이 18세기에 다시 유행한 것으로, 프랑스 혁명군들이 자유의 뜻으로 착용했다.

리버티 프린트(Liberty print)　영국 런던에 있는 리버티사에서 개발한, 직물의 전면을 덮는 꽃무늬 문양의 날염으로, 리버티사에서 생산되는 면이나 실크 직물의 전형적인 문양을 말한다.

리번드(riband)　① 14~15세기 복식의 가장자리를 장식하는 아이템이다. ② 16세기에 사용한 좁은 장식밴드를 말한다.

리본(ribbon)　비단이나 인견 등으로 만든 좁고 긴 띠의 총칭이다. 리본을 나비 모양으로 묶은 것은 보라고 한다.

리본사(ribbon yarn)　견 또는 화학섬유의 실을 가는 폭의 테이프 모양으로 짠 것으로, 수예의 리본 자수에 사용한다.

리본 엠브로이더리(ribbon embroidery)　리본을 사용하는 자수의 총칭으로, 보통 자수처럼 바느질하는 것도 있다. 0.3~0.5cm 폭 정도의 리본을 사용하여 도안을 메우기도 하고 무늬없는 리본 또는 선염이 된 리본을 사용하기도 한다. 각종의 자수 방법이 있지만 스티치 기법에 의한 것과 소재의 독특성을 주제로 한 것도 있고, 소품, 실내장식품 등에 응용되며 벽 장식물 등에 사용된다. 브레이드 엠브로이더리라고도 한다.

리본 칼라(ribbon collar)　리본을 두르도록 만든 여성스러운 분위기의 칼라로, 주로 블라우스에 많이 사용된다.

리브드 호즈(ribbed hose)　직조 과정에서 줄무늬가 생기도록 직조된 재질의 호즈이다.

리브 스트라이프(rib stripe)　직조시 경·위사에 의해 형성된 이랑으로 이루어진 줄무늬를 말한다.

리브 위브(rib weave)　⇒ 두둑직

리브 티클러 스윔 수트(rib tickler swim suit)　상복부가 보이는 여성용 투피스 수영복으로, 니트와 같이 신축성이 있는 소재를 사용하여 만들기도 한다.

리브 패브릭(rib fabric)　고무편이나 두둑직으로 이루어진 직물의 총칭이다.

리비어(revers)　라펠의 또 다른 이름으로, 깃의 안쪽이 보이도록 뒤집어 꺾어 접은 것이다.

리사이클드 진즈(recycled jeans)　재활용한 진 소재로 만든 바지류를 가리킨다.

리사이클 모(recycled wool)　재생모와 재조작모를 총칭하여 사용하는 용어로, 회수모를 의미한다.

리사이클 숍(recycle shop)　재생 숍이라고 할 수 있다. 중고 상품들을 모아 저가격으로 판매하는 상점으로, 수선을 전문으로 하는 리폼 숍(reform shop)과는 구별된다.

리센느 룩(lycénne look)　리센느란 프랑스의 여고생을 칭하는데, 그들이 입는 심플하고 귀여운 평상복을 말하며, 블레이저나 카디건 스타일이 여기에 속한다.

리슐리외 엠브로이더리(Richelieu embroidery)　프랑스에서 행하는 컷 워크에 의한 백사자수이다. 바로크풍 장식의 황금 시대에 유행했던 것으로, 당시 루이 13세의 재상으로 사실상의 지배자였던 리슐리외(Richelieu, 1585~1642)의 이름을 기념하여 붙여진 것이다. 큰 물결무늬의 스캘럽이나 커다란 모양의 컷 워크에 피코가 붙은 브레이드가 있는 강렬한 느낌으로, 비교적 두꺼운 마직물에 백사를 사용한다.

리스터 모(leister wool)　링컨과 함께 장모종에 속하는 재래종 면양인 리스터로부터 얻는 모를 말한다. 섬유가 조경하고 굵어 품질이 낮으며, 켐프를 포함한다.

리스트 렝스 슬리브(wrist length sleeve) 손목까지 오는 길이의 소매를 말한다.

리스트 스트랩(wrist strap) 손목에 착용하는 버클이 달린 폭이 넓은 가죽 밴드를 말한다. 보통 금속 단추로 장식되며, 1960년대 후반에 등장하였다.

리스트 워치(wrist watch) 손목에 차는 시계로 제1차 세계대전 중에 소개되었다. 문자판(faces)의 형태와 크기가 다양하고 줄을 바꿔 끼울 수도 있다. 어떤 것은 다이아몬드를 박기도 해서 다이아몬드 워치라고도 불린다.

리스트 워치 워드로브(wrist watch wardrobe) 교환이 가능한 다양한 색상의 시계줄이 달려 있는 여성용 시계를 말한다.

리시더 그린(reseda green) 목서초(木犀草)에서 볼 수 있는 황록색을 말하며, 회록색(grayish green)을 의미하기도 한다.

리시딩 컬러(receding color) 후퇴해 보이는 색으로 축소되어 보이며 찬 느낌의 색이 여기에 속한다. 후퇴색의 반대는 진출색이 있다.

리 시스템(lea system) ⇒ 마번수

리아스(liars) 18세기 후반에 여성들이 피슈 밑에 착용한 철사로 된 구조물로, 가슴을 좀 더 크게 보이기 위해 착용하였다.

리얼 수트(real suit) 정통 스타일의 테일러드 수트를 일컫는 것이다. 1960년대 후반기의 영 패션이나 1970년대의 위크 웨어 룩 등에서 볼 수 있는 캐주얼하고 스포티한 스타일과 대조적인 것으로, 구분하기 위하여 붙여진 명칭이다.

리옹 벨벳(Lyon velvet) 두껍고 단단하게 짠 융단으로, 짧은 파일이 똑바로 서 있다. 순견 직물로 프랑스의 리옹(Lyon)에서 만들어진 것으로, 외투, 모자 등에 사용된다.

리저드(lizard) 아프리카, 남아메리카에서 주로 서식하는 도마뱀을 말한다. 몸체의 결에 따라 살모양의 무늬가 있고 옆과 꼬리 쪽에 악어와 비슷한 무늬가 있으며 가죽은 질기다. 주로 장갑, 벨트, 핸드백, 구두 등에 사용된다.

리조트 웨어

리전스(regence) ① 헤링본 스트라이프와 같은 효과가 있는 경사 돌출 타이직으로, 부드러우며 광택이 있다. ② 19세기 말 영국에서 만든 좋은 견직물로, 광택이 있으며 표면에 골조직이 나타난다.

리전시 칼라(regency collar) 나폴레오닉 칼라와 비슷한 모양의 칼라로, 사이즈가 조금 작다.

리전시 커스튬(regency costume) 프랑스에서 1715~1723년 루이 15세 시대에 가벼운 옷감으로 어깨를 강조하여 크게 한 바스크 스타일의 옷으로, 팔꿈치까지는 꼭 맞고 그 밑으로부터는 플레어가 있다. 러플로 마무리진 사보 소매에 치마 양쪽이 부풀려진 패니어 스커트의 드레스이다. 영국에서 1811~1820년대 웨일가 왕자 시대에 댄디즘과 보 브루멜의 의상들이 유행할 때 유행한 의상들을 말한다.

리전시 코트(regency coat) 리전시 칼라에 더블 브레스티드로 된 남녀 코트로, 때로는 소매에 넓은 커프스가 달리고 뒤쪽에 주름이 잡혀 있다. 섭정 시대의 코트에서 유래하였다.

리전시 코트

리조트 웨어(resort wear) 행락지 등에서 입는 옷들을 말한다. 이러한 종류의 의복의 유행은 외국에서는 프랑스의 니스라든가 미국에서는 하와이, 플로리다로부터 시작되는 경우가 있다.

리조트 해트(resort hat) 휴양지에서 쓰는 모자로 햇빛을 가리기 위한 넓은 챙이 있다.

리죄즈(liseuse) 집에서 착용하는 여성용 홈 웨어로, 요크 부분에 주름을 풍성하게 잡아 만든 것으로 스목과 유사하다.

리질리언스(resilience) 압축 탄성으로, 섬유 가 외부의 힘의 작용으로 굴곡 압축 등의 변 형을 받았다가 외력이 사라졌을 때 되돌아가 는 능력을 말한다. 따라서 리질리언스는 카 펫에 사용되는 섬유, 침구용 솜의 성능과 밀 접한 관계가 있으며, 피복의 내추성에도 크 게 영향을 준다.

리치, 니나(Ricci, Nina 1883~1970) 이탈리아 태생의 디자이너로, 1932년 개점한 니나 리 치는 파리에서 가장 오래된 하우스 중의 하 나이며, 그의 아들 로버트(Robert)에 의해 운영되고 있다. 본명은 마리 니에리이며 소 녀 시절 가족과 함께 파리로 이주해 평생 동 안 파리에서 살았다. 어린 시절부터 의상에 남달리 흥미를 보였던 그녀는 13세의 어린 나이에 재봉사가 되었고 18세에 아틀리에의 봉제주인이 되었다. 루이 리치와 결혼한 후 라판사와 공동으로 미국 바이어에게 샘플 원 형을 판매한 것을 계기로 1932년 '니나 리 치'를 창설했다. 그녀는 직접 모델에게 드레 이핑하면서 디자인과 동시에 재단을 시행하 는 뛰어난 재능을 소유하고 있었다. 1945년 처음으로 향수를 만들어 인기를 끌었고 1947년에는 '렐, 듀탕(이브의 딸)' 등 수종 의 향수 개발로 전통적인 향수 메이커로 위 치를 확고히 하였다. 1954년 줄 프랑수아 크 라에를 초빙하여 컬렉션의 제작을 분담시켰 으며, 1963년 크라에가 랑방사로 자리를 옮 기자 프레타포르테에서 활약하고 있던 제라

리치, 니나

르 피파르(Gérard Pipart)가 주임 디자이너 로 취임하여 현재에 이르고 있다.

리치 브라운(rich brown) 풍부한 느낌이 드 는 갈색계의 고동색을 말한다. 1987년 남성 패션에 등장한 추동의 유행색으로, 결실의 가을을 연상시키는 풍부한 느낌이 특징이다. 이런 갈색을 고상한 브라운이라고도 부른다. 샴페인에 보이는 색에서 황갈색에 이르기까 지 다양한 색을 포함한다.

리치 컬러(rich color) 부유해 보이는 색, 풍 부한 색을 의미하며, 전체에 회색이 들어가 깊은 맛이 있는 색이나 골드, 에메랄드 그린, 아이언 블루, 와인 레드 등이 여기에 속한다. 부유한 느낌을 선호하는 현대 패션 경향에서 주목받는 색채이다.

리치 페전트 룩(rich peasant look) 1960년대 말의 농부들의 복식이나 지역 고유의 복식 경향을 말한다. 중간 길이의 스타일로 프린 트나 염색한 평직의 실크 혹은 벨벳 등의 천 에 정성들여 화려한 장식을 하거나, 납작한 끈이나 리본으로 화려하게 밴드 장식을 하였 다. 이브 생 로랑, 오스카 드 라 렌타 등의 디자이너들이 이런 타입으로 디자인하였다.

리크랙(rickrack) 코트 재킷의 안주머니 입구 에 하는 장식이다. 산 모양으로 옷감을 가로, 세로 각각 2cm인 정사각형으로 재단하여 차 례차례 겹쳐 놓은 형태이다.

리크루트 수트(recruit suit) 취업기에 대학생 들이 선호하는 수트 또는 신입사원용 수트이 다. 무난하고 프레시맨에게 어울리는 것이 특징으로, 트래디셔널 스타일이나 내추럴 모 델의 감색 스리피스가 대표적이다.

리크루트 컬러(recruit color) 신병, 보충병 등 에게서 볼 수 있는 색채를 의미한다.

리클라이닝 트윌(reclining twill) ⇒ 완능직

리키엘, 소니아(Rykiel, Sonia 1930~) 프랑 스 파리 출생으로, 냉철하고 세련된 패션 디 자이너이다. 결혼 후 임부복으로 적당한 것 이 없어서 자신의 것을 디자인한 것이 동기 가 되어 디자이너가 되었다. 1968년 파리의 백화점에 부티크를 열었고, 급성장하자 미국

리키엘, 소니아

등 해외에 점포를 개설하였다. 그녀는 자신
이 입고 싶은 옷을 만든다는 신조를 갖고 자
유로운 영감으로 옷을 만든다. 주로 부드러
운 저지나 크레이프, 니트를 소재로 캐주얼
한 디자인을 하지만 클래식한 디자인도 함께
추구하고 있다.

리틀 걸 룩(little girl look)　　1967년에 소개된
여성들의 스타일로, 12살 소녀의 드레스를
모방한 룩이다.

리틀 걸 칼라(little girl collar)　　폭이 좁고 끝
이 둥근 플랫 칼라로 피터 팬 칼라와 비슷하
며 크기는 더 작게 만든다. 주로 여자 아동복
에 많이 사용된다.

리틀 로드 폰틀로이 수트(Little Lord Fauntl-
eroy suit)　　어린 소년의 복식으로, 벨벳 튜
닉과 무릎 길이의 바지를 넓은 벨트와 함께
착용한 것을 말한다. 흰색의 레이스로 장식
된 넓은 칼라와 커프스가 달린 블라우스, 검
정색의 스타킹과 펌프스를 함께 착용하고,
머리는 어깨 길이로 한다. 1886~1914년에
미국의 소년들이 특별한 행사를 위한 예복으
로 착용하였다. 1886년에 소설 《리틀 로드
폰틀로이》에 묘사된 주인공의 의상에서 기인
하였다.

리틀 로드 폰틀로이 수트

리틀 보이 쇼츠(little boy shorts)　　밑단을 접
어올려 커프스를 단 짧은 반바지이다. 1960
년도 초반기에 운동복과 수영복으로 많이 착
용하였다.

리틀 블랙 드레스(little black dress)　　심플하
고 여성스러운 흑색 드레스로 샤넬이 디자인
하여 크게 유행시켰다.

리틀 블랙 드레스

리틀 우먼 드레스(Little Woman dress)　　평직
으로 만들어진 어린이용 의복으로, 몸에 꼭
맞으며 앞에 단추가 있고 보 타이가 달린 접
힌 칼라가 달려 있고 통이 넓은 개더 스커트
로 구성된 드레스이다. 1868년에 발행된 루
이저 메이 올코트(Louisa May Alcott)의 책
인 《리틀 우먼》에 기술된 의상으로부터 영향
을 받았다.

리티큐레이션(reticulation)　　15세기의 여성들
이 얼굴 양옆의 머리를 고정시키기 위해 사
용한 그물장식으로, 뿔모양의 헤드드레스와
함께 착용하였다.

리퍼(reefer)　　① 몸에 꼭 맞는 싱글 또는 더블
브레스티드 재킷이나 코트를 말한다. 금속
단추와 어깨 견장, 패치 포켓이 달려 있으며,
놋쇠단추가 달린 영국의 해군 코트에서 유래
하였다. 1860년까지는 남성복으로 사용되었
고 1890년경부터 남녀, 어린이 모두가 착용
하기 시작하였다. ② 두꺼운 소재를 사용하
여 만든 짧은 재킷을 말한다.

리퍼 재킷(reefer jacket)　　① 원래 리퍼란 '배
의 돛을 올렸다 내렸다 하는 사람'이라는 뜻
으로 배를 탈 때 입는 실용적인 재킷이다. 단
추가 두 줄로 달린 더블 브레스티드로 두꺼
운 옷감으로 몸에 딱 맞게 된 짧은 재킷이다.
리퍼란 해군 소위 후보생으로 그들이 착용하
는 재킷 스타일이다. ② 1860년대 작은 칼라
의 짧은 깃에 3~4세트의 단추들이 두 줄로
달린 더블 브레스티드로 직선으로 무릎까지
오는 길이의 박스 재킷을 말한다. 1830년대
부터 피 재킷 또는 파일럿 코트라고 불렀다.
③ 1890년과 20세기 초에는 여성들과 아동
들이 길이가 짧은 재킷에 매치되는 스커트를
착용하였다.

리퍼 칼라(reefer collar)　　폭이 넓은 테일러드
칼라의 일종으로 리퍼 재킷이나 코트에서 볼
수 있다.

리퍼 코트(reefer coat)　　영국풍의 금색 금속
단추가 달리고 싱글이나 더블의 앞여밈에 뒤
쪽은 몸에 꼭 맞고 앞은 헐렁하게 맞는 큰 테
일러드 칼라의 스포티한 오버코트이다.

1860, 1890, 1930, 1940, 1960년대에 유행하였으며, 피 코트와 유사하다.

리프 그린(leaf green)   녹색을 말하며, 특히 나뭇잎에서 볼 수 있는 황록색을 말한다. 청색이 가미된 청록색은 모스 그린이라 한다.

리프 스티치(leaf stitch)   리프 스티치는 넓지 않게 나란히 수놓는 법으로, 나뭇잎이나 폭이 넓은 면적을 메우는 데 사용한다.

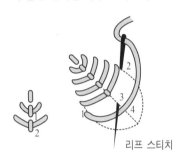

리프 스티치

리플 가공(ripple finish)   면, 레이온 직물에 일정한 간격으로 가성소다 처리를 하여 처리된 부분과 처리되지 않은 부분의 수축력 차이에 의해 잔물결과 같은 오글오글한 표면을 갖게 하는 가공을 말한다.

리플드 칼라(rippled collar)   잔물결이 이는 듯한 모양의 주름을 잡은 칼라로, 주름이 큰 러플드 칼라와 그 모양은 비슷하다.

리플 스커트(ripple skirt)   1890년대에 착용했던 조각을 이어 만든 고어드 스커트를 말한다. 경우에 따라서는 11조각으로 된 고어드 스커트까지 있었으며, 힙 주위는 꼭 맞고 밑으로 내려가면서 플레어가 있으며 보통 6마이상의 옷감이 소요되었다. 단에는 말총을 대어서 빳빳하게 처리하여 둥근 파이프 오르간 플리츠처럼 되었다.

리플 케이프(ripple cape)   1890년대에 레이스나 옷감으로 여러 줄의 러플을 연결하여 만든 짧은 케이프로, 리본으로 트림 장식을 하였다.

리피트(repeat)   날염 도안의 단위를 말한다. 날염하고자 하는 문양이 직물 전체에 찍히도록 리피트를 움직여서 찍어준다.

리핑 가위(ripping scissors)   땀을 뜰 때 쓰이는 가위이다. 옷감이 상하지 않도록 길이가 5~6cm의 작은 가위로 땀만을 끊어낼 수 있게 되어 있다.

리허설 팬츠(rehearsal pants)   폭이 넓고 플레어로 된 바지이다. 댄서로 유명한 프레드 에스테어(Fred Astaire)라는 배우가 춤 연습할 때 입던 스타일이라는 데서 이름이 붙었다.

리허설 팬츠

린드버그 재킷(Lindbergh jacket)   따뜻하게 입을 수 있는 윈드브레이커와 같은 견고한 스타일로, 두꺼운 옷감이나 가죽으로 된 허리까지 오는 짧은 재킷이다. 허리와 소매 끝은 골이 진 리브 니트로로 되어 있고, 포켓은 깊고 크며 깃은 롤 칼라로 되어 있다. 1927년 뉴욕에서 파리까지 대서양을 최초로 단독 횡단 비행한 찰스 린드버그 대령이 비행할 때 입은 재킷에서 유래하였다.

린드버그 재킷

린드 스타(linde star)   스타 사파이어를 모방한 합성 보석의 무역 상표이다. 린드 스타를 사용한 귀고리, 목걸이, 반지 등의 기타 장식품에 다용도로 사용된다.

린드 스타 드레스(linde star dress)   인조 사파이어 보석으로 장식된 길이가 긴 이브닝 드레스로, 1960년대 말에 유행하였다.

린트(lint)   목화 송이를 조면시켜 씨를 빼낸 면섬유를 말한다. 면 방적에 사용되는 원면을 섬유 자체만으로 말할 때에도 린트라고 한다.

릴랙스 수트(relax suit)   패드를 없애고 어깨선을 부드럽게 만드는 등 편하고 여유 있게 입을 수 있게 만든 느슨한 분위기의 캐주얼 수트를 말한다.

릴랙스 웨어(relax wear)   일상적 감각으로 입을 수 있는 편안한 의복으로, 이렇다 할 특징이 없는 캐주얼 웨어이다.

릴리(Lilly)   1960년대 말부터 등록상표가 된 단순하게 프린트된 면직물의 시프트 드레스로, 플로리다의 팜 비치(Palm Beach)의 릴리 퓰리처(Lilly Pulitzer)가 우연히 그녀의 드레스에 오렌지 쥬스를 엎지른 것에서 힌트를 얻어 디자인했다. 이 회사는 1980년대 중반경에 문을 닫았다.

릴리 벤자민(lily Benjamin)　19세기 전반부에 노동자들이 착용한 백색 오버코트를 칭하는 구어체의 용어이다.

릴리저스 메달(religious medal)　종교적 상징성이 있는 펜던트 목걸이로 기독교인들이 착용했다. 세인트 크리스토퍼(St. Christopher) 메달은 주로 카톨릭 신자들이 착용한다.

릴리프 프린트(relief print)　모양이 새겨진 플레이트의 돌출된 부분에만 잉크가 묻거나 프린트되는 방식을 말한다.

링(ring)　손가락 또는 발가락에 끼우는 장식 반지의 총칭이다. 1960년 중반 이전까지는 가운뎃손가락과 새끼손가락에 주로 꼈으나 그 후에는 모든 손가락에 반지를 끼는 것이 유행하였다. 고대 이래로 반지는 신뢰나 애정의 상징 또는 권위의 상징으로 사용되었다.

링드 백 스티치(ringed back stitch)　백 스티치에 고리 모양으로 자수하는 방법으로 먼저 물결 모양의 백 스티치를 하고 마주 수놓아 고리 모양으로 만든다. 또한 캔버스 워크의 경우는 바늘의 움직임을 동일하게 하여 구멍이 생기지 않도록 실을 당기지 말고 수놓아야 한다.

링리츠(ringlets)　작은 고리의 형태로 머리카락을 곱슬곱슬거리게 한 느슨한 컬을 말한다.

링 방적(ring spinning)　실에 꼬임을 주기 위해 실이 감긴 목관을 회전시켜 작업이 연속적으로 진행되도록 한 재래의 방적 방식을 말한다. 오픈 엔드 방적 참조.

링 벨트(ring belt)　고리가 연결된 벨트로, 체인이 연결된 벨트를 말하기도 한다.

링 브레이슬릿(ring bracelet)　⇒ 브레이슬릿 링

링 스카프(ring scarf)　끝을 둥글게 묶어서 만든 직사각형의 스카프로, 1950년대 초에 보석과 함께 착용했다.

링 얀(ring yarn)　장식사의 일종으로 느슨하게 꼰 심사에 같은 꼬임의 실을 느슨하게 꼬고, 아래 꼬임을 하여 그것에 강연으로 매듭이 있는 실을 엮어서 부분 부분 루프가 생기게 한 실을 말한다.

링 워치(ring watch)　1960년대와 1980년대에 대중적으로 애용된 반지 형태의 시계이다. 보석으로 장식하거나 시계에 뚜껑을 부착하기도 한다. 투명 합성수지로 만들어 반사경의 기능을 갖거나 시계의 내부가 들여다보이게 하는 디자인도 있다. 또 다른 매우 단순한 형태는 투명 합성수지(lucite)로 만들어진다.

링 칼라(ring collar)　어깨 중간 정도까지 파져 목주위를 둘러 싼 스탠드 어웨이 밴드이다. 모트 칼라 또는 웨딩 밴드 칼라라고 부르기도 한다.

링 칼라

링컨 울(lincoln wool)　리스터와 함께 장모종에 속하는 링컨에서 얻은 양모는 섬유장이 약 30cm로 매우 길지만 그 폭이 $44 \sim 54 \mu m$로 매우 굵고 권축수도 매우 적어서 2.5cm 사이에 약 $1 \sim 2$개에 불과하다. 양육을 목적으로 사육되므로 섬유가 조경하고 굵어서 하급품에 속한다.

링크스(links)　펄 편직의 일종으로, 기품있는 효과를 낼 수 있다.

링크스(lynx)　⇒ 스라소니

링크스 앤드 링크스(links & links)　링크스라 불리는 안뜨기(purl stitch) 문양을 말한다. 대표적인 것으로 가터 문양이 있으며, 전반적으로 스포티한 감각을 보이는 것이 특징이다.

링크 커프스(link cuffs)　커프 링크로 여미게 만든 커프스를 말한다.

링크트 드레스(linked dress) 쇠, 가죽, 플라스틱, 거울 등의 조각들을 연결하여 기하학적으로 만든 드레스이다. 1966년 파리 디자이너 파코 라반에 의하여 소개되었다.

링크 파우더링 스티치(link powdering stitch) 사슬 모양의 스티치가 서로 이어져 있지 않고 하나하나 완전히 떨어져 있는 모양으로, 공간을 메우는 데 사용한다. 워셔블 노트 스티치라고도 한다.

링킹(linking) 니트 제품 구성을 할 때 같은 것끼리 루프를 연결하여 꿰매는 것을 말한다.

링테일드 캣(ringtailed cat) 멕시코 및 미국 서남부에 사는 육식동물로 아메리칸 링테일과 비슷하나 몸집이 작으며, 코가 뾰족하고 꼬리도 길다. 캐코미즐(cacomistle)이라고도 한다.

링크 파우더링 스티치

마(麻) 섬유 식물의 하나로 넓은 의미로는 대마, 저마, 아마, 황마 등의 총칭이나 좁은 의미로는 대마를 일컫는다. 읍루(挹婁), 예(濊)에 마, 마포가 있었다는 《후한서(後漢書)》의 기록 이후, 우리 나라에서 가장 오래 전부터 사용한 인피섬유의 명칭인 동시에 직물의 명칭이다.

마갑(馬甲) 중국 청나라 때의 소매가 없는 짧은 옷으로 배심(背心) 또는 감견(坎肩)이라고도 하였다. 남녀가 모두 입었고 처음에는 속에 입었지만 후대에는 겉에 착용하였다.

마갑

마개막음 트임 끝자리나 포켓 아귀 등은 그대로 두면 자꾸 터져 나가게 되므로 이런 곳을 튼튼하게 꿰매기 위한 방법이나. 꿰내는 장소나 천에 따라 꿰매는 법도 한 바늘씩 밑까지 꿰매는 경우와 실을 건너서 실에만 감아 붙이는 방법 등이 있다.

마거리트 거들(Marguerite girdle) 뒤쪽이 앞쪽보다 넓고, 끈이 엇갈리게 매져 있는 딱딱하고 넓은 벨트형의 거들이다. 때로는 나비 형태로도 만들어지며, 1860년대에 유행하였다.

마고자 저고리 위에 덧입는 덧옷의 일종으로 비단으로 만들며 호박(琥珀)으로 만든 단추를 앞에 2개 단다. 깃, 고름이 없으며, 남자용은 섶을 마주 보게 달고 길이도 저고리 길이보다 길게 하여 양옆 아래를 트며, 여자용은 섶을 달지 않기도 하고 길이도 저고리 길이 정도로 짧다. 여자용은 개화기 이후 외출용으로 입었다.

마괘(馬褂) 중국 청나라 때 복식으로 길이가 허리보다 짧은 웃옷으로 소매는 팔꿈치 정도 길이로 행괘(行褂)라고도 하며, 여밈은 주로 끈을 사용하였다. 예복용으로는 심홍(深紅), 장자(醬紫), 심람(深藍), 녹(綠), 회(灰) 등의 색을 사용하였고, 황색은 황제에게서 하사받은 것 이외에는 착용할 수가 없었다.

마괘

마네킨(mannequin) ① 백화점에서 전시효과를 위해서 사용하는 인체 모형의 진열용 인형이다. ② 패션쇼에서 옷을 돋보이기 위해 옷을 입고 보여 주는 전문직을 가진 여성을 가리킨다. 1840년경 어느 양복점 주인이 스타일이 좋은 청년을 선정하여 새로운 신사복을 입혀 변화가를 거닐게 한 데서 유래하였다. 파리에서 여성 마네킨이 등장한 것은 1885년 오트쿠튀르의 창시자인 워스가 그의 부인에게 자신의 작품을 입혀 고객에게 선보인 것이 시초로 알려져 있다. 현재는 모델이라 부른다.

마노(瑪瑙)　광택을 지닌 보석의 하나로, 장식품 · 보석 · 세공물 · 조각 · 갓끈 및 장신구의 재료 등으로 쓰인다. 세종 24년에는 향리의 갓 장식물에 마노의 사용을 금하였고, 예종 원년에는 서인(庶人)에게 사용을 금했다.

마노지환(瑪瑙指環)　조선 시대 궁중이나 상류층 부녀자들이 끼던 마노를 사용하여 만든 반지의 하나이다. 계절에 따라 지환을 끼는 풍습이 있었는데 마노지환은 5~6월에 끼었다.

마노지환

마농 로브(Manon robe)　앞판은 목에서부터 발끝까지 한 자락으로 재단되었으며, 뒤쪽 칼라 밑으로 맞주름이 깊게 잡혀 있다. 1733년 아베 프레보의 작품에 등장하는 여주인공의 이름을 따서 명명되었으며, 1860년대에는 낮에 입는 데이타임 드레스로 착용하였다.

마니아 숍(mania shop)　개성을 강하게 표현하여 일부 열광적인 팬들에게 환영받고 있는 숍이다.

마니호즈(mani-hose)　1970년대에 소개된 남성용 팬티호즈의 상표로, 아래 다리 부분을 리브 니트(rib knit)로 짠 탄성 나일론의 호즈이다.

마닐라 마(Manila hemp)　마닐라 삼의 엽맥에서 얻는 섬유로 필리핀이 주산지이다. 고품질의 것은 실내 장식에 사용되기도 하고, 강도 및 내수성이 좋아 선박용 로프로 가장 많이 사용되었으나, 최근에는 로프의 대부분이 인조섬유로 대체되었다. 같은 엽맥섬유로 사이잘 마가 있는데 마닐라 마보다 품질이 떨어지므로 육상용으로 사용된다.

마더 니즈 수트(mother needs suit)　입학식이나 졸업식 등의 학교 행사 때 어머니들이 착용하는 드레시한 옷을 총칭한다.

마데이라 엠브로이더리(Madeira embroidery)　아일릿, 스캘럽을 흰실로 가장자리에 장식한 흰실 자수를 말한다. 마데이라 섬(아프리카 북서해안의 군도를 말함)에서 유래하여 이름이 붙었으며, 아일릿 자수의 일종이다. 포르투갈에서 기술이 완성되어 프랑스에 전해져서 리슐리외 엠브로이더리라고 불렸으며, 바로크 시대에 유행했다. 러닝 스티치로 도안 가장자리를 둥글게 자수하고, 도안 안에서는 바탕천을 십자로 자른 후 바늘 끝으로 올풀림을 막기 위하여 감침질로 마무리하고, 그 후에 아일릿으로 구멍을 낸다. 구멍의 연속 모양이나 수법이 독특하다.

마드라스(Madras)　인도의 마드라스에서 최초로 생산되어 선원의 머리에 쓰는 천으로 사용된 데서 유래한 가늘게 짠 부드러운 평직 또는 자카드 직물이다. 자카드나 도비 문양 위에 경사 방향의 줄무늬가 있다. 블라우스나 드레스, 셔트에 쓰인다.

마드라스 깅엄(Madras gingham)　원래의 깅

마드라스 깅엄

엄 직물을 짜는 실보다 더 가는 실로 짠 깅엄 직물로, 매우 다양한 색상을 지니고 있다.

마드라스 머슬린(Madras muslin)　커다란 문양이 있는 직조를 말하며, 때때로 색상이 사용되기도 한다.

마드라스 스트라이프(Madras stripe)　인도 동부 마드라스 지방에서 만들어진 면직물인 인도 마드라스에 있는 줄무늬를 말한다.

마드라스 워크(Madras work)　마드라스라고 불리는 목면의 손수건이나 아름다운 문양의 실크 등에 여러 가지 스티치로 도안을 해 넣는 자수 기법이다.

마드라스 체크(Madras check)　인도 마드라스 면직물의 격자 무늬를 말한다.

마라케시 오렌지(Marrakech orange)　마라케시는 북아프리카 모로코 중부의 도시명으로, 그곳 사막의 이미지에 부합하는 오렌지색이라는 의미로 붙인 색명이다. 현대에 나타난 밝은 색채의 하나로, 이와 유사한 색명으로는 오아시스 레몬도 있다.

마롱(marron)　갈색 기미가 있는 짙은 자주색을 말한다.

마르퀴즈 보디스(marquise bodice)　1870년대 중반에 착용한 보디스로, 2개의 큰 조개껍데기 가장자리와 같이 물결무늬의 형태를 가진 하트 모양의 네크라인에 주름이나 레이스의 프릴로 끝장식을 하였다.

마르탱갈(martingale)　하프 벨트의 일종으로, 스커트나 재킷의 뒷부분에 장식하는 부분 벨트를 말한다. 마구(馬具)에 사용되는 평평하게 짠 끈을 가리키는 프랑스어에서 유래하였다.

마름질　옷을 만들기 전에 옷감을 치수에 맞추어 마르는 작업을 말한다.

마리노 팔리에로 슬리브(Marino Faliero Sleeve)　팔꿈치를 리본으로 묶어 늘어뜨린 커다란 소매이다.

마리메코(Marimekko)　1951년 아미 라티아(Armi Ratia)가 세운 회사로 드레스나 실내장식에 쓰이는 밝고 유쾌한 프린트 직물로 유명하다.

마리 브레이슬릿(mari bracelet)　보통 1인치 정도 넓이로 손으로 제작된 가죽 팔찌이다. 다양한 색상의 극히 작은 유리 구슬로 장식된다.

마리 앙투아네트 스커트(Marie Antoinette skirt)　7개의 무(gore)가 붙어서 만들어진 스커트로, 3개는 앞에, 4개는 뒤쪽에 붙어서 스커트의 밑단의 폭이 4에서 6야드나 되었다. 1895년경에 착용하였으며, 프랑스의 루이 16세의 부인 마리 앙투아네트의 이름에서 따온 명칭이다.

마리 앙투아네트 슬리브(Marie Antoinette sleeve)　위에서부터 적당한 간격을 두고 리본을 대어 그 사이를 불룩하게 부풀린 소매이다. 프랑스 루이 16세의 비 마리 앙투아네트의 이름을 본떠 붙여진 명칭이다.

마리 자카드, 조셉(Marie Jacquard, Joseph)　1801년 자카드 직기를 개발한 사람이다.

마멜루크 슬리브(mameluke sleeve)　진동선에서 소매끝까지 여러 개의 퍼프를 내고 들어간 곳을 리본으로 맨 소매로서, 르네상스 시대에 유행했고 18세기에 다시 유행하였다.

마못(marmot)　시베리아, 극동, 러시아 등지에 분포하는 다람쥐와 유사한 대형 설치류를 말한다. 동면 전에는 파란기가 있는 회색털이며, 동면 후에는 노란기가 있으며 털이 말려 있다. 자연 그대로는 사용하지 않고 밍크를 모방하여 염색한 후 사용한다. 주로 재킷, 코트, 트리밍 등에 사용된다.

마미단(馬尾緞)　개항 후 영국에서 들어온 능조직(綾組織) 직물이다. 대마미단(大馬尾緞), 대광대마미단(大廣大馬尾緞), 세마미단(細馬尾緞), 색마미단(色馬尾緞), 목마미단(木馬尾緞) 등이 있었다.

마번수(flax count)　아마, 저마 등 마사의 굵기 표시에 쓰이는 단위로, 1파운드(453.59g)의 실의 길이를 300야드의 배수로 표시한다. 즉 1파운드의 실의 길이가 6,000야드인 경우 20마번수라고 한다. 이 마번수를 리시스템(lea system)이라고 한다.

마블 엠브로이더리(marvel embroidery)　마

블이란 말은 마블러스(marvelous), 즉 신비적이라는 말에서 나온 것으로, 이것을 이탈리안 바젤로(Italian bargello)라고도 한다. 수법은 성글게 짜여진 감을 전체적으로 메우는 방법으로, 미국에서는 니들 포인트로 적용되고 있다. 감은 합성 섬유인 사란(saran)이 대표적이고, 의복 이외에 벨트나 실내장식 등에도 적용된다.

마블 컬러(marble color) 대리석에 보이는 차가운 느낌의 색으로 그레이시 블루가 대표적이다.

마스크(mask) 할로윈(halloween)이나 가장 무도회에서 변장하기 위하여 착용하는 얼굴 가리개의 총칭이다. 또 활동적인 스포츠나 산업용으로 얼굴을 보호하기 위해 사용하는 것도 있다. 원시인들은 의식을 위한 춤을 출 때 사용하며, 그리스인들은 극장에서 희극과 비극 공연에 가면을 사용했다. 16, 17세기에는 밤에 거리로 나갈 때 신분을 감추는 변장의 목적으로 주로 사용되었다. 미국 식민지 시대에는 낮에 햇빛으로부터 얼굴을 보호하려는 목적으로 유행하기도 했는데 이것을 루(loo)라고 불렀다.

마스터즈 가운(master's gown) 석사 학위를 소유한 사람들이 착용하는 것으로, 앞에는 사각으로 된 요크가 있고 소매는 넓으며, 위쪽 요크 밑은 주름으로 되어 있다.

마오 수트(Mao suit) 중국의 인민복인 마오 재킷과 헐렁한 바지로 이루어진 수트를 말한다.

마오 재킷(Mao jacket) 중국의 모택동이 즐겨 입던 스타일이라는 데서 이름이 붙었다.

마오 재킷

옆으로 여미게 되어 있고 스탠드 칼라를 달았다. 1967년 이후 많이 입기 시작하여 주로 의사나 수련의의 제복으로 많이 애용되고 있다.

마오 칼라(Mao collar) 중국의 인민복에 다는 칼라로 차이니즈 칼라나 만다린 칼라와 유사하다. 중국의 정치가 모택동의 이름을 본떠 붙여진 명칭이다.

마우스 그레이(mouse gray) 쥐에 보이는 중명도의 그레이(쥐색)를 말한다.

마운트멜릭 엠브로이더리(mountmellick embroidery) 아일랜드의 백사(白絲) 자수를 말한다. 대담하게 사실적인 꽃 모양을 거친 실로 자수하고, 가장자리를 같이 정리하는 것이 특징이다. 테이블보와 가구 장식이나 내의에 사용된다.

마이너즈 캡(miner's cap) 짧은 오리 주둥이 같은 챙이 부착되어 있고 앞쪽에는 전지 등이 부착된 견고한 모자이다.

마이요(maillot) ① 몸에 달라붙는 원피스 스타일의 여자 수영복으로, 1930년 이래 전해 오는 전통적 스타일이다. ② 타이츠라는 의미의 프랑스 말에서 유래된 것으로, 몸에 꼭 맞는 원피스식의 무용 · 체조용 타이츠를 말한다.

마이요

마이크로 드레스(micro dress) 힙을 겨우 가리는 7부 길이의 튜닉형 드레스로, 짧은 미니 드레스보다 더 길이가 짧다. 1966년에 유행하였다.

마이크로 미니 스커트(micro mini skirt) 팬티를 겨우 가릴 정도의 짧은 스커트의 총칭이다. 1960년대에 유행하였다가 1980년대에 다시 유행하였다.

마오 수트

마이요

마이크로 미니 스커트

마이크로 타깃(micro target)　슈퍼 사이즈나 톨 사이즈(tall size)의 극히 소수인 소비자층을 말한다.

마이클 잭슨 재킷(Michael Jackson jacket)　뮤직 비디오 '비트 잇(Beat It)'에서 마이클 잭슨이 입었던 빨간색 가죽 재킷이다. 윈드 브레이커 스타일과 유사하며 스탠드 업 칼라에 20여 개가 넘는 짧은 지퍼들을 무질서하게 여기저기 붙여 만든다. 1984년 몽타나(Claude Montana)가 디자인하였고, 1983년 8개 부문의 그래미상을 획득한 마이클 잭슨의 이름을 본떠 붙여진 명칭이다.

마자르 커스튬(Magyar costume)　헝가리 민속 의상의 하나로 백색 리넨에 화려한 자수가 장식된 남녀 셔츠이다. 바지나 치마 위에 긴 에이프런과 함께 입으며, 자수와 구슬로 장식된 벨트나 가죽 벨트를 맨다. 헝가리의 마자르족의 이름을 따라서 명명되었다.

마전(麻典)　《삼국사기》 잡지(雜志)의 직관(職官)에 나오는 신라의 마직물 제직 공장을 말한다. 경덕왕 18년에 직방국(織紡局)으로 고쳤다가 후에 다시 전대로 하였다고 한다.

마젠타(magenta)　자색(紫色)이 가미된 적색으로, 색채 인쇄에서 삼원색의 하나이다.

마카로니 수트(macaroni suit)　18세기 영국의 멋쟁이 신사들이 입었던 약간 짧은 재킷과 홀쭉한 바지로 이루어진 수트이다.

마카사이트(marcasite)　황동광과 같은 복합 구성을 가진 금속성 광택을 지닌 광석으로 수정과는 다르다. 백철광이라고도 한다.

마커(marker)　의복의 생산공정에서 본 그리기로 정해진 천에 효율적으로 옷본을 꼭 맞게 하거나 선표시를 하는 역할을 가진 스페셜리스트를 말하며 이러한 작업을 마킹이라고 한다.

마케팅(marketing)　생산자에서 판매자로, 판매자에서 소비자에게로 상품과 서비스가 움직이는 과정을 포함하는 연구, 개발, 계획, 가격 결정, 유통, 촉진 활동 등을 말한다. 즉 고객이 원하는 상품과 서비스를 이윤에 맞게 분배하는 모든 활동을 포함하는 총체적인 사업이다. 세부적으로는 제품 계획, 판매 촉진, 광고 선전, 시장 조사 등으로 나뉜다.

마케팅 믹스(marketing mix)　기업이 표적 시장에서 마케팅 목표의 달성을 위해 사용하는 보다 실질적인 마케팅 도구들이다. 통상 4p로 일컫는 제품(product), 가격(price), 유통(place or distribution), 촉진(promotion) 등 기업의 마케팅 시스템의 핵심을 구성하는 투입 변수의 결합을 기술하는 데 사용되는 용어이며, 이를 효과적으로 조합하는 것이 가장 중요한 과제이다.

마케팅 전략(marketing strategy)　기업이 통제 불가능한 환경에 적응하거나 자사에 유리한 환경을 창출하기 위하여 통제 가능한 마케팅 변수를 활용하는 것으로, 표적 시장 전략, 마케팅 믹스 전략, 마케팅 예상 전략 등으로 구성된다.

마케팅 컨셉트(marketing concept)　기업의 목표를 달성하는 핵심 요건은 표적 시장의 기본적 욕구와 2차적 욕구를 파악하여 경쟁사들보다 더 효과적이고 효율적으로 만족시켜 주는 것이라고 보는 관리자의 사고 방식이다. 보통 가격 책정, 상품 선정, 유통, 판매 촉진, 마케팅 리서치 등 5가지의 요소를 고려하게 된다.

마케팅 활동(marketing activity)　물품의 생산에서 소비에 이르기까지의 모든 유통관계에 관련된 활동으로, 마케팅 활동에는 생산지향 단계, 사회적 및 인간적 지향 단계의 4가지 대체적 개념(four alternative concept)이 있다.

마코알(ma-coual)　① 겨울에는 털로, 그 외 계절에는 실크나 새틴으로 만든, 소매가 넓은 중국인의 짧은 재킷이다. ② 중국인들이 입는 것으로 무릎이나 발목까지 오는 길이에 오른쪽 어깨에서 팔밑까지 좁은 스탠드 칼라로 되어 있으며 중국 고유의 매듭 단추로 어미게 된 실크 로브를 말한다.

마퀴젯(marquisette)　카드사나 코마사 면이나 견, 인조 섬유로 만든 가벼운 망사 또는 시트 직물로 리노나 거즈직 형태로 평직이거나 도비 효과를 나타내며, 후염 또는 선염한다.

마크라메(macramé)　줄, 노끈, 모 또는 다른 실의 매듭짓기와 이러한 매듭들을 다양하고 아름다운 디자인으로 만들기 위해 다양한 순서로 배열하는 기술을 말한다. 수놓아진 베일이라는 뜻의 아라비아어, 미그라마(migramah)에서 유래하였다. 의복과 액세서리, 화분을 벽에 걸기 위한 장식으로 쓰인다. 원래는 스카프나 숄에 사용하기 위해 손으로 짠 매듭지은 레이스를 말한다.

마크라메 레이스(macramé lace)　마크라메 참조.

마크라메 벨트(macramé belt)　손으로 짠 매듭 허리띠를 말한다.

마크라메용 쿠션　마크라메 레이스를 짜기 위해 특별하게 만든 둥근 쿠션이다.

마크라메 초커(macramé choker)　서양 매듭을 사용하여 목에 꼭 맞게 만든 목걸이를 말한다. 작은 구슬을 끼워 매듭으로 짠 것도 있다.

마키아벨리즘(Machiavellism)　벨리즘적(권모술수가적) 성격 구조는 유행 행동과 관련이 있는데, 이는 의복은 다른 사람을 조종하기 위해서 자기의 인상을 통제하는 수단으로 사용될 수 있기 때문이다.

마키즈 컷(marquise cut)　외국의 후작 부인이라는 의미를 가진 보석 세공 방법의 하나로, 세공이 되면 끝이 뾰족한 장방형을 이룬다.

마킹(marking)　생산공정에 있어서 옷본을 천에 정확하게 놓는 것으로, 생산 로스분을 줄이기 위한 공정이다.

마킹 스티치(marking stitch)　어느 부분을 특별히 표시하기 위해 하는 크로스 스티치이다. 크로스 스티치를 한 번 하고 난 다음 한 땀만 다시 뜨는 것을 반복해서 수놓는다.

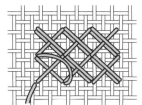

마킹 스티치

마틀라세(matelassé)　이중 직물을 이용하여 요철 무늬를 나타낸 직물이다. 경사에는 무연사와 강연사를 교대로, 위사에는 강연사, 약연사를 함께 사용하여 자카드 직기로 제직한다. 겉과 안의 이중조직을 접결하여 부풀리고 누빈 효과를 나타낸 직물이며, 최근에는 합성섬유의 열수축성을 이용하거나 두 장의 직물을 접착하여 같은 효과를 얻기도 한다.

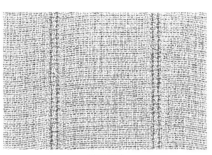

마틀라세

마틀리, 기우세프(Mattli, Giuseppe, 1907~1982)　스위스 태생의 디자이너로 런던에서 영어를 배운 후 파리로 이주하여 프레메 하우스에서 일하였다. 1934년 다시 영국으로 돌아와 하이패션과 기성복을 생산하여 영국의 샤넬로 알려졌다. 1955년 하이패션을 그만두고 1970년대까지 기성복을 생산하였으며 칵테일 드레스, 무대 코트 등으로 유명하다.

마티네(matinée)　타이 재킷(tie jacket)의 다른 명칭으로, 1890년대와 20세기 초에 착용하였다.

마티네 렝스 네크리스(matinée length necklace)　보통 진주 또는 모조 진주로 만들어진 구슬 목걸이로 30~35인치 길이 정도의 긴 목걸이이다.

마티네 스커트(matinée skirt)　1895년에 입었던 11개의 가벼운 후프로 된 속치마로, 페티코트 위에 입었다.

마티스 블루(Matisse blue)　1979년 춘하 파리 컬렉션에 획기적으로 등장한 매우 밝은 청색을 말한다. 야수파의 대표적인 프랑스 화가 마티스(1869~1954)의 구축적인 회화

마크라메 벨트

에서 보이는 원색 블루를 연상시킴으로써 붙여진 이름이다. 비비드 컬러의 유행으로 인해 여러 분야에서 주목받았던 색이다.

마틴(marten)　유럽, 아시아, 미국에서 서식하는 담비를 말하며, 족제비과의 모피 동물로서 드레시한 느낌을 준다. 길고 반짝이는 보호털과 부드럽고 두꺼운 솜털이 있고 등은 갈색을 띠고 있다. 종류로는 세이블, 아메리칸 마틴, 바움 마틴, 스톤 마틴으로 크게 나눌 수 있다.

마틸다(matilda)　헴 라인을 벨벳으로 장식한 여성용 스커트를 말하는 것으로, 19세기에 통용되었던 용어이다.

마포(mafor)　5~11세기까지 사용한 여자들의 베일로 길고 좁은 천을 머리와 어깨에 걸쳤다.

마포(麻布)　마로 제직한 포이다. 읍루(挹婁)와 예(濊)에 마포가 있었다는 《후한서(後漢書)》의 기록이 있으며, 그 후 우리 나라에서 일찍이 많이 제직된 포이다.

마혜(麻鞋)　생삼(生麻)으로 삶아 만든 신으로 신바닥과 총이 조밀하고 결이 고와 양반과 상인들 사이에 애용되었던, 짚신보다는 고급스러운 신이다. 종류에는 탑(塔)골치, 지(紙)총 미투리, 무리바닥, 절치 등이 있다.

마호가니(mahogany)　적갈색을 가리키며, 마호가니 나무나 마호가니 나무로 만든 가구에서 볼 수 있는 색이다.

만다린 네크라인(mandarin neckline)　중국 만다린 스타일의 높게 선 칼라를 말한다. 여기에서 이름이 유래되어 만다린 칼라 또는 차이니즈 네크라인이라고도 불린다.

만다린 드레스(mandarin dress)　⇒ 차이니즈 드레스

만다린 로브(mandarin robe)　1643~1912년 중국에서 군인들이 착용한 상의로, 7부 길이의 이 로브는 푸후라고 불리는 자수로 화려하게 장식되었다.

만다린 슬리브(mandarin sleeve)　옛날 중국의 관리(mandarin)가 입었던 옷에서 볼 수 있는 폭이 넓은 소매로 기모노 슬리브와 유사하다.

만다린 오렌지(mandarin orange)　만다린은 중국의 귤에 보이는 색으로, 적색 기미가 강한 오렌지색을 말한다. 오렌지보다 명도가 낮은 짙은 오렌지색으로, 귤색이라고도 한다.

만다린 재킷(mandarin jacket)　밴디드 칼라가 달린 재킷으로, 중국의 만다린 옷에서 유래하였으며, 네루 재킷이라고도 한다. 1980년대 초에 많이 유행하였다.

만다린 칼라(mandarin collar)　앞여밈이 없이 벌어지게 세워 만든 밴드 칼라로, 차이니즈 칼라라고도 부른다.

만다린 코트(mandarin coat)　중국옷의 칼라처럼 높게 선 만다린 칼라에 헐렁한 스타일로, 앞을 화려하게 수놓은 넓은 소매의 긴 실크 코트이다. 중국의 자교들이나 만다린 사람들이 입은 데서 이름이 지어졌고, 여자들의 이브닝 코트로 이용된다.

만다린 헤트(mandarin hat)　① 고대 중국 왕실용 겨울 모자로, 깔때기 모양으로 된 위로 향한 넓은 챙이 있고 크라운에는 착용자의 지위를 나타내는 단추모양의 장식이 있다. 겨울용으로는 모피나 새틴을 사용하며 공작깃털로 장식했다. ② 1860년대 초에 검정 벨벳으로 만든 여성의 포크파이 해트로, 크라운은 평평하고 그 뒷부분 위쪽으로는 깃털 장식이 있다.

만델리, 마리우치아(Mandelli, Marioucia, 1933~)　1954년 이탈리아 밀라노에 크리치아 회사를 설립하였다. 교사 교육을 받았던 그녀는 스커트를 직접 디자인하여 팔았던 것

만델리, 마리우치아

만다린 네크라인

이 계기가 되어 본격적인 사업에 착수하게 되었다. 1967년에는 니트 웨어로 진출하였으며 그 후 기성복의 전분야로 확장하였다. 디자인의 특징은 입기 편하고, 때로는 익살맞으며, 우아함과 신비로운 매력을 유지하고 있다. 1970년에는 동물 모티브를 의상의 특색으로 디자인하였다.

만돌린 슬리브(mandoline sleeve)　악기 만돌린을 연상하게 하는 소매로, 진동 부근에서는 크게 부풀렸다가 손목 부근에서는 갑자기 타이트하게 밀착되는 형태이다. 지고 소매 또는 레그 오브 머튼 소매라고도 하는데 특히 뉴욕의 사마스크에서는 이 명칭을 독자적으로 사용하고 있다.

만력전(萬歷甎)　중국에서 명대 말 만력년간(萬歷年間)에 제조된 모전(毛甎)이다. 화(花), 용(籠), 기타 조류 등을 문양으로 하여 제조된 전이다.

만자문(卍字紋)　범자(梵字)의 만을 나타내는 문자의 문양화로, 만은 공덕원만(功德圓滿)을 의미하고 길상(吉祥)의 의미가 있다. 불교 이전 바라문교에서는 좌시(左施)는 여신(女神), 우시(右施)는 남신(男神)을 나타내는 것이라고도 하였다. 메소포타미아, 그리스, 기타 유럽 지역에서 많이 사용하였으며, 우리 나라에서도 많이 사용된다.

만초문(蔓草文)　덩굴식물의 지경(枝莖)을 연이어 문양화한 것으로, 끊임없이 영원을 기원하는 길상적(吉祥的)인 문양이다. 중국에서는 수(隋), 당(唐) 시대에 유행하여 후에 당초문이라고 불리게 되었다.

만추 헤드드레스(Manchu headdress)　중국의 여성들이 위쪽으로 빗어올려 황금색의 긴 비녀를 꽂은 머리에 화려하게 장식하는 헤드드레스로, 꽃, 검정색 새틴의 루프로 된 리본, 보석 등으로 장식하였다.

만타(manta)　가운데 머리가 들어갈 네크라인이 있고, 위로 뒤집어 쓰는 직사각형의 판초(poncho)를 말한다.

만타 수트(manta suit)　만타라는 옷감으로 만들어진 남성용 수트를 말한다.

만투아(mantua)　17~18세기 이탈리아의 만투아(Mantua)에서 생산된 견직물이며, 색이 다른 페티코트가 있는 로브를 말한다.

만투아

만틸라(mantilla)　큰 장방형의 섬세한 레이스 베일로, 보통 검정이나 흰색에 장미 무늬가 있고 머리 위에 덮어서 착용하는데, 한쪽 끝을 턱밑에서 교차시켜 어깨 뒤로 늘어뜨린다. 에스파냐와 남아메리카에서는 예배를 위해 모자 안에 착용하기도 하며, 전 미국 대통령 부인인 재클린 케네디에 의해 소개되어 1960년대 초에 유행한 베일겸 숄이다.

말(duplex pressing board)　다리미대 중의 하나이다. 말의 하부는 목재로 되어 있고 상부는 천으로 싼 이중 구조를 하고 있다. 폭 10~12cm, 길이 20~55cm, 높이 12cm 정도가 일반적이며, 재킷류의 어깨나 진동 부위, 소매 등을 다림질할 때 사용한다.

말(襪)　버선으로, 발을 보호하고 맵시를 내기 위해 신는 족의(足衣)이다. 고려 시대에는 계급에 상관없이 흰색의 포로 만들었으며, 조선 시대에는 왕의 면복에는 적색 말을 왕비의 적의 중 대홍색 적의일 때는 적말(赤襪)을, 심청색 적의 일 때는 청말(靑襪)을 신었다. 버선 참조.

말가죽(horse leather)　다른 종류의 가죽보다 질이 떨어지나 튼튼하여 닳지 않는다. 벨트, 장갑, 핸드백, 가방, 구두 등에 쓰인다.

말군(襪裙)　군(裙)의 일종으로 조선 시대 양반층의 부녀자들이 치마 속에 입던 통이 넓은 바지이다. 내명부의 부녀는 말을 탈 때 반

드시 말군을 입어야 했다. 오군(襖裙)이라고
도 한다.

말뚝댕기　어린이용 댕기로, 도투락댕기와 비
슷하며 보통 도투락댕기를 하는 시기를 지나
제비부리댕기를 드리기 전에 사용했다.

말뚝잠　말뚝 형태의 비녀로, 비녀 머리의 윗
부분은 앞으로 둥글게 약간 구부러져 있다.
산호(珊瑚), 수마노(水瑪瑙), 옥(玉) 등의
재료로 만든다.

말라카이트(malachite)　공작석으로 알려진
광석이다. 대량 산출되며 강도가 약하고 불
투명한 준보석으로 장식용으로 많이 사용된
다. 주로 우랄 산맥에서 산출되며 여러 가지
명암의 불규칙한 링을 가지고 잘 휘어진다.
일반적으로 녹색이며, 에메랄드 녹색에서 풀
잎의 녹색에 이르기까지 다양하다.

말라카이트 그린(malachite green)　'어린 대
나무 색'이라는 의미로 황색 기미가 있는 녹
색을 말한다. 녹색 공작석의 가루를 염분(染
粉)으로 하여 획득하는 녹색이다. 유행색인
파스텔 컬러의 일종으로, 1990년대에는 약
간 가라앉은 느낌의 어두운 색조가 주목받고
있다.

말라키 면(Malaki cotton)　사켈 면과 시 아일
랜드 면의 교배로 얻어진 면으로 성도, 강도
등은 사켈 면과 비슷하나 강력한 표백을 필
요로 한다.

말로타(Marlota)　행잉 슬리브가 달린 에스파
냐 남성들의 롱 코트로서, 카프탄을 자른 것
과 유사하다. 16세기 후반에 마상(馬上) 시
합과 투우를 할 때만 착용하였다.

말리모(malimo)　스티치를 응용해서 만들어
진 스티치 본드 부직포의 하나이다. 위사를
시트 모양으로 펼치고 그 위에 경사를 놓고,
이 경사와 위사를 체인 스티치로 엮어가거나
경사를 제외하고 위사만을 봉사(縫絲)로 엮
어가는 것이다. 말리모는 제조 속도가 직물
의 30배 정도 빠르며, 제직시 실에 힘이 걸
리지 않으므로 꼬임을 적게 할 수도 있고 경
사에 푸새를 할 필요가 없다.

말리와트(maliwatt)　스티치 본드 부직포의 일

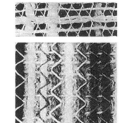

말리모

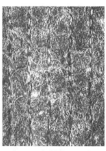

말리와트

종으로 웹(web)을 체인 스티치로 고정시켜
만든다.

말리폴(malipol)　스티치 본드 부직포를 구성
하는 방법의 하나로 직물이나 부직포 등의
기초 직물 위에 니트 스티치로 터프트 파일
을 만드는 것과 비슷하게 루프 파일을 만든
것이다. 코트의 안감, 모포, 카펫 등에 사용
된다.

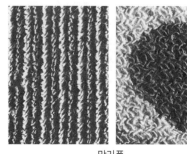

말리폴

말린(maline)　① 섬세한 육각형의 오픈형 망
사로 실크, 레이온, 면으로 만들어지며 튤과
비슷하다. 베일, 드레스, 여성모자의 끝장식
으로 쓰인다. ② 2 또는 3합의 경사와 다른
색 단사의 위사로 직조된 견고한 능직 소모
사 직물이다. ③ 보빈 레이스로 메클린 레이
스(Mechlin lace) 모양을 한 것을 말한다.

말메종(Malmaison)　나폴레옹의 부인 황후
조세핀의 유명한 장미 정원이 있는 저택 말
메종에서 이름을 따온 옅은 장밋빛 핑크색을
말한다.

말아감치기　먼저 천 끝을 박은 후 그림처럼
얇게 시접을 잘라주고 왼손으로 고르게 말아
가면서 감치는 것이다. 얇은 감으로 된 프릴
의 가장자리나 손수건 끝의 시접을 가늘게
처리하는 데 이용한다.

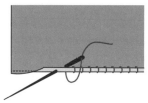

말아감치기

말아공그르기단(rolled hem)　얇고 섬세한 옷
감에 사용되는 손으로 만든 헴이다. 손가락

사이로 천을 말아서 작은 바늘땀으로 꿰맨
다. 1930년대 유행했던 시폰 이브닝 가운에
서 주로 볼 수 있으며, 아직도 종종 쓰인다.
스카프나 손수건 등 얇은 감의 단을 좁게 만
들 때 사용하며, 올이 풀리기 쉬운 감은 시접
끝을 먼저 재봉틀로 한 줄 박은 후 손으로 말
아주듯 좁게 접어 감치거나 공그르기를 한
다. 롤드 헴이라고도 한다.

말코　　포목이 짜여져 나오면 감기 위한 대를
말한다. 이 양끝에 부티끈을 매어 몸의 힘으
로 날실과 짜여진 포목을 당기게 한다. 지방
에 따라 말캐, 말코, 물코, 몰코라고 한다.

망건(網巾)　　성인 남자가 상투를 틀고 머리카
락이 흘러내리지 않도록 하기 위해 머리에
두르는 머리 장식품의 하나이다. 그 위에 정
식 관을 쓴다. 망건은 당·편자·앞·뒤의
네 부분으로 구성되며, 앞쪽이 높고 옆이 낮
다. 재료로는 말총[馬尾毛]이나 인모(人毛)
를 사용한다.

망건

망건당줄　　망건(網巾)에 달아서 상투에 동여
매는 줄이다. 편자의 귀 뒤에 관자(貫子)를
달고, 좌우의 당줄을 맞바꾸어 관자에 꿰어
뒤로 가져다 엇갈려 맨 후, 양끝을 앞으로 가
져와 동여맨다.

망고(mango)　　열대 과일인 망고에서 볼 수 있
는 색으로, 황색, 적색, 녹색 등이 있다.

망고네, 필립(Mangone, Philip 1890년대~)
남부 이탈리아 출생의 디자이너로, 그의 아
버지는 뉴욕에 이민와서 작업실을 열었으며,
그는 아버지에게서 재단과 봉제를 배웠다.
코트와 수트 디자인으로 유명한데 특히 스왜
거 코트가 있다.

망사자수　⇒ 튤 엠브로이더리

망상중합체(graft polymer)　　중합체의 한 종류

로 베이클라이트와 같이 벌집처럼 망상 결합
을 지닌 중합체를 말한다. 분자간 가교
(crosslink)가 지나치게 발달하였을 때 망상
중합체가 되어 유연성이 없어져서 섬유로서
의 가치가 없다.

망수(網綬)　　후수(後綬)의 밑부분에 늘어 뜨린
술이다. 청색의 실로 맺는다. 청사망(青絲
網)이라고도 한다.

망슈(manche)　　소매를 뜻하는 프랑스어이다.

망슈 발룽(manche ballon)　　벌룬 슬리브의 프
랑스어 명칭이다.

망슈 부팡(manche bouffante)　　불룩하게 부풀
려 볼륨을 크게 살린 소매이다.

망슈 쇼브수리(manche chauve-souris)　　진
동을 깊게 파고 손목으로 가면서 좁아지는
돌먼 슬리브의 일종으로, 박쥐의 날개 모양
과 비슷하여 붙여진 이름이다. 배트윙 슬리
브, 버터플라이 슬리브 참조.

망슈 에방타유(manche éventail)　　부채꼴 모
양의 소매로 진동을 깊게 파고 소매 끝을 좁
게 하여 손을 올렸을 때 부채를 펼친 것과 같
은 모양이 되게 만든 소매이다. 배트윙 슬리
브와 모양이 유사하다.

망슈 엘롱(manche aileron)　　소매산이 낮고
폭을 넓게 재단하여 어깨 끝만 가려질 정도
로 작게 만든 짧고 귀여운 소매이다. 새의 날
개나 물고기의 지느러미와 같은 모양이라 하
여 붙여진 명칭이다.

망슈 지고(manche gigot)　　상단부는 불룩하고
소맷부리는 가느다란 소매이다. 양의 다리와
같은 모양을 하고 있으며, 16세기와 19세기
에 많이 사용되었다.

망슈 파피용(manche papillon)　　진동선이 없
고 허리에서 소매끝까지 곧바로 연결된 소매
로, 폭이 넓고 소맷부리에서 갑자기 가늘어
진다. 나비의 날개와 모양이 비슷하여 붙여
진 프랑스어로, 영어로는 버터플라이 슬리브
라 한다.

망슈 플리세(manche plissé)　　진동에서 소매
끝까지 세로의 가느다란 주름을 넣은 소매를
말한다. 영어로는 플리츠 슬리브라고도 한

다.

망직(net weave)　매듭으로 실들을 서로 묶어서 만드는 구멍이 뚫린 메시(mesh) 조직으로 어망이나 자루 등에 쓰인다.

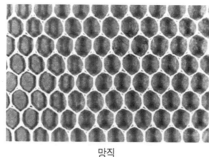

망직

망토(manteau)　① 16세기와 18세기에 남녀가 어깨 위에 걸쳐 착용한 코트이다. ② 여성용 가운의 종류이다. ③ 프랑스어로 원래 소매가 없고 여유 있는 외투의 총칭으로, 길이는 바닥까지 오는 것에서부터 어깨를 덮을 정도의 것까지 있다. 현재는 드레스 길이와 같은 정도의 외투를 망토라고 부르는 일이 많다. 영어로는 클로크, 케이프, 랩(wrap), 맨틀에 해당한다.

망토 슬리브(manteau sleeve)　망토처럼 생긴 케이프 슬리브 같은 소매 형태이다. 완전히 케이프처럼 길에서 연결된 것 또는 요크에서 약간 확장된 것, 본래의 소매 위에 덧씌워진 것 등 여러 모양이 있다.

망틀레(mantelet)　유제니 황후가 즐겨 입었던 작은 망토로, 레이스나 태슬로 가장자리를 장식했다.

맞주름솔(slot seam)　장식 테이프를 솔기 안쪽에 대고 시침하여 중심에서 양쪽으로 같은 거리에서 스티치를 박아준 뒤 시침실을 빼내는 장식 바느질법으로, 보통 색실이나 다양한 색상의 테이프로 주로 장식적인 효과를 낸다. 슬롯 심이라고도 한다.

매듭[每緝]　끈을 소재로 하여 그 끝을 여러 가지 모양으로 맺어 죄는 수법의 일종이다. 한 올의 끈목을 반으로 접어 중심을 잡고 두 손끝으로 두 가닥의 끈을 순서대로 엮어서 조이는데, 완성된 것의 앞·뒷면은 모양이 같고 중심에서 시작하여 중심에서 끝나게 되어있으며, 홍·남·황의 삼원색을 기본으로 연두·분홍·보라·자주·옥색 등도 사용한다. 끈목은 생사(生絲)를 정련하고 명주실을 염색하여 이를 꼬고 합사(合絲)해서 짠 것으로 여러 가지 물형(物形)을 맺는데, 그 맺는 모양에 따라 여러 가지 명칭이 있다. 종류로는 도래매듭·귀도래매듭·생쪽매듭·안경매듭·매화매듭·국화매듭 등이 있고 궁중의상, 국악기의 장식, 노리개, 주머니끈, 유소(流蘇), 인로왕번(引路王幡) 등에 걸쳐 광범하게 쓰였으며, 연결성과 전통적인 장식성을 띤 예술적 가치가 매우 뛰어난 것이다.

매듭 격자수　격자 속에 매듭수를 놓는 수법으로, 격자의 모양에 따라 여러 변형이 나타난다.

매듭수　밑그림선보다 옆 오른쪽에서 실을 뽑은 후 둥근 모양을 만들어 이 둥근 모양 속으로 바늘을 넣고 실 굵기의 1/2 정도 되는 거리만큼 왼쪽으로 간 자리에 바늘을 꽂으며 매듭을 만든다. 프랑스 자수의 프렌치 노트 스티치와 같은 방법이다. 바늘에 실을 한 번 감아서 꽂는 수법으로, 실의 굵기에 따라 매듭의 크기가 달라지며, 주로 새의 눈이나 꽃씨를 박거나 면을 두드러지게 표현할 때 사용한다.

매리골드(marigold)　멕시코 등의 남아메리카에서 자생하는 꽃에 보이는 선명한 오렌지색을 말한다.

매수(shaft number)　직물에서 하나의 완전한 조직을 완성하는 데 소요되는 경사와 위사의 수를 말한다. 예를 들면 능직에서 경사와 위사 각각 세 올로 완전한 조직이 이루어진 경우 이 능직을 3매 능직이라고 한다.

매조잠(梅鳥簪)　매화와 새의 문양을 잠두(簪頭)에 조각한 비녀로 옥(玉)을 사용하여 만들며, 여름철에 사용한다.

매죽잠(梅竹簪)　매화 및 대나무 잎의 문양을 잠두(簪頭)에 조각한 비녀로 궁중이나 반가의 부녀자들이 3～9월 사이에 사용했다. 매죽잠은 정절을 상징하여 열녀문을 내릴 때 하사하기도 했다.

매직 체인 스티치(magic chain stitch)　⇒ 체
커드 체인 스티치

매치 시스템(match system)　상하 아이템이
잘 코디네이트 될 수 있도록 세트화된 매장
시스템을 말한다. 미국의 캐주얼 웨어에 도
입된 방식이다.

매카델, 클레어(McCardell, Claire 1905~1958)
미국 메릴랜드 출생의 디자이너로, 미국의
기성복 디자인계에서 유명하다. 파슨스에서
일러스트레이션을 공부한 후 파리에서 1년
간 지냈다. 1929년 로버트 터크 회사의 모델
겸 보조 디자이너가 되었고 1931년 터크와
함께 타운리 프럭스로 옮겼다. 1938년에 발
표한 그녀의 첫번째 컬렉션은 단순한 것으로
허리선이 없고 다트가 없으며 바이어스로 재
단된 텐트 드레스였다. 1938~1940년 하티
카네기에서 일하다가 다시 타운리 프럭스로
옮겨 많은 작업을 하였으며, 이때 아메리칸
룩, 즉 스포티하고 캐주얼하며 편안하고 기
능적인 디자인을 확립하였다. 그녀는 주로
데님이나 저지, 코튼 갈리코를 사용했으며,
리벳이나 아이 앤드 훅(eyes and hooks) 같
은 금속 단추나 핀 등을 사용하였다. 무용수
의 레오타드(leotard), 즉 현재의 보디 스타
킹과 타이츠, 랩 어라운드 드레스 등 많은 디
자인을 창조하였다. 1944년 코티 비평상인
위니상을 받았다.

매키노(mackinaw)　두꺼운 울 담요지로 만든
더블 브레스티드형의 짧은 코트로 굵은 줄무
늬가 있는 것도 있다. 표면과 이면에는 서로
다른 색이 쓰이고 격자무늬 패턴이 눈에 띈
다. 1811년 미시간 호수와 휴런 호수 사이에
있는 매키낙 해협에서 영국 장교가 그의 군
사들과 좌초당했을 때 담요를 이용해서 즉흥
적으로 만든 코트에서 유래했다. 원래 미시
간의 매키낙 지역에 살던 인디언이 수렵한
무거운 모직의 색깔 있는 이불모피였으나 이
후 미시간의 벌목업자와 사냥꾼들이 재킷과
코트로 입었고 점차 겨울 스포츠 웨어로 각
광받게 되었다.

매키노 재킷(mackinaw jacket)　① 두꺼운 모
포로 만든 허벅지 길이의 재킷이다. 북부 지
방의 탐험가나 목재 벌채인들이 입던 것을
대중화시켜 현재까지 유행하게 되었다.
1811년 영국의 장교인 찰스 로버츠(Charles
Roberts)가 매키낙 수로에서 순찰을 돌다 좌
초되었을 때 임시 변통으로 블랭킷을 사용하
여 만들어 입은 데서 유래하였다. ② 격자무
늬와 줄무늬의 담요와 같은 두꺼운 모직으
로, 벨트가 달린 더블 브레스티드로 된 재킷
이다. 미국 미시간 주의 매키낙 지역에서 인
디언 남성들이 착용한 코트에서 영향을 받아
만들어진 상의로, 현재는 남자, 여자, 아동
모두가 입는다. 이러한 스타일의 코트를 매
키노 코트라고 한다.

매카델, 클레어

매키노 재킷

매키노 클로스(mackinaw cloth)　한대 지방에
서 사용하는 직물이다. 매키낙(mackinac)
클로스라고도 한다. 보통 품질의 양모나 쇼
디(shoddy) 등을 사용하여 제직한 직물로,
매우 무겁고 두꺼우며 부드러운 스펀사가 경
사에 사용된다. 겉과 안에 다른 색상을 사용
하는 경우가 많고, 격자무늬가 많이 나타난
다. 담요, 셔츠, 선원이 입는 재킷, 겨울용
스포츠 웨어 등에 사용된다.

매킨토시(Macintosh)　① 스포츠맨, 특히 경
찰관, 소방수들이 입는 레인 코트이다. 찰스
매킨토시(Charles Macintosh)가 1823년에
개발하여 1830년에 소개한 방수 코트를 말
하는 것으로, 기후가 온난하면 부드럽고 느
슨해지며 한랭하면 뻣뻣해진다. ② 레인 코
트를 영국 속어로 부르는 말이다.

매터니티 드레스(maternity dress)　임신한 여
성들이 입을 수 있는 앞이 풍성한 드레스이

매킨토시

매터니티 드레스

다. 머더 허버드(Mother Hubbard)라는 드레스는 임신복으로 입는다.

매터니티 블라우스(maternity blouse)　임신부들이 스커트나 바지 위에 입는 블라우스로 매터니티 톱이라고도 한다.

매터니티 스커트(maternity skirt)　배부분에 신축성 있는 옷감을 대서 사이즈 조절에 도움이 되도록 만든, 임신부들이 착용하는 스커트이다.

매터니티 슬립(maternity slip)　신축성 있는 고무를 대서 만든 임신부들이 입는 속치마를 말한다.

매터니티 팬츠(maternity pants)　배 부분에 신축성 있는 옷감을 대서 사이즈를 조절할 수 있는 임신부들이 입는 바지를 말한다.

매터도스 재킷(matador's jacket)　금색의 구슬과 자수로 화려하게 장식된 큰 견장이 어깨에 달려 있는 것으로, 에스파냐와 멕시코의 투우사들이 착용하였던 상의를 말한다.

맥고모자(麥藁帽子)　여름에 쓰는 입자(笠子)의 하나이다. 보리짚이나 밀짚을 걸어 뻣뻣하게 만든 위가 납작한 여름용 모자로, 개화기 이후에 노동자·농민이 많이 사용했다. 맥고자, 맥고모라고도 한다. 밀짚모자가 농부들이 작업할 때 주로 착용한 것이라면 맥고모자는 좀더 격식을 갖춘 경우에 착용하였다. 밀짚모자 참조.

맥파든, 메리

맥스웰, 베라(Maxwell, Vera)　미국 뉴욕 출생의 디자이너로 발레리나 교육을 받고 1919년 메트로폴리탄 오페라 발레에 참가하였다. 1924년 그녀는 모델로 일하면서 자신의 옷을 스케치하고 디자인하여 만들기 시작했으며, 1930년대 중반 그녀의 컬렉션이 뉴욕에서 주목을 받았다. 1935년 '위크엔드 워드로브', 1936년 칼라 없는 트위드 '아인슈타인 재킷'을 디자인하였고 1947년 자회사를 설립하였다. 1970년에 스미스소니언 협회(Smithsonian Institution)는 그녀의 작품에 대한 회고전을 개최하였다.

맥시 드레스(maxi dress)　길이가 발목까지 오는 드레스로 제1차 세계대전 이후에 여성들

맥파레인 코트

이 많이 착용하였다. 1969년에 다시 소개되었다.

맥시 스커트(maxi skirt)　맥시멈(maximum)의 약어로, 발목, 발등까지 오는 긴 스커트를 말한다. 1969년에 유행한 미니 스커트와 대비되는 복사뼈까지 내려오는 긴 스커트가 1970년대에 등장하였는데 그것을 맥시 스커트라고 부른다. 1960년대에서 1970년대 초에 유행하였으며, 롱 그래니, 포멀 스커트라고도 한다.

맥시 케이프(maxi cape)　발목까지 오는 케이프류의 총칭이다.

맥시 코트(maxi coat)　꼭 끼지도 헐렁하지도 않고 적당하게 맞는 발목까지 오는 길이의 코트이다. 꽤 큰 칼라를 달았으며, 미니에 이어서 1969년 후반에 소개되어 젊은 여성들에게 잠깐 유행하였다가 사라졌다.

맥파든, 메리(Mcfadden, Mary 1936~)　미국 뉴욕 출생의 디자이너이다. 목화 중개상의 딸로 태어난 그녀는 소르본느 대학과 트라페간 디자인 학교에서 공부했다. 1964년 남아프리카의 요하네스버그로 옮겨 '보그'지의 편집장이 되었고, 1968년 로디지아로 옮겨 아프리카의 예술작품을 수집해 파는 가게를 열었으며, 1970년 다시 뉴욕으로 돌아와 기자 생활을 했다. 희귀한 아프리카 천과 중국산 천으로 보그지에 튜닉을 디자인한 것이 계기가 되어 1976년 자신의 살롱을 열었다. 그녀의 디자인은 사치스럽고 아름다운 색의 실크 튜닉이 특징이며, 아프리카, 중동, 러시아, 중국, 일본 등의 민속적 이미지의 신비스런 직물을 주로 사용하였다.

맥파레인 코트(Macfarlane coat)　오버코트 위에 케이프가 달려 있는 남성 코트이다. 코트 옆터짐 속에 주머니가 달려 있으며, 1850년대부터 19세기 후반까지 유행하였다.

맥포(貊布)　《삼국지(三國志)》에 동옥서에서 맥포를 고구려에 부세로 낸 사실이 기록되어 있다. 맥포는 옥저의 마포(麻布)이다.

맨딜리온(mandilion)　좁고 긴 소매가 달려 있고 길이가 힙까지 내려오는 풍성한 재킷을

말하는 것으로, 16세기 후반부터 17세기 초까지 남성들이 착용하였다.

맨테일러드(man-tailored)　여성들의 수트, 코트 등을 남성들의 양복 같은 스타일로 안감, 심지 등을 넣어 정장식으로 딱딱하게 만든 옷을 말한다.

맨테일러드 수트(man-tailored suit)　남성용 비즈니스 수트와 비슷한 여성용 수트로 남성 양복지로 만들기도 하며 갱스터 수트처럼 가느다란 줄무늬 패턴이 있는 천을 사용한다.

맨테일러드 재킷(man-tailored jacket)　가는 세로줄 무늬가 있는 천 또는 트위드와 같은 직물로 남성들의 수트 재킷과 비슷하게 만든 여성용 재킷으로, 1890년대에 소개되었고 테일러메이드(tailor-made : 맞춤복)라고도 불렸다.

맨텔레타(mantelletta)　로마 카톨릭 교회에서 착용하는 것으로, 소매가 없고 작은 칼라가 부착된 7부 정도 길이의 둥글고 넓은 망토 스타일을 말한다. 적색, 보라색, 붉은색의 실크나 모직으로 만든다.

맨틀(mantle)　케이프 참조.

맨티(mantee)　넓은 속치마, 페티코트를 입은 드레스가 보이도록 앞이 벌어지는 망토로, 18세기에 여성들이 착용하였다.

맨해턴 포퍼(Manhattan popper)　헤어 밴드의 하나로, 플라스틱제 밴드에 두 개의 안테나가 부착되어 있는 것이 특징이며, 안테나의 끝에는 하트나 별모양이 장식되어 있다. 안테나 밴드, 우주 밴드, 데일리 포퍼 등 여러 가지 이름으로 1982년 여름에 대유행했던 상품의 하나이다.

맹트농 클로크(maintenon cloak)　검은 벨벳으로 만들어진 여성용 코트로, 소매가 넓으며 때로는 자수를 놓기도 한다. 일반적으로 주름을 넓게 잡은 단이나 성긴 레이스 단을 댄다. 1860년대에 착용되었던 의상으로 명칭은 마르키즈 드 맹트농(Marquise de Maintenon)에서 유래하였다.

머니퓰레이션(manipulation)　원시인들의 신체장식 방법으로, 신체의 일부를 파손 시키거나 형체를 바꾸는 방법이다.

머더 허버드 래퍼(Mother Hubbard wrapper)　1890년대에 여자들이 입기 시작한 네글리제나 아침에 입는 모닝 드레스이다. 길이는 무릎까지 오는 것과 발목까지 오는 것 등이 있다. 대개 가슴 윗부분에 사각으로 된 요크가 있으며, 앞단추가 있거나 또는 끈으로 맨다. 나중에는 평평하게 내려온 하우스 드레스가 되었으며, 유치원의 동요 이름을 따서 머더 허버드라는 이름이 붙었다.

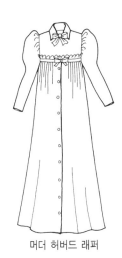

머더 허버드 래퍼

머리　테이블 위에 있는 재봉하기 위한 기계 장치의 총칭으로, 영어로는 헤드(head)라고 한다. ㄱ형으로 구부러진 암(arm)의 종류로는 원형(round arm)인 것과 각형(square head)인 것이 있지만, 최근에는 각형의 것이 대부분이다.

머리 모양　두발을 여러 방법으로 거두는 양식의 총칭이다. 자연 그대로 늘어뜨리거나 묶거나 틀어 올리거나 땋는 등의 모든 양식을 포함한다. 전통적인 머리 모양에는 낭자머리, 쪽머리, 둘레머리, 얹은머리, 새앙머리 등 여러 종류가 있다.

머리삭[首紗只]　머리에 장식하는 댕기의 한 가지로 금도투락이 되었다.

머린 룩(marine look)　해군의 군복이나 선원의 복장에서 힌트를 얻어 만들어진 스타일로, 쇠단추가 더블로 달린 스포티한 리퍼 재킷, 피 코트, 또는 빨강이나 파랑의 굵은 줄무늬가 가로로 뚜렷하게 된 티셔트나 블라우스 등이고, 액세서리로는 세일러풍의 스카프, 모자, 구두, 백 등이 있다. 옷의 디테일 면에서도 세일러 칼라, 포켓 또는 단추의 모양 등을 닻으로 하여 머린 룩을 강조한다.

머린 베레(marine beret)　선원들이 쓰는 베레이다. 베레 참조

머린 블루(marine blue)　머린은 '해양·선원'이란 뜻으로, 바다에서 볼 수 있는 청색을 말한다. 또는 깊은 바다를 연상시키는 연한 녹색 기미의 남색을 가리키기도 한다.

머린 쇼츠(marine shorts)　해군복에서 디자인을 착안한 머린 룩의 짧은 반바지이다. 소재

는 주로 파일이나 샴브레이 등을 사용하고 닻의 마크를 표시한다.

머린 젬(marine gem)　바다에서 생산되는 보석으로 진주, 굴, 산호 등이 있다.

머린 컬러(marine color)　바다와 어울리는 색이라는 의미를 갖는 색들을 말한다. 즉 머린 룩에 자주 사용되는 색을 말한다. 청색 외에 적색, 백색 등이 포함된 3색이 자주 사용된다. 매우 건강한 감각이 특징이다.

머릿장　장(欌)의 일종으로 사랑방용의 소형 단층의 장으로, 두루마기·서권(書卷) 등을 보관한다.

머메이드 시스 드레스(mermaid sheath dress)　날씬하게 몸에 꼭 맞는 드레스로, 1960년대 노먼 노렐이라는 디자이너에 의해 소개된 타이트한 드레스이다. 전체가 반짝거리는 구슬로 만들어져 인어 꼬리 같은 형태이기에 이런 이름이 붙었다.

머미 클로스(momie cloth, mummy cloth)　고대 이집트에서 미라를 싸는 데 사용했던 얇고 치밀한 평직의 리넨이다.

머서라이제이션(mercerization)　면직물이나 면사를 20~25%의 진한 가성소다 용액 속에 긴장시킨 채 담갔다가 중화하여 헹구어 주는 가공과정으로, 면 섬유의 내부구조가 팽윤되어 강도, 흡수성, 염색성이 증가하고 실크와 같은 광택을 얻게 된다.

머슈룸 드레스(mushroom dress)　날씬한 드레스 위에 짧고 풍성한 스커트를 하나 덧입는 드레스이다. 모양이 버섯 같다고 하여 이런 이름이 붙었다. 1940년대와 1950년대에 유행하였다.

머슈룸 슬리브(mushroom sleeve)　퍼프 슬리브의 일종으로, 레이스로 가장자리 장식을 한 버섯 모양의 소매이다.

머슈룸 플리츠(mushroom pleats)　매우 가늘게 잡은 주름으로, 버섯의 갓 안쪽과 같은 모양을 하고 있어 붙여진 명칭이다. 크리스털 플리츠와 모양이 비슷하다.

머슈룸 해트(mushroom hat)　얼굴 쪽으로 큰 챙이 내려온 여성용 모자로, 1960년대에 유

머슈룸 드레스

머슈룸 해트

행하였다.

머스쿼시(musquash)　⇒ 머스크랫

머스크랫(muskrat)　북아메리카나 캐나다 등지가 주산지인 사향쥐를 말한다. 머스크랫과 그 모피를 런던에서는 머스쿼시라고 부른다. 집고양이 정도의 크기로, 모피는 내구성이 강하고, 솜털은 부드러운 회색이며, 보호털은 길고 광택이 있는 암갈색이다. 드레시한 취향의 코트 등에 쓰인다.

머스터드(mustard)　카레에 보이는 황색으로, 적색 기미가 있는 약간 어두운 황색을 말한다.

머스티 컬러(musty color)　머스티는 '곰팡내 나는, 심하게 낡은' 이라는 의미로 곰팡이가 낀 것같이 낡은 느낌의 색을 가리킨다. 1985, 1986년 추동 남성 패션의 경향색 중의 하나로 컨트리풍의 재킷이나 스웨터 등에 많이 사용되었다.

머슬린(muslin)　① 경위사에 단사를 이용해 평직으로 짠 면직물을 일컫는 것으로, 직물의 밀도, 두께가 다양하다. 여러 종류의 가공을 거쳐 속옷, 에이프런, 안감, 드레스, 베갯잇, 가구 덮개 등에 다양하게 사용된다. ② 40~70s의 소모 단사를 써 평직으로 짠 모직물을 일컫기도 한다.

머슬 셔트(muscle shirt)　① 대개 검정이나 회색, 그 외 짙은 색에 네크라인이나 소매통을 백색으로 처리한 몸에 꼭 끼게 입는 반팔 셔트로, 1960년대에 유행하였다. ② 1980년대에 리브 니트로 소매통을 처리한 소매 없는 셔트이다. ③ 백색이나 각종의 셔트 정면에 머슬(muscle)이라고 쓰거나 글자 대신에 팔 위쪽에 튀어나온 근육을 그림으로 인쇄한 몸에 꼭 끼는 셔트를 말한다.

머신 베이스팅(machine basting)　⇒ 기계 시침질

머신 스티치(machine stitch)　재봉틀의 바늘 땀을 겉으로 나오게 한 스티치로, 장식의 경우와 바느질을 견고하게 하기 위한 경우에 사용한다.

머천다이저(merchandiser)　약칭 MD라고 하

며, 유통업에 있어서 상품 구성 계획을 담당하는 스페셜리스트를 말하기도 한다. 상품화계획, 구입, 가공, 상품 진열, 판매 등에 대한 결정권을 가지는 동시에 책임까지 맡고 있는 전문인으로, 상품 기획에서 판매까지의 전과정을 담당한다. 미국이나 우리 나라의 일부에서는 원래의 의미를 축소시켜 바이어라고 부르기도 한다.

머천다이즈 컬러(merchandise color) 유행색을 말한다.

머천다이징(merchandising) 상품 기획, 구매, 판매라는 일련의 활동으로 구성되며, 이의 목적은 높은 수익을 얻기 위해 모든 수단을 동원하는 것이다. 즉 고객들을 유치하여 그들이 원하는 것을 적당한 시기에 구입이 가능한 가격으로 지불하도록 제공하는 것이다.

머킨더(muckinder) ① 16세기 초부터 19세기 동안에 사용한 어린이 턱받이를 말한다. ② 17세기의 행커치프를 말한다.

머프(muff) 손을 따뜻하게 하기 위해 털에다 패드를 대어 만든 원통형의 토시로, 17세기 초 프랑스에서 남녀가 함께 사용하기 시작했으나 남자는 18세기 이후에 거의 사용하지 않았다.

머프 백(muff bag) 머프는 장갑과 같이 손을 보호하기 위한 것인데, 이것을 모피로 만들어서 장갑과 핸드백의 기능을 함께 하는 것을 말한다. 형태는 보통 모피를 사용하여 통형(筒型)으로 만들고, 안쪽에는 작은 물건을 넣을 수 있도록 디자인하였다.

머플러(muffler) 대략 너비가 12인치로 19세기부터 현대까지 착용하는 스카프의 일종이다. 보통 모, 비단 또는 레이온으로 편직하거나 격자무늬나 무지로 직조된 소재를 사용한다. 1920~1940년대에 이브닝 웨어의 장식 부품으로 풀라드(foulard : 일종의 얇은 비단), 타이 실크, 흰 실크 등으로 만든 머플러가 인기가 있었다.

머핀 해트(muffin hat) 1860년대에 천으로 만들어진 남성용 모자로, 둥글고 평평한 크라운과 좁은 스탠딩 챙으로 되어 있으며, 전원 생활에서 착용하였다.

먹염[墨染] 먹으로 흑색(黑色)을 염색하는 것이다. 고대로부터 승니(僧尼), 도인(道人) 등 세속에서 떠난 사람들의 의복 염색에 많이 사용되었다. 먹염은 문양염에도 사용되는데 묵즙(墨汁)을 수면에 뜨게 하고 염색하여 파문상(波紋狀)의 문양을 염색한다.

먼셀 시스템(Munsell system) 1905년 미국의 화가 먼셀(A. H. Munsell, 1858~1918)에 의해 발표된 색의 3속성에 기초한 표색법(表色法)이다. 먼셀 표색계라고도 한다. 이 표색법은 색상을 적, 황, 녹, 청, 자와 그 중간색으로 된 10색상을 기본으로 한 100색상을 설정하고, 명도를 백에서 흑까지 11단계,

머프

머플러

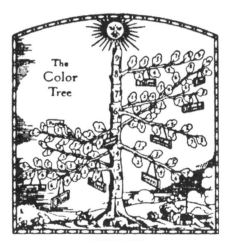

먼셀의 색채나무

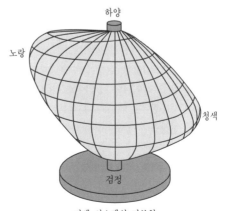

먼셀 시스템의 기본형
먼셀 시스템

채도는 가장 낮은 1에서 순색 적의 14를 최고로 한 14단계로 나눈 후, 명도 단계를 중심 종축으로 한 3차원의 색입체를 만들고, 그것에 의해 모든 색을 표시한 색체계이다. 1943년 미국 광학회에 의하여 '수정 먼셀 표색계' 가 발표되었고, 일본에서는 1973년 이래 일본 공업규격(JIS)이 '색의 3속성에 의한 표시법' 으로 채용하였다.

먼셀 표색계   ⇒ 먼셀 시스템

멀(mull)   3번수인 실을 사용하여 평조직으로 짠 직물로, 복지나 드레스용으로 쓰인다. 표백하고 유연하게 가공하여 Ne60에서 Ne100의 면사를 경·위사로 쓴다. 중국 멀 또는 견멀은 견과 면사로 교직한 것을 말하며, 인도 멀과 스위스 멀은 평직 표백 멀을 말하는 것으로, 표준품은 경사 Ne70, 위사 Ne90, 82×60올이다. 날염한 것은 파스텔조의 멜랑주 날염(melange printing)으로 하며 모자나 양복용 직물 등에 쓰인다. 영국에서 흔하며 예전의 힌두나 페르시아 지방의 용어로 말말(malmal)이라고 부르던 것에서 유래된 용어로, 멀멀(mulmul)이라고도 한다. 멀멀은 머슬린의 뜻으로도 쓰인다.

멀티 브라이트(multi bright)   여러 가지의 선명하고 밝은 색을 대담하게 조합한 현대 감각의 배색법 또는 그러한 분위기의 천에 보이는 색 감각을 말한다. 춘하의 캐주얼한 부인복과 아동복에 많이 사용되며, 대비의 효과를 높인 조합이 많이 활용된다. 다채롭게 전개되는 브라이트 컬러로, 깜짝 놀랄 정도의 밝은 색이라는 의미를 갖는다. 1985년 춘하 시즌에 보여진 브라이트 컬러와 파스텔 컬러 등이 범람한 현상에서 유래한다. 브라이트 온 브라이트와 동의어로, 밝은 색채를 많이 사용한 디자인복이 눈에 많이 띈다. 이러한 현상을 지칭하여 '색의 시대' 라고도 한다.

멀티 스트라이프(multi stripe)   여러 개의 문양으로 이루어진 줄무늬로, 복잡한 문양을 만들어낸다.

멀티 컬러(multi color)   멀티는 '많다' 라는

뜻으로 여러 가지의 색을 사용한 것을 멀티 컬러라고 한다. 반대로 단색을 사용한 것은 모노 멀티 컬러라고 한다. 멀티 컬러 스트라이프, 멀티 컬러 체크라는 표현에 사용된다.

멀티 필라멘트(multi filament)   여러 개의 필라멘트 섬유로 이루어진 실을 말하며, 보통 30~50올을 합치는데 특히 가는 섬유는 그 이상을 합치기도 한다.

멍고(mungo)   방축 가공한 모제품에서 회수한 재생모를 일컫는다.

멍석수   수평, 수직의 긴 건넘수를 몇 겹씩 겹치게 수놓아 직조된 모양처럼 표현한다. 긴 건넘수와 짧은 건넘수를 혼합 사용하여 변형하기도 한다.

멍크스(monk's)   수도사, 승려, 도사들이 착용하는 도포와 같이 풍성한 종류의 의상과 액세서리을 말한다.

멍크스 드레스(monk's dress)   입체적인 주름의 카울 네크라인에, 소매단으로 내려가면서 점점 넓어진 종 모양의 벨 소매에, 끈으로 된 벨트를 맨, 스님들이 착용하는 플레어진 로브형의 드레스를 말한다.

멍크스 로브(monk's robe)   종 모양처럼 위에서부터 끝으로 가면서 넓어진 벨 소매에, 모자가 달리고 드레이프가 진 카울 네크라인으로 되어 있다. 긴 끈으로 묶는 스님들의 풍성한 도포 형태의 로브이다.

멍크스 벨트(monk's belt)   레이온 또는 나일론으로 꼬아서 만든 로프 벨트이다. 끝에 술 장식이 있으며 여러 겹으로 둘러 매기도 한다. 수도사의 제복에 함께 두른 데서 유래하였다.

멍크 스트랩(monk strap)   발등이 단순하며 낮은 힐이 있는 구두로, 발등이 가죽 스트랩으로 장식되어 있다.

멍키(monkey)   속털이 없이 광택이 있는 긴 털을 가진 원숭이 모피로, 색상은 검은 색을 띠며 재킷이나 트리밍에 사용된다. 주로 아프리카 동부와 서부에서 생산된다.

멍키 재킷(monkey jacket)   추운 날씨에 해군들이 입는 것으로, 몸에 넉넉하게 맞는 두꺼

운 옷감으로 된 짧은 재킷을 말한다. 파일럿 코트라고도 하며, 1850년대에 유행하였다.

메다용(medaillon) 초상화 등과 같은 인물을 원형으로 부조하여 장식하는 모든 기법의 총칭이다. 나아가 원형의 커다란 장식문양을 의미하기도 한다.

메디벌 엠브로이더리(medieval embroidery) 메디벌, 즉 중세풍 자수의 하나로, 올의 구조가 확실한 바탕천에 플랫 스티치인 새틴 스티치, 러닝 스티치 등의 평평한 스티치를 수놓은 위에 오버캐스트 스티치로 다시 수놓는다. 중세에는 쓰개용으로 주로 사용되었지만 현재에는 실내 장식용의 패널에 응용된다.

메디치 드레스(Medici dress) 1870년대 초의 바닥에 끌리는 프린세스 드레스를 말하는 것으로, 앞부분에 에이프런을 둘렀으며, 짧은 소매가 달려 있다.

메디치 베스트(Medici vest) 1870년대 중반의 여성들이 착용한 몸에 꼭맞는 블라우스로, 팔꿈치 길이의 풍성한 소매를 밴드를 사용해서 두 부분으로 나누었으며, 소매끝은 3겹의 가는 세로 주름이 있는 러플로 장식하였다. V 넥의 목선은 한 겹의 주름진 러플로 장식하였고, 허리선 아래에는 짧은 바스크가 있으며, 등쪽은 풍성한 형태이다. 마리 드 메디치(Marie de Medici)에 의해 소개되었다.

메디치 칼라(Medici collar) 목을 크게 파고 뒷부분에 풀을 먹이거나 철사를 넣어 부채꼴 모양으로 펼쳐 세운 칼라로, 16세기에 메디치가에서 사용하기 시작하여 18세기와 19세기에 유행하였다. 15~16세기에 번영했던 이탈리아의 명문 메디치(Medici)가 출신의 캐서린(Catherine) 왕비와 마리(Marie) 왕비가 착용한 데서 붙여진 이름이다.

메디테이션 셔츠(meditation shirt) 소매끝이 넓게 벌어진 소매에, 머리에서부터 뒤집어써서 입게 된 튜닉 스타일의 셔츠이다. 목 주위와 소매 끝단에는 자수로 장식되었으며, 인디언 프린트로 만들어진다. 1960년대 말 동양의 힌두교 교도사들이 착용한 옷에서 유래되었다.

메디테이션 셔츠

메딕 셔츠(medic shirt) 스탠드 밴드 칼라에 어깨에서 단추로 여미게 된 의사들이 착용하는 셔츠로, 벤 케이시가 입어 유행하기 시작했다 하여 벤 케이시 셔츠라고도 한다.

메딕 얼러트 브레이슬릿(medic alert bracelet) 혈액형이나 특정 약품에 대한 알레르기를 표시하기 위해 착용하는 팔찌이다.

메딕 칼라(medic collar) 의사가 입는 흰 재킷에 다는 밴디드 칼라이다. 옆에서 단추 하나로 여미게 되어 있으며, 1961년도 TV 쇼 벤 케이시(Ben Casey)에 의해 유행하기 시작하였다. 벤 케이시 칼라라고 부르기도 한다.

메로 스티치(merrow stitch) ⇒ 오버로크 스티치

메리노 울(merino wool) 1400년경 에스파냐에서 육종된 면양으로부터 얻어지는 가장 좋은 양모를 말한다. 산지에 따라 품질 차이가 많으나 오스트레일리아의 메리노 양모가 품질이 가장 좋고, 이보다는 약하고 탄력성이 부족한 남아프리카의 메리노 양모가 다음으로 좋은 품질을 지니고 있다. 메리노 양모는 양모 중 가장 섬세하고 권축도 발달되어 있으며, 특히 다른 재래종이나 잡종과는 달리 켐프를 함유하지 않는다.

메리 위도(Merry Widow) 브라와 거들을 겸한 덜 조이는 속옷으로, 신축성이 있는 고무로 되어 있다. 하체의 거들 부분은 레이스 패턴의 옷감과 러플로 되어 있다.

메리 위도 해트(Marry Widow hat) 20세기 초 여성들이 썼던 챙이 넓은 모자로 타조 깃털로 장식되었다. 오페라 '메리 위도'에서 명칭이 유래하였다.

메리 제인

메리 제인(Mary Jane)　낮은 굽에 앞부리가 둥글며 발등을 끈으로 고정하는 어린 소녀들의 정장용 구두로, 주로 검정색의 에나멜 가죽(patent leather)으로 만든다.

메살린(messaline)　① 레이온 또는 실크로 만든 가볍고 부드러운 경수자 직물이다. 250올/2.5cm의 직물 밀도를 갖는 오건진(organzine)과 같은 꼬임사로 만들어졌고, 1900년경 프랑스에서 처음 생산되었으며, 일반적으로 직조 후 염색한다. ② 프릭션 캘린더 가공으로 직물의 표면에 높은 광택을 부여하고 부드럽고 유연한 감촉을 주는 면직물이다.

메스 재킷(mess jacket)　스탠드 칼라와 양다리 모양의 레그 오브 머튼 소매에, 몸에 꼭 맞게 된 허리까지 오는 짧은 재킷으로, 대개 흰색으로 만든다. 처음에는 해군과 일부 군인들의 유니폼으로만 착용되었으나 현재는 일반인들도 여름철에나 더운 지방에서 디너 때나 정장 차림에 많이 입는다. 1890년대에 여성들에게 인기가 많았다.

메시(mesh)　편성, 직조, 매듭 등의 여러 가지 방법에 의하여 엉성하게 만든 망 모양 직물의 일반적인 명칭이다. 운동복, 셔트 등에 쓰인다.

메시 백(mesh bag)　은색 도금의 작은 금속과 체인을 연결하여 만든 그물 형상의 가방이다. 에나멜로 꽃무늬를 그려넣기도 하며, 1900년대 초에 유행하였다.

메시 브레이슬릿(mesh bracelet)　미세한 고리나 굴곡진 금속이 연속적으로 연결된 체인 팔찌이다. 값비싼 시계줄이나 팔찌로 금으로 만든 메시 밴드가 사용된다.

메시 스톨(mesh stole)　그물이나 망사의 소재를 사용하여 만든 숄 형태의 스톨을 말한다. 1983년 춘하에 화제를 모았으며, 한쪽 끝에 끈이 달린 포켓 모양으로 되어 있는 것이 특징이다. 일반적으로 길이 170cm, 폭 40cm의 크기가 보통이지만, 경우에 따라서는 크기에 변화를 줄 수도 있다. 또한 사용 방법에 따라 환상적인 옷맵시를 내는 데 활용되기도 한다.

메시 워킹(mesh working)　네트 클로스 등 망사류의 유행에서 등장한 디자인 테크닉의 하나로, 어망처럼 엉성한 것에서 섬세한 니트 메시까지 여러 가지 소재를 요크나 소매, 포켓 등에 부분적으로 사용해 디자인한 것을 말한다. 경우에 따라서는 전체를 메시로 디자인하기도 한다.

메시지 트레이너(message trainer)　다양한 프린트를 통해 메시지를 나타내는 트레이너로서, 상품의 품질이나 로고, 브랜드 명을 프린트하여 디자인한다.

메시 호즈(mesh hose)　작은 다이아몬드 무늬의 밀라노 스티치를 한 그물 형태의 호즈를 말한다.

메이 미스트 블루(may mist blue)　직역하면 '5월 안개의 청색'이라는 의미로 봄 안개를 생각나게 하는 느낌의 물색이다. 1985년 춘하 시즌에 나타난 밝은 색조 외에 신기루를 연상시키는 블루 미러클이라고 하는 엷은 청도 여기에 포함된다.

메이 웨스트 실루엣(Mae West silhouette)　큰 가슴에 가는 허리, 몸에 타이트하게 맞는 스타일에 한쪽 치마단을 길게 하여 손으로 잡아 올리도록 한 드레스로, 여기에 깃털이 달린 큰 모자를 착용하였다. 메이 웨스트라는 미국 여배우가 유행시켰다.

메이저렛 부츠(majorette boots)　여성용으로 장딴지까지 오는 부츠를 말한다. 주로 흰색으로, 맨 위 중앙에 술장식이 있다.

메일 파우치(mail pouch)　부드러운 가죽이나 천으로 만들며 여밈을 끈으로 잡아당기는 핸드백으로 우편 배달부의 가방에서 유래하였다.

메저 룰렛(measure roulette)　커브가 있는 부위를 재는 룰렛으로, 정확한 치수가 나오게 되어 편리하다.

메종(maison)　프랑스어로 집을 말하는데 패션에서는 고급 주문복을 하는 파리의 오트 쿠튀르 상점을 말한다.

메클린 레이스(Mechlin lace)　가장자리를 다소 굵지만 섬세한 실로 두른 꽃무늬 패턴으로 구성된 섬세한 보빈 레이스를 말한다.

메타퍼솔러지(Metapathology)　메타 욕구
(meta need)는 기본욕구만큼 사람들에게 본
능적이거나 선천적이지는 않지만 충족되지
않을 때 소외, 고민, 냉담, 냉소하는 메타 병
리현상이 나타난다.

메탈릭 그레이(metallic gray)　금속적인 광택
을 특징으로 갖는 회색을 말한다. 스톤 그레
이, 플란넬 그레이, 엘리펀트 그레이 등이 대
표적인 색명이다.

메탈릭 그린(metallic green)　금속적 광택이
나는 녹색을 말한다. 젊은 남성 패션의 악센
트 컬러로 청동색과 함께 강조되는 색조이
다.

메탈릭 컬러(metallic color)　금속적 광택이
특징인 찬 느낌의 색을 말한다. 크로스 니트
라고 불리는 반들반들하게 광택이 나는 스웨
터 등에 사용되고 있으며, 1986, 1987년 추
동 IWS 니트 웨어 스타일 컬렉션에서 테마
컬러의 하나로 수용된 바 있다. 여기에서의
메탈릭 컬러는 찬 뉴트럴 톤(중간 색조)이
중심으로 되어 있다.

메탈릭 파스텔(metallic pastel)　금속성의 차
갑고 투명한 분위기의 파스텔 컬러를 의미한
다. 광택 소재의 대두라는 패션 경향에 적합
하여 호응을 받고 있는 유행색의 하나이다.

메탈릭 호즈(metallic hose)　⇒ 글리터 호즈

메탈 버클(metal buckle)　버클은 벨트를 고정
시키는 기구로, 이것이 금속으로 된 것을 말
한다. 처음에는 버클이 기능적인 용도로만
사용되었으나 점차 장식성이 강조되면서 패
션 경향에 따라 다양한 소재가 사용되고 있
다.

메탈 클로스(metal cloth)　견사나 면사를 경
사로 쓰고, 위사에는 금사나 은사 등 금속사
를 써서 만든 장식적인 직물로, 트리밍이나
여성용 모자인 밀리너리(milinery) 등에 쓰
인다.

메트리컬 카운트(metrical count)　모든 섬유
에 공통으로 사용되는 미터 번수로, 무게
1kg의 실의 길이를 km수로 표시한다. 모사

의 번수 표시에도 사용된다.

멕시칸 엠브로이더리(Mexican embroidery)
멕시코 자수의 총칭으로 멕시코 민족의 전통
적인 것과 서양에서 전래된 것 그리고 양쪽
을 병용한 것이 있다. 전통적인 자수는 기하
학적인 무늬를 다닝 스티치로 메우는 기법을
이용하며 직물과 같이 보인다. 선명한 색채
가 특징이다. 또한 새나 사슴, 뱀, 나무 등을
모티브로 하여 새틴 스티치로 표현한 것도
있다. 유럽에서 전해진 자수법으로는 드론
워크와 크로스 스티치에 의한 패턴 자수가
있는데, 역시 선명한 색채가 특징이다.

멕시칸 웨딩 셔츠(Mexican wedding shirt)
빳빳하고 얇은 천으로 칼라나 정면을 자수로
장식하고, 넓은 밴드로 된 아카폴로 멕시코
스타일의 테일러드 셔츠이다. 멕시칸의 농촌
결혼식에서 신랑이 입는 셔츠에서 유래하였
으며, 1960년대 말에 유행하였다. 피에스타
셔츠(fiesta shirt)라고도 한다.

멕시칸 플리츠(Mexican pleats)　멕시코의 전
통적인 스커트에 보이는 주름장식이다. 레이
스로 된 주름장식으로 팬시한 분위기를 내
며, 스커트 자체가 풍성한 실루엣을 내고 있
어 최근 주니어복에서 스포티한 스타일로 인
기가 있다.

멘즈 웨어 룩(men's wear look)　1969년 소개
된 여성의 드레스 스타일로, 남성의 수트에
줄무늬나 각각 다른 크기의 체크나 격자직물
등 조화가 이루어지지 않는 직물의 오버코트
등을 함께 착용하는 스타일이다. 이전에 사
용된 직물들을 부조화스럽게 섞어 사용한 것
이 시초가 되었다.

멜라나이트(melanite)　안드라다이트 가닛의
한 종류이고 흑석류석이라고 한다. 안드라다
이트 가닛 참조.

멜랑주(mélange)　소모사를 만들 양모 섬유의
뭉치를 줄무늬 모양으로 날염한 후 방적하여
만든다. 염색된 섬유와 염색되지 않은 섬유
가 합쳐져 독특한 색감을 지니는 소모사를
만드는 방법을 말한다.

멜랑주 날염(mélange printing)　여러 가지의

음영, 톤, 채도를 띠는 색으로 톱이나 슬라이버를 날염하는 것으로 톱 날염이라고도 한다. 다양한 색의 멋진 실을 만들 수 있다. 1862년 프랑스의 비구뢰에 의해 고안된 특수 날염기, 즉 비구뢰 날염기를 사용한다. 멜랑주사는 마치 서리가 내린 것과 같은 효과를 내는 실을 일컫는다.

멜랑주 컬러(mélange color)　멜랑주는 불어로 '혼합한, 교직의'라는 의미로 많은 색을 혼합하여 서리가 내린 듯한 느낌을 나타내는 색을 말한다. 이러한 색조를 멜랑주 톤이라고 하며, 1985년경에 니트 웨어 등에 많이 사용되었다.

멜레(mêlée)　보통 20~25캐럿의 다이아몬드로, 일반적으로 광택이 부각되도록 세공된 것을 모두 가리킨다.

멜로디 페일(melody pale)　자명금이 연주하는 음률처럼 섬세한 분위기를 나타내는 엷은 농담의 색조를 말한다. 옅은 색조의 활용이 전개되면서 광택을 특징으로 한 니트 앙상블 등에 많이 사용되는 색조이다.

멜로 컬러(mellow color)　멜로 패션에서 파생된 유행 색채이다. '과일이 익은, 부드럽고 단'이라는 의미를 갖는 멜로는 음악 용어로도 사용된다. 부드럽고 둥근 분위기의 색조로, 이러한 이미지가 강한 옐로, 핑크, 그린계의 색 등이 여기에 포함된다.

멜론 슬리브(melon sleeve)　소매 중심을 부풀린 소매이다. 비치는 천이나 빳빳한 천을 사용하여 과장된 효과를 시도하는 데 사용되기도 한다. 베레 슬리브와 그 형태가 유사하다.

멜턴(melton)　경·위사에 굵고 부드러운 방모사를 사용하여 평직 또는 능직으로 짠 다음 축융한 후 전모한 모 또는 모 혼방 직물이다. 수트, 코트감으로 쓰인다.

멜턴 가공(melton finish)　방모사 직물에 실시하는 가공으로 축융시킨 후 긴 보풀을 잘라주고 압융시킨다. 직물 표면은 기모하지 않았으므로 바탕 조직이 잘 드러난다.

멜티드 다크(melted dark)　멜티드는 '녹인,

멜론 슬리브

녹이다'의 의미로 금속류가 녹은 것 같은 느낌의 색조를 말한다. 일반적으로 차분한 금속색으로 알려졌으며, 자연스럽게 보이는 특징으로 인해 진 캐주얼 등의 패션에 많이 사용된다.

멱리　중국 당 시대의 수복(首服)으로 페르시아로부터 유래하였다. 바람을 막기 위해 포(布)로 얼굴에서 몸까지 덮어쓰는 것으로 당초기의 여자들이 나들이할 때 썼으며, 낯선 사람들이 보지 못하도록 하는 역할을 하였다.

면(緜, cotton)　① 마와 함께 대표적인 천연 섬유소계 섬유로, 이미 4000~5000년 전 인도를 비롯한 몇몇 곳에서 이용된 것으로 알려져 있으며, 우리 나라에서는 고려 공민왕 때인 1367년 문익점이 원나라에서 들여와 재배하게 되었다. 습윤한 아열대적 기후와 광대한 토지를 필요로 하며 생산지를 위주로 시 아일랜드 면, 미면, 인도 면, 이집트 면, 브라질 면 등으로 분리된다. 면은 세계 전섬유 소비량의 약 50%를 차지하는, 가장 많이 사용되는 섬유로, 내구성과 흡수성이 좋고 세탁이 편리하여 모든 옷의 재료 섬유로 사용 가능하나 구김이 잘 생기고 형태 안정성이 부족한 단점을 지니고 있다. 《삼국지(三國志)》의 예전(濊傳)에는 유마포잠상작면(有麻布蠶桑作緜)이라 하여 마포가 있고 잠상하여 면을 만든다고 하였고, 한전(韓傳)에는 지잠상작면포(知蠶桑作緜布)라 하여 잠상을 알고 면포를 만든다고 하였다. 면(緜)은 면(綿)의 고자(古字)이다. 오늘날에는 면이 식물성 섬유인 면섬유(Gossypium)의 뜻으로 사용되나, 고대에는 견섬유물의 뜻으로 사용되었다. 따라서 이 시대의 면(緜)은 견섬유, 견직물을 말한 것이다.

면 개버딘(cotton gabardine)　능선각이 45° 또는 63°인 치밀한 능직물로, 능선이 뚜렷하게 나타난다. 경사 밀도가 더 크고 일반적으로 2/2 능직이다. 개버딘이란 명칭은 모직물에서 온 것이며, 코트, 여성용 승마복, 비옷, 스키복, 아동복 등에 사용된다.

면경자아(looking-glass self)　쿨리(Cooley)
의 이론으로 타인들에게 비친 자신의 자아개
념으로, 타인에게 비친 자기에 따라 사람들
은 자신의 외모, 태도, 행동을 관찰·평가하
게 된다는 것이다. 구체적으로 설명하면 자
신의 태도가 타인에게 어떻게 비칠 것인가?
그렇게 비친 자신을 타인은 어떻게 평가할
것인가? 그 평가에 따라 자기 스스로 자아개
념을 평가하게 된다.

면규(冕圭)　면복(冕服)과 규(圭)를 나타내는
말로 보통 면복을 칭한다.

면금란(綿金襴)　면사로 제직된 금란이다. 월
정사에 소장되어 있는 가사의 직물이 면금란
으로 되어 있다. 홍지(紅地)에 봉황문(鳳凰
紋), 운문(雲紋), 화문(花紋)이 다채롭게 직
문되었으며, 금편사(金片絲)로 제직되었다.
연대와 착용자는 알려진 바가 없다.

면류관(冕旒冠)　고려에서 조선까지 국가 대
제(大祭), 왕 즉위시, 가례시에 왕·왕세자
가 면복(冕服)에 쓰던 관이다. 겉은 현색증
(玄色繒)이고 안은 훈색증(纁色繒)이며 앞은
둥글고 뒤는 네모난 평천판을 더했으며, 여
기에 유(旒), 광(纊), 진(瑱) 등의 수식을 더
했다. 평천관 참조.

면번수(count of cotton yarn)　면사의 굵기를
표시하는 데 널리 쓰이는 단위로, 1파운드의
실의 길이를 타래(hank : 840야드, 768.1m)
수로 표시한다. 예를 들어 실 1파운드가 20
타래가 되면 20번수이고, 20s로 표시한다.

면복(冕服)　고려 초부터 조선 말까지 국왕이

면복

제례(祭禮), 정조(正朝), 조회(朝會), 가례
(嘉禮) 등에 착용한 대례복 및 제복이다. 면
복은 면류관(冕旒冠)과 곤복(袞服)을 말하며
중단(中單) 위에 의(衣), 상(裳)을 입고 대
대(大帶)를 띠고 폐슬(蔽膝), 혁대(革帶),
패옥(佩玉), 방심곡령(方心曲領), 수(綬),
말(襪), 석(舃), 규(圭)로 되어 있다.

면복(緬服)　수의(壽衣)의 하나로 선친(先親)
의 면례(緬禮)를 지낼 때 입는 시마복(緦麻
服)이다.

면사(面紗)　여자용 쓰개의 하나로 머리부터
온몸을 덮어쓰는 사각 보자기 모양의 사(紗)
를 뜻한다. 면사는 예장용으로 궁중용과 민
가용이 있으며, 궁중용은 겹면사와 홑면사가
있다.

면장(面粧)　중국 당 시대 여성의 화장법으로
뺨 양쪽에 단청주사(丹靑朱砂)로 둥근 점,
새, 달, 돈 등의 모양을 그려 넣었다.

면접법(interview method)　응답자로부터 개
인의 의견, 신념, 태도 등을 얻기 위해 서로
대면하여 실시하는 자료수집 방법이다.

면주(綿紬)　견섬유사의 평직물로, 오늘날의
명주와 같은 것이다. 고려 시대, 조선 시대의
문헌에 많이 나타나 있다. 일본에서는 손으
로 면사를 자아 짠 직물을 말한다.

면주전(綿紬廛)　명주를 파는 사전을 뜻한다.

면 크레이프(cotton crepe)　경사로 30~40s의
단사를 사용하고 위사에 20~30s의 강연사
를 사용하여 평직으로 제직한 것으로, 경사
방향의 잔주름이 있다. 잠옷, 여름 속옷, 셔
트 등에 사용된다.

면판(face plate)　암(arm)의 왼쪽에 있으며,
바늘을 상하 운동시키는 장치와 천을 눌러주
는 장치를 덮고 있는 것으로 뚜껑이 나사로
고정하는 것, 문처럼 되어 있는 것이 있다.
바깥에는 실걸이, 실조절 장치가 달려 있다.

면판실걸이　면판의 중앙에 달려 있어 실을 통
과시키는 것으로, 실채기로부터 바늘을 향하
여 실을 바르게 보내 준다.

면포전(綿布廛)　무명을 파는 시전으로 은자
(銀子)도 팔아 은목전(銀木廛)이라고 한 적

면류관

도 있었다. 백목전(白木廛), 백면전(白綿廛)이라고도 하였다.

명도(明度)　표색계에 보이는 3속성의 하나로, 색의 밝기의 정도를 척도화한 것이다. 흑과 백을 양극으로 하고 그 가운데 오는 회색의 정도를 감각적, 등차적으로 9단계로 하여, 명도의 기준으로 하고 있다. 명도는 물체 표면의 빛의 비반사율의 상태를 지각의 상태로 척도화하여 밝은 것을 고명도, 어두운 것을 저명도, 중간 정도의 밝기를 중명도, 같은 정도의 밝기를 등명도라고 표현한다.

명목(愼目)　수의(壽衣)의 일종으로 얼굴을 덮어 싸는 것으로, 겉과 안을 흰색으로 하거나 겉은 검은색, 안은 남색으로 하기도 한다. 정사각형(가로×세로 : 30cm)에 겹으로 만들며 양귀에 끈을 단다.

명물열(名物裂)　일본의 다탕(茶湯)의 발달에 수반되어 사용되었던 서화(書畫), 공예품, 염직물 등을 말한다. 태반이 도래품(渡來品)이며 다인(茶人)들에 의하여 선택된 우수한 것들이다. 직물로서는 금란, 은란, 단자(緞子), 간도(間道), 인금(印金), 금사(金紗), 사라사, 벨벳, 모루 등 총수가 400여 점이다.

명부복(命婦服)　조선 시대 봉호(封號)가 있는 내명부와 외명부의 부녀자 복식이다. 즉 왕족을 제외한 궁중 여복과 상층 반가 여복을 총칭하는 명칭으로, 신분 및 품계에 따른 제식(制式)이 있었던 것은 아니다. 기본 구조는 치마·저고리·포의 전통 양식을 잘 보존하였으며 매우 화려하고 세련된 특징을 지닌다.

명색(明色)　명도가 높은 색, 즉 밝은 색을 말한다. 색조로 말하면 페일 톤, 브라이트 톤, 라이트 톤 등이 이에 해당한다. 일반적으로 명색이 갖는 분위기는 부드럽고 가볍고 경쾌하며 색상은 황색처럼 선명한 것도 있으며, 전체적으로는 이름처럼 밝은 분위기이다.

명성적 측정방법(reputational method)　사회계층 측정방법의 하나로, 질문대상자에게 타인의 사회계층을 질문하여 그의 명성에 따라 계층을 구분하는 것이다. 직업, 교육, 가족수입, 윤리적 배경 등의 기본적인 사회계급의 변수를 질문하도록 되어 있다.

명의(明衣)　염습(殮襲)할 때 죽은 사람을 목욕시킨 뒤에 맨 먼저 입히는 속옷이다.

명주(明紬)　견사로 제직된 평직의 직물이다. 무형 문화재로 경북 성주군 용암면 본동리의 강석경 할머니가 명주 길쌈의 기능을 잇고 있다. 소색(素色), 표백된 백색 또는 각색의 명주를 풀을 먹여 다듬어서 남녀의 한복감, 이불감 등으로 사용하였다.

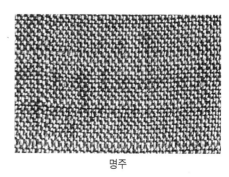
명주

모거나이트(morganite)　장밋빛의 녹주석으로 투명한 핑크에서 장밋빛까지 다양하다. 보석상이자 보석 수집가인 모건(J. P. Morgan)의 이름을 따라 명명되었다.

모경(母經)　위금에서 지위(地緯), 문위(紋緯)와 조직되는 경사에 대한 일본 명칭을 말한다.

모계(毛罽)　섬세한 모직물, 모의 문직을 말한다.

모골사(mogol yarn)　장식사의 일종으로 심사의 주위에 파일 모양의 장식사를 둘러 만든 것이다.

모노 크로매틱 레이어드(mono chromatic layered)　블라우스, 조끼, 재킷, 바지, 액세서리 등 전체의 코디네이션을 한 가지 색으로만 겹쳐서 착용한 스타일이다.

모노크롬 염색(monochrome dyeing)　매염제와 염료를 동시에 염욕에 넣어 염색하는 방법이다. 메타크롬 염색이라고도 한다.

모노크롬 프린트(monochrome print)　모노크롬은 '단색화, 흑백사진'이란 의미로, 흑과 백만으로 구성된 프린트 무늬를 말한다.

모노클(monocle) 렌즈가 하나밖에 없는 남성용 안경으로, 사용하지 않을 때에는 리본이나 끈으로 연결하여 목에 걸고 다닌다.

모노클

모노키니(monokini) 간단한 비키니 팬티로만 이루어진 여성용 토플리스 수영복을 말한다. 1970년에 루디 게른라이히에 의하여 창안되었다.

모노 톤(mono tone) 모노크롬 톤(monochrom tone)의 약자로 '단색의, 흑백의, 단채(彩)의' 라는 의미이며, 주로 무채색계의 백, 그레이, 흑 등으로 구성되어 있는 배색을 표현할 때 사용된다.

모노폴리 브랜드(monopoly brand) 메이커와 소매업이 공동으로 하여 그 매장에서만 판매될 조건 아래 기획, 생산된 상품에 붙인 브랜드이다. 대메이커와 규모있는 패션점이 계약하여 탄생한 독점 브랜드의 경우가 많다.

모노 필라멘트(mono filament) 인조 섬유인한 올의 굵은 섬유로서, 노즐에서 나온 한 올씩을 각각 실로 사용한다.

모닝(mourning) 일반적으로 검정색으로 만들어진 상복을 말하며, 장례식 때 또는 상(喪) 기간 동안 착용하였던 것으로 때로는 1년 동안 착용하는 경우도 있었다. 19세기에서 20세기 초에 걸쳐 검정색의 짙은 상복은 6개월, 보라색이나 엷은 보라색 상복도 6개월 동안 착용하였다.

모닝 글로리 스커트(morning glory skirt) 아래로 내려가면서 점점 플레어가 많아진 모양이 나팔꽃을 닮았다고 해서 비롯된 고어드 스커트를 말한다. 트럼펫 스커트라고도 한다.

모닝 드레스(morning dress) ① 줄무늬 바지와 뒤로 가면서 길어지고 앞단이 파인 상의에, 애스콧 타이를 매고 높은 모자를 쓰는 남성 외출용 정장 차림을 말한다. ② 방문·쇼핑 때, 집에 있을 때, 오전 중 적당한 정장차림의 드레스들을 말하며, 19세기에 많이 입었다. 모닝 가운, 모닝 로브라고도 한다. 20세기 초에 비싸지 않은 옷감으로 만들어서 하우스 드레스로 입었다.

모닝 베일(mourning veil) 장례식이나 상(喪)중에 모자 위나 아래쪽에 착용하는 반투명의 검정색 베일을 말한다. 보통 원형의 검정색 소재로 가장자리는 넓은 밴드로 처리되기도 하고 어깨까지 내려온다.

모닝 스트라이프(morning stripe) 모닝 코트속에 입는 바지에 보이는 줄무늬이다. 회색과 검정색의 가는 세로줄무늬이며 댄디 룩의 유행으로 여성의 의복에도 많이 사용된다.

모닝 코트(morning coat) 남자들이 낮에 착용하는 반예복이던 것이 현재는 정식 예복으로 사용된다. 상의와 조끼의 천은 거의 흑색 도스킨이며, 상의 앞자락의 단추는 하나이고 길이는 무릎 위까지 오며, 하의는 줄무늬를 사용하는 경우가 많다.

모담(毛毯) 모의 카펫, 곧 모석(毛席)을 말한다. 구유(氍毹)와 같은 것이다.

모더레이트 어퍼 존(moderate upper zone) ⇒미디엄 베터 존

모더레이트 톤(moderate tone) 모더레이트는 '절도가 있는, 온건한' 이라는 의미로, 색의 상태가 온화한 것을 색명 구분을 위해 모더레이트 톤으로 분류하고 있다. 덜 톤(dull tone)에 해당하는 영역에서도 명도, 채도 등이 중후한 색조의 위에 위치하는 색채군으로, 먼셀 색입체에서 등색상 절단면에 있는 중명도, 중채도의 색 전반을 가리킨다. 또 최근에는 관용적으로 소프트 톤이라고 부르기도 한다.

모던 수트(modern suit) 도시 감각을 강조하고 기하학적 무늬를 즐겨 사용하여 만든 현대적 감각의 여성용 수트를 일컫는 것이다. 주로 면이나 마 등의 천연 소재를 사용한다.

모던 아트 컬러(modern art color) 모던 아트는 주로 20세기 전반의 다양한 미술상의 주의나 양식을 말하며, 그것에 보이는 색조를 의미한다. 예를 들면 몬드리안, 미로 등의 회

모닝 글로리 스커트

모닝 드레스

화에서 보이는 색들로 투명한 분위기의 선명
한 비비드 컬러가 그 특징이다. 모던 패션과
아트 모드의 유행에서 출현한 유행색이다.

모던트 다잉(mordant dyeing)　염료의 고착을
도와 주는 금속 화합물인 모던트를 이용하여
염색을 하는 것을 말한다. 모던트는 염료가
섬유에 잘 고착되어 있도록 도와 주는 역할
을 하는 화학 물질이다.

모델(model)　패션쇼나 신문·잡지 등에 패션
을 보여 주기 위해서 전문적으로 옷을 입는
사람을 말하며, 때로는 마네킹이라고도 부른
다. 프랑스에서는 옷의 스타일을 가리키기도
한다.

모델 폼(model form)　⇒ 더미

모드(Mod)　1950~1960년대 영국의 틴 에이
저들의 그룹을 말한다. 긴 파카와 지퍼와 후
드 달린 옷을 주로 입고, 모터 스쿠터를 탔으
며, 깔끔한 외모에 짧은 머리 모양을 하였다.

모드(mode)　어떤 특정한 집단에서 가장 많이
입는 일반적인 의상 스타일을 말한다. 예를
들면, 진즈(jeans)는 대학생들의 모드이다.

모드아크릴 섬유(modacrylic fibers)　아크릴
로 니트릴을 85% 이하 35% 이상 함유하는
섬유를 말한다. 대표적인 것으로 미국의 다
이넬(Dynel)과 버엘(Verel) SEF와 일본의
카네카론(Kanekalon)이 있다. 부드럽고 압
축 탄성이 좋으며 세탁 및 관리가 편리하고
필링이 잘 생기지 않는다. 또한 열에 약하나
내연성이 좋아 잘 타지 않으므로 카펫, 커튼,
기타 실내 장식용으로 다림질을 필요로 하지
않는 파일 직물, 모포, 편성물에 적당하며,
합성 섬유 중에서 머리털과 가장 비슷하여
가발, 인형의 머리에 많이 사용된다.

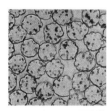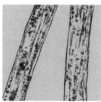
모드아크릴 섬유

모드 앵테르나시오날(Mode International)

프랑스에서 발행되는 월간 패션 잡지로, 최
첨단 모드를 특이한 기법으로 대담하게 표현
하여 패션 전문인들로부터 호평을 받고 있
다.

모디스트(modiste)　여성의 의상과 모자를 판
매하는 부티크를 말한다.

모디스트 프라이스(modest price)　모더레이
트 프라이스와 같은 의미이다. 구매하기에
적정한 가격 존으로 미디엄 베터 존의 상품
이 여기에 속한다.

모란당초문단(牡丹唐草紋緞)　모란당초문의
단이다. 조직은 지(地)가 경주자직이고 문
(紋)이 위주자직으로 조직되었다. 문양은 모
란의 꽃과 잎을 당초문으로 구도한 것이다.
모란당초문단에는 흔히 보상화(寶相花)와
보문(寶紋)을 조합한 것이 많으나 모란당초
문으로 구도된 것도 있다.

모란당초보문단(牡丹唐草寶紋緞)　모란당초문
과 보문이 조합된 문양으로 제작된 단을 말
한다. 조직은 지가 경주자, 문이 위주자로 조
직되었다.

모란당초보문단

모레니, 포피(Moreni, Popy 1949~)　이탈리
아 출생의 디자이너로, 튜린에서 의상디자인
을 공부한 후 17세 때 파리로 이주하였다.
프로모스틸에서 디자이너로 일한 후, 1976
년 자신의 의상점을 열었다. 그녀의 디자인
은 젊고 쉽게 입을 수 있으며, 스포츠 웨어에
강점을 두지만 이브닝 웨어도 디자인한다.

모로코 룩(Morocco look)　북아프리카의 모
로코인들의 민족 의상에서 힌트를 얻어 디자
인된 스타일로, 아라비안 나이트 스타일이
여기에 속한다.

모로코 팬츠(Morocco pants)　허리에 주름을 많이 넣어서 부풀리고, 무릎에서 고무줄이나 밴드로 조여준 바지로 모로코인들이 착용한 민속의상에서 유래하였다.

모르티에(mortier)　중세 법관들이 썼던 프랑스식 모자로, 크라운이 둥글고 평평한 것이 특징이다. 벨벳, 실크로 만들었고 족제비털이나 금으로 장식했다.

모리스 엠브로이더리(moris embroidery)　영국의 모리스에 의한 자수법으로, 거친 리넨 바탕에 수놓은 것을 오려서 모직물 바탕 위에 아플리케를 하거나 솜을 사용해서 누비는 방법이다. 홈질을 하여 도안을 표현한다.

모리 하나에(Mori Hanae 1926~)　일본 도근현(島根縣) 출생으로 동경여자대학 국문과를 졸업한 후 패션디자인을 배웠다. 1955년 긴자 거리에 의상실을 열었고, 1963년 일본 프레타포르테 부문 비비드사를 설립하고, 1965년 뉴욕에서 첫번째 컬렉션을 열었다. 1975년에는 파리에서 컬렉션을 발표하고 1977년에는 오트 쿠튀르와 프레타포르테 컬렉션에 참가하기 시작했다. 파리 오트 쿠튀르계에 진출한 최초의 일본 디자이너이다. 형태와 색채에 일본의 문화적 전통이 깃들어 있으며 나비와 꽃무늬가 있는 부드러운 실크의 기모노식 이브닝 드레스는 일본인의 감각이 물씬 풍기는 섹시한 옷이다. 1972년 일본 동계 올림픽 대표팀을 위해 스키복을 디자인하기도 했고, 1973년에는 니만 마커스상을 수상하였으며, 1977년에는 동양인 최초로 파리 의상 조합의 정식 멤버가 되기도 하였다.

모린(moreen)　⇒ 경사 렙

모립(毛笠)　조선 시대 무인(武人)이 쓰던 모자로, 모양은 전립(戰笠)과 같으며 모(毛)를 재료로 만든다.

모발맞추기　리버서블로 처리할 때 겉과 안을 여유 없게 맞붙여 맞춘 바느질이다.

모본단(慕本緞)　자카드 직물의 하나로 경사는 정련한 실을, 위사는 반 정도 세리신을 남긴 실을 사용하여 큰 꽃무늬를 갖도록 짠 견직물이다.

모브(mauve)　회색빛이 도는 라일락색을 말한다.

모브 다이아몬드(mauve diamond)　라일락의 보라색조를 띠고 있는 환상적인 다이아몬드이다.

모브캡(mobcap)　18세기에 여성들이 사용한 리넨으로 만든 나이트 캡을 말한다.

모빌 이어링(mobile earing)　세심하고 균형을 이루는 모빌이 부착된 귀고리이다.

모사(wool yarn)　동물모로부터 얻은 실을 총칭하나 우리 주변에서 볼 수 있는 것은 대부분 양모사이다. 방적 방법에 따라 소모사와 방모사로 나뉜다.

모삼(帽衫)　중국 송대 사대부의 일상복으로 일반적으로 오사모(烏紗帽)를 쓰고 조라삼(皂羅衫)을 입고 각대(角帶)를 매고 혁화(革靴)를 신었다.

모선(毛扇)　부채가 아닌 기물의 명칭으로, 얼굴 가리개와 방한용으로 사용한다. 양 막대기를 누런 담비털로 싸서 대나무 마디 모양을 만들며, 두 막대기 사이를 검은 비단 한 폭으로 잇는다. 간혹 손 방한과 얼굴 보호를 위해 수달피로 막대기를 싸기도 한다. 피선(皮扇)·난선(暖扇)·초선(貂扇)이라고도 한다.

모스 그린(moss green)　이끼에서 볼 수 있는 어둡고 회색기가 감도는 녹색을 말한다.

모스 아게이트(moss agate)　아게이트 참조.

모스코 래퍼(Moscow wrapper)　1874년에 남성들이 착용한 헐렁하게 맞는 오버코트로, 파고다 슬리브와 플라이 프런트(fly front : 단추를 가리기 위해 채우는 부분을 이중으로 한 것), 아스트라칸 모피로 된 턴다운 칼라 형태이며, 그 외에 다른 털장식 등이 있는 것도 있다.

모스 크레이프(moss crepe)　평직 또는 도비직으로 짠 크레이프 직물이다. 비스코스 레이온 크레이프사와 아세테이트의 합사를 경·위사로 사용하며, 모두 비스코스 레이온형의 합사를 사용하기도 한다.

모슬린(mousseline)　면이나 견, 울 등으로 만든 가볍고 바스락거리는 얇은 직물이다.

모슬린 드 수아(mousseline de soie)　가볍고 투명한 평직의 견직물로, 시폰과 비슷하나 시폰보다 견고하며, 직물에 풀을 먹인 정도는 다양하다. 여성용 의류나 모자용 직물로 쓰인다. 실은 30~40데니어이며, 44×40올 정도이다.

모시(lamie)　모시섬유의 표백한 실을 원료로 한 평직물이다. 양질의 직물은 상포(上布)라 불리며 스포츠 웨어, 손수건, 레이스, 커튼, 심지, 어망 등에 사용된다. 저마 참조.

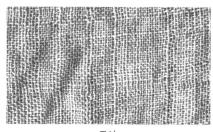
모시

모우크 기모노[喪服着物]　흑색이나 백색으로 된 일본의 기모노 스타일의 상복(喪服)이다.

모의방(毛衣房)　조선 시대의 털옷 제조 공방이다.

모의장(毛衣匠)　① 《경국대전(經國大典)》에 경공장 상의원에 있던 털옷 제조 공장이다. ② 조선 시대 모물전(毛物廛)에서 피(皮)나 털을 사용하여 방한복·방한구를 만드는 사람을 말한다.

모자(帽子)　머리에 쓰도록 만든 쓰개이다. 예의를 갖추거나 추위·더위를 막기 위해 착용하였다. 관(冠), 립(笠) 등 여러 종류가 있으며, 신분이나 성별에 따라 착용 한계가 구분되어 있었다.

모자이크(mosaic)　여러 가지 빛깔의 돌, 색유리, 조가비, 타일, 나무 등의 조각을 맞추어 도안한 것이나 그러한 미술 형식을 말한다. 모자이크는 평면에 적합한 것과 테셀라의 바탕결 리듬에 변화가 있는 입체적인 것이 특징이다. 고대 이집트에서는 장신구로 법랑 모자이크가, 아시리아·바빌로니아·페르시아에서는 건축 장식에 잿물 연와 모자이크가, 그리스에서는 장식으로 대리석 모자이크가 이용되었다. 특히 비잔틴 시대에 모자이크가 발달하였는데 건축물의 유리 장식에 많이 이용되었다.

모자이크

모자이크 스티치(mosaic stitch)　세로로 새틴 스티치를 자수한 위에 직조한 것처럼 가로실을 걸치는 것으로, 모자이크처럼 보인다.

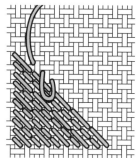
모자이크 스티치

모전(毛典)　《삼국사기》에 기록되어 있는 신라의 모물(毛物) 공장이다.

모전(毛氈, felt)　동물성 모의 축융포(縮絨布)이다. 동물성 섬유를 일정한 두께, 넓이, 형태로 만들어 동물성 섬유의 축융성을 이용하여 포로 만든 것이다.

모제타(mozetta)　교회에서 주교나 성직자들이 착용하는 팔목까지 오는 짧은 심홍색의 케이프이다. 이탈리아어로 짧다는 단어인 모자르(mozzare)에서 유래되었다.

모조 보일　보일 참조.

모즈 컬러(mods color)　젊은이들의 기발한 패션인 모즈(mods)에서 착상된 색으로, 보통 흑백의 2색으로 구성된 색 대비를 일컫는다. 바둑판 모양이나 두꺼운 줄무늬 등 옵 아

트 감각의 흑백 패션이 그 좋은 예로, 1980
년 여름 주목받았던 패션의 하나이다. 일반
적으로 2색(two-tone)패션이라고 한다.

모카신(moccasin)　북미 인디언이 신던 부드
러운 가죽으로 만든 구두창이 없는 슬리퍼형
신발을 말한다.

모카신 토드 슈즈(moccasin-toed shoes)　굽
이 없는 평평한 밑창과 부드러운 가죽으로
만든 신발이다. 원래는 미국 인디언들이 주
로 신던 신발의 모양으로, 발등 모양을 따라
둥글게 박은 형태이다.

모케트(moquette)　융단이나 의자에 사용하는
두껍고 보풀이 있는 모직물을 말한다.

모크 레노(mock leno)　대각선 방향으로 같은
조직을 배열하도록 일순환 조직을 네 등분하
여 짠 구멍이 많은 레노 직물이다. 블라우스,
셔트, 커튼 등에 쓰인다.

모크 심(mock seam)　양말의 모양을 몸에 꼭
맞게 하기 위해 고리 모양의 니트 양말을 재
봉할 때 만드는 솔기로, 메리야스나 양말류
등에 쓰인다.

모크 터틀 칼라(mock turtle collar)　터틀넥
칼라를 모방하여 따로 떼어낼 수 있게 만든
밴디드 칼라이다.

모크 터틀 칼라

모크 프렌치 심(mock French seam)　⇒ 약식
통솔

모터보드(mortarboard)　앞쪽과 뒤쪽이 뾰족
하게 내려온 머리에 밀착된 모자에, 위가 평
평하고 큰 사각형의 마분지가 천에 싸여 부
착되어 있는 모자이다. 앞쪽 중앙으로 뾰족
한 것이 향하도록 하여 착용하며 술이 모자
의 중앙으로부터 옆으로 이동하게 도안되어
있어 16세기 이래 학사복과 함께 사용하였
다.

모터사이클 재킷(motorcycle jacket)　몸에 꼭
붙는 허리 길이의 검은 가죽 재킷이다. 1960

년대에 유행하기 시작하여 1980년대까지 지
속되었다. 사이클 재킷이라고도 한다.

모트 칼라(moat collar)　⇒ 링 칼라

모티프(motif)　작은 무늬의 조각을 오려 옷에
붙여서 장식한 것을 말한다.

모포(毛布, blanket)　14세기에 프랑스 직공인
토마스 블랑케트(Thomas Blanquette)의 이
름을 딴 침대 커버이다. 모, 면, 인조 섬유,
혼방 섬유를 사용한 평직이나 능직물이다.
오늘날 모포는 동물성 모로 된 포로만 인식
되어 있으나 고대에는 식물성인 면으로 된
포도 모포라고 하였다. 모는 동식물의 털을
함께 뜻하는 것으로 목화를 알지 못하였던
중국인들이 목화송이의 솜털을 보고 털로 포
를 만들었다고 한다. 《제민요술(齊民要術)》
의 모포가 바로 그러한 것이다. 그러나 오늘
날에는 동물성 모의 포로 통용되는 경우가
많다.

모헤어(mohair)　앙고라 산양(angora goat)에
서 얻은 헤어 섬유로서, 원산지는 소아시아
를 중심으로 하여 터키 일대이며, 최근에는
남아프리카, 미국 텍사스 등지에서 사육된
다. 강도가 크고 견과 같은 광택을 가지고 있
으며, 평활한 표면을 지녀 양모에 비해 더러
움을 덜 타고 탄력성이 우수하다. 스케일이

모카신 토드 슈즈

모터보드

모헤어

극히 적고 권축도 거의 없어 방적성이 떨어져 직조에 난점이 있으나 고급 하복지, 실내 장식, 첨모 직물 등에 이용되며, 카펫의 가장 좋은 원료이다.

모헤어 클로스(mohair cloth) 모헤어 섬유로 짠 직물로, 안감으로 쓰인다.

목(木) 면직물을 말한다.

목걸이 목에 걸어서 목이나 앞 가슴을 장식하는 줄 모양이나 고리 모양으로 된 장신구의 총칭이다. 목걸이는 미적 효과, 목 부분 보호, 성별 및 신분 표시, 신앙상의 주술을 위한 것 등 여러 가지가 있다.

목고단(木庫緞) 실켓 수자문직(繻子紋織)으로, 개화기에 영국산 목고단이 우리 나라에 들어왔다.

목공단 새틴이라고도 하며, 경 또는 위수자직으로 제직한 면직물이다. 광택 효과를 높이기 위해 머서라이제이션 및 슈라이너 가공을 한다. 블라우스, 안감 등에 쓰인다.

목관사(木官紗) 조선 시대 말에 이합사(二合絲) 또는 가스사를 사용해 만든 관사를 말한다.

목단문(牧丹紋) 부귀의 꽃으로 상징되는 사실적 식물문이다. 목단의 풍부한 화변(花瓣)으로 인해 계층에 상관없이 조선 시대 여인에게 애용되었다. 주머니·노리개·병풍 등의 수문(繡紋), 목공품 가구의 부조(浮彫), 베갯모 등에 사용되었다.

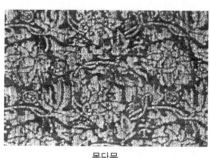
목단문

목도리 어깨에 둘러 앞으로 여민 직사각형의 커다란 헝겊이다. 즉 추위를 막거나 모양을 내기 위해 목에 두르는 것이다. 동물의 털이나 비단 등으로 만들어 겨울에는 방한용,

몬드리안 드레스

봄·여름에는 장식용으로 사용한다.

목둘레선 인체 목주위의 윤곽선의 의미로, 머리와 매우 가깝고 목을 감싸는 의복의 일부분을 가리킨다. 즉 칼라가 뒤로 넘어가는 선 혹은 목 주위 치수의 의미로 사용되며, 일반적으로 의복 제도시 칼라가 붙는 곳, 혹은 칼라의 꺾임선을 가리킨다.

목련잠(木蓮簪) 목련꽃 문양을 조각한 비녀이다. 잠두(簪頭) 부위에는 목련꽃 무늬를 아름답게 새겨, 몸체 부위에 자연스럽게 연결하였다.

목면(木綿) 일본 《만엽집(萬葉集)》에 목면이 나오는데, 이것은 고지피움(gossypium)의 면직물이 아니고 저(楮)의 수피(樹皮)의 내피(內皮)섬유를 방적하여 포로 한 것이라고 한다.

목비녀 조선 시대에 주로 서민층 부녀자들이 사용한 나무로 만든 비녀이다. 비녀를 그 사용 재료에 따라 분류한 것이다.

목원주(木元紬) 중국산 원주와 비슷한 조선산으로, 이불감으로 사용된 것이다.

목잠(木簪) 조선 시대 문무관리들이 양관(梁冠)에 사용한 나무로 만든 비녀로, 양관에 가로로 끼웠으며, 나무 위에 이금(泥金)을 하여 사용했다.

목저궁혜(木底弓鞋) 한족의 전족으로 신 위에는 자수를 놓기도 하였다.

목저사(木苧紗) 일본산 목면축을 말한다.

목저혜(木底鞋) 만주족의 전족을 말한다.

목척보(木尺褓) 면포에 목판염한 보자기를 말한다.

목표고객집단(target market) 기업이 세분된 여러 고객 집단 중에서 욕구를 충족시켜 주고자 하는 특정 집단을 말한다.

목화보(木花褓) 면포에 목판 또는 붓으로 문양을 염색한 보자기이다.

몬드리안 드레스(Mondrian dress) 드레스를 컬러플한 사각형으로 분리하여 그 이어진 선을 흑색 테이프로 처리한 직선의 드레스이다. 파리의 디자이너 이브 생 로랑이 1964년 가을 컬렉션에서 발표하였으며, 피에트 몬드

리안 화법의 모던한 선에서 영향을 받아 디자인되었다.

몬드리안 룩(Mondrian look) 선과 형태 그리고 색으로 구성을 한 모던한 느낌의 그림을 보는 것과 같은 스타일로, 네덜란드의 추상화가 몬드리안(1872~1944)의 작품에서 힌트를 얻어 1965년 이브 생 로랑이 디자인하여 유행시켰다.

몬드리안 수트(Mondrian suit) 수평선과 수직선이 겹쳐졌을 때 나타나는 공간 배치를 특징으로 하는 문양을 사용하여 만든 수트이다. 네덜란드의 추상화가 몬드리안의 독특한 공간 구성을 모티브로 한 작품을 의상에 응용하여 디자인한 것이다.

몬드리안 재킷(Mondrian jacket) 네덜란드의 추상파 화가 몬드리안의 작품에서 영향을 받아 수평선과 수직선에 의한 기하학적인 무늬를 사용한 사각형의 공간 배치에 굵은 테이프로 트리밍을 한 디자인의 상의를 말한다.

몰(mall) 여러 상점이 모여 있는 쇼핑 센터의 중앙 보도를 말한다.

몰(mole) 네덜란드, 벨기에, 프랑스, 스코틀랜드 등지에 서식하고 있는 두더지의 모피를 말한다. 벨벳처럼 부드러우며 반짝이는 암회색 모피로, 염색을 하면 가죽이 상하기 쉽다.

몰다비안 맨틀(Moldavian mantle) 1850년대 중반에 착용한 길이가 긴 여성용 맨틀로, 어깨를 덮는 긴 케이프는 엘리펀트 슬리브(elephant sleeve) 형태를 이루었다.

몰드 그린(mold green) 몰드는 '곰팡이'라는 의미로 곰팡이에 보이는 녹색을 말한다. 비교적 선명한 색으로, 적이나 청과 함께 선명한 색상의 하나로 패션에서 사용하는 경우가 증가하고 있다.

몰디드 드레스(molded dress) 기하학적인 조각품처럼 열처리하여 형태가 굳어진 드레스로, 파리의 디자이너 피에르 카르댕이 1968년 가을 컬렉션에서 발표했다.

몰리뇌, 에드워드(Molyneux, Edward 1891~1974) 영국 런던 출생의 디자이너로, 영국인 특유의 절제와 합리적 감각으로 찰스

워스를 능가하는 성공을 거둔 디자이너이다. 그림 공부를 하던 중 당대의 디자이너 루실이 주관한 야회복 스케치 현상 공모에 당선된 것이 패션 디자이너가 된 계기이다. 제1차 세계대전중 한쪽 눈의 시력을 잃었고, 전쟁이 끝나자 파리로 건너가 자신의 의상실을 열었다. 그의 스타일은 단순성과 완벽한 취향이 특징인데, 이는 그 당시 루실의 장식성과 상반되는 것이었다. 제2차 세계대전이 터지자 영국에서 활동하였으며, 런던 의상실에서 나오는 수익금을 모두 국방비로 기부하기도 하였다. 1945년 파리로 돌아갔으나 샤넬, 비요네는 은퇴하고 파투는 고인이 되었으며, 그도 건강이 좋지 않아 1950년 의상실 문을 닫았다. 그는 파리의 대중문화와 귀족문화를 적절히 조화시킨 디자이너로, 1930년대의 흰 여우털을 한쪽 어깨에 올린 등이 없는 흰색 새틴 야회복이 가장 우아한 그의 의상으로 손꼽히고 있다.

몰스킨(moleskin) 두꺼운 면직물로, 무겁고 튼튼하며 한쪽 면을 기모시켜 촉감이 부드럽고 따뜻하다. 8매의 겹친 위수자 등으로 짜고, 위사의 밀도는 경사의 배에서 몇 배로 한다. 작업복, 운동복 등에 사용된다.

몰테스 스티치(moltese stitch) 백 스티치와 같은 방법으로 왼쪽에서부터 꽂아 가며 실의 여유를 두어 곡선으로 늘어뜨리는 스티치이다.

몰티즈 엠브로이더리(Maltese embroidery) 몰타(Malta) 자수를 말한다. 지중해 몰타 섬에서 전해 내려오는 몰타 스티치(Malta stitch : 두 줄의 평평한 스티치로 만들어진 술)에 의한 자수로, 술자수 또는 다발자수라고도 한다. 두꺼운 천의 표면에 약 10개의 실로 다발을 만들고 가장자리 장식용의 간단한 도안을 적용시켜 커튼, 침대 커버 등에 응용한다.

몽골리안 램(Mongolian lamb) 중앙 아시아 동부에서 산출되는 양의 모피이다. 윤택이 있으며, 새끼양일 때는 검은색을 띠고 자라면서 점차 갈색이나 회색으로 변한다.

몰디드 드레스

몰리뇌, 에드워드

몽두리(夢頭里) 조선 시대 여기(女妓)나 무당이 입던 무의(霧衣, 巫衣)의 하나이다. 맞섶[合袵]의 포(袍)로 소매끝에는 오색 한삼을 단다. 몽두의(夢頭衣)라고도 한다.

몽크스 클로스(monk's cloth) 두껍고 밀도가 낮은 바스켓직의 면직물로, 격자무늬나 줄무늬를 넣기도 한다. 주로 커튼이나 침대보로 쓰인다.

몽타나, 클로드(Montana, Claude 1949~) 프랑스 파리 출생의 디자이너로 고등학교 졸업 후 1971년 런던에서 디자이너 생활을 시작하였다. 1972년 프랑스 가죽 제품 회사인 '마크 더글라스' 사와 계약하여 주임 스타일리스트가 되었고 1973년에는 '미셀 코스타' 사와 계약하였으며 이 무렵부터 프레타포르테 컬렉션을 발표하였다. 1976년 컬렉션에서 벌룬 실루엣의 옷을 발표하여 명성을 얻었고, 스포티하고 캐주얼한 감각과 세련된 색채, 율동이 있는 참신한 디자인, 변화 있는 옷차림을 연출하며, 비구조적인 디자인이 특색이다.

몽테스판 슬리브(Montespan sleeve) 팔꿈치에서 리본을 묶어 상단부를 불룩하게 만들고 하단부는 가느다랗게 하여 소매끝에 러플을 단 소매이다.

몽테스판 코르사주(Montespan corsage) 1843년에 착용한 몸에 꼭 맞는 여성들의 이브닝 보디스이다. 깊게 파인 스퀘어 네크라인에 앞과 뒤의 허리선이 뾰족한 형태로 되어 있다. 프랑스 루이 14세의 정부인 몽테스판 후작 부인(1641~1707)의 이름에서 비롯된 명칭이다.

묘피(猫皮) 들고양이 가죽을 말한다. 《신증동국여지승람(新增東國與地勝覽)》의 경도상에 범[虎], 표범[豹], 고라니[麕], 사슴[鹿], 여우[狐], 담비[貂], 들고양이[猫], 돼지[貂]를 가지고 무늬자리, 겹갖옷[重裘], 화살통, 활집을 만든다고 하였다.

무각평정건(無角平頂巾) 모정(帽頂)이 방형(方形)으로 평평한 평정건(平頂巾)의 하나이다. 《경국대전》에 의하면 녹사는 유각평정건을, 서리는 무각평정건을 썼다고 한다. 녹사의 관모가 오사모(烏紗帽)로 바뀌면서 무각평정건을 점차 평정건이라고 하게 되었다.

무관복(武官服) 무관이 입었던 옷이다. 조선 시대 무관들은 관복으로는 당상관에 쌍호흉배를, 당하관에 단호흉배를 단 단령(團領)을 입었으며, 유사시에는 융복(戎服)을 입고 주립(朱笠)에 수혜자(水鞋子)를 신었다.

무관심자(no importance, negative) 옷을 잘 입는 것에 대하여 거의 중요하게 생각하고 있지 않거나 부정하는 사람들이 모두 해당된다.

무기섬유(inorganic fiber) 재생섬유나 합성섬유와 달리 무기질을 원료로 한 인조섬유로, 유리섬유, 금속섬유(루렉스, 스테인리스강 섬유), 그 외 암면, 탄소섬유 등이 포함된다.

무녀목(巫女木) 무녀가 내는 세목(稅木)을 말한다.

무두질(tanning) 나무껍질, 풀, 나무 등에서 추출된 물질로 피혁을 만드는 공정을 말한다.

무레타 케이프(muleta cape) 붉은색의 펠트로 만든 스패니시 타입의 미디 길이의 케이프이다. 때로는 목 주위와 앞단, 상의 끝단에 모직으로 된 술을 달기도 한다. 1960년대 후반기에 유행하였다.

무릎판(knee press pad) 무릎으로 노루발을 올리고 내릴 수 있으며, 동시에 윗실 조절 원판이 늦추어져서 윗실을 가볍게 뽑아낼 수 있게 실조절 기구와도 연결되어 있다. 의자에 앉았을 때 주로 오른쪽 무릎이 닿는 위치에 달려 있으며, 고속 재봉시 편리하다.

무무(muumuu) 남태평양 섬에서 주로 입었고 약 100년 전 선교사들이 착용하였던 드레스에서 유래하였다. 대개 앞과 뒤에 요크가 있고 위에서부터 아래까지 헐렁하게 내려오는 드레스를 말한다. 주로 하와이 사람들이 입는 대담하고 큰 화려한 꽃무늬가 프린트된 천으로 많이 만들며, 1960년대 말과 1970년대 초에 유행하였다.

무변(武弁)　중국 주(周)나라 때 무관이 쓰던 관이다. 관의 형태는 앞이 낮고 뒤는 높아 턱이 지며, 종이를 배접하여 만들어 안에는 고운 베를 바르고 겉은 검은 칠을 한다. 청색의 명주끈을 단다.

무복(巫服)　무당이 굿할 때 신(神)을 상징하기 위해 입는 의례복이다. 무복의 종류와 형태는 각 지역 또는 굿의 종류에 따라 조금씩 다르다. 무복의 명칭은 지역에 따라 신복(神服) · 입석 · 신입석 · 신령의대 · 신령님 옷 등으로 불린다.

무북직기(shuttleless)　재래의 북을 사용하여 위사를 전달하지 않고 새로 고안한 기구를 사용해서 위사가 투입되는 직기로, 그리퍼, 래피어, 물 제트(water jet), 공기 제트(air jet) 직기 등이 있다. 북직기보다 제직 속도가 빠르며 제직시 소음도 적다.

무스커테르(mousquetaire)　17, 18세기 프랑스 황실의 친위기병대원이 착용했던 장갑으로, 느슨한 여성용 긴 장갑을 뜻하기도 한다. 손목 부분에 내려서 주름이 잡히게 착용하기도 하고 야회복 정장 차림에는 팔꿈치까지 올려서 착용하기도 한다.

무스커테르 슬리브(mousquetaire sleeve)　어깨에서 손목까지 세로로 잘라 부드럽게 주름을 잡은 팔에 꼭 맞는 긴 소매이다. 주로 디너 드레스에 사용되는 드레시한 느낌의 소매이다.

무스커테르 칼라(mousquetaire collar)　약 1850년경 유행한 중간 크기의 여성용 칼라로, 앞끝이 뾰족한 턴다운 형태이며 보통 리넨으로 만들었다. 프랑스 총병 또는 17세기의 루이 13세의 왕실 호위병의 유니폼에서 기인하였다.

무스커테르 커프스(mousquetaire cuffs)　폭이 넓은 글러브 커프스 밑에 주름지게 늘어뜨린 드룹트 커프스가 달린 것이다. 17세기 프랑스의 루이 13세 때 왕의 친위대인 무스커테르의 화려한 복장에서 유래하였다.

무스탕(mustang)　양의 껍질을 털이 나 있는 상태로 벗겨 가공하여 털이 있는 부분을 안으로 가도록 만든 재킷을 말한다. 무스탕은 독일어로서 야생마를 뜻하며 더블 페이스(double face)가 원명이다.

무아레(moiré)　조직이나 가공에 의해 나뭇결이나 잔물결과 같은 무늬가 나타난 직물이다. 직물의 표면을 맞대고 높은 압력의 롤러 사이를 통과시키거나 물결무늬가 조각된 캘린더로 눌러서 무늬를 새기는데, 열가소성 직물에는 영구적인 가공이다. 코트, 드레스, 안감, 커튼 등에 사용된다.

무아레 가공(moiré finish)　직물에 나뭇결 또는 구름과 같은 문양을 나타내기 위한 가공으로 주로 열가소성 섬유 직물에 많이 한다. 두 장의 직물을 표면이 서로 맞닿도록 놓은 후 가는 골이 파진 롤러 사이를 통과시키거나 나뭇결 무늬가 조각된 캘린더로 눌러 문양을 만든다.

무아레 태피터(moiré taffeta)　무아레 가공된 태피터 직물이다. 무아레 효과는 아세테이트 직물을 사용하여 영구성을 부여한다.

무어(moor)　황야에서 보는 따뜻한 분위기의 갈색[茶色]을 말한다. 무어는 '꺼칠꺼칠한 천, 황폐한 벌판'이란 뜻으로, 특히 잉글랜드의 히스(관목의 일종)가 자라는 고원 지대를 말하며 아메리카에서는 습원(濕原)의 의미도 된다. 브라운계 색조의 하나이다.

무역 쇼(trade show)　생산자들이 다양한 판매 지역 내에서 정기적으로 전시하는 상품이다.

무저즈(mousers)　젖은 것 같이 반짝거리고 몸에 꼭 끼는 여성들의 가죽 스타킹 바지이다. 1969년 영국의 디자이너 메리 퀀트가 땅딸막한 청키(chunky) 타입의 구두를 코디네이트시켜 소개한 데서 유래하였다.

무지기치마　예장을 할 때에 치마 밑에 입는 속치마의 일종이다. 《청장관전서》 사소절에는 "먼저 짧고 작은 흰 치마를 입고 그 위에 치마를 입는데, 무족(無足)에 오합(五合) 또는 칠합(七合)의 호칭이 있다"고 하였다. 또한 《조선여속고》에서는 "무족상(無足裳)은 짧은 데에 차가 있어 이에 따라 새[㨾]의 합

무스커테르

(合)과 같이 오합·칠합의 이름이 있는데, 접은단은 십합위승식(十合爲升式)의 층을 두어 5·6겹으로 접어서 무릎 가까이에서 위의 치마를 버티었다"고 하였다. 이 무족상, 즉 무지기는 고려 때의 부인들이 입었다고 하는 선군(旋裙)과 동일한 제도의 치마로서, 현대의 페티코트와 같이 겉치마를 풍성하게 버티기 위한 것이었다. 무지기는 모시 12폭으로 3합·5합·7합 등 홀수로 층을 이루어 한 허리에 단 것으로, 허리에서 무릎까지가 가장 긴 길이이다. 층과 층 사이의 단에는 젊은 사람은 각색(各色)으로, 나이가 지긋한 사람은 단색으로 엷은 물감을 들여 흡사 무지개와 같았으므로 이를 이름지어 무지기(무지개)라 하였고, 또한 한자화하여 무족(無足)이라 하였다.

무직(rib weave)　⇒ 두둑직

무채색(無彩色)　흑, 백, 회색을 중심으로 색이 없는 색이라는 의미이지만, 무채색은 무채색 나름의 감각적인 뉘앙스, 성격이 있다. 색상이 가미되지 않은 순수한 회색은 뉴트럴 그레이(neutral gray)라고 한다.

무톤(mouton)　털이 붙어 있는 양가죽을 스웨이드로 안쪽 면을 마무리 처리한 것을 말한다. 주로 코트나 실내용 직물 등에 사용된다.

무포(茂布)　함경북도 무산 마포를 말한다.

묶은중발머리　고구려 무용총 주실 무벽 주방도의 식상을 나르는 여인, 쌍영총 연도동벽의 동자(童子)의 머리 형태이다. 머리를 목 높이 정도의 길이로 잘라 후두부에서 묶고 끝을 위로 향하게 한 것이다.

문능(紋綾)　경능과 위능으로 문양을 직문한

문능

문직물이다.

문단금지(紋緞禁止)　조선 시대 영조 24년(1759)에 내린 전교(傳敎)로, 무늬 있는 비단의 사용을 금하였다.

문라(紋羅)　무늬 있는 라를 말한다.

문라건(文羅巾)　고려 시대에 무늬 있는 비단으로 만들어 계급에 따라 색을 달리한 두건이다. 하층 군병과 정리(丁吏), 민장(民長) 등이 착용하였다.

문려(紋綟)　문항라(紋亢羅)를 말한다.

문사(紋紗)　지를 사조직으로 하고 문을 평조직으로 한 문직물이다. 고려 시대, 조선 시대의 유물에 있으며 오늘날에는 춘추와 하절기의 한복 재료로 대량 생산하고 있다.

문사

문살수　문살 모양을 표현하는 수법으로 정사각형의 격자수를 놓은 후 격자 안에 □형을 수놓는다. 아래 가로를 수놓은 후 오른쪽 세로, 위 가로, 왼쪽 세로 순으로 수놓는다. 넓은 면을 메울 때 사용한다.

문스톤(moonstone)　담백색 준보석의 하나이다.

문신(文身)　피부 밑으로 색채를 넣어 영구히 무늬를 새겨 넣는 신체 장식의 방법을 말한다.

문양(紋樣)　모든 물체의 겉에 나타나는 장식 무늬, 즉 무늬의 형태를 말한다. 고대부터 동식물·자연물·글자·무늬 등을 생활용구나 의복에 그려넣어 미적 효과를 내거나 기원을 담았다. 문양의 종류에는 운문(雲紋), 사군자문(四君子紋), 산악문(山岳紋), 동물문, 식물문 등이 있다.

문양선택 레버　신형 지그재그 재봉틀에서 볼 수 있는 장치로 두부 내부에 넣은 캠(cam)이

레버를 눈금에 맞추어 필요한 것을 선택하게 한다. 다이얼로 된 것도 있다.

문자문(文字紋)   문자를 문양화한 문양으로, 서상적인 문양이다. 우리 나라에서는 수(壽), 복(福), 희(喜)의 문자가 일반적으로 사용되었다.

문장(文章)   문양 또는 기호를 도안화하여 개인, 가계, 국가, 단체 등의 표식으로 사용되는 것이다.

문제인식(problem recognition)   구매의사 결정과정의 한 단계로, 소비자가 현재 상태와 바람직하다고 기대하는 상태 사이에 격차가 있을 때 문제를 인식하게 된다(물품의 고갈 상태).

문지(紋紙)   자카드기로 문직물을 제직할 때 조직을 유도(誘導)하는 구멍이 뚫린 두꺼운 종이이다. 문지가 위사 1본에 1매의 비율로 연결되어 움직여서 조직이 직출된다.

문직(紋織)   여러 조직을 배합하여 직조하거나 여러 가지 색의 실을 이용하여 여러 조직으로 직조하여 다양한 무늬 효과를 나타낸 것을 말한다. 도비직과 자카드직이 있다.

문포(文布)   곡, 마 등을 위사로 하여 청·적색으로 염색하여 제직한 일본 고대의 포명이다. 고분(古墳) 시대에 의대로 사용한 것이라고 한다. 별명으로 왜문(倭文), 근직(筋織)의 뜻이 있다.

문항라(紋亢羅)   항라지에 문을 제직한 사직물이다.

문항라

문화의 소비(the consumption of culture)   계층분류 변수의 하나로 서로 다른 경제계층에 속한 사람들은 돈을 다른 계층과는 다르게 사용함으로써 계층구조가 이루어지므로 이 소비행위는 다양한 의미 또는 상징을 지닌다.

문화적 사회집단 요인   소비자 행동에 영향을 끼치는 요인으로, 문화, 사회계층, 소준거집단, 가족을 포함하고 있다.

물레   실을 자아내는 틀을 말한다. 〈농가월령가〉에는 '물네', 〈월여농가〉에는 '방차(紡車)', '문례'로 표기되었다. 물레는 바퀴와 설주로 구성되어 있으며 솜이나 고치에서 하루 15~20개 가락의 실을 드릴 수 있다.

뮈글레, 티에리(Mugler, Thierry 1948~)   프랑스 스트라스부르 출생의 디자이너로, 파리에 나오기 전 미술학교에서 아르데코 미술을 배웠고 스트라스부르의 오페라 댄서로 활동한 적도 있다. 19세 때 파리로 가서 프레타포르테의 메이커 '그뒬'에서 직업을 얻었고 1968년 런던으로 가서 2년 동안 있었다. 1973년에는 자신의 이름으로 디자인을 시작했다. 옷감과 실루엣을 가장 중요시하며 앤티모드의 남성적인 옷 제작에 전념하는 미래지향적인 디자이너이다.

뮈글레, 티에리

뮤어, 진(Muir, Jean 1933~)   영국 런던 출생으로 베드포드 여학교를 졸업한 후, 리버티 상회의 상품 전시장에서 주로 속옷 판매를 맡았다. 이때 가끔 자신이 스케치한 제품을 주문 백화점에 납품하기도 했다. 그 후 예거(Jaeger)사의 에이지 타럽에게 소개되어 1956년부터 본격적으로 디자인을 하기 시작했다. 그녀는 7년 동안 예거사에서 자신의 상표인 제인 앤드 제인(Jane & Jane)으로 드레스 디자인에 몰두했다. 그 후 1962년 수잔 스몰사에 넘어갔으며 1966년경에는 자신의 남편 해리 루커트와 합작으로 독자적인 회사를 설립하였다. 그녀는 소재와 형태를 선택하는 데 있어 매우 신경을 썼으며, 영감, 심미적 이해, 기술적 완숙성, 이 세 가지가 자신의 작품의 원천이라고 믿었다. 재단과 마무리 처리에 완벽하였으며, 청교도적 태도와 철저한 직업 의식에 기술적인 훈련은 오늘날 그녀를 영국에서 가장 존경받는 디자이너로 만들었다. 1965년 앰버서더상, 하퍼스

뮤어, 진

바자 트로피를 수상했으며, 1973년 니만 마커스상을 수상했다. 또한 메종 블랑슈 렉스상을 4차례나 수상했다. 1975년에는 왕립예술협회 회원으로 선출되었으며, 1983년에는 CBE 작위를 받았다.

뮤지션 브랜드(musician brand)　⇒ 사운드 패션 브랜드

뮤지엄 힐(museum heel)　중간 높이의 구두 뒷굽으로 앞뒤가 안쪽으로 심하게 굴곡이 져서 구두 밑창 부분이 불룩하게 옆으로 나간 것처럼 보인다. 박물관 등에서 장시간 관람할 때 자주 착용하는 편안한 신발이라는 뜻에서 생긴 이름이다. 셰퍼디스 힐이라고도 한다.

뮬

뮤테이션 밍크(mutation mink)　우수한 종을 얻기 위해 이종 교배시키는 과정에서 생겨난 변종 밍크로, 독특한 색의 털을 가지고 있다. 털색은 은청색, 흑옥의 보호털을 가진 흰색이나 은색 보호털이 섞여 있는 짙은 갈색 등이다. 뮤테이션 밍크는 목장에서 기른 밍크를 말하며, 원하는 털색의 밍크는 5세대의 이종 교배에서 얻을 수 있다.

뮬(mule)　뒤꿈치가 노출된 슬리퍼로 앞부리가 있는 것과 없는 것이 있다. 슬라이드 또는 스커프(scuff)라고도 한다.

미니 스커트

미끄럼판(slide plate)　바늘판 위에 있는 금속을 입힌 사각판으로, 보빈 케이스를 꺼내고 넣거나 베드(bed)의 아래쪽을 보는 구멍으로 보통 왼쪽 또는 손 앞으로 미끄러지듯이 열 수 있기 때문에 미끄럼판이라고 한다. 하지만 중간에서 들어올려지는 것도 있다.

미네랄 톤(mineral tone)　'광물, 광석, 무기물'의 색조라는 의미이다. 천연의 암석 등에 보이는 색조로, 일반적으로 스톤 컬러로 불리는 것이 여기에 해당된다. 색조는 다양하며 자연스런 감각의 패션에 잘 맞는다.

미네소타 성격 검사지(Minnesota Personality Scale)　도덕적, 사회적 적응력, 가족관계, 정서적, 경제적 관리의 5측면을 측정할 수 있는 도구로서 미네소타 대학에서 만들어낸 성격 검사지이다.

미니 재킷

미노디에르(minaudière)　번쩍거리는 천으로 만들어진 작고 딱딱한 이브닝 가방으로, 실제 금이나 은으로 만들기도 한다. 타원형 또는 직사각형으로 손에 들고 다니거나 짧은 체인이 있어 들고 다니기도 한다.

미니 드레스(mini dress)　무릎에서부터 약 6인치 정도 올라간 짧은 드레스이다. 1960년대 영국의 디자이너 메리 퀀트가 대담한 모즈(mods) 패션으로 발표해서 유행하였고, 1980년대 중반에 재유행하였다. 미니 스커트 참조.

미니멀 드레싱(minimal dressing)　되도록 적은 옷으로 훌륭한 옷차림을 연출하는 방법으로, 티셔츠에 진을 입는 캐주얼 스타일이 한 예이다. 여기에서 하의와 상의의 일체화 현상이 생겨나고, 레오타드 같은 것이 주목된다. 다양한 용도로 입는 의복도 이에 속한다.

미니멀리즘(minimalism)　최소한도라는 뜻으로, 불필요한 장식은 모두 제외하고 최소한의 필요한 장식으로 심플하게 디자인한 의상을 말한다. 심플한 직선적인 스타일이 여기에 속한다.

미니 스커트(mini skirt)　미니멈(minimum)의 약어로, 보다 짧은 스커트를 말한다. 보통 무릎에서 약 10~20cm 위로 올라간 스커트를 가리키며, 영국의 디자이너 메리 퀀트에 의해서 발표되었다. 가장 짧은 길이의 스커트를 마이크로 미니라고 한다. 1964년부터 유행하기 시작하였으며, 프랑스 디자이너 쿠레주에 의해 일반화되었고, 젊음과 발랄함을 대표하는 스커트이다.

미니 재킷(mini jacket)　조끼나 볼레로처럼

미니 재킷

길이가 짧은 상의로, 1980년대에 유행했던 레이어드 룩의 일종이다. 대개 옷 위에 덧입는 경우가 많으며, 풍성하게 과장된 느낌을 준다.

미니 진즈(mini jeans)　블루 진즈(blue jeans)를 잘라 만든 매우 짧은 반바지이다. 1960년대 후반에 등장하였다.

미니 코트(mini coat)　1960년 중반기에 소개된 힙을 겨우 가리는 짧은 길이의 코트를 말한다.

미니 턱(mini tuck)　바지의 허리 부분에 여유를 주기 위해 바지 앞부분에 잡은 작은 주름으로 배기 팬츠 등에 이용된다. 턱을 두 개 또는 세 개를 합쳐 허리 부분에 여유를 주게 된다.

미니 페티코트(mini petticoat)　길이가 아주 짧은 속치마를 말한다. 1960년대 후반에 미니 스커트 밑에 입었다.

미다공피막(micro-porous film)　미세한 기공이 무수히 존재하는 필름상의 얇은 막을 뜻하며, 크기는 보통 물 분자의 직경보다는 작고 수증기 분자의 직경보다는 커서 수증기는 통과할 수 있지만 물은 통과할 수 없어 투습 발수성을 발휘한다.

미댈리언 네크리스(medallion necklace)　큰 원판의 펜던트가 달려 있는 무거운 줄 목걸이를 말한다. 주로 여성들이 착용했으며, 남성에게는 1960년대 후반에 도입되었다.

미드나이트 블루(midnight blue)　거의 검정색에 가까운 아주 짙은 파란색으로, 남자들의 정장 수트에 자주 사용되는 색이다.

미드리프 러닝(midriff running)　미드리프는 '횡경막'이라는 의미로, 길이가 횡경막까지 오는 러닝 셔츠형 상의를 지칭한다. 따라서 배가 전부 노출된다. 이러한 섹시 이미지의 상의가 많은 것이 1985년 파리 컬렉션의 특색이었다.

미드 사이 하이(mid thigh high)　넓적다리 중간 길이의 높이를 말한다. 짧은 스커트와 팬츠를 언급할 때, 새로운 분위기를 보이는 경쾌하고 짧은 의복의 길이를 말할 때 사용하는 용어이다.

미드 카프 부츠(mid calf boots)　부드러운 가죽이나 울로 된 부츠로 장딴지 중간까지 오는 길이이다.

미디 드레스(midi dress)　7부 정도의 길이가 긴 드레스로 1967년에 소개되었다. 짧은 미니 드레스와 대조가 되며 별로 인기를 끌지 못했다. 대개 목이 긴 부츠를 매치시켜 신었다.

미디 블라우스(middy blouse)　미국 해군들의 셔츠에서 응용된 블라우스로, 칼라 앞부분이 V자형이고 뒷부분은 사각형이다. 칼라는 브레이드로 장식선을 대었으며, 20세기의 여성과 어린이 의상에서 여러 번 유행하였다. 대개 빨강, 흰색, 파랑색의 배색으로 디자인되었다. 허리는 넉넉한 박스 스타일에 벨트 없이 약간 짧게 되어 있다. 현대에는 길이를 길게 하여 벨트를 매는 경우도 있다. 노티컬 블라우스라고도 한다.

미디 수트(middy suit)　소년·소녀들이 많이 착용하였던 스리피스로 된 세일러형의 수트이다. 소년은 큰 세일러 칼라가 달린 허리 길이의 재킷과 여밈이 없이 몸에 꼭 맞는 블라우스에 무릎까지 오는 짧은 바지를 입었으며, 소녀는 힙까지 오는 긴 상의와 함께 레그 오브 머튼 소매에 누르지 않은 주름치마를 착용하였다.

미디 스커트(midi skirt)　미니와 맥시의 중간 길이 스커트로, 무릎에서 약 20cm 정도 내려온 스커트 길이를 말하는데 인기가 없었던 패션이다. 1960년대 말에서 1970년대 초에 잠시 동안만 유행하였으며, 발레리나(ballerina) 또는 롱게트(longette)라고도 불린다.

미디어(media)　광고를 하는 정기적인 신문, 잡지, 소비자 정기 간행물, 직접 우편, 카탈로그, 건물 내외부 포스터, 벽보, 간판, 구입점, 자동차 카드, 운송 간판, 영화 안내서 등의 이동 사진 프로그램, 라디오, 텔레비전, 스피커를 통한 연설, 비디오 등의 방송 매체 또는 고객들과의 거래 증거(판매 체크, 보증

미소니, 오타비오

미디어 믹스(media mix)　　매체 전용의 주된 내용으로 광고 목적에 따라 인테리어, 외부 디스플레이, 신문, 직접 우편, 라디오, TV, 잡지, 운송과 같은 외부 광고와 촉진 매체를 연결하여 사용하려는 시장 개척에 유용하게 사용되어지는 계획을 말한다.

미디엄 베터 존(medium better zone)　　베터 존과 볼륨 존의 중간 정도 가격대의 명칭으로, 베터 존의 다양한 상품개발로 인하여 가격존이 세분화되었다. 베터 존을 중심으로 높은 가격 존을 어퍼 베터 존, 낮은 가격 존을 미디엄 베터 존이라 한다. 모더레이트 어퍼 존이라고도 한다.

미디엄 톤(medium tone)　　미디엄은 '중간의'라는 의미로 덜 톤, 소프트 톤이라고도 한다.

미디 재킷(middy jacket)　　미디는 미국 해군학교 생도의 제복에서 힌트를 얻어 디자인한 것으로, 세일러 칼라에 일직선의 실루엣을 가진 짧은 재킷을 말한다.

미디 칼라(middy collar)　　세일러 칼라와 같은 모양을 한 칼라이다. 19세기 후반과 20세기 초반에 어린이들의 미디 블라우스에 많이 사용되었다.

미디 케이프(midi cape)　　종아리 정도까지 오는 7부 길이의 케이프류를 총칭한다.

미디 코트(midi coat)　　1967년에 소개된 종아리 길이의 코트로, 아주 짧은 길이인 미니 코트와 대조가 되는 코트를 말한다.

미디 톱 파자마(middy top pajamas)　　단추가 없고 머리에서부터 입게 된 풀오버 스타일의 상의와 바지로 된 투피스의 남자 파자마이다. 해군복형의 미디 블라우스와 유사하다는 데서 명칭이 유래하였다.

미르망, 시몬(Mirman, Simone)　　프랑스 파리 출생으로 15세 때 모자 디자이너로 견습을 받았으며, 1937년 런던에 도착하여 스키아파렐리의 런던 지점에서 일했다. 1947년 자신의 살롱을 열고 영국 왕실 의상 디자이너 하트넬(Hartnell)에게 모자 디자인을 해주고, 크리스티앙 디오르와 이브 생 로랑의 런

미디 코트

던 지점에 모자를 디자인해 주고 있다.

미면(American cotton)　　시아일랜드 면을 제외한 미국에서 생산되는 면의 총칭으로 시아일랜드 면, 이집트 면 다음으로 좋은 품종으로 평가된다. 종류로는 피마 면(Pima cotton)과 육지면(upland cotton)이 있다.

미소니, 오타비오(Missoni, Ottavio 1921~　)　　유고슬라비아 출생의 디자이너로 이탈리아 선장과 유고슬라비아 백작 부인의 아들로 태어났다. 미소니는 1948년 런던 올림픽에 이탈리아 팀 일원으로 참가 도중 유학생 로지타를 만나 결혼했다. 1946년부터 제작하였던 선수용 유니폼은 이탈리아 올림픽 대표팀의 공식 유니폼으로 채택되었고 이탈리아 전역에서 인기가 높았다. 1953년부터 니트 웨어를 생산하기 시작했고 매혹적이며 독특한 변화를 주는 소재로 바꾸어 니트가 패션의 중심이 되는 데 기여했다. '색채와 니팅의 마술사'로 불리며, 미소니 컬러라는 독특한 빛깔의 니트는 평상복에서 이브닝 드레스까지 두루 쓰이게 되었다. 전통적인 규범을 타파해서 여러 개의 형태로 코디네이트시킨 외출복, 포멀 웨어용 니트, 패치 워크를 가미한 유머러스한 패션, 지그재그 컷 줄무늬 스카프, 안감을 모피로 사용한 니트, 스코틀랜드풍과 민속풍의 니트 등 끝없이 새로운 것을 유행시켰다. 두 아들과 딸이 가세하여 미소니 2대가 신화를 만들고 있으며, 1973년 미소니 부부는 니만 마커스상을 수상했다.

미술단(美術緞)　　조선 시대에 사용된 조선산의 미술품 제작용 직물이다. 백합단(百合緞), 국화단(菊花緞), 혜화단(惠花緞), 노고화단(老姑花緞), 이화단(李花緞), 계화단(桂花緞), 해운단(海雲緞), 불로단(不老緞), 오엽단(梧葉緞), 태극단(太極緞), 자손단(子孫緞) 등으로 명명된 것이 있었다.

미스매치 컬러(mismatch color)　　잘 어울리지 않는 의외의 배색 방법을 말한다. 지금까지의 배색법에 의하면 '잘못된 배색이 아닌가?' 할 정도로 의외의 색상들을 대담하게 대비하여 전혀 분위기가 새로운 개성을 만들

어내는 배색법이다.

미스매치트 세퍼레이츠(mismatched sepa-rates)　종래의 세퍼레이츠와는 약간 다른 현대적인 신선한 감각을 표현한 세퍼레이츠이다. 미스매치는 '부적당한 조화, 부적합한 조화'의 의미이나 이러한 의외성이 현재의 패션에서는 흥미를 끌어 다양한 테크닉이 사용되고 있다.

미스매치트 수트(mismatched suit)　부조화 속의 조화를 신선한 감각으로 처리하여 상하의를 각각 다른 소재를 사용하여 만든 수트이다. 기존의 상식으로부터 벗어나 대담하게 코디네이트시켜 현대적 감각을 표현한 것이다.

미스 스티치(miss stitch)　위편조직의 하나로 편환이 형성되지 않는 것이다.

미스터리 칼라(mystery collar)　'신비한 칼라'라는 의미로, 1980, 1981년 추동 밀라노 프레타포르테 컬렉션에서 루치아노 소프라니가 디자인한 칼라이다. 큰 스카프형의 칼라로 묶거나 감아올리는 것이 자유롭다는 것에서 이러한 명칭이 생겼다.

미스트(mist)　안개에 보이는 회색을 가리킨다.

미스티 컬러(misty color)　미스티는 '안개가 자욱이 낀'이라는 의미로 어렴풋이 흐린 상태의 색조를 말한다. 즉 변색한 것처럼 수수한 색으로 예를 들면 퇴색한 녹색이나 보라 등을 들 수 있으며, 미스티 섀도(misty shadow)라는 표현도 이 범주에 표현되는 색이다.

미스티 파스텔(misty pastel)　안개가 낀 것 같은 농담의 파스텔 색조를 말한다. 파스텔 톤에 회색이 가미된, 미묘하며 더스티한 인상을 주는 색상을 의미한다. 특히 서리가 내린 듯한 것이 특징인 미스티 파스텔은 파스텔조를 리드하는 색의 하나로 주목된다. 더스티 파스텔이라고도 한다.

미시(missy)　패션 감각을 중요하게 생각하고 옷을 세련되게 입는 결혼 전의 젊은 여성이나, 결혼 후에도 연령에 제한 없이 자기 패션관을 가지고 옷을 착용하는 패션에 민감한 층을 가리킨다.

미시즈 사이즈(misses sizes)　종래의 L사이즈와 보통 사이즈 사이에 해당하는, 균형이 잘 잡힌 여성 의류의 사이즈를 가리킨다.

미야케 이세이(Miyake Issey, 1935~)　일본 히로시마 출생으로 모리 하나에, 다카다 겐조와 더불어 세계 무대에서 활약하는 일본 디자이너이다. 타마 미술대학 도안과를 졸업하고 그래픽 디자이너가 되고자 했다. 그러나 대학 2학년 때 문화복장학원의 장원상에 응모했고 이것을 계기로 캘린더 의상 디자인을 담당하게 되었으며, 또 이 작품으로 통상대신상을 획득하여 패션 디자이너로 전향하게 되었다. 1965년 파리로 유학, 1966년에 기라로시의 보조 디자이너로 2년 간 근무하고 1968년에는 지방시 밑에서 일했다. 1969년과 1970년에는 뉴욕에서 제프리 빈의 기성복을 디자인했고, 1971년에는 동경, 뉴욕 등지에서 첫번째 컬렉션을 가졌다. 1973년 오사카에서 6일 간에 걸친 '미야케 이세이와 12명의 흑인 소녀들'이란 패션쇼에서 대성공을 거두었다. 전통적인 일본 복식과 아프리카적인 직물들을 결합하면서 전통적인 파리 패션계에 반(反)패션을 시도한 것이 대성공을 거두었으며, 1978년 《미야케 이세이와 동·서양의 만남》을 출판했다. 1983년에는 '보디 워크전'을 열었고, 1985년에는 파리의 '인도 텍스타일전'에 참가해 '오스카 드 라 모드'의 최우수 외국 디자이너상을 수상했다. "그가 표현하는 의상은 움직이는 조각이다"라는 찬사를 듣는 그는 현재 파리에서 가장 능력 있는 일본인 디자이너이며, 라거펠트, 이브 생 로랑과 함께 대중의 패션을 이끌어 나가고 있다.

미즈라[美豆良]　일본 고대의 머리모양으로 주로 남녀 모두 머리를 좌우로 나누어 귀의 양측에 내려뜨린 형태이다.

미체(美髢)　우아하고 아름답게 꾸민 머리로 숱이 많고 좋은 월자(月子)를 넣어 사용한다.

미야케 이세이

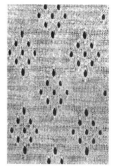

미스 스티치

미즈라

미츠파 네크리스(mizpah necklace)　한 개의 메달을 지그재그로 둘로 나누어 정표의 상징으로 각각 간직하는 형식의 목걸이를 말한다.

미츠히로 마츠다(Mitsuhiro Matsuda, 1934~)　일본 태생의 디자이너이다. 문화복장학원에서 패션을 공부하였으며, 1965년 반 년 동안 파리에 머물렀다. 1970년대 일본에서 남성복과 여성복 부티크를 개점하였고 1982년에는 미국과 홍콩에 지점을 두었다. 직물과 기이한 디자인에 많은 관심을 두는 것이 특징이다.

미투리　생삼을 삶아서 만든 신으로, 짚신과 모양은 비슷하나 여섯 날 내지 여덟 날에 총을 50·60개 세워 짚신보다 조밀하고 곱게 짠 신으로 상민들뿐 아니라 양반들도 신었다. 재료로 삼·왕골·청올치·백지·면사·견사 등이 사용된다.

미투리

미트(mitt)　손가락이 없는 팔까지 오는 부인용 긴 장갑이다. 일반적으로 정장용 장갑이다.

미트레(mitre)　고대 페르시아에서 왕이 썼던 챙 없는 납작한 원뿔형의 모자로, 보석과 자수로 장식했다.

미튼(mitten)　벙어리 장갑을 말한다. 스포츠

미튼

용이나 어린이 손을 보호하기 위한 장갑이다.

미튼 슬리브 가운(mitten sleeve gown)　아기의 나이트 가운으로 아기가 자신의 손으로 얼굴을 긁지 않도록 가운의 소매끝을 끈으로 묶거나 졸라매어 손이 소매 밖으로 나오지 않게 한 것이다.

믹스트 수트(mixed suit)　믹스 앤드 매치 수법을 이용하여 색상이나 문양, 소재 등을 코디네이트시킨 새로운 개념의 세퍼레이츠를 일컫는다.

민간수(民間繡)　조선 시대 부녀자들이 특별한 기법 없이 가정에서 놓던 일반 수를 말한다. 액자·베갯모·병풍 등에 취미로 놓던 수로 소박한 느낌이 든다.

민자건(民字巾)　조선 시대 유생(儒生)들이 착용한 두건(頭巾)의 하나로 보통 흑단령(黑團領)을 입고 민자건을 썼다. 유건(儒巾)이라고도 한다.

민잠(珉簪)　잠두(簪頭) 부위에 아무 장식도 없이 각이 지게 깎아 만든 비녀로, 조선 시대 서민층에서 사용하였다. 재료로는 나무, 흑각(黑角), 백동(白銅) 등을 사용한다.

민족두리　장식을 하지 않은 검은색의 족두리이다. 검은 비단으로 육각형을 만들며, 속에는 솜을 둔다. 아무런 장식을 부착하지 않는다.

밀도계(pick glass)　직물의 밀도를 재는 데 사용하는 확대경으로, 단위 폭(inch 또는 cm) 간의 경·위사의 가닥수로 측정한다.

밀드 가공(milled finish)　소모 직물에 하는 것으로 가볍게 축융, 기모시켜 직물 표면에 짧은 보풀을 세우는 가공을 말한다.

밀라노 리브(Milano rib)　3단으로 구성된 위편성물로, 다이얼(dial)과 실린더(cylinder) 편침으로 짠 1×1 고무편을 기본으로 각각 다이얼과 실린더로만 짠 2단의 평편조직을 더하여 만든다.

밀러니즈(Milanese)　2군의 경사로 편성된 경편성물이다. 1군의 경사는 왼쪽 아래 방향으로 진행하고, 나머지 1군은 오른쪽 위 방향

으로 진행함으로써 양군의 실이 교체에 의해서 천의 뒷면에 밀러니즈 특유의 마름모꼴 효과가 생기고, 표면에는 섬세한 이랑이 생기며, 전선이 생기지 않고 다양한 무게로 만들어져 여성용 속옷, 장갑 등에 쓰인다. 이탈리아의 밀라노에서 시작되었다.

밀러니즈 포인트(Milanese point)   밀라노(Milano)풍 스티치를 말한다. 필 스티치로 바늘땀을 교차시키고 삼각형 모양으로 서로 교차되도록 하는 자수 방법으로, 바탕천 표면을 완전히 덮는 밀라노풍 자수이다.

밀리너즈 니들(milliner's needle)   밀리너의 기원은 부인복을 다루는 상인이나 부인용 모자 가게를 말하는 것이며, 모자를 만들 때 또는 가봉할 때나 긴 땀을 필요로 할 때 사용할 수 있는 긴 바늘이다. 스트로 니들(straw needle)이라고도 한다.

밀리셔 컬러(militia color)   밀리셔는 '시민군ㆍ국민군ㆍ의용군'이라는 의미로, 군대에서 볼 수 있는 색채를 멋있게 부르는 용어이다. 카키색이나 카무플라주 컬러가 여기에 속하며, 밀리터리 컬러나 아미 컬러와 같은 뜻이다.

밀리터리 룩(military look)   군복에서 아이디어를 얻어서 디자인된 의상들을 총칭한다. 제2차 세계대전 때 유행하였던 각이 진 넓은 어깨, 잘록한 허리, 짧은 스커트가 대표적이다. 디테일로는 견장, 금속 단추, 뚜껑, 웨이스트 밴드, 그리고 카키색이 많이 이용된다. 스포티한 패션의 리더인 앙드레 쿠레주가 유행시켰다.

밀리터리 베이지(military beige)   회색빛이 가미된 베이지로 군대의 작업복 등에 자주 보이는 색이다. 수수한 색으로 어스 컬러 중에서도 최근에 인기가 있는 색조이다. 즉 브라운계의 카키색이라 할 수 있다.

밀리터리 칼라(military collar)   앞을 높게 세우고 앞이나 뒤에서 고리로 여미게 만든 칼라이다. 뉴욕의 서부에 위치한 미군 사관학교(U.S. Military Academy) 생도들의 유니폼에 달려 있는 칼라와 같다.

밀리터리 코트(military coat)   군복에서 유래한 코트로 어깨 견장, 금빛 금속 단추, 높게 선 칼라, 장식 테이프, 브레이드, 트림 등으로 이루어졌으며, 대개 약간 플레어가 졌고 단추가 두 줄로 달린 더블 브레스티드로 되어 있다.

밀리터리 튜닉(military tunic)   튜브처럼 생긴 남성용 긴 코트로 앞부분의 스커트가 무릎에서 겹쳐지며, 1855년에 영국 군대에서 보급되었다.

밀리터리 코트

밀리터리 프록 코트(military frock coat)   프록 코트의 일종으로, 끈으로 가장자리가 장식되고 롤드 칼라가 달려 있다. 19세기 초에 남성과 여성들이 착용했던 코트로, 라펠이 없으며 뚜껑 없는 주머니가 달려 있다.

밀리터리 힐(military heel)   고무 밑창이 부착된 바닥이 넓은 구두의 뒷굽으로, 중간 높이의 힐이며 뒤쪽이 안쪽을 향해 경사가 져 있다. 굽이 비교적 낮은 구두도 있어 여성들이 일상화로 많이 신는다.

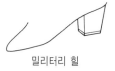

밀리터리 힐

밀링(milling)   양모 섬유를 함유하고 있는 편직물이나 직물의 구조를 치밀하게 해주기 위한 가공공정을 말한다.

밀짚모자   밀짚으로 만든 모자로 개화기 이후에 사용했다. 여름용으로 밀짚을 걸어 뻣뻣하게 만들어 농부ㆍ노동자가 사용했다. 얇은 챙은 밑을 향하여 농부들의 작업시 햇볕을 가려주는 기능을 하였고, 위는 납작하게 생겼다. 맥고모자 참조.

밀크메이드 해트(milkmaid hat)   1885~1895년에 착용된 두 겹의 스커트이다. 두 겹 중 단색의 겉스커트는 끈이나 루프 등으로 함께 모아 한쪽으로 걷어올려서 웨이스트 밴드에 고정시켜 줄무늬인 언더 스커트가 보이게 하였다.

밀키 블루(milky blue)   밀크색이 가미된 청색을 말한다. 즉 흰색과 블루를 섞은 것 같은 느낌의 농담계의 블루로, 최근 여름 수트의 유행색이 되고 있다. 순수하게 밝은 블루가 아니라 수수한 것 같은 미묘한 색채 감각이 현대적이다.

밑바대

밑위길이

밀 플라워 스티치(mill flower stitch)　밀 (mill)은 수차(水車)의 의미로, 스트레이트 스티치를 동심원상으로 여러 단 수놓는 것이다. 주로 꽃을 수놓는 데 사용된다.

밍크(mink)　족제비과에 속하는 밍크는 색깔이 우아할 뿐만 아니라 털의 양이 풍부하고 탄력과 촉감이 우수하며 보온성이 커서 모피의 특성을 모두 갖추고 있는 고급 모피이다. 중국, 유럽, 일본산은 털이 짧고 광택이 나며, 가볍고 부드러우며, 노란색에서 짙은 갈색털이고 중앙에 짙은 줄무늬가 있다. 북아메리카나 북유럽산은 털이 짧고 색이 고르며 조밀하게 나 있고, 계곡을 이루는 듯한 무늬 효과가 있다. 털색은 흰색에서 블루, 브라운 등 여러 가지가 있다. 최근에는 밍크를 사육하여 흑색이나 백색에 만족하지 않고 아주 엷은 갈색에서 거의 흑색에 가까운 갈색까지(브라운 계통), 아주 짙은 블루 그레이에서 흰색에 가까운 범위(블루 계통)까지 다양한 색을 만들어 내고 있다. 주로 스카프, 코트, 재킷, 스톨 등에 이용된다.

밑바대　바지나 속옷 등의 아래 부위를 튼튼하게 하기 위하여 덧대는 헝겊으로, 밑 안쪽에 한 겹을 덧댄다.

밑실안내　실패로부터 보빈에 실을 감을 때 사용하는 장치로, 보통 베드(bed) 위아랫실을 세우는 대 옆에 붙어 있다. 요즘은 암(arm) 위에 있기도 하며, 이 장치에 의해 실이 좌우 균등하게 안내된다.

밑위길이　슬랙스의 기준이 되는 채촌부위로, 살에서 웨이스트까지를 가리킨다. 밑위 치수는 평평하고 딱딱한 의자에 깊게 앉았을 때 오른쪽 옆 웨이스트라인에서 의자 바닥까지의 길이를 말한다. 여성복의 표준 밑위길이 사이즈는 약 28cm 전후로 되어 있으나 슬랙스의 형태나 유행에 따라 변할 수 있다.

바가스 다이아몬드(vargas diamond) 브라질 대통령의 이름을 딴 48.26캐럿의 다이아몬드를 가리킨다. 이 다이아몬드의 원석은 1938년 브라질에서 발견되었으며 726.6캐럿이었다. 이 원석 다이아몬드를 뉴욕의 보석가인 해리 윈스턴이 구입하여 23개로 분리하여 세공하였는데 이 중 가장 큰 것이 바로 바가스 다이아몬드이다.

바게라 벨벳(bagheera velvet) 벨벳 직물의 일종이다. 벨벳 참조.

바구니수 바구니를 엮은 모양을 수로 표현하는 수법으로, 사선 격자를 만든 후 마름모 한 변의 중심을 지나는 수평실을 걸어 각 교차점을 박음수의 요령으로 징거주거나, 수평실을 걸지 않고 마름모의 중심만을 징거주기도 한다. 다른 표현으로는 수직실 1가닥, 2가닥을 교차로 건넘수한 후 수평으로 일정 간격씩 건넘수하는 방법도 있으며, 사선으로 길게 줄을 치고 서로 교차되는 점을 징그는 방법과 길이로 2줄씩 기둥을 세우고 옆으로 2번씩 엇겨서 징그는 방법이 있다.

바그다드 램(Baghdad lamb) 서부 메소포타미아 지방에서 산출되는 양의 모피로, 컬이 지고 반점 무늬가 있다. 컬이 큰 것은 트리밍에, 컬이 부드러운 것은 코트에 사용된다.

바넷, 셰리든(Barnett, Sheridan 1951~) 영국 출생으로 혼시(Hornsev)와 첼시 미술대학에서 공부한 후 1976년 자신의 회사를 세울 때까지 프리랜서로 일했다. 회사는 자금난으로 1980년 문을 닫았다. 그 후 세인트 마틴 미술대학에서 패션을 가르쳤다. 그의 디자인의 특징은 정통 영국식으로 지나친 장식을 피하고 비율을 중요시하였다.

바느질 바늘로 옷을 짓거나 꾸미는 일을 말한다. 우리 나라의 바느질 역사는 선사 시대의 여러 유적에서 확인되며, 바느질법은 우리의 전통적 의복 구성법에 맞추어 사용·개발되었다. 우리의 전통적 바느질법에는 홈질·박음질·감침질·공그르기·상침·시침질 등 여러 가지가 있다.

바느질 고리 반짇그릇 중에서도 버들로 엮은 것을 말한다. 상류층은 주로 반짇그릇을 사용하고 일반인은 바느질고리를 사용했다.

바느질 상자 반짇그릇 중에서 종이로 만든 상자를 말한다. 두꺼운 장지(壯紙)류나 백지(白紙)를 0.3cm 두께가 되도록 여러 겹을 배접하여 사각형, 팔각형, 원형 등의 형태로 만들고, 겉에는 여러 색지로 배색을 맞추어 문양을 붙인다. 사각형의 경우는 크기별로 3개가 1조로 되어 있는 것이 많으며, 칸막이를 만들거나 서랍을 달기도 한다.

바늘 신석기 시대부터 나타났으며 이때는 어류의 뼈로, 골절에 구멍을 뚫은 골침과 바늘귀가 없는 석침이었으며, 점차 바늘 끝이 자연스러운 뾰족한 형태로 변하였다. 조선 시대에는 우리 나라에서 제조되지 않고 대부분

중국에서 수입하였다. 바늘은 24개를 종이로 납작하게 싸서 파는데 이를 한 쌈이라 하며, 굵기와 길이에 따라 1~12호까지 있으며 보통 바느질용으로는 6~9호를 쓴다. 6~7cm의 긴바늘은 이불용, 중바늘은 의복을 짓는데, 3cm 정도 짧은 바늘은 자수용으로나 버선을 감칠 때 사용한다. 봉제용 바늘은 철로 만들어지며 한쪽 끝에 실을 꿰는 구멍이 있고 반대쪽은 천을 통과하기 쉽게 날카롭고 뾰족하게 된 부위가 있다. 양재용 바늘은 바늘귀가 있는 것과 없는 것으로 크게 나뉘며, 바늘귀가 있는 것은 주로 천을 꿰매어 붙이는 데 사용하는 것으로 영어로는 니들이라고 한다. 재봉 바늘(sewing needle)의 종류에는 공업용 바늘과 가정용 바늘, 재봉틀 바늘이 있으며 특별한 목적에 사용되는 퀼팅 니들, 다닝 니들이 있다. 바늘귀가 없는 것은 천을 고정시키거나 표시하는 데 사용하는 것으로 영어의 핀(pin)에 해당하며, 구슬핀, 드레스핀 등의 종류가 있다.

바늘고정기　　바늘을 고정시키는 기구를 말한다.

바늘고정나사　　바늘고정기로 바늘대에 바늘을 고정해 놓는 나사를 말한다.

바늘구멍　　재봉틀의 바늘판 중앙에 재봉 바늘이 빠지는 작은 구멍을 말한다. 바늘이 잘 들어가지 않는 바늘구멍일 경우 또는 질이 나쁜 바늘 때문에 실이 당겨질 때 거칠어지거나 커진 바늘구멍일 경우에는 끊어지기 쉽고, 얇은 직물을 사용할 때 주름이 잡히는 원인이 된다. 바늘구멍에 상처가 나지 않도록 재봉바늘을 똑바로 끼우고, 구부러진 바늘을 사용하지 않는 주의가 필요하다.

바늘꽂이　　바늘을 사용하기 편하도록 꽂아두는 것으로 핀 쿠션이라고도 한다. 바늘을 꽂고 빼는 데 편리하도록 머슬린이나 얇은 모직 천 등으로 속을 만들며, 녹을 방지하기 위해 솜이나 털실에 기름을 묻혀 두거나 머리카락을 둔다. 둥근형, 각진형 등의 여러 가지 모양이 있고, 가봉시에 쓰이는 것으로 손목에 낄 수 있도록 고무줄이 달린 바늘꽂이도

있고 자석으로 된 것도 있다.

바늘대(needles bar)　　재봉틀 바늘을 꽂는 대를 말한다.

바늘대 실걸이　　바늘고정기 부근에 달려 있는 것으로, 면판에서 실을 바늘구멍으로 정확하게 이끌도록 해 준다.

바늘대 안내통(needles bar bushing)　　바늘대의 윗부분이 들어 있는 통으로, 바늘대를 수직으로 움직이기 위해 본체에 달려 있다.

바늘대 크랭크　　실채기 캠(cam)의 운동을 바늘대에 전해 주는 역할을 하는 장치이다.

바늘진폭조절 레버　　지그재그 재봉틀 특유의 장치로, 레버를 좌우로 움직여 지그재그로 운동하는 바늘대의 폭을 변화시키는 동시에 직선봉의 위치를 변화시킬 수 있다.

바늘집　　바늘을 보관하기 위한 용구의 일종으로, 공기를 차단할 수 있도록 은, 백동, 천을 사용하여 원통형, 장방형, 개불형, 장원형, 주머니형 등으로 만든다. 분가루, 기와가루, 머리카락 등을 넣어 바늘이 녹슬지 않게 하며, 각종 화려한 매듭 등을 매어 노리개로도 이용한다.

바늘판(needle plate, throat plate)　　바늘대의 바로 아래쪽에 있는 반월형의 금속판으로 베드(bed)와 같은 면을 이룬다. 이 판의 중앙 부근에 바늘 구멍과 톱니가 있고, 바늘이 이 구멍을 통과한다.

바대　　홑옷의 안쪽에 덧대는 헝겊 조각이다. 즉 홑옷의 터지기 쉬운 곳에 힘받침으로 시접을 처리하기 위하여 덧대는 천이다. 종류에는 도포(道袍)의 등바대, 바지 부위의 가래바대, 밑바대 등이 있다.

바둑판머리　　머리숱이 적은 3~4세의 여자 어린아이의 땋은 머리 형태이다. 앞 가리마를 하고 좌우에서 각각 3줄로 땋아 내려 뒤에서 합쳐서 다시 땋는다. 그 위에 댕기를 드린다.

바둑판수　　바둑판 모양의 수이다. 작은 정사각형을 수직선으로 메우고 옆은 수평선으로 메워 이를 반복하거나, 직선 격자를 만든 후 격자 사이를 1칸씩 뛰어서 수직으로 메우거나, 또는 의도한 간격으로 직선격자를 만든 후

다시 큰 크기의 사선격자를 만들어 징그고, 교차점이 생긴 칸은 수평으로 메우고, 사선 격자 중앙의 직선격자를 사각선으로 돌려주 거나 수평으로 메워준다.

바 드롭 핀(bar drop pin)　길고 좁다란 막대 형태가 장식을 겸하는 핀을 말한다.

바디　직구(織具)의 일종으로 직물을 제직할 때 경사의 밀도를 정하고 위사를 투입할 때 북이 통과하는 길잡이가 되며, 또 투입된 위 사를 직물이 짜여진 끝까지 밀어 주는 일을 한다. 가늘고 얇은 대오리를 참빗처럼 세워 서 두 끝에 앞뒤로 대오리를 대고 단단하게 실로 얽어 만든 것으로, 살의 틈마다 날실을 꿰어 날실을 고르게 해 주며, 북의 통로를 만 들어 주고, 씨실을 쳐서 직조를 조밀하게 해 주는 역할을 한다.

바디집　바디의 위아래에 두른 두 개의 나무테 로 홈이 있어 바디를 끼울 수 있고, 양쪽 끝 에는 바디집 비녀를 꽂는다. 방언으로는 바 두집, 보디집, 보두집이라고 불렀다.

바디침(batting up, beating up)　제직에서 북 이 위사를 투입한 후 바디가 개구를 지나 경 사 간을 가로지르는 위사를 직물이 짜여진 끝까지 밀어 붙이는 공정을 말한다.

바라시아(barathea)　① 실크나 레이온 또는 합성섬유를 이용하여 파무직(broken rib weave)으로 짠 직물로, 외관이 올록볼록하 며, 넥타이에 쓰인다. ② 경사에 견사를, 위 사에 소모사를 써서 파위무직으로 짠 얇은 드레스 직물이다. ③ 가는 모합사를 써서 짠, 불분명한 능선이 있는 바스켓 조직처럼 짜여 진 표면이 평활한 소모 직물이다.

바라칸(barracan)　러시아, 아시아와 발칸 지 대에서 착용한 무겁고 거친 천으로 만든 코 트로, 배라칸(baracan), 버칸(berkan), 부라 칸(bouracan), 또는 퍼칸(perkan)이라고도 한다.

바레주 숄(barège shawl)　19세기 후반에 프 랑스에서 캐시미어 숄을 모방하기 위해 수입 한 캐시미어나 실크로 만든 숄을 말한다.

바렌스(varens)　헐렁한 소매가 달린 짧은 여

성용 외출 재킷으로, 캐시미어나 벨벳에 실 크 안감을 대어 만들었다. 카자웰과 폴카의 변형물이며, 1840년대 후반기에 입었다.

바로코, 로코(Barocco, Rocco 1944~)　이탈 리아 나폴리 출생으로 로마의 아카데미아 델 레 벨레 아르티(Academia delle Belle Arti) 에서 순수 예술을 공부하였고 그 후 로마를 활동무대로 삼고 있던 디자이너 데 바렌젠 (De Barentzen) 밑에서 스케치와 하이 패션 디자인을 배웠다. 1965년 바로코라는 작업 실을 만들었고, 1977년에는 같은 이름의 독 특한 하이 패션 컬렉션을 열었다. 후에 기성 복을 생산하였으며 1982년에는 니트 웨어, 어린이를 위한 의류 품목도 생산하기 시작하 였다.

바로크(baroque)　스페인어 바루카(barrucca) 에서 연유한 것으로 '양식 진주'를 뜻하는 말이다.

바로크 컬러(baroque color)　바로크 시대의 패션에 보이는 색채의 총칭이다. 장식 과잉 의 그로테스크한 패션 경향으로 알려진 바로 크는 1982, 1983년 추동 시즌의 주요 테마 였는데, 당 시대의 자색, 퍼플 핑크, 퍼플 골 드 등과 같은 색채 조화는 바로크적인 특징 을 부각시키며 다양하게 사용되었다.

바로크 펄(baroque pearl)　부드럽게 둥근 형 태의 일반 진주와는 달리 불규칙적인 형태의 진주를 말한다. 인공 또는 모조, 양식진주 등 도 있지만 원래는 동양진주를 의미한다. 일 반적으로 청회색이나 자연 백색을 띠며 형태 와 색채, 광택 등이 미적 가치가 있다.

바롱 타갈로그(barong tagalog)　단추가 달리 지 않고 머리에서부터 뒤집어써서 입는 오버 블라우스 타입의 남성 셔츠이다. 얇게 비치 는 옷감에 자수로 장식을 하여 필리핀에서 공식 행사시에 착용하기 시작하여 1960년대 말에 미국에 소개되었으며, 바롱(barong)이 라고도 한다.

바뢰즈(vareuse)　두껍고 거친 모직으로 만든 오버블라우스 형태의 재킷으로, 미국 남쪽에 서 많이 착용하며 피 재킷과 유사하다. 프랑

스 선원이 항해시 선박 위에서 입었으며, 1950년대에는 여성들이 복고풍 외투로 입었다.

바루슈 코트(barouche coat)　금으로 된 원통 모양의 스냅과 버클이 있는 탄성체 벨트로 앞을 여몄고, 풍성한 소매가 달린 몸에 꼭 맞는 3/4 길이의 여성용 외투로, 1800년대 초기에 입었다.

바르므 클로스(barme cloth)　에이프런에 대한 중세 초기의 용어로, 14세기 후반에 에이프런으로 대체되었다.

바르베트(barbette)　귀 위에서부터 턱과 목을 가리는 베일로, 중세 때 시작된 유행이며 현재는 천주교의 수녀들에게만 그대로 착용되고 있다.

바르브(barbe)　14~16세기에 과부들이나 회개자들이 착용한 수직으로 주름 잡힌 마직물의 긴 조각으로, 턱을 에워싸며 검은 후드와 길고 검은 베일이 있다.

바머 재킷(bomber jacket)　주로 가죽으로 만들며 허리와 소맷부리가 꼭 맞게 디자인된 재킷이다. 제2차 세계대전 때 폭격기 대원들이 입었던 재킷에서 유래하였다. 플라이트 재킷 참조.

바바리안 드레스(Bavarian dress)　1820년대 여성이 마차 여행시 입었던 드레스로, 헝겊 띠로 앞중심선을 장식했다.

바버즈 에이프런(barber's apron)　둥근 케이프 모양의 플라스틱으로 된 것으로, 이발소에서 착용하는, 목 뒤에서 묶도록 된 길이가 긴 에이프런이다. 처음에는 면으로 만들었다.

바벳 보닛(babet bonnet)　1838년경 여성들이 저녁에 쓰던 작은 캡으로, 보통 옆은 넓은 프릴로 되어 있고 윗부분은 납작하다.

바벳 캡(babet cap)　리본으로 장식한 상복용 머슬린 캡으로, 귀와 빰을 약간 덮게 되어 있다. 1836~1840년에 유행하였다.

바볼레(bavolet)　캡의 일종으로 머리에서 어깨 위로 리넨 헝겊 장식을 늘어뜨렸다. 16세기에 유행하였다.

바버즈 에이프런

바부슈(babouche)　북아프리카에서 신었던 모로코 가죽으로 만든 슬리퍼로, 앞이 뾰족하고 힐이 없다.

바부시카(babushka)　삼각형 모양 또는 정사각형을 대각선으로 접은 스카프를 말한다. 러시아 여자 농부들의 풍습 중 하나로 머리를 예쁘게 감싸서 턱 아래에서 묶는다. 러시아어로 '할머니'라는 뜻으로, 러시아에 이주해 온 노인들에 의해 불려진 이름이다. 여자의 머릿수건으로 커치프라고도 한다.

바사리스크(bassarisk)　개과(科) 바사리스커스 속(屬) 동물의 총칭으로, 미국 텍사스 주에 주로 서식한다. 솜털은 부드럽고 황색기가 있는 엷은 갈색이며, 흰색과 검정의 얼룩무늬로 된 긴 꼬리가 있다. 트리밍이나 재킷, 코트 등에 사용된다.

바사 블라우스(Bassar blouse)　페전트 블라우스와 흡사한 1890년대에 입었던 여성들의 블라우스이다. 끈이나 고무줄로 잡아당긴 드로스트링 네크라인에 러플이 위로 뻗쳐 있고 부푼 소매의 끝은 러플로 되었다. 어깨선은 나비 매듭 다발이나 리본 형태의 대님 끈 또는 자수로 장식하였다.

바사 블라우스

바스켓 백(basket bag)　바스켓으로 만들어진 가방으로, 안에는 주로 헝겊을 대었으며, 가죽으로 손잡이를 처리하기도 한다. 여름용 가방이다.

바스켓볼 슈즈(basketball shoes)　두꺼운 고무 밑창이 있는 캔버스로 된 스니커형의 농구화를 말한다. 끈으로 여미며, 특히 발목이 두꺼운 고무로 만들어졌고 농구를 할 때 신는다. 젊은이들의 캐주얼화로 애용된다.

바스켓 스티치(basket stitch)　종류는 많지만 모두 그물같이 보이는 자수법이다. 첫째, 벌집형 스티치로 6각형의 그물이 만들어진다. 둘째, 종사를 평행으로 자수한 후 위사 경사를 1칸씩 건너서 징그며 역시 평행으로 수놓는다. 장방형의 그물이 연결된 스티치이다. 셋째, 두 번째 말한 스티치의 교차점을 크로스 스티치로 징근 것이다. 넷째, 다닝 스티치를 땀의 길이가 같게 하고 종횡의 땀이 솔잎이 나온 것같이 된 것이다. 이외에도 변화형이 많다.

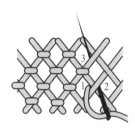

바스켓 스티치

바스켓 위브 스티치(basket weave stitch)　비스듬히 상하로 자수하는 스티치를 말한다. 바이어스 텐트 스티치라고도 한다.

바스켓직(basket weave)　두 올 또는 그 이상의 경사와 위사를 평직처럼 엮어감으로써 만들어지는 조직으로, 평직이나 능직에 비해 조직점이 적으므로 부드럽고 구김이 덜 생긴다. 변화 평직의 일종이다.

바스켓 체크(basket check)　세로 줄무늬와 가로 줄무늬가 마치 평직의 직조 문양처럼 배열되어 이루어진 격자무늬를 말한다. 헤어라인의 겉과 안의 조직, 즉 세로줄 무늬와 가로줄 무늬를 조합해서 겉과 안(체크보드 모양)으로 구성된 무늬이다.

바스크(basque)　① 원래는 허리선 밑까지 내려온 남성의 더블릿의 일부를 뜻하지만 17세기에는 옷의 태브(tab)를 만들기 위해 일련의 수직 슬래시를 디자인했다. 후에 이 용어는 허리선 밑까지 연장된 여성의 상의를 의미했다. ② 20세기 초기에는 허리와 늑골 부위가 꼭 맞는 여성의 허리 길이 재킷이나 드레스를 의미했다.

바스크 베레(basque béret)　프랑스와 스페인의 서피레네에 살던 농부들이 입던 둥글고

평평한 캡으로 부드러운 울로 만들었다.

바스크 셔트(basque shirt)　두 가지 이상의 색깔로 수평 줄무늬가 있고, 계절에 따라 소매가 짧거나 길어지는 크루 네크라인의 풀오버를 말한다.

바스크 수트(basque suit)　바스크는 에스파냐와 프랑스의 경계지방과 그 지역에 사는 사람들을 의미하는 것으로, 바로크 재킷과 같은 소재의 하의로 이루어진 여성용 수트이다. 전체적으로 길이는 짧으나 어깨를 뚜렷이 강조하고, 허리를 졸라 힙의 탄력을 강조한 1950년대풍의 분위기가 특징이다.

바스크 웨이스트밴드(basque waistband)　다섯 개의 뾰족한 태브로 장식된 허리띠로, 19세기 후반에 여성들이 착용하였다.

바스크 재킷(basque jacket)　어깨를 과장되게 크게 강조하고 허리를 꼭 조이도록 디자인한 1950년대풍의 분위기를 특징으로 한 재킷이다. 바스크란 에스파냐와 프랑스 국경의 지역 이름이며, 그곳 사람들의 의복에서 유래하였다. 17세기에 남성들의 긴 조끼 스타일이 시초가 되었으며, 19세기 중반에는 여성들이 많이 입었고, 20세기 초에는 허리까지 오는 짧은 길이의 재킷으로 유행하였다.

바스크트 헴(basqued hem)　허리선에서 절개선을 넣어 그 아랫부분은 넓게 처리한 재킷의 단을 의미한다. 페플럼과 같은 의미로 바스크는 원래 '옷의 단, 연미복의 꼬리'를 뜻한다.

바스크 해빗(basque habit)　허리선 밑에 사각형의 태브가 있는 상의로, 1860년대에 착용하였다.

바스킨(basquine)　① 긴 상의에 파고다 소매와 술 장식을 단 여성용 코트로, 1850년대

바스켓직

바스크 수트

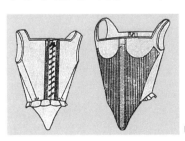

바스킨

후반에 착용하였다. ② 1860년대의 외출용 재킷으로 바스킨(basquin)이라고도 한다. ③ 16세기에 고급 직물로 만든 넓은 속치마로, 여러 개의 후프로 부풀렸으며, 에스파냐에서는 배스키나(basquina)라고도 부른다.

바스킨 보디(basquine body)　허리에 절개선이 없이 허리선을 연장한 여성용 보디스로, 1850년대에 착용하였다.

바 스트라이프(bar stripe)　바는 '막대기'라는 의미로, 옷의 앞판이나 뒤판을 횡단하는 듯한 줄무늬를 말한다. 칼리지풍의 스웨터 등에 보이는 가슴 부분의 횡단 줄무늬가 하나의 예이다.

바운드 심(bound seam)　⇒ 테이프 대기 가름솔

바움 마틴(baum marten)　유럽이 주산지인 담비의 모피로, 부드럽고 견과 같은 광택이 있으며, 갈색털이 세이블과 비슷하게 염색한다. 비치(beech), 파인 마틴이라고도 한다.

바이런 칼라(Byron collar)　길이가 길고 끝이 뾰족한 셔트 칼라이다. 스트링 타이와 함께 착용하기도 하는 배리모어 칼라와 비슷하며, 영국의 시인 로드 바이런(1788~1824)의 이름에서 유래하였다. 로드 바이런 칼라(Lord Byron collar), 포이츠 칼라라고 부르기도 한다.

바이스윙(bi-swing)　각이 진 노치트 칼라가 있고 싱글 브레스티드이며, 뒤쪽에는 주름을 길게 잡고 벨트가 몸판에 달려 있는 스포츠 재킷이나 수트를 말한다. 1930년대에 유행하였다.

바이스트레치 직물(bistretch fabric)　보통 직물은 위사 방향으로는 잘 늘어나도 경사 방향으로는 잘 늘어나지 않으나, 양방향으로 모두 잘 늘어나는 직물을 말한다. 폴리우레탄 섬유 혼방인 제품이다.

바이시클 니커즈(bicycle knickers)　폭이 넓고 풍성한 무릎 길이의 반바지로, 밑단에 개더나 턱을 잡고 밴드를 대 조여준다. 19세기에서 20세기에 걸쳐 유럽에서 보급되었으며, 자전거를 탈 때 입었기 때문에 바이시클 니

바이어스컷 드레스

커즈라 명명되었다. 니커보커즈 또는 페달 푸셔즈라고 부르기도 한다.

바이시클 수트(bicycle suit)　셔트 스타일의 상의와 쇼트 팬츠로 이루어진, 자전거를 탈 때 입는 옷이다. 흔히 레저복을 일컫는 말로도 쓰이며, 주로 면 저지를 사용하여 만든다.

바이어(buyer)　구매자 또는 머천다이저라고도 하며 고객에게 적합한 제품을 골라서 유지, 보존해야 하는 중요한 책임을 갖는 상품 기획 실무자를 말한다.

바이어스 고어드(bias gored)　체크 무늬나 프레이드로 대각선으로 재단하여 여러 개를 세로로 이어서 만든 바이어스로 된 스커트이다. 슬림한 것에 한정되지 않고 플레어 주름 등 여러 가지가 있다.

바이어스 롤드 커프스(bias rolled cuffs)　바이어스로 재단한 장방형의 천을 사용하여 꺾어 접어 만든 커프스를 말한다.

바이어스 바운드 심(bias bound seam)　⇒ 테이프 대기 가름솔

바이어스 슬리브(bias sleeve)　천을 대각선 방향으로 재단한 소매로, 팔에 꼭 맞는 슬리브 등에 사용된다.

바이어스 슬립(bias slip)　옷감을 사선으로 재단하여 만든 속치마의 총칭이다. 옷이 부드럽게 맞도록 한 고급 재단법의 일종으로, 1920~1930년대 프랑스의 의상 디자이너 비요네(Vionnet)가 주로 사용하여 유행시켰다.

바이어스 칼라(bias collar)　바이어스로 재단한 칼라의 총칭이다. 드레이프나 플레어 등 부드러움을 강조하는 디자인에 사용된다.

바이어스컷 드레스(bias-cut dress)　사선으로 재단해서 만들어 선이 우아하게 흐르는 드레스를 말한다. 1920년대 디자이너 비요네에 의하여 소개되었으며, 1960년대에 다시 유행하였다.

바이어스 테이프트 헴(bias taped hem)　⇒ 테이프 대기 가름솔

바이어스 텐트 스티치(bias tent stitch)　⇒ 바스켓 위브 스티치

바이어스 파이핑(bias piping)　장식을 목적으로 0.2cm 넓이의 바이어스 테이프를 대고 박은 것이다. 핸드 펠트 바인딩 심이라고도 한다.

바이어스 플리츠(bias pleats)　천을 대각선 방향으로 재단하여 만든 주름이다. 상단부에 스티치를 약간 박아 주어 주름의 형태를 유지시키는 데 도움이 되게 하기도 한다.

바이오실(biosil)　항미생물 가공제의 일종으로, 섬유 표면에 얇은 피막을 형성하여 미생물의 서식을 억제하고 없애는 역할을 한다. 유기실리콘 제4차 암모늄염계를 이용한다.

바이올렛(violet)　오랑캐꽃에서 볼 수 있는 청자색(靑紫色)을 의미한다.

바이올렛 밍크(violet mink)　양식 밍크의 일종이며, 엷은 보라색기가 있는 청색으로, 청색 계통의 털이 있는 대표적인 밍크이다.

바이저(visor, vizor)　① 이마와 눈을 가려주는 앞부분이 있는 캡 혹은 스포츠용으로 앞챙만이 헤어 밴드에 부착되어 있는 모자를 말한다. ② 얼굴을 가리기 위해 쓰는 마스크를 말한다. ③ 헬멧에서 얼굴을 가리는 떼었다 붙일 수 있는 부분을 가리킨다.

바이즈(baize)　부드럽게 꼬인 위사를 사용하고 펠트와 유사하게 보이도록 섬유를 빗어 세워주는 냅 가공을 하여 느슨하게 제직한 면 또는 모 평직물이다. 단색으로 염색하며 대개는 녹색으로 한다. 원래는 에스파냐의 바자(Baza)에서 만든 것으로, 경·위사에 거친 방모사를 써서 심하게 펠팅시키고, 양면에 긴 냅을 갖도록 가공한 것이다. 나중에는 보다 얇고 가늘게 만들어 따뜻한 내의 편성물이 나오기 전 의류용으로 사용되었으며, 탁자보나 장식장의 안감 등에 쓰인다. 페루, 콜롬비아, 볼리비아 등 남아메리카 지역에서는 판초나 스커트 등에 쓰인다.

바이지네릭 섬유(bigeneric fiber)　합성섬유의 일종으로, 반드시 지네릭형(generic family), 즉 종류가 전혀 다른 섬유를 이용하여 동시에 사출시켜 만든 섬유이다. 전에는 바이컨스티튜언트 섬유(biconstituent fiber)라고 하였다.

바이츠, 존(Weitz, John 1923~)　독일 베를린 출생으로, 영국에서 교육을 받고 파리에서 디자인을 시작하였으며, 1940년에 미국으로 이주하였다. 자동차 경주, 항해 등에 대한 자신의 흥미를 반영하듯 젊고 스포티한 남성복을 디자인했고 현재까지 남성복에 주력하고 있다. 1974년 코티상을 수상했다.

바이콘(bicorn)　삼각모자의 변형으로, 19세기에 유행한 양쪽으로 챙이 접힌 남자용 모자이다.

바이크 쇼츠(bike shorts)　허리에 밴드를 대고 그 안에 끈을 넣어 졸라매게 한 대퇴부 길이의 반바지이다. 둔부에는 테리 클로스로 안감이 덧대어지며, 셔츠가 빠져나오지 않도록 하기 위하여 뒷부분이 더 높게 재단된다. 라이크라 스판덱스로 몸에 달라붙게 만들어지기도 한다.

바이크 수트(bike suit)　자전거 경주용 운동복이다. 다양한 색상의 상의와 레깅스로 구성되어 있다.

바이크 수트

바이크 재킷(bike jacket)　허리 길이의 스포츠 재킷으로 특정한 스타일은 없으며, 윈드 브레이커나 배틀 재킷과 유사하다.

바이킹 램(viking lamb)　발트해의 고틀란드(Gottland)에서 산출되는 양의 모피로 고틀란드 램이 정식 명칭이다. 이 양은 3월부터

5월 사이에 태어나며, 갓 태어났을 때는 검은색을 띠고 2개월 후부터 회색으로 변한다.

바인딩 심(binding seam)　⇒ 테이프 대기 가름솔

바잉 그룹(buying group)　독립된 상점을 소유하고 있거나 여러 상점을 소유하고 있는 상점에 서비스를 제공하는 형태의 비경쟁 상점들을 대표하는 기관을 말한다.

바쥬(baju)　짧은 소매가 달린 말레이시아인의 재킷으로, 일반적으로 작은 칼라에 중앙에는 트임이 있고 가슴 양쪽에 패치 포켓이 달려 있다.

바지[把持]　양쪽으로 다리가 들어갈 수 있도록 가랑이가 나누어져 있는 형태의 하의(下衣)를 말한다. 바지에는 솜바지[襦把持]와 속에 입는 고의(袴衣)가 있다. 남자 바지는 삼국 시대의 고(袴)가 변천된 것으로, 허리는 통으로 되어 있고 마루폭 · 큰사폭 · 작은 사폭으로 구성되었으며, 허리띠와 대님을 매었다. 종류에는 솜바지 · 누비바지 · 겹바지가 있다. 여자 바지는 치마 속에 입는다.

바쿠(baku)　중국 바쿠에서 온 질좋고 가벼우며 값이 비싸지 않은 짚을 말한다.

바크 클로스(bark cloth)　뽕나무과에 속하는 나무의 내피류를 원료로 하여 만든 섬유에 일반적으로 쓰이는 용어로, 내피를 물에 담가 방망이로 원하는 두께가 될 때까지 두드린 후, 염색하거나 문양을 그려 장식한다. 이것은 직조나 편직 또는 기타 다른 방법으로 제직된 것이 아니어서 직물이라고 말하기 어렵지만, 열대지역의 반문명화된 종족들에게 의류나 장식용으로 쓰인다.

바텐버그 재킷(Battenberg jacket)　큰 단추와 턴드 다운 칼라가 달려 있는 여성의 넉넉한 외출용 재킷으로, 1880년대에 입었다.

바토 네크라인(bateau neckline)　어깨에서 어깨까지 앞 중심만 약간 파인 듯하면서 거의 직선으로 된 심플한 라인의 네크라인을 말한다. 여름철에 많이 이용되는 모던한 네크라인의 일종이며 목이 굵은 사람에게는 부적당하다. 1930년대부터 1940년대에 유행하였고

바토 네크라인

1980년대에 다시 유행하였으며, 보트 같은 모양이라고 하여 보트 네크라인이라고도 불린다.

바티스트(batiste)　얇은 평직 면직물의 일종으로, 견과 같은 아름다운 광택을 나타낸다. 프랑스의 리넨업자 장 바티스트(Jean Batiste)가 처음 짠 데서 이름이 유래하였다. 흰 바탕에 엷은 색으로 염색을 하거나 자수를 하여 여름용 드레스, 나이트 가운, 아동복, 손수건 등에 쓰인다.

바티, 키스(Varty, Keith 1952~)　영국 출생으로 세인트 마틴 예술학교, 런던 왕립대학에서 공부하였다. 프랑스 도로테 비스(Dorothée Bis), 밀라노 콤플리스(Complice), 비블로스(Byblos)에서 일했다. 영국과 이탈리아의 환상을 혼합한 풍부한 상상력으로 디자인했다.

바틱(batik)　인도네시아 전통 염색법 또는 그러한 방법으로 염색된 직물을 가리킨다. 왁스, 파라핀 등을 이용하여 직물의 표면에 표현하고자 하는 문양이나 바탕 부분의 원하는 색상을 선택적으로 염색하는 방법이다.

바틱

바 패고팅(bar fagoting)　위쪽 옷감의 단 끝부

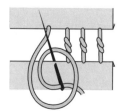
바 패고팅

분에서 바늘을 빼내어, 그림과 같이 수직으로 옷감을 뜨고 실을 세 번 또는 그 이상으로 휘감아 바늘을 낸 곳으로 바늘을 다시 빼서 휘감긴 바를 만드는 것이다.

바 핀(bar pin) 긴 막대형의 길고 좁은 장식 핀으로 주로 다이아몬드와 함께 백금 세트로 만들어진 핀이다. 20세기 이후로 유행했다.

박다직(博多織) 일본 하카타[博多]와 그 부근에서 생산되는 직물의 총칭이다. 우아한 견명(絹鳴) 호문양(縞紋樣), 독특한 태, 광택이 유명하다. 경(經)에 연사를 밀하게 하고 위(緯)에 태사를 위입하여 경무직(經畝織)으로 제직된 것이다.

박사(箔絲) 금은박(金銀箔)을 칠(漆)로 한지에 접착시켜 가늘게 잘라 실로 한 것이다. 금란(金襴), 은란(銀襴)의 회위(繪緯)로서 사용된다.

박색(薄色) ① 엷은 색(淡色)을 말한다. ② 일본에서는 홍색, 박자(薄紫)의 별명으로도 사용된다.

박스 백(box bag) 딱딱하며 직육면체로 된 가방으로 위에 딱딱한 손잡이가 있다.

박스 보텀즈(box bottoms) 빳빳한 안감을 사용해서 만든 무릎 밑까지 오는 꼭 맞는 남성용 바지로, 19세기에 입었다.

박스 스토어(box store) ⇒ 웨어 하우스 스토어

박스 재킷(box jacket) 어깨에서부터 허리선까지 일직선으로 여유있게 내려온 재킷이다. 사각 상자와 같은 모양의 재킷이라 하여 박스라는 이름이 붙여졌다. 1940년대, 1950년대, 1970년대 여성들에게 유행하였다.

박스 재킷

박스 케이프(box cape) 정사각형 실루엣의 직선으로 재단된 케이프로, 어깨에 넓게 패

드를 대었고, 길이는 팔꿈치나 힙까지 온다. 털이나 울로 만들었으며, 1930년대 후반에 유행하였다.

박스 코트(box coat) ① 어깨가 넓은 여성용 스트레이트 코트로, 1930~1940년대에 유행하였다. ② 19세기에 마부들이 입었던 것으로, 무겁지만 따뜻한 오버코트이다. ③ 힙 길이의 여성용 더블 브레스티드 재킷을 말하는 것으로 리퍼(reefer)와 유사한 스타일이며 1890년대 초에 착용하였다. ④ 길이가 허리선 아래까지 오는 조금 넉넉한 재킷으로, 메디치 칼라가 달려 있고 옆여밈으로 되어 있으며 1890년대 중반에 착용하였다. ⑤ 숄 칼라가 달려 있고 때때로 브레이드로 장식된 넉넉한 코트로, 1900년대 초에 착용하였다. ⑥ 숄 칼라 또는 케이프가 달려 있는 더블 브레스티드 코트로, 1900년 초에 소녀들이 입었다.

박스 포켓(box pocket) 상자형의 직사각형 포켓으로 크기가 큰 것이 많다. 대개 캐주얼한 원피스에서 독특한 디자인 포인트로 사용된다.

박스 플리츠(box pleats) 윗부분을 넓게 나오도록 접어 다리고 각 주름 사이에는 인버티드 플리츠가 생기게 만든 주름이다.

박스 플리츠 드레스(box pleats dress) 납작하게 상자처럼 접힌 주름이 있는 드레스를 말한다.

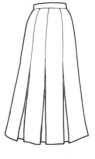

박스 플리츠 스커트

박스 플리츠 스커트(box pleats skirt)　납작하게 접힌 2개의 주름 형태가 상자, 박스 모양처럼 된 주름 스커트이다. 1940년대와 1950년대 이래로 유행하였다.

박시타입 슬리브(boxy-type sleeve)　소매산에 턱이나 개더를 잡아 상단부가 각이 지게 꺾어 내려오게 만든 소매로, 어깨를 넓어 보이게 하는 효과가 있다.

박음질(back stitch)　가장 튼튼한 손바느질로 바늘땀을 한 땀만큼 완전히 되돌아와 뜨는 것으로, 겉은 튼튼한 틀 바느질과 같은 모양이 된다. 손으로 박음질한 것은 재봉틀로 박음질한 것과 같이 곱지는 않으나 튼튼하다. 바느질의 간격에 따라 온박음질과 반박음질이 있으며, 백 스티치라고도 한다.

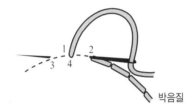

박음질

박직(薄織)　얇은 직물로, 박물이라고도 한다. 사, 라 등과 같은 직물이다.

반계(班罽)　정세한 모문직물을 말한다.

반귀석(半貴石, semiprecious stone)　주위에서 수월하게 구할 수 있어서 귀금속으로 여기지는 않지만 독특한 아름다움으로 인해 장식으로 애용되는 보석들이다. 예를 들면 토파즈, 가닛, 투르멀린, 스피넬, 지르콘, 오팔, 애미시스트, 석영(quartz) 등이 있다.

반다나

반다나(bandana)　밝은색 바탕에 흰 무늬를 박은 큰 정사각형의 무명 손수건으로 19세기 말과 20세기 초 머리, 목에 묶어 사용했다. 나중에 노동자들에 의해 다양한 색채가 사용되었고 운동복으로까지 채택되었다.

반다이크(Vandyke)　플란더즈(Flanders)의 화가, 안소니 반 다이크(Anthony Van Dyke, 1599~1641)경의 이름에서 나온 용어이다. 17세기 초에 반다이크가 그린 그림, 특히 초상화에 묘사된 칼라와 옷의 장식을 말한다.

반령포

반다이크 스티치(Vandyke stitch)　먼저 십자수를 놓고 걸어가면서 수놓는 방법이다.

반다이크 칼라(Vandyke collar)　톱니 모양이나 조개 모양의 가장자리 장식이 있고 어깨에 늘어져 내려온 큰 칼라로, 주로 레이스나 리넨으로 만든다. 영국의 궁정화가인 반다이크가 그린 초상화에서 볼 수 있는 칼라라 하여 그의 이름을 본떠 붙인 명칭이다.

반당침　겉에서 보기에는 홈질과 같아 보이나 홈질보다는 단단하며 반박음질보다는 성긴 것이다. 박음질과 같은 이치인데 바늘을 뒤로 뜰 때 반쯤 돌려 뜬다.

반덴 아커, 쿠스(Vanden Akker, Koos 1930년대~)　네덜란드 태생의 디자이너로 헤이그 왕립예술학교 수학 후 파리에서 디오르와 일한 후에 다시 헤이그로 돌아와 활동하다 미국으로 이주하였다. 독창적이고 대담한 색상의 콜라주와 패치 워크 디자인을 창조한다.

반동형성(reaction formation)　프로이트(Freuds)의 자아방어기제 중의 하나로 자아가 반대행동을 함으로써 금지된 충동이 표출되는 것으로부터 자신을 조절하거나 방어한다.

반령포(盤領袍)　중국 명대의 관리 상복으로 가슴 앞과 등뒤에 보자(補子)를 달았다. 보자 문양으로써 신분의 등급을 구분하였고 동물을 표지로 삼았다. 오사모(烏紗帽)를 쓰고 조혁화(皁革靴)를 신었다.

반물(反物)　일본 화복지(和服地)의 총칭이다.

반박음질(half back stitch)　홈질과 같은 모양이나 홈질보다는 튼튼한 바느질에 이용된다. 바늘땀을 반만 되돌아와 뜨는 것으로 겉에서 보면 땀의 길이와 땀의 간격이 같다. 온박음질보다 견고하지는 못하며, 하프 백 스티치라고도 한다.

반병위갱사(半兵衛更紗)　일본의 전통 면염직물의 일종으로, 구주 지방의 좌가시(佐賀市)의 전통 직물로 지정된 것이다. 조선에서 기법이 전래된 것인데, 현재는 그 기법이 절멸되었으나 전통 직물을 발굴하기 위하여 전통 직물로 지정되어 있다. 갱사(更紗)는 사라사에 대한 일본의 음역이다. 조선 시대에 우리 나라에 면사라사의 기법이 있었던 증거이다. 1596~1615년에 일본으로 전파된 형지와 목판을 병용한 문양염 기법이다.

반보일(半 voile)　보일 참조.

반비(半臂)　소매가 없거나 소매가 짧게 달려 있는 포(袍)를 말한다. 남자 반비는 전복(戰服)이나 답호(褡䕶)와 비슷한 옷이며, 여자 반비는 괘자(掛子)나 배자(背子)와 비슷한 옷옷이다.

반염(反染)　포를 제직한 후 염색하는 후염(後染)을 말한다.

반응성염료(reactive dye)　염료가 면, 마, 양모, 실크, 레이온, 나일론, 아크릴 등과 화학적으로 반응하여 밝은 색을 만든다. 매우 다양한 색을 낼 수 있다. 그러나 염소 표백에 의해 손상을 받기 쉽다.

반장(磐長)　팔길상문(八吉祥紋) 중의 하나로, 일체를 관찰하여 두루 알 수 있는 총명함을 상징한다.

반주(班紬)　조선 시대에 사용된 경에 목면, 위에 견이본, 목면을 번갈아 위입하여 제직하여 정련한 것을 말한다.

반지[指環]　손가락에 끼는 장신구로, 흔히 한 짝만 끼는 것을 반지, 쌍으로 끼는 것은 가락지라 한다. 금·은·동·옥 등으로 만들며, 그 역사도 매우 오래되어 신라나 가야의 고분에서 출토된 유물들을 보면 현재의 반지 형태와 별 차이가 없다.

반짇고리　바느질 도구를 담는 도구이다. 네모지게 또는 직사각형으로 만들어 실·바늘·가위·골무·단추·헝겊 등을 담는다. 상류층에서는 화각·자개 등을 사용하여 화려하게 만들었으나, 서민층에서는 지함(紙函)을 사용하였다.

반짇그릇　규중칠우라고 하는 자, 가위, 바늘, 실, 골무, 인두, 다리미 등의 용구를 담는 그릇으로, 그 재료에 따라 3가지로 분류한다. 버들로 만든 것은 바느질고리, 종이로 만든 것은 바느질 상자, 목재로 만든 것은 보통 반짇그릇이라 한다. 형태는 사방 25×40cm,

높이 10cm 내외의 사각형이 대부분이나 그 외 육각형, 팔각형도 있다. 뚜껑도 있는데 없는 것은 조각보를 만들어 덮고, 내부 모서리에는 작은 칸막이가 있는 것도 있다. 반짇고리, 바느질그릇이라고 부르기도 한다.

반포(班布)　중국의 《태평어람(太平御覽)》 권 820포부에 반포가 있다. 이것은 이캇류로 보고 있다.

반회장(半回裝)　저고리나 포(袍)의 깃·끝동·고름만 다른 색으로 대어 장식 효과를 나타낸 것이다. 나이가 조금 든 부인이 입었다.

반회장(저고리)

반회전식 재봉틀　캠이 북(bobbin case) 주위를 반회전해 되돌아가는 구조로, 되돌아갈 때의 반동으로 힘이 가해지므로 단단한 것을 재봉할 때 적합하다. 사용하는 실이 약해도 땀 모양이 잘 나온다.

발(Val)　바탕과 무늬를 같은 실로 짠 원피스 레이스이다. 바탕은 섬세한 망으로 각 양쪽에서 함께 플레이티드(plaited)되는 4개의 실이 보통 사각형이나 다이아몬드형을 만들거나 둥글고 성긴 규칙적인 모양을 만들기도 한다. 전통적인 꽃무늬나 기찻길 무늬가 섬세하게 디자인된다. 기계로 짠 레이스가 일반적으로 면으로 만들어져서 발이라고 불리는 반면, 손으로 짠 발랑시엔(Valenciennes)에는 리넨사가 사용된다. 발이라는 용어는 발랑시엔 레이스에도 적용되며 발랑시엔이라는 프랑스의 마을 이름에서 유래하였다.

발달단계이론　에릭슨(Erickson)의 이론으로, 자아의 발달은 보통 8단계가 있어서 처음 네 단계는 유아·아동기이고 다음으로 청년기, 성인기, 노년기를 거치는데, 자아형성에 중

발레리나 렝스 스커트

발렌시아가, 크리스토발

요한 시기는 청년기로 보았다.

발더킨(baldachin, baldaquin)　현대의 브로케이드처럼 실크를 금과 함께 섞어 짠 중세의 천이다.

발라클라바(balaclava)　머리와 어깨는 덮고 얼굴은 노출시킨 후드로, 울로 짠 니트로 되어 있다.

발랑시엔 레이스(Valenciennes lace)　발 참조.

발레 드레스(ballet dress)　발레 댄서들이 춤출 때 착용하는 것으로, 얇은 천을 여러 겹으로 넓게 만든 드레스이다.

발레 레이스(ballet laces)　발레 슬리퍼의 끈을 매는 넓은 새틴 리본을 말한다.

발레리나 렝스 스커트(ballerina length skirt)　잔주름 개더나 플레어가 졌고 장딴지까지 오는 길이의 스커트를 말한다. 1940~1950년대에 유행하였으며, 주로 이브닝 드레스로 많이 입는다. 발레 댄서들의 드레스에서 인용되었다.

발레리나 슈즈(ballerina shoes)　힐이 없고 구두창이 얇은 부드러운 모양의 구두로, 때로는 발목에서 끈으로 고정하기도 한다. 1940년대 여학생들에게 유행하였으며, 발레 무용수들이 신는 구두에서 유래되었다.

발레리나 스커트(ballerina skirt)　발레리나의 의상에서 볼 수 있는 아주 짧은 스커트로, 투투와 같은 형태이다. 타운웨어로 입을 때에는 타이츠와 함께 착용한다.

발레 스커트(ballet skirt)　1880년대 이브닝 드레스에 사용되었던 층층치마로, 실크 파운데이션에 3~4개의 길이가 다른 튤(tulle)을 붙여 만들었고 가장 윗부분에는 별, 진주, 딱정벌레의 날개들을 붙여서 반짝거리게 했다.

발레스트라, 레나토(Balestra, Renato 1930년대~)　이탈리아 북부 트리에스테 출생으로, 처음에는 엔지니어가 되기 위하여 공대를 지망했으나 영화와 연극 등 무대의상에 매료되어 패션 디자이너가 되었다. 디자인의 특징은 전통적 문화적 유산에서 영감을 얻어 여성미가 넘치는 민속풍의 고귀함이다.

발레 슬리퍼즈(ballet slippers)　가죽을 주름잡아 작은 밑창에 고정시킨 섬세한 신발로, 발목과 다리를 열십자로 맨다.

발렌시아가, 크리스토발(Balenciaga, Cristobal 1895~1972)　스페인 게타리아 출생으로 스스로 옷감을 재단하고 재봉까지 하여 옷을 완성시키는 위대한 예술가이다. 정원사였던 아버지와 재단사인 어머니 밑에서 자란 발렌시아가는 소년 시절 카시트레스 후작 부인의 수트를 복사해 만든 것을 계기로 패션 디자이너가 되었다. 1915년 18살 때 산 세바스찬에 개점했다가 1928년 마드리드로 옮기고, 다시 바르셀로나 지점을 세울 정도로 번창하였으나 내란으로 모든 것을 잃고 런던을 거쳐 파리로 이주하였다. 1937년 조르주 상드 거리에 '발렌시아가'를 세우고 파리 모드계에 데뷔했다. 1938년 게피에르 룩을 발표하여 전쟁 후 크리스티앙 디오르가 선보인 뉴 룩의 도래를 예고하였다. 물자가 부족하였던 전쟁 후 검은색 드레스와 진주 목걸이를 조화시킨 의상을 선보여 침체된 모드계에 새 바람을 일으켰다. 1948년 슬림 실루엣의 패널 스커트, 1950년에는 배럴 룩, 1951년에는 스트레이트한 오버 블라우스와 스모크 룩의 수트, 미디 수트, 1952년 루스 피트 룩(loose fit look), 1953년 폴로 수트, 1957년 색 드레스라 불리는 슈미즈 드레스 등을 연달아 발표해 왕성한 디자인 의욕을 보였다. 같은 기간 동안 디오르가 여성스런 로맨틱 모드를 발전시킨 데 비하여 발렌시아가는 단순성과 위엄, 구조적인 특성으로서 스포티한 라인을 개척해 나갔다. 특히 고야나 벨라스케스(Velasquez)의 그림에 등장하는 딱딱하고 포멀한 재료로 극적인 분위기를 연출하였다. 영국의 사진 작가 세실 피튼경은 다음과 같이 평을 내리고 있다. "그는 시즌마다 변화를 시도하지는 않았으나 치밀한 계산으로 작품을 전개해 나갔다. 그러나 그의 모드는 결코 유행에 뒤지는 일이 없었다. 왜냐하면 확고한 신념이라는 기반 위에서 반복을 거듭하여 오랫동안 지속될 라인만을 선택하였기 때문이다. 전후 파리 오트 쿠튀르 왕국에는 두 개의 극이 있었다. 하나는 디오르, 또 하나는 말할 것도 없이 발렌시아가였다. 디오르를 회화의 와토에 비교한다면 발레시아가는 모드의 피카소였다. 그는 디오르와는 대조적으로 클래식한 스페인의 눈으로 사물을 보았다. 그의 작품에는 스페인의 엄격함과 프랑스의 세련미가 공존해 있었다. 현존하는 파리 디자이너들이 보여주는 모드의 한 원천은 발렌시아가의 모드인 것이다."

발렌티나(Valentina 1904~)　　러시아 태생으로 여배우로 활동하다 프랑스 망명 후 다시 미국으로 이주하였다. 그녀의 디자인은 러시아 민속복에 기초하며, 그 단순성에 담겨 있는 지대한 극적 감각은 사교계 여성, 연극, 영화 배우 등을 포함한 고객들을 매료시켰다.

발렌티노, 마리오(Valentino, Mario 1927~)　　이탈리아 태생의 디자이너로, 아버지 빈센조(Vincenzo)는 유명한 구두생산업자였다. 정치학과 경제학을 공부한 후 미국 구두제조업체인 아이 밀러(I. Miller)사에서 일하였으며 뉴욕을 떠나 이탈리아에서 일류 구두 디자이너로 활약하였다. 특히 소피아 로렌이나 에바 가드너의 구두를 만든 것으로 유명하다. 이탈리아뿐만 아니라 6개국에 상점을 갖고 있었으며, 1973년 이후 고급 가죽 의류제품, 핸드백, 벨트를 만들었고, 아르마니나 베르사체에서 디자인하고 있다.

발렌티노 레이스(Valentino lace)　　이탈리아 디자이너 발렌티노의 작품에 특징적으로 보이는 레이스 장식을 의미하는 것이다. 중세의 궁정복에 보이는 것과 같은 로맨틱한 이미지의 레이스이다. 엘레강스한 블라우스 등에 많이 사용된다.

발루아 해트(Valois hat)　　1822년에 여성들이 착용한 모자이다. 벨벳이나 비버의 털로 짠 직물로 만들었으며, 모자의 챙이 균등한 넓이로 둥글게 생겼다.

발리 댄서즈 커스튬(Bali dancer's costume)　　인도네시아 부근의 발리섬에서 입었던 여성 무용수의 복장으로, 사롱이라는 스커트와 치마와 가슴을 단단하게 둘러싸는 긴 장식 형 겊띠로 구성되어 있다. 갈룬간(galungan)과 함께 입었으며 신발은 신지 않았다.

발리 프린트(Bali print)　　인도네시아의 발리섬에서 모티브를 얻은 알로하(aloha) 형태의 서머셔츠에 나타난 프린트 무늬를 말한다.

발마칸(balmacaan)　　어깨에서 진동 밑으로 이음선이 있는 래글런 소매와 젖혀진 칼라가 있으며 앞에는 단추가 달린 남성용 오버코트이다. 대개 트위드나 방수된 옷감으로 만들며, 스코틀랜드의 지명 발마칸에서 이름이 유래하였다.

발마칸 칼라(balmacaan collar)　　남성용 래글런 슬리브의 오버코트에 다는 프러시안 칼라로 윗칼라가 넓은 턴오버 칼라의 일종이다. 스코틀랜드의 발마칸이라는 지명을 본떠 지어진 이름이다.

발마칸 코트(balmaccan coat)　　작은 칼라와 앞에서 목까지 단추로 여미는 래글런 소매의 넉넉한 스타일의 코트이다. 트위드나 방수성 있는 직물로 만들어졌다.

발마칸 코트

발막신　　마른 신의 하나로 조선 시대 상류층의 노인들이 신었다. 뒤축과 코에 꿰맨 솔기를 없애고, 코끝이 뾰족하며 넓은 형태이다. 가죽 조각을 대어 경분(輕粉)을 칠해 만든다.

발맹, 피에르(Balmain, Pierre 1914~1982)　　프랑스 태생의 디자이너로, 1950년대를 전후하여 크리스토발 발렌시아가, 크리스티앙 디오르와 더불어 '위대한 3인'으로 불렸으며, 전통적인 엘레강스를 고수하여 우아하고 품위 있는 기품을 의상의 기본으로 확립하는

데 커다란 공헌을 하였다. 뛰어난 영어로 국제적인 명사들과 교분을 가져 파리 모드를 국제 무대에 소개하는 일을 담당하기도 하였다. 발맹은 파리 국립대학에서 건축을 전공했으나 어느날 해질녘에 본 콩코드 광장의 개성적인 균형미에 깊은 감동을 받아 전공을 패션 디자인으로 바꾸게 됐다. 그 후 몰리뇌의 제자가 되어 디자이너의 꿈을 키우다가 잠시 '르롱' 사의 모델리스트로 활약하기도 하였다. 제2차 세계대전 후 군에 복무하다가 어머니의 부티크에서 일을 돕다가 르롱의 제의를 받고 다시 파리로 되돌아가 신입사원 디오르와 함께 활약했다. 1945년 어머니의 원조로 프랑수아 프르미에가의 한 점포를 빌려 독립하고 그 해 가을에 풀 스커트의 게피에르 룩 드레스와 블론드의 새틴에 검은 구슬을 수놓은 아름다운 이브닝 블라우스를 발표하고, 다음해 봄에는 프레시한 노동자 룩의 블라우스 등을 발표해서 명성을 쌓기 시작하였다. 1957년 발표한 향수 '졸리 마담'은 대성공이었다. 그의 작품은 전통적인 엘레강스 라인을 고수하였다. 영어로 집필한 자서전《내가 살아온 계절》을 비롯해 파리의 의상 조합 학교에서 복식사를 강의하는 등 이론가로서의 학구적인 자세도 보여 주었다. 1977년 프랑스 정부가 수여하는 '레지옹 도뇌르' 훈장을 받았다. 그가 타계하자 31년 동안 그의 보조 디자이너였던 에릭 모르텐센이 후계자가 되어 발맹사를 이끌고 있다.

발맹, 피에르

발브리간(balbriggan)　① 메리야스의 일종이다. ② 면, 인조섬유, 혼방섬유 등을 평짜기 한 환편직물로, 표백하지 않은 이집트면이 사용되어 짙은 크림색이나 밝은 갈색이다. 미국면 면사로 짜서 비슷하게 염색하기도 하며, 속면은 기모시킨다. 속옷, 파자마, 운동복 등에 사용한다.

발브리간 파자마(balbriggan pajamas)　1930년대에 인기가 있었던 겨울용 파자마의 한 형태로, 편직물인 발브리간으로 만들어졌다. 손목과 발목에 주름이 잡혀 있고 소매통과 바지통이 넓다.

발수발유가공직물(water and oil repellent finish fabric)　직물에 발수성과 발유성을 부여하기 위하여 불소계 수지로 처리한 것으로, 더러움을 덜 탄다. 스코치 가드(Scorch gard)가 대표적인 상품명이다.

발염(discharge printing)　균일한 색으로 염색된 직물 표면으로부터 일정한 모양을 탈색시켜 무늬를 만드는 방식을 말한다. 때로는 탈색한 부분에 다른 색을 착색시키기도 하는데 이를 착색 발염이라 한다.

발재봉틀　발의 운동에 의해 기계를 돌리는 것으로, 의자에 앉아서 할 수 있도록 테이블과 다리가 있는 것이 보통이며, 분당 300회부터 800회 정도까지의 것이 있다. 일명 발틀이라고도 하고 트레들 재봉틀(treadle machine)이라고도 한다.

발조(balzo)　가죽에 금박을 하거나 구리를 입힌 높은 터번 모양의 여성용 헤드드레스로, 16세기 이탈리아에서 착용하였다.

발칸 블라우스(Balkan blouse)　1913년 발칸 전쟁에서 유래한 이름으로, 소매를 풍성하게 흘러내리게 하고 몸판의 주름은 힙 근처에서 넓은 밴드로 처리한 블라우스이다.

발틀　⇒ 발재봉틀

발판(treadle pedal)　발재봉틀을 운전할 때 도움을 주기 위해 양발을 올려놓고 밟도록 하는 각부에 해당하는 것으로, 그물형의 것이 대부분이다.

밤빈(bambin)　테두리가 둥글고 얼굴에서부터 말려진 여성용 모자로, 1930년대에 착용하였다.

방갈로 에이프런 드레스(bungalow apron

dress)　기모노 소매에 실루엣이 직선으로 된 간단한 드레스로, 하우스 드레스 대용으로 디자인되었다. 1910~1920년 사이에 유행하였다.

방갓　상제가 외출시 쓰는 갓으로 모양은 삿갓과 같으나 제작법은 한층 발달된 것이다. 가늘게 쪼갠 댓개비를 거죽으로 하고 왕골로 속 안을 받쳐서 삿갓같이 만든다. 방립(方笠), 상립(喪笠) 참조.

방건(方巾)　조선 시대 사인(士人)들이 편복(便服)에 쓰던 건의 하나이다. 말총을 엮어 만든 네모난 상자 모양으로, 사각(四角)이 평평하며 정수리 부분이 막힌 것과 터진 것이 있다. 방관(方冠), 사방관(四方冠), 사방건(四方巾)이라고도 한다.

방도(bandeau)　① 헤어 밴드와 같이 폭이 가는 리본으로, 머리에 두르거나 어깨에 두르는 장식의 하나이다. 고대 이집트에서도 이와 유사한 형태가 사용되었다. 필레(fillet)라고도 부른다. ② 폭이 좁은 브래지어로, 1976년 춘하 컬렉션에서 다카다 겐조가 아프리카풍의 드레스에 스커트와 조합하여 제시한 바 있다.

방도 다무르(bandeau d'amour)　비스듬한 컬이 있는 여성용 헤어 스타일이나 가발로, 1770~1780년대에 착용하였다.

방도 스윔 수트(bandeau swim suit)　상의의 윗부분을 일직선으로 자르고 그 속에 고무줄을 넣어 어깨에 끈이 없이 착용할 수 있도록 디자인한 수영복이다. 1980년대에 유행하였다.

방도 슬립(bandeau slip)　브라 슬립과 유사하며 브래지어같이 윗부분이 절단된 슬립을 말한다.

방되즈(vendeuse)　프랑스 용어로, 파리의 쿠튀르 하우스(couture house)에서 세일즈하는 여성을 말한다.

방륜(紡輪)　가락바퀴에 대한 중국의 명칭이다.

방립(方笠)　우리 고유 관모의 하나이다. 비나 햇빛을 막기 위한 것으로, 거죽은 가는 대오리를 엮어 만들고 안은 왕골을 사용했다. 형태는 삿갓과 비슷하나 네 귀가 움푹하게 패어들고 다른 부분은 둥글다. 방갓 참조.

방립

방모사(woolen yarn)　소모사(worsted yarn)에 대응되는 말로, 소모사와 달리 섬유장이 짧은 저질의 원모와 방적공정의 부산물과 재생모 등을 원료로 카딩 후 직접 전방·정방의 짧은 공정을 통해 생산되는 실을 말한다. 방모사는 소모사에 비해 섬유의 배향이 고르지 못하여 꼬임이 느슨하므로 고급 용도에는 사용되지 못한다. 그러나 꼬임이 적고 함기량이 높아 부드럽고 따뜻하여 두꺼운 직물과 축융 기모가공을 위한 직물을 만드는 데 사용된다. 도스킨, 비버 클로스, 플란넬, 플리스, 트위드, 멜턴 등이 방모직물에 속한다.

방사(emission, radiation)　식물성 단백질 또는 합성 중합체와 같이 전혀 섬유와 같은 형태를 갖지 않는 원료를 이용하여 섬유를 만드는 과정으로, 방사 원액을 방사구(spinneret)를 통해서 사출시켜 가늘고 긴 섬유 상태로 뽑아낸다. 방사 방법에는 습식방사(wet spinning), 건식방사(dry spinning), 용융방사(melt spinning) 등이 있다.

방사구(spinneret)　방사에 사용되는 약품 등에 견디는 금속으로 만들어지며, 구멍의 크기, 수, 모양 등이 다양하므로 용도에 맞는 방사구를 선택 사용한다.

방선(紡線)　실 잣는 것을 말한다.

방수가공직물(water proof finished fabric)　방수 처리한 직물로, 공기는 투과시키고 물방울을 침투하지 못하게 하는 투습발수가공직물(vapor permeable water repellent finished fabric)과 증기와 물방울의 침입을 완전히 막는 방수가공 직물(water proof finished fabric)의 두 종류가 있다.

방슈 레이스(Binche lace)   벨기에의 방슈에서 만들어진 레이스로 브뤼셀 레이스와 비슷하다. 보빈으로 만든 잔가지 무늬가 기계로 짠 그물 위에 평평하게 수놓인 것이 특징이다.

방심곡령(方心曲領)   조선 시대 왕·문무백관들이 제복(祭服) 착용시 흰색 깁으로 곡령(曲領)과 같은 모양을 만들어 목에 걸어 깃둘레에 댄 것을 말한다. 흰 비단으로 만들어 하단(下端)에 네모진 방심(方心)을 달고 오른쪽에 홍색, 왼쪽에 녹색의 2개의 끈을 양쪽에 달아 가슴 위에 드리운다.

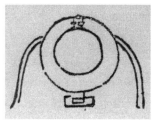
방심곡령

방염(resist printing)   직물의 표면에 염료가 침투하지 못하도록 무늬를 날인한 후 침염으로 염색을 하여, 날인된 부분은 염색되지 않고 남아 있어 디자인 효과를 내는 것을 말한다.

방염가공직물(flame retardant finish fabric) 직물이 불꽃 속에서 연소하거나 불꽃에 닿았을 때 인화되는 것을 방지하는 가공을 한 직물로, 직물 표면에 피막을 형성하여 가연성 가스의 발생을 막거나 대기 중의 산소와의 접촉을 막아줌으로써 연소하는 것을 방지한다. 면직물에 많이 하며 어린이나 노약자의 잠옷, 커튼 등에 사용된다.

방오가공직물(soil release finish fabric)   수지 가공된 직물의 오염 증가를 방지하기 위하여 섬유 표면에 친수성을 부여하거나 오염이 침투할 수 없는 피막을 형성하여 재오염 방지 및 오염 제거가 쉽도록 한 직물이다. 에스아르(SR) 가공 직물이라고도 한다.

방의(防衣)   무공(舞工)이 둑제(纛祭)시 입던 옷으로 홍색·청색의 무명으로 만들며, 황포(黃布)로 안을 넣는다.

방적(紡績)   단섬유로 실을 만드는 공정으로, 면사방적, 모사방적 등을 말한다. 견의 단섬유로 실을 만드는 과정은 견방적, 합섬(合纖) 단섬유의 경우에는 합섬방적이 된다. 방적에 의해 제조된 실을 방적사라고 한다.

방적견사(紡績絹絲)   부잠사(副蠶絲), 견(繭) 등을 원료로 견의 단섬유로 만든 견사이다.

방적사(spun yarn)   면, 모, 마 및 인조섬유 스테이플 등의 짧은 섬유, 즉 스테이플 섬유로 만든 실을 말한다.

방직(紡織)   식물·동물·광물질에서 실을 자아내고 그 실로 피륙을 짜는 것을 말한다. 《설문(設文)》에서 방(紡)이란 실을 잣는 일이고, 직(織)이란 피륙을 짜는 일이라 했듯이 크게 2개의 공정으로 구분된다. 또한 생산 기법에 따라 전통적 길쌈과 근대적 방직으로 나뉜다.

방직장(紡織匠)   조선 시대 경공장에 속한 직물 제직 공장이다.

방차(紡車)   사조구(絲繰具), 조차(繰車)라고도 한다.

방추(spindle)   ⇒ 스핀들

방추가공(wrinkle resistant finish)   수지를 이용하여 섬유내 분자간 가교를 형성시켜 구김이 생기지 않도록 하는 가공이다.

방추차(紡錘車)   가락고리에 대한 일본의 호칭이다. 고대에 실을 잣던 기구의 부품이다.

방축가공(shrink proof finish)   직물이 세탁에 의해 수축하는 것을 방지하기 위해 실시하는 가공을 말한다. 면직물이나 양모직물에 주로 처리하며, 종류에는 샌퍼라이즈 가공, 수지 가공, 런던 슈렁크 등이 있다.

방충가공직물(moth proof finish fabric)   좀벌레와 같은 곤충에 의해 직물이 손상을 입는 것을 방지하기 위해 가공한 직물을 말한다. 주로 모직물에 많이 하는데, 살균성이 있는 약품이나 살균작용기를 가진 가공제를 직물에 처리하여 좀 등의 미생물이 서식할 수 없는 조건을 만드는 것이다.

방치(knot)   권사 공정에서 얻어지는 전장

840야드가 되는 실의 묶음, 타래를 몇 개 모아서 꼬아 한 덩어리로 만든 뭉치를 말한다.

방타유(ventail)　16세기의 갑옷에서 얼굴을 가리는 헬맷으로, 3부분으로 나누어지는 얼굴의 방호막에서 가운데 부분을 말한다.

발전수　한자의 전(田)자 모양의 수로, 직선 격자수를 한 후 격자 안을 점차 크기를 줄인 사각형으로 수놓은 뒤 중심을 십(+)자로 징근다.

배거본드 해트(vagabond hat)　⇒ 슬라우치 해트

배겟 컷(baguette cut)　장방형으로 연마된 보석으로, 대부분 커다란 다이아몬드를 중심으로 나란히 장식되는 보조 보석이다.

배경효과　인상형성에서 사람들은 그 사람 자체보다는 그를 만났던 장소와 배경에 영향을 받는다는 것이다.

배기 룩(baggy look)　자루처럼 헐렁한 여유가 많은 모양을 말한다.

배기 버뮤다(baggy bermuda)　풍성하게 부풀린 실루엣의 버뮤다 쇼츠를 말하는 것으로, 주로 컨트리 룩으로 즐겨 사용된다.

배기 팬츠(baggy pants)　허리에 턱을 잡아서 주위를 넓게 하고 발목은 꼭 맞게 만든 바지로 1970~1980년대에 유행하였다. 자루 모양같이 헐렁하고 넓적다리 윗부분이 넓은 팬츠이다. 원래는 남자용의 옥스퍼드 백스에서 유래한 것이다. 배기즈(baggies)라고도 불린다.

배꼽티　배꼽이 드러날 정도로 길이가 짧은 티셔츠로 여름철에 시원하게 착용한다.

배낭(背囊)　물건을 담아서 등에 질 수 있도록 만든 주머니로, 가죽이나 피륙을 사용하여 만든다.

배니티 케이스(banity case)　화장용 가방을 말한다. 상자형으로 내부에는 칸막이가 되어 있어 화장용구를 구분해서 넣을 수 있으며, 뚜껑의 안쪽에는 거울이 부착되어 있는 것이 특징이다. 배니티 백, 배니티 박스라고도 한다.

배당(背襠)　당(唐) 복식의 영향을 받은 신라 시대 여인들의 옷으로, 반비(半臂)와 한 계통이며 소매 없는 배자(褙子)와도 같다. 서민층 여인은 입는 것을 금했다.

배드 재킷(bed jacket)　허리까지 오는 짧은 길이의 재킷으로 여성들이 침대나 침실에서 입는 가운으로, 대개 나이트 가운을 매치시킨다. 1920~1930년대에 유행하였다.

배래기　저고리의 부분적인 명칭이다. 소매 끝에서 진동까지의 곡선을 이루는 아랫부분이다. 배래라고도 한다.

배럴 백(barrel bag)　원통형으로 생긴 부드러운 가방으로 주로 립(rip) 천으로 만들어졌다. 매우 맑은 금속성의 색으로 되어 있다. 낙하산(parachute) 가방이라고도 한다.

배럴 스커트(barrel skirt)　술통과 같은 모양을 한 스커트로, 위와 아래가 좁고 중간 부분이 둥글게 부풀어 있다.

배럴 슬리브(barrel sleeve)　진동과 손목은 꼭 맞고 팔꿈치 부분은 풍성하게 만든 소매이다. 모양이 마치 맥주통처럼 보인다 하여 붙여진 명칭이다.

배럴 커프스(barrel cuffs)　꺾어 접지 않은 커프스로 대개 단추로 여민다. 싱글 커프스라고도 한다.

배럴 컬(barrel curl)　머리 뒤쪽에 컬을 둥글게 모은 머리 스타일을 말한다.

배럴 컷(barrel cut)　머리 윗부분과 뒤쪽에 모아서 나선형으로 자른 머리모양을 말한다.

배럴 호즈(barrel hose)　말총으로 안이 채워진 풍성한 트렁크 호즈로, 16세기 후반에서 17세기 중반까지 착용하였으며, 갈리가스킨즈라고 부르기도 한다.

배로 코트(barrow coat)　모자가 달린 아기용 슬리핑 백이다.

배리모어 칼라(Barrymore collar)　길이가 길고 끝이 뾰족한 셔트 칼라로, 스트링 타이와

배기 팬츠

배꼽티

배리모어 칼라

배럴 커프스

함께 자주 착용된다. 원래 1930년경에 미국의 배우 존 배리모어(1882~1942)에 의해 유행되어 그의 이름을 본떠 붙여진 명칭이다.

배리, 스코트(Barrie, Scott 1945~)　미국 필라델피아 출생으로, 필라델피아에서 패션을 공부한 후 뉴욕으로 가서 메이어 학교를 다녔다. 1966년 알란 콜 부티크에서 일했고, 1969년 자신의 회사인 배리 스포트를 설립하였다.

배색(配色)　2색 이상의 색을 배치, 배열하는 것을 말한다. 일반적으로 아름다운 배색을 위해 색면의 형, 면적, 질감, 위치 등이 고려된다. 배색미의 형식 원리로 조화(harmony), 균형(balance), 율동감(rythem) 등을 들 수 있다. 또 드레스의 배색에 있어 착용자와 드레스 색과의 관계도 일종의 배색 관계로 고려해야 한다.

배스로브(bathrobe)　남성이나 여성의 라운지 웨어나 잠옷 위에 입는 옷이다. 몸을 싸듯이 입는 랩 어라운드 스타일에 숄 칼라로 되었으며 앞여밈은 단추로 잠그거나 새시 벨트로 묶는다. 길이는 무릎 길이부터 땅바닥에 닿을 정도까지 다양하다. 격자무늬나 모직으로 만들며, 욕실 가운에 적당한 타월 등으로 만든다.

배스로브 드레스(bathrobe dress)　숄 칼라에 단추 없이 둘러싸서 입는 랩 어라운드 드레스를 가리키며, 대개 새시 벨트로 여민다. 1960년대 중반부터 착용하기 시작하였다.

배스로브 스트라이프(bathrobe stripe)　목욕용 타월이나 가운 등에 많이 사용되는 굵은 줄무늬를 총칭이다. 대부분 옅은 분홍 또는 하늘색 등의 밝은 색이 많다.

배스로브 클로스(bathrobe cloth)　부드러운 촉감을 주기 위해 보풀을 많이 세운 두꺼운 옷감을 말한다.

배심(背心)　송대 부녀의 소매가 없는 옷으로 반비, 배자와 마찬가지로 모두 대금(對襟)이다.

배자(褙子, 背子)　저고리 위에 덧입는 옷으로 소매와 섶, 고름이 없으며, 깃의 좌우 모양이 같은 조끼 형태의 옷이다. 길이에 따라 장배자(長褙子)와 단배자(短褙子)로 나뉜다. 흔히 비단 등 비싼 겉감에 토끼 · 너구리 · 양의 털이나 융으로 안을 대고 선(縇)을 두르기도 한다. 예전에는 남녀 모두 입었으나, 개화기 이후에는 여성만 착용했다.

배저(badger)　북반구 각지에 분포하는 오소리 털가죽으로, 기장(badge)과 비슷하게 보인다고 하여 이런 명칭이 붙었다. 흰색을 비롯하여 엷은 갈색에 이르는 솜털과 흰색과 검정색이 섞인 보호털이 있다. 재킷 등에 쓰이며, 보호털은 화필이나 면도용 브러시 등으로 사용된다.

배처러즈 가운(bachelor's gown)　검은색의 소모사와 유사 직물로 만든 대학 가운으로, 중앙에 여밈이 있고 두 개의 큰 박스형 주름이 밑단까지 연장되어 있으며, 크게 늘어진 소맷부리는 각이 지고 뒤판과 소매에는 네모진 요크선을 따라 카트리지 주름을 사용하였다. 학사 가운은 학사와 그 이상의 학위 수여식에 학사 후드와 각모가 함께 착용되었다.

배처러즈 후드(bachelor's hood)　학사중을 소유한 사람들이 걸치는 2인치 넓이에 3피트 정도의 흑색 후드를 말한다.

배터즈 캡(batter's cap)　⇒ 베이스볼 캡

배터즈 헬멧(batter's helmets)　⇒ 베이스볼 캡

배트 염료(vat dye)　염료를 환원제로 환원하여 알칼리에 용해시켜 염색하며, 면과 같은 셀룰로오스 섬유에 사용한다. 염색 직후에는 색이 진하지 못하나, 공기 중에 방치하면 산화되면서 짙은 색을 띠게 된다. 건염염료라고도 하며, 염색 견뢰도가 우수하다.

배트윙 슬리브

배트윙 슬리브(batwing sleeve)　진동이 거의 허리까지 닿게 깊이 파인 넓고 긴 소매로, 손목을 꼭 조이고 팔을 펼쳤을 때 마치 새의 날개처럼 보인다. 돌먼 슬리브와 유사하나 팔 아랫부분이 돌먼 슬리브보다 좁다.

배트윙 타이(batwing tie)　1896년 후반에 착용한 끝이 넓고 플레어지는 남성용 보 타이를 말한다.

배틀 수트(battle suit)　배틀 재킷과 팬츠 또는 스커트가 같은 소재로 만들어져 한 벌을 이룬 것을 말한다.

배틀 재킷(battle jacket)　허리를 밴드로 조이고 가슴에는 두 개의 포켓이 있으며, 각이 진 턴 다운 칼라로 디자인된 허리 길이의 재킷으로, 제2차 세계대전 당시의 군복에서 유래하였다. 앞여밈은 단추나 지퍼로 하며, 아이젠하워 장군이 즐겨 입었다고 해서 아이젠하워 재킷이라고도 부른다.

배틀 재킷

배펜(baffehen)　성직자 의복의 앞 목에 달린 두 개의 흰 리넨 끈으로, 뒤에서 맨다.

배향성(orientation)　섬유를 형성하는 선상중합체들이 분자 내에서 결정을 이루고 분자와 결정들이 섬유의 길이 방향으로 평행하게 정돈되어 있는 성질을 말한다. 일반적으로 섬유 내에 분자의 배향성이 향상되면 섬유의 강도가 커지는데 비해 신도, 흡수성, 염색성 등은 감소한다. 인조 섬유의 경우 제조시 연신을 하여 분자의 배향을 향상시킨다.

백(帛)　《설문(說文)》에서 '증(繒)은 백(帛)이고 백은 증'이라고 하였다. 백은 견직물의 총칭이다.

백개(白蓋)　팔길상문(八吉祥紋) 중의 하나로, 삼천정(三千淨) 일체의 약을 상징한다. 병고에서 벗어남을 말한다.

백관복(百官服)　관원(官員)의 정복(正服)이다. 관복은 의례의 성격에 따라 조복(朝服), 제복(祭服), 공복(公服), 상복(常服)과 시복(時服), 융복(戎服), 군복(軍服)이 있다. 이러한 제복에는 상하의 질서를 나타내기 위해 포의 색, 부속품 등에 차이를 두었다.

백당피(白唐皮)　흰 당나귀 가죽이다.

백람(白藍)　청람(靑藍)을 물에 넣어 알칼리성으로 하고 환원제를 넣어 백람 용액을 만든다. 섬유를 백람에 넣어 염색하여 꺼낸 후 공기 중에서 산화하여 청람염색을 한다. 백람은 환원형의 식물 염료이다.

백랩 드레스(backwrap dress)　옷 뒤쪽에서 한쪽이 다른 한쪽을 포개듯이 감싸 여며 착용하는 스타일의 드레스이다. 여밈은 단추나 끈으로 묶도록 되어 있으며, 1960년대에 유행하였다.

백리스 드레스(backless dress)　뒤쪽이 많이 노출된 드레스이다. 때로는 허리보다 더 밑까지 많이 파져 있으며 이브닝 가운에 주로 이용된다. 뒤쪽이 많이 파진 데 비하여 앞은 높게 막힌 스타일이 많다.

백리스 브라(backless bra)　가슴이 들어갈 자리컵은 있지만 뒤쪽이 없는 브라를 말한다. 어깨에 고무줄 끈으로 매도록 되어 있고 브라 밑쪽은 흘러내리지 않도록 고무줄로 처리하였다. 어깨끈은 홀터 스타일처럼 뒤쪽 목부분에서 여민다.

백목전(白木廛)　⇒ 면포전

백묘(白妙)　고(拷)는 곡목(穀木) 껍질의 섬유로 된 포이다. 그 색이 희기 때문에 백고(白拷), 백묘(白妙)라 하고 일본에서는 시로다에라고 한다.

백 보닛(bag bonnet)　19세기 초에 머리 뒷부분에 느슨하게 쓰던 여성용 보닛으로, 윗부분이 부드럽다.

백 보디스(bag bodice)　낮에 입는 가슴장식이 달린 여성의 보디스로, 1883년에 착용하였다.

백사 자수(白絲 刺繡)　18세기경에 성행했던 자수로, 얇은 백색 무명 바탕감에 가는 백색 리넨사로 수를 놓아 청초한 느낌을 준다.

백랩 드레스

백리스 드레스

백상목(白上木)　표백한 품질이 좋은 면포를 말한다.

백 셔트(bag shirt)　자루처럼 품이 넉넉한 셔트를 말한다.

백 스트랩 직기(back strap loom)　고대 북유럽, 중국, 일본과 동남아시아에서 사용하였고 현재 중남아메리카에서 사용하는 직기로 폭이 좁고 길이가 짧은 옷감을 짠다.

백 스트링스(back strings)　18세기에 어린이 드레스의 어깨에 붙이던 리본이다.

백 스티치(back stitch)　⇒ 박음질

백 스티치 엠브로이더리(back stitch embroidery)　백 스티치를 이용해서 자수하는 기법으로 홀바인 워크와 유사한 윤곽 자수로, 양면이 아닌 한 면에만 자수한다.

백 슬리브(bag sleeve)　소매통이 자루처럼 넓고 소매끝이 오므려진 소매로, 14~15세기, 19세기 말에 유행했다.

백 앤드 포어 스티치(back and fore stitch)　한 땀 간격으로 되돌아박기를 넣은 러닝 스티치를 말한다.

백 워싱(back washing)　방적공정에서의 섬유의 절단을 막고 원활한 공정을 위해 방적에 앞서 정련 양모에 12%의 기름을 첨가하기 때문에 슬라이버는 방적공정에서 상당히 더러워진다. 따라서 실을 완성하기 전에 씻어서 첨가된 기름과 오염을 제거하는데, 이 공정을 백 워싱이라 하며, 코밍 전이나 후에 한다.

백 웨이스트 코트(back waist coat)　1880년대에 자루 모양의 형태를 나타내기 위해 품이 넓고 앞은 풍성하게 만들었던 남성용 조끼를 말한다.

백위그(bag-wig)　18세기에 남자들이 사용한 가발주머니로 가발에 부린 머릿가루가 옷에 떨어지는 것을 막기 위해 검은색 실크로 자루를 만들어 가발 끝에 달고 리본으로 매주었다.

백첩(白㲲)　백첩(白氎)과 같은 것이다. 중국의 《오록・지리지(吳錄・地理志)》에 교지안정현(交趾安定縣)의 목면수가 키가 크고 열

백위그

매는 술잔 같고 그 안에 면이 있는데 누에의 섬유와 같아 그것으로 포를 만들어 백첩(白㲲)이라고 한다고 하였다.

백첩포(白疊布)　백첩포(白氎布)와 같은 것으로, 백첩(白疊), 백첩(白氎)이라고도 한다. 《한원(翰苑)》 번이부고려조(蕃夷部高麗條)에는 고려에서 백첩포를 제조하였다고 하였다. 《한원》은 당나라의 장초금(張楚金)이 고종 현경 5년(660년)에 저술한 것이므로 고구려에서 적어도 660년경에 백첩을 제조하였다고 한다. 백첩에 대해서는 《당서(唐書)》에 천축국(天竺國：인도)에서 불도들이 백색을 중하게 여겨 백첩을 입었다고 하였다. 백첩포는 인도와 동남아시아 또는 서역 지역에서 사용된 면직물명이다. 그런데 《양서(梁書)》에는 "고창의 누에고치와 같은 초목의 열매를 백첩이라고 하고 나라 사람들이 그것을 짜서 포로 한다"고 하여 초면의 목화송이를 백첩이라고 하였음이 나타난다. 《구당서(舊唐書)》 남만조(南蠻條)에서는 파리국(婆利國)에서는 "고패포(古貝布：면직물)를 남자의 의복으로 하는데 세한 것은 백첩(白氎), 조한 것은 고패(古貝)"라고 하였다. 《양서》, 《수서》, 《신당서(新唐書)》, 《태평어람(太平御覽)》, 《송서(宋書)》 등에는 백첩이 천축 또는 동남아시아 각 지역, 서역 등지에서 사용된 직물이며, 또 그것이 면직물임을 나타내는 기술이 허다하다. 따라서 고구려에서 제조된 백첩포도 면직물이었음이 확인되는 것이다. 백첩포는 통일신라에서 당나라로 공물품으로 사용되었고 고려 시대 면종자 반입 이전에도 진(晉)나라에 공물품으로 보낸 일이 있다. 백첩은 중국인들이 서역 지역(페르시아 또는 터키)의 면직물명을 한자로 음역한 것이라고 한다.

백 체인 스티치(back chain stitch)　직선에 체인 스티치를 한 다음, 다른 색의 실을 사용하여 그 사슬의 중심을 따라, 위에 백 스티치를 중복시켜 나가는 것이다.

백 캡(bag cap)　헝겊으로 된 남성용 캡으로, 때로는 벨벳으로 만들었으며 털이나 장식적

인 밴드로 트리밍하였다. 터번 모양으로, 14~15세기에 착용하였다.

백코밍(back-coming) 부피감을 주기 위해 두피쪽으로 빗질하여 머리를 부풀리는 헤어 드레싱 테크닉으로, 1950~1960년대에 부팡이나 비하이브 헤어 스타일에 사용되었다.

백트 클로스(backed cloth) ⇒ 이부직물

백폐(白幣) 일본에서 신에게 바치는 마포 또는 견포이며, 후에는 종이를 사용하였다고 한다.

백 풀 스커트(back full skirt) 뒤쪽에 여유를 많이 준 스커트로, 그것을 효과적으로 하기 위하여 타이트하게 한 경우가 많으나, 전체를 풀로 하면서도 뒤만 특히 여유를 준 것도 있다. 드레시한 느낌을 가지고 있어 이브닝 드레스에 많이 이용된다.

백한흉배(白鷴胸背) 조선 시대 문관 당하관(堂下官)이 착용하던 백한(白鷴)을 수놓은 흉배이다. 흑색 궁초(宮綃) 바탕 위에 날개를 편 백한의 머리 부분에 붉은 해를 배치해 강한 인상을 주며, 다섯 마리의 박쥐 문양이 백한을 향해 날아들고 있다. 그 밑에는 불수문(佛手紋)을, 가장자리에는 만자문양(卍字紋樣)과 당초문(唐草紋)을 수놓았다.

백 헤링본 스티치(back herringbone stitch) 폭넓은 선 자수 기법으로 색실 자수에 이용된다. 크로스 헤링본 스티치에 실이 서로 교차한 부분 위로 다른 실을 상하 번갈아가면서 백 스티치로 고정시킨다.

백 헤링본 스티치

백호문(白虎紋) 동서남북 사방의 사신 중의 하나로, 수호신이다. 《예기(禮記)》에는 동이 청룡(靑龍), 서가 백호(白虎), 남이 주작(朱雀), 북이 현무(玄武)로 사령(四靈)이라 하였다.

백화점(department store) 고용인을 적어도 25명 이상 고용하고, 가구, 가족용 의복, 직물, 액세서리, 화장품 등 다양한 상품과 서비스를 판매하는 대규모 종합 소매점이다. 상품들은 종류에 따라 여러 부분으로 나누어져 지배인과 구매 담당자가 관리한다.

밴더빌트 다이아몬드(Vanderbilt diamond) 1920년대 밴더빌트(Vanderbilt)가 글로리아 모건(Gloria Morgan)에게 약혼 반지로 티파니 보석상점에서 75,000달러에 사 준 배(pear) 모양의 16.5캐럿의 다이아몬드의 명칭이다.

밴도어(bandore) 18세기에 여자들이 상중에 쓴 검은색 베일을 말한다.

밴도어 앤드 피크(bandore & peak) 과부의 헤드드레스로, 테두리가 하트 모양으로 된 검은색 베일이다. 1700~1830년대에 착용하였다.

밴돌리어(bandolier) 인디언들이 살던 대평원에서 여성들이 들고 다니던 숄더 백으로, 포치 스타일이며, 빗이나 바늘과 실 같은 작은 물건을 넣어 다녔다.

밴드(band) 넓고 편편한 칼라로 보통 리넨, 레이스, 혹은 흰 삼베로 만들었으며, 16~17세기에 남녀가 착용하였다.

밴드 레그(band leg) 바지단 끝을 니트지로 두른 남성용·여성용·아동용의 짧은 속바지를 말한다. 밴드 브리프라고도 한다.

밴드 타이(band tie) 타이의 일종으로 띠 모양을 하고 있는 것이 특징이다. 2~3cm 정도 넓이의 띠를 그대로 드레스 셔츠의 목둘레에 사용하기도 하는 타이로, 드레시한 분위기를 나타낸다. 일상적인 셔츠에는 효과가 별로 없으므로 대개 윙 칼라의 예장용 셔츠에 사용한다. 나비 타이 등과는 다른 멋진 성장용 넥타이로 주목된다.

밴디드 네크라인(banded neckline) 좁은 밴드가 부착된 네크라인으로, 1880년대 초에 소개되었다. 1890년대부터 1980년대 초에 착용하였던 셔츠의 칼라와 유사하다.

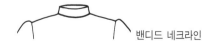

밴디드 네크라인

밴디드 칼라(banded collar) 목주위를 따라

세우고 한 개의 단추로 앞에서 여미게 만든 칼라이다. 꺾어 접을 수도 있게 되어 있으며, 스탠드 업 칼라라고 부르기도 한다.

밴디드 커프스(banded cuffs)　다양한 폭의 일자형 커프스로 러플을 달거나 고무줄을 넣어 만든다. 커프 밴드라고도 한다.

밴얀(banyan)　① 헐렁한 무릎 길이의 남성용 코트로 17세기 영국에서 실내외 평상복으로 입었으며 가끔 값비싼 천으로 만들기도 했다. ② 18 · 19세기에 남녀가 입었으며 뒷 중앙선에 주름이 있는 발목 길이의 실내복이다. 배니언(banian) 또는 바얀(bajan)이라고도 불리며, 힌두교 상인들이 입었던 의상에서 유래했다.

밴얀

밴턴, 트래비스(Banton, Travis 1894~1958)　미국 텍사스 출생으로 뉴욕에서 미술을 공부하였다. 뉴욕의 유명한 '루실(Lucile)' 살롱의 보조자로 일하다가 마담 프랑시스로 옮겨 주문복 생산 기술의 기본적 훈련을 받았다. 많은 영화의 무대의상을 디자인한 것이 인기를 끌어 1939년에는 20세기 폭스사에 소속되어 수년 간 일했으며, 후에 유니버설 스튜디오에서 일했다.

밸런스(balance)　'균형, 평형, 조화'라는 뜻으로, 복식에는 좌우관계와 상하관계의 두 종류의 밸런스가 있는데 모두 디자인의 요소가 분량적으로 조화되는 상태를 말한다.

밸런스

밸류(value)　⇒ 명도

밸모럴(Balmoral)　발등이 혓바닥 모양으로 박힌 기본적인 옥스퍼드형 구두를 말한다. 발(bal)이라고도 하며, 스코틀랜드에 있는 영국 왕실의 별장 이름에서 유래하였다.

밸모럴 맨틀(Balmoral mantle)　인버네스 케

밸모럴

이프와 유사하며 벨벳, 캐시미어 또는 모직으로 만든 남성용 외투로, 1860년대에 외출용으로 유행하였다.

밸모럴 보디스(Balmoral bodice)　페플럼 뒤에 주름이 잡혀 있는 여성용 드레스 보디스로, 1860년대에 착용하였다. 포스틸리언 코르사주라고 부르기도 한다.

밸모럴 재킷(Balmoral jacket)　① 품이 넉넉하게 맞으며 작은 곤틀릿 커프스가 달린 소매와 라펠이 달려 있고 벨트를 사용하는 더블 브레스티드형 여성 재킷으로, 19세기 후반기에 입었으며 라이딩 해빗 코트와 유사하다. ② 목까지 단추가 달려 있고 허리 아래에 앞뒤로 뾰족한 모양이 있는 남성용 재킷으로, 19세기 후반에 입었다.

밸모럴 타탄(Balmoral tartan)　회색 직물로, 세로로는 두 개의 검은색 줄이 빨간색 줄과 그룹을 이루며, 가로로는 두 줄의 빨간색 줄과 더 넓은 검은색 줄이 오며, 회색은 양 방향으로 사용된다.

밸모럴 페티코트(Balmoral petticoat)　스커트 밑에 입어서 풍성하게 하는 페티코트로, 원래는 검은 띠와 붉은색 천으로 만들었다.

밸모럴 페티코트

뱀버그즈(bamberges)　8세기 중엽에서 11세기까지의 캐롤링거 시기 동안 착용한 정강이 받이를 말한다.

뱀프(vamp)　① 신발의 앞부분, 즉 신발의 앞부리와 발등 부분을 말하며, 15세기 이후에 사용된 용어이다. ② 유혹적인 여자를 묘사할 때 사용하는 용어이다.

뱁댕이　베매기를 위해 날실을 도투마리에 감을 때 날실이 서로 붙지 못하게 사이사이에 끼우는 막대기이다. 지방에 따라 배비, 뱁대기, 배방, 뱁대, 뱃대라고도 한다.

뱅(bang)　앞이마를 덮는 머리 모양으로, 스트레이트나 약식 웨이브를 주는 헤어 스타일이다.

뱅글 브레이슬릿(bangle bracelet)　금속, 플라스틱, 목재, 기타 물질로 된 가늘고 둥글며 딱딱한 팔찌를 가리킨다. 한 개 또는 여러 개를 짝으로 착용하며 움직일 때 소리가 난다. 1900년대 이후 유행하였고, 팔찌의 형태로 인해 후프 브레이슬릿이라고도 한다.

뱅글 워치(bangle watch)　⇒ 브레이슬릿 워치

뱅커즈 그레이(banker's gray)　'은행가 회색'이라는 뜻으로, 은행가들이 선호하여 자주 착용하는 차분한 감각의 어두운 회색을 말한다. 출세를 위한 필수복으로 불리는 그레이 플란넬 수트의 색이 전형적인 예가 된다. 이러한 색이 유행 색상으로 부각되는 것은 패션 전체가 보수적으로 베이식한 방향을 향해 진행되고 있다는 것을 의미한다.

뱅커즈 수트(banker's suit)　은행원이 선호하는 고상한 감각의 수트를 말하며, 동시에 가장 기본적인 남성이라는 의미로 사용된다. 뱅커즈 그레이로 불리는 짙은 회색 플란넬 수트가 전형적이며, 매니시한 모드의 유행에 따라 여성복에 도입되기도 한다.

뱅크스, **제프**(Banks, Jeff 1943~)　영국 태생으로 런던의 캄버웰 미술학교에서 섬유와 실내장식 디자인을 공부하였다. 1964년 런던에 '클로버(Clobber)'라는 자신의 상점을 열고 비싸지 않고 대담한 색상의 의류를 디자인하였다.

버건디 컬러(Burgandy color)　적포도주색으로 벨벳보다 청색이 가미된 암적색을 말한다.

버누스(burnoose)　① 무지 또는 줄무늬의 낙타털 직물로 만든 원형 형태의 케이프로 모퉁이에 술을 단 사각 후드가 달려 있다. 북아프리카의 무어 인(Moors)과 아랍 인(Arabs)들이 입는 케이프로 셀함(selham)이라고도 불린다. 앞여밈이 없는 외투 또는 망토로 팔레스타인, 터키, 아라비아에서 입었다. ② 작은 후드가 달린 숄의 형태로 소매가 달리지 않은 여성용 이브닝 외투로 1870년대부터 1970년 사이에 입었다. 버노스(bernos), 버누스(burnous), 버노즈(burnose), 바우나우즈(bournouse) 등으로도 쓴다.

버드 케이지(bird cage)　1960년대 중반에 다시 유행한 거대한 둥근 구슬을 가리킨다.

버드 클로스(Byrd cloth)　머서라이제이션과 염색을 한 양면 면직물이다. 섬세한 콤드(combed) 합사를 2/2 능직으로 직조하여 직물 양면에 가는 능선이 나타난다.

버디그리스(verdigris)　밝은 녹청색을 말한다. 구리, 놋쇠, 청동 등이 대기에 노출되어 습기와 결합했을 때 생기는 색으로, 녹의 색깔과 비슷하다.

버랩(burlap)　저마 단사로 짠 거친 평직물로서 마 본래의 색이거나 염색 또는 프린트를 하기도 한다. 커튼이나 드레이퍼리(drapery)로 쓰이며 영국이나 유럽에서는 헤시안(hessian)으로도 한다.

버로스, **스테판**(Burrows, Stephan 1943~)　미국 뉴저지 주 출생으로 FIT에서 패션을 공부하였다. 1968년 로즈 루벤스타인과 부티크를 개장하였으며, 1969년 헨리 벤델 백화점에 디자이너로 참여하였다가 다시 자신의 사업으로 돌아갔다. 가죽 의류 제품이 유명하며, 시폰과 저지로 섹시한 옷을 주로 만들었다.

버루시 코트(barouche coat)　금으로 된 원통 모양의 스냅과 버클이 있는 탄성체 벨트로 앞을 여몄고 풍성한 소매가 달려 있으며 신장의 3/4 길이의 여성용 외투로, 1800년대 초기에 착용하였다.

버르 무스(vert mousse)　바다에서 나는 태색(苔色)의 녹색을 의미하는 불어로 영어의 모스 그린(moss green)과 동의어이다. 회색을 띤 짙은 황록색으로 1981년 여름 여성 액세

뱅글 브레이슬릿

버누스

서리의 새로운 색으로 등장하였다. 어스 컬러, 카키의 바리에이션의 하나로 나타난 것으로 나뭇잎의 모티브로 목걸이나 귀고리 등에 사용되었다.

버뮤다 쇼츠(Bermuda shorts)　바짓부리가 붙고 무릎이 보일 정도의 길이로 된 반바지이다. 1950년 초에 여성들의 운동복으로 미국에 도입되었다. 버뮤다에서 남자들이 입기 시작하여 버뮤다 쇼츠라 이름지어졌다. 워킹 쇼츠(walking shorts)라고도 한다.

버뮤다 쇼츠

버뮤다 칼라(Bermuda collar)　칼라 끝이 직각으로 되어 있는 여성용의 작은 셔트 칼라로 1940년도 이래 주로 블라우스에 사용되어 유행하였다.

버뮤다 칼라

버뮤다 팬츠(Bermuda pants)　무릎 바로 위까지 오는 길이의 짧은 바지이다. 1950년대 미국의 피서지 버뮤다의 남자들 바지에서 힌트를 얻어 디자인되어 이러한 이름이 붙었다. 미국 남녀들이 스포츠 웨어 또는 캐주얼 웨어로 무릎까지 오는 양말 니 삭스와 함께 즐겨 입는다. 단에 커프스가 달린 쇼츠는 워킹(walking) 또는 사파리 쇼츠라고도 부른다. 새 패션 아이템의 하나인 윈터(winter) 버뮤다는 두꺼운 소재로 만들어 가을, 겨울에도 즐겨 입을 수 있는 바지를 말하며 현재의 쇼트 팬츠는 계절 감각을 초월하여 널리 애용되고 있다.

버밀리온(vermilion)　황색을 띤 선명한 색조의 적색으로 기원전부터 주적(朱赤)의 안료이다. 그림 도구의 명칭으로 유명하다.

버버리 코트(Burberry coat)　런던 인터내셔널 사의 브랜드명으로, 남녀의 트렌치 코트 타입의 고급 레인 코트이다. 가벼운 폴리에스테르와 면의 합섬으로 만들어졌고 떼었다 붙였다 할 수 있는 안감으로 되어 있다. 스카프, 우산, 스커트 들은 안감과 잘 어울리며 디테일에 있어서 칼라에는 손으로 스티치를 하고 D 모양의 벨트 고리를 하였다. 1914년 영국 장교들이 처음으로 입기 시작하였다.

버블(Bubble)　허리에 개더를 잡고 퍼져 나갔다가 끝으로 가면서 줄어든 스커트를 말한다. 풍선모양의 벌룬 스커트와 비슷하나 허리 부분이 벌룬 스커트보다는 풍성한 느낌을 준다. 튤립 모양을 닮아 튤립 스커트라고도 한다. 1950년대에 유행하였다.

버블 드레스(bubble dress)　몸에 꼭 맞는 상체에 거품처럼 풍성하게 힙 주위가 부풀었고 스커트가 밑으로 가면서 좁아지고 어깨끈이 없는 경우도 많다. 풍선 모양의 벌룬 스커트와 비슷하며 벌룬 드레스 또는 튤립 드레스라고도 한다. 1959년에 소개되어 1984년에 다시 유행하였다.

버블라인(bubble line)　부푼 거품과 같은 스타일로 1970년대 후반에 유행하였다. 벌룬 라인과 유사하다.

버블 비즈(bubble beads)　속이 비어 있는 큰 구형의 구슬로 초크 목걸이의 장식으로 사용하며, 특히 1950년대에 유행했고 1960년대에 재현되었다. 긴 원통형의 유리 구슬로 주로 흑색, 백색, 은색 등으로 19세기 중엽부터 현재까지 드레스의 장식용으로 인기있는 구슬이다.

버블 스커트(bubble skirt)　물방울 모양처럼 부푼 스커트의 총칭이다. 실루엣은 튤립 모양을 닮은 튤립 스커트와 유사하나 헴라인이 다르다.

버블 커버업(bubble cover-up)　힙 밑에서 넓은 밴드로 조여서 블록하게 된 블루종 타입의 풍성하게 맞는 미니 스커트 가운을 말한다.

버블 컬(bubble curl)　머리 윗부분에 둥근 거품들이 모여 있는 것같이 보이고 뒤쪽으로는 가볍게 빗어내린 매우 느슨하게 컬이 진 머리 모양을 말한다.

버블 케이프(bubble cape)　팔꿈치까지 오는 길이에 털로 된 둥근 형태의 케이프이다. 1950년대와 1960년대 초반에 유행하였다.

버서 칼라(bertha collar)　네크라인을 깊게 파고 어깨까지 내려오게 만든 케이프 칼라의 일종으로 프랑크 왕 페핀(Pepin)의 아내 버서(Bertha)의 이름에서 유래하였다.

버서 칼라

버선　발을 따뜻하게 하고 모양을 맵시 있게 하기 위해 천으로 만들어 신는 것이다. 버선은 각 부위에 따라 수눅, 코, 회목, 부리 등의 세부 명칭이 있으며, 종류에는 겹버선, 홑버선, 누비버선, 타래버선 등이 있다. 말(襪)이라고도 한다.

버스데이 수트(birthday suit)　① 18세기에 왕족 생일 때 입었던 남성의 궁중 복식을 가리킨다. ② (속어) 태어났을 때처럼 벗은 상태를 말한다.

버스스톤 네크리스(birthstone necklace)　탄생석의 보석이 장식된 목걸이로, 탄생석을 펜던트로 한 목걸이형과 목걸이 둘레에 전체적으로 약 3, 4인치 간격으로 탄생석을 장식한 목걸이 형식의 두 가지가 있다. 다이아몬드 바이 더 야드 참조.

버스스톤 링(birthstone ring)　탄생석의 보석이 장식된 반지를 말한다.

버스킨(buskin)　① 고대 그리스와 로마의 남자들이 착용한 부츠로, 두껍게 창을 대었고 길이는 종아리까지이며, 끈을 매도록 되어 있다. ② 높은 부츠로 길이는 무릎까지 오기도 한다. 보통 패턴이 있는 실크로 만들었으며, 14~17세기 남녀가 착용하였다. ③ 17세기에 여행시 말을 탈 때 신던 가죽 부츠이다. ④ 20세기 초에 착용한 여성용 낮은 신발로 신축성 있는 고어가 양옆에 달려 있다.

버스터 브라운(Buster Brown)　① 20세기 초 아동들에게 인기있던 만화 주인공의 이름을 따서 명명되었으며, 그가 입은 의상, 신발, 칼라, 머리 모양 등이 유행하여 특히 아동복에 많이 이용되었으며 지금은 아동 구두의 상표로 유명하다. ② 앞이마에서는 스트레이트의 뱅(bang) 모양과 함께 짧은 스트레이트 컷인 헤어 스타일이다. 20세기 초 미국의 파 버스터 브라운의 머리 모양에서 유래하였다.

버스터 브라운 칼라(Buster Brown collar)　빳빳하게 풀을 먹인 둥글고 흰 칼라이다. 20세기 초반기에 소년복에 처음 사용되었으며 후에 여성복에도 사용되기 시작하였다. 미국의 만화에 나오는 소년 버스터 브라운의 복장에서 유래되었다.

버스터 브라운 칼라

버스트 보디스(bust bodice)　가슴을 받치기 위해 코르셋 위에 입는 의복으로 고래 뼈를 넣어 만들었으며 앞 · 뒤 중앙선을 끈으로 엮었다.

버스트 임프루버스(bust inprovers)　1800년대 중반기에 나타났으며, 흉부 부위를 채우기 위해 여성들이 사용하였던 면 또는 양모지 패드를 말한다.

버스트 폼(bust form)　1890년대에 여성들이 가슴을 강조하기 위해 사용했던 패드 또는 머슬린으로 감싼 철사줄(wire)을 말한다.

버슬(bustle)　여자 드레스 뒤쪽 허리 아래를 볼록하게 돌출하기 위한 강철로 된 구조나 패드(pad) 또는 쿠션을 말한다. 1830년경에 이 명칭으로 불려 세기 말까지 다양한 형태로 유행하였다. 이 시대 전에 입었던 버슬은 범롤(bum roll), 쿠션 패드(cushion pad), 쿠셔네트(cushionet) 등으로 불렸다.

버슬 드레스

버즈아이

버슬 드레스(bustle dress)   힙을 강조하기 위하여 스커트 뒤를 크게 부풀린 스타일의 스커트를 말한다. 16세기에서 19세기에 걸쳐 이 실루엣이 종종 유행하였으나 1880년대에는 이전보다 더욱 강조되어 루이 14세 때 가장 유행하였다. 뒤의 볼륨은 말의 털, 닭의 깃 등을 사용하여 쿠션을 만들었으며 버슬이라는 버팀대와 버슬 패드(pad)를 힙에 넣어 힙이 돌출하게 하여 굴곡진 실루엣을 만들었고 여기에서 버슬이라는 이름도 유래하였다. 1840~1870년대까지 스커트의 실루엣을 크게 부풀렸던 크리놀린(crinoline) 스타일은 1870년대부터 축소되었다. 따라서 스커트의 드레이프를 힙으로 모이게 하여 힙을 강조한 버슬 스타일은 주름을 커튼처럼 잡은 폴로네즈(polonaise) 스타일로 변하여 뒤이어 유행하게 되었다. 1880년대 중반에는 버슬 형태가 더 커졌고 버슬 스타일은 10년 정도 유행하다가 1890년경에 거의 사라졌다. 1930년대, 1940년대, 1980년대에 유행하였다.

버슬 드레스

버슬 컬(bustle curl)   머리 뒤쪽이 강조된 긴 컬의 헤어 스타일이다.

버즈비(busby)   운두가 높은 털모자로 영국 경기병이나 기마 포병의 모자이다.

버즈아이(birds's-eye)   우능과 좌능과의 정칙 사문인 능목을 직각으로 교차시킨 구성으로, 작고 간단한 조직의 다이아몬드 무늬를 나타내는 도비 직물이다.

버진 울(virgin wool)   플리스로부터 얻은 새 양모를 말하며, 뉴 울(new wool)이라고도 한다. 새로운 양털이란 뜻이며, 국제양모 사무국(International Wool Secretariat ; IWS)에서 양모의 품질 보증을 위해 그들의 품질 규격에 합격되는 순모 제품에 대하여 올 울 마크(all wool mark)를, 양모 혼방 제품에 대하여 울 블렌드 마크(wool blend mark)를 사용하도록 허가하고 있다.

버크램(buckram)   크리놀린보다 더 굵은실로 뻣뻣하고 성기게 짠 면평직물이다. 균형직물이다.

버크세인(bucksain)   넓은 소매가 달린 남성용 오버코트로, 1850년대에 착용하였다.

버클(buckle)   허리의 벨트나 구두에 달아 고정시키는 용구로, 실용성과 장식적인 용도를 모두 갖고 있다. 소재는 금속이 주류를 이루고 있으며, 각 시대의 유행에 따라 플라스틱이나 다양한 소재들이 사용되기도 한다.

버클드 점퍼(buckled jumper)   가슴 바대가 있는 비브(bib) 스타일의 점퍼와 유사하며 어깨끈을 버클로 고정하게 된 점퍼이다.

버킷 톱 부츠(bucket top boots)   위가 아주 과장되게 넓어 주름이 지는 프렌치 폴 부츠이다.

버터릭(Butterick)   의상의 종이 패턴을 전문적으로 제조하는 패턴 회사명이다. 1863년에 봉제사가 그의 아들 바지를 만들기 위하여 두꺼운 패턴지를 사용하다가 그의 부인의 제안으로 패턴을 상업화하여 판매하기 위해 얇은 종이 패턴을 만들기 시작했다. 1890년대에는 완전히 궤도에 올라서 현재는 뉴욕, 파리, 런던, 베를린, 빈 등 세계 각국에 패턴 전문 판매 회사를 두고 있다.

버터플라이 슬리브(butterfly sleeve)   폭이 넓게 벌어진 소매로 케이프와 같은 효과를 낸다.

버터플라이 칼라(butterfly collar)　어깨 끝까지 닿는 매우 큰 칼라로 뾰족한 칼라의 끝이 거의 허리까지 닿을 정도로 길게 늘어져 있어 마치 나비의 날개와 같은 모양을 하고 있다. 1980년대 초반에 등장하였다.

버터플라이 캡(butterfly cap)　나비 모양을 내기 위해 철사를 넣은 여성용 작은 레이스 캡으로 앞이마에 착용했으며, 궁중에서는 주름, 보석, 꽃으로 장식하였다. 1750~1760년대에 착용하였다.

버튼(button)　트리밍이나 기능적 속성으로 이용되는 장신구이다. 보통 중앙에 구멍을 뚫는 것이나 뒷면에 고리를 댄 것이 있는데 단춧구멍이나 루프에 끼워넣도록 만들어져 있다. 트림용으로 13세기에 도입되었고 이후에 기능적으로 쓰이게 되었으며 16세기에는 모든 형태의 단추가 이용되었다. 1940년대까지 완전히 차려입는 남자는 대량 70개의 단추를 비기능적인 요소로 이용하였다. 금속, 플라스틱, 사기, 유리, 목재 등의 풍부한 재료로 실을 이용하여 의복에 단다. 단추에 뚫려 있는 구멍은 겉구멍으로 2개나 4개이고 속구멍은 대개 옆으로 뚫려 있다.

버튼다운 셔트(button-down shirt)　셔트 앞중심에 작은 단추가 밑으로 나란히 내려 달려 있고 어깨 부분이 요크로 된 셔트를 말한다.

버튼다운 칼라(button-down collar)　끝이 뾰족한 셔트 칼라로 작은 단추로 셔트와 고정시키게 되어 있다. 1950년대와 1960년대에 유행하였으며 1980년대에 소개된 프레피 룩(preppy look)의 일종이다.

버튼 다이아몬드(Burton diamond)　배(pear) 모양의 결점이 없는 69.42캐럿의 다이아몬드로 1969년 다이아몬드 경매에서 가장 비싼 가격인 1,050,000달러에 뉴욕의 보석상 카르티에(Cartier)에게 팔렸다. 그 후 미국 배우인 리처드 버튼(Richard Burton)이 엘리자베스 테일러에게 사 주어 더욱 유명해졌다.

버튼드 커프스(buttoned cuffs)　단추로 여미게 만든 커프스의 총칭이다.

버튼 온 플리티드 비브(button on pleated bib)　가슴에 붙였다 떼었다 할 수 있는 가슴장식으로 턱시도 셔트 등에 이용하는 디테일의 하나이다. 원래는 클래식한 예장용 드레스 셔트에 사용되었지만 요즈음은 캐주얼한 셔트에도 사용되고 있다.

버튼 이어링(button earing)　단추같이 둥글고 평범한 귀고리를 말한다. 진주나 플라스틱을 모방하여 다양한 크기가 있다.

버튼 태브 슬리브(button tab sleeve)　단춧구멍을 낸 끈을 윗부분에 달고 소매를 말아 올린 다음 단추로 고정시켜 반소매처럼 입을 수 있게 만든 긴 소매를 말한다.

버튼 태브 칼라(button tab collar)　드레스 셔트의 칼라에서 볼 수 있는 디자인으로 탭 칼라의 탭이 버튼으로 고정된 것이다.

버튼홀(buttonhole)　의복을 여미기 위해 단추가 통과해야 하는 구멍이다. 단춧구멍은 일반적으로 입술 단춧구멍이나 버튼홀 스티치로 트인 구멍으로 분류되는데 버튼홀은 15세기경부터 사용되어 오고 있다. 영국에서는 단춧구멍에 장식한 꽃을 이렇게 부를 때도 있다.

버튼홀 링 스티치(buttonhole ring stitch)　고리 형태로 수놓은 버튼홀 스티치를 말한다.

버튼홀 스티치(buttonhole stitch)　단춧구멍을 만들 때와 같이 매듭 있게 돌려 꽂는 것으로, 주로 아플리케와 컷 워크에 많이 이용된다. 블랭킷 스티치와 유사한 스티치이며, 클로즈 스티치라고도 한다.

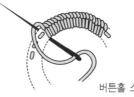

버튼홀 스티치

버튼홀 휠 스티치(buttonhole wheel stitch)　버튼홀 스티치를 원을 중심으로 방사상으로 차바퀴같이 자수하는 것으로, 꽃을 수놓을 때 사용된다. 버튼홀 링 스티치가 여러 번 사

버튼 다운 칼라

용된 경우를 말하기도 한다.

버튼홀 휠 스티치

버티컬 스트라이프(vertical stripe) 수직 방향의 줄무늬를 말한다.

버티컬 해밍 스티치(vertical hemming stitch) ⇒ 수직 감치기

버펄로 레더(buffalo leather) 물소나 아메리카 들소의 질긴 가죽으로, 구두, 가방 등을 만드는 데 사용된다.

버프(buff) ① 기름으로 무두질하여 부드럽게 만든 버펄로 가죽을 말하는데, 소가죽이나 사슴 가죽 등도 같은 방법으로 만들기도 한다. 또한 타닌 무두질한 가죽을 말하기도 한다. ② 소의 가죽에 보이는 약간 갈색[茶色]을 띤 저채도의 오렌지색을 의미한다.

버프 코트(buff coat) 황소나 물소 가죽으로 만든 남성용 가죽 재킷으로 때로는 어깨날개와 소매를 직물천으로 디자인하기도 했다. 원래 영국 시민 전쟁 중에 입었던 군복이었으나, 후에 영국의 일반 시민과 미국 이주민에게 받아들여져 16, 17세기에 입었다. 버펄로 가죽으로 만들어졌다는 데서 이렇게 불린다. 버프 저킨(buff jerkin) 또는 레더 저킨(leather jerkin)이라고도 한다.

버핀스(Buffins) 둥근 호즈나 수병복(slops)과 비슷하게 생긴 남성용 트렁크 호즈를 영국에서 일컫는 용어로 16세기에 입었다.

버한에르, 엘리오(Berhanyer, Elio 1931~) 스페인의 코르도바(Córdoba) 출생으로 패션 잡지 '라 모다'에서 일했으며 1959년 자신의 상점을 열었다. 그는 독학으로 테일러링을 익혔고 스페인의 패션을 이끌어가는 사람 중의 한 사람이 되었으며, 스페인의 전통 의상에서 영감을 얻어 디자인하였다.

벅스킨(buckskin) 원래는 사슴의 가죽에서 얻은 부드럽고 튼튼하면서 유연한 가죽을 말

하는데, 현재는 양이나 송아지 가죽도 사용되고 있다. 주로 흰색이나 황갈색이며, 구두, 장갑, 재킷 등을 만드는 데 사용된다.

벅스킨 베스트(buckskin vest) 노루나 양가죽으로 만든, 단추 대신에 구멍에 끈을 엮어서 여미게 된 것으로 단과 어깨에 술 장식을 한 조끼이다. 미국 콜로니얼(colonial)시대 이후에 유행하였다.

벅스킨 재킷(buckskin jacket) 가장자리에 긴 술장식이 달린 웨스턴 스타일 재킷으로 무두질한 사슴 가죽이나 양가죽으로 만든다. 식민지 시대의 미국 서부 지방에서 입었던 재킷으로, 1960년대 후반기에 시티 웨어(city wear)로 채택되었다.

벅스킨 점퍼(buckskin jumper) 앞중심에 여러 개의 구멍을 끈으로 엇갈리게 통과시켜서 묶는 점퍼로, 술이 달렸으며 민속적인 의상에서 유래되었다.

벅스킨 태니지(buckskin tannage) 아메리칸 인디언들이 동물 가죽에 사용하던 원시적인 제혁법을 말한다. 털과 가죽을 벗겨 가죽은 나무재로 만든 잿물에 담갔다가 동물의 골과 간으로 매끄럽게 하여 연기를 채운 원추형 오두막에 걸어 놓는 방법이다.

번(bun) 머리 위나 뒤에서 묶어 핀(pin)이나 네트(net)로 감싸 공 모양으로 고정시키는 헤어 스타일이다.

번(幡) 불전(佛殿)의 내외 기둥과 벽에 세워진 기(旗)이다. 번은 직물로 제조된 것 이외에도 금동투조판금제(金銅透彫板金製)도 있다. 삼국 시대에 일본에 많은 양이 전해져서 오늘날까지 유품이 전해져 있다.

번두(幡頭) 불전 내외의 기둥과 벽에 걸었던 기의 선단(先端) 부분을 말한다.

번들 스티치(bundle stitch) 작은 나비 매듭(bow knot)과 흡사한 스티치이다. 3~4개의 길고 느슨하며 나란한 스티치들로 형성된 것을 함께 끌어 모아 중앙에서 작은 스티치로 엇갈려 놓는다. 패고트 필링 스티치라고도 한다.

번수(count) 실의 굵기를 나타내는 단위로서

벅스킨 재킷

번들 스티치

일정 기준의 중량에 해당하는 단위 길이를 정한다. 즉 대표적인 항중식 단위인 번수는 섬유의 종류에 따라 표시 방법이 달라 면번수, 마번수, 미터 번수 등이 있다. S로 표시한다.

번아웃(burn-out)　약품에 대한 용해성이 다른 두 가지 실을 사용하여 제직한 후 한 성분의 실을 부분 용해시켜 무늬를 나타낸 직물이다. 드레스, 한복, 블라우스 등에 사용된다.

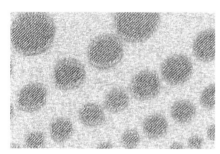
번아웃

번트 슈거(burnt suger)　그을린 설탕의 색으로 황색 기미의 밝은 갈색[茶色]을 말한다

번트 시에나(burnt sienna)　진한 색조의 적색으로 이른바 갈색[茶色]을 말한다.

번트 엄버(burnt umber)　명도가 낮은 노르스름한 색으로 겨자색과 유사하다.

번트 오렌지(burnt orange)　그을린 오렌지 껍질색으로 탁하고 어두운 적등색(赤橙色)을 말한다.

번포(番布)　타이완 원주민이 제직하는 마직물로, 야생 저마(苧麻)의 태사직이다. 백지에 적사의 기하문(幾何紋)을 병(柄)으로 제직한 것도 있다. 거친 포이고 백지(白地), 줄무늬인 것도 있다. 타이완 부인의 요포로 사용한다.

번하트 맨틀(Bernhardt mantle)　여성들의 짧은 외출용 케이프이다. 앞은 넉넉하게 맞으며 돌먼 소재로 되어 있고 프랑스의 유명한 여배우 사라 번하트(1845~1923)의 이름을 따서 명명되었다. 1886년에 미국에서 그녀의 의상, 머리 모양, 액세서리가 패션에 큰 영향을 끼쳤다.

벌룬 라인(balloon line)　풍선처럼 부푼 스타일로 1876년부터 유행하였다. 버블 라인과 유사하다.

벌룬 쇼츠(balloon shorts)　허리와 바짓부리에 주름을 많이 잡고 밑단에 넓은 밴드를 대어 조여줌으로써 풍선처럼 부풀린 실루엣의 반바지로 블루머(bloomer)와 유사하다.

벌룬 스커트(balloon skirt)　허리와 치마단에 벨트를 달아서 꼭 맞도록 하고 힙 부분을 풍성하게 부풀린 스커트로 풍선(벌룬)과 같이 생겼다고 해서 이런 이름이 붙여졌다. 벌룬 스커트나 버블 스커트는 속에 뻗치게 하는 망사 튤(tulle)을 받쳐서 효과를 낸다.

벌룬 스커트

벌룬 슬리브(balloon sleeve)　풍선처럼 커다랗게 부풀린 소매이다. 주로 빳빳한 천을 사용하여 볼륨을 강조하며 팔꿈치 길이로 만들어진다. 1890년대에 유행하였으며, 이브닝 드레스나 웨딩 드레스에 많이 사용되었다.

벌룬 케이프(balloon cape)　풍선처럼 부풀게 만든 케이프류를 말한다.

벌룬 케이프

벌룬 클로스(balloon cloth)　잘 정돈된 실로 만든 고광택, 고밀도의 강하고 가벼운 평조직의 천을 말한다.

벌룬 패브릭(balloon fabric)　코밍사로 만들어진 평직의 면직물로, 평균 직물 밀도가 112×12부로 짜임이 조밀하다. 표백하지 않

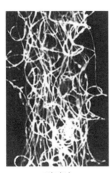

벌키사

은 상태에서 코팅되어 하늘을 나는 기구나 비행기의 겉표면에 사용되며, 부인용 드레스나 신사용 셔트 등에도 사용된다.

벌룬 팬츠(balloon pants)   허리에 개더를 충분히 잡아 풍선처럼 부풀리고 발목 부분에도 개더를 잡아 오므린 팬츠이다.

벌룬 해트(balloon hat)   챙이 넓고 머리 윗부분이 큰 여성용 모자로, 1783~1785년에 유행하였다.

벌집수   기러기수나 건넘수의 요령으로 수놓는 벌집 모양의 수법이다. 정확한 육각형이 아니어도 되고 벌집 모양을 크게 작게 변화시키며 수놓는다.

벌처윙드 헤드드레스(vulture – winged head-dress)   독수리의 두 날개 모양으로 된 이집트 여왕의 머리 장식관으로, 신성의 상징인 뱀이나 코브라의 머리가 얼굴 옆이나 가운데 중앙으로 내려오게 만들어졌다. 독수리의 두 날개는 이집트인에게 위험의 예방 및 안전과 수호의 상징이다.

벌키사(bulky yarn)   일반적으로는 벌키 처리를 한 아크릴사를 말하는데, 함기량이 높은 실을 총칭할 때에는 텍스처사를 포함하기도 한다. 벌키사를 만드는 방법은 재래식 방적에 따라 실을 만든 후 열처리를 하거나, 직방법에서 터보 스테이플러나 퍼시픽 컨버터에 열연신 장치를 붙여 손쉽게 만들 수 있다. 특히 아크릴 섬유의 경우, 열연신 후 열처리에 의해 20% 가까이 수축되므로 벌키사를 만들기에 알맞으며, 편성물용 실을 만드는 데 이용된다. 텍스처사의 일종인 벌키사는 함기량은 높으나 스트레치성이 낮다. 벌키사는 루프형, 권축형, 나이프 에지형이 있다.

범버 재킷(bomber jacket)   제1차 세계대전

범버 재킷

말엽 전투 지역의 전략 핵무기를 실어나르던 미국 공군 조종사들이 입었던 허리까지 오는 짧은 길이의 재킷이다. 특징은 주로 양가죽 또는 두터운 파일 직물로 안감을 댄 가죽 재킷으로, 풍성한 크기의 과장된 느낌을 주는 재킷이다. 1980년대에 유행하였다.

범퍼 브림(bumper brim)   관 모양의 챙이 있는 모자로 챙의 크기는 다양하다.

범퍼 칼라(bumper collar)   어깨끝까지 닿을 정도로 크게 만든 모피 칼라로 앞에서 혹으로 잠그면 높이 말려 올라가 롤드 칼라(rolled collar)가 된다. 1920년대 후반에서부터 1930년대 초반에 유행하다가 1980년대 중반에 다시 유행하였다.

범포(canvas, dusk, sailcloth)   ① 굵은 실을 사용하여 짠 두꺼운 평직물을 말한다. 텐트, 돛 등에 쓰인다. ② 질긴 삼베의 일종으로 짠 두꺼운 직물로 여성복이나 커튼 등에 사용된다.

법단(法緞)   5매 수자직물로서 화초나 새, 한자 등의 작은 무늬가 있다. 모본단보다 얇고, 단색 견사를 사용한다.

법라(法螺)   팔길상문 중의 하나로 보살과 묘음(妙音)의 길상을 상징한다.

법륭사열(法隆寺裂)   법륭사에 전하는 고대 직물의 하나이다. 법륭사가 영조된 아스카 시대로부터 나라 시대에 절에 전해진 불교 장엄 기구에 사용되었던 염직물이다. 오늘날에는 일부가 국립 동경 박물관에 소장되어 있다. 6세기 후반에서 7~8세기경의 유품으로 우리 나라와 관계되는 유품이 많다.

법복(法服)   왕과 왕비, 왕세자와 왕세자빈, 왕세손과 왕세손빈, 황태자와 황태자비가 가례(嘉禮)를 행할 때와 그 외에 국가적인 예(禮)를 행할 때 법적인 효과를 나타내는 예복으로 면복(冕服), 강사포(絳紗袍), 곤룡포(袞龍袍), 어의(御衣) 등이 있다.

벙거지   조선조 궁중 또는 반가의 군노(軍奴), 하인이 쓰던 털로 만든 모자이다. 짐승의 털로 만든 모자이다. 짐승의 털을 다져서 전(氈)을 만들고, 그것을 골에 넣어 위는 높고

둥글며 전이 평평하고 넓게 한 평량자형의 쓰개이다. 전립(戰笠) 참조.

베개　잠 또는 휴식시 누울 때 머리에 괴는 물건이다. 우리 나라의 전형적인 베개는 헝겊으로 길게 만들어 속에 왕겨 · 메밀 껍질 등을 넣고 봉한 다음, 흰색의 무명으로 호청을 만들어 겉을 싼 것이다. 양쪽의 모는 둥글게 하거나 각이 지게 하여 십장생 문양이나 길상문을 수놓았다. 높이는 보통 10~13cm, 길이는 35~40cm 정도이다.

베갱(béguin)　16세기 초에 착용한 풀먹인 흰 리넨으로 만든 헤드드레스로, 앞 이마 중심 위로 주름이 지고 얼굴 주위가 하트 모양으로 드레이프져 있다. 뒤는 목에서 서로 연결되어 있고, 남는 부분은 머리에서 등까지 연결되는 리본의 형태로 되어 있다.

베거 비즈(beggar beads)　수가공으로 제작된 장식용 준보석류로 주로 길이를 길게 꿴 목걸이를 말한다. 구슬의 소재는 대부분 모스 아게이트, 그린 재스퍼, 블러드스톤, 밤색 또는 주황색의 카닐리언(홍옥수) 등의 다양한 준금속들이 사용되고 있다. 원래는 인도에서 행운의 상징으로 착용되었다.

베니션(Venetian)　① 소모사의 날실과 울 또는 소모사의 씨실인 2합 연사의 새틴 직조법(satin weave)으로 구성되었으며, 주로 안감에 사용되는 직물이다. ② 정리된 면사로 직조된 부드럽고 질긴 새틴으로, 안감용으로 사용되었다. 머서라이징과 슈라이너라이징 등의 처리를 하며, 지금은 레이온이나 면의 날실과 레이온 씨실을 사용해서 직조한다. ③ 16세기 말과 17세기 초 베니스 지역에서 유행한 고무풍선과 같이 많이 부풀린 바지를 말한다.

베니션 래더 워크(Venetian ladder work)　베니스(Venice : 이탈리아 북동부의 도시)풍의 자수를 말한다. 사다리 모양의 간격에 버튼홀 스티치나 크로스 스티치를 결합시켜 두 개의 평행선에 하는 윤곽 자수이며, 위로 솟아 있어 독특한 느낌을 내는 오픈 워크(open work)이다.

베니션 레이스(Venetian lace)　베네치아에서 생산되는 레이스를 일컬으며, 컷워크나 보빈 레이스 기법을 근거로 15~17세기에 발달하여 유럽 레이스의 주류를 이루다가, 17세기의 전성기를 경계로 하여 벨기에나 프랑스 등에 주도적 지위를 물려주었다.

베니션 블라인드 플리츠(Venetian blind pleats)　넓은 스티치로 턱을 잡은 형태의 주름을 가리킨다. 창문을 가리는 블라인드에서 힌트를 얻어 약간씩 겹쳐지도록 된 주름이다.

베니션 슬리브(Venetian sleeve)　상단부는 팔에 꼭 맞고 하단부가 헐렁하게 퍼지게 만든 소매이다.

베니션 자수(Venetian embroidery)　이탈리아 북동부의 베니스(Venice) 지방에서 시작된 자수로 문양 속에 심을 넣고 그 위에 버튼홀 스티치로 수놓아 두드러지게 표현하는 자수이다.

베니션 클로크(Venetian cloak)　1820년대 말에 입은 여성들의 검정색 새틴 클로크로 칼라, 케이프, 넓은 행잉 슬리브가 달렸다.

베니션 플리츠(Venetian pleats)　깊은 턱에 스티치를 박아 잡은 주름으로 턱을 약간씩 겹치게 잡아 만든다. 베니스(Venice) 풍의 햇빛을 가리기 위한 블라인드가 유행하면서 그 모양을 본떠 만들어진 주름이다.

베데 프린트(BD print)　베데는 프랑스어로서 라 밴드 데시네(La bande Dessine)의 약칭으로 연재만화에서 나오는 도안 무늬를 프린트 무늬로 하여 패션에 채용한 것이다.

베드(bed)　테이블에 꼭 맞게 되어 있는 평평한 부분으로, 두부의 토대가 되며 이 아래에 북과 각종 축이 달려 있다.

베드 가운(bed gown)　18세기에 침실에서 입었던 소매가 넓은 남녀의 가운으로, 드레싱 가운이라고도 한다.

베드 삭스(bed socks)　취침시 발을 따뜻하게 하기 위해 신는 울 니트 양말이다. 갖가지 장식적인 스티치가 가미된 핸드 니트가 주류를 이루며, 풋 워머(foot warmer)라고도 한다.

베드 재킷

베드 재킷(bed jacket)　허리까지 오는 짧은 길이의 재킷으로 여성들이 침대나 침실에서 입는 가운이다. 대개 나이트 가운을 매치시키며, 1920~1930년대에 유행하였다.

베드포드 코드(bedford cord)　표면에 경사 방향의 연속된 이랑이 나타나 있는 직물이다. 승마복, 제복 등에 쓰인다.

베들레헴 헤드드레스(Bethlehem headdress)　고대 팔레스타인, 베들레헴 여성의 머리장식에서 유래한 것으로 크라운이 높고 챙이 없는 타부슈(tarboosh) 모양과 유사하다. 그 위에 베일을 쓴다.

베디야(bed'iya)　가릴라(ghalila) 밑, 그리고 셔트 위에 착용한 북아프리카인의 조끼를 말한다.

베러니즈 퀴래스(veronese cuirasse)　저지로 만든 보디스로, 뒤에서 끈으로 졸라맸다. 1880년대에 유행하였다.

베레(béret)　① 납작한 모자로 탬(tam)의 일종이며, 소재는 주로 모(毛)를 사용한다. ② 둥글납작하고 부드러우며 대가 없이 한 장으로 짜여진 모자이다. 스페인과 프랑스 국경에 위치한 바스크 지방의 전통적인 남성 모자로, 검정 또는 네이비색의 울로 만들었으나 지금은 소재가 다양하다. 남자, 여자, 아동의 스포츠용 모자로 널리 쓰이고 있다. ③ 챙이 없는 작고 둥근 모자로 지금은 스코틀랜드인이나 또는 영국 군인들이 많이 쓴다.

베레 슬리브(béret sleeve)　두 장의 원형천 중앙에 진동을 만들어 재단하고 바깥쪽을 향하여 빳빳하게 서도록 안감을 대어 만든 소매이다. 1820년경부터 1850년경까지 유행하였으며 1930년대에 다시 유행하였다. 멜론 슬리브라고 부르기도 한다.

베레타, 앙느 마리(Beretta, Anne Marie 1938~)　프랑스 베지에 출생으로 파리에서 패션을 공부하고 에스테렐(Esterel)과 카스티요(Castillo)의 오트 쿠튀르에서 디자이너로 일한 다음 1965년에 피에르 달비(Pierre d'Alby)사로 옮겼다. 1975년 달비사를 떠나 파리 샹사르 피스에서 자회사를 설립하였다.

베르사체, 지아니

그녀의 디자인은 간소하며 입는 사람에 따라 그 느낌이 개성적으로 드러날 수 있도록 개방적이며 기능적인 옷을 제작하였다. 이탈리아에 있는 막스마라사를 위해 디자인하기도 한다.

베로네세 그린(Veronese green)　베네치아파 화가로 알려진 파올로 베로네세(1528~1588)의 만년 작품에 많이 보이는 녹색을 말한다. 베로네세의 그림에 보이는 그린 외에도 바이올렛, 적, 와인, 옐로 등도 주목되는 색이다.

베로네세 드레스(Veronese dress)　1880년대에 착용한 외출복으로 소모사로 만든 무릎 길이의 프린세스형의 튜닉을 말한다. 16세기 베로나 출신의 베니스 화가인 파올로 베로네세(Paolo Veronese)의 이름에서 유래하였다.

베르니에르, 로즈(Vernier, Rose　?~1975)　오스트리아 태생으로 런던 상류 사회와 왕실의 모자 디자이너이다.

베르다슈(berdache)　성도착 관습을 의미하는 단어로, 성도착자, 즉 '엇갈린 옷차림'을 말한다. 그리고 반대성의 의복을 입는 사람들이 그들의 의복행동을 공공연하게 한다면 하나의 하위문화가 될 수 있다.

베르사체, 지아니(Versace, Gianni 1946~)　이탈리아 태생으로 재단사였던 어머니 밑에서 훈련을 받으며 디자이너로 성장하였다. 이탈리아 최고의 디자이너 중 한 사람으로, 가장 현대적 디자이너로 꼽힌다. 단순한 형, 세련된 포장, 비례와 착장에 대한 정확한 감각은, 색채 감각과 함께 '헤드 투 토 룩(head-to-toe look)'을 창조하였다. 가죽 제품인 제니(Genny), 이브닝과 데이 웨어인 콤플리체(Complice), 니트 웨어인 칼라간(Callaghan) 브랜드를 디자인하였으며, 이 3 회사의 각기 다른 점을 수용하여 베르사체 컬렉션을 창조하였다. 그는 디오르와 샤넬은 독창적이지 못하다고 여기며 푸아레와 비요네를 찬양하였다. 그는 대부분의 시간을 바이어스 재단에 보내며 스케치나 디자인 없이 직접 모델에게 드레이핑하여 옷을 디자인한다. 라 스칼라(La Scala) 등의 발레단 의상을 디자인하기도 한다.

베르튀갈(vertugale)　스페인의 파딩게일을 말한다. 베르튀가댕이라고도 한다.

베를린 워크(Berlin work)　⇒ 독일자수

베리드 플라이 스티치(varied fly stitch)　플라이 스티치를 한 후 반대쪽에서 다시 한 번 실을 걸어 스티치한다. 그물눈 같은 효과로 면을 메울 때 사용된다.

베릴(beryl)　에메랄드 보석의 일종인 광물로 단단하다. 아쿠아 머린, 골든 베릴라, 모거나이트, 고세나이트 같은 준보석도 포함된다. 경도는 모스(Mohs) 저울로 7.5에서 8이다.

베스통(veston)　소매도 칼라도 없이 몸에 타이트하게 맞는 수트나 투피스 속에 입는 기본적인 조끼를 말한다.

베스통

베스튀가댕(vertugadin)　파딩게일에 대한 프랑스 용어로, 16세기에 스커트를 부풀리기 위해 사용한 버팀대이다.

베스튀가댕

베스트(vest)　소매 없는 상의의 총칭이다. 블라우스나 스웨터, 셔츠 위에 입거나 투피스나 수트 또는 코트 안에 입는 옷으로 길이는 허리 위 또는 아래, 7부 길이의 튜닉, 롱 길이까지 다양하다. 본래 17, 18세기에 남자들이 코트(coat) 속에 입었던 의상으로, 몸에 꼭 맞는다. 처음에는 소매가 달리고 길이가 겉에 입은 코트와 거의 같았는데, 차츰 길이가 짧아지고 소매도 없어져서 조끼의 형태로 변했다. 신사복에는 반드시 베스트를 입어야 했지만 요즘은 예복에도 조끼를 생략하기도 하고 또 조끼를 상의 대신에 입기도 한다. 하의와의 밸런스를 고려하여 길이를 정하고 앞을 트거나 박기도 하며 소매를 완전히 없애기도 하고 짧게 달기도 하여 전체 분위기를 살린다. 니트, 마직, 가죽, 모피 등 기능에 따라 다양하게 소재를 선택할 수 있다. 남녀노소가 두루 입으며 단순히 방한용이 아닌, 의상 전체의 밸런스를 맞춰주고 효과 있게 코디네이트시키는 데 초점이 될 수 있는 중요한 아이템으로 이용되고 있다. 웨이스트코트(waistcoat)라고도 한다.

베스트 드레스트 리스트(best dressed list)　매해마다 옷을 잘 입는 사람을 뽑는데, 여기에 기록된 사람은 같은 시대의 의상에 중요한 영향을 끼친 사람으로서 공적으로 인정된다. 그리고 신분과 지위도 평가기준이므로 같이 인정된다.

베스트먼트(vestment)　성직자들이나 성가 대원들이 착용하는 예복이다.

베스트 수트(vest suit)　조끼와 팬츠로 이루어진 수트로 긴 소매 블라우스나 셔츠와 함께

베스트

베스트 수트

베스트 스웨터

베스티도

착용한다. 1960년경에 유행했던 스타일이다.

베스트 스웨터(vest sweater) V자 형태의 네크라인으로 된 소매가 없는 풀오버 스타일 또는 한 줄로 단추가 달린 싱글 브레스티드나 두 줄의 더블 브레스티드로 된 조끼 스타일의 스웨터이다. 스웨터 베스트라고도 한다.

베스트 컷(vest cut) 남성용 정장의 베스트처럼 단을 역삼각형으로 절개하여 재단한 단처리를 말한다. 디자인상으로도 단처리에 새로운 감각을 내고자 할 때 사용된다.

베스티(vestee) 소매나 등판이 없이 블라우스의 앞쪽만을 드레스나 재킷 밑에 입어서 조끼처럼 보이게 한, 허리에서 묶도록 된 하프 조끼로 대개 밝은색의 양단으로 만들며, 블라우스 대신에 조끼 밑에 착용하였다. 정식 승마복에 많이 입으며 19세기에 착용된 것으로, 슈미제트(chemisette)라고도 불린다.

베스티도(vestido) 에스파냐와 멕시코 말로 조끼를 의미하며 끝단에 술이 늘어져 있다. 길이는 힙을 가리는 정도이며 손으로 짠 긴 조끼이다.

베스팅(vesting) 남성들의 베스트를 만드는 데 사용한 직물을 말한다. 특히 화려하고 고급스러운 실크, 자카드, 베드포드 코드, 피케, 도비 피겨드 직물 등이 있다.

베어(vair) 13~14세기에 비싸고 귀한 것으로 인정받던 털(모피)로, 왕이나 사법권을 가진 특권계층에서 옷의 장식이나 안감으로 사용하였다.

베어러(bearer) 스커트 버팀대로서 17세기 후반부터 19세기 초반까지 여성의 스커트 속 뒤쪽에 입었다. 버슬 참조.

베어 룩(bare look) 1970~1980년대에 유행한 몸을 노출시키는 패션을 말한다.

베어 미드리프 드레스(bare midriff dress) 열대 지방의 여성들이 착용하는 허리가 노출된 투피스 드레스이다. 상의는 가슴을 겨우 가리고 치마는 허리에서 약간 내려와서 입게 되어 있다. 1930년대, 1960년대, 1970년대에 미국에서 유행하였다.

베어 미드리프 블라우스(bare midriff blouse) 가슴과 허리나 힙 사이를 노출한 블라우스이다. 드레스, 파자마 스타일에 적용된다.

베어 미드리프 톱(bare midriff top) 가슴과 허리 사이가 노출된 톱, 상의를 말한다. 예를 들면 홀터(halter), 탱크 네크라인, 촐리 등이다.

베어 미드리프 톱

베어 미드리프 파자마(bare midriff pajamas) 가슴과 허리 사이가 노출된 상하로 나누어진 파자마를 말한다. 1960년대 후반 이후 여성들의 잠옷, 라운징 웨어로 입었다.

베어백 드레스(bareback dress) 등을 노출한 드레스로 비치 드레스나 이브닝 드레스에서 많이 볼 수 있다.

베어백 드레스   베어 숄더

베어 브라(bare bra) 틀에 만들어진 브라로 어깨 끝이 위쪽 밴드에 끼여 박혀 있으며 가슴 위쪽 부분은 천으로 싸여 있지 않다.

베어 숄더(bare shoulder) 어깨를 노출한 의

상을 말한다.

베어스킨 캡(bearskin cap)   턱이나 아랫입술까지 내려오는 체인이나 가죽 밴드가 부착되어 있는 검은 곰 모피의 원통형 모자이다. 영국 군인, 버킹엄 궁전의 보초, 오타와에 있는 국회의사당의 보초 등이 착용하고 있다. 드럼 메이저스 캡(drum major's cap)이라 부르기도 한다.

베어 톱(bare top)   몸에 꼭 맞고 어깨끈이 없는 노출된 톱을 말한다.

베이딩 드레스(bathing dress)   초미니 드레스처럼 짧은 드레스로 디자인된 수영복이다. 스윔 드레스라고도 한다.

베이딩 수트(bathing suit)   수영할 때 입는 수영복을 뜻하며, 스윔 수트라고도 한다.

베이딩 수트

베이딩 캡(bathing cap)   고무로 제작되어 머리에 밀착되게 착용되는 수영모이다. 꽃이나 술 장식 등으로 정교하게 치장되기도 한다. 수영할 때 머리카락을 보호하기 위해 착용하며 실내 수영장의 경우 청결을 위해서도 착용한다.

베이비 돌(baby doll)   부풀린 반팔 소매와 힙을 겨우 가리는 짧은 길이의 드레스이다. 대개 짧고 풍성한 바지를 같이 입는다. 20세기 초에 의상, 액세서리, 아기 옷, 아이들 인형옷에 많이 이용되었다. 1950년 여배우 캐론 베이커가 출연한 '베이비 돌'이라는 영화로인하여 더 유행하였다. 이러한 스타일의 나이트 가운을 베이비 돌 나이트 가운이라고 한다. 1950년대에 미국의 패션 디자이너 앤

포가티(Ann Forgarty)에 의해서 소개되었다.

베이비 돌 나이트 가운(baby doll night gown)   부풀린 소매에 힙을 겨우 가리는 나이트 가운을 말한다. 대개 비치는 얇은 옷감으로 만드는 경우가 많으며 나이트 가운과 조화를 이루는 짧은 바지 블루머를 함께 입기도 한다. 1940~1950년대에 유행하였다.

베이비 돌 룩(baby doll look)   아기 인형 같은 귀여운 스타일을 말한다. 부풀린 페티 코트 속치마로 치마를 크게 부풀리고 프릴이나 레이스로 귀엽게 장식하였다.

베이비 돌

베이비 돌 룩

베이비 돌 슬리브(baby doll sleeve)   매우 작은 퍼프 슬리브를 말한다.

베이비 돌 파자마(baby doll pajamas)   네크라인이나 요크에 주름이 잡혀 있고, 부풀려진 퍼프 소매를 단 텐트 형태의 아주 짧은 길이의 마이크로 미니 또는 미니 드레스와 거기에 어울리는 짧고 풍성한 팬티를 함께 입으며 주로 여성이나 소녀들이 많이 입는다.

베이비 드레스(baby dress)   20세기 중반까지 성과 무관하게 유아에게 대중적으로 입혔던 드레스로 곱게 짠 흰색 면으로 헐렁하게 만들어졌으며 자수와 레이스로 장식되었다. 크리스닝 드레스라고도 한다.

베이비 램(baby lamb)   일반적으로 어린 면양새끼를 총칭하며, 털은 흰색이고 가늘게 권축되어 있다. 무두질한 후 염색한 털을 5mm

베이스볼 셔트

이하로 깎아서 물결 무늬를 만든다.

베이비 루이 힐(baby louis heel)   프랑스 루이 15세 때 신었던 중간 높이의 힐인 루이 힐이 낮게 변형된 구두의 힐을 말한다. 루이 힐 참조.

베이비 리본(baby ribbon)   1/8~1/4인치 두께의 좁은 리본으로, 때로는 양면 새틴으로 만든다.

베이비 번팅(baby bunting)   앞에 지퍼가 달리고 후드가 달린 유아용 침낭으로, 보통 담요감으로 만들며 가장자리는 새틴으로 처리한다.

베이비 벤트(baby vent)   보통의 벤트보다 길이가 짧은 벤트로 앞중심선이나 옆선에 넣는다. 단, 앞중심선에 넣는 경우는 하나만 넣는다.

베이비 보닛(baby bonnet)   얼굴을 중심으로 가장자리를 레이스로 치장한 유아용 모자이다. 머리 모양에 꼭 맞게 착용하며 턱 아래에서 작은 끈으로 묶도록 되어 있다.

베이비 보디스(baby bodice)   1870년대 후반기에 아기들에게 입혔던 드레스로 그 형태가 속옷과 비슷하다. 앞중심선에 수직 주름이 있고 허리에 긴 천조각을 둘렀으며, 원래 목선은 스퀘어 네크라인이었으나 나중에는 목선둘레를 리본으로 고정시켜 장식하였다.

베이비 부츠(baby boots)   19세기 후반의 유아용 신발로 보통 헝겊이나 펠트로 만들고 자수로 정교하게 장식한다.

베이비 블루(baby blue)   옅은 색조의 블루로 1920년 이래 주로 사내아이의 상징으로 여겨지고 있으나 이전에는 여자아이들의 의복과 용품에 사용되었다.

베이비 비즈(baby beads)   글자가 있는 작은 구슬들로 원래는 병원에서 신생아의 이름을 식별하기 위해 사용한 팔찌에서 유래했다. 현재는 장식용 팔지, 여성용 머리핀, 목걸이 등 장식용으로 다양하게 사용되고 있다.

베이비 스커트(baby skirt)   수영복 위에 덧입는 짧은 플레어나 주름 스커트로 1930~1940년대에 유행하였다.

베이비 스튜어트 캡(baby stuart cap)   좁은 턱끈이 있고 유아의 머리에 밀착되게 착용하는 클래식 타입의 캡이다.

베이비 코밍 울(baby coming wool)   2~2.5인치의 질 좋은 울 섬유를 말한다.

베이비 핑크(baby pink)   옅은 색조의 핑크색으로 1920년 이래 주로 여자아이들의 상징으로 여겨지고 있으나 이전에는 남자아이를 의미하는 색이었다.

베이스볼 셔트(baseball shirt)   몸판과 소매, 둥근 네크라인을 대조가 되는 백색에 빨강, 감색 등의 줄무늬와 단색을 조화시킨 셔트로, 앞터짐을 짧게 하여 단추로 여미게 된 래글런 소매가 7부 길이이며, 야구할 때 착용하는 니트 셔트이다.

베이스볼 숄더(baseball shoulder)   스웨이드 셔트 등에서 볼 수 있는 어깨 디자인의 하나로 진동둘레가 극단적으로 처져 있어 둥근 느낌이 드는 소매 디자인을 말한다. 드롭 숄더의 일종으로 야구 유니폼의 언더 셔트 디자인과 유사하기 때문에 이러한 명칭이 붙었다.

베이스볼 재킷(baseball jacket)   아메리칸 스포츠, 베이스볼 선수들이 입은 재킷에서 유래하였다고 하여 이러한 이름이 지어졌다. 칼라가 없는 V 네크라인에 앞 중심은 단추나 지퍼로 여미도록 되어 있다. 대개 백색 바탕에 주홍색이나 네이비 블루의 줄무늬가 길이로 되어 있어서 스포티하게 보이며 주머니와 앞가슴에는 학교 이름, 단체 이름 등을 자수로 장식한다. 이런 형태의 셔트를 베이스볼 셔트라고 부른다. 각 팀을 상징하는 표장을 달아 어린이들에게도 유행했으며 여성 패션 품목의 하나로 도입되었다.

베이스볼 칼라(baseball collar)   야구 유니폼에서 볼 수 있는 셔트의 네크라인이다. 즉 라운드 네크라인에서 앞 중앙을 밑단까지 절개한 것으로 그 가운데는 헨리 네크라인과 같이 중도까지 여며지는 풀오버형도 있다.

베이스볼 캡(baseball cap)   눈에 그늘을 주기 위한 챙, 머리에 꼭 맞는 크라운, 여러 개의 삼각천인 고어로 이루어져 있으며, 맨위는 단추로 장식되어 있다. 주로 야구 선수들이 쓰는 모자이다. 통풍을 위해서 모자 일부분에 나일론 그물망을 부착하기도 하고, 뒷부분에는 크기를 조절할 수 있는 밴드나 고무가 첨가되어 있다. 앞부분에는 메이저리그 풋볼, 야구나 리틀 리그 팀 이름 등의 배지나 표식이 있고 승용차, 트럭, 스포츠 기장, 소프트 드링크의 상표 등이 장식을 대신하기도 한다. 처음 착용할 때는 골무 형태의 실내모인 스컬 캡처럼 머리에 꼭 맞는 형태였다. 배터즈 캡, 배터즈 해트라고도 한다.

베이스볼 캡

베이스 코트(base coat)　15~16세기에 착용한 남성용 재킷 또는 무릎 바로 위로 주름져 있는 스커트나 베이시즈가 달린 저킨을 말한다.

베이스팅(basting)　⇒ 시침질

베이스팅 스티치(baseting stitch)　⇒ 시침질

베이스팅 위드 핀즈(basting with pins)　⇒ 핀시침

베이시즈(bases)　남성용의 분리된 스커트로, 패딩된 더블릿과 함께 15세기 후반에서 16세기 중반까지 착용되었다.

베이식 드레스(basic dress)　디자인을 심플하게 하고 원형대로 만든 기본적인 드레스이다. 몸에 꼭 맞는 심플한 검정색 기본 드레스로서 리틀 블랙 드레스(little black dress)라고도 부른다. 단조로움에 변화를 주기 위하여 액세서리를 곁들이는 경우가 많다. 1930년대에 소개되어 1940년대, 1970년대에 유행하였다.

베이식 스타일(basic style)　유행을 덜 타는 기본적인 스타일로, 카디건 스타일, 타이트 스커트, 트렌치 코트, 티셔츠 등이 있다.

베이식 컬러(basic color)　기본색을 말하며 색채학에서는 빛의 3원색인 적, 녹, 청과 물체의 3원색인 적, 황, 청이 기본색이다. 패션 용어에서는 의복에서 주조색을 이루는 색을 가리킨다. 아기용품의 베이비 핑크, 베이비 블루, 흰색의 아기 옷 등도 기본색에 해당된다.

베이지(beige)　표백하지 않은 상태의 양모의 색으로 적색 기미의 밝은 회색이 가미된 황색계이다.

베이츠, 존(Bates, John 1938~)　잉글랜드 출생으로 언론인으로 교육을 받았으나 맞춤복 디자이너인 로버트 시돈을 위해 일한 것이 계기가 되어 디자인을 하게 되었다. 1960~1970년대에 메리 퀀트에 의한 열풍적인 분위기와 더불어 젊고 발랄한 디자인 영역을 넓혀 놓았다. 영국 TV 시리즈 '디 어벤저스(The Avengers)'에서 다이아나 리그의 의상을 디자인하였다.

베이커, 모린(Baker, Maureen 1925~)　영국 런던 출생으로 도매상인 '수잔 스몰'의 수석 디자이너로 일했으며 1973년 앤 공주의 웨딩드레스를 디자인함으로써 명성을 떨치게 되었다. 1978년 '모린 베이커 디자인'이라는 자회사를 설립하고 계속해서 왕실의 옷을 디자인하였다.

베이커, 조제핀(Baker, Josephine)　미국 태생의 뮤직홀 아티스트이다. 1920년대 브로드웨이와 보스턴 쇼의 합창에서 선을 보인 후, 파리와 런던으로 가서 활약하였다. 검은색 피부를 유행시켰고 구슬 목걸이, 팔찌, 앵클릿 그리고 밝은 색의 글러브, 프린지와 화려한 색깔의 옷을 유행시켰다.

베일(veil)　① 일반적으로 레이스, 망, 얇거나 비치는 감으로 된 천으로 머리에 착용하여 아래로 내려뜨리는 장신구이다. 보통 뒤로 드레이프지게 늘어뜨리는데 얼굴과 어깨선 아래까지 늘어뜨리기도 한다. ② 모자에 붙인 후 내려뜨려서 얼굴을 가리도록 고안된

베이커, 조제핀

망사의 총칭이다. 중세에 출현되었고 커버치프(coverchief)라고도 한다. 18세기 후반부터 19세기 말까지 여성들의 외출용 모자나 보닛에 부착하여 얼굴의 부분 또는 전체를 가리거나 장식으로 뒤쪽에 늘어뜨리기도 하였다. 1890년대부터는 턱끝까지 길어졌으며, 특히 1930년대, 1940년대, 1950년대에 일시적으로 유행하기도 했다.

베일

베제크릭 벽화 복식 이 벽화에 나탄난 위구르 왕자복은 둥근 목둘레의 긴 튜닉을 입고 보대(寶帶)를 맸으며, 높은 관[高冠]을 썼는데 당·송대의 진현관(進賢冠)과 그 모양이 비슷하다. 위구르의 귀인(貴人)도 곡경(曲領)의 포(袍)를 입었는데 둥근 무늬를 많이 사용하였다. 위구르 왕녀는 좌우로 크게 쪽찐 머리에 박빈관을 쓰고 있으며, 여러 가지 비녀를 꽂고 나뭇가지, 구름, 봉황 등의 장식꽃

베제크릭 벽화 복식

이를 꽂고 있다. 붉은색 착수포를 입고 있는데 V형의 넓은 깃에는 위구르 왕자의 관(冠)에 표현된 소용돌이 무늬(cartouch)가 장식으로 수놓여 있다. 목선 안으로 붉은색 원령(圓領)의 내의(內衣)도 보인다.

베지터블 컬러(vegetable color) 야채색, 즉 다양한 야채에서 볼 수 있는 신선한 원색조의 색으로 내추럴 컬러 후에 인기를 얻고 있는 새로운 색상군이다. 적, 벽돌색, 바이올렛 등이 대표적으로 대담한 배색에서 필수적인 색으로 주목받고 있다. 프루트 컬러라고도 한다.

베지터블 태닝(vegetable tanning) 오렌지나 베이지색 가죽의 다양한 색감을 만들어내는 제혁 공정으로 주로 사용하는 재료는 나무껍질, 나뭇잎, 나무열매, 타닌산 그리고 작은 나뭇가지 등과 같은 것들이 포함된다.

베터 스포츠 웨어(better sports wear) 일반적인 스포츠 웨어와 비교하여 좀더 정장풍이 가미된 스타일을 말한다.

베터 하이 그레이드(better high grade) 가격을 기준으로 상품의 등급을 정하는 명칭 중의 하나이다. 고가격 상품군으로 유명 디자이너 브랜드가 대부분이다.

베트남 룩(Vietnam look) 베트남 민속 의상에서 힌트를 얻어 디자인된 스타일이다. 짧은 재킷에 타이트한 7부 길이의 바지와 짚으로 된 고깔형의 모자가 대표적인 스타일로, 1981년 춘하 컬렉션에 등장한 이후 더욱 유행하였다.

베틀 명주, 무명, 모시, 삼베 따위의 피륙을 짜는 틀로 목재로 만들었으며, 두 개의 누운 다리에 구멍을 뚫어 앞다리와 뒷다리를 세우고 가로대로 고정시킨 것이다. 작업자의 오른쪽 다리를 밀었다 당겼다 하는 동력이 베틀신으로부터 신끈 → 신대 → 용두머리 → 눈썹대 → 눈썹노리 → 눈썹끈 → 잉앗대 → 속대를 지나 잉앗살에까지 전달되어 날실을 위·아래로 오르내리게 한다. 그 사이로 북을 통해 씨실을 공급하여 직조하게 된다.

베틀신 용두머리를 돌려 잉아를 잡아올리기

위하여 베틀신대 끝에 신끈을 달고 그 끝에 외짝 신을 매어 놓으며, 보통 직조자가 오른 발에 신는다. 자틀신, 끌신, 끄실신, 골신이 라고도 불린다.

베틀신끈　　베틀신대 끝과 배틀신을 연결하는 끈이다. 골신대, 신나무끈, 끄실신줄이라고 도 불리며, 방언으로는 신찐나무끈, 끄실키 줄, 신끈이라고 한다.

베틀신대　　용두머리 중앙 뒤쪽에 박아서 아래 로 내려뜨려 베틀신끈과 베틀신에 연결되어 용두머리를 움직이게 한다. 쇠꼬리라고도 많 이 불리며 신나무, 신낭게라고도 한다.

벤더, 리(Bender, Lee 1939~)　　영국 런던 출 생으로 세인트 마틴 미술대학과 런던 대학에 서 패션을 공부하였다. 1968년 남편과 함께 '버스 스톱'이라는 상점을 열어 젊고 편하며 캐주얼한 옷을 디자인하였다.

벤자민(Benjamin)　　19세기에 노동자가 입었 던 외투로 베니(Benny)라고 불렀다.

벤지(benjy)　　19세기에 남성 조끼를 의미했던 영국 속어로 밀짚모자를 뜻하기도 한다.

벤치 워머(bench warmer)　　머리에서부터 뒤 집어 써 입게 만든, 후드가 달린 무릎 길이의 재킷이다. 축구 선수들이 벤치에 앉아 대기 할 때 입는 옷에서 유래하였으며 청소년들이 즐겨 입는다. 벤치 코트라고 부르기도 한다.

벤치 코트(bench coat)　　⇒ 벤치 워머

벤 케이시 셔트(Ben Casey shirt)　　몸체 부분 은 직선이고 스탠드업 칼라에 어깨 부분에서 단추로 여미도록 되어 있다. 주로 의료업에 종사하는 사람들이 많이 입는다. 1960년대 의 TV 드라마 주인공인 벤 케이시가 이런 스타일의 옷을 입었다고 해서 이름이 지어졌 다.

벤 케이시 칼라(Ben Casey collar)　　의사가 입는 흰 상의에 사용되는 스탠딩 칼라이다. 1961년에 텔레비전 쇼의 주인공인 벤 케이 시에 의하여 유행되어 붙여진 명칭이다. 그 형태는 메딕 칼라와 같다.

벤트(vent)　　15세기 이후 사용된 용어로 주로 복식의 단쪽에서 세로선으로 튼 것을 지칭한 다. 뒤 중심을 튼 것을 센터 벤트, 양쪽의 단 에서 벌린 것을 사이드 벤트라고 하며, 코트 나 재킷, 셔트, 수트 코트에 주로 이용된다.

벨(bell)　　13세기 후반부터 15세기 초까지 남 녀 모두가 착용한 것으로, 여행용 외투로 사 용된 둥근 케이프를 말한다. 후드가 달린 것 도 있으며 옆과 뒤에 트임이 있는 것도 있다.

벨로즈 슬리브(bellows sleeve)　　팔 윗부분에 서 팔꿈치까지 슬릿이 있으며, 팔목의 커프 스 부분에 주름이 잡힌 넓은 소매로, 14~15 세기에는 짧은 소매로도 입었다.

벨로즈 포켓(bellows pockets)　　포켓의 공간을 확장시키기 위해 중앙에 맞주름이 있는 덧붙 이 포켓이다.

벨루어(velour)　　송아지 가죽을 부드럽게 가공 한 것으로, 표면을 문지르고 빗질하는 과정 등을 거쳐 벨벳과 유사하게 만든다. 주로 장 갑 등에 쓰인다.

벨루어 가공(velour finish)　　방모직물의 마무 리 가공으로 지조직이 보이지 않게 축융기모 하여 직물 표면이 짧고 부드러운 보풀로 덮 이게 하는 가공을 말한다.

벨뤼크(beluque)　　15세기에 입었던 여성용 케 이프나 맨틀을 말한다.

벨리드 더블릿(bellied doublet)　　⇒ 피스카드 벨리드 더블릿

벨리 롤 라펠(belly roll lapel)　　칼라의 앞 여 밈 네크라인이 곡선으로 둥그스름하고 불룩 한 모양으로 만들어진 칼라로 매우 우아한 느낌을 준다. 넓은 라펠이 인기있었던 1970 년대에 벨리드 라펠로 나타났던 것인데 현재 의 것은 극단적으로 넓은 폭의 칼라가 아니 라 홀쭉하게 만들어진 것이 특징이다.

벨리치트(belly-chete)　　에이프런의 16세기 통용어이다.

벨먼트 칼라(belmont collar)　　빳빳하게 풀을

벤 케이시 셔트

센터 벤트

훅 벤트

사이드 벤트
벤트

벨먼트 칼라

먹인, 둥글고 밴드가 달린 짧은 칼라이다. 1910년부터 1920년까지 남성용 셔츠에 사용되었다.

벨베티 다크 컬러(velvety dark color)　벨벳과 같은 소재의 느낌을 특징으로 하는 어두운 색을 말한다. 1985~1986년 추동에 주목되었던 어두운 색상의 하나로 특히 자색을 띤 감색조가 유행하였다. 그 외에 자연색에 근거한 내추럴 다크 컬러도 유행하였다.

벨베틴(velveteen)　평직 또는 능직의 기조직에 파일 위사를 넣어 파일사를 잘라 표면에 짧은 파일이 고르게 분포된 위파일 직물로, 벨벳과 유사하게 보인다. 대표적인 것은 경사 Ne60 2합연사, 위사 Ne40의 면사를 사용하여 73×288올/inch, 폭 96.52cm, 길이 27.89m로 제직, 폭 91.44cm, 길이 27.43cm로 가공한다. 제직 후 호발, 정련, 수세, 건조, 솔질, 소모의 순으로 생지 가공을 하며, 절모는 경사의 방향으로 나이프로 1리브씩 모위사를 잘라가는 털깎기 공정을 거쳐 털을 세운다. 염색을 하기 위해서는 호발, 정련, 표백 후 염색을 하며 광내기, 스티밍 가공을 거쳐 제품화한다. 광내기는 나사롤러, 위브러시, 가공 브러시가 붙은 광내기 기계에 의하여 파라핀 왁스, 유동 파라핀, 유지류 등을 털끝에 발라, 경·위사에 마찰시켜 광택을 낸다. 부인복, 아동복, 가구용 생지, 침구류 등에 쓰인다.

벨벳(velvet)　원래는 견의 경사를 파일모로 한 경파일 직물을 말한다. 제조 방법에는 철사법과 이중 직물법이 있으며 빌로드(veludo)라고도 한다. 파일은 0.3~1mm 정도의 짧은 길이로 직물에 우아하고 부드러운 질감을 부여하고, 견, 레이온, 아세테이트, 나일론 등의 필라멘트사가 사용된다. 파일을 만들기 위하여 철사를 삽입하고, 바닥조직과 파일조직을 교대로 조직시켜 제직 후 털을 잘라서 컷 파일로 하거나, 또는 철사를 빼내어 언컷(uncut)의 루프로 한 것, 또는 이중 직물로 하여 2장의 벨벳이 겉과 겉이 마주보게 제직하여 기계에 설치된 칼날로 2장의 조직 사이를 절단하여 2장의 컷 파일 직물로 한 것이 있다. 시폰(chiffon) 벨벳, 투명 벨벳, 파소네(faconne) 벨벳, 리용(lyons) 벨벳, 시즐레(cisele) 벨벳, 네이커(nacre) 벨벳, 바게라(bagheera) 벨벳 등 종류가 다양하다. 별도로 위파일 직물을 벨루어(velours)라고 하는 경우도 있으나, 이것은 벨베틴, 코듀로이를 말하는 것이며, 벨벳은 아니다.

벨보이 수트(bellboy suit)　호텔이나 클럽 등의 서비스맨이 입는 유니폼으로 재킷(벨보이 재킷)과 같은 소재의 팬츠가 한 벌을 이룬다.

벨보이 재킷(bellboy jacket)　허리까지 오는 몸에 꼭 맞는 재킷으로, 스탠드 칼라에 어깨 견장을 달고 금속 단추로 장식했다. 호텔에서 심부름하는 벨보이들이 주로 입거나 악단의 단원들이 입기도 하며 때때로 여성들이나 아동들의 복장에 응용되기도 한다. 20세기에 많이 입혀졌다.

벨보이 재킷

벨보이 캡(bellboy cap)　천으로 만들어진 작은 필박스형으로 대체로 금색의 브레이드(braid)로 장식되거나 턱 밑에서 끈을 매기도 한다. 주로 호텔이나 식당의 벨보이들이 착용하는 모자로 벨홉 캡(bellhop cap)으로 불리기도 한다.

벨 보텀 슬리브(bell bottom sleeve)　벨 슬리브의 일종으로 윗부분은 가늘고 아래쪽에서 급격히 퍼져 종 모양을 한 소매이다.

벨 보텀즈(bell bottoms)　무릎에서부터 점점 넓어져 종 모양의 실루엣으로 된 바지를 말한다. 길이가 긴 백색이나 인디고 블루로 해병들의 바지에서 영감을 얻어 나타난 디자인이며, 1960년대 후반기와 1970년대 초에 유행하였다. 세일러즈 팬츠 또는 플레어드 레그라고도 불린다.

벨 슬리브

벨 보텀 힐

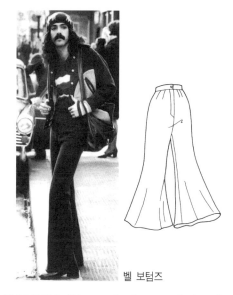

벨 보텀즈

벨 보텀 힐(bell bottom heel)　구두의 힐 중에서 땅딸막한 중간 힐이다. 안쪽으로 굽었고 깔때기 모양의 루이 힐을 과장한 형태의 힐을 말한다.

벨 셰이프트 커프스(bell shaped cuffs)　드롭트 커프스의 일종으로 소매끝이 종 모양처럼 벌어진 커프스를 말한다.

벨 스커트(bell skirt)　허리 부분에 주름을 잡아 종 모양처럼 보인다고 하여 벨이라는 이름이 붙여졌으며 속에 심지나 다트를 넣거나 페티코트 같은 속치마로 뻗치게 만든 스커트이다. 1830년대, 1860년대에는 스커트 밑에 크리놀린이나 후프 같은 속치마를 입는 것이 유행하였고, 1930년대와 1960년대에는 이브닝 가운으로 유행하였다.

벨 슬리브(bell sleeve)　위쪽은 좁고 아랫부분은 종 모양같이 벌어진 소매로, 19세기 후반기에 등장하였다.

벨 실루엣(bell silhouette)　종 모양의 실루엣을 말한다.

벨트(belt)　① 천이나 가죽 또는 체인 등의 유동성 있는 밴드로 허리나 허리 위아래에 매는 것이며, 밀리터리 패션에서는 어깨에 맨다. ② 발재봉틀에서 발판의 동력을 벨트 바퀴에 의해 플라이 휠로 전해주는 가죽제의 끈이다.

벨트 루프(belt loop)　벨트의 고리를 말하는 것으로, 허리띠의 위치를 고정시키기 위하여 만들어 붙인 고리이다.

벨트 바퀴(pulley)　재봉틀의 테이블 오른쪽 아래 각부에 있는 큰 바퀴로, 발판에서 일으킨 동력을 발판과 벨트 바퀴를 연결하는 피트먼의 상하 운동에 의해 플라이 휠로 전해준다. 바퀴 중앙에 홈이 있어 벨트가 걸리도록 되어 있다.

벨트 백(belt bag)　벨트에 고리나 끈으로 부착되어 있는 작은 가방으로 스포츠용이나 일상용으로 쓰인다.

벨트 버클(belt buckle)　주로 벨트를 고정 시키기 위한 기능적인 금 속의 장신구를 말한다.

벨트 칼라(belt collar)　밴디드 칼라(banded collar)에 버클이나 고리를 달고 벨트처럼 여미도록 만든 칼라이다.

벨트 파우치(belt pouch)　벨트에 부착한 작은 가방이나 주머니를 말한다. 밀리터리 룩이나 민속복 룩으로 디자인된 것 등 소재나 장식이 다양하다. 헝겊으로 만든 파우치 끝이 그대로 벨트로 된 것은 파우치 벨트(pouch

벨 스커트

변형

belt)라고 부른다.

벨티드 블라우스(belted blouse)　허리 부분을 벨트로 여미는 블라우스이다.

벨티드 수트(belted suit)　벨트를 매게 된 상하복 수트의 총칭이다.

벨티드 스커트(belted skirt)　허리에 벨트가 달린 스커트의 총칭이다.

벨티드 카디건 수트(belted cardigan suit)　벨트가 있는 튜닉 스타일 재킷의 수트이다. 1970년경부터 등장한 논 수트의 일종이다.

벨 후프(bell hoop)　18세기 영국에서 유행했던 돔 형태의 버팀대로서 스커트를 종 모양처럼 둥글게 부풀리는 페티코트를 말한다.

벰베르크(Bemberg)　동암모니아법에 의한 인견사의 상품명이다.

벰의 성역할 검사지(Bem Sex Role Inventory)　성역할의 특징적 성격측정을 위하여 벰(Bem)이 개발한 질문서이다.

벵갈린(bengaline)　위사 방향으로 굵은 이랑이 나타나는 광택 있고 내구성 좋은 직물이다. 평직으로 경사보다 위사를 더 굵게 하여 위사를 덮으므로써 이랑을 나타낸다. 인조 섬유, 실크, 소모사 등을 사용하며, 경사에는 인조 섬유, 위사에는 면을 사용한 것도 있다. 드레스, 코트, 수트, 리본 등에 사용되며 상복으로도 널리 쓰인다.

벵골 스트라이프(Bengal stripe)　인도의 벵골 지방에서 유래한 다양한 색상의 줄무늬로 넥타이, 파자마 등에 많이 사용되는 문양이다.

벽돌수　벽돌을 쌓은 모양처럼 표현하는 수법으로, 수평선을 걸친 후 그 사이를 한 칸씩 수직선으로 건넘수하는 방법이다. 두 가닥의 수평선에 세 가닥의 수직선으로 건넘수하기도 하며, 이때 수평선이 수직선에 의해 당겨지지 않도록 주의해야 한다.

벽연사　벽사라고도 한다. 굵은 실을 약간 강하게 꼬고 여기에 가는 실을 굵은 실을 꼰 것과 반대 방향으로 꼰다. 그러면 굵은 실을 꼰 것이 풀려 길이가 늘어나고, 가는 실은 꼬아져 길이가 줄어, 가는 실의 주위에 굵은 실이 나선형으로 감긴 것처럼 된다. 이 실로 짜면

축면과 비슷해서 약간 다른 느낌의 직물이 된다.

변(弁)　우리 나라 상대사회(上代社會) 관모(冠帽)의 하나이다. 우리말로는 곳갈, 고깔이라고 하는데, 정상(頂上)이 뾰족한 관모이다.

변발(辮髮)　몽고 지방에서 유행한 남자의 머리 양식(樣式)의 하나로 머리 주변을 깎아주고 한가운데만 남은 머리털은 땋아서 뒤로 늘어뜨린 것이다. 고려가 원(元)의 지배 아래 있을 때 널리 유행하였다.

변형(deformation)　신체장식 방법중의 하나로 신체의 일부를 파손시키거나 형체를 바꾸는 방법이다.

변화익직(變化搦織)　익조직에 변화를 주거나 다른 조직과 배합하여 짜는 조직이다. 대표적인 직물로는 갑사와 은주사가 있다. 이들은 평직과 사직을 배합한 것이다.

변화 조직(derivative weave)　직조에서 3원 조직을 기본으로 하여 그 조직을 변화시키거나 몇 가지 조직을 배합하여 만들어진 조직이다. 변화 평직에는 두둑직, 바스켓직 등이 있으며, 변화 능직에는 헤링본, 능형 능직, 산형 능직, 주야 능직이 있고 변화 수자직에는 중수자직, 주야수자직 등이 있다.

별감복(別監服)　조선 시대 궁중하예(宮中下隷)인 별감의 복식이다. 별감의 관복(冠服)은 자색 건(巾)과 청색 단령, 도아(絛兒)를 착용하였고, 융복은 홍철릭(紅帖裏)에 황초립(黃草笠)이다. 또 상복(常服)은 황초립에 홍직령(紅直領)을 착용하였다.

별뜨매기　⇒ 한 올 뜨기

별무늬수　별모양을 표현하는 수법으로, 사선 격자를 만든 후 교차점을 지나도록 수직선을 세우고 징거준다. 육각형 모양을 가운데 비워두고 별의 뿔모양의 삼각형을 메우거나 약간 사이를 띄고 메워 별모양을 만든다.

별문(別紋)　조선 시대의 《궁중발기》에 송화색 금수복자별문단(松花色金壽福字別紋緞)이 있어 별문의 한 종류를 알 수 있다. 별문단은 무늬의 종류에 의하여 명명되기 보다는 경·

위사의 제직방법에 의하여 명명된 것으로 본다. 조선 시대에는 경사로 쌍룡문, 기타문을 제작하였는데 이와 같은 종류의 직물이라고 본다. 별문단, 별문사 등이 있다.

병치 혼합(juxtapositional mixture)　병치 혼합은 가산 혼합이나 감산 혼합처럼 실제의 물리적 혼합이 아니라 눈의 망막에서 일어나는 착시적 혼합이다. 이 시각적인 병치 혼합의 기본색은 빨강, 노랑, 초록 파랑의 네 가지 색이다. 이들 네 가지 색을 회전판 위에 배열시킨 뒤 분당 3천~6천 번으로 회전시키면 회색조로 보이는데 회전 속도가 빨라짐에 따라 회색에 더욱 가까워진다. 이때 밝기는 색의 평균적 밝기가 되므로 평균 혼합이라고도 한다. 평균 혼합은 명도만이 아니라 채도로 일정하다. 이같이 두 개 이상의 회전판 위의 혼색을 회전 혼색이라고 하며 이를 이론적으로 해명한 물리학자의 이름을 붙여 맥스웰(J.C.Maxwell) 회전 혼색이라고도 부른다. 이러한 혼색은 빛의 망막에 대한 자극이 연속적으로 느끼게 되는 생리적 혼색 현상이다. 마찬가지로 여러 가지 색점을 동시에 또는 제시적으로 나열하게 되면 망막에서 빛의 자극이 섞여 하나의 색으로 느껴진다. 이러한 혼색을 병치 혼색이라 한다. 병치 혼색은 날줄과 씨줄에 의한 직물 제조에서 시작되어 19세기 인상파 화가들이 회화 수법으로 사용하여 일반화되었는데, 1960년대 옵 아트에 의해 다시 인식되었고 텔레비전이나 컴퓨터의 컬러 모니터와 망점에 의한 원색 인쇄 등에 활용한다.

병치혼합(라일리 작, 폭포 Ⅲ)

보(beau)　19세기 중엽 옷과 액세서리에 까다롭던 신사를 일컫는 말이다.

보(bow)　긴 리본을 고가 생기도록 묶은 모양으로 나비처럼 보이는 것을 말한다. 이렇게 만들어 목에 착용하는 타이를 보 타이라고 한다.

보(bow)

보(補)　왕·왕세자·왕세손의 용포(龍袍)와 왕비·세자빈·세손빈의 예복에 부착한 장식으로 둥근 천에 용(龍) 등을 수놓은 것이다. 원형으로 용포색(龍袍色) 비단 바탕에 용문(龍紋)을 금사로 수놓았다. 이를 옷의 가슴과 등, 양 어깨에 붙이는데 왕과 왕비는 5조룡, 왕세자와 세자빈은 4조룡이고 왕세손과 세손빈은 3조룡을 사용하여 신분을 나타내었다.

보(褓)　헝겊을 사용하여 네모지게 만든 것으로 물건을 덮거나 싸는 데 이용한다. 보의 종류에는 밥상보·이불보·책보 그리고 혼례용인 폐백보·사주보·예단보, 장례용인 관보(棺褓)가 있다. 보는 실용성과 장식성을 가지고 있다. 목필보(木疋褓), 목화보(木花褓) 중에 전자는 면포(綿布)에 목판염(木版染)을 한 것이고, 후자는 면포에 목판 또는 붓으로 무늬를 염색한 것이다. 개항기에는 영국산 필보(疋褓), 색필보(色疋褓), 화보(花褓), 색화보(色花褓), 문보(紋褓), 일본산 일화포(日畵布), 책보(冊褓), 필목보(疋木褓), 황보(黃褓) 등 다양한 보자기가 있었다.

보그(Vogue)　'유행'을 뜻하는 이름 그대로 세계의 유행을 리드하는 데 큰 몫을 담당하고 있는 패션 전문 잡지이다. 1892년 12월까지는 주간지로 발행되다가 1910년에 월간지로 바뀌었다. 아서 볼드윈 터너(Arthur Baldwin Turnure)가 설립자이며 미국, 프랑스, 영국, 이탈리아, 오스트레일리아 판이 있으며 각각 그 나라의 특색을 살려 출판되고 있다.

보그 트리컬러(borg tricolor)　저명한 테니스 선수인 비욘 보그의 경력을 중시하여 브랜드의 이름으로 사용하는 브랜드의 상징색으로 3가지의 색을 말한다. 즉 코스 블랙, 시가렛

보더 스커트

브라운, 몬테칼로 화이트라는 명칭의 흑, 브라운, 백의 3색으로 비욘 보그 브랜드의 메인 컬러로 쓰이고 있는 색이다.

보나파르트 칼라(Bonaparte collar)　위 칼라를 세우고 앞부분은 접어젖힌 커다란 칼라를 말한다. 보나파르트 나폴레옹이 입었던 군복에서 유래하였다.

보내기 대　톱니가 부착된 대로 수평보내기 축에 의해 움직인다.

보내기 조절 나사(stitch length changer)　보내기 운동과 땀의 크기를 조절하는 장치로 암(arm)의 오른쪽 앞에 장치되어 있다. 여러 가지 형태가 있으며, 손잡이와 나사가 나란히 있고 손잡이를 좌우로 돌려 보내는 양을 정하고, 핸들 레버를 상하로 움직이면 천이 앞뒤로 보내지도록 된 것이다. 다이얼을 눈금에 맞추어 돌려 정하는 것 등 최근에는 다이얼 가운데의 버튼을 눌러 되돌아박기를 할 수 있는 장치도 생겼다.

보내기 캠(— cam)　상축의 일부로, 두 갈래 로드에 의해 수평보내기 축에서 수평 운동을 전해주는 것이다.

보닛(bonnet)　여자, 어린이, 아기들을 위한 머리쓰개로, 보통 머리의 형태에 꼭 맞고 턱밑에서 좁은 줄로 묶어 착용한다. 스코틀랜드인의 모자 블루 보닛이 좋은 예이다. 중세 때 처음 사용되었으며 1800년에서 1830년까지는 원래 외부에서 사용하였으며, 1870년 경까지는 테가 달린 모자보다 더 인기가 있었다. 1920년 이후로는 아기와 어린이를 제외하고는 거의 사용하지 않게 되었다. 어원은 힌두어인 'banat(덮어 쓰는 모든 것)' 이

보닛

며, 프랑스어로는 보네(bonnet)라고 한다.

보닛 루즈(bonnet rouge)　붉은 모직의 끝이 뾰족한 모자로 자유를 상징하며 18세기 후반 프랑스에서 애국자들이 사용하였다. 리버티 캡이라고도 한다.

보닛 아베크(bonnet abec)　머리 윗부분을 덮게 되어 있고 앞면이 뾰족한 18세기 초기의 여성용 보닛이다. 머리카락이 닿는 부분은 파피용(papillon) 또는 보닛 앙 파피용 이라고 한다.

보닛 앙 파피용(bonnet en papillon)　⇒ 보닛 아베크

보더 스커트(border skirt)　밑단의 가장자리에 무늬를 사용한 스커트로 치맛자락에 꽃무늬나 기하학적인 문양 등이 장식으로 사용되었다. 보더 무늬란 감의 한 단만 무늬를 넣어 짜거나 프린트한 것을 말한다.

보더 엠브로이더리(border embroidery)　보더는 '가장자리', '끝' 을 의미하는 것으로 가장자리나 끝에 수놓은 부분 자수를 말한다. 전면에 수놓은 올 오버 엠브로이더리와 상반되는 수법이다.

보더 패턴(border pattern)　직물의 가장자리를 따라 좁은 폭으로 꽃무늬, 기하학적 무늬 등이 직선적으로 배열된 문양으로, 스커트 단 등에 많이 사용된다. 보더 스커트 참조.

보드킨(bodkin)　리본, 고무, 테이프 등을 통과시키기 위해 만들어진 바늘로, 바늘귀가 크고 끝이 무딘 바늘이다.

보디 나르시시스트(body narcissist)　옷에는 별로 관심이 없으며 자기의 근육을 과시하고 자기 집착적이며 내성적인 성격유형, 즉 자기 신체에 대하여 매우 만족하는 유형의 사람들을 말한다.

보디 맵(Body Map)　스티비 스튜어드와 다비드 홀라가 이끌고 있는 영국의 패션 그룹이다. 이들은 영국의 미들 섹스 예술대학에서 패션을 공부한 후 보디 맵이란 자회사를 설립하였다. 이 보디 맵이란 이름은 이탈리아 화가인 엔리코 잡(Enrico Job)에 의하여 영감을 얻은 것으로 인체의 모든 부분에 대하

여 수천 장의 사진을 찍고 그것을 오려 2차 원적 면적으로 재창조시킨 데서 기인한 이름 이다. 이러한 작업은 보디 맵의 시도로서 패턴을 자름으로써 다시 형을 재창조하는 것과 같은 것이다. 이들은 비구조적이며 층마다 다른 프린트나 텍스처로 된 '레이어드 룩'이 특징이다. 1983년 런던의 가장 재미있고 창조적인 젊은 디자이너상을 수상하기도 하였다.

보디 부츠(body boots)　1960년대 유행한 장 딴지까지 꼭 끼는 여성용 부츠이다.

보디 브리퍼(body briefer)　양말을 고정시키는 가터 없이 상체와 팬티의 두 가지 용도를 겸한 신축성 있는 팬티 스타일로 된 속옷이다.

보디 블라우스(body blouse)　팬티가 부착된 몸에 꼭 맞는 블라우스로, 대부분 밑부분은 스냅이나 단추로 여미게 되어 있다. 소재는 얇은 니트나 반짝거리는 실을 섞어서 짠 메탈릭(metallic) 저지가 많이 쓰인다. 1960년대 여성들에게 인기가 있었으며, 특히 미니 스커트가 유행했을 때 많이 입혀졌다. 보디 셔트라고도 불린다.

보디 셔트(body shirt)　① 몸에 끼듯이 꼭 맞는 남성용 셔트로 시작하여 1960년대와 1970년대 초기에 유행하였다. ② 1960년대에 소녀들이 짧은 바지 위에 착용한 것으로, 뒷단을 둥글린 길이가 긴 셔트이다. ③ 신축성 있는 옷감으로 만든 여성들의 체육복으로, 바지 밑부분이 대개 스냅으로 여미게 된 몸에 딱 붙은 타이츠로, 레오타드라고도 부른다.

보디 쇼츠(body shorts)　레오타드와 같이 몸에 달라 붙는 여성용 반바지로 어깨에 끈이 달려 있다. 니트 셔트와 함께 착용되며 제조복이나 댄싱복으로 사용된다.

보디 수트(body suit)　몸에 꼭 맞게 신축성 있는 무지, 프린트, 리브 등의 니트로 만들었으며, 다리 부분이 없이 하나로 연결되어 있고, 밑부분은 대개 스냅으로 여미게 되어 있다. 스타일이나 컬러가 다양하고 블라우스

나 스웨터 대용으로 착용되며, 보디 셔트 또는 보디 스웨터라고도 한다. 1986년 미국의 디자이너 도너 캐런이 옷감, 스웨이드, 가죽 등 여러 가지 소재를 사용하여 블라우스나 스웨터 스타일에 많은 변화를 주었으며 보디 수트 실루엣의 개념에 큰 혁신을 가져왔다.

보디 수트

보디 수트

보디스(bodice)　① 19세기의 농부 드레스 (peasant dress)에 상체를 끈으로 엮어서 꼭 맞게 만든 여성 드레스를 말한다. ② 여성 의상 중 허리 위의 몸체에 해당되는 부분을 가리킨다.

보디 스타킹(body stocking)　상반신까지 연장된 팬티 스타킹을 말한다. 즉 몸 전체를 가리는 속옷으로 망사, 편물, 스판 소재 등 신축성이 좋은 옷감으로 만든다. 미니 스커트에 대비되어 나타난 것으로, 판탈롱이나 점프 수트에서 영감을 얻은 매우 현대적인 새로운 패션 아이템이다.

보디 커섹시스(body cathexis)　'신체적 만족도'란 뜻으로 개인이 신체의 부분, 기능 또는 과정에 대하여 지니는 만족의 정도를 의미하며 시코드(Secord)와 주러드(Jourard)의 보디 커섹시스 실즈(body cathexis seals)가 있다.

보디 코트(body coat)　19세기에 남성 양복을 외출용 수트 코트나 오버코트와 구별하기 위해 사용했던 용어이다.

보디 클로즈(body clothes)　몸에 딱 붙으면서도 편안함과 신축성을 줄 수 있는 스트레치 옷감, 스판덱스 등으로 만든 스트레치 진 바

지, 레오타드, 보디 스타킹, 보디 수트, 보디 팬티 등을 가리킨다.

보라존(borazon) 제너럴 일렉트릭이 생산하는 산업용 인조 다이아몬드의 트레이드 마크로 1957년에 처음 만들어졌고 지금은 연간 수 톤이 생산된다. 산업용으로는 천연 다이아몬드보다 훨씬 적합하다.

보렐(borel) 14세기의 의복을 지칭하는 용어이다.

보르도(bordeaux) 보르도 산 포도주에 보이는 자색(紫色) 빛이 도는 짙은 적색을 말한다.

보르도 프랑스(bordeaux France) 프랑스산 포도주 이름의 하나이며 그 색을 일컫는다. 1990년대 유행색으로 부각된 색들 중의 하나로 와인 레드, 특히 갈색이 가미된 것을 말한다. 매우 따뜻한 자연 색조를 띤 것이 특징이며 추동용 코듀로이나 두툼한 울 소재 등에 많이 사용된다.

보병(寶瓶) 팔길상문 중의 하나로, 복과 지혜가 원만하게 갖추어진 것을 상징한다.

보복(補服) 청대 관복 중 가장 대표적인 것으로 포보다 약간 짧으며 대금(對襟), 수단(袖端)이 평평한 것으로 앞에 보(補)를 수놓은 것이다. 등급에 따라 보자(補子)의 도안이 달랐다.

보불(黼黻) 임금의 곤복(袞服)에 수놓은 문양을 말한다. 보(黼)는 도끼의 모양을 흑백색(黑白色)으로 수놓았으며, 불(黻)은 기자형(己字形)을 등을 보인 형태인 아(亞)자 모양으로 검정과 파란색으로 수놓았다.

보불

보브(bob) 머리에 달라붙게 짧고 부드럽게 한 헤어 스타일이다.

보브테일드 코트(bobtailed coat) 18세기 후반에서 19세기 초반까지 입었으며, 좁게 접어 젖힌 깃(revers)이 있고 짧은 꼬리가 달린

남성용 코트를 말한다.

보 블라우스(bow blouse) 목에 리본을 묶을 수 있도록 긴 끈이 달린 블라우스를 말한다.

보비 삭스(bobby socks) 발목까지 오는 양말로, 단을 접어 신을 수 있으며 1940년대와 1950년대에 틴 에이저 사이에서 유행하였다. 그래서 보통 소녀들을 '보비 삭서(bobby sockser)' 라고 부르기도 했다.

보비즈 해트(bobby's hat) 영국 경찰들이 쓰는 모자로 처커 해트(chukkar hat)와 모양이 비슷하다. 처커 해트 참조.

보빈(bobbin) 북, 방직 용구의 하나로 재봉틀에서 밑실을 감는 통 모양의 실패를 말한다.

보빈 레이스(bobbin lace) 필로 레이스(pillow lace)의 다른 이름으로, 튼튼하고 두꺼운 종이에 작은 구멍을 여러 개 뚫어 무늬를 넣은 밑그림을 베개와 같은 받침대 위에 부착한다. 실은 가늘고 긴 보빈에 말아서 실 끝을 무늬가 시작되는 곳에 핀으로 물림한 다음 실을 늘어뜨린다. 두 개의 보빈을 엇갈리게 넣어 실을 서로 꼬아서 엮어 나가면 섬세하고 얇은 레이스가 된다.

보상(寶傘) 팔길상문 중의 하나로, 펼쳐지고 덮여져 둥글게 중생을 감싸주는 상징문이다.

보상화문(寶相華紋) 공상적인 화문으로, 불교 용어에서 기원한 것으로 추측된다. 불상화가 보상화의 모티브라고 하는 설도 있으나 단정할 수는 없다. 기원은 인도라고 하며 페르시아, 그리스의 인동문(忍冬紋)과도 관계가 있다. 우리 나라에서는 통일신라에 특적으로 나타나 있는 문양이다. 이 문양은 우리 나라로부터 일본으로 전파되어 갔으며 중국에서는 당대에 유행하였고 금문(錦紋)으로도 사용되었다. 일본 정창원어물(正倉院御物) 산수팔괘팔면경(算數八卦八面鏡)을 넣은 팔각형 상자의 두껑에 바른 고려금의 문양에도 나타나 있다. 이와 같은 금문이 일본 나라(奈良) 시대의 보상화의 근간이 되었다고 한다. 중국에는 보상화라고 하여 연화(蓮花), 국화(菊花), 모란(牧丹)을 상징적으로 문양화하여 직물문에 많이 사용하였다. 우리

나라에도 조선 시대의 단문양으로 흔하게 나타나 있다.

보상화보문단(寶相花寶紋緞) 보상화와 보문이 조합된 문양이 제작된 단을 말한다. 보상화는 연화(蓮花), 모란(牧丹), 국화(菊花), 를 상징적으로 문양화하여 불교적 장엄을 나타낸 문양인데, 조선 시대의 단(緞)에는 연보상화(蓮寶相花)가 많다. 언뜻 보기에 모란 같이 보여 흔하게 모란당초보문단으로 명명되는 경우가 많은데, 꽃술에 연밥이 나타나 있는 것은 연보상화이다.

보색 색광을 혼합해서 백색광이 되는 2개의 빛의 색을 말하며, 또 색료의 혼합에서는 무채색을 만드는 2개의 물체색을 각각 보색이라 한다. 표색계의 색상환에서 서로 마주보고 있는 색상들이 보색 관계로 배열되어 있다. 보색 관계에 있는 색의 성격은 극히 대조적이며 반대의 뉘앙스를 갖는다.

보색 대비 서로 상반되는 분위기의 색상을 대비시켜서 화려하고 발랄하며 자극적인 색채 효과를 나타내기 위해 사용하는 배색 방법을 말한다.

보스턴 백(Boston bag) 작은 형태의 여행용 손가방으로, 운동 용구나 짐을 운반할 때 사용한다. 손잡이가 두 개이고 형태는 다양하며 전체적으로 부드럽게 보인다. 소재는 가죽, 합성피혁 등의 비교적 질긴 재질이 사용된다. 미국의 보스턴 대학생들이 사용한 데서 이러한 명칭이 유래하였다.

보아(boa) 긴 형태의 여성용 스카프로 주로 깃털이나 모피로 만들어진다. 1890년대 시라소니, 여우, 검은 담비 등으로 만든 보아를 머프와 함께 착용하였다. 1920년대 후반에 유행했고 1970년대 초반에 재유행했으며, 특히 모피, 타조 깃털 등이 소재로 사용되었다.

보앙, 마크(Bohan, Mark 1926~) 프랑스 파리 출생의 디자이너로 파리에서 미술과 철학을 공부한 후, 피게, 몰리뇌, 파투의 하우스에서 디자인 경험을 쌓았다. 파투를 떠나 자신의 이름으로 사업을 시작하였으나 재정

난으로 실패하고 1958년 뉴욕으로 갔다. 거기서 디오르로부터 뉴욕 컬렉션을 도와달라는 요청을 받았으나 디오르의 사망으로 실현되지 못하였다. 그러나 이것이 인연이 되어 런던에 있는 디오르 하우스를 위해 디자인을 하였고 1960년 파리에 있는 디오르 하우스로 돌아와 수석 디자이너가 되었다. 디오르 하우스에서 보앙의 업적은 대단한 것이었다. 파산 직전의 디오르 하우스를 안정시키고 곧바로 디오르 컬렉션을 열었으며 우아하고 로맨틱하며 세련되고 품위있는 디자인으로 고객을 만족시켰다. 1961년 호리호리한 보디스와 좁은 스커트의 긴 실루엣, 1966년 영화 '닥터 지바고'에서 영감을 얻은 의상, 우아한 볼 가운과 이브닝 드레스, 버슬 실루엣의 드레스 등을 선보이면서 20년에 걸쳐 디오르 하우스를 성공적으로 운영하고 있다.

보이 레그(boy leg) 밑단을 네모지게 마름질한 쇼츠를 상의와 붙여 원피스로 만들거나 투피스로 만들어 여성과 어린이들이 입는 수영복이다. 1970~1980년 사이에 전통적인 스타일로 유행하였다.

보이 쇼츠(boy shorts) 바지 밑위에서부터 2.5~4cm 직선으로 내려온 길이의 사각형 모양의 바지를 말하며, 쇼트 쇼츠 또는 핫 팬츠라고도 불리며 가죽이나 인조 피혁 등으로 많이 만들어졌다. 1970년대 초기에 유행하였다.

보앙, 마크

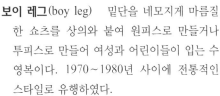

보이 레그   보이 쇼츠

보이 쇼츠

보이스카우트 수트(boyscout suit) 카키색의

셔츠와 쇼츠로 구성된 수트로 스타킹과 네커치프, 챙이 넓은 모자를 함께 착용한다. 보이스카우트 제복에서 유래하였다.

보이시 룩(boyish look)　소년처럼 경쾌한 느낌의 스타일로, 셔츠, 바지, 퀼로트, 짧은 머리 등이 대표적이다.

보일(voile)　얇고 밀도가 작아서 비쳐 보이는 평직물로, 경·위사에 강연의 이합사를 쓴 것을 전(全)보일, 위사에 단사를 사용한 것을 반(半)보일, 경·위사에 단사를 사용한 것을 모조 보일이라고 한다.

보일드 셔트(boiled shirt)　남성용 정장에 입는 하얀 셔츠의 통용어로서, 앞부분을 뻣뻣하게 고정시켰으며 보통 턱시도 또는 테일즈와 함께 착용하였다.

보일드 셔트

보자기　헝겊으로 물건을 덮거나 싸기 위해 만든 보(褓)의 일종으로 보 중에서 작은 것을 말한다. 명주·모시·무명 등이 재료로 쓰이며, 싸두는 물건의 성질에 따라 솜 보자기, 홑·겹 누비 보자기가 있다.

보카라 숄(Bokhara shawl)　투르키스탄 보카라 지역에서 낙타털로 실을 만들어서 식물성 염료로 염색을 하고 문양이 있는 8인치 띠를 직조한 후에 각각을 연결하여 만든 숄이다.

보카시(ぼかし)　한 가지의 색을 옅은 데서 진한 것으로 점차적으로 변화시켜 채색하는 법에 대한 일본의 명칭으로, 직물에도 이와 같은 염색을 하였다.

보 칼라(bow collar)　스탠드업 밴드가 달리고 앞에서 리본으로 묶게 만든 칼라이다. 1920년대 후반기에 등장하여 1980년대까지 유행하였다. 보 블라우스 참조.

보타니 울(Botany wool)　품질이 좋은 오스트

보 칼라

보터

레일리아 산 양모를 말한다. 우수한 양모의 생산지인 뉴 사우스 웨일즈(New South Wales)의 보타니라는 지명을 따라 이름이 붙여졌다. 전세계적으로 우수한 양모를 모두 지칭한다.

보 타이(bow tie)　스퀘어 컷 또는 끝을 턱 아래에서 나비 모양으로 묶은 남성용 타이로 19세기 후반에 도입되어 예복 등의 정장에 착용하였다. 나비 넥타이 상태의 남성용 타이를 의미한다. 여성의 드레스 또는 블라우스의 앞에 묶는 짧은 나비 형태의 리본을 말한다. 블랙 타이, 화이트 타이 참조.

보터(boater)　낮고 평평한 크라운과 평평한 챙이 있는 남녀, 아동용 모자이다. 밀짚으로 만들어졌으며 원래는 보트를 탈 때 썼다.

보통 감치기(slant hemming stitch)　가장 하기 쉬운 단 바느질법으로, 겉에서는 실땀이 잘 보이지 않으나 안쪽에서 사선으로 실땀이 나타난다. 주로 스커트단이나 소매단을 감칠 때 사용하는 방법으로 땀의 간격은 0.5cm 정도로 한다. 끝감치기라고도 하고, 슬랜트 헤밍 스티치라고도 한다.

보통 시침(even basting)　홈질과 같은 바느질법으로 땀의 간격을 크게 한 것이다. 미끄러지기 쉬운 감이나, 오그리기를 한 소매를 길에 붙일 때와 같이 직접 본바느질을 하기 어려운 곳이나, 곡선 부분을 시침할 때 사용한다. 이븐 베이스팅이라고도 한다.

보트(bautte, bautta)　얼굴을 반쯤 가릴 수 있게 디자인된 후드가 달린 검은색 외투로 18세기에 입었다.

보틀 그린(bottle green)　유리병에 보이는 청색을 띤 녹색을 말한다.

보티첼리 블루(Botticelli blue)　보티첼리의 그림에서 흔히 볼 수 있는 회색을 띤 청색을 말한다.

보팅 슈즈(boating shoes)　⇒ 덱 슈즈

보퍼트 코트(beaufort coat)　약 4개 정도의 단추가 한 줄로 달리고 좁은 직선 소매로 된 남성용 수트로 1880년대에 입었던 남자들의 외투이다. 점퍼 코트라고도 한다.

복건(福巾) 검은 천으로 만든 관모로서 만들 때 온폭[全幅]의 천을 사용하기 때문에 복건 이라 이름하게 되었다. 흑색 증(繒, 여름에 는 紗) 여섯 자를 귀 모양으로 만드는데, 드 림을 뒤로 하여 머리에 쓰고 윗단으로 이마 를 묶은 후 끈을 두 개 달아 머리 뒤쪽에서 잡아맨다. 이것은 본래 중국 고대로부터 관 (冠)을 대신하는 간편한 쓰개로 사용되었다. 조선 시대에 주자학의 전래와 더불어 유학자 들이 심의와 함께 유가(儒家)의 법복으로 숭 상하여 착용하게 되었으나, 그 모습이 매우 괴상하여 일반화되지는 못하였고 소수의 유 학자들에 의해서 국말까지 이어졌다. 그러나 관례 때의 복장으로 초가(初加) 때 심의와 함께 사용하였고, 관례 뒤 흑립을 사용하기 전까지 초립(草笠)의 받침으로 사용하기도 하였다. 뒤에는 남자아이의 돌에 장식적 쓰 개로 쓰게 하여 관례를 치르기 전까지 예모 (禮帽)로 착용하였다.

복굴절(birefringence) 섬유 물질을 조성하고 있는 분자 구조에서 분자의 배열 측정을 조

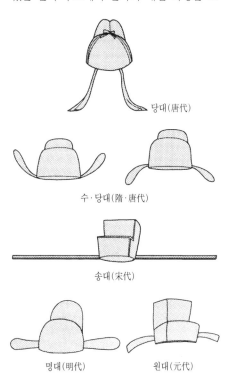

당대(唐代)

수·당대(隋·唐代)

송대(宋代)

명대(明代)   원대(元代)

복두

사, 측정하는 데 쓰인다. 서로 수직인 편광을 섬유 물질에 통과시키면 두 방향에서 서로 다른 굴절률을 나타내는데 이와 같은 광학적 이방성을 나타내는 수치($n\alpha - n\gamma$)를 복굴절 이라고 한다. 복굴절의 크기는 분자 배열의 배향 정도와 비례하는 특성을 지닌다.

복두(幞頭) 관모(冠帽)의 하나로 사모(紗帽) 와 같이 모부(帽部)가 2단으로 턱이져 앞턱 이 낮으며 모두(帽頭)는 각이 지고 평평한 관으로 뒤쪽의 좌우에 각(脚)이 달려 있다. 복두는 중국에서 생긴 관모로 건(巾)에서 비 롯되었다.

복삼(複杉) 상의(上衣)의 일종으로 소매의 길 이가 짧고 좁은 저고리를 말한다. 《양서(梁 書)》의 기록을 보면 백제에서는 저고리를 복 삼이라고 불렀다고 한다.

복서 쇼츠(boxer shorts) 남자들이 수영복으 로 착용하는 짧은 반바지 형태로, 권투 시합 때 복서들이 입는 바지에서 이름이 붙여졌 다. 사각의 상자 모양처럼 생겼으며, 허리는 고무줄로 되어 있고 바짓부리가 없다. 1950 ~1980년대까지 많이 애용된 남자들의 전통 적인 수영복 형태이다. 복서 팬티즈(boxer panties)라고도 한다.

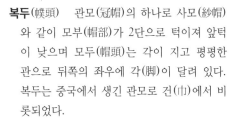

복서 쇼츠

복식(服飾) 복식은 인체 위에 표현되는 모든 것을 총괄하여 일컫는 말이다. 복(服)은 몸 통과 팔·다리를 감싸는 의복을 말하며, 식 (飾)은 머리에 쓰는 모자나 관, 발에 신는 신, 허리에 두르는 띠 등 여러 가지 장식을 의미한다. 이러한 복식은 보건위생적 기능, 사회적 기능을 가진다. 또한 복식의 발달과 변천은 그 시대의 생활 양식의 자연적 조건 과 사회적 조건에 영향을 받는다.

복식금제(服飾禁制) 복식의 사치를 금하고 복식에 따른 신분의 구별을 위하여 만든 제 도이다. 국가적 차원에서 통제를 가하였으므 로 그 범위도 의복은 물론 직물, 복색, 금· 은·주옥, 가체, 입모, 화혜와 혼인 사치 등 으로 광범위하였다.

복장(服裝) 옷과 액세서리를 포함한 의상의 총칭이다.

복합 방사 섬유(conjugate fiber)　방사시 성질이 다른 두 종류의 방사 원료를 방사구의 한 구멍으로 압출하여, 한 올의 필라멘트에 두 성분이 접착된 구조를 가지도록 한 섬유로, 이성분 섬유라고도 한다. 복합 방사 섬유를 만드는 3가지 기본 방법에는 사이드 바이 사이드형(side-by-side, S/S), 시스 코어형(sheath-core, S/C), 매트릭스 피브릴형(matrix-fibril, M/F)이 있다. 완성된 섬유는 대체로 두 부분이 서로 다른 수축률과 열 거동을 보이게 되어 섬유가 휘면서 권축이 생기게 된다.

복합사(complex yarn, novelty yarn, fancy yarn) ⇒ 장식사

본드 거들(boned girdle)　수직으로 된 면 테이프 속에 금속 조각이 감추어져 있는 거들의 일종이다. 남성이나 여성들이 몸을 꼭 조이기 위해 모직옷 밑에 내의로 착용한다.

본드 파운데이션(boned foundation)　면 테이프로 된 터널 속에 가는 쇠나 플라스틱의 긴 조각을 넣어서 형태를 잘 살릴 수 있는 속옷을 말한다. 시초에는 고래뼈로 만들었다는 데서 이름이 유래하였다.

본봉식 재봉틀(lock stitch machine)　윗실과 아랫실의 두 가닥의 실을 사용하여 로크 스티치(lock stitch)를 하는 것이다. 아랫실은 북 안의 보빈에서, 윗실은 밖에서 공급되어 윗실과 아랫실의 땀이 천 중앙에서 맺어지는 재봉틀로 천을 튼튼하게 재봉해준다. 일상 생활에서 쉽게 볼 수 있는 가정용, 공업용 재봉틀의 대부분이 이에 속한다.

본 초커(bone choker)　목둘레에 꼭 맞게 된 원형의 뼈로 된 네크리스이다.

볼 가운(ball gown)　무도회, 파티, 오페라, 콘서트 등의 큰 저녁 행사에 입을 수 있는 정장의 이브닝 드레스를 말한다. 화려한 옷감과 노출이 많은 스타일로 거의가 길이가 긴 정장이며, 이브닝 가운, 이브닝 드레스, 포멀 드레스라고도 부른다. 이때 남자들은 턱시도 정장을 하게 된다.

볼러

볼끼　조선 시대 서민층 부녀자와 아이들이 사용한 양볼과 턱을 가리는 방한구의 하나이다. 긴 것은 절반으로 접어 턱과 양볼을 싸고 머리 위에서 맺으며, 작은 것은 남바위에 붙여 턱밑에서 매어 사용했다. 겉감은 비단, 안감은 무명으로 만들어 털로 선(襈)을 대었다.

볼드 룩(bold look)　대담한 스타일을 가리키는 말로, 넓은 어깨, 남성다운 아워글라스 실루엣 등을 뜻한다.

볼드릭(baldric)　17세기와 18세기에 귀족 계급의 남자들이 상의 위에 착용한 장식적인 띠(belt)로, 오른쪽 어깨에서 왼팔 밑으로 걸쳤으며 브로케이드나 벨벳으로 만들어 수를 놓았고 여기에 칼이나 뿔피리를 차고 다녔다.

볼드릭 벨트(baldric belt)　① 한쪽 어깨에서 다른쪽 힙쪽으로 사선으로 매는 벨트를 말한다. ② 13~18세기 초에 가슴에 사선으로 매는 벨트를 말한다.

볼드 스트라이프(bold stripe)　폭이 넓은 줄무늬로 줄무늬의 간격이 줄무늬의 폭과 거의 비슷하다.

볼랑(volant)　스커트 등에 다는 주름장식을 말한다.

볼러(bowler)　둥근 크라운과 양옆의 좁은 테가 약간 올라간 남성용 중산모자를 말한다. 원래는 런던의 사업가들이 쓰던 장식 승마용 모자로 챙이 위를 향해 구부러져 있는 것이 특징이다. 미국의 더비(derby)와 비슷하며 1850년대 윌리엄 볼러(William Bowler)의 디자인에서 유래하였다.

볼레로(bolero)　① 앞이 트였으며, 허리 길이 또는 늑골 길이의 여성용 조끼로, 가끔 자수와 브레이드 장식이 되어 있으며 소매가 달려 있기도 하다. 19세기 말에 유행했으며 1950년내와 1960년대에 다시 유행했다. ② 금색 브레이드나 구슬로 정교하게 수놓고 어깨에는 큰 견장을 한 마타도르(matador) 재킷을 말한다. 에스파냐나 멕시코에서는 투우사가 입었다. ③ 알바니아나 체코 같은 동유럽과 그 외의 여러 유럽 국가 농부들의 옷으

로 다양한 색상과 수가 있는 전통 의상이다.

볼레로

볼레로 맨틀(bolero mantle)　팔꿈치 길이의 케이프로 19세기 말 여성들이 착용하였으며, 앞은 볼레로처럼 재단되고 뒤는 허리선을 살렸다. 볼레로 케이프라고도 한다.

볼레로 블라우스(bolero blouse)　볼레로를 흉내내기 위해 블라우스 위에 조끼를 덧입은 것처럼 한 자락이 덧붙어 있는, 대체로 길이가 긴 블라우스이다. 1920~1930년대에 여성들이 많이 착용하였다.

볼레로 블라우스

볼레로 수트(bolero suit)　허리선과 약간 짧은 볼레로 스타일 재킷과 같은 소재로 만든 스커트로 이루어진 수트이다. 블라우스와 함께 착용한다.

볼레로 스웨터(bolero sweater)　길이가 짧은 스웨터로 래글런 소매로 되어 있는 스타일이 많으며, 앞 네크라인은 겉에 나타나지 않도록 절개된 훅, 걸개나 매듭 단추인 프로그로 여미게 되어있다. 어깨를 가리는 짧은 스웨터라 하여 숄더레트(shoulderette)라고도 불린다.

볼레로 재킷(bolero jacket)　웨이스트까지 오는 매우 짧은 재킷으로 칼라가 없고 대개 라운드 네크라인에 단추가 없는 것이 특징이

다. 가장자리는 수로 장식하거나 브레이드를 두르기도 한다. 에스파냐 댄서들의 춤과 음악에서 그 이름이 유래되었다. 주로 여성과 아동들이 입는다.

볼레로 재킷

볼레로 커스튬(bolero costume)　볼레로 재킷과 함께 입는 드레스나 재킷으로, 길이는 거의 허리까지 온다.

볼레로 케이프(bolero cape)　19세기 말에 여성들이 입었던 팔꿈치 길이의 케이프로서 앞은 볼레로와 같이 재단되었고 뒤는 허리선까지 점차 가늘어지게 재단되었으며, 볼레로 맨틀이라고도 불린다.

볼로 타이(bolo tie)　양끝에 금속을 붙여 고정시키고 강하게 둥글린 형태의 끈(braid)으로 만든 미국 서부 스타일의 타이를 말한다. 슈레이스 타이라고도 한다.

볼룸 넥클로스(ballroom neckcloth)　주름이 있고 풀을 먹인 남성용 이브닝 넥클로스로, 앞에서 교차되며 끝은 양쪽 서스펜더에 고정한다.

볼룸 베터 존(volume better zone)　가격을 기준으로 상품의 등급을 정하는 명칭 중의 하나이다. 볼륨 존에 비해 유행 상품군으로 패셔너블하면서 저가격인 점이 특징이다.

볼룸 캐주얼(volume casual)　저가격이며 질보다는 양으로 판매되는 개념이다. 1980년대 초부터 고감도의 저가격 상품으로 이미지가 전환된 점이 특징이다.

볼리비아(bolivia)　대각선 또는 수직 방향으로 방모사 또는 소모사를 사용하여 파일이 생기도록 짠 가볍고 부드러운 코팅 직물이다. 질감은 벨벳과 비슷하며, 파일의 길이를 다양하게 한다. 모헤어나 알파카를 넣어 만들기도 하며, 3/3의 6매 능직 또는 이와 비슷하게 제직하고 염색은 후염한다.

볼레로 수트

볼레로 재킷

볼턴 섬

볼링 셔트(bowling shirt) 볼링 및 그 외 운동을 할 때 적합한 셔트를 말한다.

볼 스킨(bull skin) 수소의 가죽을 말하며, 무두질한 가죽으로 각종 가죽 제품에 사용된다. 일반적으로 송아지 가죽을 카프 스킨, 암소 가죽을 카우 스킨이라고 한다.

볼스터 칼라(bolster collar) 작은 원의 형태로 속에 심을 넣어 만들며 목둘레에 걸치게 되어 있는 칼라이다.

볼 이어링(ball earring) 보석, 플라스틱, 유리 등의 다양한 재료로 만든 둥근 형태의 구슬을 사슬로 연결하여 밑에 매달리게 착용하는 귀고리를 말한다.

볼턴 섬(bolton thumb) 엄지손가락을 자유롭게 움직이기 위하여 다른 손가락 부분과 따로 재단된, 장갑의 엄지 손가락 부분을 말한다.

볼 프린지(ball fringe) 규칙적인 간격으로 볼이 달린 브레이드의 일종이다.

볼 힐(ball heel) 나무 또는 투명 합성수지(lucite)로 만든 둥근 모양의 힐로 1960년대부터 유행하였다.

봄바차스(bombachas) 남쪽 아메리칸 가우초들이 입었던, 허리에 주름이 잡혀 있는 풍성하게 만든 배기 팬츠를 말한다. 밑단이 넓어서 장화 속에 넣어 입도록 되어 있다.

봄베스트(bombast) 16세기와 17세기에 쓰였던 용어로 특히 말꼬리털이나 모직물, 마직물, 면직물로 패드한 트렁크 호즈와 소매를 가리킨다.

봉관하피(鳳冠霞帔) 하피의 일종으로 청대에 이르러서는 배심(背心)과 같이 넓어졌고, 가운데 금수를 놓아 등급을 구별하였으며 아래에는 술을 달았다. 평민 여자가 결혼할 때에도 입을 수 있었다.

봉기(捧機) 나뭇가지로 만든 직기로 일설에 의하면 고대의 경금(經錦)은 화기로 제작된 것이 아니고 문의 제작을 위하여 개구를 하기 위한 종광봉(綜洸捧)으로 된 직기로 제직하였다고도 한다. 이와 같은 직구가 조합된 직기를 봉기라고 한다.

봉디 궁중어(宮中語)로 임금이 입는 바지를 일컫는다.

봉봉 핑크(bonbon pink) 파스텔 색조의 핑크색으로, 봉봉 캔디의 색에서 유래된 불어이다. 캔디 핑크라고도 한다.

봉사(cord yarn, sewing thread) 두 개 이상의 합사(ply yarn)를 서로 꼬아 만든 것을 말한다.

봉선(鳳扇) 조선 시대 임금이 거동할 때 의장(儀仗) 행렬 중 좌우의 6인이 들고 있던 부채의 의장(儀仗)이다. 긴 막대기 끝에 부채 모양을 만들어 봉황을 그리거나 수놓는다.

봉액(縫掖) 겨드랑이 밑을 터놓지 않은 포(袍)이다.

봉잠(鳳簪) 조선 시대 왕비가 예장시(禮裝時)에 사용한, 잠두(簪頭) 부위에 봉(鳳) 형태를 조각한 비녀로 예장용으로 어여머리나 낭자머리에 꽂았으며, 은(銀)·도금(鍍金)을 하여 만든다.

봉첩지 조선 시대 왕비가 예장시 머리에 장식하던 첩지의 하나로 은·구리를 도금하여, 앞부분에 봉이 앉아 있는 모습을 조각한다. 또한 7~8cm의 동체(胴體)는 수평을 이루고 꼬리 부분은 날씬하게 위를 향하게 만든다.

봉황문(鳳凰紋) 린(麟), 용(龍), 구(龜), 봉(鳳)은 공상적인 사령(四靈)으로 봉황은 자웅(雌雄)의 서조(瑞鳥)이다. 웅(雄)을 봉, 자(雌)를 황이라고 한다. 길상문으로 혼례용품의 문양에 많이 쓰인다. 궁중 스란치마의 문양으로도 많이 사용되었다.

부레트(bourette) 능직이나 평직으로 짠 가볍고 거친 텍스처의 실크를 말한다.

부룬즈키(burunduki) 러시아에서 산출되는, 미국산 줄무늬 다람쥐와 흡사한 동물의 모피로 주황색 바탕에 흰색이나 검정색의 줄무늬가 있다. 대체로 가볍고, 삭은 가죽은 매우 섬세하며 주로 라이닝과 트리밍에 사용된다.

부르봉 해트(Bourbon hat) 진주로 장식된 푸른색 새틴 모자로, 1815년에 나폴레옹의 워털루 패전과 루이 18세의 왕위 복귀를 기념하기 위해 쓰였던 것으로 유행하였다.

부르카(burka) ① 말이나 염소의 털로 만든 흑색 모직의 두꺼운 남성 겨울용 오버코트로 러시아 카프카스 산맥의 지역에서 입었다. ② 눈 부위는 베일을 이용해서 밖을 볼 수 있게 했으나 그 외의 머리 부위는 꼭 맞게 둘러쌌으며 몸체도 완전히 둘러싸서, 부피감이 있는 발목 길이의 의복을 말한다.

부메랑 컷(boomerang cut) 부메랑(오스트레일리아 원주민의 사냥용 도구)의 움직임과 같은 활모양을 묘사하여 커팅한 디자인상의 테크닉을 말한다. 1985년 춘하 컬렉션 때 미야케 이세이가 하나의 천을 재단하여 효과를 낸 주름진 니트 에이프런이 대표적인 아이템이다.

부문금(浮紋錦) 지조직은 평직 또는 능직으로 제직하고 문조직은 위사의 부직으로 제직한 금이다.

부바(buba) 큰 패널 프린트지로 된 아프로(afro)풍의 1969년대 여성들이 착용하였던 드레스를 말한다. 앞 뒤 치마 밑단은 프린트로 끝마무리가 되어 있고 소매 윗부분은 꼭 맞지만 끝부분은 넓고 끝이 뾰족하게 길고 층이 지게 되어 있다.

부사견(富士絹) 경・위사에 견방사를 사용한 평직물의 일본명이다. 실의 번수는 경사에 140번수 쌍사, 위사에 72번수 쌍사 또는 단사가 사용되고 위사 밀도가 경사 밀도보다 많다. 제직 후 정련(精練), 표백(漂白), 무지염(無地染), 날염(捺染)을 하여 사용한다.

부시 재킷(bush jacket) 원래 아프리카 밀림 부시(bush) 지대에서 사냥 원정시에 입었던 카키색 면으로 만든 재킷으로 싱글 브레스티드형이며 벨트가 있고 뾰족한 끝이 있는 옷깃과 크고 주름 잡힌 네 개의 주머니가 달려 있다. 1960년대 중엽과 후반기에 어린이와 성인 남녀가 입었으며 다양한 종류의 직물로 만들었다. 아프리카 산림국으로 사냥 여행을 떠날 때 입었던 옷에서 유래하였다. 부시 코트 또는 사파리 재킷이라고도 부르며 1983년경에 유행하였다.

부시 해트(bush hat) 챙이 넓은 남성용 펠트 모자로 오스트레일리아 군인이나 남아프리카에서 수렵시 쓰는 모자이다. 정글 모자 또는 캐디라고도 한다.

부알레트(voilette) 여성의 모자에 장식을 겸해 부착하는 소형의 베일을 말한다. 노즈 베일(nose veil)에 해당되며, 클래식하고 여성스러운 분위기를 연출하는 특징을 지닌다.

부용향(芙蓉香) 혼례(婚禮)시 피우는 향의 하나로 주위를 정화하고 잡기를 없앨 목적으로 피우는데, 손가락 굵기로 초와 비슷한 형태이다.

부잠사(副蠶絲, waste silk) 양잠과 조사 과정에서 생기는 폐섬유를 일괄하여 부잠사라고 하는데, 이는 연속조사가 불가능하다.

부점 셔트(bosom shirt) ① 풀 먹인 앞턱 받이(bib front)가 달린 남성 정장용 흰색 셔트를 말한다. ② 19세기 말에서 20세기 초 사이에 입었으며, 칼라와 앞 턱받이는 셔트지로 만들고 나머지 부분은 하급지나 니트로 만들기도 하였다.

부점 셔트

부점 플라워즈(bosom flowers) 18세기 남녀가 이브닝 드레스에 꽂았던 조화로 마카로니와 댄디들은 낮동안에도 꽂았다.

부정적 특징효과(negativity effect) 인상 형성과정에서 긍정적 정보와 부정적 정보에 대해 똑같이 반응하지 않고, 부정적 정보쪽에 더 많은 비중을 두어 인상을 형성하게 되는 효과이다.

부직(浮織) 문양을 제직하기 위한 회위(색위)를 지조직에서 띠워서 제직한 직물의 총칭이다.

부직포(non woven fabric) 섬유로 얇은 웹(web)을 만들고 이 웹 상태의 섬유를 접착

부시 재킷

제 또는 열융착 기계적 방식으로 접착시킨 것을 말한다. 부직포의 제법에는 건식과 습식의 두 가지가 있으며 웹을 만드는 공정, 접착제로 고정 시키는 공정, 그리고 건조·완성시키는 공정으로 나눌 수 있다. 부직포는 심지로 사용되고 실험복, 수술복 등 1회용 의복에 사용되며, 공업용으로는 방음, 보온재, 여과포 등에 사용되고 있으며, 그 이용 범위가 넓혀지고 있다.

부채[扇] 손으로 부쳐서 바람을 일으키는 기구이며, '부치는 채'라는 말이 준 것이다. 가는 대오리로 선을 만들어 넓적하게 벌려서 그 위에 종이나 헝겊을 바른다. 부채의 종류는 크게 방구부채(둥근부채)와 접부채로 나뉜다. 선(扇)이라고도 한다.

부처 레이온(butcher rayon) 부처 리넨과 비슷한 질감을 내기 위하여 스펀 레이온사로 직조한 거친 레이온 직물이다.

부처 리넨(butcher linen) 강하고 두꺼우며 표백된 아마 평직으로 앞치마나 테이블보로 쓰인다. 나중에는 면으로도 만들어졌다. 레이온이나 면 혼방의 방적사로 만든 평직의 드레스 직물로 아마와 비슷한 것을 말한다. 방적사의 굵기가 일정하지 않아 아마와 비슷해 보인다. 나무 망치로 비틀링(beetling) 가공을 한 납작한 실을 사용하여 아마 직물과 유사해 보인다.

부처보이 블라우스(butcher-boy blouse) 프랑스 정육점의 배달 소년들이 착용하던 스타일에서 유래하여 부처 보이라는 이름이 붙여졌다. 앞뒤에 요크가 있으며 소매가 달린 것으로, 스목 블라우스처럼 느슨하고 길이가 긴 블라우스이다. 1940년대 말에 유행하였으며, 임부복으로도 애용된 바 있어 매터니티 블라우스라고도 한다.

부처즈 에이프런(butcher's apron) 백색의 두꺼운 감으로 만들어진, 푸줏간에서 입는 앞치마이다. 전체가 한 조각으로 되어 있고 팔밑은 많이 파여 있으며 뒤중심에서 묶도록 되어 있다. 셰프스 에이프런과 유사하다.

부출(float) 경·위사를 교착시키는 방법 중에서 경사가 위사 위에 올라가는 경우를 말한다. 반대로 경사가 위사 아래로 내려가는 것을 침입(sink)이라고 한다.

부츠(boots) 발목이나 발목 위 또는 허리까지 신는 것의 총칭이며, 때로는 구두 위에 신는 것을 일컫기도 한다. 기후나 특수한 직업이나 스포츠의 위협으로부터 보호하기 위하여 신는 것으로 레인 부츠, 경기용 부츠, 폴로 부츠, 엔지니어 부츠 등이 있다. 주로 다양한 가죽이나 천 또는 비닐로 만들며, 지퍼나 버클, 끈으로 여미며, 구두 뒤축과 앞모양이 다양하다.

부츠 레이스 타이(boots lace tie) ⇒ 스트링 타이

부츠컷 팬츠(bootscut pants) 바지단의 폭이 넓어서 장화를 바지로 가릴 수 있도록 된 바지를 말한다.

부츠 호즈 톱스(boots horse tops) 부츠 호즈 윗부분의 가장자리가 금·은 레이스, 러플 달린 리넨, 프린지 달린 실크 등으로 장식된 것을 말한다.

부케(bouquet) 꽃다발의 총칭이다. 신부용 꽃다발이 가장 대표적이며, 여러 종류의 꽃을 함께 묶은 로맨틱한 꽃다발도 상황에 적절하게 활용되고 있다.

부클레 얀(bouclé yarn) 장식사의 일종으로 실의 곳곳에 고리가 있는 장식 연사이다. 보통 니트나 방모직물 등에 많이 사용한다.

부트 스타킹(boot stocking) ⇒ 부트 호즈

부트 호즈(boot hose) 프랑스 주름 장식단인 레이스가 맨 위에 장식되어 있는 거친 리넨의 긴 스타킹을 말한다. 원래 15~18세기에 두꺼운 부츠 밑에 실크 스타킹을 보호하기 위하여 신었던 것이다. 부트 스타킹이라고도 한다.

부티 직조시 말코 양 끝에 부티끈을 매어 직조하는 사람의 허리에 두르는 약간 넓은 띠를 말한다. 이것을 몸으로 당겨 날실에 장력을 준다. 분태, 부테, 분테, 화랑개 등으로 부르는 지방도 있다.

부티(bootee) 털실로 짠 유아용 양말을 말한

부티(bootee)

다.

부티끈   베틀의 말코 양끝과 부티를 연결하는 끈으로, 부테끈, 개톱대, 부텟줄이라고도 불린다.

부티크(boutique)   프랑스어로 '작은 점포'라는 뜻이다. 원래는 고급 주문복을 생산하는 오트 쿠튀르(haute couture)의 매장 안에 설치된 향수, 모자, 스카프, 기타의 부속품을 파는 작은 코너 부분을 가리켰으나, 요즘은 비교적 규모가 커져서 기성복을 비롯하여 각종의 액세서리 등을 판매하는 매장과 또 비교적 가격이 높은 개인 디자이너의 기성복만을 취급하는 매장도 부티크라고 부른다.

부팡(bouffant)   ① 1960년대에 유행했던 헤어 스타일로 머리 위에서 불룩하게 보이도록 빗질하여 커다랗게 보이게 하는 머리 모양이다. ② '부풀렸다'란 의미로, 18세기의 크게 뻗친 스커트 모양을 가리킨다.

부팡 드레스(bouffant dress)   몸체는 꼭 맞으며 주름이나 러플로 풍성하게 부풀린 드레스이다. 스커트 형태가 고깔, 종, 물방울 모양으로 되었으며 때로는 뻗치는 속치마인 페티코트나 후프를 치마밑에 입는다. 1830∼1880년대에 유행하였으며, 미국 디자이너 엔 포가티에 의하여 1950년대에 소개되었다. 버블페이퍼 돌 드레스와 유사하다.

부팡 메카니크(bouffant mecanique)   감추어진 스프링에 의해 만들어지는 소매로, 코르셋의 네크라인에 부착되었다가 늘이면 소매가 된다. 1828년 착용하였다.

부팡 스커트(bouffant skirt)   부팡이란 프랑스어로 '부풀리다'란 뜻이다. 옷감을 풍족하게 써서 플레어, 개더 등의 효과로 부풀린 실루엣을 표현한 스커트로 호화스런 느낌이 들기 때문에 주로 이브닝 웨어 등에 이용된다.

부팡 슬리브(bouffant sleeve)   플리츠나 개더를 촘촘히 잡아 넣어 불룩하게 부풀린 소매로 바로크풍의 로맨틱 스타일이다.

부팡 팬츠(bouffant pants)   여유있게 부풀린 팬츠를 말하는 것으로, 다리를 헐렁하게 한 실루엣의 팬츠로 길이가 다양하다.

부팡 페티코트(bouffant petticoat)   넓은 스커트 밑에 입는 것으로 조각이나 러플을 이어서 넓게 만든 속치마를 말한다.

부편(float stitch)   편성물의 변화 조직의 하나로 제직 도중에 코를 만들지 않고 띄우는 편성으로서, 표면에 변화가 생기므로 무늬를 표현하는 데 이용된다.

북(杼, 梭, shuttle)   직기에서 개구를 통하여 위사를 투입하는 역할을 하는 것으로, 대개 단단한 나무로 만들며 배와 같은 모양을 하고 있다. 중앙에는 위사가 감긴 위관을 끼우는 막대가 있고 양끝에는 북을 보호하는 쇠끝(tip)이 있으며, 옆에는 위사가 밖으로 유도되는 사구(絲口)가 있다.

북바늘   북에 실꾸리를 넣은 후 그것이 위로 빠져나오지 못하도록 끼워서 누르는 대쪽을 말한다.

북 백(book bag)   초등학생들이 책을 넣고 다닐 수 있는 부드러운 캔버스로 된 가방으로 옆이나 위에 손잡이가 있으며 스쿨백(schoolbag)이라고도 한다.

북직기(shuttle loom)   북을 사용하여 위사를 투입하는 직기를 말한다.

북집(rotating hook, shuttle)   밑실 북을 넣는 부분으로, 바깥북과 안북으로 구분된다. 고정된 바깥북의 북끝이 바늘 끝에 생긴 윗실의 루프를 걸어 준다. 바늘과 함께 내려온 윗실을 북집의 끝으로 끌어당겨 윗실과 아랫실을 교차시켜 땀을 만드는 역할을 하는 것이다.

북집 손잡이(bobbin case handle)   북을 북집에 끼우거나 뺄 때 잡는 부분이다.

북침(picking)   몇 조로 분리된 종광틀의 상하 운동에 따라 개구가 만들어지면 이 개구 안으로 북이나 다른 기구를 써서 위사를 투입시키는 것이다.

북포(北布)   함경북도 경성, 길주, 명천 등지에서 제직된 마포를 말한다.

분무기   액체를 안개처럼 뿜어내는 기구로, 다림질 때 천에 습기를 주기 위해 사용되는 것으로 입으로 부는 형, 펌프형, 대형 분무기로

부팡 드레스

나뉜다. 그 중 펌프형이 일반적으로 많이 사용되는데 손으로 누르거나 당겨서 뿜어낸다. 플라스틱이나 금속으로 만들어지며, 대형 분무기는 능률적으로 이용되도록 공중에 압축시켜 두고 사용할 때에 한 부분을 누르면 뿜도록 되어 있어 전문적으로 필요한 곳에서 사용한다.

분산 염료(disperse dyes)　　아세테이트, 폴리에스테르에 쓰이며, 색상이 다양하고 선명하다. 폴리에스테르를 염색하기 위해서는 고온고압에서 하거나, 침투제인 캐리어(carrier)를 사용해야 한다.

분자간 가교(cross linkage)　　섬유 내에서 분자간에 공유 결합이나 이온 결합과 같은 완전한 1차 화학 결합을 형성하는데, 이와 같은 결합을 분자간 가교라 한다. 분자간 가교가 너무 발달할 경우에는 망상중합체를 형성하여 유연성이 없어져 섬유로서의 가치를 상실하나, 적당히 분포되어 있으면 양모와 같이 탄성이 좋고 구김살이 잘 가지 않는 성질을 지닌다. 이러한 원리를 이용하여 일반 섬유에 대해서도 수지를 사용해서 섬유 내 분자간 가교를 형성하여 방추가공이나 퍼머넌트 프레스 가공을 하여 압축탄성 및 방추성을 부여한다.

분주(紛紬)　　명주의 최상품을 말한다.

분합대(分合帶)　　웃옷에 눌러 띠는 실띠로 좁고 납작하며 가늘게 만든다.

불가리안 엠브로이더리(Bulgarian embroidery)　　유럽 남동부의 공화국 불가리아의 자수법이다. 본래 농민이 착용하는 수직의 거친 목면 옷이나 여성용 내의 또는 숄 등에 이용하며, 견사, 금사, 은사 등으로 간단히 플랫 스티치를 한다.

불균형 관계　　태도 형성에 있어서 대상으로 이루어지는 3자(者) 관계에서 A가 B를 싫어하

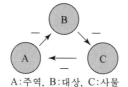

A:주역, B:대상, C:사물

고 B가 C를 싫어하는데 A도 역시 C를 싫어한다면 내적(內的) 합치도가 없어서 결국 불균형 관계가 되는 것이다

불균형 직물(unbalanced cloth)　　경사와 위사의 단위 밀도가 다른 직물로, 위사 방향에 비하여 경사 방향이 더 수축하는 등 방향에 따라 성질이 다르다. 균형 직물 참조.

불독 토(bulldog toe)　　제1차 세계대전 전에 유행했던 구두의 형태로 단추로 채우는 발목 높이의 높은 남성용 구두를 말한다. 발끝 부분이 둥근 형태는 노브 토(knob toe)라고도 한다.

불령(黻領)　　아자형(亞字形)의 문양을 새긴 옷깃을 말한다. 왕·왕세자 면복(冕服)과 조복의 중단과 왕비의 적의(翟衣) 중단 깃에 불령이 시문되어 있다.

불로뉴 호즈(boulogne hose)　　1570년 이후 영국에서 둥근 혹은 타원형 트렁크 호즈를 일컫던 용어로서, 종종 천조각을 이어서 만들었으며 캐니언즈(canions)와 함께 착용했다. 불리온 호즈(bullion hose) 또는 프렌치 호즈라고도 한다.

불리온(bullion)　　수식으로 사용되는 금빛의 총칭이다. 불리온 프린지(bullion fringe)는 금(은)실의 술을 말한다. 수(놓기), 자수, 자수법, 레이스 참조.

불리온 너트 스티치(bullion nut stitch)　　불리온 스티치의 짧은 모양을 말한다.

불리온 로즈 스티치(bullion rose stitch)　　불리온 스티치를 장미꽃잎처럼, 각각의 길이를 달리하여 둥글게 수놓은 것을 말한다.

불리온 로즈 스티치

불리온 루프 스티치(bullion loop stitch)　　색실 자수에 이용되며 불리온 스티치를 고리 모양으로 자수하는 기법이다. 불리온 체인 스티

치, 불리온 데이지 스티치라고도 한다. 수놓는 방법은 먼저 천을 아주 적게 떠내고 실을 감는 횟수를 많게 하여 천에 떠오르도록 자수한다.

불리온 루프 스티치

불리온 스티치(bullion stitch)　바늘을 겉으로 뺀 후 2~5mm 가량 실을 여러 번 감아서 다시 뺀 후 다시 한쪽 부분을 고정하여 만드는 방법이다. 작은 장미 등을 표현하는 데 많이 사용되기 때문에 불리온 루프 스티치라고 불리기도 한다. 불리온 스티치가 짧은 것은 불리온 너트 스티치라고도 한다. 또한 겉으로 나온 실을 적당한 길이로 바늘에 감아서 바늘을 뺀 후에 원래의 실 바로 옆으로 다시 바늘을 넣어 동그란 구멍이 나도록 하는 방법도 사용된다.

불리온 스티치

불리온 엠브로이더리(bullion embroidery)　불리온(bullion)은 ‘금실’, ‘은실’이라는 의미로, 얇게 눌러서 편 가는 금속사를 붙인 자수법을 말하며, 이것을 잘라서 견사와 연결하거나 얇은 바탕 종이 위에 펼쳐 놓고 수놓기도 한다. 유래는 고대 자수법으로, 프리지아(Phrygia) 사람들로부터 시작되었다.

불리온 체인 스티치(bullion chain stitch)　불리온 스티치와 같은 모양, 같은 방법으로 스티치하지만 그 모양을 체인 형상으로 만들 때 불리온 체인 스티치라고 한다.

불릿 프루프 재킷(bullet proof jacket)　방탄용 패널이 앞에 두 개, 뒤에 한 개 붙어 있는 재킷이다. 사파리 타입의 짧은 소매의 재킷과, 강도가 강철보다 5배나 되고 나일론보다

가벼운 방탄용 합성 섬유인 케블러(kevlar)를 사용하여 만든 긴 소매의 항공용 타입 재킷의 두 가지 스타일로 만들어진다.

불바드 힐(boulevard heel)　쿠반 힐(cuban heel)과 비슷한 튼튼하게 생긴 높은 구두굽으로 굽의 아래로 내려올수록 가늘어진다. 뒤꿈치와 힐이 만나는 곳을 가장자리 테로 둘렀다.

불상(佛像)　불상은 불타(佛陀)의 가르침을 기초로 한 불교 교리에 따른 예배의 대상을 시각적 조형 매체를 통해 표현한 조각이다. 넓은 의미에서는 부처의 상은 물론 보살상(菩薩像)·천왕상(天王像)·나한상(羅漢像)·명왕상(明王像)등이 포함된다.

붐(boom)　패션의 동의어로서, 경제적인 의미에서 갑자기 경기가 좋아지는 현상을 말한다. 예를 들면 아파트 붐, 증권 붐 등이 있다.

뷔스티에(bustier)　① 브라와 넓은 허리 벨트가 하나로 합쳐진 속옷이다. 대개 허리와 힙을 겨우 가리는 정도의 짧은 길이로 되어 있으며, 끈이 없이 떼었다 붙였다 할 수 있는 개더가 부드러운 받침대와 레이스로 되어 있다. ② 본래는 ‘끈 없는 브레지어’라는 의미이지만 현재는 탱크 톱(tank top), 즉 목과 팔을 노출하는 러닝 셔트형 의복으로 사용되고 있다. 수트와 앙상블의 중요한 소도구로 착용된다. 대개 끈이 달리지 않고 가슴 부분이 고무줄이나 탄력성이 좋은 니트로 꼭 조여서 고정시켜 주도록 되어 있다. 생긴 모양대로 튜브 톱이라고도 부르며, 1950년대, 1970년대 후반, 1980년대에 유행하였다.

뷔스티에 브라(bustier bra)　어깨끈이 없이 몸에 꼭 맞아 허리까지 오는, 앞부분이 레이스로 된 브래지어이다. 때로는 드레스의 윗부분으로 이용된다.

뷔퐁(buffonts, buffon, buffant)　18세기 말 여자 가운의 깊이 파진 목둘레를 가리기 위한 스카프로 거즈나 레이스 등으로 만들었다.

뷰글 비즈(bugle beads)　기다란 관모양의 유

불바드 힐

리 구슬로 흑색, 백색, 은색이 있으며 19세기 중반에서 현재까지 드레스 장식에 많이 사용되고 있다.

뷰티 스폿(beauty spot)　뷰티 패치(patch)라고도 한다. 아름답게 보이기 위해 얼굴에 점이나 색깔 있는 패치를 붙이는 것으로 패치 모양은 별, 하트, 초생달, 원형 등이 있다.

브네, 필립(Venet, Philippe 1929~　)　프랑스 리옹 출생의 디자이너로 지방시와 함께 일하다가 1962년 자신의 하우스를 열었다. 아름답게 재단된 코트를 기초로 우아하고 편안하고 세련된 디자인을 했다.

브라(bra)　브래지어의 줄인 말로 여성의 가슴을 보호해 주기 위해 또 아름답게 보이기 위해 형을 떠서 만든 속옷의 일부이다. 어떤 것은 뼈나 철사를 넣거나 심을 넣어 만들어 매우 딱딱한 것도 있고 또 어떤 것은 부드럽고 유연한 것도 있다. 루스하고 부드러운 캐주얼한 스타일들이 유행함에 따라 1970년대 중반부터는 딱딱한 것보다는 부드러운 브래지어를 더 많이 사용하였다. 1980년대에는 노브라 패션까지 등장하였다. 브래지어는 1920년대에 처음으로 소개되었는데 브래지어(brassiere) 또는 방도(bandeau)라는 이름으로 불리고 있다.

브라곤 브라즈(bragon braz)　16세기의 영향을 반영하여 만든 풍성한 바지(breeches)로 프랑스 브리타니(Brittany) 남성들의 원주민복이었다.

브라리스 드레스(braless dress)　브래지어 없이 입을 수 있도록 패딩을 넣어 가슴이 들어갈 자리를 미리 만들어 놓은 드레스로 1970년대 초에 유행하였다.

브라스(brass)　놋쇠에서 보이는 황색으로 적색을 띤 황동색을 말한다.

브라 슬립(bra slip)　브레지이와 속치마가 한 조각으로 되어 있다. 윗부분은 꼭 맞으며 끈이 달리지 않은 경우가 많다. 1960~1980년대에 유행하였다.

브라시프트(bra-shift)　소매가 없는 브라 모양의 시프트 드레스를 말하며, 1960년대 중

반에 유행하였다.

브라예트(brayette)　16세기에 갑옷으로 입었던 금속으로 만든 코드피스(codpiese)로 남성 성기를 보호하기 위해 디자인되었다.

브라이드메이즈 드레스(bridemaid's dress)　결혼식 때 들러리가 입는 여성의 드레스로 대개 신부가 선택하며 신부 드레스와 잘 매치되고 신부가 돋보일 수 있는 드레스를 택한다.

브라이들 드레스(bridal dress)　⇒ 웨딩 드레스

브라이들 레이스(bridal lace)　16~17세기경에 결혼식 때 입었던 레이스를 말한다. 17세기에는 결혼식 때 장미가지를 묶은 금 또는 실크 레이스를 가리켰다. 20세기에 들어 결혼 예복을 장식하는 데 사용되는 모든 레이스를 말한다.

브라이들 베일(bridal veil)　일반적으로 흰색의 망사, 레이스, 얇은 명주 망사 또는 실크 망사 등으로 만든 신부용 베일을 말한다. 뒤쪽의 길이는 허리, 엉덩이, 발목 또는 바닥까지 등으로 다양하고 앞쪽의 길이는 가슴 정도까지로 결혼식 중에는 얼굴을 가렸다가 예식이 끝난 뒤에는 뒤로 넘긴다.

브라이들 세트(bridal set)　결혼을 상징하는 약혼 반지(engagement ring)와 결혼 반지(wedding ring)를 한 쌍으로 한 것이다.

브라이들즈(bridles)　18세기에 모브 캡(여성용 실내모자)에 부착하여 턱밑에서 매도록 한 줄을 말한다.

브라이어 스티치(briar stitch)　페더 스티치(feather stitch)의 일종이다. 브라이어는 '찔레나무'라는 의미로 이 나무의 가시와 닮은 스티치이다.

브라이트 믹스(bright mix)　밝고 선명한 색으로 3~4가지를 조합시킨 배색 방법을 의미한다. 1980년 봄·여름부터 명도가 높고 밝은 색채가 대두하면서 종전의 동색계나 유사색 배색은 후퇴하고 보색 대비를 주로 한 배색이 캐주얼 룩이나 이브닝 드레스류에 많아졌다.

브라이트 온 브라이트(bright on bright) 밝고 빛나며 선명한 색채들로만 구성된 색채 대비로, 의복과 액세서리 등에 여러 가지 색채를 잘 조화시켜 발랄한 이미지를 연출하는 색채 대비의 하나이다.

브라이트 파스텔(bright pastel) 광택이 있는 파스텔 컬러를 말한다. 새로운 색상의 파스텔로 투명하면서 상큼한 색조가 특징이다. 광택 있는 소재가 현대 패션에서 부각되고 있듯이 다른 소재나 색상과도 조화를 이루며 다양하게 사용되고 있다.

브라이트 화이트(bright white) 밝게 빛나 보이는 것 같은 백색을 말한다. 밝고 선명한 색채의 유행으로 쇼킹 핑크와 적색, 오렌지 같은 선명한 색상들이 다른 밝은 색상들과 조화되면서 더욱 밝은 분위기를 창출해 내는 것을 의미한다.

브라질 룩(Brazil look) 리오의 카니발 축제 때 착용하는 화려한 의상에서 유래한 스타일을 말한다. 층층으로 된 러플이나 넓은 플레어 스커트가 테마가 된다.

브라질리안 슬립(Brazilian slip) 브라질리안 팬츠 또는 퀼로트 브라질렌이라고 한다. U자 또는 V자로 절개한 하이 레그(high leg)의 미니 쇼츠이다. 브라질의 리오 카니발 이미지 때문에 붙은 명칭으로 대단히 선정적인 인상을 준다.

브라 컵(bra cup) 브래지어의 유방 부위에 있는 두 개의 반구 모양의 부품을 일컫는 말이다.

브라케(braccae) 프랑스 정복(the Gallic conquest) 이후에 로마인이 입었던 헐렁한 팬티나 양말이다. 브록(brock), 브레(braies) 또는 브라코(bracco)라고도 불린다.

브라키니(bra-kini) 겨우 가슴을 가리는 노출형의 브라와 비키니 팬티가 합쳐져 하나로 되거나 또는 따로 투피스로 될 수도 있는 속옷을 말한다.

브란덴부르크(Brandenburg) ① 17세기 후반기에 입었으며 군복 형태의 길고 느슨한 겨울용 남성 코트로, 앞여밈을 나무단추(frog closings)를 사용했다. ② 1812년 이후에 코바늘 뜨개로 만든 횡단형의 장식끈이나 술로 만들어진 군복 장식을 일컫는 용어로서 프로그 여밈 장식과 유사하게 생겼고, 여성들이 사용했다. Brandenbourg나 Brandenburgh라고도 쓴다. 프러시아의 브란덴부르크 군대가 입었던 브레이드 장식이 달린 유니폼에서 이름이 유래되었다. ③ 장식끈, 장식단추의 의미이다. 색실 등으로 앞여밈에 붙이는 장식으로 어원은 프러시아 브란덴부르크에서 유래하였다. 원래는 군복에 사용되었으나 민속풍 패션의 대두로 다시 사용되었다.

브랑(branc) 15세기 여성들의 속옷을 말한다.

브래사트(brassart) ① 14세기 중엽에서 15세기 동안에 팔 윗부분에 보호용으로 착용한 갑옷의 일부이다. ② 팔목에서 팔꿈치까지 연장된 소매의 일부분으로, 망슈롱(mancheron)이라 불리는 팔 윗부분에 리본으로 연결되었다. 15세기에 착용하였다.

브래지어(brassiere) 파운데이션의 일종으로 가슴의 모양을 살리기 위한 유방의 밴드 또는 여성용 속옷의 일종으로 유방을 누르는 것이다. 브라라고도 줄여서 부르는데 프랑스의 브뤼셀에서 나온 말로서 영어가 되었다. 브라 참조.

브랜드(brand) 판매자의 상품이나 아이디어를 암시하거나 특정 제조업자나 분배자의 상업명으로 생산을 구분하는 상호나 상징, 디자인 또는 이러한 것의 복합체를 말한다. 의류, 직물류를 포함하는 다양한 상품 라인을 소유한 소매조직이다.

브랜드 로열티(brand loyalty) ⇒ 상표충성

브랜드 아이덴티티(brand identity) 한 브랜드의 특징을 간단 명료하게 표현하기 위한 작업 또는 브랜드 이미지 관리를 말한다.

브랫(bratt, brat) ① 9세기부터 10세기에 아일랜드의 농부들이 입었으며 거친 천으로 만들어진 맨틀이나 케이프이다. ② 14세기 후반기에 유아용 덮개나 담요를 일컬었던 용어로 아일랜드 맨틀이라고도 불렸다.

브런치 코트

브레이드

브레이드 스티치

브러시 코튼(brush cotton)　브러싱 공정으로 기모시킨 면섬유를 의미하며, 재킷, 판탈롱, 점프 슈트 등에 사용된다.

브러시트 패브릭(brushed fabric)　직물의 표면이나 이면을 빗질과 같은 기계적인 처리를 통해 짧은 섬유 끝을 일으켜 세운 직물을 말한다.

브런즈윅(Brunswick)　남성용 칼라가 달려 있으며 몸에 꼭 맞는 승마용 코트 드레스로 18세기 여성들이 입었으며 독일 브런즈윅 지방에서 유래되었다.

브런즈윅 가운(Brunswick gown)　뒤가 자루 모양으로 부푼 형태이며 앞에는 단추가 있고 긴 소매가 달린 가운이다. 1760년대에서 1780년대 사이에 여성들이 입었다. 독일 가운(German gown)이라고도 불린다.

브런치 코트(brunch coat)　아침식사 브렉퍼스트(breakfast)와 점심식사 런치(lunch)의 중간 정도에 집에서 입기 편리한 옷이라는 데서 브런치라는 이름이 지어졌다. 헐렁하게 입는 가운으로 길이는 무릎에서부터 발목까지 오는 것도 있고, 앞여밈은 단추나 스냅 또는 지퍼로 되어 있다. 주로 여성들이 집에서 활동할 때 편하게 입는 짧은 길이의 라운지 코트의 일종이다. 더스터 또는 하우스 코트(house coat)라고 부르기도 한다. 1950년대에 특히 유행하였다. 브렉퍼스트 코트 참조.

브레스트 커치프(breast kerchief)　커치프는 더블릿이나 가운 밑에 입었으며, 보온을 위해 목과 앞가슴, 어깨를 두르는 스카프 형태로 15세기 말에서 16세기 중엽까지 입었다.

브레스트 플레이트(breast plate)　① 금속으로 된 여성용 가슴 장식이나 견고한 금속 브래지어이다. ② 16세기 에스파냐의 신대륙 정복자와 군인이 입었던 것으로 어깨에서 허리선까지 앞가슴 전체가 꼭 맞으며 금속으로 주물되어져 만든 갑옷에서 유래하였다. ③ 미국 대초원의 인디언들이 가슴에 단, 두 줄의 긴 뼈 구슬로 된 장식물을 말한다.

브레스티드 힐(breasted heel)　구두의 밑바닥 중앙의 흙이 잘 묻지 않는 부분에서 발바닥에 이르는 부분이 곡선으로 처리된 모든 힐의 총칭이다.

브레이드(braid)　① 세 갈래로 엮어 땋은 헤어 스타일로 1980년대에 유행하였다. ② 피륙을 구성하는 방법의 하나로 세 가닥 또는 그 이상의 실이나 천오라기로 땋은 것을 말한다. 짠 것, 꼰 것, 수놓은 것 등의 종류가 많으며, 넓이, 모양, 색 등이 다양하다. 수트의 단 장식에 많이 쓰이는데 옷과 조화를 이루어야 하며, 브레이드를 다는 곳에 시침하여 붙이고 재봉틀로 박거나 손박음질을 한다.

브레이드 스티치(braid stitch)　슬랜티드 플랫 스티치를 약간 변화시킨 것으로, 가늘고 긴 직선형에 사용한다. 루프트 브레이드 스티치라고도 한다.

브레이드 엠브로이더리(braid embroidery)　⇒ 리본 엠브로이더리

브레이디드 밴드 스티치(braided band stitch)　굵은 선 또는 경계선을 수놓을 때 사용되는 스티치로, 실을 다이아몬드 형으로 맞추며 만들어간다.

브레이슬릿(bracelet)　팔목, 발목, 팔뚝 등에 착용하는 장식용 밴드나 링 등의 총칭이다. 재료로는 금속, 체인, 플라스틱, 나무, 가죽, 투명 합성수지 등이 사용되며, 형태는 다양하다.

브레이슬릿 렝스 슬리브(bracelet length sleeve)　팔꿈치와 손목 사이의 중간 정도에 이르는 소매를 말한다. 팔찌를 차기에 알맞는 길이라 하여 붙여진 명칭이다. 브레이슬릿 슬리브라고도 한다.

브레이슬릿 링(bracelet ring)　반지와 팔찌가 결합된 것으로 슬레이브 브레이슬릿 또는 링 브레이슬릿이라고 부른다.

브레이슬릿 워치(bracelet watch)　장식적인 팔찌와 실용적인 시계의 기능을 동시에 가진 시계 팔찌를 말한다. 시계 부분에 뚜껑을 부착하기도 하며 때때로 보석 종류를 장식으로 박기도 한다. 뱅글 워치라고도 한다.

브레이슬릿 커프스(bracelet cuffs)　레이스나

리본, 자수 등으로 장식이 된 커프스이다. 팔찌를 착용한 것처럼 보인다 하여 붙여진 명칭이다.

브레이슬릿타이 슈(bracelet-tie shoe)　발목을 끈으로 두른 여성용 신으로, 끈을 고정하기 위하여 뒤 중심에서 고리를 맨다. 1930년대에서 1940년대 사이에 유행되었으며, 1970년대 초에 다시 등장하여 애용되었다.

브레이커 네크라인(breaker neckline)　스웨트셔츠 등에서 볼 수 있는 네크라인이다. 윈드브레이커에 달린 작은 숄 칼라형의 니트 칼라를 가리킨다.

브레이커 팬츠(breaker pants)　바지 양쪽의 옆선이 지퍼로 된 직선의 바지로 안감을 대조되는 색으로 하여 젖혔을 때 대조의 효과를 낼 수 있도록 된 바지이다. 많은 운동량을 요하는 브레이크 댄스를 출 때 착용한 바지에서 유래하였다.

브레턴 스웨터(Breton sweater)　브레턴은 프랑스의 브르타뉴 지방으로 브레턴 스웨터란 이 지방에서 전통적으로 입고 있는 스웨터를 말한다. 브레턴 워크란 꽃 무늬, 기하학적 무늬를 체인 스티치로 자수한 것을 가리킨다. 브레턴에는 모자 챙을 위로 구부려 올린 모자라는 의미도 있다.

브레턴 워크(Breton work)　주로 체인 스티치를 이용하여 꽃모양이나 기하학적인 모양을 자수하며, 오래 전부터 농민들에 의해 발전된 자수로서 견색사나 금속사 등을 사용한다. 브레턴은 브르타뉴(Bretagne) 지방에서 생긴 자수 이름으로 브르타뉴 워크(Bretagne work)라고도 한다.

브레턴 재킷

브레턴 재킷(Breton jacket)　앞 양면에 단추가 있으나 앞에서 여밈을 하지 않으며, 테일러드 칼라가 달린 꼭 맞는 힙 길이의 여성용 재킷이다. 넓은 브레이드로 화려하게 장식했으며 뒤중앙선 밑단의 길이는 앞단보다 짧다. 1870년 후반기에는 재킷과 짝이 되는 스커트를 함께 입었을 때 브레턴 커스튬(Breton costume)이라고 불렀다.

브레턴 캡(Breton cap)　둥근 크라운과 접혀진 테가 있는 여성용 모자로 주로 머리 뒤쪽으로 쓰며 얼굴을 드러내 보인다. 원래는 프랑스의 브르타뉴 지역의 농민이 썼던 모자에서 유래하였다.

브렉퍼스트 코트(breakfast coat)　브런치 코트나 더스터를 가리키는 현대 용어이다.

브로그(brogue)　주로 남성들이 신는 두꺼운 옥스퍼드 구두의 일종으로, 스티치나 구멍으로 장식이 되어 있으며, 앞부리가 뾰족하면 윙 팁스(wing tips)라고 부른다.

브로드 숄더(broad shoulder)　브로드란 넓다는 뜻으로 폭이 넓은 어깨를 말한다. 폭이 넓은 어깨를 표현하는 방법으로는 여러 가지가 있는데 직접적인 것으로는 요크 절개나 견장을 옆으로 내는 것과 어깨 패드에 주름이나 턱 등으로 옆과 위로 올리는 것 등이 있으며, 간접적인 것으로는 자수나 배색 변화도 생각할 수 있다. 넓게 강조된 어깨는 코트나 재킷뿐만 아니라 드레스에게까지도 파급되고 있다.

브로드 스티치 심(broad stitch seam)　솔기의 한쪽에 두 줄로 상침한 것으로 상침 솔기와 유사한 솔기이다.

브로드 체인 스티치(broad chain stitch)　1에서 2로 작은 러닝 스티치를 만들고 바늘을 3으로 나오게 한 다음, 실을 러닝 스티치 한 땀으로 통과시켜 다시 3에 넣으면 고리가 생기게 된다. 3에 넣은 바늘을 4에서 뽑아, 먼저 해 놓은 고리밑으로 통과시켜, 다시 4에 넣기를 반복해 나간다. 줄기와 같은 형태를 나타낼 때 사용되며, 굵은 실을 사용하면 더 효과적이다. 스퀘어 체인 스티치라고도 한다.

브레턴 캡

브로그

브로드 체인 스티치

브로드클로스(broadcloth)　　원래는 광폭직기로 제직한 직물을 말한다. 치밀하게 제직한 광택이 있는 평직 면직물로 경사 밀도를 더 크게 하여 가는 이랑이 위사 방향으로 나타난다. 이합사를 사용하고 코밍단사와 카드사를 사용기도 하며 머서화가공을 한다. 셔트, 파자마, 속옷 등에 사용된다.

브로드테일(broadtail)　　매우 어린 페스리아산 양의 부드러운 가죽으로 검정색이나 회색 등 여러 가지 색으로 염색할 수 있다. 겨울 오버코트감으로 쓰인다.

브로셰(broché)　　① 스코틀랜드 지방에서 줄무늬 무지로 짠 페이즐리천 종류로 만든 숄을 말한다. ② 회전 또는 래핏 직조 방법(swivel or lappet weaving)을 사용해서 얻어진 직물 패턴을 가리키는 프랑스 용어로 경·위사에 특수한 실을 첨가시켜 만들어낸 장식천을 말하는데 장식을 위한 실은 기본 바닥 직조에는 사용되지 않는다.

브로치(brooch)　　의복을 여미거나 장식하는 데 쓰이는 장신구의 하나로 형태 및 재료가 다양하다. 조선 말 한복의 고름이 없어지면서 사용되었다.

브로커텔(brocatelle)　　경사에 아마나 면사, 위사에 견이나 인조 섬유의 필라멘트사를 이용하여 자카드 직기를 사용해서 경이중직으로 짜고 평직이나 위수자의 바탕에 경수자로 무늬를 나타낸 것이다.

브로케이드(brocade)　　① 원래는 중국 등지에서 생산된 꽃무늬 등의 무늬를 금사나 은사로 수놓은 우아하고 두꺼운 견직물을 말하는 것이었다. 풍부하고 두꺼운 자카드 직물로 꽃무늬 등이 돌출되어 있어 색상이나 표면 효과가 강조된다. 평직이나 능직, 수자직의 바닥 위에 수자직이나 능직으로 무늬를 넣으며, 직물의 표면에 나타난 문양을 종종 금사나 은사를 써서 나타내기도 하고, 바닥의 직물과 쉽게 구별된다. 이브닝 드레스, 덮개, 장식용으로 쓰인다. ② 같은 색상의 강연사와 약연사를 바닥과 문양에 각각 사용하여 돌출 효과를 낸 양탄자를 말한다.

브로케이드

브로케이드 엠브로이더리(brocade embroidery)　　브로케이드 직물의 꽃모양 위에 아름다운 색사로 수놓은 자수 기법을 말한다.

브로큰 체인 스티치(broken chain stitch) ⇒ 오픈 체인 스티치

브로큰 체인 스티치

브로큰 체크(broken check)　　기하학적인, 정방향으로 배열되지 않은 격자 문양을 가리키는 것으로 하운즈투스 체크 등이 여기에 속한다.

브로큰 체크

브록(brock)　　로마인의 브라케와 비슷하게 생긴 바지를 가리키는 앵글로색슨족의 용어로 복수 형태는 브렉(brec)에서 브리치로 변했다가 브리치즈(breeches)로 변했다.

브론즈(bronze)　　청동과 같은 색으로 회색을 띤 황적색을 말한다.

브론즈 톤(bronze tone)　　청동의 조각상에 보이는 다양한 색조로 구체적으로 금색, 은색,

적동색, 흑색 등에 가까운 남색까지 여기에 포함된다. 이러한 색상들은 브론즈가 동과 주석의 합금의 비례에 따라 색조가 미묘하게 변화하는 것에 기인한다. 이러한 분위기를 나타낸 것을 '브론즈 룩'이라고 한다.

브루넬레치, 움베르토(Brunelleschi, Umberto 1879~1949)　이탈리아 태생으로 일러스트 레이터이며 의상디자이너이다. 일러스트레이터 파울 이리베(Paul Iribe)와 공동 작업을 한 경험도 있으며 1903~1910년까지 파리의 살롱에 기여하기도 하였다.

브루스터 그린(brewster green)　빅토리아 시대 마부 의상에 사용된 짙은 청록색으로, 코치맨 그린(coachman green)이라고도 불린다.

브루이어(bruy'ere)　연분홍빛을 띤 자주색으로, 헤더(heather)빛이다.

브룩스, 도널드(Brooks, Donald 1928~)　미국 커네티컷 출생. 시라큐즈 미술대학에서 미술과 영문학을 공부하고 파슨스 예술 대학을 잠시 다녔다. 연극과 영화의 무대 의상 분야에서 경력을 쌓았으며, 1958년 코티 특별상, 1962년 위니상, 1967년 리턴상, 1963년 뉴욕 드라마 비평상을 받았다.

브룸스틱 스커트(broomstick skirt)　빗자루 주위에 젖은 스커트 천을 감아서 끈으로 꼭 묶어 그대로 말리면 가는 주름을 잡은 것처럼 수직의 주름이 생긴다. 이 천으로 만든 스커트나 그와 같이 보이게 만들어진 스커트를 가리킨다. 1940년대와 1960년대에 유행하였다.

브뤼셀 레이스(Brussels lace)　브뤼셀 또는 그 부근에서 만들어진 보빈(bobbin) 또는 니들포인트(needlepoint) 레이스를 말한다. 보빈과 니들포인트를 혼합하여 만들기도 하며, 먼저 레이스를 짜는 대에서 바늘로 윤곽을 뜬 후에 배경을 넣는다. 바닥은 대개 기계로 짜는데 이러한 기계 배경에 장식이 있을 때에는 종종 아플리케라고 불린다.

브리간스, 톰(Brigance, Tom)　미국 텍사스 출생의 디자이너로 뉴욕의 파슨스 예술 대학

에서 공부하고 파리 소르본느에서 계속 공부했다. 그 후 뉴욕의 로드 앤드 테일러에서 디자이너로 일했으며 1949년 자신의 사업을 시작하였다. 비치 웨어와 수영복 디자이너로 유명하며 1953년 '해변에서의 미국 여성의 새로운 패션'으로 코티상을 수상하였다.

브리머 해트(brimmer hat)　챙이 넓은 모자를 카리킨다.

브리스틀 블루(bristol blue)　브리스틀 유리의 짙은 청색으로, 피코크 블루와 유사하다.

브리치 거들(breech girdle)　끈으로 잡아당기는 것이 패션으로 나타날 때 부리의 넓은 상단에 넣어 잡아당겨지는 벨트를 의미한다. 허리선이나 허리선보다 약간 아래 부위에 벨트가 놓이게 되며 13세기에서 15세기에 남성들이 입었다.

브리치즈(breeches)　① 현재에는 니커즈(knickers)와 비슷하게 생긴 무릎 길이의 바지를 의미하는데, 20세기 초에는 청소년들이 입었으며, 사용 목적에 따라 승마용, 운동용, 자동차용으로 많이 입혀진다. ② 중세 초기에는 프렌치 브레(French braies)나 라틴 브라케(Latin braccae)와 같은 형태의 바지를 의미했다. 16세기 말 이래로 브리치즈 또는 호즈라고 불렸다. 클로크 백 브리치즈, 니 브리치즈, 슬롭스(slops), 갈리 가스킨즈, 페티코트 브리치즈, 스패니시 호즈, 베니션 참조.

브리치 클로스(breech cloth)　미국 인디언이 입었던 로인클로스로, 약 2m 길이의 천이나 가죽으로 만들었고 구슬이나 술로 장식했으며 앞뒤로 늘어지게 착용하였다.

브리티시 웜(British Warm)　영국 육군이나 해군 장교의 두꺼운 더블 브레스티드형 오버코트로서 무릎 길이이거나 그보다 짧은 길이로 디자인되었다. 1950년대와 1960년대에는 일반인이 복제하여 착용했다.

브리티시 트래디셔널(British traditional)　전통적인 영국풍의 스타일을 말한다. 아이 보리색 스웨터, 각종의 트위드, 플래드, 플란넬 등의 클래식한 모직물로 만든 상의나 바지 등으로, 영국의 상류층 남성들의 캐주얼 스

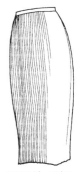

브룸스틱 스커트

타일이다.

브리퍼즈(briefers)　니트와 같이 신축성이 있는 소재를 사용하여 만든 매우 짧은 남성용 트렁크스를 말한다.

브리프(brief)　길이는 짧고 몸을 감싸듯이 입는 속바지로 신축성 있는 옷감으로 만들며 양말걸이 가터가 달려 있기도 하다. 남성, 여성, 아동들이 많이 입는다.

브리프케이스(briefcase)　자물쇠가 달려 있으며 옆이 부피가 있고 접혀진 뚜껑과 딱딱한 손잡이가 있는 봉투 크기의 가방이다. 원래는 변호사들이 서류를 넣고 다니던 가방에서 유래하였다. 여성용 브리프케이스에는 지퍼가 있거나 밖에 화장품 등을 넣을 수 있는 포켓이 달려 있기도 하다.

브릭 스티치(brick stitch)　맨 윗선을 따라 수직 방향으로 롱 앤드 쇼트 스티치를 하고, 다음 줄에서는 그림과 같이 모든 스티치를 같은 길이로 한 후 마지막 줄에서는 공간을 짧은 스티치로 채운다. 벽돌을 쌓은 것과 같은 형태를 이루기 때문에 붙여진 이름이다.

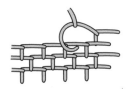

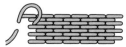

브릭 스티치

브릴리언트(brilliante)　① 가벼운 면 드레스 직물 또는 작은 기하학적인 문양이 있는 셔트직으로 평직이다. 경사에는 가는 실을, 위사에는 굵고 느슨한 꼬임이 있는 실을 쓰며 머서라이징(mercerizing)하기도 한다. ② 생사(raw silk yarn)로 짜 후염한 부드럽고 광택이 있는 직물이다. 비스코스 레이온 스테이플(viscose rayon staple) 비스코스 레이온 필라멘트와 거의 비슷하게 만들어지나 방사구 노즐의 구멍 수가 필라멘트는 보통 25~30개인 데 반해 스테이플의 경우에는 최소 500개에서 최고 4,000개까지 된다. 방사기

에서 나온 접속사를 정련 표백한 후 절단기에서 절단하여 그대로 건조하여 사용하거나 방사 직후의 집속사를 그대로 절단하여 사용하는 방법이 있다.

브릴리언트 컷(brilliant cut)　다이아몬드와 같은 보석의 광택을 증가시키기 위한 반사면을 만들기 위해 연마하는 방법의 하나이다. 대부분 다이아몬드와 투명한 보석은 58면으로 연마되며 64, 72 그리고 80면까지 증가시킬 수 있다. 보석의 가장 윗부분은 테이블(table)이라 불리며 평평한 표면을 이루며 바깥으로 향하는 경사진 면은 거들(girdle)이라 하고 안쪽으로 굽어지며 작은 면으로 연마되는 부분은 컬릿(culet)이라고 불린다. 면의 수와 연마 기술이 보석의 광택을 증가시켜 준다. 연마된 것은 둥근형, 계란형, 배형, 장원형, 물방울형 또는 하트형 등 다양하다.

브이 네크라인(V-neckline)　알파벳의 V자처럼 앞뒤가 파인 네크라인으로 목이 짧은 사람에게 효과가 있으며, V 셰이프트 네크라인(V-shaped neckline)이라고도 한다.

브이 네크라인

브이 백(V back)　등 부분이 V자형으로 파인 디자인이다. 여성스러운 느낌을 주며 앞 부분도 V자형으로 처리하는 경우가 많은데, 이 경우는 한층 섹시한 이미지를 연출한다.

브이 스티치(V stitch)　V자형으로 수놓으며, 나는 새 등을 표현할 때 이용된다.

블라니크, 마노로(Blahnik, Manolo 1943~)　카나리아섬의 산타크루스 출생의 디자이너로 제네바 대학에서 문학을 전공한 후 1968년 파리로 가서 에콜 드 루브르(Ecole du Louvre)에서 2년 간 예술을 공부하고 1971년 뉴욕으로 갔다. 뉴욕에서 그의 디자인 스케치가 패션 편집자들에게 관심을 불러일으켜 그 해 첫번째 구두 컬렉션을 가졌으며

1971년 런던으로 건너가 상점을 열었고 1980년에는 뉴욕에서도 오픈하였다. 그의 구두 디자인은 색채 있는 가죽의 사용으로 유명하며 현재 캘빈 클라인의 구두를 디자인 하고 있다. 그외 이브 생 로랑, 잔드라 로즈, 진 뮤어, 페리 엘리스의 구두를 디자인 하였다.

블라스, 빌(Blass, Bill 1922~)　미국 인디애나주 출생의 디자이너로 뉴욕 파슨스 예술디자인학교에서 패션 디자인을 공부한 후 스포츠 웨어 전문 메이커인 데이비드 크리스탈에서 일러스트레이션을 담당했다. 제2차 세계대전 후 군복무를 마치고 1946년 안나 밀러 회사에 디자이너로 취직하였고 1967년 이 회사를 사들인 후 1970년에 회사 이름을 빌 블라스로 바꾸었다. 빌 블라스는 미국의 스포츠 웨어로 잘 알려져 있으며 하킹 재킷이 주로 만들어지는 품목이다. 그의 디자인의 특징은 깨끗한 재단, 뚜렷한 윤곽선, 현대적이며 우아한 도시풍으로 여성의 신체 곡선을 잘 표현하고 있다. 1961년 위니상, 1963년 리턴상, 1968년 남성 패션 디자인상, 1970년에는 명예의 전당 표창, 기년 최우수 명예의 전당 표창, 1975년 모피 디자인 특별상, 1982년 두 번째 코티상을 받는 등 미국에서 수상 경력이 가장 화려한 디자이너로 손꼽힌다. 그의 성공 비결은 '생활 그 자체가 작업

블라스, 빌

이다' 라는 그의 자세 때문이다. 또 40여 년의 오랜 디자이너 생활 속에서 축적된 경험과 영광된 성공의 자리를 굳히고 있으면서 언제나 겸허하고 진지한 태도로 매년 컬렉션을 발표하고 있다.

블라우스(blouse)　블라우스의 어원은 로마네스크(11~12세기) 시대 농민들의 작업복인 블리오(bliaud)에서 유래하였다고 한다. 블라우스를 스커트 허리에 넣어 입어 블루종(blouson)된 데에서 명칭이 붙여졌다고 하는데, 블라우스의 형태는 로마네스크 시대보다 오래 전 수렵 생활을 하던 사람들이 한정된 짐승 가죽이나 짐승 털로 의복을 만들었기 때문에 상하로 나누어 옷을 만든 것이 계기가 되었다고 한다. 스모크와 같이 작업복으로 덧입는 경우나 미군들의 군복으로 싱글 브레스티드의 재킷을 말하는 경우도 있지만 흔히 여성과 아동들이 상반신에 입는 가벼운 소재로 만든 헐렁한 셔트형을 말한다.

【블라우스의 기능】　시대에 따라 다르나 왕후, 귀족이 화려했던 때에는 호화롭게 장식하여 겉옷으로 착용하였고 의복 문화의 향상과 더불어 겉옷이 만들어져 수트 속에 입는 옷으로 발전, 변화해 왔다. 19세기 후반에 본격적으로 등장하여 미국에서는 셔트 웨이스트라고도 불렸는데 제2차 세계대전 후 활동적인 사회 생활에 적합하고 합리적인 의복의 요구로 겉옷으로 착용되기 시작하여 현재는 현대 생활에 적합하고 기능성 있는 의복으로서 수트 등을 돋보이게 하기 위해 애용되고 있다. 일반적으로 가벼운 천으로 헐렁하게 하거나 또는 목에서부터 힙 정도 길이로 몸에 맞게 만들어져서 주로 여성들과 어린아이들이 입었다. 블라우스는 착용 목적에 따라서 겉옷과의 조화를 참작하여 입는 사람에게 어울리는 스타일이어야 한다. 블라우스는 모든 의상의 기초가 되며 가장 많이 활용되고 또 최소한의 경비로 최대의 효과를 얻을 수 있으며 연출을 다양하게 할 수 있는 장점은 있으나 항상 치마나 바지와 함께 맞추어 입어서 효과를 내는 것이므로 상의와 하

의와의 조화를 고려해야 한다.

【블라우스의 종류】 치마나 바지 위에 내어 입는 오버 블라우스와 안에 넣어 입는 언더 블라우스의 2종류로 분류할 수 있으며, 언더 블라우스와 스커트를 같은 옷감으로 만들어서 원피스 드레스처럼 입을 수도 있고 오버 블라우스로 하여 투피스처럼 입을 수도 있다.

블라우스 드레스(blouse dress) 1870~1880 년대 입은 볼록한 블루종 상의에 로 웨이스트로 된 소년·소녀들의 드레스이다. 대개 짧은 스커트는 주름으로 되어 있으며, 블라우스 커스튬(blouse costume)이라고도 불린다.

블라우스 드레스

블라우스 백(blouse back) 상의 뒤쪽이 불룩하게 여유있게 보이도록 디자인된 블라우스이다.

블라우스 슬리브(blouse sleeve) 소맷부리에 주름을 잡고 밴드를 댄 풍성한 소매로 비숍 슬리브라고 부르기도 한다.

블라우스 슬립(blouse slip) 윗부분은 블라우스, 밑부분은 속치마로 된 두 가지가 합쳐진 속치마로 슬립 블라우스라고도 한다.

블라우스 코트(blouse coat) 허리 부분에서 불룩하게 된 블라우스 형태의 코트이다. 돌먼 또는 기모노 소매에 V자형 목신으로 된 코트로, 허리선에 싱글 버튼 여밈이 있다. 1920년대 중반에 인기가 있었다.

블라우저 수트(blouzer suit) 블라우스와 블레이저의 특징을 절충시켜 중간 성격을 지니게 만든 블라우저와 스커트나 팬츠로 이루어진 수트이다.

블라우제트(blousette) 소매가 없이 앞 뒤 몸판만 있는 약식의 블라우스로 스커트나 수트 투피스와 함께 입는다.

블라인더 스티치(blinder stitch) 윤곽을 백 스티치로 두 줄 박고 그 땀에서 대각선상의 땀까지 실을 건너는 스티치이다. 슬립 스티치와 같은 모양의 자수이나, 슬립 스티치보다는 바늘땀이 짧은 것을 말한다. 땀이 숨은 스티치이기 때문에 이런 이름이 붙었다.

블라인드 턱(blind tuck) 핀 턱보다 주름을 잡는 분량이 많은 것으로 턱과 턱 사이의 간격이 없다.

블라인드 헤밍 스티치(blind hemming stitch) ⇒ 속 감치기

블랑셰(blanchet) ① 원래는 소매와 칼라가 달려 있고 안은 모피로 대었으며 겉은 흰 면으로 만든 여성용 긴 재킷(camisole)으로, 15세기에 스커트 위에 입었다. ② 12세기에서 14세기 사이에는 화장을 할 때 사용되는 흰색 페인트나 가루를 뜻하는 용어였다.

블랑 카세(blanc cassé) 오프 화이트를 의미하는 불어이다. 블랑은 '백(白)', 카세는 '쇠퇴하다, 약해지다, 굵히다'는 의미로 블랑보다 다소 황색을 띤 오프 화이트이며 중성색의 전형으로 계속 유행하고 있다.

블랙 수트(black suit) 남자 정장 옷차림의 흑색 야회복을 말한다.

블랙 오팔(black opal) 오팔 참조.

블랙 워크(black work) 하얀 리넨 위에 검정 실크로 하는 자수로 칼라, 커프스, 손수건의 장식에 이용되는데, 스패니시 블랙 워크(Spanish black work)라고도 한다. 영국에서는 헨리 8세 시대(1509~1547)부터 엘리자베스 1세 시대(1558~1603)에 걸쳐 대단히 유행하였는데 이것은 에스파냐에서 온 헨리 8세의 부인 캐서린의 영향이 컸다. 자수 디자인은 소용돌이형 모양이나 꽃, 포도줄기, 잎 등의 자연물을 조화시켜 이용했다.

블랙 커런트(black currant) 검정에 가까운 자색이다. 버건디(적포도주색), 바이올렛 등

과 함께 새롭게 주목받는 추동색으로 니트 등에 다른 색과 조화하여 이용되며 신선한 인상을 준다.

블랙 크로스 밍크(black cross mink)　양식 밍크의 일종으로 어깨 부분에 흰 바탕에 검은색 긴 털이 십자(+) 마크를 나타내는 것이 특징이다. 이 종은 색배합이 어려워서 모자, 칼라 등에 주로 쓰인다.

블랙 타이(black tie)　① 세미 포멀을 한 경우에 디너 재킷이나 턱시도에 착용하는 남성용 검정색 나비 넥타이를 말한다. ② 세미 포멀한 행사를 의미하는 용어로, 블랙 타이는 남성들에게 턱시도를 착용하라는 것을 암시한다. 턱시도 참조.

블랙 폭스(black fox)　길고 부드러운 털을 지닌 검은 여우의 모피이다. 알래스카, 동부 캐나다, 북유럽에서 산출되는 것이 품질이 우수하다.

블랭킷(blanket)　일반적으로 모직물에 모포 가공을 한 직물로서, 기모하여 세운 털을 털깎기한 다음 브러시하여 벨벳과 비슷한 외관을 보이는 방모직물이다.

블랭킷 링 스티치(blanket ring stitch)　버튼홀 링 스티치라고도 한다. 색실자수에 주로 이용하는 기법으로 블랭킷 스티치로 고리 모양을 만들어 수놓는데, 원형 중심에 바늘을 넣고 천을 방사상으로 떠내면서 자수한다.

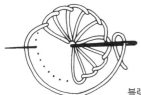

블랭킷 링 스티치

블랭킷 스티치(blanket stitch)　버튼홀 스티치와 같은 모양이지만, 땀의 간격이 성근 것을 말한다. 테두리, 아플리케, 윤곽 등을 수놓을 때 사용하며, 모포의 가장자리에 사용한 것에서 이름이 유래하였다.

블랭킷 스티치 필링(blanket stitch filling)　색실자수의 표면자수 기법으로 블랭킷 스티치로 수놓아 면을 메운다. 수놓는 법은 블랭킷

스티치의 바늘땀을 두 땀씩 수놓는 방법과 한 땀씩 서로 마주치게 하여 자수하는 방법이 있다.

블랭킷 슬리퍼즈(blanket sleepers)　담요 같은 두꺼운 천으로 만든 파자마로 위아래가 하나로 되어 있는 것도 있고, 투피스로 되어 있는 것도 있으나 단추, 지퍼 등으로 여미게 되어 있으며 주로 아동들의 겨울용 파자마로 많이 입힌다.

블랭킷 체크(blanket check)　모포에 주로 많이 사용되는 커다란 격자 문양을 말한다.

블러드 레드(blood red)　선명한 혈액색과 같은 빨간색을 가리킨다.

블러드스톤(bloodstone)　짙은 초록색 바탕에 적색 점이 있는 불투명한 광석 종류의 하나이다. 초기 교회에서 신성한 대상을 묻을 때 이 광석을 자주 사용한 것은 이 붉은 점들이 예수의 피를 연상시키기 때문이다. 인도와 시베리아에서 생산되며, 헬리오트로프라고 부르기도 한다.

블레 도르(blé d'or)　황금빛 곡식알의 색을 말한다. 금빛 옥수수(golden corn) 또는 밀색(wheat)에서 파생된 불어이다.

블레이드 재킷(blade jacket)　1930년대에 착용한 남성용 비즈니스 재킷으로, 팔 위쪽과 등, 어깨를 아주 넓게 처리하고 움직임이 편하도록 하였다.

블레이저(blazer)　패치 포켓이 달린 몸에 붙는 스타일의 싱글 재킷이다. 가끔 왼쪽 앞 가슴에 자수를 놓은 기장과 금속 단추 또는 학교 도표나 다른 상징적 장식물을 달기도 했다. 소년·소녀들은 교복으로 입었으며 성인 남녀는 평상복으로 입었다. 영국 대학생이 대담한 색상의 수직선 무늬가 있는 재킷을 입은 데서 유래하였다. 1960년대 후반기에 회색이나 짙은 감색에 금속 단추 장식을 한 더블 브레스티드 재킷으로 남성들에게 유행하였으며, 1980년대 초반기에는 관습적인 남성용 수트 재킷으로 인식되었다. 원래 1890년 영국에서 크리켓(cricket) 시합이나 보트 경주용 재킷으로 등장하였다.

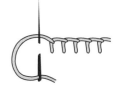

블랭킷 스티치

블레이저

블레이저 삭스(blazer socks) 색 밴드에 색깔을 넣은 소년 소녀의 장식 양말로 니트 셔츠의 다양한 직선 무늬(stripes) 효과와 유사하다.

블레이저 수트(blazer suit) 주로 금속단추를 달고 위쪽 포켓에 기장을 수놓은 가벼운 스포츠용 상의인 블레이저 재킷과 스커트로 이루어진 수트이다.

블레이저 재킷(blazer jacket) 남성, 여성, 아동이 두루 입는 간편한 스포츠 재킷의 일종으로 꼭 맞지도 헐렁하지도 않게 알맞게 맞으며 스포티한 쇠단추로 앞여밈을 하였다. 세 개의 아웃 포켓을 달고 각진 칼라가 대부분이다. 대개 가슴 부분의 주머니에는 수를 놓은 문장을 달았다. 시초에는 원색의 줄무늬로 말들어서 학교나 팀의 표시를 한 스포츠 웨어로 착용되었다. 싱글 또는 더블 브레스티드의 테일러드한 스포츠 재킷으로 원래는 영국 케임브리지 대학의 보트 경기 선수들이 입었다. 빨간 유니폼에서 유래했으므로 불과 같은 '적색'의 의미를 지닌 블레이저에서 명칭이 유래하였다. 이러한 스타일의 스웨터를 블레이저 스웨터라고 하며, 이러한 스타일의 코트를 블레이저 코트라고 한다.

블레이저 커스튬(blazer costume) 1980년대에 소녀들과 여성들이 입었던 재킷과 스커트가 매치된 셔트 웨이스트의 테일러드 수트이다. 대개 재킷의 칼라는 크며 앞은 여미지 않는다.

블레이저 클로스(blazer cloth) 새틴 조직으로 짠 울이나 소모직으로, 줄무늬가 있거나 무지로 되어 있다.

블렌딩(blending) 엷은색 모피의 보호털 끝부분만을 염색하여 모피를 더욱 매력적으로 보이도록 처리하는 것이다. 티핑(tipping), 토핑(topping), 페더링(feathering)이리고도 한다.

블로터 컬러(blotter color) 압지(押紙) 기록장부의 색깔로, 블로터는 '압지'라는 의미로 프랑스 원단 시장에서 보인 유행 경향색의 하나로 말린 꽃보다 부드러운 색조에서 취한 '흐린 분위기'를 표현한 용어이다. 이 외에 안개가 낀 것 같은 미스티 컬러, 강하고 활기 있는 모더니스트 컬러와 함께 컬러 테마에 등장한 바 있다.

블로터 화이트(blotter white) 자작나무를 생각나게 하는 흰색이란 뜻으로 오프 화이트(off white)군에 속하는 색이다. 오이스터 화이트(조개, 굴의 흰색), 크리미 화이트(크림색이 들어간 흰색) 등 다양한 것이 있는데 그 중에서도 흰 자작나무 색을 연상시키는 색을 가리키는 색명이다.

블록 스트라이프(block stripe) 기조직과 날염 또는 색이 다른 실을 사용한 직조로 만들어진, 막대 문양의 크기가 동일하게 반복되는 줄무늬를 말한다.

블록 체크(block check) 흑백 또는 진하고 엷은 색의 줄무늬가 가로, 세로로 서로 엇갈려 바둑판처럼 격자 문양을 이루는 것을 말한다.

블록 프린트(block print) 손 날염의 일종으로 석판, 목판, 동판 등에 원하는 문양을 새긴 후 직물에 눌러서 문양을 낸다. 원하는 문양의 색수에 따라 판수가 정해진다.

블록 프린트

블록 힐(block heel) 쿠반 힐과 비슷한 똑바른 구두 뒷굽으로 쿠반 힐보다 더 뒤쪽에 위치하고 뒷굽의 상하 넓이가 비슷하다.

블론드 레이스(blonde lace) 원래는 표백하지 않아 크림색을 띠는 실크 보빈 레이스를 가리키는 말이었으나 근래에는 색상에 구애받지 않고 이와 같은 성질을 갖는 모든 레이스를 말한다. 1750년경에 처음 만들어졌으며, 나중에는 희게 표백하거나 다른 색으로 염색하였다. 검정 블론드는 프랑스 혁명을 전후하여 대중화되었다. 바닥은 가늘고 꼬임을 준 견사로 이루어진 육각형 그물로 되어 있고, 여기에 좀더 거친 실로 꽃무늬 등을 해 넣은 것이 특징이다.

블뢰 드라포(bleu drapeau) 붓꽃 색깔의 프랑스 용어이다.

블루머 드레스(bloomer dress) 러플과 레이스가 달린 아이들이 입는 것 같은 짧은 드레스에 고무줄을 사용한 짧은 팬츠 블루머가 곁들여 있다. 유아들과 어린 소녀들에게 매우 인기가 있는 스타일이다. 제1차 세계대전 이후에 어린아이들에게 유행하였던 드레스로 드레스 밑에 짧은 바지를 같이 입었으며, 올리버 트위스트 드레스와 유사하다.

블루머 스윔 수트(bloomer swim suit) 상하의가 이어진 롬퍼즈 스타일의 수영복이다. 고무줄을 넣어 주름을 많이 잡은 풍성한 팬츠는 특히 어린 소녀들 사이에서 인기가 있었던 스타일로, 1940년대와 1960년대에 유행하였다.

블루머즈(bloomers) 길이는 무릎을 중심으로 긴 것과 짧은 것이 있으며, 허리와 다리 부분에 고무줄을 넣어 조이도록 된 풍성한 속바지형의 반바지를 말한다. 20세기 초에서 1920년대 후반기에 흑색 새틴으로 된 주름 잡은 블루머즈가 체육복으로 유행하였으며, 여성의 사회적 지위 향상을 위하여 1851년 미국의 여성 저널리스트 아멜리아 블루머(Amelia Bloomer) 여사가 최초로 입었던 바지를 시초로 그 이름을 따서 블루머즈라고 부르게 되었다. 이 바지를 본떠서 젊은 여성들이 발목까지 오는 바지 끝을 고무줄로 오므린 블루머즈를 많이 입었고, 1870～1900년대에 자전거를 탈 때 입는 사이클링 복장으로도 많이 입었다. 시초에는 1920년대에 어린 소녀들이 드레스 밑에 입으면서 유행하였다.

블루 보닛(blue bonnet) 머리에 맞는 푸른색 울로 된 작은 사이즈의 스코틀랜드 베레모로, 타탄 밴드가 머리 주위에 둘러져 있고 긴

끈이 뒤로 드리워지며, 색상이 다른 구슬이 머리 위에 달린다. 원래는 전쟁시에 머리를 보호하기 위해 가죽으로 만들어졌다.

블루 아이리스 밍크(blue iris mink) 양식 밍크의 일종으로 엷은 회색의 솜털에 끝이 엷은 청색을 띤 철색의 보호털이 있다.

블루이(bluey) 오스트레일리아의 임업인들이 착용하였던 셔츠나 블라우스를 말한다.

블루잉(blueing) 햇빛이나 노화에 의해 누렇게 된 흰 직물을 하얗게 만들기 위해 헹구는 물 속에서 화학 물질(blish tint)로 중화하는 것을 말한다.

블루종(blouson) 끈, 고무줄, 밴드 등으로 조여서 불록하게 된 형태의 총칭이다. 1960～1980년대에 걸쳐서 유행하였다. 블라우스, 드레스, 재킷, 실루엣, 스윔 수트 등에 이용된다.

블루종

블루머즈

블루종 블라우스(blouson blouse) 허리나 힙 근처에서 끈이나 고무줄, 벨트 등으로 당겨서 풍성한 느낌으로 불록하게 연출되는 블라우스로 블라우스, 셔츠, 스웨터, 드레스 등 여러 스타일에 이용된다. 1960년대, 1970년대 후반과 1980년대에 유행하였다.

블루종 수트(blouson suit) 허리를 벨트나 고무줄로 졸라 매어 불록하게 만든 여성용 재킷인 블루종과 함께 한 벌을 이루는 수트이다.

블루종 스윔 수트(blouson swim suit) 브래지어가 부착되어 있고 블라우스의 효과를 내어 허리선 아래까지 오는 길이의 상의와 팬

블루종 수트

위쪽 이미지 캡션: 블루머 스윔 수트

츠로 이루어진 수영복이다. 원피스 스타일로 디자인되기도 하며, 1960년대에 유행하였다가 1980년대에 다시 유행하였다.

블루종 실루엣(blouson silhouette) 고무줄이나 주름으로 조여서 불룩하게 만든 스타일이다.

블루종 점프수트(blouson jumpsuit) 고무줄이나 턱 또는 끈으로 잡아당기는 드로스트링(drawstring) 등으로 불룩하게 된, 상체와 하체 부분을 허리에서 한 개로 이은 수트이다. 1970년대에 여성과 아동들에게 유행하였다.

블루 진즈(blue jeans) 청색의 튼튼한 데님지로 만든 스포티한 바지이다. 기본 형태는 앞의 양쪽에 주머니가 있고 힙에는 2개의 덧주머니가 달렸으며, V자 모양의 요크로 되어 있고 허리에는 벨트 고리가 있으며, 2중, 3중의 튼튼한 스티치와 굵은 되박음질, 리벳(rivet) 등으로 스포티한 멋을 더해 준다. 처음에는 색이 바랜 듯한 청색이나 인디고 데님으로 농부나 노동자들의 작업복으로 만들어졌고, 1960년대 후반기에는 넓은 플레어 형태의 데님지, 블리치트(bleached) 데님지, 프린트 옷감, 스웨이드, 줄무늬, 코듀로이, 벨벳 등 다양한 옷감으로 만들어졌다. 색이 바랜 낡은 옷감 같은 블리치트 진즈는 1960년대 후반기에 유행하였으며, 1980년대에는 돌을 넣고 함께 씻은 형태의 스톤 워시 진즈, 1980년대 후반기에는 산에 바랜 듯한 애시드 진즈(acid jeans), 1970년대에는 시계와 돈을 넣을 수 있는 작은 주머니가 부착된 진 바지를 학교 통학복으로 입었다. 진즈로 다양한 스타일이 만들어졌는데 1980년대에는 직선형태의 바지, 장화에 어울리는 형태, 바지폭이 넓은 벨 보텀즈(bell bottoms), 플레어 형태의 바지 등 4가지 형태의 바지가 유행하였다. 딩거리즈, 리바이스, 진즈, 듀드 진즈, 디자이너 진즈, 배기 팬츠라고도 칭한다.

블루처즈(bluchers) 구두의 앞부리와 텅(tongue : 구두 혓바닥 부분)이 한 장으로 재단되었으며, 쿼터 부분이 발등 부분과 겹쳐진 옥스퍼드형의 일종이다.

블루컬러 워커(blue-color worker) 육체적인 노동을 하는 계층을 일컫는 말이다.

블루 코트(blue coat) 16세기 말에서 17세기 말까지 시종이나 도제들이 입었으며, 하류 계층을 나타내기 위해 상류층이 사용하지 않는 푸른 색상으로 만든 코트이다.

블루 폭스(blue fox) 북반구 북부가 주산지인 북극 여우(polar fox)의 변색종으로, 털은 푸른색을 띤 진한 회색이나 갈색을 띠고 있다. 노르웨이산 모피가 최고급품이다.

블룸 스커트(bloom skirt) 블룸이란 '개화(開花)'를 의미하며 꽃이 피어나듯이 플레어가 점점 많아지는 스커트라는 데서 이름이 지어졌다. 부드러운 옷감을 이용하여 만들어졌기 때문에 우아하고 화려한 느낌이 든다.

블리스터드(blistered) 16세기 후반에서 17세기에 유행한 패션으로, 소매나 트렁크 호즈에 슬래시나 커팅을 하여 밑에 있는 천이 구멍을 통해서 부풀려 보이도록 한 것을 말한다.

블리오(bliaud) 12세기에서 14세기 초까지 남녀가 입었던 긴 겉 가운을 말한다. ① 옆과 뒤를 조임으로써 상체를 꼭 맞게 만든 여성의 의상으로 허리선에는 풍성한 스커트가 붙어 있다. 소매는 길고 넓으며 가끔 이중으로 자수가 되었으며 상체를 조이는 끈이 옆 솔기를 따라 진동둘레선까지 엮여 있다. 목선

블리오

블루처즈

에 자수를 놓았으며 꼬인 금속으로 된 벨트를 사용했다. bliaut, bliaunt라고도 쓴다. ② 좁은 소매를 단 남성의 의복으로 밑단에서 무릎선까지 트임이 있으며 사슬로 된 갑옷 밑에 입었다. 노동자나 군인이 입었던 풍성한 형태는 농부 작업복의 전신이 되었다. ③ 중세의 값비싼 직물을 말하는 것으로, blehant 또는 blehand라고도 쓴다.

블리치트 진즈(bleached jeans)　블루 진즈 참조.

블리치트 컬러(bleached color)　표백하여 새하얗게 된 느낌의 바랜 색이다. 표백된 청바지류에 보이는 엷은 물색이 대표적으로 1981년 춘하 유행색으로 주목받았던 색의 하나이다.

블리칭(bleaching)　직물, 실 또는 섬유를 하얗게 만들거나 또는 염색이나 날염을 위한 준비 단계로 불순물이나 색소를 화학적으로 제거하는 것이다. 모든 백색 모피와 자연적으로 생긴 엷은 노르스름한 색을 제거하는 과정을 말한다. 값이 비싸지 않은 어두운 모피를 종종 표백시켜서 밝은 색으로 염색한다.

비갑(比甲)　원래 유목 민족들이 경쾌하게 입던 겉옷으로서 명대 여인들이 즐겨 입었다.

비결정 영역(amorphous region)　섬유에는 부분적으로 결정을 이루고 있는 부분과 결정을 이루지 못한 비결정 부분이 존재하고 있는데, 이 비결정 부분을 말한다. 비결정 영역에서는 분자들이 비교적 엉성하게 얽혀 있어, 섬유 내로 수분, 염료 등의 침투가 용이하다. 따라서 섬유 내 비결정 영역이 크면 강도가 줄어드는 반면, 수분과 염료에 대한 친화력이 커진다.

비경이　잉아 뒤와 시침대 앞 사이에 있어 날실이 잘 벌어지게 하는 작용을 한다. 방언으로 비개미, 빙어리, 비거리, 비어리 등이라고도 한다.

비관(緋冠)　신라 법흥왕(514～539년) 때 관리가 공사(公事)에 참여할 때 4등관인 파진찬(波珍湌)에서 5등관인 대아찬(大阿湌)까지 쓰던 관을 말한다.

비교 문화적　비교 문화적이란 어떤 문화에서는 부정적으로 생각되어지는 요인들이 다른 문화에서는 승인될 수도 있고 전적으로 당연한 것일 수도 있으므로 문화를 여러 차원에서 생각하고 비교해야 한다는 생각이다.

비구뢰(vigoureux)　① 방적하기 전 소모사의 날염을 통해 만들어진 밝고 어두운 효과를 갖는 직물을 말한다. ② 생동감 있는 경쾌한 색조로 비구뢰는 '늠름하다, 씩씩하다, 힘있는' 등의 의미로 영어의 '비거러스(vigorous)'에 해당한다. 활동적인 스포츠 웨어나 레저 웨어에 많이 이용되는 색조를 표현할 때 사용되는 용어이다.

비구뢰 프린트(vigoureux print)　프랑스의 섬유업자 비구뢰가 1860년경에 개발한 다양한 색의 실 제조법을 말한다.

비녀　부녀자가 수발(修髮)한 머리를 풀어지지 않게 하기 위하여 꽂거나, 관(冠)이나 가체를 머리에 고정시키기 위하여 꽂는 장식품의 하나이다. 비녀 윗부분의 수식(首飾)에 따라 봉잠(鳳簪), 용잠(龍簪), 매죽잠(梅竹簪), 석류잠(石榴簪)등이 있다.

비니(beanie)　머리에 꼭 맞게 여러 개의 삼각천인 고어(gore)로 되어 있으며, 챙이 없는 여성용 모자이다. 또는 학생 모자로 주로 미국의 신입생용 학생 모자를 일컫는데 어린이들, 특히 신입생들이 착용하며 상급생들의 놀림 표적이 되기도 하였다. 딩크(dink), 딩키(dinky)라고 불리기도 한다.

비니그레트(vinaigrette)　19세기에 사용한 작은 병으로, 금속 체인에 연결해서 여성들이 몸에 달고 다니거나 핸드백에 매달아서 갖고 다녔다. 병 속에는 방향제, 식초, 또는 냄새나는 소금 등이 담겨 있어서 여성들이 기절했을 때나 어지러움 등을 느낄 때 사용하였다.

비니온(vinyon)　폴리염화비닐을 주성분(85% 이상)으로 하는 섬유로, 대표적인 것으로는 88%의 염화비닐과 12%의 초산비닐의 공중합체로 되어 있는 비니온 H. H.가 있

비갑

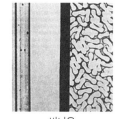

비니온

다. 열에 예민하여 융점 127℃, 연화점 76℃로 일반 피복용 섬유로는 부적당하다. 그러나 내약품성이 우수하고, 산이나 알칼리 등에 거의 적용을 받지 않을 뿐 아니라 내연성이 우수하여 공업용으로 널리 사용된다.

비닐(vinyl)　1가의 관능기인 비닐 라디칼(CH₂CH－)을 가진 화합물을 말하는 것으로, 상품명으로 쓰일 때는 비닐 섬유를 말한다.

비닐 레더(vinyl leather)　염화비닐 수지로 만든 인조 피혁으로, 면포, 마포를 바탕천으로 하여 염화비닐을 도장한 것을 말한다. 내열성이 낮아서 연화수축(軟化收縮)되는 성질을 갖는다. 바탕천을 프린트하거나 엠보싱 가공에 의해 무늬를 나타낸 것도 있다.

비닐론(vinylon)　폴리비닐 알코올(polyvinyl alcohol) 섬유로서 주로 일본을 비롯한 아시아 지역에서 생산, 사용되고 있다. 대표적인 상표로는 쿠랄론(kuralon), 크레모나(cremona), 믈롱(mewlon) 등이 있다. 강도가 크고 특히 마찰 강도, 굴곡 강도 등이 커서 실용적인 섬유이지만 염색성, 탄성, 리질리언스 등이 좋지 못해 고급 의류용으로는 부적당하다. 면, 양모 또는 기타 화학 섬유와 혼방하여 작업복, 학생복, 군복 등의 실용적 피복 및 양말에 사용되며, 흡습성이 크고 보온성도 좋아서 속옷감으로 적합하며, 담요, 로프, 어망 등에 사용된다.

비닐론

비닐 코트(vinyl coat)　비치는 두꺼운 비닐로 만들어진 방수된 레인 코트이다.

비대칭 단(asymmetric hem)　가장자리선 전체 헴(hem)의 길이가 균일하지 않고, 앞이 길거나 아니면 한쪽에서 다른 한쪽으로 대각선 모습으로 경사지게 기우는 형태를 말한다. 후자의 형태는 1960년대에 유행했으며 길이가 균일하지 않은 헴 라인의 여러 형태는 1980년대에 또다시 유행했다. 애시메트릭 헴이라고도 한다.

비드(bead)　유리, 플라스틱, 나무, 수정, 보석 등의 작은 구슬로, 가운데를 뚫어 가죽이나 줄, 실, 체인 등에 꿰어서 목걸이, 팔찌, 발찌, 머리띠 등에 사용하는 한편 자수와 함께 사용되기도 한다. 거의 둥근 형태이지만 원통형, 사각형, 원반 형태, 펜던트 형태, 장방형 등의 다양한 형태가 있다. 목걸이와 동의어인 구슬 줄은 고대부터 착용되어 왔다. 이집트인들은 라피스라쥘리(lapis－lazuli : 琉璃), 애미시스트(amethyst : 紫水晶), 펠드스파(feldspar : 長石), 아게이트(agate : 마노) 등의 구슬 목걸이를 사용해 왔으며 로마인들은 진주를 많이 착용했다. 구슬의 사용 범위는 더욱 확대되어 목걸이를 비롯한 팔찌, 귀고리, 핸드백, 스웨터 등에도 다양하게 착용된다.

비드용 바늘　비드 자수 또는 비드를 끼우는 데 사용하는 바늘을 말한다. 비딩 니들(beading needle)이라고 하며, 바늘 크기는 12호부터 16호까지 있다.

비디드 백(beaded bag)　여러 가지 종류의 구슬로 장식된 가방으로 주로 이브닝 정장용 핸드백이다.

비디드 스웨터(beaded sweater)　진주나 구슬로 화려하게 장식된 스웨터로, 1940~1950년대에 이브닝 스웨터로 유행하였다.

비디드 카디건(beaded cardigan)　진주, 유리 구슬 등의 장식을 앞몸판에 단 카디건이다.

비디오 쇼핑(video shopping)　TV나 가정용 컴퓨터를 이용하여 집안에서 쇼핑을 하는 것을 말한다.

비라고 슬리브(virago sleeve)　리본을 간간이 대어 여러 개의 퍼프 슬리브를 이어 놓은 것처럼 보이게 만든 소매이다. 17세기에 많이 사용되었던 바로크풍의 스타일로 주로 드레스에 사용된다.

비레타(biretta)　법관이나 성직자가 쓰는 사각 모자를 말한다.

비로관(毗盧冠)　고승(高僧)이 착용하던 관의 하나로 팔보(八寶)와 금옥(金玉)으로 만들며, 대교사(大敎師)·계사(戒師) 등이 착용했다.

비루스(birrus)　① 로마 후기 엠파이어 시대에 모든 계층에 걸쳐 기후가 나쁠 때 입었으며, 거친 천으로 만든 후드가 달린 케이프이다. ② 중세 하류층의 외의에 사용되었던 거친 갈색 모직물로 비루스(byrrus) 또는 부로스(buros)라고도 한다.

비리디안 그린(viridian green)　어원이 라틴어로 녹색이란 의미를 지닌 산뜻한 색조로 약간 청색을 띤 녹색을 말한다. 짙고 깊은 느낌과 함께 투명감이 있는 녹색으로 불어로 벨 에메랄드라고 불리며 1985~1986년 추동 여성복 패션 경향 중 하나로 주목된 바 있다.

비밥 캡(bebop cap)　⇒ 뉴스보이 캡

비버(beaver)　북아메리카가 주산지인 해리의 모피를 말한다. 갈색의 털은 길고 부드러우며 가볍고, 딱딱한 보호털을 뽑으면 길고 두꺼운 솜털이 있다. 습한 곳에서는 컬(curl)이 수축이나 다림질(ironing process)로 쉽게 컬을 제거할 수 있다. 보온성이 좋고 질기며 고가품으로 표백·염색이 되고 여러 가지 색조의 것이 있다. 코트, 재킷, 트리밍 등에 쓰인다.

비버 가공(beaver finish)　방모직물의 마무리 가공으로 직물을 축융시키고 기모와 전모(剪毛)를 반복하여 표면이 보풀로 조밀하게 뒤덮여 기조직이 보이지 않거나, 보풀을 경사 방향으로 눕히기도 한다.

비버 클로스(beaver cloth)　품질이 좋은 방모사를 사용하여 능직으로 제직한 후, 강한 축융과 기모·전모 후 털을 한쪽으로 눕혀서 광택을 낸 부드럽고 두터운 직물이다.

비버 해트(beaver hat)　① 14세기부터 남녀가 착용한 모자로, 원래 비버 가죽으로 만들었으나 후에는 비버 가죽을 댄 천으로 만들었다. ② 17~18세기에 유행한 모자로 비버 털

을 흉내낸 실크로 만들었다.

비부액 맨틀(bivouac mantle)　진홍색 천으로 만든 풍성한 스타일의 케이프로 높은 칼라가 달렸고 안감을 담비 모피나 두껍게 누빈 천으로 댔으며 19세기에 입었다.

비브(bib)　① 사각형 또는 직사각형의 앞가슴 바대와 어깨끈이 달려 있는 바지를 말한다. 아이들의 놀이복 또는 노동복, 남녀의 일상복, 스포츠 웨어로 착용되며, 데님과 같은 질긴 옷감으로 튼튼하게 봉제되었다. ② 드레스 앞의 목둘레에 원형, 사각형, 타원형 등 여러 가지 모양으로 만들어 어린아이들의 턱받이처럼 덧댄 것으로, 드레스와 분리되어 한 겹이 덧대어 있다.

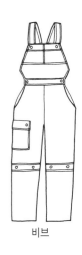

비브

비브 네크리스(bib necklace)　목덜미 가까이에 아이들의 턱받이처럼 바짝 착용하는 목걸이이다. 짧은 삼각형 모양이나 스카프처럼 보이는 형태로 금속으로 제작되며 가장자리가 술장식처럼 배열된 불규칙한 여러 개의 구슬 또는 줄 등으로 만들어지기도 한다.

비브 드레스(bib dress)　어린 소녀들을 위한 것으로 앞몸판의 턱걸이 부분을 덧댄 모양의 드레스를 말한다.

비브 쇼츠(bib shorts)　가슴받이 모양의 비브 톱과 함께 이어져 있는 반바지로 1960년대 후반에 유아나 어린이들에게 많이 입혀졌다.

비브 에이프런(bib apron)　가슴 바대가 부착되어 있는 앞치마이며, 뒤 중심에서 어깨끈이 엇갈리어 뒤쪽 허리에서 리본으로 묶게 된 앞치마로, 17세기에 처음 착용하였다.

비브 점퍼(bib jumper)　상체 윗부분에 가슴 바대가 부착되고 거기에 어깨끈이 달려 어깨를 거친 후 뒤 상체 중심에서 엇갈려서 스커트에 끈이 연결된 점퍼 스커트이다. 오버올즈와 유사하며 어린 소녀들이 많이 입는 귀여운 스타일이다.

비브 칼라(bib collar)　어린이의 턱받이처럼 목둘레에 걸치게 만든 평평한 플랫 칼라로 갑옷이나 펜싱복의 가슴받이인 플래스트런(plastron)이라고 부르기도 한다. 1980년경에는 가장자리에 주름이나 수예 또는 레이스

장식을 하여 유행하였다.

비브 칼라

비브 톱(bib top)   등이 노출되고 앞은 가슴 바대가 부착된 톱을 말한다.

비브 톱 팬츠(bib top pants)   ⇒ 오버올즈

비비 보닛(bibi bonnet)   1830년대에 착용한 작은 여성용 모자로, 양옆이 위쪽으로 플레어져 얼굴쪽으로 치우쳐 있으며 레이스로 장식한 리본을 맸다.

비비스(bibis)   1880년대에 유행한 여성들의 조그만 모자이나 후에는 소형의 아름다운 모자의 총칭이 되었다.

비비에, 로제(Vivier, Roger 1913~)   프랑스 파리 출생의 구두 디자이너로 그림과 조각을 공부한 덕분에 그의 신발은 조각품이 절제된 조화를 이루듯, 장식적 디테일과 함께 정돈된 느낌을 갖고 있다. 1953년부터 디오르와 함께 일했는데, 당시의 정교한 이브닝 슈즈가 유명하다.

비색(緋色)   황색을 띤 선명한 적색이며, 천염 (茜染)된 농색이다. 홍염의 농색이기도 하다. 홍염의 비는 울금으로 하염하여 황색을 띠게 하여 홍비(紅緋)라고 한다.

비소 리넨(bisso linen)   단단한 촉감을 주기 위해 빳빳하고 측면이 둥근 실로 제직한 얇은 아마 직물로, 교회 제단을 덮는 직물로 쓰인다. 올터 클로스(alter cloth), 비스 리넨 (bis linen), 처치 리넨(church linen) 등으로도 불린다.

비숍 슬리브

비숍 슬리브(bishop sleeve)   소맷부리에 주름을 잡아 넣고 밴드를 대어 처리한 풍성한 소매를 말한다.

비숍 칼라(bishop collar)   거의 어깨끝까지 닿게 만든 둥글고 커다란 칼라이다.

비숍 해트(bishop hat)   카톨릭 주교의 마이터 (miter)를 말한다.

비숍 해트

비수(shaft count)   수자직에서 완전 조직의

한 경사는 위사와 한 번만 교차하며, 이러한 조직점을 숨기기 위해서 일정한 법칙에 따라 분산시키는데, 이때 한 경사의 교차점과 다음 경사의 교차점과의 간격을 말한다.

비스코스 레이온(viscose rayon)   대표적인 재생 섬유소 섬유로서 1891년 영국의 크로스 (Cross)와 베번(Bevan)에 의해 개발되었으며, 1904년 공업화되어 본격적인 생산이 개시되었다. 90% 이상의 셀룰로오스를 함유한 목재 펄프를 원료로 하여 습식 방사에 의해 실을 얻는다. 변색되지 않고 염색성이 매우 좋으며 흡습성이 크고 촉감이 부드러워 여름철 의류의 안감이나 속옷감으로 많이 쓰인다. 그러나 습윤시 강도 저하가 심하고 줄어들며 번쩍거리는 단점을 가지고 있다.

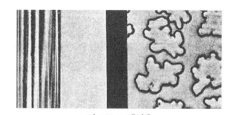

비스코스 레이온

비스포크 테일러(bespoke tailor)   주문에 의하여 특별히 맞추어 주는 양복 봉제 전문가를 말한다.

비아지오티, 라우라(Biagiotti, Laura 1943~) 이탈리아 로마 출생의 디자이너로 로마 대학에서 고고학 학위를 받고 어머니의 의류 회사에서 바로코와 같은 디자이너의 옷을 만드는 것을 돕다가 1972년 플로렌스에서 자신의 이름으로 사업에 착수하였다. 이탈리아에서 캐시미어의 여왕이라 불리며 질과 색채 조화에서 누구보다도 탁월하다.

비어 재킷(beer jacket)   바깥 호주머니와 놋

비어 재킷

쇠 단추가 달린 박스형 면직물 재킷으로, 남자들의 작업복 점퍼와 비슷하며 20세기에 유행하였다. 원래는 1930년대 프린스턴 대학의 상급 학생들이 착용한 의복이었는데, 후에 다른 학생들도 착용하였다.

비언적 의사전달(nonverbal communication) 언어를 사용하지 않고 몸짓, 시선, 음성의 높고 낮음, 억양, 침묵, 망설임 등에 따라 의사를 전달하는 것이다.

비요네, 마들레느(Vionnet, Madileine 1876~1975) 프랑스 오베빌리에르 출생의 디자이너로 런던에서 수업을 쌓고, 마담 거버, 두세의 점포에서 일을 했다. 특히 마담 거버에게서 배운 천을 다루는 솜씨는 독특한 플레어와 드레이프 재단을 가능케 하였으며, 그녀의 바이어스 재단법은 유명하다. 1912년에 자신의 하우스를 열었으나 제1차 세계 대전으로 문을 닫고 1922년 다시 개점하였다. 1920~1930년대 눈부신 활약을 하였으며, 그녀의 의복에 대한 방식은 기본적으로 고전주의적인 것이었다. 그녀는 스케치를 하지 않았으며 드레이핑이 기술의 기초였다. 기술적으로 보면, 발렌시아가의 출현 이전까지 그녀만한 사람은 없었으며, 발맹이나 그리프에게도 영향을 주었다. 직물에 대한 이해와 구성에 대한 섬세함이 드레스메이커의 최고의 위치에 놓이게 했으며, 그녀의 룩은 찰랑거리는 스커트, 등이 노출된 드레스, 팔랑거

비요네, 마들레느

리는 명주 크레이프, 새틴 이브닝 드레스, 웅장하게 드레이프된 그리스 주름이 있는 드레스 등이다. "당신은 의복을 구성(construct)하는 것이 아니라 직물 안에서 인체를 옷 입혀야 한다"라고 할 만큼 인체와 직물의 특성에 민감한 디자이너였다.

비의(緋衣) 붉은 색의 옷, 신라에서는 6두품(六頭品)이 비의를 착용했으며, 백제에서는 1품관(一品冠)에서 16품관까지 입었다. 고려 시대에도 천우좌우장위군(天牛左右杖衛軍)이 비착의(緋窄衣)를 착용했다.

비잔스(byzance) 묵주와 유사하며, 끝에 장식이 매달린 긴 목걸이로 구슬과 줄이 교대로 이어져 있다. 크리스티앙 드 가스페리(Christian de Gasperi)가 만들었으며, 1968년 프랑스에서 유행했을 당시 피에르 카르댕(Pierre Cardin)이 명명한 것이다.

비잔틴 스티치(Byzantine stitch) 새틴 스티치와 유사한 스티치로서 대각선의 형태로 3~4개의 수직, 수평의 바늘땀들이 바탕천을 메우며 수놓여진다.

비잔틴 스티치

비잔틴 엠브로이더리(Byzantine embroidery) 19세기 말에 유행한 아플리케 자수이며, 동로마 제국, 즉 비잔틴 제국의 중후한 동양풍 분위기를 한층 더하는 기독교 미술의 특색을 지닌 자수이다. 두터운 천에 수놓으며 여러 가지 장식용 스티치를 이용한다.

비저블 컬러(visible color) 직역하면 '밝은 색, 명확한 색'이라는 의미를 갖지만 최근에 '내추럴 컬러에서 비저블 컬러로의 변화'라

비즈니스 수트

비지트

는 표현처럼 주의를 끄는 색채를 의미한다. 예를 들면 비저블 디프 컬러(visible deep color)라는 표현도 채도가 높고 깊이 있는 색을 말하는 것이다. 생동감 있는 색이 요구되는 경향에서 흥미를 유발하는 색으로 이용되고 있다.

비정숙설(immodesty theory)　비정숙설은 의복을 입는 동기의 하나로, 의복은 몸의 어느 부분에 대한 관심을 끌기 위하여 그 부분을 가리기 시작한 데서 입기 시작했다는 이론이다.

비종(vison)　속옷 등에 자주 사용되는 색의 하나로 흑에 가까운 가라앉는 느낌의 갈색 또는 갈색이 들어간 회색을 가리킨다. 비종은 원래 불어로 '담비류'를 말하며 담비의 모피나 밍크의 모피를 가리킨다. 이 색조는 1954~1955년경 속옷에서 자주 보인 것인데 최근 속옷의 새로운 색으로 특히 남성복 하의에서 재현되고 있다.

비주얼 머천다이징(visual merchandising)　1980년대 중반까지 디스플레이는 단순한 상품진열에 의의를 둔 데 반하여 이것은 테마에 의한 전개 등 머천다이징 개념이 포함된 이미지 전략이다. 디스플레이 전략으로 미국에서 1980년대 후반에 사용된 신용어이다.

비주얼 컬러(visual color)　시각에 호소하는 선명하고 밝은 색을 말한다. 모노톤의 지나친 유행에 반발하여 출현한 새로운 유행색을 표현하는 용어로, 착시 현상을 일으킬 정도의 화려한 인공색이 많이 보인다. 각종 보석에서 보이는 빛나는 산뜻하고 선명한 색으로, 예를 들면 애미시스트(자색), 사파이어 블루, 앰버(호박색), 꿀색(honey : 연황색), 오팔 핑크 등이 대표적인 색으로 최근 여성복 내의류에 자주 사용된다.

비주얼 프레젠테이션(visual presentation)　상품의 컨셉트나 가치를 소비자에게 시각적이고 효과적으로 호소하고 제안하는 것을 말한다. 비주얼 머천다이징 참조.

비즈(beads)　비즈를 옷감에 자수하거나 옷감과 같이 짜거나 하여 복식에 이용한다. 비즈에는 유리제의 둥근 비즈, 금속·셀룰로이드제의 둥근 모양 비즈, 대롱 모양의 비즈 등 여러 가지가 있다. 형, 재질, 색을 옷에 맞추어 도안에 따라 실로 한 개씩 꿰매어 붙이는데 주로 스팽글과 같이 이브닝 드레스 장식에 이용된다.

비즈니스 셔트(business shirt)　직장용이나 비즈니스를 위한 정장 스타일의 셔트를 말한다.

비즈니스 수트(business suit)　정장을 필요로 하는 경우를 제외하고 일상적으로 착용할 수 있는 남성용 수트이다. 대체로 색상이나 스타일이 보수적인 편이며, 싱글 또는 더블 브레스티드로 만들어진다. 체크 무늬나 밝은 색상을 사용하는 스포츠 수트와 구별된다.

비즈 엠브로이더리(beads embroidery)　여러 형과 색의 비즈를 실에 꿰어 도안에 따라 헝겊에 꿰매는 수법으로 복식에 주로 응용된다.

비지트(visite)　19세기 후반기에 입었던 헐렁한 케이프 형태의 여성용 겉옷을 가리키는 일반명이다. 펠레린, 맨틀, 클로크 참조.

비지팅 드레스(visiting dress)　19세기에 여자들이 오후에 방문할 때 많이 착용하였던 드레스로서 비지팅 커스튬(visiting costume) 또는 비지팅 토일레트(visiting toilette)라고도 한다.

비취옥(翡翠玉)　경옥(硬玉)과 연옥(軟玉)의 두 종류가 있다. 비취는 청자색 정도의 색채에서 진한 것까지 여러 색조가 있는데, 녹색이 진하면 진할수록 귀하고 비싸다.

비취잠(翡翠簪)　조선 시대에 비취를 사용하여 만든 비녀로 주로 민잠(珉簪)으로 여름철에 꽂는다.

비치(beech)　⇒ 바움 마틴

비치 드레스(beach dress)　해변에서 입는 드레스로서 강렬한 광선 밑에서 아름답게 보일 수 있는 색채성이 풍부한 것으로 되어 있다. 선 드레스는 비치 드레스의 일종이다.

비치 랩 업(beach wrap up)　수영복 위에 싸서 입도록 된 로브이다. 수영복과 같은 소재

비치 드레스   비치 웨어

로 만들거나 조화가 되는 감으로 만들며 대개 타월류의 테리 클로스나 레이스 옷감으로 만든다. 비치 코트라고도 한다.

비치 로브(beach robe) 해변에서 입는 무릎 아래로 내려오는 옷으로 긴 원피스의 가운과 비슷하다.

비치 샌들(beach sandal) 비치 웨어와 함께 신는 샌들이다.

비치 웨어(beach wear) 해변에서 입는 옷과 거기에 따르는 액세서리 등 일체를 가리킨다. 드레스, 모자, 판초, 로브, 수영복 등 다양하다.

비치 코트(beach coat) 해변가에서 수영복 위에 착용하는 코트를 가리킨다. 대개 타월지, 테리 클로스로 만드는 경우가 많으며 비치 토가라고도 한다.

비치 클로스(beach cloth) 남성, 여성, 아동의 야외복용으로 의장 등록된 벌링톤사(Burlington Industries, G. S. Division)의 상표명이다. 또한 방모직물로 짠 상품 또는 모헤어로 짠 상품에도 사용되며 30여 개국에 상표 등록이 되어 있다.

비치 토가(beach toga) 수영복 위에 입는 가운으로 대개 물을 잘 흡수하는 테리 클로스나 속의 수영복이 들여다비치는 레이스 옷감으로 만드는 경우가 많다. 비치 코트라고도 부른다.

비치 파자마(beach pajamas) 길이가 긴 퀼로트로, 대부분 프린트된 직물로 만들며 볼레로와 함께 입기도 한다. 1920~1930년대에는 스포츠 웨어로 착용하였으며, 1970년대에 다시 유행하였다.

비콜로르(bicolore) 프랑스어로 '2색의'라는 의미로, 기본적으로는 2배색인데 특히 백색과 감색, 백색과 흑색, 백색과 적색처럼 백을 베이스로 한 스포티한 컬러 코디네이션에 이용된다.

비큐나(vicuna) 남아메리카의 고산 지대에 주로 서식하는 라마의 일종으로 국제 보호 동물이므로 모피는 취급하지 않는다. 깎아낸 털은 가늘고 부드러워 최고급품 수모원료(獸毛原料)로 사용되며, 흑색, 갈색을 지니고 광택이 풍부하다. 구아나키토(guanaquito)라고도 부르며, 니트 웨어, 오버코트 등에 이용된다.

비키니(bikini) 작은 브래지어의 상의와 배꼽이 드러나는 짧은 팬츠로 구성된 노출이 심한 여성용 수영복이다. 1946년 북태평양의 비키니 섬에서 최초의 원자폭탄 실험과 때를 같이 하여 파리에서 재키 하임(Jacques Heim)이 디자인하였다 하여 비키니라 이름 지어졌다. 앞뒤 부분은 가는 끈으로 뒤나 옆에서 묶도록 된 디자인이 많다. 1946년에 소개되어 1960~1980년대에 걸쳐 유행하였다.

비키니 톱(bikini top) 아주 적은 감으로 겨우 가슴만을 가리는 것으로 뒤쪽 목에서 끈으로 묶게 된 홀터 톱과 같은 상의이다.

비키니 팬츠(bikini pants) 배꼽 아래에서 조금만 가리는 팬츠이다. 비키니 수영복에 많이 응용되며 여성, 소녀, 날씬한 남성들이 많이 입으며 1960년대에 초반기에 소개되어 1970년대, 1980년대 많이 유행하였다. 태평양의 비키니 섬에서 유래하였다.

비키니 팬티호즈(bikini pantyhose) 허리가 노출된 드레스, 엉덩이에 걸치는 스커트, 밑이 낮은 바지 등에 착용하기 위해 특별히 배려된 밑길이가 짧은 호즈를 말한다.

비타(vitta) 고대 로마 여성들이 사용한 머리 띠로 머리카락이 흐트러지는 것을 막기도 하는 한편 자유 시민 출신이라는 것을 상징한

비치 샌들

비키니

다.

비타민 컬러(vitamin color)　비타민 정제에 사용된 원색조의 색으로, 건강 붐으로 '비타민 바이블'이라는 책이 베스트셀러가 되기도 하고 미용과 건강을 위한 비타민 C, E 등이 중요시되는 등 비타민이 전에 없는 붐을 이루면서 비타민에 보이는 아름다운 광택의 파스텔 컬러나 비비드 컬러가 패션 컬러로 채용된 것을 말한다.

비트윈 니들(between needle)　양재용으로 쓰이는 길이가 짧고 굵은 바늘을 말한다. 주로 잔땀을 촘촘히 나타낼 때 쓰이며, 거친 올의 천에 쓰는 1번부터 얇은 천에 쓰이는 12번까지 여러 종류가 있다. 간단히 비트윈이라고도 한다.

비틀(bietle)　북아메리카 인디언 여성들이 입었던 사슴 가죽으로 만든 재킷을 말한다.

비틀링(beetling)　직물의 표면을 평평하게 하고 광택을 증가시키기 위해 면이나 리넨 직물에 해 주는 기계적인 가공이다. 커다란 망치가 달려 있는 기계 속으로 직물을 넣어 주고 망치가 직물 표면을 두드려 실을 평평하게 펴고 조직을 치밀하게 해 준다.

비틀즈 룩(Beatles look)　세계적으로 인기가 높았던 영국 그룹 비틀즈의 의상에서 힌트를 얻어 디자인된 스타일로, 1960년대 초에 유행하였다.

비틀즈 컷(Beatles cut)　1960년대 록 뮤직 그룹인 비틀즈에 의해 유행되었던 헤어 스타일로 앞이마를 덮고 뒤가 긴 형태이다.

비표준적 면접　질문의 순서나 내용이 미리 정해져 있지 않은 것으로 면접 내용이 융통성이 있으며, 응답자나 면접의 상황에 따라 말이나 질문의 순서 등이 달라질 수 있다.

비피 수트(beefy suit)　멜턴 울(melton wool), 트위드(tweed)와 같이 두껍고 질감이 있는 소재를 사용하여 컨트리 스타일의 분위기를 내는 수트를 말한다.

비피터즈 유니폼(beefeater's uniform)　목에 러플과 금색, 검은색의 장식이 달린 붉은 더블릿, 붉은 트렁크 호즈, 무릎 아래 가터

비피터즈 유니폼

비피터즈 해트

(garter)가 있는 붉은 스타킹으로 구성된 튜더 시대의 유니폼이다. 챙은 작고 위는 평평하며 중간 크기의 관두를 가진 검은 모자와 장미꽃 무늬로 장식한 검은색 신발을 사용했다. 1485년 이래 영국의 왕실 친위대에서 입었으며 헨리 7세에 의해 지정되었다. 에드워드 6세에 의해서 런던 시 관리인들을 나타내는 친위대장과 동일한 복장을 오늘날 착용하고 있다. 의복의 명칭은 17세기 중반기에 영국인이 비프로스트를 좋아한 데서 유래하였다.

비피터즈 해트(beefeater's hat)　영국 기마 의용대의 특징적인 모자로 부드럽고 높은 크라운이(머리 밴드로) 주름 잡혀 있으며 챙이 좁다.

비하이브(beehive)　벌집통 모양처럼 과장하여 표현한 헤어 스타일이다. 1950년대 말에서 1960년대 중반까지 유행하였으며 머리를 올려 둥글고 높게 하는 것이 특징이며, 1990년대 초에 다시 유행한 헤어 스타일이다.

비하이브 플리츠 스커트(beehive pleats skirt)　벌집과 같이 부풀린 느낌의 플리츠 스커트를 말한다.

비하이브 해트(beehive hat)　1770~1780년대에 착용한 여성용 모자로, 머리 위는 커다란 물방울 모양으로 되어 있고, 턱밑에서 리본을 매는 좁은 챙이 달려 있다.

비혁(緋革)　일본의 염혁(染革)의 일종으로 갑주(甲冑), 마구(馬具)에 사용하였다.

빅 레귤러(big regular)　남성들의 파자마 치수가 가슴둘레 48인치 이상이고 키가 5피트 7인치~5피트 11인치에 해당하는 치수를 말한다.

빅 블라우스(big blouse)　제 사이즈보다 커서 헐렁하게 남의 옷을 빌려 입은 것같이 보이는 블라우스의 총칭이다. 이러한 스타일의 셔트를 빅 셔트, 이러한 스타일의 코트를 빅 코트라고 한다.

빅 스커트(big skirt)　1970년대 중반에 유행한 빅 룩에 속하는 넓은 스커트를 총칭한다. 플레어를 많이 넣은 롱 스커트로, 1973년 일

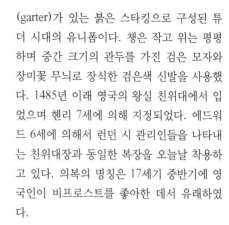

본계 디자이너 겐조 컬렉션 때부터 더욱 유행하였다.

빅 이지 스웨터(big easy sweater) 레이스 타입의 실로 짠 길이가 아주 긴 풍성한 스웨터로, 단은 리브 니트로 처리되었다.

빅터, 샐리(Victor, Sally 1905~) 미국 태생의 1930~1950년대 미국에서 가장 영향력 있고 혁신적인 모자 디자이너였다. 이국적인 직물을 자신만의 독특한 방법으로 사용해 미국 상류 사회에서 인기를 끌었다.

빅토리안 블라우스(Victorian blouse) ① 뒤쪽에서 단추로 여미게 된 로맨틱한 스타일의 블라우스로 대개 백색이며 목에 딱 붙는 칼라와 긴 소매에 레이스 러플로 장식이 되어 있다. 1960년대 말에 셔트 웨이스트 스타일로 소개되었다. ② 앞단추가 달려 있고 스탠드 칼라이며, 요크 끝에 양다리 모양의 레그 오브 머튼 소매가 달리며, 대개 격자무늬나 프린트 옷감으로 되어 있다.

빅토리안 슬리브(Victorian sleeve) 팔꿈치에 커다란 프릴과 그 위에 두 개의 작은 프릴을 달고 하단부는 팔에 꼭 맞는 커프스를 댄 소매이다.

빅 티셔트(big T-shirt) 짧은 미니 길이에 테일러드 칼라가 달리고 단과 소매가 한 자락으로 된 아주 큰 치수의 셔트로 수영복 위에 걸치는 비치웨어나 미니 드레스, 팬츠와 조화시켜 튜닉으로 착용한다. 오버 사이즈드 셔트라고도 한다.

빈, 제프리(Beene, Geoffrey, 1927~) 미국 루이지애나주 출생의 디자이너로 뉴올리언스에서 의과대학을 다니다 말고 패션 수업을 시작했다. 트라파겐 학교와 파리 의상조합 학교에서 패션을 공부한 뒤 잠시 몰리뇌사에서 일하다가 1962년 처음 자신의 사업을 시작하였다. 입기 편한 그의 옷은 섬세한 재단과 주의 깊은 구성으로 단순성을 강조했기 때문에 '빈 룩'은 쉽게 성공을 거둘 수 있었다. 1960년대와 1970년대 '빈 백'이라는 그의 부티크 라인을 확장하고 남성복, 모피, 보석, 침구에도 손을 댔다. 1975년 미국 디자

이너로는 처음으로 밀라노에서 컬렉션을 열어 미국 패션을 유럽에 소개하였다. 빈은 색채주의자로서 뜻밖의 구성을 좋아하여 한 벌의 옷에 4가지 색을 함께 조합하기도 했으며, 천연 섬유를 즐겨 사용하고 '레이어드 룩'의 자유롭고 새로운 코디네이션을 제안하기도 하였다. 1964년 니만 마커스상을, 1966년, 1977년, 1982년에 코티상을 수상했다.

빈티지 드레스(vintage dress) 1900~1920년대에 백화점이나 전문 의류점에서 판매되었던 오래된 드레스로 1980년대부터 이러한 명칭으로 불렸다.

빈티지 클로딩(vintage clothing) 오래된 중고 의류들의 총칭으로, 의상 수집가들의 수집 의류에 속한다.

빈티지 패션(vintage fashions) 이전 시대의 옷이나 액세서리를 다시 고쳐서 사용하는 것을 말한다.

빌리어드 클로스(billiard cloth) 가는 메리노 울(merino wool)로 제직한 아주 촘촘하고 내구성 강한 직물로, 평직이나 3매 능직으로 구성되어 있다. 녹색으로 염색한 넓은 직물로 당구대에 쓰인다.

빌트업 스트랩스(built-up straps) 옷의 일부분으로 계속하여 굴곡있게 만든 어깨끈으로, 보통 슬립이나 수영복에 사용된다.

빌트업 슬립(built-up slip) U자 형태의 네크라인에 소매가 많이 파이고 어깨끈이 넓게 된 속치마이다.

빌트업 힐(built-up heel) ⇒ 스택트 힐

빌트인 브라(built-in bra) 수영복이나 선 드레스에 옷의 일부분으로 부착되어 있는 브라이다.

빌트인 후드(built-in hood) 아웃 도어 웨어에서 볼 수 있는 내장식 후드로 칼라 속에 후드를 넣어 두어 필요할 때에 지퍼나 스냅을 열고 후드를 사용할 수 있게 한 디자인이다. 기능적인 디자인이지만 최근에는 장식적으로도 사용되고 있다.

빗 머리털을 가지런히 빗어 내리는 데 사용되

빈, 제프리

는 도구로, 머리에 기름을 바르고 때와 비듬을 제거하는 용도로 사용되었다. 종류로는 음양소, 참빗, 면빗, 얼레빗 등이 있다.

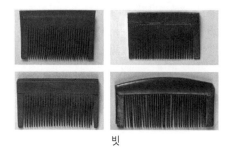

빗

빗치개

빗살 고리 햇빛에는 거의 모든 스펙트럼이 포함되어 있다는 사실을 발견한 뉴턴은, 스펙

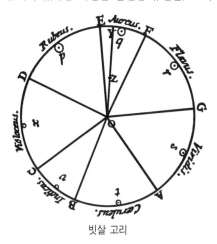

빗살 고리

트럼의 띠를 하나의 원주 위에다 연결하도록 하여 처음으로 빛살 고리(色環)를 만들었다. 그는 음악에서 7화음에 해당하는 일곱 가지 색으로 스펙트럼들을 구분하고 이들을 고리로 만들 때, 스펙트럼으로는 느낄 수 없지만 자연계에서 느낄 수 있는 자주색을 그 고리를 잇는 이음색으로 사용하였다. 이 일곱 가지 스펙트럼의 색은 현대 색환의 기초가 되었다. 분광 이론과 색환의 발명은 그 후 색채의 과학화에 커다란 공헌을 하게 된다. 또한 뉴턴은 물체에 백색광을 쪼였을 때 되돌아오는 빛은 일부이며, 그 반사광은 스펙트럼들 중 일부만 강하게 반사되기 때문에 물체의 고유한 색이 일어난다고 밝혔다. 이 주장은 오늘날 분광 축정기를 이용하여 측정함으로써 확인되었다.

빗접고비 빗접을 꽂아서 걸어두는 것으로 가는 나무오리로 네모지게 짜고 앞뒤에 종이를 바른 후 다시 두꺼운 종이로 틈이 나게 붙여 틈 사이에 빗접을 꽂는다.

빗치개 쇠붙이·뿔·뼈로 된, 가리마를 타거나 빗살 틈의 때를 제거하는 데 사용되는 도구이다. 형태는 한쪽 끝은 둥글어 빗을 치게 되었고, 다른쪽 끝은 뾰족하고 가늘어 가리마를 타는 데 사용된다

人

사(紗) 사는 삼국 시대부터 오늘날까지 우리 나라에서 각색 각문으로 짜서 다양한 용도로 사용하였다. 사는 2올의 경사가 1조가 되어 서로 익경사와 지경사가 익경(溺經)되어 짜여진 직물이다. 직물 전면이 사직으로 짜여졌을 때 소사(素紗)라고 하며 우리 나라에서 직물 조직학적으로는 정사(正紗)라고 한다. 경사 3올이 1조가 되어 1올의 경사는 익경사로, 2올의 경사는 지경사로 서로 익경되어 짜여진 것을 오늘날 직물 조직학상으로는 변화사 조직이라 한다. 사에는 소사 외에 문사가 있는데 이것의 바탕은 익조직으로 짜고 무늬는 평직으로 짠다. 경사 3올이 익경되어 바탕을 이루고 무늬는 3매 경능직으로 짜여졌으며 무늬의 모양과 색이 똑같은 익직물이 있는데 이러한 경우 중국에서는 '화라'라고 하였다. 현대 직물 조직학상으로 맞는 명명이 아니나 고대인들은 그렇게 명명한 것 같다. 오늘날의 사는 관사, 숙고사, 생고사, 갑사, 준주사, 은조사 등 다양한 것이 있는데 그 짜임새에 약간씩의 차이가 있다.

사각수(四角繡) 실땀이 사각형이 되게 3올을 반듯하게 조립하여 꽂는 자수를 말한다. 바둑판 모양처럼 표현되나, 바둑판수는 작은 사각형을 다 메우는 데 비해 사각수는 사이를 띄워 메우고 면을 메울 때 사용한다. 정사각형을 수평이나 수직의 세 땀으로 각 땀의 사이를 띄워 메우며 수평, 수직의 사각형을

번갈아 수놓으며 면을 메운다.

사갈(斜褐) 중국에서 사문조직으로 된 거칠고 두꺼운 모직물을 일컫는 말이다. 신강민풍동한묘(新疆民豊東漢墓) 출토 남색사갈(藍色斜褐)이 있는데 2up 2down의 사문(斜紋)이고 경위사의 밀도는 1cm²당 13×16이다.

사경교라(四脛交羅) 경사 4올이 1조가 되어 좌우로 익경되어 제조된 라에 대한 중국의 호칭이다. 소라와 화라(문라)가 있다.

사교적 인상 어느 모임에서나 호흡을 같이 하며 주위 사람과의 조화를 이루려는 사람으로 지각되는 인상을 말한다.

사군자문(四君子紋) 매(梅)·난(蘭)·국(菊)·죽(竹)의 네 가지 문양으로 길상문의 하나이다. 화조(花鳥)문양과 함께 가장 애용되어 온 문양 중의 하나로 매는 용기와 고결, 난은 우정과 고아(高雅), 국은 고귀함, 죽은 지조를 나타낸다. 필통·벼루·비녀 등에 사용되어 왔다.

사굼(sagum) 고대 켈트족이 입기 시작했던 직사각형의 의복으로, 왼쪽 어깨를 덮고 오른쪽 어깨에서 묶었는데, 방에서는 담요로 쓰기도 했다. 그리스의 클라미스(chlamys)와 같다.

사규삼(四䙆衫) 조선 시대 남자 아이 상복(常服)의 하나로 옷자락이 네 폭으로 갈라진 데서 나온 명칭이다. 남색의 견(絹)·주(紬)로

사굼

만든다. 옷깃은 여미게 되어 있고, 소매는 둥글며 옆선을 트고 뒤에도 긴 트임이 있다. 금(錦)으로 깃·소매끝·옷자락 양쪽 가장자리와 밑에 연(緣)을 둘렀다.

앞

뒤
사규삼

사규오자(四襟襖子)   조선 시대 왕비의 예복(禮服) 중 하나로 도홍색(桃紅色)의 저사사라(紵絲紗羅)를 사용하여 만들었는데, 친왕비복은 단봉문(單鳳文)을, 군왕비복은 적문(翟文)을 금박하였다.

사금(紗金)   사지(紗地)에 평금사로 직문(織紋), 수문(繡紋)한 것이다. 일본에 건너간 것 중 명초의 상대사와 조선사가 있다고 한다.

사금(絲錦)   일본에서 여대지, 백사지(帛紗地)로 사용되는 문직물이다. 경사에 익사를 사용하여 문양을 봉취직(縫取織)으로 제직한 것이며, 수종의 색사, 금은박사를 사용하여 만든 화려한 문직물이다.

사능(紗綾, 海氣)   일본에서 지(地)를 평직, 문(紋)을 능직으로 제직한 것으로 근대 초부터 사용되었는데 만자문이 연속된 문양 구성으로 되어 있는 것이 일반적이다. 처음에 중국에서 수입하였고 도산(桃山) 시대부터는

일본에서 제직하였다. 평직의 지에 사매능으로 문을 제직한 경위사가 생사이거나 경사만 연사를 사용한다. 해기(海氣)는 해귀(海貴), 개기(改機)라고 한다. 17세기 전반 당물(唐物)로 회자(繪子)와 함께 일본에 들어갔고 오란다에서도 팡지(pangsie : 사능)로 수입되었다.

사능

사대(絲帶)   실로 짠 대로 원통형이다. 조선 시대 양반 평상복의 가슴 위에 매던 것으로 계급에 따라 색이 달랐다.

사대문라건(四帶文羅巾)   고려 시대 진사복(進士服)에 착용하던 두건(頭巾)의 한 가지이다. 《고려도경(高麗圖經)》에 보면, 사대문라건에 조주(早紬)를 띠었다고 한다.

사대오건(四帶烏巾)   고려 시대 두건(頭巾)의 하나이다. 농사·장사에 종사하던 자가 착용한 것으로 《고려도경(高麗圖經)》에 보면 백저포(白紵袍)에 사대오건을 썼는데 빈부에 따라 포(布)에 정조(精粗)의 차이가 있었다.

사더닉스(sardonyx)   옥수, 석영의 변종이며 홍옥수의 띠 모양의 층과 하얀색의 층으로 구성되어 있다.

사드(sard)   ⇒ 카닐리언

사뜨기   우리 나라의 전통적인 재봉법 중의 한 가지이다. 장식을 겸한 바느질 방법으로 골무, 수버선 등과 같이 양쪽이 마무리된 빳빳한 두 장을 붙일 때 사용하는 바느질로서 튼튼하면서도 장식적인 효과를 내도록 색실로 예쁘게 뜨는 것이다. 그림의 1과 같이 번호 순서대로 바늘을 왼쪽 위로 빼내어 오른쪽 아래로 어슷하게 내려 꽂고 다시 왼쪽 아래

로 빼어 오른쪽 위로 어슷하게 올려꽂은 다음 왼쪽 위의 바느질된 바로 밑으로 빼내어 되풀이하면서 뜨면 용마루가 지면서 예쁘게 된다. 흔히 골무, 노리개, 수저집 등의 앞, 뒷면을 서로 연결하여 꾸밀 때 그물형상으로 촘촘히 수놓는다.

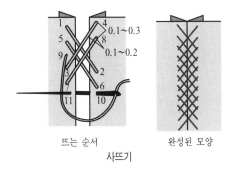

뜨는 순서　　　　　　완성된 모양

사뜨기

사라디(saradi)　인도의 이슬람교 남성들이 착용한 앙가(anga：넓은 소매의 긴 면 코트로 허리 위에서 루프로 매어 고정시킨다) 위에 착용한 소매 없는 웨이스트 코트를 말한다.

사라사(sarasa)　사라사의 광의(廣義)의 개념은 회염(繪染), 형염(型染), 방염 기법에 의하여 다양한 문양을 포(布)에 염색한 염직물이다. 사라사는 포르투갈어의 목면포(木綿布)를 의미하는 사라사(sarasa)에서 유래되었다는 설이 있다. B.C. 2000년 정도의 시기에 인도에서 형염(型染)으로 사용되었던 것으로 추정하는 도판(陶版)이 반누 지방에서 출토되었고 흑해 지역에서 B.C. 400년경에 그림이 그려진 사라사가 발견되었다. 그 외에 이집트 미라의 그림이 그려진 포, 남아메리카 페루의 그림이 그려진 포가 알려져 있어 이와 같은 기법의 염색이 일찍이 각지에서 이루어진 것으로 나타나 있으나 일반적으로 인도를 그 기원지로 본다. 로마의 박물학자(博物學者) 플리니우스(plinius, 23～79년)의 기술에 1세기의 이집트에 매염제(媒染劑)에 의한 문양염 기법이 있었던 것으로 나타나 있다. 가장 오래된 유품은 기원전후의 인도와 로마를 잇는 실크로드의 도시인 파루뮤라에서 발견되어 시리아 국립박물관에 소장되어 있다. 이 염직물을 구미에서는 친츠

(chintz)라고 하는데 힌두어의 친트(chint)에서 유래되었다고 한다. 주로 친츠는 인도, 페르시아의 염문 직물을 지칭하기도 한다. 자바에서 제조되는 것은 바틱이라고 한다. 인도에서는 손으로 그려서 염색한 것을 칼람카리(kalamkari)라고 하고, 인형으로 찍어 눌러서 제조된 것을 팔람포라(palampora)라고 한다. 같은 나라에서도 제조 기법에 따라 명명을 달리한다. 중국에서는 인화포라 부르고, 일본에서는 '更絲'라고 표기하고 사라사라 부른다. 이것을 한자음으로 갱사라고 하여서는 안된다. 11～12세기의 자바 사라사, 17세기의 유럽 각지의 형염 등은 인도 사라사의 조형에 의하여 이루어진 것이다. 우리나라에서는 고구려의 무용총에 무희(舞姬)의 착의복이 불규칙한 점문(點紋) 직물로 되어 있는데 이와 유사한 염문(染紋) 직물이 12세기 이집트의 유적에서 발견되어 인도의 사라사라고 하므로, 우리 나라에서도 일찍이 이 종류의 문양염 직물이 제조된 것으로 볼 수 있다. 삼국 시대의 납힐 역시 이 종류의 염직물이다. 조선 시대까지도 한베에사라사[半兵衛更紗]라고 일본에서 명명된 사라사가 일본으로 그 기법이 전파되어 간 것으로 나타나 있어 우리 나라의 사라사 제조기법이 근세까지 존재하였음이 나타난다.

사라판(sarafan)　농부들이 착용하는 민속복의 하나를 가리키는 러시아어로서, 풍성하게 주름 잡은 스커트에 짧은 소매가 달려 있으며 높고 둥글거나 또는 낮은 스퀘어 네크라인으로 되어 있다. 허리선이 올라간 하이웨이스트가 특징이며 앞에는 단추가 단 끝까지 달려 있다. 대개 양단으로 만들며 보야(boyar)층에서 입다가 상류층, 농부층에서도 같은 스타일을 모직으로 만들어서 입었다. 루바하(rubakha) 참조.

사란(saran)　미국에서 개발된, 80% 이상의 염화 비닐리덴과 다른 단량체와의 공중합체로 얻어지는 섬유를 염화비닐리덴 섬유라 하며 사란이라는 일반명이 사용된다. 비중이 무겁고(1.71) 연화점도 너무 낮아(116℃)

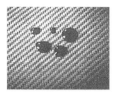
사란

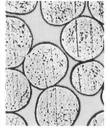
사란

사령대금관수삼

다림질이 거의 불가능하므로 의복 재료로는 사용하지 않는다. 그러나 내산성이 좋고 상온에서 드라이클리닝 용매나 얼룩 지우기 유기 용매 등에 안전하다. 일광의 작용으로 변색되나 강도 변화가 적고 불연성이어서 커튼, 실내 장식, 자동차 시트, 어망, 텐트, 인공 잔디, 방충망 등에 사용된다.

사령대금관수삼(斜領大襟寬袖衫)　　중국 명나라때 사인(士人)이 입었던 복식으로 우임(右衽)으로 된 큰 깃이 사선으로 여며지고 소매가 넓은 포의 형태이다.

사롱(sarong)　① 인도네시아, 세일럼, 말레이 반도 알치페라고(Alchipelago)의 동남아제국 사람들이 만든 밝은색 옷감이다. ② 길고 직선적인 튜브 실루엣의 감싸서 여며 입는 스커트나 바지로, 밝은색 바틱 프린트 옷감으로 만들었다. 주름을 잡거나 부드러운 드레이프로 되어 있으며, 때로는 스카프를 허리에 매기도 한다. 1930~1940년대 영화 '허리케인'에서 도로시 라무르(Dorothy-Lamour)가 비치웨어로 입어서 대유행하였다. 인도네시아 토속 드레스에서 차용되었다.

사롱 드레스(sarong dress)　끈이 없거나 또는 한쪽 어깨만 달린 상의와 싸서 입는 랩 스커트를 조화시켜 만든 드레스로, 대개 폴리네이션(polination) 프린트가 그려진 천을 사용한 인도네시아 드레스이다. 1937년 '허리케인'이라는 영화에서 여배우 도로시 라무르가 입었으며, 1940년 '로드'라는 영화로 유행하였고, 1970년대에도 유행하였다.

사롱 수트(sarong suit)　사롱 스커트와 같은 소재의 톱이 짝을 이룬 간편한 여성용 리조

사롱

트 수트이다. 소재로 동남 아시아 느낌의 소박한 무늬가 사용되는 경우가 많으며, 톱은 피부 노출이 많은 캐미솔 형이 주로 채택된다.

사루엘 스커트(sarrouel skirt)　폭이 넓은 바지 스타일의 스커트로 바지 밑품이 많이 늘어진, 아라비아 사람들이 입었던 하의에서 유래하였다.

사루엘 스커트

사르디니언 색(sardinian sac)　사각형으로 재단된 라펠이 없는 칼라와 종 모양의 긴 소매가 달린 싱글 브레스티드의 헐렁한 남성용 오버코트. 어깨 위에 늘어지도록 코트와 술(tassel)을 앞에서 고정시켰다. 19세기 중반에 입었다.

사리(sari)　인도의 힌두교도 여성들이 착용하는 둘러 감는 형식의 겉옷을 말한다. 선명한 색이나 자수를 한 목면 또는 견 옷감의 단을 아래로 늘어뜨리고 다른 끝을 허리에서 몸으로 감아붙여 남은 부분을 어깨에 걸치거나 머리에서부터 뒤집어썼다.

사리 드레스(sari dress)　힌두교를 믿는 국가들인 인도, 파키스탄, 스리랑카 등에서 입는 여성용 랩 드레스이다. 금은사로 가장자리가 화려하게 장식된 30cm×90~127cm의 얇고 가벼운 면이나 실크 천의 한 끝을 여러 번 허리에 감고 다른 끝을 복부에서 어깨에 걸치고 나서 머리를 덮고 남은 끝은 늘어뜨렸다. 힌두교의 부인용으로 수세기 동안 사용해 온

의상이며 온화한 기후의 지방에서 고대부터 전해온 몸에 걸치는 의상으로 전혀 재단하지 않은 의류의 잔존물이다. 인도의 전통 의상이며, 1940년대 초에 서양인들이 착용하기 시작하였고 1970년대에 미국에서 유행하였다.

사립(蓑笠) 도롱이와 삿갓을 일컫는다.

사마라(zammara) 스페인의 양치기들이 입은 양피 코트를 말한다.

사마르(samarre) 17세기 말에서 18세기 초에 걸쳐 네덜란드 여자들이 입은 벨벳이나 견직의 짧고 헐렁한 재킷을 말한다.

사매능(四枚綾) 경위 4올씩으로 순환하는 능직을 말한다.

사모(kemp) 섬유장이 짧고 굵으며 촉감이 거친 양모, 또는 다른 헤어에 섞여 있는 조경하고 불투명한 백색의 털을 말한다. 권축도 적고 염색성도 아주 나빠서 양모의 품질을 떨어뜨린다. 켐프라고도 한다.

사모(紗帽) 고려 말에서 조선 시대에 걸쳐 문무백관의 상복(常服)에 착용하던 관모(冠帽)이다. 형태는 시대에 따라 약간의 차이를 보이지만, 모부(帽部)와 양날개의 각부(角部)로 구성되며, 뒤가 높고 앞이 낮은 이단모정부(二段帽頂部)에 뒤로 연각(軟脚)과 경각(硬脚)이 붙어 있다.

사모

사모관대(紗帽冠帶) 사모와 관대를 말하는 것으로 조선 시대 문무관리들의 상복(常服)이다. 품계(品階)에 따라서 의복의 색상과 흉배의 문양이 다르다. 문관(文官) 당상관(堂上官)은 쌍학흉배, 당하관(當下官)은 단학흉배, 무관(武官) 당상관은 쌍호표흉배, 무관 당하관은 단호표흉배를 부착했다. 또한 서민의 혼례식에도 사용이 허용되었다.

사모방(紗帽房) 조선 시대 사모를 만들던 곳

이다.

사모사(kempy yarn) 양모의 장점인 부드럽고 좋은 탄력성이나 염색성 등을 상실하고 경직화된 사모를 혼입한 털실을 말한다. 털이 짧고 굵으므로 보통 소모사보다 굵은 방모 굵기의 번수 실에서 볼 수 있으며, 트위드 직물에 주로 사용된다.

사무라이 드레스(samurai dress) 일본 무사들의 옷차림에서 영향을 받아 디자인한 드레스류를 칭한다.

사문직(twill weave) ⇒ 능직

사물지각 사물의 크기나 무게, 질감, 생김새 등을 각각 독립적으로 분리하여 지각하는 것을 말한다.

사미(samit) 비잔틴 제국에서 사용하기 시작한 화려하고 두터운 실크 브로케이드로, 금·은실을 섞어 직조하기도 한다. 중세시대에 상류층의 값비싼 로브를 만드는 데 사용하였다.

사방관(四方冠) 조선시대 사대부나 유생·선비들이 연거시(燕居時)에 집안에서 쓰는 말총으로 만든 관이다. 아래가 좁고 위가 넓은 사각형의 상자 형태로, 윗부분이 막혀 있다.

사변화문(四變花紋) 4개의 화변(花弁)을 문양화한 것으로, 금문으로 많이 사용되었다.

사보(sabot) 나무나 코르크로 된 두꺼운 구두창이 있는 스포츠용 구두로 클로그(clog)라고도 한다.

사보 슬리브(sabot sleeve) 18세기 말 여자 가운의 특이한 소매 모양으로 퍼프 슬리브의 일종이다. 소매의 팔꿈치 위는 꼭 맞고 러플로 소매끝을 장식했다.

사브리나 네크라인(Sabrina neckline) 양쪽 어깨를 가는 끈 리본으로 묶게 된 하이 보트 네크라인이다. 1950년대 영화 ‘사브리나’에서 오드리 헵번이 입었던, 디자이너 애디 해드가 디자인한 드레스에서 유래하여 이런 이름이 붙여졌다.

사브리나 드레스(Sabrina dress) 영화 ‘사브리나’에 출연한 여배우 오드리 헵번이 착용한 드레스로, 홀쭉한 스타일에 스커트 단에

사모관대

사무라이 드레스

사보

러플 처리를 하였다. 1954년 영화 이후에 더욱 유행하였다.

사브리나 팬츠(Sabrina pants)　허리에서부터 밑으로 내려오면서 몸에 꼭 맞게 종아리까지 오는 7부 길이의 바지로 일명 맘보바지라고도 한다. 1954년 영화 '사브리나'에서 주연 여배우 오드리 헵번이 착용하면서 유행을 일으켰다.

사산 왕조 직물　페르시아의 사산 왕조 시대(226~652년)에 제직된 직물로, 대표적인 것은 위금이며, 파기금(波期錦)이라고도 한다. 중국 한대의 경금보다 다채롭고 대문의 금이다. 대표적인 문양은 연주원문의 중심에 생명의 나무를 놓고 좌우 대칭되게 영수(靈獸), 영조(靈鳥), 괴수(怪獸), 기수인물문(騎獸人物紋) 등을 배치하고 있다. 원문의 사우(四隅)에 부문을 배치하였다. 사산조의 위금은 동서로 전파되어 유행하였다.

사색공복제도(四色公服制度)　백관(百官)의 공복(公服)을 관계(官階), 관직(官職)에 따라 4색으로 구분하여 정한 제도이다. 신라 시대는 법흥왕(法興王) 대에 자의(紫衣)·비의(緋衣)·청의(靑衣)·황의(黃衣)로 사색 복색(四色服色)을 정하였으며, 고려 광종(光宗) 11년 자(紫)·단(丹)·비(緋)·녹(綠)의 4색을 공복에 사용하도록 제도화했다.

사선 격자 명석수　직조된 모양을 사선으로 표현하는 수법이다. 사선 격자를 수놓은 후, 이 사선을 사이에 두고 0.1cm 간격으로 두 가닥을 나란히 건넘수하여 사선 격자를 만들어 그 위에 격자의 중간 위치를 통과하는 사선 격자를 다시 한 후 그 교차점을 징거 준다.

사선 시침　⇒ 어슷 시침

사선 평수　가늘고 긴 선을 사선으로 메워 나타내는 수법으로, 면의 폭이 1cm보다는 좁은 면에 사용하며, 주로 잎맥과 줄기 등의 표현에 많이 사용한다. 당초 문양과 원형 등의 곡선을 수놓을 때에는 이음수의 요령으로 수놓는다.

사순(Sassoon)　짧게 스트레이트로 깎은 남자

들이 주로 하는 헤어 스타일이다. 앞머리는 눈까지 오게 자른 뱅 스타일이며 귀 옆은 기하학적인 포인트를 이루고 뒤는 V자형으로 된 모양으로, 헤어 스타일 디자이너 비달 사순(Vidal Sassoon)이 1963년 디자인한 기하학적인 머리형이다.

사슬수　선을 사슬 모양처럼 표현하는 수법으로, 윤곽을 굵고 분명하게 표현할 때 사용하며 수놓을 전면을 메우기도 한다. 실을 뽑은 후 원모양을 만들며 실을 뽑은 바로 옆에 다시 바늘을 꽂는다. 줄어드는 원을 손으로 누르며 일정한 간격만큼 앞쪽으로 처음 실을 뽑았던 곳과 평행한 곳으로 실을 뽑으며 원을 바늘에 걸어 고정하며 다시 사슬을 만드는 것을 반복한다. 끝낼 때 마지막 사슬의 머리부분 가운데를 징거 준다. 프랑스 자수의 체인 스티치와 같으며 사슬과 같이 놓는 수를 말한다.

사신(四神)　청룡, 백호, 주작, 현무 등의 천지 사령을 말한다. 동서남북의 신으로 사방을 호위하는 신이라고 한다. 청룡은 동방지신, 백호는 서방지신, 주작은 남방지신, 현무는 북방지신으로 도교적인 길상도안 중의 하나이다. 현무는 구사합체(龜蛇合體)이다.

사십승포(四十升布)　《삼국사기》에 전하는 신라 문무왕 12년에 당에 보낸 직물이다. 포폭 간에 3,200올의 경사가 정경되어 제직된 정세(精細)한 포이다. 중국에서는 삼십승포가 가장 정세하게 제직되었다고 하므로 신라에서는 동방에서 가장 섬세한 포를 제직한 것이 된다. 폭은 약 50cm가 된다.

사십종포(四十綜布)　《동국통감》에 전하는 신라 문무왕 12년에 당에 보낸 포이다. 《삼국사기》에는 같은 기사로 사십승포로 되어 있다. 포폭간에 3,200올의 경사를 정경하여 제식한 포이다. 《일체경음의(一切經音義)》에 '좋은 경이다(綜理經也)'라고 한 바와 같이 포폭향의 경사수로 포의 정(精)·추(麤)를 나타내는 단위명으로 종(綜)도 승(升)과 같이 사용된 것으로 나타난다. '오종포(五綜布)'가 고려 시대에 화폐로 사용된 것으로

보아 오승마포로 보므로 사십종포도 사십승마포로 본다.

사양계(絲陽髻)　조선조 미혼녀의 두발양식(頭髮樣式)으로 다리 한 쌍을 각각 땋아 밑에서 말아올려 머리 뒤에 둥그렇게 놓고 자주댕기를 맨다. 정조 때 사양계를 금지하여 머리를 땋아 쪽지고 족두리를 사용했다.

사염(yarn dyeing)　⇒ 선염

사오네스(zahones)　스페인의 가죽바지로, 승마할 때 입었다.

사우나 수트(sauna suit)　유연하고 신축성 있는 비닐 소재로 만든 운동복이다. 상·하의가 분리되게 만들며, 손목과 발목은 니트를 대고, 앞지퍼가 달려 있다. 체중을 감소시키기 위하여 입는 옷으로 열의 분산을 방지시켜 한증의 효과를 내게 만들어졌으며 1960년대 후반기에 등장하였다. 엑서사이즈 수트라고 부르기도 한다.

사운드 패션 브랜드(sound fashion brand)　여러 가지 음악과 음악가의 이미지를 패션화하여 만든 브랜드로, 저명한 지휘자나 피아니스트 등의 이름을 그대로 브랜드명으로 사용한다. 뮤지션 브랜드라고도 한다.

사이드(side)　15~16세기에 입었던 긴 가운을 말한다.

사이드 고어 부츠(side gore boots)　양옆에 고어의 형태로 고무천을 넣은 얕은 부츠를 말한다. 옆에 고어를 넣었다는 점에서 사이드 고어즈(side gores)라고도 한다. 한때는 모닝 코트나 프록 코트를 입을 때 신는 의례용 부츠였다.

사이드리스 서코트(sideless surcoat)　보트(boat) 모양으로 목선을 파고 허리에 느슨하게 맨 보석 장식 띠가 보이도록 깊게 판 진동선이 있는 튜닉으로, 14세기 중엽~15세기 초까지 입었으며 사이드리스 가운(sideless gown)이라고도 부른다.

사이드 심(side seam)　⇒ 옆솔기 박기

사이드웨이 칼라(sideway collar)　여밈 장식이 옆으로 되어 있는 칼라이다.

사이드 플래킷(side placket)　드레스나 블라우스의 옆솔기에 있는 오프닝으로, 꼭 끼는 옷을 입기에 좋다. 허리선에서 위와 아래로 난 약 4인치 정도의 오프닝으로, 1930~1950년대의 드레스는 대부분 이런 종류의 여밈을 사용하였다. 원래는 스냅으로 여몄는데 후에 지퍼를 사용하였으며, 네크라인에서 힙까지의 긴 등 지퍼로도 대체되었다.

사이잘(sisal)　필리핀의 사이잘삼에 리넨과 부드러운 밀짚을 함께 직조한 직물을 말한다.

사이잘 마(sisal hemp)　인도네시아, 특히 자바와 동서 아프리카 등의 열대 지방에서 생산되는 엽맥 섬유로 실내 장식용과 로프 등에 이용된다.

사이즈 머천다이징(size merchandising)　사이즈 전개를 축으로 한 상품정책의 총칭이다. 1980년 중반 이후부터는 사이즈의 축소, 확대뿐 아니라 키가 크고 작은 것도 고려하여 매우 다양해졌다.

사이클링 수트(cycling suit)　19세기 후반에 자전거 탈 때 입었던 의상을 말한다. 소년은 패트롤 재킷과 유사한 재킷과 무릎 길이의 타이트한 바지를, 여자는 테일러드 재킷이나 노퍽 재킷과 함께 니커보커즈나 디바이디드 스커트, 그리고 세일러 해트를 착용하였다. 남자는 니커보커즈와 노퍽 재킷을 착용하였다.

사이클 재킷(cycle jacket)　⇒ 모터사이클 재킷

사이키 스타일(psyche style)　환각 상태를 연상시키는 패션으로 히피, 미니 스타일에 많이 응용되는 감각적인 패션이다. 1960년대에 유행하였다.

사이키 컬러(psyche color)　사이키델릭 컬러의 생략어로 1960년대 후반에 유행한 사이키풍의 패션에서 볼 수 있었던 환상적인 색채를 의미한다. 시선을 끄는 형광색이나 극채색(極彩色)을 말하며 단순히 화려한 원색과는 다른 신선한 느낌이 특징이다.

사이퍼니아(siphonia)　구르고 움직이는 데 편하며, 비바람에 잘 견디도록 만든 얇은 오버

코트로 1850~1860년대 남성들이 입었다.

사인복(士人服)　조선 시대 관직(官職)이 없는 양반 계급이 입던 복장으로 포(袍)에는 도포(道袍) · 답호(褡穫) · 주의(周衣) · 창의(氅衣)가 있었으며, 머리에는 탕건(宕巾) · 망건 · 정자관(程子冠) · 동파관(東坡冠) · 흑립(黑笠)을 썼다.

사인복

사자직(斜子織)　정측사자직(正則斜子織)으로 평직, 무직, 사자직을 조합하여 제직한 직물 또는 경무직과 위무직을 마주보게 조합하여 제직한 것 등에 대한 일본명이다. 어자직(魚子織), 칠자직(七子織)이라고도 한다.

사저포(紗紵布)　《고려사(高麗史)》에 전하는 정종 4년에 거란에 보낸 직물이다. 어떠한 직물인지는 나타나 있지 않으나 사직으로 제직된 저포(紵布)로 볼 수 있다. 그러나 관용으로 평직으로 제직하여 모자사(帽子紗), 복두사(幞頭紗)라고 한 방공적인 직물도 있었으므로 단언할 수는 없다.

사직(leno weave)　거즈라고도 불리며, 반대 방향으로 서로 꼬이는 두 가닥의 경사 사이로 위사가 교차하면서 만들어지는 조직으로, 가장 간단한 익조직이다. 큰 공간을 가진 직물이므로 주로 여름철 의복용 직물로 사용되

사크

며, 커튼, 모기장 등에도 사용되고 있다. 사직의 대표적인 것으로 갑사가 있다. 레노직이라고도 한다.

사진 날염(photographic print)　사진 효과를 내는 날염법이다. 롤러를 사용한다.

사차(絲車)　중국에서 견(繭)으로부터 실을 켜내는 장치로, 조차(繰車)라고도 한다.

사침대　두 개의 대나무로 비경이 옆에 있어 날실의 사이를 떼어 주는 역할을 한다. 궁구리대라고도 하며, 방언으로는 사침이, 사침, 사청, 등이 있다.

사켈 면(sakel cotton)　이집트 면 중에서 가장 우수한 품종으로 유백색의 좋은 광택을 지닌다. 섬유장이 36~43mm로 길고 섬세하여 3번수 면사로 방적되어 아주 얇은 면직물의 제조에 주로 이용된다.

사코슈(sacoche)　원래는 도구 가방을 뜻하며, 말안장과 같이 늘어지면서도 많은 물건을 넣을 수 있는 큰 가방을 말한다.

사크(sacque)　뒤에 와토(Watteau) 주름이 있는 품이 넓은 가운으로, 18세기에 유행했다.

사파리 드레스(safari dress)　컨버터블 네크라인에 가슴에는 여러 개의 주머니가 달린 사냥복풍의 드레스이다. 1960년대 디자이너 크리스티앙 디오르가 발표한 부시 코트, 사파리 재킷과 유사하며 아프리카 사냥 여행 때 착용하는 재킷풍의 드레스이다.

사파리 룩(safari look)　밀림 지대에서 착용하는 사냥복풍의 의상 스타일이다.

사파리 백(safari bag)　⇒ 플라이트 백

사파리 벨트(safari belt)　플랩이 있는 호주머니에 부착되어 있는 넓은 벨트이다.

사파리 블라우스(safari blouse)　아프리카의 사파리를 이미지로 한 블라우스로, 사파리 스포츠로 불리는 자연감각을 특징으로 하는 타운 패션에 나타나는 것이다. 스탠드 칼라 또는 오픈 칼라 디자인으로 넉넉한 실루엣을 나타내며 브라운, 베이지, 카키색과 같은 지구톤의 자연 색상이 많다.

사파리 셔트(safari shirt)　아프리카에서 영감을 얻어 1960년대 중반에 디자이너 디오르

가 발표하여 유행하게 되었다. 앞은 단추로 여미게 되어 있고 4개의 큰 주머니가 달려 있다. 부시 셔츠라고도 하며 아프리카 사냥 여행에서 이름이 지어졌다.

사파리 쇼츠(safari shorts)　더운 밀림에서 사냥할 때 입기에 적당한 길이의 반바지로 길이가 무릎 근처까지 오며 대개 목이 긴 양말을 곁들인다. 워킹 쇼츠, 버뮤다 쇼츠라고도 부른다.

사파리 수트(safari suit)　벨트가 달리고 여러 개의 포켓이 부착된 사파리 재킷과 함께 짝지은 수트이다. 아프리카 밀림 지대에서 수렵 여행하는 탐험대들의 복장에서 유래하였다.

사파리 재킷(safari jacket)　주로 카키색 면직물로 된 것으로 아프리카 밀림에서 사냥 여행을 할 때 입었다는 데서 붙여진 이름이다. 싱글의 상의로 사진기의 주름상자와 같은 포켓을 위·아래에 4개를 달았고 천으로 만든 벨트를 매도록 되어 있으며, 부시 재킷이라고도 한다. 1938년에 유행하며, 1960년도 중반기에 크리스티앙 디오르에 의하여 여성복 패션 아이템으로 소개된 바 있다. 이러한 스타일의 코트를 샤파리 코트라 한다.

사파리 재킷

사파리 컬러(safari color)　아프리카의 동물 사냥, 즉 사파리를 이미지로 하는 색으로 아프리카 대지에서 볼 수 있는 자연색을 가리킨다. 시티 사파리 룩의 유행에서 처음 나타나게 되었으며 아프리칸 컬러, 아프리칸 사파리 컬러 등 다양한 명칭으로 불린다. 특히 브라운계의 바리에이션이 특징이다.

사파리 클로즈(safari clothes)　남쪽 아프리카 밀림 지역에서 사냥꾼들이 입었던 의류들을 총칭한다.

사파이어(sapphire)　적색을 제외한 다양한 색깔의 투명한 광석을 말한다. 선호되는 색깔은 팔랑개비 국화의 푸른색으로 캐시미어 블루(Kashmir blue)이다. 그 밖에 흰색, 핑크색 또는 노란색이 있다. 다이아몬드 다음으로 강하며, 결정체의 형상에 따라 성상 사파이어라고 부르기도 한다.

사파리 수트

사파이어 밍크(sapphire mink)　양식 밍크의 일종으로 가장 인기 있는 종류의 하나이며, 아름다운 청회색의 털을 가진다. 비교적 양식이 어려워 세계적으로 생산량이 적다.

사파토(zapato)　멕시코와 과테말라에서 신은 신발 또는 나막신을 가리킨다.

사하라 컬러(Sahara color)　사막에서 볼 수 있는 색채를 말하며, 특히 아프리카 사하라 사막을 지칭함으로써 새로운 감성을 부여하려는 의도가 있는 색이다. 데저트 컬러라고도 한다. 모래의 누런색, 검게 탄 땅(焦土)색, 일몰 때 사막에서 볼 수 있는 오렌지색 등이 대표적인 색채이다. 사하라 룩 또는 사파리 룩의 대두와 함께 부각된 색채로 여름 타운 패션에도 많은 영향을 주고 있다.

사혜(絲鞋)　비단실을 사용하여 만든 신으로 신발목이 짧은 신이다.

사화(絲花)　우리 나라에서는 예로부터 음식을 장만하고 손님을 대접할 때 사화(絲花), 봉전(鳳剪), 사사(絲絲)로 식탁을 장식하였다. 비단실, 비단, 저지 등으로 꽃을 만들었다고 하는데 곧 사화는 그와 같은 조화이다. 고려 충렬왕 6년에 금을 잘라 꽃을 만들고 실을 주름잡아 봉황을 만드니 그 사치가 너무 심하였다고 한다. 일찍이 장식품 문화가 발달하였던 것이다.

사화봉(絲花鳳)　조선 시대에 식탁을 장식한 장식품으로, 비단실로 꽃과 봉황을 만들었다.

사회계층(social class)　사회계층이란 유사한 수준의 품격과 다른 욕구를 갖는 사람들의 집단으로서 그들의 사고와 행동에 나타나는 일련의 신념, 태도 및 가치에 공통성을 나타내는 집단을 뜻한다.

사회계층지표(Index of Social Class) 사회계층을 객관적으로 분류하기 위한 기준이다. 거주지역, 직업, 교육, 수입 등을 기준으로 하는데 이 중 한 가지만을 기준으로 하는 단일항목지수법과 두 가지 이상의 항목을 기준으로 산정하는 다항목지수법으로 ISC(Index of Status Characteristics)와 SES(Socio Economics Status)가 있다. 상상, 상중, 상하, 중상, 중중, 중하, 하상, 하중, 하하 집단으로 분류된다.

사회성(sociometry) **측정검사** 사회적 승인 또는 거부 등에 영향을 끼치는 여러 가지 요인을 알기 위하여 친우관계 및 인기도를 조사하는 도구로, 사회적 참여도를 측정하는 검사방법이다.

사회적 동조현상 일정한 시간 내에 사회의 상당수의 사람이 그들의 취미, 기호, 사고 방식과 행동 양식 등에서 의식적·무의식적으로 전염되는 것을 말한다.

사회적 신분(social status) 일반적으로 집단 안에서 형성되므로 상대적 개념이다. 타인으로부터 얻어지는 지위는 유전적·환경적 지위이며, 개인의 노력에 의하여 얻어지는 지위는 성취되는 지위이다.

사회적 안전감 - 불안감 매슬로(Maslow)는 불안감을 가진 사람은 적대감과 소외감을 가지고 비관적이며, 안전감을 가진 사람은 소속감과 안전감을 느끼며 평온한 감정을 가지고 사회적 관심을 가져서 협동심, 친절함을 지닌다고 하였다.

사회적 역할(social role) 어떤 사회에서 특정 지위에 있는 사람이 어떻게 행동하기를 바라는가에 관한 사회규범들이다. 즉 각각의 역할은 부부, 집단 및 기타 사회적 단위들의 권리와 책임을 규정한다. 개인은 사회참여나 지식을 통해 자기 주변환경에 맞게 행동하거나 생각하며, 자신의 사회적 역할이 무엇인지를 판단하게 된다.

사회적 자아(social self) 사람이 사회생활을 하는 데 있어서의 자기 존재에 대한 지각 또는 인식을 의미한다. 즉 사회속에서의 자아상을 말한다.

사회적 조직의 거시적 차원 사회조직이란 개념은 인간 행위의 또다른 차원에 관한 연구로 미시적인 시각에서 거시적인 행위 모두의 역할을 한다. 거시적 차원이란 집합으로서의 차원을 말한다.

사회적 조직의 미시적 차원 미시적 차원이란 개인적인 차원을 말한다.

사회적 지각(social perception) 사회구성원 간의 상호관계에서 대상에 대한 인식이다. 외모단서에 의해 영향을 받으며, 특히 첫인상의 경우 사회적 지각에 따라 차이가 난다. 사회적 지각의 여러 단서 중 외모의 영향은 매우 높아 특히 첫인상 형성에 중요한 역할을 한다.

사회적 층화(social stratification) 사회적 계층화라고도 한다. 모든 사람이 갖기를 원하는 희소한 사회적 중요 가치를 개개인이 불평등하게 분배받음으로써, 유사한 총체적인 사회적 위치를 점유하는 일군의 사람들을 구조화된 위계로 등급화한 것을 뜻한다. 분류 기준은 교육, 수입, 직업 등으로, 각 개인은 특정 계층구조 속에서 각각의 지위를 점유하고, 이러한 계층적 지위는 생활양식과 생활기회의 모든 부분에 큰 영향을 미쳐 사회적 행위의 특성을 결정짓게 된다. 의복은 개인의 지위와 권리를 나타내고 권위를 제공하며 권력의 교섭에 영향을 주는 계층의 상징이다. 의복을 통한 사회계층의 상징성에 대한 암시는 사회계층화와 관련된 개인의 역할과 연결되어 있다.

사회 참여(social participation) 사회내의 구성원과 행동을 교환함으로써 관계를 맺는 활동으로, 개인의 사회적 참여 정도에 따라 의복의 중요도 평가는 다르다. 일반적으로 사회적 활동성이 높은 사람은 의복을 더욱 강조하는 경향이 있다.

삭릿(socklets) 발목이 매우 짧아서 신발 밖으로 잘 보이지 않는 양말이다. 특히 여름에 맨발을 즐길 때 땀의 흡수와 발의 움직임을 위해 신발 안에 착용한다. 뒤꿈치 부분에 애교로 귀여운 팜팜의 방울을 달아주는 경우도 있다.

샥모(槊毛)   기·창 따위의 머리에 술이나 이삭 모양으로 만들어 다는 붉은 빛깔의 가는 털로 상모(象毛)라고도 한다.

샥 부츠(sock boots)   ⇒ 슬리퍼 샥스

샥스(socks)   짧은 스타킹을 말한다. 원래는 굽이 낮은 구두나 샌들에 신는 양말을 일컫는다.

산(算)   경사 밀도를 나타내는 1본의 단위로 바디(筬) 40매의 1매에 경사 2본이 끼워져서 80루의 경사로 1폭이 될 때의 단위이다. 우리 나라의 승과 같다.

산동주(山東紬)   조잠주(柞蠶紬)를 일컫는 것으로 조선 시대에 사용된 것이다.

산성 염료(acid dyes)   양모, 인조 단백질 섬유, 견, 나일론, 아크릴, 스판덱스, 폴리프로필렌 등에 쓰이며, 염색 견뢰도가 염료에 따라 매우 다르다.

산악문(山岳紋)   산악(山岳)의 수려한 형태를 나타내는 무늬로 중국에서는 당나라 이후 사실적인 산수도풍(山水圖風)으로 변천하였으며, 조선 시대에는 활옷의 하단부, 흉배의 하단부, 주머니 등에 많이 사용되었다.

산형능직(pointed twill)   능선의 방향을 연속적으로 변화시켜 산의 형상을 표현한 변화능직물이다.

산호(珊瑚)   자포동물문(刺胞動物紋) 산호충강에 속하는 동물의 총칭이다. 붉은 산호, 연분홍 산호 등은 유럽에서는 무기장식, 목걸이, 커프스 버튼에 사용되었으며, 우리 나라에서도 조선 시대에 비녀, 관자, 단추, 노리개 등에 애용되었다.

산호잠(珊瑚簪)   비녀의 머리 부위에 산호를 장식하거나, 머리 부분을 자연적인 산호 가지로 만든 비녀이다. 매우 아름답고 자연미가 넘치는 비녀로 주로 겨울에 사용한다.

살로페트(salopette)   원래 프랑스어로 작업복을 뜻하는데 특히 가슴 바대가 부착되어 있는 오버올즈(overalls)를 말하는 경우가 많다.

살로페트

살롱 드레스(salon dress)   백화점의 특별한 디자이너 코너에서 판매되는 비싼 드레스를 가리킨다. 때로는 모델이 직접 입고 나와서 고객에게 보여주기도 한다.

삼가복(三加服)   남자가 성인이 되었다는 표식으로 올리는 통과의례(通過儀禮)인 관례의 초가(初加)·재가(再加)·삼가(三加) 복장 중의 하나이다. 삼가에는 복두(幞頭)·난삼(襴衫)·대(帶)·화(靴)를 입었다.

삼각수(三角繡)   굵은 선이나 면을 메울 때 사용하는 수법으로, 정삼각형의 크기에 들어가는 세 땀을 크기는 같고 방향은 다르게 반복하여 수놓는다. 실땀이 삼각형이 되게 세 올의 길이에 차이를 두어 꽂는 방법으로 겹치지 않게 하는 것이 중요하다.

삼경교라(三經交羅)   고대에 세 올의 경사가 익직(搦織)되어진 라(羅)에 대한 중국의 호칭이다. 오늘날에는 이와 같은 조직을 변화사직(變化紗織)이라 한다.

삼길상문(三吉祥文)   세 가지의 길상문을 조합한 문양으로, 소나무, 대나무, 매화나무를 한 조로 한 문양과 같은 것이다. 중국에서는 불수(佛手), 도(桃), 석류(石榴)를 삼다(三多)라고 하여 가족 번영의 삼길상문으로 한다. 매화(梅花), 송실(松實), 불수(佛手)를 한 조로 한 것은 청명(淸明), 고결(高潔)한

최고천계(最高天界), 신선의 최고선경(最高仙境)을 나타내는 삼길상문이다. 그 외에 삼우(三友), 삼선(三仙), 삼향(三香) 등 다양한 삼길상문이 있다.

삼량초(三兩綃)　장의용(葬儀用)의 견포로, 경위사 밀도가 낮은 조포이다.

삼류면(三旒冕)　평천관(平天冠)의 전·후면에 달린 수연(邃延)의 수가 3개인 면류관. 면류(冕旒)는 적(赤)·백(白)·창(蒼) 3색의 옥(玉)으로 꿰어 늘어뜨린다.

삼매능(三枚綾)　경위사가 3올씩 1순환되는 능직이다. 고대에 금의 지(地), 문(紋) 또는 능(綾)의 지(地)로 많이 사용된 조직이다.

삼바 팬츠(samba pants)　1950년대의 대표적인 아이템으로 브라질의 경쾌한 음악인 삼바에서 그 명칭이 나왔으며, 카리브 팬츠, 트로피컬 팬츠라고도 한다.

삼속성(三屬性)　물체의 표색계에는 대표적으로 먼셀 색계, 오스트발트 표색계 등이 있는데 이것들은 색을 분류, 정리하는 방법으로 색상, 명도, 채도 등을 색의 3속성으로 채용하고 있다. 3속성에는 정도에 따라 여러 가지 적당한 번호, 약호, 명칭을 부가하여 기호화함으로써 색을 감각적으로 취급하는 경우에 이 3속성이 유력한 식별 기준이 된다.

삼승목(三升木)　13승의 면포를 말한다.

삼승포(三繩布)　포폭간에 240올의 경사가 정경된 추포(麤布)가 아닌 최상의 마포(13승 정도)를 말한다.

삼십승저삼단(三十升紵衫段)　통일신라 시대 때 당나라에 보낸 저직물이다.

삼잎수[麻葉繡]　삼잎 모양처럼 표현하는 수법이다. 마름모꼴이 되게 사선으로 실을 건 다음 마름모꼴의 중앙에 세로로 실을 건너 정삼각형을 만들고, 이 삼각형의 정점을 통한 중심과 중심을 메워 하나의 Y자형의 삼각형으로 그림과 같이 겹쳐서 꽂아가며 무늬가 나타나게 수놓는다. 삼잎의 크기는 마름모의 간격에 따라 자유롭게 만들 수 있다.

삼자(衫子)　조선 시대 저고리 호칭 중의 하나로 《사례편람(四禮便覽)》에는 '삼자를 당의(唐衣)라 하여 길이는 무릎까지 닿으며 소매가 좁은 여자의 상복(常服)'이라 하였다.

삼작노리개(三作一)　세 개의 노리개를 하나로 꿰어차는 노리개로 서로 다른 보석을 노랑·남·다홍색 등으로 매듭지어 세 개의 노리개가 한 벌이 되게 만든 것이다. 크기에 따라 대삼작노리개, 중삼작노리개, 소삼작노리개로 구분되며, 재료와 형태에 따라서 구분되기도 한다.

삼작저고리(三作一)　세 벌을 함께 착용하는 저고리를 말한다. 겨울용으로 속적삼 위에 겹으로 된 속저고리를 입고 그 위에 웃저고리를 입었다.

삼장복(三章服)　의(衣)에는 조(藻)와 분미(粉米), 상(裳)에는 불(黻)을 수놓아 장문(章紋)이 셋인 것을 일컫는다.

삼조룡보(三爪籠補)　용의 손톱이 세 개인 형상을 수 놓은 보(補)로 조선 시대에 흑단(黑緞)·흑사(黑紗)를 사용하여 만든 세손(世孫)의 상복의 전·후에 부착하는 방용보(方籠補)이다.

삼족항라(三足亢羅)　경사가 익경(搦經)되는 사이사이에 3단이 평직으로 제직된 항라이다.

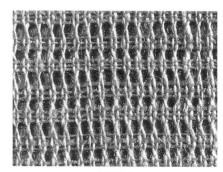
삼족항라

삼축 직물(tri−axial fabric)　세 올의 실을 사용하여 60° 각도로 교차하여 짜여진 직물로 보통 직물보다 구조적으로 안정되어 있으며, 인열강도가 우수하다.

삼팔　⇒ 삼팔주

삼팔주(三八紬)　중국산 주(紬)로 38주, 생38주, 색38주가 있다. 삼팔이라고도 한다.

삼잎수

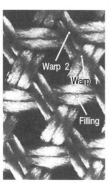
삼축 직물

삼포트(sampot) 색깔이 있는 실크를 허리 주위에 감은 후 바지 형태로 드레이프지게 한 것으로, 남캄보디아 민족복식의 하나이다.

삼하목면(三河木綿) 일본 애지현(愛知懸) 동부 삼하(三河)에서 생산되는 후지(厚地)의 백목면직물이다. 일본에는 서기 799년 인도인[崑崙人]이 표류하여 면 종자가 전래되었으나 재배에 실패하고 후대에 조선조 이태조와의 교린 정책으로 우리 나라의 면포가 일본에 다량 들어갔고 그 후에 종자가 우리 나라로부터 전파되어 재배하게 되었다. 삼하는 일본에서 최고의 면이 재배되고 그 후에도 지다(知多) 지역과 더불어 목면 재배지로 유명하게 알려져 삼하 목면의 이름이 나오게 되었다.

삼회장(三回粧) 저고리의 깃·고름·곁마기는 자주색을 대고, 소매 끝동은 남색이나 자주색을 대어 만든다. 부(父), 부(夫), 자(子)를 갖춘 복있는 조선 시대 부인의 상징을 나타낸 저고리 장식이다.

삼힐(三纈) 교힐(纐纈), 납힐(臘纈), 협힐(纐纈)을 총합하여 일컫는 것이다. 우리 나라에서는 삼국 시대에 삼힐(三纈)의 염법으로 염색하여 의복과 장식품에 사용하였다.

삽금대(鈒金帶) 조선 시대 정2품관이 조복(朝服)·제복(祭服)·상복(常服)에 띠었던 띠이다. 조각한 금색의 장식물을 붙인 띠로 띠의 장식에는 당초문(唐草紋)·보상화문(寶相華紋)을 새겼다.

삽금대

삽화(挿花) 식물 형태의 꽃을 모상(模像)으로 하여 관모(冠帽)에 삽식(挿飾)하는 것이다. 이것은 모자에 조우(鳥羽)를 꽂는 삽조우(挿鳥羽)에서 발전한 것으로 우리 나라에서는 상고 시대부터 활용되었다.

삽화금대(鈒花金帶) 꽃무늬 조각의 금판 장식을 붙인 띠로 고려 시대에는 1품관(一品冠)이 사모단령(紗帽團領)에 착용하였으며, 조선 시대 세종(世宗) 대에는 왕이 사은사(謝恩使)·주문사(奏聞使)에게 삽화금대를 하사하였다.

삽화금추자(鈒花金墜子) 꽃무늬를 새긴 머리 장식품의 한 가지로 태조 3년, 예종 원년, 성종 원년에 중국으로부터 왕비의 적의(翟衣)에 착용하는 삽화금추자를 사여받았다.

삽화은대(鈒花銀帶) 꽃무늬 조각의 작은 은판 장식을 붙인 띠로 관리들이 사모단령(紗帽團領)에 착용했다.

삿갓[蘆笠, 農笠, 雨笠, 野笠] 대오리나 갈대를 엮어서 우산과 비슷한 모양으로 만든 쓰개의 하나이다. 햇빛과 비를 가리기 위해 사용한다. 삿갓의 형태는 원시형인 방립형(方笠型)에 속한다.

삿갓

삿갓집 갓을 넣어 보관하는 용기로 벽에 걸거나 천장에 매단다. 대오리로 골격을 만들고 종이를 발라 기름을 먹인다. 윗부분은 원추형이며, 밑면을 2등분하여 여닫게 되어 있고, 정수리 부위에 끈이 달려 있다.

상(桑) 뽕나무를 말한다.

상(裳) 치마의 통칭으로 상고 시대의 상은 군

상

상복

(裳)의 원형이다. 상은 삼국 시대까지는 여자의 전용물이었으나 통일 신라가 당의 복식을 받아들여 착용하면서 남자들도 상의하상(上衣下裳)인 옷을 입게 되었고, 조선 시대에는 왕 이하 문무관리들이 예복 착용시 입었다.

상관계수(correlation coefficient) 변수들간의 관련성 분석, 즉 한 특정변수와 다른 변수가 공통적으로 변화하는 부분인 상관관계에서 상관관계의 강도를 나타내는 수치로 r로 나타낸다. 즉 r값이 +이면 정적(正的) 상관, -이면 부적(負的) 상관이라고 한다. 상관계수란 변인들 사이의 상관관계를 하나의 값으로 요약 표시해 주는 지수를 말하며 +1.00에서 -1.00 사이의 값으로 표시된다. 상관점수라고도 한다.

상달 소크(sandales socques) 나막신을 말한다.

상대열(上代裂) 일본 아스카[飛鳥] 시대에서 무로마치[室町] 시대까지의 약 700년 간에 제직된 견포류(絹布類)이다. 법륭사열(法隆寺裂), 정창원열(正倉院裂), 동대사열(東大寺裂), 신궁열(神宮裂), 능야열(態野裂) 등이 포함된다. 열(裂)은 천(きれ)이다.

상대주(上代紬) 일본 경도 서진(西陳)에서 생산되는 옷감이다.

상드르(cendre) 옅은 회색을 말한다.

상류층 상류층은 과거지향적이고 출산율이 낮고 교육의 가치를 높게 평가하며, 계급의식이 감소되어 있고 직업이나 삶에 대한 자아실현을 존중하고 조직단체에 참여의식이 높다는 특징을 가진다.

상립(喪笠) 상중(喪中)에 외출용으로 쓰던 관모(冠帽)이다. 여기에는 방립(方笠)·평량자(平凉子)·백립(白笠) 등이 있다. 평량자는 사인(士人)이 상인(喪人)이 되었을 경우 먼 거리를 갈 때 편리함을 위해 방립 대신 썼으며, 백립은 3년상을 치르고 담제(禫祭)까지 평량자 대신 사용했다.

상복(喪服) 상중(喪中)의 상제나 복인(服人)이 입는 예복으로 상복을 입는 것을 성복(成服)한다고 하는데, 성복은 죽은 이에 대한 유복자의 친소원근(親疏遠近)과 신분에 따라 참최(斬衰), 재최(齊衰), 대공(大功), 소공(小功), 시마(緦麻) 등 오복(五服)을 입는다.

상복(常服) 왕이나 백관이 평상시 집무중에 입는 옷으로 상복은 사모(紗帽), 단령(團領), 흉배(胸背), 혁대(革帶), 백말(白襪), 협금화(狹金靴) 등으로 구성되었다.

상-상층(upper-upper class) 전인구 중 약 0.5%를 차지하며 사회적인 명문가로서 출생과 동시에 귀족이거나 큰 유산을 물려받은 사람들이다. 전통과 가풍을 중요시하고 금전을 존중한다.

상여(喪輿) 상(喪)을 당했을 때 시체를 묘지까지 나르는 제구(諸具)로 영여(靈輿)라고도 한다.

상위계층 직업을 기준으로 분류할 때 두뇌를 사용하는 직업을 상위에 두는데, 대부분의 문명화한 나라에서는 법관, 관리, 교수, 의사 등을 상위계층에 두는 경향이 있다.

상의(上衣) 우리 나라의 전통적인 의복은 상의(上衣)·하의(下衣)·요식(腰飾)·이식(履飾)으로 구분된다. 상의에는 속적삼[內赤衫]·저고리[襦]·적삼·조끼·마고자(麻古子)·두루마기[周衣]·포(袍)가 있다.

상의원(尙衣院) 조선 시대 국초에 창설되어 의대(衣襨)를 진공(進供)하고 궁중재물과 보물을 맡아보는 곳이다.

상인(vendor) 자기의 책임 및 계산으로 상업을 경영하는 사람으로서 상품이 구입되는 원천인 제조업자, 전판매사원, 수입 업자 또는 위임 상인, 상품 판매자로서 소매상이 상품을 구입하는 원천이 된다. 상인은 그 특징에 따라 자영 상인과 보조 상인, 개인 상인과 집단 상인, 자연 상인과 법인 상인, 매매 상인과 기타 상인으로 구분된다.

상징간의 불일치 의복의 커뮤니케이션에 관계된 사항으로 상호작용에 영향을 끼친다. '서로 다른 의복 상징간의 불일치'가 부정적인 인상을 형성한다는 것이 증명되었다. '일치된' 상태가 '불일치된' 상태보다 호의적으로 평가된다.

상징의 모호성　'모호한' 상징이란 하나 이상의 의미를 갖고 있기 때문에 지각자에게 혼동을 주는 상징을 말한다.

상징적 상호작용　외적 상징은 자아에 대한 정보를 지각자에게 전달한다. 자아와 지각자가 외적 상징에 대해 같은 의미를 부여하면, 그 때 상징적 상호작용, 즉 의미있는 커뮤니케이션은 발생하게 된다.

상징적 상호작용론자적 접근　상징적 상호작용론자의 시각에 의한 접근방법에서 의복의 동기를 이끌어낼 수 있다. 사회적 동기의 표시로서의 의복은 개인이 서로를 판단하고 행위를 적절히 조직화하는 방식에 영향을 끼친다.

상축(上軸)　재봉틀 내부의 주축으로 플라이휠의 회전 운동에 의해 바늘대, 실채기, 보내기 기구의 각 부로 동력을 전해 주는 역할을 한다.

상침　이미 바느질된 부분 위에 안솔기가 겉으로 비어져 나오지 않게 하거나 장식을 목적으로 박는 바느질법으로 칼라나 포켓의 가장자리에서 보통 색실을 사용하여 스포티한 느낌을 준다. 상침의 줄 수에 따라 한 줄 상침(single cord seam), 두 줄 상침(double cord seam)과 형태를 안정시키기 위한 누름 상침(under stitching seam)이 있다. 코드심, 톱 스티치라고도 한다.

상침 시침　한쪽 옷감을 완성선 표시대로 접어 다른쪽 옷감의 완성선 위에 올려 놓고 위에서 보통 시침과 같은 방법으로 바느질한다.

상퀼로트(sans-culotte)　프랑스 혁명 기간 동안 입었던 시민계급의 헐렁하고 긴 바지로, 불안정한 사회 속에서 구귀족이 입은 다리에 꼭 맞고 무릎까지 오는 바지에 대항해 나타난 것이다. 단순히 복식의 형태만을 상징하는 것이 아니고, 민주사상을 가진 피억압자의 옹호자로서 혁명의 주도세력을 의미한다.

상투　한국 전통 성인 남자의 전형적인 머리

모양이다. 머리카락을 모두 올려 빗어 정수리 위에서 틀어 감아 맨 것으로 그 위에 동곳을 꽂고 망건(網巾)을 썼다. 한자로는 '추계(椎髻)' 또는 '수계(竪髻)'라 한다.

상투관　조선 시대 임금이 평거시(平居時)에 사용하던 관(冠)으로 망건(網巾)을 두르고 상투 위에 썼다.

상포(常布)　보통 품질의 마포(麻布)를 말한다.

상포(上布)　일본에서의 상등포를 말한다.

상포(商布)　화폐(貨幣) 대신으로 사용된 교역용 포이다.

상표(brand)　다른 판매업자들과는 차별화되어 구별되는 특정 판매업자의 제품이나 서비스를 위하여 사용되는 명칭으로 말, 상징, 기호, 디자인, 로고와 이들이 결합된 결합체이다. 또한 상표의 개념으로는 상표명, 상표 마크, 등록 상표 등이 있다.

상표명(brand-name)　상품명을 소비자에게 쉽게 나타내기 위하여 메이커측에서 붙인 이름을 말한다.

상표 인지도(brand perceptual map)　다차원척도법(MDS ; Multi Dimensional Scaling)을 근거로 서로 다른 상표가 시장내에서 차지하는 위치를 좌표로 표시해 나타낸 것이다. 각 상표에 대한 유사점과 차이점의 정도를 소비자에게 물어 봄으로써 자료를 수집할 수 있는데, 지각도는 마케팅 관리자가 자사 제품이 가지는 여러 가지 특징을 경쟁 상표와 차별하여 소비자에게 제시하는 방법을 결정하는 데 도움을 준다. 상표 지각도라고도 한다.

상표충성(brand loyalty)　반복 구매의 대표적인 예로 소비자가 어떤 상표에 대하여 한 번 좋게 받아들이면 상당한 정도의 일관성을 가지고 그 상표를 구매하는 것을 말한다. 브랜드 로열티라고도 한다.

상품(merchandise)　물질적 욕망의 대상으로서 생산된 노동 생산물의 부산물로 시장에서 교환되는, 즉 매매의 대상이 되는 유형·무형의 재화이다. 일반적으로 모든 재화가 상품은 아니며 타인의 특정 욕망을 만족시키는 사용 가치를 지니면서 교환을 통해 타인에게 이전되는 것만이 상품이 된다.

상품의 구색　다양하고 넓은 제품 라인, 상품, 가격, 색상, 스타일을 갖추는 것을 뜻한다.

상품 조절(merchandise control)　화폐, 단위(unit) 또는 이 둘에 의해 상품을 구입하고 판매하는 것으로 어떠한 상품이 잘 팔리는가를 통계적으로 파악하고 이를 기초로 하여 계획적인 판매, 구매를 함으로써 상품의 회전율을 높이는 것이다.

상하 보내기 레버(drop feed lever)　자수 재봉, 수선 재봉 등에, 또는 두꺼운 천 등으로 재료나 조직이 변하는 경우, 이런 변화에 맞추어 톱니를 내려 주는 역할을 한다.

상하 보내기 축　두부에 장치된 대진자에 달린 캠(cam)의 운동에 의해 힘을 받아 상하로 움직이는 축을 말한다.

상-하층(lower-upper class)　일반적으로 자기과시적 경향이 많은, 소비행동을 많이 하고 신흥재벌이면서 아직 상상층(上上層)의 인정을 못 받은 집단이다. 최고 경영자, 성공한 의사, 법률가, 대기업의 소유주들이다.

상하침　⇒ 새발뜨기

상향 전파설(bottom up theory)　유행 전파이론 중 낮은 사회계층의 하위문화집단의 사람들에 의해서 채택된 유행이 높은 사회계층으로 번져나간다는 학설이다.

상호작용 대 행동　의복이 상호작용 중 의사소통의 수단과 함께, 개인의 행위를 위한 '소도구'로 사용되는 것은 자명하다. 즉 우리의 복식행동은 행위와 상호작용을 수반한다.

상호작용적 경험　놀이를 함으로써 어린이는 타인들과의 공동행위에 대한 전후관계를 알게 되며 사회화에 결정적인 상호작용적 경험을 갖는다.

상호작용적 행동　상호작용적 행위는 지각자의 행동에 영향을 주거나 행동을 변화시키는 외모에 적용된다. 이런 외모는 전달을 의도할 수 있고 그렇지 않을 수도 있다.

새들 슈즈

상황귀속　어떤 행동을 했을 때 그 행동의 상황적 요인(장소, 시간 등) 때문에 원인을 미루어 생각하게 되는 것을 말한다.

상황적 이론　의복의 상황적 사회심리학 연구에서 연구자가 여러 방법론적 접근을 통해 개인간 상황에서 의복의 사회적, 인지적 차원을 고려해야 함을 말한다.

상황적 특성　동조행동에 영향을 끼치는 요인의 하나로, 자극물의 특성, 익명성, 자아관여, 개인의 능력 등이 여기에 속한다.

상황정의　의복은 '상황의 정의'를 전달하도록 도우며 그 상황은 다른 사람과의 상호작용을 위한 장소를 설정한다.

상흔(scarification)　원시인의 장식방법 중 피부에 상처를 내는 방법을 말한다.

새눈 직물(bird's-eye fabric)　⇒ 버즈아이

새들(saddle)　옥스퍼드 신발 바닥에 덧꿰맨 여분의 가죽으로, 보통 대비되는 색상이나 질감으로 된 것을 사용한다.

새들 백(saddle bag)　두 개의 부드러운 가죽 가방이 가운데 손잡이 끈으로 연결된 가방이다. 양식이나 저장품을 넣기 위하여 말 안장 위에 걸치고 다니는 커다란 가방에서 유래하였다.

새들 숄더(saddle shoulder)　어깨 위에 3~4인치 폭의 말안장 모양의 작은 요크가 있는 어깨를 말한다.

새들 수트(saddle suit)　새들이란 '말 안장'이라는 의미이며, 승마복에서 모티브를 얻어 만든 여성용 수트로 재킷과 짝지은 새들 팬츠가 특징이다.

새들 슈즈(saddle shoes)　흰색과 갈색 또는 검정색으로 대조되는 부분을 두고 앞에서 끈으로 여미며 앞 부리가 둥근 옥스퍼드형의 구두이다. 1920년대와 1970년대, 1980년대에 유행된 통학용 구두이다.

새들 슬리브(saddle sleeve)　래글런 슬리브의 변형으로 래글런 슬리브처럼 어깨선에서 꺾이지 않고 일직선으로 재단된 소매이다. 에폴렛 슬리브와 유사하다.

새발뜨기(catch stitch)　보통단 또는 두꺼운

감의 끝단을 예쁘고 튼튼하게 하거나 풀리지 않게 하기 위하여 하는 바느질법으로, 겉모양은 공그르기와 같다. 바느질은 왼쪽에서 시작하여 오른쪽으로 진행하며, 캣 스티치(cat stitch), 캐치 스티치, 상하침이라고도 한다.

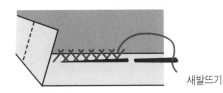

새발뜨기

새발뜨기 가름솔(catch stitched seam)　새발뜨기를 이용한 것으로, 솔기를 나누어 시접 끝을 새발뜨기하여 마무리 하는 방법이다. 주로 스티치가 표면에 나타나지 않는 두께가 두꺼운 천에 이용하며, 캐치 스티치트 심이라고도 한다.

새비지 룩(savage look)　새비지란 '미개한, 야만스러운' 이라는 뜻으로 자연 그대로의 황폐한 듯한 의상 스타일을 말한다.

새시(sash)　주로 부드러운 소재로 만들어진 허리띠로서 버클보다는 보(bow)나 매듭으로 묶는 벨트이다.

새시 링(sash ring)　1860년대 말에 사용한 벨트의 체인으로 연결된 커다란 링으로, 힙 근처에 늘어지게 매단다. 겉스커트를 링을 통해서 끄집어내어 스커트를 드레이프지게 하는 데 사용하였다.

새시 벨트(sash belt)　부드러운 천으로 만든 벨트로, 벨트에 주름이 있는 것이 특징이다. 새시는 부드러운 직물로 만든 장식 띠를 의미한다. 폭은 비교적 넓으며, 줄여서 새시라고도 한다.

새시 블라우스(sash blouse)　일반적으로 단추

새시 블라우스

가 없는 앞자락을 사선으로 겹쳐서 벨트로 허리를 둘러서 묶는 블라우스로 1910년대에 유행하였다.

새앙낭자　조선 시대 궁중(宮中)의 애기 나인[內人]의 예장용 머리로 두발을 두 갈래로 갈라 땋고 이것을 다시 올려 아래위로 두 덩어리가 잡아지게 맨다. 여기에 나비 등의 뒤꽂이를 꽂는다.

새앙머리　머리를 두 갈래로 땋아 다시 틀어 올려 위아래로 둥글게 하고 다홍색 댕기로 중간을 묶은 머리 형태로 조선 시대 나인이 예장(禮裝) 시에 하던 머리이다.

새처레이션(saturation)　새처레이션은 '포화 상태, 침입' 이라는 의미로 색채 용어로는 색의 순도를 표시하는 용어이다. 무채색(白, 灰, 黑)계가 어느 정도 포함되어 있는지를 표시하는 기준치를 나타내는 단위이며 채도와 같은 의미로도 사용된다. 즉 색상은 휴(hue), 명도는 라이트(light)로 표현한다.

새철 백(satchel bag)　새철은 손잡이가 있는 학생용 가방을 말하는데, 여기에서는 손에 드는 작은 여행용 가방을 의미한다. 현대 직장 여성들의 시티 백(city bag)으로도 애용된다.

새털수　팔(八)자형이나 사선의 건넘수로 동물의 털을 표현하는 수법이다.

새틴(satin)　주자조직의 면직물이며 미국에서는 경 또는 위 5장 주자조직을 일반적으로 말하나, 4장 또는 8장 주자조직이 사용 되기도 한다. 노동복, 티킹, 코팅 직물의 기포 등으로 사용되는 묵직한 직물에는 코드사가 쓰인다. 코마사를 사용한 것은 머서화하여 표면을 매끈하고 광택 있게 할 수 있기 때문에 드레스, 안감 등에 쓰인다. 표백, 천 염색, 날염한 것 또는 변화조직 무늬로 된 것도 있다. 이 용어는 면 주자직물과 견 또는 인조섬유의 주자직물을 구별하기 위해 쓰이고 있다.

새틴 백(satin back)　레이온사 등을 사용하여 이면을 수자 조직으로 하여 표면에 경사로 무늬를 나타낸 직물이다.

새발뜨기 가름솔

새비지 룩

새철 백

색동

색 드레스

새틴 백 크레이프(satin back crepe) 표, 리를 같이 사용할 수 있는 수자직의 견, 인견 또는 인조 섬유 직물이다. 경사는 오건진(organzine)을, 위사는 크레이프 연사를 사용하며, 직물 밀도는 경사가 위사의 2~3배가 되게 해서 사용하고, 직물의 표면은 광택이 없는 크레이프로 되어 있으며 이면은 부드럽고 광택이 있는 새틴으로 되어 있으나, 양면이 같은 표면으로 쓰여진다. 크레이프 백 새틴은 표면을 새틴 직물쪽으로 사용하는 것이다. 후염하여 의류용 직물로 사용한다.

새틴 스트라이프(satin stripe) 수자직 이외의 다른 직조로 짜여진 직물 위에 수자직 직조로 줄무늬를 짜 넣은 직물을 말한다.

새틴 스티치(satin stitch) 나뭇잎이나 꽃 등의 넓은 면을 실이 겹치지 않도록 촘촘히 메워 나가는 자수로, 새틴 옷감의 조직과 흡사한 효과를 내는 데서 유래된 명칭이다. 필 스티치라고도 한다.

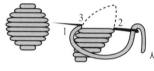

새틴 스티치

새틴 크레이프(satin crepe) 꼬임이 없는 매끄러운 필라멘트사를 경사로 하고, 크레이프 연사를 위사로 하여 수자직으로 짠 견직물로서, 표면은 새틴 직물처럼 광택이 있고 이면은 크레이프 연사가 드러난 크레이프 직물이다. 경사는 보통 생사의 가는 데니어를 쓰고, 위사는 2.54cm에 50회의 강연으로 폭 112cm로 짜서 102cm로 직물을 마무리 가공하는 것이 일반적이다. 크레이프 백 새틴이라고도 한다. 5매 또는 6매 변화 경수자직으로 한쪽 면이 평활해서 광택이 있고 다른 쪽은 광택이 없고 주름이 있다. 용도는 부인복용 옷감, 숄 등으로 사용되며, 실은 견 외에 인견사, 인조 섬유 등을 쓴다.

새틴 클로스(satin cloth) 광택 있는 가벼운 소모 드레스 직물로, 수자직으로 구성되어 있다.

새프론(saffron) 크로커스(crocus) 꽃의 건조된 암술과 수술로부터 얻는 선홍색의 염색용 염료로, 식품·의류 등의 착색과 염색에 사용한다.

색(sacque, sack, sac) 19세기 말에서 20세기 초에 착용하였던 리본으로 묶게 되어 있는 아기들의 짧은 재킷이나 힙까지 오는 풍성한 여성들의 재킷을 말한다. 드레싱 색이라고도 한다.

색동 색사를 사용하여 무지개와 같은 여러 가지 색의 줄무늬를 나타낸 직물이다. 홍, 황, 백, 녹, 청의 다섯 가지 색이 기본이지만 다른 색상들을 포함해서 만든 6, 7, 8 색동 등도 있다.

색동저고리 저고리 소매를 적(赤), 청(靑), 백(白), 황(黃), 녹(綠) 5색의 옷감을 이어 지은 저고리로 백색을 생략하는 경우도 있다. 그 외에도 분홍이나 보라 등의 색상이 포함되기도 한다. 명절, 돌에 남녀 구별 없이 어린아이에게 입힌다.

색 드레스(sac dress) 어깨에서부터 단까지 주머니 모양 색으로 루스하게 맞게 만든 드레스로, 17세기 말과 18세기 초에 유행하였다. 와토라고도 불리는데, 18세기 프랑스의 화가인 와토의 그림 속 여인들이 많이 입었던 스타일이라는 데서 나온 명칭이다. 슈미즈 드레스라고도 하며, 1958년에 세계적으로 대유행하였다.

색사 징금수 색사를 가는 징금실로 징그는 수법으로 금은사 징금수와는 달리 징그는 실이 보이지 않게 한다. 실의 꼬임과 꼬임 사이로 실 굵기의 1/2거리만큼 번갈아 징거준다. 좌연사와 우연사를 나란히 수놓을 때는 각 꼬임 사이를 팔(八)자형으로 나란히 징그거나 두 실을 동시에 수직으로 징거준다.

색상 표색계에 보이는 3속성의 하나로 색들의 상위를 척도화한 것으로 각 색상에 색상 번호, 색상 기호, 계통 색명, 영어 명칭을 붙여 사용한다. 대부분 먼셀의 색 체계를 기본으로 하고 있고 각 나라마다 독특한 표시법을 갖는다. 적(R), 황(Y), 녹(G), 청(B), 자(P)의 5색상을 기준으로 하여 각각의 사이에

5색상을 첨가해 10색상으로 하고 각 색상을 한 단계 더 세분하여 20으로 하여 표시한다. 예를 들면 1.0R, 1.5R 등의 기호로 표시하도록 되어 있다.

색상환 색상이 다른 색들을 둥근 원형의 상태로 배열하여 색상들의 속성을 이해할 수 있도록 한 것을 말한다. 이것은 스펙트럼에 나타난 색띠에 적자 계통을 보충한 색상이 기본이 되며 각 색상의 이행에는 순환성이 보여 인접하는 색상과의 감각적인 차가 유사하도록 고려되어 있다. 그러므로 색상환에서 180°가 되도록 서로 마주보는 색들은 보색 관계를 갖게 된다. 조화의 논리에 있어서는 색상환상에서 색상들이 위치해 있는 두 곳과 중심점이 서로 연결될 때 생기는 각도에 의해 조화, 부조화를 논한다.

색 수트(sack suit) 신사복을 말한다.

색스니(Saxony) 색스니 메리노 양모 또는 고급 양모를 사용하여 만든, 가볍게 기모한 광택이 있고 부드러운 촉감을 주는 방모직물이다.

색스니 레이스(Saxony lace) 독일 색스니(Saxony) 지방에서 만들어지는 모든 레이스에 적용되는 용어로, 모슬린 네트 또는 직물의 천 위에 기계로 모양을 자수하고 거기에 화학적 처리를 하여 모양 부분만을 남게 한 레이스를 말한다.

색스니 울(Saxony wool) 독일산 메리노종 양에서 얻은, 질이 좋고 탄력성이 있는 양모를 말하며 털이 짧고 유연하여 축융성이 뛰어나므로 최고급 방모·소모 직물을 만든다. 그러나 오늘날에는 색스니 메리노 양모 또는 고급 양모를 사용하여 만든, 가볍게 기모한 광택이 있고 부드러운 촉감을 주는 방모 직물을 색스니라고 한다.

색스니 플란넬(Saxony flannel) 고급의 색스니 양모사로 짠 영국의 플란넬을 말한다.

색스 블루(saxe blue) 독일의 색스(Saxe) 지방에서 유래한 청색으로 강한 색조를 띠는 것이 특징이다.

색 실루엣(sack silhouette) 자루같이 일자로 허리를 조이지 않고 내려온 스타일이다.

색 오버코트(sack overcoat) 남성들이 입는 무릎 위 길이의 헐렁한 오버코트로, 1840~1875년까지 착용하였다. 넓은 소매는 손목까지 오며 주머니의 가장자리에는 가는 천을 댔다. 뒤는 이음선 없이 한 장으로 재단되었으며, 중앙은 슬래시로 처리되었고, 코트의 가장자리는 더블 스티치를 했다. 1860년에는 3~4개의 단추여밈으로 높게 여몄으며, 좁은 라펠이 있고, 칼라·커프스·라펠 등을 벨벳으로 장식하기도 하였다.

색전(色氈) 색모섬유(色毛纖維)로 각종 문양으로 제조된 모의 축융포로, 화문(花紋)일 때 화전(花氈)이라고도 한다. 고려 시대의 채전(彩氈)도 같은 종류이다. 신라에서 일본에 간 화전이 일본 쇼쇼잉[正倉院]에 보존되어 있다.

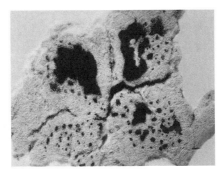

색전

색채 기호 복장의 색채나 일반적인 색채에 대한 기호를 말한다. 색채에 대한 기호는 개인차가 있으며 나아가 한 민족의 공통적인 기호와 고유한 기호가 있다. 또 남성과 여성의 차이도 어느 정도 지적되고 있으며 연령, 직업 등에 따라 차이를 보이기도 한다. 색채 기호에 대해서는 다양한 조사가 시도되고 있지만 막연히 좋아하는 것과 특정 물건에 관한 구체적인 기호의 정도는 그 데이터가 다르게 나타나기도 한다. 또 패션의 힘이 사람의 기호를 변화시키기도 한다.

색채 심리 색채의 지각은 비교적 용이하기 때문에 사람은 다양한 과거의 생활 체험의 축적 안에서 색채와 연결된 기억을 쌓아간다.

그러한 과정에서 어느 사이엔가 복장과 그 외의 사물에 대해 색채에 대한 연상 작용이 일어나는 고유 감정을 갖게 된다. 그리하여 색채 기호가 생기고 색채에 대한 반응을 갖게 된다. 거기에는 원칙적으로 개인차가 인정되는데 생활 환경에 있어서 공통 요소를 갖는 사람들, 즉 민족과 국민, 지역 주민들 사이에는 공통적인 심리 작용이 인정된다.

색채 연상 감정　색명을 보거나 실제로 색상을 볼 때 그 색의 자극에 의해 그 색과 관계된 사물을 연상하게 된다. 또 때로는 그 사물이 가진 느낌이 활력, 평화, 청정 등과 같은 말로 연상된다. 이 연상 작용에 의한 색채로서의 감정은 개인의 과거 체험과 생활 환경, 직업, 지식, 교양, 개인의 성격 등에 의해 달라진다. 따라서 민족, 시대에 의한 연상 감정의 차이가 동시대, 동일 민족 안에서는 공통적으로 존재한다.

색채 전략　색채는 복식 디자인 요소의 하나이므로 패션 마케팅 전략과 전술로 중요하다. 색채 전략은 유행색 작전으로 유행 예측색을 경향색으로서 시즌 시작 전에 발표하고 판매 촉진의 유효한 수단으로서 이용하는 경우가 많다. 또 복식과 계절과의 관계는 패션 경향 여하를 불문하고 존재하므로, 계절의 상징은 색채 전략에서 중요한 요인의 하나이다. 코디네이트의 가장 알기 쉬운 단서이기도 하다.

색채 착시　색채가 성립하는 조건은 물체색으로 물체, 빛, 눈이다. 물체에서 반사된 빛은 안구의 수정체를 통과하고 방사 에너지로 망막을 자극한다. 이 자극에 의한 시세포의 흥분이 시신경을 통해 대뇌에 전해지며 색채의 존재를 지각한다. 이 경우 빛의 조건, 물체의 상태, 눈의 생리적 변화에 의해 색이 다른 색으로 변해 보이기도 하며, 눈과 색의 거리감이나 색의 면적, 형 등이 현실과 다르게 보이는 것을 착시라고 한다.

색 코트(sack coat)　① 무릎 위까지 오는 헐렁한 남성용 외투로 소맷부리가 넓은 소매가 달렸다. 주머니, 폭이 좁은 벨벳 칼라, 그리고 커프스 등이 달리기도 했으며, 19세기 중반 이후에 입었다. ② 스트롤러 재킷이라고도 하며, 앞여밈을 리본으로 묶는, 화장할 때 어깨에 덮는 볼레로형의 짧은 여성의 코트를 말하기도 한다. ③ 1870년부터 남성들의 평상복으로 유행한 서양식 양복이다. 18세기 프랑스에서 스포츠복으로 시작하여 미국에서 유행한 것으로, 우리 나라에는 개화기에 개화파 정객(政客)에 의해 도입되었다. 깃은 턱으로 바짝 다가 있고 목에 크라바트를 매었다. 세비로 참조.

색 팬츠(sack pants)　주머니같이 크고 여유있는 실루엣을 특징으로 한 여성용 팬츠이다. 디자인은 다양하지만 밑위길이를 길게 하여 마치 이슬람의 민족복 사르에르 같고, 폭넓은 옷감을 적당히 조여서 착용하는 디자인이 많다.

색혼합(color mixing)　색의 구분은 색의 3요소를 섞는 비율에 따라 일어나는 현상이므로 이 비율을 달리하면 인위적으로 수많은 색을 만들어낼 수 있다. 이렇게 색의 3요소를 섞는 일을 색혼합이라 하며, 색혼합에 의해 만들어진 색을 혼합색이라 한다. 색혼합에는 물리적 혼합과 생리적 혼합이 있는데 물리적 혼합에는 가산 혼합, 감산 혼합이 있으며 생리적 혼합에는 병치 혼합에 의한 망막상의 평균 혼합이 있다. 혼합을 위해서는 다른 색을 혼합해서는 만들 수 없는 기초색인 원색을 필요로 한다. 이 기초가 되는 원색을 1차색이라 하며 1차색의 혼합에 의해 만들어진 색을 2차색이라 한다. 2차색끼리의 혼합 등에 의해서 색이 섞인 3차색은 무채색에 가깝다.

샌드 그레이(sand gray)　모래에서 흔히 볼 수 있는 밝은 회색을 말한다. 회색의 바리에이션 중에서도 특히 밝은 부류에 속하는 색으로 파스텔 컬러의 기본색으로 자주 사용된다. 최근에는 비즈니스 수트에까지 이런 밝은 색이 사용된다.

샌드위치보드 점퍼(sandwich-board jumper)　두 개의 긴 타원형의 천을 어깨에서 연결하여 만든 것으로, 입었을 때의 형태가 샌드위치처럼 중간에 끼여 있는 모양과 같다는 데서 유래하였다.

샌드 크레이프(sand crepe)　모래와 같은, 또는 서리와 같은 외관을 나타내는 인조 섬유로 짠 드레스 직물의 상품명이다. 약간은 경·위사의 비스코스 레이온 크레이프사를 사용하며 아세테이트를 사용하기도 한다. 6 또는 8가닥의 실에 걸쳐 반복되는 작은 도비 조직이 사용된다. 몇몇 모스 크레이프(moss crepe)는 샌드 크레이프로 불리기도 한다.

샌들(sandal)　가죽 끈으로 연결하거나 발 부위를 많이 노출시킨 신발 형태를 말한다. 주로 발가락과 뒤꿈치 부분을 노출시키고 가죽끈과 바닥으로 구성되어 있다. 고대 이래 단순한 형태의 샌들이 착용되어 왔으나 이집트 고분에서는 금 샌들이 발견되기도 했다. 그리스인과 로마인들도 다양한 형태의 샌들을 애용했다. 중세기에는 농부들을 포함한 수도원의 성직자나 순례자, 대관식의 군주 등도 다양한 형태의 샌들을 착용하였다. 1920년대와 1930년대에는 이브닝 웨어, 스포츠 웨어, 데이 웨어(day wear) 등에 착용되기도 했다. 일본의 대중적인 신발인 게타나 조리도 샌들의 한 형태이다.

【샌들의 종류】① 앵클 랩(ankle wrap) : 발목에서 끈으로 여미는 샌들. ② 엑서사이즈(exercise) : 힐이 발 모양으로 되어 있는 구두창의 샌들. 발등에서 가죽끈으로 고정되며 1970년대 여성과 아동에게 유행하였다. ③ 피셔맨(fisherman) : 낮은 굽과 뒷굽 가죽으로 뒤꿈치가 가려져 있으며 발등 부분이 가죽끈으로 엮여져 있는 샌들. 1970년대와 1980년대 여성과 아동에게 유행하였다. ④ 우라치(huarache) : 가죽끈을 엮어 만든 샌들. ⑤ 송(thong) : 평평하고 뒷굽이 없는 샌들로 좁은 가죽끈이 첫째와 둘째 발가락 사이에 오며 양옆으로 고정되어 있다. 비치용 샌들로서 인기가 있다. ⑥ 티 스트랩(T-strap) : 가죽끈이 발등을 지나 T자로 연결되어 있는 샌들로 발가락과 뒤꿈치가 다 보

이는 샌들이다.

샌들풋 팬티호즈(sandalfoot pantyhose)　샌들을 신었을 때 양말을 착용한 것 같이 보이지 않도록 발가락과 뒤꿈치 부분에 덧대는 부분이 없는, 전체적으로 얇게 비치는 팬티호즈를 말한다. 불투명한 팬티 부분이 있거나 허리가 얇게 비치는 것도 있다.

샌들풋 팬티호즈

샌시 다이아몬드(sancy diamond)　1570년경 프랑스 헨리 Ⅲ세가 그의 왕관 전면에 장식으로 부착한 아몬드 모양의 55캐럿 다이아몬드로 그 후에 영국의 제임스 Ⅰ세가 사용하기도 하였다.

샌퍼라이즈(sanforize)　면, 마, 레이온 등이 직조 과정에서 가해진 긴장에 의해 점차 수축이 생기는 것을 방지하기 위한 가공으로, 샌퍼라이즈 된 직물의 수축률은 1% 미만이다.

샐바(salvar)　발목에 주름이 잡힌 길고 풍성한 여성용 팬츠로, 때로는 커머번드나 드레이프진 스카프를 허리에 묶기도 했으며, 인도, 터키, 알바니아, 페르시아에서 입었다. 미국과 영국에서는 1890년경 하렘 팬츠라고도 했으며, 페르시아의 지도자 나이르네딘(Nair-ne-Din)이 파리에서 발레를 보고 나서 스커트의 대용품으로 샐바를 주문했다. chalwar, slawar, shalwar라고도 썼다.

샐베이션 아미 보닛(Salvation Army bonnet)　검정색 밀짚 보닛으로 높은 크라운이 있고 짧은 앞챙이 이마 위에서 위로 젖혀지며 청색의 안감이 보인다. 어두운 청색의 리본이 크라운 주위를 돌고 턱밑에서 묶어 고정하였다. 종교적이며 자선적인 활동을 하는 단체인 샐베이션 아미의 여성들이 착용한 모자이다.

샘 브라운 벨트(Sam Brown belt)　군인들이 착용한 의장용 벨트로 굵은 허리띠와 가는 어깨띠로 구성된다. 원래는 영국 육군사관, 준사관 등이 착용한 대검 벨트였는데, 검을 부착한 벨트를 보강하기 위해 다른 하나의 벨트를 어깨에 덧붙이게 된 것이다. 사무엘 브라운(Samuel Brown)경에 의해 고안되어

샘 브라운 벨트

샘 브라운 벨트로 명명되었다.

샛골무명 전라남도 나주군 다시면 동당리에서 짜는 무명을 말한다. 샛골무명의 제작 기능은 무형문화재(제28호)로 지정되어 있다.

생고사(生庫紗) 경·위사에 생사를 사용한 직물로 사직 바탕에 평직의 작은 무늬가 고루 흩어져 있으며, 견 이외에 나일론이나 폴리에스테르도 많이 사용한다. 한복감으로 널리 쓰인다.

생고사

생관사 평직으로 문관사, 무문관사가 있다. 경위사가 생사인 관사이다.

생당포(生唐布) 중국산 생마포를 말한다.

생득적 역할(Ascribed Roles) 출생하면서 소유하는 역할을 말한다. 우리의 의지와 무관하며 성별, 나이, 가족 배경과 같은 특질과 관계가 있다. 또한 다른 이와의 관계에도 관련이 있으며 어떠한 의복 기대와도 관련이 있다.

생디카(Syndicat) 파리에 있는 '파리 의상 조합학교(Ecole de la Chambre Syndicale de la Couture Parisienne)'를 말한다. 이 학교는 파리의 유명 디자이너들이 이끌어 나가는 패션 디자인 전문 학교로서, 특히 기술적인 입체재단학이 유명하다.

생 로랑, 이브(Saint Laurent, Yves 1936~) 알제리의 오랑 출생으로 20세기 후반 세계 패션의 리더이다. 1954년 IWS(국제 양모 사무국)가 주최한 디자인 콘테스트에서 드레스 부문 1위로 입상된 것이 계기가 되어 18세에 디오르사에 들어갔다. 1957년 디오르가 갑자기 세상을 뜨자 디오르사의 후계자로 지명되었고, 1958년 봄 첫 컬렉션에서 트라페즈 라인을 발표하여 대성공을 거두었다. 군대를 갔다 온 후 마크 보앙이 디오르사의 주임 디자이너가 되어 있었으므로 디오르사에 들어가지 않고 1961년에 자신의 하우스를 열었다. 대담한 색으로 분할된 몬드리안 룩, 팝 아트에 의한 디자인, 아프리칸 룩 등을 발표했으며 1965년에는 프레타포르테의 부티크 '리브 코슈'를 열고 해외 주요 도시에까지 확장하였다. 1970년대 매니시 룩, 레트로풍, 코사크 룩, 포클로어 룩 등의 참신한 주제로 세계의 패션을 주도한 바 있다. 특히 예술과의 접목으로 브라크, 고흐, 마티스 등의 그림을 패션에 디자인하여 발표하기도 했다. 1958년 니만 마커스상을 수상했다.

생 로랑, 이브

생면사(gray cotton yarn) 방적 후 가스 연소, 표백 등의 처리를 거치지 않은 면사를 말하는 것으로, 생사라고도 한다.

생명주(生明紬) 경위사 모두 생사로 제직한 명주이다.

생사(raw silk) 몇 개의 가잠 누에고치로부터 나오는 실을 합쳐 꼬임을 주면서 필요한 굵기의 실로 만든 견사를 말한다. 생사는 상당량의 세리신을 함유하고 있어 거칠고 광택도 좋지 않으므로 정련하여 세리신을 제거한다.

생상목 표백하지 않은 품질 좋은 면포이다.

생성성 대 침체성(generativity vs. selfstagnation) 에릭슨이 발표한 자아발달단계 중 7번째로서 인생의 중반기(25~65세)에 해당하며 자신의 자손, 생산품, 사상 등에 대한 관심과 다음 세대들을 위한 지침을 확립하고자 하는 것이 특징이다.

생식기(the genital stage)   프로이트(Freud)의 성격발달과정의 4번째로서 사춘기에 해당하며, 타인을 타경적(他慶的)인 동기로 사랑하기 시작하고, 성적 매력, 사회화, 집단활동, 직업적 계획, 결혼과 가족 부양에 대한 준비가 나타난다.

생잠(生繭)   번데기를 죽이지 않은 누에고치를 말한다.

생주   정련하지 않은 주(紬)를 말한다. 생모시라고도 하며, 밀도를 적게 하여 제직한 생견직물로 모시와 같은 깔깔한 느낌을 준다. 한복감으로 쓰인다.

생지(grey fabric)   제직이나 편성, 기타 제조공정으로부터 곧바로 나온 미가공 천으로 불순물이나 결점이 있고 태가 거칠며 외관이 아름답지 못하다.

생 트로페이 스커트(St. Tropey skirt)   단색과 프린트 옷감을, 때로는 8가지 이상의 옷감들을 수직으로 이어서 만든, 발목까지 오는 길이가 긴 풍성한 스커트를 말한다.

생평(生平)   소마사 직물로 저마(苧麻), 대마의 수방사(手紡絲)의 평직물이다.

샤넬, 가브리엘 '코코'(Chanel, Gabrielle 'CoCo' 1883~1971)   프랑스 쇼물 출생의 디자이너로 클래식 스타일의 대명사인 '샤넬룩'을 탄생시킨 그녀는 어린 시절을 고아원에서 불우하게 자랐다. 1910년 파리의 조그만 모자점에 취직하여 저지로 옷을 만든 것이 호평을 받아 1915년 '샤넬' 디자인 숍을 창설하였다. 제1차 세계대전 후 '간결한 것, 감촉이 좋을 것, 낭비가 없을 것'이란 기본 철학을 갖고 검정과 베이지를 기초로 한 단순성을 강조한 디자인을 발표했다. 샤넬의 이 '튜브 라인'은 1920년대 모드를 리드해 나갔으며, 그녀의 의상은 극히 논리적이고 단순했다. 한낱 장식에 불과했던 단추나 포켓까지도 실용성을 주장하였으며 모조 보석을 사용하기 시작하였다. 그 밖에 짧은 판탈롱, 빌로드 재킷, 금속 단추, 쇼트 헤어, 남성용 셔츠, 카디건 수트, 샤넬 라인은 시대와 연령을 초월한 영원한 패션이다. 1939년 제2

차 세계대전 중 독일 군인을 사랑하게 되어 나치의 일에 개입하게 되며 전쟁 후 군중들의 심한 야유로 스위스에 잠적한 지 15년 만에 파리 모드계로 돌아와 1971년 사망할 때까지 파리 모드계의 여왕으로 군림하였다. 복귀 후 샤넬 수트는 트위드가 저지로 바뀌어 밝은 색조에 젊음이 넘치는 경향을 보였으나 기본 실루엣은 변함없는 H 실루엣이었다. 샤넬은 마담 그레와 마찬가지로 평생 프레타포르테를 갖지 않았으나 1971년 타계 후 1977년 샤넬 향수 회사가 창설되었으며, 현재는 칼 라거펠트가 책임 디자이너로 샤넬 그룹을 이끌며 그녀의 샤넬 라인을 계속 발표하고 있다.

샤넬 백(Chanel bag)   옆이 부드러우며 퀼트(quilt)된 가죽 가방으로, 접힌 뚜껑 부분이 봉투 크기만하며 주로 번쩍거리는 체인(chains)으로 된 가방 끈이 있어 어깨에 메도록 되어 있다. 1956년 가브리엘 샤넬에 의해 소개된 가방이다.

샤넬 수트(Chanel suit)   꼬인 끈 등으로 가장자리를 장식처리한 재킷과 스커트로 이루어진 수트이다. 프랑스 디자이너 가브리엘 샤넬이 발표하여 샤넬 수트라는 이름이 붙었으며, 일종의 카디건 스타일 수트로 유행에 크게 좌우되지 않고 지속적인 인기를 누리고 있다.

샤넬 재킷(Chanel jacket)   디자이너 코코 샤넬이 1930년대에 만들었던 칼라가 없는 박스 스타일의 재킷이다. 소매단과 상의 가장자리는 대개 장식 테이프나 브레이드로 장식했으며, 유행에 영향을 크게 받지 않으면서

생주

샤넬, 가브리엘 '코코'

샤넬 수트

샤넬 재킷

도 심플하고 클래식하고 우아한 스타일로 특히 중년층 여성에게 많이 애용된다.

샤르메즈(charmeuse)　경사에 강연사, 위사에 크레이프사를 사용하여 경수자직으로 제직한, 촉감이 부드럽고 표면이 매끄러우며 중간 정도의 광택이 있는 직물이다. 드레스, 바지 등에 사용된다.

샤르트뢰즈(chartreuse)　① 프랑스의 수도원에서 만들어지는 샤르트뢰즈 즙의 색으로 녹색을 띤 다소 엷고 밝은 황색을 말한다. ② 프랑스산의 달고 향기가 있는 주류의 일종으로 녹색 기미를 가진 약간 저채도의 황색을 말한다.

샤마르(chamarre)　14, 15세기의 학사복으로, 어깨에 풍성한 소매가 달린 길고 풍성한 코트이다. 보통 모피로 가장자리를 대고 브레이드와 패스맨트리로 장식했다. 1490년대에 영국에서 소개되었으며, 후에 재판관의 법복이 되었다.

샤마스크, 로날두스(Shamask, Ronaldus 1946 ~)　네덜란드 태생으로 디스플레이 디자이너, 일러스트레이터, 무대 디자이너 등을 거쳐 현재 미국에서 의상 디자이너로 활동한다. '예술적 형태로서의 의상' 유파의 일원이며, 난해한 재단과 순수하고 건축적인 형태의 구조적 의복으로 알려져 있다.

샤무아(chamois)　샤무아(영양)의 탄력 있는 모피의 색과 유사한 색으로, 차색(茶色)을 띤 밝은 황색을 말한다.

샤미야(shamiya)　불가리아의 기혼 여성들이 머리에 착용한 빨간색·흰색·초록색의 스카프로, 턱밑에서 매듭을 지어 착용하였다. 미혼 여성들은 머리 뒤에 매듭을 맸다.

샤미어(tchamir)　수를 많이 놓은 카프탄 네크라인에 겉으로 내어 입는 모로칸 오버 셔트를 가리킨다. 흑색이나 또는 백색에 여러 색깔로 자수를 한 남녀 셔트가 1960년대 말에 많이 수입이 되어 유행하였다.

샤쇠르 재킷(chasseur jacket)　꼭 맞는 힙 길이의 군복에서 유래된 여자들의 재킷으로 스탠딩 군복 칼라, 슬래시, 브레이드와 브란덴부르크(Brandenburg)로 정교하게 장식되었다. 1880년대 초에 입었다.

샤워 캡(shower cap)　비닐 또는 방수가 된 모자로 가장자리에 고무 밴드가 있어 샤워할 때 머리카락이 젖지 않도록 착용하는 모자를 말한다.

샤이니 블루(shiny blue)　아름다운 광택이 특징인 청색으로, 특히 실크 가공을 한 소모사 등에 보이며 야간 파티복에 많이 이용되는 색으로 주목을 받는다. 주간의 비즈니스 수트에도 많이 보이지만 액세서리에 변화를 주면 야회용 수트로 착용할 수 있는 장점을 지닌 것도 이 색의 특징이다.

샤쥐블(chasuble)　둥근 목에 소매 없는 성직자복으로 옆여밈으로 되어 있으며, 목에서 끝단까지 Y형태의 밴드가 있다. 초기 기독교 시대의 미사 때 입은 의복으로, 지금은 목사나 성직자들이 착용한다. 라틴어로 캐설라(casula)는 코트를 가리키며, 근대에도 성직자들이 캐속(cassock)이라는 가운 위에 입는다.

샤코(shako)　① 챙이 부착된 원통형의 딱딱하고 긴 모자로 윗부분은 좁아지기도 하고 넓어지기도 하는데 앞쪽에는 깃털 장식이 있다. 악대 단원들이 사용했으며, 군대 모자에서 유래했다. ② 드럼 메이저스 캡(drum major's cap)이라고도 한다.

샤콘(chaconne)　17세기에 목과 가슴을 장식했던 리본 넥타이를 말한다.

샤크 스킨(shark skin)　값이 비싸고 튼튼한 상어 가죽을 말한다. 대개는 희미한 회색을 띠며 촉감이 거칠고 때때로 뚜렷한 반점을 보이기도 한다. 구두의 갑피, 특히 어린이의 구두 갑피, 벨트, 핸드백, 지갑, 담배 케이스 등에 사용된다. 경·위사에 대조가 되는 두 종류 이상의 섹사를 교대로 배열하여 제직한 소모 직물을 말하며, 능선 방향과 반대 방향의 색선이 나타난다.

샤튼벨리드 더블릿(shotten-bellied doublet)　앞이 짧게 만들어진 16세기 중반에서 17세기 초의 남성용 더블릿이다. 피스카드벨리드 더블릿 참조.

샤틀렌(châtelaine)　　원래의 의미는 열쇠, 시계 장식품 등을 부착하는 장식 쇠사슬의 허리띠로, 중세의 성주 부인들이 열쇠를 체인에 연결하여 착용했던 것에서 유래하였다. 라펠이나 가슴에 핀을 달아 시계와 체인으로 연결하기도 하며, 폽 핀(fop pin)으로 불리기도 한다.

샤틀렌

샤틀렌 워치(châtelaine watch)　　라펠 핀에 연결된 시계로 19세기와 20세기 초반에 대중적 인기를 누렸으며 간간이 재유행하였다. 중세 성의 여주인이나 여자 성주, 성주의 부인(châtelaine)들이 체인으로 연결한 열쇠를 허리에 착용하였던 것에서 유래하였으며, 라펠 워치라고도 불린다.

샤포(chapeau)　　모자를 가리키는 총칭으로, 영어의 해트(hat)를 말한다.

샤프론(shaffron)　　적색 기미를 가진 선명한 황색을 말한다.

샤프롱(chaperon)　　중세 때부터 르네상스 시대까지 입었던 작은 케이프가 달린 모자를 말한다.

샤프스(sharps)　　끝이 날카로운 재봉바늘을 가리킨다. 이것은 가늘고 긴 바늘로 일반 가정에서 사용되는 바늘이며, 용도에 따라 여러 가지가 있다.

산퉁(shantung)　　원래 산퉁은 중국의 산둥성에서 굵은 작잠사로 수직한 직물로, 위사에 생사와 함께 옥사를 사용하여 직물 표면에 불규칙한 마디를 나타낸 직물이다. 근래에는 위사에 슬럽(slub) 효과를 가지는 실을 사용한 직물을 모두 산퉁이라고 하며, 견 외에 여러 가지 섬유가 사용된다. 여성복, 셔트, 넥

타이, 침구 등에 쓰인다.

샬로트(Charlotte)　　18세기 후반에 영국의 샬로트 여왕이 애용한 데서 그녀의 이름을 딴 챙이 넓은 모자를 말한다.

샬리(challis)　　앵글로 아메리칸 인디언의 부드럽다는 의미인 샬리(shalee)라는 단어에서 유래한 말로, 유연하고 가벼운 직물이다. 원래는 견과 소모사로 평직물을 만든 후 작은 꽃무늬를 날염한 것이나 근래에는 면 또는 스테이플로 된 인조 섬유를 사용하며, 직물 전체를 어두운 색으로 날염하기도 한다.

샬와(shalwar)　　터키 여성들이 집에서 홈 웨어로 착용하는 발목까지 오는 길이의 아주 풍성한 바지이다. 허리와 발목 부분에 주름을 많이 넣은 것을 끝을 좁혀 더 풍성하게 하였고, 알바니아 여성들은 폭이 넓은 커머밴드를 허리에 매었다. 1890년까지 페르시아 여성들이 입었고, 크랄와(clalwar)라고도 한다. 여기에 매치되는 코트나 재킷을 예렉(yelek)이라고도 한다. 하렘 팬츠와 유사하다.

샹보드 맨틀(chambord mantle)　　3/4 길이의 후드가 달린 여자의 클로크로 숄과 비슷하며, 뒤가 풍성하고 새틴이나 벨벳으로 만들었다. 1850년대에 입었다.

샴브레이(chambray)　　경사에 주로 청색사, 위사에는 표백사나 미표백의 면사를 사용하여 평직으로 제직한 직물로, 표리가 모두 히끗히끗하게 보인다. 셔트, 원피스, 아동복에 쓰인다.

샴페인 컬러(champagne color)　　샴페인에 보이는 약간 갈색 기미의 극히 밝은 황록색을 말한다. 여성 내의류의 유행색으로 담색 계열의 대표적인 색이다. 즉 여성의 내의류로 인기가 있는 것은 백, 베이지, 핑크, 블루, 크림, 옐로 등이며 개성적인 여성들 사이에서는 흑색, 갈색 계열 등이 사용되기도 한다.

샹들리에 이어링(chandelier earring)　　샹들리에를 연상시키듯이 수정이나 금속 등의 구슬이 길게 매달린 커다란 귀고리를 말한다.

샹티 레이스(Chantilly lace)　　맨 처음 만들어

산퉁

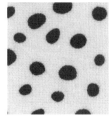

샬리

샹들리에 이어링

진 지역이 프랑스의 샹티라는 데서 이름이 붙여진 보빈 레이스이다. 17세기에 널리 알려졌다.

새그(shag)　① 길고 거친 잔털을 세운 직물이다. ② 스코틀랜드의 북부에서 거친 털로 제직한 직물로 1730년대부터 제직되었다. ③ 긴 머리를 층층이 잘라 바깥쪽으로 컬을 준 헤어 스타일이다. 1970년대 영화 배우 파라 포셋(Farrah Fawcett)의 헤어 스타일에서 유래하였다.

새그린(shagreen)　무두질하지 않은 상어나 그 외의 유사한 어류의 가죽으로, 어두운 녹색이나 검정색 등으로 염색한 후 광택을 낸 것이다. 18~19세기에 양초, 메달, 시계 등을 보관하는 케이스 따위를 만들었다.

새도 레이스(shadow lace)　드레스에 다는 장식용의 기계편 레이스의 일종이다. 편포 위에 분명하지 않은 모양이 나타나도록 된 레이스이다.

새도 스트라이프(shadow stripe)　꼬임의 방향이 다른 경사로 짜여진 줄무늬 평직물로 빛을 받는 각도에 따라 문양이 달라 보인다.

새도 스티치(shadow stitch)　새발뜨기와 비슷한 방법이며, 오건디나 보일 등 얇은 천의 안쪽에서 뜬다. 투명한 아름다움을 효과적으로 이용하는 데서 이러한 이름이 쓰였다.

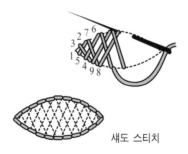

새도 스티치

새도패널 슬립(shadow-panel slip)　얇은 드레스가 불에 비쳤을 때 속의 옷이 들여다보이는 것을 막기 위하여 속치마 위에 한 겹 또는 그 이상의 겹으로 덧붙인 속치마이다.

새미(shammy)　정확히는 샤무아이며, 새미로도 발음된다. 남유럽이나 서남아시아의 영양(羚羊)인 샤무아의 가죽으로, 스웨이드, 벨벳과 같은 감촉을 지녔으며 색은 황색이다. 패셔너블한 레저용 소재의 하나이다.

새미 레더(chamois leather)　영양의 모피나 양, 사슴, 염소 가죽을 오일 드레싱이나 스웨이드 가공 처리한 모피를 말하며, 강하고 부드러우며 유연하다. 스포티한 재킷, 모자, 장갑 등을 만드는 데 사용된다.

새코(shako)　원통형의 깃털 장식이 달린 보병용 군모이다. 러시아 관리들이 썼던 크라운이 높은 털모자로 영국이나 미국, 프랑스에서 남녀의 겨울용 모자에 모방되었다. 코사크 해트라고도 한다.

섕크(shank)　구두창의 뒷굽과 앞부분 사이의 땅에 닿지 않는 부분을 말한다.

서(緖)　실끝, 실머리를 말한다. 누에고치를 끓는 물에 넣어 풀어낸 실끝이다.

서(絮)　진면(眞綿) 중에서 헌 것이나 조(鉏)한 것을 말한다. 정세한 것은 면이라고 하고 조한 것은 서(絮)라고 하였다. 나방이 고치를 뚫고 나온 누에고치에서 얻은 솜 또는 누에고치의 외막(外膜)에서 얻은 것으로 만든 솜이다.

서금(西錦)　페르시아 사산 왕조의 위금을 말한다.

서니 화이트(sunny white)　최근 유행색의 하나로 특히 서머 패션에 자주 보이는 것이다. '밝은 회색, 쾌활한 백색'으로 같은 흰색이라도 밝게 빛나는 것 같은 이미지의 백색을 가리킨다. 수년 동안 계속된 자연스러운 백색(off white)계를 대신해서 이러한 순색의 백색이 대두되고 있는 것이 주목된다.

서대(犀帶)　각대의 하나이다. 띠돈을 수우각(水牛角)으로 만든 것으로 옥대(玉帶) 다음으로 여겼다. 고려 시대에는 귀한 특사품으로 모든 등과자(登科者)에게 주어졌다.

서라피(serape)　멕시코인의 화려한 어깨걸이(무릎덮개)를 말한다.

서로리티 핀(sorority pin)　부인회, 부인 클럽, 여학생회, 동창회 회원간에 착용하는 핀으로, 모임이나 단체의 소속을 나타내기 위해서 착용한다.

서리복(胥吏服)　서리(胥吏)가 직무시 입던 옷으로 조선 시대에는 무각평정건(無角平頂巾)에 청색 단령(團領)을 착용하고 도아(條兒)를 띠었으며, 사헌부 서리는 감제(監祭)와 조하시(朝賀時) 공복으로 복두(幞頭), 포(袍), 대(帶), 홀(笏), 흑피화(黑皮靴)를 착용하였다.

서머 파스텔(summer pastel)　여름철에 어울리는 파스텔 컬러를 의미한다. 일반적으로 파스텔 컬러는 춘하 패션의 필수적인 색이었으나 파스텔 컬러 자체에 변화가 나타나서 선명하지 않은 칙칙한 색에서부터 선명하고 뚜렷한 색까지 그 범위가 넓어지자 그 중에서 한여름에 어울리는 차가운 감각의 파스텔을 서머 파스텔이라고 분류하게 되었다.

서멀(thermal)　모양은 드로어즈와 유사하며 뒷면은 보풀이 일어나도록 짠 천으로 만들었다. 남성, 여성, 아동들이 추운 날씨에 많이 입는다.

서멀 언더웨어(thermal underwear)　면편성물이나 면과 울의 메시(mesh)로 공기를 함유할 수 있게 직조한 직물을 사용해서 만들어 절연제로서 몸의 체열을 보호하는 역할을 했다. 긴 소매의 언더셔트와 롱레그드 팬츠(long-legged pants) 또는 원피스의 유니언 수트(union suit) 등이 있으며, 주로 겨울철이나 운동을 할 때 착용하였다.

서문금(瑞紋錦)　중국의 당제가 성덕왕에게 보낸 직물로, 서금(瑞錦), 파기금(波期錦)과 같은 위금이다.

서바이벌 룩　서바이벌은 생존이라는 의미로, 실용성을 목적으로 한 스타일을 말한다.

서바이벌 셰이드 컬러(survival shade color)　자연에서 볼 수 있는 대지색과 동의어이다. 밀리터리풍과 콜로니얼풍(식민지풍)의 패션에 많이 사용되는 색으로 알려져 있다. 자연스러운 백색(off white)과 카키 브라운이 대표적이다.

서버번 웨어(suburban wear)　교외에 나갈 때 입는 옷의 총칭이다.

서비스 구역(service area)　에스컬레이터, 엘리베이터, 계단, 화물 선착장, 휴게실, 쇼 윈도 같은 판매 지역을 위한 판매 부서의 일부분을 말한다.

서비스 센터(service center)　유형의 물건이 아닌 용역을 창출해 경제의 한 부분을 이루는 서비스 산업이 발달함에 따라 새로이 등장한 지역이다. 주로 작은 부서와 가까이 있으면서 수선이나 교체가 이루어지는 도매상에 위치한 지역을 말한다.

서비스 캡(service cap)　유니폼과 같이 착용하는 군인 모자로 윗부분이 둥글고 평평하고 딱딱하며 가죽 또는 플라스틱 챙이 부착되어 있다.

서스펜더(suspender)　앞가슴 바대에 어깨끈이 연결되어 있는 스커트나 바지의 멜빵을 말하는 것으로 영국에서는 브레이스(brace)라고도 한다. 대개 튼튼한 옷감으로 만들어지며 농부, 화가, 목수들의 작업복으로 사용된다. 오버올즈, 페인터즈 팬츠, 비브 톱 팬츠라고도 한다.

서스펜더

서스펜더 쇼츠(suspender shorts)　멜빵이 달린 반바지를 일컫는 것으로 티롤리안(Tyrolean) 의상에서 유래되었다. 레이더호젠 참조.

서스펜더 스커트(suspender skirt)　흘러내리지 않도록 어깨에 멜빵을 단 스커트로 아동복에서 자주 볼 수 있는 귀여운 느낌이 나는

서스펜더 점퍼

스커트이다.

서스펜더 점퍼(suspender jumper)　어깨끈이 달려 허리에서 고정시키는 서스펜더 스커트와 같은 점퍼 스커트로 어린 소녀들이 많이 입는 귀여운 스타일이다.

서스펜더 팬츠(suspender pants)　⇒ 오버올즈

서양포(西洋布)　19세기 말 개항 이후 우리 나라에는 구미, 일본의 문물이 급격하게 들어오게 되었다. 특히 초기에는 영국산 면포가 대량 수입되었고, 그 이후에는 일본산이 수입되었다. 이리하여 서구에서 수입된 면포를 우리 나라에서는 서양포 또는 서양목이라 하였으며 이것을 줄여 양목이라고도 하였다. 《통아(通雅)》에서는 서양포를 베트남의 면포라고 하여 캘리코(calico)라고도 한다. 면포는 인도에서 고대로부터 대량 생산되어 동남아시아 지역에 일찍이 전파되었으며 후에는 영국에서 산업혁명 이후 발달되어 세계 시장의 수출품이 되었다. 그리하여 우리 나라에서는 서쪽으로부터 온 면포라는 개념에서 서양포라 부른 것으로 볼 수 있다.

서지(serge)　경・위사의 밀도를 비슷하게 2/2 능직으로 제직하여 능선각이 45°를 이루는 소모 직물이다. 실의 꼬임수가 많고 조직이 치밀하여 구김이 잘 생기지 않고 내구성이 좋은 직물이다. 수트, 바지, 코트, 스커트 등에 사용된다.

서지컬 마스크(surgical mask)　환자의 세균 감염을 막기 위하여 외과 의사와 간호사의 코와 입을 막을 수 있도록 소독된 천으로 만든 마스크이다. 종종 알레르기나 공해에 민감한 사람들이 바깥에서 사용하기도 한다.

서진직(西陳織)　일본 교토시(京都市)의 서진(西陳) 지역에서 제직된 직물에 대한 총칭으로, 일본명으로는 니시진오리라고 한다. 서진은 응인(應人)의 난 때(1467~1477년) '서군의 진지'라는 뜻에서 유래하였으며, 교토시의 북서부 일대를 말한다. 그러나 오늘날에는 지역에 관계없이 서진 기업(西陳機業)의 각 공업조합 규정의 증지(證紙) 검인(檢印)이 있는 모든 직물의 총칭으로 쓰인

다. 서진이라는 명칭이 생긴 것은 지금으로부터 약 500년 전이나 그 기직의 역사는 5~6세기경 도입된 소씨에 의한 양잠(養蠶)과 제직이 일어난 것에 기원을 두고 있다. 서진직(西陳織)의 특성은 명품종 소량 생산방식을 기반으로 한 선염문(先染紋) 직물이라는 데 있다. 제직 단계는 도안가(圖案家), 의장문지업(意匠紋紙業), 연사업(撚絲業), 사염업(絲染業), 정경업(整經業), 종광업(綜絖業), 정리가공업(整理加工業) 등으로 분업화되어 있다. 제품의 종류는 시대에 따라 차이가 있는데, 오늘날까지 오랫동안 제직된 것은 대지(帶地), 어소(御召), 금란(金襴), 금, 철직(綴織) 등이다. 서진의 직물은 오랫동안 공인기로 제직되었으나 프랑스에서 자카드기가 수입된 후 오늘날에는 자카드기에 의해 많이 제직되고 있다.

서징 스티치(serging stitch)　천의 가장자리의 올이 풀리는 것을 방지하기 위해 사용하는 것으로 오버로크 스티치와 유사하다.

서커(sucker)　경사의 줄무늬에 상당한 부분을 제직법 등으로 수축시켜 파형의 요철을 나타낸 직물이다. 부인복, 아동복, 커튼 감으로 주로 쓰인다. 시어서커라고도 한다.

서커 스트라이프(sucker stripe)　장력이 다른 경사를 일정한 간격으로 배열하여 직조하여 장력의 차이로 만들어진 요철 문양의 줄무늬를 말한다. 여름철용 침대 시트, 잠옷, 셔츠 등에 사용된다.

서코트(surcoat)　중세 때 기사들이 갑옷 위에 입던 옷으로 예쁘게 자수로 문장을 놓고, 넓은 소매가 달린 무릎길이의 남성용 코트이다. 소매가 종모양으로 넓어진 벨 소매가 달린 길고 풍성한 여성들의 외투를 말하기도 한다. 슈퍼 튜닉 또는 사이드리스 코트(sideless coat)라고도 한다.

서큘러(circular)　실크, 새틴이나 폭넓은 여러 직물로 만든 긴 케이프나 맨틀이다. 때에 따라서는 토끼털이나 다람쥐털로 가장자리 장식을 하거나 안감을 대어 밝은 겉감과 대조가 되도록 디자인하며, 19세기에 유행하였

다.

서큘러 니트(circular knit)　원통형으로 짜올라 가는 편물을 말한다.

서큘러 스커트(circular skirt)　서큘러란 '통로'라는 뜻으로 치맛자락을 펼쳤을 때 완전한 원 모양을 그리는 스커트이다. 천을 360°, 180°, 90°로 재단하면서 생기는 원에 허리치수를 맞추면 저절로 주름이 많이 생긴다. 옷감이 바이어스와 직선이 모두 존재하므로 입는 동안 바이어스가 처지기 쉽다. 따라서 치맛단을 고르게 정리하는 데 특히 주의해야 한다. 스케이트용 스커트에서 많이 볼 수 있다.

서큘러 스커트

서큘러 커프스(circular cuffs)　원형으로 재단된 천을 사용하여 만든 커프스를 말한다. 와인드 커프스라고도 한다.

서큘러 컷 슬리브(circular cut sleeve)　원형으로 재단되어 플레어가 지게 만든 소매이다.

서큘러 헴(circular hem)　⇒ 원형 헴

서클릿(circlet)　중세의 머리 장식이다. 머리 둘레에 쓴 좁은 금속 밴드로 보석을 박기도 했다.

서클 슬리브(circle sleeve)　두 개의 원형으로 구성된 짧은 소매로 도넛 모양으로 재단된 두 개의 천을 마주 겹쳐 놓고 가장자리를 박아 잇고 한쪽을 진동에 맞게, 다른 쪽은 팔에 맞게 만든다. 베레 슬리브와 모양이 유사하다.

서티즈 룩(thirties look)　1903년대에 유행한 시카고 갱들의 복장에서 볼 수 있는 스타일을 말한다. 어깨와 칼라가 넓고 상의 길이가 긴 줄무늬 양복 스타일과 슬림 앤드 롱(slim & long)의 여성스러운 스타일을 현대풍으로 변형시킨 것으로, 1962년 춘하 파리 컬렉션에서 비요네(Vionnet)가 바이어스를 주제로 만든 스타일이나 1968년 춘하 보니 룩의 부활 등을 들 수 있다.

서퍼즈(surfers)　무릎까지 오는 꼭 끼는 바지를 말한다. 1960년대 초반에 유행하였는데, 처음에 캘리포니아의 파도타는 서퍼들의 바지에서 힌트를 얻어 디자인되었다.

서펜타인 헴 스티치(serpentine hem stitch)　드론 워크 기법의 일종으로 실을 뺀 양측의 가장자리에 헴 스티치를 하는 것으로, 묶어 낸 실을 산 모양으로 만든다. 더블 헴 스티치라고도 불린다.

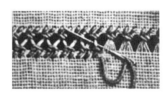
서펜타인 헴 스티치

서펜트 링(serpent ring)　손가락 주위로 뒤틀린 뱀의 형상을 장식으로 한 반지로 비슷한 형태의 반지가 고대 로마 시대에 착용된 적이 있다.

서포타스(supportasse)　16~17세기에 유행한 러프를 받쳐주는 금속틀이다.

서포트 브래지어(support brassiere)　가슴을 부드럽게 받쳐주어 늘씬하고 아름다운 보디 라인을 나타내 주는 브래지어를 말한다. 평평한 밴드형이 많으며 폴리우레탄이 20% 정도 함유되어 신축성이 풍부하고, 서포트 효과가 우수하다.

서포트 팬티호즈(support pantyhose)　일반 스타킹보다 신축성이 강화된 팬티호즈로 다리 보호의 목적도 있다.

서포트 호즈(support hose)　일반 스타킹보다 신축성이 강화된 호즈로 혈관을 압박하여 팽창되지 않도록 니트 라이크라 스판덱스(knit Lycra spandex)의 소재로 만든다. 이것은 혈액 순환과 다리의 피곤함을 방지하기도 한

서포팅 세일즈맨(supporting salesman) 세일즈맨의 한 형태로 직접 주문을 받지 않고 주거래선에 정보를 제공하고 어드바이스를 함으로써 판매활동을 촉진시키는 역할을 담당하는 사람을 지칭한다.

서프 트렁크스(surf trunks) 트렁크스보다 좀 더 길게 디자인된 남성용 수영복으로 둔부에는 서프보드 왁스를 넣기 위한 포켓이 달려 있다. 1960년대 후반기에 등장하였다.

서플러스 재킷(surplus jacket) 군복에서 힌트를 얻어 디자인된 상의로서 스탠드 칼라에 불룩하게 여유가 있는 블루종 점퍼 스타일로 견장이 달려 있고 앞은 단추로 여미게 되어 있다.

서플리스(surplice) 허리까지 또는 무릎까지 오는 길이로, 상체에 요크 밑으로 주름진 풍성한 넓은 소매가 달린 성직자나 합창대원들이 착용하는 유니폼이다.

서플리스 네크라인(surplice neckline) 서플리스란 카톨릭 승려나 성가 대원이 착용하는 백색의 가운을 의미하는 것으로 서플리스 네크라인은 V자형으로 파인 네크라인 또는 기모노처럼 포개진 것을 말하며 좌우 비대칭(asymmetric)이다. 랩어라운드 블라우스, 드레스, 로브 등에 응용되며 1920년대에 소개되었다.

서플리스 블라우스(surplice blouse) 앞여밈

서플리스 블라우스

을 사선으로 많이 겹쳐서 입도록 V자형의 네크라인으로 된 블라우스이다. 시초는 교회의 신부가 입었던 데서 유래되었으며 17세기 당시에 과장되게 부풀린 머리 스타일의 가발을 상하지 않고 입기 편하도록 앞여밈을 디자인하게 되면서 이런 스타일이 많이 개발되었다.

서피스 다닝 스티치(surface darning stitch) 다닝 스티치를 천 전체에 하는 기법으로, 한 단을 한 후 서로 다르게 되도록 평행하게 다시 그 위에 자수하는 것이다.

서핑 수트(surfing suit) 파도타기를 할 때 입는 원피스 수트이다. 앞 지퍼가 달린 긴 팔의 상의와 무릎 길이의 팬츠가 이어져 있으며, 검은색 고무를 소재로 사용한다.

서화문(瑞花紋) 인동문(忍冬紋)을 기원으로 하였다는 공상적인 보상화문(寶相華紋)이다. 인동문을 기초로 모란[牡丹], 석류(石榴), 연화(蓮花), 포도(葡萄) 등을 문양화한 풍요롭고 화려한 문양으로 축복을 상징한다.

석(舃) 바닥이 이중으로 되어 있는 신의 하나이다. 이(履)의 일종으로 나무나 가죽을 여러 겹 대어 습기가 오르는 것을 막았다. 우리 나라에서는 삼국 시대에 전래되었다. 왕의 면복(冕服)에는 적석(赤舃)을, 왕비 적의(翟衣)에는 대홍색에는 적석(赤舃)을 심청색에는 청석(靑舃)을 신었으며 국말 황후(皇後)의 청적의(靑翟衣)에는 청석(靑舃)을 신었다.

석

석류문(石榴紋) 석류를 문양화한 것이다. 석류는 페르시아가 원산으로 중국에는 한대에 장건(張騫)에 의하여 전래되었다고 한다. 우리 나라에서는 조선 시대 단문(緞紋)으로 많이 나타나 있는데 사실적인 식물문(植物紋)으로 다남(多男)을 상징한다. 배치법에 따라

사방산형(四方散形)과 삼방산형(三方散形)으로 나뉘고, 각종 자수·직물, 나전칠기 등에 많이 사용하는 무늬이다.

석류잠(石榴簪)　머리 부위에 석류 무늬를 조각한 비녀로 석류 열매 위쪽에는 산호 구슬을 장식했다.

석면(asbestos)　천연에서 얻은 유일한 광물성 섬유로 캐나다, 미국, 이탈리아, 러시아, 남아프리카 등이 주산지이며, 캐나다산이 가장 품질이 우수하고 생산량도 제일 많다. 석면은 자연 상태에서는 보통 암석과 같으나 분해시 용이하게 섬유 모양으로 분리가 가능하다. 내열성, 보온성이 좋아 방화복, 보온재, 내화용재, 공업용 단열재로 쓰이나, 단독으로는 방적이 잘 안되어 면을 10~20% 정도 섞어서 석면사를 만들어 사용한다.

석면

석세스 수트(success suit)　비즈니스맨들의 성공을 위한 수트라는 뜻을 지닌, 10여 년 전에 생겨난 용어이다.

석웅황(石雄黃)　천연적으로 산출되는 황화비소(黃化砒素)로 누런 덩어리이다. 석황(石黃)·웅황(雄黃)이란 별칭이 있으며, 조선 시대의 장신구, 즉 화관·족두리 등의 관식(冠飾)으로 사용되었고 풍차 등 두식옥(頭飾玉)으로 사용되었다.

석첩문(石疊文)　정방형의 판형문을 질서있게 쌓아올린 듯 도형화한 문양으로, 직물문으로 사용되었다.

섞음질(combination stitch)　홈질을 하면서 박음질과 반박음질을 섞은 것이다. 콤비네이션 스티치라고도 한다.

선(襈)　가선(加襈)을 일컫는 것으로 옷의 단이나 방석·보 등의 가장자리를 싸는 장식이다.

선군(旋裙)　중국 송대 여성의 치마 양식으로 치마의 양변과 앞뒤를 터 놓은 형태이다.

선데이 클로즈(sunday clothes)　19~20세기에 사용된 용어로 교회에서나 그와 유사한 특별한 경우에 입는 정장의 옷을 말한다. 작업복이나 워크(work) 클로스의 반대이며, 선데이 베스트라고도 불린다.

선 드레스(sun dress)　캐미솔이나 수영복의 윗부분과 같은 모양을 한 드레스이다. 어깨 끈이 없거나 홀터 모양의 드레스는 1930년대에 소개되어 지금은 여름용 의상의 클래식 스타일이 되었다. 비치 드레스 참조.

선레이 스커트(sunray skirt)　1880년대 말에 착용한 둥근 원형의 천으로 만든 아코디언 플리츠 스커트를 말한다.

선레이 플리츠 스커트(sunray pleats skirt)　주름이 잡힌 아코디언 플리츠로 된 둥근 서클의 플레어가 많은 스커트로 1880년대 말에 유행하였다.

선버스트 컬러(sunburst color)　햇빛에 바랜 듯한 색을 말한다. 선버스트는 태양 광선 중에서도 구름 사이를 뚫는 강렬한 빛을 의미하며, 이러한 인공적이며 자극적인 색조가 1980년대 유행색의 하나였다. 지금까지의 자연스런 대지색(earth color)의 유행이 인공적인 색으로 변화해 가는 과정에서 출현한 것이다. 일부에서는 이것을 새로운 차세대 비비드 컬러(post vivid color)로 취급하려는 움직임도 있다.

선버스트 플리츠(sunburst pleats)　⇒ 아코디언 플리츠

선번트 모더레이트(sunburnt moderate)　'햇빛에 바래게 한, 햇빛에 바랜' 등의 의미를 연상시키는 상태의 중간 색조를 뜻한다. 자연스런 느낌의 부드러운 색조합이 특징으로 시티 스포츠 타입의 서머 웨어 등에 선호되어 애용된다.

선베이크트 셰이드(sunbaked shade)　햇빛에 탄 피부가 아름답다는 의미에서 미국 의상 전문지 '멘즈 웨어'가 유행하는 브라이트 컬러에 붙인 이름의 하나이다. 머린 블루, 머스

선 보닛

터드, 멀베리(뽕나무 열매를 삶은 검은빛을 띤 갈색) 등이 여기에 해당된다. 세련된 스포츠 웨어의 컬러에 유력하게 사용되는 색이다.

선 보닛(sun bonnet)　태양을 차단하기 위해 착용하는 모자의 하나로 유아나 어린아이들이 주로 사용하며 턱 아래에서 끈으로 묶게 되어 있고 넓은 직물의 챙이 특징이다. 원래 초기 미국의 서부 개척자들이 대륙을 횡단할 때 햇빛을 막기 위해 사용했으며 미국 독립 기념 100주년 기념식 때 미국 전역에서 다시 착용하여 주목을 끈 바 있다.

선상 중합체(linear polymer)　중합체의 한 종류로서 분자가 일직선으로 길게 뻗쳐진 중합체를 말한다. 면, 마, 레이온 등은 셀룰로오스 분자로 이루어지는데, 이는 글루코오스라는 간단한 분자가 수백 내지 수천 개가 길게 선상으로 결합되어 있는 것이다. 이와 같이 천연 섬유를 이루고 있는 분자들은 모두 선상 중합체이며, 이를 이용하여 화학적 방법으로 단량체를 무수히 결합시켜 선상 중합체를 만들어 합성 섬유를 만든다.

선 수트(sun suit)　홀터 스타일의 상의와 쇼츠나 롬퍼즈로 이루어진 여름용 놀이옷으로 주로 리조트 웨어로 사용된다.

선숙주(degummed silk fabric)　정련된 견사로 제직한 견직물이다. 숙사라고도 한다.

선염(yarn dyeing)　직조하기 전 단계인 실 상태에서 염색해 주는 방법이다. 사염이라고도 한다.

선염 태피터(yarndyed taffeta)　실을 염색한 후 평직물로 제직한 태피터 직물을 말한다.

선자(扇子)　부채의 총칭으로 고려 시대 부녀자들이 시원하게 하려는 목적과 외출시에 얼굴을 가리려는 목적으로 사용하였다.

선전(縮廛)　중국산 필단(匹緞), 초(綃), 견(絹)을 팔던 곳이다.

선추(扇錘)　부채의 자루 끝에 달아 늘어뜨리는 장식으로 백옥·호박·비취 등에 문양을 새기거나 수놓은 천을 둥글게 말아 가는 동다회(同多繪)에 꿰어 중간에 동심결(同心結)을 맺고 술을 달아 부채에 단다. 선초(扇貂)라고도 한다.

선 컬러(sun color)　태양색이라는 의미로 태양과 같이 밝은 분위기의 색을 총칭한다. 1980년대에는 단지 밝은 분위기뿐만 아니라 품위있는 감각도 함축하고 있어 신선한 인상을 줌으로써 주목받았다. 즉, 선 컬러는 파스텔 컬러도 비비드 컬러도 아닌 완전히 새로운 감각의 완성도가 있는 것이 특징이다.

선택적 감각작용　우리에게 투입되는 많은 자극들을 한꺼번에 다 받아들인다는 것은 불가능한 일이므로 주어진 자극에 대하여 몇 가지만 받아들이고 남은 것은 받아들이지 않는 것을 말한다.

선탠(suntan)　선탠은 일광욕을 의미하며, 한편으로는 햇볕에 그을린 피부색을 말하기도 한다.

선 플라워 컬러(sun flower color)　해바라기에 보이는 짙은 황색을 말한다.

선학문(仙鶴紋)　학문(鶴紋)으로, 학(鶴)은 장수의 상징으로 직물 문양으로 많이 사용되었다. 《회남자(淮南子)》에는 ‘학은 천세’라고 하였다. 그 용모가 청초하여 흔히 신선과 같은 위치로 보고 수려한 문양으로 즐겨 사용되었다.

선 해트(sun hat)　열기나 태양으로부터 얼굴을 보호하는 챙이 넓은 모자를 가리킨다.

선호(도)(preference)　좋아서 선택한다는 뜻으로 소비자가 선택 가능한 여러 편익 차원 각각에 부여하는 상대적인 중요도로, 어떤 특정 상품에 대한 가장 표면적인 선택 성향을 말한다.

설득저항(說得抵抗, resistant to persuasion)　자기의 태도와 어긋나는 정보를 받으면 개인은 우선 심리적 실체인 자기의 태도를 고집하려 하기 때문에 설득에 대한 저항이 생긴다.

설면자(雪綿子)　풀솜을 말한다.

설복(褻服)　포형(袍形)의 평복(平服) 또는 내의(內衣), 즉 예복(禮服) 속에 입는 중의(中衣)이다. 고려 시대의 설복으로는 한삼이 있었으며, 조선 시대에는 설복이 예복이 아닌 평상복으로 사용되었다.

설빔 새해를 맞이하여 설날에 새 것으로 갈아 입는 옷을 말한다. 묵은 것을 다 떨구어 버리고 새출발을 하는 데 의미가 있고, 또 새해를 맞이하는 기쁨이 있어 새옷으로 갈아입는다.

설퍼(sulphur) 유황에 보이는 녹색 기미의 담황색(淡黃色)을 말한다.

섬유(fiber) 폭이 육안으로 보기 어려울 정도로 가늘며 폭에 비해 길이가 가늘고 긴 특징을 지닌다. 섬유가 피복 재료로 사용되기 위해서는 적어도 폭에 대한 길이의 비가 1,000 이상이 되어야 한다. 현재 피복 재료로 사용하고 있는 섬유의 종류는 수십 종에 달하나 생산 방법에 따라 천연 섬유와 인조 섬유, 화학 조성에 따라 유기질 섬유와 무기질 섬유로 크게 분류된다.

섬유소계 섬유(cellulosic fiber) 셀룰로오스를 주성분으로 하는 섬유로서 식물성 섬유라고도 불린다. 종류로는 종모, 인피, 엽맥, 과실 등을 이용하는 면, 마 등의 천연 섬유소계 섬유와 목재 및 목재 펄프 등을 원료로 한 레이온과 같은 재생 섬유소계 섬유, 그리고 섬유소에 인조 합성물의 초산을 결합시킨 아세테이트와 같은 섬유소계 반합성 섬유가 있다.

섬유 염색(fiber dyeing) 섬유 상태에서 염색을 하는 것으로, 염색한 섬유를 써서 실을 만들게 된다. 주로 양모 섬유를 염색한다. 스톡 다잉(stock dyeing)이라고도 한다. 톱 다잉 참조.

섬유의 강도(tenacity) 인장 강도가 단위 단면적에 대한 절단 하중인 반면, 섬유의 강도는 대체로 단위 섬도에 대한 절단 하중인 티내시티(tenacity)로 표시한다. 단위로는 g/tex가 주로 사용된다.

성(筬) 바디를 말한다.

성격(personality) 성격이란 개인의 특징적인 행동과 사고를 결정하는 정신적·물리적 체계로서 개인 안에 있는 역동적 조직이다.

성격요인검사지(Personality Factor Inventory)

영국인 카텔(Cattell)이 다양한 자료를 이용한 요인분석을 하여 사람의 원천특질에 있어서 몇 가지 요인을 밝혀내고, 이를 가지고 만든 표이다. 16개의 요인으로서 타인의 평정 12요인, 자신의 평정 요인 4개로 이루어진다.

성격요인유형(Personality Factor Analytical Type) 아이센크(Eysenck)가 인간의 성격을 내향성－외향성, 안정성－불안정성의 양극 차원으로 나누고 이를 근거로 하여 요인분석하여 만든 성격유형이다.

성격의 기본 특질 특질이란 한 사람이 타인과의 관계에서 지속적이고 일관성 있게 나타내는 특성이다. 성격특질은 내향성－외향성, 남향성－여향성, 사회안전감－불안감, 통제의 소재 등을 포함한다.

성격의 표현(expression of personality) 자신의 성격적 측면을 대변하는 수단으로서 착용하는 의류나 기타 행동에 관계된 모든 항목을 포함한다.

성격진단 검사(Personality Inventory) 성격특질유형에 따라 분류한 유목을 표준화한 것으로서 사람들의 성격진단에 있어서 규준점수와 비교하여 '활동적이다' 또는 '비활동적이다' 등으로 진단하게 된다.

성과 역할인식 사회적 자아개념과 의복과의 관계에서 살펴보면 사람들은 의복의 차이로 사회생활을 통하여 성 역할과 자기가 해야 할 역할을 알게 된다. 이 과정을 성정체감이라고 한다.

성덕태자 천수국수장(聖德太子 天壽國繡帳) 622년 일본의 성덕태자가 죽은 후 명복을 빌기 위해 태자가 천수국(天壽國)에 있는 모습을 수장(繡帳)으로 만든 것으로 고구려인이 밑그림을 그렸다. 남자복의 기본인 호복 계통의 기누하카마[衣裙]를 착용하고 있다. 기누[衣]와 하카마[裙] 사이에 주름이 있는 히라미[襠]가 보인다.

성도착증 하위문화에서 나타나는 증세로, 학술적으로 보통 반대되는 성의 의복을 입은 사람을 일컫는다. 이성의 의복 항목 한 가지

성덕태자 천수국수장

를 착용하는 데서부터 전체적인 옷차림을 상
대방의 성과 같이 하고, 행동도 자기와 다른
성의 특징을 따른다.

성목(筬目)　바디 한 칸에 끼운 경사가 조가
되어 각 조간의 간격을 직물의 종방향으로
나타낸 것이다.

성밀도(筬密度)　단위장 사이의 바디살의 수
를 말한다.

성복(成服)　상제(喪制)나 복인(服人)이 상복
(喪服)을 입는 절차를 일컫는다. 성복은 대
렴(大殮) 다음날 한다. 원칙적으로 성복은
오복제(五服制)에 따라 참최(斬衰) · 재최
(齊衰) · 대공(大功) · 소공(小功) · 시마(緦
麻)가 있다.

성수(聖樹)　고대의 직물문, 조각(彫刻), 모자
이크 등에 수목을 신화적, 종교적으로 문양
화한 것을 말한다. 위금의 문양으로 원문의
중심에 성수를 직문하는 경우가 많다. 서역
적인 문양으로 물과 나무를 갈구하여 문양화
한 것이라고 본다.

성수영수문(聖樹靈獸紋)　수목과 동물을 조합
한 문양으로, 직물문(織物紋)과 염문(染紋)
으로 고대에 많이 사용하였다. 직물문으로서
는 큰 원문의 중심에 성수를 배치하고 그 좌
우에 대칭으로 사자(獅子) 또는 기타 동물을
배치한 것이 있다. 주로 위금문양(緯錦紋樣)
에 많이 사용되었다. 또 경우에 따라 성수
(聖樹) 아래에 사슴과 같은 동물을 배치하여
문양화한 것도 있는데 협힐(纈纈) 등 염물
(染物)의 문양으로 사용되었다. 성수(聖樹)
참조.

성숙기　에릭슨(Erikson)의 자아발달단계의
마지막 단계로 인간이 완성 단계에서 자신의
노력과 성숙에 대해 반성하는 시기이다. 체
력과 건강의 약화, 퇴직으로 인한 수입 감소,
배우사와 친구의 죽음을 맞는 시기이다.

성신문(星辰紋)　성문양(星紋樣)을 말하는 것
으로 중국 황제 예복의 12문 중의 하나이다.

성 역할 고정관념　남성들은 '신체적 효능'의
개념이, 여성들은 '신체적 매력'이 중요하다
고 보기 때문에 남성들은 독단성, 성취감을,

여성들은 양육, 포근함 등의 인상특질에 대
한 고정관념을 갖는다.

성 역할의 사회화　개인이 태어나면서부터 사
회적 공급자(부모, 형제 등)를 통하여 성별
에 적절한 역할을 인식해가는 과정을 의미한
다.

성 역할 정체감　특정한 사회상황에서 어떤 역
할이 주어졌다고 가정되는 개인에게 모든 이
들이 부여하는 의미를 정체감이라고 한다.
성 역할에 대한 정체감은 어린이의 자아개념
을 발전시키는 데 아주 중요하다.

성인 초기　에릭슨(Erikson)의 자아발달단계
중 6번째로서 친숙한 관계, 배우자 관계, 단
체의 회원 관계 등을 가지려고 노력하며, 이
성과의 상호관계에서 성적 생식 기능을 발전
시킬 수 있다.

성장(筬匠)　바디를 만드는 공장(工匠)을 말한
다.

성적 고정관념(sexual stereotypes)　양성이 어
떻게 다른가에 대한 신념이며, 특정 행동, 의
복, 외모, 성격 등을 남성과 여성의 전형적인
것으로 보는 것을 말한다.

성적 매력　남성적 특징, 여성적 특징이 강조
되면서 상대방으로부터 자신의 성적 특징에
호감을 받을 수 있는 능력을 말한다.

성적 매력의 상징　사람은 누군가에게 매력적
이기를 바라는 욕망을 상징할 수 있다. 이 욕
망은 명확한 것에서 미묘한 것에 이르기까지
그 범위가 다양하다.

성주 두리실 명주(星州 杜里谷 明紬)　경상북
도 성주 두리실은 예로부터 여공(女功)이 뛰
어나 고운 명주를 짜서 나랏님께 진상하였
다. 1988년 두리실의 명주짜기가 중요 무형
문화재로 지정되었는데, 당시 68세의 조옥이
(曺玉伊) 할머니가 지정되었다.

성취적 역할　선택에 의해 얻은 역할이다. 의
복단서의 논의와 관련지어 집단이나 조직의
기능과 관련된 역할, 개인적인 특질이나 특
성에 기초한 역할로 형태를 분류할 수 있다.

성폭(筬幅, reed space)　바디폭을 말하며 직
물의 폭을 좌우한다.

섶 저고리나 두루마기의 앞여밈이 앞 중심에 겹쳐지는 부분으로 옷자락이 아래로 가는 것은 안섶, 위로 오는 것이 겉섶이다.

세(洗) 신라 시대 신의 표기이다. 세는 화(靴)를 의미하는 말로서 지금의 신이라고 하는 우리말 표기가 세(洗)에서 비롯된 것으로 선(洗)이라고도 한다.

세고(細袴) 상고 시대 하서인(下庶人)이 착용하던 통이 좁은 바지, 즉 오늘날의 총대바지로 잠방이형의 바지와 형태가 비슷하다. 고구려 고분 벽화인 감신총(龕神塚)·개마총(鎧馬塚)의 시자급(侍者級) 인물의 복장에 잘 나타난다.

세그먼트(segment) 세분 시장이라고도 하며 기업이 투입하는 마케팅 믹스에 비교적 유사하게 반응하는 동질적인 고객들의 집단을 말한다. 즉 고객의 상품에 대한 흥미를 끌기 위해 타인과의 차별화, 개성화를 취지로 하여 시장을 다양한 집단으로 분류한 것이다.

세그멘툼(segmentum) 고대 로마와 비잔틴 제국 때 튜닉이나 달마티카에 사용한 장식선이나 장식판으로 네모나 원형 등의 천에 화려하게 수를 놓은 것이다.

세닛(sennit) 거친 밀짚, 풀, 잎 등으로 꼰 끈으로, 일본이나 중국에서 남성들의 모자에 사용한다.

세대간 이동(intergenerational mobility) 특정 개인에게 그의 전세대 또는 후세대 사이에서 일어난 사회계층의 이동을 말한다.

세라믹 브라이트 컬러(ceramics bright color) 도자기류의 타일이나 단지, 접시 등에 그려진 문양에서 볼 수 있는 산뜻하고 밝은 색을 말한다.

세라믹 블루(ceramic blue) 도자기류에 보이는 청색을 의미하며 특히 중국의 도자기에 사용된 청자색이 대표적인 색이다. 지금까지 쓰였던 네이비 블루에서 좀더 밝은 색조의 블루로 전환하여 남성복의 인기색이 되었다.

세라믹 섬유(ceramic fiber) 무기질을 원료로 한 인조 섬유로서 유리 섬유, 암면 섬유, 실리카 섬유와 함께 규산염 섬유의 하나이다.

세라믹 컬러(ceramic color) 일반적으로 도자기에 보이는 한색계의 색채로 중국 도자기의 청자색, 아니스(anise) 그린, 핑크가 가미된 자색 등이 포함된다. 1983년 춘하의 파리 프르미에르 비전에서 대리석의 색채와 함께 나타나 주목받은 색이다.

세라페(serape) 중남미, 특히 멕시코인이 즐겨 사용하는 어깨덮개 스카프로, 장식이나 방한용으로 사용된다. 민속풍이 유행할 때 민속적인 아이템의 부각으로 머플러나 숄 등과 함께 애용되었다. 보통 세라페 스카프라고도 한다.

세로소(seloso) 길이가 길고 헐렁한 여성들의 아프리칸 드레스이다. 부바(buba)와 유사하며 1969년에 소개되었다.

세 롱(Seh Rong) 거들 종류의 상표, 트레이드 마크를 가리킨다. 크리스 크로스 거들과 같은 경우이다.

세루티, 니노(Cerruti, Nino 1930~) 이탈리아 비엘라 출생의 디자이너로 니노 세루티가 자신의 회사를 세우기 이전인 1881년 증조부가 모직물 제사 공장을 세워 세루티 가문에 의하여 계승되어 왔다. 니노는 원래 기업을 물려 받지 않고 저널리즘 쪽으로 나아가려고 하였으나 가죽 사업의 의미를 깨닫고 섬유 수출업자로서 빠른 성공을 거두었다. 1957년 '히트 맨'이란 상품의 남성복을 생산하였고 1967년 파리에 '세루티 1881'이라는 부티크를 설립하였다. 세루티는 품질이 우수한 것으로 알려져 있으며 우아하면서 클래식하고 남성복 분야에서는 일인자로 인정받고 있다.

세룰리안(cerulean) 엷은 하늘색의 청색으로 약간 녹색빛이 돈다.

세리그래피(serigraphy) 견사 스크린 인쇄법으로 실크 스크린의 기법을 말한다. 간편한 인쇄법으로 포스터나 티셔트 프린트 등에 사용되는데, 최근에는 꽤 복잡한 테크닉을 요구하는 미술적인 표현까지 실크 스크린 프린트를 활용하고 있다. 인쇄하는 대상도 니트, 면, 가죽 등에 다양하게 이용할 수 있다.

세리신(sericin) 누에의 체내에 있는 한 쌍의 견사선에서 섬유상 단백질인 두 가닥의 피브로인이 분비되면 구상 단백질인 세리신이 분비되어 이를 감싸서 두 가닥의 피브로인이 세리신으로 교착되어 있게 된다. 이 세라믹은 제거하지 않으면 촉감이 뻣뻣하고 물에 대한 얼룩이 크게 생겨서 정련을 통해 대부분 제거한다. 정련시 생사를 묽은 알칼리 용액과 함께 가열하면 세리신은 용해되고 삼각 단면을 지닌 피브로인만 남게 된다.

세리즈(cerise) 짙은 핑크빛의 붉은색으로 체리(cherry)에서 파생된 불어이다.

세목(細木) 조선 시대에 사용된 경위사 밀도가 밀한 면직물이다.

세미래글런 슬리브(semi-raglan sleeve) 어깨선에서부터 비스듬히 사선으로 재단된 래글런 스타일의 소매로 소매 중심에 이음선이 있다.

세미스탠드 칼라(semi-stand collar) 넥타이 등을 맬 수 있도록 만든 스탠드 칼라의 일종이다.

세미슬립(semi-slip) 보통 속치마의 길이보다 약간 짧아서 힙까지 오는 길이의 속치마를 말한다.

세미지그재그 재봉틀(semi-zigzag machine) 왼쪽이나 오른쪽 등 한 방향을 기준으로 나머지 한 방향으로만 바늘을 움직여 지그재그 모양을 만드는 재봉틀이다.

세미컨스트럭트(semi-construct) 아주 딱딱하지도, 아주 부드럽지도 않은 중간 정도의 실루엣으로, 예를 들면 어깨에 딱딱하고 큰 패드를 높게 넣거나 패드 없이 너무 늘어지는 듯한 것을 방지하기 위해 중간 정도의 패드를 넣어 실루엣을 구성하는 것을 말한다.

세미클로버 칼라(semi-clover collar) 위 칼라만을 둥글게 재단한 신사복 칼라이다. 아래 깃만을 둥글게 만든 것은 세미 클로버 라펠(semi-clover lapel)이라고 부른다.

세미타이트 스커트(semi-tight skirt) 허리에서 힙까지는 몸에 맞게 하며 점점 밑으로 갈수록 폭을 넓혀 걷는 데 불편이 없도록 한 스커트이다. 타이트보다는 넓고 플레어보다는 좁은 중간 정도의 치마폭이므로 세미 타이트라는 이름이 붙었다.

세미포멀 수트(semi-formal suit) 준정장의 예복을 일컫는 말로 남성은 턱시도나 디너 재킷을, 여성은 드레시한 수트나 드레스를 착용한다.

세미피크트 라펠(semi-peaked lapel) 아래 깃의 각도를 조금 내려서 작게 만든 신사복 칼라를 말한다.

세 번 접어박기단 시접선을 접은 다음, 시접분을 다시 안으로 접고 그 선을 베어낸 후, 남은 시접분을 다시 조금만 접어 접은 단의 표면까지 나오게 재봉틀로 박는 방법을 말한다.

세븐스 애비뉴(seventh avenue) 미국 뉴욕시의 미국 및 세계 의류업계의 중심 지역인 7번가 34~40 사이에 밀집되어 있는 기성복을 생산하는 많은 의류 생산업체들을 말한다.

세븐에이츠 팬츠(seven-eights pants) 종아리보다 약간 길이가 긴 바지류를 가리킨다.

세븐틴 주얼드 워치(seventeen jeweled watch) 시계 케이스 안쪽에 모조 또는 천연 루비와 사파이어를 사용한 고가의 시계를 말한다. 원래는 진품의 귀금속이 사용되었지만 현재는 인조 보석이 더 많이 사용된다.

세비로(セビロ) 색 코트의 일본어 명칭이다.

세빌 로(Savile Row) 영국 런던의 웨스트 앤드(West End)의 거리 이름으로, 고급 맞춤 양복점들이 모여 있는 곳이다. 이곳은 영국의 남성복 패션에 큰 영향을 미치는 곳으로, 보수적이면서도 우아한 패션 경향을 추구한다.

세이블(sable) 약 18인치 정도의 검은 담비의 모피로, 북유럽이나 아시아가 주산지이다. 털은 조밀하고 부드러우며 광택이 좋은 솜털과 길고 실크 같은 광택이 있는 보호털이 있다. 매우 값비싼 모피이며, 특히 검을수록 비싸다. 러시아산이 최고급품으로, 털발이 길며 털색은 약간 청색빛을 띤 진한 갈색이다. 호사스럽고 드레시한 느낌을 가진 모피로 코트나 재킷 등에 사용된다.

세이빙 라이프 스타일(saving life style) 실질 소득의 감소현상에서 생긴 소비자 절약생활 경향을 뜻한다. 이러한 경향이 패션 구매에 도 영향을 주어 저가격 상품이 인기가 높아 진다.

세이지 그린(sage green) 샐비어의 황색을 띤 엷은 회록색을 말한다. 사막 지역의 초목인 세이지 부시(bush)에 보이는 회록색이다.

세이프가드(safeguard) ① 승마할 때 오물이 묻는 것을 방지하기 위해 평상복으로 입는 스커트 위에 덧입던 여성용 오버스커트로, 16~18세기에 입었으며, 풋 맨틀 또는 영국 서부에서는 세가드(seggard)라고도 한다. ② 16~18세기의 빵 굽는 사람과 소매 상인이 입던 색깔 있는 남성용 에이프런을 말한다. ③ 18세기 초에 사용된 유아를 위한 밴드이 다.

세이프티 핀(safety pin) 핀의 잠금 부분에 큰 머리가 부착된 타원형의 실용적인 안전핀으 로 긴 막대기에 비슷한 형태의 구슬을 매단 장식품의 하나이다. 스코틀랜드의 민속 치마 인 킬트(kilt)의 앞여밈을 고정하기 위해 착 용하는 핀으로 킬트 핀이라고도 한다.

세인트 조지 크로스(St. George cross) ⇒ 크 루세이더즈 크로스

세일 니들(sail needle) 글러버즈 니들 (glover's needle)과 같은 뜻으로 돛바늘 또 는 돛누비 바늘이라고 한다. 바늘끝이 삼각 송곳으로 되어 있는 길고 두꺼운 바늘이다.

세일러 블라우스(sailor blouse) 큰 세일러 칼 라가 달린 세일러복 스타일의 블라우스를 말 하며, 미해군복 셔츠에서 힌트를 얻어 디자 인되었다. 1890년대, 1930년대 소녀들에게 유행하였고, 다시 1980년대 머린 룩(marine look)의 유행으로 여성들의 춘하복으로 인기 가 있었다. 액세서리로는 세일러풍의 스카 프, 모자, 구두, 백 등이 있다. 세부적으로도 세일러 칼라, 단추 모양 등을 닻의 모양으로 하여 머린 룩을 강조한다. 이러한 스타일의 드레스를 세일러 드레스라고 한다.

세일러 쇼츠(sailor shorts) 세일러 팬츠와 같 이 허리 뒤에 장식으로 끈을 조여 매게 디자 인되어 있는 무릎 길이의 반바지이다.

세일러 수트(sailor suit) ① 소년들의 수트로, 1860년대 초반에 프랑스와 영국 선원의 유 니폼에서 유래한 브레이드나 밴드로 가장자 리를 장식한 세일러 칼라가 달린 미디 블라 우스와 헐렁한 짧은 양복 바지(baggy knickerbockers)나 덴마크의 양복 바지를 함 께 입는 한 벌의 상하복을 말한다. ② 미디 블라우스와 주름치마로 구성된 소녀들의 투 피스 드레스로, 1860년대부터 1930년대까지 유행했다.

세일러 수트

세일러 스카프(sailor scarf) 정사각형의 스카 프로 세일러 칼라의 블라우스 앞에 고리를 만들거나 매듭을 묶어 착용하는 스카프로 세 일러 타이라고도 부른다.

세일러 칼라(sailor collar) 플랫 칼라를 기본 으로 하여 가장자리에 여러 줄의 띠를 두른 정방형의 커다란 칼라이다. 가슴받이가 달리 고 V 네크라인에 앞은 좁고 뒤는 늘어지게 만든다. 미해군 복장에서 유래하여 1860년 대 이래 어린이들에게 유행하기 시작하였으 며, 미디 칼라라고 부르기도 한다.

세일러 칼라

세일러 타이(sailor tie) 대각선으로 접은 검은 실크의 큰 사각형 스카프를 말하며 사각 세 일러 칼라 아래에 착용한다. 세일러 매듭으 로 묶거나 미디 블라우스 앞부분의 줄을 잡 아당겨 착용한다. 원래 미국 해군 입대 요원

세일러 팬츠

세일러 해트

세조대

에 의해 착용되었고 미디 블라우스를 입게 되된 19세기 후반에 여성과 아이들이 입게 되었다.

세일러 팬츠(sailor pants)   겨울철에는 감색, 여름철에는 백색인 미해군들의 유니폼 바지에서 유래하였으며, 양쪽으로 단추가 더블로 달려있거나 끈으로 엮어 매도록 되어 있고, 바지폭은 넓게 플레어져 있다. 옆솔기가 없이 한 장으로 만드는 경우도 많다. 현재는 지퍼로 여미게 되어 있으나 처음에는 미국의 13주를 뜻하는 13개의 단추를 달았다. 7개의 단추는 수평으로 달고 나머지 6개는 3개씩 양줄로 수직으로 달았다. 소재로는 서지를 많이 사용하고, 여름철에는 면으로 만든다. 아랫단이 넓어서 벨 보텀즈라고도 불린다.

세일러 해트(sailor hat)   작고 둥글며 여러 조각의 고어(gore)로 된 크라운과 챙이 꺾여 접힌 모자이다. 주로 흰색의 황마로 짠 두꺼운 천으로 만들어진 미국의 해군모이다. 크라운은 평평하고 챙은 직선적이며 주로 밀짚으로 만들어진 여자용 또는 남아용의 모자이다. 리본으로 크라운 둘레를 장식하기도 하며 불어로 카노티에(canotier)라고도 한다.

세일링 컬러(sailing color)   세일링은 '항해'의 의미로 바다에서 모티브를 얻은 색을 말한다. 네이비 블루, 그을린 갈색 등의 전형적인 머린 느낌의 색이며, 항만 노동자들의 의복에서 볼 수 있는 회색이 가미된 색들이 여기에 해당된다. 그 외에도 요트의 돛에 사용된 백색, 바다·하늘에 보이는 밝은 블루도 포함된다.

세일 백(sail bag)   해병이나 수병들이 사용하는 캔버스나 세일 클로스(sail cloth : 돛대천) 등으로 만든 원통형의 주머니로, 입구인 상부는 로프로 조이게 되어 있다. 즉 수병이나 선원들이 어깨에 매는 커다란 자루 같은 가방을 말한다. 끈이 부착되어 있어서 운반하기 쉬운 것이 특징으로, 윈드 서핑에 오일 코팅된 폴리에스테르 세일 클로스가 사용되면서 패션 아이템으로 인기를 얻게 되었다.

세일클로스(sailcloth)   골지게 직조한 질기고

튼튼하며 내구력이 있는 두꺼운 캔버스 천을 말한다. 초기에는 순면 또는 면과 리넨으로 직조했다. 보통 중간 두께의 순면 천으로 만들며, 줄무늬가 있는 것을 사용하기도 한다.

세임 페더 스티치(same feather stitch)   페더 스티치와 같으며 중심 부분 실땀을 짧게 꽂는 방법이다. 페더 스티치 참조.

세자복(世子服)   왕세자의 정복(正服)으로 조선 이전의 것은 알 수 없고, 조선 시대의 세자복은 대례 제복인 면복(冕服)과 조복(朝服)에 해당하는 원유관(遠遊冠)·강사포(絳紗袍)와 공복(公服)에 해당되는 복두(幞頭)·홍포(紅袍)와 상복(常服)에 해당되는 익선관(翼善冠)과 곤룡포(袞龍袍)가 있다.

세조대(細條帶)   조선 시대 도포(道袍)·전복(戰服)·단령(團領) 등에 띠었던 다회(多繪)를 쳐서 만든 가는 띠로 대(帶)의 끝에 술을 달았고, 품위에 따라 색을 다르게 하였다. 세도대, 사대(絲帶)라고도 한다.

세컨드 엠파이어(second Empire)   프랑스 제2 제정시대(1852~1870)를 말하며, 나폴레옹 3세 집권시기로 복장사에서는 크리놀린 시대라고 불린다. 남성복에서는 현대 신사복의 징조가 나타났고 화학 염료의 개발과 재봉틀의 발명, 오트 쿠튀르의 창설, 패션 책자의 보급 등 복식에 관한 많은 발전이 있었던 시기이다.

세컨드 칼라(second collar)   르네상스나 바로크 스타일 패션에서 볼 수 있는, 어깨까지 크게 펼쳐진 플랫 칼라. 더블 칼라나 리본 칼라 등과 함께 장식적인 요소로 많이 사용된다.

세컨즈(seconds)   흠이 있어서 싸게 파는 정상품이 아닌 상품을 말한다.

세트 백 힐(set back heel)   가능한 발꿈치 뒤쪽에 부착된 곧은 선을 가진 힐이다.

세트 언더 힐(set under heel)   안쪽을 향해 부착된 곡선의 바깥 모서리를 가진 힐이다.

세트 업 수트(set up suit)   재킷과 팬츠를 각각 다른 소재로 만들거나, 여러 가지 스타일의 재킷과 팬츠 중에서 골라 매치시킴으로써 한 벌의 수트로 맞추어 입기도 하는 일종의

세트 백 힐

세트 언더 힐

조립식 형태의 수트를 일컫는다.

세트인 슬리브(set-in sleeve)　보통의 소매 진동에 맞는 모든 타입의 소매를 총칭한다.

세트인 웨이스트라인(set-in waistline)　허리선을 중심으로 상체와 스커트의 중간에 수직의 옷감을 댄 이음선이 두 개 있는 웨이스트라인이다. 이음선 하나는 제 허리선에, 또 다른 하나는 제 허리선보다 약간 높게 달려 있다.

세퍼레이츠(separates)　위아래가 따로따로 되어 있어 자유롭게 짝을 맞추어 입을 수 있는 여성복을 가리킨다. 재킷이나 블라우스, 스커트 등의 분리된 것을 짝지어서 한 벌이 된 의복으로, 재킷과 다른 천이나 무늬로 된 스커트 또는 스웨터나 블라우스를 조화시켜서 자유로운 느낌의 아름다움을 맛볼 수 있는데, 기능적인 복장이라고 할 수 있다.

세퍼레이트 수트(separate suit)　상하의가 소재나 색상, 무늬의 공통적 요소를 지니고 있는 세퍼레이츠를 일컫는 것으로, 코디네이트 수트의 미국식 표현이다.

세퍼레이트 스커트(separate skirt)　부인용 스커트의 한 종류로, 바지처럼 좌우 갈래로 나누어진 스커트로서, 운동할 때 많이 입는다. 디바이디드 스커트라고도 한다.

세퍼레이트 칼라(separate collar)　의복에 꿰매 붙이지 않고 의복과 별도로 착용하는 모든 칼라의 총칭이다. 성가대 합창단복에서 옷 위에 걸쳐 입는 칼라와 같은 것을 뜻한다.

세퍼레이티드 룩(separated look)　단품이 아니라 블라우스, 조끼, 스커트, 팬츠 등 한 가지 이상의 아이템을 코디네이트하여 착용하는 스타일을 말한다.

세피아(sepia)　'오징어 먹물'이란 뜻으로 이것을 원료로 한 그림 재료의 색을 말한다. 짙은 색조의 오렌지색으로 다갈색을 말한다.

세피아 모노톤(sepia monotone)　세피아 갈색의 단조로운 색조를 표현하는 용어이다. 브라운과 흑, 백 계열의 색으로 구성된 컬러 그룹을 말한다. 선명하고 화려한 색채의 유행에 대응하여 갈색 계통이 대두되었으며 종래

의 모노톤(黑, 白調)과 일체화하여 하나의 유행색 그룹을 형성하였다. 여러 가지 브라운의 바리에이션과 흑, 오프 화이트, 청, 그레이를 중심으로 하여 전개된다.

섹시 룩(sexy look)　성적 매력을 강조한 스타일로, 많이 노출하였거나 타이트하게 맞는 의상들이 여기에 속한다.

섹시 슬림(sexy slim)　몸에 타이트하게 맞아서 길게 보이도록 강조된 스타일로, 타이즈나 슬림 팬츠 등을 뜻한다.

센서스 트랙트(sensus tract)　SMSAs의 기본 단위로서 평균 4,000명의 동질 인구로 구성되는 영구적인 지역을 의미한다. 이는 1,000명의 블록그룹으로 분할되며 다시 100명의 소그룹으로 나뉜다. 이와 같이 세분화함으로써 여러 가지 통계의 정확성을 기하고 상권의 성격을 명확히 할 수 있다. 이는 인종, 소득, 가족 규모, 도시의 상황 등이 다양한 미국에서 특히 적합한 방법이다.

셀라돈 그린(celadon green)　청자에서 보이는 녹색으로 밝은 회색을 지닌 다소 청색을 띤 녹색을 말한다.

셀룰로오스(cellulose)　섬유소로서 화학식은 $(C_6H_{10}O_5)n$ 으로 표시되며 이때 n은 중합도로서 $C_6H_{10}O_5$ 의 단위 원자단이 수천 수백 개가 결합된 중합체이다. 면, 마 등의 천연 섬유와 레이온, 아세테이트 등의 인조 섬유의 주성분이다. 섬유를 이루는 셀룰로오스는 글루코오스로서, 글루코오스가 많이 결합되어 셀룰로오스가 생성된다.

셀비지(selvage)　직물에서 올이 풀리지 않도록 짠 양쪽 가장자리, 식서를 가리킨다.

셀프 바운드 심(self bound seam)　⇒ 접음솔

셀프 스트라이프(self stripe)　바탕직물과 같은 색의 실을 사용하여 만든 스트라이프를 말한다.

셀프스티치 심(self-stitching seam)　⇒ 홈질 가름솔

셀프 패고팅(self fegoting)　실로 스티치하는 대신 똑같은 감으로 코드를 만들어, 양쪽 옷감 단의 가장자리를 재봉틀로 박아 마무리하

세트인 슬리브

세퍼레이트 스커트

셀프 패디드 리프 스티치

는 방법이다.

셀프 패디드 리프 스티치(self padded leaf stitch)　색실 자수의 표면자수에 이용하는 방법으로 잎 모양으로 실을 교차시키면서 두껍게 메우는 기법이다.

셈프스트러스 보닛(sempstress bonnet)　1812년에 여성들이 착용한 보닛으로, 길고 넓은 리본끈을 턱밑으로 교차해 크라운의 위로 올려 나비 모양으로 묶었다.

셔닐 니들(chenille needle)　바늘귀가 크고, 끝이 뾰족한 작은 바늘로 셔닐 실(빌로드직에 보풀을 일으킨 장식사)로 자수할 때 사용한다.

셔닐 얀(chenille yarn)　자수의 가장자리 장식용 실의 일종으로 셔닐 직물을 만들 때 위사로 사용된다. 셔닐 직물은 조직상 평직이나 위사로 쓰인 셔닐사의 털이 직물의 표면에 나타나면서 파일 직물과 같은 효과를 나타낸다. 셔닐사는 경사 몇 올을 약간의 간격을 두고 배열한 후 파일이 될 실을 위사로 사용하여 제직하고, 이를 경방향으로 절단하여 꼬아 줌으로써 털이 붙은 굵은 실을 얻는다.

셔닐 클로스(chenille cloth)　위사로 셔닐사를 사용하고 평직으로 직조한 것으로, 셔닐사의 털이 직물의 표면에 나타나서 파일 직물과 같은 효과를 나타낸다.

셔링(shirring)　개더를 평형으로 여러 줄 배열하는 방법으로, 적당한 간격을 두고 재봉틀로 여러 단을 박아 밑실을 당겨 개더를 잡는다. 부인복과 아동복의 디자인에 많이 이용되며 실은 옷감과 같은 재료로서 같은 색이거나 조화가 되는 색이 좋고 또 밑실을 고무사로 사용하면 신축성이 생기므로 신체를 움직이기 쉽다.

셔링 부츠(shirring boots)　발을 넣는 입구 부분에 주름을 잡아서 셔링 효과를 디자인에 활용한 여성용 롱 부츠를 말한다. 미니 룩의 대두로 롱 부츠가 주목받게 되면서 다양하게 출현한 디자인 중의 하나이다.

셔벗 톤(sherbet tone)　얼음 과자인 셔벗에서 볼 수 있는 시원해 보이는 색으로 엷은 색조

셔트 슬리브

의 핑크, 오렌지, 그린 등의 색조를 말한다. 폴리에스테르 복지의 유행색이 되어 크게 각광을 받은 바 있다.

셔트(shirt)　① 머리에서부터 뒤집어 써서 맨살 위에 입던 중세 복식으로 후에는 밴디드 칼라, 주름 장식, 수 장식이 첨가되었다. ② 전통적으로 칼라(tailored, convertible, turtle neck 등)와 소매가 달리고 앞여밈이 있으며 보통 가슴에 주머니가 달린 상의로, 바지 속으로 주름을 잡아 집어넣어 입는다. 남성 또는 소년들의 기본적 옷으로 19세기에는 여성들이 입었고, 20세기 초에는 셔트웨이스트라고 불렀다. ③ 특별한 운동(사냥, 펜싱, 폴로, 승마, 테니스 등)을 위해 디자인된 남녀 공용의 20세기 옷으로 때때로 바지 바깥으로 내놓거나, 뒤나 옆에 단추를 다는 디자인도 있으며 실용적이면서도 장식적인 옷감을 많이 사용한다.

셔트 드레스(shirt dress)　남자들 셔트풍의 스타일로 앞여밈은 작은 단추로 되어 있고 벨트 없이 직선으로 내려온 셔트 스타일의 드레스이다. 옆선이 때로는 터져 있고 밑단은 굴려져 있으며, 1967년에 유행하였다. 전통적인 코트 드레스나 셔트 웨이스트의 변형이다. 셔트 웨이스트 블라우스 참조.

셔트 수트(shirt suit)　셔트 스타일의 상의로 이루어진 수트를 말한다.

셔트 슬리브(shirt sleeve)　손목 길이의 테일러드 소매로, 19세기 후반 이래 남성용 셔트의 기본으로 사용되었다. 스윙 슬리브라고도 한다.

셔트 온 셔트(shirt on shirt)　셔트 위에 다른 셔트를 겹쳐 입음으로써 2중의 조화를 이루도록 디자인한 스타일이다.

셔트 웨이스트(shirt waist)　1890년대에 입었으며 남자의 셔트와 비슷한 스타일의 여성용 블라우스로는 앞 단추로 여미게 되어 있고, 테일러드 칼라가 달렸으며 때로는 검정 타이를 맸다. 턱밑까지 오는 높은 칼라(high choker collar)에 뒤여밈인 것도 있었는데 이것이 기성복 산업의 첫번째 품목 중 하나였

다. 1920년 이후에 더욱 대중화 되었던 블라우스이다.

셔트 웨이스트

셔트 웨이스트 드레스(shirt waist dress) 셔트 스타일이 무릎까지 연장된 듯한 드레스이다. 길이를 길게 하고 옷감에 변화를 준다면 이브닝 드레스로도 입을 수 있다. 치마 부분은 직선으로 내려오거나 또는 플레어로도 디자인할 수 있고 벨트를 매게 되어 있다. 1930년대에 소개되어 1940년대, 1950년대, 1970년대에 매우 유행하였다. 현재도 미래에도 클래식 스타일로 계속 애용될 것이다.

셔트 웨이스트 블라우스(shirt waist blouse) 19세기 후반에 남자 셔트의 영향으로 부인복에도 셔트 웨이스트 블라우스가 등장하였다. 남자의 셔트처럼 깃이 붙은 셔트 칼라에 앞단과 커프스가 달려 있는 클래식 스타일로, 타이를 매치시키는 경우가 많다. 20세기에 많이 유행하였고 테일러드 블라우스 또는 셔트 블라우스 슈미지에라고도 한다.

셔트 재킷(shirt jacket) 목선, 앞단, 앞트임의 디자인이 셔트 스타일로 된 재킷을 말한다. 원래 셔트란 속옷이었으나 1970년대의 레이어드 룩의 유행에 의하여 스포츠 셔트를 겉에 입는 재킷으로 착용함에 따라 붙여진 이름이다.

셔트 잭(shirt jac) 옆솔기에 터짐을 하고 뚜껑 달린 주머니가 가슴에 부착되어 있으며, 다른 셔트 위에 덧입는 앞단추로 겉에 내어 입는 스포츠 셔트이다. 셔트와 재킷이 합쳐진 상의이다.

셔트 칼라(shirt collar) 셔트에 다는 꺾어 접어 내린 칼라를 말한다. 특히 목에 꼭 맞는 중간 정도 높이의 작은 칼라로 버튼 다운 칼라, 컨버터블 칼라, 핀 칼라, 윙 칼라 등이 있다.

셔트 커프스(shirt cuffs) 남성용 셔트 소매를 일컫는 것으로, 싱글 커프스와 더블 커프스가 있다.

셔트 프런트(shirt front) 남자의 예복인 테일러드 재킷이나 코트 등을 입을 경우 가슴부분 장식을 위해 셔트 위에 덧대는 가슴받이 양식의 가식 셔트를 말한다. 겉으로 보기에는 완전한 셔트같이 정면은 제대로 만들지만 뒷부분이 없어 앞에서 연결된 목에 밴드로 뒤 네크 중심에서 단추 또는 끈으로 여미게 되어 있다. 1860년대부터 착용하기 시작하였다.

셔틀(shuttle) 재봉틀의 북을 의미한다. 재봉틀의 아래 실을 넣는 것으로 보빈 케이스(bobbin case) 또는 태팅 레이스(tatting lace)에 사용하는 보드형의 평평한 기구이다. 셔틀의 형에 따라 작품에 적당한지 아닌지 또는 작품에 어려운지 쉬운지를 구별하게 된다. 현재의 셔틀은 길이 7.5cm, 폭은 거의 2cm 이하의 크기이다.

셔트 재킷

셔트 칼라

셰레, 장 루이(Scherrer, Jean-Louis 1935~) 프랑스 태생으로 처음에는 고전 발레에 흥미를 갖고 파리의 국립 음악연주학교에 들어갔으나 후에 파리 고급 의상조합의 오트 쿠튀르 학교에서 디자인을 전공했다. 디오르, 매기 루프, 루이 페로의 점포에서 수업을 쌓고, 1962년 생토노레가의 지하실에 작은 점포를 가지고 디자인 활동을 시작했다. 세련되고 여성다운 옷을 좋아했으며 클래식한 엘레강스가 특징이다. 지스카르 데스탱 대통령 부인이 고객이었다.

셰르파(sherpa) 미국의 코린즈 앤드 아이크만 사의 아크릴계 파일 소재의 상품명으로서, 곱슬거리는 양털로 만든 파일직으로 남성복과 여성복, 아동복에 사용된다.

셰리(sherry) 셰리주에 보이는 갈색을 띤 밝은 오렌지색을 말한다.

셰리프 타이(sheriff tie)　스트링 타이의 영국식 용어이다.

셰브런(chevron)　① 프랑스식 서지 직물을 말한다. 주로 조직 일순환에 8개의 종광과 4개의 위사로 제직된다. ② 헤링본 능직물을 말한다. ③ 지그재그 스티치를 말한다.

셰브런 스티치(chevron stitch)　셰브런은 산 모양의 역V자형을 의미하는 말로서 새발뜨기와 비슷한 수법으로 얽어매는 것인데, 양 끝은 교차시키지 않고 짤막한 스티치가 포개진다. 주로 스모킹에 사용된다.

셰브런 스티치

셰시아(chéchia)　원통형으로 된 캡을 말한다. 깃털로 장식된 아랍 모자 혹은 아프리카에서 프랑스 군인들이 쓰는 모자이다.

셰이브 코트(shave coat)　무릎까지 오는, 둘러싸서 입는 남성용 로브로 대개 파자마와 매치시킨다. 면도할 때 편하게 입는다는 데서 붙여진 이름이다.

셰이커 스웨터(shaker sweater)　머리로 한꺼번에 입을 수 있는 풀오버 스웨터로 고등학교, 대학교의 풋볼 선수들과 응원단장이 애용한다. 운동복 위에 쉽게 입고 벗을 수 있으며 각종의 변화있는 네크라인으로 되어 있다.

셰이프트 커프스(shaped cuffs)　꺾어 접어 형태를 만든 커프스로, 벌려 올려 나팔 모양처럼 만들거나 갈라지게 만들기도 한다.

셰익스피어 베스트(Shakespeare vest)　좁은 칼라가 달려 있고 싱글 또는 더블 브레스티드로 된 남성용 조끼로 1870년대 중반에 유행하였다.

셰익스피어 칼라(Shakespeare collar)　영국의 시인이자 극작가인 윌리엄 셰익스피어(1564~1616)의 초상화에서 볼 수 있는 희고 큰 칼라를 일컫는다.

셰틀랜드 레이스(Shetland lace)　셰틀랜드 양모로 만든 얇은 보빈 레이스로, 모자 차양을

셰퍼드 체크

셰프스 에이프런

셸 블라우스

꾸미는 데나 갓난 아기의 의복으로 이용된다.

셰틀랜드 스웨터(Shetland sweater)　스코틀랜드 섬에서 생산되는 가는 모사로 중간 사이즈의 스타킹 조직으로 짠 클래식한 스타일의 스웨터이다. 현재는 화학사로도 만든다.

셰틀랜드 울(Shetland wool)　셰틀랜드 양에서 얻어지는 가늘고 광택이 있는 섬유로, 긴 양모 밑에 나는 부드럽고 짧은 털을 뽑은 것을 말한다. 백색, 갈색, 회색의 각종 자연색이 있으며, 값이 비싸다. 이 양모는 고급 양말, 내의, 섬세한 숄, 크로세 제품, 의류용 직물 등에 쓰인다.

셰퍼드 체크(shepherd check)　작고 규칙적인 검정과 흰색의 격자 무늬를 가지도록 흑 6올, 백 6올 또는 흑 8올, 백 8올씩 배치하여 2/2 능직으로 짠 직물이다. 모직물이 많으며 도그즈 투스나 하운즈 투스 체크에 비해 무늬가 더욱 뚜렷하다. 이와 비슷한 것으로 건클럽 체크가 있다.

셰퍼드 해트(shepherd hat)　⇒ 레그혼 해트

셰퍼디스 힐(shepherdess heel)　셰퍼디스는 양치는 여자라는 의미로, 편안해 보이는 힐을 말한다.

셰프스 에이프런(chef's apron)　질긴 캔버스지 또는 테리지로 만든, 푸줏간에서 착용하는 부처즈 에이프런과 비슷하며, 부엌이나 마당에서 음식을 할 때 착용하는 앞치마이다. 앞중심에 캥거루 타입의 주머니가 있으며 이름이나 메시지를 인쇄하여 넣었다.

셸(shell)　여성이 착용한 단순하고 소매가 없는 블라우스로, 수트 안에 착용하는 가장 단순한 기본형의 의상으로 때로는 스커트와 바지에 맞춰 입는다.

셸 블라우스(shell blouse)　몸에 꼭 맞는 주얼(jewel) 네크라인에 소매가 없는 간단한 블라우스이다. 옷감으로도 만들어지지만 니트로 만들어지는 경우도 많다. 투피스 안에 스커트, 바지와 매치시켜 입을 수 있는 클래식한 스타일이다. 1950년대부터 1980년대까지 많이 유행하였다.

셸 스웨터(shell sweater) 거북이의 목 같은 터틀 네크에 칼라가 없고 소매가 없는 풀오버 스웨터로 대개 단색을 사용하며 여성들이 스웨터를 입을 때 안에 블라우스나 셔트 대신에 여름철에 많이 입는다. 1950년대에 유행했으며 그 이후로 여성들에게는 정통 스타일로 되어 있다.

셸 스웨터

셸 스티치(shell stitch) 조개껍질이나 파인애플 껍질과 같은 입체효과를 나타내는 편성 방법이나 편성물을 말한다. 복잡하고 섬세하며 로맨틱한 분위기를 준다.

셸 에지 심(shell edge seam) 안쪽에서 0.5cm 폭으로 3번 접어 뒤집은 선을 따라 5~6땀을 홈질한 후 끝단을 그림처럼 감아서 잡아당겨 다시 한 번 정도 홈질하여 조개모양을 내는 방법이다. 마와 목면 같은 얇은 천의 올풀림 방지와 장식을 겸한 기법으로 많이 이용한다.

셸 재킷(shell jacket) 몸에 맞는 재킷으로 남자들이 정장을 해야 할 경우에 턱시도 대신에 입었다.

셸 컬러(shell color) 조개색으로 정확하게는 조개 껍질 안쪽에 보이는 우윳빛 흰색을 가리킨다. 오프 화이트, 에크뤼와 유사하다.

셸 턱(shell tuck) 가는 턱을 잡아서 1.5cm 간격으로 장식 바느질을 두세 번 하여 스캘럽 모양으로 만드는 것을 말한다.

셸 핑크(shell pink) 조개에 보이는 황색이 가미된 옅은 분홍색을 가리킨다.

소고의(小古衣) 짧은 저고리의 궁중어(宮中語)로, 조선 시대 왕비와 왕세자빈이 평상시(平常時)에 입던 짧은 저고리를 말한다.

소골(蘇骨) 고구려 절풍건(折風巾)의 하나이다. 장부(丈夫), 즉 일반 남자의 관(冠)으로, 자라(紫羅)로 고깔형으로 만든다. 관품(官品)을 가진 사람은 두 개의 새깃을 꽂았다.

소관사(素官絲) 경에 생사, 위에 연사로 제직된 무문관사(無紋官紗)이다.

소구(疏屨) 상복(喪服)의 오복(五服) 중에 재최(齋衰) 시에 신는 신의 일종으로 소구 짚으로 만든다. 참최(斬衰) 시에는 왕골로 만든 관구(菅屨)를 신는다. 또한 재최부 장기 이하는 승구(繩屨)를 신는다.

소국사(素菊紗) 무문국사(無紋菊紗)를 말한다.

소금(銷金) 금박의 별명이다.

소금대(素金帶) 구리 도금의 무문(無紋) 금장식을 붙인 띠를 말한다. 고려 말 2품의 관리들이 띠를 매었고, 조선 시대에는 종2품의 관리들이 조복(朝服)·제복(祭服)·상복(常服)에 착용했다.

소니아 블랙(sonia black) 파리의 디자이너 소니아 리키엘(Sonia Rykiel)의 작품에 보이는 독특한 흑색과 그 사용법을 말한다. 성인 여성의 분위기를 잘 표현하는 소니아 리키엘은 블랙을 효과적으로 사용하는 것으로 알려져 있는데, 이는 모던 드림이나 슬림 앤드 드림 등으로 소개되는 패션 경향에 적중해 주목을 받고 있다.

소단(素緞) 경수자조직으로 제직된 공단으로, 5매와 8매의 소단이 있다.

소드 온 커프스(sewed on cuffs) 소매와 연결시켜 꿰매 붙인 커프스이다. 여름 셔트나 파자마, 아동복 소매 등에 사용된다.

소라(素羅) 무문라(無紋羅)를 말한다.

소례복(小禮服) 조선 말기 문무관리들이 간단한 의식에 착용한 의복으로, 공식적인 연회, 궁내진현, 상관(上官)에게 인사갈 때 입었다. 소례복으로는 소매를 좁게 만든 흑단령(黑團領)에 사모(紗帽)를 쓰고 대(帶)를 띠고 화자(靴子)를 신었다. 1900년(광무 4년) 칙령 제14로 문관복장규칙(文官服裝規則)에 의해 소례복은 양복으로 바뀌었는데

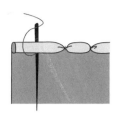
셸 에지 심

연미복(swallow tailed coat)이나 프록 코트에 진사고모(silk top hat)를 썼으며 조끼, 상의와 같은 소재의 바지를 입었고 신은 검정색 구두를 신었다.

소르티드발(sortie-de-bal)　1850~1870년대에 착용한 후드가 달린 여성용 외투로, 실크 또는 캐시미어로 만들었으며 퀼트 직물을 안감으로 사용하였다.

소매　의복에서 팔을 싸는 부분을 말한다. 좌우로 몸판에 연결되어 양팔을 덮게 되어 있다. 소매는 팔 보호, 방한(防寒) · 방서(防暑) · 방상(防傷)에 실용성과 장식성을 가미한다.

소매업(retailing)　궁극적인 고객에게 재판매를 위해 다양한 공급원으로부터 상품을 구입하는 일로, '고객의 대리인으로서 활동하는 것'으로 알려져 있기도 하다. 소매업의 조건은 편리한 장소, 적당한 가격, 획기적이고 시선을 집중시키는 판매방식, 관심을 끌 수 있는 특정한 상품 등의 요소를 고루 갖추어야 한다.

소매형틀　소매의 둥근 부위의 형을 아름답게 만들기 위해 사용하는 기구로, 두껍고 형이 변하지 않는 종이나 금속제로 만든다.

소면(carding)　카딩 참조.

소모사(worsted yarn)　모사는 방적 방법에 따라 크게 소모사와 방모사로 나뉜다. 소모사란 선모, 정련, 카딩, 길링, 코밍, 백 워싱, 전방, 정방의 여러 가지 공정을 통해 방적된 실로, 굵기가 일정하고 매끈하다. 보풀이 적은 특징이 있으며 표면에 광택이 있다. 꼬임이 강해 단단한 느낌을 주는 소모사로 짠 소모 직물은 가볍고 치밀한 조직을 가진 얇은 복지나 중간 두께가 많다. 개버딘이나 서지 등이 소모 직물에 속한다.

소모자(小帽子)　조선 시대 향리가 사용하던 건(巾)의 일종이다.

소문능(小紋綾)　무늬의 크기가 작은 문능이다. 흥덕왕 9년(834년)의 복식금제에 소문능이 육두품녀의 내의로 허용된 사실이 나타나 일찍이 우리 나라에서 소문능이 사용된 것으

로 보인다. 고려 시대의 불복장 유물 중에 소문(小紋)의 능(綾) 유품이 다양하게 나타난다.

소방(蘇芳)　직물 염료의 일종으로 소목, 단목, 홍목이라고도 하며, 인도와 말레이시아가 원산이다. 우리 나라에서도 삼국 시대에 사용되어 소방전(蘇芳典)과 같은 염색 공장(染色工匠)이 있었던 것으로 나타난다. 수간(樹幹)의 브래질린(Brasilin) 색소가 공기 중에서 산화하여 가용성 적색(암적, 자적, 적자) 색소로 변화된다. 동물성, 식물성 염료로 사용된다. 홍화(紅花) 천(茜)의 대용으로 많이 사용되는 천연 염료이다. 명반의 매염(媒染)으로 목홍색(木紅色)을 염색하였다. 매염제에 의하여 붉은 다색, 회색, 갈색 등으로 다양하게 염색된다. 고려 시대, 조선 시대에 많이 수입되어 사용되었다.

소방전(蘇芳典)　소방염을 한 삼국 시대의 공장이다. 《삼국사기(三國史記)》에 직관(職官)으로 기록되어 전한다. 소방전의 인원은 5~6명이었다.

소번(小幡)　불전(佛殿)과 불당의 기둥, 벽에 세우거나 걸었던 장방형(長方形)의 기(旗)를 말한다. 일본 스이코 천황 38년에 신라에서 보낸 일이 있다. 번(幡)은 화려한 금능의 직물로 제작된 것이다.

소복(素服)　흰 옷이며, 상복(喪服)의 하나로 위아래를 흰색으로 차려입는 것을 의미하는데, 이때 흰색은 포목(布木)의 원래 바탕색을 의미한다.

소비자(consumer)　재화나 서비스의 궁극적인 사용자이다. 즉 물건을 구입하여 일정기간 동안 제품을 소모시키는 행위를 하는 사람으로 최종 사용자(end user)를 말한다.

소비자 동기　현재 또는 장래와 관련하여 구체적인 재화를 얻고자 하는 강한 추진력을 말한다.

소비자 만족(consumer satisfaction)　제품이나 서비스를 포함한 기업의 마케팅 활동 또는 노력을 비교, 평가하는 과정에서 느끼는 호의적인 감정으로 평가적 성향을 지닌 태도

를 말한다.

소비자 수요(customer demand)　일정한 기간 내에 얼마나 많은 양의 상품을 고객들이 구입하는가를 나타내는 것이다.

소비자 연합(consumer cooperation)　소비 조합이나 소비자 협동 조합이라고도 한다. 주로 소비자 운동을 촉진시켜 소비자의 권리를 주장함과 동시에 그 이익을 지키는 것을 목적으로 소비자 스스로가 결성한 단체이다. 즉 소비자를 조합원으로 하여 이들 사이의 협동 구매를 통해 중간 이윤을 배제함으로써 경제적 지위를 향상시키기 위해 조직된 협동 조합의 한 형태이다.

소비자주의(consumerism)　어떻게 하면 고객에게 보다 친절한 봉사와 정보를 제공할 것인지, 어떻게 하면 정보를 정확하고 적절하게 고객이 쉽게 이해하도록 전달할 수 있는지 등, 고객의 복지에 관심을 가지는 것을 말한다.

소비자 폐지(consumer obsolescence)　새로운 것을 위해서 사용 가치를 보유한 기존의 것을 거절하는 것이다.

소비자 행동(consumer behavior)　1960년대 이후 전개되어 온 소비자 행동론의 모델 또는 가설을 가리키는 말로 경제적, 행동과학적인 요인에 의해 반응을 보이는 객체인 소비자들의 행동이다. 마케팅에 응용하기 위해서 행동과학, 심리학, 사회학 등의 성과를 응용하여 구체성이 보다 높은 소비자 행동을 탐구하게 된다. 그 예로 소비자 행동의 유형화, 소비자의 구매점 선정과 상표 선정의 행동 연구, 신제품의 시장 도입에 대한 소비자 반응 연구가 있다.

소셜 오더(social order)　사람들이 살아가는 조직, 정치, 사회, 경제 및 전체 사회구조와 관련해 사람들의 행동에 영향을 끼치는 힘을 말한다.

소속감　준거집단에 소속한 사람들과 같은 유행에 동조하면서 집단원들이 자신을 좋아한다는 생각을 갖게 되면서 느끼는 감정을 소속감이라 한다.

소수집단(minority)　소수집단은 수적인 개념을 함축해서 다수보다 적은 것이다. 최근에는 준거 사회와 구별되며, 편견을 가진 이들의 집단이라는 개념으로 한정되어 쓰인다.

소시지 컬(sausage curl)　탄력 있게 말린 머리의 컬로 머리의 뒤쪽을 둘러가며 귀에서 목덜미까지 층으로 정렬된다. 1930년대 후반과 1940년대 초에 유행했고, 1980년대에 다시 유행하였다.

소요건(逍遙巾)　조선 시대 남자가 관례(冠禮) 시 쓰던 관(冠)의 하나이다. 관의 상부(上部)는 정부(頂部)가 둘로 분리된 형태이며 도금한 계(筓)를 꽂았고, 정면에는 여지형(荔枝形)의 금·옥 장식을 부착했다.

소은대(素銀帶)　무문(無紋)의 은장식을 붙인 대를 말한다. 고려 시대에는 판사(判事)에서 4품관까지, 조선 시대에는 종 3·4품이 조복(朝服)·제복(祭服)·상복(常服)에 띠었다.

소차(繅車)　누에고치 켜는 자애를 말한다.

소창　하급 선염사를 사용하여 줄무늬 또는 바둑무늬를 나타내거나 흰색으로 된 거친 면직물로 기저귀, 침구 등에 쓰인다.

소창의(小氅衣)　직령(直領)으로 된 포(袍)의 하나이다. 소매가 좁고 무가 없으며, 등 윗솔과 겨드랑이부터 옆이 터진 포 시대에 따라 형태에 변화가 있었다. 조선 시대 사대부의 평상복으로 흰색이며 겉옷으로도 착용하였고, 공복(公服)에는 청색의 중의(中衣)로 착용하였다. 창의라고도 한다.

소창직(小倉織)　일본 후쿠오카현(福岡縣)의 고구라(小倉)에서 제직한 경무직(經敏織)의 선염면직물(先染綿織物)이다. 경사 1본에 위사 수본을 위입하여 평직으로 제직한 것으로, 능조직으로 제직된 것은 능소창(綾少倉)이라고 한다. 우리 나라에서 소창이라고 하는 것이다.

소쿠타이[束帶]　일본 에도 시대 궁정 남자의 제일 예장이다.

소타나(sottana)　13세기에 이탈리아의 여성들이 입은 줄무늬의 언더튜닉으로 어린 소녀들은 겉옷으로 입었다.

소쿠타이

소투스트 헴(saw-toothed hem) ⇒ 톱니 모양의 단

소투아르(sautoir) 리본, 사슬, 구슬 등으로 구성된 긴 목걸이로 보통 안경걸이로 사용한다. 펜던트 형태의 목걸이로 밑부분에 술과 같은 부속 장식이 정면에 매달리기도 한다. 프랑스 여인의 시계줄이나 목 주위에 착용하는 명예 메달에서 파생되었다.

소포(小布) 중국 청나라 때 산동성(山東省)에서 제직한 면포로, 활포라고도 한다.

소프라니, 루치아노(Soprani, Luciano 1946~) 이탈리아 태생. 농부 출신으로 1967년 막스마라 회사에서 디자인을 시작한 후, 1981년 자신의 이름으로 서명된 첫 컬렉션을 가졌으며, 현재도 바질레, 구치 등을 위한 디자인을 계속하고 있다. 훌륭한 기본적 형태에 재치 있게 디테일을 첨가해 생기 있고 독창적인 룩을 만든다. '이탈리아 기성복 패션계의 최고 유망주'로 일컬어지고 있다.

소프트 스포큰(soft spoken) 부드럽게 말을 한다는 의미로 '로 콘트라스트'와 같은 의미이며, 최근 부드러운 감각의 색과 무늬를 가리키는 용어로 쓰인다. 예를 들면 콘트라스트가 낮게 조합된 프록 체크(파스텔 프록 패턴) 등이 대표적이다.

소프트 잉글리시 컬러(soft English color) 부드러운 영국풍 색채라고 직역되는데 이것은 영국의 유명한 디자이너 하디 에이미스(Hardy Amies)가 그의 1978년 추동 컬렉션에서 선보인 트위드 룩에 사용한 색채이다. 그는 이것을 '가을 태양이 내리쏟아지는 언

소프라니, 루치아노

덕 중턱에 감도는 연기와 같은 색채'라고 매우 시적인 표현을 사용한 바 있다.

소프트 칼라(soft collar) 심지 등을 사용하지 않고 부드럽게 만든 칼라를 말한다.

소프트 톤(soft tone) 부드러운 색조군의 총칭으로 모더레이트 톤이라고도 한다.

소피대(素皮帶) 소색(素色)의 가죽띠를 말한다.

소화어아금(小花魚牙錦) 통일신라 시대 경문왕 때(869년) 당나라에 보낸 금의 일종이다.

속 감치기(blind hemming stitch) 안감을 넣는 재킷의 단처리에서 안감을 겉감에 고정시킬 때 많이 이용하는 바느질법이다. 안에서도 감친 곳이 보이지 않으며 안감을 들춰야 바늘땀이 보인다. 블라인드 헤밍 스티치라고도 한다.

속대 잉앗대 아래에 들어간 나무를 말한다.

속속곳 내친의(內襯衣)로 여자들이 치마나 바지 속에 입는다. 단속곳과 같은 형태이나 치수가 약간 작고 바대나 밑 길이는 길다. 옷감은 살이 직접 닿기 때문에 무명·옥양목·광목 등을 사용한다.

속속곳

속수 면과 선 부분을 두드러지게 표현할 때 사용하며, 두드러진 정도에 맞추어 필요한 높이만큼 심을 넣는데 재료로는 솜, 실, 종이 등을 사용한다. 면은 평수, 가름수, 푼사, 누름수, 사선 평수 등으로 수놓고, 선은 이음수, 감개수 등으로 겉수를 놓고 마지막 속수의 방향은 겉수와는 반대 방향으로 정한다. 1단의 차이가 0.2~0.1cm 정도 되게 하는데 속수는 3~4단이 한계이며, 튼튼한 바탕천에 놓는 것이 좋다. 꽃이나 잎의 입체감을 표현하는 데 사용된다.

속옷 겉옷 속에 입는 옷으로 겨울의 방한용, 여름의 땀받이용, 맵시용, 내외용(內外用) 등의 용도가 있으나 우리 나라는 추위를 막기 위한 방한용으로 발달되어 왔다. 내의(內衣) 참조.

속적삼[內赤衫] 홑으로 된 안옷으로 그 형태와 치수는 저고리와 비슷하다. 저고리 밑에 입는 옷으로 고름이 없고 일반적으로 맺은 단추를 달았다. 겨울에는 겨울용, 여름에는 여름용 옷감을 사용했으나, 혼인(婚姻)시에는 모시 분홍 속적삼을 입었다.

속치마 여자들이 치마를 입을 때 옷맵시를 돋보이게 하기 위해 속에 입는 치마이다. 흰색이 가장 많이 사용되는데 모든 색에 잘 어울리고 깨끗한 느낌을 준다.

손 다운 칼라(sewn down collar) 버튼 다운 칼라의 변형으로, 단추 대신 칼라 끝을 몸판에 꿰매 붙인 셔트 칼라이다.

손목 핀쿠션 가봉할 때 손목에 다는 핀쿠션을 말한다. 보통 핀쿠션에 고무줄이나 유연한 끈을 달아 손목에 묶어 사용하며, 머리카락, 솜, 털실 등을 속에 채워 사용한다.

손 스티치(thorn stitch) 손(thorn)은 가시를 의미하며, 가시 모양을 만들기 위해 도안의 테두리에 실을 놓고 그 위에 플랫 스티치를 좌우 교차해 자수한다.

손탁(sontag) 니트 또는 코바늘 뜨기로 만든 여성용 외투를 말한다. 1850년대에는 보온을 위해 외투 아래에 착용하였으며, 독일의 오페라 가수 헨리에트 손탁(Henriette Sontag)의 이름에서 유래하였다.

손틀 ⇒ 수동식 재봉틀

솔기 옷을 지을 때 두 폭을 맞대고 꿰맨 줄을 말한다.

솔기선에 끼우는 파이핑 위쪽에 놓이는 바탕천을 완성선으로 접고 겉에서 테이프가 0.2cm 정도 보이도록 위 바탕천 아래에 테이프를 대고 시침질을 한 다음, 테이프 아래쪽에 다른 바탕천을 겹쳐서 세 가지 천을 함께 박는다.

솔라나(solana) 16세기에 유행한 크라운이 없는 모자로 밀짚으로 만든 챙만 있기 때문에 머리를 햇볕에 노랗게 태울 수 있었다. 이 때는 머리를 노랗게 블리치(bleach)하는 것이 유행이었다.

솔러렛(solleret) 중세 시대 발을 보호하기 위한 갑옷의 한 부분을 말한다. 철조각을 유연하게 연결하여 구성한 것으로, 15세기에는 발끝이 길었는데 이것을 솔르레 아 라 풀레느(soleret à la poulaine)라 불렸다.

솔레유(soleil) 오토맨의 일종으로 작은 두둑을 나타내도록 제직된 직물이다.

솔리드(solid) 한 가지 색 또는 단색을 말한다.

솔리아(tholia) 고대 그리스 여인들이 쓴 끝이 뾰족한 모자를 말한다.

솔리테어(solitaire) ① 1730~1770년대까지 남자들의 넥타이로 백위그(bagwig)와 함께 착용하였다. ② 1830년대 중반경 여성들이 착용한 좁은 스카프로, 느슨하게 묶고 나머지 부분은 무릎쪽으로 늘어지게 했다. 보통 흰색 드레스와 함께 착용하였다.

솔리테어 링(solitaire ring) 주로 다이아몬드나 진주 등 하나의 보석이 장식으로 강조된 반지를 말한다.

솔방울수 솔방울 모양을 표현하는 수법으로, 밑그림의 중심 위치에 길이가 같은 세 땀을 세우고, 의도한 각도만큼 좌우로 나누어 길이를 조정하여 수놓는다.

솔잎 삼각뜨기 스커트의 주름 끝이나 포켓의 양쪽, 잎 아귀 끝을 튼튼하게 함과 동시에 장식을 겸하여 꿰매가는 방법을 말한다. 실은 꿰맬 바탕과 크기에 따라 견사, 버튼홀 스티치실, 프랑스 자수실의 5번, 25번 등을 쓴다.

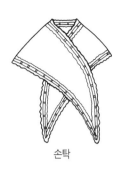
손탁

솔잎 삼각뜨기

솔잎수 솔잎 모양을 표현하기 위해 중심 부분

에 수직선을 세우고 좌우로 필요한 각도만큼 벌려 처음 땀과 같은 길이로 건넘수를 하고, 그 사이의 공간을 건넘수하여 솔잎 모양을 만든다. 실 솔잎수는 솔잎수보다 땀의 수와 각도를 줄여 땀의 길이와 각도에 변화를 주며 수놓는다. 도안에 따라 잎줄기의 간격을 넓게 하거나 좁게 하여 부채 솔잎, 실 솔잎수로 나타낸다.

솔 캡(soul cap) ⇒ 뉴스보이 캡

솔트 박스 포켓(salt box pocket) 1790년대에 사용된 용어로, 남성의 웨이스트 코트에 달린 뚜껑이 있는 좁은 직사각형 포켓을 말한다.

솜바지 솜을 두어 만든 겨울용 바지이다. 옷감으로는 무명·옥양목·명주 등을 사용하며, 허리에는 솜을 두지 않고 다른 부분의 솜은 고루 펴 두었으며 솔기와 아랫단은 시침을 하였다.

솜브레로(sombrero) 미국 서남부, 멕시코 등지에서 쓰는 챙이 넓은 펠트 모자이다.

솜브르 컬러(sombre color) '어둠침침한, 검은, 수수한' 색을 말하며 최근 대두된 유행색의 하나이다. 단독으로 사용되는 경우는 적으며 원색이나 밝은 색채와 함께 콘트라스트를 보이는 배색에 많이 사용된다. 송브르(sombre)는 원래 불어이다.

솜활 목화솜을 타는 기구로, 대나무를 활과 같이 휘어 삼끈으로 묶어 만들었다. 활끈을 활손으로 진동시켜 솜을 탄다.

송곳(eyeleteer) 봉제나 자수에 사용하는 끝이 날카로운 금속제 기구를 말한다. 천이나 가죽에 작은 구멍을 내는 데 이용되거나 재봉틀로 박은 땀을 뜯거나 다트를 나눌 때 주로 사용된다. 스틸레토라고도 한다.

송낙(松蘿) 승려가 평상시에 납의(衲衣)와 같이 착용하는 모자를 말한다. 기본 형상은 상고 시대의 변(弁)과 비슷하다. 위는 촘촘히 엮고 아래는 15cm쯤 엮지 않아 정수리 부분이 뚫려 있다. 송라립(松蘿笠)이라고도 한다.

송문(松紋) 조선 시대 곧은 기개와 높은 이상

송낙

및 충절의 의미로 많이 이용되었던 소나무 무늬이다. 단독으로 쓰이기보다는 다른 장생문(長生紋)과 조화를 이루어 사용된다.

송 벨트(thong belt) 생가죽으로 엮어져 아일릿(eyelet)처럼 보이는 넓은 가죽 벨트이다.

송사간(送絲干) 중국의 사조구(絲繰具), 사차(絲車)의 일부이다. 누에고치에서 실을 뽑아 대관차(大關車)에 보내는 장치이다.

송 샌들(thong sandal) 첫째와 둘째 발가락 사이에 끼워진 가죽 끈이 양쪽의 샌들 바닥에 연결되어 발에 고정되는 단순한 샌들로 평평하며 뒤축이 없다. 1960년대 이후부터 비치 웨어로 대중화되었다. 1980년대 초 슬링백 송(slingback thong)이라 불린 샌들에는 끈이 뒤축 주위에 추가되었다. 엄지발가락 주위에 완전한 가죽 끈이 있는 송 샌들은 크로스오버 송 샌들이라고 부른다. 샌들 참조.

송아지 가죽(calf skin) 생후 10개월 가량의 송아지 가죽을 말한다. 소가죽에 비해 부드럽고 결이 섬세해 얇고 가벼운 반면 견고하고 질기며, 적당한 신축성과 윤기가 있다. 고급스러운 부류에 속하며 구두, 의류, 핸드백, 코트, 벨트, 모자의 밴드 등에 사용된다. 카프 스킨이라고 한다.

송화색(松花色) 소나무의 꽃가루와 비슷한 색으로 노란색보다는 약간 엷은 색이다.

쇠린(xwa-lin) 중국 청나라에서 관리를 나타내던 공작 깃털로, 털과 새틴으로 만든 겨울용 모자에 꽂았다.

송 샌들

쇄자갑(鎖子甲)　전쟁시 몸 보호를 위한 갑옷(甲衣)의 일종이다. 철사로 작은 고리(小環)를 만들어 서로 꿰어서 만든 옷으로 조선 시대에 착용하였다.

쇤, 밀라(Schön, Mila)　이탈리아 태생으로 1958년 밀라노에서 하우스를 개점하였다. 발렌시아가의 고객으로서 패션을 접하였으며 그녀의 작품 또한 발렌시아가를 연상하게 한다. 그녀의 작품은 완전성과 스키아파렐리와 같은 '남성풍'을 추구하며 수트와 코트를 주로 디자인한다. 리버시블 천으로 만든 수트나 코트, 비드를 사용한 이브닝 드레스가 유명하다.

쇼디(shoddy)　방축 가공되지 않은 양모에서 회수한 재생모를 말한다.

쇼룸(showroom)　스타일을 선택하고 주문하려는 상점 바이어와 머천다이저 책임자들을 위해 상품이 디스플레이되는 공간으로 매각인, 제조업자, 수입업자, 전판매사원, 분배자에 의해 다양한 도시에서 유지되고 있다.

쇼상블(chaussembles)　중세 때 귀족들이 신던 남성용 긴 양말로, 가죽이나 고래뼈로 밑창을 대었다.

쇼스(chausse)　13세기 말 병사들이 착용한 스타킹을 말하는 것으로, 한 장으로 재단되었다. 1066~1154년 노르만(Norman) 시대에 처음 착용하였으며, 중세 말에는 더블릿과 함께 착용하였다.

쇼위 디프(showy deep)　'눈에 띄다, 훌륭하다, 야하다'라는 의미에 부합하는 짙은 색조를 말한다. 화려하면서 섹시한 분위기를 상징하는 1950년대 할리우드 룩에 자주 표현되었던 색으로 약동감 있는 그린, 블루, 오렌지의 깊이 있는 색조가 대표적이다.

쇼잉(showing)　상품의 가치가 보다 높아 보이도록 장식하는 행위로 모델들에게 비형식적으로 디스플레이하는 것으로 특별한 주제와 각본, 조언자, 프로그램은 없으며 계속성도 없고 일반적으로 제조업자의 소품이나 유용한 상품을 보여 주기 위하여 상점의 패션 부서에서 열린다. 상품이 항상 교체되므로

상품의 장식 기술을 전문가에게 의뢰하지 않고도 가능하다.

쇼츠(shorts)　① 무릎 위로 올라오는 쇼트 팬츠(short pants)를 일컫는다. 19세기 후반기에 소년들이 착용하기 시작하여 테니스복이나 리조트 웨어로 사용되었다. 길이에 따라서 쇼트 쇼츠, 자메이카 쇼츠, 버뮤다 쇼츠 등이 있다. 1971년 봄에는 핫 팬츠란 이름으로 대유행하였다. ② 남성들의 속내의를 뜻하기도 하며 보통 박스 스타일로 만들어진다.

쇼츠 수트(shorts suit)　짧은 반바지와 톱으로 구성된 운동복이다. 무릎 길이의 반바지와 긴 재킷을 매치시켜 다양한 스타일의 시티 웨어(city wear)로 채택되었다.

쇼 코트(show coat)　허리가 꼭 맞고 좁은 깃에 옆면은 맞주름으로 되어 있고 뒤중심은 긴 트임이 있으며, 단추가 대개 3개 달린 라이딩 재킷 형태의 긴 코트이다. 말을 보여줄 때 착용하는 반정장의 코트에서 유래하였다.

쇼킹 컬러(shocking color)　깜짝 놀랄 정도로 선명한 색의 총칭이다. 단순히 자극적인 색이라기 보다는 이제까지 전혀 의상의 배색에 쓰이지 않았던 색을 이용할 경우에 이렇게 부른다. 구체적인 예로는 1930년대 스키아파렐리가 사용한 쇼킹 핑크를 들 수 있다.

쇼트 라운디드 칼라(short rounded collar)　끝이 둥근 모양의 매우 짧은 칼라로 1920년대의 대표적인 셔트 칼라였다.

쇼트 백 세일러 해트(short bag sailor hat)　챙이 좁거나, 뒤에는 챙이 없고 앞에는 크고 평평한 챙이 있는 세일러 해트의 한 종류이다.

쇼트 블라우스(short blouse)　롱 블라우스에 반대되는 것으로 허리선을 겨우 가릴 정도로 길이가 짧은 블라우스를 총칭한다.

쇼트 슬리브(short sleeve)　길이가 짧은 소매의 총칭이다.

쇼트올즈(shortalls)　목 뒤에 끈으로 연결된 비브톱과 이어져 있는 헐렁한 반바지이다. 1960년대 후반기에 어린이들에게 유행하였던 비브 쇼츠를 일컫는 것이기도 하며, 1980

쇼스

쇼츠

쇼 코트

년대에는 여성들도 즐겨 입었다. 쇼트올즈는 쇼츠와 오버올즈의 복합어이다.

쇼트 코트(short coat)　길이가 짧은 코트의 총칭으로 예를 들면, 토퍼 코트와 같은 것이다.

쇼트 클로스(shot cloth)　각기 다른 색상의 경사와 위사로 직조된 직물로, 광선과 접할 때 각도에 따라 색깔이 달라보이는 효과를 가진다.

쇼트 포인트 버튼다운 칼라(short point button-down collar)　버튼다운 칼라의 변형으로 칼라 끝에 단추를 단 매우 짧은 칼라이다.

쇼트 포인트 칼라(short point collar)　짧고 칼라 끝이 넓게 벌어진 셔트 칼라이다. 폭이 좁은 신사복 칼라에 어울리고 넥타이 매듭을 크게 할 때 좋다.

쇼티(shortie)　① 짧은 미니 길이의 가운을 말한다. ② 짧은 길이의 상의와 그 밑에 여러 모양의 짧은 바지를 함께 착용한다.

쇼티 글러브(shorty gloves)　손목까지 오는 짧은 장갑으로 단추 한두 개로 여민다.

쇼티 코트(shorty coat)　약간 맞는 듯하게 내려온 짧은 박스 스타일의 코트로 1940년대와 1950년대에 착용하였다.

쇼티 파자마(shorty pajamas)　무릎까지 오는 바지와 짧은 길이의 상의로 이루어진 파자마이다. 남성, 여성, 아동 모두 여름철에 주로 입는다.

쇼팅 코트(shotting coat)　1860~1880년대까지 모닝 코트로 사용된 용어이다.

쇼핑(shopping)　구매행위, 즉 시장에서 생활의 필수품이나 상품 등을 구입하는 장보기로, 대가를 지불하고 재화를 취득하는 행위이다.

쇼핑 몰(shopping mall)　미국 등에 많이 보급되어 있는 보행자 전용의 상품 구매 상점가이다. 개방형 또는 옥외형(open mall) 폐쇄형 또는 옥내형(closed mall) 두 가지로 나눌 수 있는데, 옥외형 상점가는 가로수, 화분, 분수대, 가로등 등을 설치하기도 한다. 옥내형 상점가는 인공 채광에 의한 조명 시설을

하거나 옥외형 상점가의 시설물을 설치하여 소비자들이 안락하게 상품 구매를 할 수 있도록 분위기를 조성해 놓은 구매 장소를 말한다.

쇼핑 서비스(shopping service)　쇼핑할 시간이 없는 고객을 대신해서 상품선택과 구입을 도와 주는 시스템이다. 주로 패션 상품을 중심으로 하기 때문에 코디네이트 서비스라고도 한다.

쇼핑 센터(shopping center)　20세기적인 시장 모습으로 하나의 경영 단위로서 계획하고 운영되고 발전하는 소매상 그룹과 그 관련 시설을 말한다. 독립된 소매 상점, 서비스 점포, 주차장 등의 집합체이며 식당이나 은행, 극장, 전문 사무실 및 주유소와 기타 부대 시설 등을 갖추고 있기도 하다.

숄(shawl)　아름다운 직물이나 모사제품으로 만든 어깨덮개의 총칭이다. 정방형, 삼각형, 장방형 등 착용자의 용도에 따라 그 형태가 매우 다양하다. 동양에서는 예부터 주로 방한, 방서 등의 기능을 위한 민족의상으로 사용해 왔으나, 서양에 전해지면서 주로 액세서리로 발전하였다.

숄

숄더(shoulder)　어깨를 맞추는 여러 가지 재단 방법을 가리키며 의상 역사상 초기에는 정상적으로 몸체를 따라서 만들어졌고, 16세기에는 어깨가 많이 넓어졌으며, 1820~1860

년대에는 어깨가 떨어진 드롭트 숄더가 유행하였으며, 1895년에는 극도로 어깨가 더 넓어졌고, 제1차 세계대전 중에는 차츰 정상적인 위치로 돌아왔다. 1930년대 말에는 남녀가 솜뭉치 패드를 어깨에 넣어서 어깨를 다시 강조하였고, 1940년대 말에는 또 제 위치로 돌아왔다. 1980년대에 다시 솜이나 스펀지 등 각종 패드를 넣어서 폭이 넓은 어깨가 유행하였다.

숄더 다트(shoulder dart) V자형의 다트로, 어깨 솔기 중간부터 가슴까지 또는 어깨솔기에서 등의 견갑골까지 연결된다.

숄더 리브(shoulder rib) 어깨 부분에 끼워 넣은 고무뜨기를 말한다. 최근 블루종 등에서 볼 수 있는 팬시 디테일의 하나로 대개 몸판이나 소매의 색과 다른 색을 사용하여 팝의 분위기를 연출한다.

숄더 백(shoulder bag) 어깨 위에 걸쳐지도록 긴 끈으로 연결된 모든 종류의 가방을 말한다.

숄더 백 파카(shoulder bag parka) 옷과 숄더 백의 기능을 함께 할 수 있는 패션 아이템으로, 1980년대 초부터 주목받은 바 있다. 접으면 숄더 백으로 사용하고 펼치면 겉옷용 파카로 착용할 수 있도록 개발된 복합적인 기능을 가진 상품이다.

숄더 벨트(shoulder belt) 17세기에 사용한 칼띠(sword belt)로, 오른쪽 어깨에서 왼쪽 힙으로 대각선형으로 비스듬히 착용하였다. 볼드릭 또는 행어(hanger)라고도 불린다.

숄더 스트랩 백(shoulder strap bag) 어깨에 메는 핸드백을 일컫는다.

숄더 슬리브(shoulder sleeve) 어깨 부분에서 부풀리고 소맷부리는 꼭 맞게 하여 어깨를 강조한 소매이다. 숄더 퍼프 슬리브라고 부르기도 한다.

숄더 컷(shoulder cut) 어깨나 소매 부분을 도려내어 피부를 드러낸 재미있는 커팅 디자인으로 폴로 룩이나 섹시 룩에서 자주 사용된다. 등을 도려낸 경우는 백 컷(back cut)이라고 부른다.

숄더 패드(shoulder pad) 울, 코튼, 합성섬유 등으로 채워진 삼각형 또는 둥근 형태의 패드로, 코트, 블라우스, 드레스 등의 옷에 시침질로 고정한다. 어깨를 넓어 보이게 하거나 각져 보이게 하려는 의도로 만들어진 것으로, 1930년 말에 소개되어 1940년대와 1980년대 유행하였다.

숄더 퍼프 슬리브(shoulder puff sleeve)
⇒ 숄더 슬리브

숄 롤 칼라(shawl roll collar) 목둘레에 감긴 것처럼 보이게 만든 숄 칼라를 말한다.

숄 웨이스트코트(shawl waistcoat) 숄 칼라가 달린 남성용 조끼로, 때로는 숄용 직물로 만들어졌으며, 19세기에 입었다.

숄 칼라(shawl collar) ① 뒤중심에 이음선이 있거나 한 장으로 마름질한 칼라로 다양한 폭에 허리선까지 길게 달리기도 한다. 여성용 드레스나 코트, 스웨터, 남성용 턱시도에 많이 사용된다. ② 깊게 판 V 네크라인에 다는 한 장으로 만든 칼라이다. 여성용 블라우스나 드레스에 많이 달며 주름을 잡은 레이스로 가장자리를 장식하기도 하여 1980년대 초반에 많이 사용되었다.

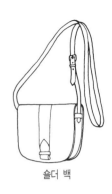
숄더 백

숄 칼라

숄 칼라

숏 파스텔 컬러(shot pastel color) 보는 방향에 따라 색의 표정이 변화하는 파스텔 컬러로 담색에 안개가 낀 듯한 색조들이 포함된다. 샴브레이 직물에 보이는 색이 대표적인 것으로 최근 컨트리풍의 패션에 사용되어 주목받고 있다.

수(綬) 면복(冕服) · 제복(祭服) · 조복(朝服) 등 예복에 부속된 장식물을 말한다. 관위(官

位)를 나타내는 대표적인 표식 중의 하나이며, 뒤에 늘어뜨린다고 하여 후수(後綬)라고도 한다. 품계(品階)에 따라 색사(色絲)의 수와 문양, 고리의 재료가 다르다.

수(繡)　　바늘에 채색사(彩色絲)를 꿰어 포백(布帛) 위에 그려진 각종 문양의 밑그림을 따라 포백의 위아래로 바늘을 찌르고 뽑아 포백 위에 채색사로 무늬를 놓는 것을 수놓는다고 한다. 수는 채사(彩絲)를 꿴 바늘을 포면(布面)에 찌르고 빼는 방법, 채사를 바늘에 꿰어 바늘에 감는 방법 등에 의하여 각종 기법으로 나뉘는데 이 기법은 지역, 시대에 따라 다르다. 고대 동양에서는 쇄수(鎖繡)의 기법이 많이 사용되었던 것으로 나타난다. 사진은 후한(後漢)의 쇄수(鎖繡) 유품이다. 쇄수 이후에 평수(平繡) 기법이 나타난다. 지역과 시대에 따라 수의 기법은 다양하고 그 기법에 대한 명명도 다양하다. 오늘날 우리 나라에서 사슬수라고 하는 것이 쇄수인데 중국에서는 쇄수에도 개구(開口), 폐구(閉口), 쌍투(雙套), 변자(辮子), 접침쇄수(接針鎖繡)로 분류하고 있다. 우리 나라에서 평수라고 하는 자수기법을 중국에서도 평수 또는 제침수(齊針繡)라고 하는데 장사마왕퇴(長沙馬王堆)의 서한묘(西漢墓)에서 유품이 나왔다. 평수를 중국에서는 제침수(齊針繡), 투침수(套針繡)로 나누고 수직 평수를 직평침(直平針), 수평 평수를 횡평침(橫平針), 사선평수를 사평침(斜平針)이라고 한다. 중국의 투침수는 우리 나라에서 가름수라고 하여 꽃잎 등을 수놓을 때 이용한다. 중국에서는 투침수도 단투침(單套針), 쌍투침(雙套針), 집투침(集套針)으로 종류를 분류하고 있다. 바늘에 실을 감아 놓는 매듭수는 중국에서는 환자수(環籽繡) 또는 타자수(打籽繡)라고 한다. 우리 나라에서 자련수라고 하는 것을 중국에서는 포문수(鋪紋繡)라고 한다. 금사, 은사로 수놓을 때 금사, 은사를 포면(布面)에 고정시키는 징금수는 중국에서는 정선수(釘綫繡)라고 한다. 평수의 기법으로 놓는 수에서도 입체감을 나타내기 위하

여 심수(心繡)를 놓는다고 하였는데 이것을 오늘날 속수라고 한다. 그리하여 겹으로 놓아진 수를 겹수라고도 한다. 그 외에 지역과 시대에 따라 또 다른 수의 기법이 다양하다. 중국의 소수민족인 귀주(貴州)의 묘족(苗族)의 자수는 색채와 도안이 화려하며, 평수(平繡), 변수(辮繡), 추수(綯繡), 권수(捲繡), 타자(打子), 융수(絨繡), 전수(纏繡), 강수(綱繡), 파선(破線), 압선(壓線), 장단침(長短針) 등으로 다양하다. 귀주화계(貴州花溪)의 묘족(苗族)은 십자형 도안을 기본으로 한 십자수로 자수한 것을 도화(桃花)라고 하여, 다색의 다양한 문양으로 수놓아 의복을 장식한다. 인도에서는 캐시미어 워크라고 하는 수 기법으로 캐시미어 숄에 문양을 자수하거나 면포(綿布)에 사뜨기수를 성글게 각색의 채사로 수놓거나 소원(小圓)의 거울편 둘레를 싸서 자수한 것들이 있다. 우리 나라 삼국 시대에는 자수가 성행되어 《삼국지(三國志)》 위지(魏志)의 고구려전(高句麗傳)에는 시월 제천(祭天)의 동맹(東盟) 때 공회(公會) 의 복에 ‘금수금은이자식(錦繡金銀以自飾)’ 하였다고 하여 수가 사용된 것으로 나타나 있다. 《삼국사기(三國史記)》의 색복조(色服條)에 따라 흥덕왕 복식의 교시에 수를 금한 것이 많아 통일신라에서도 수가 많이 사용된 것으로 나타난다. 《고려도경(高麗圖經)》, 《고려사(高麗史)》 등에는 복식과 의장 등에 수가 사용된 기록이 많다. 조선 시대에는 복식품으로서 왕과 왕비의 의복과 보, 흉배(胸背), 병풍, 생활소품 등에 많이 사용되었다. 절에서도 삼국 시대부터 조선 시대까지 수가 많이 사용되었다. 우리 나라에서는 궁중의 궁수(宮繡), 불가의 불수(佛繡), 민가(民家)의 수 등으로도 나누어서 명명한다. 백제에서는 채녀(彩女)가 도일(渡日)하여 일본에 자수 기법을 전하였다. 오늘날 일본 궁중사에는 쇼토쿠 태자(聖德太子)가 서거한 후 스이코 천황(推古天皇, 30~622년)의 황비가 태자의 생전에 이상경(理想境)의 필원(必願)을 구도화하여 수놓은 천수국만다라수장(天

壽國曼茶羅繡帳)의 수장도가 있는데 이 수장의 구도에 고구려 사람이 참여하여 그 구도에 조선의 풍자가 나타난다고 한다. 이 수장을 수놓은 채녀들도 우리 나라에서 도일된 채녀의 후예일 것이니 이 수장의 기법 속에 삼국 시대 수의 기법이 있을 것이므로 참고가 될 것이다.

쇄수

수계(竪髻)　상고 시대에 행해진 남자의 머리 양식으로 오늘날의 상투와 비슷하다. 이 양식은 각저총(角觝塚)의 씨름하는 두 명의 남인도(男人圖)에 잘 나타나 있다.

수기(手機)　경사를 개구시키는 종광(綜絖)의 조작을 발로 하고 위타(緯打)는 손으로 하는 직기이다. 우리 나라의 베, 모시, 무명, 명주를 짜는 베틀이 이에 속한다.

수기(竪機)　경사를 수직으로 건 형식의 직기로, 수직기라고도 한다. 경사는 수직으로 세운 두 개의 나무막대 상단에 고정된 수평봉에 걸어 땅에 수직으로 내려뜨리고 경사 끝에 추를 달아 경사의 장력을 유지한다. 제직은 위에서 아래로 또는 아래에서 위로 진행한다.

수납(receiving)　상점이나 도매상에서 신상품을 받아들이는 과정으로 책자에서 상품을 고르는 기초적인 지면(paper) 작업과 전단을 통해 얻는 과정을 모두 포함한다.

수눅　버선 발등쪽의 꿰맨 솔기를 말한다.

수동식 재봉틀(hand machine)　동력으로 모터 대신 핸들을 부착해 손으로 돌려 사용한다. 오른손으로는 기계를 돌리고 왼손으로는 천을 움직여야 한다는 결점이 있지만, 운반이 편리하고 앉아서도 간단히 작동할 수 있어서 현재에도 사용되고 있다. 손틀이라고도 한다.

수러(surah)　트윌 하부다에(twill habutae)라고도 부르며, 능직으로 제직한 가볍고 광택이 있는 직물이다. 드레스, 블라우스, 스카프, 넥타이, 안감 등에 쓰인다.

수렴이론(convergence theory)　군중이란 상황 속에 있는 개인이 왜 동질화된 성향이나 관심을 갖게 되는가 하는 문제에 초점을 맞춘 이론이다.

수렵문(狩獵紋)　기마인(騎馬人)이 수렵하는 것을 문양화한 것으로, 고대의 기물과 염직품에 사용된 문양이다. 직물로는 위금문양으로 사용된 경우가 많다.

수 몰레(sous mollet)　장딴지 밑까지의 길이로, 영어의 미디 앵클 렝스를 말한다.

수바르말레(subarmale)　고대 로마 군인들이 입었던 소매 없는 튜닉으로, 주름잡은 짧은 스커트가 달리며 가죽이나 금속의 갑옷 속에 입었다.

수부쿨라(subucula)　고대 로마인들이 추위를 막기 위해 튜닉 속에 입은 울 언더튜닉(wool undertunic)을 말한다.

수분율(moisture regain)　건조 시료의 무게에 대한 섬유가 흡수하고 있는 물의 양을 백분율로 말하는 것으로, 흡습량(water absorption)이라고도 한다. 섬유의 수분율은 대기 중의 습도에 따라 크게 변화하므로 섬유의 수분율을 비교할 때는 상대 습도 65%, 온도 20℃에서 측정한 수분율인 표준 수분율을 사용한다. 수분율=(함수 시료의 무게-건조 시료의 무게)/건조 시료의 무게×100%의 식으로 구한다.

수브니르 스카프(souvenir scarf)　큰 정사각형의 스카프로 보통 견 또는 인조견사로 만들고 풍경, 그림 등이 표현되어 있으며 특별한 장소, 예를 들면 마이애미, 파리 등의 이름들이 첨가되어 있다. 보통 여행자들이 그 곳에서 특별한 휴가를 보낸 것을 기념하기 위하여 구입하는 스카프이다.

수식(首飾)　머리 꾸밈새를 총칭하는 말로 머리를 치장하는 장신구를 가리킨다. 수식의 종류에는 비녀, 장식비녀, 장식빗, 떨잠, 첩지, 댕기 등이 있다.

수신타(succincta)　고대 로마인들이 걸을 때 옷이 밟히는 것을 막기 위해 허리에 맨 벨트이다.

수연(邃延)　면류관(冕旒冠)에 부착된 옥으로 만든 줄을 말한다. 평천관(平天冠)의 전후면에 홍(紅)·백(白)·창(蒼)·황(黃)·흑(黑)의 5색 옥(玉)을 꿰어 늘어뜨린다. 수연의 수에 따라 삼류면(三旒冕), 오류면(五旒冕), 칠류면(七旒冕), 구류면(九旒冕), 십이류면(十二旒冕) 등으로 나뉜다.

수예(手藝)　본래의 뜻은 손으로 하는 기술을 말한다. 또는 그런 기술을 이용해서 실, 천, 끈 등을 다루는 제작품을 만드는 것으로 직물, 편물, 염색물, 자수, 인형, 조화 등이 여기에 해당한다. 넓은 의미에서는 간단한 도구와 기계를 이용해서 하는 수공예를 말하기도 한다. 목적에 따라 의복을 장식하는 것을 복식 수예, 실내 장식 등에 이용되는 것을 실용 수예라 불러 구별하나, 기본 기법에는 차이가 없고 뜨거나 자수하는 기법이 많이 이용된다. 영어의 핸디크래프트(handicraft), 매뉴얼 아트(manual art), 프랑스어의 아르 마뉘(art manuel) 등이 이것에 해당한다.

수예 용구　자수, 레이스뜨기, 모사편물 등 모든 수예를 할 때 사용되는 각종 용구로, 수예 종류에 따라 달라진다. 영어의 니들 워크(needle work)에 해당한다.

수요(demand)　시장에서 개인이나 기업 등의 경제 주체가 교환과 판매를 목적으로 제공하는 재화, 서비스를 일정한 가격 수준에서 소비자가 구입하고자 의도하는 재화량의 조합을 말한다.

수요 곡선(demand curve)　기업에서 제품에 따라 설정한 가격과 소비자들의 실제 구매량과의 관계를 나타내는 곡선이다. 그래프의 세로축은 상품 가격, 가로축은 수요량으로 표시된다. 일반적으로 가격과 수요량은 상품 가격이 낮아질수록 수요량이나 판매량은 증가하는 반비례 관계이다.

수요 탄력성(elasticity of demand)　소비자의 가격에 대한 민감도를 나타내주는 지표로 가격의 변화에 따른 소비자 수요의 상대적인 변화정도를 나타낸다. 공식적으로 수요량의 변화율/단위량 가격 변화율로 나타낸다.

수용성(acceptance)　어떤 집단에 소속하고 수용되고자 하는 감정을 뜻한다.

수은갑(水銀甲)　조선 시대 갑옷(甲衣)의 일종이다. 쇠로 미늘[札]을 만들고 수은(水銀)을 올려 붉은 가죽끈으로 엮어 만든 옷으로 전쟁시 몸 보호를 목적으로 입었다.

수의(壽衣)　사람이 죽어 염습(殮襲)할 때 시신에게 입히는 옷이다. 수의는 계급과 신분·빈부의 차이에 따라 그 형태에 차이가 있으며, 조선 시대에는 매우 복잡했으나 오늘날에는 많이 간소화되었다.

수자직(satin weave)　직물의 삼원조직 중의 하나로 교차점이 가장 적고 연속되지 않도록 하여 경사 또는 위사의 한 부분이 주로 표면에 나오도록 설계한 것이다. 표면에 경사가 돋아난 것을 경수자라 하고 위사가 많이 나타나 보이는 것을 위수자라고 한다. 대부분의 수자 직물은 경수자이며 면, 기타 방적사로 위수자를 만들기도 한다. 주자직이라고도 한다.

수자직

수장(袖章)　관등(官等)을 나타내는 표장(標章)을 말한다. 관리나 군인 등의 관복(官服) 소매에 달아 계급을 표시했다.

수전의(水田衣)　명대 여성의 전형적인 복식으로 여러 가지 색깔을 섞어 이어서 만든 민간부녀의 예술품으로 백가의(百家衣)라고도 일컬으며 오늘날에도 찾아볼 수 있다. 아동용으로도 지었고 이불과 요에도 사용하였다. 한국의 조각보와 유사한 양식으로 볼 수 있다.

수정정자(水晶頂子)　조선 시대 감찰(監察)의 입식(笠飾)으로 사용한 수정(水晶)으로 만든 정자(頂子)를 말한다. 입자(笠子)의 맨 꼭대기에 단다. 고려 시대에는 이것으로 신분의 등위(等位)를 구분하였다.

수지 가공(resin finishing)　⇒ 레진 피니싱

수직(手織)　동력을 사용하는 역직기(力織機)에 대하여 손과 발을 사용하여 제직하는 베틀[地機, 居坐機] 등으로 제직한 직물로, 모시, 베, 무명, 명주가 이에 속한다. 또 고기(高機)로 제직된 금, 금란(金襴) 등도 수직이 된다.

수직감치기(vertical hemming stitch)　촘촘하게 감칠 때 사용하는 방법으로, 옷감에 레이스나 리본 장식을 붙일 때, 재킷이나 코트 등의 안 칼라를 달 때 사용한다. 겉쪽에서는 실땀이 잘 보이지 않으며, 안쪽에서는 실땀이 수직으로 나타난다. 버티컬 헤밍 스티치라고도 한다.

수직기(手織機)　손발의 조작으로 직물을 제직하는 직기로, 명주, 베, 모시, 무명을 제직하는 베틀이 수직기이다.

수직기(垂直機, 竪機, vertical loom)　수직으로 세운 목봉(木棒)에 가로로 횡목을 걸쳐 고정하고 그 횡목에 경사를 걸어 늘어진 경사 끝에 경사추를 달아 경사를 긴장시켜 위사를 위입하여 직물을 제직하는 원시적 직기이다. ②이집트의 수평 직기를 세운 형태로 현재의 태피스트리 직기와 유사하다. 현재 아프리카, 그리스, 서남아메리카에서 러그(rug)나 태피스트리 직조에 사용하고 있다.

수진(繻珍, 朱珍)　주자(朱子) 조직의 지(地)에 다채로운 회위(繪緯)로 다양하게 직출(織出)한 문(紋)직물에 대한 일본의 명명이다.

수질(首絰)　상복(喪服)을 갖추어 입을 때 관(冠) 위에 쓰는 것을 이른다. 참최(斬衰)에는 씨 있는 삼, 재최(齋衰) 이하는 씨 없는 삼으로 만든다. 참최시에는 삼의 밑동을 오른쪽 귀에 오게 한 다음 앞 이마에서 오른쪽으로 둘러 정수리를 지나 밑동을 위로 가게 하고, 이마 앞을 돌아 끝이 밑둥치 아래에서

포개지게 한 후 두 가닥의 포영으로 좌우를 각각 묶어 아래로 늘어뜨린다.

수축색　한색계와 저명도의 색은 동일한 면적, 형태에서 난색계나 고명도의 색과 비교할 때 작게 수축되어 보인다. 이것은 물론 착시에 의한 것으로 이러한 색이 갖는 독특한 착시를 이용해서 실내 디자인과 드레스 디자인의 배색을 계획한다. 또 일반적으로 수축색은 후퇴색이기도 하여 같은 거리에 있는 팽창색보다도 후퇴해 보인다. 일반적으로 수축색에는 차분한 느낌의 색이 많다.

수치관념설(the theory of modesty)　정숙설이라고도 불리는데, 아담과 이브가 선악과를 따먹음으로써 수치를 느끼기 시작하여 인체의 치부를 가리기 시작한 것이 인간이 옷을 입게 된 동기라는 주장이다.

수트 드레스(suit dress)　재킷과 드레스가 세트로 된 드레스로 테일러드 수트와 유사하며, 1960년대에 유행하였다.

수트 베스트(suit vest)　남성들의 수트와 조화되는 조끼를 말한다. 대개 V네크라인과 여섯 개의 단추와 두 개 내지 네 개의 주머니로 되어 있으며 조끼 뒤편은 안감으로 만들고 늘였다 줄였다 할 수 있는 버클이 부착되어 있다. 여성과 아동들의 것도 이 스타일을 본따서 많이 만든다.

수트 슬리브(suit sleeve)　두 장으로 재단되고 팔꿈치에 다트를 넣어 약간 굽힌 테일러드 수트용 소매이다.

수트 슬립(suit slip)　얇아서 비치는 백색 블라우스에 속치마가 비치는 것을 막기 위하여 백색의 상체 속치마와 짙은 색 스커트로 된 짙은 색 수트 밑에 착용하는 두 가지 색으로 된 속치마를 말한다.

수트 앙상블(suit ensemble)　수트와 코트를 같은 천으로 만든 스리피스를 일컫는다.

수트 오브 라이츠(suit of lights)　에스파냐와 멕시코의 투우 경기 때 입는 투우사의 복장을 일컫는 것이다. 재킷은 앞여밈이 없고 견장과 수 장식이 있으며, 옆솔기에 수가 놓여지고 무릎 아래까지 오는 타이츠와 함께 착

수질

수트 오브 라이츠

용한다. 토레아도르 수트라고 부르기도 한다.

수틀(embroidery hoop, embroidery frame) 자수를 할 때 사용하는 틀로 둥근틀·네모틀이 있고, 스티치에 의해 틀의 크기 등이 달라진다. 둥근 틀을 엠브로이더리 후프라고도 한다.

수티앵 칼라(soutien collar) 맨 윗단추를 여미지 않고 접어젖히면 작은 라펠처럼 보이게 만든 셔트 칼라로 컨버터블 칼라라고도 한다.

수팅(suiting) ① 수트용의 직물을 말하며 드레스, 스포츠용으로도 사용한다. 모, 인조 섬유, 면, 아마, 기타의 섬유를 사용하며, 혼방한 것도 있다. 중량, 조직, 무늬 등이 광범위하다. ② 머서라이즈하여 염색하지 않은 평면포를 말한다. 거친 오스나부르크와 유사하다. ③ 영국 용어로서 줄무늬 면포를 말하며, 실을 염색하여 흰색 줄무늬를 나타낸 것이다. 남아메리카, 동남 아시아 지방에 수출한다.

수파(首帕) 헝겊으로 만든 머릿수건의 일종으로 머리를 동이는 데 사용한다. 역자(鉞子)는 시집간 여자가 사용하는 것으로 깁을 말아서 만들며, 난액(暖額)은 겨울용으로 모피(毛皮)로 만든다.

수평기(水平機, horizontal loom) 이집트 초기의 직기로 지면에 네 개의 말뚝을 박아 두 개의 빔(beam) 사이로 날실을 잡아당겨 건후, 두 사람이 직기의 양옆에 앉아 씨실을 삽입시키면서 직조를 하는 것이다.

수평 보내기 조절기(drop feed) 직선봉에서 지그재그 재봉, 문양 재봉 등 재봉 작업의 내용에 따라 이것에 맞는 보내기를 하기 위해 톱니의 보내는 정도를 조절하는 장치를 말한다.

수평 보내기 축 두부 하측에 장치되어 있으며, 상축에 고정된 두 갈래 로드에 의해 힘을 받아 보내기 대를 전후로 움직이게 하는 축이다.

수화자

수평전파설(mass–market, horizontalflow

theory) 20세기에 들어서면서 의복의 대량 생산에 의해 새 스타일이 형성되고 동시적으로 정보가 제공되어 비슷한 사회계층의 집단들 사이에서 유행이 수평적으로 이동하여 확산된다는 이론이다. 상류에서부터 하류로 퍼져 내려오던 유행의 흐름에서 동류층의 영웅(배우, 가수 등)에 의해 옆으로 퍼져 나가는 횡적인 흐름이 생긴 현상을 설명한 학설이다. 1963년 킹(W. King)에 의해 제창되었다.

수폰, 찰스(Suppon, Charles 1949~) 미국 일리노이 출생으로 1971년부터 캘빈 클라인에서 근무하다가, 자신의 회사 인터 스포트(Inter Sport)를 열고 캐주얼과 스포츠 웨어를 생산했다. 1978년에는 코티 아메리칸 패션 비평상인 '위니'를 수상했다.

수플레 슬리브(soufflé sleeve) 짧은 퍼프 슬리브로 이브닝 드레스에 많이 사용되는 소매이다.

수피의(獸皮衣) 한 마리의 짐승 수피를 원형대로 살려서 앞발 좌우를 사람의 좌우 팔에 끼게 하고 짐승의 머리를 모자로 만든 판초식 의복으로 튜닉의 일종이다.

수피포(樹皮布) ⇒ 타파

수혜(繡鞋) 신라 시대에 널리 유행한 수를 놓은 신발로 신발에 국화·송죽(松竹)·당초(唐草) 등의 무늬를 아름답게 수놓은 신목이 짧은 신의 하나이다. 고려 시대와 조선 시대에도 사대부가의 젊은 부녀자들이 주로 신었다.

수혜

수화자(水靴子) 조선 시대 문무관(文武官)이 신던 목이 긴 신발로 모양은 목화(木靴)와 비슷하다. 물이 스며들지 않도록 신바닥에 기름을 먹인 면·가죽·종이를 깔아 만든다.

전지(戰地)에서나 비올 때 사용했다.

숙고사(熟庫紗)　경사·위사에 숙사(정련사)를 사용한 광택 있는 직물로 평직 바탕에 사직의 무늬가 있다. 숙고사에는 원형 수(壽)자와 표주박의 무늬가 있는 것이 많다. 근래에는 견 이외에 나일론, 폴리에스테르도 많이 사용된다. 한복, 침구 등에 쓰인다.

숙고사

숙마포(熟麻布)　반정도로 표백한 마포를 말한다.

숙사(scoured silk)　⇒ 정련 견사

숙성(ripening)　비스코스 레이온을 만드는 공정 중의 하나이다. 습식 방사하기 전에 비스코스 용액을 방치하는 과정이다.

숙주(熟紬)　명주(明紬)의 다른 이름이다.

순(純)　고대 중국의 연식(緣飾)이다. 《이아(爾雅)》 석기(釋器)에서 연(緣)은 순(純)이라고 하였다. 곽주(郭注)에서는 이에 대하여 연식(緣飾)이라고 하였다. 중국의 의복에는 연식이 많은데 순(純), 연(緣), 비(裨), 석(緆), 비(紕)라고 하였다.

순령(純領)　깃을 이르는 것으로 의복의 색과 깃의 색이 같다.

순색(純色)　색상환에 배열된 색이며 각 등색상면에서 가장 선명한 색조의 색을 말한다. 따라서 가장 고채도의 색이라고 말할 수 있다. 그림 물감의 혼색에서 보면 백(白), 흑(黑), 회색(灰色) 등이 섞이지 않은 가장 순도가 높은 색이라고 할 수 있다. 원색과 혼동되는데 3원색은 순색의 일부이다. 순색은 그 이름이 표방하는 각 색상의 감각적인 특성, 즉 이미지성, 심벌성, 연상성을 가장 강하게

발휘한다.

순서 효과(order effect)　인상형성에 영향을 끼치는 변인은 정보의 주어진 순서에 따라 그 효과가 다르다는 것으로, 부정적·긍정적 정보 중 어느 편을 먼저 제시하는가에 따라서 지각에 주는 영향이 다르다는 것이다.

순수충동(純粹衝動)　충동구매의 한 형태로서 정상적인 구매 패턴에서 벗어난 행동으로, 새로운 것을 보면 무조건 구매하는 것이나 기피성 구매를 뜻한다.

순인(純仁)　경사가 생사, 위사가 연사이며 변화견직으로 제직된 것이다. 갑사(甲紗)에서 문양이 없이 지조직으로만 된 것이다.

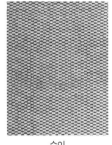
순인

술탄 드레스(sultane dress)　1870년대에 착용하였으며, 한쪽을 스카프로 입체적인 주름과 드레이프로 화려하게 처리한 프린세스 드레스이다. 회교국 군주들의 의상에서 유래하였다.

술탄 재킷(sultane jacket)　소매가 없고 길이가 짧은 볼레로 타입의 여성들의 재킷을 말한다. 1880년대 말에 착용하였으며 주아브 재킷과 유사하다.

숨은 상침　⇒ 점 박음질

숨쳐 감침　안을 댄 재킷이나 코트의 도련에서 안팎을 서로 꿰맬 때 쓰이는 손바느질법으로, 겉천이 두꺼운 소맷부리나 도련, 안섶 등을 꿰맬 때 사용한다.

숨쳐 박음

숨쳐 박음　완성된 솔기의 시접을 처리하는 방법이며, 시접을 가르고 겉으로부터 그 가른 솔기를 따라 눌러 박는 것과 또 파이핑으로 된 테두리 천의 가장자리 바로 밑을 박는 것 두 가지가 있다.

쉔디트(shendyt)　때때로 앞에 주름이 잡히고 폭이 좁은 벨트가 달린 고대 이집트의 로인클로스를 말한다. 쉔도트(shendot)라고도 한다.

쉔티(schenti)　고대 이집트인들이 착용했던 로인클로스(loincloth)의 일종으로, 스커트형을 이룬 것이 특징이다.

쉥즈(chainse)　하얗고 질 좋은 마로 만든 길이가 긴 여성용 속옷 언더튜닉으로, 주름을

쉥즈

잡기도 한다. 중세 시대의 드레스 또는 블리오(bliaut)의 행잉 슬리브(hanging sleeve) 형태의 소매가 달려 있다.

쉬르코(surcot) 13세기경에 병사들이 갑옷을 햇볕이나 눈, 비, 먼지로부터 보호하기 위해서 입기 시작한 간단한 튜닉으로 직사각형의 긴 천을 어깨에서 반 접고 머리가 들어갈 목둘레선을 파고 뒤집어썼다. 이 옷이 일반인들에게 유행하게 되면서 스타일이 바뀌고 다른 명칭이 붙었으며 이 의상은 15세기까지 유행했다.

쉬르코투베르(surcot-ouvert) 쉬르코의 변형 중의 하나로, 14세기부터 15세기까지 유행하였다. 쉬르코의 양옆 솔기선을 꿰매고 진동선을 힙까지 깊게 파서 속에 입은 코트(cotte)가 많이 보이는 것이 특징이다. 진동선은 보통 짐승털이나 보석 등으로 장식하고 산뜻한 색깔을 안팎으로 대조되게 매치시켰다.

쉬르투(surtout) 남성용 외투에 대한 프랑스와 영국식 용어로 브란덴부르크 외투에 대해 17개국이 사용하는 용어이다. 몸에 두르는 식의 옷에 대한 18세기 용어로, 19세기에는 그레이트 코트(great coat)라고도 불렀다.

쉬메르(chimere) 길이가 길고 소매가 없는 로브를 말하는 것으로, 영국 교회의 주교들이 착용하였으며, 아카데믹 로브(academic robe)와 유사하다.

슈거 로프 해트(sugar loaf hat) 모자의 일종으로 그 형태가 원추형의 긴 설탕덩어리와 닮았다는 점에서 이러한 명칭이 붙었다. 중세 후기에 착용하였으며 펠트로 만들었다.

슈뉘러, 캐롤린(Schnurer, Carolyn 1908~) 미국 뉴욕 출생이며 남편의 수영복 제조 회사에서 스포츠 웨어 디자인을 시작했다. 직물의 혁신으로 유명하며, 다양한 재질을 사용해 디자인을 한다. 1950년대에 수영복에 면을 사용했고, 원피스 수영복 디자인을 주로 하였다.

슈 덕(shoe duck) 구두 안감이나 테니스화와 야구화를 만드는 데 사용되는 두꺼운 황마

(duck) 천이다.

슈라이너 가공(schreiner finish) 20° 정도의 경사로 1cm당 100개 정도의 가는 선이 파여 있는 커다란 금속 롤과 가열된 작은 롤 사이로 직물을 통과시키는 가공을 말한다. 직물 표면은 견과 같은 광택을 지니게 되며, 롤러들이 실을 평평하게 해 줌으로써 매끄럽고 치밀한 직물이 얻어진다.

슈라이너라이징(schreinerizing) 면직물의 광택을 증가시키기 위한 마무리 처리법 중의 하나로, 두 개의 뜨거운 롤러를 통과시키는 방법을 사용한다. 두 개의 롤러 중 한 개는 아주 미세한 선들을 새겨 넣어서 면직물이 통과할 때 육안으로는 잘 보이지 않는 미세한 이랑 무늬를 직물의 표면에 새긴다. 이 이랑은 광선에 더 많이 반사되므로 광택 증가의 효과를 가진다.

슈라이너 캘린더(schreiner calender) 슈라이너 가공에 쓰이는 가는 선이 새겨진 롤러를 의미한다.

슈러(surah) 필라멘트사로 짠 2/2 능직물로 얇고 부드러우며 광택이 있다. 일반적으로 견사를 사용하며 폴리에스테르나 아세테이트사로 짜기도 한다. 실염색을 하여 짜므로 줄무늬, 체크무늬를 나타내며, 단색 또는 프린트도 있다. 제직 후에는 특별한 가공을 하지 않는 것이 보통이며, 넥타이, 스카프, 여성 의류 등에 사용한다.

슈러그(shrug) ① 등에 걸치는 숄과 스웨터가 합쳐진 스타일의 스웨터를 말한다. 해변가에서 리조트 웨어로 많이 착용한다. ② 가슴과 허리 사이가 노출된, 길게 파진 한 개의 걸개로 여미게 되어 있다.

슈렁크 가공(shrunk finish) 리넨에 행해지는 머서라이즈 가공으로 리넨 직물을 가성소다 용액에 담가 2~3% 수축시킨 후 중화, 수세해 준다.

슈 레이스(shoe lace) 구두끈을 말한다.

슈 레이스 타이(shoe lace tie) ⇒ 볼로 타이

슈림프 핑크(shrimp pink) 삶은 새우에 보이는 밝은 등적색(橙赤色)을 말한다.

슈링크 스웨터(shrink sweater)　대개 길이가 짧고 통이 좁으며 소매가 없이 뒤집어 입는 풀오버 스웨터로, 세탁하여 줄어든 모양과 같은 허리까지 오는 스웨터를 말한다. 주로 다양한 색상의 모사를 가지고 코바늘로 떴으며 1970년 초기에 아동, 여성들에게 유행하였다.

슈미제트(chemisette)　⇒ 베스티

슈미즈(chemise)　중세 시대 남녀 모두가 착용하였던 의복으로, 마로 만든 긴 소매가 달리고 직선 형태를 이루고 있다. 14세기 남성의 슈미즈는 셔트(shirt, sherte)라고 불렀다. 여성의 슈미즈는 스목이라고 불렀으며 17세기에는 시프트, 18세기 후반에는 슈미즈 콤비네이션이라고 하였으며, 카미즈(camise), 카미사(camisa), 로브 랭주(robe linge)라고도 불렀다.

슈미즈

슈미즈 가운(chemise gown)　1878년에 낮 동안에 입었던 드레스로, 보디스는 몸에 꼭 맞고 V네크에 어깨까지 처지는 큰 칼라가 있는데 칼라는 두 겹인 경우도 있다. 또한 길고 타이트한 소매가 달려 있으며, 앞은 버튼이나 리본으로 여미고 허리의 끈은 뒤에서 매게 되어 있다.

슈미즈 드레스(chemise dress)　어깨에서부터 허리선이 없이 직선으로 내려온 웨이스트 라인을 조이지 않는 드레스이다. 1957년 프랑스 디자이너 지방시(Hubert de Givenchy)가 1920년대 드레스에서 영감을 얻어 디자인한 의상을 소개해 유행하였고, 1980년대 주름을 가미하여 다시 유행하였다. 플랫 드레스, 펜슬 드레스, 튜브 드레스, 필로 슬립 드레스, 색 드레스, 시프트 셔트 드레스라고도 부른다.

슈미즈 룩(chemise look)　속치마와 유사한 형태의 심플한 실루엣을 가진 스타일을 뜻한다.

슈미즈 슬립(chemise slip)　직선으로 몸에 맞는, 종아리까지 오는 여성용 속치마로 처음에는 소매가 있었으나 요즘은 소매가 없는 것이 보통이며 옷이 더러워지는 것을 막는 실용 위주의 속옷으로 가장 안에 입는다. 1960년대 말에 많이 입었다. 캐미솔 슬립이라고도 한다.

슈미즈 아 라 레느(chemise à la reine)　18세기 말 여자 가운의 일종으로 얇은 머슬린(muslin) 등으로 만들었고, 코르셋 없이 입었다. 가슴이 깊게 데콜테(décolleté)되고 그 둘레를 러플(ruffle)로 장식하였으며, 허리에는 부드럽고 넓은 장식 벨트를 맸다.

슈미지에(chemisier)　프랑스어로 셔트 웨이스트 블라우스라고 한다.

슈 버튼(shoe button)　구두를 여미는 데 사용된 단추를 말한다.

슈베르스, 에밀리오(Schuberth, Emilio)　이탈리아 태생의 디자이너로 특히 왕실과 영화배우 의상 디자이너로 유명하다. 1950년대 칵테일 이브닝 드레스 디자이너로도 잘 알려졌으며, 1972년 죽을 때까지 에바 가드너 등 영화배우의 의상 디자이너로서 활약하였다.

슈즈(shoes)　신발을 가리키며 일반적으로 가죽이나 비닐, 캔버스, 밀짚 등으로 만든다. 구두는 밑창인 솔(sole), 앞부리인 뱀프(vamp), 옆부분인 쿼터(quater), 뒤꿈치 부분인 카운터(counter), 그리고 혓바닥 부분인 텅(tongue), 구두 굽인 힐(heel)로 이루어져 있다.

슈터블 수트(suitable suit)　슈터블은 '적당하다, 어울리다, 걸맞다'라는 의미로, 현재 유행 경향에 가장 맞는 수트라는 뜻으로 사용되는 용어이다. 1981년 슈터블 수트는 팬츠 수트처럼 사용되었다. 또한 수트화 경향의

슈미즈 드레스

슈팅 베스트

스네이크 브레이슬릿

수트라는 의미로 쓰이기도 한다.

슈팅 베스트(shooting vest)　총알을 넣는 주머니가 여러 개 부착되어 있는 사냥할 때 입는 조끼를 말한다.

슈팅 재킷(shooting jacket)　사격이나 사냥을 할 때 입는 재킷으로 노퍽 재킷이 대표적이다. 오른쪽 어깨에 총을 메기 위하여 가죽을 댄 것이 특징이며 헌팅 재킷이라고도 한다.

슈퍼 사이즈(super size)　보통 L사이즈보다도 더욱 큰 XL사이즈를 말한다. 기준은 대개 웨이스트 90cm 이상, 드레스 사이즈 19호 이상 되는 크기로, 이런 체형의 사람은 L사이즈 소비자 중 8%로 간주되며, 전체적으로는 적은 인원이지만 유망한 시장으로 보고 개발에 착수하는 곳이 많아지고 있다.

슈퍼 쇼트 슬리브(super short sleeve)　극히 짧은 소매를 이른다.

슈퍼 슬림 타이(super slim tie)　매우 좁은 타이를 말한다. 타이의 폭이 최대 4.5cm 정도로, 슈퍼 내로 타이(super narrow tie)라고도 한다. 캐주얼 넥웨어의 대표적인 것으로, 울, 코튼, 니트, 가죽, 화학 섬유 등 사용된 소재도 다양하다.

슈퍼 캐주얼(super casual)　캐주얼한 옷에 드레시한 풍을 가미한 스타일을 말한다.

슈퍼 튜닉(super tunic)　⇒ 서코트

슈퍼 트래디셔널(super traditional)　전통적인 딱딱한 풍이 아닌 부드러운 영국풍에 기본을 두면서도 전통적인 실루엣으로 변화를 준 스타일로, 전통적인 트래디셔널의 개념을 초월한 모드를 말한다.

슈 해트(chou hat)　부드럽고 크라운이 구겨진 형태의 모자이다. 슈(chou)는 프랑스어로 양배추(cabbage)를 뜻한다.

슈 혼(shoe horn)　구두주걱을 말한다. 꼭끼는 구두를 쉽게 신기 위해 만들어신 금속 또는 나무나 쇠뿔 조각이다. 원래는 16세기에 쇠뿔로 만든 데에서 유래하였다.

스날(snarl)　두 가닥 이상의 실이 장력이 다른 상태에서 한 번에 꼬여져 루프를 형성하도록 제조된 장식사를 말한다.

스내깅(snagging)　실이 뾰족한 부분에 걸리든지 하여 고리 모양으로 빠져 나오는 현상을 말한다.

스내피 스커트(snappy skirt)　스내피는 '기운 찬, 활기 있는'을 의미하는 것으로 이러한 발랄한 이미지를 표현한 스커트라 하여 스내피 스커트라고 한다. 스커트의 길이가 짧다.

스냅(snap)　일명 똑딱단추를 말하는 것으로, 오목한 부분과 볼록한 부분이 맞물리게 되어 있다. 의복의 접합해야 할 곳에 달아서 여미는데, 금속제와 합성수지제가 있다.

스냅

스냅 슬립(snap slip)　길이를 조정하기 위하여 1~3줄의 단이 부착되어 있는 속치마로, 겉옷 길이에 따라서 1~2개의 단을 떼어 길이를 마음대로 조정할 수 있다.

스냅 팬티즈(snap panties)　스냅으로 여미게 된 아기들의 방수된 기저귀 팬티를 말한다.

스너기즈(snuggies)　무릎이나 무릎보다 약간 길게 내려오는 니트로 된 힙에 꼭 맞는 팬티로 보온을 위해서 탱크 톱이나 언더 셔트와 함께 착용된다.

스네이크 브레이슬릿(snake bracelet)　뱀 모양이 팔에 감긴 형상으로 장식된 일종의 금속 팔찌로 고대 그리스인들이 애용하였고 1880년대와 1960년대에 유행하였다.

스네이크 스킨(snake skin)　아프리카와 남아메리카에 주로 서식하는 뱀 가죽을 말한다. 매력적인 무늬를 잘 보존하기 위해 무두질을 하며, 염색이나 프린트를 이용하여 뱀가죽 무늬 효과를 낸다. 크기가 일정하지 않고 매우 질기며, 구두, 백, 벨트 등에 사용된다.

스네이크 체인 벨트(snake chain belt)　뱀을 연상시키는 모양의 체인 벨트를 말한다. 표면이 뱀의 비늘 모양으로 되어 있거나 매우 가는 사슬로 된 금속제 벨트로, 티셔트나 스커트, 이브닝 드레스, 세퍼레이츠 등에 액세서리로 착용한다.

스노 레오퍼드(snow leopard)　중앙 아시아의 히말라야 고지대에서 산출되는 표범의 모피로 길고 부드러운 털을 지니고 있다. 엷은 황갈색 바탕에 흰색의 반점이 있으며, 미국 내에서는 법적으로 사냥이 금지되어 있다.

스노모빌 수트(snowmobile suit)   후드가 달린 점프 수트로 방풍 처리가 된 나일론과 폴리에스테르로 만들어진다. 앞 지퍼로 여미며 벨트가 달려 있고 손목은 니트로 되어 있다. 스노모빌 장갑과 부츠와 함께 착용한다.

스노모빌 수트   스노 수트

스노 수트(snow suit)   겨울철 어린이용 겉옷으로 상하가 분리되어 디자인되기도 하고 지퍼를 다리까지 이어 달아 입기 쉽게 점프 수트로 디자인되기도 한다. 후드가 달리고 발목과 손목은 리브 니트(rib knit)를 대어 조이게 만든다. 절연성의 소재나 방수 처리된 소재를 사용하기도 한다.

스노클 재킷(snorkel jacket)   앞지퍼가 턱까지 올라오고 방한용 후드가 달린 파카로 허리 안쪽에 줄을 넣어 조이게 만든다. 방수 처리가 된 나일론 새틴이나 태피터(taffeta)를 누비거나 파일(pile) 안감을 넣어 만들기도 하고, 인조 모피로 후드의 가장자리를 두르기도 한다. 후드의 모양이 잠수자용 호흡관인 스노클같이 생겼기 때문에 스노클 재킷이라 이름지어졌다.

스노클 코트(snorkel coat)   방수가 된 나일론 새틴이나 누빈 태피터 등으로 안에 털을 넣어서 밖으로 털이 나와 있는 파카형의 7부 코트를 말한다. 대개 커프스는 니트로 대고 연필을 꽂을 수 있는 스냅 주머니가 소매에 달려 있으며 눈이 들어가지 못하게 지퍼 위에 단이 덧붙여 있다. 1970년대 초반에 남녀 어린이 모두에게 유행하였다. 모자를 쓰고 앞의 지퍼를 바람을 막기 위해 턱까지 올리면 잠수함 통풍 장치의 튜브 스노클 모양과 같다고 하여 이런 이름이 붙여졌다.

스노클 코트

스니커

스누드(snood)   13세기부터 16세기에 걸쳐 머리 모양이 흐트러지지 않게 하기 위해 쓴 여자용 헤어 네트(hair net)를 말한다. 19세기 중엽에 프랑스에서 다시 유행했다.

스니커(sneakers)   고무 밑창과 캔버스 천이나 매우 부드러운 가죽으로 된 옥스퍼드형 신발로, 테니스화나 조깅화 등 스포츠용 운동화이다.

스니커 삭스(sneaker socks)   운동화에 착용하는 양말을 말한다.

스라소니(lynx)   북아메리카나 유럽이 주산지인 살쾡이로 털은 매우 부드럽고 길다. 생김새는 표범과 비슷하며, 황갈색 또는 회색 바탕에 검정, 갈색, 흰색의 타원형 반점이 있다. 스포티한 옷에 사용된다.

스라소니 고양이(lynx cat)   살쾡이(lynx)와 거의 흡사하나 살쾡이보다 더 작고, 털의 색이 색깔을 띠며 광택이 더 좋으나 내구성은 떨어진다.

스란치마[膝襴—]   조선 시대 궁중에서 예복(禮服)으로 입던 스란단을 부착한 치마를 말한다. 스란단의 문양은 왕비는 용문(龍紋), 세자빈은 봉황문(鳳凰紋), 공주·옹주는 꽃과 글자문이다. 스란단이 1층인 스란치마는 소례복(小禮服), 2층인 대란치마는 대례복(大禮服)으로 착용한다.

스럼(thrum)   ① 18세기 영국이나 미국에서 베틀에서 직조된 울 섬유를 걷어낸 후, 베틀에 남은 짧은 섬유들을 모아서 짠 캡으로, 노동자들이 착용하였다. ② 펠트의 긴 보풀로 짠 모자로 16세기에 착용하였다.

스레디드 더블 러닝 스티치(threaded double running stitch)   러닝 스티치를 세 줄 한 후

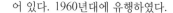

상하로 번갈아가며 실을 끼워 수놓는다.

스레디드 러닝 스티치(threaded running stitch)　러닝 스티치를 한 바늘땀에 상하로 번갈아가며 실을 끼우는 것으로, 다른 색의 실을 이용하여 변화를 주는 경우도 있다. 자수에 변화를 주거나 곡선의 부드러운 느낌을 나타낼 경우에 사용한다.

스레디드 백 스티치(threaded back stitch)　각 스티치에 다른 실을 느슨하게 원을 그리며 거는 바느질을 말한다.

스레디드 백 스티치

스레디드 체인 스티치(threaded chain stitch)　체인 스티치를 한 다음 실땀만 뜨면서 다른 실로 걸어간다.

스로트 벨트(throat belt)　1960년대에 유행한 몸에 밀착되었던 도그 칼라를 말한다.

스리사이디드 스티치(three–sided stitch)　드론 패브릭 워크 스티치(drown fabric work stitch) 중 하나로서 좋은 질의 옷감에 구멍을 내기 위해 사용된다. 굵은 바늘에 가는 강연사를 끼운 후 잡아당겨 오픈 워크(open work) 같은 느낌의 형상을 만드는 일련의 삼각 모양 자수이다. 세 면을 갖기 때문에 스리사이디드(three–sided)라고 부른다.

스리 사이디드 스티치

스리심드 래글런 슬리브(three–seamed raglan sleeve)　래글런 슬리브의 변형으로 솔기선을 세 곳에 있게 만든 것이다.

스리암홀 드레스(three–armhole dress)　패턴 전문 제조업체에서 만든 쉽게 만들 수 있는 드레스를 말한다. 한 장으로 되어 양쪽 팔이 들어가도록 구멍을 내었고 둘러서 입도록 되

스리암홀 드레스

어 있다. 1960년대에 유행하였다.

스리 웨이 칼라(three way collar)　기능성을 살려 세 가지로 변형시켜 사용할 수 있게 만든 칼라이다. 스탠드 칼라를 접어 젖히면 세일러 칼라가 되고, 접으면 후드처럼 보이게 만든 것이다.

스리쿼터 슬리브(three–quarter sleeve)　팔꿈치와 손목 사이에 오는 칠부 길이의 소매이다.

스리프트 숍(thrift shop)　입던 옷을 파는 상점을 말한다. 1960년대에는 1920~1940년대까지 입던 옷들이 유행하였다.

스리프트 숍 드레스(thrift shop dress)　중고 물건들을 판매하는 스리프트 상점에서 파는 입던 드레스들을 말한다. 1920~1940년대, 1960~1980년대에 유행하였다. 미국의 스리프트 숍, 파리의 폴리 마켓, 런던의 포토벨로 로드 안티크 숍 등에서 퇴색한 여러 가지 무늬의 옷감들, 오래된 트리밍들과 액세서리들이 젊은층에 인기가 있었다.

스리피스(three–piece)　세 가지 옷이 한 벌로 된 의상을 말한다. 신사복에서는 상의·조끼·바지가 한 벌이며, 여성복에서는 상의·블라우스·스커트가 한 벌이거나 상의·조끼·스커트가 한 벌인 옷을 말한다.

스모크 그레이(smoke gray)　연기에 보이는 청색 기미의 어둡고 짙은 회색을 의미한다.

스모키 쿼츠(smoky quartz)　연(煙) 황색에서 암갈색까지의 색상을 갖는 투명한 수정류인 석영의 일종으로, 스코틀랜드 국보이다. 연수정(cairngorm)이라고도 불리며, 자주 토파즈로 오해받기도 한다.

스모킹(smocking)　헝가리에서 시작된 마무리 장식법으로 스모킹 자수에 이용되는 개더링이나 주름장식을 위한 스티치를 말한다. 천을 봉축(縫縮)하여 올 사이사이로 자수실을 넣어가며 여러 가지 무늬로 여미거나 꿰맨 주름으로, 에이프런과 영·유아복에 많이 쓰인다. 스모킹을 할 때에는 옷감에 정확하고 아름다운 주름을 잡는 것이 필요하고, 이를 위해서는 물방울, 격자무늬, 피코 등의 천

이 적당하며, 무지일 때는 선을 그어 사용한다. 미리 시침질을 한 후 자수하는 것과 직접 주름을 잡아가며 하는 방법이 있는데, 시침질을 한 것이 보다 모양이 좋으며, 이때 시침질한 실은 자수가 끝남과 동시에 제거한다. 스모킹의 종류에는 웨이브 스모킹, 다이아몬드 스모킹, 케이블 스모킹, 허니콤 스모킹, 페더 스모킹, 체인 스모킹, 롤 스모킹, 헤링본 스모킹 등이 있다.

스모킹 수트(smoking suit)   편히 쉴 때 입는 여성용 라운지 수트이다. 주로 남성의 스모킹 재킷과 비슷한 스타일의 재킷과 벨벳 팬츠로 이루어지며 1960년 후반기에 파리의 디자이너 이브 생 로랑(Yves Saint Laurent)에 의하여 발표되었다.

스모킹 스티치(smocking stitch)   천을 묶어서 주름을 만드는 데 사용되는 장식 바느질을 말하는 것으로, 대개 벌집형이나 다이아몬드형이 주로 쓰인다.

스모킹 재킷(smoking jacket)   ① 벨벳 또는 그 외의 고급 직물로 만든 남성용 재킷으로 벨벳 또는 새틴으로 만들어진 숄 칼라가 달렸으며, 단추는 없고 넓은 허리띠인 새시(sash)를 둘러서 묶었다. 1850년대에 나타났으며 집안에서 비공식적인 놀이가 있을 때 입었다. ② 미국 턱시도에 대한 영국식 표현으로, 새틴 라펠이 달렸으며 짧고 검은색이며 약간 공식적인(semi-formal) 저녁모임에 입는 디너 재킷으로, 프랑스에서는 르 스모킹(le smoking)이라고 불렀다. 파리의 디자이너인 이브 생 로랑(Yves Saint Laurent)이 1960년대 중반기에 여성복에 받아들였다.

스모킹 재킷

스목(smock)   몸판이 잘려진 요크 밑에 주름 분량을 스목 수예나 고무줄로 처리하고, 그 밑을 풍성하게 여유를 준 길이가 긴 상의를 말한다. 화가, 가정 부인, 아이들이 옷이 더러워지는 것을 막기 위해 옷 위에 입거나, 졸업식 때 예복으로 또는 교회의 찬양대원, 목사들이 입는 경우가 많다. 부처보이 블라우스라고도 한다.

스목 드레스(smock dress)   몸판의 위쪽 부분이 잘려 있고 그 밑으로 주름이 져서 벨트가 없이 헐렁하게 직선으로 내려온 드레스로 베이비 돌 드레스와 유사하다. 이러한 스타일의 상의들을 스목 톱(smock top)이라고 한다.

스모킹 수트

스목 드레스

스목 드레스

스목 블라우스(smock blouse)   1880년대에 착용하였던 아동복으로 상의는 허리선 아래까지 풍성하게 하고 리본을 인서션(insertion)으로 끼워 넣었다. 무릎 길이의 스커트는 두 개의 러플로 구성되기도 하였다.

스목 프록(smock frock)   ① 18~19세기에 농부들이 착용한 무릎 길이의 헐렁하고 평범한 가운으로, 때로는 세일러 칼라 또는 요크를 달기도 하였다. 보통 다양한 모양으로 주름을 잡았으며 스목이라고도 불렀다. ② 1880년대에 농부들의 스목과 같이 재단한 여성복으로, 에스세틱 드레스라고도 불렀다.

스몰(small)　작은 치수를 가리키며 줄여서 S 자로만 표시하는 경우도 있다.

스몰 보(small bow)　아주 작은 나비 넥타이를 말한다. 클래식 룩(classic look)이 부각되면서 수트의 칼라 폭, 셔트 칼라, 벨트 폭 등이 작고 좁아지면서 나비 넥타이도 이와 어울리도록 작아지게 된 것이다.

스무드 레더(smooth leather)　표면이 매끄럽고 광택이 있게 마무리된 가죽을 말한다.

스무딩 아이언(smoothing iron)　열과 압력으로 천이나 의복의 주름을 펴는 데 사용되는 기구로 플랫 아이언(flat iron)이라고도 한다.

스미르나 스티치(smyrna stitch)　벨벳과 같은 느낌을 주는 수법으로 동물 등에 이용되며 0.5cm 길이로 촘촘하게 둥글게 꽂은 다음 끝을 가지런히 자른다.

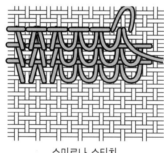

스미르나 스티치

스미스, 그라한(Smith, Grahan 1938~)　영국 런던 출생의 모자 디자이너로 브롬리 미술대학, 왕립 미술대학에서 공부했다. 그의 모자 디자인은 쿠튀르 작품에 어울리는, 품위있고 세련된 디자인이다.

스미스, 윌리(Smith, Willi 1948~)　미국 필라델피아 출생의 흑인 디자이너로 필라델피아 미술대학, 파슨스 디자인 학교에서 공부했다. 그의 디자인은 현대적이며 섹시하고 재미있다.

스와카라(Swakara)　남서아프리카에 서식하는 카라쿨 개량종인 새끼양 모피의 등록 상표이다. 남서아프리카 카라쿨(South West African Karakul)에서 머리글자를 딴 단어이다. 품질을 개량하여 둥근 컬(curl)인 구조

스왜거 코트

련산과 달리 브로드테일 같은 평평하게 웨이브진 가지런한 모피가 되었다.

스왈로 테일(swallow tail)　'제비꼬리'라는 뜻으로 연미복처럼 재단된 밑단을 말한다. 드레스, 셔트, 재킷 등 여러 아이템에 응용되고 있으며 라운드 테일이라고도 하지만 스왈로 테일은 끝이 둥글지 않으므로 엄밀하게는 구별된다.

스왈로 테일드 코트(swallow tailed coat)　남자의 공식적인 검정 수트 코트로 앞은 허리 길이이고, 뒤판은 제비꼬리 모양으로 두 개의 자락이 길게 늘어져 있다. 브레이드로 장식된 검정 바지와 함께 입는다.

스왐피 컬러(swampy color)　늪지에 보이는 흐린 청색, 브라운, 녹색 등으로 늪지를 연상시키는 색들을 말한다. 1987, 1988년 추동 패션 경향색의 하나로 부각된 색이다.

스왜거 수트(swagger suit)　등에 플레어가 잡히고 래글런 소매로 되어 있는 피라미드형의 상의와 스커트로 이루어진 여성용 수트이다. 1930년대에 처음 등장하여 유행하였다.

스왜거 코트(swagger coat)　편하게 맞으면서 약간 플레어가 져서 벨트 없이 입는 피라미드 형태의 여성 스포츠 코트이다. 대개 뒤쪽은 플레어 바이어스, 래글런 소매로 되어 있다. 1930년대와 1970년대에 유행하였다.

스왜거 해트(swagger hat)　중간 크기 정도의 앞쪽 챙이 늘어져 내려온 스포츠용 모자이다. 1930~1940년대 유행하였던 남녀용 모자이다.

스워드 에지 스티치(sword edge stitch)　그림과 같이 길고 가는 바느질법으로 짧은 스티치를 십자형으로 뒤튼 바느질법이다. 잎사귀형을 부드럽게 표현할 때 사용한다.

스워드 에지 스티치

스월(swirl)   집에서 가사를 돌볼 때 입는 하우스 드레스 전문 제조업체를 말한다.

스월 스커트(swirl skirt)   ⇒ 에스카르고 스커트

스웨덴 엠브로이더리(Sweden embroidery) 스웨덴, 유고 등의 유럽을 거쳐 발전해 온 자수로 바탕감의 규칙적인 짜임새를 따라 올을 세어서 반복하여 수놓는 방법이다. 뒷면에는 수실이 적게 나타나는 것이 특징이며, 실이 적게 들어서 경제적이고 세탁을 해도 무늬가 상하지 않아 실용적이고 산뜻한 느낌을 준다.

스웨이드(suede)   주로 송아지, 염소 새끼 가죽을 이용하여 벨벳 같은 표면이 되게 처리한 것을 말한다. 타닌산이나 의산 알데히드로 탈지가공한 후 안쪽을 숯돌 수레로 문질러 솜털을 세운 것이다. 벨벳 가공이 스웨덴에서 만들어졌다는 데에서 이름이 유래하였다. 장갑, 구두, 벨트, 핸드백, 재킷 등에 사용된다.

스웨이드 무톤 램(suede mouton lamb)   면양의 가죽에 특수 가공 처리하여 보풀을 세우고 윤을 내서 마무리하여 의복의 바깥쪽으로 사용할 수 있도록 만든 램을 말한다. 이 모피를 털깎기, 털늘리기 또는 염색 가공한 것을 무톤 또는 비버 램이라고 한다. 모피 중에서 신사용 코트로 가장 많이 이용되고 있으며, 방한과 장식의 목적으로 트리밍, 장갑, 신발 등에도 사용된다.

스웨이드 주얼러즈 파우치(suede jeweler's pouch)   주머니 모양을 한 야회용 백으로, 검정색의 스웨이드 파우치에 금색의 테두리 장식을 두르거나 금색의 끈을 부착한 것이 특징이다. 원래는 보석상이 보석을 가지고 다닐 때 사용하던 스웨이드 자루를 의미한다. 내부는 두 부분으로 나누어져 있으며, 지퍼를 사용하여 잠그기도 한다.

스웨터(sweater)   스웨터란 일반적으로 니트로 된 겉옷의 총칭으로 오버 스타일, 카디건 스타일, 앞트임식 등 여러 가지 스타일이 있다. 스웨터란 말이 현재는 우리말화하였지만

원래는 영어의 '땀에 흠뻑 젖는다' 는 의미의 스웨트(sweat)에서 이름이 유래하였다. 옛날 운동 선수들이 체중 조절을 위해서 입는 보조옷인 스웨터 셔츠의 일종으로 땀을 나게 하고 이 땀을 바로 흡수해야 할 필요성에 의하여 방한복과 같은 양모제의 두꺼운 편물옷을 착용하였다. 이 때문에 따뜻하다는 의미에서 방한복으로 겨울에 많이 입게 되었고 그 결과 지금은 일반적으로 널리 입혀지는 니트 웨어의 총칭이 되었다. 현재는 보온이라는 특수성보다도 스웨터다운 분위기를 위하여 서머 스웨터도 입을 수 있게 되었다. 이것은 기술상의 혁신이기도 하지만 생활면에서의 합리성도 무시할 수 없다. 스웨터는 입기 편하고 가볍고 따뜻하며 땀을 잘 흡수하기 때문에 평상복, 실용적인 캐주얼 웨어로 많이 보급되었고 애프터눈에서 이브닝 웨어로까지 입게 되었다. 스웨터는 현대의 의생활에 커다란 역할을 연출하며 영향을 준 혁명적 산물이라고 말할 수 있다. 니트 웨어는 주로 편물 또는 코바늘로 뜬 의상으로 섬유는 아크릴, 폴리에스테르, 면모, 모헤어, 캐시미어 그리고 나일론 등이 사용되며 디자인에 따라 스포티하거나 우아하며, 스타일이 다양하다.

스웨이드

스웨터 걸(sweater girl)   1940년대에 몸에 꼭 맞는, 가슴이 강조된 풀오버 스타일의 스웨터를 착용한 섹시한 여인을 가리키는 속어이다. 여배우 라나 터너가 이런 스타일을 착용하고 영화에 등장함으로써 더 유행하였다.

스웨터 드레스(sweater dress)   부드럽고 유연하도록 편물로 짠 길이가 긴 스웨터형의 드레스로 디자인에 따라 선에 이음선이 있는 것도 있고 없는 것도 있으며 지금은 정통 스타일이 되어 있다. 때로는 니트 드레스라고도 불린다. 1930년대, 1940년대 드레스를 응용하여 소개되었으며 1950년대와 1960년대에 유행하였다.

스웨터 베스트(sweater vest)   허리선보다 약간 길게 입는 편물로 짠 조끼로 남성, 여성, 아동 모두 입는다.

스웨터 드레스

스웨터 베스트

스웨터 블라우스(sweater blouse)   스웨터와 같은 편물류의 블라우스로서 반팔 또는 긴팔로 되어 있으며 스커트와 잘 매치되도록 디자인되었다. 니트 블라우스라고도 한다.

스웨터 세트(sweater set)   스웨터 두 개가 조화가 되어 세트가 되게 같이 입을 수 있는 스웨터이다. 쉽게 걸칠 수 있는 카디건 스타일이나 앞뒤에 터짐이 없이 머리로 써서 입는 풀오버 스타일의 스웨터로 속의 스웨터는 대개 팔이 없거나 반팔로 되어 있다.

스웨터 셔트(sweater shirt)   보풀이 생기는 보드라운 직물의 속을 넣은 메리야스식 면 풀오버로 소매가 길고 크루 네크라인이나 터틀 네크라인으로 되어 있으며, 목, 소매단, 밑단은 메리야스식의 골이 지게 뜬 니트를 달았다. 운동복, 조깅복 또는 다른 운동을 하기 위한 운동복으로 땀을 많이 흘리는 옷이라는 데서 스웨터 셔트라는 이름이 붙었다. 1960, 1980년대에 많이 유행하였으며 때로는 앞면에 소속 학교의 이름, 대학교 이름, 클럽 이름 등을 써 넣기도 한다.

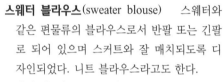

스웨터 셔트

스웨터 수트(sweater suit)   스웨터로 구성된 수트를 말한다.

스웨터 코트(sweater coat)   니트로 된 스웨터

스웨터 블라우스

스웨터 수트

형의 카디건 스타일의 코트류를 총칭한다.

스웨터포투(sweater-for-two)   신축성 있는

스웨터 코트

올론 아크릴사로 짠 줄무늬 스웨터로 두 사람이 함께 입을 수 있도록 아주 넓게 되어 있다. 풋볼 경기 때 보온을 위해서 두 사람이 같이 착용하므로 목과 팔이 각각 따로 나 있으며, 1960년대 초에 많이 입었다.

스웨터 해트(sweater hat)   머리에 꼭 맞고 앞의 챙이 약간 말려올라간 모자로 주로 울이나 말려올라갈 수 있는 천으로 만든다.

스웨트 삭스(sweat socks)   모, 레이온, 면 등과 같은 섬유의 혼방으로 만들어진 양말로 때로는 충격을 흡수하는 밑바닥이 고안되어 있다. 활동적인 스포츠를 할 때 착용하며 혼방 소재의 사용으로 세탁이 용이하고 모양을 잘 유지시켜 준다.

스웨트 셔트(sweat shirt)   안에 보풀이 있는 보드라운 면으로 만든 풀오버로, 긴 소매에 크루 네크라인이나 터틀 네크라인으로 되어 있고 목둘레와 소매단, 밑단을 메리야스식의 골이 지게 뜬 밴드로 처리하였다. 때로는 모자가 붙고 추운 날씨에 보온용 또는 운동용, 활동용 등으로 쓰이며 땀을 흡수하기 쉽게 만든 것이다. 1960년대 활동량이 많은 조깅복으로 입어서 1970~1980년대에 유행하였는데, 앞면에 학교 이름이나 클럽 이름들을 써 놓은 것이 많다. 트레이너(trainer) 또는

트레이닝(training) 셔트라고도 부르며 바지는 스웨트 팬츠라고 하며 상하 세트를 스웨트 수트라 부른다.

스웨트 셔트 드레스(sweat shirt dress)　무릎까지 오는 큰 셔트풍의 드레스이다. 7부 길이의 스커트나 바지 위에 입는 튜닉 스타일과 유사하다.

스웨트 쇼츠(sweat shorts)　코튼 플리스 (cotton fleece)와 같은 타월지로 만든 반바지로 달리기나 조깅 등의 운동을 할 때 입는다. 조깅 쇼츠(jogging shorts)라고 부르기도 한다.

스웨트 수트(sweat suit)　부드러운 보풀이 진 코튼 플리스(cotton fleece)로 안감을 댄 면 니트로 만든 투피스 수트이다. 머리 위로 뒤집어 써서 입게 만든 스웨트 셔트나 지퍼가 달린 스웨트 재킷과 발목에 리브 니트나 고무줄을 댄 스웨트 팬츠로 이루어진다.

스웨트 재킷(sweat jacket)　스웨트 셔트 (sweat shirt)와 비슷하고 앞이 열려 있는 재킷을 말한다. 면 니트 저지를 사용하고 안쪽에는 보풀이 진 플리스(fleece)를 대어 만들며, 대개 끈으로 잡아당겨서 불룩하게 된 블루종 스타일로 된 것이 많다. 1970년대 후반기에 팬츠와 매치시켜 다양한 색상과 소재를 사용하여 유행하였다.

스웨트 팬츠(sweat pants)　면, 면저지, 면 니트와 같이 습기를 잘 흡수하도록 안감을 대고 운동복에 적당한 소재로 만든 활동성이 많은 액티브 스포츠 웨어의 트레이닝풍 바지들의 총칭이다. 웜 업 팬츠라고도 한다.

스웨틀릿(sweatlet)　작은 스웨터라는 뜻이다. 매우 길이가 짧은 스웨터를 말하는데 코틀릿 (coatlet : 작은 코트)과 유사한 귀여운 이미지의 스웨터이다.

스위밍 캡(swimming cap)　수영할 때 머리에 쓰는 모자로 주로 고무나 잘 늘어나는 천으로 만들어진다.

스위블직(swivel weave)　기계적 자수 방식의 하나로 직조시 별도의 위사를 사용하여 수를 놓는 것으로, 다색 패턴을 형성할 수 있고, 두드러진 입체 효과를 나타낸다.

스위스 드레스(Swiss dress)　1860년대에 테일러드된 허리까지 오는 짧은 길이의 재킷과 허리가 꼭 맞는 코르셋 스타일의 플레어가 많이 있는 넓은 스커트의 어린이용 투피스이다. 1860년대 후반에 많이 입었다.

스위스 보디스(Swiss bodice)　1860년대 말에 착용한 벨벳으로 된 소매없는 보디스로, 스위스 벨트와 함께 소매가 있는 블라우스의 위에 입었다.

스위스 엠브로이더리(Swiss embroidery)　아일릿 워크에 의해 생겨난 구멍을 레이스 등으로 메워 이것을 여러 번 반복해서 자수하는 것을 말한다. 마데이라 자수의 일종으로 스위스풍 아주르 자수라고도 불린다. 스위스의 것이 매우 정교한 느낌이 강하게 만들어졌기 때문에 이러한 풍을 스위스 자수라고 한다. 천 가장자리 끝 부분에 브레이드를 대기도 하고 다닝 스티치를 하기도 하며 가장자리를 감아서 레이스 등으로 전체를 메우기도 한다.

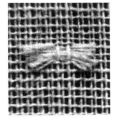
스위블직

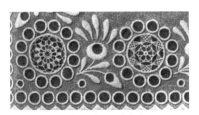
스위스 엠브로이더리

스위치 위그(switch wig)　포니테일 모양의 길게 늘어지는 가발이다. 피그테일즈 (pigtails), 땋은 머리 형태도 이에 속한다.

스위트하트 네크라인(sweetheart neckline)　사랑의 표시인 하트 모양처럼 파인 네크라인을 말한다. 1930년대에 소개되어 이용되기 시작하였다.

스위트하트 네크라인

스위프(sweep)　어깨에 걸치는 머플러의 하나로, 뉴욕의 디자이너 미야 가우디 여사가 고안하여 제안한 것이다. 원래의 의미는 '청소하다, 먼지를 털다, 쓸어내다' 라는 뜻으로, 이것을 목이나 어깨에 걸치고 경쾌하게 거리를 활보하는 여성의 모습에서 유래한 이름이다. 1981년 가을·겨울 뉴욕에서 유행한 바 있다.

스윔 드레스(swim dress)　⇒ 베이딩 드레스

스윔 브라(swim bra)　수영복을 입었을 때 가슴 모양을 살리기 위하여 수영복 속에 틀을 잡아서 그 속에 컵 모양을 부착하는 브라를 말한다.

스윔 수트(swim suit)　⇒ 베이딩 수트

스윙 라인(swing line)　아름답게 흔들리며 움직이는 것을 특징으로 한 여성적인 라인이다. 풀 스커트나 플레어 스커트 또는 피트 앤드 플레어 타입 드레스 등의 볼륨으로 전체적으로 세련된 둥근 맛을 느끼게 하는 것이 현대적 스윙 라인의 이미지이다.

스윙 스커트(swing skirt)　힙 주위는 꼭 맞고 밑으로 갈수록 퍼져 나간 서큘러나 고어드로 된 플레어 스커트로 여러 쪽을 이어서 점점 넓어진 형태의 스커트이다. 움직일 때마다 치마의 모양이 흔들리는 멋을 준다는 데서 붙여진 이름으로 1973년 스윙 뮤직이 유행함에 따라 함께 유행하기 시작하였으며, 1980년대 중반에 다시 유행하였다.

스윙 스커트

스윙 슬리브(swing sleeve)　⇒ 셔츠 슬리브

스쥐르 코트(szür coat)　넓은 어깨에 큰 칼라는 아플리케나 자수로 화려하게 장식되었고 길이가 긴 백색의 펠트로 된 코트이다. 코트 자락이 날리지 않게 가슴 부분에 가죽끈으로 고정시켰다. 헝가리안 민속 의상으로 마야(Magyar) 커스튬과 유사하다.

스카라브 브레이슬릿(scarab bracelet)　갑충석, 왕쇠똥구리의 문양이 조각의 형식으로 표현된 팔찌를 말한다. 유리나 옥수(玉隨)와 같은 계란형의 준보석에 풍뎅이 같은 형상을 그려 넣고 가장자리는 금으로 장식하여 금고리로 연결한 팔찌이다. 고대 이집트인의 성스러운 스카라브에서 유래하였다.

스카보로 얼스터(scarborough ulster)　케이프와 후드가 달리고, 소매가 없는 남성용 긴 외투(ulster)로, 1890년대 초에 입었다.

스카시, 아놀드(Scaasi, Arnold 1931~　)　캐나다 몬트리올 태생의 디자이너이다. 모피상의 아들로 십대에 오스트레일리아로 가서 디자인을 공부하고 파리의상조합 학교에서 공부하였다. 그때 짧은 기간 파캥 밑에서 일하고 1950년대 뉴욕에 와서 찰스 제임스와 일하였으며 1957년 뉴욕에서 자신의 도매상을 열었다. 1958년 위니상을 받았고 그 다음해에 니만 마커스상을 받았다. 1963년부터 기성복 제조를 그만두고 오트 쿠튀르로 전향하였다. 특히 화려하고 비싼 이브닝 드레스, 털과 깃털 장식으로 유명하다.

스카우트 캡(scout cap)　① 보이 스카우트 오버시즈 캡과 같은 모양이나 초록색 천으로 만들어진다. ② 캡 스카우트 : 앞에 챙이 있는 푸른색 모자이다. ③ 걸 스카우트 : 초록색 울 베레이다.

스카이 그레이(sky gray)　하늘에서 볼 수 있는 청색 기미의 밝은 회색을 말한다.

스카치 그레인(Scotch grain)　틀찍기로 모양을 낸, 크롬 무두질한 가죽을 말한다. 주로 소가죽을 이용하며, 다운이나 구두에 많이 쓰인다.

스카치 트위드(Scotch tweed)　스카치라고도 하며, 원래는 스코틀랜드산의 홈스펀을 말하지만, 현재는 질이 떨어지는 방모사를 이용하여 평직, 능직, 삼능직, 창살무늬로 제직한 모직물을 통칭한다.

스카치 플래드(Scotch plaid)　실을 염색해서 격자무늬로 직조한 천으로, 스코틀랜드의 다

양한 부족을 대표하는 데 사용하였다.

스카프(scarf) ① 장식적 또는 실용적인 액세서리의 하나로 보온이나 장식을 위해 어깨나 목 또는 머리 위에 착용한다. 형태는 정사각형, 직사각형, 삼각형 등으로 다양하며 소재도 편물류, 코바늘뜨기 등 다양한 조직을 갖는다. ② 장식적인 띠로서 어깨에서 양 허리 골반부까지 볼드릭(baldric)처럼 비스듬하게 걸쳐 착용하는 것도 있다. ③ 셔트의 앞부분에 착용하는 커다란 넥타이 형태로 장식핀을 사용하여 고정하는 것도 있다. 1830년대 남성들에 의해 애용된 착용 방법이다. ④ 19세기 후반에 셔트에 착용한 남성용 스카프는 후면은 폭이 좁고 끝부분은 폭이 넓게 늘어져서 현재의 넥타이로 변천하였다.

스카프(scuffs) 힐이 없고 뒤가 트인 가정용 슬리퍼로 양털이나 천으로 된 것도 있다.

스카프 마스크(scarf mask) 눈만 내놓고 얼굴을 스카프로 가린 것으로 1970년대 초반에 유행된 착용 방법 중의 하나이다.

스카프 칼라(scarf collar) 스카프를 두른 것처럼 보이게 만든 칼라이다.

스카프 캡(scarf cap) 스카프에 챙을 부착하여 머리에 묶어서 착용하는 스카프 형태의 모자로 1960년대 이후에 출현하였다.

스카프 타이 칼라(scarf tie collar) 스카프를 넥타이처럼 묶어 길게 늘어뜨리는 스카프 칼라이다.

스카프 핀(scarf pin) ⇒ 스틱 핀

스카프 헴(scarf hem) 스카프를 허리에 두른 듯한 불규칙한 스커트 단을 의미한다. 행커치프 헴라인과 거의 유사한 형태이지만 이보다 더 동적인 느낌을 가지며 불규칙한 스커트 단의 유행에서 나타난 것으로 주로 새로운 타입의 롱 스커트에서 볼 수 있다.

스칸디나비안 스웨터(Scandinavian sweater) 눈의 결정체, 침엽수 등의 북구풍 무늬를 대담하게 넣어서 짠 스웨터이다. 북구의 스칸디나비아 지방 사람들이 즐겨 입은 데서 이름이 붙었으며, 노르딕 스웨터라고도 한다.

스칼릿(scarlet) 비색(緋色)으로 약간의 황색 기미가 있는 산뜻한 빨강을 말한다.

스캘럽(scallop) 스캘럽은 조개의 이름에서 유래된 명칭으로, 요크의 절개나 앞여밈, 앞단, 칼라, 소맷부리 등에 응용되는 규칙적인 곡선 장식을 말한다.

스캘럽 스티치(scallop stitch) 조개 이름을 딴 것으로, 천을 물결형으로 마름질하여 먼저 러닝 스티치를 한 후 그 위에 블랭킷 스티치를 수놓는 방법으로, 대개 옷감을 자른 가장자리에 사용한다.

스캘럽 스티치

스캘럽 에징(scallop edging) 조가비 모양의 가장자리 장식으로, 손수건이나 슬립, 시폰 소재 등의 단처리로 흔히 볼 수 있는 디테일이다. 로맨틱한 분위기의 드레스 등에도 많이 사용되고 있다.

스캘럽트 헴(scalloped hem) 조개껍질 모양의 가장자리 선을 완성할 때 쓰이는 방법이다.

스캘럽 파이핑(scallop piping) 조개껍질 모양으로 파이핑하는 것으로, 직선이었을 때와 다르게 산모양[山形]인 곳은 테이프를 조금 느슨하게 하여 시침을 한 후 박음질하고, 박음질한 다음 안쪽에서 감침질로 마무리한다.

스캘링 호즈(scaling hose) 베니션즈(venetians)와 비슷한 트렁크 호즈로 16세기 중반 이후 대중화되었으며, 스케일링즈(scalings)라고도 한다.

스커트(skirt) 스커트란 하반신을 감싸는 의복을 말한다. 하나의 독립된 옷으로 볼 때와 드레스, 코트 등 상하가 붙은 옷의 허리에서 아랫단까지의 부분적인 명칭으로 불릴 때도 있는데, 길이는 패션에 따라 변화하며 겉이나 안에 입도록 되어 있고 주로 여성, 여아들이 입는 단품이다.

【**스커트의 역사**】 스커트는 여자 의복 중에서 가장 오래된 것으로 지금까지도 원시적인 형

태를 지니고 있는 의복의 하나이다. 스커트의 시초는 고대 이집트 시대의 자루형의 옷감을 허리에 맞추어서 입는 데서 시작되어 현재도 동남아시아의 타이, 미얀마 등지에서는 자루 모양의 스커트로 단추나 끈이 없이 예전의 원형 그대로 입고 있다. 스커트의 역사도 크게 보면 중세까지는 자루 모양으로 입다가 13세기경부터는 다트, 절개선, 입체재단 등에 의해서 현재의 스커트 모양의 기반을 다졌고 16~18세기까지는 장식을 위주로 후프, 속옷 등으로 인공적인 형의 스커트로 변천하여 스커트 역사상 가장 화려한 장식의 로코코 시대 스커트를 남기게 되었다. 1789년 프랑스 혁명이 일어나 궁중 생활이 끝남과 동시에 과장된 스커트들은 사라지고 엠파이어 스타일이 등장하였다. 19세기에는 뒤쪽 힙 근처만 불룩하게 만든 버슬이 등장하였지만 이것이 인공적인 스커트의 종점이라고 할 수 있다.

【스커트의 종류】 스커트의 길이에 따라 분류하면 다음과 같다. ① 마이크로 미니(micro mini) : 팬티를 가릴 정도의 짧은 길이로 1960년대에 유행했다가 1980년대에 다시 유행하였다. ② 미니(mini) : 무릎에서 11~16cm 정도 올라간 짧은 길이의 스커트를 말하며 1960년대에 유행하였다가 1980년대에 다시 유행하였다. ③ 스트리트 렝스(street length) : 무릎에서 3~7cm 정도 내려오는 스커트 길이를 말한다. 1940년대 초, 1960년대 초, 1980년대에 유행하였고 이브닝 웨어의 칵테일 길이라고도 한다. ④ 미디(midi) : 무릎에서 좀더 내려온 스커트 길이를 말하며 인기가 없었던 패션이라 이름조차 잊혀져 가고 있다. 1960년대 후반에서 1970년대 초기에 걸쳐 잠시 동안만 유행하였고 발레리나 또는 통게트라고도 불린다. ⑤ 맥시(maxi) : 발목, 발등까지 오는 길이를 말한다. 1960년대에서 1970년대 초에 유행하였고 때로는 롱, 그래니(granny), 포멀(formal) 길이라고도 불린다. ⑥ 롱(long) : 구두 뒤꿈치까지 내려와 땅에 닿는, 길이가

긴 스커트를 말한다.

스커트 마커(skirt marker)　가봉시 자신이 직접 스커트단 길이를 측정하여 정할 수 있도록 고안한 장치이다. 손으로 기구를 누르면 분무기에서 표시액이 뿜어져 나와 저절로 스커트단에 표시되며 주로 전문 직업용으로 쓰인다.

스커트 보드(skirt board)　주름 스커트 등의 주름을 만들기 위해 압력을 가할 때 사용하는 가늘고 긴 다리미대이다.

스커트 온 셔트(skirt on shirt)　길이가 긴 셔트를 스커트 위로 입는 것이다. 튜닉 타입의 롱 셔트를 소프트 플레어 타입의 스커트에 매치시켜서 민속풍의 분위기를 나타내고 성숙한 여인의 무드를 연출할 수 있다.

스커티드 베스트(skirted vest)　허리선에서부터 다른 조각이 스커트 모양처럼 붙어 있는, 허리에 솔기가 있는 조끼를 말한다.

스컨초(skoncho)　모직의 격자무늬나 줄무늬의 담요로 쉽게 만들 수 있는 판초이다. 풋볼 경기장에서 쓰는 것과 같은 담요에 양쪽 끝단의 술이 풀어져 있으며, 머리가 들어갈 만큼의 약 16인치 정도를 수직으로 터 네크라인을 만들었으며, 때로는 스커트로도 입는다.

스컬 캡(skull cap)　8조각의 재단된 부분을 머리에 꼭 맞도록 봉합하여 만든 모자로 보통 성직자의 예복이나 민속복 등에 착용된다. 칼로트(calotte), 비니(beanie), 야뮬카(yarmulka), 쥬케토(zucchetto) 참조.

스컬프처드 힐(sculptured heel)　1960년대에 소개된 구두 뒷굽의 하나로 중간이 비치는 넓은 중간 높이이다. 굽에 자연스러운 모양의 조각이 새겨져 있기 때문에 명칭이 유래하였고 1970년대 후반에는 나무를 사용한 나막신 종류에 많이 사용되었다.

스컹크(skunk)　스컹크 또는 스컹크의 모피를 말한다. 전신이 검고 광택이 있으며 긴 털이 조밀하게 덮여 있고, 목에서 등에 걸쳐 양쪽으로 흰색 줄무늬가 있는 것도 있다. 북아메리카산 스컹크가 대표적인 품종이다. 코트,

재킷, 트리밍 등에 사용된다.

스케이팅 드레스(skating dress) 몸에 꼭 맞는 몸체와 긴 소매에 길이가 아주 짧은 하의로 스케이트를 탈 때 착용하는 드레스이다. 1930년대 영화 '노르웨이 스케이팅'의 여자 선수 소니아 헤니에 의하여 더 유행하였다. 올림픽 챔피언들과 피겨 스케이트 선수들이 입는다.

스케일(scale) 양모의 현미경 관찰시 가장 밖에 있는 표피 세포층을 스케일층이라고 한다. 스케일층은 전 양모의 1/10 정도를 차지하여 내섬유를 보호하는데, 이는 양모에 좋은 방적성, 마찰 강도, 축융성, 발수성 등을 부여한다. 스케일의 모양은 양모의 종류와 품질에 따라 다르나, 일반적으로 양모가 섬세할수록 그 형상과 배열이 규칙적으로 되어 있어 1cm 간에 500~800개 정도가 있다.

스켈레톤 스커트(skeleton skirt) 1850년대 케이지 크리놀린(cage crinoline)이라는 이름으로 불리기도 했던 스커트를 말한다.

스켈레톤 워터프루프(skeleton waterproof) 1830년까지 유행한 레인코트(raincoat)를 말하는 것으로, 앞판에 단추가 아랫단까지 연결되어 있고 소매가 없는 대신 진동이 넓으며 뒤판에는 힙 길이의 둥근 케이프를 둘렀다.

스켈톤 수트(skelton suit) 위, 아래가 단추로 연결된 남아용 옷으로 19세기 초반부터 유아복으로 사용되어 왔다.

스켈톤 스커트(skelton skirt) ⇒ 아티피셜

스코트(skort) 미니 스커트와 결합된 스타일의 반바지를 일컫는 것으로 스쿠터 쇼츠와 유사하다. 스코트는 스커트와 쇼츠의 복합어이다.

스코트, 켄(Scott, Ken 1918~) 미국 인디애나 출생으로 뉴욕 파슨스 디자인 학교에서 공부하고, 그림 그리기와 난초 수집을 위해 과테말라를 여행한 후, 밀라노에 정착하였다. 옷 전체를 다채로운 꽃무늬로 디자인한다는 점이 특징이다.

스쿠버 마스크(scuba mask) 수영할 때, 수중 다이빙할 때 착용하는 마스크로 눈과 코를 밀폐하고 밖은 볼 수 있도록 제작된 가면이다.

스쿠터 쇼츠(scooter shorts) 스커트처럼 보이게 디자인된 반바지이다. 앞에 스커트와 같이 한 장이 덧붙어 있어 스쿠터 스커트라고 부르기도 한다.

스쿠터 스커트(scooter skirt) 짧은 바지 위에 미니 스커트가 한 세트를 이루는 스커트로 스코트라고도 한다.

스쿠퍼(scuffer) ① 어린이의 놀이용 샌들이다. ② 굽이 튼튼한 부드럽고 가벼운 구두이다. ③ 성인용 스포츠용 구두를 말한다.

스쿠프 네크라인(scoop neckline) 둥글고 깊게 파진 네크라인을 말한다. 1930년대 이브닝 웨어에 소개되기 시작하여 1950년대는 데이타임 드레스에, 1960년대 말에는 블라우스 등에 이용되었다.

스쿠프 네크라인

스쿨 걸 룩(school girl look) 학교에 다니는 여학생처럼 청순하고 귀여운 스타일이다. 레이스나 리본으로 장식을 하고 백색 블라우스에 스커트는 주름이나 플레어가 있는 경우가 많다. 1977년과 1990년대에 유행하였다.

스쿨 링(school ring) 출신 학교의 교표나 상징이 표시되어 있는 반지의 총칭으로, 칼리지 링(collage ring), 클래스 링(class ring)이라고도 한다. 금이나 은으로 만들며, 장식으로 학교 이름, 교표, 졸업년월일, 착용자의 이름 등을 새겨서 기념한다. 반지의 위에는

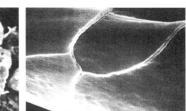

스켈레톤 워터프루프

스코트

스쿠터 스커트

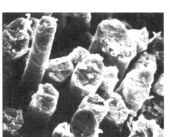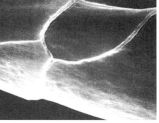

스케일

여러 가지 색상의 보석류나 준 보석류를 박
는 것이 보통이다.

스쿨 스웨터(school sweater) 고등학교, 대학
교의 이름이나 또는 축구팀, 농구팀, 서클 활
동을 하는 학교 내의 서클 이름, 숫자 등이
표시되어 있는 스웨터로 레터 스웨터 또는
버시티(versity)라고도 한다.

스쿨즈 엑서사이즈 슈(school's exercise shoe)
발모양으로 파서 만든 나무 바닥과 하나의
넓은 가죽 끈만으로 구성된 샌들로 크기를
조절할 수 있도록 조임벨트가 달려 있다. 걸
을 때 노출된 신발 바닥 위에서의 자유로운
발놀림은 건강한 운동이 된다. 1960년대 후
반에 소개되었고, 1980년대까지 계속 착용
되었다.

스쿼 드레스(squaw dress) 넓은 주름치마에
자수로 몸체, 치마, 밴드를 장식한 것으로 북
아메리카 토인 여성들의 의상에서 인용하여
만든 드레스이다.

스쿼럴(squirrel) 모피가 부드럽고, 털이 짧고
많으며 가볍다. 주산지는 러시아, 스칸디나
비아, 핀란드, 캐나다 등지이며, 색은 갈색에
서 회색까지 다양하고 등에 적갈색의 줄무늬
가 있는 것도 있다. 짙은 회색이나 짙은 푸른
색의 러시아산, 스칸디나비아산의 모피가 최
고급품이다. 숄 등에 사용된다.

스쿼 블라우스(squaw blouse) 아메리칸 인디
언 스타일풍으로 자수를 많이 놓은 페전트
블라우스와 유사한 블라우스이다. 북아메리
카 인디언 여성들 의상에서 유래하였다.

스쿼 스커트(squaw skirt) 단 끝에 수평으로
자수를 쭉 돌려놓은 작은 주름으로 된 넓은
스커트를 말한다. 시초는 아메리카 인디언들
의 자수 블라우스에서 유래되어 1960년대
말에 유행하기 시작하였다.

스쿼시 블러섬 네크리스(squash blossom
necklace) 기다란 호박의 일종인 스쿼시 꽃
문양을 장식 문양으로 활용한 목걸이로 순은
과 작은 터키옥을 사용하여 제작된 전통적인
목걸이의 하나이다. 미국 남서부의 주니
(ZUNI) 인디언의 수공품에서 유래한 것으

로 전형적인 목걸이들은 자연사 박물관과 워
싱턴에 있는 스미스소니언 박물관에 소장되
어 있기도 하다.

스퀘어(square) 직각자를 말하는 것으로, 제
도상 정확한 직각을 낼 때 필요한 용구이다.

스퀘어 네크라인(square neckline) 앞이 사각
형으로 파인 네크라인이다. 시원한 느낌을
주는 스포티한 네크라인으로 여름철 의상에
많이 이용된다. 더치 네크라인이라고도 한
다.

스퀘어 네크라인

스퀘어 댄스 스커트(square dance skirt) 단에
큰 러플이 달린 넓은 플레어 스커트이다. 농
촌의 곳간 주위에서 농부들이 스퀘어 댄스를
할 때 입는 스커트에서 유래하였다.

스퀘어 댄싱 드레스(square dancing dress)
부풀린 소매, 넓고 풍성한 서큘러 스커트에
러플이 달린 드레스를 말한다. 미국 서부에
서 컨트리 스퀘어 댄싱을 할 때 입었다.

스퀘어 쇼터 칼라(square shorter collar) 칼라
끝을 각지게 하고 몸판에 붙여 만든 짧은 칼
라를 말한다. 셔츠에서 주로 볼 수 있으며
1983년 여름에 유행하였다.

스퀘어 숄더(square shoulder) 어깨를 패드로
강조하여 사각형으로 보이는 어깨로, 1980
년대에 유행하였다.

스퀘어 슬리브(square sleeve) 몸판의 진동선
이 사각형으로 재단된 소매이다.

스퀘어 암홀(square armhole) 소매없는 암홀
의 파인 모양이 사각형으로 된 것으로, 조끼
나 점퍼 스커트 등에 많이 이용된다.

스퀘어 체인 스티치(square chain stitch)
⇒ 브로드 체인 스티치

스퀘어 칼라(square collar) 사각형의 칼라를

스쿼 스커트

총칭한다.

스퀘어 컷 스커트(square cut skirt)　펼쳐진 모양이 사각형인 스커트를 말한다.

스퀘어 컷 스커트

스퀘어 힐(square heel)　4각으로 된 구두 굽을 말한다.

스크럽 수트(scrub suit)　소매가 긴 라운드나 V넥의 긴 튜닉형 상의로, 팬츠와 함께 착용한다. 상의의 뒷부분은 가운데 중심이 터져 있어 목과 허리 부위를 끈으로 묶어 여민다. 100% 면으로 만들며, 외과 의사들이 착용하고 착용 후에는 항상 소독한다. 1970년대 초기부터는 짧은 소매로 변했다.

스크롤 스티치(scroll stitch)　실을 돌려 매듭을 지으면서 꽂는 방법으로, 실을 너무 당기지 않도록 주의하는 것이 좋다.

스크루 백 이어링(screw back earring)　귀를 뚫지 않은 귀에 착용할 수 있는, 나사에 의해 고정하여 착용하는 귀고리를 말한다. 귀를 뚫지 않고도 귀고리를 할 수 있도록 20세기 초에 고안되었다.

스크린 프린트 톱(screen print top)　동물들이나 하트, 만화 그림 또는 슬로건들을 프린트한 니트로 된 톱을 말한다.

스크린 프린팅(screen printing)　직물이나 금속의 스크린을 틀에 고정시키고, 그 틀을 날염하고자 하는 직물 위에 놓고 그 위에 날염호를 넣고 압력을 가해 직물 표면에 원하는 문양을 프린트하는 방법을 말한다. 색 한 가

지에 스크린 한 개를 사용하고 다음 색을 동일 스크린에 부어서 동일 직물 위에 찍는 것을 반복하면서 디자인을 완성시킨다. 스크린 프린팅 기법은 로터리 스크린 프린팅법과 플랫베드 스크린 프린팅법이 있다.

스크웍 부츠(squawk boots)　무릎 밑까지 오며 구두굽이 없이 부드러운 구두창으로 되어 있으며 맨 위에 접혀진 커프스에 술장식이 있는 부츠이다. 부드러운 사슴 가죽으로 만들며 미국의 인디언 여성들이 신었다. 1960년대에 젊은층에 의해 유행되었다.

스키니 리브 스웨터(skinny rib sweater)　가로나 세로로 골이 진 줄무늬의 니트 스웨터로 탄력성이 좋아서 몸에 밀착되어 가늘고 날씬하게 보인다.

스크롤 스티치

스크웍 부츠

스키니 리브 스웨터

스키니 파자마 칼라(skinny pajama collar)　오픈 칼라형의 파자마 칼라를 한층 가늘고

스크린 프린팅

길게 한 느낌의 칼라로 이탈리아풍의 스포츠 셔트에서 많이 볼 수 있다. 러프 셔트(rough shirt)의 디테일로서 많이 사용되며, 슈퍼 숄더 슬리브 등과 함께 마초 맨(macho man : 근육질의 남자다운 남자)을 강조하는 중요한 디자인으로 사용되고 있다.

스키니 팬츠(skinny pants)　스키니란 '마른, 여윈'이라는 뜻으로 다리에 타이트하게 꼭 맞아서 여위게 보이는 팬츠를 말한다. 니트로 된 팬츠나 타이즈 등에서 볼 수 있다.

스키 마스크(ski mask)　니트로 된 두건에 눈, 코, 입 부분만을 뚫고 머리와 목 부분은 꼭 맞게 만든 모자의 일종이다. 스키나 겨울 스포츠를 할 때 동상을 방지하기 위해 사용한다. 페루의 산간지에서 사용하는 모자에서 영감을 받아 스키를 위해 창안된 것이다.

스키 마스크

스키머(skimmer)　① 몸에 여유있게 맞는 A라인 드레스나 시프트 드레스를 말한다. ② 얇고 넓은 챙이 있는 모자로, 18세기 중엽에 영국에서 유행했다. 론(lawn)으로 만든 캡 위에 쓰고 턱에서 벨벳 리본을 맸다.

스키 부츠(ski boots)　구두창이 두껍고 발목보다 높은 길이의 부츠로 주로 방수 가공된 가죽으로 만들거나 플라스틱 등으로 만들기도 한다. 버클과 끈으로 여며져 있다.

스키비즈(skivvies)　목둘레는 바이어스로 싸서 처리한 라운드 네크라인에 좁은 덧단의 플래킷 여밈으로 된 셔트이다. 영국의 수병이라는 스키비즈들이 착용하는 속 셔트에서 유래하였다.

스키 수트

스키 수트(ski suit)　겨울 운동용의 점프 수트나 상하의가 분리된 팬츠 수트를 일컫는다. 보온을 위하여 나일론 소재의 누빈 인슐레이티드 재킷과 함께 착용하기도 한다. 1920년대 후반기에 조드퍼즈와 비슷한 스타일의 여성용 스키복이 처음으로 등장했다.

스키 스웨터(ski sweater)　대담한 색을 몸 판이나 소매에 넣어 뜬 뒤집어 쓰는 풀오버 스웨터나, 크루 네크라인의 두껍고 무거운 스웨터이다. 주로 스키를 탈 때나 스키를 타고 난 후에, 또는 추운 날씨에 입는 캐주얼 스타

스키아파렐리, 엘자

일로 남성, 여성, 아동들이 많이 입는다. 노르웨이, 스웨덴, 스위스, 아일랜드 등에서 많이 생산되며, 아이슬랜딕 스웨터라고도 한다.

스키 스웨터

스키아파렐리, 엘자(Schiaparelli, Elsa 1890~1973)　이탈리아 로마에서 출생하여 프랑스 파리에서 사망한 디자이너로 '의복을 만드는 이탈리아 아티스트'라는 말은 스키아파렐리를 다소 냉소적으로 표현한 말이지만, 그녀에 대한 훌륭한 묘사이다. 그녀의 관점은 전통적인 쿠튀르 방식보다는 초현실주의 예술가들과 맥을 같이 하고 있다. 로마의 동양 언어학자였던 아버지를 둔 그녀는 철학을 공부했고 결혼 후 뉴욕으로 갔다가 1920년 이혼한 후 파리로 갔다. 그녀는 흰색 칼라와 리본의 착시법(trompe l'oeil)으로 만든 검은색 니트, 스웨터가 인기를 끌자 패션 산업에 뛰어들게 되었다. 1935년 첫번째 쿠튀르 부티크를 창설하여 스웨터, 블라우스, 스카프와 보석류를 판매했다. 그녀의 천재성은 평상적인 것의 위치 전환에서 놀라움과 새로움을 가져다 주는 능력이다. 이브닝용으로 트위드를 사용했고, 색깔 있는 플라스틱 지퍼를 사용했으며, 손모양의 커다란 세라믹 단추, 신발 모양이나 램 커트렛(lamb cutlet) 모양의 모자, 강렬한 쇼킹 핑크, 바닷가재로 염색된 스커트, 신문지 조각의 패턴을 가진

직물, 서랍 모양의 포켓을 가진 코트, 12궁(zodiac)이나 서커스의 주제 등은 유명하다. 특히 패션계에 예술을 도입시킴으로써 쿠튀르에 큰 기여를 하였다. 콕토, 달리와의 친분은 그녀에게 아이디어를 제공했다. 그녀는 1940년에 니만 마커스상을 수상했고, 1954년에는 자서전 《쇼킹 라이프(shocking life)》를 출판했다.

스키아프(schiap)　형광색과 같은 느낌의 자극적인 비비드 컬러를 가리키는 용어로 스키아프는 왕년의 파리의 디자이너였던 엘자 스키아파렐리(Elsa Schiaparelli)의 이름에서 유래한 것이다. 즉 스키아파렐리가 즐겨 사용한 것 같은 색이라고 할 수 있다. 1984, 1985년 추동 파리 프레타포르테 컬렉션에서 클로드 몽타나의 작품으로 각광을 받으며 재현되었다.

스키 재킷(ski jacket)　스키를 탈 때 입는 방풍용 재킷을 말한다. 후드가 달리거나 지퍼가 달린 포켓이 있고 허리 길이나 허벅지 길이로 디자인된다. 나일론이나 울, 모피 또는 누빈 천을 소재로 사용하여 만든다.

스키 캡(ski cap)　스키를 탈 때 쓰는 여러 종류의 캡 중 하나로 베이스 볼 캡과 유사하며 귀를 덮는 플랩이 달려 있는 것도 있다.

스키트 재킷(skeet jacket)　어깨에는 패드가 있고 총알을 넣기 위해 큰 주머니 등이 달려 있는, 비둘기 사냥을 할 때 입는 특별한 스포츠 재킷이다.

스키 파자마(ski pajamas)　위, 아래로 나뉘어져 있고 따뜻하고 보온이 잘 되는 편물로 된 파자마이다. 상의는 뒤집어쓰게 된 풀오버 스타일로 손목과 목 부분은 골이 지게 뜬 밴드가 달려 있으며, 바지는 메리야스식 바지로 발목은 꼭 맞게 되어 있다. 남성, 여성, 아동 모두 입는다.

스키 팬츠(ski pants)　스키를 탈 때, 겨울철에 운동할 때 입는 방수천으로 된 바지를 말한다. 눈 위에서 추위를 막기 위하여 오리털 등을 넣고 누벼서 만들거나 스펀지를 넣어서 만든 바지로 바짓부리에는 고무단의 끈을 부착하여 발을 걸도록 되어 있어서 운동할 때 바지가 딸려 올라가는 것을 막도록 되어 있다. 처음에는 1920년대 후반에 조드퍼즈 타입의 바지로 소개되었으며, 1950년대에 신축성 있는 옷감으로 만들어졌다.

스킨(skin)　처리 유무, 건조, 드레싱, 털의 유무와 상관없이 염소, 양, 송아지같이 작은 동물의 가죽을 말한다. 스킨은 보통 15파운드의 무게까지로 15파운드 이상의 무게를 가진 하이드(hide)와 구별된다.

스킨 울(skin wool)　대부분의 양모는 살아 있는 면양에서 전모해서 얻는 데 비해, 스킨 모는 죽은 면양의 모피로부터 약물이나 균을 사용해서 뽑아낸 양모를 말한다. 풀 울(pull wool)이라고도 하며, 강도나 광택 등 품질이 떨어진다.

스킵 덴트 셔팅(skip dent shirting)　스킵 덴트란 바디에 경사를 끼울 때 일정 부분을 비우고 끼운 것에서 유래한 것으로, 경사의 밀도를 일정한 간격을 두고 변화시켜 줄무늬를 나타낸 직물이다.

스타디움 코트(stadium coat)　술통 모양으로 생긴 거는 나무 장식의 토글(toggle) 앞여밈을 한 7부 정도의 카 코트를 말한다. 방수된 비닐로 찬바람이 들어가지 않도록 끈을 잡아당기게 된 모자와 두 개의 큰 주머니, 소매와 앞여밈은 부착제 그라이퍼(griper)로 되어 있다. 스타디움에서 풋볼 경기 등을 관람할 때 착용하는 코트에서 유래하였다. 1960년대 전반기에 소개되었으며, 1980년대 초반기에 유행하였다.

스키 팬츠

스타디움 코트

스타 루비(star ruby)　카보숑(cabochon)으로

세공하였을 때 다섯 또는 여섯 점으로 된 별 모양을 보여 주는 강옥(鋼玉)으로부터 나온 순수한 루비를 말한다.

스타링 실버(sterling silver)　　법률에 의해 92.5%의 은과 7.5%의 구리로 용량이 규정된 금속을 말한다. 보석에 속하며, 은색의 색상과 광택을 지녔으나 변색하는 단점이 있다.

스타브로폴로스, 조지(Stavropoulos, George 1920~)　　그리스 태생이며 아테네에서 시작해 현재는 뉴욕에서 활동하는 디자이너이다. 고전적 드레이프의 그리스 실루엣에 기초한 흐르는 듯한 시폰 이브닝 드레스가 널리 인기를 끌어, 시폰과 레이스 또는 라메를 사용한 새로운 스타일을 창조했다.

스타 사파이어(star sapphire)　　카보숑 (cabochon)으로 세공하였을 때 다섯 또는 여섯 점으로 된 별 모양을 보여 주는 강옥 (鋼玉)으로부터 나온 순수한 사파이어를 말한다. 색깔은 청색에서 회색까지, 투명한 것에서 불투명한 것까지 다양하다. 116캐럿의 미드나이트 스타 사파이어와 세계에서 제일 큰 별 모양 사파이어인 563캐럿의 스타 오브 인디아는 1965년 뉴욕 자연사 박물관에서 보석 강도를 당했으나 그 후에 다시 복구되었다.

스타 스티치(star stitch)　　크로스 스티치의 변화형으로 별 모양과 흡사하여 유래한 이름이다. 더블 크로스 스티치와 같은 방법이다.

스타 오브 더 사우스(star of the south)　　1853년 발견된 261.88캐럿의 브라질리안 핑크빛 다이아몬드로, 세공하여 128.5캐럿이 되었다. 1934년 드레스덴 그린(Dresden green)과 함께 목걸이에 장식되었다. 또한 에스트렐라 뒤 쉬드(estrella du sud)라고도 부른다.

스타 오브 아칸소(star of Arkansas)　　아칸소의 다이아몬드 분화구(crater of diamonds)에서 발견된 다이아몬드로 원석의 상태였을 때 15.31캐럿이었다. 세공하여 끝이 뾰족한 장원형 모양으로 8.27캐럿의 마르퀴즈

(marquise) 모양이 되었다. 다이아몬드의 금렵지를 답사하기 위하여 1.50달러의 요금을 지불한 텍사스주 달라스의 파커 여사(Mrs. A. L. Parker)가 발견하였다.

스타 오브 아프리카(star of Africa)　　컬리난 다이아몬드 참조.

스타일(style)　　의복의 특징적인 형태로서 다른 스타일과 식별할 수 있는 라인(line), 폼 (form), 프로포션(proportion)으로 묘사된다. 명사적 의미로는 같은 생산품 가운데 다른 형태와 구분되는 특별한 특징을 가진 생산품의 형태를 말하고, 동사적 의미로는 한 품목 또는 코트, 수트의 한 라인의 스타일처럼 여러 품목에 패션 특징을 부여하는 것을 말한다. 양식이라고도 한다. 예를 들면 엠파이어 스타일, 버슬 스타일 등이 있다.

스타일리스트(stylist)　　패션기업에서 다음 시즌의 패션경향 등을 정확하게 예측하여 기획하는 사람이다. 패션 디렉터(fashion director)와 같은 의미로 사용된다. 프랑스에서는 스타일리스트가 프레타포르테 패션 디자이너를 지칭하는 것이다. 때로는 광고, 잡지 촬영에서의 헤어, 메이크업 등의 코디네이터를 의미하기도 한다.

스타 체크(star check)　　커다란 별 모양의 격자무늬를 말한다. 대비가 강한 두 색을 많이 사용하며, 겨울 코트감의 문양으로 주로 사용된다.

스타킹(stocking)　　긴 양말의 총칭이다. 보통 얇고 긴 양말을 가리키며, 삭스 등의 짧은 양말을 포함할 때에는 호즈나 호저리(hosiery)라고 한다. 양말은 제조방법에 따라 풀 패션 (full fashion), 심리스(seamless), 트리코 (tricot) 등으로 분류된다. 풀 패션은 가로프기에 코를 증감해 가면서 다리 모양으로 성형하여 짠 것으로 뒤의 심라인에서 기워 맞춘 것이 특징이다. 심리스는 스타킹을 원편기로 원기둥처럼 짜내어 열처리하여 성형된 양말로 뒤에 솔기 선인 심라인이 없다. 트리코는 세로뜨기로 된 트리코 천을 재단하여 봉제한 양말로 두껍기 때문에 올이 잘 풀리

지 않아 실용적인 것이 특징이다.

스타킹 보디스(stocking bodice)　　탄력성 있는 튜브 모양의 편성물이나 주름잡힌 직물로 만든 보디스로, 여성들이 팬츠나 반바지 또는 이브닝 스커트와 함께 착용하였다. 1940년 대에 유행하였으며, 1960년대 후반부와 1980년대에 다시 유행하였다.

스타킹 부츠(stocking boots)　　부드러운 가죽으로 스타킹처럼 만든 부츠로 그 길이는 허벅지 또는 무릎까지 온다.

스타킹 캡(stocking cap)　　길게 늘어진 꼬리 모양이 있는, 편물 또는 코바늘 뜨기를 한 모자로 뒤쪽이나 측면에 술을 달아 늘어뜨려 착용한다. 터보건 캡이라고도 불린다.

스타킹 캡

스타 필링 스티치(star filling stitch)　　캔버스 워크, 색실자수에 이용하는 기법으로 먼저 십자형으로 자수하고, 그 위에 X자형으로 교차시켜 자수한다. 그리고 마지막으로 그 교차점 위를 고정시켜 수놓는다.

스태추 오브 리버티 이어링(statue of liberty earring)　　자유의 여신상의 머리 모양을 장식으로 활용한, 매다는 형태의 귀고리를 말한다. 1986년 7월 4일 뉴욕 항구에서 자유의 여신상의 복원을 축하한 데서 유래하였다.

스택트 힐(stacked heel)　　가죽의 수평층이 끼워 넣어진 힐로서 빌트업 힐이라고도 불린다.

스탠드(stand)　　보디 스탠드의 약어로, 폼 스

탠드(form stand), 드레스 폼, 인대(bodies), 드레스메이커즈 더미라고 불리기도 한다. 모자 제작에 사용되는 것은 크라운형의 목제 인대가 사용된다.

스탠드롤 칼라(stand-roll collar)　　목선에서 곧게 세워 둥글려 말아 접은 롤 칼라이다.

스탠드 아웃 칼라(stand out collar)　　뒤 칼라는 세우고 앞은 접어 젖힌 칼라로 윙 칼라의 일종이다.

스탠드 앤드 폴 칼라(stand and fall collar)　　칼라 밴드가 붙은 모든 칼라의 총칭이다.

스탠드 어웨이 칼라(stand away collar)　　목에서 멀리 떨어진 여성용 칼라로, 주로 부드럽게 굴려 접은 형태의 롤 타입으로 만들며, 1960년 초반부터 유행하였다. 스탠드 오프 칼라라고도 한다.

스탠드업 칼라(stand-up collar)　　목선에서 높게 올려 세운 칼라로 레이스로 주름을 잡아 달기도 하며 1980년도 초반기에 등장하였다.

스탠드 오프 칼라(stand off collar)　　⇒ 스탠드 어웨이 칼라

스탠드 윙 칼라(stand wing collar)　　세우면 스탠드 칼라가 되고 접어 젖히면 윙 칼라가 되는 두 가지로 변형시킬 수 있게 만든 칼라이다.

스탠딩 칼라(standing collar)　　목선에서 곧게 세운 칼라의 총칭으로 넓이나 모양에 따라 스탠드 칼라, 차이니즈 칼라, 스탠드 어웨이 칼라, 밴디드 칼라 등의 여러 가지 명칭이 있다.

스터머커(stomacher)　　15세기 말에서 16세기 초에 더블릿 밑에 착용한 U자나 V자형의 가슴 장식을 말한다.

스터즈(studs)　　뚫은 귀를 위해 고안된 귀고리의 안쪽 부분으로 귀고리를 고정시키는 부분을 말한다. 한쪽 부분은 귀를 관통하고 그것을 고정시키기 위해 나사를 핀에 끼우는 것이 기본 형태이다. 어떤 스터즈는 똑바른 핀 뒤로 밀어넣어 고정시키는데, 핀에 있는 V자형 새김눈으로 뒤를 고정하기도 한다.

스탠드 어웨이 칼라

스테마(stemma)　비잔틴의 황제가 쓴 머리 장식으로, 십자가와 보석으로 장식되어 있다.

스테이업 힐(stay-up heel)　대님 없이 양말을 착용할 수 있도록 호즈의 윗부분을 특별히 제작한 것이다.

스테이지 숍(stage shop)　생활상에 맞추어 상품이 기획된 패션 전문점이다. 그 예로 통근하는 장면에 적합한 통근복 전문점으로서 일본의 싱글 라이너(single liner)와 같은 새로운 패턴의 전문점이 있다.

스테이플사(staple yarn)　스테이플 섬유를 방적 공정을 거쳐 실을 짠 것을 스테이플사 또는 스펀사라고 한다.

스테이플 섬유(staple fiber)　면이나 양모처럼 한정된 길이를 지닌 것을 단섬유 또는 스테이플 섬유라고 한다. 일반적으로 스테이플 섬유로 제직된 옷감은 함기량이 많아 따뜻하고 촉감이 부드러우며 통기성·흡수성이 좋으므로, 특수한 목적을 제외한 일반 의류용 섬유로는 스테이플 섬유가 적합하고 또 많이 사용된다.

스테이 훅(stay hook)　18세기에 시계를 차고 다니기 위해 몸에 부착한 장식적인 작은 훅을 말한다.

스테인리스 스틸 섬유(stainless steel fiber)　순 금속으로 된 금속 섬유로, 1965년경 우주여행의 연구와 더불어 섬유소재로서 연구가 시작되었다. 스테인리스 스틸은 18%의 크롬과 8%의 니켈을 함유하는 강철로서, 철사를 되풀이 연신하여 원하는 섬도의 섬유를 얻으며 모노 필라멘트 스테이플 섬유로 제조가 가능하다. 현재 우주 과학, 공업용 등 특수한 용도에 쓰이고 있으며, 직물에 0.2~1% 정도 혼방시 대전을 완전히 방지할 수 있으나 아직까지 염색이 안 되고 완전 백색이 아니어서 백색 직물에는 혼방할 수 없고 값이 비싼 단점을 지니고 있다.

스테판(stephane)　① 고대 그리스나 로마에서 관리들의 신분을 표현하는 배지(badge)나, 승리의 상징인 화관으로 사용된 초승달 모양의 헤드드레스를 말한다. ② 머리에 둥글게 둘러쓰는 형태를 나타내는 고대 그리스 용어이다. ③ 비잔틴의 역대 황제들이 다른 지역의 군주들이나 중요한 권력자에게 보낸 왕관을 말한다.

스텐슨(Stenson)　남성용 모자 제조업자의 등록 상표이다. 오스트레일리아와 뉴질랜드 연합군단의 군모로 챙이 넓은 서양의 모자 스타일을 말한다. 카우보이 해트 참조.

스텐실 프린트(stencil print)　얇은 금속이나 유지를 문양대로 잘라 만든 스텐실을 직물 위에 놓고 염료를 스프레이나 솔로 부려 스텐실 이외의 부분이 염색되게 하는 방법을 말한다.

스템 스티치(stem stitch)　가장자리에 미리 아웃라인 스티치와 유사하게 수놓은 후 그 실을 심으로 하여 촘촘히 감아 수놓는다. 식물의 잎사귀나 줄기, 글씨 등을 수놓을 때 사용한다.

스텝인 드레스(step-in dress)　단추나 지퍼로 되어 있어 쉽게 밑에서부터 입을 수 있는, 코트와 유사한 드레스이다. 기초적인 드레스로 1940년대에 유행하였다.

스텝인 블라우스(step-in blouse)　블라우스가 하의 밖으로 나오는 것을 막기 위해 팬티 부분이 상의와 연결되어서 밑에서부터 올려 입는 블라우스를 말한다. 스포츠 웨어에 많이 이용되며 1920년대에 유행하였다.

스텝인 슈즈(step-in shoes)　탄력성 있는 고어로 만들어진 구두로, 묶는 부분이 없다.

스토미 톤(stormy tone)　'폭풍우' 같은 이미지의 색채로, 날씨가 흐리고 구름이 낀 것 같은 색조를 가리킨다. 어두운 적색이나 흑갈색, 적자색, 어두운 회색 등이 대표적이다.

스토브 파이프 팬츠(stove pipe pants)　파이프 모양처럼 직선으로 힙에서 바지 끝까지 타이트하게 맞는 좁은 바지이다. 미국 동부의 아이비 리그에 속한 사립대학의 학생들이 즐겨 입는 신사복 스타일의 바지로서 1880년대부터 1920년대까지 남학생들에게, 그리고 1960년대 중반기와 1980년대에 일반인들에게 유행하였다. 스트레이트 팬츠 참조.

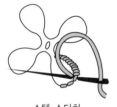

스템 스티치

스토브 파이프 팬츠

스토브 파이프 해트(stove pipe hat)　1790년대에 남성들이 착용한 검정색 실크 드레스 모자로, 크라운이 높고 위는 평평한 형태이다. 아브라함 링컨(Abraham Lincoln)이 자주 착용한 톨 해트(tall hat)와 비슷한 스타일에서 발전한 것이다.

스토어 메이킹(store making)　단순히 점포 구조를 바꾼다는 의미보다는 점포의 활성화를 위하여 그에 적합한 디자인, 상품 구성, 광고 방법까지 종합적으로 시스템화해 가는 방법을 지칭한다.

스토어 컨셉트(store concept)　소매점의 개발이나 재구성, 운영 등에 관한 사고방식, 관념을 지칭한다. 스토어 아이덴티티와 유사하다.

스토트(stoat)　어민(ermine)의 별칭으로, 특히 여름철에 털색이 갈색이 될 때의 흰 담비를 말한다. 모피로 이용되는 것은 겨울철 털로 이브닝 코트, 케이프, 재킷 등에 사용된다.

스톡(stock)　직사각형의 스카프로, 묶기보다는 느슨하게 위에서 겹쳐 착용한다. 1968년 남성들이 넥타이 대신 착용하기 시작했다. 목둘레에 한 번 고리를 만들어 착용하는, 길고 넓은 직선의 타이로 핀으로 고정하기도 한다. 끝부분은 자유롭게 걸치거나 재킷 속에 넣는다.

스톡

스톡 다잉(stock dyeing)　⇒ 섬유 염색

스톡타이 블라우스(stock-tie blouse)　타이 모양의 애스콧 네크라인의 간단한 블라우스를 말한다. 플립 타이 블라우스 또는 스톡 타이 셔츠라고도 한다.

스톤 마틴(stone marten)　아시아나 유럽에서 서식하며, 갈색기가 있는 엷은 회색 솜털을 가진 담비의 일종이다. 바움 마틴이나 파인 마틴보다는 거친 털을 가지며, 스카프, 재킷, 트리밍 등에 사용된다.

스톤 워시 레더(stone wash leather)　스톤 워시 방법으로 가공한 가죽을 말한다. 스톤 워시란 돌을 넣어 세탁하는 가공법으로 처음부터 낡고, 오래된 느낌이 난다. 현재는 두 번 염색하거나 안료 프린트를 이용하여 색이 바랜 것처럼 보이는 가죽을 말하기도 한다.

스톤 워시 진(stone wash jean)　스톤 워싱(stone washing)으로 만든 진을 말한다.

스톤 워싱(stone washing)　데님이나 진을 인디고 블루로 염색하고 나서, 염색된 제품을 부분적으로 탈색시켜 디자인 효과를 내고자 후처리하는 방법을 말한다.

스톨(stole)　19세기 중엽 왕정복고 시대에 착용한 두르개로, 폭이 좁고 긴 장식적인 숄의 일종이다. 수를 놓거나 태슬을 달기도 했으며, 요즈음에는 보통 짐승의 털로 만든 긴 숄을 말한다.

스톨라(stola)　로마 여인들이 입은 그리스의 이오닉 키톤(Ionic chiton)과 같은 튜닉으로, 짧은 소매나 긴 소매가 달리고, 길이는 발목까지 오게 입고 허리에는 허리띠를 한두 번 휘감았다.

스톨 칼라(stole collar)　가죽털, 깃털, 비단 등으로 만든, 여성용 어깨걸이인 스톨을 두른 듯한 느낌이 들게 만든 칼라를 말한다.

스톨 코트(stole coat)　직사각형의 천이나 털로 몸을 감싸도록 되어 있으며 소매가 없고 때로는 팔을 내어 놓을 수 있도록 앞터짐이 되어 있는 것도 있다. 주로 여성들이 많이 착용한다.

스톰 수트(storm suit)　후드가 달린 재킷과 팬츠로 구성된 수트로 고무를 입힌 나일론 소재를 사용하여 만들며, 사냥이나 낚시를 하다가 폭풍우를 만났을 때 입는 옷이라 하여 이름지어졌다.

스톰 칼라(storm collar)　레인 코트나 오버 코트 등에 사용되는, 비바람을 막을 수 있도록 만든 칼라이다.

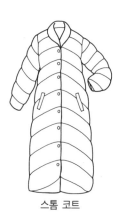

스톰 코트

스톰 코트(storm coat) 방수된 옷감으로 두껍게 누벼서 만든 추운 겨울철의 방한용 코트로 안감은 파일이나 털 또는 누빈 옷감을 대는 경우가 많다. 1980년대에는 코트 전체를 나일론 옷감으로 누벼서 만든 누비 코트들이 유행하였다.

스톰 플랩(storm flap) 어깨에서 앞가슴 부분까지 늘어뜨려 단추를 여미는 가슴 바대를 말한다. 트렌치 코트 등에서 볼 수 있는데, 오른쪽 가슴에만 댄 것은 패치라고 한다.

스톱 모션(stop motion) 두부의 플라이 휠의 중심부에 있는 큰 원형의 스톱 나사이다. 이것을 앞으로 돌려 풀어주면 플라이 휠이 공전(空轉)하여 상축이 회전하지 않게 되고, 바늘대의 운동이 멈추는 일종의 클러치로 플라이 휠과 재봉틀의 연결을 조절한다. 주로 보빈에 아랫실을 감을 때나 발틀 연습 등에 사용한다.

스튜어트, 스티비(Stewart, Stevie 1958~) 영국 런던 출생이며, 젊음을 본질로 하는 그의 의복은 비구조적이며, 겹침에 의해 변화되는 프린트와 재질들의 레이어링을 이용하고 있다. 색채는 억제되어 흰색, 크림색, 검정색이 주를 이룬다. 1983년에는 가장 혁신적이고 흥미있는 젊은 디자이너에게 수여되는 런던 마티니상을 수상했다.

스트라우스, 리바이(Strauss, Levi ?~1902) 영국 태생으로 미국의 진 브랜드 '리바이스 Levi's'의 창업자이다. 1850년대 금광붐이 있을 때 캘리포니아에서 광부 생활을 하던 그는 브라운 텐트 캔버스로 의복을 재단했고, 프랑스 직물인 데님을 인디고 블루로 염색해 사용하기 시작했다. 1872년에는 그의 견고한 팬츠에 대해 특허권을 따냈으며, 현재 미국에서는 리바이스란 단어가 데님, 진과 동의어로 사용되고 있다.

스트라이프 패턴(stripe pattern) 직물 면에 줄무늬 효과가 나타난 패턴을 말하며, 주로 경사 방향에 많이 나타난다. 초크 스트라이프, 펜슬 스트라이프, 헤어라인 등 많은 종류가 있다.

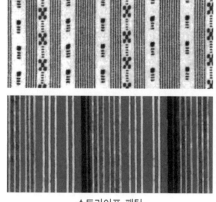

스트라이프 패턴

스트라이핑(striping) 염색한 값싼 모피를 말한다. 예를 들면 비싼 밍크 모피를 모방하기 위해 염색한 머스크랫 등의 모피를 가리킨다.

스트라터 오브 익스플러네이션(strata of explanation) '사람들이 어떤 의복을 왜 선호하는가' 하는 문제에 대하여 라이언 (Ryan)이 다양한 정보를 수집하여 이를 네 가지 계층으로 구분, 설명한 것이다.

스트랩 드레스(strap dress) 끈으로 상체 부분을 장식한 드레스로, 드라마틱, 섹시 룩의 효과가 있다.

스트랩리스(strapless) 스트랩이란 어깨끈을 말하는데 뷔스티에 블라우스, 캐미솔 듀브톱, 선 드레스 등에서 볼 수 있듯이 끈이 없이 가슴 부분만 가리는 형으로 이브닝 웨어로 많이 입는다.

스트랩리스 네크라인(strapless neckline) 고무줄로 흘러내리지 않게 된, 어깨끈이 없는 네크라인을 말한다. 1930년대에 이브닝 웨어와 스포츠 웨어에 유행하였고, 1970~1980년대에 다시 유행하였다.

스트랩리스 드레스(strapless dress) 어깨 부분이 없거나 또는 한쪽만 달려 있는 것도 있다. 상의의 윗부분은 흘러내리지 않도록 주름이나 고무줄 또는 가는 뼈 등으로 고정시키고 신축성 있는 옷감을 사용하기도 한다. 큰 무도회 드레스는 철사로 고정된 속치마를 받쳐 입기도 하며 때로는 손가락 부분이 없

스트랩리스 네크라인

는 이브닝 장갑을 끼기도 한다. 1950년대와 1980년대에 유행했다.

스트랩리스 브라(strapless bra)　끈이 달리지 않은 브래지어로 컵의 아랫부분에 철사를 넣어 매우 딱딱하다. 1940년대와 1950년대에 유행하였다. 1970년대에 유행했던 것은 부드러운 트리코 천으로 컵의 아래, 위에 유연성 있는 고무를 사용했고 더 이상 철사를 사용하지 않았다. 롱 라인 브라 참조.

스트랩리스 슬립(strapless slip)　고무줄이나 딱딱한 뼈를 대고 떼었다 붙였다 할 수 있도록 된 어깨끈이 달린 브라 타입의 속치마를 말한다.

스트랩 슬리브(strap sleeve)　⇒ 에폴렛 슬리브

스트랩 심(strap seam)　안쪽에서 함께 바느질하고 가른 후 겉면에서 각 가장자리를 바이어스 테이프로 덮어 바느질하는 것을 말한다.

스트랩 칼라(strap collar)　스트랩은 '가죽 끈, 가죽 띠'를 의미하는 것으로, 스트랩 칼라는 캐주얼한 블루종이나 숄더 코트, 그리고 트렌치 코트에서 친 플랩(chin flap)과 같이 목에 스트랩을 단 디자인을 가리킨다.

스트랩트 커프스(strapped cuffs)　가느다란 끈이나 벨트 등의 장식을 단 커프스로 오버코트나 레인 코트에 많이 사용된다.

스트랩트 트라우저즈(strapped trousers)　끈이 하나 또는 둘 달린 남성용 바지를 말하는 것으로, 19세기 후반에 착용하였다.

스트랩 펌프(strap pump)　발등 부분에 끈이 달린 펌프스로 여러 가지 형태가 있다.

스트러티직 매니지먼트(strategic management)　소비환경의 악화에서 어패럴 기업이 대응해야 하는 고객관리 전략, 타깃 전략 등 여러 가지 정책을 의미한다.

스트러티직 비즈니스 유니트(strategic business unit)　SBU로 약칭되며 판매력 향상을 위한 하나의 전략 공동체를 말한다. 개개 매장의 수익성, 성장성, 지역성 등을 분석한 다음 각 매장을 재평가하는 것이 제일의 목표이다. BU(business unit)마다 전략목표를 설정하여 구입, 판매, 관리를 이익단위로 각각 경영하는 것이 특색이다.

스트레이트 라인(straight line)　모든 선 중에서 가장 단순하며 자연계에는 거의 존재하지 않는 인공적인 선이다. 기하학적이며 곡선이 갖는 우아함과 포용성과는 정반대이며 엄정하게 양단으로 향하는 발전성을 지니고 있다.

스트레이트 숄더(straight shoulder)　스퀘어 숄더 라인과 동의어로 해석할 수 있지만, 여기에서는 니트 웨어나 T-블라우스 등에서 볼 수 있는 보트 네크라인형의 수평으로 크게 커팅된 네크라인을 가리킨다. 앞에서 보면 어깨선이 거의 직선으로 보이므로 이러한 명칭이 붙었다.

스트레이트 스커트(straight skirt)　몸에 꼭 맞아 직선으로 날씬하게 내려온 스커트를 말한다. 시스, 테이퍼드 스커트라고 부르기도 한다.

스트레이트 스티치(straight stitch)　⇒ 싱글 스티치

스트레이트 슬리브(straight sleeve)　소매통이 일직선으로 곧게 재단된 소매로, 주로 박스 스타일 원피스나 스포츠 코트 등에 사용된다.

스트레이트 실루엣(straight silhouette)　직선으로 내려오는 스타일을 말한다.

스트레이트 커프스(straight cuffs)　소매끝에서 곧바로 직선으로 연결시켜 재단한 커프스를 가리킨다. 단추나 스냅으로 여미고 트임이 없이 만들기도 한다.

스트레이트 튜브 라인(straight tube line)　똑바로 된 통형의 라인으로, 1980년대의 모던 셰이프를 만들어낸 라인의 하나이다. 웨이스트를 강조하여 변화를 주기도 하였다.

스트레이트 팬츠(straight pants)　바지단의 폭이 46cm 미만으로 넓고 일직선으로 내려온 바지이다. 1970년대 후반기와 1980년대 초기에 유행하였고, 1960년대에는 스토브 파이프 팬츠라고도 불렸다.

스트레이트 핀(straight pin)　바느질이나 봉제 시 천을 자르거나 무늬를 오려낼 때 일시적으로 사용하는 평평한 머리부분이 있는 기능적인 핀으로 14세기 이후로 사용되었다. 원래 머리 부분은 망치로 쳐서 만든다. 드레스 메이커 핀 참조.

스트레치 브라(stretch bra)　신축성 있는 니트나 스판덱스로 만든 브라를 말한다. 고무로 된 어깨끈은 활동에 자유롭고 대개 한 사이즈로만 만들어서 사이즈에 구애 없이 착용되며, 터짐이 없어 뒤집어써서 입도록 된 것이 많다. 원 사이즈 브라라고도 한다.

스트레치 브리프(stretch brief)　가터 브리프 참조.

스트레치사(stretch yarn)　필라멘트사에 코일을 형성하여 이를 열고정시키면 신축성이 크고 부푼 큰 실을 얻는데 이것을 스트레치사라고 한다. 이것은 두 배 이상의 신축성을 지니므로 양말, 스웨터, 장갑, 기타 편성물에 사용되며, 피복을 만들 경우에는 안락하고 크기가 자유로우며 보온성, 공기 투과성이 좋아지므로 널리 쓰이고 있다. 주로 가연법(false-twist)에 의해 연속적으로 스트레치사를 만든다.

스트레치 삭스(stretch socks)　남자용은 반론(Banlon), 나일론(nylon), 올론 아크릴릭(orlon acrylic) 등과 같은 텍스처사로 짠다. 융통성이 있어서 보통 한 사이즈가 다른 크기의 발에도 맞는다. 여성과 어린이용도 만들어진다.

스트레치 톱(stretch top)　신축성 있는 니트로 된 몸에 꼭 맞는 블라우스를 말한다.

스트레치 팬츠(stretch pants)　신축성 있는 니트 옷감으로 된 몸에 꼭 맞는 팬츠이다. 1950년대부터 1960년대 중반기에 유행하였으며, 1980년대 중반기에는 신축성 있는 데님지로 된 진바지들이 많이 유행하였다. 운동복으로 많이 착용하며 움직일 때 딸려 올라가는 것을 막기 위하여 바지 끝부분은 발걸이로 된 경우가 많다.

스트로(straw)　밀짚에 보이는 약간 갈색을 띤 밝은 회색 기미의 황색을 말한다.

스트로 니들(straw needle)　⇒ 밀러너스 니들

스트로크 스티치(stroke stitch)　⇒ 더블 러닝 스티치

스트로피움(strophium)　고대 로마 시대 여자들이 유방을 보호하기 위해 가슴 부분에 두른 긴 마직천으로, 요즘의 브래지어의 원조라고도 할 수 있다. 짧은 바지와 함께 입은 스트로피움은 요즘의 비키니 수영복과 비슷하다.

스트로피움

스트롤러 재킷(stroller jacket)　⇒ 색 코트

스트롤링 웨어(strolling wear)　산보하며 거닐 때 착용하는 의류이다.

스트롱 울(strong wool)　광택 있는 영국산 양모를 일컫거나 잡종양모에 대한 오스트레일리아 용어이다. 또한 거칠고 긴 양모를 말하기도 한다.

스트리트 렝스 스커트(street length skirt)　무릎에서 3~7cm 정도 내려오는 스커트로 1940년대 초, 1960년대 초, 1970년대, 1980년대에 유행하였고 칵테일 렝스(cocktail length)라고도 부른다.

스트리트 패션(street fashion)　유명한 디자이너에 의해 유행한 것이 아니고 거리의 젊은 층에 의해 생겨난 패션으로, 하이 부티크의 디자이너 패션과 구분하기 위해 생긴 용어이다.

스트릭트 라인(strict line)　스트릭트는 '엄밀한, 착실하고 꼼꼼한 모양의'라는 의미로 직

선으로 재단된 극히 심플한 실루엣을 말한다.

스트링 비키니(string bikini) 끈으로 연결된 브래지어와 삼각형 형태의 팬티 앞뒤판을 고무줄 밴드나 끈으로 묶게 디자인된 비키니 수영복이다.

스트링 타이(string tie) 보통 1인치에 불과한 좁은 검정색 넥타이로 보(bow)로 만들어 착용한다. 코드 타이, 부츠 레이스 타이, 서던 콜로니얼 타이라고도 한다.

스티럽 팬츠(stirrup pants) 구두 속에 넣어 입도록 된 통이 좁은 바지를 말한다.

스티벨, 빅터(Stiebel, Victor 1907~1976) 남아프리카 태생이며 캠브리지에서 건축을, 리빌 하우스에서 의상을 공부했다. 런던 패션 디자이너 협회의 회장을 역임했으며, 마거리트 공주 등 황실에서 그의 옷을 즐겨 입었다. 그는 낭만적이고 절제되어 있으면서도 자신만만한 의복을 만드는 색채의 마술사였으며, 특히 이브닝 드레스와 저지와 스트라이프 직물의 뛰어난 사용으로 유명하다.

스티어(steer) 질긴 등급의 암소 가죽을 말한다. 주로 수공이나 엠보싱으로 무늬를 만든다.

스티치(stitch) 손바느질, 틀바느질, 자수, 코바늘뜨기, 대바늘뜨기 등의 땀 또는 엮은 코를 총칭한다.

스티치 본드 직물(stitch bonded fabric) 실, 슬라이버 또는 웹이나 매트를 말리 머신을 사용하여 고정시킨 것으로, 말리와트, 말리모, 말리폴 등이 있다.

스티치 앤드 핑크트 피니시(stitch and pinked finish) 일반적으로 끝이 풀리지 않는 견고한 옷감에 이용한다. 원래 천의 가장자리로부터 1/4인치 재봉바느질하고 핑킹 가위로 옷감 나머지를 잘라버린다.

스티치트 에지(stitched edge) 블라우스의 칼라나 앞여밈 등의 가장자리에 장식 스티치를 하여 처리한 것으로, 웰트 심, 더블 스티치, 핸드 스티치 등 고급스러운 장식효과를 내는 데 이용된다.

스티치트 플리츠(stitched pleats) 주름산에 스티치를 한 플리츠로, 주름산을 뚜렷이 표시해 주며 겉주름 또는 안주름산에 한 것과 양쪽 주름산에 한 것이 있다. 주름산에서의 스티치 너비는 자유롭게 조절하며 장식의 효과도 줄 수 있다. 스포티한 느낌이 있는 플리츠이다.

스티프 트윌(steep twill) ⇒ 급능직

스틱 마크(stick mark) 영국 양모공사가 영국 양모를 50% 이상 사용한 제품에 그 품질을 보증하는 마크이다. 영국 국가와 스틱을 모티브로 사용하기 때문에 이와 같이 지칭한다. 50% 이상, 70% 이상, 10%의 영국 양모 혼용률 표시단계가 있다.

스틱 업 칼라(stick up collar) 각이 진 넓은 테일러드 셔트 칼라이다. 목에 꼭 맞게 높이 세워 꺾어 접은 남성용 칼라로 야회복이나 정장에 달며 1967년대까지 이튼 칼리지(Eton College)에서 상류사회 남자들의 복장에 많이 사용되었다. 1980년대에는 부드러운 소재를 사용하여 주로 색상이 있는 셔트에 흰색으로 만들어 달기도 하였다.

스틱 핀(stick pin) ① 넥타이나 에스코트를 고정하기 위해 착용하는 남성용 장식핀을 말한다. 위쪽에 장식이 있는 직선의 막대 형태로 19세기 후반에서 1930년대 초에 유행했으며, 지금은 타이 택스(tie tacks)가 더 많이 사용된다. 스카프 핀, 타이 핀으로도 불린다. ② 여성을 위한 라펠 핀(lapel pin)과 유사한 형태의 핀이다.

스틸 그레이(steel gray) 철강 특유의 청색빛이 가미된 짙은 회색을 말한다. 철강에 보이는 어두운 쥐색으로 스틸이라고도 하며, 스틸 블루로 '강철색'이라는 의미도 있다.

스틸레토(stiletto) ⇒ 송곳

스틸레토 힐(stiletto heel) 원래는 작은 칼 모양의 힐이라는 의미이나 여기에서는 굽이 작고 둥근 모양의 끝이 뾰족한 힐을 말한다. 땅에 닿는 부분이 좁기 때문에 힐에 큰 무게가 실린다. 1950년대에서 1960년대 중반까지 유행하였다.

스틸레토 힐

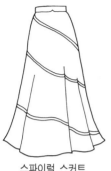

스파이럴 스커트

스파 스티치(spar stitch)　윤곽을 백 스티치로 두 줄 수놓고 그 사이를 다른 실로 한 땀씩 걸쳐가는 기법을 말한다. 두꺼운 선을 표현할 때 사용한다.

스파이더 워크 스티치(spider work stitch)　선으로 수놓은 다음 실에 짜듯이 걸면서 돌려놓는 기법이다.

스파이럴 스커트(spiral skirt)　천을 나선상으로 감은 것 같은 느낌의 스커트이다.

스파이럴 스트라이프(spiral stripe)　스파이럴은 '나선모양의, 소용돌이형의' 라는 뜻으로 소용돌이 형태로 디자인된 줄무늬 문양을 말한다. 팬시한 무늬 표현의 하나로 캐주얼한 드레스 등에 사용된다.

스파이럴 슬리브(spiral sleeve)　나선형으로 천을 이어 만든 소매로, 주로 모피 코트 등에 사용된다.

스파이럴 얀(spiral yarn)　장식연사의 일종으로 심사 주위를 나선상으로 감아 만든 실이다. 코크스크루(corkscrew) 또는 나선사라고도 한다.

스파이스 컬러(spice color)　'약맛, 향신료' 라는 의미로 그러한 것이 연상되는 색의 총칭이다. 카레에 보이는 다양한 색깔, 겨자의 갈색, 파프리카(paprika)의 녹색이 대표적인 색으로 새로운 이미지의 내추럴 컬러로 대두되고 있다. '스파인시 컬러' 라고도 불리는데, 스파인시는 '약(초) 맛을 첨가한, 맛을 자극하는' 이라는 뜻이다.

스파이크테일(spike-tail)　남성의 스왈로 테일드 코트를 가리키는 용어이다.

스파이크트 슈즈(spiked shoes)　바닥에 스파이크가 있는 신발로, 1861년 크리켓 경기를 할 때 착용하였다.

스파이크 힐(spike heel)　힐의 바닥이 좁고 가는 것을 말한다. 보통 3~3.5인치 정도의 높이이다.

스판덱스(spandex)　폴리우레탄을 주성분으로 한 신축성이 큰 섬유를 스판덱스라고 하며, 섬유의 종류에 따라 건식 또는 습식 방사에 의해 멀티 또는 모노 필라멘트사와 테이프 등으로 생산된다. 1959년 미국 뒤퐁(Du Pont)사가 라이크라(Lycra)라는 상표로 생산을 시작했다. 고무와 비슷한 500% 이상의 신도를 지녔으며, 고무에 비해 염색성이 좋다. 지금까지 고무가 사용되던 파운데이션이나 수영복 편성물 등에 널리 사용되며, 촉감이 좋아서 피복하지 않고 사용할 수 있다.

스패니시 브리치즈(Spanish breeches)　1630~1645년과 1663~1670년에 착용한 폭이 좁고 하이웨이스트에 무릎 아래까지 오는 남성들의 바지이다. 밑단은 느슨하며 장미꽃, 값비싼 단추, 루프 장식이 되었다. 더블릿의 안감과 고리(hook)로 연결되었으며, 작은 슬로프(slop)와 비슷한 형태이나 약간 길다. 스패니시 호즈(Spanish hose)라고도 한다.

스패니시 블랙 워크(Spanish black work)　⇒ 블랙 워크

스패니시 숄(Spanish shawl)　스페인풍의 숄을 말한다. 사각형의 네 귀에 술을 단 것이 특징이며, 삼각형으로 접어 착용한다. 소재는 문양이 없는 무지, 자수, 레이스 장식 등 여러 가지가 사용되며, 마치 카르멘을 연상시키는 스페인풍의 분위기를 연출할 수 있다. 1983년 춘하 뉴욕 컬렉션에서 오스카 드 라 렌타의 스패니시 모드에 제안된 바 있다.

스패니시 슬리브(Spanish sleeve)　퍼프 슬리브의 일종으로 세로로 절개선을 넣어 안감이 보이게 만든 소매이다.

스패니시 엠브로이더리(Spanish embroidery)　스페인풍의 자수로서 가장 전통적인 기법 중의 하나이다. 라가테라(스페인의 톨레도 지방의 마을) 타입이 있는데 매우 강한 색채와 풍부한 기하학적 문양이 잘 알려져 있다. 이 자수는 매우 오래되어 정확한 기원은 알 수 없지만 아라비아의 영향을 받은 것으로 생각된다. 이 마을의 부녀들 사이에서는 일반적으로 행해졌던 것으로 머슬린이나 리넨에 헤링본, 새틴, 백, 크로스 등의 스티치로 자수하고 드레스나 베개 커버 등으로 사용하였다. 지금까지도 결혼 의상의 자수기법으로서

이것을 사용하는 풍습이 남아 있다. 또한 시실리 섬 끝에서 발생한 것으로 알려져 시실리안 엠브로이더리라고도 한다.

스패니시 엠브로이더리

스패니시 재킷(Spanish jacket)　소매가 없는 짧은 재킷으로, 1862년에 착용하였다. 볼레로와 비슷한 모양이나 앞에 여밈끈이 없다. 칼라 앞면의 단 가장자리를 둥글게 하기도 한다.

스패니시 파딩게일(Spanish farthingale)　돔 형태의 언더스커트로 16세기 후반부에 영국 여성들이 착용하였다. 유연성과 강도를 가진 등나무 종류나 철사로 만든 후프가 허리쪽에서 밑단으로 내려갈수록 차츰 넓어지는 모양이다. 한 개의 후프로 된 형태와 여러 개의 층으로 연결된 형태가 있다.

스패니시 플라운스(Spanish flounce)　19~20세기 초에 많이 착용한 스커트로 아래 부분이 잘려 주름이 많이 들어간 스커트이다. 플라멩코 댄서들의 스커트에 이용된다.

스패니시 힐(Spanish heel)　프렌치 힐과 비슷한 하이힐로 뒷굽의 안쪽이 각이 져 있다.

스패니얼즈이어 칼라(spaniel's-ear collar)　도그즈이어 칼라(dog's-ear collar) 참조.

스패츠(spats)　구두 위에 신는 짧은 천으로 된 각반으로 주로 옆에서 단추로 채우며, 19세기 말에서 20세기 초에 유행하였다.

스패츠 부츠(spats boots)　부츠의 일종으로 부츠에 스패츠를 붙인 것처럼 보여 이렇게 명명되었다. 옆에 단추를 부착한 것이 많으므로 버튼 부츠라고도 부른다.

스패터대시즈(spatterdashes)　1670년대 남성들이 착용한 무릎까지 오는 각반(leggings)으로, 주로 가죽이나 캔버스 천으로 만들었다. 단추나 버클 등으로 바깥쪽에서 여몄다.

스팽글(spangle)　금속 또는 합성수지로 만든 얇은 조각으로, 둥글거나 꽃모양이나 조개모양으로 된 구슬 종류이다. 광택 효과가 있어 이브닝 드레스, 블라우스, 스웨터 등을 장식하는 데 이용된다.

스팽글 엠브로이더리(spangle embroidery)　금속 또는 합성수지 등 얇은 판장을 여러 모양으로 오려낸 스팽글을 붙이면서 수놓는 것을 말한다. 주로 복식에 적용된다.

스펀레이스드 패브릭(spunlaced fabric)　섬유를 엉키게 하여 접착하지 않고도 강한 결합을 형성한 직물이다.

스펀본디드 패브릭(spunbonded fabric)　화학 섬유를 방사하는 과정에서 만들어진 부직포를 말한다. 노즐에서 나오는 섬유를 컨베이어 위에 불어 날려서, 컨베이어 위에서 섬유의 층을 형성하여 만들어진 부직포의 일종이다. 제조 공정에 걸리는 시간이 짧고 경제적이다.

스펀사(spun yarn)　⇒ 스테이플사

스펀 실크(spun silk)　실크 웨이스트(silk wastes)나 고치, 생사 등에서 얻은 짧은 견섬유로 만든 방적사 또는 이러한 실로 제직한 직물을 말한다. 견방사라고도 한다.

스펀지 클로스(sponge cloth)　경·위사에 조금 굵고 부드러운 링 얀(ring yarn)을 사용하여 평직 또는 능직으로 거칠게 직조한 것으로서 전면에 작은 윤나(輪奈)나 입자 등이 불규칙하게 나타나 보인다. 여름용 블라우스, 수영복, 비치 코트 등에 사용된다.

스페셜 니즈(special needs)　소비자의 특별한 요구를 말한다. 라이프 스타일의 변화, 기호의 변화에 따라 다양하고 세분화된 소비자의 욕구에 대응하는 상품기획이 필요하다.

스페어 칼라(spare collar)　붙였다 떼었다 할 수 있게 만든 칼라이다.

스페어 커프스(spare cuffs)　붙였다 떼었다 할 수 있게 만든 커프스로 세탁을 할 때 뗄 수 있어 실용적이며, 컨버터블 커프스라고 부르기도 한다.

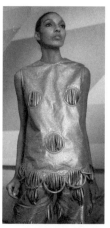

스페이스 룩

스펙테이터

스페이스 다이드 얀(space dyed yarn)　한 가닥의 실을 불규칙한 간격으로 한 가지 이상의 색으로 염색하는 방법이다. 즉 스페이스 염색(space dyeing)으로 얻은 실을 말한다.

스페이스 룩(space look)　우주를 연상시키는 금속 칼라인 금색, 은색 또는 광택 있는 소재를 사용하여 우주 비행사의 복장처럼 디자인한 미래지향적인 패션을 말한다. 1960년대 말 아폴로 우주선의 달 착륙으로 붐을 일으켰으며, 1970년대 영화 '스타워즈' 등의 영향으로 피에르 카르댕, 앙드레 쿠레주 등의 디자이너들이 스페이스 패션을 리드하였다.

스페이스 블랭킷(space blanket)　한쪽은 추위를 막기 위해, 또 다른 한쪽은 더위를 막기 위한 두 가지 용도로 편하게 쓸 수 있고 작게 접도록 되어 있어 간편하게 가지고 다닐 수 있는 판초이다. 1960년대 후반기에 인공위성에서 힌트를 얻어 디자인되었다.

스페이스 수트(space suit)　광택이 있는 소재나 금속성 소재를 사용하여 우주복과 같은 미래 의상의 분위기를 자아내게 만든 수트이다.

스페이스 컬러(space color)　우주적인 또는 우주를 연상시키는 색으로 특히 골드, 실버를 가리키는 경우가 많다. 예를 들면 UFO의 컬러, 자연색 범람에 대한 반발, UFO붐, 디스코테크의 폭발적인 유행이라는 제요소를 배경으로 출현한 것으로 이러한 이질적인 색을 주로 한 미래지향적인 패션에 많이 보이는 색이다.

스페이스트 턱(spaced tuck)　핀 턱보다 주름을 잡는 분량이 많은 것으로, 턱과 턱 사이의 간격이 떨어져 있는 점이 블라인드 턱과의 차이점이다.

스페이스 해트(space hat)　우주복에 사용될 것으로 연상되는 모자를 말한다. 1960년대 말 아폴로 우주선이 달에 착륙함으로써 선언된 우주시대는 패션계에도 강한 영향을 주어 우주를 주제로 한 우주복 스타일의 디자인이 많이 선보인 바 있다. 특히 앙드레 쿠레주와 같은 미래 지향적인 디자이너들에 의해 제안

스펜서

된 스페이스 룩과 함께 나온 모자를 스페이스 해트라고 한다.

스페인 룩(Spain look)　스페인 민속의상에서 유래한 대담하고 열정적인 모드로, 정열적인 빨강색과 검정을 조화시키는 경우가 많다.

스펙스(specs)　안경을 의미한다. 스펙터클즈라고도 한다.

스펙터클즈(spectacles)　⇒ 스펙스

스펙테이터(spectator)　두 가지 톤의 가죽으로 된 펌프형이거나 옥스퍼드형의 구두를 말한다. 주로 흰색에 갈색이나 검정색으로 조화시키며 앞부리와 뒤꿈치 부분에 다른 부분과 다르게 대조되는 색으로 장식한다. 1920년대와 1940년대 남녀용 골프화 또는 스펙테이터 스포츠용 구두로 신었으며 1970년대에 다시 유행하였다.

스펜서(Spencer)　① 남성용 더블 브레스티드 재킷을 말하는 것으로, 허리 길이까지 오며 롤드 칼라에 커프스가 달린 소매로 구성되어 있다. 스펜서 백작(1758~1834)이 우연히 프록 코트의 끝부분을 태워버린 것에서 유래하였으며, 이때 짧은 스타일을 선호하게 되었다. ② 18세기 후반에서 19세기 초까지 착용한 여성용 재킷으로, 허리 길이까지 오며 숄 칼라에 털로 트리밍되기도 하고, 소매가 없거나 손까지 덮을 정도로 긴 소매가 달리기도 하며, 칼라를 없애기도 하였다. ③ 소매가 없는 니트로 된 재킷으로, 19세기 후반에 중년 여성들이 착용하였다. ④ 허리선에 밴드를 맨 여성용 블라우스로, 1860년대와 1890년대에 착용하였으며 스펜서 웨이스트라고도 한다.

스펜서레트(spencerette)　목선을 깊게 파고 레이스로 가장자리를 장식한 몸에 꼭 맞는 여성용 재킷으로, 1814년경 제정 시대 말기에 착용하였다.

스펜서 수트(Spencer suit)　몸에 꼭 끼게 만든 짧은 재킷과 스커트로 이루어진 수트이다. 18세기 후반부터 19세기 초반에 걸쳐 등장하였으며 영국의 스펜서 백작의 이름에서 유래하였다.

스펜서 웨이스트(Spencer waist)　1860년대와 1890년대에 착용한 몸에 달라붙는 여성의 블라우스로 웨이스트 라인에 밴드가 있다.

스펜서 재킷(Spencer jacket)　18세기 말에서 19세기 초까지 남녀에게 유행한 볼레로형의 쇼트 재킷으로, 몸에 꼭 맞는 실루엣에 숄 칼라나 롤 칼라로 되어 있고 긴 소매가 많다. 스펜서 백작이 즐겨 입은 데서 이름이 유래하였다. 이러한 스타일의 코트를 스펜서 코트라고 한다.

스펜서 재킷

스펜서 클로크(Spencer cloak)　19세기 초에 착용한 자수망으로 된 여성용 외투로, 팔꿈치 길이의 소매가 달렸다.

스포츠 브라(sports bra)　스포츠할 때 착용하는 활동성에 적합한 브라로, 테니스, 조깅 등 각종 스포츠에 적합하도록 흡수성, 기능성이 우수하다.

스포츠 셔츠(sports shirts)　넥타이를 매지 않고 정장을 하지 않는 경우에 많이 입는 남성, 아동용 캐주얼 셔츠이다. 화려한 색상, 단색, 프린트지, 체크무늬 등 다양한 옷감이 쓰인다. 처음에는 각이 진 컨버터블 칼라에 바지와 맞추어 입었으며 1930년대부터 유행하기 시작하여 1940년대에는 여성들도 입기 시작하였다.

스포츠 수트(sports suit)　여러 가지 운동을 위한 운동복을 총칭하는 것으로 액티브 스포츠 웨어와 동의어이다.

스포츠 웨어(sports wear)　① 1890년대의 용어로 원래는 테니스, 골프, 자전거 타기, 수영, 스케이트, 요트 타기, 사냥 등을 할 때 입는 복식을 말한다. ② 1920~1930년대에는 스웨터, 스커트, 블라우스, 팬츠, 반바지 등 스포츠를 할 때 입는 캐주얼 웨어를 가리키는 말로 대중적으로 사용되었다. ③ 1960년대 말 이후 스포츠 웨어의 개념은 약간 변하여 지금은 모든 운동용복의 개념으로 바뀌었다. 미국인들의 형식적이지 않은 라이프 스타일에서 이런 개념이 생겼다.

스포츠 웨어

스포츠 재킷(sports jacket)　운동 경기 참관 및 그와 비슷한 활동적인 경우에 입는 경쾌한 느낌의 정장이 아닌 캐주얼한 재킷을 말한다.

스포츠 칼라(sports collar)　스포츠 셔츠에 다는 꺾어 접은 칼라로 윙 칼라, 오픈 칼라, 컨버터블 칼라 등이 있다.

스포크 스티치(spoke stitch)　중앙에서 방사상으로 수놓는 스트레이트 스티치를 말하는 것으로, 레이 스티치라고도 한다. 방사상의 형상에서 오버캐스트 스티치 또는 버튼홀 스티치로 둥글게 자수하고, 중앙에 작은 구멍을 만들어낸다.

스포츠 재킷

스포티드 캣(spotted cat)　남아메리카에서 산출되는 고양이의 모피이다. 채티 캣(chati cat), 마구아이 캣(marguay cat), 롱테일드 캣(long-tailed cat)의 3가지 타입으로 분류된다. 둥근 형태의 다양한 반점 무늬들이 있으며 가격이 저렴하다.

스포크 스티치

스포티 캐주얼(sporty casual)　편안하고 기능적이며 활동적인 디테일이나 실루엣을 평상복에 활용하여 디자인한 스포츠 감각의 평상복을 말한다. 1963~1964년 추동 파리 컬렉션의 방한복 스타일에서 유행을 일으켰다.

스폿 직물(spot weave fabric)　여분의 경사 또는 위사를 첨가하여 가로 또는 세로 방향의 무늬를 나타낸 직물로, 이면에 부출하는 실을 잘라낸 것을 클립트 스폿 패턴이라 하고, 이 실을 그대로 둔 것을 언컷 스폿 패턴(uncut spot pattern)이라고 한다. 셔츠나 블라우스 등에 쓰인다.

스푸크, 페르(Spook, Per 1938~　)　노르웨이

태생으로 프랑스 국립 미술학교와 의상 조합 학교에서 수학하였으며, 디오르, 이브 생 로랑 하우스에서 일했다. 뚜렷한 선과 밝은 색상으로 패션에 생동감 있게 접근한다.

스푼 링(spoon ring)　손가락 주위를 감싸도록 주조된 작은 순은 제품의 반지로 숟가락 형태의 손잡이가 연결되어 있다.

스푼 보닛(spoon bonnet)　1860년대 초에 착용한 작은 크라운이 있는 보닛으로, 챙이 좁고 이마 위로 튀어나온 타원형이다.

스프라우즈, 스티븐(Sprouse, Stephen 1953~)　미국 오하이오 출생이며 1970년대 후반 로큰롤 스타들의 무대 의상으로 알려지기 시작했다. 1960년대 패션에서 영감을 받은 의도적인 선과 밝은 색, 특히 핫 핑크와 옐로 같은 형광색을 사용했다. 몸통 중앙이 트인 미니 드레스와 그라피(낙서기법) 드레스를 만들었다.

스프레드 칼라(spread collar)　칼라 끝의 간격이 넓게 벌어져 있는 남성용 셔트 칼라이다.

스프레드 칼라

스프링버튼 트라우저즈(spring-button trousers)　발목까지 플레어진 바지로, 1870~1880년대에 착용하였다.

스프링 셔벗 컬러(spring sherbet color)　셔벗에 보이는 봄을 연상시키는 색들의 총칭이다. 셔벗은 과즙에 우유나 계란 흰자, 젤라틴 등을 혼합하여 얼린 빙과자의 일종으로 셔벗의 색조는 1962년에 대유행한 현대적인 색이라 할 수 있다.

스플래시 프린트(splash print)　스플래시는 '(물, 진흙 등이) 튀다 또는 (잉크의) 얼룩'의 의미로서 불규칙하게 흐트러져 있는 문양의 프린트 무늬를 말하며 자유스러운 전위 미술풍의 개성적인 무늬 표현이다.

스플릿 만다린 칼라(split mandarin collar)

스플릿 스커트

목에서 높게 세운 만다린 칼라와 유사한 모양의 칼라이다. 목에서 여미지 않고 접어 내려 깃의 형태로 만들 수 있게 되어 있기 때문에 스플릿 만다린 칼라라는 이름이 지어졌으며 1980년대 중반기에 유행하였다.

스플릿사(split yarn)　폴리에틸렌, 폴리프로필렌 등으로 분자가 잘 배향되어 있는 필름을 만들고 이것을 커터 또는 압축 공기로 가늘게 분할하여 연속적인 띠로 만든 것이다. 주머니, 카펫, 끈, 부직포 등의 제조에 사용된다.

스플릿 수트(split suit)　재킷, 베스트, 팬츠를 모두 다른 소재로 만들어 코디네이트시킨 새로운 감각의 수트이다.

스플릿 스커트(split skirt)　스플릿이란 분리되어 있다는 뜻으로, 바지처럼 양쪽으로 분리된, 폭이 넓어서 스커트처럼 보이는 바지치마를 말한다. 스커트의 모양에 따라 디바이디드 스커트, 팬츠 스커트, 퀼로트라고도 한다.

스플릿 스티치(split stitch)　체인 스티치와 아웃트라인 스티치를 겸용한 기법으로, 리본같이 넓은 재료를 사용하면 더욱 효과적이다.

스플릿 스티치

스플릿 슬리브(split sleeve)　소매산에서부터 소매끝까지 어깨선의 연장으로 이음선이 있는 소매이다. 세미 래글런 슬리브의 일종이며 앞은 세트 인 슬리브, 뒤는 래글런 슬리브로 되어 있다.

스플릿 얀(split yarn)　방사구를 사용하지 않고 원료 중합체로 필름(film)을 만든 후 적당한 폭의 테이프상으로 쪼개고 고온에서 10배 내외로 연신하여 분자 배향성을 향상시킨 다음 기계적으로 섬유상으로 미세하게 스플릿하여 얻는 실을 스플릿사라 한다. 현재는 주로 폴리프로필렌으로 스플릿사를 만든다. 슬릿사보다 부드럽고 외관도 섬유에 가까우므로 포장 재료 외에 인테리어용으로 카펫의 바탕천, 의자 커버 등에 사용한다. 또한 수예 재료, 여름 스웨터의 편물실 등으로 이용된다.

스피넬(spinel)　루비와 비슷한 첨정석(尖晶石)으로, 투명한 것에서 반투명한 것까지 다양한 양상의 준보석이다. 모스 경도계에서 경도 8로 루비보다 연하고 무게도 가볍다. 선호되는 색깔은 짙은 루비의 적색이며, 제비꽃색이나 자주색을 포함한 여러 가지 색깔의 변종이 있다. 위의 종류 중 혼돈을 일으킬 수 있는 용어로는 발라스 루비(balas ruby), 루비셀, 앨먼다이트, 사피린(sapphiriné), 크리스털 등이 있다. 검정 왕자 루비(black prince's ruby)로 알려졌던 영국 왕관 위의 커다란 붉은 보석은 나중에 스피넬로 밝혀졌다.

스피니치(spinach)　시금치에서 볼 수 있는 녹색으로 어두운 황록색을 말한다.

스피니치 그린(spinach green)　시금치 잎에서 보이는 짙은 녹색을 말한다.

스피어 라펠(spear lapel)　창(spear)과 같이 라펠 끝이 뾰족한 것으로, 피크트 라펠(peaked lapel)이 강조된 디자인이라고도 할 수 있고 스퀘어 숄더, 느슨한 보디 셰이프에 함께 사용되는 것도 특징 중의 하나이다.

스핀들(spindle)　손을 이용하여 실을 감는 막대이다. 방추라고도 한다.

스핀들 드레스(spindle dress)　가운데가 튀어나오고 아래와 위는 줄어든 스타일로 1957년에 프랑스 디자이너 크리스티앙 디오르가 유행시켰다.

스핏 컬(spit curl)　물, 세팅 로션(setting lotion), 래커(lacquer) 등을 사용하여 이마나 뺨에 납작하게 붙인 둥근 컬을 말한다. 1930년대에 유행했고 1970년대와 1980년대에 재출현하여 유행하였다.

슬갑(膝甲)　전쟁시 몸의 보호와 방한을 목적으로 입는 갑의(甲衣)의 하나이다. 무릎까지 내려오는 길이로 바지 위에 입는다. 앞에 끈을 달아 허리 위에서 걸쳐 입는다.

슬라우치 가운(slowch gown)　밑단이 밴드로 된 길이가 긴 스웨트 셔츠와 유사한 스타일의 니트로 된 가운을 말한다.

슬라우치 삭스(slouch socks)　올론 아크릴과 스트레치 나일론 소재를 사용하며, 위 끝부분이 3색상으로 주름잡힌 짧은 양말을 말한다.

슬라우치 해트(slouch hat)　변화를 줄 수 있는 부드러운 챙과 크라운이 있는 펠트 모자이다. 주로 여성용 모자로 한쪽 옆과 앞에서 챙을 내려 쓰며 꿩 깃털로 장식을 하기도 한다. 가르보 슬라우치 또는 배거본드 해트라고도 한다.

슬라이드(slide)　나무 또는 가죽으로 만들어진 다양한 높이의 쐐기꼴 굽의 샌들을 말하며 뒤꿈치 부분이 노출되어 있다.

슬라이드 브레이슬릿(slide bracelet)　얇은 체인이 관통한 작은 금속 조각으로 된 팔찌를 말한다. 체인을 잡아당기면 길이의 조절이 가능하기 때문에 잠금 장치(clasp)가 필요없다. 19세기 후반에 유행했고, 1960년대 구식 시계줄을 사용하며 재현되었다.

슬라이드 컬러링(slide coloring)　색을 교묘하게 바꾸는 배색법으로 현대적인 컬러 코디네이션의 하나이다. 동색계 중에서 진한 쪽에서 엷은 쪽으로 조금씩 변색시키기도 하고 유사색을 위화감이 없도록 중첩시키는 방법이다. 예를 들면 V존 등에 이용되어 효과를 발휘한다.

슬라이드 파스너 포켓(slide fastener pocket)　파스너가 겉으로 보이게 달아 파스너를 열고 닫을 수 있게 한 포켓의 한 형태를 말한다.

슬라이버(sliver)　방적에 있어 처음에 행해지는 카드 공정을 거친 굵은 로프와 같은 섬유의 집합체를 말한다. 슬리버라고도 한다.

슬라이버 니트(sliver knit)　슬라이버를 환편기에서 편성하는 과정에 도입하여 편성물의 표면에 파일을 형성하도록 짠 파일 편성물을 말한다.

슬래머킨(slammerkin)　후프를 사용하지 않은 느슨하고 헐거운 모닝 가운을 말하는 것으로, 1730∼1770년대에 여성들이 착용하였

스핏 컬

슬라우치 해트

슬라이드

으며 트롤로피(trollopee)라고도 불렀다.

슬래시 드레스(slash dress)　슬래시란 '칼, 나이프 따위로 베다'라는 뜻으로, 옷의 앞이나 뒤 또는 옆을 터서 안의 옷감이나 살이 섹시하게 들여다보이는 드레스를 말한다.

슬래시트 슬리브(slashed sleeve)　소매끝을 절개하여 트이게 만든 소매이다.

슬래시 포켓(slash pocket)　안쪽으로 숨겨진 포켓에 맞대어져 바깥으로 나와 있는 바운드 버튼홀처럼 슬릿 처리를 하여 만든 인테리어 포켓으로, 슬릿 포켓, 슬롯 포켓이라고도 한다. 구체적으로는 다트, 절개선, 옆솔기 등을 이용하여 만든 것이 있다.

슬랙스(slacks)　⇒ 팬츠

슬랙스 수트(slacks suit)　남성용 스타일의 헐렁한 팬츠와 재킷으로 이루어진 수트를 말한다.

슬랜트 헤밍 스티치(slant hemming stitch)　⇒ 보통감치기

슬랜티드 플랫 스티치(slanted flat stitch)　좌우 반복하여 새틴 스티치처럼 수놓는 방법으로, 꽃잎이나 잎을 나타내는 데 사용한다.

슬러브 얀(slub yarn)　장식사의 일종으로 조반사, 시반사, 절사라고도 불린다. 굵기가 일정치 않으며 군데군데 슬러브, 즉 마디가 있는 실이다. 주로 천에 불규칙적인 효과를 나타낼 때 사용한다.

슬레이브 브레이슬릿(slave bracelet)　손목에 찬 팔찌에 체인으로 연결된 장식 반지를 말한다. 브레이슬릿 링 또는 링 브레이슬릿이라고 불리기도 한다. 수세기 동안 동양에서 사용된 팔찌를 모방하였다. 1880년대에 유행하였고, 토앵클 체인(toe-ankle chain)이 슬레이브 브레이슬릿으로 불리기도 한다.

슬레이브 이어링(slave earring)　커다란 루프로 된 귀고리를 밀한다.

슬레이트(slate)　석판색 또는 회색을 가리키는 것으로 슬레이트의 회색을 말한다.

슬레이트 그레이(slate gray)　슬레이트에 보이는 청색 기미의 다크 그레이를 말한다.

슬렌더 사이즈(slender size)　마른 체형을 위

한 사이즈 전개로, 1980년대 젊은이들의 슬림화에 대응하여 설정된 것이다. 바스트를 1~3cm, 웨이스트를 2~6cm 정도 축소하여 5단계로 사이즈를 나눈다.

슬롭스(slops)　영국에서 16~17세기에 유행한 무릎 길이의 바지이다. 패드를 넣지 않은 통이 넓은 바지로 어떤 특정한 바지의 스타일을 말하는 것은 아니다.

슬롯 심(slot seam)　⇒ 맞주름솔

슬리머(slimmer)　뒤집어 쓰는 모양의 여자용 셔츠로 스웨트 셔츠라고도 하는 부인용 속옷 중에서 가장 일반적인 것이다. 모양은 전에는 라켓 모양이라고 하는 라운드 네크라인의 밑을 길게 찢어 젖혀서 끈 등으로 맬 수 있도록 만든 것이 많았으나 최근에는 슬릿(slit)이 없는 U넥, V넥 모양을 한 것이 많다. 소매는 프렌치 슬리브, 반소매, 7부 소매, 긴소매로 계절에 따라 변화한다. 길이는 힙까지이고, 주로 면, 모직 및 합섬으로 만든다.

슬리브 가터(sleeve garter)　셔츠 소매의 길이를 조정하기 위하여 사용하는 가는 띠모양의 패션 아이템을 말한다. 암 밴드, 암 벨트, 슬리브 서스펜더 등도 같은 용도로 사용되는 용어들이다. 영화 '불꽃의 러너'에 묘사된 1920년대 영국 룩이 유행하면서 본래의 서스펜더나 삭스 가터와 함께 이런 클래식한 장신구들이 액세서리로 재현되었다.

슬리브리스(sleeveless)　소매가 없는 것을 뜻한다.

슬리브리스

슬리브리스 블라우스(sleeveless blouse)　어

슬리커

떤 스타일의 블라우스든지 소매가 없는 블라우스를 말한다.

슬리브리스 재킷(sleeveless jacket) 소매가 없는 재킷을 총칭한다.

슬리브 보드(sleeve board) 소매 다림질에 사용되는 다리미대를 가리킨다. 진동 부위나 부분적으로 작고 둥근 고리 형상을 지닌 부분 등의 마무리 처리용으로 사용된다.

슬리브 브레이슬릿(sleeve bracelet) 긴 소매를 이중의 퍼프 슬리브로 보이게 하기 위하여 팔뚝에 착용했던 장식 팔찌로 1960년대 후반 영국에서 유행했다.

슬리브 핸드(sleeve hand) 손을 밀어넣을 수 있는 오프닝이 있는 17세기의 소매를 말한다.

슬리빙즈(slivings) 16세기 말과 17세기 초에 남성들이 착용한 넓은 바지를 말한다.

슬리커(slicker) ① 앞을 쇠고리 장식으로 여미는 밝은 노랑색의 고무로 된 코트이다. 처음에는 해군, 뱃사람, 아이들이 입기 시작하였다. 비오는 날, 승마할 때 착용하는 비옷이다. ② 기름을 먹인 천인 오일스킨(oilskin)이나 고무 등의 방수 처리가 된 밝은 색깔의 옷감으로 만든 직선의 박스 스타일에 금속 장식의 고리로 여밈을 한 코트이다.

슬리커 패브릭(slicker fabric) 방수가 되게 하기 위해서 파라핀이나 플라스틱, 수지, 기타의 물질을 피복한 직물을 말한다. 면, 실크, 인조 섬유 직물이 쓰이며, 비옷, 어부들이 입는 옷 등에 사용된다.

슬리퍼(slipper) 주로 실내에서 신는 굽이 낮고 부드러운 신발이다.

슬리퍼 삭스(slipper socks) 발바닥 부분에 부드러운 편물이 별도로 부착된 양말을 말한다. 삭 부츠(sock boots)라고도 한다.

슬리퍼즈(sleepers) 유아용 잠옷으로 발이 나오지 않게 되어 있다.

슬리프 마스크(sleep mask) 빛이 있는 장소에서 잠을 잘 때 빛으로부터 눈을 차단하는 용도로 착용하는 눈가리개이다. 대부분 검정색을 사용하고 마스크의 양끝에 고무 밴드를

부착하여 머리 주위에 꼭 맞도록 제작한다. 부드러운 소재를 사용하여 눈과 코에 닿을 때 부드러운 감촉을 갖게 한다.

슬리프 보닛(sleep bonnet) 잘 때 머리 모양이 흐트러지지 않도록 하기 위해 착용하는 그물망으로 된 모자이다.

슬리프 브라(sleep bra) ⇒ 레저 브라

슬리프 세트(sleep set) 가슴 바로 위에서 직선으로 되어 위가 전부 노출이 되고 어깨끈이 달린 캐미솔형의 블라우스나 재킷과 짧은 길이의 비키니 팬티를 조화시킨 세트를 가리킨다.

슬리프 쇼츠(sleep shorts) 고무줄이나 끈을 잡아당겨서 입는 반바지로 남자들이 잠잘 때 착용하는 파자마이다. 때로는 파이핑이 끼여 두 개의 주머니가 달려 있는 경우도 있다.

슬리프 코트(sleep coat) 남성의 잠옷 파자마 상의와 유사한 스타일의 코트로 파자마보다는 길이가 길다.

슬리핑 수트(sleeping suit) 잠옷의 총칭으로 주로 면같이 흡습성이 뛰어난 소재를 사용하여 만들었다.

슬리핑 웨어(sleeping wear) 슬리핑 코트와 같이 잠옷으로 사용하는 옷이나 아동용의 파자마로, 바지의 밑 부리로부터 발 부분이 나오지 않도록 되어 있는 슬리핑 수트 등 잠잘 때 입는 의류를 말한다.

슬림 라인(slim line) 가늘고 호리호리한 실루엣을 말한다. 슬림 팬츠라면 다리에 꼭 맞게 한 느낌의 팬츠를 가리킨다. 극히 가는 것은 슈퍼 슬림이라고 한다.

슬림 실루엣(slim silhouette) 옷이 몸에 밀착되어 가늘고 길게 보이는 스타일로, 펜슬 실루엣, 슬렌더 실루엣이라고도 한다.

슬림 앤드 풀 라인(slim & full line) 상반신이 호리호리하고, 하반신이 넉넉한 실루엣으로 라인 혼합의 대표적인 것이다.

슬림 진즈(slim jeans) 몸에 꼭 맞는 신축성 있는 데님으로 만든 바지이다.

슬림 팬츠(slim pants) 슬림은 '호리호리한, 홀쭉한'이란 뜻으로 스트레이트 팬츠보다 밑

단쪽에서 약간 홀쭉해진 느낌의 팬츠를 말한다.

슬립(slip)　여성들이나 소녀들이 가슴 위에서부터 내려입는, 대개는 어깨끈이 달려 있는 안감의 역할을 하는 속치마이다. 겉옷을 입을 때 옷을 입기 쉽게 하기 위해서 대개 매끄러운 얇은 천으로 만들며 실루엣을 살리는 목적으로 사용된다. 과거에는 크레이프, 인견 등을 많이 사용하였으나 현재는 트리코(tricot)가 많이 사용되고 있다. 보통 어저스트 테이프(adjust tape)나 레이스를 어깨끈으로 사용하고 소매가 없는 것이 많으나 겨울용으로 소매가 있는 것을 만들기도 한다. 길이는 스커트의 길이와 유행에 따라 달라진다. 밑 도련이나 가슴 부분에는 폭 좁은 트리코가 장식용으로 주로 사용되는 경우가 있다. 천은 트리코가 많이 사용되고 소재는 벰베르크, 나일론, 아세테이트, 폴리에스테르, 레이온 등이 사용된다. 길이도 겉옷에 따라서 긴 것, 짧은 것 등 다양하며 드레스 속에 입는 것은 주로 가벼운 천으로 만든다. 겉옷의 실루엣을 크고 넓어 보이게 하기 위해서 빳빳한 옷감에 철사류를 넣어 뻗치도록 만드는 경우도 있다. 19세기에 명칭이 붙여졌으며 17세기에는 약간 비치는 드레스 속에 안감으로, 18세기에는 코르셋에 착용하였다. 19세기 말에는 백색 피케감으로 마무리된 남성들의 상의에 착용되었는데 이것을 화이트 슬립이라고도 한다.

슬립 가운(slip gown)　V 네크라인에 좁은 어깨끈이 달린, 속치마처럼 생긴 긴 가운으로 허리선이 없으며 바이어스 컷으로 되었다. 새틴 옷감으로 매치가 된 재킷을 함께 만드는 경우도 많다.

슬립 드레스(slip dress)　위 몸체 부분은 맞고 어깨에는 끈이 달린, 허리선이 없는 속치마형 드레스의 총칭이다. 허리선이 강조되지 않으며 바이어스 재단하는 것이 효과적이다. 1920~1930년대 진 할로우라는 영화배우가 착용함으로써 유행하였다. 바이어스 컷 드레스라고도 한다.

슬립오버 블라우스

슬립온 재킷

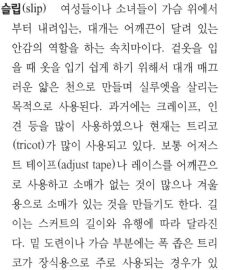
슬립 드레스

슬립 블라우스(slip blouse)　⇒ 블라우스 슬립

슬립 슈즈(slip-shoes)　16세기에서 18세기 중엽까지 착용한 남성들의 뮬(mule)로, 힐이 평평하여 발을 질질 끌며 걷게 만들어졌다.

슬립 스티치(slip stitch)　⇒ 공그르기

슬립오버 블라우스(slip-over blouse)　머리에서 뒤집어 쓰는 형식의 블라우스의 총칭으로 슬립 온 블라우스 또는 풀오버 블라우스라고도 한다.

슬립온(slip-on)　레이스나 단추 또는 버클이 없이 쉽게 신을 수 있는 구두형을 총칭한다.

슬립온 블라우스(slip-on blouse)　⇒ 슬립오버 블라우스

슬립온 슈즈(slip-on shoes)　끈이나 버클, 버튼 등의 장식이 일체 없는, 쉽게 신고 벗을 수 있는 신발을 말한다. 발등이 들어가는 부분이나 옆은 신축성 있는 소재를 사용하기도 한다. 슬립온이라고도 한다.

슬립온 스웨터(slip-on sweater)　⇒ 풀오버 스웨터

슬립온 재킷(slip-on jacket)　쉽게 입고 벗을 수 있다는 뜻에서 슬립온이라는 이름이 붙여졌으며 가볍게 걸칠 수 있는 정장의 테일러드되지 않은 재킷을 말한다. 대개 머리에서부터 써서 입게 되는 스타일이 많다.

슬립온즈(slip-ons)　단추나 여밈 없이 끼는 장갑을 말한다.

슬릿(slit)　소맷부리, 칼라 가장자리, 재킷, 스커트 등에 쓰이는 좁고 긴 트임을 말한다. 복

식인 동시에 동작을 쉽게 하기 위한 것으로 좁거나 꼭 맞는 치마 앞면이나 뒷면 또는 옆선에 동작이 불편하지 않게 터짐을 주며 주로 좁은 타이트 스커트에 이용한다. 14세기부터 사용하였다.

슬릿 스커트(slit skirt)　좁거나 꼭 맞는 스커트의 앞면이나 뒷면 또는 옆선에 동작에 불편하지 않게 터짐을 준 스커트를 말한다. 때때로 터짐이 높게 올라올 수 있으며 주로 좁은 타이트 스커트나 슬림 스커트에 이용된다. 1970년대 후반에 유행하였고 스커트 폭이 좁은 경우에는 테이퍼드라고 부르기도 한다. 중국이나 베트남 여성들이 입었던 스커트나 드레스에서 유래하였다.

슬릿 얀(slit yarn)　원료 중합체를 필름으로 만들어 이를 테이프상으로 쪼갠 후 연신하여 스플릿하지 않은 것을 슬릿 얀이라고 하며, 필름 얀, 플랫 얀이라고도 한다. 보통의 합성 섬유보다 약간 굵으며 포장용 천, 포장끈으로 이용된다.

슬링 네크라인(sling neckline)　⇒ 원 숄더 네크라인

슬링더스터(sling-duster)　돌먼 슬리브를 단 코트의 영국식 용어로, 보통 검정색과 흰색 체크로 된 실크로 만들었으며 1880년대 중반에 여성들이 착용하였다.

슬링 백(sling bag)　슬리퍼 형태의 구두를 말한다. 구두의 앞부분만 있고 뒤꿈치는 샌들과 같이 노출되어 있다. 앞부분에서 뒤꿈치까지 연결된 가죽에 의해 발의 노출된 부분을 고정시켜 신는다.

슬링백 송 샌들(slingback thong sandal)　송 샌들 참조.

슬링백 펌프스(slingback pumps)　뒤꿈치가 트여 있으며, 뒤를 줄로 고정시키는 형태의 구두를 말한다. 펌프스 참조.

슬링 슬리브(sling sleeve)　케이프처럼 옷의 상부와 함께 하나로 재단된 소매이다.

습득 역할　역할을 습득하는 데에는 일반적으로 동일시, 강화, 지도의 세 가지 방법이 있는데, 그 중 하나의 방법을 사용하기도 하고

둘 이상의 방법을 병용하기도 한다.

습식 방사(wet spinning)　화학 방사의 하나로 물, 약품 수용액, 유기 용매 등에 용해된 방사 원액을 물이나 약품 수용액 중에 압축하여 응고시켜 섬유를 얻는 방법이다. 방사 후에는 방사에 사용한 약물을 회수해야 하며 섬유에 남아 있는 약품을 충분히 세척해야 한다. 습식 방사로 얻어지는 대표적인 섬유로는 레이온이 있다.

승립(僧笠)　승려의 입자(笠子)로 우리 나라에서는 삼국 시대부터 오늘날까지 별 변화가 없었으며, 중국의 흑장삼과 붉은 가사를 받아들여 전통적인 우리 옷 위에 착용하였다. 승복은 대개 가사(袈裟)·장삼(長衫)·승관(僧冠)·승혜(僧鞋)로 구성된다. 승의, 법의라고도 한다.

승인성(approval)　자기의 준거집단과 동조하여 타인으로부터 승인감이나 소속감을 얻기 위하여 의복을 착용하는 행위이다.

승혜(繩鞋)　고운 삼(麻)을 가지고 만들며 대개 서민층 이하의 부녀(婦女)들이 신는다. 미투리, 마혜(麻鞋) 참조.

승화(sublimation)　사람들이 자신을 보호하기 위하여 사용하는 방어기제 중의 하나로, 각 개인의 충동을 사회적으로 용납된 생각이나 행동으로 표현함으로써 적절하게 전환시키는 것을 말한다.

시(絁)　고대에 사용되었던 조사직(組絲織)의 견포를 말한다. 《신당서(新唐書)》에 유외인(流外人), 서인(庶人), 노비의 옷감으로 사용되었다고 나타난 것으로 보아 조포(組布)인 것을 알 수 있다. 시(絁)는 우리 나라에서 삼국 시대에 복두, 표의, 의(衣) 등에 사용되었다는 《삼국사기(三國史記)》의 기록이 있다.

시(緦)　칠승반(七升半)의 마(麻)로 된 포(布)를 말한다.

시가 라인(cigar line)　여송연 라인으로, 여송연처럼 가운데가 조금 넓고, 위와 아래는 오므라진 실루엣을 말한다. 스핀들(방추) 라인과 같다.

슬릿 스커트

슬링 백

시가렛 팬츠(cigarette pants)   담배처럼 가는, 다리에 꼭 맞는 바지폭이 좁은 팬츠로 스키니 팬츠(skinny pants)라고도 한다. 상의로는 풍성한 블루종이나 풀오버를 많이 입으며 부츠를 곁들여 입는다.

시각 머천다이징(visual merchandising)   가장 잘 팔리는 상품을 최대의 교통 요지에 제시하여 고객에게 기성복에 대한 긍정적인 효과를 주기 위한 것으로 디스플레이 기술이라기보다는 머천다이징 전략이라고 할 수 있다.

시그너처(signature)   파리의 쿠튀리에(couturier)들이 1960년대 말에 시작한 관습으로, 자신의 이름을 스카프나 핸드백에 프린트하는 것을 말한다.

시그너처 스카프(signature scarf)   스카프의 모퉁이에 디자이너의 이름이 표시된 실크 스카프로 1960년대 파리에서 발렌시아가, 이브 생 로랑 등에 의해 유행되기 시작했다. 유명한 디자이너의 스카프는 이탈리아와 미국에서 신분의 상징으로 폭넓게 착용되며, 디자이너 스카프라고도 불린다.

시그널 컬러(signal color)   교통 신호 표시를 위한 색이라는 의미로 상대에게 확실하게 식별될 수 있도록 고려된 색의 총칭이다. 즉 요팅 파카나 오렌지 코트 등 실용적인 의류에 보이는 적색이나 황색 등의 화려한 원색으로 주의를 환기시키는 신호색이다. 1990년대에 들어오면서 이러한 색들이 패션 디자인에 자주 사용되고 있다.

시그니피컨트 어더즈(significant others)   사람들은 자신들이 가지길 원하는 사랑, 인정, 힘을 가진 손위 형제, 아줌마, 아저씨, 친구들을 이상적인 대상으로 생각해서 모방하려 한다. 바로 이 사람들을 시그니피컨트 어더즈라고 한다.

시그닛 링

시그닛 링(signet ring)   큰 보석에 이름이나 이니셜 등이 음각으로 새겨진 반지로, 이전에는 편지를 날인하기 위한 봉랍에 사용되었다. 자물쇠와 열쇠가 발명되기 이전 이집트인들에 의해 사용된 왕의 날인이 있는 반지를 말한다.

시 그린(sea green)   오션 그린과 거의 같으나 그것보다는 약간 짙은 바다에서 보이는 어두운 청록색을 말한다.

시너먼(cinnamon)   계수나무 색 또는 햇빛에 바랜 계수나무에서 채취한 향신료인 계피의 색과 비슷한 밝은 등갈색[橙茶色]을 말한다.

시뇨리타(senorita)   7부 소매나 긴 소매가 달리고 브레이드, 술, 단추, 레이스 등으로 많이 장식했으며, 허리까지 오는 길이의 볼레로 스타일의 여성용 재킷으로, 긴 소매 블라우스 위에 입었다. 1860년대에 유행했다.

시뇽(chignon)   머리 뒤쪽에 팔자나 둥근 모양으로 쪽진 헤어 스타일로 네트(net)나 화려한 머리핀으로 장식하기도 한다. 1860년대, 1920~1930년대에 유행한 고전적 스타일이다.

시누아 블루(Chinois blue)   시누아는 불어로 '중국'을 의미한다. 영어의 차이나 블루와 같은 색이며 쪽빛과 같은 청색을 말한다. 1980년 여름 이래 인기 있는 색이 되었으며, 1982년 춘하에는 주된 패션 컬러의 하나가 되었다.

시대 반영   유행의 경향과 변화속도는 그 당시 사람들이 어떤 경제적·사회적·정치적 여건하에서 얼마나 기술이 발전하고 어디에 가치를 두며 어떻게 생활하고 있었는가를 반영한다.

시도 단계(trial stage)   빌(Beal)과 로저스(Rogers)는 의류제품 구매의사 결정단계를 나누었는데, 그 중 네 번째 단계로 실제로 옷을 입어보거나 섬유를 시험해보는 단계로서 구체적인 채택을 위한 시험단계이다.

시드 스모킹(seed smocking)   주름을 두 개씩 잡고 두 번씩 박음질하면서 주름잡는 것으로, 완성하면 바느질한 실은 조금만 보이고 다른 실은 주름의 안쪽을 통과하게 된다. 허니콤 스모킹이라고도 한다.

시드 스티치(seed stitch)   배경에 씨앗처럼 흩어져 보이도록 수놓는 자수이다. 스트레이트 스티치를 짧게 하고, 그 위에 대각선으로 엇갈려 수놓는다.

시뇽

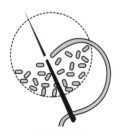

시드 스티치

시드 펄즈(seed pearls)　천연 진주나 모조 진주 중 작고 불규칙적인 형태의 진주들로 전에는 목걸이로 많이 사용되었는데 현재는 스웨터의 자수 문양이나 웨딩 드레스의 장식 문양으로 많이 사용되고 있다.

시레(ciré)　페이턴트 레더와 유사한 고광택을 부여하는 가공 과정으로 견이나 레이온 직물 또는 레이스의 표면에 왁스나 이에 상응하는 물질로 뜨겁게 캘린더링(calendering)하여 가공한다. '왁스를 바른(waxed)'의 뜻인 프랑스어에서 유래하였으며, 아세테이트 직물과 같은 열가소성 물질에 열을 가함으로써 이루어진다. 시레 피니시라고도 한다.

시 레그즈(sea legs)　장딴지 길이의 긴 남성용 비치 팬츠이다. 몸에 달라붙고 허리는 고무줄로 되어 있으며 주로 밝은 색상의 수평선 줄무늬 패턴을 사용하여 만든다.

시레 피니시(ciré finish)　⇒ 시레

시렌 드레스(Siréne dress)　'시렌'은 그리스 신화에 등장하는 아름다운 노래로 뱃사람을 유혹하여 죽게 했다는 인어 사이렌을 뜻하는 프랑스어이다. 즉 하체 부분이 인어 꼬리 모양처럼 타이트하게 꼭 맞는 섹시한 스타일의 드레스를 가리킨다.

시로셋 가공(siroset process)　양모 직물에 영구적인 주름을 만들어 주는 가공으로, MEAS(monoethanol amine sulfite) 등의 환원제를 양모 직물에 부려준 후 열이나 산화제를 이용하여 양모섬유 내부의 시스틴 결합을 재형성해 줌으로써 영구적인 주름을 만들어 준다.

시로프셔 울(Shropshire wool)　영국의 중서부에서 사육되는 뿔이 없는 면양을 시로프셔라고 하며, 탬프셔와 함께 대표적인 단모종의 재래종이다. 이로부터 얻는 양모를 시로프셔 울이라고 하며, 탄성력과 축융성이 좋고 유연한 특징을 지닌다.

시르카시안 라운드 로브(circassian round robe)　엷은 거미줄 같은 직물로 만들어진 이브닝 드레스로 깊은 목둘레와 앞 중심에 인도 연꽃 장식이 있다. 짧은 소매, 높은 허리둘레선, 앞과 단 위쪽에 리본을 묶어 꽃술 장식을 한 스커트로 되어 있다. 1820년대 초에 입었다.

시르카시안 래퍼(circassian wrapper)　1813년 엠파이어 시대에 여자들이 일상복으로 입었던 슈미즈 같은 느슨한 두르개를 말한다.

시르카시엔(circassienne)　1780년대에 유행되었던 여자들의 폴로네즈 가운의 변형으로 스커트의 부풀린 부분을 커튼처럼 끌어올려 발목이 보일 정도로 길이가 짧은 것이 특징이다.

시르카시엔

시마(simar)　① 옆선이 떨어진 재킷이나 무릎까지 오는 치마로, 때로는 드레스의 효과를 내기 위해 페티코트를 속에 입기도 했다. 17~18세기에 입혀졌으며 시마르(simarre)라고도 한다. ② 주로 천주교회의 고위 성직자가 입던 성직자용 로브로, 긴 캐속과 비슷했으나 단추가 달린 짧은 가짜 소매와 앞에서 여미지 않는 숄더 케이프가 달렸다. 집에서나 외출시에 입었으나, 고(高) 교회파의 공무시에는 입지 않았다. 로마의 교황은 흰 울로 만든 것을 입고 추기경은 진홍색 장식을 한 검정 울로 만든 것을 입었으며, 프란체스코 수도회의 수도사는 잿빛 회색으로 만들어진 것을 입고, 가짜 소매가 없는 것은 신학교 학생들이 입었다. ③ 이탈리아의 명예총장, 법관 등이 입던 로브로 14세기와 15세기 베니스의 원로원 의원이 입던 긴 소매와 긴 길이의 로브에서 어원이 나왔다. ④ 프랑스 판사의 로브를 이른다.

시마(緦麻)　시마의 상기는 3월이다. 그 대상은 종증조부모(從曾祖父母), 재종질녀(再從姪女), 재종손(再從孫) 등이다. 시마의 재료는 공을 들여 손질한 아주 고운 세숙포(細熟布)를 사용한다.

시매트리(symmetry)　양쪽이 서로 대칭이라는 뜻으로, 애시메트리(asymmetry)와 반대되는 말이다.

시매틱 프린팅(cymatic printing)　음악 코드의 진동을 잡아서 이를 사진으로 찍어 프린트하는 것을 말한다. 어떤 교향곡이든지 진동을 재현할 수 있어 음악을 시각적으로 바꾼 형식이 되었다.

시모네타(Simonetta 1922~) 이탈리아 로마 출생이며 남편과 함께 시모네타 에 파비아니(Simonetta et Fabiani)라는 합작 회사를 열었다. 쾌활한 점퍼 수트, 니트 웨어와 우아한 칵테일 드레스로 유명하며, 1940년대 후반기에는 많은 영화 배우들의 옷을 만들기도 했다.

시비어 컬러(severe color) 시비어는 '가혹한, 지독한, 과격한, 심한'이라는 의미로 1983, 1984년 추동 유행색의 하나로 나타났다. 트렌치 코트를 착용한 남성들에게 형사의 이미지를 주며, 적색을 악센트색으로 사용하는 어둡고 짙은 색을 중심으로 한다.

시빗 캣(civet cat) 사향고양이, 즉 집고양이 정도의 크기에 스컹크와 유사한 작은 동물의 모피로 꽤 튼튼하다. 아메리칸 종은 털이 짧고 두꺼우며 부드럽고, 어두운 솜털과 털끝만 검고 백색이며 실크 같은 보호털로 이루어져 있다. 아시아와 아프리카에 서식하고 있는 것은 회색에 얼룩 무늬와 가로줄 무늬가 나타나 있다. 자연색 그대로 이용하기도 하고 다른 모피와 유사하게 염색해서 트리밍으로 사용하기도 한다.

시사이드 수트(seaside suit) 해변에서 수영복 위에 입는 여성용 비치 웨어의 일종으로 화려한 원색이나 문양을 많이 사용한다.

시사이드 커스튬(seaside costume) 수영복을 위시하여 배를 탈 때, 해변을 거닐 때 입는 옷 등 해변에서 입는 의류를 말한다. 1860년~20세기 초에 유행하였다.

시스(sheath) 허리에 이음선이 없는 드레스로 허리가 꼭 맞도록 다트를 잡아 날씬하게 하였다. 또한 걷기에 편하도록 양쪽 옆에 트임이 있다. 1930, 1950년대와 1960년대 초, 1986년에 유행하였다.

시스루(see-through) 비치는 상태를 말하며, 1964년 미국 디자이너 루디 게른라이히가 발표한 얇은 옷감인 시어(sheer)로 만든, 살이 들여다 보이는 블라우스 등이 총칭이다.

시스 스커트

1966년 프랑스 디자이너 이브 생 로랑이 보디 스타킹에 매치시킨, 반짝거리며 얇고 비치는 옷감의 시폰 드레스 등이 있다. 1968년에 많이 유행하였다.

시스루 드레스(see-through dress) 속이 비치는 드레스로 대개 반짝거리는 옷감으로 된 드레스 속에 몸에 꼭 맞는 보디 스타킹을 조화시킨다. 파리의 디자이너 이브 생 로랑과 피에르 카르댕이 디자인을 제안하여 1969년에 유행하였다.

시스루 드레스

시스루 셔트(see-through shirt) 속옷을 입지 않고 맨살에 입어서 살이 들여다보이는 얇은 옷감, 보일이나 시어 같은 옷감으로 만든 섹시한 셔트를 말한다. 1964년에 루디 게른라이히라는 디자이너가 홈 웨어로 발표하였다. 그때는 시스루라는 이름으로 불려지지 않았다. 1968년 파리의 디자이너 이브 생 로랑이 춘하 컬렉션에서 이것을 또 발표함으로써 1969년과 1970년에 유행하였으며, 1960년대와 1970년대 초기에는 남자들에게도 유행되었다.

시스루 팬츠(see-through pants) 비키니 팬티가 들여다보이도록 위에 덧입는 얇은 옷감이나 레이스로 된 바지로 1960년대 후반에 유행하였다.

시스 스커트(sheath skirt) 허리가 겨우 들어갈 정도로 타이트한 스커트로 보행이 편리하도록 양쪽 옆선이나 앞뒤 중앙에 슬릿을 넣은 스커트이다. 슬림 스커트, 직선의 스트레이트 스커트, 내로 스커트라고도 한다.

시스 슬리브(sheath sleeve) 팔에 꼭 맞게 만든 소매를 말한다.

시스틴 결합(cystin linkage) 황을 함유하는 아미노산이 두 개의 펩티드 사슬을 묶어 주는 것을 말한다. 양모를 이루는 케라틴의 경우 황을 함유하는 시스틴과 메티오닌이 존재하여 분자 사슬간의 화학 결합으로 이어져 분자간 가교를 형성하며, 이는 양모의 좋은 탄성 및 리질리언스와 밀접한 관계를 지닌다.

시 스프레이(sea spray) 파도와 파도 사이의 물거품에 보이는 녹색을 띤 연한 청색을 말한다.

시 아일랜드 면(Sea Island cotton) 해도면이라고도 불리며 서인도제도의 안기라섬이 원산지로 고온다습한 지역에서 생산된다. 섬유장이 평균 44.5mm로 매우 가늘고 길어 100s 이상의 세번수 면사의 방적용으로 쓰이며, 유백색으로 부드럽고 견사와 같은 광택을 지녀 세계에서 생산되는 모든 면 중 가장 우수한 품종으로 알려져 있으나, 매우 고가이며 경제성이 적어 생산량이 매우 적다.

시어(sheer) ① 복식에서는 얇고 투명하거나 반투명한 모든 종류의 직물을 말한다. ② 실크·울·면·합성섬유 등에서 얇은 섬유를 말하는 것으로, 시어 크레이프, 시어 울, 조젯, 시폰 등이 있다.

시어드 래쿤(sheared raccoon) 시네몬 갈색 바탕에 밝은 색상의 줄무늬가 있고 벨벳과 같은 감촉을 지닌 모피로 외관상 비버와 유사하다. 내구성이 높으나 부드러움과 광택이 비버보다 떨어져 훨씬 저렴한 가격으로 판매된다.

시어 리넨(sheer linen) 100번수(마번수) 이상의 가는 리넨사를 이용하여 평직으로 짠 얇은 천의 고급 리넨 직물이다. 손수건, 식탁보, 실내 장식품 등에 쓰인다.

시어링(shearling) 양털을 깎는 것 또는 직물 표면에 있는 보푸라기를 제거하여 직조가 잘 나타나게 하거나, 파일을 일정한 문양에 따라 또는 매끄럽게 잘라주는 것을 말한다.

시어링 재킷(shearling jacket) ⇒ 시프스킨 재킷

시어사이(siesia) 퍼컬린(percaline)과 유사한 가볍고 강한 능직 면직물로 안감으로 주로 사용된다.

시어서커(seersucker) 표면에 요철의 줄무늬가 있는 평직의 면직물로, 제직시 두 개의 경사 빔을 사용하여 주기적으로 두 조로 나누어 한 조의 경사의 장력을 다른 조의 경사보다 늦추어 줌으로써 늦추어진 경사가 파상을 형성하게 된다. 대개 색사를 사용하여 줄무늬를 만들고 폴리에스테르와 면혼방 기타 합성 섬유를 사용하기도 한다. 여름에 시원하며 세탁이 쉽고 다림질이 필요가 없어서 숙녀·아동용 여름 옷, 파자마 등에 많이 쓰인다. 플리세에 비해 내구성이 있다.

시어시 다이아몬드(Searcy diamond) 미국 아칸소(Arkansas)주 시어시(Searcy)에서 발견된 순수한 노란색 원석의 다이아몬드로 1946년 미국 뉴욕의 티파니 보석 가게에 8,500달러에 팔렸다. 지금은 그곳에 27.2 캐럿의 원석 상태로 전시되어 있다.

시어 울(sheer wool) 매우 가는 실로 짠 양모 직물로서 크레이프 텍스처를 가진다.

시어 코트(sheer coat) 단순하고 짙은 색의 속이 비치는 옷감으로 만들고 대개 앞은 턱시도 스타일이며 커프스가 젖혀진 넓은 소매로 된 코트를 말한다. 대개 몸에 꼭 맞는 드레스나 프린트 드레스 위에 입는다.

시어터 수트(theater suit) 늦은 오후나 이브닝에 적합한 여성용의 드레시한 투피스 수트로 짧은 재킷과 코트, 스커트의 스리피스로 만들어지기도 한다. 화려한 소재를 사용하거나 구슬, 모피 등으로 장식하기도 한다.

시어 팬티호즈(sheer pantyhose) 얇아서 살갗이 비쳐보이는 팬티호즈이다. 올 시어 팬티호즈라고도 한다.

시어 호즈(sheer hose) 가늘고 섬세한 실을

사용하여 더욱 투명하게 만든 나일론 호즈를 의미한다.

시엘(ciel) 옅은 파란색으로, '스카이(sky)'에서 파생된 불어이다.

시엘 블루(ciel blue) 불어로 파란 하늘을 뜻하며, 맑은 하늘의 청색으로 스카이 블루와 같다.

시 오터(sea otter) 북태평양 근해에서 서식하는 드물고 귀한 해달을 말한다. 모피는 엷은 갈색에서 검정색까지 다양하며 광택이 있고 부드러우며 수달보다 훨씬 털이 길고 조밀하다. 남획 때문에 거의 사라졌으나 그 후 보호되어 회복되어 가고 있다.

시워시 스웨터(siwash sweater) ⇒ 카우첸 스웨터

시장(market) 소매업자가 상품을 파는 곳, 즉 잠재고객 그룹 또는 바이어와 판매자가 밀집된 지역으로 생산물을 한 곳으로 집중시키고 그것을 다시 적절하게 배분하는 기능을 갖는 개념적인 장소이다.

시장관련결정 구체적인 상품을 구매하기 위한 특정상표와 구매방법을 결정하는 것을 말하며, 구매상품, 구매수량, 구매시기, 구매장소, 구매방법의 문제가 제기되기도 한다.

시장 세분화(market segmentation) 시장을 몇 개의 동질적인 분야로 분할하고 세분화된 시장의 특질을 추출하여 목표 시장을 규정함으로써 효과적인 마케팅 전략을 전개시키기 위한 방법이다. 즉 대중속에서 특정제품이나 상표에 대하여 독특한 선호를 갖는 소비자들의 하위집단을 파악하는 것이다.

시장 점유율(market share) 동일한 판매시장에 있어서 자사 제품의 판매고 또는 총판매량이 산업의 총판매고 또는 총판매량을 점유하는 비율을 말한다. 이를 통해 타기업과 비교하여 자사의 성과를 추정하는 것은 마케팅 성과의 척도일 뿐만 아니라 판매전략을 결정하는 기준으로 사용된다.

시장 주간(market weeks) 생산자들이 다가올 계절을 위해 그들의 신상품 라인을 계획하는 기간을 말한다. 시즌에 들어가기 4개월

전에 어패럴 관계를 중심으로 하는 견본 시장을 말하기도 한다.

시장 포지셔닝(market positioning) 시장의 경쟁적 우위를 소비자들에게 인식시키기 위하여 경쟁자들의 제품과 차별적으로 자사의 브랜드나 기업의 위치를 명확하게 하는 작업과 그러한 전략을 말한다. 개념 설정하에 행해야 할 중요한 결정 사항의 하나이며 이미 확립된 상품이나 기업의 이미지를 변경시키는 전략을 '리포지셔닝'이라고 한다.

시전 조선 시대 정종 원년에 설치된 좌우 행랑(行廊) 8백여 간이 있던 시장으로 혜정교(惠政橋)로부터 창덕궁 입구에 이르렀다고 한다. 선전(縇廛)은 중국산 필단(匹緞), 초(綃), 견(絹)을 팔았다. 면포전에서는 면포와 은을 팔았다. 그리하여 은목전(銀木廛), 백목전(白木廛)이라고도 하였다. 면주전(綿紬廛)에서는 면주(綿紬)를 팔았고, 저포전에서는 저포(紵布), 황저(黃紵) 등을 팔았다. 청포전에서는 중국산 삼승포(三升布), 양털로 된 제품 등을 팔았다. 그 외에 면자전(綿子廛), 면화전(綿花廛), 화피전(樺皮廛), 진사전(眞絲廛) 외에 각종 전(廛)이 있었다.

시즌 컬러(season color) 유행색 중에서도 계절에 따라 애호되며 수요가 증가하는 색을 시즌 컬러라고 한다. 즉 봄은 일반적으로 페일 톤, 여름은 비비드 톤과 흰색계, 가을은 톤 다운된 갈색 계통의 색이나 와인 레드, 겨울은 디프(deep)한 온색계 등이다. 그러나 최근에는 여름에 다크 컬러나 겨울에 화이트와 파스텔 칼라 등이 유행하면서 시즌 컬러와는 매우 다른 양상을 보이고 있다.

시즐레 벨벳(ciselé velvet) 벨벳 직물의 일종이다. 벨벳 참조.

시징 가공(seizing finish) 직물을 짜기 전에 경사에 전분이나 수지를 입혀주어 직조 과정에서 생기는 마찰로 인한 피해를 줄이기 위한 과정이다. 직물에 전분이나 수지 처리를 하는 경우는 직물을 좀더 빳빳하게 하기 위한 것이다.

시칠리안 보디스(Sicilian bodice) 목선을 사

각형으로 깊게 파고 무릎 길이의 네 개의 직사각형 천을 앞뒤에 각각 두 개씩 달아서 튜닉의 효과를 낸 이브닝 드레스의 몸판으로 1860년대에 유행하였다.

시침질(basting)　시침은 본봉하기 전에 두 장 또는 그 이상의 옷감이 서로 밀리지 않도록 일시적으로 꿰매는 바느질을 말한다. 옷감과 용도에 따라 긴 시침, 보통 시침, 상침 시침, 어슷 시침, 핀 시침이 있으며 실은 주로 표백이나 가공되지 않은 목면실을 이용한다. 한 땀 시침, 두 땀 시침 등이 있으며, 태킹, 베이스팅 스티치라고도 한다.

시퀸(sequin)　의복 따위에 꿰매 다는 원형의 장식용 금속판으로, 각도에 따라 색깔이 달라 보인다.

시크리트 포켓(secret pocket)　비밀 포켓, 감추어진 포켓으로 여행지 등에서 도난이나 분실을 막기 위해 주로 트래블 웨어에 많이 사용된다.

시크 앤드 신(thick & thin)　한 올에 굵은 부분과 가는 부분이 있는 실을 말한다. 이것은 방사시 당기고 늘리는 특수 기술로 보통 실과는 시각적, 촉감적으로 다른 독특한 효과를 준다. 또한 야잠견은 천연적으로 시크 앤드 신의 형태를 가진다.

시클라멘(cyclamen)　① 시클라멘 나무에 피는 꽃의 청색을 띤 적자색을 말한다. ② 맨드라미꽃에서 보이는 적자색을 말한다.

시클라스(cyclas)　① 13세기 영국의 헨리 3세 대관식 때 착용했던 장식적인 외의(外衣)를 말하는 것으로, 털이나 실크 장식을 하고 머리가 들어갈 만한 둥근 트임이 있다. ② 14세기 초 갑옷 위에 입었던 소매가 없는 점퍼형의 의복으로, 앞은 허리까지, 뒤는 무릎까지 내려오며 옆솔기가 갈라져 있다. 그리스의 시클라데스(cyclades)에서 유래한 것으로, 남성용 달마틱(dalmatic)과 비슷한 장식이 있다.

시트롱(citron)　불어로 레몬을 말하며, 희미한 등색을 띤 밝은 황색으로 레몬, 레몬 옐로와 동일색이다.

시트롱 블루(citron blue)　프랑스의 차에 사용되는 시트롱의 청색을 의미한다. 특히 특정한 차종에 특징적으로 쓰이고 있는 투명해 보이는 듯한 밝은 블루를 의미하며, 골프 수트 등에 애용되고 있다. 이렇게 밝고 찬 느낌을 갖는 색은 1985년 춘하에 스포츠 캐주얼 컬러로 유행한 바 있다.

시트린(citrine)　레몬빛, 담황색, 황수정을 일컫는다. 색깔과 투명도에 있어 토파즈를 닮은 황색 결정체의 석영으로, 때로는 토파즈로 판매되기도 한다. 브라질에서 생산된다.

시티 갤(city gal)　걸(girl)의 속어가 갤(gal)이며 시티 보이와 함께 쓰인 용어가 시티 갤이다. 모던하고 세련된 도회지 생활을 즐기는 여성을 칭하는 것으로, 1980년대에 유행하였다.

시티 블랙(city black)　도회의 흑색이라는 의미처럼 현대적인 이미지를 느낄 수 있는 흑색이다. 특히 여기에서는 최근 1990년대의 파리 컬렉션에 나타난 흑색붐을 배경으로 주간에 착용하는 드레스에까지 애용되고 있는 흑색을 말한다. 단순히 블랙이라는 용어보다는 시티 블랙이라는 용어가 훨씬 확실하고 강한 이미지를 준다.

시티 쇼츠(city shorts)　여성들의 테일러드 스타일의 쇼츠를 일컫는다. 1969년 패션 신문 '우먼즈 웨어 데일리(Women's Wear Daily)'에 의하여 붙여진 명칭이다.

시티 엘레강스(city elegance)　모던하고 우아하며 도시풍의 심플하고 세련된 스타일을 말한다.

시티 팬츠(city pants)　1968년에 이브 생 로랑이 발표한 팬츠 스타일로 스포츠 웨어나 리조트 웨어가 아닌 타운 웨어로서 도시에서 캐주얼하게 많이 입는 팬츠를 말한다.

시폰(chiffon)　가는 강연 색사를 사용하여 경·위사의 밀도를 비슷하게 짠 직물로, 제직 후 정련을 완전히 하지 않은 직물이며, 얇고 가볍다. 드레스, 란제리, 스카프 등에 쓰인다.

시폰 벨벳(chiffon velvet)　강연사인 견사로

시폰

시프트 드레스

짠 바탕직에 레이온사와 금속사인 인견사로 파일을 넣어 무늬를 나타낸 직물이다. 화려해서 드레스, 숄, 실내장식 등에 사용된다.

시프스킨(sheepskin)　털을 제거한 양의 가죽을 크롬, 명반을 이용하거나 식물성 과정을 거쳐 무두질한 값싼 가죽을 말한다. 때때로 다른 가죽들과 유사하게 가공 처리하며, 부드럽고 얇아서 신축성이 크다. 구두, 장갑, 코트, 재킷, 핸드백 등에 쓰인다.

시프스킨 재킷(sheepskin jacket)　양모가 한쪽 편에 붙어 있는 무두질한 양가죽으로 만든 캐주얼 재킷이다. 보풀이 지게 되어 있고, 보통 양모가 붙은 쪽은 안으로 들어가게 하고 칼라는 양모가 겉으로 드러나게 만든다. 시어링 재킷이라고 부르기도 한다.

시프스킨 재킷

시프 스티치(sheaf stitch)　자수법의 일종으로 외관이 시프(sheaf), 즉 '볏단' 같은 느낌을 주는 자수이다. 그림 ①과 ②처럼 수놓은 후 중간 부분을 그림 ④와 같이 묶어서 만든다.

시프 필링 스티치

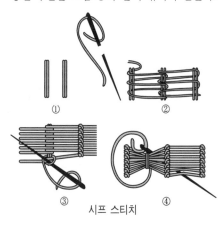
①　②　③　시프 스티치　④

단독 또는 연속해서 만든다.

시프트 드레스(shift dress)　① 몸에 헐렁하게 맞는 직선형의 기본적인 드레스이다. 1957년의 슈미즈 드레스와 유사한 1960년대에 유행하였던 드레스로, 스키머, A 라인 드레스와도 유사하다. ② 18세기에 풍성한 상의 스목 대용으로, 또 19세기에는 슈미즈 대용으로 착용한 것으로 시프트라고 하였다.

시프트 점퍼(shift jumper)　블라우스를 속에 입거나 입지 않거나 소매 없이 몸에 헐렁하게 맞고 밑으로 내려가면서 약간 넓어진 시프트 드레스와 같은 스타일의 점퍼 스커트를 말한다.

시프 필링 스티치(sheaf filling stitch)　세 줄을 건너 놓고 가운데를 두 번 감아 같이 떠서 징그는 스티치이다.

시플리 자수(schiffli embroidery)　기계 자수의 하나로, 제직된 천에 시플리 자수기를 통해 디자인을 넣는 방식을 말한다.

시플리 자수

시피오 셔트(CPO shirt)　CPO(chief petty officer)는 하사관을 뜻하며, CPO 셔트는 그들이 입었던 셔트로 가벼운 모직으로 만들어졌다. 일반화되면서부터 줄무늬가 사용되었으며 가슴에는 뚜껑 달린 주머니와 견장을 달았다. 이러한 스타일의 재킷을 CPO 재킷이라 한다. 셔트나 스웨터 위에 덧입는 재킷이 되면서부터 이렇게 불렀다.

시피오 재킷(CPO jacket)　미국 해군 하사관장이 입었으며, 가벼운 모직으로 만든 엷은 푸른색(navy-blue) 셔트로 앞면에는 단추와 패치 주머니가 달려 있다. 시민복으로 받아들여졌으며, 때로는 격자무늬가 있는 모직물로 만들며, 성인 남자와 학생들이 셔트나 티셔트 위에 재킷처럼 오픈해서 입기도 한다.

식물 섬유(vegetable fiber)　식물에서 원료를 채취하며 섬유소가 주성분을 이루고 있다. 종류로는 면이나 케이폭과 같이 식물의 종자에 붙어 있는 종모 섬유, 아마, 저마, 대마, 황마 등과 같이 식물 줄기의 표피와 심 사이의 인피부에서 분리되는 인피 섬유, 마닐라마, 사이잘마와 같이 식물의 잎에서 분리되는 엽맥 섬유, 그 외 야자 섬유와 같이 과실에서 분리되는 과실 섬유 등이 있다.

식물성 유피 처리(vegetable tennage)　식물성 나무로부터 추출한 액이나 수액을 사용하여 가죽을 부드럽게 제혁하는 공정을 말한다.

식서(selvage)　직물의 경사 방향으로 양쪽 끝에 다른 부분과 구분되는 5mm 정도의 촘촘한 부분으로, 직물의 제직, 가공시 이 부분이 큰 힘을 받으므로 다른 부분보다 두껍게 되어 있다. 또 대부분의 상호가 여기에 표시되고 있다. 반대 방향의 끝을 푸서라고 한다.

신　발을 보호·장식하기 위해 신는 족의(足衣)의 하나이다. 신분·계급·성별에 따라 재료를 달리하였으며 형태와 명칭도 혜(鞋)·화(靴)·이(履)·석(鳥) 등 여러 가지로 불린다.

신경정신적 구조(neuropsycho structure)　많은 자극을 기능적으로 같게 만들면, 의미있게 일관성 있는 동등한 형태의 적응적·표현적 행동을 일으키고 이끄는 능력을 지닌 것을 말한다.

신념(belief)　사람의 가치관에 의하여 나타나는 믿음의 형태이다.

신더 그레이(cinder gray)　신더는 '타고 남은 재'란 의미로 약간 핑크를 띤 회색을 의미한다. 실버 윙(silver wing)이라고도 한다.

신데렐라 사이즈(Cinderella size)　여성 구두의 사이즈로, 보통보다 작은 것을 가리킬 때 쓰이는 속칭이다. 동화 '신데렐라'의 작은 유리구두에서 기인한 이름으로, 스몰 사이즈 등의 직접적인 표현이다.

신도(elongation)　섬유가 절단될 때까지 늘어난 길이를 섬유의 원길이에 대한 백분율로 나타낸 것이다.

신라사색공복(新羅四色公服)　신라는 법흥왕(法興王) 520년에 6부인(六部人)의 복색을 제정하였다. 진골(眞骨) 이상은 자의(紫衣), 육두품(六頭品)은 비의(緋衣), 오두품은 청의(靑衣), 사두품은(四頭品)은 황의(黃衣)로 정했다.

신라조(新羅組)　우리 나라에서 일본에 전파된 신라의 다회(多繪)로, 조물(組物)의 일종이다.

신뢰성　의사 전달자가 그 문제의 영역에서 얼마나 전문성을 지니고 있느냐에 따라서 신빙성이 달라지는 것을 말한다.

신분 상징성(status symbolism)　대중사회 안에서 사회적 접촉은 단편적인데, 집단의 견해, 생활양식, 문화적 가치관을 통해 익명의 사람들이 서로를 평가하고 상대의 사회적 지위를 알 수 있도록 표출하는 것을 말한다.

신세시스(synthesis)　고대 로마에서 식사 때 입은 캐주얼한 튜닉을 말한다.

신세틱 젬스(synthetic gems)　실험실에서 합성된 보석으로 진짜 보석과 똑같은 물리적, 화학적 자질을 가지고 있다. 합성 다이아몬드, 에메랄드, 사파이어를 포함하여 실제로 모든 종류의 보석 제작이 가능하다. 이러한 보석들은 시계의 장식으로 사용되며 목걸이, 팔찌 그리고 반지 등에 장착되어 순도 높은 보석으로 팔리기도 한다.

신세틱 컬러(synthetic color)　화학 염료와 합성 소재에 보이는 모던한 브라이트 컬러의 총칭이다. 즉 플라스틱, 아크릴판, 마커, 매직 잉크 등으로 표현된다. 선명하고 투명하여 플라스틱이나 아크릴을 연상시키는 색이며 형광 도료를 바른 형광색도 그 중의 하나이다. 플라스틱이나 아크릴판의 색들은 별도로 아크릴 컬러나 아크릴릭 컬러라고도 불린다.

신세틱 파이버(synthetic fiber)　⇒ 합성섬유
신신합섬(New Finely Textured Fibers)　신합

섬을 더욱 발전시켜 천연 섬유 지향을 넘어서 아주 새롭고 독특한 텍스처와 촉감을 추구하는 합성 섬유를 지칭한다. 건조/냉감 추구 소재 등 그 범위가 넓고 발전 방향이 무한하다.

신징(singeing) 가스사 참조

신체 만족도 검사지(Body Cathexis Scale) 시코드와 주러드가 개발한 검사지로 총 46문항으로, 신체적 특징 34문항, 신체적 기능 12문항으로 되어 있다.

신체보호설(the theory of profection) 본능설 중의 하나로 인류가 처음에 옷을 입은 것은 기후나 자연의 변화에 대한 보호책이며 또는 곤충이나 짐승의 공격으로부터 보호하기 위해서라는 주장이다.

신체 이미지 사람들이 자신의 신체에 대해 갖는 정신적인 상이다. 즉 사람이 신체에 관해서 갖는 감정이나 태도의 총체를 나타내는 집합개념이다. 또는 신체적인 특징이 자신이나 타인에게 전달되는 느낌을 말한다.

신체장식설(the theory of ornamentation) 사람은 본능적으로 자기 몸을 아름답게 장식하고 싶은 욕망이 있어서 장식을 하기 시작한 것이 의복의 기원이 된 것이라고 한다.

신체적 외모(physical appearance) 다른 사람을 지각하는 첫번째 단서 중의 하나로, 어떤 사람의 체격, 체형, 건강상태 등을 말한다.

신체적 요인 성격형성에 있어서 신체적 요인이란 생물학적 요인 중의 하나로서 체격, 호르몬의 작용, 신경생리적 조건, 감각기관의 예민성 등을 말한다.

신체적 자아(somatic-self) 사람들이 갖는 자기 신체(외모)에 대한 개념으로서 이 신체적 자아를 통한 자기평가는 의복에 따라 영향을 받으므로 신체적 자아가 위축되는 부분을 의복을 통해 증신시킬 수 있다.

신치(cinch) 허리를 꽉 죄는 넓은 벨트를 말한다. 주로 고무나 천으로 만들어지며 1940년대에 유행하였다.

신치트 웨이스트라인(cinched waistline) 신치는 '말 안장, 말의 배띠'를 말하며, 말안장같이 넓고 튼튼하게 만든 버클로 견고하게 맬 수 있는 벨트를 신치 벨트라고 한다. 웨이스트에 포인트를 준 신치 웨이스트는 코르셋의 효과로 가는 허리를 연출하여 매혹적인 보디를 강조한다.

신합섬(Finely Textured Fibers) 1987년 후반부터 일본 산업 분야에서 사용되기 시작한 용어로서, 기존의 합성 섬유와는 달리 텍스처와 촉감이 개선된 고급화된 섬유이다. 주로 천연 섬유의 촉감을 모방한 유사면(cotton-like), 유사견(silk-like), 유사모(wool-like), 유사인견(rayon-like) 등이 있으며, 그 밖에 유사가죽(leather-like), 유사방적사(spun-like) 등이 있다. 요즈음에 피치 스킨에 이어 면과 견의 중간 촉감을 갖는 합성 섬유가 개발되었다.

실(yarn) 섬유의 긴 집합체를 말한다. 일반적으로 섬유는 한 올만으로는 너무 가늘어서 취급이 어렵고 강도도 부족하므로 몇 올의 섬유를 모아서 알맞은 굵기와 강도를 지닌 길고 연속적인 집합체로 만든다. 실의 종류는 단사와 합사, 코드로 나뉘며, 필라멘트사와 방적사로도 구분된다. 그 밖에 재질과 용도에 따라 나뉘며 명칭 또한 사용자들이 편리하게 붙인 것이 많다. 또한 실의 굵기가 일정하지 않은 장식사도 있으며 열처리를 한 텍스처사 등이 있다.

실감개 풀어진 실을 사용하기 편하도록 감아두는 데 사용하는 것으로, 옛날에는 주로 나무로 만들었는데 여기에 옻칠을 하고 자개 등으로 장식하여 쓰기도 했다. 현재에는 거의 플라스틱으로 만들어져 이용된다.

실감기 모둠 폴리 앞의 본체에 붙어 있는 보빈에 실을 자동적으로 감아주는 장치이다. 이것은 캠 바퀴에 붙어 있는 실패바퀴와 실패축, 실패축대, 실패축대 조절나사, 보빈 누르개 등으로 이루어진다.

실고리 바느질에 쓰이는 실이나 수실을 보관하기 위해 버들로 엮어 만든 바구니로, 형태는 원형이나 타원형이며, 형이 틀어지지 않도록 댓고의(대의 껍질이나 죽순 껍질)를 넓게 감아 고정시키며, 어떤 것은 안쪽에 한지를 발라 실이 트지 않도록 한다. 종이를 여러 문양으로 오려붙인 것도 있다.

실끊개(thread cutter)   실을 끊을 수 있도록 칼이 부착된 부분이다. 재봉이 끝났을 때 실을 자르기 위해 바늘대 부근에 부착한 장치로, 대개 노루발대 아래쪽 뒷면의 홈처럼 비스듬히 파인 부분에 칼이 부착되어 있다.

실내 디스플레이(interior display)   일단 상점으로 들어선 고객에게 구매 충동을 자극하여 고객을 판매로 유도하려는 목적으로 점포 장식뿐만 아니라 판촉의 주제를 전달하기 위한 디스플레이로, 주로 선반, 코너, 층계, 입구 등에 인테리어된다.

실루엣(silhouette)   의복 전체의 외곽선(outline)이나 윤곽선(contour)으로서 대개 '셰이프(shape)' 또는 '폼(form)'이라고 불리기도 한다. 때로는 소매나 스커트 등 부분의 입체적인 특징을 가리키기도 한다.

실리카 섬유(silica fiber)   무기질을 원료로 하는 인조 섬유로 규산염 섬유의 하나이다.

실린더 라인(cylinder line)   실린더는 원주, 기둥의 뜻으로, 이와 같이 가늘고 긴 통모양의 실루엣을 말한다.

실링, 데이비드(Shilling, David 1953~)   영국 런던 출생의 모자 디자이너로, 12살 때 어머니가 경영하는 애스콧 해츠(Ascot hats)에서 디자인을 시작하였다. 독창성과 재치있는 영감의 디자인으로 인정을 받아, 영국 지방박물관을 순회 전시한 최초의 모자 디자이너가 되었다.

실면(seed cotton)   면모의 종자가 아직 분리되지 않아, 종자에 면모가 붙어 있는 상태의 목화송이를 말한다. 면실을 뺀 면은 조면, 면화라고 한다.

실버(silver)   광택이 있는 은백색을 말한다.

실버 폭스(silver fox)   길고 부드러운 여우 모피로 캐나다, 러시아, 북아메리카, 스칸디나비아 등이 주산지이며, 푸른빛을 띤 회색에 은회색 털이 섞여 있고, 흰색 털에 등줄기에 검은 선이 있는 것도 있다. 은색털이 많이 섞일수록 고급품으로 취급되며 모피 농장에서 사육되기도 한다. 노르웨이산이 최고급품이며 칼라나 스톨 등에 사용된다.

실버 호즈(silver hose)   ⇒ 글리터 호즈

실상자   내부 구조는 실첩과 비슷하나, 상자 형태이고 서랍 등이 있어 색실만이 아니라 색헝겊도 보관할 수 있으며, 구조와 색상이 매우 다양하다.

실 스킨(seal skin)   주로 알래스카 해안에서 서식하는 물개, 강치의 가죽으로 길고 거친 보호털을 제거하면 매끄럽고 부드러우며 아름다운 가죽으로 이용된다. 대개 갈색이나 검정색으로 염색하며, 핸드백에 많이 사용된다. 퍼 실(fur seal), 헤어 실(hair seal) 등의 종류가 있다.

실제적 자아(real self)   로저스(Rogers)는 자아를 실제적 자아와 이상적 자아로 구분했는데, 사람에게 있는 그대로의 자아를 실제적 자아라 한다.

실조절 기구(thread tension assembly)   두 장의 원판을 둥근 용수철로 압축하여 그 사이에 윗실을 넣어 윗실에 장력을 갖게 함으로써 실채기가 실을 끌어 올리는 힘에 저항하게 하여 필요없는 실을 끌어내지 않게 하는 장치이다.

실조절 나사(thread tension nut)   실조절 기구의 실조절 용수철에 장력을 가해 주는 나사로, 이것을 조이거나 풀거나 하는 데에 따라 윗실을 조절한다.

실조절 용수철(thread tension spring)   실조절 기구에 속하는 것으로 실조절 원판에 압력을 가해 주는 용수철이다.

실조절 원판(thread tension plate)   실조절 기구로 윗실의 땀 조절을 위해 윗실에 장력을 가해 주는 접시 모양의 판이다. 두 개의 둥근 원판 사이에 실을 끼우게 되어 있다.

실채기   실채기 구멍에 윗실을 넣으며, 바늘대와 같은 모양으로 상하로 움직여서 윗실을 조절해 내거나 들어올리거나 하는 것으로, 테이크업 레버(take-up lever)라고도 한다.

실채기 캠(cam)   두부에 장치되어 상축의 회

전 운동에 따라 실채기를 상하로 운동하게 하는 바늘 구멍형의 캠이다.

실첩 실을 넣어 보관하는 용구로 겉보기에는 보통의 책과 같으나, 펼치면 여러 개의 칸막이 실갑이 생긴다. 재료는 주로 창호지를 사용하며, 보통 무명실은 실패에 감아 쓰고, 명주실, 자수실은 실첩에 넣어 보관한다.

실켓 얀(silket yarn) 견사 또는 합성사 등을 화학 처리하여 실크 같은 느낌이 나도록 가공한 견사를 말한다.

실크 배팅(silk batting) 겨울용 재킷이나 코트 등에 쓰이는 보온을 위한 절연체로 실크를 사용한 것이다. 새의 깃털, 특히 오리털을 사용한 것보다도 보온성이 20% 정도 높다.

실크 오건디(silk organdy) 카드사(carded yarn)로 만든 견평직물로 침대 시트로 쓰인다.

실크 핀(silk pin) ⇒ 드레스메이커 핀

실크 해트(silk hat) 검정색 실크를 사용하여 만든 원통형의 예장용 모자를 말한다. 크라운은 원통형으로 높게 만든 반면, 챙은 비교적 좁다. 모닝 코트, 연미복 등 최고의 의례복에 착용한다. 원래는 17세기 후반부터 대유행했던 '비버 해트'에서 유래했으며, 급격하게 감소된 비버의 모피를 대신하여 실크 직물이 사용된 것이 이 모자의 시초이다. 광택있는 흑색이 정식이며 약식용에는 다른 색이 사용되기도 한다. 예외적으로 승마경기를 관람할 때에는 여성들도 이 모자를 착용한다. 1797년 런던의 모자가게 존 헤더링턴(John Hetherington)에서 고안된 것이며, 1800년대에 젊은이, 공화주의자들 사이에 애용되어 일반인들도 사용하게 되었다. 예장용이 된 것은 19세기 말경으로, 접을 수 있으며 광택이 덜한 오페라 해트(opera hat)와는 다르다. 비버 해트, 톱 해트, 하이 해트(high hat)라 부르기도 하며 토퍼라는 속칭도 있다.

실키 가공(silky finish) 머서라이즈 가공으로 면직물을 진한 가성소다 용액 속에 담가 잡아당겨 준 후 세척하는 가공으로 면섬유가

팽윤되어 견과 같은 광택이 생기고, 강도와 흡수성이 증가한다.

실키 파스텔(silky pastel) 실크와 같은 광택을 지닌 파스텔군을 말한다. 핑크나 맑은 블루, 그린 등 일련의 파스텔 컬러 중에서도 광택이 있어 투명한 것 같은 느낌이 있는 것을 가리키는 용어이다. 전체가 밝은 이미지가 특징으로 디스코용 드레스 등에 사용되며 벨트 등의 액세서리에 많이 이용되어 환상적인 매력을 만들어 내고 있다.

실패 실이 엉키지 않도록 감을 수 있는 용구로 실의 사용을 편리하게 하기 위해 만들어진 것이다. 형태는 장방형, 타원형, 중간이 잘록한 형, 사각형의 중간이 반달 모양으로 파진 것 등이 있는데, 그 중 장방형은 3~4cm에서 25cm 길이의 것까지 있으며, 짧은 것에는 한 가지 실을, 긴 것에는 2, 3가지 실을 감아 사용하였다. 일반인은 나무 위에 문양을 조각하거나 색지를 붙여 사용하였고, 귀족은 나전칠을 하거나 화각을 입혀 사용하였다.

실패 격자수 실패 모양처럼 표현하는 수법으로, 직선 격자를 하고 교차점을 징거 준 후 각 변을 삼등분하는 두 땀의 건넘실을 안쪽으로 0.1cm 정도 당겨 실패 모양을 만든다. 이런 방법으로 땀의 방향이 서로 어긋나게 수놓거나 또는 사선 격자를 하고 교차점을 징근 후 한 변을 이등분하는 한 땀을 0.1cm 정도 안으로 당겨 땀의 방향을 어긋나게 하며 수놓거나 당기지 않고 수놓는다.

실패꽂이 실패를 꽂는 대이다. 재봉틀에는 일반적으로 암(arm)의 오른쪽 위에 있는 윗실 실패를 세우기 위해 사용되는 위 실패꽂이와 베드(bed)의 오른쪽 앞쪽에 있는 보빈에 밑실을 감을 때 쓰이는 밑 실패꽂이가 있다.

실표뜨기(tailored tack) 모, 견, 레이스와 같이 룰렛이나 재단 주걱 등으로 표시하기 어려운 옷감을 두 겹으로 겹쳐 놓고 재단했을 때 완성선 표시를 실표뜨기로 한다. 두 장의 옷감을 겹쳐놓고 초크로 완성선을 그린 후 면사 두 올로 바늘땀을 3cm 내외로 하는데,

이때 곡선은 촘촘하게 직선은 성글게 한다. 실 중간을 자르고 옷감 한 겹을 제치고 사이의 실을 자른 후 다리미로 눌러 다려 놓는다. 테일러드 택이라고도 한다.

실험적 관찰법　　자연상태에서는 조건이 복잡하여 관찰이 곤란할 경우에 조건을 인위적으로 통제하여 관찰하는 방법을 말한다.

심(seam)　　바이어스 바인딩, 파이핑 등의 장식적인 트리밍의 다양한 봉제로 직물의 부분과 부분을 이은 선이다. 바느질 방법에 따라 솔기의 종류가 다양하다.

심경(心經)　　위금(緯錦)에서 지위와 문위의 사이에 끼여 지(地)와 문(紋)을 가르는 경사를 말한다. 심경은 중국에서는 협경(夾經), 일본에서는 음경(陰經)이라고 한다.

심드 팬티호즈(seamed pantyhose)　　다리의 뒤쪽에 검은 줄의 솔기가 강조되는 팬티호즈를 말한다.

심드 호즈(seamed hose)　　평평한 니트 소재를 꿰매어 뒤를 봉합한, 솔기가 있는 호즈로 유행 상품의 하나이다. 봉합 없이 호즈가 잘 맞도록 가공된 실이 발명된 1960년대까지 일반적으로 착용한 대중적 형태의 호즈이다. 1968년까지 솔기가 거의 없는 호즈를 착용했고, 1970년대에 다시 도입되었으나 뒤쪽 위에 검은 선이 있는 서큘러 니트로 만들어졌다.

심뜨기　⇒ 팔자 뜨기

심러(simla)　　직사각형 모양의 천을 몸에 둘러싸서 입는 히브리의 기본적인 겉옷의 일종이다. 그리스인과 로마인들이 둘렀던 겉옷과 유사하다.

심리 4원색　　사람은 색에 대해 다양한 기호를 갖는다. 그것은 인테리어 색, 복장의 색처럼 현실적 조건에 따라 설정되며 그때 그때의 조건에 따라 기호색은 일정하지 않다. 이러한 조건을 무시하고 일반적으로 막연하게 사람의 색에 대한 기호를 통계적으로 처리해 보면 순색 중 적, 황, 녹, 청의 4색에 집중하고 있다. 이것은 일반적으로 기본적인 5개의 기준 중 자색을 제외한 4개의 색에 해당된

다.

심리발생적 욕구심리　　발생적 욕구는 2차적 욕구로서 욕구 유형의 중요성, 강도가 개인에 따라 달라 개인의 성격을 특징짓는다. 이것은 다시 28개의 욕구유형으로 구분된다.

심리스 호즈(seamless hose)　　다리 뒤쪽에 솔기선이 없는 호즈를 말한다. 대부분 신축성이 있고, 그물 모양이나, 불투명하거나 투명한 소재를 사용하여 원통형으로 편직한 호즈이다.

심리적 동조현상　　자기가 원하는 인물이나 사회계층에 대한 모방을 통해서 그들과 자기가 같다고 하는 모방현상의 일종이다.

심리적 의존성　　불안하다든가 기분이 좋다든가 또는 기분전환을 원하는 경우에 의복이 주는 심리적 영향에 의존하려는 행위를 말한다.

심미성(aesthetic)　　의복에 대한 태도 측정에서 하위척도 변인으로서의 심미성은 자신의 아름다운 용모로부터 즐거움을 얻기 위하여 의복을 착용하는 행위를 말한다.

심미적인 형(the aesthetic)　　가치관 유형 중의 하나로 심미성의 사람은 최고의 가치를 형태(form)와 조화(harmony)에 두며, 이들은 심미적이고, 인생의 가치를 예술적이며 미적인 데 둔다.

심위(心緯)　　경금(經錦)에서 문양을 조직하기 위하여 필요한 위사이다. 중국에서는 협위(夾緯), 일본에서는 음위(陰緯)라고 한다.

심의(深衣)　　유학자의 의복(衣服). 백세포(白細布)로 만들어 깃·소맷부리 등 옷의 가장자리에 검은 단으로 선(襈)을 두른다. 의(衣)와 상(裳)이 연결된 의상연의(衣裳連衣)로 복건(幅巾)·대대·흑리(黑履)와 같이 착용한다.

심지(padding cloth)　　의복 심에 사용되는 피륙의 총칭으로, 옷의 종류에 따라 마, 모, 면직물, 부직포 등이 쓰인다.

심지단(interfaced hem)　　테일러링이나 벨벳 등에 사용되는 것으로 아래 부분에 중량감을 주고 단끝이 부드러운 선으로 접혀지도록 하

심의

거나, 두꺼운 감에서는 단 넓이의 윤곽선이 겉에서 드러나지 않도록 하기 위한 것이다. 인터페이스트 헴이라고도 한다.

심층조사법　소비자의 심층에 깔려 있는 동기를 파악하기 위한 방법으로서 간접적인 방법이나 투영적인 방법을 이용하며 보통 TAT, 단어 연상법, 문장 완성법, 역할 연기법 등이 사용된다.

심 포켓(seam pocket)　봉제선을 이용한 포켓을 말한다. 예를 들어 스커트의 봉제선, 바지의 옆선 등이 응용된다. 또한 작업복의 옆 봉제선에 붙어 있는 담배를 넣을 수 있는 주머니도 심 포켓이라고 부른다.

심프슨, 아델(Simpson, Adele 1903~)　미국 뉴욕 출생이며, 7번가를 대표하는 디자이너로 시대에 뒤떨어지지 않으면서도 보수적이고, 현란하지 않은 디자인으로 온건한 중산층의 사랑을 받았다. 1946년 니만 마커스상, 1947년에 코티상을 수상했다.

심플렉스 니트(simplex knit)　두 개의 바(bar)를 가지는 트리코 편기에서 스프링 비어드(spring−beard) 바늘을 사용하여 만들어지는 옷감으로 대부분 면을 사용하여 비교적 두껍다.

심플리서티 노트 스티치(simplicity knot stitch)　작은 백 스티치를 두 개씩 나란히 자수하여, 매듭같이 보이게 하는 바느질법으로, 굵은 실을 사용하는 경우가 많고, 도안의 윤곽이나 간단한 가장자리 장식으로 이용된다. 도트 스티치라고도 한다.

십이장문(十二章紋)　황제의 십이장복에 놓은 열두 가지 문양을 말한다. 즉 일(日)·월(月)·성신(星辰)·산(山)·용(龍)·화(化)·화충(華蟲)·종이(宗彝)·조(藻)·분미(粉米)·보(黼)·불(火)의 문양이다.

십장생문(十長生紋)　가장 한국적인 무늬로 장생(長生)의 염원을 담고 있는 거북[龜]·사슴[鹿]·학(鶴)·소나무[松]·대나무[竹]·불로초(不老草)·바위[岩]·물[水]·구름[雲]·해[日] 등의 열 가지 장생 상징물을 조화시킨 복합 문양으로 수문(壽紋)으로

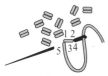

심플리서티 노트 스티치

싱글 브레스티드 베스트

싱글 브레스티드 수트

많이 쓰였다.

싱글 라이너(single liner)　단일 복종을 취급하는 패션 전문점을 말한다.

싱글릿(singlet)　안감이 없는 한 겹으로 된 얇은 조끼를 말한다.

싱글릿

싱글 브레스티드(single breasted)　코트나 베스트, 재킷 등의 앞 중앙에 일렬로 단추를 끼울 수 있도록 만들어진 옷을 말한다.

싱글 브레스티드 베스트(single breasted vest)　앞여밈 단추가 한 줄로 된 조끼를 말하며 이러한 스타일의 재킷을 싱글 브레스티드 재킷이라고 한다. 이와 달리 단추가 두 줄로 달린 조끼를 더블 브레스티드 베스트라고 부른다.

싱글 브레스티드 수트(single breasted suit)　단추가 한 줄로 달린 재킷과 짝지은 수트를 말한다.

싱글 스트라이프

싱글 스트라이프(single stripe)　일정한 두께의 줄무늬가 일정한 간격으로 배열된 문양을 말한다.

싱글 스티치(single stitch)　공글려 내는 간단한 자수법으로, 꽃의 형태나 꽃심을 표현하는 데 많이 사용한다. 스트레이트 스티치, 플레인 스티치라고도 한다.

싱글 스티치

싱글 웰트 심(single welt seam)　⇒ 외줄 뉜솔

싱글 익스텐션 커프스(single extension cuffs)　익스텐션 커프스와 동의어로 더블 익스텐션 커프스와 상대적으로 사용되는 명칭이다.

싱글 저지(single jersey)　일반적으로 1렬 편침으로 제편한 위편성물이다. 표면에는 세로 방향의 웨일(wale)이, 이면에는 가로 방향의 코스(course)가 나타난다. 신축성이 좋으나 끝이 말리고 올이 풀리는 단점이 있다. 운동복, 내의, T 셔츠, 드레스 등에 사용된다.

싱글 칼라(single collar)　칼라 끝을 접은 스탠딩 칼라로 주로 남성용 예복으로 입는 셔츠에 달렸다.

싱글 커프스(single cuffs)　⇒ 배럴 커프스

싱글 코드 심(single cord seam)　⇒ 한 줄 상침

싱글 톱 스티치트 심(single top stitched seam)　⇒ 외줄솔

싱글 트위스트(single twist)　양끝단을 헴 스티치로 먼저 하고, 뽑아낸 중앙에서 엇갈리도록 그 중앙에서 실을 통과하게 하는 방법이다.

싱커(sinker)　편성의 요소 중 하나로 편성시 생성된 코를 잡아주는 역할을 한다.

싱크로 톤(synchro tone)　새로운 색 배합의 하나로, 유사한 색들을 교묘하게 조합시키는 배색을 말한다. 즉 같은 명암에서 다른 색조의 색과 배합시키는 것이 기본이다. 예를 들면, 내추럴 컬러 수트에 베이지 등을 대비시

키는 것으로 남성복에 자주 활용된다. 싱크로는 '동시성을 갖다, 동시에 일어나다' 라는 뜻이다.

싸박기　얇은 옷감의 적삼이나 깨끼저고리의 깃을 달 때 솔기를 가늘고 단단하게 바느질하는 방법이다. 깃을 길의 깃선에 시침하고 겉에서 깃선을 돌려 박은 다음 안쪽에서 깃선을 꼬집어 꺾어 깃이 길과 길 사이에 물리게 시침하여 깃선을 다시 한 번 안에서 박아 시접을 자르고, 깃쪽으로 박은 솔기를 넘겨 다림질한다.

쌀알수　0.2~0.3cm 정도의 짧은 땀을 그 크기는 일정하게 하고 결의 방향은 불규칙하게 수놓는 방법이다. 면을 메울 때는 중심에서 한 방향으로 돌면서 면적을 넓혀가며, 이때 변화를 주기 위해 중심의 색을 진하게 하고 주변을 점차로 엷게 하거나, 중심의 간격은 촘촘하게 주변은 성글게 하기도 한다.

쌈솔(flat felled seam)　겉으로 시접한 쪽을 0.3~0.5cm 내에서 박은 후 그 시접으로 접어 한 번 더 박는다. 겉으로 두 줄의 바늘땀이 나타나기 때문에 스포티한 느낌을 주어 와이셔츠, 아동복, 운동복에 널리 쓰인다. 플랫 펠트 심, 펠 심이라고도 불린다.

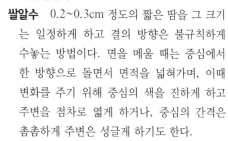

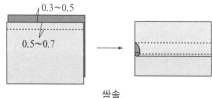

쌈솔

쌍계(雙紒)　머리의 정부(頂部) 좌우에 틀어올린 두 개의 상태를 말한다. 상고 시대부터 행해졌던 결발(結髮) 형태로 조선 시대까지 이어졌다. 쌍동계(雙童髻)라고도 한다.

쌍룡문(雙籠紋)　마주보는 두 마리의 용을 문양화한 것이다. 금, 단, 갑사의 문양으로 많이 사용되었다.

쌍봉문(雙鳳紋)　서로 마주보는 봉의 문으로, 고대 염직품의 문양으로 사용되었다.

쌍상투　상투의 일종이다. 보통 상투는 하나만 틀지만 시대에 따라서는 정수리 좌우에 두

싱글 커프스

개를 틀었다.

쌍어문(雙魚紋)　두 마리의 물고기를 상하 또는 좌우 대칭으로 배치한 문양으로, 종교적인 상징 문양이다. 쌍어는 악으로부터 보호하는 기능을 가지는 문양이다. 인도의 아요디아[阿踰陀國]의 문장이 쌍어문이라고 한다. 고대 인도어인 드라비다어로 물고기를 '가락'이라고 한다. 염직품의 문양으로 사용되고 장식재로도 사용된 예가 많다.

쌍잠(雙繭)　두 마리 또는 그 이상의 누에가 한 누에고치를 만든 것으로, 옥견, 동공견이라고도 한다.

쌍주(雙紬)　경(經)에 생사, 위(緯)에 연사 2본과 생사 2본을 번갈아 위입하여 제직한 주(紬)를 말한다.

쌍줄 뉜솔(double welt seam)　외줄 뉜솔과 같은 방법으로 완성선에서 0.1~0.2cm 정도 밖으로 한 줄 더 스티치를 박는다. 겉에서 보기에는 쌈솔과 비슷하나 안에서 보면 다른 모습이다. 더블 웰트 심이라고도 한다.

쌍줄 상침　⇒ 두 줄 상침

쌍줄솔(double top stitched seam)　안쪽에서 완성선을 박아 시접을 가름솔로 하고, 다림질한 후 겉에서 완성선 양쪽으로 같은 폭으로 두 줄 눌러 박아 상침한다. 장식성과 함께 시접을 고정시키는 효과가 있다. 더블 톱 스티치트 심이라고도 한다.

쌍학흉배(雙鶴胸背)　조선 시대 문관 당상관(堂上官), 왕의 부마(駙馬)·종친이 착용하던 두 마리의 학을 수놓은 흉배이다. 북청색 운문단(雲紋緞) 바탕 위에 양날개를 펴고 구름 속을 날고 있는 쌍학을 중심으로 삼산(三

山), 바위, 불로초, 물결 등의 장생문(長生紋)을 수놓는다.

쌍학흉배

쌍호흉배(雙虎胸背)　조선 시대 무관 당상관(堂上官)이 착용하던 두 마리의 호랑이를 수놓은 흉배이다. 심청색 운보문단(雲寶紋緞) 위에 용맹한 호랑이 두 마리를 마주보게 배치하고, 그 사이에 태극문(太極紋)을, 하단에는 파도문·만자문(卍字紋)·삼산(三山)·불로초·바위 등을 수놓는다.

쌍호흉배

씨실(weft, filling)　⇒ 위사

씨앗틀　목화의 씨를 빼내는 기구이다.

아가얀, 레이(Aghayan, Ray 1927~) 이란의 테헤란 출생인 아가얀은 로스앤젤레스로 유학을 가서 건축과 희곡을 공부하다 NBC에 들어간 후 무대 의상을 디자인하게 되었다. 1963년 주디 갈란드(Judy Garland) 쇼의 디자인 작업을 위하여 밥 매키(Bob Mackie)를 고용하였고, 그 후 파트너가 되어 무대 의상뿐 아니라 1년에 4회의 기성복 컬렉션을 갖기도 하였다.

아가일(argyle) 양말, 스웨터 그리고 직물용 편직 패턴을 말한다.

아가일 삭스(argyle socks) 3~4가지의 색상을 사용하여 다이아몬드 문양으로 편직된 수공예 또는 자카드 직기에서 제작된 양말을 말한다. 단색 또는 다양한 색상의 다이아몬드 문양은 스코틀랜드 지방의 민속품의 하나로, 지방의 가문을 상징하는 타탄 체크에서 유래한다.

아가일 스웨터(argyle sweater) 색상이 다양하고 다이아몬드 모양의 바둑판 무늬로 짠 메리야스식 스웨터로 골프 양말, 조끼 등에도 이 패턴을 많이 응용한다. 1920~1930년대와 1960년대에 유행하였다.

아갈(agal) 아라비아인이나 베두인, 사막에 사는 사람들이 머릿수건을 보호하기 위해 울로 꼬아 만든 두꺼운 줄을 말한다.

아게이트(agate) 다양한 옥수(석영의 변종)를 말한다. 굽어진 모양이나 물결 모양의 평형한 띠로 만들어진 옥수 종류로, 굽은 아게이트로 불리거나 넓고 둥근 링으로 되어 있어서 아이 아게이트(eye agate)로 불린다. 또한 양치류나 안개의 영향을 받은 것은 모스 아게이트(moss agate)로, 이끼 마노 또는 모카 스톤(mocha stone)이라고 한다.

아나뎀(anadem) 16세기 후반에서 17세기 동안에 여성들이 머리에 착용한, 나뭇잎이나 꽃으로 만든 화관이다.

아나하도리[穴織] 일본에서는 고대 중국에서 일본에 보내진 봉공녀(縫工女)라고 한다. 그러나 김정학 씨는 《일본의 역사(日本の歷史)》 별권 1의 '임나 일본(任那と 日本)'에서 아나가라(加羅)에서 일본으로 간 봉공녀라고 하였다.

아날로지 컬러 코디네이트(analogy color coordinate) 동색계나 유사색들로 조합하는 대비를 의미한다. 의복의 2대 기본 배색 방법의 하나로 예전에는 하모니 컬러, 코디네이트 등으로 불렸던 것의 더욱 정확한 표현이다. 아날로지는 '유사, 매우 비슷함'이라는 뜻으로 유사색을 가리켜 영어로 아날로저스 컬러라고 한다. 또 다른 기본 배색 방법으로 콘트라스트 컬러 코디네이트가 있다.

아네스 베(Agnès B 1924~) 프랑스 파리에서 태어나 17세의 어린 나이로 《엘(Elle)》지의 부편집장이 되었고 2년 후엔 '도로테 비스(Dorothèe Bis)'에서 디자이너로 일했다.

아가일 스웨터

그 후 그르노블 올림픽의 메달리스트인 스키 선수 커리가 경영하는 스포츠 웨어에서 스타일리스트로 활약하였다. 1976년 파리에서 자신의 브랜드를 설립한 후 배기 셰틀랜드(baggy shetland), 아란 스웨터(Aran sweater), 덩거리즈(dungarees), 페인터즈 셔트(painter's shirt) 등을 독특한 색조로 선보였다.

아네스 소렐 드레스(Agnès Sorel dress) 1860년대 초기에 착용한 드레스로 앞뒤가 스퀘어 네크라인으로 되어 있고 풍성한 비숍 소매로 된 프린세스형의 드레스이다.

아네스 소렐 보디스(Agnès Sorel bodice) 앞뒤가 스퀘어 네크라인이며 넓은 비숍 슬리브가 달린, 1861년경의 여성 드레스의 보디스를 말한다.

아네스 소렐 스타일(Agnès Sorel style) 1860년대 초에 입었던 프린세스 스타일의 드레스이다.

아네스 소렐 코르사주(Agnès Sorel corsage) 앞뒤가 스퀘어 네크라인으로 되어 있고 풍성한 비숍 소매가 달린 여성용 보디스나 펠리스 로브의 헐렁한 보디스를 말하는 것으로, 재킷과 유사하게 목위까지 높게 단추를 채우기도 하고, 조끼의 가슴 부분을 내보이기 위해 단추를 풀어서 입기도 했다. 1860년대에 입었으며 후에 아네스 소렐이라고 불렸다.

아네스 소렐 쿠아퓌르(Agnès Sorel Coiffure) 앞은 리본 밴드로 장식하고 뒤는 묶은 여성의 헤어 스타일로, 1830~1850년대에 유행하였다.

아노락(anorak) ① 북아메리카 동북방의 에스키모인들이 방한을 위하여 입는 두건이 달린 허리 길이의 재킷이다. 주로 물개나 바다표범의 가죽으로 만들며 날염된 면직물을 사용하여 만들기도 한다. ② 등산, 스키용으로 착용하는 방풍·방설을 위한 모자가 달리고 방수지로 만든 엉덩이 길이의 재킷으로, 밑단을 끈으로 조이게 만들고 안감으로는 털이나 옷감을 두껍게 누벼서 대며 모피로 트리밍하여 겨울용 스포츠 웨어로 착용하기도 한

아노락

다. 제2차 세계대전 때 조종사들의 복장에서 유래되었다.

아느라스(anelace) 13세기와 16세기 남성들이 벨트에 차던 쌍날의 단검을 말한다.

아니스(anise) 아니스 식물에서 보이는 색을 말한다. 약간 녹색 기미가 들어간 황색으로 산뜻한 감각이 있다. 파리 컬렉션의 드레스나 블라우스에 자주 이용되는 색으로 하드 파스텔의 하나이다. 아니스는 자소류의 식물로 그 열매는 향미료로 사용된다.

아델라이드 부츠(adelaide boots) 앞코와 뒤축이 에나멜 가죽으로 된 발목 길이의 여성 부츠로 1830~1860년대에 미국에서 착용하였다.

아도니스 위그(adonis wig) 그리스 신화에 나오는 사랑의 여신인 비너스(아프로디테)의 사랑을 받았던 미청년인 아도니스의 이름을 붙인 가발로, 18세기 전반 유럽에서 유행하였다. 길이는 길며 둥글게 웨이브진 머리카락이 특징으로, 대부분 백색으로 되어 있으며 회색도 있다.

아돌포, 사디나(Adolfo, Sardina 1933~) 쿠바 아바나에서 유복한 법관의 집안에서 태어났다. 세계적으로 부유하고 우아한 고모 마담 마리아 로페즈(Maria Lopez)는 사디나를 파리로 데려가 메종 발렌시아가(Maison Balenciaga)에서 일하도록 주선을 해주었다. 메종 발렌시아가에서 그는 절개, 선의 중요성을 터득하였으며, 1948년 여자 모자 디자이너로서 뉴욕으로 이주한다. 특히 그는 철사나 심을 사용하지 않고 봉제로만 모자를 만들었는데 저지로 앞에 챙이 있는 모자나 밀짚의 파나마 헤트, 거친 털의 코사크 헤트, 필박스 등 여러 가지의 혁신적인 모자를 만들었을 뿐만 아니라 기성복도 만들었다. 1970년대 그는 극적인 디자인 요소를 더 이상 사용하시 않고 깨끗하며 직선인 실루엣의 니트 수트나 테일러드 크로셰 드레스 등을 소개하였다.

아라다혜[荒妙] 일본에서 직목이 조(粗)한 직물을 말한다. 가지[拷], 고소[楮], 후지[藤]

등 인피 섬유로 제직한 직물로, 일본에서는 평안(平安) 시대 이후는 마포(麻布)의 이름으로 사용하였다.

아라미드(aramid)　폴리아미드계 합성 섬유의 일종으로 분자 내 벤젠환으로 인해 융점이 높고 내열성이 좋은 섬유이다. 대표적인 것으로 케블라와 노멕스가 있다.

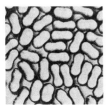

아라미드

아라베스크(arabesque)　아라비아 또는 이슬람 문화권의 전통 무늬로 이슬람권의 건축물이나 염직물에 주로 이용되는 기하학적 문양이다. 고선(孤線) 또는 와선(渦線) 등이 대칭, 방사, 반전 등의 수법으로 기하학적인 형태를 이루고 있다.

아라비안 나이트 룩(Arabian Night look)　스커트가 언더스커트에 달린 드레이프된 드레스로, 끝단이 언더스커트에 달려 있어 불규칙한 헴 라인을 이룬다.

아라비안 엠브로이더리(Arabian embroidery)　구간 자수의 한 종류로서 아라비아 특유의 표면을 완전히 덮어버리는 기법으로, 현란한 색배합과 기하학적 모양이 특징인 동양적인 자수이다. 주로 견사 또는 금사, 털을 사용한다. 테두리를 핀으로 잡아당기고 도안을 새틴 스티치같이 평평하게 잡아당기고, 그 위에 비스듬하게 교차하기도 하고 직각으로 걸쳐 0.2~0.3cm 간격의 스트레이트 스티치를 자수하고, 다시 카우칭 스티치로 스트레이트 스티치를 눌러 그 스티치 주위를 같은 색의 아우트라인 스티치로 가장자리 장식을 한 것 등이 있다.

아라빅 수트(Arabic suit)　아라비아풍의 수트로 하렘 스타일 같이 이국적인 이미지가 아니라 뚜렷하게 구축된 재킷과 스커트로 짝지은 것이 대부분이다. 아랍 룩의 대표적인 아이템으로 굵은 벨트를 매치시켜 허리를 졸라맨 밀리터리풍의 디자인이 특징적이다.

아라빅 재킷(Arabic jacket)　아라비아 스타일의 재킷을 가리킨다. 어깨를 살리고 재킷 길이를 약간 길게 하여 굵은 벨트로 허리를 조여서 밀리터리풍으로 디자인하고 대개 머리에는 아라비아인들의 터번으로 코디네이트시킨다.

아라사이드(arasaid)　허리에 벨트가 달려 있는 타탄의 긴 가운으로 17세기에 스코틀랜드 사람들이 입었다. 어깨에 토나그(tonnag)가 있고 머리에는 리넨으로 된 큐레이시드(curraichd)가 달려 있다.

아라센 엠브로이더리(arrasene embroidery)　아라센사로 자수한 자수법 중의 하나로 벨벳과 같은 효과를 낸다. 아라센사라는 것은 셔닐(chenille)사의 한 종류를 말한다.

아 라 실러(à la Schiller)　독일의 극작가이자 시인인 실러의 영향을 받아 디자인된 스타일로, 백색의 큰 테일러드 형태의 칼라가 특징이다. 1980년대 초반기에 디자이너 칼 라거펠트의 컬렉션에 등장한 셔트에 붙여진 명칭이다.

아 라 에리송(à la herrisson)　18세기 말경에 남녀 모두에게 유행했던 가발로, 고슴도치처럼 아무렇게나 뻗친 머리가 특징이었다. 이 가발의 영향으로 점차 머리의 길이가 짧아졌다.

아라크네(arachne)　니트 스티치의 하나로 섬유 웹을 꿰매서 피륙을 만드는 것으로, 체코에서 개발된 기계이다.

아란(Aran)　아일랜드 서쪽 해변에 있는 아란 섬의 주민들이 주로 입는 스웨터 스타일로 주로 거칠고 손으로 짠 울로 만들며 자연의 순색이거나 흰색으로 된 것이 많다. 20세기 이후에는 카디건, 코트, 스카프, 장갑을 언급하기도 한다.

아란 아일 스웨터(Aran Isle sweater)　아일랜드 서방에 있는 아란 제도의 어민들이 자신들의 손으로 만들어 입었던 실용성 있는 라운드 네크라인 또는 풀오버 스웨터를 가리킨다. 기름기를 빼지 않고 방수가공 처리를 한 자연색의 굵은 털실로 만들며 독특하게 튀어나온 케이블 뜨기의 다이아몬드 뜨기가 특징이다. 피셔맨 스웨터라고도 한다.

아란 아일 스웨터

아르 누보(Art Nouveau)   1890~1900년 사이에 일어난 새로운 예술 운동의 영향으로 회화, 건축, 공예, 의상 등에 이르기까지 전 유럽의 각 분야에 큰 영향을 미쳤다. 보석과 의상에 유행했던 장식적인 한 스타일로 자연의 동식물을 주제로 하여 식물로는 중세의 회화를 연상케 하는 덩굴담쟁이, 백합, 연꽃 등을, 동물은 뱀, 공작, 표범 등을 이용한 프린트를 보석과 의상에 많이 사용한 프린트 기법을 말한다. 벨기에 태생인 앙리 방 드 벨드가 기묘한 곡선무늬로 실내 장식을 한 상점에 아르 누보라는 명칭을 붙임으로써 이 용어가 대중화되었다.

아르 누보

아르 누보 프린트(Art Nouveau print)   아르 누보 시대의 장식 양식을 직물에 표현한 프린트이다. 아르 누보란 '새로운 예술'이란 의미로 20세기 초 프랑스, 벨기에 등을 중심으로 전개된 운동으로 곡선을 위주로 한 유기적이고 자유로운 의장이 특징이다. 꽃과 식물, 여인, 동물, 곤충 등의 패턴을 많이 사용하였다.

아르 누보 프린트

아르 누보 호즈(Art Nouveau hose)   규격화된 단일 문양이나 복합된 문양이 프린트 된 불투명하고 다채로운 색의 호즈로 장딴지까지 오게 착용한다.

아르 데코(Art Déco)   1910~1930년대 당시 파리에서 피카소, 아폴리네르, 프루스트, 제임스 조이스, 장 콕토 등의 예술가들이 일으킨 큐비즘 입체파 예술 활동의 영향을 받아 유행한 스타일이다. 이 당시 대표적인 패션 디자이너로 마들레느 비요네와 폴 푸아레를 들 수 있는데 이들은 기능주의를 주장하였다. 폴 푸아레는 그때까지 코르셋에 의한 모래시계 형태의 드레스를 거부하고 부드러운 직선의 기능적인 스타일의 드레스에 동양적인 신비스런 색과 무늬를 넣어 이국적으로 처리하였다. 유연성을 강조하기 위하여 실크, 크레이프 드 신, 벨벳 등의 드레이프성이 좋은 옷감들을 많이 사용하였다. 아르 데코 특유의 기하학적인 패턴이나 선의 구성, 물 방울 무늬를 넣은 미디 드레스 등이 대표적 인 스타일이다. 1968년에서 1980년까지 유 행하였다.

아르 데코 이어링(Art Déco earring)　독특하 며 장식 요소가 강화된 기하학적 형태의 귀 고리로 1960년대에 크게 유행하였다. 1925 년 파리 전시회에서 보였던 1920년대의 형 태를 모방한 것이다.

아르 데코 패턴(Art Déco pattern)　시폰, 니 트, 저지 등의 직물에 주로 사용되는 다양한 컬러와 형태의 기하학적 문양으로 직물이나 보석 등을 수놓거나 새긴다.

아르 데코 호즈(Art Déco hose)　1960년대에 유행한 기하학 문양 프린트의 장식성이 강한 호즈를 이른다. 용어의 어원은 불어의 '장식 예술 또는 장식 미술' 이라는 의미이다.

아르마니, 조르지오(Armani, Giorgio 1935~) 이탈리아의 피아첸차 출생이며, 고등학교 졸 업 후 의사가 되기 위해 밀라노로 갔으나 군 대를 마친 후 라나상테 백화점에 취직, 전시 장 디스플레이와 고객 접대 업무를 하면서 능력을 인정받아 신사복 부티크를 담당하게 되었다. 이곳에서 8년 간 직물의 사용에 대 한 중요성을 깨닫고 1970년 친구 셀지오 가 레오티와 함께 개인 스튜디오를 설립했다.

아르메니안 맨틀(Armenian mantle)　1847년 여성들이 착용한 케이프가 없는 헐렁한 외투 로, 브레이드로 장식하였다.

아르메니안 엠브로이더리(Armenian embroid- ery)　캔버스지에 아르메니아(Armenia)풍 또는 동양풍이라고 불리는 평면뜨기 자수(코 같은 표면을 갖는 자수 방법)를 하는 것을 말한다. 보통은 엷은 색사로 넓게 크로스 백 스티치를 격자로 자수하고 그 위에 짙은 색 사로 종횡으로 망처럼 또는 바구니의 조직처 럼 실을 옭아매는 고도의 자수 기법 중 하나 이다. 아르메니아(서부 아시아) 지방에서 옛 날부터 전해내려온 것으로 기하학적 모양이 특징이다.

아르무아쟁(armoisin)　얇고 가벼운 실크 태피 터로 줄무늬나 기하학적 무늬, 도트(dot) 등 을 넣어 프랑스와 이탈리아에서 주로 만들었 으나 요즈음은 거의 찾아볼 수 없다. 동인도 의 아레인(arain)과 다마라스(damaras)와 비 슷하다.

아르 이 피(REP ; representative)　인디펜던 트 세일즈맨(independent salesman), 에이 전트 세일즈맨(agent salesman)과 동의어이 다. 계약한 메이커를 대신하여 상품을 판매 하고 소매점에서 주문받는 독립된 세일즈맨 을 호칭하며, 미국에서는 이런 직종이 확립 되어 생산 대리점(manufacture's agent)이라 고도 부른다.

아르젠트 그레이(argent gray)　은그릇에 보이 는 차분한 광채를 지닌 회색을 가리킨다. 프 랑스어로 '은, 은색의, 은화' 라는 의미이며, 영어로는 실버 그레이라고 한다.

아르젠틴 클로스(argentine cloth)　표면이 반 들반들하고 올이 성긴 천으로, 티탄과 유사 하다. 평직으로 짜여졌으며, 먼지로부터 보 호하기 위해 표면처리를 하였다.

아르코트 다이아몬드(Arcot diamond)　인도 마드라스(Madras) 지방인 아르코트의 총독 이 1777년 영국의 샤롯(Sharlotte) 왕비에게 선물한 총무게 57. 35캐럿인 두 개의 다이아 몬드이다. 여왕이 죽자 1837년 이 다이아몬 드는 웨스트민스터(Westminster)의 후작에 게 55,000달러에 팔려서 1,421개의 다른 다 이아몬드와 32캐럿의 커다란 다이아몬드와 함께 관에 장식으로 부착되었다. 이것은 다 시 1959년 경매에서 뉴욕의 보석상 해리 윈 스턴(Harry Winston)에게 308,000달러에 팔렸다.

아르투아(artois)　18세기 후반 남녀 모두가 착 용한 길이가 긴 클로크로, 깃과 여러 개의 케 이프가 겹쳐서 달려 있는데, 길이가 긴 것은 허리선까지 내려온다.

아를르지엔 코이프(Arlesienne coif)　프랑스 아를르 지방의 헤드드레스로, 머리 위를 덮 는 흰색 캡은 등까지 내려오는 길고 넓은 리

아르마니, 조르지오

본이 달린 검은 벨벳 캡으로 거의 덮여 있다.

아마(flax, linen) 아마과에 속하는 1년초이며 가장 오랜 역사를 가진 섬유로, 19세기 초까지도 섬유 중에서 가장 많이 사용되었다. 비교적 일광이 적고 다습한 저온 습윤 지대가 재배의 적지로, 세계 생산량의 60~70%가 러시아에서 생산된다. 그러나 품질은 벨기에산이 가장 우수하다. 아마는 견과 같은 광택을 지닌 섬세한 실을 얻을 수 있고, 강직하고 열전도성이 좋고 촉감이 차서 시원하므로 여름철 옷감으로 많이 쓰인다. 흡수와 건조가 빠르고 세탁성이 우수하여 손수건, 식탁보, 행주 등에도 적당한 섬유이나 압축 탄성이 나빠서 구김이 잘 생기는 단점을 지니고 있다. 이러한 단점은 최근 방추가공을 하거나 폴리에스테르와 혼방하여 개선되고 있다.

아마라(amarah) 모로코의 무어인 남성들이 착용하는 흰색으로 된 큰 터번을 말한다.

아마존(Amazon) ① 19세기 초반 미국, 프랑스, 영국 등지에서 착용한 하이 웨이스트와 넓은 스커트로 된 여성의 진홍색 승마복이다. ② 우수한 품질의 메리노 양모를 사용하여 1/2 능조직 또는 5매 종광 수자직으로 제직한 일반 모직물로 부인복 등에 사용된다.

아마존 칼라(Amazon collar) 차이나 칼라와 유사한 스탠딩 칼라로, 앞중심에 틈이 있다. 1860년대 초에 여성 블라우스에 사용되었으며, 검은색 리본 타이와 함께 착용한다.

아마존 코르사주(Amazon corsage) 앞판의 하이 네크라인까지 버튼을 채운 평범한 보디스로, 흰색의 작은 삼베 칼라와 커프스가 달린다. 1842년 여성들의 테일러드 스타일의 일종이다.

아마존 코르셋(Amazon corset) 19세기 중반에 승마할 때 착용한 영국 코르셋을 말한다.

아마존 플룸(Amazon plume) 타조털을 가리키는 옛말이다.

아머(armor) 기사나 군인들이 입었던 보호용 의상으로, 중세에서 17세기까지는 쇠사슬 갑옷으로 금속을 주조하여 만들었다.

아메리칸 넥클로스(American neckcloth) 1820년대 남성들이 착용한 목도리를 말한다.

아메리칸 링테일(American ringtail) 링테일드 캣 참조.

아메리칸 마틴(American marten) 미국에서 식하는 족제비과의 모피 동물의 한 종류로, 엷은 갈색에서 진한 갈색의 촘촘하고 가는 솜털에 긴 보호털이 나 있다. 아메리칸 세이블, 캐나디안 세이블이라고도 불린다.

아메리칸 맨틀(American mantle) 여성들이 착용한 헐렁한 펠리스(pelisse)로, 케이프는 없고 앞쪽에 장식용 브레이드가 트리밍되어 있는 것으로 19세기 중반에 착용하였다.

아메리칸 버스킨즈(American buskins) 미국의 식민지 개척자들이 신던 신으로 두꺼운 가죽 창을 대고 윗부분은 헝겊을 무릎길이까지 대거나 레깅으로 만들었다. 끈으로 조여 신는다.

아메리칸 베스트(American vest) 남성의 싱글 브레스티드 조끼로, 보통 V넥에 칼라가 없고 앞 중심에서 버튼을 채운다. 1860년대에 수트와 함께 착용하였다.

아메리칸 브로드테일(American broadtail) 태어난 지 하루부터 아홉 달이 된 아르헨티나산 새끼양의 털길이를 5mm 이하로 깎아서 만든 모피의 상표명으로, 브로드테일을 모방하여 염색하였는데 광택이 적고 촉감이 거칠다.

아메리칸 세이블(American sable) ⇒ 아메리칸 마틴

아메리칸 숄더(American shoulder) 19세기 말에 미국에서 유행하였던 패드를 넣은 영국풍의 어깨 모양을 말한다.

아메리칸 슬리브(American sleeve) 명칭상으로는 미국풍의 소매지만 실제로는 소매가 있는 것이 아니고 셔츠나 재킷 등에 소매가 없는 스타일을 의미한다. 캐주얼한 아이템에서 많이 보인다. 패션 속어의 하나이다.

아메리칸 암홀(American armhole) 아메리카형의 진동을 의미하는 것으로 목둘레에서 겨드랑이까지 경사지게 컷된 개방적인 디자인

이다. 홀터 네크라인과 유사하지만 끈 등으로 여겨지는 것이 아니라 뒤에도 앞과 같이 뒷길이 있는 것이 특징이다. 어깨가 크게 보여 캐주얼한 분위기가 강하다.

아메리칸 어패럴 매뉴팩처러즈 어소시에이션 (American Apparel Manufacturer's Association ; AAMA)　원료비 상승과 노동비 증가로 제조업자들은 힘든 문제가 많아지자 미국 의류제조업자협회를 만들어 산업에서의 의류에 대한 자체적인 기준을 확립하기 위해 만든 조합이다.

아메리칸 오포섬(American opossum)　짙은 갈색의 긴 털을 가진 북아메리카산 캥거루의 모피를 말한다. 길고 크림색을 띤 백색의 솜털에 짙은 은회색의 보호털이 나 있다. 때때로 스컹크나 담비 같은 모피를 모방하기 위해 염색하여 코트나 트리밍 등에 사용된다.

아메리칸 인디언(American Indian)　1960년대 후반 젊은이들이 미국 인디언의 의상과 액세서리에서 영향을 받아 취한 패션 경향을 말한다.

아메리칸 인디언 네크리스(American Indian necklace)　여러 가지 색깔의 작은 유리 구슬로 만든 평평한 목걸이로 보통 작은 직조기로 짠다. 북아메리카 인디언 레이스 장식(motif)과 로프 효과를 내는 작은 유색 구슬로 세공된 북아메리카 인디언들의 목걸이이다. 북아메리카 인디언 보석류는 1960년대 말에서 1970년대 초에 유행되었다.

아메리칸 인디언 드레스(American Indian dress)　북쪽 미국 인디언들이 착용하였던, 가죽에 구슬 또는 늘어진 술 등으로 장식된 간단한 라인의 드레스이다. 포카 혼타스 드레스라고도 한다.

아메리칸 인디언 블랭킷(American Indian blanket)　미 서부 북아메리카 인디언이 손으로 짠 담요를 말한다.

아메리칸 인디언 비드워크(American Indian beadwork)　헤드밴드, 목걸이, 트리밍을 위해 사용된 작은 유리 구슬 등을 말한다.

아메리칸 인디언 비즈(American Indian beads)　목걸이와 벨트 등에 사용하는 다양한 색상의 작고 불투명한 구슬로 인디언의 모카신, 핸드백, 벨트, 의류 등의 표면에 자수 문양으로 사용된다. 조개 구슬은 16세기경 아메리칸 인디언에 의해 화폐로 사용되기도 했으며 의류에 장식된 구슬의 분량은 각 개인의 부(富)를 상징한다.

아메리칸 인디언 헤드밴드(American Indian headband)　가죽이나 형겊, 구슬을 단 좁은 밴드로, 앞이마에 낮게 착용하며 옆이나 뒤에서 묶는다. 때때로 뒤에 깃털을 달기도 한다.

아메리칸 캐주얼(American casual)　통상적인 미국풍의 평상복으로, 동부 지역 아이비 학교들의 스타일이나 캘리포니아 쪽의 밝고 개방적인 평상복들이 대표적 스타일이다.

아메리칸 코트(American coat)　1820년대의 남성용 싱글 브레스티드 재킷으로, 길이가 길고 좁으며 칼라는 넓고 밑자락이 넓게 펄럭거린다.

아메리칸 트라우저즈(American trousers)　서스펜더 없이 개더나 주름이 허리에 있고 뒤에 조절할 수 있는 끈과 버클이 달린 남성용 바지이다.

아메리칸 트래디셔널(American traditional)　미국 동부 지방의 아이비로 덮인 전통적인 대학 건물들과 그곳에서 수업하고 연구하는 사람들의 복식에서 영향을 받아 표현한 패션 경향을 총칭한다.

아메이, 로널드(Amey, Ronald 1932~)　미국 애리조나주 글로브 출생의 디자이너로 고등학교 과학 교육으로 그의 첫 직업은 지방 구리 광산의 분석가였으나 로스앤젤레스로 가서 한 학기 동안 패션을 공부하고 양장점에서 디자이너로 일하게 된다. 다음해 공군에 입대하게 되고 거기서 그의 동업자가 된 조셉(Joseph Burke)을 만나게 된다. 제대 후 파슨스 디자인 학교에서 패션 디자인을 공부하였다. 그 후 그는 여섯 번이나 일자리에서 쫓겨났으나 노먼 노렐의 충고로 1959년 버크아메이(Burke-Amey)를 설립하고 10년 후에는 로널드 아메이(Ronald Amey)를 만들었으며 1970년에는 시카고의 골드 코스트 패션 어워드(Gold Coast Fashion Award)를 수상했다.

아모진(armozine)　두꺼운 프랑스 실크나 태피터 천을 말한다. 17~19세기에 양복의 조끼나 드레스, 상복에 쓰였으며 주로 검은색이다.

아모퍼스(amorphous)　결정체가 없는 보석으로, 준보석 또는 오팔이나 터쿼이즈 같은 장식적인 보석을 말한다.

아무트(amout)　뒤에 아기를 업을 수 있도록 된 후드가 달린 바다표범 가죽 튜닉으로, 그린랜드의 에스키모 여성들이 착용한다.

아문젠(amunzen)　원래는 도비 장치를 이용한 크레이프 조직으로 직조된 소모 직물에 붙여진 이름이었으나, 면직물에도 같은 이름이 쓰인다.

아뮈르(armure)　물결 무늬가 있는 천을 말한다.

아미 벨트(army belt)　군인들이 착용하는 벨트를 말한다.

아미스(amice)　13세기까지 천주교 의식 때 사제가 입은 옷의 일부로, 흰 마직의 후드로 직사각형의 천을 어깨에 걸치고 두 개의 끈으로 뒤쪽에서 교차시켜 앞허리에서 매어 입었으며, 수로 장식했다.

아미시 커스튬(Amish costume)　아미시 여성들의 의복으로 단색의 주름 잡은 스커트, 바스크, 보닛으로 이루어져 있다.

아미 캡(army cap)　⇒ 오버시즈 캡

아미 클로스(army cloth)　군복지, 즉 미국 육군에서 병사의 제복으로 사용하는 옷감의 총칭이다.

아미타불 복장직물　온양 민속박물관에 소장되어 있는 1302년대의 아미타불 복장유물 중의 직물을 말한다. 능(綾), 견(絹), 기(綺), 사(紗), 라(羅), 주(紬), 저포(紵布), 직금(織金), 힐염(纈染), 판염물(板染物) 등 200점이 넘는다.

아미타입 덕(army-type duck)　털이 달린 평

조직의 천을 말한다.

아바(aba)　단색 줄무늬지의 거친 모직으로 된 길이가 긴 튜닉이다. 아라비아와 북쪽 아프리카 남자들이 입었으며, 목 주위와 어깨, 앞면은 끈, 코드를 끼워 박거나 자수로 장식하며 술을 늘어뜨렸다. 터키의 시골 지역 목동들도 바람과 비를 막기 위하여 입었다.

아바 칸포스(arba kanfoth)　동방 정교회의 유태인 남자들이 입은 속옷으로, 사각형의 천에 구멍이 있거나 가운데 머리가 들어갈 만한 슬릿이 있고, 양쪽 코너에 태슬이 달려 있다.

아방가르드(avand-garde)　전위적인 것을 말하는 것으로, 예술이나 의상에서는 때때로 선정적이거나 충격적인 것을 의미한다.

아벨리노, 도미니크(Avellino, Dominick 1944~)　미국 뉴욕 출생인 아벨리노는 디디 도미니크(DD Dominick)로 잘 알려져 있는데, 디디 도미니크란 그가 1969년 보석과 니트 웨어를 팔기 위하여 연 상점의 이름이다. 1970년 그는 스웨터를 디자인하고 홍콩에 있는 의류 공장을 돌아보기 위하여 후카푸(Huk-A-Poo)에 결합한다. 1975년 '디디 도미니크 스포츠 웨어'를 세우고 1978년 디자이너 상표를 만들었다. 학문적으로 패션 트레닝이 없지만 아벨리노의 멋과 생동감 있는 디자인은 젊은층에서 매우 호응을 받고 있다.

아보뇽(avognon)　프랑스에서 만든 가벼운 실크 태피터로, 안감용 천으로 쓰인다.

아볼라(abolla)　로마의 군인들이 입었던 작은 두르개로 어깨에 두르고 목 근처에서 피불라로 고정시켰다. 그리스의 클라미스에서 유래한 옷이다.

아비(habit)　프랑스어로 드레스를 뜻한다.

아비 르댕고트(habit redingote)　1870년대 후반에 입은 프린세스형의 여성용 의복으로, 허리선이 가늘게 보이도록 했으며 목에서 무릎까지 앞을 여미고 언더스커트가 보이도록 앞을 보다 낮게 하거나 둥글린 스타일을 말한다.

아비 아 라 프랑세즈(habit à la française)   18세기에 공식복으로 사용한 코트와 같은 재킷으로 쥐스토코르와 같으나, 사용한 옷감과 장식이 화려한 점이 다르다.

아비토(abito)   이탈리아어로 의류를 가리킨다.

아살티, 리처드(Assalty, Richard 1944~)   미국 브루클린 출생으로 경영학을 공부한 후 FIT(Fashion Institute of Technology)에서 패션 디자인을 공부하였다. 1975년 지노 쇼를 위해 자신의 브랜드를 가졌으며, 1978년 리처드 아살티 회사를 설립하였다. 세련되면서 생동적인 옷을 생산하며, 재능 있는 색채 감각과 함께 단순한 선을 추구하고 있다.

아세테이트(acetate)   천연 섬유 중에서 길이가 너무 짧아 직접 피복 재료로 사용하기에 부적당한 면 린터나 품질 좋은 목재 펄프 등을 원료로 하여, 초산과 우수 초산의 혼합액 속에서 아세틸화시켜 건식 방사하여 얻는다. 보통 아세테이트라고 부르는 것은 셀룰로오스가 가졌던 수산기(−OH)의 일부가 아세틸기(−CO, CH₃)로 치환된 이초산셀룰로오스 섬유를 말하며 아세톤에 용해하여 건식 방사한다. 아세테이트 섬유는 광택이 좋고 초기 탄성률이 작아서 좋은 드레이프성과 부드러운 촉감을 지녀, 여성복지나 아동복지, 안감 등에 쓰인다.

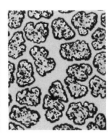
아세테이트

아스트라칸(astrakhan)   아스트라칸 모피와 비슷하다는 데서 붙인 이름이다. 파일직의 한 종류로, 경 또는 위파일로 제직되며 파일사에는 양모 또는 모헤어의 굵은 실을 강하게 권축으로 만들어 사용하므로 얻어진 파일은 고리 모양을 이룬다. 주로 코트나 트리밍에 사용된다. 일반적으로 카라쿨이라 불리는 어린 양의 모피를 말한다. 카라쿨이란 중앙 아시아 일대에서 서식하는 태아 또는 새끼양의 털로 부드럽고 검은 광택이 나며 옥상(玉狀) 전모가 있다. 드레시한 느낌의 고급감에 사용된다.

아시리안 컬(Assyrian curl)   아시리아인의 곱슬곱슬한 머리모양을 일컫는다.

아시시 엠브로이더리(Assisi embroidery)   배경을 밝은 색사로 크로스 스티치하고 도안 부분은 무지 그대로 두고 윤곽을 검게 테두리한 것으로 주로 깃발, 식탁용 백포 등에 사용되는 것을 말한다. 아시시 엠브로이더리라는 이름은 이탈리아 중부의 소도시 아시시의 성 프랜시스(Saint Francise) 사원의 보물이 이 스티치로 만들어진 것에서부터 유래하여 이름이 붙었으며, 이 지방 특유의 전통 예술이었다.

아얌   부녀 방한모의 하나로 형태는 머리에 쓰는 부분인 모부(帽部)와 뒤에 늘어지는 댕기 모양의 드림으로 이루어진다. 모부의 위 4~5cm 가량은 가로로 섬세히 누볐으며, 이 부분은 흑·자색 단을 썼고, 아랫부분은 흑색이나 짙은 밤색의 모피를 사용했다. 안감과 술은 적색을 썼다. 액엄(額掩)이라고도 한다.

아오 자이(ao sai)   베트남 남녀의 전통의상으로, 소매가 길고 양옆에 슬래시가 있는 정강이 길이의 튜닉과 긴 바지로 된 팬츠 수트이다.

아우터 브래지어(outer brassiere)   겉옷으로 착용되는 브래지어이다. 단독으로 착용되는 예는 별로 없고 대개 재킷 밑에 착용하여 환상적인 여름 스타일을 만든다. 캐미솔이나 뷔스티에(bustier) 등 속옷에서 유래한 간편한 아우터 웨어의 등장으로 브래지어에도 주목하게 되었으며 이것으로 스포티하고 캐주얼한 분위기가 연출된다.

아우트라인 스모킹(outline smoking)   아우트라인 스티치로 장식하는 스모킹을 말한다.

아우트라인 스티치(outline stitch)   보통 반박

아우트라인 스모킹

음질처럼 바늘을 뒤에서부터 꽂고, 왼쪽에서 오른쪽으로 진행한다. 실땀과 실땀을 덜 포개면 가는 선이 되고, 포갬을 많이 잡으면 굵은 선이 된다. 땀의 길이는 도안에 따라 조절하며, 주로 나뭇잎이나 줄기, 다른 모티브의 윤곽 처리에 사용된다. 에칭 스티치라고도 한다.

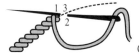

아우트라인 스티치

아우트라인 엠브로이더리(outline embroidery) 아우트라인 스티치를 이용하여 모양의 외곽만을 뚜렷하게 만들기 위해 사용하는 자수를 말한다.

아우팅 웨어(outing wear) 속옷(under wear)의 상대적인 말로 코트, 수트, 스웨터 등과 같이 겉에 입는 옷을 총칭한다.

아웃 보텀 셔트(out bottom shirt) 옷자락을 밖으로 내놓은 셔트로, 이것은 아이템의 명칭이 아니라 입는 방법을 가리키는 것이다. 스웨터 또는 스웨트 셔트(sweat shirt)의 밑단에서 빠져나오게 하여 유행한 것으로 셔트 단독으로 사용되는 것은 아니고 반드시 겉옷을 입어 셔트 자락이 보이도록 하는 것이 특징이다.

아웃 심(out seam) 바깥에서 기계로 스티치하며, 나머지 가장자리는 노출시키는 것으로, 스포츠 장갑, 면 장갑 등에 사용한다.

아워글라스 실루엣(hourglass silhouette) 웨이스트라인을 조이고 그 위와 아래를 부풀게 한, 윤곽이 마치 모래시계의 모양과 닮았다고 하여 이렇게 불리고 있다.

아이누 기모노(ainu kimono) 넓은 소매가 팔목으로 가면서 좁아지고 좁은 벨트로 묶는 짧은 기모노이다. 떡갈나무 염료로 특별히 염색된 소용돌이 무늬가 아프리카 자수로 놓여졌다. 일본의 북쪽 홋카이도 지역의 예조라는 섬의 아이누들이 입은 데서 유래하였다.

아이다 클로스(aida cloth) 크로스 스티치 자수 등에 사용되는 느슨하게 짜여진 천으로 1인치당 8~22개의 구멍이 있다.

아이더 다운(eider down) ① 가볍고 부드러운 오리의 다운이나 깃털을 말한다. 이불이나 베개, 쿠션의 충전재로 쓰인다. ② 굵고 부드러운 방적사로 제직한 부드러우면서 탄성이 좋은 직물을 말한다. 표면에 큰 냅(nap)이 있으며, 뛰어난 품질은 가벼우면서 보온성이 좋다. 모나 면, 레이온 또는 이들의 혼방으로 제직하며 방염 가공하여 유아복이나 실내복에 사용한다.

아이덴티피케이션 브레이슬릿(identification bracelet) 신분을 확인할 수 있는 이름이나 이름의 약자가 타원형의 금속판에 새겨진 팔찌를 말한다. 처음에는 군인들의 신분 확인을 위해 착용되었으나 최근에는 어른이나 어린아이들에게까지 유행하여 많이 착용하고 있다.

아이리스 컬러(iris color) 아이리스 꽃에 보이는 자색(紫色)을 말한다.

아이리시 워크(Irish work) 아일릿 워크(eyelet work), 아웃 워크(out work)로 만드는 백사(白絲) 자수 중 하나를 말한다. 송곳으로 구멍을 뚫어 주위를 자수해 나가는 방법으로 아일랜드 지방에서 융성하게 행해졌기 때문에 유래한 이름이다. 마데이라 자수(madeira embroidery)의 일종이다.

아이리시 트위드(Irish tweed) 아일랜드에서 만들어지는 트위드로, 대개 흰색의 위사와 다른 색으로 염색한 경사를 써서 만든다. 주로 도니골 트위드(Donegal tweed)로 불린다.

아이리시 폴로네즈(Irish polonaise) 1770년에서 1775년까지 입었던 여성용 드레스로 스퀘어 네크라인에 몸판은 허리선까지 단추를 달았으며 뒤판은 꼭 맞게 하고 팔꿈치 길이의 소매가 달렸다. 긴 주름 스커트는 언더 스커트를 보이게 하기 위해서 앞쪽을 절개해서 단추나 세로로 연결된 끈으로 부풀려 놓은 것을 허리선에서 고리를 걸어 올렸다. 이탈리안 나이트가운 또는 프렌치 폴로네즈, 터키시 폴로네즈라고 부르기도 한다.

아이린 캐슬 보브(Irene Castle bob) 짧게 귀까지 오게 자른, 앞이마에서 뒤로 넘긴 헤어 스타일이다. 미국 영화 배우 아이린 캐슬의 머리 스타일에서 유래하였으며 제1차 세계 대전 중 유행하였다.

아이보리(ivory) 크림빛의 흰색 또는 옅은 노란색으로 코끼리나 다른 포유 동물의 송곳니와 같은 단단하고 불투명한 물질을 말한다. 수세기 동안 장식 문양이 조각되어 부채와 장신구에 이용되었으며, 1970년 초에서 1980년대까지 보석으로 아주 인기가 있었다. 아이보리색은 크림빛의 백색을 말한다.

아이비 리그 수트(Ivy League suit) 자연스러운 어깨선에 좁은 깃의 재킷과 통이 좁은 팬츠로 이루어진 남성용 수트이다. 1950년경에 유행하였으며, 과장된 어깨에 통이 넓은 바지를 입었던 1940년대 스타일에 대항하는 행동으로 아이비 리그에 들어 있는 동부의 8개 대학 캠퍼스에서부터 퍼지기 시작한 것이다.

아이비 리그 팬츠(Ivy League pants) 폭이 좁아서 다리에 꼭 맞고 대개 커프가 없는 길이가 약간 짧은 남성들의 바지이다. 1950년대 대학생들, 특히 동부에 있는 아이비 리그 대학의 학생들이 입음으로써 소개되었다.

아이비 셔트(Ivy shirt) 미국 동부에 있는 담쟁이덩굴 아이비를 키우는 8개의 학교(코넬, 하버드, 예일, 프린스턴, 컬럼비아, 브라운, 펜실베니아, 다트머스 대학)들을 통틀어 아이비 리그라고 하며, 그 학교에 다니고 있는 학생들과 졸업생들이 즐겨입는 셔트의 이름을 따서 아이비 셔트라고 한다. 칼라의 끝단과 뒤 칼라 중심은 아주 작은 단추로 채우게 하고 뒤 요크 중심 부분에 박스 주름을 넣었

다. 셔트 뒤쪽 요크에 끼워 넣은 끈을 아이비 루프(Ivy loop)라고 한다. 일반적으로 옥스퍼드 천이나 줄무늬의 샴브레이 옷감으로 많이 만든다. 1950년대, 1980년대의 남성, 여성, 아동 모두에게 유행하였고 옥스퍼드 셔트(oxford shirt) 또는 아이비 리그 셔트라고도 한다.

아이비 스트라이프(Ivy stripe) 커다란 굵은 선과 가는 선을 함께 섞어서 짠 줄무늬로 네 가지 이상의 색을 사용하여 배색한다.

아이소토너 글러브

아이소토너 글러브(Isotoner gloves) 탄력성 있는 고무가 안에 있어 손에 꼭 끼게 되어 있는 장갑의 상품 이름이다. 특히 손과 손가락의 근육을 마사지하도록 디자인되었다.

아이 쇼핑(eye shopping) 구매는 하지 않고 구경만 하는 행위를 말한다. 윈도 쇼핑(window shopping)이라고도 한다.

아이스 그린(ice green) 얼음에 보이는 페일 톤의 청색 기미가 있는 녹색을 말한다.

아이스 내추럴(ice natural) 얼음의 이미지에서 온 내추럴 컬러로 자연색을 의미한다. 빙산에 보이는 청백 색조뿐만 아니라 겨울의 얼어붙은 자연을 연상시키는 듯한 블루 느낌의 그레이시 컬러, 흙이나 마른 가지가 섞여서 만들어내는 희귀한 색조의 하나이다.

아이스버그 화이트(iceberg white) 냉랭하고 싸늘한 푸른 기미가 들어간 흰색으로, 빙산에 보이는 특징적인 흰색을 의미한다. 프랑스어로 파스텔 글라세라고 하는, 얼음과 같은 느낌의 차가운 파스텔 컬러계 중의 하나이다. 이 색은 여름뿐만 아니라 추동에도 사용되고 있는 것이 최근 패션의 특징이다.

아이스 블루(ice blue) 얼음에 보이는 청색, 진주에 보이는 새로운 색으로서 1984년 추동 미국에 등장한 색이다. 파스텔 톤의 엷은 블루로, 전형적인 청바지 색인 인디고 블루와는 정반대의 감각을 갖는 블루로서 앞으로 계속 유행할 것으로 기대된다.

아이스 컬러(ice color) 얼음과 같은 색이며 1981년 춘하 컬렉션에 등장한 색의 하나이다. 확실하게 얼음처럼 푸른 기미가 감돌며

투명한 이미지로부터 광택을 지닌 흰색 등 다양한 변화를 보인다. 빙산의 백색(iceberg white)이나 얼음의 백색(ice gray), 얼음의 파스텔(ice pastel) 등의 총칭으로 자주 사용되는 용어이다.

아이스 큐브 힐(ice cube heel)　투명 합성수지로 만든 정교한 사각의 각을 가진 구두 뒷굽을 말한다. 각얼음을 연상시키는 형태로 인해 명명되었으며, 1970년대 말에 소개되었다.

아이스크림 컬러(ice-cream color)　아이스 크림에서 볼 수 있는 색으로, 파스텔 컬러 등과 함께 맑은 감각의 색으로 인기를 모으고 있다. 특히, 트레이너 등으로 대표되는 스포츠 웨어에는 계절에 관계 없이 애용되고 있다. 오프 화이트, 크림, 베이지 등이 대표적인 색이다.

아이슬랜딕 스웨터(Icelandic sweater)　흑색, 밤색, 백색, 회색 등 각종의 자연색에 개성있는 특별한 디자인으로 손으로 짠 스웨터이다. 아이슬랜드의 에스키모인들이 착용하며, 연결된 밴드 무늬의 구슬로 된 요크 네크라인으로 되어 있다. 아일랜드의 수도 레이캬비크에서 유래되어 레이캬비크 스웨터라고도 하며 스키 스웨터라고 한다.

아이언 그레이(iron gray)　철에 보이는 회색을 말한다. 매우 차분한 분위기의 엘레강스한 회색으로 여기에 밝고 강렬한 악센트 컬러를 대비시키면 현대적인 분위기의 컬러 코디네이션이 생긴다.

아이 에스 시(Index of Status Characteristics)　복수지수를 이용한 실증적 조사이다.

아이 에스 시 시-엔 비 에스(ISCC-NBS) **색명법**　전미국 색채 협의회(Inter-Society Color Council)와 합중국 상무성 국가 표준국(National Bureau of Standard)이 1949년 6월에 완성한 색명계(色名系)이다. 주요 색상 17색에 핑크, 브라운, 올리브 등과 극히 밝은 색과 어두운 색 등 11색을 첨가하였다. 수식어로 톤의 사고 방식을 채용하였으며 모더레이트 톤, 브릴리언트 톤 등 15종으로 편성하도록 정하고 있다.

아이 이 스케일(Internal-External Locus of Control Scale)　1966년 로터(Rotter)가 강화의 통제방향을 측정하기 위하여 개발한 통제의 내적-외적 소재검사이다.

아이젠하워 재킷(Eisenhower jacket)　허리에 밴드가 달려 몸에 맞게 되어 있고, 상체가 약간 볼록하게 블루종된 허리까지 오는 짧은 길이의 재킷이다. 앞가슴 부분에 주머니를 달고 앞여밈은 단추나 지퍼로 되어 있다. 배틀 재킷이라고도 한다. 특히 1970년대와 1980년대 초반에 실용적이고 질긴 데님지로 된 재킷이 많이 유행하였다. 미국의 드와이트 데이비드 아이젠하워(Dwight David Eisenhower) 대통령이 제2차 세계대전 때 장군으로 근무할 때 입었다고 하여 이름이 붙여졌다.

아이젠하워 재킷

아이템(item)　'품목(品目)'이라는 뜻으로 상품분류의 최소단위이다. 의류기업에서는 일반적으로 '복종(服種)'으로도 번역하여 사용한다.

아이템 머천다이징(item merchandising)　품목별 매출이나 판매변화를 기준으로 한 상품기획 방법이다. 또한 복종별 매장 구성을 통해 전체적인 균형을 유지할 수 있는 장점이 특징이다.

아이템 숍(item shop)　새로운 소매업의 한 형태로, 다양한 상품보다는 단일 품목을 취급하며 고효율 경영을 하는 것이 특색이다. 케

아일릿

이크 숍(cake shop), 호비 숍(hobby shop) 등이 있다.

아일릿(eyelet) ① 서류 등을 철하기 위해 뚫은 구멍을 의미하며, 봉제나 자수에서는 작은 구멍을 뚫는 기구를 말한다. 주로 신사복의 단춧구멍이나 아일릿 자수에 이용한다. ② 직물이나 편물에서 자수 또는 스티치로 인해 뚫린 구멍을 말한다. 직물에서는 무늬 등을 오려낸 후 오린 부분에 자수를 놓아 구멍을 만들고, 편물에서는 주로 두 가닥의 싱커 루프(sinker loop)를 끌어올려 만든다.

아일릿 스티치(eyelet stitch) 타원형이나 둥글게 된 작은 구멍을 얽는 데 쓰이는 스티치로, 원의 둘레를 촘촘히 얽고 가운데의 천을 잘라낸 다음, 얽은 실을 심으로 하여 스캘럽 스티치 또는 스템 스티치로 얽는다.

아일릿 엠브로이더리(eyelet embroidery) 송곳으로 구멍을 뚫은 후 그 구멍이 커지도록 벌리거나 잘라내어 모양을 만든 후 가장자리를 말아 감치는 방법을 말한다. 모든 아일릿 워크를 총칭하는 자수법이다.

아일릿 워크(eyelet work) 송곳(eyelet)으로 구멍을 뚫은 후 그 구멍 주위를 말아 감치는 자수의 총칭으로, 아이리시 워크, 마데이라 자수 등이 여기에 포함된다. 바탕 그림의 윤곽을 자수하기 때문에 윤곽 가운데 부분은 송곳으로 뚫거나 가위로 잘라내어 그 위부터 말아 감치거나 버튼홀 스티치 등으로 처리하며, 송곳으로 구멍을 내지 않고 다른 용구로 구멍을 가늘고 길게 내기도 한다. 엠브로이더리 아일릿이라고도 한다.

아일릿 칼라(eyelet collar) 칼라 끝에 구멍을 뚫어 핀을 끼우게 만든 칼라이다. 넥타이의 매듭 아래를 통과시켜 양쪽 칼라를 핀으로 연결시켜 여민다. 핀홀 칼라(pinhole collar)라고도 한다.

아일릿 칼라

아자귀리, 자크(Azagury, Jacques 1956~) 모로코 태생의 디자이너로 영국 런던 패션 스쿨과 세인트 마틴 스쿨에서 공부하였다. 그의 졸업 작품은 《하퍼즈 앤드 퀸》 잡지에 소개되었으며, 디자인의 특징은 우아한 이브닝 드레스와 알맞은 재단이다.

아자로, 로리(Azzaro, Loris 1934~) 튀니지 태생의 디자이너로 불문학을 공부하여 튀니지에서 대학교 강사를 지냈다. 그 뒤 파리로 건너가 자격증을 딴 뒤 1966년 오페라 근처에 가게를 열었다. 그는 곧 '슬링키 이브닝 웨어(slinky evening wear)'로 유명해졌으며 1979년 라스베이거스에서 열린 디스코 댄싱 쇼에 눈부신 이브닝 드레스를 선보였다. 몬테카를로, 남부 프랑스, 그리고 이탈리아에서 부티크를 경영하고 있다.

아자문(亞字文) 중국 천자의 상(裳)의 문양으로, 직물문으로도 많이 사용되었다.

아조 염료(azoic dyes) 셀룰로오스에 널리 쓰이는 염료로 직물을 나프탈에 침지시키고 이어서 아민 용액으로 처리하면 불용성의 아조색이 나타난다. 밝은 색을 띠며, 내일광성, 내세탁성 등이 좋다. 그러나 짙은 색의 경우 드라이클리닝 용제에 의해 색이 탈락되기도 한다.

아주르(ajour) 레이스 디자인에서 오픈 워크(구멍난 부분)를 가리키는 프랑스어이다.

아주르 엠브로이더리(ajour embroidery) 아주르는 불어로 '실을 잡아당긴다'는 의미이다. 스위스풍 아주르 자수와 동양풍 아주르라고 불리는 양면 아주르 스티치에 의한 두 종류가 있고, 레이스같이 아름답게 비쳐보이는 효과를 내는 것을 말한다. 스위스풍 아주르는 아름다운 백사 자수를 여러 번 조합한 것으로, 구멍을 내어 레이스의 구멍같이 아름답게 비쳐보이게 하는 방법을 사용하며 이들이 조합된 것을 메사 레이스라고 한다. 양면 아주르는 페르시아풍 아주르라고도 하며 자수사를 꽉 잡아당겨 단단하게 고정시켜 드로잉 워크풍으로 한 것으로 보스니아 지방의 견자수와 투르크 궁전 자수가 있다. 방법에

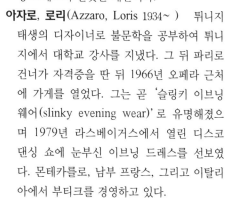

는 두 방향의 사선으로 바늘을 이동시켜 레이스 스티치, 블랭킷 스티치, 헤링본 스티치 등을 사용하는 것이며, 일반적으로 성긴 옷의 리넨에 광택이 있는 실을 사용한다. 드레스덴(Dresden) 레이스로 불리는, 18세기 후반에 만들어진 어깨걸이가 유명한 작품으로 남아 있다.

아즈텍 스웨터(Aztec sweater) 숄 칼라에 거칠게 짠, 길이가 긴 코트 스타일에 새시 벨트로 묶게 된 스웨터이다. 대개 백색과 흑색의 자카드 니트로 짧으며, 인디언 무늬가 가슴과 허리 밑부분, 팔 위쪽 부분, 손목둘레에 들어 있다.

아즈텍 패턴(Aztec pattern) 멕시코 원주민 아즈텍인의 전통 문양 또는 아즈텍 전통 문양을 이용한 날염 문양을 말한다.

아청색(鴉靑色) 검은빛을 띠는 푸른색으로 조선 시대 조신(朝臣)들의 의복색으로 많이 애용된 색이다. 이엄, 감투, 단령 등에 사용되었다.

아치 숄더(arch shoulder) 아치는 '궁형, 반원형의 것'이라는 의미이며 이러한 커다란 활모양을 그리는 라인으로 나타나는 어깨선을 말한다.

아치칸(achkan) 인도의 남자 의상으로, 하이 네크에 단추가 앞에 달린 무릎 길이의 넓은 스커트로 된 흰색 면 코트이다.

아치트 칼라(arched collar) 아치형으로 약간 휜 모양의 칼라를 말한다.

아카(acca) 금사를 사용하여 동물이나 목가적인 디자인을 화려하게 수놓은 실크 브로케이드로, 영국에서 공식적으로 혹은 법적·인습적으로 사용한다. 14세기 이래로 교회의 고위 성직자의 제의로 사용되었으며, 처음에는 시리아의 아크레(Acre)에서 만들어졌다.

아카데믹 커스튬(academic costume) 졸업식이나 학교 정식 행사 때 입는 가운, 모자, 어깨에 걸치는 후드 등을 총칭한다. 시초는 600년 전 옥스퍼드(Oxford)와 캠브리지(Cambridge) 대학에서 유래하였으며, 아카데믹 레갈리아(regalia)라고도 한다. 뉴욕주

의 올버니에서 1887년에 가드너 코트렐 레오나드(Gardner Cotrell Leonard)가 디자인하여 1894년, 1932년에 많이 입었다.

아카데믹 후드(academic hood) 졸업식 때 착용하는, 가운 위에 드레이프지게 목에서 밑으로 내려뜨린 이중의 천을 말한다. 학위에 따라서 색과 모양, 길이가 다양하다. 안감인 벨벳의 색은 학교의 색을 표시하며, 겉감색은 전공 과목을 표시한다.

아카데믹 후드 컬러(academic hood color) 학위를 수여하는 대학이나 교육 기관을 상징하는 색으로 학위복의 후드 안에 댄 색을 말한다. 즉 농학은 담황색, 예술과 문학은 백색, 상업과 회계는 담갈색, 치예학은 라일락, 경제학은 구리색, 공학은 주황색, 미술은 고동색, 임학은 황갈색, 인류학은 진홍색, 번역학은 보라색, 도서관학은 레몬색, 의학은 초록색, 음악은 분홍색, 간호학은 복숭아색, 웅변학은 은회색, 교육학은 옅은 파랑색, 약학은 올리브 그린, 사회사업학은 장미색, 철학은 파랑색, 체육 교육은 빛바랜 초록색, 공공행정학은 담갈색, 대중건강은 연어의 분홍색, 과학은 금빛노랑색, 사회과학은 둥근 불수감열매의 레몬색, 가정학은 황색, 신학은 주홍색, 수의학은 회색 등을 상징색으로 사용한다.

아코디언 백(accordion bag) 옆에 주름이 잡힌 모든 종류의 가방을 일컫는 것으로 엔벨로프(envelope) 스타일인 가방에 주로 이용되는 디자인이다.

아코디언 포켓(accordion pocket) 아코디언의 주름을 포켓에 이용하여 이러한 주름을 넣어 만든 주름상자 포켓으로서 물건을 넣는 기능이 충분히 고려된 것이다. 스포티한 점퍼나 블라우스, 스커트 등에 많이 이용된다. 벨로즈 포켓이라고도 한다.

아코디언 플리츠(accordion pleats) 아코디언의 자베라와 흡사한 데서 유래된 명칭이다. 1/8~1/2 인치 정도의 폭으로 곧게 접은 주름으로 합성섬유의 열가소성을 이용한 영구 주름을 말한다. 1880년대 후반기에 처음 등

장하였으며, 선버스트 플리츠 또는 팬 플리츠라고 부르기도 한다.

아코디언 플리츠 스커트(accordion pleats skirt) 　가는 주름을 아코디언의 바람상자 모양으로 전체적으로 잡은 스커트로 주름의 폭은 위, 아래를 똑같이 잡으며 또 눌러 박아 고정시키기도 한다. 1880년대 말에 루이 풀러(Loie Fuller)에 의하여 '스커트 댄싱'으로 유명해졌고, 치마단으로 내려갈수록 주름의 폭이 넓어지는 것은 선버스트 플리티드 스커트라고도 한다.

아코디언 플리츠 스커트

아코디언 플리티드 팬츠(accordion pleated pants) 　파티 팬츠 참조.

아쿠아(aqua) 　본래는 라틴어에서 나온 색명으로 물의 의미를 지닌 색으로, 밝은 색조의 녹색을 띤 청색이다. 아쿠아 그린이나 아쿠아 블루라고도 하며, 아쿠아 머린과는 구별된다.

아쿠아 머린(aqua marine) 　남옥(藍玉)의 색 또는 벽연색(碧緣色)이라고 불리는 강한 색조의 청록색으로, 에메랄드 종류의 투명한 녹주석(綠珠石)을 말한다. 결정체 구조로 경도가 세지만 색은 초록색보다는 옅은 청록색에 가깝다. 뉴욕의 자연사 박물관(The Museum of Natural History)에는 737캐럿의 타원형 아쿠아 머린이 소장되어 있다. 우랄 산맥, 브라질, 마다가스카르 등이 산지이다. 브라질에서 발견된 아쿠아 머린은 무게가 243파운드이다.

아쿠아 스큐텀(Aqua Scutum) 　1851년 영국 런던에 세워진 테일러 숍이다. 아쿠아 스큐텀 코트는 처음으로 방수 처리된 울로 만든 군복형 트렌치 코드로 제1차 대전 중 영국 군인들이 입었다. 제2차 대전 중에는 영국 왕실, 공군, 해군, 육군에서 착용하였으며, 그 후 여성을 위한 유행하는 코트로 만들어졌다. 1950년대 레인 코트로 회색, 감색, 베이지색이 소개되었다. 1976년 클럽 체크(club check)가 안감으로 디자인되어 여성과 남성복은 물론 액세서리에도 적용되기 시작하였다.

아쿠아 컬러(aqua color) 　'물(의) 색'이라는 의미로, 물에 용해시킨 것 같은 시원하고 아름다운 색조를 말한다. 물색(water color)과 동의어이며 수채화 재료에서 보이는 물이 많이 섞인 담색을 의미한다. 파스텔 컬러와 같은 계열로 분류되지만 보다 새로운 감각의 패션을 나타내기 위하여 이러한 표현을 선호하여 사용한다. 파스텔이라고 바로 표현하는 것보다는 독특한 시원함과 로망의 이미지가 함께 전달되기 때문이다.

아크로배틱 슬리퍼(acrobatic slipper) 　스웨이드 가죽으로 만든 부드럽고 유연한 슬리퍼를 말한다. 무용수나 체조하는 사람이 신었던 신으로, 1960년대 스트리트 패션의 아방가르드한 사람들이 착용하였다.

아크릴로니트릴(acrylonitrill) 　아크릴 섬유나 아크릴 수지 등의 주성분이 되는 화합물($CH_2=CH-CN$)로서 석탄, 석유, 천연 가스를 원료로 하여 청산과 아세틸렌을 만들어, 이것들을 직접 합성하여 만든다. 최근에는 프로필렌에서 합성하는 방법이 개발되고 있다.

아크릴릭(acrylic) 　아크릴 도료로 만든 인조 실이나 천 또는 아크릴사로 만든 니트나 천을 말한다. 아크릴은 따뜻하며 세탁이 용이하고 쉽게 마르며, 주름이 가지 않고 방충이 되는 장점을 지니고 있다.

아크릴릭 섬유(acrylic fibers) 　85% 이상의 아크릴로니트릴과 15% 이하의 다른 제2의

아크틱스

단량체를 함유한 공중합체로 만들어진 섬유이다. 회사와 제품에 따라 제2단량체의 종류 및 양이 다르고 성질의 차이가 크다. 일반적으로 아크릴 섬유는 가볍고 촉감이 부드러우며, 워시 앤드 웨어성이 좋고 양모보다 가볍고 따뜻해 양모계에 급속히 진출하고 있다. 특히 벌키 가공된 아크릴 섬유는 모 대용품으로 스웨터, 겨울 내의 등 편성물에 많이 쓰이며, 그 외에도 인조 모피와 인조 섬유 모포, 카펫 및 실내 장식용 직물에 널리 사용된다. 캐시밀론, 본넬, 올론, 엑슬란, 크레슬란 등의 상표로 생산되고 있다.

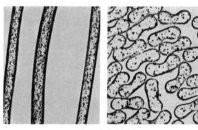

아크릴릭 섬유

아크틱스(arctics) ① 방수가 되는 고무 부츠로 보통 신발 위에 착용하며 지퍼가 달려 있다. 1940년대에 유행했으며 1970년대에 다시 등장하였다. ② 19세기 후반에 도입된 신발 위에 신는 부츠로, 고무로 안을 대었으며, 고무창으로 되어 있고, 앞부분은 메탈 후크로 조인다.

아키라, 마키(Akira, Maki 1949~) 일본 오이타 출생의 디자이너로 오이타 대학교를 졸업하고 패션을 공부하기 위하여 동경으로 가서 레이코 미나미(Reiko Minami) 학원에서 3년 동안 공부한 후 25세에 미국으로 갔다. 1976년에서 1981년까지 할스턴(Halston)에서 일하면서 쿠튀르 디자인을 배웠으며 바이어스 재단과 사선의 드레이핑에 대한 흥미를 디자인에 많이 표현하였다. 1982년 컬렉션에서 레이건 대통령 부인 등의 단골 고객을 가지게 되었다.

아타셰 케이스(attaché case) 서류나 책, 기타 사무용 필수품을 넣고 다닐 수 있도록 디자인된 가방으로 옆이 딱딱하고 손잡이가 있

다. 남녀 공용으로 쓰인다.

아테프(atef) 흰색의 높은 캡 양쪽에 두 개의 깃털이 달린 헤드드레스이다.

아투르(atours) 14~15세기에 유행한 여성용 헤드드레스로, 뿔이 달리고 패드를 대었다.

아트 리넨(art linen) 자수용 기본 천에 사용하는 리넨이나 리넨 혼방의 중간 두께의 평직물을 말한다.

아트킨슨, 빌(Atkinson, Bill 1916~) 미국 뉴욕 출생의 디자이너로 코넬 대학에서 조형 디자인을 공부하고 메트로 골드윈 메이어나 크라이슬러 등의 대기업에서 일하였다. 제2차 세계대전 동안 우연히 패션에 손을 대기 시작하였고, 정부의 직물 제한을 극복하기 위해서 그의 아내를 위하여 스카프를 이용하여 스커트를 만든 것이 계기가 되어 미시간의 글랜이라는 회사와 결합하여 옷을 생산하기 시작하였다. 1978년 코티 위니상을 받았다.

아트 프린트(art print) 아트 감각을 지닌 프린트 무늬의 총칭으로 추상적인 감각의 것이 많고, 아트 패턴이라고도 한다.

아틀란틱 블루(Atlantic blue) 대서양에 보이는 청색으로 비교적 산뜻하게 밝은 블루를 말한다. IWS 맨즈 울 클럽이 1983년 춘하 신사복을 대상으로 선정한 유행색의 하나이다.

아티스츠 스목(artist's smock) 예술가들이 사용하는 스목으로, 보통 3/4 길이의 긴 소매가 달려 있다. 팔목에는 개더가 잡히고 밴드가 달려 있으며, 검은 타이에 큰 라운드 칼라로 되어 있다.

아티피셜(artificial) 넓은 형태의 후프 스커트 밑에 착용하는 것으로 고래뼈나 철사로 형태가 나타나도록 빳빳하게 만든 속치마이다. 1856~1868년에 많이 착용하였으며, 케이지 페티코트, 스켈톤 스커트라고도 한다.

아티피셜 레더(artificial leather) 인공 피혁을 말한다.

아티피셜 실크(artificial silk) 1925년 이전에 레이온이나 아세테이트를 지칭한 말이다.

아틸러리 트윌(artillery twill)　꼬거나 땋은 줄(whipcord)을 가리킨다.

아파치(Apache)　애리조나(Arizona)와 뉴멕시코(new-Mexico) 출신의 미국 남서부 인디언들이 입었던 의복과 비슷한 스타일을 말한다. 프랑스에서는 나이트 클럽의 댄서로 묘사되는 갱의 속어이다.

아파치 백(Apache bag)　어깨끈이 부착된 납작한 직사각형의 가방이다. 주로 여러 색깔의 가죽이나 패치워크로 되어 있으며 가방 밑이 프린지로 장식된 가방으로 1960년대 말에 유행하였다. 히피 백, 인디언 백 또는 스퀘 백이라고도 한다.

아파치 셔트(Apache shirt)　머리부터 뒤집어써서 입고 길이가 길며 겉에 내어입는 오버블라우스이다. 네크라인은 V자형으로 길게 파이고 레이스로 장식하거나 레이스로 된 이탈리안 칼라를 부착하였고, 소매는 풍성하고 넓으며 소매끝은 줄여서 밴드를 달게 되어 있다. 미국의 남서부 인디언들이 입은 데서 이름이 지어졌다.

아파치 스카프(Apache scarf)　인디언 부족의 이름에서 유래한 프랑스 단어로 매우 흉폭하다는 의미를 지닌 스카프이다. 작은 사각형 또는 삼각형의 스카프로 1960년대 후반에 넥타이 대용으로 남성복에 소개되었으며, 매듭을 짓거나 엮어서 착용한다. 프랑스 속어로는 특별히 프랑스 나이트 클럽의 무희들을 의미한다.

아페 드레이프(ape drape)　덥수룩한 모양을 내기 위해 층을 낸 긴 단발로, 앞머리는 자르고 귀 부분은 덥수룩하게 하였다. 1960년대 후반에 유행하였다.

아펜젤 엠브로이더리(appenzell embroidery)　스위스 코르사주 공업에서 손수건과 좋은 모슬린에 주로 사용하는 스위스식 자수이다.

아포티그마(apotigma)　고대 그리스 도릭 키톤(doric chiton)의 바깥으로 접은 부분을 말한다.

아폴로 노트(Apollo knot)　1824~1832년 유행하던 여성의 정교한 이브닝 헤어스타일로,
머리 윗부분이 솟아오른 모양이다. 가발에 철사가 든 루프로 만들었으며, 정교한 빗과 꽃과 깃털로 장식하였다.

아폴로 코르셋(Apollo corset)　1810년경에 허리를 조이기 위해 남녀가 착용한 것으로 고래뼈로 단단하게 만들었다.

아프가니스탄 베스트(Afghanistan vest)　가공 처리된 양털 가죽에 자수를 놓아 만든 조끼로 가죽이 겉으로 나오게 만들어 양털은 단지 조끼의 끝단에서만 보인다. 민속풍의 패션이 유행한 1960년대에 아프가니스탄 민속의상에서 영향을 받아 나타났다. 아프가니스탄 원주민이 입었던 조끼를 모방해 만든 것이다.

아프가니스탄 웨딩 튜닉(Afghanistan wedding tunic)　17세기에 아프가니스탄의 혼례복에서 유래한 튜닉 블라우스로 벨벳천에 금속 장식을 많이 했다. 1970년대 초 미국에서는 이 의상이 18세기형 그대로 입혀지거나 또는 변형되어 유행하였다.

아프가니스탄 재킷(Afghanistan jacket)　무두질한 새끼 양의 가죽으로 만든 재킷이다. 안쪽과 가장자리는 털로 둘싸여 있고 때로 수를 놓기도 한다. 1960년도 후반기에 민속풍 의상으로 유행하였다.

아프가니스탄 클로스(Afghanistan cloth)　1960년대 민속풍의 옷이 유행할 때, 그 중에서도 많이 유행한 아프가니스탄의 민속적인 의류를 총칭한다.

아프간 니들(Afghan needle)　아프간 뜨기를 할 때 사용하는 바늘로 한쪽 바늘 끝이 갈고리형이며, 대부분이 플라스틱, 철, 대나무 제품이고, 굵기는 바늘과 같은 규격이다. 한쪽 부분이 뾰족하거나, 미끄러져 빠지지 않도록 구슬을 끼운 것도 있다.

아프간 스티치(Afghan stitch)　다양한 색상의 실과 긴 코바늘을 가지고 만드는 간단한 크로셰 스티치를 말한다. 트리코 스티치라고도 한다.

아프레스키 부츠(apreés-ski boots)　스키를 탄 후 보온을 위하여 신으며 장딴지까지 오

아포티그마

는 긴 털이 있는 부츠이다. 애프터 스키 부츠 (after ski boots)라고도 한다.

아프로 스타일(Afro style)   아프리카의 영향을 받은 헤어 스타일, 의상, 액세서리로 1960년대 말에 도입되었다.

아프로 초커(Afro choker)   탄력 있는 금속줄로 목을 여러 번 감아 착용하는 목걸이이다. 아프리카의 우방기(Ubangi)족이 착용하던 목걸이에서 유래한 것으로 우방기 네크리스라고도 불린다.

아프로 헤어(Afro hair)   곱슬곱슬하며 둥근 머리 모양으로 원래 아프리카인들의 자연스런 머리 모양에서 유래되었다. 1960년대와 1970년대 남녀의 머리 모양으로 유행하였다.

아프리칸 드레스(African dress)   아프리칸 프린트 옷감에 나무구슬, 유리구슬, 스팽글 등으로 장식한, 직선이나 밑부분이 약간 넓은 A라인 드레스이다. 1967년 파리의 디자이너 이브 생 로랑이 발표함으로써 유행하였다.

아프리칸 이어링(African earring)   아프리카 원주민들이 착용했을 것으로 생각되는 커다란 모양의 귀고리를 말한다. 빅 이어링(big earring)이라고도 하며, 거지 룩이나 과격 룩 등이 유행하면서 누더기나 터번 등과 함께 사용된 재미있는 장신구의 하나이다. 사용된 색채도 원색적이거나 화려하다.

아프리칸 컬러(African color)   아프리카의 대지에 보이는 색으로, 예를 들면 사하라 사막의 적토색, 샌드 베이지 등이 대표적인 색이다. 보다 전문적으로 말하면 테라코타의 적갈색, 카민의 적색, 코코아의 짙은 갈색 등을 들 수 있으며, 대지의 색을 중심으로 한 농담의 감각으로 표현된다.

아플리케(appliqué)   아플리케 워크 또는 아플리케 엠브로이더리라고도 한다. 아플리케는 '붙이다' 는 의미로, 아플리케 자수는 바탕천 위에 다른 작은 천을 스티치로 고정시키는 것으로, 두 장의 천을 중첩시켜 도안 주위를 사뜨기한 후 윤곽을 잘라내어 바탕천의 뒤에서부터 바느질하는 방법을 말한다. 아플리케

자수 방법은 비잔틴(동로마 제국) 무렵부터 시작되어 중세에 발달한 것으로, 현재에도 복식 수예로서 넓게 사용되고 있다. 바탕천은 견, 벨벳, 면, 마, 가죽 등이 사용되고, 아플리케 천에는 앞에서 말한 천과 가죽 외에 거울, 스팽글 등이 사용되기도 하며, 그 외곽을 블랭킷 스티치, 새틴 스티치 등으로 가장자리를 장식하는 것도 있다. 이 외에 코드로 끝을 장식하기도 하고 도안 가운데에 금사·은사 등이 바느질되기도 하여 한층 아름다운 효과를 주는 것도 많이 있다.

아플리케 레이스(appliqué lace)   비치거나 그물 형태로 된 직물에 기계 또는 수공으로 버튼홀, 오버캐스트, 체인 스티치를 이용하여 문양 모티브를 아플리케한 레이스이다.

아플리케 레이스

아플리케 스티치(appliqué stitch)   아플리케 모티브를 옷감이나 의복에 붙이기 위한 스티치의 총칭을 말한다. 주로 버튼홀 스티치가 사용되지만 그 외에 크로스 스티치, 새틴 스티치, 감침질, 새발뜨기 등도 사용된다.

아플리케 엠브로이더리(appliqué embroidery) ⇒ 아플리케

아플리케 워크(appliqué work)   ⇒ 아플리케

아홀(牙笏)   상아(象牙)로 만든 홀로 조선 시대 4품 이상관의 조복(朝服)·제복(祭服)·공복(公服)에 들었다. 상아홀이라고도 한다.

악공복(樂工服)   조선 시대 전악서(典樂署), 장악원(掌樂院) 등에서 의식 때 음악을 담당하던 사람으로 의식의 종류에 따라 복식에 차이가 있었다. 비투난삼(緋綉鸞衫)과 백견(白絹)으로 민든 겹고(狹袴)를 입고 대(帶)를 띠었으며, 흑개책(黑介幘)을 썼다. 조선 초 악공은 화화복두(花花幞頭)에 강수삼(絳紬衫)에 오정대(烏綎帶)를 띠었고 숙종조부터 화화복두에 홍주의를 입고 야대(也帶)를

띠고 흑화(黑靴)를 신었다.

악센트(accent) 색채, 실루엣 등 어느 한 부분을 집중적으로 강조하는 것을 말한다. 의상에서는 트림, 단추, 벨트, 장갑, 목걸이, 구두 등의 액세서리로 악센트를 주는 경우가 많다.

악수(幄手) 상례(喪禮) 절차 중 습(襲)을 할 때 시체의 손을 싸는 보자기로 남자는 남색, 흰색에 자주색 안을 넣고, 여자는 흰색, 검은색에 다홍색 안을 넣어 겹으로 만든다. 좌우 끝에 끈을 달며, 좁은 부분이 손바닥에 가도록 감싼다.

안가(anga) ⇒ 안가르카

안가르카(angharka) 왼쪽 옆으로 여미게 된, 인도의 회교도들이 입는 허리까지 오는 짧은 길이의 코트로 안가, 카프탄이라고도 한다.

안기아(angiya) 남쪽 인도의 모슬렘 여성들이 착용하였던 가슴을 겨우 가리는 짧은 소매의 상의로 쿠르타(kurta)라고도 한다.

안나미즈 뱅크 터번(Annamese banc turban) 크라운이 오픈되어 머리에 감싸는 면 터번으로, 접는 부분은 봉제하였으며 양옆은 넓다. 원래 안남국, 현재 베트남의 상류사회 여성들이 착용한 헤드드레스이다.

안네트 켈러만(Annette kellerman) 무릎까지 오는 바지에 높은 라운드 네크가 달린 짧은 소매의 원피스 니트 수영복이다. 원래 19세기 후반부터 1920년대까지 여성들이 수영복 속에 착용하였다.

안달로즈 케이프(Andalouse cape) 1840년대의 여성들이 외출용으로 입었던 실크로 된 케이프로 가장자리가 트리밍되어 있다.

안달루시안 캐스크(Andalusian casque) 중앙 부분에 줄지어 리본이 달린 여성용 이브닝 튜닉으로 스커트 앞부분을 잘라서 뒤부터 무릎까지 길이는 비스듬하게 경사가 졌다. 1800년 초에 스커트 위에 입었다.

안동포 우리 나라 경북 안동 지방에서 생산되는 삼베의 일종으로 수의 등에 쓰인다. 36cm의 폭으로 제직되며, 8새실로 짠 것이 가장 섬세하고 가격이 비싸다.

안드라다이트 가닛(andradite garnet) 투명한 것에서 불투명한 것까지 다양한 가닛의 하나이며, 노랑, 녹색, 고동색, 검정색 등 다양한 색이 있다. 토파졸라이트는 투명한 황색 석류석이고, 디맨토이드(demantoid)는 찬란한 녹색 가닛이며, 올리빈(olivine)은 감람석(橄欖石) 또는 우랄(유럴) 에메랄드로 알려져 있다. 멜라나이트는 검고 불투명하여 전에는 장례식용으로 사용하였으며, 흑석류석이라고도 한다.

안딘 시프트(Andean shift) 직선으로 된 페루의 토속적인 드레스로 토속적인 옷감에 자수로 장식을 하였고 1960년대 말 미국으로 수출하였다. 남아메리카의 안데스산에서 이름을 따서 명명하였고 오세파(ocepa)라고도 부른다.

안료(pigment) 물이나 다른 용매에 녹지 않고 분산되는 색소를 말한다.

안섶 저고리의 섶 중 안쪽으로 들어가는 섶이다.

안속곳[內襯衣] 여자들이 바지나 치마 속에 입는 속속곳으로 옥양목·광목·무명 등을 사용하여 단속곳과 같은 형태로 만든다. 단속곳보다 바대·밑길이는 더 깊게 하나 크기는 약간 작다.

안테나 밴드(antenna band) 플라스틱 헤어밴드에 철사로 된 안테나 줄을 연결하여 그 위에 장식을 부착한 것을 말한다. 작은 장식으로는 하트형, 별모양, 바람개비 등을 사용하였다. 착용자들의 움직임에 따라 이 장식들도 함께 흔들리는 것이 특징이다. 1982년 여름에 뉴욕과 워싱턴의 젊은이들 사이에서 시작되어 세계적으로 유행했던 패션 아이템의 하나이다. 우주 밴드, 맨해턴 포퍼 등으로도 불린다.

안토넬리, 마리아(Antonelli, Maria 1903~1969) 1950년대 초 가장 존경받은 이탈리아의 디자이너로서 세계 진출에 선구자 역할을 하였다. 그녀의 오랜 고객들 중에는 이탈리아는 물론 세계 각국의 여배우들이 포함되어 있다. 그녀는 코트와 수트의 훌륭한 봉제

기술로 유명하다.

안팎수 평수의 일종으로, 겉과 안이 똑같이 보이도록 동일한 수를 놓는 방법으로 매듭이 보이지 않도록 안과 겉을 깨끗이 수놓아야 한다.

앉을개 직조하는 사람이 앉는 널판지로 뒷다리쪽 누운다리 위에 걸쳐 놓는다. 안챈널, 앉히깨, 앉일개, 앙질대, 앉을대 등으로 불렀다.

알긴산 섬유(Alginic acid fiber) 재생 섬유의 일종으로 미역, 다시마 등에 많이 함유된 알긴산을 원료로 하여 만든 섬유이다. 이 섬유는 강도 1.1g/d 정도의 레이온과 비슷하나 내수성이 부족하여 실용적이지는 못하다. 외과수술용 실 또는 용해성을 필요로 하는 섬유 등 특수 목적에 사용된다.

알라이아, 아제딘(Alaia, Azzedine) 북아프리카의 튀니지 태생의 디자이너로 튀니지에 있는 예술학교에서 조각을 공부하였다. 파리의 크리스티앙 디오르에서 5일 간 일하고 뮈글러에서 두 시즌을 보낸 다음 20년 동안 팔로마 피카소, 가르보 등의 의상을 주문 받아 만들었다. 그의 초기 디자인은 가죽이나 저지 실크를 이용하여 몸에 꼭 달라붙는 형태에 집중되어 있었다. 여성의 체형을 행동의 제약 없이 꼭 달라붙게 하는 알라이안 라인은 특유의 곡선 컷을 살린 것으로 어깨, 힙, 허리, 다리 등에 과장이 없는 자연 그대로의 아름다운 실루엣을 그리고 있다.

알랑송(Alençon) 바늘을 이용해 손으로 짠 레이스로서 섬세한 그물 바닥을 가지고 있는 것이 특징이다. 요즈음 대부분의 알랑송 레이스는 아주 세밀한 디자인을 제외하고는 기계로 짜고 있다.

알랑송 레이스(Alençon lace) 17세기에 프랑스에서 유행한 손으로 만든 곱고 섬세한 레이스를 말한다.

알래스칸 실(Alaskan seal) 북아메리카에서 산출되는 물개의 모피로 속털이 벨벳과 같으며 코트나 트리밍에 사용된다.

알렉산드라이트(alexandrite) 금록석(琴綠石)

인 크리소베릴로 투명하고 밝은 색의 보석이다. 낮에는 에메랄드 초록의 한색을 띠며 인공 조명에서는 매발톱꽃(columbine)에 보이는 붉은색으로 변한다. 1833년 황제 알렉산더 2세가 성년이 되는 날에 발견한 것을 기념하여 그의 이름이 명명되었다.

알로에 스레드 엠브로이더리(aloe thred embroidery) 열대식물 알로에의 섬유로 자수한 것으로 자수에 풍성함을 주기 위해 사용되는 기법을 말한다.

알로하 셔트(aloha shirt) 풍성하게 만들어진 화려한 큰 꽃무늬의 반소매 목면 셔트로, 바지 겉에 내어 입는 것이 특징이다. 하와이의 남자들이 즐겨 입기 시작하여 하와이의 토속어로 애정, 안녕이라는 뜻의 '알로하' 라는 이름이 붙여졌다. 남자의 리조트 웨어나 홈웨어로서 보급되었으며, 1970년대 후반에는 젊은 여성들 사이에서 대유행하였다.

알룸 태닝(alum tanning) 부드럽고 유연한 흰 가죽을 생산하는 과정으로, 주로 장갑을 만드는 데 쓰인다.

알리쿨라(alicula) 로마 시대의 후드가 달린 무거운 코트로 여행자들이나 사냥꾼이 주로 입었다.

알뮤스(almuce) 13세기에 도입된 털이나 패널을 댄 카울 형태의 후드로, 성직자들이 추운 날씨에 착용하였다.

알비니, 월터(Albini, Walter 1941~1983) 이탈리아의 부스토 아르시치오 출생의 디자이너로 크레모나에서 일러스트레이션을 공부하고 튜린의 복장 예술 학교에서 디자인을 공부하였으며, 파리에 있는 이탈리아 잡지사의 패션 일러스트레이터로 일하였다. 그 후 5년 간 파리에 머물다가 1960년에 이탈리아로 돌아온 후 크리치아(Krizia)사에서 3년 간 일했으며, 바질레에서 여러 차례 기성복 컬렉션을 하였다. 1965년 자신의 가게를 열었으며 샤넬로부터 큰 영향을 받았으며 1930년대와 1940년대의 패션에 큰 관심을 보였다. 그는 실크를 주로 사용하였으며 화려한 직물들을 미묘하게 잘 다루었다. 1972

알비니, 월터

년 '우먼즈 웨어 데일리(Women's Wear Daily)'는 알비니의 선을 이브 생 로랑처럼 강하며 모든 유럽의 기호를 결정해 버렸다고 평하였다.

알세이션 보(Alsation bow)　태피터로 만든 커다란 리본으로 된 헤드드레스로, 알사스 로렌 지방 여성들이 착용하였다. 리본의 매듭은 머리 위에 오며, 리본의 고리는 날개처럼 양옆으로 편다.

알세이션 시스템(Alsation system)　프렌치 시스템(French system)　소모사를 만드는 세 가지 방법 중의 하나로, 프랑스의 알사스 지방에서 유래하여 지금은 미국과 유럽에서 사용된다. 이 방법은 짧은 섬유를 사용하며, 만들어진 실은 다른 소모사보다 탄력있고 부피감이 있다. 프렌치 시스템이라고도 한다.

알카루크(alkalouk)　고대 페르시아에서 남성들이 착용한 주머니 달린 속옷을 말한다.

알파가타(alpargata)　로프로 된 신발 바닥에, 뒤꿈치 주위만 캔버스로 된 샌들로 에스파냐와 남아메리카에서 신었다. 앞쪽 신발 바닥에 연결된 코드에 의해 발등에서 교차되며 발목 주위를 둘러서 고정시켜 착용한다.

알파인 재킷(Alpine jacket)　티롤리아 등산가들의 복장의 일부분으로, 무릎길이의 가죽바지와 함께 착용한 허리까지 오는 재킷이다.

알파인 해트(Alpine hat)　거친 펠트나 트위드로 만든 일종의 등산용 모자로 뒤축은 올리고 앞은 처지게 하며 옆에 깃털로 장식하기도 한다. 스위스의 티롤(Tyrol) 지역의 산간에서 쓰는 모자로 티롤리안 해트라고 부르기도 한다.

알파카(alpaca)　남아메리카 안데스산의 4천 미터 이상 고지대에서 사육되며 페루, 볼리비아, 아르헨티나 북부가 원산지인 동물이다. 이로부터 얻는 섬유는 길고 아주 부드러우며 매끄러워 견과 같은 좋은 광택을 지니며, 양모보다 강하다. 특히 보온성이 아주 좋아 양복에 주로 사용되며, 털색은 백색, 갈색, 흑색 등이 있으나 적갈색을 가장 높게 평가한다.

알파카 라이닝(alpaca lining)　면 위사와 알파카 경사로 만든 각종 안감을 말한다.

알파카 직물(alpaca fabric)　알파카모를 포함한 직물의 총칭으로, 양모에 비해 권축은 적고 강도는 크다. 섬유의 색은 주로 회색, 갈색이나 검정색도 있다.

알파카 크레이프(alpaca crepe)　천연 울 알파카처럼 보이도록 만든 레이온이나 아세테이트를 말한다.

암(arm)　두부(頭部)의 중심이 되는 부분으로 바늘을 상하로 움직이게 하거나, 윗실을 공급해 주는 장치가 붙어 있다. 팔과 같은 모양이라는 데서 이런 이름이 붙었다.

암릿(armlet)　① 밴드를 연상시키는 짧고 작은 소매를 말한다. ② 일종의 팔찌로, 브레이슬릿은 손목에 착용하는 것을 의미하며, 암릿은 위팔뚝에 착용하는 것으로, 이집트 고대 벽화에서도 장식으로 사용된 것을 볼 수 있다. 고대에는 중요한 패물과 장식의 기능을 모두 가졌으나, 현대에는 장식의 기능만이 부각되어 있다. 다양한 소재가 사용되며, 특히 현대에는 금속, 플라스틱 등의 소재가 여러 모양으로 활용되고 있다.

암 링(arm ring)　팔찌를 의미하나 이것은 손목에 끼는 팔찌뿐만이 아니라 팔뚝 위 부위에 착용하는 둥근 링을 말한다.

암면(rock wool)　천연 암석을 원료로 제조된 인조 무기 섬유를 말한다. 실리카(SiO_2)를 다량 함유하는 암석과 석회분을 함유하는 암석을 1500℃ 이상으로 가열, 용융하고 이를 작은 구멍으로 흘러나가게 하여, 이 용융물을 고압 증기로 날리거나 고속으로 회전하는 원판에 떨어뜨려 원심력으로 날려서 섬유화한다. 내열성과 보온성이 석면이나 유리 섬유보다 우수하여, 단열, 보온재로 사용된다.

암바리 헴프(ambari hemp)　나이지리아와 인도에서 자라는 식물 섬유로, 대마 대용으로 쓰인다.

암밴드 브레이슬릿(armband bracelet)　금속의 밴드로 주로 팔뚝에 착용하는 팔찌이다. 고대 이집트에서는 발찌와 한짝으로 착용한 흔적이 있는데 1969년에 들어와서 다시 유행하게 되었다.

암색 명도가 낮은 색, 즉 어두운 색을 말한다. 톤으로 한다면 다크 톤(dark tone), 디프 톤(deep tone), 다크 그레이시(dark grayish)에 해당한다. 일반적으로 암색이 갖는 이미지는 중후한 느낌을 갖는다. 하지만 암색 중에는 자주나 청색처럼 순색이면서 저명도인 색이 있으므로 암색이라고 해서 반드시 어두운 이미지를 갖는 것은 아니다.

암소(cow) 남북 아메리카, 유럽 등지에서 서식된 다 자란 암소 가죽으로 질기고 무거우며 두껍다. 큰 가방, 핸드백, 구두 등에 사용된다. 스티어 하이드(steer hide), 킵스킨(kipskin), 불하이드(bulhide), 카프 스킨(calf skin) 등과 함께 소가죽의 한 종류이다.

암시 소비자 선호에 영향을 끼치는 요인으로서의 암시는, 어떤 의복을 선호할 때 옷 자체의 속성보다 상표나 디자이너 이름, 고가품일 경우 품질이 좋을 것이라는 등의 암시에 의하는 경우가 많다.

암시적 충동 충동구매의 한 형태로서 소비자가 그것에 대하여 전혀 아는 바가 없는데도 불구하고 상품의 암시된 내용을 보고 구매하게 되는 행동이다.

암 재봉틀(arm machine) 공업용 특수 재봉틀로, 베드(bed) 부분이 길고 가는 통형으로 되어 있어, 구두나 핸드백류를 재봉하는 데 적합하다.

암즈아이(armseye) 의복의 진동둘레를 가리키는 말이다.

암 탭 디자인(arm tab design) 소매의 안쪽에 롤 업 벨트를 부착하여 소매를 말아 올렸을 때 아래로 흘러내리지 않게 디자인된 것을 의미한다. 여기에서 암 탭은 롤 업 벨트와 같은 의미이다.

암팔선문(暗八仙紋) 팔선보(八仙寶)라고도 한다. 호로(葫蘆), 검(劍), 선(扇), 어고(魚鼓), 적(笛), 음양판(陰陽板), 화람(花籃), 하화(荷花) 등의 문양이다. 호로는 연단제약

(煉丹製藥)하여 중생을 구제하고, 검은 하늘의 검법(劍法)으로 마(魔)를 누르고, 선(扇)은 보선(寶扇)으로서 사(死)에서 회생시키고, 어고는 성상(星相)을 점쳐 영험생명을 유지하고, 적(笛)은 묘음(妙音)으로 만물의 영(靈)을 생(生)하게 하고, 음양판(陰陽板)은 선판(仙板)으로 신명(神鳴)이고, 화람(花籃)은 남내(籃內)의 신화이과(神花異果)로 신명(神明)에 널리 통하고, 하화(荷花)는 니불염(泥不染)하여 수신선정(修身禪靜)한다는 것이다. 조선 시대의 직물문에 나타나 있다. 온양 민속박물관에 소장되어 있는 안동 김씨의 유의 중에 암팔선문이 있다.

암홀(armhole) 팔이 지나가거나 소매가 달리는 부분의 솔기선을 말한다.

암홀 심(armhole seam) ⇒ 진동 솔기

암화단(暗花緞) 경, 위사를 한 색으로 제직하여 무늬는 어둡게 보이고 지는 밝게 보이는 중국 문단을 뜻한다.

압두녹색(鴨頭綠色) 짙은 녹색을 말한다. 오리의 머리털과 비슷한 색으로 목면이나 명주에 물을 들여 사용했다.

압생트(absinthe) 쓴 쑥으로 맛을 들인 알콜 농도 70%의 강한 술을 말하나, 패션에서는 그 술에 보이는 약간 담황색을 띤 녹색을 말한다. 1986년 춘하의 유행 경향색의 하나로 등장한 것으로 라벤더 로즈, 샌드 베이지, 핑키 톤 등과 함께 엷은 색채의 하나로 사용되었다.

앙가장트(engageantes) 17세기 말에서 18세기 중엽까지 성행한 여자 드레스의 소매 장식으로 층층으로 겹쳐 단 레이스 러플(lace ruffle)을 말한다.

앙고라 얀(angora yarn) 앙고라 토끼의 털을 방적한 실로, 순백색으로 아름다우며 부드러운 광택을 지니고 있지만 약하기 때문에 주로 양모와 혼방하여 여성복지, 스웨터 등에 많이 사용된다.

앙고라 클로스(angora cloth) 면사를 경사로, 앙고라실을 위사로 사용해서 평직이나 능직으로 짠 직물이다.

앙고라 토끼털(angora rabbit hair)　토끼털은 크게 앙고라 토끼털, 집토끼털, 들토끼털로 분류되나 주로 앙고라 토끼털이 피복에 사용된다. 앙고라 토끼털은 비중이 작아서 가볍고 촉감이 부드러우며 매끄러워 모직물, 모편성물, 숙녀용 스웨터, 장갑 등에 혼방된다. 단, 권축이 없고 스케일이 발달되어 있지 않아서 단독으로 방적하기는 어렵고 보통 양모, 기타 섬유와 혼합하여 방적한다.

앙굴렘 보닛(Angouleme bonnet)　스트로 보닛으로 크라운에는 주름이 있고, 챙의 앞부분은 넓고 양옆은 좁아지며, 양쪽에서 리본을 맸다. 프랑스의 나폴레옹 1세 시대에 여성들이 착용하였으며, 마리 앙투아네트의 딸 앙굴렘의 이름을 따서 이렇게 불렀다.

앙드레비, 프랑스(Andrevie, France 1950~)　프랑스 태생으로 1971년 학위 취득 후 벨기에 브뤼셀의 기성복 업체인 로랑 빈치(Laurent Vinci)에서 스타일리스트로 일했다. 남프랑스의 생 트로페즈(St. Tropez)로 옮겨가 그의 첫 부티크를 개설하며 파리에서 컬렉션을 열기도 했다. 앙드레비는 크고 대담한 크기의 직물을 서로 혼합하는 기법을 자주 사용하였다. 또한 스타일과 편안함의 조화를 추구하였으며 부드러운 실루엣과 편안한 라인이 특징적이며 기능성을 강조한다. 2~3개의 서로 다른 직물을 이용한 레이어드 룩은 그녀의 색상과 직물에 대한 감각을 잘 나타낸다.

앙상블(ensembles)　프랑스어로 ‘조화, 통일’을 뜻하며, 코트와 스커트가 갖추어진 한 벌의 여성복을 말한다. 다른 상품과 전체적으로 조화가 가능한 상품만을 구입하는 것으로, 넓은 뜻으로는 모자나 핸드백, 구두 등의 소품까지도 포함한다.

앙투아네트 피슈(Antoinette fichu)　형태가 긴 여성용 스카프로 목을 둘러서 앞에서 교차시키고 허리에서 감아 뒤에서 매듭으로 길게 묶었다. 1850년대에 착용하였으며 마리 앙투아네트 피슈라고도 한다.

앞길　웃옷의 앞쪽에 있는 길을 말한다.

앞다리베틀　원체를 이루는 것으로 누운 다리 앞쪽에 구멍을 뚫어 박아 세운 두 개의 기둥으로 이 위에 용두머리를 놓는다. 선다리, 앞기둥으로도 불린다.

앞댕기　댕기의 일종. 혼례(婚禮)시에 큰 비녀의 좌우에 말아서 앞으로 늘어뜨리는 댕기이다.

앞치마　치마 위에 덧입는 흰색의 치마로 부녀자가 일할 때 옷차림을 간편하게 하거나 치마의 더러워짐을 방지하기 위해 입는다. 무명, 옥양목을 홑으로 만들며 치마 길이보다는 20~30cm 짧게 한다.

애그러베이터즈(aggravators)　눈이나 관자놀이 근처의 세미 컬로, 1830~1850년대 남성들의 헤어 스타일을 말한다.

애글릿(aglet)　금·은과 같은 장식용 금속 조각으로, 오늘날 구두끈의 끝부분과 유사한 형태이다. 15세기에는 남성들의 더블릿과 함께 사용되었으며, 후에 장식 효과를 위해 다발로 사용하기도 하였다. 에이귤릿(aigulet)이라고도 쓴다.

애너니머티(anonymity)　군중 속에 끼여 있는 사람들이 개개인의 독특한 성격과 책임의식 등을 상실하는 것을 말한다.

애눌라 브로치(annular brooch)　11~13세기에 옷을 여미는 데 쓰던 핀으로, 링에 부착되어 움직일 수 있다.

애니멀 스킨 패턴(animal skin pattern)　동물의 털가죽에 나타나는 무늬를 모티브로 하여 제작되는 문양 패턴이다. 대부분 호랑이나 표범, 악어, 뱀 등의 털이나 가죽의 무늬를 모방하여 이를 사실적으로 나타내거나 변형

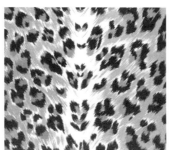

애니멀 스킨 패턴

하여 표현한다.

애니멀 패턴(animal pattern)　귀여운 동물의 형상을 문양화하여 아동용 직물 및 아동용품의 문양으로 널리 이용하고 있으며, 표범, 얼룩말, 뱀 등의 동물털 무늬를 문양화하여 직물 문양 등으로도 많이 사용한다.

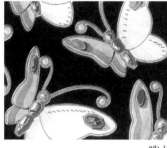

애니멀 패턴

애니메이션 프린트(animation print)　영화, TV에 나오는 만화를 모티브로 한 프린트 무늬로서 코미컬 프린트(comical print)의 일종이다.

애니 홀(Annie Hall)　영화 '애니 홀'에서 보여준 코디네이트가 안된 옷을 말한다.

애드머럴 코트(admiral coat)　단추가 두 줄로 달린 더블 브레스티드의 리퍼 코트와 유사하며, 금색의 쇠단추가 달려서 더욱 경쾌하게 보인다. 미국 해군 장교들이 착용한 코트에서 유래하였다.

애드머럴티 클로스(admiralty cloth)　영국 해군의 장교복과 코트에 사용된 두꺼운 울을 말한다.

애디티브 모델(additive model)　개개 정보의 척도치가 누가적으로 통합되어서 전체 인상을 형성하는 과정이다.

애로 헤드 스티치(arrow head stitch)　화살 모양의 형태이며 새틴 스티치와 같이 면을 채우는 데 사용되는 스티치이다.

애로 헤드 엠브로이더리(arrow head embroidery)　포켓이나 플리츠의 끝에 또는 장식적인 효과를 위하여 사용되는 삼각형 모양의 자수를 말한다.

애리조나 루비(Arizona ruby)　루비 참조.

애뮬릿(amulet)　부적의 기능을 하는 작은 물

건을 말한다.

애미시스트(amethyst)　투명한 자색 보라색의 자수정이다. 주변에 비교적 흔하기 때문에 준보석으로 취급되며, 최상품은 좀더 어두운 색조로 투명하다. 우루과이, 우랄 산맥, 브라질에서 주로 생산되며, 그 외에 스리랑카, 한국, 일본, 남아프리카, 멕시코 등도 산지이다.

애미시스트 컬러(amethyst color)　자수정에 보이는 색으로 산뜻한 적색 기미가 있는 보라색을 말한다.

애버리지 모델(average model)　'평균 모델'이란 뜻으로 사람은 기계적이고 단순한 방법으로 상대방에 관한 정보를 혼합시킨 후 주어진 정보를 모아서 이에 대한 평균치로서 사람을 평가한다는 것이다.

애브스트랙트(abstract)　자연적인 것에 반대되거나 현실적이지 않은 것을 의미하는 말이다.

애슐리, 로라(Ashley, Laura 1926~)　영국 태생으로 1950~1960년대에 로맨틱하고 환상적인 드레스를 선보이면서 패션을 따르기보다는 자신의 모드를 유지하는 디자이너이다. 대체로 18~19세기의 패션에 의한 작은 꽃무늬가 프린트된 직물, 여성적인 장식, 길고 부드러운 스커트, 퍼프 슬리브로 구성된 것이 디자인의 특징이다.

애스콧(ascot)　19세기 중엽, 남자들에게 유행한 목에 두르는 스카프 모양의 폭넓은 넥타이를 말한다. 영국의 애스콧 히스(Ascot Heath)에서 열리는 경마시합의 복장에서 유래하여 이름지어졌다. 스톡 칼라라고 부르기도 한다.

애스콧 네크라인(ascot neckline)　폭이 4~8인치 되는 긴 스카프를 뒤쪽 목둘레선 중심에 부착한 후 둘러서 앞목에 풍부하게 맨 네크라인을 말한다. 애스콧은 영국 버크셔주의 마을 이름으로 이 지방 경마장에 모인 신사들이 맸던 넥타이에서 유래하였다. 1920년대 말에 유행하였다가 1960년대 말에 다시 유행하였고 그 후부터 남녀 모두에게 더욱

인기가 있었다. 애스콧 칼라, 스톡 네크라인, 스톡 칼라라고도 불린다.

애스콧 스카프(ascot scarf) 주로 흰색의 사각형 스카프로 남녀가 목둘레에 느슨하게 걸쳐서 착용한다. 1960년대 후반 파리의 디자이너 이브 생 로랑에 의해서 패션계에 소개되었다. 파리 디자이너들의 서명이 첨가된 화려한 스카프가 영국의 애스콧 경마장에서 신분의 상징으로 유행하면서 붙여진 명칭이다.

애스콧 재킷(ascot jacket) 1876년에 입었던 헐렁한 남성 재킷으로, 앞단은 둥글며 어울리는 천으로 된 벨트로 허리를 조였다.

애스트러너츠 캡(astronauts cap) 우주 비행사나 제2차 세계대전 당시 해군 장교들이 썼던 모자를 모방한 모자이다. 모자 챙에는 금실의 정교한 자수가 행해지고 모자 둘레는 금실 밴드를 두른다. 모자 윗부분에는 금단추를 부착하고 크기를 조절하기 위한 스트랩이 뒤쪽에 부착되어 있어서 야구 모자와 비슷한 형태이다. 금색 가장자리의 장식 밴드는 농담조로 스크램블드 에그(scrambled eggs)라고 불리기도 한다. 커맨더즈 캡(commanders cap), 플라이트 덱 캡(flight deck cap)이라고 부르기도 한다.

애스트롤레그즈 호즈(astrolegs hose) 12성좌의 무늬가 프린트된 호즈로 1960년대 후반에 패션계에 소개되었다.

애슬레틱 셔트(athletic shirt) ① 운동하기에 편하게 소매통이나 진동이 넓고 네크라인이 U자 모양으로 많이 파인, 땀을 많이 흘리는 운동에 적합한 스포츠 셔츠이다. 운동 선수들의 셔트에서 유래하여 만들어졌으며, 1960~1970년 초기에 유행하였고, 때로는 팬티가 부착되기도 했다. ② 면, 니트로 된 풀오버 스타일의 러닝 셔트로 여름철에 조깅복, 트레이닝복으로 입는다. 탱크 톱이라고도 한다. 탱크란 실내 또는 옥외의 수영장을 말하는데 풀에서 입는 수영복의 일종인, 1930년대의 하나로 된 수영복에서 유래하였다. 애슬레틱 셔트를 약자로 에이 셔트라고도 한다.

애슬레틱 쇼츠(athletic shorts) ⇒ 러닝 쇼츠

애슬레틱 임프레션(athletic impression) 운동 선수 같은 강건하고 활동적인 인상을 말한다.

애슬레틱 클로즈(athletic clothes) 운동할 때 입는 옷을 말한다.

애슬레틱 팬츠(athletic pants) 운동할 때 착용하는 바지의 총칭이다. 스웨트 팬츠 참조.

애시 그레이(ash gray) 재[灰]에 보이는 회색을 말한다.

애시드 컬러(acid color) '시다, 신맛이 있다, 산성의'라는 의미를 갖는 색을 말한다. 산뜻하고 예민한 감각의 색으로, 예를 들면 푸른 사과에 보이는 애시드 그린(acid green) 등이 대표적이다. 스포츠 감각의 색으로 새롭게 주목되고 있으며, 여기에 담색계가 가미된 애시드 파스텔 컬러도 주목되는 색의 하나이다.

애시마우니 면(ashmouni cotton) 이집트 면 중에서 가장 오래된 품종으로서 섬유 길이가 26~32mm 정도이나 불균일하며 60번수 정도까지 방적이 가능하다. 품질은 이집트 면 중에서 하위에 속한다.

애시메트리컬 클로딩 드레스(asymmetrical clothing dress) 양 앞면 어깨나 스커트의 밸런스가 똑같지 않아 한쪽이 다른 한쪽보다 훨씬 더 많이 엇갈리게 된 드레스이다. 1920년대 디자이너 마들레느 비요네가 《보그》잡지에 소개함으로써 유행하였다.

애시메트릭(asymmetric) 양쪽의 불균형, 비대칭이라는 뜻으로 여밈을 중심에서 옆으로 돌아가게 한다거나 칼라를 한쪽만 접어 넘기도록 단다든지, 기모노 형식의 여밈을 한다든지, 한쪽만 주름을 잡았다든지, 디자인의 세부적인 것을 불균형하게 변형하여 아름다운 조화를 추구하는 스타일을 말한다.

애시메트릭 네크라인(asymmetric neckline) 블라우스나 셔트의 양쪽 모양이 다르게 불균형한 네크라인이다.

애시메트릭 스윔 수트(asymmetric swim suit) 한쪽 어깨에만 끈이 달린 비대칭으로 디자인

애스트러너츠 캡

애시메트리컬 클로딩 드레스

애시메트릭 클로징 수트

애시매트릭 칼라

된 수영복이다.

애시메트릭 스커트(asymmetric skirt) 앞 정면 중심에서 비교할 때 양쪽이 대칭되지 않는 스커트로 허리에서 스커트 끝단까지 사선으로 러플이 달려서 스커트 끝단이 차이가 난다.

애시매트릭 네크라인   애시매트릭 스커트

애시메트릭 칼라(asymmetric collar) 칼라의 좌우 모양이 비대칭의 형태로 이루어진 것으로 1980년대에 유행하였다.

애시메트릭 클로징 수트(asymmetric closing suit) 양쪽이 비대칭으로 여며지는 드레스를 말한다. 여밈이 중심을 지나서 옆으로 돌아가게 한다거나, 칼라를 한쪽만 접어 넘기거나, 기모노 형식의 여밈 등으로 디테일을 불균형하게 변형하여 조화를 추구하는 스타일을 뜻한다.

애시메트릭 프런트(asymmetric front) 오프센터 프런트라고도 하며, 재킷이나 셔츠의 여밈이 중심에 오지 않고 비스듬히 왼쪽이나 오른쪽에 쏠려 세로로 잡힌 것을 말한다.

애시메트릭 헴(asymmetric hem) ⇒ 비대칭단

애시즈 오브 로지즈(ashes of roses) 회색 기미가 있는 분홍색으로 부아 드 로즈(bois de rose)라고도 한다.

애토널 컬러링(atonal coloring) 무조(無調)의 배색이라고 직역되는 패션 용어이다. 음악 용어로 '무조의, 고저가 없는'의 의미로, 같은 계통 색들의 조합으로 명도차, 채도차, 농담의 차가 그다지 없는 배색을 가리킨다. 토널 컬러링과 대조적으로 사용된다.

애프터눈 드레스(afternoon dress) 오후에 입

는 드레스로, 오후의 연회, 예를 들어 결혼식의 초대나 차 대접, 남을 방문할 때 입는다. 소재로는 실크류를 많이 사용한다. 착용시에는 때와 장소를 염두에 두어야 하지만 이브닝 드레스처럼 특별한 격식은 필요없다.

애프터눈 블라우스(afternoon blouse) 오후나 저녁 모임에 입는 얇은 면, 실크 등의 부드럽고 가볍고 화려한 소재로 디자인된 블라우스의 총칭이다. 일반적으로 조명 밑에서 입는 옷이기에 특히 색에 유의하여야 한다. 이브닝 블라우스라고도 한다.

애프터눈 수트(afternoon suit) 오후 시간에 격식을 갖추고 방문할 때 입는 수트이다. 주로 견과 같이 부드럽고 우아한 느낌의 소재를 사용하여 드레시하게 만든다.

애프터스키 삭스(after-ski socks) 스키를 탄 후 신는 슬리퍼로 바닥면에 부드러운 양말이 부착되어 있다.

애플 그린(apple green) 녹색 사과에서 보이는 밝은 황록색을 말한다.

애플 잭 캡(apple jack cap) ⇒ 뉴스보이 캡

액세서라이징(accessorizing) 패션쇼에 나가는 모델이나 주문한 고객의 옷에 디스플레이를 목적으로 액세서리를 덧붙이는 과정이다. 즉, 윈도 디스플레이 등의 전시, 패션쇼, 점포에서의 완전한 옷의 착용법을 보여 주기 위한 것이다.

액세서리(accessories) 의복의 외관을 돋보이게 하거나 완성시키기 위해 드레스, 코트, 수트 등에 부착하거나 코오디네이트되는 패션 장신구로서 양말에서부터 신발, 핸드백, 장갑, 벨트, 스카프, 리본, 시계, 보석, 모자에 이르는 모든 품목을 말한다.

액션 글러브(action glove)　활동성을 높이기 위해 손등을 제거한 장갑으로 원래는 골프나 자동차 경주와 같은 운동시에 주로 착용했으나 1960년대 여성의 주간용 장갑으로 착용하게 되었다. 컷 아웃 글러브나 경기용 장갑이라고 부르기도 한다.

액션 백(action back)　주름 등을 주어 활동에 편하도록 만든 재킷이나 코트, 드레스의 뒤쪽 여유분을 말한다.

액정국(扼庭局)　금장(錦匠), 라장(羅匠), 능장(綾匠), 견장(絹匠) 등을 관리한 고려 시대 관영 공장으로, 당시의 비단 직물류의 생산에 관여한 관청이다.

액주름[腋注音]　액주름은 양쪽 겨드랑이 밑에 주름이 잡혀 있는 포이다. 액추의(腋皺衣)라고도 하는데 '皺'는 '주름잡힌 쭈그러질 추' 자이므로 '겨드랑이 밑에 쭈그려서 주름잡은 옷 '이라는 뜻이다. 이 포는 형태로 볼 때 길과 섶이 의(衣)와 상(裳)으로 분리되지 않고 옆에 달린 무만 따로 주름잡아 겨드랑이 밑에서 연결한 부분적인 의상연의(衣裳連衣)이다.

액추의(腋皺依)　⇒ 액주름

액톤(acton)　13~14세기에 갑옷 속에 입었던 재킷을 말하는 것으로, 후에 철판을 댄 재킷을 갑옷처럼 입었으며 아케톤(aketon)이라고도 한다.

액티브 컬러(active color)　활동적인 색, 활발한 색이라고 할 수 있는 원색조의 선명한 색을 말한다. 이러한 색의 표현은 비비드 컬러(vivid color), 브라이트 컬러(bright color), 클리어 컬러(clear color) 등과 같이 다양하지만, 특히 스포츠 웨어 형태의 의류나 테니스, 골프 등의 경기복에도 사용되는 경향이 강해지고 있다.

앤드로지너스(androgynous)　양성을 공유했다는 뜻이다. 복식의 의미로서 여성은 초인의 능력을 가졌고 따라서 초인적인 것을 추구하는 것으로, 남성적인 차림으로 여성적인 유연함을 표현하면서 인생을 음미 또는 즐긴다는 뜻이고, 남성의 입장에서는 여성 지향

이라는 의미를 지녔다. 1985년 전후부터 이 현상이 두드러졌는데 곧 유니섹스의 발전으로 볼 수 있다.

앤드로진(androgyne)　벰(Bem)의 양성화이론으로서 남향성−여향성을 단일 연속체상의 양극적인 개념이 아니라, 반대되는 성(性)의 두 가지의 특성을 한 사람이 소유하는 것으로 보는 것이다.

앤세이트 크로스(ansate cross)　⇒ 앵크(ankh)

앤터니, 존(Anthony, John 1937~)　미국 뉴욕 출생의 디자이너로 공예 고등학교에 다니는 동안 장학금을 받아 유럽 여행과 패션 연수를 받을 기회를 얻었다. 1년 동안 로마의 예술 아카데미에서 수업한 후 뉴욕으로 돌아와 F.I.T.를 졸업하였다. 1년 간 견습 생활을 하고, 1971년 로버트 레빈(Robert Levin)과 존 앤터니 회사를 설립하였으며 1972년 그의 두 번째 컬렉션에서 코티 위니상을 받았고 1976년에 재차 코티 위니상을 받았다. 그의 디자인의 특색은 미니멀리즘(minimalism)으로서 단순하고 유연하며 섬세한 직물을 사용하였으며 독자적인 재단을 연구하여 입기 편리한 패턴에 주력하고 있다.

앤터리(antery)　이집트인과 터키 남성들이 리넨 셔트 위에 입는 조끼로 길이가 허리 정도까지 오거나 무릎 밑까지 내려온다.

앤트워프 레이스(Antwerp lace)　① 17세기에 처음 손으로 만든 보빈 레이스로, 디자인에서 꽃병이나 바구니 효과를 준 알랑송과 유사하다. ② 17세기 이전에 만들어진 벨기에산 레이스로 메클린(Mechlin)과 브뤼셀(Brussels) 등이 있다.

앤티그로폴리스(antigropolis)　목이 긴 남성 부츠로 보통 가죽으로 만든다. 앞은 허벅지까지 오지만 뒤는 무릎 길이이며, 19세기 중반에 승마할 때 착용하였다.

앤티초크 컷(antichoke cut)　양엉겅퀴 컷의 헤어 스타일이다. 뒤로 넘기며 층층이 짧은 머리 컷으로 1960년대에 유행되었다.

앤티크 보디스(antique bodice)　1830~1840

액션 글러브

앤드로지너스

년대에 여성들이 착용한 이브닝 웨어로 데콜타지(decolletage)를 낮게, 앞 허리선을 깊게 하여 허리에 길게 밀착하는 보디스를 말한다.

앤티크 새틴(antique satin)   일종의 양면직으로, 한쪽 면은 샌텅(shantung)과 같이 위사 방향으로 슬러브가 있고, 다른 면은 초기의 실크 새틴과 비슷하다. 여러 섬유들을 혼방하여 구성한다.

앤티크 태피터(antique taffeta)   뻣뻣하게 가공하여 18세기의 직물처럼 만든 평직물이다. 옥사(dupion silk)나 합성섬유로 만들며 두 가지 색으로 선염하여 무지개와 같은 효과를 낼 수 있다.

앤티크 프린트(antique print)   수공예품과 같은 멋이 들어 있는 고풍의 프린트 무늬이다.

앤틸로프(antelope)   영양의 모피로 광택이 있고 부드러운 털로 되어 있으며, 양피를 보다 값비싸게 가공한 것을 말한다. 모자나 가방, 구두 등에 사용된다.

앨러배스터(alabaster)   희고 매끄러운 설화석고(雪花石膏)를 말한다.

앨리게이터(alligator)   미국에서 서식하는 악어 가죽으로 불규칙한 사각형이나 원형의 무늬를 가진다. 어린 악어 가죽은 주로 핸드백이나 구두 등에 사용된다. 진짜 악어 가죽은 비싸기 때문에 얼룩무늬를 모방하여 카프 등에 칠하기도 한다. 아시아산 악어 가죽은 크로코다일(crocodile)이라고 부른다.

앨리스 블루(Alice blue)   동화 '이상한 나라의 앨리스'의 주인공인 앨리스가 착용한 원피스의 파랑색을 말한다.

앨리스 인 원더랜드 드레스(Alice in Wonderland dress)   피나포어 드레스, 에이프런 드레스와 유사한, 앞치마가 달린 귀여운 소녀 드레스이다. 1865년 루이 캐롤이 쓴 책 속의 주인공 소녀 앨리스가 착용하였던 스타일에서 인용되었다.

앨마(alma)   두드러지는 사선의 트윌 짜임 때문에 잘 사용되지 않는 실크 천으로, 원래 검정색과 자주색으로 만들었으며, 장례식 때

착용한다.

앨먼다이트 가닛(almandite garnet)   검은색에 가까운 짙은 적색, 제비꽃 적색, 적갈색의 석류석으로, 투명한 것에서 불투명한 것에 이르기까지 다양하다. 홍옥(carbuncle)도 여기에 포함된다.

앨먼딘 스피넬(almandine spinel)   스피넬(spinel) 참조.

앨메인 코트(Almain coat)   15세기 후반, 16세기 초에 더블릿(doublet) 위에 입었던 몸에 꼭 끼는 코트 또는 재킷으로 밑자락은 펄럭거리고 긴 행잉 슬리브가 달려 있는 형태이며 앞을 오픈해서 입었다. 앨메인 재킷이라고도 한다.

앨메인 호즈(Almain hose)   16세기 후반 남성들의 풍성한 반바지로, 슬래시(slash)되어 있고 슬래시 사이로 속옷을 잡아당겨 보이도록 입었다. 게르만 호즈(German hose)라고도 한다.

앨모너(almoner)   중세 십자군 원정 당시 신부가 십자군에게 십자가를 넣어주던 주머니로, 값진 물건을 넣어가지고 다니기에 편리하므로 애용하다가 일반인에게도 유행하게 되었다. 일반인들은 이 주머니에 동전을 넣고 다니다가 가난한 사람들에게 나누어 주었다고 한다. 현대 여성들의 핸드백의 원조가 된다.

앨바트로스(albatross)   성글고 가볍게 짠 부드러운 모직물로서 평직이나 능직으로 짜며 후염한다. 표면이 불규칙적이며 부드럽고 폭신폭신하다. 앨바트로스(조류의 일종임)의 부드럽고 포근한 가슴과 비슷하다는 데에서 이름이 붙여졌다. 오늘날에는 그다지 널리 사용되지는 않지만 실내복이나 유아복 등에 쓰이고 있으며, 면직물로 만들기도 한다.

앨버너스(albernous)   아프리카 북부의 무어인과 아랍인들이 입던 여행용 케이프로, 무지나 줄무늬로 된 카멜 천을 원형으로 재단한다. 정사각형 후드의 양끝에는 태슬이 달려 있다.

앨버트 드라이빙 케이프(Albert driving cape)

싱글 또는 더블 브레스티드의 헐렁한 체스터 필드 코트로, 뒷부분에 재단선이 없거나 팔 밑에 재단선이 없어 뒤에 있는 경우도 있다. 1860년에 등장하였다.

앨버트 라이딩 코트(Albert riding coat)　단추가 높게 달린 남성용 싱글 브레스티드 코트이다. 넓은 칼라와 좁은 깃에 주머니가 달린 형으로 앞부분은 비스듬하게 경사져 잘린 형태이며 19세기 중반에 입었다.

앨버트 오버코트(Albert overcoat)　남성용의 헐렁한 겉옷으로 종아리 중간 정도의 길이에 앞쪽에는 단추 가리개가 있고, 어깨에는 작은 케이프가 달려 있으며, 등뒤에 긴 슬릿(slit)과 앞에 세로로 슬릿된 가슴 주머니가 있는 오버 코트를 말한다. 앨버트 드라이빙 색(Albert driving sac), 케이프라고도 한다.

앨버트 재킷(Albert jacket)　19세기 중반에 입었던 남성용 싱글 브레스티드 재킷으로 허리선의 봉제선과 옆솔기에 주름이 있는 것과 없는 것이 있으며, 가슴 주머니는 없다.

앨버트 톱 프록(Albert top frock)　프록 코트와 같은 두꺼운 남성용 외의로, 벨벳으로 된 넓은 칼라와 가장자리가 펄럭이는 주머니에 넓은 커프스와 깃이 달린 오버코트이다. 1860~1900년에 입었다.

앨베이니언 해트(Albanian hat)　크라운이 높고 앞이 올라갔으며 깃털로 장식한 모자로, 16세기 후반 프랑스의 앙리 4세에 의해 유행하였다.

앨브(alb)　카톨릭에서 성직자들이 입었던, 길이가 긴 예식용 로브를 말하는 것으로, 원래 흰 리넨으로 만들어졌으나 근래에는 면이나 인조 섬유 또는 혼방된 것도 사용되고 있다. 긴 소매가 달려 있고 목둘레 부분에 꼬아 매는 끈이 있거나 후드가 달린 것도 있다.

앰버(amber)　호박(琥珀) 또는 호박의 색으로 벌꿀에 가까운 등색을 띤 황색을 말한다. 약간 채도가 낮은 오렌지색도 포함된다.

앰브로이더드 스웨터(embroidered sweater)　스웨터를 먼저 짠 후 그 위에 자수로 꽃무늬나 여러 가지 색의 각종 디자인으로 장식을

한 스웨터이다. 때로는 자카드 니트로 무늬를 디자인의 일부로 넣어서 짜는 경우도 있다.

앰플 팬츠(ample pants)　앰플이란 '큰 넓은, 여유가 있는' 이라는 뜻으로 바지폭이 넓고 여유가 많은 팬츠를 말한다.

앳홈 웨어(at-home wear)　집에서 편하게 입을 수 있는 정장이 아닌 옷으로 간단히 홈 웨어라고도 한다.

앵귈라 코튼(Anguilla cotton)　서인도 앵귈라 섬에서 처음 재배되었던 면을 말한다.

앵글드 숄 칼라(angled shawl collar)　허리선에서 꺾이고 가장자리가 각진 숄 칼라로, 남성용 턱시도에 사용된다.

앵글드 포켓(angled pocket)　재킷이나 코트에 비스듬하게 단 플랩 포켓을 말한다.

앵글로그리크 보디스(Anglo-Greek bodice)　넓은 라펠의 끝에 레이스를 댄 여성의 보디스로, 1820년대 피슈 로빙(fichu robing)과 함께 착용하였다.

앵글로색슨 엠브로이더리(Anglo-saxon embroidery)　앵글로 색슨족(1066년 노르만 정복 이전에 영국에 살던 민족)이 아우트라인 자수로 수놓던 기법으로, 바탕에 롱 스티치(long stitch)를 하고 견사나 금속성의 실로 자수를 한다.

앵글시 해트(anglesea hat)　평평한 챙과 실린더 모양의 높은 크라운이 있는 남성용 모자로, 1830년경에 착용하였다.

앵글프런티드 코트(angle-fronted coat)　남성의 정장으로 앞에서부터 뒤쪽으로 잘려나간 모닝 코트와 유사하며 1870~1880년대에 착용한 코트이다. 유니버시티 코트라고도 한다.

앵삼(鶯衫)　조선 시대 생원이나 진사에 합격했을 때 또는 신래급제(新來及第)가 착용하던 예복(禮服)으로 유생복(儒生服)에서 나왔다고 한다. 앵삼의 앵(鶯)자가 의미하는 것은 꾀꼬리 색을 딴 옷, 즉 녹황색을 의미한다. 여기에 각대(角帶)를 매고 복두를 쓴다.

앵슬릿(anslet)　14세기 후반에서 15세기 초에

앵크루아야블

앵클 스트랩 샌들

야마모토 간사이

유행한 남성의 짧은 웃옷을 말한다.

앵크(ankh) 둥근 테 형태의 상층대(top bar)가 있는 십자가를 붙여 착용하는 장식의 하나이다. 영원한 생명을 나타내는 이집트의 심벌에서 유래하며 꼭대기에 고리가 달린 것은 앤세이트 크로스라고도 불린다.

앵크루아야블(incroyables) 프랑스 혁명 후의 총재정부 시대(1795~1799) 동안 남자들이 입었던 극단적인 유행 의상이다. 하이넥에 장식이 꾀죄한 크라바트(cravate)와 덥수룩한 머리카락, 우스꽝스럽게 큰 라펠로 치장하여 의도된 부주의를 반영하였다. 1880년대 후반 비슷한 룩을 위해 이 용어가 다시 부활되었다.

앵크루아야블 코트(incroyable coat) 넓은 라펠과 긴 뒷자락으로 된 1889년의 여성 코트이다. 정오 이후에 입는 의상으로 레이스 자보와 웨이스트 코트와 같이 입었다. 스왈로 테일드 코트(swallow-tailed coat)를 응용한 코트이며, 앵크루아야블에서 모방했다.

앵크 링(ankh ring) 고대 이집트인이 생명을 상징하기 위해 만들었던 앵크의 고리(ring) 부분을 의미한다.

앵클 랩 샌들(ankle wrap sandal) 샌들 참조.

앵클 렝스 호즈(ankle length hose) 발목 길이의 양말로 긴 바지나 짧은 팬츠 등에 착용한다.

앵클릿(anklet) ① 복숭아뼈를 덮을 정도의 짧은 양말을 말한다. 앵클 삭스라고도 하며, 1977~1978년 추동에 제안된 앵클릿은 럭비 셔츠를 연상시키는 가로 줄무늬가 있으며, 길이는 종아리까지 긴 것도 있다. ② 다리, 특히 발목 부위에 착용하는 둥근 액세서리를 의미한다.

앵클릿 삭스(anklet socks) 발목 밑까지 오는 장식용 양말이다. 앵클 삭스라고도 한다.

앵클 밴디드 팬츠(ankle banded pants) 발목 부분을 밴드로 조여서 밴드 위로 주름이 진 바지를 말한다.

앵클 부츠(ankle boots) 발목까지 오는 부츠를 말한다.

앵클 브레이슬릿(ankle bracelet) 발목 주위에 장식을 목적으로 착용하는 체인이나 착용자의 성명 이니셜이 새겨진 아이디 발찌(ID bracelet)를 말한다. 고대부터 동양이나 이집트에서 사용했으며 앵클릿으로 불리기도 한다.

앵클 삭스(ankle socks) ⇒ 앵클릿 삭스

앵클 스트랩(ankle strap) 주로 신발에서 발목을 조이는 끈을 말한다.

앵클 스트랩 샌들(anklestrap sandal) 발목 주위를 가죽 끈으로 묶어 착용하는 샌들로 굽은 중간에서 높은 굽에 이르기까지 다양하며 밑창은 대부분 두껍다. 1930년대와 1940년대에 유행하였고 그 후로도 때때로 신는다.

앵클 워치(ankle watch) 넓은 밴드로 발목에 착용하는 큰 시계를 의미한다.

앵클 잭스(ankle jacks) 5쌍의 아일릿을 끈으로 묶는 발목 길이의 남성 부츠로, 1840년대 런던 동부에서 유행하였다.

앵클 타이드 팬츠(ankle tied pants) 바지 아래 부분을 발목에서 끈으로 묶는 팬츠를 말한다.

앵클 타이트 팬츠(ankle tight pants) 바지폭이 위에서부터 복사뼈까지 점점 줄어들어서 타이트하게 꼭 맞는 바지를 말한다.

앵클 팬츠(ankle pants) 복사뼈 길이의 팬츠로 여성들이 입을 경우에는 약간 짧게 착용하는 캐주얼 팬츠이다. 전체적으로 허리부분은 여유가 있고 바지도련으로 갈수록 좁아진다. 1980년대에 유행하였다.

앵화문(櫻花紋) 직물 문양의 하나로 일본에서는 특히 금공(金工), 도공(陶工), 칠공(漆工), 목공(木工), 염직(染織), 회화(繪畫) 각 분야에서 벚꽃을 문양화하고 있다. 소앵(小櫻), 지수앵(枝垂櫻), 팔중앵(八重櫻), 지앵(枝櫻), 엽앵(葉櫻), 앵수(櫻樹)가 있으며, 앵선문(櫻扇紋), 앵풍문(櫻楓紋) 등 많은 복합문이 있다. 문장으로서도 많이 사용된다.

야마모토 간사이(Yamamoto Kansai 1944~) 일본 태생의 디자이너로, 고등학교에서 도시공학에 관심이 있었으며, 대학교에서 영어를

공부한 후 호소노 히사시 스튜디오에서 디자이너로 일하다가 1971년에 자신의 회사를 설립하였다. 1975년 파리에서 데뷔하였고 1979년 뉴욕에서 패션쇼를 개최한 바 있다. 그의 작품의 특징은 고대 동양과 현대 서양의 조화이며, 대담한 패턴, 추상적인 형태, 강렬한 색채 조화를 추구하고 있다.

야마모토 요지(Yamamoto Yohji 1943~) 일본 태생의 디자이너이다. 1966년 게이오 대학을 졸업하고 문화복장학원에서 2년 간 수학한 후 프리랜서 디자이너로 일하였다. 1972년 그 자신의 회사를 설립하였고, 1976년 처음으로 일본에서 컬렉션을 가졌다. 그는 비전통 지향 디자이너로서 비구조적이며 느슨하고 부피감 있는 디자인을 지향한다. 콤 데 가르송의 디자인과 유사하며, 부가적인 플랩, 주머니 그리고 끈이 특징적이다.

야물카(Yarmulka) 두개골에 꼭 맞도록 만든 모자로 자수나 구슬로 장식된 것도 있고 크로셰로 짠 것도 있다. 정통 유대 남성들이 주간과 회당 안에서 착용하며, 특별한 행사나 종교적인 의식 때에도 착용한다. 정통성을 주장하는 유대인들은 평상시와 유대교회장에서 항상 착용하며, 진보적인 유대인들은 특별한 행사와 종교 예배시에만 착용한다. 야물카 캡이라고도 한다.

야생 밍크(wild mink) 야생 밍크의 모피로 래브라도, 뉴펀들랜드(Newfoundland), 퀘벡(Quebec) 등에서 잡은 것이 최고급품이다.

야슈맥(yashmak) 회교도의 여성들이 실외에서 얼굴을 가리기 위해 착용하는 얼굴 베일을 말한다.

야외복(country wear) 산책이나 여행을 할 때 입기 위하여 가볍고 활동에 편하도록 만든 의류의 총칭이다.

야자 섬유(coir fiber) 야자 열매의 외피부에서 얻는 과실 섬유로서 천연 섬유소 섬유이다. 야자의 외피를 땅 속에 묻거나 냇물에 몇 주간 침지하였다가 두들겨 부수어서 섬유를 분리하는데, 주로 로프나 솔 등에 사용된다.

야잠견(wild silk) 야생의 참나무, 상수리나무, 가시나무 등의 잎을 먹고 자라는 야생 누에가 만든 고치를 수집하여 얻은 견을 말한다. 여러 종류의 야잠견이 있으나 일반적으로 야잠견이라고 하면 상품 가치가 있는 작잠견을 가리키는 경우가 많다. 가잠면에 비해 가늘고 광택이 있으며 질기고 따뜻하다. 그러나 염색이 잘 되지 않으며 생산량이 적고 품질이 떨어진다.

야즈마(yazma) 터키의 카파도시아 여성들이 착용한 삼각형의 커다란 평직으로 프린트된 머리 스카프이다. 머리를 감은 후 코밑쪽으로 얼굴을 감싸고 뒤쪽으로 돌려 머리핀으로 고정시켰다.

야초라(野草羅) 인피 섬유사로 제직된 라로 통일 신라 흥덕왕 때의 복식금제 중에 6두품 여자의 배, 당, 겉치마의 직물로 금지된 것이다.

약식 통솔(mock French seam) 비치는 옷감에 쓰이는 시접 처리방법으로, 통솔 대용으로 주로 이용한다. 안에서 완성선을 박고, 시접을 1cm만 남기고 정리한 후 시접 끝에서 0.4cm 되는 곳을 마주 접어 위에서 눌러 박아준다. 모크 프렌치 심이라고도 한다.

약연(soft twist) 실의 꼬임 정도를 표시할 때 느슨하게 꼰 것을 말한다. 일반적으로 편성물류에 약연사가 많이 사용되며, 직물에서도 위사는 약연사를 사용해서 기모시키는 경우가 있다. 보통의 직물에서도 경사보다는 위사에 꼬임수가 다소 적은 것을 사용한다.

얀 다이드 패브릭(yarn dyed fabric) 선염직물을 말한다. 언피니시트 워스티드(unfinished worsted), 즉 소모(worsted) 직물에서 표면의 잔털 등을 제거하여 매끈한 표면을 얻는 것과는 달리 표면에 냅(nap)을 남겨 놓아 직물 구조가 보이지 않게 한 것이다.

양관(梁冠) 조선조 백관(百官)의 조복·제복에 착용하던 관모이다. 앞이마에서 솟아 올라 곡선을 이루어 뒤에 닿는 부분을 양(梁)이라 하는데, 여기에 당초문(唐草紋)을 수식했으며, 금니(金泥)를 칠하였다. 또한 목잠

(木簪)이라는 관을 가로지르는 비녀가 있었다. 품위에 따라 양의 수를 구별하였다.

양단(洋緞)　브로케이드의 일종으로, 바탕은 경수자직이며 무늬는 능직, 위수자직, 평직 또는 이중직이나 삼중직으로 나타낸 직물이다. 조직은 대체로 8매수자직이며 경사에는 가는 단일색의 제연사(諸撚絲)를 사용하고, 위사는 경사와 다른 색을 사용하거나 같은 색을 사용하며, 무늬 표현을 위하여 경사와 다른 색의 제3의 위사를 사용하기도 한다. 근래에는 견 외에 레이온, 아세테이트, 폴리에스테르 등의 인조 섬유도 많이 사용된다. 한복, 침구 등에 쓰인다. 우리 나라에는 조선 시대 말 개항 이후 영국산 견, 면직물들이 많이 수입되었다. 이 당시 영국에서 수입된 단을 양단이라고 부른 것에 연유한다.

양단

양라사(洋羅紗)　영국산 라사를 말한다.

양면 능직(even side twill)　능직에서 2/2 능직과 같이 업과 다운의 수가 같은 것으로, 직물의 표리에서 사문선의 방향만 다를 뿐 조직은 같아서 외관상의 표리의 차이가 없다.

양면 크로스 스티치 자수　손수건이나 스카프처럼 양면을 겉으로 쓰는 것에 사용되는 자수 기법으로 크로스 스티치에 의한 것과 크로아티아(유고 서북부)풍 스티치와 격자 크로스 스티치에 의한 것 등을 말한다.

양면 편성물(interlock knit)　두 세트의 편침(double needle)으로 제편된 고무편의 변화 조직으로서 표리가 같은 외관을 가진 이중 조직이며, 스무드 니트(smooth knit)라고도 한다. 신축성이 적은 편이며 끝이 말리지 않고 올이 풀리지 않는 장점이 있다. 셔트, 드레스, 수영복 등에 쓰인다.

양모(wool)　양모 섬유는 견과 함께 천연 단백질 섬유의 하나로, 면양의 털에서 얻으며, 주로 오스트레일리아에서 생산된다. 양모의 품질은 면양의 종류, 연령, 자웅, 사육 조건, 토지, 기후, 건강 상태, 부위에 따라 다르며 보통 연 1회 털을 깎는다. 양모의 특징은 초기 탄성률이 적어 섬유 자체는 아주 부드러우나, 제직시 스케일로 인해 실과 실사의 유동성이 적고 더욱이 축융 가공한 직물은 경직한 옷감이 되며 보온성, 흡습성, 염색성, 탄성, 리질리언스, 난연성 등이 좋아 피복 재료로는 매우 이상적인 섬유이다.

양모피(double face)　털이 나 있는 상태로 벗긴 양의 껍질을 가공하여 털이 있는 부분을 안쪽으로, 내장쪽을 바깥으로 사용하는 모피를 말한다. 무스탕, 토스카나로 구분된다.

양목(洋木)　서양목(西洋木)으로 인도, 동남 아시아, 영국산의 면포를 말한다.

양문(羊紋)　양을 문양화한 것이다. 우리 나라에는 12지신상으로 김경신묘(金庚信墓)의 호석(護石)으로 가장 오래된 것이 있다. 12지신상이 신격화된 것은 은대(殷代)부터라고 하며 의인화된 것은 당대부터로 추정한다. 양문(羊紋)은 그 외에 페르시아의 위금문(緯錦紋)에도 나타나 있다. 페르시아적 문양이다.

양사(洋紗)　영국산 한랭사(寒冷紗)를 말한다.

양잠견(mulberry silk)　재배한 뽕나무 잎을 먹고 사는 누에에서 생산되는 실크이다.

양태(凉太)　갓의 차양, 즉 갓 둘레의 둥글고 넙적한 부분으로 갓의 종류에 따라 조금씩 다르다. 죽사(竹絲)로 올이 되는 둥근 테를 만들고 날이 되는 절대를 엮어 짠 후, 날·올을 세모꼴로 엮은 다음에 아교칠을 한다. 입첨(笠簷)이라고도 한다.

양판점(量販店)　대량판매점의 약자로 대판점(大販店)이라고도 한다. 슈퍼마켓이라고도 하지만 미국의 슈퍼마켓과는 좀 다르다. 일본에서는 1962년경부터 나타난 혁신적인 소매업으로, 의류, 식료품, 잡화, 모자, 액세서리, 구두, 가전제품 등을 취급하는 각종 상품 소매업이다. 백화점과 함께 대규모 소매점에 들어가지만 백화점에 비해서 취급품목이 적고 가격이 원칙적으로 중저가 가격선으로 한정되며, 셀프 서비스 판매방식을 내세워 다점포 전개에 의해 체인 시스템으로 되어 있으며 중앙에서 일괄적으로 사입하는 제도를 취하고 있다. 가끔 디스카운트 세일을 하여 저(低)마진, 고회전에 의해서 저가격 판매를 지향한다.

양피 　산양의 피혁으로 부드러우며 대표적인 레더 웨어 소재로 사용된다. 인도산 면양 피혁을 가리키기도 한다.

어게이비(agave) 　용설란에서 추출한 천연 섬유로 밀짚 색상이며, 질기고 신축성이 있다. 용설란은 멕시코에서 나며 잎에서 실을 추출하고 길이는 3~5피트 정도이다.

어그래프(agraffe) 　① 중세 때 망토의 목 부분을 여미던 원형이나 정사각형, 혹은 다이아몬드 모양의 브로치로, 보석으로 장식된 정교한 패턴의 구리나 금·은으로 만든다. ② 16세기 의상에서 슬래시를 여미던 핀을 말한다.

어글리(ugly) 　영국 용어로 접을 수 있는 챙을 말하며, 1840년대 후반부터 1860년대 중반까지 보닛 위에 착용하였다. 눈을 보호하기 위해 또는 여행시에 착용한 햇빛 가리개로, 대나무나 사탕수수나무 같은 나무줄기로 만든 반원형의 버팀살대에 실크로 덮어서 만들었다. 사용하지 않을 때는 포장마차의 포장처럼 접을 수 있다.

어대(魚袋) 　고려 시대 문관의 공복(公服)에 패용하여 등위(等威)를 가리던 띠에 매어 늘어뜨리는 어형(魚形)의 장식물이다. 어형은 유리·수정·서각(犀角)·호박 등으로 만들며 눈과 아가미는 금·은으로 장식한다. 금어대와 은어대가 있다.

어댑션(adaption) 　비싼 디자이너 드레스를 저렴한 모델로 만들기 위해 디자인을 조정하는 것을 말한다.

어두잠(魚頭簪) 　물고기 모양을 잠두(簪頭) 부위에 조각 또는 투각한 비녀로, 보통 옥(玉)이나 놋쇠를 사용한다.

어드밴싱 컬러(advancing color) 　앞으로 가깝게 다가오는 느낌을 주는 진출색이다.

어망추(魚網錘) 　어망에 매달았던 추로 일찍이 신석기 시대 생활 유적지에서 발견되었다.

어메니티 컬러(amenity color) 　'기분좋음, 쾌적함' 또는 '느낌이 좋은' 등의 의미를 갖는 색으로 밝은 중간색의 총칭이다. 생활에서 어메니티를 구하는 경향이 더욱 강해지면서 패션에서도 이러한 색이 많이 나타나게 되었다.

어민(ermine) 　북유럽, 아시아, 아메리카에 서식하는 위즐의 한 종류로 겨울 코트용으로 사용된다. 꼬리 끝이 검은 백색 모피로 부드럽고 가볍고 섬세하다. 스킨은 순백색이 아니어서 표백하거나 염색한다. 고급품이어서 토끼, 산토끼, 고양이 모피를 사용하여 모방하기도 한다. 방한용 외에 장식용으로도 사용되고 있다.

어소(御召) 　일본의 최고급 선염 직물로 덕천십일대장군가제(德川十一代將軍家齊)가 즐겨 착용하여 생긴 직물명이다.

어스 슈즈(earth shoes) 　1970년대와 1980년대에 유행했던 옥스퍼드형으로, 구두 밑창과 힐이 한 부분으로 되어 있으며 걷기에 편안하게 디자인되었다.

어스퀘이크 가운(earthquake gown) 　야외에서 입기에 적합한 따뜻한 여성용 가운을 말한다. 1750년 영국 런던에서 두 차례의 지진이 있은 후 세 번째 지진을 대비하면서 만들어졌다.

어슷 시침(diagonal basting) 　긴 시침이나 보통 시침보다 견고하게 시침하고자 할 때 사용하거나, 또는 주로 재킷의 앞단이나 라펠의 외곽선 형태를 고정시킬 때, 안 소매와 겉소매가 서로 밀리지 않도록 할 때, 심지를 겉감에 부착시킬 때 등에 사용한다. 다이애거널 베이스팅 또는 사선 시침이라고도 한다.

어시 다크(earthy dark) 　어시는 어시 컬러와

어스 슈즈

같은 의미로 어두운 상태의 땅 색, 대지의 색이다. 자연계의 모노톤에서 브라이트 톤(밝은 색조)으로 이행된 색채 변화가 1984, 1985년 추동 남성복 패션에 특히 많이 사용되었다.

어시스턴트 어패럴 디자이너(assistant apparel designer) 패턴, 옷감, 안감, 트리밍 등 옷 전반에 걸쳐서 디자이너를 보조하는 의복 보조 디자이너를 가리킨다. 따라서 의복 디자이너가 알고 있는 지식을 터득해야 한다.

어시 컬러(earthy color) 어스 컬러(earth color)라고도 한다. 대지의 색, 즉 모래, 흙, 숲, 바다, 하늘 등의 자연색의 총칭이다. 샌드 베이지, 카키, 어스 브라운, 옐로 오커, 모스 그린, 스카이 블루 등이 대표적인데 개개의 색이라기보다는 이러한 색들의 총칭이다.

어시 파스텔(earthy pastel) 어시 다크와 함께 1984, 1985년 추동 남성복 패션에 많이 보였던 색채군의 하나이다. 연기가 낀 것 같은 느낌의 파스텔 컬러(스모그 파스텔)를 말하며, 이른바 포스트 모노톤 컬러(모노톤 이후의 색)의 하나로 스포츠 캐주얼 패션이나 아메리카 캐주얼 형태의 의복에 많이 사용되고 있다. 최근의 비비드 컬러(vivid color)나 브라이트 컬러(bright color) 등 인공적인 색에 압도되기 쉽지만 자연지향적인 인간의 기본적인 욕구가 존속하는 한 지속적인 유행색이라고 할 수 있다.

어아주(魚牙紬) 신라에서 당나라에 보낸 직물로, 이캇(Ikat)의 일종으로 본다.

어여머리 예장용(禮裝用) 여인 머리형의 하나이다. 어여머리를 하는 방법은 제머리는 앞가리마를 타고 뒤통수 아래에서 쪽을 찌고, 가리마 위에 어염 족두리를 쓰고 가체로 만든 큰 다리[月子]를 둘러 얹은 후, 떨잠과 붉은 댕기로 장식한다. 어유미(於由味)라고도 한다.

어염족두리 부녀자가 예장시 어여머리를 꾸밀 때 밑받침으로 사용하는 족두리로 검은 공단 8조각을 이어 가운데 솜을 두며, 실끈으로 허리를 조여 만든다. 예장시 머리 앞 부위에 놓고 허리 부분에 어여머리를 얹는다.

어워드 스웨터(award sweater) ⇒ 레터 스웨터

어윈 블루멘펠트(Erwin Blumenfeld, 1897~1969) 독일 베를린 태생의 사진작가이다. 제1차 대전 후 폴란드로 이주하여 가죽제품 상인, 아트 딜러, 책 판매원 등으로 다년 간 일하면서 사진을 스스로 터득하였다. 1936년 파리에서 전문적인 사진작가로 활약하면서 《보그》와 《하퍼스 바자》에서 일하였다. 초기 작품은 초현실적인 이미지가 주를 이루었으며, 1950년대에는 탁월한 컬러 사진술로 대담하고 에로틱한 사진을 만들었다.

어저스터블 베스트(adjustable vest) 허리에 버클로 치수를 조절할 수 있는 앞단추로 된 홀터형의 목이 꼭 맞는 남자 조끼로, 대개 남자들의 정장 턱시도나 디너 재킷 밑에 입는다.

어저스터블 폼(adjustable form) 어저스터블은 '조정, 조절'이란 뜻으로 금속제의 철망형으로 만들어진 형태를 하고 있다. 인체 각 부위의 치수를 조절하기가 용이한 인대(bodies)를 말한다.

어조익 다이즈(azoic dyes) 생동감 있는 색깔들이 화학 반응에 의해 섬유에 직접 염색되는 방법으로 주로 면과 비스코스 레이온 섬유 등에 사용된다. 비용이 적게 들며, 나프톨 다이즈(naphthol dyes)나 아이스 다이즈(ice dyes)라고 부르기도 한다.

어케이저널 드레싱(occasional dressing) 때와 장소에 따라서 의복을 착용하는 것을 말한다. TPO의 답습이라 할 수 있으나 라이프 스타일의 다양화에 따라서 더 세밀하게 대응해 가는 것을 가리킨다. 밤과 낮, 주중과 주말에 옷을 구별하여 착용하는 것이 그 한 예이다.

어타이어(attire) 어패럴을 뜻한다.

어태치트 슬리브(attached sleeve) 몸판에 붙어 있는 일반적인 소매를 총칭한다.

어태치트 칼라(attached collar) 남성용 셔트

칼라처럼 목선에 꿰매 붙인 칼라이다. 원래 셔츠 칼라는 따로 떼어낼 수 있게 만들어 앞 뒤에서 단추 등으로 고정시키게 되어 있었다. 디태처블 칼라(detachable collar)라는 명칭에 대응하여 사용된 용어이다.

어패럴(apparel)　　남성복, 여성복, 아동복에 전반적으로 적용되는 용어로, 의류, 의상, 착장 등의 모든 의류를 총칭한다. 14세기 초부터 사용하기 시작하여 옷, 특히 수트류를, 14세기 후반부터는 단을 자수로 장식한 성직자들이 착용하는 의류들과 장식 갑옷을 가리켰다.

어패럴 인더스트리(apparel industry)　　남녀복, 아동복 등 기성복 산업에 종사하는 생산업자, 도매상인, 하청업자를 말한다.

어퍼 가먼트(upper garment)　　코트, 클로크, 캐속, 가운 등 17세기에 남자들이 착용한 겉에 입는 옷을 말하며, 현재는 남녀노소를 불문하고 겉에 입는 옷의 총칭으로 불려진다. 아웃웨어라고도 한다.

어퍼 베터 존(upper better zone)　　볼륨 존의 상품보다 가격을 약간 인상하고 그와 적합한 패션성을 부가하여 새로운 구매력을 창조하려는 상품대이다.

어피니언 리더(opinion leader)　　유행 선구도(새로 유행하는 옷을 얼마나 많이 소유하고, 얼마나 착용하는가의 정도) 점수는 낮고, 유행 어피니언 리더십 점수가 높은 사람을 말한다.

어필(appeal)　　청중의 행동을 자극하기 위해 계획되고 관리되는 광고를 위한 동기로서 중심되는 것들을 기사화하여 고객들의 요구와 목표에 부응하고 고객들이 물건을 구매할 만한 합당한 이유를 설명하는 것을 말한다.

언더베스트(undervest)　　언더셔트와 함께 1840년대에 착용한 조끼를 영국인들이 가리킨 용어이다.

언더블라우스(underblouse)　　오버 블라우스와 대조적으로 옷자락을 하의 속에 넣어서 입는 블라우스로 스커트나 바지 밑에 입는 블라우스이므로 너무 두껍지 않은 소재로 만들어진

다. 턱 인 블라우스라고도 한다.

언더셔트(undershirt)　　메리야스 니트로 된 속옷류를 말한다. 주로 백색 면으로 많이 만들며 U 네크라인, V 네크라인, 목에 꼭 맞는 크루 네크라인, 카디건 네크라인, 풀오버 네크라인 등 목선의 모양도 다양하며 또한 소매도 없는 것, 반팔, 긴 팔 등 다양하다.

언더셔트 드레스(undershirt dress)　　T 셔트 모양의 드레스와 유사한 간단한 니트로 된 드레스이다. 1969년 쿠레주가 발표하였고, 1970년대에 유행하였다.

언더셔트 스웨터(undershirt sweater)　　남자들의 속내의 셔츠와 같은 스타일의 풀오버로 된 탱크 톱 스웨터이다. 때로는 7부 길이의 튜닉 길이로 된 것도 있으며, 1970년대 초에 유행하였다.

언더스커트(underskirt)　　스커트의 밑에 받쳐 입는 스커트의 총칭으로 실루엣을 보충하고 비치는 것을 막기 위한 것이다. 또 두 가지 치마를 길이와 색, 소재 등을 달리하여 겹쳐 입을 때의 특이한 효과를 위해서 입는 경우도 있으며, 여성들의 속치마, 페티코트용으로도 많이 입는다.

언더 스티칭 심(under stitching seam)　　⇒ 누름 상침

언더암 백(underarm bag)　　끈 없이 겨드랑이에 끼고 다니는 백이다. 평평한 타입이고 비교적 드레시한 것이 많다.

언더우드, 패트리카(Underwood, Patrica 1948~)　　영국 태생으로 수녀원 교육 후 버킹검 궁의 비서로 일하다가 뉴욕 FIT 에서 공부한 후 모자를 만들기 시작하였다. 캘빈 클라인, 페리 엘리스 등을 위해 모자를 디자인했다. 그녀의 기술은 과거 모자의 고전적인 단순한 형태를 현대화시킨 데 있다.

언더웨어(underwear)　　속옷류의 총칭으로 파운데이션류가 체형을 조절하는 역할을 한다고 하면 언더웨어는 보온과 흡수성이 좋아서 위생적이어야 한다. 종류에는 여성들의 란제리, 속치마, 슈미즈, 브라, 팬티, 드로어즈, 블루머스, 타이츠, 언더셔트, A 셔트, T 셔

트 등이 여기에 속한다. 메리야스 니트로 된 속옷들이 가장 많다. 메리야스란 말은 '양말'이라는 의미의 에스파냐어와 포르투갈어에서 유래한 것으로, 기계 편물이 수입되어 최초로 짠 것이 양말이었기 때문에 메리야스란 말이 기계 편물의 대명사처럼 되었다.

언더웨어

언더웨이스트(underwaist)　⇒ 팬티 웨이스트

언더웨이스트 코트(underwaist coat)　1790년대의 소매 없는 짧은 조끼를 말하는 것으로, 1825~1840년에는 아래에 착용한 옷과 대조되는 직물로 만들어 착용한 것이 유행하였다. 흰 슬립과 함께 조끼의 형태로 남성들의 정장에 나타나고 있다.

언더 캡(under cap)　① 크라운이 머리에 꼭 맞는 실내용 모자로, 16세기경 노인들이 모자 밑에 착용하였다. ② 16세기부터 19세기 중반까지 착용한 여성들의 실내용 모자로, 코이프처럼 생겼으며 실외용 모자 밑에 착용하였다.

언더팬츠(underpants)　허리 아래를 감싸는 속바지로 여성, 남성, 아동들이 입으며 모양이나 상품, 이름 등에 따라서 여러 가지로 이름이 붙여지기도 한다.

언더퍼(underfur)　모피 동물의 보호털 밑에 있는 솜털을 말한다. 잔털로 부드럽고 두꺼우며 조밀하고 색이 밝으며, 보온 기능을 가

진다.

언더 페티코트(under petticoat)　흰색의 면포·아마포·플란넬 또는 질 나쁜 직물로 된 스커트로, 드레스나 후프 아래에 착용하였다.

언드레스(undress)　18~19세기에 입은 정장이 아닌, 예식이 아닐 때 편하게 입는 남녀 드레스를 영국에서 가리킨 용어이다. 때로는 옷을 벗는 것을 말한다.

언매치트 수트(unmatched suit)　위아래가 모두 다른 소재나 색상, 무늬로 된 수트이다. 믹스트 앙상블(mixed ensemble)이라고도 부른다.

언메리드 피플(unmarried people)　결혼 적령기가 되어도 결혼하지 않거나 독신생활을 즐기는 사람들을 총칭한다. 이들의 감성에 적합한 패션 마케팅이 중요시된다.

언밸런스(unbalance)　불균형이란 뜻으로 디자인 원칙의 하나로 밸런스(균형)를 들 수 있으나 계획적으로 균형을 깨뜨려 허점을 찌름으로써 재미있고 신선한 감각을 더 효과적으로 나타내기도 한다.

언블리치드 머슬린(unbleached muslin)　거칠고 두툼하게 풀먹인 면으로 여러 가지로 유용하다. 질이 좋지 않은 면은 평직으로 직조한 것으로, 표백을 하지 않은 채 상품으로 판매한다. 디자이너들이 마네킹에 드레이핑할 때 사용한다.

언이븐 베이스팅(uneven basting)　⇒ 긴시침

언이븐 헴라인(uneven hemline)　일레귤러 헴라인처럼 앞뒤의 길이가 다르거나 들쑥날쑥하거나 양옆이 흐르는 듯이 재단된 스커트나 드레스의 단을 의미한다.

언컨스트럭티드 수트(unconstructed suit)　'비구조복(非構造服)'이란 뜻으로, 안감, 심지, 패드 등을 생략 또는 완전히 배제하여 만든 수트이다. 의복의 캐주얼화, 편안함을 추구하는 최근의 풍조에서 생긴 것으로 비단 수트 뿐만 아니라 코트, 재킷에도 활용되고 있다. 언수트(unsuit), 이지 수트(easy suit)라고도 한다.

언컨스트럭티드 재킷(unconstructed jacket) 패드, 심지, 안감을 넣지 않고 부드럽게 봉제된 오버사이즈 양복형의 재킷을 말하며 1970년대 후반에 유행하였다.

언컨스트럭티브 웨어(unconstructive wear) 테일러드 의복에 필요한 심지, 패드, 안감 등을 가능한한 적게 사용하여 캐주얼하게 만든 의복의 총칭이다. 오늘날 포멀 웨어를 대신하는 중요한 아이템이다. 언컨스트럭티브는 '비구조적인, 비구축적인, 비구성적인'의 의미이며, 언컨스트럭트 웨어(약자로는 언컨)와 동의어이다.

언컷 스폿 패턴(uncut spot pattern) 스폿 직물 참조.

언클로즈(unclose) 전통적인 재킷을 여미지 않고 앞을 열어놓은 채로 걸쳐 입듯이 착용하는 것이다. 편안한 복장의 대두로 이와 같은 착용법이 신선하게 받아들여지고 있다. 여미지 않고 착용한 재킷 밑에 셔트와 블라우스 등을 입지 않은 섹시한 착용법을 언클로즈라고 한다.

언프레스트 플리츠(unpressed pleats) 소프트 플리츠라고도 한다. 디자인상 부드러운 느낌을 주고자 할 때 이용되는 기법으로 프레스를 하지 않은 플리츠를 뜻한다. 주름을 내기 어려운 천에 쓰인다.

언프레스트 플리트 스커트(unpressed pleat skirt) 주름을 납작하게 누르지 않고 부드러운 느낌이 들도록 입체감 있게 잡은 주름 스커트. 입체적인 실루엣을 중요시하게 되면서 더욱 유행하였다.

얹은머리 쪽찐머리와 함께 결혼한 부녀자의 대표적인 머리 형태이다. 두발(頭髮)을 뒤에서 땋아 정수리 앞 부분에서 둥그렇게 말아 고정시키는 머리형으로 고대 사회부터 성행하였다. 둘레머리라고도 한다.

얼람 워치(alarm watch) 원하는 시간에 벨이 울리는 장치가 있는 손목 시계이다. 얼람이 음악 소리인 경우에는 뮤지컬 얼람 워치라고 부른다.

얼레빗 빗살이 성긴 큰 빗이다. 반월형 또는 각형의 등마루에 빗살이 한 쪽만 성글게 나 있는 형태로 엉킨 머리를 대충 가지런히 하는 데 사용된다. 오늘날에도 퍼머머리나 짧은 머리에 사용한다. 월소(月梳)라고도 한다.

얼스터(ulster) ① 남성들이 착용한 두꺼운 외투를 말하는 것으로, 싱글 또는 더블브레스티드와 벨트, 분리할 수 있는 후드로 구성되어 있으며, 1860년대 후반에 유행하였다. ② 케이프가 달려 있고, 발목 또는 엉덩이까지 내려오는 코트로, 왼쪽 소매 위에 티켓 포켓(ticket pocket)이 있고 플라이 프런트(fly front)로 되어 있으며, 19세기 후반에는 남녀 모두가 착용하였다.

얼스터 칼라(ulster collar) 방한용 코트인 더블 브레스티드의 얼스터 코트에 다는 칼라이다. V자형으로 깊게 판 폭이 넓은 테일러드 칼라이다.

얼스터 코트(ulster coat) 길고 헐렁하며 방수 처리된 코트로 벨트를 맬 수도 있고 그대로도 입을 수 있다. 뒤판의 코트 밑을 터서 단추로 잠그게 하였다. 남녀 모두가 입었으며 아일랜드의 얼스터라는 지방에서 유래하여 이런 이름으로 불렸다.

얼스터 코트

얼스터 턱(ulster tuck) 스포츠 재킷 등의 컨트리풍 디자인에 주로 사용되는 기법으로 얼스터 코트의 뒤쪽에서 볼 수 있는 세로로 붙은 턱 장식을 말한다. 대개는 등의 하프 벨트를 동반하며 독특한 분위기를 내고자 할 때 사용된다.

엄버 더스크(umber dusk) 천연의 광물성 갈색 염료의 색으로 일반적으로 '짙은 갈색'을 말한다. 저녁놀 이후의 황색이 짙은 하늘을 연상시키는 색으로 1985, 1986년 추동 모피 패션에 새롭게 나타났다.

엄브렐러 드로어즈(umbrella drawers)　종의 형태처럼 밑단으로 내려가면서 점점 넓어진 여성용 바지로 대개 허리가 주름 턱(tuck)이나 레이스 프릴로 되어 있으며, 19세기 후반과 20세기 초반에 유행하였다.

엄브렐러 브림(umbrella brim)　여성 모자의 챙이 우산의 살처럼 된 것을 말한다. 펼쳤을 때 우산과 흡사한 모양이다.

엄브렐러 스커트(umbrella skirt)　삼각형의 천을 이어 만든 스커트로, 밑으로 내려오면서 넓어져 우산 모양과 생긴 모양이 비슷하다 하여 붙여진 이름이다. 고어드 스커트, 파라솔 스커트, 파라슈트 스커트라고도 한다.

엄브렐러 슬리브(umbrella sleeve)　소맷부리가 우산 모양으로 벌어진 소매이다. 파라슈트 슬리브라고 부르기도 한다.

엄브렐러 플리츠(umbrella pleats)　아코디언 플리츠와 유사하나 폭이 더 넓고 우산을 접은 것과 같은 모양을 한 주름이다.

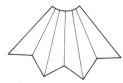

엄브렐러 플리츠

엄브렐러 플리티드 스커트(umbrella pleated skirt)　아코디언 플리츠 스커트처럼 주름이 잡힌 고어드나 둥글게 재단한 넓은 서큘러 스커트로 아코디언 플리츠 스커트보다는 더 넓어서 우산처럼 접힌다.

엄짚신　초리(草履)의 하나로 상제가 초상 때부터 졸곡까지 신는 짚신을 말한다. 총을 드문드문 맣고 흰 종이로 돌기를 감았다.

업라이트 스티치(upright stitch)　다른 스티치와 함께 이용하여 수직으로 하는 새틴 스티치를 말한다.

엇겨놓기　수평수나 가름수의 긴 땀을 눌러 주거나 색의 변화를 주고자 할 때 사용하는 수법으로 한 번 수놓은 땀 위에 다시 수놓는다. 평수나 가름수를 한 올 간격으로 수놓은 후 그 위를 한 땀씩 어긋나게 눌러 주며, 때에 따라 두 땀씩 눌러 주기도 한다.

엉클 샘 다이아몬드(Uncle Sam diamond)　미합중국에서 발견된 가장 큰 다이아몬드(40. 23캐럿)로 1924년 미국 아칸소 머프레스보로(Arkansas Murfreesboro)에서 발견되었다. 이것은 12.42캐럿의 에메랄드형으로 세공되었으며, 뉴욕의 보석상인 페이킨(Peikin)의 소유로 알려져 있다.

에귀유(aiguille)　바늘을 의미한다. 특히 끝이 날카롭고 위에 실이 통할 수 있는 구멍이 있는 형태이며 바느질하거나 편물의 끝처리를 할 때 주로 사용된다.

에그셸(eggshell)　달걀 껍질에 보이는 색으로 주로 백색에 가까운 베이지를 말한다.

에그플랜트(eggplant)　가지의 짙은 자색으로, 짙은 감색에 가까운 자색(紫色)을 말한다.

에나멜 레더(enameled leather)　우레탄 합성 수지를 두껍게 코팅한 것으로 드레시한 느낌이 있으며 구두, 핸드백, 벨트 등에 사용된다. 페이턴트 레더라고도 한다.

에냉(hennin)　14세기와 15세기에 사용된 여자 모자로 높이가 3피트나 되는 원뿔 모양도 있고 하트 모양도 있으며, 끝에 베일을 달았다.

에드워디안 블라우스(Edwardian blouse)　높게 선 깃이 목에 꼭 맞고 소매가 풍성한 블라우스를 말한다.

에드워디안 블라우스

에드워디안 수트(Edwardian suit)   깃의 이음 부분이 높게 위치한, 몸에 꼭 맞는 재킷과 통이 좁은 바지로 된 남성용 수트이다. 1950년도 후반에서 1960년도 초반에는 벨벳을 사용하여 여성복으로 만들기도 하였다. 원래 에드워드 7세 시대인 1900년에서 1911년 사이의 의복 형태에서 유래한 것이다.

에드워디안 재킷(Edwardian jacket)   뒤는 약간 플레어지고, 옆면이나 뒤 중심선에는 트임이 있으며 나폴레옹(Napoleon) 또는 리전시(regency) 칼라가 달려 있는 더블 또는 싱글 브레스티드형의 꼭 맞는 재킷이다. 1901~1910년 영국 빅토리아 여왕의 아들 에드워드 7세 시대에 많이 입었다는 데서 이름이 유래하였다. 이때 남성들은 몸에 꼭 맞는 프록 코트나 수트, 코트를 입고 여성들에게는 깁슨 걸이나 장식이 많은 큰 모자를 쓴 메리 위도(Merry Widow) 스타일이 유행하였다. 1960년대 중반과 후반에 다시 유행하였다.

에드워디안 재킷

에드워디안 코트(Edwardian coat)   1901~1910년대 에드워디안 시대(Edwardian period)에 착용한 하이 웨이스트로 된 몸에 꼭 맞는 남성의 프록 코트로, 보통 검은색이며, 더블 브레스티드에 길이는 무릎 아래까지 온다. 실크로 된 높은 모자와 지팡이를 함께 착용하였다.

에르테(Erté 1892~)   러시아의 페테르부르크 출생으로 1911년 파리로 온 후 폴 푸아레와 일했으며 1916~1926년 미국판 《하퍼스 바자》의 수많은 겉표지를 그렸으며, 무대 장치와 무대 의상을 디자인하였다. 그의 스타일은 페르시아와 인도의 영향을 받았다.

에릭(Eric 1891~1958)   미국 출신의 일러스트레이터이다. 시카고 아트 아카데미에서 2년 동안 수학하고 상업 아티스트와 사인(sign) 화가로 활약하였으며, 《보그》 잡지 일러스트레이션을 그렸다. 그의 작품은 1920년대의 평면적 일러스트레이션에 비해 생생하고 유동적이며 특히 디테일을 세심하게 묘사하였다.

에메랄드(emerald)   초록색의 보석으로 투명한 초록이 최상의 상태이다. 색상이 분명한 커다란 보석은 희소성 때문에 고가이다. 콜롬비아, 브라질, 우랄 산맥, 오스트레일리아 등지에서 생산된다.

에메랄드 그린(emerald green)   녹옥(綠玉)에서 보이는 약간 밝고 선명한 녹색을 말한다.

에버 그린(ever green)   상록 식물에 보이는 녹색을 말한다.

에버글레이즈(Everglaze)   면직물에 수지를 침투시키는 방법으로 반복 세탁이나 드라이클리닝에 대해 내구성을 지니는 광택을 갖게 해 준다. 조셉 반크로프트사(Joseph Bancroft Sons Co.)에서 개발한 수지침투 과정을 말한다.

에베레스트 부츠(Everest boots)   히말라야 지방에서 신는 신발을 디자인 모티브로 활용한 등산화를 말한다. 솜을 넣은 퀼트가 주로 사용되었으며, 발목은 끈으로 조이는 형이 대부분이다.

에빈스, 데이비드(Evins, David)   영국 런던 출생. 10세 때 뉴욕으로 가서 패션을 공부한 후 패션 일러스트레이터와 스케처로서 일했으며, 제2차 세계대전 후 자신의 상표로 디자인하였다. 1953년 니만 마커스상을 수상하였다.

에샤르프(echarpe)   스카프(scarf)와 동의어로 여기에서 스카프가 파생되었다.

에셸르(echelle)   17, 18세기에 여자 드레스의 앞가슴과 배를 리본으로 장식한 스터머커(stomacher)의 일종이다.

에스(S)   작은 치수의 표시로 사용하며 큰 치수는 엘(L), 중간 치수는 엠(M)으로 표시한

에르테

다.

에스노센트리즘(ethnocentrism)   자민족 우월 주의로 자신들의 생활이나 문화의 우월성을 나타내면서 다른 문화나 생활에 대해 감정적 반응을 하는 것을 말한다.

에스닉 룩(ethnic look)   민속복에서 영향을 받아 디자인된 민속풍 스타일을 말한다.

에스닉 룩

에스닉 클로딩(ethnic clothing)   민족복이나 민속복을 말한다. 이 민속복은 그들의 지역 생활에 관련되어 착용하는 의복을 말하는 것으로, 문화 접촉에 의해 다른 지역 사람들이 하나의 유행으로 채택하기도 한다.

에스 디(SD ; semantic differential)   의미측정 연구로, 인상형성에 있어 특히 작용하는 중심 특질이 있다면 그 특질이 어떤 성질의 특질이겠는가 하는 것을 알기 위하여 수오이 타넨바움 오스굿이 요인을 분석하여 평가, 능력 활동 등의 기본적 차원을 발견하였다.

에스세틱(aesthetic)   심미성으로 지신의 아름다운 용모로부터 즐거움을 얻기 위하여 의복을 착용하는 행위이다.

에스세틱 드레스(aesthetic dress)   영국 문화층에서 소규모 사람들에게 지지되었던 드레스형으로 14세기에 스목이라고 불렀던 의상

이 변화된 형이다. 당시 패션에서 꼭 끼는 코르셋을 입는 것을 반대하기 위해 채택된 의상으로 그리너리 옐러리(greenery-yellery)라고도 불린다.

에스 에이(SA)   미국 뉴욕시의 의류업계 중심 지역인 7번가, 세븐스 애비뉴(Seventh Avenue)의 약자로 사용한다.

에스카르고 스커트(escargot skirt)   에스카르고란 프랑스어로 '달팽이'를 뜻한다. 달팽이 같이 돌돌말린 스커트로 스파이럴 스커트, 스월 스커트라고도 한다.

에스카르핀(escarpin)   불어로는 에스카르팽이라고 한다. 16세기에 유행했던 신발로 새틴이나 두꺼운 실크로 만들었다.

에스테, 다니엘(Hechter, Daniel 1938~)   프랑스 파리 출생. 수습 기자, 세일즈 맨 등 여러 일을 경험한 후 피에르 달비사에 입사하여 디자인과 마케팅을 배웠다. 1963년 에스테의 친구인 아르망 오귀스탱과 동업으로 에스테 그룹을 출범했다. 처음부터 프레타포르테 디자이너를 자처해 왔으며, 1965년 아동복, 1968년 남성복, 1975년 스포츠 웨어, 1976년 액세서리, 1978년 홈 웨어, 1983년 가구를 비롯해 1986년에는 향수 산업에 큰 관심을 가졌다. 일본, 홍콩, 대만, 싱가포르, 타이, 한국 등에 그의 지점망이 있다. 1985~1987년까지 파리 기성복 연맹 회장을 역임하였다.

에스테베즈, 루이스(Estevez, Luis 1930~)   쿠바의 아바나 출생. 미국에서 공부한 후 아바나에서 건축을 공부했다. 미국에서 공부할 당시 로드 앤드 테일러 백화점에서 일한 것이 계기가 되어 뉴욕에서 패션 스쿨을 다니고 파리로 가서 2년 간 파투에서 일했다. 1955년 뉴욕에서 자회사를 설립하고 1968년 캘리포니아로 옮겨 섹시한 이브닝 드레스의 디자이너로 명성을 떨쳤다.

에스트렐라 뒤 쉬드(estrella du sud)   ⇒ 스타 오브 더 사우스

에스파드리유(espadrille)   로프 창이 있는 캔버스로 된 프랑스 구두로, 발가락 부분과 발

에스파드리유

등 부분이 한 장으로 되어 있어 편하게 신을 수 있다.

에스 피 엠(SPM ; sales promotion music) 판매촉진을 위한 음악으로 종래의 BGM (back ground music)과 차별되어 사용된다. 예를 들면 도매시장의 경매소리, 배소리와 같이 그 매장에 적합한 소리나 음악을 통해 구매심리를 호소하는 방법이다.

에어로빅 앙상블(aerobic ensemble)　에어로빅 댄싱을 위한 운동복 세트로 브로 밴드 (brow band), 레오타드(leotard), 타이츠, 레그워머로 이루어져 있다. 브로 밴드는 이마에 두르는 밴드로 테리 클로스 같은 보풀이 있는 타월지로 만들어지며, 레오타즈는 신축성 있는 소재를 사용하여 몸에 달라 붙게 만들고 다양한 색상의 타이츠와 니트로 짠 레그워머와 함께 착용한다.

에어리 패브릭(airy fabric)　가볍고 비치는 것처럼 보이는 직물로서 레노, 거즈, 트리코, 보일, 라셀, 레이스 등의 직물이 이에 속한다.

에어플레인 클로스(airplane cloth)　경·위사는 강연사에 머서라이제이션한 두 가닥의 긴 스테이플 면사를 써서 짠 강한 직물이다. 초기의 비행기 글라이더의 날개천에 사용되었다. 원래는 가공하지 않은 것을 사용하였지만 제1차 세계대전 무렵부터 셀룰로오스, 아세테이트, 래커 등으로 가공 처리하게 되었다. 주로 비행기나 글라이더의 날개에 쓰이지만 셔트, 하의, 여행용 가방 등에도 사용된다.

에이(A)　구두, 브라 등의 치수 표시. 구두 치수 표시로 AAAA로 표시된 것은 발의 폭이 가장 좁은 치수이고, EEEE로 표시한 것은 가장 넓은 폭의 표시이다. 브라 치수에 있어서 AA표시는 가장 작은 치수이고, DD는 가장 큰 치수이다.

에이귤릿(aigulet)　⇒ 애글릿

에이그레트(aigrette)　모자나 구두에 장식하는 백조나 타조의 깃털, 시뇽 머리에 장식하는 털, 19세기 말 모자 장식을 말한다. 1940

년대까지 유행하였다.

에이널 스테이지(anal stage)　프로이트 (Freud)의 이론으로, 항문기에 해당하는 생후 1년 반에서 2년 반 정도까지의 시기를 말하며, 이 시기는 배변기와 유보기로 나누어지는데, 배변기는 배변을 함으로써 신체적 긴장이 풀리고 항문 내 점막에 쾌감을 느끼게 되는 시기이다.

에이드리언, 길버트(Adrian, Gilbert 1903~ 1959)　미국 코네티컷에서 모자점을 경영하는 양친 밑에서 태어났다. 그는 뉴욕의 파슨스에서 공부하였고 파리 유학도 하였다. 1925년까지 브로드웨이 쇼의 무대 의상을 담당하였고, 그 후 할리우드에 가서 루돌프 발렌티노를 위한 무대 의상을 담당하다가 MGM 필름에서 그레타 가르보, 조안 크로포드, 진 하로우 등을 위한 의상을 디자인하였다. 특히 1929년 가르보를 위하여 만든, 챙이 늘어진 슬라우치 해트나 필박스 해트, 오건디 드레스 등을 크게 유행시켰다. 에이드리언의 디자인의 특징은 대담한 실루엣과 패턴, 돌먼, 기모노 슬리브, 사선의 여밈선 등의 비대칭적인 선을 추구한 점이다. 1942년 영화계를 은퇴하고 비버리 힐에서 자신의 부티크를 경영하였다.

에이드리에니 가운(Adrienne gown)　등 부분이 넓거나 박스 플리츠로 되어 색(sack)과 같은 형태로 된 드레스이다.

에이 라인(A line)　1955년 봄·여름 컬렉션에서 디오르가 발표한 라인이다. 좁은 어깨 폭과 평평한 가슴 등, A자처럼 내려갈수록 차차 펼쳐지는 모양을 말한다. A자의 가로선은 벨트의 위치를 가리키는데, 통상 하이 웨이스트로 허리 부분이 높으나 때에 따라 여러 위치로 이동하여 처리한다.

에이 라인 드레스(A line dress)　드레스의 스커트가 밑단쪽으로 내려가면서 점점 플레어가 지고 모양이 영어 문자 A와 비슷하게 생긴 드레스이다. 어깨와 가슴을 작아 보이게 하는 효과가 있으며, 처음 발표한 사람은 1955년 프랑스의 디자이너 크리스티앙 디오

에어로빅 앙상블

르였으며, 1960년대에 대유행하였다. 스키
머 또는 시프트라고도 불린다.

 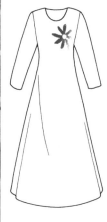

에이라인　　　　　에이라인 드레스

에이 라인 스커트(A line skirt)　　허리에서 밑
으로 갈수록 약간 퍼져나간 스커트로 형태가
A자와 같은 데서 이름이 유래하였다. 파리
의 디자이너 크리스티앙 디오르가 1955년에
소개하여 드레스, 스커트, 코트 등에 유행시
켰으며, 1960년에는 A 라인 점퍼 스커트를
발표하여 크게 유행하였다. 모든 의상에 가
장 많이 쓰이는 실루엣이다.

에이 라인 점퍼(A line jumper)　　속에 블라우
스나 셔츠를 입을 수 있는 소매없는 드레스
로 알파벳 A자와 비슷한 점퍼 스커트이다.

에이 라인 코트(A line coat)　　어깨에서 밑으
로는 몸에 맞으면서 약간 퍼져나간 모양이
영문자 A와 같은 모양인 코트이다. 싱글이
나 더블 여밈에 칼라가 없을 수도 있다.
1955년 파리의 디자이너 크리스디앙 디오르
가 발표하였다.

에이미스, 하디(Amies, Hardy 1909~)　　영국
태생의 디자이너로 젊었을 때 그의 꿈은 저
널리스트가 되는 것이었다. 따라서 외국어
실력을 쌓기 위하여 대륙으로 건너갔으며,
프랑스에서 영어 교사로 일하다가 두 번째
외국어를 배우기 위하여 독일로 갔다. 1930
년대 초 영국으로 돌아와서 독일에 공장을
두고 있는 영국 자본의 회사에서 일하며 두

나라 사이를 왕래하였다. 이 시기에 그는 3
막의 희곡을 쓰기도 하였다. 1946년 하디 에
이미(Hardy Amie)라는 브랜드로 패션 하우
스를 열어 독립하였으며 엘리자베스 여왕이
그의 옷을 주문하여 1955년에는 '여왕의 드
레스 메이커'로 지칭되었다. 그의 디자인은
부드러우면서도 섬세한 취향이었다. 하디 에
이미스는 '영국 왕실을 오늘날의 데이 타임
스마트니스(Day time smartness)로 정착시
킨 사람'이라는 《아메리칸 보그》의 편집자의
말이 뒷받침하듯이 여성의 테일러드 수트의
정착자이다. 1977년에는 영국 왕실로부터
작위의 칭호를 받았다.

에이비에이터(aviator)　　비행사가 입던 옷이나
액세서리에 사용되는 형용사로, 일반적인 용
도로도 사용하게 되었다.

에이비에이터 수트(aviator suit)　　파일럿 스타
일의 점프 수트이다. 1920년대의 파일럿 복
장에서 유래하였다.

에이비에이터 재킷(aviator jacket)　　'에이비에
이터'는 '비행사'란 뜻으로 비행사가 입는
것과 같은 스타일의 기능적이고 남성적인 재
킷을 말한다. 견장과 주머니가 여러 개 달려
있고 가죽으로 만드는 경우가 많으며 비행사
가 쓰는 모자와 목이 긴 부츠를 코디네이트
시키는 경우가 많다.

에이 셔트(A shirt)　　⇒ 애슬레틱 셔트

에이 시 더블유 티 유(ACWYU ; Amalgamat-
ed Clothing Workers and Textile Union)
의복 노동자 협회와 직물 조합을 말한다.

에이지드 컬러(aged color)　　'나이가 든, 해를
더한, 사용한 지 오랜된' 등의 의미가 함축
된 색으로 전체적으로 바랜 듯한 느낌의 내
추럴 감각의 색을 말한다. 빈곤해 보이는 푸
어 패션(poor look)의 표현에 적합하다.

에이지리스 커스터머(ageless customer)　　연
령에 제한받지 않고 선호하는 패션을 그대로
구매하려는 고객이다. 상품기획에서 연령별
구분보다 감각별 구분이 더 중요시된다.

에이지 마케팅(age marketing)　　연령의 특성
에 따른 시장전개라는 의미이다. 1980년대

이후 연령층에 따른 단순한 분류를 지나서 같은 연령층을 좀더 특성에 따라 세분화하는 추세이다.

에이치 라인(H line)　1954년 가을·겨울 컬렉션에서 크리스티앙 디오르가 발표한 라인이다. 그때까지 부풀렸던 앞가슴을 평평하게 처리하여 H자 모양으로 만들었다. 신체의 일부를 강조하지 않고 전체를 날씬하게 처리한 것이 특징이다.

에이트포인트 캡(eight-point cap)　모자의 윗부분이 8각형을 이루고 있어서 명명된 모자이다. 윗부분과 부드럽고 빳빳한 모자 챙이 앞쪽에 부착되어 있어서 경찰모나 다용도 모자로 사용된다.

에이프런(apron)　옷을 보호하거나 장식을 위해 몸의 앞부분 전체 또는 일부에 착용한 것으로 허리에 둘러 묶거나 가슴받이에 부착하였다. 스커트를 묶는 여분의 천 조각에서 유래했으며 13세기부터 남녀가 착용하기 시작하였고, 17~18세기, 1870년대에는 레이스와 자수로 장식된 에이프런을 착용하였고, 중세의 나프롱(napperon)이나 냅킨(napkin)이 에이프런으로 변화하였다. 남성들에게 색이 있는 에이프런은 특별한 직업을 나타내는 것으로 발전하였다.

에이프런

에이프런 드레스(apron dress)　장식적인 에이프런을 곁들인 드레스이다. 끈으로 뒤에서 묶는 것이 보통이며, 스커트 부분은 여유 있게 되어 있고 실용적인 옷이므로 대개 커다란 포켓이 장식을 겸하여 달려 있다. 귀여운 스타일이라서 소녀들이 애용한다. 피나포어 드레스라고도 부른다.

에이프런 스윔 수트(apron swim suit)　등을 끈으로 매게 디자인한 수영복이다. 피나포어 스윔 수트 참조.

에이프런 스커트(apron skirt)　어린이들의 에이프런 모양의 스커트를 말한다. 에이프런풍의 디자인으로 된 오버스커트로 벨트 또는 끈을 뒤로 하여 묶는다. 소재로는 구멍이 뚫리고, 구멍 주위를 수로 둘러 처리한 가벼운 면으로 된 천, 아일릿(eyelet)을 많이 사용한다.

에이프런 텅(apron tongue)　신발에 사용되는 아주 긴 가죽 혀로, 끝에 프린지가 달려 있는 경우도 있다.

에인션트 매더(ancient madder)　작은 꽃무늬나 페이즐리 무늬가 있는 주홍색의 천을 말한다. 영국에서는 문양에 흑색의 테두리가 있으며 탁한 빨강, 녹색, 중간의 청색, 짙은 갈색 등으로 날염하였고 스웨이드 감촉을 주기 위해 기모 가공을 하였다.

에인젤 스킨(angel skin)　대개 수자직의 아세테이트 직물로 광택이 없고 와시(waxy)하게 부드럽게 가공한 직물을 말한다. 광택이 무딘 아세테이트 직물을 통칭하기도 한다. 포당주(Peau d'Ange)라고도 한다.

에인젤 슬리브(angel sleeve)　풍성하게 늘어지는 긴 소매이다. 때로 행잉 슬리브(hanging sleeve)처럼 팔의 바깥쪽을 어깨까지 갈라 놓기도 한다.

에인젤 오버스커트(angel overskirt)　1894년에 여성들이 낮에 입었던, 드레스의 양쪽 끝이 뾰족한 짧은 오버스커트를 말한다.

에임, 쟈크(Heim, Jacques 1899~1967)　프랑스 파리 출생으로 부모의 하이패션 모피상에서 26세 때부터 디자이너로 일하기 시작하였다. 1930년대 자신의 숍을 열고 비치 웨어와 오트 쿠튀르에 면섬유를 시도하였다. 비키니를 내중화시켰으며 파리 의상 조합의 의장을 맡기도 했다.

에이트 포인트 캡

에이프런 스커트

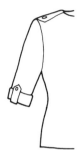

에폴렛 슬리브

에폴렛 코트

에지 프레스 블록(edge press block) 땀을 누르는 데 이용되는 마무리용 프레스대를 말한다. 주로 신사복의 마무리 공정에 이용한다.

에칭 스티치(etching stitch) ⇒ 아우트라인 스티치

에코 마케팅(eco marketing) 에코는 에콜로지(ecology)의 약자이다. 생태학적 발상에 기초를 둔 마케팅 방법으로, 현대의 환경문제를 고려해 상품의 생산에서 회수, 폐기까지를 총체적으로 마케팅 범주에 포함시키는 것이 큰 특징이다.

에콜로지 룩(ecology look) 자연을 추구하는 경향의 패션 스타일로 천연소재, 자연색의 사용 등이 대표적이다. 1989년부터 1990년대에 유행하였다.

에크뤼(ecru) 견이나 마의 표백하지 않은 생사의 색으로, 약간 적색을 띤 회색 기미의 밝은 황색으로 베이지와 같은 색이다.

에타민(étamine) 단단하고 거친 실을 사용해서 제직한 가볍고 성긴 구조의 직물을 말한다. 다양한 섬유를 사용하며 직물의 질이 다양하다. 원래는 체치는 직물로 사용되었으나 드레스, 스포츠 재킷, 커튼용으로 사용된다.

에티오피언 셔트 드레스(Ethiopian shirt dress) 네크라인에 터짐이 있고 자수로 장식이 되어 있으며 직선으로 내려온 드레스이다. 에티오피아에서 수입된 스타일로 1960년대 말에 유행하였다.

에폴렛(epaulet) 불어로 에폴렛(épaulette)이라고 한다. 소매와 어깨 접속선을 가리기 위해 고안한 어깨 장식으로, 특히 르네상스 시대에 크게 유행했다. 초기에는 금색 술을 늘어뜨리고 금색 에이프런 장식을 한 견장을 뜻했다. 군복이나 경관복에 계급장이 어깨에 붙어 있으므로 견장이라고 하지만 유행하고 있는 디자인의 드레스 셔트나 재킷에 붙은 에폴렛은 견장이 아니라 원래 전투복이나 사파리에 붙어 있는 것으로 숄더 백(shoulder bag)을 멜 때 어깨에서 흘러내리지 않게 벨트를 고정시키기 위한 어깨 장식이다. 1860년대와 1980년대에 많이 유행하였다.

에폴렛 셔트(epaulet shirt) 각이 진 컨버터블 칼라에 상자 주름으로 된 뚜껑 달린 주머니들이 겉에 달려 있고, 앞단추로 여미게 된 긴 소매의 셔트로, 어깨에 견장과 쇠단추가 달려 있다. 파일럿 셔트라고도 한다.

에폴렛 숄더(epaulet shoulder) 어깨 위에 견장이 달린 어깨를 말한다. 때로는 장식 테이프로 견장을 장식하기도 하며, 군인들의 군복에서 유래하였다.

에폴렛 슬리브(epaulet sleeve) 세트인 슬리브의 변형으로 요크가 소매에까지 연장되어 있는 소매로 요크 부분이 견장(epaulet)과 같이 보인다 하여 붙여진 명칭이다. 스트랩 슬리브라고도 한다.

에폴렛 코트(epaulet coat) 어깨와 소매 위에 견장이 달린 코트를 말한다. 대개 각이 진 칼라에 더블 브레스티드이며 가슴에 큰 요크가 부착되어 있고, 벨트를 맨다.

에폴리에르(épaulière) 어깨가 금속으로 된 갑옷을 말하는 것으로, 1300년에 처음으로 착용하였으며 폴드롱(pauldron)보다 크기가 크다. 에폴렛 또는 숄더 캡스라고도 한다.

에퐁주(éponge) 양모를 소재로 한 여성 복지로, 매우 부드럽고 스펀지 같은 감촉을 준다. 면이나 실크를 사용하기도 한다.

에프 아이 티(FIT) 패션 인스티튜트 오브 테크놀로지(Fashion Institute of Technology)의 약칭이다. 미국 뉴욕 27번가에 자리잡고 있는 세계 패션 기술인력 양성의 산실로 1944년에 설립되었다. 뉴욕주와 뉴욕시로부터 재정지원을 받고 있는 공립학교로 특히 패션산업의 교육기금으로 후원을 받아 운영되고 있다. 현재 학생수만도 무려 11,000여 명, 교수도 1,000명에 달하고 있으며, 18개 패션전문 전공학과로 나뉘어져 AAS 학사, 석사 학위를 수여한다. 미국의 섬유산업을 세계적인 수준으로 끌어올릴 수 있는 하나의 기틀이 이곳에서 이루어지고 있다.

에피나드(epinard) 부드럽고 짙은 초록색으로 스피니치(spinach)에서 파생된 불어이다.

에피토가(epitoga) ① 고대 로마에서 토가 위

에 입었던 외투로서, 종 모양의 소매가 달려 있다. ② 13세기 학자들이 입었던 로브와 비슷한 외투이다. ③ 중세의 후드로 학자와 의식용 로브의 형태이다. ④ 의식복으로 프랑스에서 입었던 것으로, 어깨만 덮는 후드를 말한다.

엑서사이즈 샌들(exercise sandal)　두 개의 끈으로 고정된 비닐 샌들로, 신발 바닥은 발을 마사지하게 되는 작고 동그란 돌출로 만들어졌다. 1980년대 초에 소개되었다.

엑서사이즈 쇼츠(exercise shorts)　⇒ 러닝 쇼츠

엑서사이즈 수트(exercise suit)　⇒ 사우나 수트

엑소미스(exomis)　짧고 소매가 없는 튜닉으로 옆이 트이고 밸트를 맸다. 원래 고대 그리스의 하층 계급에서 입었으나 고대 로마에서도 계속 성행하였다.

엑스레이 드레스(x-ray dress)　시스루 드레스(see-through dress)를 말한다. 20세기 초에 오페이크 슬립(opaque slip : 불투명한 슬립)과 함께 착용한 투명한 직물로 만든 드레스이다.

엑스 메이드(X made)　기성복 업체에서 기계를 사용하여 생산 시간을 단축시키고 능률적으로 만들어낸 수트이다.

엑스트라 라지(extra large)　치수 중에서 가장 큰 치수를 가리킨다. S, M, L, XL의 크기 순서로 표시한다.

엑스트라 롱 셔트(extra long shirt)　단색 프린트지로 무릎이나 그보다 길게 내려와 스커트와 매치가 되는 길이가 긴 셔트이다.

엑슬란(Exlan)　폴리아크릴로니트릴계의 공중합체인 합성섬유의 상품명이다.

엑티브 스포츠 수트(active sports suit)　경마, 스쿠버 다이빙, 체조 등 각종 경기에 따라 각각 그 조건에 맞게 특별한 소재와 디자인에 의해 만들어진 운동복을 총칭하는 것이다. 18세기 후반에 사냥복에서부터 비롯되어 19세기 후반에는 아이스 스케이팅복, 테니스복, 바이시클 수트 등이 등장하기 시작하였

다.

엔드 사이즈(end sizes)　상품의 양극 사이즈, 즉 최소와 최대 사이즈로 상점은 이런 상품을 많이 생산하지 않는다.

엔드 앤드 엔드 클로스(end and end cloth)　치밀한 면 평직물로 흰 실과 색실로 이루어진 가는 줄무늬나 격자 무늬가 있다. 남성용 셔트에 쓰인다.

엔드 투 엔드 클로스(end to end cloth)　경사에는 색이 다른 실을 한 올씩 교차시켜 배열하고, 위사에는 한 가지 색의 실만 넣어 평직으로 짠 직물이다. 브로드 클로스, 샴브레이, 마드라스 등이 여기에 속하는데 표면과 이면에 작은 격자무늬가 나타난다.

엔벨로프 드레스(envelope dress)　봉투처럼 직사각형으로 된 드레스로 시프트 드레스, 시스 드레스가 여기에 속한다.

엔벨로프 백(envelope bag)　편지 봉투 모양으로 납작한 직사각형의 가방으로 손잡이가 없는 클러치형의 손지갑이다.

엔벨로프 콤비네이션(envelope combination)　남성들의 속셔트와 속바지가 합쳐져 이루어진 속옷으로 1920년대와 1930년대에 많이 입었으며 BVD라는 상표로 유명하였다.

엔벨로프 포켓(envelope pocket)　봉투 같은 느낌을 주는 포켓으로서 패치 온 더 플랫 포켓이라고도 부른다. 주로 양옆에 붙이며 두껍기 때문에 주름을 넣은 것이 많다.

엔벨로프 플리츠(envelope pleats)　커다란 인버티드 플리츠를 옆솔기에 잡아 한쪽 가장자리가 옆으로 당겨질 때 안에 포켓이 보이도록 만든 주름이다.

엔지(ingyi)　미얀마 민속의상의 일종으로 앞이 트인 7부 길이의 백색 상의를 말한다.

엔지니어링 수트(engineering suit)　사람의 손을 전혀 사용하지 않고 완전히 기계만 사용하여 만든 수트로, 최신식 공업 시스템에 의하여 완성되는 합리적인 방법으로 평가받고 있다. 올 머신 메이드 수트(all machine made suit) 또는 엑스 메이드(X made)라고 부르는 것이다.

엔지니어 부츠

엔지니어 부츠(engineer boots)　낮은 힐에 높이가 30cm 정도인 부츠로 바깥 위쪽에는 가죽이나 신축성 있는 고어(gore)가 있다.

엔지니어즈 캡(engineers cap)　철도 노동자들이 썼던 챙이 있는 둥근 모자로 보통 흰색과 파란색의 줄무늬 면을 사용하였다. 윗부분은 밴드(band) 위로 겹주름이 잡혀 있으며 1960년대에 스포츠 웨어의 하나로 젊은이들이 애용하였다.

엔타리(entari)　19세기에 터키, 팔레스타인, 시리아, 인도의 여성들과 특히 유대인 남성들이 입었던 발목 길이의 가운을 말하는 것으로, 폭이 넓고 허리선에 장식이 있으며 보통 줄무늬의 실크로 만들어졌다.

엘(L)　치수가 크다는 라지(large) 사이즈의 약자이다. 중간 치수는 M, 작은 치수는 S로 표시한다.

엘 데이터(L-Data)　라이프 레코드 데이터(Life Record Data)로, 학교성적이라든가 사회성 및 정서적 안정감, 도덕적인 태도 등의 실제 생활에 있어서 행동에 관한 기록을 말한다.

엘 드 피종(aile de pigeon)　남자의 헤어스타일이나 가발로, 1750~1760년대에 착용하였다. 귀 위로 한두 개의 수평으로 된 컬이 지나가며, 윗부분과 옆부분은 매끄럽다.

엘라스티크(elastique)　⇒ 트리코틴

엘레강스(elegance)　엘레강스란 '고상한 우아한, 기품 있는, 품위 있는, 격조 높은, 멋진'이라는 뜻으로 이러한 풍의 의상들을 총칭한다.

엘리스, 페리

엘렉트라 콤플렉스(Electra complex)　프로이트(Freud)의 무의식적 원욕 중에서 딸이 아버지에게 무의식 중에 갖는 성(性)적인 사모를 말한다. 오이디푸스 콤플렉스(Oedipus complex)의 반대개념이다.

엘리베이터 힐(elevator heel)　키를 커보이게 하기 위해 남자들이 신는 힐을 말한다.

엘리스, 페리(Ellis, Perry 1940~1986)　미국의 버지니아 출생의 디자이너로 뉴욕 대학에서 판매업에 관하여 석사(MA)를 받았다. 졸업

엘리펀트 레그 팬츠

후 스포츠 웨어 구매 담당 바이어로서 밀러 앤드 로즈 백화점에서 일하다가 디자이너로 전환하였다. 1968년 존 마이어 밑에서 6년간 일하면서 색상과 무늬, 의상 형태 등의 디테일을 배웠다. 마이어가 사망한 후 회사가 문을 닫게 되자 1974년 베라사에 들어가 '포트폴리오'라는 브랜드의 스포츠 웨어를 개발하였다. 이 상품이 대단한 성공을 거두자 1978년 맨해턴 회사의 제안으로 캐주얼 웨어를 계속 생산해 냈다. 스타일과 색상에 있어서 유럽풍의 감각을 표현하고 있으며 형식에 구애받지 않는 디자인, 입는 사람의 개성을 최대한으로 발휘하도록 한 디자인이 특징적이다. 1979년 니만 마커스상과 위니상을 수상했다.

엘리자베션 칼라(Elizabethan collar)　영국 여왕 엘리자베스 1세(1533~1603) 시대의 대표적인, 가지런히 주름을 잡은 칼라이다. 주로 레이스를 사용하여 만들며, 특히 여왕의 초상화에서 볼 수 있는 부채꼴로 세워진 모양의 칼라를 말한다.

엘리자베스 스타일(Elizabethan styles)　1558~1603년 영국에서 엘리자베스 1세의 재임 기간 동안 유행한 복식과 액세서리를 말한다. 남성복은 슬래시된 트렁크 호즈와 슬래시된 소매와 리프가 달린 두블레로 구성된다. 여성의 드레스는 원통형의 스커트와 스탠딩 레이스 칼라, 그리고 슬래시된 소매로 되어 있다.

엘리펀트 그레이(elephant gray)　코끼리의 가죽에 보이는 짙은 회색을 말한다.

엘리펀트 레그 팬츠(elephant leg pants)　무릎에서부터 밑단까지 과장될 정도로 아주 넓게 플레어가 진 바지이다. 구두를 가릴 정도로 길게 입으며 단은 대개 커프로 되어 있다. 히피(hippie)라고도 불렸으며, 1960년대 후반기에 소개되었다. 엘리펀트 벨, 벨 보텀즈, 할로우 팬츠 등과 유사하다.

엘리펀트 슬리브(elephant sleeve)　어깨는 헐렁하게 퍼지고 소맷부리는 꼭 맞게 만든 소매이다. 마치 코끼리 귀와 같은 모양을 하고

있어 붙여진 명칭이다.

엘보 라인(elbow line) 팔꿈치선, 즉 패턴 제도시의 팔꿈치 위치를 가리킨다. 약어로서 E.L.로 표시한다.

엘보렝스 슬리브(ellbow-length sleeve) 팔꿈치 길이의 소매를 일컫는 것이다. 1940년대와 1960년대에 드레스에 많이 사용되어 유행하였다.

엘보 패치(elbow patch) 팔꿈치에 덧대는 것을 말한다. 기능적인 스포츠 웨어나 캐주얼 웨어의 디자인 소재로 활용된다.

엘 비 디(LBD) 리틀 블랙 드레스(little black dress)의 약자이다.

엘 스커트(Eel skirt) 바이어스로 재단된 것으로 힙 근처는 꼭 맞고 밑으로 내려가면서 무릎과 치마단 사이에 약간씩 플레어가 진, 1870년대에 여성들이 착용한 고어드 스커트이다.

엘 시 디 쿼츠 워치(LCD quartz watch) 액정 표시판(liquid crystal display)에 의해 시간과 날짜가 표시되는 디지털 시계로, 교체 가능한 작은 배터리에 의해 작동된다.

엘크(elk) 원래는 큰사슴 가죽으로 주로 연기에 그을리는 과정(smoke process)을 통해 처리되었으나 지금은 송아지 가죽이나 암소 가죽을 연기에 그을려서 진짜 엘크와 유사한 색을 낸다. 가죽에서 연기 냄새가 나며, 스포츠 신발에 사용된다. 진짜 큰사슴 가죽은 벅스킨(buckskin)이라고 부른다.

엠(M) 중간 정도의 크기라는 미디엄 사이즈의 약자로 대개 작은 치수는 S, 큰 치수는 L로 표시한다.

엠보스트 벨벳(embossed velvet) 롤러를 가열한 상태에서 파일사를 평평하게 눌러 무늬를 만든 벨벳이나 벨베틴을 말하는데 그 효과가 영구적인 것은 아니다.

엠보싱 가공(embossing finish) 직물 표면에 요철 무늬를 넣어 주는 가공으로, 열가소성 섬유나 셀룰로오스 섬유에 수지를 입힌 후 뜨거운 요철 롤러 사이를 통과시켜 주거나, 피혁에 도드라진 모양의 무늬를 나타내는 가

공법을 말한다.

엠브로이더리 아일릿(embroidery eyelet)
⇒ 아일릿 워크

엠 엠 피 아이(MMPI ; Minnesota Multiphasic Personality Inventory) 미네소타 대학에서 만들어낸 다면적 성격검사로서, 가장 널리 알려진 성격검사이다.

엠 티브이(MTV) 뮤직 텔레비전(Music Television)의 약호로 1981년 미국 워너 아메스 위성 엔터테인먼트 회사에서 케이블 텔레비전을 시작하였다. 24시간 40대 이하를 위한 록 비디오와 현대 음악을 방영한다. 이 때 마돈나와 같은 인기 있는 가수나 록 비디오 출연자들의 패션에 대한 충격을 언급하기도 한다.

엠파이어 드레스(Empire dress) 가슴 아래에 장식띠를 맨 하이 웨이스트라인의 드레스로, 1804~1814년까지 프랑스 제2제정 시대의 조제핀(Josephine) 황후에 의해 처음 착용되었다. 앞뒤 목선이 깊이 파이고 짧은 퍼프 소매가 달렸으며 스커트는 좁고 길게 내려오는 스타일로 궁중복으로 입었으며, 트레인이 뒷 목선이나 뒤허리선에 달리기도 했다. 긴 일자형 스커트에 목선은 앞뒤가 낮고 장식띠를 높게 매었다. 트레인은 어깨에 걸치고 다니기도 하였다. 허리선보다 위로 올라간 짧은 상체 부분에 스커트가 길게 달려 있어 하이

엠파이어 드레스

웨이스트라고도 불린다. 1910년대와 1960년
대에 매우 유행하였다.

엠파이어 블라우스(Empire blouse)　허리선이
가슴 바로 밑에 오는 블라우스로서 1804년
프랑스의 조제핀 황후에 의해 소개되었다.
대개 젊은층에서 많이 입으며 1910년대와
1960년대에 매우 유행하였다. 제 허리선보
다 위로 올라간 짧은 상체 부분에 스커트가
길게 달려 있어 하이 웨이스트라고도 불린
다.

엠파이어 블루(Empire blue)　녹색을 띤 쥐청
색을 말한다.

엠파이어 스커트(Empire skirt)　① 1880년대
와 1890년대 후반에 착용한 트레인이 달린
이브닝 스커트를 말하는 것으로, 허리에 주
름이 있고 가장자리에 넓은 러플이 있으며
스커트 뒤에 버팀대와 하프 후프가 있다. ②
1880년대와 1890년대 후반에 착용한 낮에
입는 스커트로, 짧은 트레인이 달려 있으며
2개의 패널(panel)이 있고 양 옆에 삼각형의
무가 달려 있다. ③ 가슴 아래의 하이 웨이스
트 스커트를 말한다.

엠파이어 웨이스트라인(Empire waistline)　정
상적인 허리선보다 높게 올라가서 가슴 바로
밑에 있는 웨이스트라인이다. 프랑스에서 18
세기 말부터 1820년 사이에 황제와 혁명 정
부의 집정 시기에 많이 유행하였고, 그때부
터 드레스, 코트, 란제리 등에 많이 이용되었
다.

엠파이어 재킷(Empire jacket)　1890년대 중
반의 여성용 재킷으로, 앞뒤에 큰 박스 주름
이 있으며 큰 벌룬형 소매와 사각 요크로 장
식되어 있다. 박스 코트라고도 한다.

엠파이어 코트(Empire coat)　허리선이 올라
간 하이 웨이스트라인에 큰 주름이 잡힌 풍
성한 넓은 스커트로 된 코트이다. 1900년대
에 여성들이 여행할 때나 야회복에 입은 7부
또는 길이가 긴 코트를 말한다. 메디치 칼라
가 달린 이튼 재킷풍의 코트이다.

엠파이어 하우스 가운(Empire house gown)
1890년대 중반에 입었던 가운으로, 목선은

높고 앞중앙에 리본으로 매듭을 지었으며 주
름 잡힌 요크와 큰 러플로 장식되어 있으며,
벌룬형 소매가 달려 있고 바닥에 끌릴 정도
로 길이가 길다.

엠퍼러 셔트(emperor shirt)　구미 지역 시골
남성들의 적색 플란넬 셔트를 말하는 것으로
1850~1860년대에 입었다.

엥슬렝(haincelin)　15세기에 프랑스에서 유행
한 우플랑드(houppelande)를 말한다.

여우(fox)　유럽, 남아메리카, 아시아, 오스트
레일리아 등 세계 각지에서 서식하는 여우의
모피는 부드럽고 털이 길며 윤기가 난다. 늑
대보다는 작고, 길고 털이 많은 꼬리를 가졌
다. 종류가 다양하며 일반적으로 북반구산
모피가 우수하다. 목도리나 코트 등에 사용
된다.

여의문(如意紋)　사람의 갈망하는 바를 성취
되게 하는 길상문으로 원래는 수지상(手指
狀)이 있는데 영지(靈芝), 상운형(祥雲形)으
로도 되었다. 뼈(骨), 대나무(竹), 돌(石),
옥(玉), 금속(金屬) 조각 또는 직물문으로도
사용되었다.

여의사(如意紗)　여의문(如意紋)이 직문된 관
사(官紗)로 조선 시대 말 개항 이후 우리 나
라에서 제직되었다.

여지금대(荔枝金帶)　조선 시대 정2·3품의
관리들이 공복(公服)에 띠었던 금색 장식물
에 진홍의 점을 찍은 대(帶)이다. 여지(荔
枝)의 실홍(實紅)·피황(皮黃)과 색이 같은
데서 여지금대란 말이 나왔다.

여직(絽織)　익조직의 일종으로 위사 세 올 또
는 그 이상의 올을 익경사와 지경사가 얽어
매는 형식으로, 각각의 경사는 각각의 위사
와 평직으로 교차하면서, 3올씩 그룹으로 얽
어매지게 된다.

여혜(女鞋)　여자들이 신는 신으로 안은 융같
은 폭신한 감으로 하고 겉은 여러 색으로 화
사하게 비단으로 백비하여 만들었으며, 바닥
에 징을 군데군데 박은 것으로 꽃신이라고도
한다.

역직기(power loom)　동력을 이용한 직기로

1785년 카트라이트(Cartwright)가 만들었다. 수직기(手織機)에 대하여 동력(動力)으로 부품을 움직여 제직하는 직기이다. 영국의 산업 혁명으로 발명되어 오늘에 이른다.

역할 사회적 역할은 공적 자아의 중요한 일부이며 생득적(성별, 연령, 가족배경 등) 또는 성취적(집단, 조직, 개인적 특질에 따른 역할 등)으로 분류되며, 의복은 역할 간의 갈등을 나타내고 역할을 수용하는 정도를 나타낸다. 또한 역할은 주어진 위치 또는 신분을 가진 사람에게서 기대되는 행위이다.

역할 갈등 같은 사람에게 상반되는 반응을 기대할 때 역할 갈등이 생긴다. 역할 갈등은 지각자가 지각대상자의 의복이 다른 역할에 더 적합하기 때문에 그 역할 안에 그를 수용하지 않을 때 문제가 된다.

역할 거리(role distance) 역할 거리는 역할에 대해 내부적 동일시가 결여되어 있음을 나타낸다. 역할거리를 통해, 부분들이 완전히 정해진 역할을 단순히 따르지만은 않는다는 것을 나타낸다.

역할 수용(role embracement) 고프만(Goffman)은 우리가 담당하는 역할이 자아의 구조적 관점과 밀접한 관련이 있으며, 이런 역할은 자아개념의 필수적인 부분이라 하였다. 또한 역할 수용을 역할에 가깝게 밀착되어 있는 개념이라고 했다.

역할 수행 역할 수행은 자아와 관련된 과정, 역할 수행 기술, 규정된 역할 행동이다. 이 과정에서 역할 수행 중 의복은 개인과 함께 작용함을 볼 수 있다.

역할 이론 역할이란 사회적 관계에서 차지하는 위치이며 생득적인 것과 성취적인 것의 두 유형이 있다. 의복에 의해 역할이 상징된다.

역할 지각(role perception) 사회조직 안의 특정한 위치와 관계에서 자기가 해야 할 행동을 지각하는 것을 역할 지각이라 한다.

역회전 방지 장치 재봉을 시작할 때 역회전하여 실이 끊어지거나 바늘이 부러지는 것을 방지하는 장치이다.

연(緣) 저고리·포(袍)의 도련·깃·소매 끝에 두르는 홍색이나 흑색의 선(襈)이다. 본래 천이 해지거나 실이 풀리는 것을 방지하기 위해 생겼으나 장식으로 사용되었다.

연거복(燕居服) 왕 또는 문무관리들이 평상시에 한가하게 있을 때 입던 옷이다.

연금(軟錦) 일본에서 조선산의 금(錦)을 말한다. 욕(褥), 첩연(疊緣)으로 사용된다.

연당초(蓮唐草) 연화(蓮花)를 주문(主紋)으로 만초(蔓草)를 곁들여 구성한 문양이다.

연두색(軟豆色) 녹색(綠色)과 황색(黃色)의 중간색으로 조선 시대 주로 여자 의복에 많이 애용되었으며 원삼(圓衫), 당의(唐衣), 두루마기, 저고리에 사용되었다.

연미복(燕尾服) 남성들이 결혼식, 약혼식, 큰 파티 때 착용하는 최고의 정장차림으로 상의의 뒷부분이 제비꼬리처럼 늘어진 형태이다. 스왈로 테일드 코트가 여기에 속한다.

연보상화보문단(蓮寶相花寶紋緞) 보상화문의 일종으로 보상화는 상징적 꽃으로 불교적인 문양이다. 연화, 모란, 국화의 특징을 따서 문양화하였다. 연화를 보상화문으로 문양화한 것이 연보상이고, 이 문양으로 직문된 것을 연보상화보문단이라고 한다. 조선 시대에 단문양으로 많이 사용하였다.

연복(練服) 상복(喪服)의 하나로 소상(小祥) 뒤부터 대상(大祥)까지 입는다. 연제복(練祭服)이라고도 한다.

연봉매듭 여름 적삼의 단추·연(蓮)·장도 등에 사용되는 연꽃 봉우리 형태의 매듭이다. 방울술과 잠자리 매듭을 맺을 때 연봉 매듭을 맺는다. 단추매듭이라고도 한다.

연봉무지기 치마의 아랫부분에 연꽃빛을 물들인 속치마로 예장시 옷 맵시를 살리기 위해 입으며, 종류에는 1단, 5단, 7단으로 이어 주름을 잡은 것이 있다.

연사(軟紗) 중국 명대의 유문사(有紋紗)이다.

연색성 색은 빛의 자극을 인간이 생리적으로 감지한 일종의 지각이다. 따라서 물체에 조사된 조명 빛의 상황에 따라, 광원의 종류에 따라 물체색은 변화되어 보인다. 예를 들면 새파란 빛을 적색에 쪼이면 적색은 거무스름하게 보인다. 적색에 붉은 빛을 쪼이면 적색은 한층 선명하게 보인다. 이처럼 조명에 의해 물체색을 결정하는 광원의 성질을 연색성이라고 한다.

연쇄점(chain store)　　한 개인이나 한 회사에 소속되어 중앙 본점으로부터 상품이 기획·통제되어 판매 촉진이 이루어지는, 동일한 상품을 취급하는 둘 이상의 판매 단위들을 연결해 경영하는 소매점이다. 구매 단위가 좋은 조건으로 구매를 할 수 있고, 운영 비용이 적게 들며, 한 번에 모든 판매 단위에 대한 광고를 실시할 수 있는 것이 특징으로 보통 체인점이라고도 한다.

연신(drawing)　　인조 섬유 제조 공정 중 특히 중요한 공정으로, 방사된 섬유 고분자를 길이 방향으로 늘리는 과정을 말한다. 탄성계수, 강도 및 신도, 응력 등 기계적 성질이 이 과정을 거치면서 결정되며 이는 섬유 내의 분자 배향을 향상시켜 섬유를 가늘게 하기 때문에 섬유의 품질이 좋아진다.

연의(緣衣)　　중국 주(周) 나라 때 황후가 임금을 뵐 때 입던 육복(六服) 중의 한 가지로 검은색 바탕에 깃과 소매에 붉은 선을 둘렀다. 단의(褖衣) 참조.

연작은환수(練鵲銀環綬)　　조선 시대의 4품의 백관들이 조복·제복에 늘어뜨린 후수(後綬)로 황·녹·적 3색의 때까치[練鵲]를 수놓고 은(銀)고리를 2개 단다.

연조(drawing)　　소면 및 정소면 공정에서 얻어진 굵기가 일정치 않은 슬라이버 여러 개를 합쳐 늘려서 한 개의 슬라이버로 뽑는 공정을 말한다. 이때 각 슬라이버의 가늘고 굵은 부분이 서로 보충되어 균일한 굵기를 지니며 섬유가 길이 방향으로 뻗쳐져 더욱 평행하게 나열된다.

연주문(連珠文)　　소원(小圓)을 환상(環狀)으로 배열한 문양으로, 페르시아(3~6세기)의 문양 형식이다. 위금문(緯錦紋)으로 많이 사용되었다.

연지(臙脂)　　볼과 입술을 붉은 색조로 치장하는 화장품으로 재료로는 잇꽃과 주사(朱砂)를 사용한다. 고대의 홍색 화장료(化粧料) 중의 일종이다. 홍화(紅花)의 색소로부터 채취된 것을 정연지(正臙脂)라고 하고 멕시코, 지중해 연안의 사보뎅에 기생하는 소충(小蟲)의 암컷에서 채취된 색소에 의한 것을 생연지(生臙脂)라고 한다. 5세기 때 평남 은산(殷山)의 천왕지신총(天王地神塚)의 주실(主室) 북벽 벽화에 연지색 화장을 한 여인의 그림이 있어 일찍이 우리 나라에서도 사용된 것으로 나타난다.

연차(撚車)　　연사를 할 때 추(錘)를 회전시키는 차.《천공개물》중에 나타나 있다.

연합 구매 사무소(association of buying office)　　상점에서 제공되는 서비스를 규격화, 통일화하기 위해 만들어진 뉴욕 판매 사무소장들의 조직을 말한다.

연화문(蓮花紋)　　인도에서 전래되어 청결함을 상징하는 연꽃무늬로 연화는 인도가 원산이다. 신라의 수막새[圓瓦]에 연당초문이 나타나고, 고려 말의 분청사기의 문양으로서 연변문, 연화어문 등으로 나타나 있다. 직물에는 보상화문(寶相花紋)의 모란문(牡丹紋)과 같이 직금(織金)과 단(緞)의 문양으로 인동당초문과 어우러져 조선 시대에 널리 사용되었다. 불교적인 문양이며, 인도로부터 불교 문화와 더불어 각 지역에 전파된 것이다. 연화문은 정토적(淨土的) 상징, 육영혼지처(育靈魂之處)의 의미로서 불교 관계의 장식문으로 널리 오랫동안 사용되어 왔다.

열가소성(thermoplasticity)　　트리아세테이트, 나일론, 폴리에스테르, 폴리프로필렌 등의 인조 섬유는 이들 섬유의 융점보다 조금 낮은 온도에서 형체를 잡아 주면, 그 형체가 거의 영구적이어서 세탁이나 다림질에 의해 변하지 않는다. 이와 같이 열과 힘의 작용으로 영구적 변형이 생기고 이 새로운 형태를 그대로 유지하는 특성을 말한다. 열처리에 의한 형체 고정을 열고정(heat setting)이라고 하며, 폴리에스테르 주름치마, 나일론 스타킹, 스트레치사 등은 열가소성을 이용한 열

고정의 좋은 예이다.

열고정(heat setting)　　열가소성 섬유나 열에 민감한 섬유에 특별한 형태 고정을 하거나 스테이플 섬유와 같은 형태를 만들기 위해 해 주는 열처리로, 섬유를 유리 전이온도 이상, 녹는 점 이하로 가열하여 원하는 형태를 만들어 준 후 냉각시킨다.

열매수　　열매 모양의 둥근 형태를 표현하는 것으로, 바탕천의 수평올 방향으로 두 선 사이를 약간 띄워 나란히 박음수하고 그 사이의 간격만큼 띄운 다음, 두 선이 윗선의 중간에서 중간까지 오도록 어긋나게 수놓는다.

염계(染契)　　조선 시대 공물로 바치던 비단과 무명 등의 직물을 염색하는 계(契)이다.

염궁(染宮)　　삼국 시대의 염색 공장이다.

염기성 염료(cationic dyes)　　양모, 인조 단백질 섬유에 사용하며, 밝은 색을 부여하지만 내일광성과 내세탁성이 나쁘다. 그러나 이러한 점을 개선하여 아크릴 섬유의 염색에도 쓰인다.

염낭[染囊]　　형태가 둥근 주머니로 각종 비단에 여러 색채로 길상문(吉祥紋)을 수놓으며, 오색(五色) 술을 달아 단독으로 찬다. 사용한 천·색·부금(付金) 여부에 따라 신분의 존엄·귀천을 나타내기도 한다.

염료(dyestuff)　　염료는 천연 염료와 합성 염료로 나뉘는데, 오늘날에는 4,000여 종에 이르는 합성 염료가 있다. 합성 염료에는 직접 염료, 배트 염료, 아조 염료, 황화 염료, 염기성 염료, 반응성 염료, 산성 염료, 분산 염료 등이 있다. 천연 염료는 1856년 이전까지는 합성 염료가 없었으므로 널리 사용되었으며 곤충, 식물, 광물, 조개류 등에서 추출하여 사용한다.

염색(dyeing)　　염색은 섬유 제품의 생산 과정에 따라 그 방법이 다양하다. 염색 방법에는 섬유 염색, 톱 염색, 용액 염색, 사염, 후염이 있다. 염색 공정은 염용액에 담그는 침윤과 용매 염색, 거품 염색, 가스 염색 등이 있다.

염색 견뢰도(color fastness)　　염색된 직물의 색이 빛, 세탁 등의 환경에서 색의 선명도를 유지할 수 있는 정도를 말한다. 염색 견뢰도 평가는 환경 조건에 노출시킨 후 색의 변화, 바랜 정도 등으로 평가한다.

염소(goat)　　염소 가죽을 말하는 것으로, 얇고 부드러우며 결에 따라 작은 무늬가 있다. 모로코산 염소 가죽은 더욱 표면이 섬세하고 부드러우며, 스웨이드 처리한 것은 더욱 우아하다. 핸드백, 장갑, 신발 등에 사용된다.

염직(染織)　　염색물과 직물의 총칭이다.

염화 비닐리덴(vinylidene chloride)　　사란 섬유의 주요 단량체로 쓰이는 물질이다.

엽맥 섬유　　식물 섬유의 하나로 사이잘마와 같이 식물잎에서 원료를 분리하여 만드는 섬유이다.

영락비녀[瓔珞簪]　　조선 시대 예장용으로 사용된 영락(瓔珞)을 아름답게 장식한 비녀로 도금, 은 등을 세공한 후 비취, 산호, 진주 등을 박고 구슬 장식의 화려한 영락을 장식한다.

영락식(瓔珞飾)　　구슬을 사용해 꿰어 만든 장식품의 한 가지이다. 목걸이, 귀고리, 금관 등의 장식에 사용하며 주로 구슬을 꿰어 만드나 작은 금판을 붙이기도 한다. 원형(圓形), 심엽형(心葉形), 엽형(葉形) 등의 형태가 있다.

영수문(靈獸紋)　　기린(麒麟), 용(籠), 익수(翼獸) 등 상징적 동물을 문양화하여 영험(靈驗)과 초능력을 갈구한 문양이다. 능(綾)과 위금(緯錦)의 문양으로 많이 나타나 있다.

영의(領衣)　　일종의 깃의 형태로 영(領)이 없는 예복에 달았던 것을 말한다. 모양이 소의 혀와 같아서 우설두(牛舌頭)라고도 하였다.

영자(纓子)　　갓에 달린 끈으로, 형겊·대·산호·수정·호박 등을 꿰어 만든다. 조선 시대 의정부와 중추부에서는 옥영자(玉纓子)를 사용했으며, 공상천예(工商賤隸)는 진수정(眞水精)·산호(珊瑚) 영자의 사용을 금했다. 갓끈 참조.

영지운문(靈芝雲紋)　　영지 모양의 운문(雲紋)으로 비운(飛運)의 상태로 된 것이 많다. 서상적인 문양이다. 동국대학교 박물관에 소장된 서산문주사 금동여래상 좌상의 복장 유물 직물 중 능문으로 영지운문이 있다.

영초(永綃, 英綃) 평지(平地)에 주자문(朱子紋)의 직물인 영초단과 같은 것으로, 접영(接永)이라고도 하였다. 개항 이후 중국산 영초단, 영초가 우리 나라에 수입되었다.

영춘포(迎春布) 중국의 주포(紬布)이다.

영 커리어(young career) 20~30세의 커리어 우먼을 30, 40대의 커리어 우먼에 비교하여 영 커리어라고 한다. 오피스 레이디의 새로운 용어이며, 패션감각이나 구매력이 뛰어난 소비자층으로 패션 마케팅에서 중요하다.

영 틴즈(young teens) 성인 여자와 주니어 사이의 기성복 사이즈 범위로 5/6에서 15/16까지의 범위가 있다. 영 주니어라고도 한다.

옆솔기 박기 앞뒤 길의 옆시접을 맞대어 박는 것을 말한다. 사이드 심이라고도 한다.

예렉(yelek) 터키 여성들이 샬와(shalwar)와 함께 베런듀크(berundjuk : 실크로 만든 슈미즈) 위에 실내에서 입었던 일종의 긴 코트이다. 앞판은 허리까지 단추가 달려 있고 뒤판에 달린 트레인은 허리까지 트여 있으며, 소맷부리가 트여 있는 긴 소매가 달려 있다. 금·진주가 장식되어 있고 자수가 놓여 있는 정교한 세컨드 예렉을 정장용으로 덧입기도 했다.

예메니(yemeni) 19세기 후반에 터키의 결혼한 헤브라이 여인들이 착용한 머리 스카프로, 밝은색의 꽃장식이 프린트되어 있고 술장식이 있다.

예복(禮服) 관혼상제(冠婚喪祭)를 비롯한 각종 의식, 대소 연회시에 착용하는 복식이다. 조선 시대에는 제복(祭服)·조복(朝服)·공복(公服)·상복(常服)·융복(戎服)·적의·원삼·활옷·당의 등이 있었으나 말기에는 대례복·소례복·상복(常服)으로 간소화되었다.

예일 블루(Yale blue) 미국 예일(Yale) 대학의 상징으로, 녹색이 가미된 짙은 청색을 말한다.

예측색(forecast color) 다음 시즌에 유행될 것으로 예측되는 색으로 국제 유행색 위원회가 예측하는 유행색은 시즌에 앞서 2년 전에 발표된다. 따라서 각 국가의 유행색 협회는 1년 반 전에 발표하고, 원사 메이커에서의 예측색은 약 1년 전에 발표된다. 이러한 예측색은 어디까지나 그 시즌에 유행하리라 예측된 색이므로 실제 유행색, 판매되는 색상과는 차이가 날 수 있다. 그러나 상품 생산의 위험 부담을 줄이기 위해 과거의 데이터를 상세히 수집해서 확실한 상품색을 예측하는 데 많은 도움이 된다.

옐로(yellow) 황색으로, 적색을 띤 것부터 녹색을 띤 것까지 범위가 다양하다.

옐로 오커(yellow ocher) 황토색으로 황갈색을 띤 황색계이다.

옐로 재킷(yellow jacket) 중국 통치자의 최고 권위를 과시하는 군주의 표시로 황금색 실크로 된 재킷을 가리킨다.

오(襖) 송대 부녀의 일상복으로 대부분이 솜을 넣거나 속옷을 받쳐 입었으며, 유에 비해 길이가 길고 넉넉하였다.

오각대(烏角帶) 조선 시대 정7품에서 종9품의 문무관리가 띠었던 품대(品帶)의 하나로 검은 뿔 조각을 은(銀) 테두리에 장식하였다. 상중에는 정1품 이하의 관리가 착용했다. 흑각대(黑角帶) 참조.

오간자(organza) 레이온, 나일론, 폴리에스테르, 견 등의 필라멘트사로 제직하며, 가볍고 얇으며 약간 빳빳한 느낌을 주는 직물이다. 드레스, 블라우스, 트리밍, 커튼 등에 쓰인다.

오거나이제이션(organization) 조직 구성 편제를 뜻한다.

오건디(organdy) 3번수의 코마사를 사용한 성글고 촉감이 빳빳한 아주 얇은 면이나 폴리에스테르 직물이다. 무지염과 프린트한 것이 있으며, 드레스, 블라우스, 칼라, 트리밍 등에 쓰인다.

오건진(organzine) 견직물의 경사에 쓰이는 꼬임사를 말한다. 3~8개의 고치실에 약간의

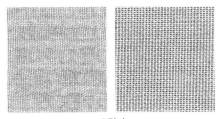

오건디

꼬임을 가한 후 다시 3~5올을 합쳐 반대 방향으로 꼬임을 주어 만든 생사이다.

오낭(五囊) 수의(壽衣)의 일종으로 5개의 주머니를 뜻한다. 머리카락을 넣는 주머니 1개, 좌우의 손톱을 넣는 주머니 2개, 좌우의 발톱을 넣는 주머니 2개로 구성된다. 다홍색의 명주로 가로 접고 세로 접어 트인 쪽에 아귀를 내어 호아서 뒤집어 만든다.

오너멘틀 스톤즈(ornamental stones) 장식용의 돌로 주위에서 쉽게 발견되는 준보석류이다. 말라카이트나 터키석 등이 여기에 속한다.

오닉스(onyx) 얼룩 마노. 옥수(玉隨)의 한 종류로 줄 마노(瑪瑙)이다. 검고 흰 줄무늬가 있다. 보석의 하나로 작은 다이아몬드들과 함께 장식된 반지가 수년 동안 대중들에게 애용되어 왔다.

오닝 스트라이프(awning stripe) 색이 다른 실을 사용하여 줄무늬를 나타내는 두꺼운 평직 또는 능직의 면직물로 천막이나 우산용으로 사용된다.

오더리 드레싱(ordery dressing) 질서 있는 옷차림을 의미하는 것으로 상황에 따라 그에 맞는 정장차림을 하는 것이다. 1980년대를 맞아 이전까지의 약간 난잡하고 자유스러운 옷차림에 제동을 걸고 새로운 시대의 옷차림을 시사한다.

오더 형태(order form) 대규모 상점, 중간 규모의 상점, 연쇄점에서 바이어를 위해 제공하는 것으로 바이어에게 필요한 모든 보안이 제공되며, 대개 세 통으로 작성된다.

오두잠(烏頭簪) 조선 시대 부녀자들이 사용한 비녀로 비너 머리 부위가 턱이 져 있다.

오 드 쇼스(haut de chausses) 르네상스 시대

의 반바지로 프랑스에서 사용된 명칭이며, 영국에서는 브리치즈(breeches)라고 했다.

오드 재킷(odd jacket) 오드란 '외짝'이라는 뜻으로서 상하가 똑같은 옷감이 아닌, 수트가 아닌, 짝이 맞지 않는 양복의 상의를 말한다. 바지와 같은 옷감이 아닌 상의로 많이 입는 스포츠 재킷이나 블레이저 재킷 등을 가리킨다.

오라관(烏羅冠) 백제의 왕(王)이 착용하던 금화(金蘤) 장식을 한 관모(冠帽)이다. 왕은 대수자포(大袖紫袍)에 오라관을 쓰고 소피대(素皮帶)를 띠었다.

오 라인(O line) 알파벳 O자처럼 둥글고 헐거운 실루엣이다. 풀 라인의 하나로 오블롱 라인(oblong line)과 올리브 라인(olive line)도 그 일종이다. 빅 룩의 영향을 받아 나타난 것이다.

오량관(五梁冠) 조선 시대 일품관(一品冠)이 조복·제복에 착용하던 양관(梁冠)이다. 전면에는 양(梁)이라고 하는 종선(縱線)이 있다. 조복에는 관의 둘레에 있는 당초모양문 부분과 목잠에 도금이 된 금관(金冠)을 쓰고, 제복(祭服)에는 당초모양문의 전면 소부분과 목잠의 구멍 둘레에만 도금이 된 양관을 쓴다.

오레유 드 시앵(oreilles de chien) 1790~1800년 경에 유행한 것으로, 남성들의 얼굴 양옆으로 늘어진 두 개의 긴 컬을 가리키는 별칭이다.

오렌지(orange) 황적색으로 등(橙)의 과실에 보이는 색을 말한다.

오로라 보리얼리스 크리스털(aurora borealis crystal) 무지개빛 색채 효과가 나는 용액으로 코팅 처리된 유리를 말한다.

오류(오진) 선택(error-choice method) 어떤 질문에 대하여 틀린 답을 여러 개 써 놓고 그것을 선택하게 함으로써 응답자의 태도를 보는 방법이다.

오류면(五旒冕) 고려 시대 문무 백관들이 제복(祭服)에 착용하던 관이다. 전후(前後)의 면류줄이 오류(五旒)이며 적(赤)·백(白)·

오량관

창(蒼)의 3색 구슬을 서로 엇바꾸어 꿰었다.

오류면 오장복(五旒冕 五章服)　고려 시대 문무 백관이 입던 제복(祭服)이다. 오장복은 현의(玄衣)에는 종이(宗彛)·조(藻)·분미(粉米)의 삼장문을, 훈상(纁裳)에는 보(黼)·불(黻)을 수놓아 오장문이며, 오류면은 평천관(平天冠)의 전후에 달린 옥으로 된 수연(邃延)의 수가 오류(五旒)이다.

오르나(orhna)　머리의 베일로, 인도 여성들이 사리(sari)로 머리를 뒤집어쓰지 못할 경우에 착용한다.

오를렛(orrelet)　16세기 후반에 사용된 용어로, 여성의 코이프(coif) 양옆의 귀를 덮는 부분을 말한다. 칙스 앤드 이어즈(cheeks-and-ears)라고도 한다.

오리엔탈 스티치(oriental stitch)　짧은 대각선 스티치들에 의해 교차된 스티치로, 루마니안 스티치라고도 한다.

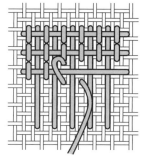

오리엔탈 스티치

오리엔탈 컬러(oriental color)　동양을 연상시키는 색상으로 파리의 오트 쿠튀르의 컬렉션에서 동양 취미의 영향으로 출현하여 주목받은 색이다. 동양은 중동에서 중국, 한국, 일본에 이르기까지 해당 범위가 넓으며, 서양인의 이미지에 적합한 것이 특징이다. 금빛과 환상적 녹색, 적색, 자색 등이 주요한 색상이다.

오리엔탈 크레이프(oriental crepe)　경사에 강연사를 S 꼬임과 Z 꼬임을 2올씩 교대로 배열하고, 위사에 무연사를 사용하여 제직한 크레이프 직물이다. 레이온사를 주로 사용한다. 부인복, 아동복, 내의, 하의, 리본, 커튼 등에 사용된다.

오버 니 삭스

오리엔탈 펄즈(oriental pearls)　천연 진주 중 가장 가치가 있는 것으로 취급되는 동방에서 획득한 진주로 일본, 태평양 섬들, 페르시아 만, 오스트레일리아, 베네수엘라, 파나마 등지가 주산지이며 다른 진주보다 아름답고 비싸다.

오리엔탈 펜던트(oriental pendant)　동양풍의 펜던트를 말한다. 1976년경 춘하에 관심을 모았던 동양풍의 드레스에 적합하도록 디자인된 장신구의 하나이다. 소재도 동양적인 이미지가 강한 비취나 금, 은 등이 사용되었으며, 자수 장식이 활용되기도 하였다.

오리올(aureole)　풀을 먹인 흰색 캡으로 64개의 긴 홈이 파인 레이스 프릴이 얼굴을 둘러싸고, 턱밑에서 끈을 매도록 하였다.

오매단(五枚緞)　오매주자직(五枚朱子織)을 지(地)와 문(紋)으로 제직한 단으로, 조선 시대 초 단의 유품으로 전하고 있다. 충북대학교 박물관에 있는 조선 시대 초기 직물 유품에 오매단이 있다. 단국대학교의 석주선 민속 박물관의 조선 시대 초기 직물 유품 중에도 많이 나타나 있다.

오목누비　누비는 솜의 두께에 따라 분류한 것으로 오목누비는 솜을 두껍게 넣어 좀 넓게 누벼 오목오목한 효과를 나타낸 것이다.

오버 니 삭스(over knee socks)　윗부분에 탄력 있는 고무줄이 들어 있는 무릎 위 길이의 양말 또는 스타킹이다. 윗부분의 고무줄은 스타킹이 흘러내리지 않도록 한다.

오버드레스(overdress)　① 17세기 말경에 착용한 투명한 드레스로, 불투명한 언더드레스에 부착하였다. ② 1870년경에 착용한 힙 길이의 보디스(bodice)로, 따로 분리된 스커트와 함께 착용하였다. 때로는 네크라인을 많이 파거나 페플럼, 화려한 레이스, 리본 등을 장식하여 포멀한 효과를 냈다.

오버랩트 심(overlapped seam)　겉과 겉이 마주보게 하여 봉제한 시접을 나누거나 가르거나 혹은 한쪽 방향으로 하여 그 끝을 감치는 방법으로, 시접의 처음과 끝부분에 사용된다.

오버레이(overlay) '어떤 것을 다른 것 위에 얹는 것 또는 덮어씌우는 것'을 뜻하는 말로, 신발제작의 경우 가죽이나 그 외의 장식물을 신발에 꿰매 부착하는 것을 말한다. 주로 대비되는 색상이나 대조되는 질감의 가죽, 즉 도마뱀이나 뱀의 가죽 등을 사용하였다.

오버로크 스티치(overlock stitch) 한 가닥 또는 여러 가닥의 봉사로 엮어지는데, 적어도 이 중 한 가닥의 봉사로 끝맺음된 형태이며, 천의 끝에서 실이 얽혀진 형태이다. 오버 에지 스티치, 라운드 심 스티치, 오버심 스티치, 메로 스티치라고도 한다.

오버로크 심(overlock seam) 시접 가장자리를 오버로크 재봉틀로 박아 올이 풀리는 것을 막는 것으로, 얇은 감은 시접을 한쪽으로 꺾어 홑솔로 하고 두꺼운 감은 가름솔로 하여 오버로크를 한다. 오버로크 솔이라고도 한다.

오버로크 재봉틀(overlock machine) 천의 가장자리 올 풀림을 방지해 주는 재봉틀로, 2중 환봉의 일종이며 분당 3,300~4,500침의 고속이다.

오버블라우스(overblouse) 치마나 바지 위에 내어 입도록 한 블라우스를 말한다. 길이는 일정하지 않으며 길이가 짧은 것과 긴 것의 두 가지로 나뉘는데 후자는 허리선을 가릴 수 있어 뚱뚱한 사람들에게 많이 애용된다. 1960년대에 유행하였던 스타일로서 당시는 거의가 다트가 잡혀서 가슴, 허리 등 전체적으로 몸에 꼭 맞는 스타일이었다.

오버블라우스 스윔 수트(overblouse swim suit) 단순한 디자인의 트렁크스와 블라우스로 이루어진 여성용 투피스 수영복이다.

오버사이즈드 셔트(oversized shirt) 정상 치수보다 크게 재단된 셔트류를 가리킨다. 빅 티셔츠라고도 한다.

오버사이즈드 코트 드레스(oversized coat dress) 과장되게 풍성한 볼륨감이 생기도록 실루엣을 크게 만든 코트 형태의 원피스 드레스이다. 넘쳐서 늘어지는 느낌이 드는 것

오버사이즈드 셔트

오버블라우스

오버사이즈드 코트 드레스

이 특징이며 빅 룩의 코디네이트 방법으로 대개 풍성한 셔트, 블라우스 위에 착용한다.

오버사이즈드 톱(oversized top) 정상적인 사이즈보다 크고 힙까지 오는 길이에 풍성한 소매의 상의이다.

오버사이즈드 톱

오버사이즈드 톱

오버사이즈 칼라(oversize collar) 거의 허리선까지 닿을 정도로 큰 칼라를 말하며 1960년을 전후로 유행하였다. 자이언트 칼라라고

오버셔트

오버스커트

오버시즈 캡

오버올즈

부르기도 한다.

오버셔트(overshirt)　　바지나 치마 위로 내어 입을 수 있는 셔츠들을 오버셔트라고 한다. 대개 길이가 힙을 가릴 정도의 직선으로 머리에서부터 뒤집어써서 입는 풀오버 스타일로 남성, 여성, 아동 모두가 입고 바지 위에 주로 입는다. 하와이안 셔츠, 코사크 셔츠들이 좋은 예이다.

오버 숄더(over shoulder)　　본래의 어깨선보다 훨씬 크게 극단적으로 어깨선을 넓힌 것이다. 일어의 가미시모 숄더 또는 가미시모 룩이라고도 불린다. 여기에서 가미시모는 일본의 에도 시대의 무사가 입은 옷차림에서 유래한 것이다.

오버슈즈(overshoes)　　비나 눈으로부터 발을 보호하기 위해 일반적인 구두 위에 신는 고무나 방수된 천으로 처리한 구두이다.

오버스커트(overskirt)　　집시나 농부들의 의상에서 기초가 된 옷으로 위에 덧입는 스커트를 말한다. 드레스나 스커트 위에 이중으로 겹쳐 입는 스커트로 길이는 밑에 입는 스커트와 같은 길이이거나 더 긴 것, 짧은 것 등 여러 가지가 있다. 앞부분을 터놓고 반바지 위에 입는 경우도 있으며, 때로는 얇은 옷감을 위에 덧입어서 속의 스커트 실루엣이 비쳐 보이도록 하는 경우도 있다. 수영복 위에 입는 비치 웨어로 많이 응용된다.

오버스커트

오버 스트라이프(over stripe)　　가느다란 줄무늬 위에 색실을 겹쳐 줄무늬를 만들어 주는 것으로 색실로 만들어진 줄무늬의 폭을 더 넓게 한다.

오버 스티치(over stitch)　　⇒ 로프 스티치

오버 슬리브(over sleeve)　　더블 슬리브의 위쪽 소매이다.

오버시즈 캡(overseas cap)　　카키색 또는 올리브색의 직물로 된 모자로 군복무 중인 남녀가 공동으로 사용하는 모자이다. 평평하게 접을 수 있도록 크라운의 중앙에 앞에서 뒤로 길게 주름이 져 있다. 아미 캡, 개리슨 캡이라고도 한다.

오버심(overseam)　　장갑의 바깥에서 바느질하여 양쪽의 가장자리를 덮는 솔기로, 남자 장갑에 사용되며, 라운드 심이라고도 한다.

오버심 스티치(overseam stitch)　　⇒ 오버로크 스티치

오버 에지 스티치(over edge stitch)　　⇒ 오버로크 스티치

오버올(overall)　　작업시에 의복의 더러워짐을 막기 위해서 옷 위에 덧입는 상의로, 스목의 일종이다. 가슴받이가 달려 있고 주로 데님으로 만든 바지의 일종인 오버올즈와는 다르다.

오버올즈(overalls)　　가슴받이와 어깨끈이 달린 바지를 말한다. 대개 어깨끈은 뒤쪽에서 엇갈리게 되어 있으며, 처음에는 청색 데님지로 만들어 농부들의 작업복으로 의복의 더러워짐을 막기 위해 옷 위에 덧입은 데서 유래하였다. 페인트칠하는 사람과 목공인들은 백색 계열로, 철도원들은 줄무늬지로 만들어서 입었다. 1960년대 후반기에는 다양한 소재를 이용한 여러 가지 스타일로 남녀노소를 불문하고 많이 입었으며, 1980년대 초에는 주름으로 된 플리티드 오버올즈가 소개되었다. 비브 톱 팬츠, 서스펜더 팬츠, 페인터즈 팬츠라고도 한다.

오버 조닝 머천다이징(over zoning merchandising)　　기존의 상품구성의 구분을 벗어난 새로운 방향의 상품기획 정책을 말한다. 소비자의 라이프 스타일에 준한 컨셉트에서 보

다 폭넓고 포괄적인 수평사고형의 머천다이 징이다.

오버 체크(over check) 가는 체크 무늬 바탕 위에 다른 색의 굵은 체크 무늬를 겹쳐 놓은 문양을 말한다.

오버캐스트 러닝 스티치(overcast running stitch) ⇒ 휘프트 러닝 스티치

오버캐스트 스티치(overcast stitch) 오버캐스 팅 스티치라고도 하며, 양재에서는 사뜨기, 휘갑치기를 의미한다. 자수할 때는 일종의 말아서 수놓기로 러닝 스티치로 자수하고 그 위에 바늘땀을 촘촘히 말면서 바느질해 가는 스티치 방법을 말한다. 롤 스티치라고도 한 다.

오버캐스트 스티치트 심(overcast stitched seam) ⇒ 휘갑치기 가름솔

오버캐스팅(overcasting) ⇒ 휘감치기

오버코트(overcoat) 톱 코트보다는 두꺼워서 아주 추운 겨울 날씨에 입는 코트이다. 때로 는 털 안감을 넣기도 하며 발마칸, 체스터필 드, 에드워디안, 그 외 다른 스타일로도 만든 다.

오버코팅(overcoating) 오버코트(overcoat) 를 만드는 모든 직물을 말하며 주로 두꺼운 소모 · 방모 직물이다.

오버 플래드(over plaid) 격자 무늬 바탕 위 에 더 큰 격자 무늬를 겹쳐 놓은 문양을 말한 다.

오버핸딩 심(overhanding seam) 두 장의 천 을 겉이 마주보게 맞추어 끝에서 시침질을 하고 짧고 가는 바늘을 사용해서 오버 앤드 오버 스티치(over & over stitch)로 천의 끝 을 정리하는 방법으로, 리본 레이스의 가장 자리를 서로 붙일 때 이용한다.

오번(auburn) 적색을 띤 소리개색으로 브론 즈보다 밝은 머리카락 같은 적색을 띤 갈색 을 말한다.

오벌 러프(oval ruff) 원형보다는 타원형에 가까운 크고 단순한 형태의 여성용 칼라로, 파이프 오르간 플리스로 만들어진 러프를 말 한다. 1625~1650년에 착용하였다.

오베르진(aubergine) '가자(茄子)', 즉 짙은 보라색의 가지색을 말한다. 영어로는 에그플 랜트로, 인기 있는 베지터블 컬러의 하나이 다.

오벨리스크 프린트(obelisk print) 오벨리스크 는 고대 이집트의 '방첨탑'이라 불리는 거대 한 석조 기념비, 그 기둥면에 그려진 상형문 자와 도안 등을 모티브로 하여 프린트한 무 늬이다.

오복(吳服) 일반적으로 일본화복지(日本和服 地)의 총칭으로 사용되기도 하고 마(麻), 목 면(木綿)직물을 태물(太物)이라고 하는 데 대하여 견직물(絹織物)을 지칭하기도 한다.

오복제(五服制) 다섯 가지 상복(喪服)의 제 도. 친속(親屬)의 등급에 따라 오복(五服), 즉 참최(斬衰) · 재최(齋衰) · 대공(大功) · 소공(小功) · 시마(緦麻)로 나뉜다.

오뷔송 스티치(Aubusson stitch) 오뷔송은 프 랑스에 있는 받침대 제조로 유명한 제조지 로, 이 이름에서 연유되었다. 두 개로 짜여진 캔버스에 한 쌍의 수평사와 두 개의 수직사 로 수놓는 기법으로, 수직으로 평평한 것이 특징이다.

오브시디안(obsidian) 광물이라기보다는 화 산석의 일종인 흑요석 또는 오석을 말한다. 일반적으로 검은색이며 붉은색, 갈색, 녹색 계통도 있다. 매력적인 색깔로 잘 알려진 보 석이며 멕시코, 그리스, 캘리포니아 등지에 서 산출된다.

오블롱 라인(oblong line) '타원형, 직사각 형'이란 의미로 전체적으로 둥근 느낌을 가 진 타원형의 라인을 말한다. 여성스러운 빅 이미지의 라인으로, 코트나 드레스 등에 이 용된다. 오 라인, 올리브 라인, 벌룬 라인, 볼 라인 등 그 실루엣 구성에는 여러 가지가 있으며, 이것은 특히 윗부분이 큰 타원형의 실루엣을 가리킨다.

오블롱 칼라(oblong collar) 이음선이 없이 둘레가 하나로 이어진 오픈 칼라의 일종이 다. 오블롱은 직사각형이나 긴 타원형의 형 태를 뜻하며 칼라의 모양이 장방형이어서 붙

여진 이름이다.

오블롱 크로스 스티치(oblong cross stitch)
오블롱은 '장방형'이나 '세로 길이'의 의미
로 정사각형의 크로스 스티치가 아닌, 세로
선이 긴 크로스 스티치를 말한다.

오블롱 후프(oblong hoop)　1760년대에 사용
된 여성 가운의 스커트 버팀대를 칭하는 영
국 용어이다. 스커트의 앞과 뒤는 평평하고
힙의 양옆 부분이 돌출된 형태로, 좁은 문을
통과할 때는 버팀대가 접힌다.

오블리크 고블랭 스티치(oblique gobelin
stitch)　경사진 고블랭 스티치를 말하는 것
으로, 고블랭 스티치의 변형으로 구간(區限)
자수에 사용된다.

오블리크 고블랭 스티치

오블리크 포켓(oblique cut)　오블리크라는 것
은 '비스듬한'이라는 의미로 사선으로 붙인
포켓을 말한다. 손을 넣기 매우 편안하기 때
문에 점퍼나 스포티한 디자인의 재킷 등에
응용된다.

오비(orby)　싱글 브레스티드로 된 미국식 프
록 코트로 20세기 초에 유행했다.

오비 벨트(obi belt)　가슴 바로 위에서 높게
매고 뒤에서 주로 보(bow)로 매는 천으로
된 벨트이다. 일본의 기모노와 함께 매는 오
비에서 유래하였다.

오비 해트(obi hat)　1804년경의 여성 모자로,
높고 평평한 크라운에 앞이 말린 좁은 챙이
있으며, 턱 밑에서 묶어 고정하였다.

오사고모(烏紗高帽)　왕(王)이 상복(常服)에
착용한 관모(冠帽)의 하나로 모정(帽頂)이
높으며 흑색의 사(紗)로 만들었다.

오사단(五絲緞)　5매주자직물(五枚朱子織物)
이다.

오사연모(烏紗軟帽)　고려 시대 좌우위견룡군
(左右衛牽攏軍)이 자착의(紫窄衣)와 함께 착
용한 입자(笠子)의 하나이다.

오색금(五色錦)　고구려에서 제작한 금이다.

오색번(五色幡)　번(幡)은 불사(佛事)에 사용
되는 기(旗)이다. 일본의 긴메이 천황 때
(562년) 고구려의 궁전(宮殿)에서 칠직의
장과 같이 오색번을 탈취하여 갔다.

오색전(五色氈)　색전(色氈). 모의 축융으로
제조한 카펫류를 말하며 고려 시대에 어가
(御輦)의 재료로 사용된 사실이 《고려사(高
麗史)》에 나타나 있다.

오서대(烏犀帶)　물소 뿔 장식을 한 품대(品
帶)의 한 가지이다. 신라에서는 6두품(六頭
品)이 사용하였고, 조선 시대에는 임금이 상
(喪)중에 띠었다.

오세파(ocepa)　⇒ 안딘 시프트

오센틱 드레싱(authentic dressing)　정통적인
옷차림을 의미하는 것으로, 오센틱 엘리건스
(authentic elegance)라고도 한다. 샤넬 수트
(Chanel suit)로 대표되는 진품(오센틱)의
클래식 수트를 기조로 하는 정장 차림이다.
침착함과 질서를 추구하는 1980년대 패션을
시사한다.

오셀로트(ocelot)　고양이과의 살쾡이를 말하
는 것으로 중남 아메리카, 멕시코 등지에 분
포되어 있으며, 회색 또는 황갈색 바탕에 흑
색이나 흑갈색의 얼룩 무늬가 있다. 레퍼드
보다는 작으나 얼룩 무늬는 더 크고 밀접해
있으며, 더 길쭉하다. 주로 코트나 재킷 등에
사용된다.

오션 그린(ocean green)　해양(海洋)에 보이
는 황색 기미의 엷은 녹색을 말한다.

오션 컬러(ocean color)　단어의 의미대로 대
양에 보이는 색을 말한다. 이름처럼 바다에
보이는 청색을 중심으로 다양한 색조, 특히
파스텔조가 1981년 춘하 맨즈 컬러로 주목
되었다. 상큼한 이미지가 스포티한 패션 감
각과 좋은 조화를 보인다.

오스나부르크(Osnaburg)　강하고 거칠며 밀
도가 낮은 면평직물로, 실의 굵기가 일정하

지 않아 표면이 거칠다. 운동복이나 작업복, 캐주얼 웨어, 커튼 등에 쓰인다.

오스발디스톤 타이(osbaldiston tie) 1830~1840년경 남성들이 착용한 넥타이로 가운데가 볼록한 원통 모양이다. 배럴 노트 타이(barrel knot tie)라고도 한다.

오스트레일리안 오포섬(Australian opossum) 오스트레일리아의 태즈메이니아(Tasmania)에서 서식하는 집고양이 크기의 주머니쥐를 말한다. 모피는 두껍고 튼튼하며 꽤 길고, 보호털은 드문드문 있으며 솜털은 끝이 은회색을 띤 밝은 갈색이거나 퇴색한 갈색이다. 두 종류 모두 가장자리에 더 밝은 색의 줄무늬를 가진 것이 특징이다. 코트나 트리밍 등에 사용된다.

오스트리안 실(Austrian seal) 20세기 초에 토끼털을 지칭하던 말이다.

오스트리안 크리스털(Austrian crystal) 32%의 일산화연으로 된 납 크리스털 구슬로 작은 면이 있고 광택이 있어 햇빛이나 인공 조명 아래에서 스펙트럼 빛을 발한다. 보통 무색이지만 빨강, 파랑 또는 두 색깔이 양쪽에 채색되어 빛을 발하게 한다. 오스트리아의 인스브루크(Innsbruck) 마을에서 제작된다.

오스트리안 클로스(Austrian cloth) 최고 등급의 메리노 울로 만든 고급 울이다.

오스트리치 레더(ostrich leather) 아프리카와 아라비아에 주로 서식하는 타조의 가죽으로,

오스트리치 레더

튼튼하고 질기며 식물성 타닌으로 무두질되어 있다. 와선형 무늬가 있고 솟아올라온 깃털에 구멍이 있는 매우 희귀한 가죽이다. 손지갑, 핸드백, 구두, 액세서리 등에 이용되며, 그대로 사용하거나 또는 염색하여 모자, 머리 장식, 무대 의상 등으로 사용한다.

오스트발트 색입체(Ostwald color) 독일의 화학자 빌헬름 오스트발트(Wilhelm Ostwald 1853~1932)가 1923년 발표한 색입체를 말한다. 색상환은 헤링의 반대색설의 보색으로 황색과 청자, 적색과 청록색, 그 사이에 등색은 청색, 자색은 녹색을 배치한다. 명도축의 등분할에서 감각은 자격의 대수관계에 비례하여 증대한다는 법칙을 적용하여 회전원판 혼색으로 색을 균등하게 작성한다. 백색과 색상환의 혼색을 결부해서 흑색량이 같은 계열, 흑과 순색을 결부해서 백색량이 같은 계열로 하여 조성한 색입체이다.

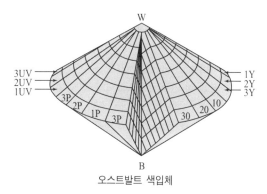
오스트발트 색입체

오스트발트 표색계(Ostwald system) 독일의 화학자 오스트발트가 1923년에 발표한 표색계의 하나이다. 오스트발트는 모든 색을 순색과, 빛의 파장을 모두 흡수하는 백색과, 모든 빛을 흡수하는 흑색과의 상관 관계를 중심축으로 하고 색상을 주위에 배열한 복합원추형으로 정리했다. 오스트발트의 색입체의 등색상면은 백, 흑, 순색을 정점으로 한 삼각형으로 형성되어 있고, 순색-백색의 유채색을 명청계열, 순색-흑색을 암청계열이라 한다.

오언태평송금(五言太平頌錦) 신라 진덕왕이 제작하여 당제에게 보낸 문자금이다.

오이디푸스 콤플렉스(Oedipus complex)　자식이 이성의 어버이에 대하여 무의식적으로 품는 성적인 사모를 말한다. 처음에는 아들의 모친에 대한 사모의 뜻만으로 썼다.

오일 그린(oil green)　기름의 표면에 떠 있는 여러 가지의 녹색으로, 투명하고 아름다운 에메랄드 그린에서부터 상록수 잎을 연상시키는 짙은 그린에 이르기까지 여러 가지 다양한 녹색의 총칭이다. 1986년 추동을 겨냥한 유행 경향색의 하나이다. 같은 계통의 녹색을 버틀 그린이라고도 한다.

오일릿(oilet)　18~19세기에 사용된 용어로, 천이나 가죽에 뚫린 끈을 매는 구멍을 말한다. 아일릿이라고도 한다.

오일 스킨(oilskin)　유포, 방수포 등 기름을 먹여 방수처리한 면직물로, 우비나 방수복, 어부의 의류 등에 사용된다.

오일 옐로(oil yellow)　기름에 보이는 저채도의 황색을 말한다.

오일 클로스(oil cloth)　물이 침투하지 못하게 하기 위하여 한쪽 면을 건조성 기름으로 처리한 면직물을 말한다.

오일 태니지(oil tannage)　태니지의 한 종류로서 피혁을 만드는 것으로 세무 가죽이나 사슴 가죽과 같은 부드러운 가죽을 제조하는 데 사용된다. 주로 물고기 기름이 많이 사용된다.

오자르, 크리스티앙(Aujard, Christian 1945~1977)　프랑스 태생의 디자이너로 도매 회사의 재무 관리인으로서 패션업계에 뛰어들었다. 1968년, 작지만 건실한 자본을 가지고 기성복 회사를 설립하였다. 말에서 떨어지는 사고로 32세의 나이에 타계하였지만 회사는 그의 부인이 운영하고 있다. 신선하고 세련되며 스포티한 그의 옷들은 전세계의 고급 상점과 부티크에서 팔리고 있다.

오장복(五章服)　고려 시대 문무 관리들의 제복(祭服)의 하나로 현의(玄衣)에는 종이(宗彛)·조(藻)·분미(粉米)의 삼장문을 그리고, 훈상(纁裳)에는 보(黼)·불(黻)을 수놓는다. 의(衣)와 상(裳)을 합하여 오장문이

다.

오정대(烏鞓帶)　조선 시대 악사(樂師)와 공인(工人)이 띠던 검은색의 가죽띠로 보통 생우피(生牛皮), 동사(銅絲), 두석(豆錫) 등을 사용하여, 나무 갈고리를 만들어 검은 칠을 한다.

오조원룡보(五爪圓籠補)　포(袍)의 색과 같은 바탕색 양단에 발톱이 다섯 개인 반룡(蟠籠)과 장생문·칠보문을 수놓은 원형의 보(補)이다. 용의 눈은 검은색, 몸은 광택 금사로 수놓았다.

오조원룡포

오족항라(五足亢羅)　평조직 부분이 다섯 층으로 된 항라이다.

오종포(五綜布)　오승마포(五升麻布)를 말하는 것으로 《고려사(高麗史)》, 《고려사절요(高麗史節要)》, 기타 각종 고려 관계의 문헌에 나타난 절가(折價)와 화폐(貨幣)의 기록이 있다.

오직(吳織)　《일본서기(日本書記)》에서는 오(吳)에서 일본에 도일(渡日)된 봉공녀라고 한다. 그러나 중국의 오(吳)는 그 당시 멸망하여 없던 때이므로, 《日本の 歷史》 별권 1의 '任那 日本'에서 김정학씨는 오(吳)를 우리 나라 섬진강 중류의 구례 지방으로 본다.

오채복(五彩服)　청(靑), 황(黃), 홍(紅), 백(白), 흑(黑)의 다섯 가지 색채를 사용해 만든 옷이다. 고구려에서 왕은 오채복을 입고 백라관(白羅冠)을 쓰고 금구(金釦) 장식의 혁대(革帶)를 띠었다.

오커(ocher, ochre)　황토색을 말한다. 옐로 오커라고도 하며, 짙은 색조의 적색을 띤 황색으로 카키와 유사한 부분도 있다. 진흙의 노란색 또는 금속성이 포함된 진흙의 붉은기

가 도는 노란색을 말한다.

오커(oker)　16세기에 사용된 용어로 농부들이 신는 부츠를 말한다.

오키드(orchid)　난꽃에서 보이는 옅은 색조의 적색 기미가 가미된 자색을 말한다.

오터(otter)　남북 아메리카에서 주로 서식하는 수달피로, 털이 짧고 부드러우며 광택이 있다. 털색은 엷은 갈색에서 짙은 갈색까지 다양하며 튼튼하다. 코트, 스카프, 트리밍 등에 사용된다.

오토맨(ottoman)　비교적 강연인 실을 사용하여 경두둑직으로 짠 직물로서 주로 부인복지에 쓰인다. 강연사를 사용한 경두둑 직물은 보통은 견사를 사용하나 현재는 면사나 모사로 된 것도 있는데, 바탕 조직은 경두둑이 나타난다. 오토맨에는 세 종류가 있는데, 작은 두둑인 것을 솔레유(soleil), 커다란 두둑인 것을 오토맨, 두둑의 크기가 다른 것을 교대로 한 것을 오토맨 코드라고 한다. 밀도는 104×78올/2.54㎝가 보통이다.

오토맨 코드(ottoman cord)　오토맨과 유사하나 두둑이 크고 작은 것이 교대로 나타나도록 제직된 직물이다.

오토모빌 베일(automobile veil)　챙이 넓은 모자 위에 써서 턱 아래에서 매는 넓고 얇은 긴 베일로, 1900년대 초 자동차를 탈 때 사용하였다.

오토모빌 캡(automobile cap)　1900년대 초에 여성들이 자동차를 탈 때 쓰던 캡으로, 방수 처리가 되어 있다.

오토모빌 코트(automobile coat)　20세기 전반기에 자동차를 탈 때 옷이 더러워지는 것을 보호하기 위하여 옷 위에 입었던 가볍고 긴 산동 실크색의 코트이다. 대개 오토모빌 베일과 함께 착용하며, 더스터 코트라고도 한다.

오트밀(oatmeal)　도비 장치를 이용하여 크레이프 효과를 나타내도록 제직된 직물이다.

오트밀 컬러(oatmeal color)　아침 식사용 오트밀에 보이는 흑백이 혼합된 듯한 색으로, 부인복에는 양모 그 자체의 자연색을 사용한

트위드에 오트밀의 문양이 사용되기도 한다. 오트밀은 원래 패션 용어로 오트밀 같은 무늬나 조직을 말한다.

오트 쿠튀르(haute couture)　프랑스말로 고급 주문복 의상점이라는 뜻이다. 원칙적으로 고급 의상점 조합(생디카)에 가입하고 있는 세계의 하이 패션을 리드하는 회원점을 말한다. 원래 세계의 상류 계층의 개인을 고객으로 주문복, 오더 메이드를 기본으로 해 왔지만, 최근에는 부티크로 변하여 의상을 비롯하여 향수, 스카프, 백 등의 상품 개발과 상품 명칭 사용권을 판매하는 로열티에 연결되는 수입이 크다. 1월 중순과 7월 중순에 컬렉션을 갖는 것이 의무화되어 있다.

오 티 데이터(Objective Test Data)　객관적인 평가에 의하여 측정되는 개인의 행동을 뜻하는 것으로, 도구는 질문지일 수도 있고 여러 종류의 장치일 수도 있다.

오팔(opal)　투명한 것에서부터 불투명한 것까지 다양하다. 정형이 없으며 상황에 따라 색깔이 변하고 카보숑(cabochon)을 잘랐을 때 담백색이다. 암회색, 청색, 검은색 등이 있으며, 검은색 오팔은 귀중하게 여겨지며 다양한 색상을 보인다. 파이어 오팔, 할리퀸 오팔 등이 있다.

오팔 가공(opal finish)　화학 약품에 대한 섬유의 용해성 차이를 이용하여 투명한 무늬를 넣어 주는 가공법이다. 강한 산에 녹는 섬유와 녹지 않는 섬유로 직조한 직물 위에 무늬 부분만을 강한 산으로 처리하여 한 가지 섬유를 녹여낸 후 투명한 무늬를 얻게 된다.

오팔 그린(opal green)　오팔에 보이는 약간 황색 기미의 옅은 녹색을 말한다.

오팔 피니시트 조젯 크레이프(opal finished georgette crepe)　조젯 직물에 오팔 가공을 하여 패턴 효과를 낸 직물로서, 녹지 않고 남은 부분과 녹은 부분의 차이가 드러난다.

오펄린 그린(opaline green)　다양한 색상의 녹색 중 특히 짙은 색조에 다소 푸른 기미를 띤 녹색을 말한다.

오페라 글러브(opera gloves)　길이가 긴 장갑

오페라 슬리퍼

오페라 펌프스

으로 때때로 엄지손가락 부분이 없이 만들어지기도 한다.

오페라 랩(opera wrap)　화려한 옷감으로 되었고 케이프 단에는 각종의 털이나 깃털 종류로 장식되어 있는, 구경갈 때 여성들이 입는 길고 넓은 케이프로 1900년대 초기에 많이 입었다.

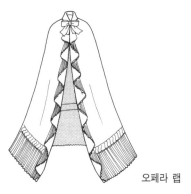

오페라 랩

오페라 렝스 네크리스(opera length neck-lace)　진주나 모조 진주로 만든 구슬 목걸이로 48~120인치 길이의 긴 목걸이이다. 보통 목 주위를 두 번 정도 감는 식으로 착용하며 1890년대 오페라 복장이나 다른 공식적인 행사를 위해 고안되었다. 로프 네크리스라고 부르기도 한다.

오페라 슬리퍼(opera slipper)　양옆이 약간 파여 있으며 발 뒤와 앞을 덮게 되어 있는 슬리퍼이다. 남성에게는 평평한 힐, 여성에게는 하이 힐이 있다. 도르세이(d'Orsay)라고도 부른다.

오페라 케이프(opera cape)　뒤쪽이 길게 된 테일드 코트에 높이가 높은 모자인 톱 해트를 쓰고 흑색의 모직 케이프에 적색 새틴으로 안감을 조화시킨 남성들의 케이프로, 플레어가 많이 지고 길이는 종아리 정도까지이다. 19세기에 오페라에 갈 때의 차림으로 실크로 된 높은 모자와 함께 유행하였으며, 음악가나 서커스의 곡예인들이 많이 착용하였다.

오페라 클로크(opera cloak)　1850년경부터 입은 무릎 길이의 외투로, 벨벳으로 만든 커다란 스탠딩 칼라가 특징이다.

오페라 펌프스(opera pumps)　앞부리와 뒤꿈치가 막혔으며, 중간 정도의 힐이나 하이힐이 있는 구두이다. 펌프스 참조.

오페라 해트(opera hat)　남성용 검정 실크 해트로 정장 차림에 쓴다. 1823년 앙투안 자이버스(Antoine Gibus)가 만든 데서 유래하여 자이버스 해트라고도 한다.

오페이크(opaque)　빛이 통하지 않는 불투명체의 보석이나 직물을 말한다. 터키석(turquoise), 마노(onyx), 데님(denim) 등이 이에 속한다.

오페이크 팬티호즈(opaque pantyhose)　전체적으로 색상이 있거나 재질감이 독특하며 불투명한 팬티호즈를 말한다.

오페이크 호즈(opaque hose)　멋지게 짠 레이스 회색의 양말로 후에는 꽃분홍, 샤르트뢰즈(chartreuse), 켈리 그린(kelly green) 등의 다양한 색깔로 만들어졌는데 1960년부터 유행하였다.

오포지트 컬러(opposite color)　오포지트는 '반대측'이라는 의미로 색상환에서 맞은편에 있는 색을 말한다. 콘트라스트 컬러, 보색 등과 동의어이다. 예를 들면 유채색의 적과 청록, 황과 자주 등인데 단순히 반대색이라는 의미로 흑, 백을 가리키는 경우도 있다.

오프 그레이(off gray)　약간의 색상이 가미된 흰색으로 완전한 무채색의 회색이 아니고 블루가 약간 들어가거나 그린이 들어간 듯이 보이는 색을 말한다. 일반적으로는 그레이시 컬러로 부르지만 그보다는 더 회색에 가까운 것이 특징이다. 시크한 도회적 감각을 가지고 있어서 비즈니스 수트에도 이용되고 있

오페라 케이프

다.

오프 뉴트럴(off neutral)　순수한 무채색이 아니고 약간 칙칙한 무채색으로, 오프 블랙, 오프 그레이, 오프 화이트 등을 총칭한 용어이다.

오프닝(opening)　계절 초에 디자이너나 어패럴 메이커가 새로운 컬렉션을 패션쇼를 통해 선보이는 것이다.

오프 더 숄더 네크라인(off the shoulder neckline)　어깨끈이 없이 어깨에서 흘러내린 듯이 팔 아래에 걸려 있어 어깨가 많이 노출된 네크라인을 말한다. 주위에 러플 장식을 대는 경우가 많고 1930년대부터 1940년대에 이브닝 가운에 응용하기 시작하여 1980년대 나이트 가운, 블라우스, 이브닝 드레스 등에 많이 응용되었다.

오프 더 숄더 드레스(off the shoulder dress)　어깨끈이 달리지 않은 상체 위쪽이 노출된 드레스를 말한다.

오프 더 페그(off the peg)　기성품을 뜻하는 말로, 레디 메이드(ready-made), 레디 투 웨어(ready-to-wear)라고도 한다.

오프리(orphrey)　천주교 전례복인 앨브(alb)의 앞과 뒤, 아랫단에 금·은실로 수를 놓아 장식한 것을 말한다.

오프 베이지(off beige)　베이지색 중에서도 보다 흰색에 가까운 감각의 엷은 베이지를 말한다. 오프 화이트와 거의 같은 색이지만 베이지의 기조를 잃지 않고 있다는 의미에서 이렇게 부른다. 이른바 겨울의 백색을 의미하는 윈터 화이트의 하나로 코트 등에 채용되는 것이 주목된다.

오프 비트 브라이트(off beat bright)　최근 밝고 선명한 색채에 관해 미국의 패션 전문지 '멘즈 웨어'가 명명한 색명의 하나이다. 주로 유럽쪽의 브라이트 컬러로 퍼플, 모브, 터쿼이즈, 핑크 등의 첨단 색채군으로, 광택이 있는 소재와 함께 사용되는 경우가 많다.

오프 수트(off suit)　수트를 벗어난 수트라는 의미로, 반드시 상하가 일치된 것은 아니더라도 수트로 보이는 타입을 총칭한다. 코디네이트 수트의 새로운 호칭이기도 하며 비즈니스 뿐만 아니라 캐주얼로도 많이 착용된다.

오프 컬러 다이아몬드(off color diamond)　쉽게 식별되는 바람직하지 않은 색상을 일컫는 것으로 특히 황색과 갈색의 색조를 띤 다이아몬드에 대해 미국에서 사용하는 상업 용어이다.

오프 타임 웨어(off time wear)　'업무를 마치고 입는 옷'이라는 의미로 사적인 시간에 입는 캐주얼한 의복의 총칭이다. 오프 타임은 오프 듀티 타임(off duty time)의 약자이다.

오프 프라이스 리테일링(off price retailing)　일반 소매 가격보다 낮은 가격으로 브랜드나 디자이너 이름의 상품을 판매하는 것으로 이러한 판매 체제를 '오프 프라이스 사업'이라고 한다.

오프 프라이스 스토어(off price store)　OPS라고도 하며 미국의 소매업계에서 발전하고 있는 새로운 숍 형태이다. 상표 있는 메이커의 상품을 상표 없이 반액 정도의 할인 가격으로 판매하는 매장을 뜻한다.

오프 화이트(off white)　순수한 백색이 아니고 약간 회색을 띠거나 다른 색의 기미가 가미된 백색을 말한다.

오픈 레이지 데이지 스티치(open lazy daisy stitch)　레이지 데이지 스티치의 응용으로 좁은 꽃잎이나 꽃봉오리의 느낌을 낼 때 쓰이는 스티치를 말한다.

오픈 로브(open robe)　오버스커트가 달린 드레스를 말하는 19세기의 명칭으로, 앞의 벌어진 틈 사이로 장식이 화려한 속치마가 보인다. 16세기에 주로 착용하였으며 1830년대와 1840년대에 드레스에 많이 이용되었다.

오픈 바스켓 스티치(open basket stitch)　바구니올 모양으로 실을 교차시켜 자수해 나가는 기법이다. 색실자수, 캔버스 워크 등에 사용한다.

오픈 백 슈즈(open back shoes)　발뒤꿈치가 드러나 보이는 뒷부분이 없는 구두를 말한

오프 더 숄더 드레스

다.

오픈 셔트(open shirt)　칼라가 젖혀져서 목이 많이 보이는 캐주얼한 스포츠 칼라가 달린 여름용 스포츠 셔트를 말한다.

오픈 스탠드 칼라(open stand collar)　접어 젖히지 않고 깃에 이어 그대로 세운 오픈 칼라이다.

오픈 심(open seam)　⇒ 가름솔

오픈 섕크 샌들(open shank sandal)　주로 구두의 앞부분과 뒤꿈치 부분이 없이 발목 주위 또는 발등을 가죽끈으로 매는 도르세이 펌프스(dorsey pumps)와 유사한 형태의 샌들이다. 1930년대 후반 이후 유행한 스타일이며 굽은 높은 굽, 중간 굽, 낮은 굽 등 다양하다.

오픈 섕크 슈즈

오픈 섕크 슈즈(open shank shoes)　앞부리와 뒤꿈치는 막혔으나 옆 섕크 부분은 트인 구두형이다.

오픈 엔드 방적(open end spinning)　재래 방적기는 실에 꼬임을 주기 위해 실이 감긴 목관 자체를 회전시켜야 했다. 이를 개선하기 위해 슬라이버와 완성되는 실 사이에 가연 장치를 두고, 이때 생기는 가연을 없애기 위해 슬라이버와 실 사이의 연속성을 끊어 놓는 방적법을 말한다. 링 방적 참조.

오픈 오더(open order)　가격이나 배달의 약정 없이 주문하는 것으로 매각인이 주문 내용을 자세히 기입하지 않고 판매 사무소에 있는 시장 대표에게 보낸다.

오픈워크(open work)　편물, 직조, 자수, 레이스 등 구멍이 있는 조직으로 내비치게 만든 직물을 말한다.

오픈 웰트 심(open welt seam)　⇒ 외주름 솔기

오픈 체인 스티치(open chain stitch)　체인 스티치와 수놓는 방법은 같으나 체인 스티치의 끝을 의도한 간격으로 벌려서 수놓는다. 선을 굵게 표현하거나 면을 메울 때 사용하며, 브로큰 체인 스티치라고도 한다.

오픈 칼라(open collar)　맨 윗단추를 여미지 않고 터놓은 셔트 칼라이다. 스포츠 칼라 참

조.

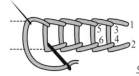

오픈 체인 스티치

오픈 크라운 해트(open crown hat)　브림은 있으나 크라운은 일부만 있거나 없어 머리가 보이는 모자이다. 주로 머리를 높게 올릴 때 쓴다.

오픈 크레탄 스티치(open cretan stitch)　띠 모양의 좁은 면을 표현하는 데 알맞은 수법으로, 바늘을 실 위로 하여 잡아당기며 이때 실은 너무 강하게 당기지 않는 것이 좋다.

오픈 토 슈즈(open toe shoes)　발가락이 보이도록 앞부분이 없는 구두이다.

오픈투바이(open-to-bye ; OTB)　주어진 기간 내에 주문된 상품의 구입을 위한 바이어의 예산안으로 결과적인 재정 계획의 형태이다. 주별, 월별로 예산이 결정됨과 동시에 부문, 품종 단위에서도 검토된다.

오피서즈 케이프(officer's cape)　작은 스탠딩 칼라가 달린, 7부 정도 길이의 감색의 모직으로 된 케이프로 해군 장교들의 유니폼에서 유래하였다.

오피서즈 코트(officer's coat)　⇒ 가드즈맨 코트

오피서 칼라(officer collar)　장교복이나 사관복에서 볼 수 있는 목에 꼭 맞게 세운 칼라를 말한다.

오피화(烏皮靴)　검은 가죽으로 만든 목이 긴 신발로 조선 시대 속악(俗樂)의 악사(樂師), 가동(歌童)이 신었다.

오혁리(烏革履)　백제 시대 왕이 자포(紫袍)에 착용하던 신으로 검은 가죽으로 만들었으며 운두가 낮았다.

옥(玉)　각섬석(角閃石)의 하나로 반투명한 암록색·담회색의 보석을 말한다. 옥은 사람의 몸과 의복을 장식하는 기본 재료이며, 천지의 정수이며 순결한 것으로 여겨져 왔다. 종류에는 장옥(葬玉), 비취(翡翠), 호박(琥

오피서즈 케이프

珀) 등이 있다.

옥 가락지　옥을 사용해 만든 반지로 시원한 색상으로 인해 여름철에 끼었다. 옥지환(玉指環)이라고도 한다.

옥관자(玉貫子)　조선 시대에 사용한 옥으로 만든 망건(網巾)의 관자로 1품과 3품만이 사용했는데, 1품은 문양이 없는 만옥(漫玉), 정3품은 나팔·매화 등 여러 가지 꽃 문양을 새겨 사용했다.

옥규(玉圭)　조선 시대 왕·왕비·세자비 등이 상서로움을 나타내는 부서(符瑞)로 삼아 의식을 거행할 때 손에 쥐는 옥으로 만든 물건이다. 위는 뾰족하고 아래는 네모진 길쭉한 판 모양이다. 왕과 왕세자는 청옥(靑玉), 왕비는 백옥(白玉)을 사용했다.

옥노리개　여자들의 장신구의 한 가지이다. 궁중은 물론 상류 사회에서부터 평민에 이르기까지 애용된 것으로, 각종 의식이나 경사시에 대례복의 대대, 저고리 겉고름, 안고름 또는 치마허리에 찬다. 옥이 주는 시원한 느낌으로 인해 여름철에 주로 사용되었다.

옥대(玉帶)　대의 하나로 띠돈을 옥으로 만든 것을 말한다. 왕과 왕세자는 조복(朝服)과

옥로

상복(常服)·제복(祭服)을 입을 때 하고, 동궁비는 예복(禮服) 착용시에 하였다.

옥로(玉鷺)　옥로립 참조.

옥로립(玉鷺笠)　조선 시대 문무 백관이 외국 사신으로 나갈 때, 의식(儀式)에 참가할 때 사용한 입자(笠子)이다. 갓의 정상에 옥으로 해오라기 모양의 옥로를 만들어 장식했다.

옥사(dupion silk)　쌍견(雙繭)에서 조사된 실을 말한다. 두 마리 이상의 누에가 함께 하나의 고치를 만든 견을 옥견, 동공견이라 하며, 이로부터 얻은 견사를 옥사라 한다. 옥사는 굵기가 일정하지 않으며 광택도 정상 생사보다 떨어져 주로 복지에 불규칙적인 효과를 나타내는 데 사용된다.

옥삼작(玉三作)　조선 시대 옥으로 만든 부녀자들의 노리개의 하나로, 옥삼작은 노리개에 사용한 재료에 따라 구분하는 것으로 세 개의 형태가 모두 다르다.

옥색(玉色)　약간 푸른빛을 띠는 파르스름한 색으로 조선 시대 왕의 평복(平服), 왕비의 회장 저고리, 상복(喪服)에 사용된 색이다. 사대부들의 편복색으로 많이 사용되었다.

옥스 블러드 레드(ox blood red)　'수소의 붉은 피'를 연상시키는 검은빛을 띤 진한 적색을 표현하는 새로운 용어이다. 리개터 블루(regatta blue)나 그린 카키(green khaki)와 같이 강렬한 난색계가 패션 컬러로 대두하고 있다.

옥스퍼드(Oxford)　① 바스켓 조직으로 제직된 면직물로, 표준은 2×2 조직을 말하나 근래에는 2×1의 조직이 널리 이용된다. 셔트, 식탁보, 냅킨 등에 쓰인다. ② 발등에서 끈으로 여미는 굽이 낮은 구두로, 앞부리나 구두창 또는 장식에 따라 종류가 다양하다. 밸모럴 또는 발, 블루처즈, 브로그, 어스 슈즈, 질레, 새들 슈즈, 스니커 등이 있다.

옥스퍼드 길리즈(Oxford gillies)　19세기 말 남자들의 스포츠 슈즈로 안쪽에서 끈이 달려 발목까지 조이는 형식이다.

옥스퍼드 백스(Oxford bags)　허리 부분에 주름, 턱을 넣고 바지 끝에 폭넓은 커프스를 댄

옥스퍼드

길이가 긴 바지로, 배기 팬츠와 유사하다. 1920년대에 영국 옥스퍼드 대학의 학생들이 착용한 폭넓은 팬츠에서 유래하여 1970년대 초에 남녀 모두에게 유행하였다.

옥양목(cotton shirting)　경·위사 모두 30s 정도의 코마사를 사용하여 평직으로 제직한 후 표백한 평직의 면포이다. 조선 시대의 궁중발기에 옥양목이 있어 오랫동안 사용된 것이 나타난다. 개항 이후 영국산 면포가 많이 수입되었는데 양목, 백양목, 서양목, 옥양목 등이 있었다. 백양목, 옥양목은 특히 표백하여 풀먹인 백색 면직물에 대한 명명이다. 옥양목은 캘리코(calico)라고도 하는데 이것은 인도의 면포가 캘리컷(calicut)으로 집산되어 서양 제국에 수출되므로 이곳을 통하여 나가는 면포라 하여 붙여진 이름이다. 또한 캘리코는 서양포(西洋布), 서양목(西洋木)으로도 명명되었으며 이것이 우리 나라에서는 샹목으로 불리게 되었다. 샹목은 표백하여 풀먹여 다린 면포를 가리키는 말로 통용되었다.

옥잠(玉繭)　두 마리 또는 그 이상의 누에가 만든 누에고치를 말한다.

옥잠(玉簪)　옥을 사용해 만든 비녀로 여름철에 끼면 시원한 느낌이 난다. 옥을 투각(透刻)하여 만들거나, 잠두(簪頭) 부위에 댓잎 두 개를 조각하기도 한다.

옥잠

옥장도(玉粧刀)　옥을 사용하여 만든 장도로, 보통 칼집과 칼자루를 옥으로 만들어 조선 시대 부녀자들에게 호신용 장신구로 사용되었다.

옥정자(玉頂子)　옥을 사용하여 만든 정자로 흑립(黑笠)·전립(戰笠)의 정부(頂部)에 단다. 조선 시대에는 사헌부와 사간원의 관원, 관찰사, 절도사의 입제(笠制)에 사용하였다.

옥충색(玉蟲色)　옥충의 색처럼 보는 각도에 따라 여러 색의 광택이 보이는 색을 말한다. 직물의 위사와 경사의 색을 달리해서 직조하면 다양한 콘트라스트 효과가 나타나므로 색이 변화하는 효과가 생겨난다. 영어로 이리데슨트(iridescent) 효과라고도 한다.

옥충식(玉蟲飾)　옥충을 사용해 만든 장식품을 말한다. 옥충은 비단딱지벌레의 일종으로, 색조가 매우 아름다우며 삼국 시대 의복의 장식 재료로 사용되었다. 마구(馬具)의 장식·능라(綾羅) 등에 사용하였다.

옥칠보(玉七寶)　옥 또는 칠보로 만든 장신구의 일종으로 큰 머리를 올릴 때 수식(首飾)용으로 사용한다.

옥타곤 타이(octagon tie)　1860년대부터 착용한 남성들의 스카프 또는 크라바트로, 넓고 긴 천의 앞부분을 X자 형태로 접은 다음, 부착되어 있는 좁은 끈을 목뒤에서 훅 앤드 아이(hook and eye)로 고정시킨다.

옥판(玉板)　얇은 옥에 아름다운 문양을 조각 또는 투각한 장신구로 족두리·아얌[額庵]·댕기·대(帶) 등에 붙여 사용한다.

옥혁대(玉革帶)　옥과 금으로 장식을 하여 비단으로 싼 가죽띠로, 황제, 황태자, 왕, 황후, 황태자비, 왕비가 띠었다.

온리 숍(only shop)　한 메이커 또는 한 브랜드의 상품만을 취급하는 패션 전문점을 지칭한다. 유명 디자이너 브랜드나 캐릭터가 강한 브랜드인 경우가 대부분이다.

온리 어패럴(only apparel)　50점포 이상의 체인 스토어 형태의 전문점에만 상품을 제공하는 어패럴 메이커를 말한다. 전문점의 요청에 따라 정확한 상품을 납품하는 기동성을 지니며 전문점과 메이커는 독점적인 관계로 유지된다.

온 박음질　바늘땀을 한 땀 분량만큼 완전히 뒤로 되돌아와 뜨는 것을 말한다. 겉에서 볼 때 재봉틀로 박은 것과 같은 모양이며, 반 박음질보다 곱고 튼튼하므로 힘을 많이 받는 부분의 바느질로 사용된다. 이븐 백 스티치라고도 한다.

올갱이 수　실을 한쪽으로만 꼬아 오그라들게

하여 가는 실로 징그는 것으로 파도 등에 응용되는 자수를 말한다.

올드 골드(old gold) '오래된 금제품의 색'을 의미하는 것으로 약간 녹색을 띤 탁한 황금색을 말한다.

올드 로즈(old rose) 시들거나 마른 장미꽃 또는 서적 틈새에 끼워두었던 압축된 장미꽃의 색을 말한다. 회색 색조가 있는 흐린 장밋빛 핑크이다.

올드 마인 컷(old mine cut) 19세기에 유행한 화려한 세공 기법의 하나로 원석의 형을 최대한 살리려 하기 때문에 보석의 윗부분은 다른 현대적인 디자인보다 좁은 것이 특징이다.

올드필드, 브루스(Oldfield, Bruce 1950~) 영국 런던 출생으로, 라벤스 본 미술대학과 세인트 마틴(St. Martin) 미술대학에서 패션 디자인을 공부한 후 프리랜서로 일했다. 벤델(Bendel)의 미국 회사를 위해 자신의 작품을 만들기도 했으며, 이브 생 로랑에게 자신의 스케치를 팔기도 했다. 1978년부터 상점을 갖고 영국 왕실이나 귀족층을 대상으로 디자인하고 있다.

올드 헬리오트로프(old heliotrope) 탁한 자주색인 헬리오트로프의 색조를 말한다. 일본에서는 고대 자색(紫色)이라고 한다.

올디시 파스텔(oldish pastel) 고풍스러운 감각의 파스텔 컬러, 즉 바랜 감각의 엷은 색을 말한다. 흐린 것 같은 클라우디 파스텔(cloudy pastel)이나 스모키 파스텔 등의 색과 동색 계열이며 1985년 춘하의 남성복, 여성복에서 함께 나타난 유행 경향색의 하나이다.

올 라운더(all rounder) 앞에서 겹쳐지는 작고 평범한 스탠딩 칼라로, 1860년경부터 착용하였다. 도그 칼라라고도 한다.

올레핀(olefin) 분자 내에 이중 결합을 하나 가지고 있는 탄화수소를 말하며, 이러한 화합 중에서 에틸렌($CH_2 = CH_2$)과 프로필렌($CH_2=CHCH_3$)이 섬유 제조에 이용된다. 그러나 폴리에틸렌 섬유의 여러 가지 성질은 피복 재료로서는 부적당하여 주로 공업용 등 피복 재료 외의 목적으로 사용되며, 피복 재료로는 주로 폴리프로필렌이 사용된다.

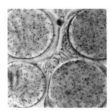
올레핀

올리버 트위스트 드레스(Oliver Twist dress) 단추가 두 줄로 달린 더블 브레스티드에 스커트는 옆과 뒷면에 주름으로 되어 있고, 앞면은 싸서 여미게 된 랩 프런트로 되었으며, 목 주위와 7부 소매 끝단은 촘촘한 주름으로 된 소녀들의 드레스이다. 1917년경에 많이 입었다.

올리버 트위스트 드레스

올리버 트위스트 수트(Oliver Twist suit) 1919년경에 착용한 소년들의 수트로, 앞이 겹쳐 여며지며 상의는 더블 브레스티드로 블라우스의 효과를 주었다. 무릎 길이의 바지는 상의와 단추로 연결되어 있고, 목과 소매 주위에 프릴 장식이 있다.

올리베트(olivette) 타원형(oval shaped)의 단추를 말한다.

올리브(olive) 올리브에 보이는 약간 회색 기미의 어두운 녹색을 말한다.

올리브 그린(olive green) 올리브에 보이는 색보다도 보통 짙고 탁한 녹색을 말한다.

올리브 드래브(olive drab) 녹색을 띤 어둡고 회색이 가미된 황색으로 미국 육군 동계용 유니폼을 가리키기도 한다.

올리브 라인(olive line) 올리브 열매 모양의 실루엣을 뜻하는 것으로 벌룬 라인의 아래 부분을 가늘게 한 타원형의 라인이 특징이다. 어깨를 크고 둥글며 팽팽하게 하고 소매를 오므린 실루엣을 말한다.

올수 실과 실 사이의 간격을 띄워 면을 메우는 수법으로 전면을 메우는 전면 올수와 윤곽만 메우는 부분 올수가 있다. 바탕천의 골마다 수평으로 건넘수를 하거나, 수평 올의 골을 한 칸 또는 두 칸씩 띄워 건넘수를 하고, 아래쪽에서부터 0.2~0.3cm 정도의 간격으로 규칙적으로 또는 불규칙적으로 징거 준다. 수놓을 때는 두껍고 수평 올이 분명한 바탕천을 사용하는 것이 좋으며, 보통 관수라고 불리기도 한다.

올 시어 팬티호즈(all sheer pantyhose)　발가락이나 팬티 부분 등을 강화하기 위해 덧대는 부분이 없이 전체를 얇게 비치는 나일론사로 만든 팬티 호즈로 시어 팬티호즈라고도 부른다.

올오버 디자인(all-over design)　천 표면의 대부분을 점유하고 있는 무늬(design)를 가리키는 용어로 단편적인 무늬, 줄무늬 등을 말한다. 날염포(布), 레이스, 자카드 직물(jacquard fabrics)에서 볼 수 있다.

올오버 엠브로이더리(all-over embroidery)　올 오버는 '전면의' 라는 의미로 한 면 전체에 자수한 것을 말한다. 보더 엠브로이더리와 반대되는 개념이다.

올웨더 재킷(all-weather jacket)　사계절을 통하여 두루 입을 수 있는 재킷이다. 방수 가공한 목면, 개버딘과 같은 옷감으로 만든다.

올웨더 코트(all-weather coat)　① 맑은 날씨나 흐린 날씨를 막론하고 사계절을 통하여 두루 입을 수 있는 코트를 말한다. 같은 옷감으로 만드는 경우가 많으며, 속은 아크릴 파일로 된 안감을 지퍼로 떼었다 붙였다 할 수 있게 되어 있다. ② 방수 또는 발수성 코트로 가끔 다양한 온도에 적합하도록 지퍼를 달기도 한다.

올인원(all-in-one)　파운데이션의 일종으로 브라와 거들을 합쳐 하나로 만든 속옷을 말한다.

올인원 슬리브(all-in-one sleeve)　진동이 없이 몸판과 함께 이어 재단한 소매이다. 배트윙 슬리브나 기모노 슬리브와 유사하나 진동 아래 부분에 여유가 그다지 많지 않다.

올터너티브 웨어링(alternative wearing)　선택적인 옷입기를 뜻하는 것이다. 올터너티브는 '둘 중 하나를 선택하는 것, 대신의' 라는 의미로 이제까지의 강요하는 듯한 코디네이트 패션이 아니라 주체성을 갖고 자기 자신이 의복을 선택해서 훌륭하게 조화시켜가는 새로운 착장개념이다.

올터네이트 스트라이프(alternate stripe)　서로 다른 두 종류의 줄무늬가 번갈아 배열된 줄무늬 문양을 말한다.

올터네이트 컬러링(alternate coloring)　교호배색(交互配色)을 말한다. 배색을 통한 새로운 착장법으로 하나 건너 같은 색 또는 같은 계통 색을 조합하는 배색법이다. 즉 세퍼레이트의 넥타이와 재킷, 삭스를 블루로 하고 셔트, 슬랙스, 구두를 베이지로 하면 서로 다른 색상이 교대로 나타나 미묘한 코디네이션을 이룬다.

올터네이팅 스템 스티치(alternating stem stitch)　아웃라인 스티치와 같은 방법으로 상하 교대로 꽂는다.

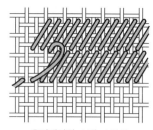
올터네이팅 스템 스티치

올퍼퍼스 판초(all-purpose poncho)　⇒ 레인 판초

옵 아트(op art)　옵 아트는 1960년대 후반 뉴욕을 중심으로 전개된 기하학적 착각을 응용한 미술을 가리킨다. 종래의 기하학 모양에 착각 효과를 부여한 옵 아트의 수법은 클래식 패턴을 그래피컬하게 취급한 기법으로 1966년에 옵 아트 수법이 복식에 응용되어 새 유행을 낳았다. 풍성하고 직선적인 조형에, 흐르는 듯하고 움직이는 듯한 프린트 자체의 환상적인 시각 효과를 살리는 표현이 1980년대풍이다. 또한 디자인 변화로서 바로크적 장식 곡선 위에 표현하면 특이하고 재미있다. 옵티컬 아트(optical art)의 줄인 말이다.

옵티컬 워크(optical work)　　옵티컬은 '시각의, 광학의'라는 의미로 시각효과를 이용한 디자인 워크를 말한다. 요컨대 아름다움을 증가시키기 위해 사용하는 여러 가지 테크닉으로 소재의 느낌, 자수, 트리밍, 절개 등의 악센트가 여기에 해당된다.

옵티컬 일루전(optical illusion)　　시각적 착시 현상을 말하며, 특히 옵티컬 아트에서 추구한 예술 표현 운동이다.

옷　사람의 몸에 입는 의복(衣服)을 말한다.

옷감(cloth)　　실로 구성되는 얇고 부드러운 천의 총칭이다. 천(fabrics) 참조.

옷고름　　저고리나 두루마기 따위의 앞에 달아 양쪽 옷자락을 여며 매는 끈이다. 요반(褸襻)이라고도 한다.

옷단　　옷의 자락이나 끝 가장자리를 접어 넣어 붙이거나 감친 부분을 말한다.

옹브레(ombré)　　밝기가 달라지는 그늘이란 의미의 불어로, 직물에 염색, 날염, 직조 등을 할 때 여러 단계의 명도를 주어 줄무늬 효과를 내는 기법을 뜻한다. 옅은 핑크에서 붉은 색 또는 무지개의 여러 가지 색깔처럼 단색의 밝음에서 어둠까지 변화하는 단계를 나타내는 명암 표현 방법으로, 표면이 때로는 줄처럼 보인다.

옹브레 날염(ombré print)　　실로 만들어진 스크린 위에 여러 가지 색을 가로로 놓은 후 세로 방향으로 롤러를 눌러 색이 자연스럽게 혼합된 효과를 내는 날염법을 말한다.

옹브레 스트라이프(ombré stripe)　　한 가지 색상의 진한 색과 엷은 색이 반복되면서 생기는 줄무늬를 말한다. 대개 직물 폭의 중앙에 가장 밝은 색이 놓이고 식서쪽으로 갈수록 어두운 색이 놓이도록 하거나, 직물의 폭을 걸쳐 어두운 색에서 밝은 색으로 차츰 진행되도록 하기도 한다.

옹브레 체크(ombré check)　　체크 무늬의 일종으로 기본이 되는 체크의 색상이 점차 엷어지면서 바탕색과 같아지다가 색이 다시 짙어지면서 다음 체크의 형태를 나타내는 것을 말한다. 일반적으로 큰 무늬로 여성용 코트

나 머플러용 모직물 등에 많이 사용된다.

와권문(渦卷紋)　　나선상(螺線狀)으로 말린 곡선으로 된 기하문(幾何紋)을 말한다.

와룡관(臥籠冠)　　조선 시대에 사대부가 연거시(燕居時)에 쓰던 관으로 중국에서는 삼국시대에 제갈량(諸葛亮)이 사용했다.

와이드 스프레드 칼라(wide spread collar)　　칼라의 양끝을 매우 넓게 벌린 셔트 칼라의 일종이다.

와이드 어웨이크(wide-awake)　　19세기에 남성들이 착용한 챙이 넓고 크라운이 낮은 전원풍의 모자로, 펠트 또는 그 외의 직물로 만들었다.

와이 라인(Y line)　　알파벳의 Y자 형태와 같은 실루엣으로 1955년 추동 컬렉션에서 크리스티앙 디오르가 발표하였다.

와이 스티치(Y stitch)　　⇒ 플라이 스티치

와이어 브라(wire bra)　　컵 부분을 받쳐 주기 위해 철사를 옷감으로 싸서 사용한 것이며, 때로는 어깨끈이 없다.

와이어즈(wires)　　가는 철사를 사용하여 만든 귀고리로, 주로 뚫은 귀에 맞는 디자인이 많다. 보통 금사를 많이 사용하며 귀고리의 밑에 달랑거리는 장식물을 부착하기도 하고 단순하게 철사만을 이용하기도 한다.

와인드 커프스(wind cuffs)　　⇒ 서큘러 커프스

와인 레드(wine red)　　붉은 포도주에 보이는 적색으로 보르도와 거의 같은 색을 의미한다.

와토 가운(Watteau gown)　　프랑스의 화가 와토의 그림 중에서 나타난 가운 스타일로 18세기 초에 유행한 드레스이다. 목둘레선은 데콜테(décolleté)되고 앞판은 타이트한데, 뒤판은 풍성한 박스 플리츠가 들어가 있다. 이 주름을 와토 플리츠라고도 한다.

와토 드레스(Watteau dress)　　와토의 그림에서 보이는 18세기의 색 드레스(sack dress)를 1870년에 사용한 것이다. 1860년대 말 보디스를 착용하였는데 피슈가 앞에 있고 와토 주름이 뒤에 있다. 겉스커트는 양옆으로 커튼처럼 루프로 걷어올려져 언더스커트를

와이 라인

와토 래퍼

와토 색

와토 코트

와토 해트

보여준다.

와토 래퍼(Watteau wrapper)　1880~1890년 대의 여성들이 착용한 긴 드레싱 가운으로 몸에 꼭 낀다. 앞여밈이 중앙에서 만나지 않고 허리선에 붙은 끈으로 묶기도 한다. 가운 뒤에는 두세 겹의 박스 주름과 트레인이 있다.

와토 백(Watteau back)　19세기 후반부의 재킷, 코트, 드레싱 가운, 드레스의 박스 플리츠가 있는 뒷부분을 묘사한 용어로, 와토 플리츠라고도 부른다. 박스 플리츠 주름은 목선에서 시작해서 어깨쪽으로 길게 흘러내린다. 과거에는 색 백(sack back)으로 불렸으며 화가 와토의 이름에서 유래하였다.

와토 보디스(Watteau bodice)　1850년대 초에서 1860년대 중반까지 착용한 주간용 드레스로, 사각형으로 많이 파인 목선에 러플 장식이 있고, 소매는 팔목까지 왔다. 보디스는 앞중앙이 벌어져 있어 드레스 안에 입은 슈미제트를 노출시켰다. 레이스 끈으로 리본 모양으로 묶어서 여민 스타일이다.

와토 색(Watteau sacque)　뒤쪽에 상자 형태의 박스 주름이 있는 재킷으로 18세기에 프랑스에서 유행하였다.

와토 케이프(Watteau cape)　1890년대에 여성들이 착용한 무릎 길이의 케이프로, 칼라가 목에 꼭 맞고 턴 오버(turn over) 되어 있다. 한 개의 박스 플리츠가 뒤에 있으며, 앞에는 목선 주위에 개더가 잡혀 있다. 앞판과 뒤판이 어깨에서 만나 팔 위를 덮는 케이프 형태이다.

와토 코트(Watteau coat)　1890년대의 프린세스 스타일의 여성용 코트로, 몸에 꼭 맞으며 단추가 없다. 스탠딩 칼라에 넓은 라펠과 위로 접힌 커프스가 있으며, 한 겹 또는 두 겹의 박스 플리츠가 뒤중심에 잡혀 있다.

와토 플리츠(Watteau pleats)　뒤판의 어깨 요크에서부터 밑단까지 박스 플리츠를 잡아 자연스럽게 늘어지게 만든 주름으로 주로 드레스나 드레싱 가운에 사용된다. 18세기 화가 와토의 그림 속에 등장하는 여성 모델들이 이런 주름으로 된 드레스를 많이 입은 데서 이름이 유래하였다.

와토 해트(Watteau hat)　1866년 여성들이 해변가에서 쓴 작은 모자로, 컵의 받침접시가 거꾸로 된 모양이다. 크라운에서 모자의 챙 가장자리까지 리본이 방사상으로 장식되었으며, 때때로 작은 장미 매듭 리본이 오른쪽에 달리기도 한다.

완능직(reclining twill)　능직에서 사문각의 각도가 45° 보다 작은 경우로, 위사의 부상점이 경사보다 많다. 원래의 능직에서 위사를 주기적으로 삭제하거나 다른 조직과 배합하여 만들 수 있다. 리클라이닝 트윌이라고도 한다.

완두잠(豌頭簪)　잠두(簪頭) 부분을 완두콩 모양으로 둥글게 하고, 아래에 꽃문양을 조각한 비녀로 은(銀)을 사용하거나 도금(鍍金)을 했으며, 서민층에서 널리 애용했다.

완전자동 지그재그 재봉틀(full auto zigzag machine)　완전 지그재그 재봉틀에 자동 모양 재봉 장치를 부착한 것으로, 완전 지그재그에서 취급되는 모양이 자동적으로 연속 재봉된다.

완전 조직(complete weave)　전체 직물을 이루는 데 기본이 되는 조직이다.

완전 지그재그 재봉틀(full zigzag machine)　지그재그 재봉틀 중 바늘의 기본선이 좌·우·중앙에 있어, 기본선을 중심으로 좌우 대칭이 되게 바늘이 움직이는 것으로, 움직이는 범위가 넓기 때문에 직선 재봉, 단추달기, 단춧구멍 만들기, 이름 수놓기, 파스너 달기 외에 반박음질, 체인 스티치, 두 개의 실·바늘로 하는 동시 자수도 가능하다.

완전 회전식 재봉틀　캠이 북(bobbin case) 주위를 완전히 회전하는 구조로 된 재봉틀로, 고속 회전이 가능하고 회전이 매끄러우며 소음이 적어 주로 공업용으로 사용되지만, 최근에는 가정용으로 사용되기도 한다.

왈츠 렝스 나이트 가운(waltz-length night gown)　종아리를 가리는 약간 긴 나이트 가운으로 1950년대에 유행하였다.

왕복(王服)　왕의 정복(正服)으로 왕복은 시대 또는 경우에 따라 착용시 옷이 구별되었다. 조선 시대의 것을 보면, 면복(冕服), 원유관(遠遊冠), 강사포(絳紗袍), 익선관(翼善冠), 곤룡포(袞龍袍), 전립(戰笠), 융복(戎服)이 있다.

왕비복(王妃服)　왕비의 정복(正服)을 말한다. 왕비의 의복은 제도적으로 정해지고, 삼국 시대부터 입었던 것으로 추측되며, 시대에 따라 세부적인 형태가 변하여 왔다. 조선 시대의 왕비복에는 적의, 노의, 장삼, 원삼, 당의 등이 있다.

왜금(倭錦)　⇒ 대화금(大和錦)

왜문(倭文)　일본 고대 직물의 일종이다. 저(楮), 고(栲) 등 섬유에 청, 적 등 직사(織絲)로 줄무늬[筋模樣]를 나타낸 직물이다.

왜사(倭紗)　일본산 평직 생견직물로, 주(紬)보다 섬세하다. 개항 후 일본에서 우리 나라에 수입되었다.

왜증(倭繒)　일본의 증(繒), 즉 견직물 일반을 말한다.

외공장(外工匠)　조선 시대의 공장은 경공장과 외공장으로 나뉘는데 외공장은 농업을 겸업하는 장인이 잠적에 수록되어 일정 기간 관역(官役)에 종사하여 각종 물품을 제조하는 공장이다. 복식 자료로서 외공장에는 가죽을 다루는 곳이 지역마다 있었다. 《경국대전(經國大典)》 공장 기록에 있다.

외이에(oeillet)　'작은 눈'의 의미로 영어의 아일릿(eyelet)에 상당하는 프랑스어이다. 금속으로 가장자리를 장식한 구두끈이 통과하는 구멍 같은 것을 말한다. 완전히 장식의 목적으로 옷의 부분에 부착하기도 한다.

외적 귀속(external attribution)　행동의 원인을 상황의 조건에 있다고 추론하는 경우를 말한다.

외주름 솔기(tucked seam)　솔기를 시침질하거나 재봉틀로 땀을 굵게 하여 붙인 후 시접을 한쪽으로 꺾어 다림질한다. 한 줄 박아 상침한 후 처음에 바느질한 솔기는 뜯어서 정리한다. 턱트 심, 오픈 웰트 심이라고도 한

다.

외줄 뉜솔(single welt seam)　솔기를 박아 시접을 한쪽으로 꺾고 안쪽 시접을 0.5cm 넓이로 자른 후 옷감의 겉에서 넓은 쪽의 시접을 눌러 박는다. 싱글 웰트 심이라고도 한다.

외줄 상침　⇒ 한 줄 상침

외줄솔(single top stitched seam)　옷감의 안쪽에서 완성선을 박고 시접을 한쪽으로 꺾어 다림질한 후 겉에서 한 줄 눌러 박는다. 장식을 위한 것으로 많이 쓰이는데, 바늘땀과 실의 굵기로 악센트를 준다. 싱글 톱 스티치트 심이라고도 한다.

외향성(extroversion)　융(Carl G. Jung : 1875~1961)의 성격분석이론 중 하나로서 사람은 근본적으로 양성(兩性)을 지니고 있는데 리비도(libido)의 방향에 따라서 내향성·외향성의 특징을 지닌다. 외향성의 사람은 활동적이고 쾌활하며 남성적이고 감정 표현이 자유롭다.

요기(腰機)　경사(經絲)의 장력(張力)을 허리로 유지하는 직기이다. 원시 직기에 많고 경사(傾斜) 직기에도 요기류가 있다. 우리 나라의 무명, 명주, 베, 모시를 짜는 베틀도 요기의 일종이다.

요남(蓼藍)　식물염료인 남(藍)의 일종으로 마디풀과의 1년생초이다. 한국, 중국, 일본에서 사용된다.

요반(褄襻)　옷고름을 말하며 저고리·두루마기 등의 앞에 달아 여미는 끈으로 알려진 의복의 부속으로, 통일신라 시대의 기록에 보인다.

요의(腰衣, loincloth)　허리에 둘러 입는 형태의 의복으로 초기에는 매는 끈의 형태로 시작된 요대 형태였으며, 요대가 커져서 허리를 전부 가리는 요의가 되고 점차 스커트의 형태로 발전하였다. 기후가 따뜻한 아열대 또는 열대지역인 아프리카, 중앙 아메리카, 인도네시아 등지에서 많이 입었으며, 이집트의 쉔티가 대표적인 요의이다.

요질(腰絰)　상복(喪服)을 갖추어 입을 때 허리에 매는 대(帶)의 기능을 말한다. 요질은

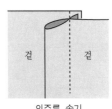

외주름 솔기

요의(마오리족)

두 가닥의 삼을 꼬아 만드는데, 허리에 두르며 양쪽 밑둥이 앞에서 교차하게 맺어 각 삼의 밑둥치를 내려뜨린다. 참최(斬衰)의 요질은 수질과 같이 삼으로 하며 둘레는 7촌 2푼으로 한다.

요크(yoke)　블라우스, 드레스, 셔트, 스웨터, 조끼의 어깨 부분 또는 스커트, 바지의 허리 위쪽을 절개하여 덧붙인 천을 가리킨다. 요크 부분은 꼭 맞게 하고 요크 아래 부분은 잔주름의 개더나 주름으로 하고, 요크 부분만은 안감을 쓰는 경우가 많다.

요크 스커트

요크

요크 래퍼(york wrapper)　머슬린으로 만든 하이네크의 여성용 블라우스로 앞판은 니들워크(needle work)의 다이아몬드 무늬 조직이 붙어 있고 뒤판은 단추를 채우도록 되어 있다. 19세기 초에 착용하였다.

요크 블라우스(yoke blouse)　러플 장식을 한 스퀘어 요크가 앞·뒤판에 있고 요크 아래 부분이 풍성하게 보이도록 허리에 고무밴드

요팅 캡

를 대었으며 허리 또는 허리 밴드 아래 부분도 러플이 부착된 블라우스이다. 남성, 여성, 아동들 모두 입는다. 요크 웨이스트 또는 요크 셔트 웨이스트라고도 하며 사각으로 잘린 끝이 러플로 처리된 요크 형태가 1860년대 중반부터 1890년대에 많이 착용되었다.

요크 블라우스

요크 스커트(yoke skirt)　허리에서부터 힙의 윗부분은 꼭 맞고 아래 부분은 플레어나 잔주름의 개더 또는 큰 주름의 플리츠로 된, 두 부분으로 나뉘어져 있는 요크풍의 스커트이다. 1950년대, 1980년대 후반에 유행하였다.

요크 칼라(yoke collar)　사각형 또는 V자 형태의 요크로 어깨넓이만큼 어깨에 붙이며 2층의 러플 주름이 있다. 1890년대에 하이 초커 칼라와 함께 여성들이 착용하였다.

요크탄 글러브(york-tan glove)　부드러운 황갈색의 스웨이드 가죽으로 만든 여성들의 장갑으로, 1780~1820년대까지 착용하였다.

요팅 스트라이프(yachting stripe)　요트 타기용 파카나 티셔트 등에 흔히 쓰이는 줄무늬로 비교적 굵은 수평 스트라이프가 많고, 채도나 명도가 뚜렷한 색이 등간격으로 배열되는 것이 특징이다.

요팅 재킷(yachting jacket)　힙 길이의 여성용 재킷으로 큰 단추와 헐렁한 소매가 달려 있으며 싱글 브레스티드 또는 더블 브레스티드로 되어 있다. 1860년대부터 1880년대까지 착용하였으며 쇼트 팔토(short paletot)라고도 불린다.

요팅 캡(yachting cap)　요트 경기 때나 요트를 탈 때 주로 착용하는 모자로 평평한 크라운과 검정색 또는 짙은 감색의 챙이 있다. 해군의 모자와 유사한 형태로 요트 클럽의 상

징이 장식되어 있으며 요트 클럽 회원들이 애용한다.

요팅 커스튬(yachting costume) 1980년대 여성들에게 인기있었던 요트, 카누, 보트 등의 스포츠를 할 때 착용한 앙상블 차림을 이른다. 밀짚으로 만든 선원 모자, 해군 사령관의 모자, 선원복의 영향을 받은 투피스 또는 스리피스 수트, 미디 블라우스 등이 있다.

요팅 코트(yachting coat) 네 개의 금색 쇠단추가 달렸으며, 사각 네크라인에 힙까지 오는 감색의 더블 브레스티드 모직 코트이다. 미국 해군의 유니폼과 유사하며 요트 클럽의 고유 마크와 단추를 달아 요트 멤버가 많이 착용한다. 팔토(paletot)라고도 한다.

요패(腰佩) 띠(帶)에 늘어뜨린 여러 가지 패식(佩飾)을 말한다. 요패는 금속제의 타원형으로 된 두 귀[耳]가 달린 주형(舟形)의 작은 판(板) 7, 8개를 직사각형의 작은 판에 하나 걸러 연결하고 그 말단에 여러 의장물(意匠物)을 붙인 것이다. 우리 나라 상고 시대 복식에 공통으로 사용되었다.

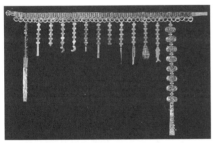

요패

요포(料布) 조선 시대에 급료로 지급한 포이다.

욕구(need) 뇌 속에 존재하는 힘을 나타내는 가설적인 구성개념으로서, 그 힘은 내적·외적으로 충동된 힘으로서 다른 심리적 과정을 조작한다.

욕구충족설(drive or need theory) 인간이 옷을 입는 것은 본능 때문이 아니라 그 나름대로 어떤 욕구나 필요가 있어서 이루어진다고 보는 학설이다.

욕구측정검사 욕구측정 도구로는 머레이(Murray)의 TAT(Thematic Apperception Test)와 EPPS(Edward Personal Preference Schedule)와 우리 나라에서 표준화된 황정규의 욕구진단검사가 있다.

용두머리 베틀의 앞다리 위에 걸쳐 놓은 원형 또는 타원형의 나무로 앞다리를 연결하며, 여기에 눈썹대와 베틀신대를 끼우게 되어 있다. 용도마리라고도 한다.

용린갑(籠鱗甲) 조선 시대 전쟁시 몸의 보호를 위한 갑의(甲衣)의 하나로 미늘을 용의 비늘 형태로 만들어 달고, 양쪽 어깨에는 용을 조각하여 붙인다.

용문(籠紋) 용의 형상을 넣은 문양이다. 용은 왕과 왕후를 상징하는 상상의 동물이며, 조선 시대에는 왕실에서만 사용했다. 쌍룡문과 단룡문이 있다. 또한 발톱의 수에 따라 3조(爪)·4조·5조로 나뉘어 직위를 표시한다.

용봉주취관 명나라 때 황후의 관모로 홍색의 대수의(大袖衣), 하피와 함께 착용하였다.

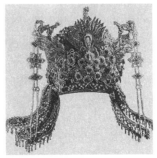

용봉주취관

용액 염색(solution dyeing) 고분자 용액에 착색제(pigment)를 넣어 색을 띠게 한 후 방사시키는 방식으로, 필라멘트가 처음부터 염색된 상태로 나오게 된다.

요팅 커스튬

용융 방사(melt spinning) 화학 방사법의 하나로 원료 중합체를 고온 가열하여 용융한 방사원액을 찬 공기 속에 압출하여 냉각시켜 섬유를 얻는 방법이다. 이 방법은 방사원액 제조나 방사 과정에서 다른 약품을 사용하지 않으므로, 방사 후 다른 약품을 회수한다든지 제조된 섬유에 남아 있는 약품 제거를 위한 공정이 필요 없으므로 가장 간편한 방사이다. 보통 용융 방사로 얻어진 섬유의 단면은 원형이며, 용융 방사의 대표적인 섬유로는 나일론, 폴리에스테르 등이 있다.

용잠(籠簪) 조선 시대 왕족 및 반가에서 혼례시 사용한, 용 문양을 입체적으로 조각한 비녀이다. 보통 비녀보다 길이가 매우 길어 댕기를 감아 앞쪽으로 늘어뜨려 사용한다.

용포(庸布) 일본에서 대보(大寶), 양로(養老)의 율령으로 시행된 세포이다. 주로 마포로서 717년에 남자 1인이 폭 2척 4승의 포 1장 4척(一丈 四尺)을 바쳤다.

우능(right handed twill) 능직에서 사문선이 왼쪽 아래에서 오른쪽 위로 그어져 있는 것을 말한다.

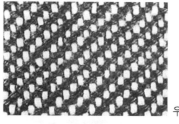

우능

우단(velveteen) 기조직은 평직 또는 능직을 사용하며, 기경사(基經絲), 기위사(基緯絲) 외에 파일위사를 넣어 파일사를 잘라 표면에 짧은 파일이 고르게 분포된 직물이다. 여성복, 아동복 등에 사용된다.

우라에우스(uraeus) 고대 이집트 왕족의 상징으로 사용한 고개를 쳐든 뱀의 머리로, 왕관이나 벨트 끝, 앞치마 양쪽 등에 사용하였다.

우라치(huarache) 샌들 참조.

우랄 에메랄드(Ural emerald) 안드라다이트 가닛 참조.

우련수 잎의 색을 자연스럽게 나타나게 할 때 사용하는 사실적인 수법으로 진한 색과 연한 색을 우련하게 하는 자수를 말한다. 색을 바꾸어 볼 때 한 가닥 간격을 건너 세 가닥을 놓고 두 가닥 간격을 건너 두 가닥 놓고 세 가닥 간격을 건너 한 가닥 놓는 기법이다. 이러한 방법은 연한 색과 진한 색을 자연스럽게 배합할 때 응용된다.

우먼즈 웨어 데일리(Women's Wear Daily) 페어차일드(Fairchild) 출판국에서 1주일에 5일 발간되는 것으로 패션계에 종사하는 모든 사람에게 성경처럼 꼭 읽히는, 세계에서 가장 유명한 전문 신문명이다. 뉴 스타일 디자이너, 외국 컬렉션 의류에 관한 새 법규들, 외국과의 교역 문제 및 여성복, 남성복, 아동복, 구두, 백, 액세서리, 머리 모양 등 패션의 모든 것에 관하여 전문적으로 다룬다. WWD라고도 한다.

우방기 네크라인(Ubangi neckline) 목 부분을 완전히 가리며 목을 조이는 듯한 초커(choker) 스타일의 하이 네크라인이다. 옷감이나 체인, 신축성 있는 스프링 철사로 목 주위를 싸도록 되어 있다. 1960년대 말 열대 지역인 서아프리카 우방기강에 사는 토인 종족의 여자들에게서 영향을 받아 유행했다.

우방기 네크리스(Ubangi necklace) ⇒ 아프로 초커

우샤(usha) 인도의 토속적인 무늬가 전체적으로 있는 옷감으로 만든 허리가 올라간 드레스로 1970년대에 유행하였다. 인도 여신의 이름을 따서 명명하였다.

우수리언 래쿤(Ussurian raccoon) 황갈색의 긴 털을 지닌 외관상 래쿤과 유사한 동물의 모피이다. 어깨와 꼬리 부분의 털끝은 검정색이고 레드 폭스(red fox)와 비슷한 색조를 띠고 있다. 뚜렷한 십자형의 반점이 있고 주로 칼라나 트리밍에 사용된다.

우스(housse) 14세기에 착용한 넓고 짧은 소매로 만든 남성용 클로크(cloak)로, 머리 위로 입으며 목에서 두 개의 작은 고리끈으로 묶게 되어 있다.

우연(right hand twist) S 꼬임이라고도 불린

다. 실의 측면에 S자가 보이고 오른쪽으로
내려간 꼬임이 보이므로 S 꼬임이라고 한다.
단사의 경우 모사에 S 꼬임을 많이 사용한
다. 좌연(left hand twist) 참조.

우주복(space suit)　　우주인이 진공 상태나 혹
성 공간의 여러 조건에서 인체를 보호하기
위한 목적으로 만들어진 의복이다. 옷의 내
압이나 온도를 일정하게 해야 하며, 산소의
공급과 이산화탄소를 배제하는 장치가 갖추
어져야 한다. 옷감은 옷 안팎의 큰 압력차에
견디며 태양열이 속으로 새어 들지 않도록
2~4층의 구조로 된 것이다.

우치가게[打掛]　　일본 무가(武家)의 여성이 입
은 것으로 고소데[小袖] 위에 길고 화려한
고소데를 또 하나 걸쳐 입는 형태이다.

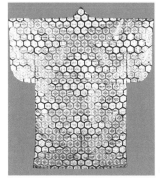
우치가게

우크라이니언 페전트 블라우스(Ukrainian
peasant blouse)　　좁은 스탠드 칼라, 소매의
위쪽 부분, 어깨 주위, 앞단이 여러 색깔의
기하학적인 무늬로 된 백색 면 블라우스이
다. 러시아의 우크라이니언 농가 여성들이
입었던 블라우스에서 유래하였다.

우편 주문(mail order)　　카탈로그를 통해서 상
품을 선택하고 우편으로 주문 판매를 하는
상사를 말한다.

우편 주문부(mail order department)　　특별 상
품에 대한 고객의 우편 주문을 받고 적절히
분배하는 부서로서 모든 주문에 대한 현금
송금을 책임지고 그러한 현금 송금을 위해
각 부서의 신용 보증을 책임져야 한다.

우편 주문 상점(mail order stores)　　편리하게
쇼핑할 수 있는 지역이 아닌 외곽지역인들의

요구에 의해 성장한 것으로, 카탈로그에 나
온 상품을 우편으로 신청하여 구매를 할 수
있는 상점을 말한다.

우플랑드(houppelande)　　① 영국의 리처드 2
세에 의해 소개된, 부피가 큰 남성용 아우터
로브(outer robe)를 말하는 것으로, 목선은
높은 깔대기 모양으로 후에 V자형으로 변하
였고, 소매는 헐렁하며 가장자리가 백파이프
(bagpipe) 모양으로 장식된 것이 특징이다.
의식용 로브로 입을 때 땅에 끌리게 하기 위
해 길이는 허벅지 길이에서 다양하게 변화를
주었다. ② 15세기에 입었던 여성용 의복으
로 보디스는 몸에 꼭 맞으며 목선은 리버스
(revers)가 있는 V형 또는 반달형으로 깊게
파였으며, 앞 몸판은 뗄 수 있도록 되어 있
다. 소매는 길고 꼭 맞으며 털로 안감을 대서
부피가 크기도 하고, 스커트는 뒤에서 트레
인(train)되면 걸을 때 그만큼 들어올려야 한
다.

우플랑드

운간금(繧繝錦)　　짙은 색에서 차차 옅은 색으
로 옮겨가는 채색법에 의하여 5색 또는 8색
정도의 색사를 위사로 하여 제직한 위금이
다. 일본에서 고려금으로 불리는 금의 일종
이기도 하다. 남(藍), 녹(綠), 황(黃), 등
(橙) 등 색상의 농염(濃淡)의 변화로 다채로
운 줄무늬 문양의 금이다.

운견(雲肩)　중국 청대 부녀의 복식으로 초기에는 예를 행하거나 신혼 때의 복식으로 입었고, 말기에는 어깨에 늘어뜨리는 형태로 변하였는데, 이것은 의복이 더러워지는 것을 방지해주는 역할을 하기도 하였다.

운견

운기문(雲氣紋)　운문(雲紋)의 일종으로 중국 한대(漢代)의 금에도 운기문이 제직되어 있다.

운임비(delivery expenses)　운임비에 대한 판매율로서, 물건을 포장하고 고객에게 운송하고 고객이 반환한 상품을 가지러 가는 요금, 우편 요금, 고속도로 요금 등을 포함한다.

운학문(雲鶴紋)　구름과 나는 학을 문양화한 것으로 고려 시대의 능에 직물문으로 사용된 것이 있다.

울(wool)　양모의 털을 의미하며 다른 동물모와 구별된다.

울금(鬱金)　식물 염료의 일종으로, 생강과에 속하는 숙근초인데 근경이 황색 염료로 사용된다. 학명은 Curcuma long, L이다. 면, 모, 견에 매염제 없이 염착되나 일광, 비누 세탁에 약하며, 식료품의 착색에도 사용된다. 예로는 홍과 차색의 하염(下染)으로도 사용되었다. 산(酸)과 회즙매염(灰汁媒染)으로 염색하여 색상을 변화시키기도 한다. 《규합총서(閨閤叢書)》에 염법이 있다.

울금색(鬱金色)　울금으로 염색된 색 또는 그와 같은 색으로 붉은 기를 띤 선황색(鮮黃色)이다.

올 니들(wool needle)　바늘귀의 긴 끝이 뾰족하지 않은 바늘로 모사 편물을 꿰매는 데 사용하는 바늘이다.

울렌 서지(woolen serge)　서지는 본래 소모사로 만드는데, 방모사로 제직한 서지를 말한다. 서지 참조.

울렌 패브릭(woolen fabric)　방모사로 만든 직물이다. 방모사 참조.

울 마크(wool mark)　국제 양모 사무국에서 순모 제품에 부착하는 품질 보증 마크이다.

울버린(wolverine)　북아메리카와 북유럽, 시베리아에 서식하는 족제비과에 속하는 큰 맹수를 말한다. 털은 암갈색이며 어깨에서부터 꼬리 부분까지 엷은 색의 줄무늬가 있다. 트리밍, 파카의 후드 등에 사용된다.

울 블렌드 마크(wool blend mark)　국제 양모 사무국에서 양모 혼방 제품에 부착하는 품질 보증 마크이다.

울 크레이프(wool crepe)　소모사에 꼬임을 많이 준 S · Z 강연사를 교대로 사용, 평직으로 제직하여 크레이프 효과를 주는 직물이다. 주로 여성복에 쓰인다.

울트라머린(ultramarine)　군청색으로 매우 맑은 보라색이 가미된 청색을 말한다. 원래 고가(高價)의 염료이므로, 유럽에서는 이것을 유입한 곳이 '바다 저쪽'이란 뜻에서 이러한 명칭이 생기게 되었다.

울트라소닉 소잉(ultrasonic sewing)　울트라소닉 사운드 웨이브(ultrasonic sound waves)를 사용하는 특수한 기계에 의해 바느질이 이루어지는 것으로, 바늘과 실 없이 직물을 함께 녹여 융합시킨 것이다.

울트라 시어 팬티호즈(ultra sheer pantyhose)　매우 얇고 잘 비치는 팬티호즈이다. 시어 팬티호즈 참조.

울트라 클립 슬리브(ultra clip sleeve)　크게 부풀려 화려하게 보이게 만든 소매로 중세 기사들의 복장에서 유래하였다.

울프(wolf)　주로 북아메리카에서 서식하는 늑대를 말한다. 털의 길이는 약간 길고, 색은 백색에서 흑색까지 다양하다. 털은 부드러우며 속털이 밀집해서 나 있고 보호털이 길게 나 있다. 보온성이 크고 질기며 값이 싼 편이다. 자연색으로 이용되거나 염색을 해서 사용하며, 트리밍, 재킷, 스카프 등에 이용된다.

울 화이트(wool white) 자연 그대로의 양모에 보이는 흰색으로, 실의 따스함을 특징으로 하는 흰색을 가리킨다. 약간 노란 기미가 들어 있지만 그러한 이미지를 가지고 있어서인지 뉴트럴한 내추럴 컬러에도 포함된다.

웅가로, 에마누엘(Ungaro, Emanuel 1933~) 프랑스 태생의 디자이너로 이탈리아계 부모에게서 태어나 재봉사였던 아버지에게서 남성복의 재단과 바느질을 배웠다. 22살에 파리로 간 그는 작은 양복점에서 일했는데, 이때의 경험은 그 후 그가 전위 디자이너로서 활동하는 데 기초가 되었다. 1958년 쿠레주의 소개로 알게 된 발렌시아가와 함께 일했던 6년의 기간은 그에게 중요한 의미를 주었다. 쿠레주가 발렌시아가를 떠났을 때 웅가로는 수석 디자이너로 일했으며, 1965년 자신의 살롱을 열었다. 그의 디자인의 특징은 현대적이며, 테일러드 수트와 코트를 강조한 '우주 시대(space age)'였다. 그는 색채의 마술사로서 그의 프린트 혼합과 레이어드는 '아라비안 나이트'의 신비를 보인다. 1968년 기성복 라인을 시작하였다.

워드로브(wardrobe) 의상을 넣는 옷장 또는 의상이나 소지하고 있는 의복을 말한다. 또 의상 계획을 말하는 뜻으로 사용될 때도 있다. 15세기에는 의류를 보관하는 방을, 19세기부터 옷을 보관하는 장을 가리켰으며 아르무아르(armoire)라고도 한다.

워디드 헴(wadded hem) 가장자리 단이 넓은 밴드로 메워진 것을 말한다. 1820년대에 사용했으며, 현대의 드레스나 로브 등에도 사용된다.

워리 비즈(worry beads) 저렴한 보석으로 만든 짧은 구슬 줄로 원래는 중동, 그리스, 터키에서 남자들이 만지작거리기 위해 손에 지니고 다녔다. 특히 이슬람국에서 기도 중에 알라의 이름을 99번 세는데 33개의 구슬 이음줄이 사용되었다. 1960년대 후반 미국에서도 인기가 있었다.

워머스(wamus) 거칠고 질긴 옷감으로 만들어진 카디건 재킷의 일종으로 칼라에 단추가 달려 있으며 웜퍼스(wampus)라고도 한다. 때로는 허리를 매게도 되어 있다.

워머 타탄 컬러(warmer tartan color) 종래의 타탄 체크 문양에 따뜻한 느낌이 가미된 컬러 그룹을 말한다. 스코틀랜드의 전통적인 문양인 타탄은 여러 종류의 패션에 활용되고 있는 전형적인 문양의 하나이다. 여기에서는 주니어용 드레스나 스커트 등에 이용되는 타탄 문양의 색상을 말하며, 주로 따뜻한 느낌의 색채가 많이 사용된 것을 말한다.

워셔블 노트 스티치(washable knot stitch) ⇒ 링크 파우더링 스티치

워셔블 수트(washable suit) 물세탁이 가능한 수트이다. 폴리에스테르 가공사 등으로 만든 남성용 테일러드 수트를 가리킨다. 취급이 간편하고 가격도 종전 수트와 비교하면 훨씬 저렴하여 제2의 수트로 주목받고 있다. 안감 등에 유의하면 가정에서도 간단히 세탁할 수 있는 한편, 구김도 잘 생기지 않는 것이 최대의 장점이다.

워셔블 타이(washable tie) 물세탁을 할 수 있는 넥타이를 말한다. 워셔블 수트가 인기를 얻자 이 넥타이도 더불어 유행한 바 있다.

워스, 가스통(Worth, Gaston 1853~1924) 프랑스 파리 출생으로 찰스 프레데릭 워스(Charles Frederick Worth)의 아들이다. 1895년 동생 장 필리프(Jean Philippe)와 함께 아버지의 사업을 물려 받았다. 그는 행정, 사업 수완이 뛰어났으며, 오트 쿠튀르 조합의 첫 의장이었다.

워스, 장 필리프(Worth, Jean Philippe 1856~1926) 프랑스 파리 출생의 디자이너로 찰스 프레드릭 워스(Charles Frederick Worth)의 아들이다. 아버지의 영향을 강하게 받은 그의 이브닝 웨어는 잘 알려져 있다.

워스, 찰스 프레더릭(Worth, Charles Frederick 1825~1895) 영국 태생으로 제2차 제정기(1852~1870) 때 프랑스 왕실을 위해 일한 드레스 메이커로서 1858년 파리의 뤼 드 라 페에 창설한 의상점이 파리의 오

워스, 찰스 프레더릭

트 쿠튀르의 원조라 불릴 만큼 패션 디자이너 분야를 개척한 디자이너이다. 특히 19세기 말 버슬 실루엣의 창시자로 유명하며 옷을 패션 모델에게 입혀서 판매하는 것을 고안한 최초의 디자이너였다. 그의 복제된 드레스는 미국이나 영국에서 판매되기도 하였다. 그의 아들 장 필리프와 가스통은 그가 사망한 후에도 워스 하우스를 계승하여 19세기 후반과 20세기 전반의 파리 패션계를 이끌어 갔다. 1900년에는 워스 향수가 판매되었으며, 현재는 파리 생토노레가에 워스 하우스가 있는데 증손 로제 워스(Roger Worth)가 경영하고 있다.

워시번 소셜 어저스트먼트 인벤토리(Washburn Social Adjustment Inventory)　성격진단검사를 위해 사용되는 검사지로, 6개의 사회적·정서적 적응력, 즉 행복·소원·동정·목적·조절·충동 등을 조사하는 검사지이다.

워시 앤드 웨어 가공(wash & wear finish)　세탁 후 다림질 없이 착용할 수 있도록 면, 레이온 직물 등에 가하는 수지 가공이다. 구김이 잘 생기지 않도록 처리하는 것으로 이지케어(easy-care)라고도 한다.

워크 에이프런

워시 앤드 웨어 수트(wash & wear suit)　폴리에스테르나 나일론 등으로 만들어 다림질이 필요 없이 세탁 후 그대로 입을 수 있는 수트를 말한다.

워치(watch)　원래는 주머니에 넣어 가지고 다니거나 허리에 줄로 매달아서 착용했던 장식적인 시계로, 16세기 이후 주로 주머니에 넣어 패셔너블한 장신구로 사용하였다. 19세기 후반 핀에 부착하여 여성들이 착용하였고 손목 시계는 제1차 세계대전 전에 개발되었다. 1960년대와 1970년대에는 가죽줄과 자판이 대담하게 디자인되어 착용되었고, 인조 장신구(costume jewelry)의 하나로 애용되었다. 최근 10년 동안 많은 기술 발전이 있어서 교체가 가능한 작은 배터리에 의한 시계 작동, 자동 감음 배터리, 방수, 충격 방지 등의 기능을 가진 모형이 개발되었다. 디지

워킹 쇼츠

털 시계는 날짜, 시간, 초를 보여줄 뿐만 아니라, 얼람 장치와 약속을 기억하고, 계산하고, 온도를 알려 주는 또 다른 기능들이 첨가된 디지털 장치(printouts)도 갖는다.

워치 밴드(watch band)　금속, 가죽, 플라스틱, 섬유 등으로 만든 밴드나 줄 또는 플렉시블 체인(flexible chain), 링크(link) 등의 종류로 만들어진다.

워치 캡(watch cap)　네이비 블루의 울사로 만들어진 머리에 꼭 맞는 니트 모자로, 주로 망을 보는 선원들이 착용해 소개되었다. 화이트 덕 울 얀(white duck wool yarn) 대신으로도 착용했으며 남·녀·어린이들이 다양한 색상을 사용하여 스포츠용으로 착용하기도 했다.

워치 코트(watch coat)　짧고 두꺼운 방풍용 코트로, 선원들이 경비를 설 때 착용하였다.

워치 포브(watch fob)　짧은 체인이나 리본에 이니셜을 새겨 넣은 것으로, 남성들의 포켓용 시계에 연결되어 있다. 포브 포켓(fob pocket)이라는 시계를 넣어 다니는 바지 주머니에서 용어가 나왔다.

워크 바스켓(work basket)　워크 박스(work box)라고도 한다. 재봉 자수, 편물 등을 할 때 쓰이는 여러 재봉 용구를 넣어 두는 상자를 말하는 것으로, 대개 장식을 하여 만든다.

워크 셔트(work shirt)　대개 칼라가 달려 있는 여러 가지 색깔로 된 튼튼한 작업용 셔트를 말한다.

워크 에이프런(work apron)　어떤 종류의 작업을 하든지 옷이 더럽혀지는 것을 막기 위하여 디자인된 앞치마를 말한다.

워킹 쇼츠(walking shorts)　⇒ 버뮤다 쇼츠

워킹 수트(walking suit)　① 3/4 길이의 코트와 일자형의 스커트로 이루어진 여성용 수트이다. 모피로 테두리 장식을 하기도 하며 트위드를 주로 사용한다. ② 1901년에 여성들이 입었던 수트로 스커트의 길이가 땅에 살짝 스치게 만들었다.

워킹 웨어(walking wear)　산보, 도보시에 착용하는 의복이다. 미국에서는 위크엔드 웨어

와 더불어 새로운 분야의 의복으로 나타나고 있다. 현대의 워킹 웨어는 스포츠 마인드가 담겨져 캐주얼한 분위기가 특징이다. 이러한 목적으로 제작된 원피스를 워킹 드레스라고 한다.

워킹 팬츠(working pants)　무릎 부분을 덧대고 3줄의 스티치를 박은 질기고 길이가 긴 바지로 자동차 수리공이나 작업인을 위한 바지이다. 다리 부분에는 시계, 연장들을 넣기 위한 여러 개의 주머니와 장도리를 꽂을 수 있는 고리가 부착되어 있으며, 세탁에 견고한 옷감으로 만든다.

워킹 프록 수트(walking frock suit)　짧은 재킷과 꼭 맞는 바지, 코트로 이루어진 수트이다. 모두 같은 천으로 만들며 1900년대에 유행하였다.

워터 파스텔(water pastel)　파스텔 컬러의 바리에이션 중에서 특히 물을 섞어 보았을 때의 투명감이 있는 색조를 말한다. 블루나 황색, 블루 그린, 자색 등의 빛이 혼합되어 화려하게 눈에 띄는 것 같은 느낌이다. 이러한 복잡미묘한 색조는 1980년대에 사용된 특징을 갖고 있어 캐주얼 감각의 코디네이션에 많이 사용되고 있다.

워터 폴(water fall)　폭포처럼 길게 뒤로 늘어진 여자 머리 형태의 하나로 1860~1870년대까지 유행하였다.

워터 폴 백(water fall back)　일련의 물결 모양의 퍼프가 버슬의 뒤중심 위에 놓이게 착용한 1880년대 중반의 스커트이다.

워터 프루프(water proof)　고무나 플라스틱 또는 두껍게 코팅된 직물로, 물이 스며들지 않도록 처리되어 있어 부츠나 코트 등에 사용된다.

워터 프루프 클로크(water proof cloak)　방수용 직물로 만든 겉옷으로 술장식이 된 작은 후드가 달려 있다. 1867~1870년에 여성들이 착용하였으며, 후에 발목 길이에 약간 여유있는 프린세스 라인의 품에 단추가 일렬로 달린 형태로 변형되었다.

워프 니팅(warp knitting)　⇒ 경편직

워프 웨이티드 직기(warp weighted loom)　스위스 호수 근처에서 발견되는 고대의 직기로 우리 나라의 돗자리 짜는 기계와 유사하다. 날실에 구운 점토나 돌에 추를 달아 사용한다. 현재에도 스칸디나비아와 아이슬란드에서 사용하고 있다.

워프 프린트(warp print)　날실에만 일정한 문양을 날염하는 염색법을 말한다.

워플 클로스(waffle cloth)　워플 피케 또는 허니콤이라고도 한다. 도비직기로 직조되며 경·위사가 표리에 부출하여 그 표면이 벌집 모양을 나타낸다. 부드럽고 흡습성이 좋아 타월, 침구 등에 쓰인다.

워플 피케(waffle piqué)　⇒ 워플 클로스

원가(cost price)　구입에 적용되는 현금 할인과 관계 없이 상점에 붙여지는 물건의 가격이다. 보통 매입 원가는 매상고－총수입으로 계산된다.

원 마일 슈즈(one mile shoes)　집을 중심으로 반경 1마일(약 1.6km) 범위 내에서 주로 신는 신발을 의미한다. 이와 같은 의미를 갖는 원 마일 웨어에 적합한 신발을 말하며, 스니커(sneaker)와 같은 신발은 원마일 스니커라고도 한다.

원 마일 웨어(one mile wear)　집에서 1마일 이내의 공간에서 입는 옷이라는 의미로 홈웨어를 비롯하여 가까운 외출복 내지 평상복으로 입을 수 있는 의상을 칭한다. 특히 스포츠 웨어 부문에서 스포트 웨어의 타운화, 홈웨어화 경향에 따라 캐주얼화해가는 소비자의 욕구와 필요에 부응하기 위해 생겨난 것으로 상당히 주목받고 있는 아이템이다.

원면(raw cotton)　종자와 면섬유를 분리하는 조면(ginning)을 거쳐, 조면기에서 분리된 장섬유, 즉 린트(lint)를 500 파운드 사각형의 포로 포장하여 원면으로 거래한다.

원 사이즈 브라(one－size bra)　⇒ 스트레치 브라

원삼(圓衫)　여성 예복의 하나로 원삼이란 앞 깃이 둥근 데서 나온 명칭으로 옆이 터진 것이 특징이다. 무릎을 덮어 내리는 긴 길이에

워터 프루프 클로크

원 숄더 네크라인

원 숄더 드레스

원유관

원피스 드레스

앞길은 짧고 뒷길은 길며, 앞은 합임(合袵)이다. 색은 직위에 따라 차이가 있어 황후는 황원삼, 왕비는 홍원삼, 비빈은 자적원삼, 공주·옹주·반가 부녀는 초록원삼을 입었다.

원삼

원색 색상환에 배열된 순색 중 적, 황, 청으로 다른 색의 혼합으로도 만들 수가 없는 색을 말한다. 따라서 이 3개의 색상을 색표의 3원색 또는 제1차 원색이라고 부른다. 일반적으로 채도가 높은 선명한 순색으로 강렬한 이미지를 가지므로 원색이라고 부르기도 하는데, 3원색이라고 한 경우의 원색과는 구별된다. 또한 빛의 3원색은 적, 녹, 청이다.

원 숄더 네크라인(one shoulder neckline) 사선으로 한쪽 어깨만 달린 네크라인을 말한다. 전통적인 스타일로 1970~1980년대에 유행하였다. 이브닝 드레스, 수영복, 나이트 가운 등에 응용이 되었으며, 슬링 네크라인이라고도 부른다.

원 숄더 드레스(one shoulder dress) 한쪽 어깨는 다 드러나게 입는 애시메트리컬 드레스로 한쪽 어깨가 달린 부분은 주로 천의 바이어스를 이용하여 드레이프지게 걸치도록 재단하며, 1970년대와 1980년대에 유행하였다. 토가 드레스라고도 한다.

원 아워 드레스(one hour dress) 한 시간 이내에 쉽게 만들 수 있다는 데서 이름이 붙여진 이 드레스는 기모노 소매에 직선의 짧은 스커트로, 슈미즈 타입의 드레스이다. 1924년 매리 브룩스 피킨(Mary Brooks Picken)에 의해 유명해졌다.

원앙문(鴛鴦紋) 동물문의 하나로 원앙새를 문양화한 것이다. 직물문으로서 금란, 은란의 직문으로 사용된 경우가 많다. 우리 나라 고려 시대 문주사 불복장(佛腹藏) 유물 중에 원앙문란이 있다.

원액염(原液染, solution dyeing) 도프 다잉(dope dyeing) 또는 스펀 다잉(spun dyeing)이라고도 하며 합성섬유의 염색법이다. 섬유의 방사시 안료를 첨가하여 염색한다.

원업 칼라(one-up collar) 이음선이 없이 한 장으로 마름질한 셔트 칼라로, 접어 젖히거나 목선에서 여밀 수 있게 만들기도 한다. 캐주얼한 셔트에 다는 오픈 칼라의 새로운 명칭이다.

원웨이 스모킹(oneway smocking) ⇒ 다이아몬드 스모킹

원유관(遠遊冠) 조선 시대 왕의 조복으로 현색 라(羅)로 만들어 9량(梁)이었으며, 여기에 황(黃)·창(蒼)·백(白)·주(朱)·흑(黑)의 차례로 전후 9옥씩 18옥을 장식하였다.

원인 귀속(causal attribution) 대인지각에서 중요한 이론으로서 밖으로 나타난 행동을 보고 타인이나 자신의 내적인 상태를 판단·해석하는 과정을 의미한다.

원주(元紬) 조선 시대에 사용한 중국산 주이다.

원천적 특질(source trait) 표면에 나타난 명백한 행동을 하는 데에 원인이 되는 기초 변인 또는 기본 특질을 말한다.

원피스 드레스(one-piece dress) 상체와 하체 부분이 하나로 연결된 드레스를 말한다.

원피스 스윔 수트(one-piece swim suit) 원피스로 이루어진 모든 종류의 수영복을 일컫

원피스 스윔 수트

는 것으로 스커트가 붙어서 디자인되기도 한다. 1920년경부터 착용한 클래식 타입의 수영복이다. 마이요, 탱크 수트 참조.

원피스 슬리브(one-piece sleeve)　주로 여성복에 사용되는 한 장으로 재단된 소매를 말한다.

원피스 칼라(one-piece collar)　블라우스나 셔츠의 앞판과 함께 한 장으로 마름질하여 뒤집어 젖힌 칼라이다. 목선이 V자형이 되며 칼라가 낮고 각이 지게 만든다. 주로 스웨터에 많이 사용되며 이탈리안 칼라라고 부르기도 한다.

원형 헴　아주 풍성한 원형의 스커트나 고어드 스커트에 쓰이는 헴으로, 서큘러 헴이라고도 한다.

월너트(walnut)　호두 열매를 닮은 황색을 띤 차색을 말한다.

월라(越羅)　파초로 된 라이다.

월리스 비어리 셔트(Wallace Beery shirt)　바이어스로 싸서 된 바인딩 네크라인, 덧단의 플래킷 여밈, 앞단추, 리브 니트 셔트로 된 수병 스키비즈들의 속셔트를 말한다. 스키비스 셔트에서 유래한 이 셔트를 1930년대 할리우드 영화배우 월리스 비어리가 착용했다는 데서 이름이 붙여졌다.

월사(越紗)　월나라(중국 남부)의 사로 예로부터 가볍기로 이름난 사이다.

웜 섀도(warm shadow)　직역하면 '따뜻한 그림자' 라는 뜻으로 난색계의 색을 지칭하는 새로운 용어이다. 추동 패션에 많이 보이는 웜 컬러를 말한다.

웜업 수트(warm-up suit)　육상 선수나 스키 선수들과 같은 운동 선수들이 휴식 시간 동안 보온 유지를 위하여 입는 수트이다. 상하가 분리되거나 하나로 이어져 디자인되기도 하며 주로 누비거나 보풀이 있는 소재를 사용하여 만든다. 1980년대에 들어서서 테리 클로스(terry cloth)나 벨루어(velour)를 사용해서 만들어 야외 운동복, 비치 웨어, 실내 체조복, 평상복으로도 채택되었다.

웨딩 드레스(wedding dress)　결혼식 때 신부

들이 입는 드레스이며 어떠한 스타일이든 모두 웨딩 드레스라 할 수 있으나 전통적인 웨딩 드레스는 백색의 새틴, 오간자 또는 그와 유사한 천이나 레이스 등을 사용하고 뒤에는 트레인을 길게 끌리도록, 혹은 짧게 늘어뜨린 것을 말한다. 머리에는 베일을 쓴다. 브라이들 드레스, 웨딩 가운이라고도 한다.

월리스 비어리 셔트

웨딩 드레스

웨딩 링(wedding ring)　결혼식에 사용되는 반지이다. 전통적으로 왼손 가운뎃손가락에 남녀 모두가 끼는, 다양한 넓이로 된 금밴드이다.

웨딩 밴드 이어링(wedding band earring)　금으로 만든 넓은 결혼 반지와 비슷한 형태의 넓은 금고리식의 귀고리이다.

웨브(web)　섬유를 얇게 펼쳐놓은 상태를 말한다. 웨브를 펼쳐 놓을 때 섬유의 방향이 랜덤(random)하게 또는 수평(parallel)하게 또는 교차(cross laid)되게 한다. 부직포를 만드는 과정 중 맨 처음 과정이다.

웨빙 벨트(webbing belt)　웨빙은 벨트 따위에 쓰이는 튼튼한 띠라는 의미로, 삼베나 비단 등과 같은 직물이나 고무 등으로 만든 끈 형태의 벨트를 말한다. 또한 위빙(weaving)을

웨스킷

웨스턴 재킷

사용하여 면이나 마 등의 끈을 꼬아 만든 벨트를 말하기도 한다.

웨스킷(weskit)　조끼의 또다른 명칭이다. 매우 타이트하며 소매와 칼라는 없고 앞중심에서 단추로 여미게 되어 있다. 대개 앞단이 뾰족하게 삼각형 모양이고 허리선에 상자 포켓을 단 것이 특징이다. 남성, 여성, 아동 모두가 정통 스타일로 입으며 특히 수트 속에 입는 기본적인 조끼이다. 1970년대에는 여성들에게 매우 유행했고, 1980년대에는 남성들에게 유행했다. 웨이스트 코트, 베스통, 베스티라고도 부른다.

웨스킷 드레스(weskit dress)　긴 팔에 조끼를 곁들인 테일러드 드레스이다.

웨스킷 헴(weskit hem)　웨스킷은 스커트와 함께 착용하는 부인용 조끼를 말하는데, 여기에 특징적으로 보이는 삼각형으로 커트된 도련선을 가리킨다. 포인트 프런트의 디자인을 이렇게도 부르며 스펜서 재킷이나 카디건 등에 사용되어 팬시한 효과를 낸다.

웨스턴(western)　미국 서부개척 시대의 카우보이들이 입던 스타일이다.

웨스턴 드레스 셔트(western dress shirt)　카우보이들이 입는, 자수로 화려하게 장식된 웨스턴 셔트로 때로는 술을 늘어뜨리기도 하며 가죽, 구슬 등으로 장식한다.

웨스턴 부츠(western boots)　미국 서부 개척 시대의 복장에서 볼 수 있는 긴 장화를 말한다. 승마용으로 만들어졌으며, 장화의 표면에 새겨진 장식 문양이 특징적이다. 카우보이 부츠라고도 한다.

웨스턴 셔트(western shirt)　아메리카 서부의 카우보이가 즐겨 착용했던 셔트로 데님 같은 튼튼한 옷감으로 만들어진 실용적인 의복이다. 산모양의 요크형 포켓의 뚜껑, 견장, 스티치 등이 특징있게 되어 있다. 어울리는 배색천을 댄다든가 장식못이나 네일 등을 찍어서 더 스포티하게 보이도록 한다. 카우보이 셔트라고도 한다.

웨스턴 쇼츠(western shorts)　블루 진즈 등을 소재로 한 작업복 스타일의 반바지이다. 몸에 꼭 맞게 만들어지며 1960년대 후반기에 유행하였다.

웨스턴 수트(western suit)　일자형 바지와 허리에 꼭 맞는 긴 재킷으로 이루어진 남성용 수트이다. 19세기 후반의 미국 서부 지역에서 입었던 의상을 연상시키는 스타일이다.

웨스턴 재킷(western jacket)　사슴 가죽 등으로 만든 미국의 카우보이들이 입었던 스타일의 재킷을 말한다. 가슴에 포켓이 달리고 요크를 넣었으며, 소매 아래에 가죽으로 술 장식을 대기도 한다. 랭글러 재킷, 데님 재킷, 벅스킨 재킷이라 부르기도 한다.

웨스턴 컬러(western color)　미국의 서부 패션 특유의 색을 의미한다. 카우보이들이 즐겨 사용하는 색으로 옐로, 블루, 검붉은 빛깔의 와인 레드 등이 웨스턴 컬러의 기본색을 이루고 있다. 기병대의 이미지와도 연결되어 마치 서부 개척사를 연상시키는 색이다.

웨스턴 팬츠(western pants)　허리가 내려온 날씬하게 맞는 데님이나 개버딘으로 만든 두 줄의 스티치로 박은 바지이다. 주머니 구석 부분에 작은 단추가 붙어 있으며, 미국 카우보이나 목장인들이 착용한 데서 유래하였고 1960년대 중반부터 유행하기 시작하였다. 듀드(dude) 진즈, 프런티어 팬츠, 블루 진즈라고도 한다.

웨스트우드, 비비안(Westwood, Vivienne 1941~)　영국 태생의 디자이너로 독창적인 디자인을 시도하여 '퇴폐적인', '타락한', '적절하지 않은' 등의 단어가 그녀의 의복을 묘사하는 데 사용되어 왔다. 현재 런던에서 활동하는 가장 영향력 있는 디자이너 중 한 명으로 국제적인 명성은 퀀트(Quant)와 맞먹는다. 웨스트우드는 해로(Harrow) 미술학교에서 한 학기 동안 공부한 후 교사 생활을 했으며 말콤 맥라렌(Malcolm McLarn)을 만난 후 패션 디자이너로 활약했다. 그녀의 작품은 주로 반항적인 도시 젊은이, 테디보이즈, 로커즈, 펑크들에게서 영향을 받은 무정부주의적인 것이 특색이다. 킹 로드(King Road)에서 상점을 열었는데 그 이름도 이러

웨스트우드, 비비안

한 문화적 영향을 반영하고 있다. 1971년의 '렛 잇 록(Let it Rock)', 1972년의 '살기엔 세월이 너무 빠르고 죽기에는 너무 젊어', '섹스', '선동자들', '세상의 종말' 등이다. 1970년대 말까지 웨스트우드의 복식은 주로 가죽과 고무를 이용하여 페티시즘 (fetishism), 펑크 록(Puck Rock) 등을 표현하였는데 이는 팝 그룹인 '섹스 피스톨즈 (Sex Pistols)'의 가치를 반영하는 것이었다. 그외 1980년대에 '뉴 로맨티시즘', '해적' 풍이 소개되기도 하였다. 특히 부조화의 미, 불균형의 미를 추구함으로써, 콤 드 가르송 (Comme Des Garçons)이나 그 밖의 일본 디자이너들과 함께 현대 패션을 장식하고 있는 디자이너이다.

웨어 하우스 스토어(ware house store)　최소 경비의 매장 구성으로 부담없는 저가격 추구형 스토어이다. 박스 스토어, 콤비네이션 스토어라고도 한다.

웨이더즈(waders)　물 속에서 신는 고무 방수 장화로 장딴지 중간까지 오는 피싱 부츠, 엉덩이까지 오는 힙 부츠, 가슴까지 오며 멜빵으로 고정시키는 체스트 하이 부츠(chest-high boots)가 있다.

웨이브 브레이드(wave braid)　물결모양의 장식끈을 말한다. 속칭 '주름'이라고도 하며, 여성용 재킷이나 드레스 등의 트리밍에 사용된다. 전통적인 고전의상에 애용되는 장식으로 클래식 무드가 등장하면서 이 장식도 주목받게 되었다.

웨이브 스모킹(wave smocking)　왼쪽에서 오른쪽으로 뜨면서 주름산을 조금씩 떠가는 방법으로 직선의 방향, 사선의 방향으로 변화를 주면 여러 모양의 무늬를 나타낼 수 있다.

웨이브 스모킹

웨이브 패턴(wave pattern)　물결과 같은 문양

으로 기하학 문양의 하나이다. 이 문양은 프린트나 직조 과정에서 나타날 수도 있다.

웨이스트 니퍼(waist nipper)　허리를 가늘게 하기 위해 가슴 밑에서부터 허리 부분을 조이는 파운데이션의 일종이다.

웨이스트라인(waistline)　허리선을 가리키는 말로 벨트가 놓이는 위치이며, 상체와 스커트의 중간이다. 고대 옷은 거의가 제 허리선인 정상적인 허리선을 이용하였고, 중세와 1920년대에는 허리선이 내려온 허리가 길게 보이는 롱 토르소(long torso) 웨이스트라인이, 프랑스 황제와 혁명·집정 시기와 영국의 섭정 시기에는 허리선이 올라간 하이 웨이스트라인이 유행하였다. 1940년대 이래로 웨이스트라인에 변화가 많았다.

웨이스트라인 랩스(waistline wraps)　아프리카나 모로코의 영향을 받은 패션 아이템의 하나로, 허리에 감거나 매는 밸트를 말한다. 부드러운 끈이나 털실로 되어 있는데, 꼰 스카프, 타이 등도 여기에 속한다. 튜닉이나 오버 셔트 위에 느슨히 맨다.

웨이스트 백(waist bag)　허리 가방을 말하며, 벨트처럼 허리에 딱 맞게 착용하는 액세서리의 하나이다. 숄더 백과 같은 용도로 끈을 조절하여 사용할 수도 있다. 모양, 색, 소재 등 디자인은 다양하나, 면을 사용하여 긴 지퍼로 개폐하는 가방에 허리띠를 연결하여 몸에 꼭 달라붙도록 착용하는 것이 가장 많다.

웨이스트 밴드(waist band)　바지나 스커트의 허리띠를 말한다. 특히 바지의 허리 안쪽에 붙이는 띠를 가리키기도 한다.

웨이스트 신처(waist cincher)　허리를 가늘게 보이기 위해 6~8개의 뼈나 딱딱한 심지의 받침대가 수직으로 천에 싸여 앞면의 걸고리와 혹에 걸도록 된 넓은 천 조각이다. 게피에어, 신치트 웨이스트라인 참조.

웨이스트 워처(waist watcher)　허리를 가늘게 하기 위하여 남녀가 착용하는 넓은 밴드이다. 신축성 있는 스펀지 스트레치 소재로 벨트처럼 만들기도 한다.

웨이스트코트(waistcoat)　앞에 단추가 달린 소매 없는 조끼의 총칭이다. 길이는 다양하며 재킷, 코트 밑에 입는다. 웨스킷 참조.

웨이스트코트 블라우스(waistcoat blouse)　웨이스트 코트는 남자의 조끼를 말하며, 이런 조끼와 같은 모양의 여성용 블라우스를 말한다.

웨이스트코트 팔토(waistcoat paletot)　1880년에 착용한 테일러드 스타일의 여성용 코트로, 무릎 길이에 목선에만 단추를 한 개 달았고, 앞판은 조끼의 길이가 힙선까지 내려온다.

웨이스트 포켓(waist pocket)　허리에 붙이는 포켓의 총칭으로 재킷이나 코트 등의 양쪽 부분에 붙이는 것을 말한다.

웨이스티드코트 부점 드레스(waistedcoat bosom dress)　긴 스터머커(stomacher)로 만든 드레스로, 앞판은 버튼 다운으로 되어 있으며, 19세기 초반에 착용하였다.

웨인라이트, 재니스(Wainwright, Janice 1940~)　영국 태생의 디자이너이다. 킹스턴 미술대에서 패션을 공부한 후 RCA에서 수학하였다. 처음 시몬 마시(Simmon Massey) 회사에서 일할 때 그녀 자신의 라벨로 디자인하였다. 1974년 자신의 회사를 설립하였고 소재에 중점을 둔 디자인을 하였다. 실크나 울, 저지에 자수를 놓기도 하였으며 부드럽고 유동성 있는 디자인이 특징이다.

웨일(wale)　편성물에서 V자형의 코가 상하로 나타난 줄을 말한다. 직물의 경사 방향에 해당한다. 직물의 위사 방향에 해당하는 것은 코스(course)라고 한다.

웨즐리 래퍼(Wellesley wrapper)　무릎 위 길이의 코트로, 더블 브레스티드로 된 색 드레스와 같은 모양이며, 1853년에 남성들이 착용하였다.

웨지 드레스(wedge dress)　돌먼 소매에 풍성하게 어깨가 넓은 드레스로 그 형태가 밑으로 갈수록 좁아져서 V자 또는 웨지형으로 되어 있다.

웨지 슬리브(wedge sleeve)　진동선이 몸판 안쪽으로 V자형으로 들어가 붙은 소매로 진

웨지 드레스

웨지즈

웨지 힐

동이 넓어 활동하기에 편리하다. 피벗 슬리브라고 부르기도 한다.

웨지우드 블루(Wedgwood blue)　영국의 요업가이며 미술가인 조지아 웨지우드가 처음 만들어 낸 도자기 색으로 밝은 블루와 짙은 블루의 두 종류를 말한다. 엷은 블루와 제비꽃색에 가까운 진한 블루가 그것들이다.

웨지우드 카메오 핀(Wedgwood cameo pin)　웨지우드의 도자기를 사용하여 카메오의 표현 방법으로 제작된, 장식이 부착된 장식용 핀을 말한다.

웨지, 제임스(Wedge, James 1937~)　영국 런던 출생으로 예술과 패션을 공부한 후 로널드 패터슨(Ronald Paterson)에서 모자 디자이너로 활동하다 현재는 패션 사진 작가로 활동중이다.

웨지즈(wedgies)　뒤꿈치가 쐐기 모양인 여자 구두로 1940년대에 유행하였고, 1970년대 남녀용 구두로 다시 유행하였다.

웨지 컷(wedge cut)　머리 끝부분이 쐐기처럼 잘린 헤어 스타일로 1970년대 아이스 스케이팅 선수 도로시 해밀(Dorothy Hamill)의 머리 모양에서 유래하였다.

웨지 힐(wedge heel)　구두의 발바닥 부분과 발꿈치가 하나로 만들어진, 경사진 굽을 말한다. 높이는 낮은 것, 중간, 높은 것이 있으며 1930년대에 소개되었다. 바닥이 황마, 천, 우레탄 또는 가죽으로 덮인 것 등이 있는데 코르크로 된 것은 코르키즈(corkies)라고 불린다.

웨트 랜드 컬러(wet land color)　습지(濕地)에 보이는 색을 말한다. 1984년 춘하를 겨냥해 발표한 색의 하나로 촉촉하게 젖은 느낌의 깊이 있는 자연색이 여기에 속한다. 카키, 적갈색 등의 그린이 대표적이며 소박하고 자연스런 분위기를 느끼게 하는 것이 특징이다.

웨트 수트(wet suit)　나일론이 대어진 검정 고무를 소재로 한 타이츠 팬츠와, 눈과 코 부분이 플렉시글라스(plexiglass)로 된 머리에 꼭 맞는 후드가 달린 재킷으로 이루어진 수

트이다. 스쿠버 다이빙과 같은 수중용 스포츠를 위한 스포츠 웨어로 앞중심과 소매, 다리에 지퍼가 달려 있다.

웰링턴 부츠(Wellington boots)　웰링턴 장군이라 불린 영국의 아서 웨즐리(Arthur Wellesley, 1769~1852)의 이름에서 유래한 부츠이다. 주로 승마용으로 무릎까지 오는 긴 길이가 특징적이며, 줄여서 웰링턴이라고도 한다.

웰링턴 스타일(Wellington style)　19세기 초의 남성 패션으로, 단추를 한 줄로 단 오버코트이다. 허리까지 단추를 채웠으며, 무릎까지 퍼지는 스커트에 허리선의 솔기가 없고 옆주름이 있다. 뒤의 심 아래쪽이 트였고 힙 단추가 있으며, 좁은 판탈롱과 함께 착용하였다. 발목에서 장딴지까지 오는 부츠를 끈으로 여몄으며 높고 위가 퍼진 비버 모자에 케이프를 착용하기도 하였다.

웰링턴 해트(Wellington hat)　비버 털로 짠 직물로 만든 모자로, 1820~1830년대 남자들이 착용하였다. 모자의 크라운은 적어도 20cm 높이이며, 꼭대기가 벌어진 형태로, 1815년 나폴레옹과의 워털루 전쟁에서 승리한 영국의 영웅 웰링턴 장군의 이름에서 명칭이 유래하였다.

웰트 심(welt seam)　⇒ 뉘솔

웰트 심 플래킷(welt seam placket)　웰트 심을 이용하여 만든 트임으로 밖에서 보기에는 트임이 없고 웰트 심만으로 보인다. 대개 고어드 스커트의 옆트임에 사용된다.

윔플(wimple)　중세 초기에 유행한 베일로, 리넨천을 모자에 늘어뜨려서 얼굴 양쪽과 머리, 목을 가렸다.

위글릿(wiglet)　여성용 부분 가발로 여러 가지 형태로 만들 수 있다.

위금(緯錦)　위사로 직문한 금으로 평직, 능직의 두 종류가 있으나 능직의 위금이 대부분이다. 위금의 위사는 2채색에서 7, 8채색까지 사용된 것이 있으며, 경금보다 다채롭다. 위금에는 지를 조직하는 지경(地經)과 문양의 표출을 가르는 심경(心經)이 있는 것이

일반적이다. 위금은 일본의 명명이나, 우리나라, 중국에서도 일반적으로 사용되어 왔다.

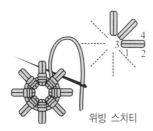

위금

위도즈 피크(widow's peak)　① 이마의 머리털이 난 언저리선 중앙을 뾰족한 형태로 만든 것을 말한다. ② 철사로 심을 넣어 심장 모양으로 만든 작은 모자로, 이마 중심에 뾰족한 부분이 오도록 하였다. 원래는 캐서린 드 메디치(Catherine de Medici)의 과부용 보닛이었으나 후에 스코틀랜드의 여왕 메리가 더 자주 착용하였다.

위빙 스티치(weaving stitch)　방사선상의 모양으로 실을 뜨고, 중심에서부터 실을 오른쪽에서 왼쪽으로 휘감아가며 수놓는 방법이다. 꽃 모양에 입체적인 느낌을 주는 데 사용한다.

웰링턴 부츠

위빙 스티치

위사(weft, filling, pick)　직물의 폭 방향으로 걸쳐진 실로서 경사에 비하여 일반적으로 굵고 꼬임도 적은 것을 사용한다. 씨실이라고도 한다.

위생 가공(sanitary finish)　섬유 제품이나 섬유 제품 착용자를 미생물로부터 보호하기 위한 가공으로 미생물의 증식을 억제하거나 사멸하여 악취 제거, 전염성 질환 예방 등의 목적으로 행해진다. 속옷, 양말, 아기 기저귀,

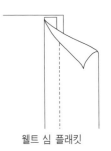

웰트 심 플래킷

의료용 섬유 제품 등에 주로 실시한다.

위수자(weft satin, filling faced satin)　수자 직 중에서 표면에 위사가 많이 나타나 보이는 것으로, 면이나 기타 방적사를 위수자 조직으로 만드나 흔하지는 않다.

위스티리어(wistaria)　등(藤)나무의 색이라는 뜻이다. 패션 용어로는 등나무꽃에 보이는 밝은 연보라색으로 1985년 춘하 여성복에 쓰였던 악센트 컬러의 하나를 말한다.

위이캇(緯 ikat)　위사를 잡아매어 방염하에 제직한 염문직물을 말한다.

위즐(weasel)　북반구 각지에 분포되어 있는 족제비과의 동물 모피를 말한다. 대개 등쪽은 불그스름한 갈색을 띠고 배쪽은 백색이나 노르스름한 색을 띠고 있다. 북유럽과 아시아에 사는 어민(ermine)이라고 불리는 종은 꼬리 부분은 검고 몸은 백색이다.

위차(緯車)　물레를 말한다.

위츄라 맨틀(witzchoura mantle)　① 1808~1818년 동안 착용한 여성들의 클로크로 모피 장식이 있는 케이프이다. ② 안감이 있고 모피로 장식된 1830년대의 여성들의 겨울용 맨틀로, 스탠딩 칼라와 큰 슬리브가 달렸다.

위크엔더(weekender)　재킷과 블라우스, 스커트 또는 팬츠로 이루어진 스리피스나 포피스의 여성용 수트로 주말 여행에 착용하는 의복이다.

위크엔드 웨어(weekend wear)　주말복이라는 의미이다. 종래에는 상하 중심의 컨트리풍이 강했지만 현재는 스웨터 등 액티브 스포츠 웨어가 주류를 이루며, 외국에는 위크엔드 숍이라는 전문점도 생겼다.

위타(緯打)　날실[緯絲]을 넣는 일을 말한다.

위편성(weft knitting)　한 올의 실이 고리를 엮으면서 좌우로 왕래하여 평면상의 편성물을 만들거나 원형으로 진행하면서 원통상의 편성물을 만드는 것으로, 위편성물의 기본 조직은 평편, 고무편, 펄(pearl)편의 세 가지가 있다.

위필(huipil, huepilli)　멕시코 원주민인 아즈텍(Aztec) 사람들로부터 물려받은 것으로, 멕시칸 인디언과 농가의 여인들이 면으로 된 천을 머리만 들어갈 정도로 구멍을 내어 뒤집어써서 입는 블라우스나 또는 이와 비슷한 스타일의 소매 없는 블라우스를 가리킨다.

위해(尉解)　신라의 유(襦)의 명칭이다. 저고리에 해당되는 웃옷으로서 위해는 위테, 웃테라는 말로 위에 입는 옷이라는 뜻이다.

윈도페인(windowpane)　가느다란 가로, 세로 줄무늬가 교차해서 생긴 유리 창문 모양의 격자 문양을 말한다.

윈도페인 호즈(windowpane hose)　얇고 두껍게 제작하여 기하학적 정방형의 문양을 보이는 호즈로, 두꺼운 부분은 창문틀처럼 보이며 얇은 부분은 유리처럼 보인다. 미니페인 호즈(mini-pane hose)는 더 작은 정방형으로 되어 있다. 흰색과 검은색 그리고 쇼킹 핑크, 샤르트뢰즈(chartreuse), 오렌지와 같은 다양한 색깔로 만든다. 1960년 중반에 유행하였다.

윈드 보닛(wind bonnet)　머리를 보호하기 위해 망 또는 시폰으로 만든 가벼운 머리쓰개이다.

윈드브레이커(windbreaker)　보온성이 있고 가벼운 나일론으로 만든 허리까지 오는 재킷이다. 원래 상표명에서 따온 이름으로 주로 찢어지지 않는 질긴 천으로 만든다. 방한용의 스포츠 재킷으로 앞여밈에 지퍼를 달고 옷자락 끝이나 소매에 고무줄이나 밴드를 조여서 바람을 막아준다. 접으면 부피가 작아서 운동복으로 가방에 넣고 다니면서 착용하기 편리하다.

윈드브레이커

윈저 스프레드 칼라(Windsor spread collar)　칼라 끝의 간격이 넓게 벌어진 드레스 셔트

윈드브레이커

칼라이다. 전형적인 영국풍의 디자인이며 윈저 칼라라고 부르기도 한다.

윈저 타이(Windsor tie) 목밑에서 삼각형 또는 사각형 매듭으로 맺는 포인핸드(four-in-hand) 스타일에 사용하는 남자 넥타이로 1920년대 유명했던 윈저 공작의 이름에서 유래한 넥타이이다.

윈터 비비드(winter vivid) 겨울에 애용하는 선명한 색상, 즉 추동 패션에 이용되는 선명하고 강렬한 인상의 색을 말하며, 젊은이 상대의 스포츠 웨어에 사용되는 경향이 많다. 또한 스포츠 웨어뿐만 아니라 일반 패션에서도 악센트 컬러로 채용되는 경향이 있다.

윌로(willow) 버드나무 잎에 보이는 회색 기미의 황록색을 말한다.

윌로 그린(willow green) 축 늘어진 버드나무 잎의 황색을 띤 엷은 녹색이다.

윌리엄 리(William Lee) 영국인으로 1589년 수동식 양말 편기를 발명하였다.

윌리엄슨 다이아몬드(Willamson diamond) 런던의 브리펠과 레머(Briefel & Lemer)에 의해 54캐럿의 원석에서 23.6캐럿으로 세공된 핑크색의 다이아몬드이다. 존 티 윌리엄슨(John T. Williamson)이 영국의 엘리자베스 2세에게 선물하여 퀸 엘리자베스 핑크 다이아몬드(Qween Elizabeth Pink diamond)라고 불리기도 한다.

윌리엄 제임스(William James)**의 이론** 윌리엄 제임스는 자기(自己)에 대하여 경험적 자기 또는 지각된 자기, 즉 'me'라는 용어를 사용하였으며, 자기의 구성요소로는 물질적 자기, 사회적 자기, 정신적 자기가 있다고 하였다.

윙드 슬리브(winged sleeve) 새의 날개처럼 넓고 헐렁한 모양의 소매이다. 에인젤 슬리브(angel sleeve)라고 부르기도 한다.

윙드 커프스(winged cuffs) 양쪽 끝이 갈라져 마치 새의 날개처럼 생긴 커프스이다.

윙 라펠(wing lapel) 새의 날개처럼 전체가 떠올라 칼라의 앞면이 부드럽게 접힌 한 장의 칼라를 윙 칼라라고 하며, 이런 칼라 전체가 아래로 늘어져 신사복의 라펠 모양을 나타내는 것을 가리킨다. 특히 여성의 재킷과 코트에서 많이 볼 수 있는 디자인이다.

윙즈(wings) 16세기 중반부터 17세기 중반의 더블릿이나 드레스에 사용된 장식으로, 어깨 부위에서 위쪽으로 튀어나오게 패딩을 하거나 초승달 모양이나 롤 모양의 패딩을 어깨 솔기에 꿰매어 잇기도 하였다.

윙 칼라(wing collar) 칼라 끝이 넓게 각이진 테일러드 셔트 칼라이다. 깃을 아래로 접어 구부린 직립 칼라로 신사복 정장이나 야회복 속에 입는 셔트에 단다. 스틱 업 칼라라고 부르기도 하며 1967년까지 이튼 칼리지(Eton College) 상급생들이 입었다. 올려 세워 구부려 눕힌 빳빳한 칼라로 길고 끝이 뾰족하다.

윙 칼라

윙클 피커즈(winkle pickers) 1950년대 초에 테디 보이와 테디 걸이 신은, 과장되게 끝이 뾰족한 구두를 가리키는 영국 속어이다.

윙 타이(wing tie) 보 타이를 일컫는 말로 한쪽 끝이 플레어로 되어 있다.

윙 팁(wing tip) 앞부리에 장식용 구멍이 있는 구두로, 원래 아일랜드 고지의 스코틀랜드인이 사용하는 브로그(brogue)이다.

유(襦) 저고리의 한문식 표현이다. 상대(上代)에 착용된 유의 기본 형태는 남녀 모두 비슷하다. 오늘날의 저고리보다 길어 길이가 둔부까지 내려오며, 허리에 띠를 맸다. 깃, 도련, 소매 끝에 선(襈)을 둘렀다.

유군복(襦裙服) 중국 당 시대 여성의 대표적인 복식으로 위에는 단유(短襦)나 삼(衫)을 입고 아래에는 장군(長裙)을 입었으며, 피백(披帛)을 두르고 때로는 반비(半臂)를 덧입었다.

유군복

유 네크라인(U-neckline)　알파벳의 U자 모양으로 우묵하게 파인 네크라인이다.

유 네크라인

유니버시티 베스트(university vest)　양쪽으로 단추가 달린 더블 브레스티드의 마지막 단추에서부터 단이 잘려져 나간 스타일의 조끼이다. 유니버시티 코트와 같이 1870년대 초에 유행하였다.

유니섹스(unisex)　성별의 구분이 없이 옷을 입는 것, 즉 남성이 여성과 같은 복장을 하는 경우가 많고, 여성도 남성 비즈니스 웨어 같은 스타일을 입는 경우를 말한다. 1960년대 후반에 히피족의 영향을 기점으로 하고 있지만 여권 신장을 바탕으로 한 패션 발전에서 언유한 깃으로 볼 때 여성의 남성 지향의 의미를 지니고 있다.

유니섹스 머천다이징(unisex merchandising)　남녀 공용으로 디자인되는 기성복이나 액세서리로 분리되지 않고 같은 부서에서 팔리는 것을 말한다.

유니섹스

유니타드

유닛 드레스

유니섹스 셔트(unisex shirt)　남녀 공동으로 입을 수 있도록 디자인된 셔트류를 총칭한다. 대개 단추가 없고 네크라인에 레이스로 장식된 것이 많다.

유니섹스 팬츠(unisex pants)　⇒ 드로스트링 팬츠

유니언 수트(union suit)　몸에 꼭 맞고 셔트와 팬츠가 하나로 이루어진 속옷이다. 주로 남성복과 아동복으로 착용된다.

유니언 염색(union dyeing)　혼방된 직물을 후염할 때 일욕으로 염색하여 한 가지 색으로 염색하는 것을 말한다. 크로스 염색 참조.

유니타드(unitard)　레오타드와 타이츠가 하나로 복합된 스타일의 상하가 붙은 보디 수트로, 패턴이 있는 니트 조직의 소재를 사용하여 만든다. 체조복, 에어로빅복 등으로 사용되며 비키니 팬츠를 위에 덧입기도 한다.

유니폼(uniform)　군복 또는 학교, 각종의 운동팀, 각 직종에 따른 단체복을 가리킨다. 그리스와 로마 군인들이 착용한 것이 시초였다.

유니폼 드레스(uniform dress)　한 형태의 드레스를 말하는 것으로 제복으로서의 드레스를 가리킨다. 학교, 회사, 단체를 구별하기 위하여 만든 특별한 복장이며, 종류나 디자인은 여러 가지가 있다. 또한 특별한 행사에 제복을 입기도 하며 정장의 의미로도 쓰인다.

유닛 드레스(unit dress)　유닛이란 복합체의 구성을 뜻한다. 작은 사각이나 원으로 된 플라스틱이나 거울 조각들을 연결하여 입체적으로 만든 드레스로 디자이너 파코 라반이 유행시켰다.

유닛 컨트롤(unit control)　상품 관리의 의미로서 상품 판매에 대한 매상을 조사·관리하는 것과 동시에 수중에 있거나 주문 중이거나 주어진 기간 동안 팔아버린 재고품의 중요한 통계를 기록하는 체제이다.

유도 벨트(judo belt)　유도의 유니폼과 함께 매는 벨트를 말한다.

유도 수트(judo suit)　유도 시합 때 입는 운동

복이다. 흰색의 가벼운 천으로 만들며, 기모노와 랩 스타일이 복합된 둔부까지 내려오는 상의와, 밑으로 갈수록 통이 좁아지는 7부 길이의 팬츠로 구성되어 있다. 허리띠의 색상으로 실력의 정도를 상징한다.

유도 재킷(judo jacket)   돌먼 소매가 달리고 밴드 칼라를 두 겹으로 몇 줄의 직선 스티치로 누볐으며, 힙을 가릴 정도의 직선 형태로 된 재킷이다. 유도할 때 입는 두꺼운 재킷으로 양쪽 옆솔기는 터져 있다.

유러피안 친츠(European chintz)   유럽풍의 섬세하고 사실적인 문양이 있는 친츠로, 빅토리안 왕조 시대에 유행한 장미꽃 문양의 빅토리안 친츠가 대표적인 것이다.

유러피안 캐주얼(European casual)   몸에 꼭 맞도록 된 유럽 스타일의 캐주얼 웨어를 가리키며, 1960~1980년대에 주로 젊은 남성들에게 유행하였다.

유러피안 컷 셔트(European cut shirt)   남성용 셔트로 몸에 꼭 맞도록 되어 있으며 허리 부분은 다트로 몸체 부분이 아래로 내려올수록 좁게 되어 있다. 콘티넨털 컷이라고도 부르며 1960년대, 1980년대에 주로 젊은 남성들에게 유행하였다.

유리 섬유(glass fiber)   무기 섬유의 규산염 섬유의 일종으로 1938년 미국의 오웬사 (Owens–Corning Fiber Glun)에서 유리 섬유를 시판하기 시작하면서 실용화되었다. 유리 섬유의 강도는 9~15g/d로 대단히 크지만 신도는 3%로 매우 작고, 내굴곡성과 내마찰성이 적다. 또한 불연이며, 불화수소를 제외한 산과 유기 용매에 안정하다. 그러나

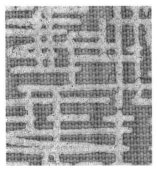

유리 섬유

비중이 2.49~2.55로 의복용으로는 너무 무거워 부적당하고, 내일광성, 방화성이 요구되는 커튼과 전기 담요, 실내의 천장과 벽지 등에 사용된다. 또 방음 및 보온재와 석유 난로의 심지로 사용되며 공업용 여과포로도 쓰인다.

유릴론(urylon)   일본에서 개발된 폴리우레탄 섬유이다. 나일론보다 가볍고 부드럽고 내열성이 좋으며, 촉감은 양모나 폴리에스테르와 비슷하다.

유모   수나라 때부터 유행하던 것으로 모정(帽頂)이 높고 차양이 넓은 입모(笠帽)로, 모자 차양 아래로 투명한 비단을 한 바퀴 두른 형태이다.

유모지(yumoji)   부드러운 면으로 된 직사각형 형태의 짧은 속치마와 같은 속옷이다.

유사견(silk–like filament)   견과 같은 외관과 촉감을 주기 위해 합성 섬유를 가공한 섬유이다. 폴리에스테르 섬유를 알칼리 감량 가공하여 얻기도 하는데, 가성 소다로 폴리에스테르 섬유의 표면을 녹여서 30~35% 정도 감량하면 표면이 불규칙하게 되어, 정련한 견섬유와 비슷한 표면을 갖게 된다.

유사면(cotton–like)   합성 섬유로 짠 직물이 천연 면직물과 같아 보이도록 여러 가지 가공 처리를 해 줌으로써 시도된 합성 직물을 말한다.

유사모(wool–like)   양모와 같은 외관을 가지도록 여러 가지 형태의 가공을 시도한 것을 말한다.

유사 방적사(spun–like)   폴리에스테르 필라멘트사를 방적사와 같은 외관을 가지도록 보풀, 루프, 슬러브 등을 형성시키는 방법으로 만든 것을 말한다.

유사성 가정(assumed similarity)   타인을 판단할 때에 그 판단의 대상자가 자기 자신과 비슷하다고 가정하고 판단하려는 경향이다.

유사성 – 매력(호감)   인상을 형성하는 사회적, 인지적 과정에서 사람들은 자신과 비슷한 외모와 차림과 태도를 가진 사람을 좋아하는 경향이 있는데 이것이 '유사성 – 매력가설'

유도 재킷

유카다

유사 스웨이드(suede-like)　천연 피혁의 부드럽고 매끄러운 태를 얻기 위해 0.01∼0.7 데니어의 극세사를 원료로 하여 만든 인공 피혁을 말한다.

유소(流蘇)　무동녀(無童女)가 단의(丹衣) 위에 늘어뜨리는 장식품으로 홍라(紅羅)나 자색초(紫色綃)로 만들고 금화문(金花紋)을 박아 여덟 가닥을 늘어뜨리며, 끈은 홍초(紅綃)로 만든다.

유아복(幼兒服)　아동복과 같으나 초등학교 이전 어린이들의 옷을 말한다.

유염(流染)　수면 위에 먹 또는 염료를 풀어 놓고 불거나 저어 포에 흡착시켜 흐르는 듯한 염문으로 염색하는 일종의 공예 염색법이다.

유 에스 디 에이(USDA ; United States Department of Agriculture)　미국 농무성을 말한다.

유전적 요인　사람들은 출생하기 전 유전적 원인에 의하여 특징을 소유하는 것이 있는데, 성격형성에서 생물학적 요인 중 유전적 요인이 있다. 조울성·분열성 기질과 모험적 순환 기질, 퇴행적 분열성 기질, 지능의 경우에는 유전의 영향이 크다.

유제니 페티코트(Eugenie petticoat)　앞쪽은 허리에서 약간 내려오고 뒤쪽은 길이가 길게 내려온, 1870년대 초에 많이 착용한 속치마이다. 유제니 황후가 즐겨 입은 데서 이름이 유래하였다.

유젠[友禪]　일본의 호염(糊染)의 총칭이다. 상대의 갈힐(纈纈)에 사용되었던 방염제인 납(蠟)이 풀[糊]로 대치되어 방염제가 된 것이다.

유직직물(有織織物)　일본에서 평안(平安) 말기부터 근세까지 공경의 장속조도(裝束調度)에 사용된 직물의 총칭이다.

유채색　무채색(흑, 백, 그레이) 이외의 모든 색을 말한다. 유채색의 수는 매우 많고 인간의 눈으로 식별할 수 있는 범위만도 수백 만이라 하는데 몇몇 개인의 표색계에 의해 통계적으로 정리되어 있다.

유카다[浴衣]　일본 전통 의복 나가기[長着]와 같은 형태의 남녀가 입는 옷이다. 원래 목욕 후에 입었으나, 요즘은 여름용 가정복으로 입는다.

유타리아(uttariya)　이란 인디언족들이 착용하는, 약 3마 정도 길이의 옷감으로 둘러싸서 입는 랩 어라운드형의 망토나 코트를 말한다.

유통(distribution)　재화나 서비스가 생산자로부터 소비자측으로 이동해 가는 것을 말한다. 생산자로부터 최종 소비자에게까지 이르는 다양한 집단들 사이에서의 제반 제도와 관계들을 연결시켜 주며 소유권, 지불, 정보 및 촉진 활동을 포함하는 제품과 서비스의 흐름을 촉진시켜 주는 활동이다. 즉 유통이란 넓은 의미에서의 마케팅과 같은 뜻이기도 하다.

유틸리티 코트(utility coat)　전기, 수도, 세탁기, 청소기 등을 사용하거나 보수할 때 유용하게 다방면으로 입을 수 있는 실용적인 코트를 말한다.

유행(fashion)　특정 시기에 널리 받아들여지고 채택되는 스타일이나 생활양식으로 새로운 것을 추구하며 주기적인 특성을 지닌 하나의 사회적인 집합현상이라고 풀이된다.

유행가능성(fashionability)　많은 사람들이 수용하여 유행이 될 수 있는 가능성을 뜻한다.

유행담당자　새롭고 색다른 방법으로 의상, 색상, 액세서리를 조화롭게 배합시키는 일을 맡은 사람들을 말한다.

유행 무관심자(non-leader)　유행 선구도와 유행 오피니언 리더십이 모두 적은 사람이다.

유행색(fashion color)　문자 그대로 유행하는 색이라는 뜻이다. '유행한다' 라는 것은 어느 범위의 소비자들에게 수용된 것을 의미한다. 따라서 이 수용의 실정에 따라 같은 유행색이라 해도 다른 유행색들과 구분된다. 예를 들면 넓게 기본색으로 받아들여진 것은 스탠다드 컬러(standard color)이고, 주목은 받았지만 지극히 소수인 경우는 토픽 컬러(topic color)이며 트라이얼 컬러(trial color)라고도 한다. 유행색 안에는 예측색(forecast color)으로서 각종 기관에서 발표된 것이 있다. 이것도 유행의 경향을 상징하는 트렌드 컬러(trend color)와 정통 상품의 색으로 머천다이즈 컬러(meachandise color)로 구분된다.

유행 선구도(fashion innovativeness)　새로 유행하는 옷을 얼마나 많이 소유하고, 얼마나 착용하는가 하는 정도이다.

유행 선도자(fashion innovator)　유행에 앞장서는 일부의 사람들을 말한다. 패션 리더라고도 한다.

유행쇠퇴(decline)　거의 모든 사람이 그것을 입어서 보는 사람도, 입은 사람 자신까지도 싫증을 느끼게 되었을 무렵, 이 시기에서 유행은 유행주기의 아래쪽으로 내려간다.

유행 요법(fashion therapy)　적절한 의복을 환자에게 착용하여 자기자신에 대한 가치의 상실감을 회복시켜 정신병을 치료하는 것으로 즉 의복을 통한 치료요법이다.

유행 의사 선도자(fashion opinion leader)　자신이 주위 사람에게 유행에 관한 조언 및 정보를 제공하는 근원이라고 느끼는 사람이다.

유행의 전파이론(fashion adoption theory)　새로운 스타일이 소개되어 채택되고 유행으로서 등장하기까지에는 확산과정을 거친다는 것에 관한 이론을 말한다. 여기에는 하향전파설, 수평전파설, 상향전파설, 집합선택이론이 있다.

유행 정보원(fashion source)　소비자에게 유행의 확실한 정보를 공급하는 근원으로서 그 형태는 시장 지배적 정보원, 소비자 지배적 정보원, 중립적 정보원이 있다.

유행 주기(fashion cycle)　유행 주기는 새 스타일이 소개되고 전파되어 유행의 절정에 이른 후에 쇠퇴·소멸되고 또 다시 새 유행 스타일이 나타나는 그러한 주기적 현상을 말한다.

유행 추종자(fashion follower)　유행 리더로부터 유행정보와 조언을 얻고자 따라가는 사람들이다.

유행 혁신자(fashion innovator)　혁신성을 유행분야에 적용시켜 새로운 스타일의 옷을 남보다 먼저 수용하고 자신을 위해 의복착용을 즐기며, 새로운 시도에서 흥분감을 얻고 의도한 대로 보이려고 시간을 많이 소비하는 사람들이다.

유화 방사(emulsion spinning)　화학 방사법의 하나로 습식 방사나 건식 방사, 용융 방사로는 방사가 불가능한 경우에 사용하는 방법으로, 폴리머를 용액 속에 분산 또는 유화시킨 후 방사구를 통해 압출하여 섬유를 얻는다. 대표적인 섬유로는 테플론을 들 수 있다.

육의전(六矣廛)　면전(綿廛), 면포전(綿布廛), 면주전(綿紬廛), 지전(紙廛), 저포전(苧布廛), 포전(布廛)과 내외어물전(內外魚物廛)을 합하여 육의전이라고 한다. 속칭 육주비(六注比)라고도 한다.

육지면(upland cotton)　미면의 주류를 이루고 있는 품종으로서 섬유장은 피마면보다 짧은 19~28mm로 약 40번수까지 방적이 가능하다. 비교적 어두운 백색을 띠며 강도도 좋은 편에 속한다. 우리 나라 수입원면의 대부분을 차지하고 있다.

윤자(綸子)　단자(緞子)와 같이 경수자의 지에 위수자(緯繻子)의 문으로 제직한 수자문직에 대한 일본명이다. 단자는 선염사직이고 윤자는 제직한 후에 연(練), 염(染)하는 문직물이다. 축면으로 된 것이 있는데 이것을 윤자축면이라 한다.

융　경사 20s, 위사 10s 정도의 면사를 사용하여 평직 또는 능직으로 짠 후 기모한 직물로서 부드럽기 때문에 어린이 잠옷 등에 쓰인다.

융단(絨緞)　단직물의 표면에 융모, 융권이 되어 제직된 직물이다.

융담(絨毯)　첨모(添毛) 조직으로 된 모석류(毛席類, carpet)이다.

융복(戎服)　조선 시대 문무관이 몸에 경첩하게 해야 할 경우의 복식으로 왕의 행차를 수행할 때, 외국에 사신으로 파견될 때 그리고

국난을 당했을 때 주로 착용하였으며, 입
(笠), 철릭[帖裏], 대(帶), 목화(木靴)로 구
성되어 있다.

융복

은라(銀羅) 은라사(銀羅紗), 은라관사의 약칭
으로 은라사는 경은 청회색 생사, 위는 백색
연사로 하여 위를 3 또는 5회 위입 후 생위
사를 직입한 평직물이다.

은란(銀襴) 은박사를 직입하여 제직한 직물
이다.

은박(銀箔) 은을 연신하여 직물에 일정한 문
양으로 교착시킨 것이다.

은조사 경·위사에 생사를 사용하여 바디살
하나에 두 올의 경사를 함께 넣어 제직한 무
늬없는 직물이다. 깔깔한 촉감을 가지며 비
쳐보인다. 여름철 깨끼저고리 치맛감으로 오
랫동안 사용되었다. 개항기에 우리 나라에서
제직된 직물 중에 나타나 있다. 같은 감을 겹
쳐 옷을 지으면 각종 어른 무늬가 시원한 감
각이 나타나는 직물이다.

은주사 변화 익직으로 평직과 사직을 교대로
짠 우리 나라 익직물의 하나이다.

을라(乙羅) 경생사(經生絲), 위생사(緯生絲)
1, 연사(練絲) 2, 생사(生絲) 1씩 4본마다
약간의 간격을 놓고 평직으로 제직하여 마치
여(絽)와 같이 보이는 직물이다. 개항 후의
직물명으로도 나타나 있고 또 온양 민속 박
물관에 이장된 안동 김씨의 대렴구 중에 을
라의 기록이 나타나 있어 을라가 오랫 동안
우리 나라에서 사용된 것으로 보인다.

음경(陰經) 위금(緯錦)에서 문양을 제직하기

위하여 지위(地緯)와 문위(紋緯) 사이에 끼
여 있는 경사이다. 음경은 금의 표리에 나타
나지 않으며, 위금에서 음경이 없는 것도 있
다. 음경이 없는 위금은 있는 것보다 얇으나
문위가 뒷면에 조직되지 않고 뜨게 된다.

의대(衣襨) 궁중에서 사용한 왕·왕세자·왕
비·왕세자빈의 의복의 높임말로 의대를 관
리하는 상의원(尙衣院)이라는 관청도 두었
다.

의류 ⇒ 어패럴

의류 제조업체(apparel manufacturer) 상점
내에서 직물을 구입하여 디자인하고 패턴을
만들고 가격을 정하고 재단하고 공장에서 의
복을 만드는 업자 및 업체를 말한다.

의미 미분법(Semantic Differential Methods)
심리학적인 개념의 의미를 관측하거나 측량
하는 데 쓰이는 방법으로서 어떤 자극에 관
한 의미를 모두 찾아서 요인분석을 하면 관
련성 있는 것끼리 모아서 그 의미의 구조를
알아내는 방법이다.

의미의 세계(semantic space) 사람들이 어떤
사물을 보고 느끼는 감정이나 판단이 다소
다르거나 크게 다른 입장이라고 하더라도 거
기에는 공통된 어떤 개념이 반드시 존재하는
데 이를 '시맨틱 스페이스'라고 한다.

의미 측정 연구(Semantic Differential Met-
hods) 보통 주어진 자극을 설명할 수 있는
양극적인 형용사쌍을 5~7단계로 평정하도
록 하여 특정 대상에 대해 어느 특성에 어느
정도로 가깝게 해당되는지를 표시하도록 하
는 방법이다. 서로 다른 의미의 세계를 연구
하기 위해 사용된다.

의복 규범(clothing norm) 한 사회집단에 의
해서 전형적으로 받아들여진 옷차림을 의미
한다.

의복 디자인 선호 어떤 의복 디자인을 좋아서
선택하는 것을 뜻하며 의복 디자인 요소에
대한 선호도(이인자 : 1976)는 의복의 선, 스
타일, 색(난색, 한색, 명도, 배색, 색 선택의
다양성), 질감, 옷감의 문양 등의 10가지 요
소가 연구되었다.

의복막이 각부 벨트차의 왼쪽을 막고 있는 망형의 철틀로 바퀴가 돌아갈 때 의복이 바퀴에 걸려 재봉틀 기름으로 더러워지거나 벨트차에 말려들어가는 것을 막는 역할을 한다.

의복 분류(classification) 스타일, 치수, 색상, 모델이나 가격에 등급이 매겨진 형태의 상품별 분류(예 : 남성용 드레스 셔트)를 말한다.

의복 상징 의복과 마스크(mask), 머리형, 몸치장, 색상, 문신, 리본, 베일, 메달 등은 사람들의 사회적 지위나 상황의 중요성, 의복의 착용자가 누구인가를 전하는 무언의 언어, 무언의 상징이 된다.

의복 수용(clothing acceptance) 자기 자신이나 다른 사람이 특정한 경우에 적합하다고 생각되는 의복의 선택을 의미한다.

의복의 과시성(exhibitionism) 자신을 의복을 통해서 남에게 드러내 보이고자 하는 특성이다.

의복의 기능 의복의 기능은 개인의 신념, 감정, 신분, 지위, 소속집단 등을 상징하는 표현적 기능과, 신체의 안락과 쾌적함을 주는 실용적인 의복의 사용이나 원하는 보상을 얻기 위해 사용되는 도구적 기능으로 분류된다.

의복의 기본 동기 왜 인간이 의복을 입기 시작했는가, 또는 어떤 기능을 하는가 등 기본적인 동기를 연구하거나 관심을 갖는 일이다.

의복의 다층적 연구 의복은 개인의 지위를 나타내고, 권위를 제공하고, 권리를 나타내고 권력의 교섭에 영향을 주는 계층의 상징이다. '다층적' 접근은 의복이 인구통계적 특성을 나타낸다는 것을 강조한다.

의복의 도구적 목적 우리가 어떤 일을 할 때 그 일로부터 우리를 보호하기 위해 의복을 사용한다면 그 자체가 목표 지향적이고 실용적이면서 유용하다는 의미에서 '도구적이다'라고 말할 수 있다.

의복의 동기 의복을 입은 동기를 파악하기는 힘들다. 왜냐하면 동기는 집단에서 집단으로, 문화에서 문화로 변화하는 경향이 있는 '학습된' 행위의 형태이기 때문이다. 이는 사회적 배경이 의복을 해석하는 데 영향을 주기 때문이다.

의복의 보호성 의복은 자연으로부터의 보호, 위험으로부터의 보호인 신체적 보호와, 심리적 안정감을 위한 보호 기능, 주술적 기능, 윤리적 위협으로부터의 보호인 심리적 보호를 포함한다.

의복의 비정숙성(immodesty theory) 의복을 성적 유혹물로 보고, 의복은 감추어진 신체부위에 주의를 끌게 한다고 보는 것이다.

의복의 자유 의복의 자유란 사회적 속박에 관한 개인의 주관적 경험을 다루는 개념이다.

의복의 정숙성(modesty theory) 인간의 기능을 억제하는 하나의 충동으로 간주되며 성적 과시, 노출, 성적 욕망, 혐오감이나 수치심, 아름답거나 화려한 옷 등에 대한 억제를 목적으로 한다.

의복의 주제 통각검사(Clothing TAT) 의복에 부착된 상징적 의미평가를 위한 것으로 머레이(Murray)의 TAT를 수정 작성한 것이다. 즉 모호한 사회적 상황에 대한 설명을 할 때 개인은 그 과정에서 자신의 성격을 드러낸다는 것에 근거했다.

의복 중요도 검사지(Importance of Clothing Questionnaire) 크릭모어(Creekmore)가 개발한 의복관심에 대한 질문지이다.

의사 결정(dicision making) 기업의 경영자나 개인이 하나의 행동을 선택하기 위한 과정으로, 구체적으로는 목표의 설정을 위한 여러 수단(행동)의 분석과 평가, 그리고 그것의 선택이라는 일련의 과정으로 이루어져 있다. 구매에 관한 의사 결정에는 구매 여부, 구매 대상, 구매 방법, 구매 장소 등에 대한 구매 결정이 필요하다.

의사 소통(communication) 커뮤니케이션이라고도 한다. 고객과 판매원 쌍방간의 상호적인 정보의 흐름을 의미하며 서로의 위상에 대해 알기 위해 이러한 상호 정보 교환은 계속적인 피드백을 할 수 있는 기회를 제공한다. 판매원이 훌륭한 의사 소통 기술을 갖게 되면 고객들은 판매원들을 문제를 규명하고 분석해 주는 사람으로 인식하게 된다.

의상 가치 측정 검사지(Measure of Eight Clothing Values)　크릭모어(Creekmore)가 개발한 의상가치측정도구로써 심미성, 승인, 주의집중성, 안락성, 의존성, 관리성, 관심, 정숙성 등의 여덟 가지 측면을 측정한다.

의상 심리서(The Psychology of Clothes)　프뤼겔(Flugel)이 영국 방송공사의 요청에 의해서 1928년 방송되었던 시리즈를 묶어서 1930년 발간한 책으로, 이 책은 오늘날에도 의상심리학의 고전으로서 매우 중요한 위치를 차지하고 있다.

의상 흥미도 검사지　이인자(1980)가 의복에 관계된 모든 항목들을 포함하여 타당도와 신뢰도를 갖추어서 개발한 측정도구이다. 검사집단의 빈도분포에 의해 50% 점수기준에서 흥미도가 높고 낮음을 판단한다.

의장(儀仗)　천자(天子)나 왕공(王公), 그 밖의 높은 분을 모실 때 위엄을 보이기 위하여 격식을 세우는 병장기이다. 고려 시대 이후 의장은 기(旗), 부(斧), 월(鉞), 선(扇) 등이 갖추어져 왕실의 대가식(大駕式), 법가식(法駕式), 소가식(小駕式) 등에 사용되었다.

의전면화(衣廛綿花)　조선 시대 궁인에게 봄, 가을에 주는 포화에 쓰이는 면화이다.

이(履)　이(履)는 화(靴)와 구별되는 것으로 신목이 짧은 신의 총칭이다. 혜(鞋)·비(扉)·극(屐)·구(屨)·석(舃)·갹답(蹻踏)을 포괄한다. 어떤 독특한 형태가 있는 것이 아닌 화를 제외한 신발을 총칭하는 일반적인 의미를 갖는다. 남방족 계통의 신이다.

이(狸)　산고양이의 가죽이다. 《삼국지》에 의하면 부여의 대인(大人)의 의복감으로 나타나 있다.

이그재미네이션 가운(examination gown)　병원에서 의사들이 착용하는, 뒤쪽이 열려서 뒤에서 끈으로 묶게 된 랩 어라운드 가운이다. 처음에는 머슬린 옷감으로 만들었으나 현재는 한 번 쓰고 버리는 일회용 소재로 만든다.

이그제큐티브 우먼 백(executive woman bag)　직장의 중견간부를 연상시키는 여성들이 자주 휴대하는 편리한 가방을 말한다. 업무에 필요한 커다란 서류나 노트가 쉽게 들어갈 수 있을 정도로 크고 튼튼한 것이 특징이다. 자색계를 중심으로 단색이 많으며 권위적이면서도 멋진 이미지를 갖고 있다.

이너베스트 재킷(inner-vest jacket)　앞판이 두 장으로 되어 있어 마치 안에 조끼를 입은 것처럼 보이게 만든 재킷으로, 후드가 달려 디자인되기도 한다.

이너베스트 재킷

이너 웨어(inner wear)　내의 및 란제리류를 총칭한다.

이노머스 칼라(enormous collar)　어깨에서 가슴까지 걸쳐지게 만든 커다란 칼라의 총칭이다.

이노베이티브 커뮤니케이터(innovative co-mmunicator)　이중 역할자로 유행 선구도와 유행 어피니언 리더십 능력이 높은 사람이다. 즉 유행을 선도하면서 많은 사람에게 유행을 따르도록 의사 전달을 잘 하는 사람을 말한다.

이니셜 링(initial ring)　시그닛 링 참조.

이드(id)　프로이트(Freud) 이론 중 인간의 모든 행동을 일으키는 원욕(原欲)을 뜻하며 성격의 가장 원시적인 체계로서 자아와 초자아가 분화되어 나오는 모체이다.

이람(ihram)　둘러싸서 입는 랩 어라운드 스커트의 한쪽 부분을 왼쪽 어깨에 걸쳐서 숄처럼 늘어뜨린 백색 면 투피스로 이슬람교의 성지 참배자들이 입었던 의상이다.

이레귤러 스트라이프(irregular stripe)　간격이 불규칙한 줄무늬를 말한다.

이레귤러 패치(irregular patch)   불규칙한 형으로 레이아웃된 패치 워크라는 뜻이다. 여러 가지 형으로 빛깔과 무늬가 제각기 배치된 타입이며 푸어 룩(poor look)의 표현의 하나로 사용되는 예가 많다.

이렌 재킷(Irene jacket)   1860년대 후반에 착용한, 몸에 잘 맞으며 칼라가 없는 짧은 여성용 재킷으로 앞판의 허리선 위에서 절개하여 뒤중심선의 허리선 아래까지 경사지게 잘라낸 형태이다. 목 주위, 소매 위, 그리고 등판에 브레이드를 지나치게 많이 장식했다.

이리데슨트(iridescent)   '무지개색의, 광택의'라는 의미로 보통 경사와 위사를 광택이 있는 색실을 이용해 옥충조(玉蟲調)를 표현할 때 나타난다. 또 빛의 상태에 의해 옥충조의 광택감이 나는 천을 말하기도 한다.

이리데슨트 패브릭(iridescent fabric)   염색된 레이온, 실크, 면, 인공 섬유를 씨실과 날실로 사용하며 각각 다른 색을 사용하여 짠 변화하는 색 또는 이중색 효과를 나타내는 직물을 말한다. 빛의 방향에 의해 두 가지 색깔이 보이며, 예로 샴브레이(chambray)가 있다.

이문잡금(異文雜錦)   《왜지위인전(魏志倭人傳)》에 왜(魏)의 직물의 일종으로 기록된 것이다.

이미지(image)   소비자가 기업 또는 상품에 대해 막연하게 가지고 있는 인상이나 그것에서 연상되는 감각적, 정서적인 반응을 말한다.

이미테이션 레더(imitation leather)   가죽을 모방한 인조 피혁을 말한다. 인조 레더라고도 한다.

이미테이션 커프스(imitation cuffs)   소매 끝에 다른 천을 이어 대어서 커프스처럼 보이게 만든 형식적인 커프스이다.

이미테이션 코디드 심(imitation corded seam) 방법은 턱트 심(tucked seam)과 동일하나 턱트 심보다 스티치의 폭이 좁아 코드 같은 느낌을 준다.

이미테이션 퍼 패브릭(imitation fur fabric) 질감(texture)이나 색상을 모피처럼 만든 플러시(plush)나 니트 파일직이다.

이미테이션 펄즈(imitation pearls)   인조 진주의 하나이다. 인공 진주 참조.

이미테이션 프렌치 심(imitation French seam) 겉이 마주보게 맞추어 안에서 표시선을 재봉한 후 양시접을 각각 안으로 접어 넣고, 두 장 모두 접은 부분에서 바느질을 한다. 통솔과 비슷한 방법이다.

이방향 능선문능(異方向 綾線紋綾)   문능에 있어서 지와 문의 능선의 방향이 다른 것으로, 중국에서는 이향능, 일본에서는 이방능의 문능이라고 한다.

이배능(二倍綾)   일본에서 능지에 별위로 상문을 직입한 능에 대한 명명으로, 왜능이라고도 한다. 일본에서는 이와 같은 능이 중국에서 일본에 도래된 것과는 성질이 다르므로 왜능이라고 하였다. 그러나 이와 같은 능은 우리 나라의 고려 시대 능 중에 있다.

이부식(二部式) **복식**   상의와 하의로 이루어진 복식을 일컫는다.

이부직물(backed fabric)   중조직의 하나로 별위사 또는 별경사를 사용하여 제직된 것으로, 접결 순서에 따라 조직이 결정된다. 위이부직과 경이부직으로 나눌 수 있다.

이부직물

이불   잘 때 몸을 덮기 위해 넓게 지은 침구의 하나로 피륙, 옷감 등을 사용하여 만든다.

이브닝 드레스(evening dress)   밤의 정장으로 야회복이라고도 하며, 밤의 파티나 극장 관람 등에 착용되고, 어깨나 등, 가슴이 깊게 파였다. 예전에는 소매가 없는 것이 원칙으로 되어 있었고 길이는 끌릴 정도의 긴 것이 보통이었으나 짧게 만드는 경우도 있다. 포멀 드레스, 애프터 파이브, 이브닝 가운 등으로도 불린다.

이브닝 드레스

이브닝 베스트

이브닝 스커트

이브닝 랩(evening wrap)　정장 파티에 입도록 디자인된 코트를 총칭한다. 대개 이브닝 드레스와 매치가 되거나 대조가 되게 만든다. 1920년대에는 클러치 스타일이 유행하였고, 1930년대에는 레그 오브 머튼 소매에 흑색 벨벳으로 된 길이가 긴 것이나, 또는 배트윙 소매에 힙까지 오는 길이의 랩 코트를 입었다.

이브닝 베스트(evening vest)　저녁 정장 차림에 매치가 되게 입는 조끼로, 화려한 효과를 위해 소재로는 실크류를 많이 사용하며 구슬이나 스팽글 등으로 호화롭게 장식을 하는 경우도 많다.

이브닝 블라우스(evening blouse)　⇒ 애프터 눈 블라우스

이브닝 블랙(evening black)　시티 블랙이 주간의 의상을 위한 검은색이라면 이브닝 블랙은 야간의 의상을 위한 검은색이라고 할 수 있다. 예를 들면 벨벳이나 새틴에서 볼 수 있는 검은색을 의미한다.

이브닝 스웨터(evening sweater)　각종의 화사한 실로 짠 드레시한 스웨터로 자수, 구슬,

시퀸, 반짝이는 작은 쇠 등으로 장식이 되어 있다. 짧은 소매나 긴 소매로 이브닝 스커트와 매치시켜 입는다.

이브닝 스커트(evening skirt)　저녁 만찬에 입는 화려한 정장 스커트를 가리킨다. 1930~1940년대에는 정장 스타일, 1980년에는 반정장형의 스커트들이 유행하였다.

이브닝 슬립(evening slip)　야회복, 이브닝 드레스 밑에 착용하는 속치마로 겉의 드레스에 따라서 파임과 길이도 정해진다.

이브닝 펌프스(evening pumps)　야회복과 같이 정장 의복에 착용하는 구두로 호화로운 재질을 주로 사용한다. 금사나 은사로 제직된 직물이나 화려한 브로케이드, 고가의 가죽 등이 사용되며 값비싼 보석을 장식하기도 한다. 힐이 높은 것이 대부분이다.

이브닝 페티코트(evening petticoat)　앞이나 양쪽 옆에 트임을 한, 발목까지 오는 좁은 속치마이다.

이븐 백 스티치(even back stitch)　⇒ 온 박음질

이븐 베이스팅(even basting)　⇒ 보통 시침

이사도라 덩컨 룩(Isadora Duncan look)　19세기에서 20세기 초반에 인기가 있었던 미국 여자 무용수인 이사도라 덩컨의 스타일에서 영향을 받아 디자인된 스타일들을 말한다. 복고풍의 커리어 우먼을 상징하는 스타일이다.

이상적 자아(ideal self)　개인이 가장 소유하고 싶어하며 이에 따라 그 자신에게 가장 높은 가치를 부여하게 되는 자아개념이다.

이색능(二色綾)　《증보문헌비고(增補文獻備考)》에 고려에서 이색능이 사용된 사실이 나타나 있다. 이색으로 된 능으로, 온양 민속박물관에 경사는 갈색, 위사는 은백색으로지는 4매 경능직의 우능과 평직으로 된 혼합조직이고 문은 4매 위능직의 우능으로 제직된 운학용문의 이색능이 있다. 이색능을 직색능(織色綾)이라고도 한다.

이색염(cross dyeing)　⇒ 크로스 염색

이성분 섬유(bicomponent fiber)　성분이 다

른 두 종류의 폴리머를 동시에 사출시켜 만든 섬유로 세 가지 기본 방식, 즉 사이드 바이 사이드(side－by－side)형, 시스 코어 (sheath－core)형, 시 아일랜드(Sea－Island)형을 이용한다. 바이지네릭 섬유 (bigeneric fiber)와 구별되며, 복합방사 섬유와 유사하다.

이스터 보닛(easter bonnet)　　이스터 해트 (easter hat)의 다른 명칭이다. 봄의 상징으로 숙녀들이 사용했는데 반드시 목 아래에서 고정시키지 않아도 되고 어떤 모양이어도 좋다. 뉴욕과 기타 도시에서 거행되는 이스터 행렬과 이스터 선데이(easter sunday)에 착용한다.

이식(耳飾)　　귀고리를 말하는 것으로, 귓볼에 닿는 접이부(接耳部)와 늘어지는 수식부(修飾部)로 이루어져 있다. 접이부는 귓볼에 꿰는 고리의 가늘고 굵음에 따라 세환(細環)과 태환(太環)으로 나뉘며, 수식 부분은 입체형, 평면형, 혼합형 등으로 구분할 수 있다.

이암(耳掩)　　조선 시대 남자들이 사용하던 방한모의 하나로 문무 관리들이 사모(紗帽) 위에 착용했다. 당상관은 겉은 담비털, 안은 단 (緞)으로 하고, 당하관은 겉은 수달털, 안은 초로 하였다.

이어링(earring)　　귀에 착용하는 장식용 액세서리로 귓밥을 뚫어서 작은 줄이나 작은 막대를 삽입하여 착용하거나 나사로 조이거나 클립으로 부착하는 형태 등이 있다. 성경에 언급되었으며 고대 왕국의 조각품에서 발견되는 역사가 오래된 장신구로 초기에는 여성뿐만 아니라 왕, 귀족들, 군인이 사용하였으며 해적들은 귀고리를 한쪽만 착용한 것으로 묘사되어 왔다. 16, 17세기에도 유행하여 프랑스의 헨리 3세도 사용하였다. 영국의 찰스 1세는 오른쪽 귀에 진주 귀고리를 착용한 채 교수형을 당한 기록이 있다. 1980년대까지로 남성들을 위한 귀고리의 시대는 끝났다. 성서시대부터 현재까지는 주로 여성들에 의해 사용되어 왔고, 19세기 중반부터 목걸이, 브로치, 팔찌와 조화를 이루어 한 세트로 사

용하기도 한다. 1950년 후반에는 귀를 뚫는 것이 유행하여 심지어 학교에 가지 않는 어린이들까지 귀를 뚫었다. 1980년대 초에는 두세 개의 관통 귀고리를 한쪽 귀에 동시에 착용하는 것이 유행했다. 1960년대에는 귀고리가 소형화되었고 1980년대에는 매우 대형화되었으며 때때로 어깨까지 치렁치렁 매달리기도 했다.

이어 밴드(ear band)　　귓바퀴의 중앙 부분에 클립을 사용하여 착용하는 귀고리이다.

이어 캡(ear cap)　　귀를 보호하기 위해 착용하는 귀고리를 말한다. 이어 머프(ear muff)의 일종으로 주로 방한용으로 사용된다. 대부분 모피를 사용하여 양쪽 귀를 막고 끈이나 밴드로 머리에 고정시켜 착용한다.

이어 클립(ear clip)　　귀고리를 귀에 부착시키기 위해 귀고리의 뒷면에 부착한 장치이다.

이윤(profit)　　경영학적인 용어로 총비용(cost)과 지출(expenses)을 뺀 총수입이다. 경영학에서는 자본·토지·노동에 대한 대가, 즉 이자·지대·임금을 제하고 남은 이익을 가리킨다.

이음수　　선을 표현하는 대표적 수법으로 보통 우연사를 쓰지만, 당초 무늬나 잎사귀 등을 좌우 대칭으로 표현할 때는 좌연사를 함께 쓰기도 한다. 보내는 땀으로 놓을 때에는 처음 실을 뽑은 곳에서 기준선으로 실을 보내고 그 땀의 중간에서 나와 다시 기준선으로 들어가는 것을 반복하며, 돌아오는 땀으로 놓을 때에는 위와 반대로 기준선에서 시작하여 수놓는다.

이자벨라(Isabella)　　팔을 덮기 위해 어깨에 여분의 케이플릿(capelet)과 팔에 슬래시 (slash)를 준 힙 길이의 칼라가 없는 케이프로, 1850년대 중반에 착용하였다. 크리스토퍼 콜럼버스(Christopher Columbus)가 신세계(New World)를 향해 항해할 때 도움을 준 에스파냐의 여왕인 이자벨라 1세(1451～1504)의 이름을 딴 것이다.

이자벨라 스커트(Isabella skirt)　　1850년대 후반에 입었던 세 개의 작은 후프가 달린 언더

이자벨라

스커트로, 허리에서 단까지 길이의 1/3 정도가 더 길며 나머지는 사이사이에 누빈 천으로 세 개의 넓은 공간의 후프가 있다.

이자벨라 스커트

이자벨라 페전트 보디스(Isabella peasant bodice) 몸에 꼭 맞게 장식된 코르셋으로 허리선을 따라 긴 구슬 가닥이 장식되어 있으며 1890년대 초에 드레스 위에 입었다.

이자보 보디스(Isabeau bodice) 1869년의 여성용 이브닝 보디스로 검정이나 색깔이 있는 실크로 만들었고 넓은 리본 끈으로 앞허리선에 커다란 나비꼴 리본을 달아서 길게 늘어뜨려 마무리했으며, 낮은 스퀘어 네크라인, 짧은 퍼프 슬리브, 두 개의 레이스 러플로 장식했다.

이자보 스타일 드레스(Isabeau style dress) 낮에 입는 드레스로서 프린세스 스타일로 절개하였고 앞판은 단추나 로제트를 일렬로 달았다. 1860년대에 유행했다.

이자보 슬리브(Isabeau sleeve) 어깨에서부터 아래쪽으로 내려오면서 넓어지는 삼각형 모양의 소매이다. 붙였다 떼었다 할 수 있는 언더슬리브인 앙가장트와 함께 사용된다.

이자보 코르사주(Isabeau Corsage) 1840년대 중반에 입었던 보디스로 힙 아래를 잘라 낸 재킷처럼 만들었으며, 칼라가 달린 하이네크와 긴 소매로 구성되었고, 금실, 은실을 짜넣은 걸룬(galloon), 브레이드, 그리고 실크로 만든 단추를 단 수평한 띠로 장식했다.

이주(裏紬) 투박한 명주를 가리킨다.

이중직(double-faced) 뒤집어 입을 수 있는 이중 직물이다. 대개 양쪽 면에 대조되는 색을 쓰며 양면직(two-faced)이라고도 한다.

이중 직물(double cloth) 경사 또는 위사의 어느 한쪽이 이중으로 되었거나 양쪽이 모두 이중으로 된 직물을 말하는 것으로 경사가 이중으로 교차된 것을 위이중직이라고 하고, 위·경사 모두 이중으로 되어 있는 것을 경위 이중직 또는 이중직이라고 한다. 자루, 광폭 직물, 두꺼운 직물, 양면 직물, 그리고 문직물을 만드는 데 이용된다.

이중 편성물(double knit) 두 겹의 싱글 니트 편성물을 서로 얽어 줌으로써 만들어지는 것으로, 싱글 니트 편성물보다 형태 안정성과 내전선성이 좋고 잘 말리지 않으면서 강도가 높고 착용감이 우수하다. 그러나 탄성이 좀 뒤떨어지며, 싱글 니트 편기에 비해 기계 가격이 비싸고 편사도 두 배나 소요되기 때문에 특별 용도로 사용된다.

이중 환봉 재봉틀 공업용 재봉틀의 일종으로, 윗실과 아랫실을 사용하고 캠(cam) 대신 루퍼(looper)를 사용한다. 겉에는 본봉 바느질과 같은 땀 모양이 나타나고 안에는 체인(chain) 모양의 땀이 나타난다. 단환봉의 풀리기 쉬운 단점을 보완한 것으로, 단환봉 같은 높은 신축성과 본봉 같은 견고한 재봉 성능을 지녔으며, 작업복이나 와이셔트 소매 등의 심이 들어가는 곳이나 신축성이 요구되는 부위가 재봉에 적합하다.

이지 수트(easy suit) ⇒ 언컨스트럭티드 수트

이지스(aegis) 십자군이 들던 방패이다.

이지 재킷(easy jacket) 딱딱한 분위기의 테일러드된 정장 스타일이 아니라 편안하고 쉽게 걸칠 수 있는 캐주얼한 재킷을 말한다.

이지케어(easy-care)**성** 세탁 후 다림질을 하지 않고 그대로 입을 수 있음을 의미하며, 주로 워시 앤드 웨어(wash & wear) 가공된 의류가 보여주는 특성이다.

이집트 면(Egypt cotton) 시아일랜드 면 다음으로 우수한 면으로서 여러 품종이 있으며 품종에 따라 품질 격차가 심하다. 잘 알려진 품종으로는 사켈 면, 말라키 면, 카르나크 면, 애시마우니 면 등이 있다.

이차 시장(secondary market) 소비자의 패션 상품(드레스, 코트, 수트, 액세서리 등)을 완성시키는 생산자들을 말한다.

이차적 이탈(secondary deviation) 이탈표지가 부여된 사람은 그 이탈 표지에 동일시함으로써, 이탈 표지는 그 이상의 이탈을 촉진한다. 이렇게 부여된 표지는 자기 달성적 예언이 되는데 이 자기 낙인 과정을 2차적 이탈이라 한다.

이캇(ikat) 이캇은 인도네시아어의 'mang-ikat', 즉 '잡아맨다'는 뜻의 타동사에서 접두사가 생략된 형태이다. 이것은 실을 잡아매어 방염하여 제직한 직물명으로 사용되어 오고 있다. 이캇은 경(經) 이캇, 위(緯) 이캇, 경위(經緯) 이캇이 있다. 인도네시아가 중심 산지이고 인도, 기타 동남 아시아 지역에서 많이 제직되었다. 일본에서는 가스리[絣]라고 하여 많이 생산하고 있다. 일본에는 태자간도(太子間道)로 명명된, 세계에서 가장 오래된 이캇 유품이 보존되어 있는데 우리 나라에서 간 것으로 예측되나 확증되지 않은 상태이다.

이퀘스트리안 커스튬(equestrian costume) 1840년경의 여성 승마복으로, 긴 개더 스커트와 테일러드된 재킷으로 구성된다. 재킷은 리비어(revers)나 페플럼이 달린 더블 브레스티드인 경우도 있다.

이클리지애스티컬 베스트먼트(ecclesiastical vestments) 종교 의식 때 성직자들이 착용하는 가운을 총칭한다. 아바, 제네바 가운, 서플리스와 유사하다.

이탈(deviance) 집단이나 다른 사람 사이에서 색다르거나 두드러져서 받아들여지지 않은 경우를 말한다. 이 이탈에 대한 두려움 때문에 사람들은 규범적·사회적으로 동조하게 된다.

이탈된 복장 기존의 규범에서 이탈된 이들은 그들만의 의복형태를 갖는데, 이 의복형태가 사람들에게 낙인찍힘으로써 더욱 이탈을 가져와 하위문화를 이루며 이탈된 복장형태를 갖는다.

이탈리안(Italian) 경사로 면사를 사용하고, 위사로 강연 소모사를 사용하여 5매 수자직으로 짠 직물로 표면에는 모사만 보인다. 안감, 우산 등에 쓰인다.

이탈리안 드레이프트 수트(Italian draped suit) 어깨폭을 넓게 잡아 가슴 부분에 여유를 넉넉하게 만든 헐렁하고 선이 부드러운 이탈리안 스타일 수트를 말한다.

이탈리안 스트라이프(Italian Stripe) 단순한 형태의 줄무늬로 명쾌한 색상과 대비 효과를 내며, 수자직물에 이용된다.

이탈리안 스티치(Italian stitch) ⇒ 더블 러닝 스티치

이탈리안 인서션 스티치(Italian insertion stitch) 패거팅 기법의 일종으로 천끝을 접은 두 장의 천을 1cm 정도 간격을 두고, 그 사이를 버튼홀 스티치로 연결하여 두 장의 천을 잇는 스티치로 장식적인 버튼홀 효과를 낸다.

이탈리안 칼라(Italian collar) 앞판과 함께 한 장으로 마름질하여 뒤집어 젖힌 칼라이다. 목선이 V자형이 되며 칼라 허리가 낮고 각지게 만든다. 블라우스나 셔트, 스웨터 등에 많이 사용되며 원피스 칼라(one-piece collar)라고 부르기도 한다.

이탈리안 컬러(Italian color) 이탈리안 패션에서 볼 수 있는 독특한 색의 총칭이다. 밝은 색조가 많으며 블루, 황색에 가까운 겨자색, 풀[草] 그린 등이 대표적이다. 이탈리안풍의 인기와 더불어 이러한 색이 많은 주목을 받게 되었다. 한마디로 스포츠 컬러와는 분위기가 다른 세련되고 선명한 색조가 특징이다.

이탈리안 컷(Italian cut) 소매의 암홀이 어깨선보다 많이 파인 형태나 구두끝이 사각형으로 잘려진 형태를 말한다.

이탈리안 퀼팅(Italian guilting) 안감에 도안을 그리고 겉감을 겹쳐서 시침을 한 다음, 안감쪽에서 도안 위에 러닝 스티치를 하고 바늘에 모사를 끼워 안감과 겉감 사이에 실을 넣고 실끝을 1cm 정도 남겨놓는 기법이다.

곡선 부분은 길게 직선을 이루는 부분까지만 바늘을 뽑아 다시 그 장소에 바늘을 넣는 식으로 곡선을 따라 반복하게 된다.

이탈리안 클로크(Italian cloak)   16세기와 17세기에 남자들이 입었던 후드가 달린 짧은 망토로, 스패니시 클로크 또는 제노아 클로크(Genoa cloak)라고도 한다.

이탈 상징   이탈된 사람들은 사람들과 집단들이 상호작용을 할 때, 공유된 언어, 몸짓, 의복 스타일 등을 통해 서로간에 상징적으로 전달한다. 이탈표지는 그것이 붙여진 사람을 구별하고 낙인을 찍는 상징이다. 대부분의 사람들과는 다른 이상한 행동으로 자기들만의 상징성을 갖는다.

이터니티 링(eternity ring)   아이의 생일이나 결혼 기념일과 같은 특별한 날에 사랑의 표시로 선물하는 반지이다. 금이나 백금의 밴드에 다이아몬드, 루비, 사파이어 등으로 반지의 전체나 반을 박아 장식한다. 이 전통은 1930년대 영국에서 시작되었다.

이튼 수트(Eton suit)   1798~1967년 영국 버킹엄셔(Buckinghamshire), 이튼의 이튼 칼리지(Eton College)의 학생들이 입었던 유니폼을 말한다. 허리 길이의 스퀘어컷 재킷에는 넓은 라펠과 접어젖힌 작은 칼라가 달려 있고, 풀먹인 흰색 칼라가 있는 흰 셔츠, 짙은 색의 좁은 타이, 싱글 브레스티드 베스트를 착용한다.

이튼 재킷(Eton jacket)   허리까지 오는 길이의 재킷으로 몸에 맞도록 되어 있으며, 스탠드 칼라나 넓고 각진 칼라를 달았다. 영국의 이튼 스쿨 학생들이 입었던 상의에서 유래하여 이튼 재킷이라는 이름이 지어졌으며 젊은 여성, 남성, 소년들이 주로 입었다. 소재로는

이튼 재킷

개버딘을 많이 사용한다. 1889년에는 속에 입은 조끼가 보이도록 앞을 열어 착용하기도 했다.

이튼 재킷 보디스(Eton jacket bodice)   1889년에 착용한 몸에 꼭 맞는 여성용 재킷으로, 플랩 포켓이 있으며 리버스(reverse)와 큰 크라바트(cravate)가 있는 더블 브레스터드 웨이스트 코트와 같이 입었다.

이튼 칼라(Eton collar)   폭이 넓고 빳빳하게 풀을 먹인 소년용 셔츠 칼라이다. 칼라 끝이 넓게 벌어지게 만들며 1967년까지 영국의 이튼 칼리지(Eton college)에서 하급생들이 입는 옷에 사용되었다.

이튼 크롭(Eton crop)   짧게 깎은 남자의 헤어 스타일을 말한다. 영국 이튼 대학 남학생의 헤어 스타일로, 1920년대와 1960년대에 미국에서 유행하였다.

이 피 피 에스(EPPS ; Edward Personal Preference Schedule)   에드워드(A. L. Edward)가 제작한 욕구검사지로, 욕구의 강도를 측정하는 데 사용한다.

이형 단면(multi-lobal)   합성 섬유의 방사구는 보통 원형으로, 섬유의 횡단면도 보통 원형이다. 그러나 인조 섬유의 제조시 단면을 삼각형으로 만들면 섬유의 특성이 보다 견에 가깝고 광택, 리질리언스 그리고 피복성이 향상된 섬유를 얻을 수 있다. 이와 같이 섬유의 횡단면이 원형이 아닌 단면을 갖게 될 때 이를 이형 단면이라 하며, 이러한 단면을 갖는 합섬사를 이형 단면사라고 한다.

익선관(翼善冠)   조선 시대 왕의 상복(常服)으로 복두(幞頭)에서 연유한 관모로 양소각을 첨부하여 절상시킨 것이다. 익선관의 절상각이 위로 향한 것은 질서정연하고 규율이 엄격한 봉(蜂)의 세계 중 왕봉을 상징한 것이다. 익선관의 형제(形制)는 일률적으로 정해진 것이 아니라 당시의 미적 감각에 따라 모양을 달리 하여 시기별로 다소 차이를 보인다.

익스텐디드 숄더(extended shoulder)   정상적인 어깨에서 좀더 어깨가 팔쪽으로 연장되어

캡 소매 형태로 넓어진 어깨로 1980년대에 유행하였다.

익스텐션 커프스(extension cuffs)　소매끝을 연장시켜 나팔 모양으로 벌어지게 꺾어 접은 커프스이다.

익스트랙트(extract)　탄화 처리를 거쳐 회수한 재생모를 말한다.

익스팬더블 브레이슬릿(expandable bracelet) 신축성이 좋은 스프링으로 된 금속 팔찌로 1940년대 이후 손목 시계의 팔찌 부분으로 자주 사용되었다.

익조직(doup weave)　보통은 경사와 위사가 교차하면서 직물을 구성하는 데 비해, 익조직은 경사 두 가닥이 서로 꼬여 그 사이로 위사가 지나간 형상으로 된 것이다. 지경사와 위사가 익경사에 의해 얽혀 매인 형태이므로 튼튼하다. 익조직에는 사직, 여직, 변화 익직이 있다.

익직물(搦織物, gauge and leno fabric)　익경사(搦經絲)와 지경사(地經絲)가 있어 익경사가 지경사의 좌측에서 우측으로, 다음에는 그 반대로 움직이며 위사와 교차하는 조직으로 된 직물이다. 사(紗)와 려(絽)가 이에 속한다.

인간 상호간의 매력(interpersonal attraction) 대인지각에 있어서 상대방을 지각하는 데 영향을 주는 요인으로 작용한다.

인게이지먼트 링(engagement ring)　다이아몬드를 주장식으로 한 반지로 약혼자가 약혼녀에게 결혼을 약속하며 주는 반지이다.

인공 진주(simulated pearls)　플라스틱이나 유리로 구슬을 만든 후 그 위에 진주 에센스라는 용액으로 코팅 처리한 일종의 인공 진주를 말한다. 천연 진주의 무지개빛 광택과 유사하도록 생선 비늘이 포함된 접착제를 사용하여 만든다.

인구 통계(demographics)　개인을 단위로 하는 인간 집단의 수량적 표현이다. 인구통계학적 세분화란 시장을 나이, 성별, 가족 규모, 가족 생활 주기, 소득, 직업, 교육, 종교, 인종, 국적 등과 같은 인구 통계학적 변수를

기준으로 구분하는 것이다.

인구 통계적 결정요소　인구 통계적 결정요소는 성별, 연령, 교육, 직업, 수입 등을 중심으로 사람들의 신상에 관계된 것들을 측정하는 것이다.

인금(印金)　금박(金箔), 금니(金尼)와 같은 것으로, 중국의 통칭이다. 교착제(膠着劑)로 된 문양에 금, 은 등 금속문을 찍어서 문양을 나타낸다. 삼국 시대, 통일신라 시대 이래 오늘날까지 널리 사용된다. 오늘날 사용하는 것은 합성된 모조 금은박이다.

인대(bodies)　보디 스탠드라고도 한다. 패턴을 위해 입체 재단을 드레이핑할 때 또는 진열장에 진열하는 데 이용되기도 하며, 종류는 성별, 연령별로 여러 가지가 있다.

인 더 백(in the bag)　가방 속에 들어 있는 개인용 잡화류의 총칭이다. 지갑, 화장품 케이스, 담배 케이스, 라이터, 메모장 등이 있으며 패션 액세서리로 중요시되고 있다.

인더스트리얼 마스크(industrial mask)　위험한 산업 현장에서 신체를 보호하기 위한 목적으로 착용하는 유리 섬유로 만든 마스크로, 눈 부분에는 유리창을 만들어 작업에 도움이 되도록 했다.

인도남(印度藍)　남의 일종으로 목남의 관목(灌木)이다.

인도 사라사　구미에서 친츠(chintz)라고 하는 문양염 직물로, 문양염은 그리기, 납염, 목판염 등 다양하다. 금, 은, 운모 등으로 인염한 것도 있다. 인도를 기원지로 본다.

인도어 어패럴(indoor apparel)　실내에서 착용하는 의복의 총칭이다. 라운지 웨어, 나이트 웨어, 나이트 가운 등 실내에서 착용하는 옷은 모두 포함한다. 라이프 스타일이 충실하게 됨에 따라 이러한 의류가 중요해지고 있으며 라운지 나이트 등 별개로 불리던 것을 이렇게 통합하여 말함으로써 새로운 이미지를 부각시켰다.

인동문(忍冬紋)　산야에 자생하는 만초를 문양화한 것. 고대 이집트, 그리스, 로마에서 장식 문양으로 많이 사용하였다. 우리 나라

에서는 대가야의 고분에서 출토된 은상감당
초문철도(銀象嵌唐草紋鐵刀, 6~7세기)에
인동문이 보이며 삼국 시대의 금동관에도 인
동문이 나타나 있다. 기타 삼국 시대의 와린
의 문양으로도 나타나 있어 널리 사용된 것으
로 보인다. 인동당초문, 당초문, 팔메트에
대해 일본에서 부르는 이름이다.

인두　바느질을 할 때 화롯불에 묻어 놓고 달
구어가며 천의 구김살을 눌러 펴거나, 솔기
나 모서리 같은 뾰족한 곳이나 좁은 면적을
다리미질할 때 사용한다. 그 외에 마름질을
할 때 재단선을 표시하기 위하여 금을 긋는
데 초크 대신으로 사용하기도 하였다. 형태
는 철제의 삼각뿔을 옆으로 누인 것 같은 모
양으로, 끝이 뾰족하고 바닥이 약간 넓으며
반들반들한 머리 부분과 긴 쇠자로 끝에 나
무 손잡이가 달린 부분이 연결되어 이루어져
있다.

인두 받침　바느질할 때 불에 달구어 천의 구
김살을 펴는 데 사용되는 인두를 괴는 받침
으로, 주로 공단으로 만들었고, 그 위에 수를
놓았다.

인두판　인두질할 때뿐만 아니라 솔기를 꺾을
때나 풀칠을 할 때 필요한 받침대로 양쪽 무
릎 위에 올려 놓고 사용하였다. 형태는 장방
형이며, 널판지 위에 솜을 놓고 목면과 비단
으로 싼 뒤에 수를 놓았고, 여러 가지 형태의
바늘꽂이를 노리개 겸 장식으로 달아놓기도
하였다. 사용하지 않을 때에는 집을 만들어
넣어둔다.

인디고(indigo)　남색으로 염색하는 염료로 쪽
풀에서 채취한 천연 염료와 합성한 염료가
있으며 진을 염색하는 데 많이 사용한다. 엷
은 파랑에서 진한 남색에 이르기까지 색상이
아름답고 견뢰도가 우수한 염료이다.

인디아 마드라스(India Madras)　인도의 마드
라스 지방에서 짠 격자 또는 줄무늬가 있는
뻣뻣한 면직물이다. 인도 동부 지방의 면은
길이는 짧으나 강도가 강하며 실을 염색한
후 직조하는데, 염료는 마드라스에서 생산되
는 천연 염료로 물에 퍼지는 특징이 있다.

인디언 엠브로이더리

인디언 가운(Indian gown)　무릎까지 오는 반
정장의 풍성한 코트이다. 17세기에 영국인들
이 착용하였고 힌두의 상인 배니언(banian)
들이 착용한 셔트에서 유래하였다.

인디언 램(Indian lamb)　물결 무늬가 있는 새
끼 양의 모피로 주로 흰색을 띠고 부분적으
로 갈색이나 검정색의 반점 무늬가 있는 것
도 있다. 흰색, 베이지, 갈색 등으로 염색하
여 고급 의상의 소재로 사용된다.

인디언 레드(Indian red)　어두운 갈색을 띤
빨간 적색으로 아메리카 인디언이 몸에 장식
을 한다든지, 주거지를 치장하는 데 썼던 적
토색을 말한다.

인디언 면(indian cotton)　면 중에서 가장 하
급품에 속하며, 섬유장이 9~22mm 정도이
고, 섬도도 굵어 20번수 정도의 실을 뽑는
데도 인디언 면 단독으로는 어려워 미면을
함께 섞어야만 한다.

인디언 엠브로이더리(Indian embroidery)　인
도 지역의 자수로서 기하학적인 꽃문양과 페
이즐리 문양 등이 매우 섬세하고 디자인이
동양적이다. 9세기경 메소포타미아에서부터
벵골 지방으로 전해져 내려온 것이 시초로
생각되며, 인더스 강 유역의 북서부 지방에
서 이 화려한 자수 기법이 전해져 내려왔다.
바탕천으로는 실크, 울, 면, 마 등이 사용되
었고, 여러 종류의 견색사, 금사, 은사 등을
사용하여 공작새, 연꽃, 혹은 그 외의 동식물
문양을 자수하였고, 사리, 스커트, 숄 등의
의복이나 융단에 장식적으로 이용하였다. 또
한 오렌지, 망고 등 여러 가지 문양을 넣어
인도 특유의 대칭적인 기하학적 문양으로 발
전시켰다. 제작 방법은 먼저 바탕천에 초크
나 연필로 밑그림을 그리고, 그 위에 러닝,
새틴, 심, 다닝, 헤링본 스티치 등으로 자수
하였다.

인디언 웨딩 블라우스(Indian wedding blouse)
캐프턴 네크라인과 긴 소매로 이루어진 블라
우스로 소매끝의 팔목 부분은 플레어가 져서
셔트 꼬리처럼 늘어져 있다. 앞단, 소매
단, 블라우스 끝단에는 자수로 화려하게 장

식이 되어 있고 대개 인도에서 수입된 면으로 되어 있다.

인디언 주얼리(Indian jewelry)　아메리칸 인디언들의 전통적인 금속 세공 장식품의 총칭이다. 은세공과 터키석을 주로 사용하여 인디언들의 독자적인 상징문양을 넣은 장신구들을 말한다. 목걸이, 귀고리, 벨트, 반지 등에 이르기까지 다양한 장신구가 여기에 포함된다. 웨스턴 룩이나 인디언 룩이 주목을 받을 때 부각되어 많은 기여를 한다.

인디언 헤드(Indian Head)　직물회사인 인디언 헤드사(Indian Head Mills. Inc.)의 등록상표이다. 이 직물은 인디언 헤드사의 발상지인 뉴저지주의 나슈아(Nashua)에서 시작된 것으로, 마의 촉감과 견의 광택을 지닌 평직물이다. 원래는 면을 사용했으나 현재는 폴리에스테르, 레이온 등이 다양하게 사용되고 있으며, 바탕이 두껍고 엉성하게 제직되어 있다. 표백은 하거나 하지 않기도 하며, 엷은 색의 무지염이 많다. 여름의 타운 웨어, 제복, 에이프런 등에 사용되며 꽃무늬 프린트가 많다.

인문(鱗紋)　어린(魚鱗)과 같은 문양으로 기하학적으로 변화시킨 것이 많다.

인물문(人物紋)　인물을 문양화한 것으로 고대로부터 오늘날까지 벽화, 벽걸이(태피스트리), 직물문으로 많이 사용되었으며 신앙, 기념 등에 의의를 두고 제작되는 경우가 많았다. 직물의 인물문은 코프트직에 그리스 신화, 로마의 기마, 크리스트교의 신들을 나타내고 있는 것이 있으며 잉카의 직물, 유럽의 태피스트리 등에 많이 나타난다. 우리 나라의 유품 중에는 조선 시대의 포도동자문 직금에 사용된 예가 있다.

인버네스(inverness)　① 1859년에 소개된 헐렁하게 맞는 남자용 오버 코트로, 케이프 팔토(cape paletot)의 변형으로 팔꿈치 아래 길이의 케이프를 떼었다 붙였다 하는 것이 용이하다. 1870년대에는 때때로 케이프를 분리해서 입기도 했으며, 1880년대에는 이따금 소매를 달지 않기도 했다. 1890년대에는

진동이 매우 크게 파였으며, 슬링(sling)은 팔을 받쳐 주거나 편안하게 하기 위해 사용되었다. ② 울이나 소모사 직물로 만들어진 일반적인 남자용 긴 케이프로, 목은 꼭 맞고 어깨에서 헐렁하게 흘러내리게 구성하였으며 때로는 창살 무늬 직물을 사용하기도 했다. 스코틀랜드의 인버네스시어(Invernesshire)로부터 유래하였다.

인버네스 케이프(inverness cape)　영국의 스코틀랜드 북부의 항구인 인버네스에서 유래한 명칭으로 소매 없는 외투를 말하며, 깃과 떼었다 붙였다 할 수 있는 케이프가 달려 있다. 1859년에 소개되어 1870년에는 케이프를 따로, 또 1880년에는 소매가 없이, 1890년에는 진동이 아주 커지고 플레어지게 약간씩 변화하면서 계속 유행하였다.

인버네스 코트(inverness coat)　어깨에 떼었다 붙였다 할 수 있는 케이프가 달린, 19세기 후반에 남성들이 착용하였던 반코트나 길이가 긴 코트이다. 스코틀랜드의 인버네스시어(Invernesshire) 장원에서 이름이 유래하였다.

인버티드 플리츠(inverted pleats)　중앙에서 두 개의 주름이 접힌 곳이 만나는 맞주름을 말한다. 대개 안쪽은 상자 형태처럼 보이는 주름으로 되어 있다.

인버티드 플리츠 스커트(inverted pleats skirt)　상자 모양의 박스 플리츠를 뒤집어 놓은 듯한 주름으로 주름산이 중심으로 오게 한, 약간 플레어가 진 주름 스커트를 말한다. 1920년대 이래로 기본 스커트형의 하나가 되었다.

인버티드 플리츠 플래킷(inverted pleats placket)　플리츠 스커트에 주로 사용되는 방법으로 인버티드 플리츠 안쪽에 만들어지는 트임을 말한다. 부동 자세로 서 있을 때는 겉에서 보이지 않는다.

인베스트먼트 드레싱(investment dressing)　'투자가치가 있는 옷차림'이라고 해석할 수 있다. 최소의 아이템으로 최고 효과의 매무새를 연출한다든가, 질 좋고 유행에 좌우되

인버네스 케이프

인버티드 플리츠 스커트

지 않는 베이식한 의복을 워드 로브(ward robe)의 기본으로 하는 것 등이다. 불황, 인플레 또는 진품 지향적인 시대 배경 속에서 꾸준히 퍼져가는 경향이다. 인베스트먼트 클로딩(investment clothing)이란 효율적이고 투자할 만한 가치가 있는 의복을 지칭한다.

인베스트먼트 원츠(investment wants)　투자할 만한 가치가 있는 상품을 구매하려는 소비자의 욕구로, 이에 의해 유행에 민감하지 않은 고품질 상품이 중시된다.

인사이드 아웃(inside out)　마치 옷을 뒤집어 입어 옷의 겉과 안이 뒤바뀐 것처럼 보이는 디자인의 한 형태로, 소니아 리키엘이 1976년 봄·여름 컬렉션에서 발표하였다. 니트 등으로 만든 겉옷의 재봉선이 밖으로 나오게 만들며, 포켓은 안쪽에 부착되어 있다. 소니아 리키엘은 안을 겉으로 하여 입음으로써 안의 아름다움을 표현함과 동시에 새로운 착장법을 제시하였다.

인상 관리(impression management)　점포와 관련된 전략 전개시에 점포가 고객의 이미지에 끼치는 영향을 고려하는 것을 말한다. 이는 점포가 즐거운 구매 환경을 제공하여야 하기 때문이다.

인상 자극　외모 단서 그 자체(안경, 립스틱, 턱수염, 신발 등)가 특정 특질에 대한 고정 관념의 형성을 유도할 수 있다.

인상 형성　다른 사람에 관해 알고 있는 정보들을 종합하여 일관성 있는 특징들을 찾아내는 것을 뜻한다.

인서션(insertion)　'삽입, 삽입물'의 의미로 레이스나 자수, 별도의 천을 도려낸 천의 사이에 삽입하는 것이나 또는 그 작은 천 자체를 말한다. 기하학적인 효과가 생기는 디자인 테크닉 중의 하나이다.

인서티드 슬리브(inserted sleeve)　삽입해 넣는 소매의 의미로 원래의 소매에 소매를 하나 더 삽입해 넣은 변형된 소매이다. 이중 소매로 두 소매의 색이 틀리는 경우가 많으며 캐주얼한 셔츠나 재킷 등에 응용된다.

인세트(inset)　장식용으로 블라우스 등에 꿰매 붙인 레이스나 작은 천을 의미한다.

인센티브 마케팅(incentive marketing)　소비자의 구매동기를 자극하기 위한 판매전략으로, 프리미엄(premium), 바겐(bargain), 샘플(sample), 게임(game)의 4가지 요인으로 구성된다.

인숍(inshop)　숍스 인 숍(shops in shop)의 약어로 백화점과 같은 대규모 소매업 점포 내에 별도로 전문점이 출점해 있는 형식을 말한다. 이 전문점은 오리지널한 브랜드를 갖는 유명점인 경우가 많다.

인슐레이티드 글러브(insulated glove)　추위를 방지하기 위하여 모피, 털실, 순모나 아크릴릭의 편물을 안쪽에 댄 장갑을 말한다.

인슐레이티드 재킷(insulated jacket)　방수 처리가 된 나일론으로 만든 가벼운 재킷이다. 주로 테토론, 폴리에스테르 등의 합성 섬유를 넣어 누벼서 만든다. 목과 소맷부리는 니트로 처리하고 앞지퍼로 여민다.

인스턴트 선글라스(instant sunglasses)　야외에서 쉽게 태양빛에 대한 보안용의 기능을 할 수 있는 안경으로 가볍고 일상적인 안경의 바깥쪽에 쉽게 부착될 수 있는 색이 있는 간이 안경이다.

인스토어 머천다이징(in-store merchandising)　소비자들의 구매의욕을 자극시키기 위하여 매장 내의 상품구성을 기획, 연출함을 지칭한다. 소비자들에게 통일된 이미지로 한눈에 어필할 수 있도록 매장을 구성하는 경향이다.

인 심(in seam)　남자 양복 바지의 가랑이부터 단선(hem)까지를 말한다. 보통 남자 바지 제도에서의 다리 길이는 바로 인 심을 측정하는 것이며, 또한 장갑을 만들 때 뒤집어서 함께 바느질하는 것을 말하는데, 이때 장갑은 바깥쪽에서 스티치하지 않는 것이 보통이다.

인염(引染)　쇄모에 염료를 묻혀서 포에 염색하는 것으로 일본의 유젠[友禪]의 기법 중의 하나로서 많이 사용된다.

인익스프레시블즈(inexpressibles)　18세기 후

반과 19세기 초 남자용 브리치즈나 트라우저
즈를 가리키는 점잖은 용어로, 이네퍼블즈
(ineffables)라고 불리기도 했다.

인장 강도(tensile strength)　섬유가 인장에 견
디는 능력인 항장력을 말하는 것으로, 보통
단위 단면적에 대한 절단 하중(kg/cm^2)으로
나타낸다.

인젝션 샌들(injection sandal)　인젝션은 '주
입, 주사'라는 의미로, 여기에서는 사출성형
(射出成形, injection mold)이라 부르는 방
법에 의해 제작되는 값이 저렴한 여성용 샌
들을 말한다. 우레탄 수지로 신발의 바닥을
발 모양대로 만들 수 있는 것이 특징이다. 비
비드 칼라 등을 사용한 패셔너블한 것이 많
고, 리조트용 샌들로 인기가 있다.

인조 레더(man-made leather)　나일론, 폴리
우레탄 등의 합성 수지와 합쳐서 만드는 합
성 피혁을 말하는 것으로, 이미테이션 레더
라고도 한다.

인조섬유(man-made fibers)　동물, 곤충 또
는 식물 등으로 만든 자연적인 직물과는 대
조적으로 화학적 · 축합적 과정을 통해 생산
된 실모양의 인공 원료이다. 천연 원료를 가
공하여 만든 재생 섬유와 화학적 합성으로
만든 합성 섬유가 있다.

인지(인식) 단계(awareness stage)　빌(Beal)
과 로저스(Rogers)의 의류제품의 구매의사
결정 5단계 중 새로운 제품을 구매할 필요성
이 있음을 인식하는 첫번째 단계이다.

인지부조화 이론(cognitive dissonance theory)
태도는 외형적 행동과의 일관성을 유지시키
기 위하여 변화한다고 보는 것이다. 자신이
갖고 있던 태도와 다른 정보를 알게 되면 부
조화현상을 초래하여 이때에 다른 사람의 태
도와 일치시키려고 한다.

인타시어(intarsia)　드레시하게 보이는 디자인
의 테크닉을 사용하여 단색 옷감에 변화 있
게 디자인이 되어 있다. 1970년대 후반과
1980년대 초에 유행하였다.

인터라이닝(interlining)　의복의 겉감과 안감
사이에 넣는 심으로 얇고 가벼운 재료를 사
용한다.

인터레이스드 러닝 스티치(interlaced running
stitch)　러닝 스티치를 한 다음, 다른 색의
실을 러닝 스티치한 겉땀에 번갈아가면서 위
아래 방향으로 통과시킨다. 다시 방향을 바
꾸어 번갈아 가면서 세 번째 실을 사용한다.

인터로크(interlock)　짧고 긴 바늘들의 단위
가 교차하는 기계로 만들어진 편성 조직으로
양면 편성물 또는 스무드 니트(smooth knit)
라고도 한다. 단단한 재질과 충분한 탄성을
지닌 2중의 1×1 고무뜨기로, 표리 양면에
동일한 평면조직이 나타나며 평편성물처럼
끝이 말리지 않고 더 두껍다. 양면 환편기나
양면 횡편기로 편성된다.

인터페이스트 헴(interfaced hem)　⇒ 심지단

인텐스 컬러(intense color)　'격한, 격렬한,
지나치게 강렬한, 열렬한' 색이라는 의미로
캐주얼 패션에 자주 이용되는 색의 하나이
다. 비비드 컬러의 새로운 표현이라고도 할
수 있으며 이러한 색들과 수수한 색의 조화
가 주목되는 배색이다.

인포멀 해빗(informal habit)　라이딩 코트와
조드퍼즈로 짝지워진 수트로 호스 쇼(horse
show)에서의 기수의 복장이다. 색상은 주로
검정색, 황갈색, 푸른색, 회색 등이 사용된
다.

인피 섬유(bast fiber)　천연 섬유소 섬유 중
아마, 저마, 대마, 황마같이 식물의 인피부에
서 분리되는 섬유를 말한다.

인형용 견포(人形用 絹袍)　누란(樓蘭)에서 출
토된 것으로 성인용의 장수견포(長袖絹袍)
와 같은 모양의 축소형이다. 길과 소매는 황

인형용 견포

인포멀 해빗

갈색의 견으로 되어 있고 깃[襟], 수구[袖], 밑단[裾]에는 황견(黃絹)으로 둘러 장식을 하였으며, 갈색의 대(帶)도 붙어 있다. 보존 상태가 매우 좋은 좌임직령포(左袵直領袍)의 예이다.

인 홈 쇼핑(in home shopping)　뉴 미디어, 카탈로그 등에 의한 간접 쇼핑을 말한다.

인화포(印花布)　사라사에 대한 중국의 명칭으로, 화포(華布)라고도 한다. 면, 견의 포에 다채한 문양으로 염색한 것이다.

일광복　일광욕을 할 때 입는 옷으로 등판을 크게 깊게 터서 시원한 느낌을 주는 옷이다.

일래스티사이즈드 네크라인(elasticized neck-line)　넓고 둥글게 파인 스쿠프(scoup) 네크라인을 목에 맞도록 고무줄이나 끈을 넣어 잔주름을 잡은 네크라인이다. 나이트 가운이나 블라우스 드레스 등에 이용된다.

일래스티사이즈드 네크라인

일래스티사이즈드 드레스 앤드 스커트

일래스티사이즈드 드레스 앤드 스커트(elasti-cized dress & skirt)　천을 장방형으로 마름질하여 한쪽 끝에 고무줄을 넣어 만든 커버업(cover up)으로 여성과 어린이들이 입는다.

일래스티사이즈드 웨이스트 드레스(elasticized waist dress)　허리선에 풍성함을 주기 위하여, 허리선의 편안함과 입기에 편안함을 주기 위하여, 허리 치수에 맞추기 위하여 고무줄을 넣은 드레스로 1970년대와 1980년대에 유행하였다.

일래스티사이즈드 웨이스트라인(elasticized waistline)　고무줄로 처리하여 늘어났다, 줄어들었다 할 수 있도록 사이즈가 유동성 있게 된 웨이스트라인으로 풀온(pull-on) 팬츠, 스커트, 드레스 등이 그 예이며 속옷류에도 많이 이용된다. 고무줄 처리 방법은 옷감에 고무줄을 대고 박거나 또는 터널을 만들어서 고무줄을 그 속으로 통과하게 하는 방법이 많이 이용된다.

일래스틱 레그 브리프(elastic-leg brief)　끝이 단으로 처리되지 않고 고무줄로 된 짧은 팬티이다.

일렉트릭 삭스

일래스틱 브레이슬릿(elastic bracelet)　손 위로 늘어지는 장식이나 구슬로 만들어진 팔찌이다.

일렉트릭 드레스(electric dress)　전구, 전깃줄, 배터리 등의 전기 기구로 장식한 1960년대 디스코테크에서 착용하기 시작하여 유행한 드레스이다.

일렉트릭 베스트(electric vest)　체열의 80%를 반사시키는 안감을 사용하여 만든 조끼로, 건전지로 작동시키는 특수한 전기적 열 장치가 설치되어야 하는데 장치는 조끼 뒤 중심선의 하단 부위에 설치하고 건전지는 왼쪽 주머니에 숨긴다.

일렉트릭 블루(electric blue)　전기의 불꽃에 보이는 색과 유사한, 진동하는 녹청색으로 전기적 이미지를 가진 강렬한 색이다. 1979 춘하 파리 프레타포르테 컬렉션에 특징적으로 등장한 이래 그때까지의 자연계인 대지 색채의 유행을 대신한 새로운 색채 경향으로 주목된 색이다. 실루엣의 변화와 마찬가지로 색상의 변화도 대단히 주목되는 일로 이러한 인공적인 해피 컬러의 등장이 1980년대에 하나의 주류를 이루게 되었다.

일렉트릭 삭스(electric socks)　무릎 길이의 두꺼운 양말로 보통 배터리에 의해 열을 내는 특수 섬유를 사용하여 만들어진 양말이다. 렉트라 삭스라고도 불린다.

일렉트릭 재봉틀　⇒ 전기 재봉틀

일루미네이션 테이프(illumination tape)　패션 진에 장식용으로 사용되는 것으로 대개 옆선에 붙여 측장(測章)처럼 사용한다. 이와 같은 종류로 레인보 스티치가 있으나 최근의 진에는 사용이 드물다.

일반화된 타인(generalized other)　단체에서는 그 집단의 가치나 외형, 행동의 학습에 의해 개인들이 동일시되기도 하는데, 그 개인적 단위에 의해 형성되는 사회집단을 일반화된 개개인들이라고 부른다.

일산(一算)　일본의 경사 밀도를 나타내는 단위로, 바디살 40산으로 된 것이다. 곧 한 바디 구멍에 경사 두 올씩을 끼게 되므로 경사 수는 80올이 된다. 경우에 따라 바디살 80

산, 50산을 일산이라고 하기도 한다. 우리나라의 승(升)과 같은 것이다.

일스킨 매셔 트라우저즈(eelskin masher trousers)　1880년대 중반에 모양내기 좋아하는, 유행을 이끌고 휩쓸어가는 매셔(masher)와 댄디(dandy)들이 입었던 몸에 타이트하게 붙는 긴 바지로, 뱀장어 가죽처럼 밀착되었다는 데서 이름이 유래하였다.

일월(一越)　직물의 경사의 배치는 1본, 2본으로 세고 위사는 1월, 2월로 세는 것이 일반적이다. '위사 일월마다'라고 하면 '위사를 한 번 위타하고'라는 말이다.

일정저(一丁杼)　직물을 제직할 때 한 개의 북으로 제직하는 것, 즉 1종의 위사가 사용되어 직물을 제직하는 것이다. 이와 같은 구조의 직기를 일정저 직기라고 한다. 몇 종의 위사인가에 따라 이정저, 삼정저 등으로 명명된다.

일차 시장(primary market level)　생산 주기나 마케팅 과정에서 기본적인 그룹으로, 직물 제조업자나 원단 생산자를 말한다. 즉 섬유, 직물, 가죽, 모피의 생산자이다.

임부복(maternity dress)　⇒ 매터니티 드레스

임비실 슬리브(imbecile sleeve)　처진 어깨선에 붙은 매우 풍성한 벌룬 슬리브로 좁은 폭의 커프스까지 개더를 잡았다. 1820년대 후반부터 1830년대 중반까지 유행하였으며 현대복 디자인에도 응용된다.

임페리얼(imperial)　1840년대에 입었던 남자용 코트로 헐렁한 외투의 일종인 오버코트와 유사하다.

임페리얼 레드(imperial red)　짙은 보라색 기미의 적색을 말한다.

임페리얼 스커트(imperial skirt)　1850년대 후반 특허를 받은, 새장 타입의 후프 스커트를 말한다. 유연하고 가벼운 크리놀린을 공급하기 위해 32개의 후프를 길고 가느다란 헝겊으로 붙들어맨 후프 스커트이다.

입십자수　바탕감의 올과 같은 방향으로 바늘땀을 가로, 세로로 교차시켜 서로 직각을 이루도록 하며 넓은 면을 메울 때 많이 사용하는 자수를 말한다. 실의 길이는 서로 다르게 수놓는 것이 변화 있고 보기에도 좋다. 정십자수와 불규칙 십자수가 있다.

입체 재단　고대 그리스 조각에서 보는 것처럼 옷감이 흘러내리듯이 부드럽게 인체에다 직접 옷감을 대고 핀을 꽂고 가위로 재단한다. 바닥에 놓고 재단하는 평면 재단과는 방법이 다르며, 파리에서 고급 주문복을 하는 디자이너 중에서도 그레(Grés)가 입체 재단 기법을 현대의 모던한 옷에 응용하여 성공한 대표적인 디자이너이다. 자연적인 드레이프를 요구하는 카울 네크라인 드레이프 등은 입체 재단법으로 하는 편이 훨씬 더 효과적이다. 영어로는 드레이핑(draping)이라고 한다.

잉글리시 리브 삭스(English rib socks)　넓은 리브 또는 골로 짜서 골과 골 사이가 좁고 움푹 패인 남성용 양말을 말한다.

잉글리시 워크(English work)　7세기부터 10세기까지 앵글로색슨 여성들에 의해 행해진 우수한 질의 자수로 오퍼스 앵글리칸(opus Anglican)이라고도 부르는 기법이다.

잉글리시 퀼팅(English quilting)　안감에 옅은 색으로 도안을 그려 겉감과 안감 사이에 전체적으로 솜을 넣고 도안을 촘촘히 러닝 스티치로 꿰매거나 재봉틀로 박는 기법을 말한다.

잉글리시 플래킷(English placket)　영국식 앞트임으로 러거 셔트 등에서 볼 수 있는, 단추가 세 개 달려 있는 플라이 프런트이다. 요즈음 부활된 러거 셔트에는 이 영국형이 많이 나타난다.

잉아(heddle)　경사를 아래, 위로 벌려서 위사가 투입되는 개구를 만들어 주는 장치로, 종광이라고도 한다. 용두머리의 움직임에 따라 날실을 위로 끌어올리는 역할을 한다.

잉아틀(harness)　직기에서 직조에 필요한 잉아들이 엮여 있는 틀로서 최소한 2매의 잉아틀이 있으며 최대 32매의 것도 있다. 잉아틀은 상하 운동으로 개구가 만들어지며 이 개구를 통하여 위사가 투입된다. 종광틀이라고도 한다.

잉앗대 위로는 눈썹끈을, 아래로는 잉앗실을 거는 나무를 말한다.

잉카 패턴(Inca pattern) 남아메리카 잉카 문화권의 전통적 문양으로 동·식물을 소재로 한 기하학적인 구조와 명쾌한 색상을 지니고 있다.

잉카 프린트(Inca print) 남아메리카 잉카의 문화에서 볼 수 있는 여러 가지 모양을 모티브로 한 프린트 무늬이다. 동물, 식물을 원색조의 선명한 색채를 사용하여 기하학적으로 구성한 모양이 특징이며 직선적으로 표현하는 것에 특히 멋이 있다.

잉키 다크(inky dark) 잉크 같은 어두운 분위기의 색을 말한다. 즉 잉크를 흘렸을 때와 같은 거의 검은색에 가까운 색조이다. 단지 어두운 색만이 아니라 고가의 고품질과 같은 이미지를 표현하는 데 이러한 깊이 있는 색이 사용되기 때문에 단독으로 이용되기보다는 밝은 색과 함께 사용되는 경우가 많다.

자극 상태(stimulus conditions) 지각에 영향을 끼치는 것으로서, 자극의 요인에는 색채, 새로움, 대조, 크기와 위치, 자극의 강도, 움직임 등이 있다.

자금 조절(dollar control) 상품의 가격 인하, 가격 인상 등을 말한다. 비율(%) 단위보다는 돈에 의한 판매 등을 통제하는 것이다.

자기애형(自己愛型) 프로이트(Freud)의 성격 유형 중 하나로서 에고(ego)가 우세한 사람으로서, 대인관계에서 보호자적인 행동을 보이고 자기의 이익문제에 대하여 의식적으로 모르는 체하며 스스로에 대하여 만족하다고 느끼는 타입이다.

자기표현(self-presentation) 사람들은 그들이 원하는 이미지를 타인에게 투영하기 위해서 자신이 보여지는 상황뿐만 아니라 자신의 행동을 선택하고 통제하여 잘 표현하도록 노력한다.

자대(紫帶) 백제 시대 1품관에서 7품관까지 비의(緋衣)에 띠었던 자주색의 품대(品帶)로 조선 시대에는 예종(睿宗), 1469년 4품 이하의 자대(紫帶) 사용을 금하였다.

자동 스크린 날염기(automatic flat-bed screen print) 수동식 날염법을 자동화한 것으로 자동화 라인에 의해 염색하고자 하는 직물이 스크린 크기만큼 자동적으로 움직여 주고 그 위에 스크린과 염료가 덮여 날염된다. 이와 같은 과정을 무늬의 색수만큼 되풀이하게 되므로 색수만큼의 스크린이 필요하며, 여러 가지 색으로 날염할 수 있어 다양한 무늬를 낼 수 있다.

자동운동 현상(autokinetic) 사람들이 애매모호한 상황에서 적절하게 받아들여질 수 있는 행동의 단서를 찾으려고 하는 것을 말한다.

자동 재주문(automatic reorder) 선결된 최소량(minimum)에 의거하여 주상품(많이 거래되는 상품)을 재주문하는 것을 말하며, 이 최소량에 도달했을 때 최초의 주문량만큼 다시 구입한다.

자라(紫羅) 자색 라로, 지초(자초)로 염색한 라이다. 삼국 시대부터 고려 시대, 조선 시대에 걸쳐 사용되었다. 모자, 대, 의복, 하사(下賜), 교역품으로 사용되었다. 고려시대에는 진자라(眞紫羅)가 교역품으로 사용되었다.

자라늑건(紫羅勒巾) 고려 시대 왕이 상복(常服)에 띠던 자색의 비단으로 만든 대(帶)로, 왕은 담황색(淡黃色)의 포(袍)를 입고 오사고모(烏紗高帽)를 쓰고 자라늑건을 띠었다.

자라두건(紫羅頭巾) 자주색 비단으로 만든 고려 시대 두건의 한 가지로 별감(別監), 소친시(小親侍), 급사(給事) 등이 착용했다.

자련수 주로 면을 메울 때 사용하는 수법으로 꽃잎, 새 등의 표현에 있어 색상의 농담 및 실의 굵기에 변화를 주어 입체적, 사실적 표현도 가능하다. 긴 땀과 짧은 땀을 번갈아 놓

자메이카 쇼츠

은 후 두 번째 땀부터는 긴땀 위에는 짧은 땀을, 짧은 땀 위에는 긴 땀을 수놓는다. 한 곳에서 두 번 이상 바늘을 빼지 말며 바늘 꽂은 자리가 보이지 않도록 자연스럽게 해야 하는데, 주로 사실적인 도안에 많이 쓰인다.

자르곤(jargon)　지르콘(zircon) 참조.

자릿수　돗자리의 결모양을 표현하는 수법으로, 길고 짧은 땀을 수놓은 후 두 번째 단부터는 긴 땀의 길이로 수놓아 마지막은 짧은 땀의 길이로 마무리한다.

자메이카 쇼츠(Jamaica short)　서인도 제도 자메이카섬의 휴양지에서 많이 입었다고 해서 붙여진 이름이다. 짧은 바지인 쇼트보다는 길고, 버뮤다 쇼츠(burmuda shorts)보다는 짧은 허벅지 중간 정도 길이의 반바지를 말한다.

자문라(紫紋羅)　자색으로 염색된 문라로 《고려도경(高麗圖經)》에는 영관복(令官服), 국상복(國相服), 근시복(近侍服), 종관복(從官服)과 기타 복식에 사용된 것으로 나타나 있다. 고려 시대의 불복장 유물로서도 자문라가 있다.

자미사　경·위사에 숙사를 사용한 견직물로 무늬 없는 평직물을 그대로 사용하기도 하나 대체로 꽃무늬가 드문드문 있는 경우가 많다. 한복감으로 쓰인다.

자바사라사　인도네시아의 자바섬을 중심으로 제작된 납염(蠟染)에 의한 문양염 직물이다. 인도네시아에서는 바틱(batik)이라고 한다.

자보(jabot)　앞에는 러플을 달아 늘어뜨리고 목선에서 올려 세운 밴드 칼라이다.

자보

자보 블라우스(jabot blouse)　앞 중심에 러플이나 자보가 스탠딩 칼라에 붙어 있고 뒤에서 여미는 블라우스, 또는 앞에서 단추로 여미며 자보 같은 러플이 여밈의 양쪽에 달려 있는 블라우스를 말한다. 프랑스어로 가슴 부분에 붙여진 주름 장식을 자보라고 하며, 얇고 가벼운 레이스가 늘어지는 드레이프성이 좋은 조젯 같은 천을 사용하여 프릴이나 잔주름의 형태인 자보로 된 로맨틱한 스타일의 블라우스를 말한다.

자보 블라우스

자보 재킷(jabot jacket)　레이스나 드레이프성이 좋은 옷감으로 재킷에 악센트를 주기 위해 층층으로 주름 처리한 로맨틱한 스타일의 재킷을 말한다.

자색(紫色)　자줏빛의 색으로 삼국·고려·조선 시대에 걸쳐서 여러 복식에 사용된 색이다. 즉 포(袍)·삼(衫)·모(帽)·혜(鞋)·대(帶) 등에 사용되었다. 자(紫)·자적(紫的, 紫赤)·정(靜 : 짙은 보라)으로도 불린다.

자소성(self-extinguishing)　섬유를 불속에서 꺼냈을 때 계속 타지 않고 꺼지는 성질을 말한다. 양모, 모드 아크릴 섬유, 나일론, 폴리에스테르, 사란, 비니온과 같은 섬유들이 여기에 속한다.

자수(刺繡)　바탕천에 여러 색실로 무늬를 나타내는 조형 활동. 옷이나 기타 직물 제품에 장식 또는 계급을 표시하는 것이 자수를 도입하게 된 목적이다. 동양 고대에는 쇄수(鎖繡) 기법으로 자수를 하였는데, 그 후에 평수(平繡)의 기법으로 변하여 갔다. 《삼국지(三國志)》에 의하면 부여인(夫餘人)들이 수를 일찍이 의복 재료로 사용한 사실이 나타나 있다. 우리 나라의 자수는 시대의 변천에 따라 민족의 미적 특질을 표현하고 있다. 전통적 자수의 주요 기법에는 자릿수·평수·이음수·매듭수 등이 있다.

자수 가위(embroidery scissors) 　 자수용의 가벼운 작은 가위로 실을 끊을 때 사용하며, 크기는 7.5~9cm 정도이다.

자수대 　 자수천을 팽팽하게 하는 것으로 가로막대 두 개, 홈파인 막대 두 개, 끼우는 막대 두 개로 그 기능을 가능하게 하며, 이것을 고정시키는 잠금못 두 개 또는 나무마개 두 개로 1조를 이룬다. 대의 크기는 가로막대의 크기에 따라 정해지며, 대의 폭은 홈파인 막대와 끼우는 막대의 크기에 따라 변하지만 보통 천을 팽팽하게 하기 위한 경우에는 50cm의 막대를, 넓은 폭에는 80cm의 막대를 사용한다.

자수 레이스(embroidered lace) 　 무늬를 넣은 레이스이다.

자수 바늘(embroidery needle) 　 바늘귀가 길고 굵으며 바늘끝이 날카롭고 뾰족한 자수 바늘을 말한다. 앞이 넓적하게 퍼져 있거나 바늘구멍이 둥글게 된 짧은 것도 있으며, 바늘이 천을 통과할 때 큰 구멍을 낼 수 있으므로 실이 매끄럽게 통과하기 위해 실의 윤기가 없어지는 것을 방지하도록 되어 있는 바늘도 있다.

자아(I and Me) 　 자아(自我) 또는 나라고 불리는 것으로 있는 그대로의 자기(自己)를 말한다.

자아 강화 동기 　 정신적 동기에 해당하는 것으로 자기성격의 증진, 성취, 자존심의 획득, 타인으로부터 인정받는 데에서 오는 만족감을 말한다.

자아개념(self-concept) 　 인간의 신체적, 정신적, 사회적 요소로 구성된 통합적 구조이다. 즉 신체적 용모, 성격특성, 가치관, 태도, 흥미 등에 관한 것, 능력, 직업에 관한 것 등이 모두 포함된다.

자아 달성적 예언(self-fulfilling prophecy) 　 상호작용의 외모 단계 중 개인들이 함께 모여 그들의 정체감을 협상하기 시작하면 의복은 그들의 기대를 재확인하거나 상황을 재정의 하도록 돕는다. 즉 사람이 상황을 실제대로 정의하면 결과도 실제가 될 것이다' 와 같은 해석을 말한다.

자아방어 동기 　 정신적 동기의 일종으로 성격적인 방어, 신체적·정신적 손상에 대한 방어, 자존심을 상하게 하는 것을 피하려는 동기이다.

자아실현 검사지(Personal Orientation Inventory) 　 쇼스트롬(Shostrom)이 개발한 자아실현에 대한 신뢰도와 타당성이 있는 측정 도구로, 자기 응답식 설문으로 된 검사지이며, 150개 문항으로 구성되었다. 매슬로(Maslow)의 이론을 엄격히 따랐으며 개인의 자아실현 정도를 측정한다.

자아실현 욕구 　 자아실현 욕구의 의미는 개인마다 달라서, 어떤 사람에게는 문학이나 과학의 영역에서의 성취를 의미하고, 또 어떤 사람에게는 정치 또는 공동사회에서의 지도력을 의미한다.

자아 정체감(self-identity) 　 'Who am I to be?' 와 같은 생각을 가지고 자기는 어떤 사람이 되어야 할 것인가 하는 이상적인 자아상을 말한다. 즉 마음 속으로 자기가 어떤 사람이 되어야 할 것인가 하는 이상형을 그리는데, 이것을 자아 정체감이라고 한다.

자아 주장(ego screaming) 　 대중사회에 대한 각 개인의 반응, 충격가치의 창조와 다르게 나타내고자 하는 동기로서 특징지어진다. 원하는 것은 주의를 끌려는 그 자체이다.

자아 지각(self-awareness) 　 자아 지각에서는 다른 사람을 지각하는 경우와 다르게 내적 단서에 접근한다. '주관적 자아인식' 이라고 말한다.

자아 확장(extension of self) 　 의복을 자신(자아)의 연장으로 보고 자아를 확장하기 위한 수단으로 옷을 크게 입거나 어깨에 패드 등을 넣어 강조하는 행위이다.

자유수(自由繡) 　 도안에 따라 여러 종류의 프랑스 자수법을 이용하여 수놓는 방법으로, 망사 밑에 도안지를 대고 홈질이나 시침질로 망사의 올만을 한 올 두 올씩 뜨면서 도안에 따라 스티치해 나가는 기법이다. 자유수의 대표적인 스티치는 러닝 스티치이며 수를 다놓으면 도안지를 떼고 가장자리를 잘라서 잘 정리하여 마무리한다.

자의(紫衣)　자주색의 옷을 말한다. 자색(紫色)은 진상(進上) 및 궁궐 내의 물건의 색으로, 세종대(1430)에 그 사용을 금하였다.

자이버스 해트(Gibus hat)　⇒ 오페라 해트

자이언트 칼라(giant collar)　⇒ 오버사이즈 칼라

자이언트 플레이드(giant plaid)　엄청나게 큰 체크 무늬를 의미한다.

자지힐문(紫地纈文)　자색으로 염색한 힐염(纈染)이다.

자초(紫草)　지치과의 다년생초로, 뿌리를 자염에 사용한다. 부리는 자근(紫根)이라 하며, 지초(芝草)라고도 한다. 우리 나라에서는 삼국 시대부터 고려 시대, 조선 시대까지 자초염을 하였으며 고려의 자염은 중국에도 알려져 있었다. 조선 시대에는 자적주(紫的紬), 자적토주(紫的兎紬), 자적록피(紫的鹿皮), 자적소록피(紫的小鹿皮) 등 자염(紫染)에 지초가 사용되었다. 자근을 침출한 자액(紫液)과 회즙(灰汁)을 매염제로 하여 염색한다.

자카드(jacquard)　색사를 이용하여 무늬를 나타낸 직물로서 자카드 직기를 사용하여 직조한다.

자카드

자카드 더블 니트(jacquard double knit)　평직으로 짠 두 겹의 편성물이 구조적인 디자인에 의해 연결되어 있는 편성물로서, 무늬를 나타내기 위해 선염사(先染絲)를 사용하기도 한다. 두 겹이 연결되어 있어 신축성은 적으나, 보온성과 형태 안정성이 좋다. 드레스, 셔트 등에 사용된다.

자카드 스웨터(jacquard sweater)　여러 가지

색의 각종 디자인으로 기계나 손으로 자카드식으로 짠 스웨터를 말한다. 기하학적인 무늬를 되풀이하거나 큰 무늬를 앞이나 뒷면 옆에 또는 양쪽에 놓을 수도 있으며 겨울철에 많이 입는다.

자카드 직기(jacquard loom)　1801년 프랑스의 조셉 마리 자카드(Joseph Marie Jacquard)에 의해 개발된 직기로, 매우 복잡한 무늬를 표현할 수 있다. 브로케이드와 양단, 모본단 등이 대표적인 자카드 직물이다.

자카드 팰리스 크레이프(jacquard palace crepe)　경사에는 무연사, 위사에는 S·Z 강연사를 교대로 사용하여 제직한 평직 크레이프 직물을 팰리스 크레이프라고 하고, 자카드를 사용하여 능직이나 수자직의 무늬를 넣은 직물을 문 팰리스라고 한다. 경사의 밀도가 더 크며, 위사의 꼬임수가 크레이프 드 신(crepe de chin)보다 적어 크레이프 효과가 적다. 드레스, 블라우스 등에 사용된다.

자카드 편포(jacquard knit)　실린더와 다이얼을 사용하는 래치 바늘 편기의 자카드 기구로 편성하는 것으로, 색상과 조직에 있어서 전체적 또는 부분적으로 색상과 질감이 디자인된 편포를 말한다.

자카드 호즈(jacquard hose)　색깔이나 문양을 다양하게 제작할 수 있는 자카드 조직의 호즈로 구체적으로 마름모꼴 문양과 헤링본 문양 등이 자카드 문양의 예가 되었다. 1920년대에는 아이들에게 유행하였으며 그 이후로도 유행하였다.

자케트(jaquette)　18세기 남자들의 사냥용 재킷을 모방한 19세기 여자들의 레이스가 달린 재킷을 말한다.

작잠견(tussah silk)　여러 종류의 야잠견 중에서 상품 가치가 있는 것으로, 일반적으로 야잠견이라고 하면 이 작잠견을 지칭하는 경우가 많다. 주로 중국의 산둥성 일대에서 생산되며 섬유 굵기가 가잠견의 2~3배 이고 균일하지 못하며, 다량으로 함유된 불순물의 제거가 어렵고 염색성 또한 좋지 못해 작잠특유의 독특한 크림색을 그대로 사용하는 경

우가 많다. 단, 견의 감촉을 가지고 있고 가잠견보다 강하며 값이 싸므로 특수 분야에 이용된다.

잔 다르크 보디스(Jeanne d'Arc bodice) 퀴래스(cuirass) 형태로 몸에 꼭 맞으며 힙 길이인 여성용 보디스로, 손목에 러플이 달린 꼭 끼는 소매가 달려 있고 흑옥이나 강철 구슬로 장식했다. 1870년대 중엽에 입었다.

잔담(gendarme) 소매와 주머니, 앞을 노란 금속 쇠단추로 장식한 프랑스 경관의 상의에서 유래한 재킷이다.

잔담

잔상 현상(afterimage) 빨강색을 보다가 백지를 보면 녹색의 점이 보이게 된다. 이것은 사람의 눈이 강한 색상에는 빨리 피곤을 느끼게 되므로 눈 안에서 그 색상의 보색에 대한 감각기관이 다시 지배하게 되기 때문이다.

잠(蠶) 누에를 말한다.

잠(簪) 비녀의 한문 표기이다. 부인들이 머리를 쪽찔 때 쪽에 꽂는 장신구의 일종으로 잠(簪)의 수식(首飾)에 따라 봉잠(鳳簪), 모란잠(牡丹簪), 민잠(珉簪), 용잠(籠簪), 화잠(花簪) 등으로 분류된다. 비녀 참조.

잠대(蠶台) 《한서(漢書)》 지리지에 낙랑군 23현에 잠대현이 있다. 잠대는 예(濊)의 지역으로서 누에를 치던 지역의 이름이다.

잠면(蠶綿) 견(繭)의 섬유(纖維)로 된 면, 즉 비단솜이다. 진면(眞綿)이라고도 한다. 면이 비단솜인 경우도 있다.

잠방이 가랑이가 무릎까지 내려오게 지은 짧은 홑고의로 한자로는 곤의(褌衣)로 일컬어지며, 사발잠방이, 사발고의, 사발적방이, 쇠코잠방이 등이 있다.

잠상(蠶桑) 누에와 뽕, 즉 뽕나무를 길러 누에를 치는 일이다.

잠신(蠶神) 양잠의 시조로 일반적으로 중국 황제비 서릉씨를 잠신으로 모시고 친잠례(親蠶禮)를 거행한다. 우리 나라에서는 조선 시대 태종 때에 친잠례가 시작되었다고 한다. 중국에서는 은대(殷代)의 갑골문에 잠신이 나타나 있으나 잠신이 누구인지는 나타나 있지 않다. 일본에서는 신라신(新羅神)을 양잠의 신으로 제사 지내는 풍습이 있다고 한다.

잠실(蠶室) 누에치는 방을 말한다.

잡직서(雜織署) 고려 시대의 직물 제직 공장을 말한다.

잡화상(general merchandise stores) 의복, 가구, 가정용 기구, 그 밖의 많은 생산품들을 포함하는 다양한 상품의 라인을 가지고 있는 소매 상점들을 말한다.

장(欌) 수납장의 총칭으로 장은 개판을 가지며 몸체보다 좌우로 3~4cm 더 크고 몸체는 층별로 분리되지 않고 통으로 쓴다. 중앙에는 2~3층의 칸을 만들어 의류를 보관한다. 종류는 재료에 따라 용목장·죽장(竹欌) 등으로, 용도에 따라 서장(書欌)·머릿장·의거리장(衣巨里欌)·찬장(饌欌) 등으로 나뉜다.

장갑(gloves) 방한(防寒)·장식 등의 목적으로 손에 끼는 의류의 하나이다. 다섯 손가락이 따로 따로 맞게 재단되어 손을 보호하며 주로 가죽이나 모직의 니트, 크로셰로 만들어진다. 손목 부분의 길이에 따라 호칭이 다르며 짧은 것은 손목까지, 긴 것은 팔 전체까지 오는 것도 있다. 수 백년 동안 손을 보호하기 위하여 만들어졌으며 19세기에는 사회적 신분 상징으로 장갑을 끼기도 했다. 1960, 1970년대에 와서야 보온용 또는 스포츠용 장갑이 발전하였다. 엄지와 네 손가락이 함께 들어가게 된 장갑은 벙어리 장갑, 즉 미튼(mitten)이라고 한다.

장단(漳緞, 粧緞) 단(緞)의 지(地)에 경사로 융모하여 제직한 문직물을 말한다.

장도(粧刀) 몸에 지니는 조그만 칼로 일상 생활에 쓰기도 하고 호신, 자해(自害) 및 장식의 구실도 한다. 장도는 남자의 경우 저고리의 고름이나 허리띠에 장도 끈목의 고리를 꿰어서 차고, 여자는 치마속 허리띠에 차거나 또는 노리개의 주체로 삼기도 한다.

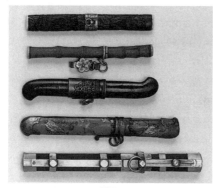

장도

장문(章紋)　　면복에서 왕을 상징하는 문양으로 왕은 9장문의 곤복을, 황제는 12장문의 곤복을 착용하였다. 왕의 9장복 중 9장문은 산(山), 용(籠), 화(火), 화충(華蟲), 종이(宗彝), 조(藻), 분미(粉米), 보(黼), 불(黻)이며 여기에 황제를 상징하는 일(日), 월(月), 성신(星辰)을 더하게 되면 12장문이 된다. 이 장문들은 단순한 미적 장식 문양이 아니라 국왕의 통치권을 강조한 상징언어로서 특정 부위에 문시하였는데, 9장복 중 의에는 5장문을 그려넣고 상에는 4장문을 수놓았다. 의의 양어깨에는 용을, 등뒤에는 산을, 양소매에는 화·화충·종이를 각각 3개씩 그렸고, 상의 앞폭에는 조, 분미, 보, 불의 4장문을 수놓았다. 상의(上衣)에는 그림을 그리고 하의(下衣)에는 수를 놓는 것은 동양 고대의 음양일치 사상에서 비롯된 것이다.

장배자(長背子)　　배자(背子)의 한 종류로 길이가 긴 배자를 말한다. 남자의 장유(長襦)와 그 형태가 비슷하며 양자락이 서로 덮이고 겨드랑이를 꿰매지 않았다.

장복(章服)　　고려 시대에는 문무 백관들의 제복으로서 계급을 나타내는 의복이었다. 조선 시대에는 왕이 면복(冕服)으로 아홉 가지 장문(章紋)을 나타낸 구장복(九章服)을 입었으며, 고종(高宗)이 황제 즉위식을 가지면서

십이장복(十二章服)을 착용하였다.

장비에르(jambiére)　　다리를 의미하는 장브(jambe)의 파생어로 다리에 감싸는 각반 종류를 말한다.

장삼(長衫)　　승복(僧服)의 하나로 장삼의 형태는 철릭과 비슷하며, 소매가 매우 넓고 허리에는 큰 맞주름을 잡은 것이 특징이다. 두루마기와 같이 무를 네 개씩 넣기도 한다. 회색과 갈색 계통의 면직 또는 모직물을 사용한다.

장섬유(filament fiber)　　⇒ 필라멘트 섬유

장수편삼(長袖編衫)　　승복(僧服)의 하나. 장삼(長衫)과 비슷한 소매가 긴 승려의 웃옷으로, 이 위에 가사를 입었다.

장식사(complex yarn)　　실의 종류, 굵기, 색, 꼬임 등의 배합에 의해 특수한 외관을 가져 장식을 목적으로 사용되는 실로서, 노벌티사(novelty yarn)라고도 한다. 장식사는 일반적으로 중심에 심이 되는 심사(core), 그 주위에 특수 외관을 갖도록 감는 장식사(fancy, effect), 그리고 이를 심사에 얽어 매는 역할을 하는 접결사(binder) 등으로 구성된다. 장식사로 효과를 내는 데는 고리를 만들어 주는 법, 매듭이나 마디를 만들어 주는 법, 그리고 나선으로 심사 주위를 감는 법 등 세 가지 기본적 방법이 있으며, 이들 방법을 배합하여 사용하기도 한다.

장신구(裝身具)　　몸치장을 하는 데 사용되는 제구로 삼국 시대에는 공예 기술의 발달로, 화려한 금·은·금동제의 장신구가 제작되었다. 장신구에는 목걸이·귀고리·비녀·팔찌·반지·댕기·주머니 등이 있다.

장옷(長衣)　　조선 시대 일반 부녀자가 사용한 내외용(內外用) 쓰개로 너울[羅兀] 대신 간편하게 만든 것이다. 두루마기와 비슷한 형태로 겉감은 초록색의 명주·모시·항라 등을, 안감은 자주색을 사용하였다. 길에는 쌍섶과 무가 있고 소맷부리에는 흰색 기들지를 달고 동정 대신 넓적한 흰 헝겊을 대어 이마 위 정수리에 닿도록 하고, 앞은 마주 여며지도록 맺은 단추를 달았고 여기에 이중고름이

양쪽에 있어 손으로 잡아 마무리하도록 했다.

장옷

장요(長靿)　우리 나라의 신 중에서 목이 올라간 북방 계통의 신발을 총칭하는 것으로 화(靴)를 의미한다.

장유(長襦)　삼국 시대에 입던 길이가 긴 저고리로 남녀가 같이 착용하였으며, 통수(筒袖)이고 길이는 둔부까지 내려온다.

장 이론(field theory)　어떤 형태나 조직을 가지고 있는 장(場)의 한 부분의 사건은 다른 사건에 의하여 영향을 받는다는 학설이다. 1950년 르빈(Lewin)이 발표했다.

장인(匠人)　물건을 만드는 것을 업으로 삼는 사람을 말한다.

장일(障日)　《한원(翰苑)》에서 고구려에서는 말갈 돼지털로 장일을 제조한다고 하였다. 장일은 모포, 모직물이 아니고 상인, 농부가 해를 막기 위해 쓰는 모자, 두건이라고 일본의 《한원교록(翰苑校綠)》에 나타나 있다.

장포(長布)　전남 장성의 저포이다.

장화단(壯花緞)　중직으로 제직된 다채로운

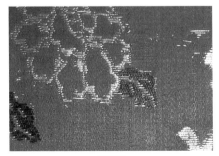
장화단

단으로, 중국에서 청대에 발달하였다. 금사를 직입한 장화단은 최고로 화려하다.

장화융금　화려한 색채의 융금을 말한다.

재고(stock)　점포나 기업이 보유하고 있는 제품, 반제품, 원자재 등을 모두 포함한다. 유통에 있어서는 조달과 생산 사이의 자재 재고, 생산 공정상의 장치 재고, 생산과 판매 사이의 제품 재고 등이 있다. 재고는 회사의 대차대조표에 자산으로 표시되며 판매에 따른 재고의 비율 변동은 재고 투자 또는 부의 투자로 간주된다.

재고 균형화(balanced stock)　정보를 포함한 각종 물품을 관리하는 경영 기법으로, 수요에 비례하여 모든 가격대나 가격선의 상품들을 고객들이 원할 때 언제든지 공급해 줄 수 있도록 상품에 균형을 잡는 것을 말한다.

재고 조절(stock control)　수요가 증가할 때 또는 감소할 때 한 발 앞서 고객의 수요가 있거나 없는 라인의 상품을 조절하기 위한 다양한 체제와 방법에 널리 적용되는 용어이다. 기업마다 재고 관리에 대한 중요성이 인지되어 할인 매장, 직매장, 세일 등의 처리 방안이 사용된다.

재귀반사　직물바탕 직물 위에 미세한 유리구슬을 코팅하여 빛이 유리구슬에서 굴절되어 입사된 빛과 같은 방향으로 되돌아가게 만든 직물이다. 일반 직물보다 반사 성능이 매우 커서 금방 눈에 뛰며 야간에도 가시거리(可視距離)가 커서 위험 방지 기능을 가진다. 야간 안전복 등으로 사용된다.

재규어(jaguar)　황갈색 바탕에 중앙 부분에는 두 개의 반문과 짙은 방사성 무늬의 복합 반문이 있는 열대 아메리칸 표범의 얼룩무늬 모피를 말한다. 1960년대 초반기에 여성들의 코트와 수트로 사용되어 유행하였으며 현재 미국에서는 법으로 사냥이 금지되었다.

재단대(cutting board)　커팅(cutting)은 재단을 의미하며 보드(board)는 대, 판을 의미한다. 재단대라 하면 천을 자를 때 사용되는 커다란 책상을 말하는데 재료로는 나무가 주로 쓰이며, 접었다 폈다 할 수 있는 조립식이 있어 편리하게 이용된다. 판의 두께는 5~6cm 이상의 것이 적당하고 휘거나 뒤틀림이 없는 고른 판이 좋다. 베니어판이 쓰일 때는 두 장 정도 붙인 것이 적당하며, 양재용은 폭 95cm, 길이 1.15cm, 높이 75cm~1m 정도 의 것이 좋고 한복용은 넓은 치마로 인해 양재용보다 조금 더 큰 것이 바람직하다. 커팅 테이블이라고도 한다.

재봉(sewing) 의복을 완성시키기 위한 재단 (cutting)과 봉제(sewing)를 말하며, 주로 가정에서 이루어졌던 것으로 양재(洋裁)와 한재(韓裁)로 구분된다. 재봉은 옛날부터 여성들이 애용해 오던 것으로 덕을 닦으며 옷을 짓는 실용적인 목적으로도 이용됐고, 근대 이전에는 집안 내에서 전수되어 오다가 근대 이후에 학교의 정규 과목으로 채택되어 피복 관리와 피복 위생의 측면까지 다루게 되었다. 그 외 가계에 의한 직조 방법과 민속복의 연구나 염색, 섬유과학, 역사, 디자인에 관한 연구에까지 재봉 기술 습득의 측면뿐만 아니라 의복에 관한 지식적 측면과 함께 구체적인 의복의 제작 과정과 그 기술을 포함한다.

재봉 매듭(tailor's knot) 재봉 매듭은 기계 시침의 대용으로 이용된다. 바느질을 완성했을 때 천으로부터 연장하여 약 3인치 떨어져서 실을 자른 후, 실들을 함께 잡아서 느슨한 매듭으로 루프를 만들고 옷감으로부터 나와 있는 실의 끝까지 그 매듭을 잡아당긴다. 실을 잡아당겨서 매듭을 단단히 한 후 나머지 실을 잘라버린다.

재봉 바늘(sewing needle) 재봉용 바늘을 의미한다. 바늘 참조.

재봉 상자(sewing basket) 재봉 용구를 넣는 상자 또는 바구니를 말하는데 일반적으로 장식이 대단히 아름다운 것이 특징이다. 워크 바스켓(work basket)이라고도 한다.

재봉 용구(裁縫 用具) 재봉에 필요한 여러 도구를 말하는 것으로, 양재와 한재에 쓰이는 용구는 각각 다르나 기본적으로 같이 쓰인다. 재단에 사용되는 재단용 가위, 봉제에 사용되는 바늘, 골무, 재봉틀과 마무리에 필요한 다리미가 있다.

재봉틀(sewing machine) 1790년대에 영국의 토머스 세인트(Thomas Saint)가 최초로 가죽에 구멍을 뚫어 실을 꿰매는 것과 비슷한 동작을 하는 재봉틀을 발명하여 이것이 시초가 되었다. 그 후 1804년 영국의 토머스 스톤(Thomas Stone)과 제임스 핸더슨(Jamas Henderson)은 제본 봉제 특허를 얻었고, 1814년에는 오스트리아의 조지프 마더스 패거(Joseph-maders Peger)는 제본 봉제용 재봉틀을 만들었다. 1829년에는 프랑스의 바드레미 시모너(Barthelemy Thimoner)가 완전 기계화된 나무 재봉틀을 만들었고, 그 후 1845년 나무 재봉틀을 개량하여 1분에 200바늘을 꿰맬 수 있는 현대의 금속 재봉틀을 완성시켰다. 한편 미국에서는 1832년에서 1834년에 걸쳐 월터 헌트(Walter Hunt)가 바늘 끝에 귀가 있는 현재와 똑같은 재봉틀 바늘을 사용하고, 밑실을 넣을 수 있는 북(bobbin case)을 만들었다. 1846년에는 미국의 엘리아스 호우(Elias Howe)와 알렌 B. 윌슨(Alan B Wilson)에 의해 현재 사용하고 있는 북집(bobbin case)을 사용한 재봉틀이 만들어져 이것이 현재의 기본 재봉틀인 본봉 재봉틀(lock stitching)의 기초가 되었다. 1850년대에 들어 재봉틀의 왕이라 불리는 미국의 아이작 메리트 싱어(Isaac Merit

① 윗실꽂이, ② 실가이드, ③ 노루발 ④ 압력 조절 나사, ⑤ 실채기 노루발, ⑥ 노루발꽂이, ⑦ 나사 바늘꽂이, ⑧ 나사 바늘, ⑨ 북과 북집, ⑩ 미끄럼판, ⑪ 윗실압력 조절장치, ⑫ 실땀의 폭조절, ⑬ 바늘위치 조절, ⑭ 바퀴, ⑮ 땀수조절, ⑯ 되돌아박기 누름단추

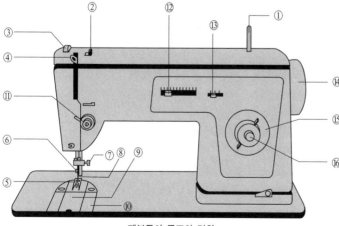

재봉틀의 구조와 명칭

Singer)는 모든 재봉틀의 결점을 개량 보완한, 현재 사용하고 있는 재봉틀과 꼭같은 재봉틀 제작에 성공하여 특허를 얻고 싱어 재봉틀 제작 회사를 설립하였다. 우리 나라에는 1900년경에 들어온 것으로 전해지고 있으나 정확한 것은 아니다.

재봉틀의 종류　【직업별】 ① 가정용 재봉틀 : 가정 재봉에 사용되는 것으로 구조가 비교적 간단하고 취급도 용이하다. 북집이 좌우로 반바퀴씩 돌면서 실을 걸게 된다. ② 직업용 재봉틀 : 양장점에서 사용하는 전기 재봉틀로 빠른 속도로 재봉이 되고 외관보다 성능에 중점을 둔 것으로, 북집이 완전히 4회전되면서 실을 걸어 바느질하게 된다. ③ 공업용 재봉틀 : 기성복을 대량으로 생산하기 위해 사용되는 재봉틀로 회전 속도가 매우 빠른 모터 재봉틀이다. ④ 특수 재봉틀 : 공업용 재봉틀 중에서 특수 봉제를 목적으로 만들어진 것이며 오버로크, 단춧구멍, 공그르기, 팔자뜨기용의 재봉틀이 여기에 속한다.

【속도별】 ① 저속 재봉틀 : 800~1800 rpm ② 준고속 재봉틀 : 2500~3500 rpm ③ 고속 재봉틀 : 4000~4500 rpm ④ 최고속 재봉틀 : 5000 rpm 이상. rpm(revolution per minute)은 1분 간 회전수의 단위로, 회전 속도의 단위로 쓰여, 어느 물체가 1분 동안 100회전한다면 그 속도를 100 rpm이라 표시한다.

【사용 용도별】 ① 본봉 재봉틀 : 직선, 곡선, 각선을 자유자재로 박을 수 있는 대표적인 재봉틀이다. ② 인터로크(inter- lock) 재봉틀 : 원단의 올이 풀리지 않게 감쳐 주기도 하며, 두 겹 이상의 원단을 겹쳐 꿰매는 재봉틀이다. 감쳐박기 재봉틀이나 감치기 재봉틀은 칼이 달려 있어 일정하게 자르면서 박는다. ③ 오버로크 재봉틀 : 원단의 올이 풀리지 않게 감쳐주는 재봉틀로, 감치기 재봉틀이라고도 한다. ④ 단추달기 재봉틀 : 단추를 전문으로 달며 스냅단추, 샹크(shank) 추등 특수 단추도 쉽게 달 수 있는 특수 재봉틀이다. ⑤ 단춧구멍뚫기 재봉틀 : 단춧구멍을 전문으로 뚫는 재봉틀로 와이셔트용과 신사복용의 두 종류가 있다. ⑥ 두 줄 박기 재봉틀 : 일정한 간격으로 나란히 두 줄씩 박는 재봉틀로 본봉 두 줄 박기 재봉틀, 환봉 두 줄 박기 재봉틀 등이 있다. ⑦ 네 줄 박기 재봉틀 : 두 줄박기 재봉틀과 마찬가지로 네 줄을 나란히 박는 재봉틀로 넓은 고무를 붙여 박을 때, 외투 밑단을 박을 때, 톱 센터(top center)를 박을 때 사용한다. 박는 줄 수에 따라 바늘의 수도 많아진다(다본침 재봉틀). ⑧ 매듭박기 재봉틀 : 이음 부분이나 붙여 박은 부분을 단단하게 하기 위해 박는 재봉틀이다. ⑨ 지그재그 재봉틀 : 갈 지(之)자 모양으로 박히는 재봉틀로 넓은 원단을 붙일 때 많이 사용한다.

재생 단백질 섬유(regenerated protein fiber) 재생 단백질 섬유는 원료로부터 알칼리 또는 다른 시약을 사용하여 단백질을 용해, 추출한 후 분리된 단백질을 정제하고 다시 묽은 수산화나트륨 용액에 용해하여 방사원액을 만든다. 이를 황산과 기타 약품이 용해된 방사액에 압출하여 연신하고 포르말린과 같은 약품 처리를 하여 얻는다. 지금까지 제조된 재생 단백질 섬유로는 우유로부터 얻는 아라킨 섬유(arachin fiber), 옥수수 단백질로부터 얻는 제인 섬유(zein fiber) 그리고 대두 단백질로부터 얻는 글리시닌 섬유(glycinin fiber)가 있다. 그러나 재생 단백질 섬유는 강도가 너무 약해 단독으로 직물 원료로 사용하기는 불가능하므로 약 50% 정도 양모와 혼방하여 사용한다. 그러나 합성 섬유의 발

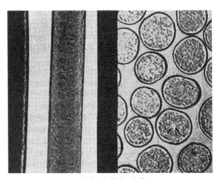

재생 단백질 섬유

달로 그 존재 가치가 없어져 현재 피복 재료로는 쓰이지 않는다.

재생모(reused wool) 양모는 대단히 고가이므로 플리스로부터 얻는 신모 외에, 일단 사용한 헌 털옷으로부터 재생된 양모를 사용하기도 한다. 이를 재생모라고 하며, 그 종류로는 방축 가공되지 않은 양모 제품에서 회수한 쇼디(shoddy), 방축 가공된 모제품에서 회수한 멍고(mungo), 탄화 처리를 거쳐 회수한 익스트랙트(extract) 등이 있다. 요즈음은 리사이클 모라고 통칭한다.

재생 섬유(regenerated fiber) 자연에서 산출되는 원료로 만든 인조 섬유를 말한다. 대표적으로 천연 섬유 중에서 길이가 너무 짧아 직접 피복 재료로 사용하기에 부적당한 면 린터나 목재 펄프 등의 원료를 비교적 간단한 화학적, 기계적 조작을 거쳐 섬유로 이용하기에 알맞은 형태로 바꾸어 놓은 레이온과 셀룰로오스 유도체인 아세테이트가 있다. 또한 식용 단백질이나 알긴산과 같이 전혀 섬유의 형태를 가지지 않은 천연 중합제 원료로 비교적 간단한 물리적, 화학적 조작을 거쳐 만든 재생 단백질 섬유, 알긴산 섬유, 고무 섬유 등도 재생 섬유에 해당된다.

재스민(jasmine) 재스민꽃에서 보이는 밝은 색조의 황색이다.

재스퍼(jasper) 벽옥에 보이는 짙은 청색 기미의 녹색을 말한다.

재스퍼 얀(jasper yarn) 견의 장식 연사로 마디가 있는 색실을 꼬아 넣은 실을 말하며, 또한 군데군데 반점을 날염한 실을 말한다.

재스퍼 클로스(jasper cloth) 면 재스퍼를 말한다. 경사에 동일색인 짙고 엷은 색 또는 백색과 색실을 사용하여 짠 평직으로 두 올을 혼합시킨 것도 있다. 의류, 커튼, 양복감 등에 사용된다.

재저런트(jazerant) 가죽으로 만든 튜닉에 가죽, 금속 또는 뿔뼈로 된 판을 덧대어 만든 갑옷으로 14세기에 입었다. 재저란(jazeran), 재저린(jazerine) 또는 제저런트(Jesseraunt)라고도 불린다.

재조작모(reprocessed wool) 플리스로부터 직접 얻은 신모나 일단 사용한 헌 옷의 양모로부터 얻는 재생모와는 달리 양모의 처리 과정에서 생긴 폐품, 즉 제직, 재단 등의 조작에 의한 폐품을 회수한 양모를 재조작모라고 한다. 요즈음은 리사이클 모라 한다.

재주문수(reorder number) 바이어가 주문하기 위해 계속된 한 스타일의 수를 말한다.

재최(齋衰) 상복(喪服) 중 한 가지. 재최의 상복 기한은 3년이다. 재최의 재료로는 차등 추생마포(次等麤生麻布)를 사용하며 상복의 가장자리를 꿰맨다.

재칼(jackal) 중앙 아시아, 인도 서부, 중동 아프리카 북부에 서식하는 개과의 동물을 말한다. 갈색에서 회갈색의 털은 거칠며 주로 트리밍에 사용된다.

재커닛(jaconet) 드레스, 어린이 옷, 여름옷으로 윤이 나는 최고급품의 얇은 면으로 만든다. 인도 원산의 얇게 짠 흰 무명으로 한쪽만 윤을 낸 염색 무명이다. jaconnet, jacnnette, jaconnot라고도 표기된다.

재킷(jacket) 상의의 총칭으로 허리에서부터 힙 사이의 길이로 된 겉옷으로 대개 앞여밈으로 되어 있으며 남성, 여성, 아동 모두 두루 입는 의복을 말한다. 스커트, 팬츠와 코디네이트하여 입거나 블라우스, 셔츠를 입은 위에 걸쳐입기도 하는 다양성 있는 아이템이다. 재킷은 중세 후반 특히 15세기와 19세기 중반에 많이 입었으며 그 당시는 길이가 길고 화려한 옷감들을 많이 사용하였다. 역사적으로 보면 17세기에 남성이 착용하여 저킨(jerkin)이라고 불렀으며, 19세기에 여성은 돌먼 소매가 달린 주아브 재킷(Zouave jacket)을 착용하였다. 19세기 중엽인 1849년경부터 재킷은 베스트(vest)라 불리는 웃옷, 현재의 조끼 스타일과 함께 실용성을 가지고 일반 시민에게 보급되어 오늘날 수트상의 형태를 이루게 되었고 길이도 약간씩 짧아지면서 둥글었던 앞단이 각이 지게 되었다. 원래는 남성 전용복이었던 것이 19세기 후반부터 여성도 입게 되었다. 1857년경부터 위로 올라갔던 칼라가 전체적으로 내려오고 또 1865년경부터는 칼라의 러플이 커지고 어깨 폭이 넓어지는 등 부분적으로 변화하면서 오늘날의 재킷이 형성되었으며, 1870년대의 재킷은 남성복의 가장 중요한 의상의 하나가 되었다. 일반적으로 짙은 색의 모직물로 조끼의 일종인 질레나 바지도 같은 감으로 만들어 스리피스 세트로 많이 입었으나, 20세기에는 재킷이라고 하면 복지나 피혁 모사 등 남녀 겸용인 재킷도 많이 등장하고 재킷의 기본형에서 큰 변화가 없이 거추장스러운 형태에서 심플하면서도 경쾌하고 캐주얼한 스타일로 변화되었다.

재킷 드레스(jacket dress)　　재킷과 매치가 되는 이중 목적에 적합한 드레스로 직장에서 오후 차림에 적합하며, 1930년대부터 유행하였다.

재킷 이어링(jacket earring)　　윗부분의 구멍에 핀을 꽂아 여러 가지 형태를 만드는 귀고리이다. 재킷은 조개 껍질, 장미, 하트, 나비 등의 모양이 있다. 1980년 초에 소개되었다.

재패네스크 프린트(Japanesque print)　　일본 고유의 전통 패턴을 프린트화한 문양으로 대부분 채도가 낮은 검은색, 청색, 붉은색 등의 색상으로 일본의 전통 정원이나 조류, 식물, 국화, 매화 등의 꽃 문양을 소재로 사용한다.

재패네스크 프린트

재패니즈 래퍼(Japanese wrapper)　　일본 기모노의 영향을 받은, 길고 넓은 소매와 사각진

요크가 있으며 둘러싸는 형태(wrap-around style)로 만들어진 여성용 라운지 로브로 20세기 초에 입었다.

재패니즈 블랙(Japanese black)　　직역하면 '일본의 흑색'이지만, 이것은 동경 컬렉션 계통의 일본 디자이너 브랜드가 뉴욕의 유력한 스토어에 대거 진출하여 인기를 모으면서 출현된 것으로 그들 디자이너들이 즐겨 사용하는 검정을 별도로 부르는 용어이다. 특히 이와 같은 흑색을 뉴욕의 디자이너가 사용할 때에 이런 용어가 사용된다.

재패니즈 엠브로이더리(Japanese embroidery)　　색조에 있어 부드러운 중간색을 많이 사용하며, 의복이나 띠에 장식용으로 놓은 수를 말한다. 다양한 수법과 섬세한 표현이 특징이며, 예술 자수품보다는 복식 자수와 실용적인 일상용품 제작이 성행하고 있다.

잭(Jack)　　13세기 후반에서 15세기 후반 사이에 패드를 넣어 꼭 맞게 만든 군복용 상의인데 경우에 따라서는 30겹의 천으로 만들기도 했다. 호버크(hauberk) 위에 입었으며 고급 직물로 만들어서 일반 시민의 짧은 재킷으로도 사용되었다.

잭 부츠(jack boots)　　17, 18세기 기사들이 신었던 크고 두꺼운 가죽 부츠이다.

잭 수트(jac suit)　　점퍼 스타일의 재킷과 팬츠로 구성된 수트이다.

잭슨, 베티(Jackson, Betty 1949~)　　영국의 랭커셔 출생의 디자이너로 버밍엄 예술대학에서 공부한 후 런던에서 프리랜서 일러스트레이터로 일했다. 1973년 웬디 대그워시에서 일하고, 쿼럼에서 디자이너로 일했다. 1981년 자신의 이름으로 컬렉션을 열고 국제적인 명성을 얻었다.

잭타르(jacktar)　　① 무릎에서는 꼭 맞고 발목에서는 넓게 플레어지는 남성용 바지로 1880년대에 요트를 탈 때 입었다. ② 밑단이 종 모양으로 퍼진 바지(bell-bottom trousers)와 함께 입었던 선원복으로 1880년대와 1890년대에 어린 소년들이 입었다.

잼(jamb)　　다리를 보호하기 위한 갑옷으로,

잼즈

갑옷의 정강이받이를 말한다. 잼베(jambe)라고도 쓴다. 데미 잼 참조.

잼보(jambeau)　14세기에 다리를 보호하기 위해 가죽으로 만든 갑옷이다.

잼즈(jams)　남성들의 수영복 반바지의 일종으로 파자마 바지를 잘라서 반바지로 만든 것 같은 스타일로서 허리는 끈을 잡아당겨서 묶는 드로스트링(drawstring)으로 여미고 길이는 무릎 근처까지 오며 대개 화려한 색상의 무늬나 줄무늬지로 만든다. 1960년대에 더욱 유행하였다.

잽 래쿤(Jap raccoon)　황갈색의 긴 털을 지닌 래쿤과 유사한 동물의 모피이다.

잽 밍크(Jap mink)　일본에서 산출되는 밍크로 윤기가 없고 황색을 띠고 있다. 주로 염색을 하여 고급품인 미국산 밍크를 모방하여 판매된다.

잽 폭스(Jap fox)　황갈색의 긴 털에 어깨와 꼬리 부분은 검정색인 여우의 모피로 레드폭스와 비슷한 색조를 띤다.

저고리　양팔과 몸통을 감싸며 앞을 여며 입는 형태로 된 상의(上衣)의 총칭으로 남녀 공통의 가장 기본적인 복식이다. 저고리의 구성은 길·소매·깃·동정·고름이 기본 형제(基本形制)이며, 형태는 시대에 따라 변하였다. 저고리는 감·재봉법·모양에 따라 여러 종류가 있다.

저고리

저관여 상품(low involvement product)　구매하고자 하는 상품이 소비자에게 별로 중요하지 않은 품목이며 소비자가 잘못 결정했을 때 겪는 위험이 크지 않은 상품이다.

저구(杼口, shuttle path)　경사가 개구(開口)되어 위타(緯打)하는 북이 지나가는 경로이다.

저마(ramie)　일명 모시로서, 고온습윤 지역이 재배의 적지로서 중국의 남부, 필리핀, 인도에서 많이 생산되고 있다. 오래 전부터 여름 한복감으로 널리 쓰이고 있으며 이외에도 스포츠 웨어, 손수건, 레이스, 커튼, 심지 등에 사용된다. 저마는 우아한 백색을 지닌 섬유이면서 열전도가 좋고 촉감이 차나, 탄성과 압출탄성이 좋지 못해 구김이 잘 생기는 단점이 있다. 이러한 단점은 방추 가공이나 폴리에스테르 섬유와의 혼방으로 개선되고 있다.

저마겸직포(紵麻兼織布)　《통문관지(通文館志)》,《조선왕조실록(朝鮮王朝實錄)》,《만기요람(萬機要覽)》 등에 나오는 직물명으로, 저와 마사를 섞어 제직한 포이다.

저먼 노트 스티치(German knot stitch)　그림과 같이 실을 건네 매듭을 만드는 수법으로 실을 너무 세게 잡아당기지 않도록 주의한다. 프렌치 노트 스티치보다 매듭이 크며, 3~4개를 모아 조그마한 꽃을 수놓거나 꽃의 심 등에 사용한다.

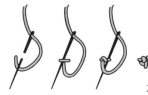

저먼 노트 스티치

저모립(猪毛笠)　조선 시대의 당상관이 사용한 입자(笠子)이다. 양태와 대우를 돈모(豚毛)를 다져서 만든 것으로 죽사립(竹絲笠) 다음 가는 고급 입자이다.

저사(紵絲)　주자조직의 문직물로 단의 다른 이름이다.

저상(紵裳)　모시 치마의 총칭이다. 저의(紵衣)와 함께 목욕시 입기도 한다. 겉과 안이 6폭이다.

저지(jersey)　① 평편성물에 대한 일반적인 명칭이다. 주된 특징은 분명한 골이 생기지 않는다는 것이다. 본래는 모로 만들었으나 현재는 소모사, 면, 견, 인조 섬유 또는 섬유의 조합으로 만든다. 표면에 냅(nap)을 세우거나 날염 또는 수를 놓을 수 있다. 영국 해안의 저지(Jersey)라는 섬에서 처음으로 생산되어 어부의 의복에 사용되었다. 환편기, 횡편기 또는 경편기로 생산될 수 있다. 밀러니즈(Milanese) 또는 트리코(tricot)라고도 하는 실크 저지는 로 실크(raw silk)로 만들어지며 후염된다. 레이온 저지는 트리코 편직기에서 만들어진다. ② 질이 좋은 모섬유를 말한다. ③ 매우 가는 방모사를 말한다.

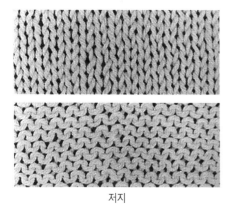

저지

저지 셔트(jersey shirt)　　실크 니트, 모직, 레이온 등으로 솔기가 없이 만든, 뒤집어 쓰는 풀오버 스타일의 풍성한 스포츠 셔트를 말한다.

저킨(jerkin)　　① 더블릿 위에 입던 소매가 달린 남성 재킷으로 앞에 단추나 끈이 달리기도 했다. 어깨 날개(shoulder wings)가 달렸을 때는 소매를 달지 않았으며, 15세기 후반에서 16세기에 걸쳐 입었다. ② 현재에는 허리선 정도의 길이에, 소매가 달리지 않은 꼭 맞는 재킷을 의미하는데 가죽으로 만들기도 한다. ③ 웨이스트 코트나 베스트의 변형물이다.

저킨 수트(jerkin suit)　　소매가 없는 상의와 스커트나 팬츠로 이루어진 수트로, 16세기에서 17세기 사이에 입던 소매가 없는 남성복 상의인 저킨을 여성복에 도입하여 만든 것이다.

저팅 칼라(jutting collar)　　높게 세운 밴드가 달린 칼라이다. 옆에서 여미게 되어 있으며, 코사크 칼라라고 부르기도 한다. 1917년의

러시아 혁명을 묘사한 보리스 파스테르나크(Boris Pasternak)의 소설 '닥터 지바고(Dr. Zhivago)'가 1965년에 영화화되면서 영화 주인공의 의상에서 유래하여 붙여진 이름이다.

저포(紵布)　　모시를 말한다.

저포전(苧布廛)　　모시를 파는 시전(市廛)으로, 육주비전(六註比廛)의 하나이다.

적견(赤絹)　　붉게 물들인 비단으로, 《일본서기(日本書紀)》에 제11대 수인천황 2년에 임나국(任那國)에 적견백필(赤絹白疋)을 사(賜)한 기록이 있다.

적고(赤袴)　　신라 시대에 입었던 붉은색의 바지이다. 진성왕(眞聖王) 10년에 적(賊)들이 붉은 색의 바지를 입고 있던 것을 보고 적고의(赤拷衣)라 불렀다.

적대(赤帶)　　백제 시대 구품관(九品官)이 비의(緋衣)에 띠었던 품대(品帶)인 붉은색의 띠이다.

적삼(赤衫)　　홑으로 만든 웃옷(上衣)의 하나로 형태는 저고리와 같으나 대개 고름 대신 단추로 여민다. 모시·삼베·무명 등의 옷감으로 만들며 통째로 세탁할 수 있어 편리하다. 적삼의 종류에는 여름용 적삼과 속적삼이 있다.

적석(赤舃)　　조선 시대 왕이 면복(冕服), 강사포(絳紗袍) 착용시 신던 붉은색의 신발이다.

적용 단계(application stage)　　빌(Beal)과 로거스(Rogers)의 의류제품의 구매의사 결정 5단계 중 새로운 섬유나 의복이 자신에게 만족을 줄 수 있을 것인가를 측정하는 단계로, 세 번째 단계를 말한다.

적의(翟衣)　　고려 말부터 조선 말까지 착용한 왕비의 법복(法服)으로 고려조 공민왕(1370) 때 명으로부터 보내와 착용하게 되었다. 영조 때 《국조속오례의보(國朝續五禮儀補)》에서 정비된 적의 제도를 보면, 대홍단(大紅緞)으로 하되 전면의 좌우가 서로 마주 대하여 덮이지 아니하며 길이는 치마끝과 가지런하고, 적의의 앞뒤에 오조원룡보(五爪圓籠補)를 붙인다. 적의에는 중단(中單)·폐슬

저킨

(佩膝)·대대(大帶)·말(襪)·보(補)·수(綬)·규(圭) 등을 병용한다. 1897년(고종 23년) 대한제국이 된 후부터 황후 적의는 심청색이 되었다.

적의

적초의(赤綃衣) 조복(朝服)에 입는 겉옷으로 적색의 초로 만들었다. 깃은 직령(直領)이며 앞길 끝선의 각진 곳은 대각선으로 처리하였고 왼쪽 가슴에 폐슬을 달았다. 깃·도련·소매끝에는 흑색 연(緣)을 둘렀다.

적초의

적피화(赤皮靴) 상고 시대에 신던 신목이 긴 붉은 가죽으로 만든 신이다.

적황고(赤黃袴) 주황색의 바지로 고구려에서 착용했다.

전(氈) 동물성 모의 축융포로 곧 펠트(felt), 모전과 같은 것이다. 바닥깔개(carpet) 또는 상욕 등으로 사용되고 의복으로도 사용되었다. 조선 시대에 통용된 전으로 청전(靑氈), 홍전(紅氈), 남전(藍氈), 흑전(黑氈), 백융전(白戎氈), 양모전(羊毛氈), 우모전(牛毛氈) 등이 있어 각종 전이 다양하게 제조되어 사용된 것이 나타난다. 일찍이 삼국 시대에

도 색전, 화전, 백전 등의 명칭이 문헌에 나타나는데 이와 같은 전은 일본에 전해져서 오늘날까지 일본 정창원에 소장되어 있다. 전삼(氈衫), 세전삼(細氈衫) 등이 조선 시대에 사용되어 의복에도 사용된 실증이 나타난다.

전기 재봉틀(electric machine) 전기를 동력으로 사용하는 재봉틀로, 플라이 휠의 아래쪽에 있는 나사 구멍에 재봉틀용 모터를 부착, 간단하게 사용할 수 있어 가정용으로도 많이 사용한다. 손틀이나 발틀식보다 회전수가 많고 전기로 플라이 휠을 돌리기 때문에 회전 방향이 항상 일정하다는 장점이 있다. 일렉트릭 재봉틀이라고 한다.

전대(纏帶) 기다란 헝겊을 사선으로 재단하여 만든 대(帶)이다. 고려 말에 순군(巡軍)·나장(羅將)·영정(領正) 등이 매도록 규정된 것으로 조선 시대에는 전복 위에 매었다.

전대(戰帶) 조선 시대 구군복 차림에서 전복(戰服)에 광대(廣帶)를 매고 그 위에 매던 띠로 천을 직사각형의 바이어스로 마름질하여, 나선형으로 박아 긴 자루형으로 만들어 비상시 식량을 넣기도 한다. 가슴에서 한 번 둘러매고 나머지는 앞으로 길게 늘인다.

전려(氈廬) 전(氈)으로 된 천막으로 고려 때 이색의 시에 나와 있다. 서아시아 지역에서 흔히 전지(戰地)에서 전승물(戰勝物)의 화려한 직물로 막을 짓고 호기를 나타내었다는 기록이 가끔 나온다. 이와 같은 것이 고려에서도 사용된 것으로 나타난다.

전립(戰笠) 무관(武官)의 전복(戰服)에 착용하던 것으로 전립(氈笠) 또는 벙거지라고도 한다. 짐승의 털을 다져서 담(毯)을 만들고 이것으로 복발형(覆鉢形)의 모옥(帽屋)과 양태(凉太)를 만든다. 대체로 평량자(平凉子)와 같은 형태이다. 모옥에는 정자(頂子)에 끈을 꿰어 작우(雀羽)와 삭모(朔毛)를 달았고 이것으로 품 등을 구분한다. 모옥과 양태가 연결된 부분에는 붉은 색의 매듭실을 두르고 매듭을 맺었다.

전립

전모(氈帽) 조선 시대 여자들이 외출용으로 쓰던 쓰개의 하나로 우산처럼 펼쳐진 테두리에 살을 대고 종이를 바른 뒤에 기름에 절여 만든다. 조선 말의 전모에는 박쥐·태극·나비 등의 무늬와 수(壽)·복(福)·부(富) 등의 글자를 넣기도 했다.

전모(剪毛) 양모의 털깎는 것을 의미한다.

전목(全木) 전라북도 전주에서 생산된 면포(무명)이다.

전문인 의상(career apparel) 공적으로 사람들에게 인정되며 일하는 회사나 전문가적인 느낌을 주는 형의 복식을 말하는데, 유니폼은 아니지만 직업을 구분해 준다. 즉 선생님은 그들의 복장 때문에 학생들과 구분된다.

전문직 여성(career woman) 특정한 자격 내지 기능을 갖거나 또는 기업 내에서 비중 있는 위치에 있는 여성들을 말한다. 최근 사회에 진출하고 있는 여성 중에는 결혼 전까지만 하는 임시직이 아닌 직업에서 삶의 보람을 찾고 일생을 그 분야에 종사할 여성이 증가하고 있다.

전문품(specialty goods) 상표마다 독특한 특성을 가지고 있고 소비자가 상표 식별을 쉽게 할 수 있으며 대체재가 별로 없는 제품으로 전문점에서 취급하는 상품이다. 예를 들면 스테레오 시스템, 카메라, 유명 레스토랑, 디자이너 패션 의류 등이 있다.

전문품점(specialty stores) 단품 소매점이 대규모로 전문화된 것으로 특별한 부류의 상품이 집중된 상점들을 말한다. 예를 들면 책, 남성복, 내부 설비, 여성복과 액세서리, 신발, 속옷, 스포츠 상품을 취급하는 상점으로 특히 품질, 유행 등에 민감하게 대처하는 까닭에 현대인의 심리에 가장 적합한 상점이라 할 수 있다.

전반적 수락(general acceptance) 한 스타일이 보편적으로 받아들여지는 절정에 이르러 유행이 대량생산되는 단계이다.

전방(fore spinning, preparatory spinning) 정방의 앞단계 공정을 모두 일컫는다. 섬유의 불순물 제거, 섬유의 균제도 향상, 혼성, 섬유의 배열 향상, 조방 공정을 포함한다.

전 보일(全 voil) 보일 참조.

전복(戰服) 조선 시대의 무복(武服)의 하나로 전복은 형태에 있어 깃·소매·무·섶이 없고 뒤솔기 허리 이하는 터진 것으로 답호(褡㺩)와 거의 같으며 어깨너비와 진동선이 좁은 것이 특색이다. 전복은 동달이 위에 입고 위에 전대(戰帶)를 매었다. 답호, 더그레, 호의(號衣) 참조.

전복

전사 날염(heat transfer printing) 승화성이 있는 염료를 사용하여 종이에 프린트한 밑그림을 직물 표면에 대고 열처리하여 베껴내는 방식으로 하는 날염법이다. 작업이 용이하여 재고 조절이 쉽다.

전삼(展衫) 도포의 뒤에 덧붙여진 천. 이 전삼은 마상의(馬上衣)에서 유래한 것으로 하의를 가리기 위해 전부(展附)한 것으로 도포에서는 형식적인 것이다.

전선(laddering) 편성물에서 한 코가 끊어지면 사다리꼴로 코가 풀리는 현상을 말한다. 그러나 양면 편성물이나 트리코 등에서는 전선 현상이 없다.

전염이론 대중전염 또는 사회전염이라고도 불리며, 대중들 사이에 감정, 태도, 행동 등이 무비판적으로 급속히 전염되는 현상을 뜻한다.

전자 소매(electronic retailing)　텔레비전이나 컴퓨터와 같은 전자 장치로 판매하는 것을 말한다.

전장(氈匠)　조선 시대 경공장의 본조(本曹)에 있던 전(氈) 제조 공장이다.

전포(戰袍)　무사들이 입던 포제(袍制)의 하나로 우리 복식의 문헌 중 전포가 터져 있을 경우 《고려도경(高麗圖經)》 장위조(仗衛條)의 영군낭장기병이 자라전포(紫羅戰袍)를 착용하였다고 기록되어 있다. 조선 시대에는 융복·구군복(具軍服) 등이 전포에 해당된다고 볼 수 있다.

전합의(前合衣, caftan)　양쪽 팔을 꿰어 입고 앞에서 여미도록 만들어진 의복 형태로 여미는 방향에 따라 좌임, 우임, 합임 등으로 불린다. 전합의는 입기 편하고 활동적이며 광범위한 지역에서 입었으며, 우리 나라를 비롯하여 중국, 일본 등 견(絹) 생산 문화권에서 특히 발달하였다. 깃, 사각형 소매 그리고 앞여밈을 고정시키기 위한 허리띠가 특징적이다.

점퍼 드레스

점퍼 수트

전합의

절풍(折風)　상고 시대 우리 나라 관모(冠帽)의 하나. 위로 솟아 있고 밑으로 넓게 퍼진 삼각형 모양으로 된 고깔 형태의 쓰개이다. 절풍건(折風巾)·소골(蘇骨)이라고도 한다.

절풍건(折風巾)　⇒ 절풍

점 박음질(prick stitch)　방법은 반박음질과 비슷하나 뒤로 돌아와 뜰 때 겉에서 바늘땀이 잘 나타나지 않도록 약간 집어 떠 준다. 파스너를 손바느질로 달 때나 겉감쪽으로 심

을 댈 때 이용하며, 숨은 상침 또는 프릭 스티치라고도 한다.

점보 칼라(jumbo collar)　매우 큰 칼라를 총칭하는 용어이다. 콜 투아(col toit) 또는 루프 톱 칼라(roof top collar) 등이 대표적이며, 블라우스 등에도 이와 같이 큰 칼라가 사용된다.

점보 컬(jumbo curl)　배럴 컬(barrel curl)과 유사한 형태로 크기가 큰 컬을 말한다.

점수　매듭이 아닌 한 땀으로 아주 작은 점을 표현하는 수법으로 면을 메우거나 윤곽선을 나타낼 때 또는 구름 등의 모양을 안개낀 것처럼 표현할 때 사용한다. 기준선에서 실굵기의 1/2만큼 떨어진 아래쪽으로 실을 뽑아 실굵기만큼의 거리로 왼쪽으로 비스듬한 위쪽에 다시 바늘을 꽂고 박음수의 요령으로 이를 반복하며, 이때 실이 갈라지지 않도록 주의한다. 면을 메울 때 점의 크기나 점 사이의 거리에 변화를 주어도 좋다.

점퍼(jumper)　① 숙녀와 아동들이 착용하는 소매가 없는 드레스 형태의 의상으로 대개 벨트가 없으며 블라우스, 셔트, 스웨터 위에 착용한다. ② 영국에서는 풀오버 스웨터를 가리키기도 하며 옷을 보호하기 위하여 덧입는 평평한 재킷 형태의 블라우스를 말한다. ③ 세일러 오버블라우스를 말한다.

점퍼 드레스(jumper dress)　소매도 없고 칼라도 없으며 헐렁하면서 목이 많이 파인 드레스로 일반적으로 블라우스나 스웨터 위에 입는다. 19~20세기에 유행하였다.

점퍼 수트(jumper suit)　점퍼 드레스와 매치가 되는 재킷의 세트를 가리킨다.

점퍼 스커트(jumper skirt)　블라우스, 셔트, 스웨터 위에 입는 소매없는 원피스 형태의 스커트를 말한다. 발랄하고 귀여운 스타일이므로 주니어복에 많이 이용된다.

점퍼 재킷(jumper jacket)　여성들이 입는 여유가 있는 재킷으로 블라우스 위에 입거나 때로는 작업하는 사람들이 옷을 더럽히지 않기 위하여 옷 위에 입기도 한다. 1950년대에 유행하였다. 부인복에서 점퍼 스커트를 말하

점퍼 스커트

는 경우에는 셔츠, 스웨터, 블라우스 위에 입는 스커트를 말하며 영국에서는 풀오버 스웨터를 말하기도 한다.

점포(store) 상인이 상업 활동을 영위하는 상점. 점포의 범위에는 대규모 소매상인 백화점, 쇼핑 센터, 대규모 도매상인 상사와 소규모 상업의 상점이 포함되며 소매상이 다양화되고 있는 최근에는 통신 판매, 방문 판매, 특설회장 판매와 같은 무점포 판매가 증가하고 있다.

점포 충성도(store loyalty) 소비자가 특정 기간 동안 특정 점포를 선호하여 반복적으로 계속 방문하는 경향을 말한다.

점프(jump) 17세기 군인의 코트로 길이는 대퇴까지이고 앞중앙선에서 단추로 여몄으며 뒤에 구멍이 있고 긴 소매가 달려 있다. 시민들이 받아들여 사용했으며 점프 코트(jump coat)나 점페(jumpe)라고도 불린다. 복수형일 때는 18세기에 임신부 등이 편안하게 입기 위해 뼈를 넣지 않은(unboned) 여성의 보디스를 말한다.

점프 쇼츠(jump shorts) 상하복이 붙어 있는 무릎 길이의 쇼츠로 1960년대 후반기에 유행하였다.

점프 수트(jump suit) 셔츠와 바지가 원피스 형태로 붙어 있으며 앞 중앙선이 단추나 지퍼로 여미게 되어 있다. 제2차 세계대전 중 낙하산 부대나 비행사들이 옷을 빨리 갈아입기 위해 사용하였으며, 영국의 첫번째 수상인 윈스턴 처칠(Winston Churchill) 당시의

사이렌 수트(siren suit)와 같이 공중 습격시에는 시민들이 착용하였다. 기계공, 자동차 경주자, 스키 선수, 우주 항공사가 입는 옷과 유사하다. 군인이 작업시에 입을 때는 바지 밑에 입었으며 퍼티그즈(fatigues : 군인 작업복)라고 불렀다. 상체는 맞으며 허리에서부터 약간씩 바지폭이 넓어지고 대개 허리는 벨트로 악센트를 준다. 스키 웨어 또는 화려한 옷감으로 만들어 이브닝 웨어로도 이용된다. 1960년과 1970년대에 남녀의 스포츠 레저 웨어 특히 수영복, 스키복, 라운지 웨어 등으로 유행하기 시작하여 1975년~1980년대에 가장 유행하였다. 커버올즈라고도 한다.

점퍼 재킷

점프 수트

점프 수트 파자마(jump suit pajamas) 앞여밈이 단추나 지퍼로 되어 있고 상하가 하나로 된 몸에 맞는 파자마이다. 버니 수트와 유사한데 발부분이 없는 것이 차이점이다.

점프 코트(jump coat) 힙을 가리는 길이의 캐주얼한 코트이다. 카 코트 참조.

접어박기 가름솔(turned and stitched seam, clean stitched seam) 솔기를 한 번 박아 가른 후 시접 가장자리를 0.5cm 정도 접어서 박는다. 벤 자리의 실올이 풀리기 쉬운 천이나 얇은 감으로 안감을 넣지 않은 옷에 이용된다. 턴드 앤드 스티치트 심, 클린 스티치트 심이라고도 한다.

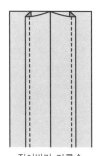

접어박기 가름솔

접은 바이어스 대기 가름솔(bias bound seam)
⇒ 테이프 대기 가름솔

접음솔(self bound seam)   솔기를 한 번 박은 후 한쪽 시접을 0.3cm 폭으로 자르고 다른 쪽 시접은 1.5cm 폭으로 하여 넓은 쪽 시접으로 좁은 쪽 시접을 싸서 박는다. 주로 얇은 직물에 쉽게 할 수 있는 시접 처리법으로, 셀프 바운드 심이라고도 한다.

접착포(bonded fabric)   두 매 또는 그 이상의 직물 또는 다른 피륙류를 접착시켜 얻어진 피륙으로, 만드는 방법은 접착제를 사용하거나 용융 접착시키는 방법이 있다. 이 접착포의 장점은 값싸게 특성 있는 피륙을 얻을 수 있다는 것이며, 단점은 유연성의 감소와 사용 도중 세탁 등에 의해 피륙이 분리되는 일이 있는 것이다.

정경(warping)   직조 과정 중 직물의 설계에 따라 실의 가닥수, 길이, 밀도 등에 맞추어 경사빔에 감는 공정을 말한다.

정글 그린(jungle green)   정글에 보이는 어두운 녹색으로 숲의 녹색인 리스트 그린보다 어둡다.

정글 룩(jungle look)   아프리카 밀림의 정글을 연상시키는 의상들을 총칭한다. 호랑이나 표범 등 야생 동물들과 밀림 속의 각종 잎사귀들의 무늬나 색들은 의상, 백, 구두, 모자 등 패션의 각종 아이템에 응용된다.

정글 부츠(jungle boots)   베트남 전쟁시 미군인들이 신었던 컴뱃 부츠로 구두 밑바닥, 흙이 잘 묻지 않는 쌩크(shank) 부분이 두꺼운 금속으로 처리되었으며 구두 양옆과 뒤쪽 굽에 작은 배수 구멍이 있다.

정글 컬러(jungle color)   밀림의 이미지를 연상시키는 색조로 담황갈색[淡黃茶色]이나 골드, 그린 등이 대표적이다. 1981년 춘하 인터스토프의 기조색의 하나로 등장하여 마드라스 체크로 표현한 형식이 특히 새롭다.

정랑자포(丁娘子布)   중국 청대의 면포명으로 비화포(飛花布)라고도 한다.

정련(degumming)   생사는 상당량의 세리신을 함유하므로 거칠고 광택도 좋지 않다. 따라서 생사로부터 세리신을 제거하면 부드럽고 우아한 광택을 가진 견을 얻게 된다. 즉 생사 또는 생사 직물을 용해, 제거하는 과정을 정련이라 하며, 정련에 의해서 보통 무게의 10~20%가 감소된다. 필요에 따라 세리신을 완전히 제거하지 않고 일부 남겨 놓아 강도 및 경도를 유지한다.

정련(scouring)   섬유에 함유된 불순물이나 제직 공정에서 묻은 불순물을 제거하는 과정으로, 비누나 합성 세제 등을 사용하며, 단백질 섬유는 중성 또는 약산성 합성 세제를 이용한다.

정련 견사(scoured silk)   고치로부터 조사한 견사, 즉 생사를 비누 용액 속에서 가열하여 세리신을 제거한 견사를 정련 견사라 한다. 이는 생사에 비해 부드럽고 우아한 광택을 지녔으며 직조 강도가 3~4g/d로 비교적 강하다. 숙사라고도 한다.

정련 양모(scoured wool)   전모된 플리스를 품질에 따라 대체적으로 선별한 후, 이 선별된 양모에 붙어 있는 피지와 이에 엉겨 있는 협잡물을 제거하는 과정을 정련이라 하며, 이러한 과정을 거친 양모를 정련 양모라 한다.

정 모니카(Chong Monica 1957~)   홍콩 태생의 디자이너로 홍콩과 오스트레일리아에서 교육을 받은 후 런던의 첼시 예술대학에서 패션을 공부했다. 졸업 후 런던 브라운사에서 디스플레이, 스케치 등의 일을 했으며, 1978년 첫 번째 컬렉션을 갖고 1982년 '스튜디오 88'의 컬렉션을 제작하는 트리코빌 그룹에 참여하였다.

정방(spinning)   원하는 실의 가늘기로 늘려주고 꼬임을 주어 실을 완성하는 공정이다.

정보(information)   개인 또는 개인이 모인 조직에서 장래의 행동을 조정하기 전의 데이터로 인간과 떨어져 객관적으로 전달, 처리될 수 있는 단계에 있는 뉴스·지식을 가리키는 용어이다. 개인 또는 마케팅 매니지먼트를 위한 정보, 세일즈맨에 의해 주어지는 정보, 광고가 전하는 정보 등이 있다.

정보원(information source)　소비자가 자신의 정보 욕구를 만족시키기 위해 탐색하는 것으로 정보원의 역할은 정보를 전달하고 확신시키는 것이다. 정보의 전달은 원래 사람이 담당했지만 통신 기술 또는 컴퓨터, 자동 제어의 발달로 인해 새로운 정보 전달 매체의 개념이 형성되었다.

정보적 · 사회적 영향(informational social influence)　정보화 사회에서 매스콤이나 기타 사회적 여러 여건에 의해 패션이나 복식 행동에 영향을 주는 것을 뜻한다.

정보적 집단(informative group)　개인이 실제로 특별한 집단으로부터 정보를 구하고 집단은 정보를 성공적으로 제공할 때 적용된다.

정보적 행동　정보적 행위는 전달하는 데 반드시 필요하지 않으나 정보는 지각자에게 전달된다. 정보적 행위의 개념은 오직 지각자가 메시지를 해독하는 데 적용된다.

정보 탐색(search of information)　문제인식과 더불어 제품구매에 대한 동기가 부여되면 소비자들은 문제를 해결해 줄 수 있는 수단 (제품이나 서비스)에 대한 정보를 탐색하게 된다. 즉 어떤 목적물에 대한 의사결정을 보다 용이하게 하기 위해 개인이 정신적 · 신체적으로 정보를 수집하고 처리하는 활동이다. 정보탐색에는 기억 속에 저장된 스스로의 지식을 정보로 이끌어내는 내부탐색(internal search)과 시장이나 광고 등과 같은 외부환경으로부터 정보를 수집하는 외부탐색 (eternal search)이 있다.

정색(正色)　오행(五行)을 말하는 것으로 오방 (五方)에 대응되는 순색(純色)이다. 동의 청 (淸 : 木), 남의 적(赤 : 火), 중실의 황(黃 : 工), 서의 백(白 : 金), 지의 흑(黑 : 水)이다. 《예기(禮記)》 옥조(玉藻)에 '의(衣)는 정색(正色), 장(裳)을 간색(間色)'이라고 했다.

정소면(combing)　⇒ 코밍

정숙설(modesty theory)　아담과 이브 시절에 선악과를 먹음으로써 노출된 신체의 부위가 부끄러워서 가리기 시작했다는 이론이다.

정숙성　인간이 본능적으로 신체에 대해 부끄러워 하고, 또 어떤 종교적 신념 체계에 기초한다는 것을 암시한다. 정숙성의 기준에 대한 차이는 문화, 시대, 그리고 상황에 따라서 차이가 있다.

정십자수(正十字繡)　도안에 따라 십자의 크기를 정한 다음 가로와 세로를 일정하게 규칙적으로 간격을 두고 수놓는 기법으로, 프랑스 자수의 크로스 스티치와 같다.

정자(頂子)　입제(笠制)의 정부(頂部)에 다는 장식품의 일종으로 금 · 은 · 옥 등의 재료로 만들어 전립(戰笠) · 흑립(黑笠)에 단다. 계급에 따라 재료의 사용이 다르고, 크기가 일정하지 않다.

정자관(程子冠)　조선 시대 사대부와 유생이 평상시 집 안에서 착용하던 관(冠)의 일종으로 말총으로 산자형(山字形)을 2단이나 3단으로 만들며, 관의 아래에는 3mm의 선을 검은 면포로 두른다. 또한 관의 가장자리는 말총으로 여러 줄을 대어 징금수로 고정시킨다. 도포 · 창의와 함께 착용하며 조선 말까지 널리 애용되었다.

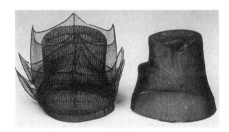
정자관

정창원열(正倉院裂)　일본 나라 동대사 정창원에 전하는 고대 직물이다.

정책(policy)　필수적이고 편리하며 이익이 된다고 간주하는 사업을 실행하는 방법이나 행동이 분명히 규정된 과정을 말한다.

정체감(Identity)　정체감은 개인이 자신에 대해 갖는 주체성을 뜻한다.

정칙 능직(regular twill)　능직에서 경 · 위사의 굵기와 밀도가 같을 때 사문각이 보통 45°가 되는데 이러한 능직을 말한다.

정커 다이아몬드(Jonker diamond)　1934년 아프리카에서 발견된 726캐럿의 큰 원석 다

제네바 가운

이아몬드로 뉴욕의 해리 윈스턴(Harry Winston)이 구입하여 12개의 다이아몬드로 나누었다. 가장 큰 다이아몬드는 68면을 가진 에메랄드 컷으로 세공된 142. 9캐럿이며, 그 다음으로 큰 다이아몬드는 58면으로 세공된 125. 65캐럿으로 장방형이다.

젖일개   직조 중 날실의 건조를 막기 위하여 날실을 축이는 데 쓰는 조그만 막대기로, 물줄개라고도 한다.

제거(除去)   입술, 볼, 코, 귀 등에 구멍을 뚫거나 또는 손마디, 치아 등 신체의 일부를 제거함으로써 장식하는 방법이다.

제네바 가운(Geneva gown)   칼뱅주의자(Calvinist)들이 착용한 검정색 성직자복으로, 후에 다른 신교도 성직자들이 착용하였다. 아카데믹 로브(academic robe)와 형태가 비슷하며 목에 제네바 밴드라고 부르는 수직으로 된 두 개의 흰색의 리넨 밴드를 매기도 하였다.

제노위즈 엠브로이더리(Genoese embroidery) 모슬린 또는 리넨 위의 코드에 버튼홀 스티치로 하는 자수로, 이전에는 드레스나 속옷의 트리밍에 사용한 기법을 말한다.

제뉴인 펄즈(genuine pearls)   바닷조개에 모래가 들어가서 형성된 천연 진주로 색상과 크기가 다양하며 매우 고가이다. 로마인들은 진주를 줄로 연결하여 장식으로 사용하였고, 16~17세기까지 영국의 엘리자베스 Ⅰ세와 프랑스의 마리 드 메디치(Marie de Medici) 여왕이 애용한 흔적이 보인다. 오리엔탈, 시드 펄즈 참조.

제니 린드 드레스(Jenny Lind dress)   '스웨덴의 나이팅게일'로 알려진 제니 린드가 입었던 드레스를 복제해서 만든 옷으로 목선은 어깨선이 노출되게 파였으며 후프로 퍼지게 만든 스커트에는 3장의 레이스 러플이 달려 있는 19세기 중엽의 드레스를 말한다.

제니 방적기(spinning Jenny)   하그리브스(Hargreaves)가 발명한 방적기로 여러 개의 보빈을 함께 방적할 수 있으므로 생산 속도가 빠르다.

제라늄(geranium)   제라늄 나무에 피는 꽃의 색을 말한다. 황색을 띤 빨강색으로 오렌지색에 가깝다.

제미(jemmy)   19세기에 입었으며 주머니가 많이 달린 짧은 프록 코트 같이 생겼으며 사격시에 입는 남성용 코트이다.

제미 프록(jemmy frock)   18세기 중엽에 유행했던 남성용 프록 코트를 말한다.

제복(祭服)   조선 시대 문무백관들이 종묘사직(宗廟社稷)에 제사지낼 때 착용하는 예복(禮服)이다. 제복은 청초의(靑綃衣)·적초상(赤綃裳)에 폐슬을 늘이고 백초 중단(白綃中單)을 입고, 패옥(佩玉)·양관(梁冠)·대(帶)·후수(後綬)·말(襪)·석(舃)을 착용하고 손에 홀(笏)을 든다. 품계에 따라 양관의 양(梁)의 숫자와 패옥 및 대의 재료, 후수문양 등에 차이가 있다.

제복

제브라(zebra)   아프리카에서 산출되는 얼룩말의 모피로, 털이 뻣뻣하고 평평하며 백색 바탕에 넓고 검은 불규칙한 술무늬가 있다. 주로 코트에 사용된다.

제브라 스트라이프(zebra stripe)   얼룩말의 문양을 생각나게 하는 줄무늬이다. 바탕과 줄무늬가 같은 간격으로 배치되어 있다.

제사(製絲)　누에고치를 온탕에 담가 표면의 세리신을 용해시킨 후 여러 개의 누에고치[繭]에서 실끝을 찾아 모아 감아서 견사를 만드는 과정이다.

제3의 심리학(third force psychology)　1960년 초기 당시 영향력 있던 지적인 정신분석학과 행동주의에 대항하여 활력있는 이론적 대안을 세우고자 매슬로(Maslow)의 지휘하에 결속된 심리학자들이 만든 것이다.

제스터즈 캡(jester's cap)　중세에 왕족이나 귀족의 시중을 들며, 익살스러운 말과 몸짓으로 그들에게 즐거움을 주는 일이 직업이었던 광대인 제스터가 착용한 여러 가지 색의 원추형 모자를 말한다.

제용감(濟用監)　조선 시대의 저마포로 피물(皮物), 사여의복(賜與衣服), 사라능단(紗羅綾緞), 포백사염(布帛絲染) 직조(織造)를 관장하는 곳이다.

제이드(jade)　① 경옥(硬玉)의 짙은 황록색을 말한다. ② 옥의 총칭으로 네프라이트(nephrite), 제이다이트(jadeite)를 포함하는 광석이다. 네프라이트는 경도 6의 가장 일반적인 것으로, 흰색·초록색을 띤다. 중국, 터키, 시베리아, 알래스카에서 종종 발견된다. 제이다이트(jadeite)는 광택이 있고 투명한 것에서 불투명한 것까지 있으며, 경도 6~7까지로 희귀하며, 흰색·초록색 등이 있다. 미얀마, 중국 남부의 안남, 티베트, 멕시코, 남아메리카 등지에서 발견된다. 1965년 알래스카에서 10,000파운드에 달하는 제이드 네프라이트(jade nephrite)가 발견되었다. 중국에서는 수세기 동안 장식용이나 보석류로 사용되었다.

제이드 그린(jade green)　옥에 보이는 약간 짙은 황록색이다.

제이 아이 에스(JIS) **규격**　'개량 먼셀 표색계'에 기초한 일본공업규격(JIS Z8721 1958)의 '색의 3속성'에 의한 표시 방법이다. 넓게는 산업계에서 채용되고 있는 표색계로 색상을 H, 명도를 V, 채도를 C로 했을 때, 색 표시의 방식은 HV/C가 된다. 예를 들면 5R4/14(5R, 4의 14라고 읽음)는 색상이 5R, 명도 4, 채도는 14가 된다. 이 표시 방법을 채용하면 정확한 색 지시가 가능하다.

제2의 피부(the second skin)　우리의 피부가 지저분한 내장기관을 말끔히 싸서 치부를 감추는 것처럼 의복도 몸을 감싸고 있기 때문에 제2의 피부라고 한다.

제인 섬유(zein fiber)　재생 단백질 섬유 중의 하나이다. 재생 단백질 섬유 참조.

제임스, 찰스(James, Charles 1906~1978)　영국 샌드 허스트 출생의 디자이너로 아버지는 영국 군인이었고 어머니는 미국인이었으므로 영국과 미국을 오가는 생활을 하였다. 18세 때 시카고로 건너가 부케런이란 여성용 모자 가게를 열었고 1928년 뉴욕으로 이전하였다. 1934년 파리에 진출하였을 때 푸아레는 "나의 왕관을 물려 주겠다"고 할만큼 능력을 인정하여 주었다. 1940년에 뉴욕에 찰스 제임스사를 설립하고 1958년 은퇴한 뒤 로드 아일랜드 디자인 학교에서 강의를 맡기도 했다. 그는 시즌이나 룩 따위를 인정하지 않는 철저한 개혁주의자였다. 1920년대와 1930년대 유명한 '택시 드레스'에는 소용돌이치는 드레이프와 지퍼를 사용했으며, 8자형 드레스, 달리가 '최초의 부드러운 조각'이라고 불렀던 누비 재킷 등을 디자인하였다.

제전 가공(antistatic finish)　⇒ 대전 방지 가공.

제전성 섬유(antistatic fiber)　대부분의 합성 섬유는 전기 절연성이 좋아서 전기가 섬유의 표면에 오래 축적되므로 정전기가 발생한다. 따라서 정전기의 발생을 막기 위하여 화합물이나 탄소 성분을 방사원액에 섞어 방사하거나, 합성 섬유 표면에 친수성 피막을 만들어 제전성 섬유를 만든다.

제전성제진직물　유기도전성(有幾導電性) 섬유가 경사에 일정한 간격으로 배열되어 있어 영구 제전성을 지닌다. 유기도전성 섬유는 탄소 미립자를 중앙에 함유한 복합섬유이다. 이 직물은 도전성 섬유에 의한 코로나 방전에 의해 낮은 습도에서도 좋은 제전성을 나타내어 먼지가 흡착되지 않고, 고밀도 필라멘트 직물로 되어 있어 내부의 먼지를 밖으로 통과시키지도 않아 무균, 무진의 환경을 유지한다. 전자, 정밀, 제약, 식품, 우주 항공, 의료 등 특수 환경에서의 작업복으로 사용된다.

제직(weaving)　직기를 써서 옷감을 만드는 방법으로, 경사에 대하여 직각으로 위사를 일정한 규칙에 따라 경사 하나 또는 몇 개마다 위아래로 교차시켜서 만든다.

제트(jet)　다량의 탄소로 형성된 불투명한 광물로 갈탄, 석탄의 종류로 광택이 강하다. 영국, 에스파냐, 프랑스, 미국 등에서 생산되며 흑색의 석영, 흑요석, 유리 등은 이 광물의 변종이다. 장례식용 보석으로 핀, 귀고리, 구슬의 형태로 빅토리아 시대에 사용되었다.

제트 비즈(jet beads)　뛰어난 광택을 지닌 아주 단단한 비즈로 석탄에서 가공되었다. 대부분 판매되고 있는 검은 구슬은 플라스틱이나 유리 조각 등으로 만든 모조품이다. 제트 참조.

제트 직기(jet loom)　한쪽에서 고속도로 분출하는 물 또는 공기의 흐름으로 위사를 개구에 투입하는 직기로 물 제트 직기, 공기 제트 직기 등이 있다.

제트 펄즈(jet pearls)　매우 견고한 석탄으로 만든 천연 흑진주로 광택이 매우 심하다. 대부분의 흑진주는 천연 진주가 아니라 플라스틱이나 유리인 경우가 많다.

제퍼(zephyr)　제퍼란 원래 가늘고 부드러운 실을 의미한다. 경, 위사에 30s 이상 코어 단색사, 즉 제퍼 얀을 평직으로 짠 후에 실켓 가공을 한, 밀도 80×70/2.5cm 정도의 부드럽고 광택 있는 직물을 제퍼라고 한다. 주로 얇은 모직 운동복 또는 얇은 여성용 옷감에 사용된다.

제품(product)　기업은 판매함으로써 영업 이익을 얻으며 소비자는 소비함으로써 만족을 얻고자 하는 효용의 묶음 또는 조합으로 제조 공정이 완료되고 이미 완제품으로서의 최후 단계가 끝난 것이다.

제품 수명 주기(product life cycle)　제품들이 도입, 성장, 성숙, 쇠퇴 그리고 소멸단계를 거친다고 보는 이론으로 판매 예측과 마케팅 전략 개발을 위한 수단으로 제품 수명 주기 모델이 이용된다.

제품 염색(product dyeing)　옷, 침대 커버 등과 같이 완성된 제품 상태에서 제품을 염색하는 것을 말한다.

제품 인지도(product perceptual map)　제품 포지셔닝을 할 때 사용되는 것으로, 상품의 속성 관계를 나타낸다. 즉 소비자가 지각하고 있는 상품 속성 간의 관계 맵(map)으로, 인자 분석 또는 다변량 분석으로 작성할 수 있다.

젠다도(zendado)　검정색 천의 스카프로 머리를 감싼 후, 아래로 흘러내리게 해 허리에서 묶었다. 18세기 중반 프랑스와 베니스에서 유행하였다.

젤라바(djellabah)　모로코 남성들의 코트 스타일에서 만들어진 것으로 풍성하게 맞는 모자가 달린 로브이다. 1960년대에 카프탄과 함께 유행하였으며, 현재도 하우스 코트, 호스티스 로브와 함께 입는다.

젤라바

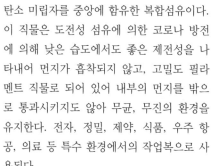

제트 직기

젬(gem) 보석을 뜻한다. 옥 보석처럼 희귀하고, 아름다운 광물로 특히 유행 때문에 수요가 많다. 희귀하고 아름다운 가치의 정도에 따라 보석, 준보석, 장식용 돌, 그리고 해양 보석으로 구분된다. 또한 투명, 반투명, 불투명 보석으로 나누어지고, 결정체, 반결정체, 비결정체로 구분된다. 노련한 보석 감정가만이 정확하게 보석의 이름을 결정할 수 있다. 이것은 보석의 강도, 특수한 중량, 빛 반사, 그리고 결정체의 구조 등을 실험하여 결정된다. 모스(Mohs) 저울이 보석의 강도를 측정하는 데 사용된다. 가장 단단한 것은 강도 10의 다이아몬드이고, 다이아몬드는 보다 낮은 강도의 어떠한 보석들에 흠을 낼 수 있다. 실험 보석과 보석들의 강도 결정 방법은 프리드리히 모스(Friedrich Mohs)에 의해 발견, 제시되었다.

젬 커츠(gem cuts) 금이나 다른 금속에 장착되는 보석을 연마하는 방법이다. 예를 들면 반지, 팔찌, 목걸이, 머리 장식 등에 사용하는 보석의 연마 방법을 말한다.

젬 톤(gem tone) 보석의 색조를 일컫는 것으로 주얼리 컬러와 같으며, 넥타이 등에 특히 현저하게 나타나는 색이다. 밝고 선명한 것이 특징으로 패션 전반의 브라이트 컬러, 비비드 컬러의 경향에 의해 우선적으로 액세서리에 사용하게 된다.

조건(皁巾) 두건(頭巾)의 일종으로 검은 색이다. 고려 시대 왕이 평복(平服)에 썼으며 도교(道敎)의 도사(道士)들도 사용했다. 장인층(匠人層)은 평상복에 백저포(白紵袍)를 입고 조건을 썼다.

조관(朝冠) 조선 시대 왕 이하 문무백관들이 조복(朝服)시 쓰던 관(冠)으로 왕은 원유관(遠遊冠)을 착용하였으며, 관리들은 품계에 따라 양(梁)의 수를 달리한 양관(梁冠)을 착용하였다.

조괘(朝褂)중국 청대 황후 조복인 조포 위에 입었으며, 소매 없는 대금, 무령으로서 그 형태가 배심과 유사하며, 겉에는 용, 구름, 팔보 등을 수놓았다.

조깅 쇼츠(jogging shorts) ⇒ 스웨트 쇼츠

조깅 수트(jogging suit) 조깅 훈련 때 입는 옷으로 스웨트 수트 타입이나 지퍼가 달린 재킷과 팬츠로 짝지은 수트 또는 크루 넥의 스웨터와 팬츠로 짝지은 수트 등의 다양한 디자인으로 만들어진다. 소재로는 주로 부드러운 보풀이 있는 플리스(fleece)나 테리 클로스(terry cloth), 벨루어(velour)가 사용되며 1960년도에 대중화되었다.

조깅 팬츠(jogging pants) 뛸 때 입는 운동복 팬츠로서 1960년~1980년대에 걸쳐 조깅붐을 타고 많이 입었다. 따뜻한 날씨에는 짧은 반바지나 탱크 톱 셔츠를 입으며 반바지의 양쪽 옆이 터짐이 되어서 운동에 도움을 준다. 추운 날씨에는 벨루어, 테리 클로스, 저지 니트지로 만든 트레이닝 팬츠를 입는다. 웜 업 팬츠라고도 부르는데 허리는 고무줄이나 끈으로 잡아당기는 드로스트링으로 되어서 입고 벗기에 편하게 하였다. 여기에 뛰기에 편한 쿠션의 운동화를 신는다.

조끼(vest) ① 역사적으로 17세기 후반에서 18세기 동안 쉬르코나 쥐스토코르 밑에 입었으며 허리에는 넓은 새시를 맺고 짧은 소매를 단 무릎 길이의 남성용 코트이다. 남성이 사무용 수트를 입을 때 전형적으로 셔츠 위, 재킷 밑에 입는 짧고 꼭 맞는 옷으로서 소매가 없고 앞에 단추가 달렸다. 수트에 사용된 직물과 동일하거나 또는 대조를 이루는 직물을 사용하여 만들었다. 웨이스트코트, 웨스킷, 베스통, 베스티라고도 불린다. ② 조선 시대말·개화기에 생겨난 저고리 위에 덧입는 옷의 하나로 소매가 없으며 저고리를 입은 매무새를 가다듬어 주고 소지품의 간수를 편리하게 한다. 봄·가을에는 사(紗)로 만든 겹조끼를 입고, 여름에는 홑조끼나 조끼 적삼을 입는다. ③ 소매와 칼라가 없으며 짧고 꼭 맞는 여성용 외의로서 앞에서 여밈을 하는 경우도 있다. 스커트, 팬츠, 코트와 조화를 이루어 입으며 경우에 따라서는 무릎 길이로 만들어서 재킷의 대용물로 입기도 했다. 볼레로, 주아브 재킷 참조.

조괘

조나(zona)　고대 그리스에서 남자들, 특히 운동하는 남자들이 허리에 맨 가는 거들이나 스트링 또는 천을 접어 두른 새시 벨트를 말한다.

조뉴(組紐)　다회에 대한 일본명으로 수본(數本), 수십 본의 실을 한 단위(一手, 一玉)로 하여 이것을 3단위 이상을 사용하여 일정한 방법으로 짠 조물이다. 타뉴(打紐)라고도 한다. 일본에서는 평뉴(平紐), 환뉴(丸紐), 각뉴(角紐)로 크게 구별되는데 이것은 우리 나라에서 광다회(廣多繪), 동다회[圓多繪] 등으로 대별하는 것과 같다. 조화 형식을 합하면 300여 종이라고 한다. 조몽[繩文] 시대로부터 시작된 것이라고 일본에서는 전하고 있으나 본격적으로 다채로운 조뉴는 아스카[飛鳥] 시대, 나라[奈良] 시대에 우리 나라에서 그 기법과 실물이 전해져 알게 되었다. 신라조(新羅組) 외에 고려조도 있다. 긴메이제[欽明帝] 23년에 고구려에서 많은 직물과 조뉴를 가져 갔고 조뉴의 공인도 도일되어 일본 조뉴의 조상이 되었다.

조능직(entwining twill)　하나 또는 둘 이상의 능조직에 그 반대 방향의 능조직을 배합한 것을 조능직이라고 한다.

조니 칼라(johnny collar)　목에 꼭 맞고 약간 올려 세운 작은 칼라로, 여성과 소년들의 셔트에 많이 사용된다.

조니 칼라

조대(條帶)　남자용 수의(壽衣)의 겉옷에 두르는 띠로 흰색의 옷감을 사용하며 검은 선(襈)을 두른다.

조드퍼즈(jodhpurs)　승마용 바지의 일종으로, 힙 부분이 넓고 풍성하며 무릎부터 점점 좁아져서 발목까지는 타이트한 바지이나. 대개 부츠를 곁들여 신는다. 인도 서북부의 조드퍼 지방의 남성 바지에서 유래하였다. 제1차 세계대전 이후 1920년 이래로 남녀 승마복

조드퍼즈 부츠

바지로 유행하였다.

조드퍼즈

조드퍼즈 부츠(jodhpurs boots)　한쪽 옆에 버클(buckle)이 있는, 발목까지 오는 부츠로 승마용 바지와 함께 신는 승마용 부츠이다.

조드퍼즈 셰이프(jodhpurs shape)　조드퍼즈는 승마바지로 그와 비슷한 형을 말한다. 넓적다리 부분에서 바깥쪽으로 부풀리고 옷자락으로 가면서 가늘게 줄어드는 것이 이 실루엣의 특징이다.

조디액 네크리스(zodiac necklace)　개인의 별자리가 조각된 큰 메달이 달린 펜던트형 목걸이로 1960년대 후반에서 1970년대 초반에 유행하였다.

조리(zori)　신발 바닥으로부터 첫째와 둘째 발가락 사이로 올라오는 끈이 두 개로 나뉘어 신발의 양옆으로 고정되어 착용하는 일본식 샌들로, 스펀지 고무창을 사용한다.

조리나(zorina)　색상과 습성이 스컹크와 흡사한 아프리카산 족제비과 동물의 모피이다. 조릴러(zorilla)라고 부르기도 한다. 스컹크 참조.

조명등(machine light, built-in light)　재봉틀에 달린 재봉 위치를 밝혀주는 작은 전등으로, 암(arm)의 아래나 앞쪽 또는 면판 아래에 달려 있다.

조문(藻紋)　12장문의 일종으로, 결정(潔淨)을 상징한다.

조문(鳥紋)　봉황, 공작 등을 좌우 대칭으로 문양화한 것으로 사산조 페르시아의 직물문에 나타나 있다.

조바위　부녀자가 쓰는 방한모의 하나로 조선 후기 상류 계급에서부터 평민층에 이르기까지 착용하였다. 정수리는 뚫려 있고 앞이마·양귀 등 머리를 덮어 주는 형태인데, 귀 부위는 1~3cm 정도 오그라들어서 더욱 방한의 구실을 한다. 겉감은 단(緞)·사(紗)를 사용한다.

조방(roving)　각종 섬유의 방적시 카딩, 코밍 그리고 연조 공정을 거친 슬라이버에 최소한의 꼬임을 주어 조작에 견딜만한 강도를 유지시키는 공정을 말한다. 정방(spinning)의 준비 공정이다.

조복(朝服)　조선 시대 왕 이하 문무백관들이 조하(朝賀)·진표(進表)·조칙(詔勅) 반포 시에 입던 관복으로 적초의(赤綃衣)·적초상(赤綃裳)에 폐슬(蔽膝)을 늘이고, 백초중단(白綃中單)·대(帶)·패옥(佩玉)·흑피혜(黑皮鞋)·백포말(白布襪) 등을 갖추어 입는다. 계급에 따라 대(帶)·패옥(佩玉)·양관의 양(梁)의 수·후수(後綬)의 문양이 다르다.

조사(繰絲)　누에고치의 비단실을 탕(湯) 속에서 풀어 이것을 용도에 따라 여러 올을 한 올로 켜낸 생견사(生絹絲)를 만드는 작업이다.

조서타뉴(組緒打紐)　긴메이제[欽明帝] 23년 고려(고구려)에 들어와 많은 직물을 일본에 가져갔다고 하는데 그 중에 조서타뉴가 있었다고 한다. 그 공인도 일본으로 건너가 일본 조서타뉴의 시조가 되었다고 한다. 곧 다회(多繪)를 말한다. 우리 나라의 다회 제조 기술과 기술인 물품이 일본에 간 것이다.

조선금(朝鮮錦)　일본에서 사지(紗地)에 금사(金絲)를 직입한 화당초문(花唐草紋)의 금을 조선금이라고 한다. 목면지(木綿地)에 화조문(花鳥文)도 있다고 한다.

조설린 맨틀(Jocelyn mantle)　무릎 길이의 이중 스커트와 소매 없이 술 장식이 된 3단 케이프로 만들어진 여성용 맨틀로, 1850년대 초기에 입었다.

조수연주문(鳥獸連珠紋)　연주(連珠) 안에 조수(鳥獸)를 배치한 문양으로 쌍봉(雙鳳), 쌍룡(雙籠) 외에 닭, 말 등도 있다. 사산조 페르시아의 문양 형식으로 금(錦), 능(綾)의 문양에 많이 사용되었다.

조염 결합(salt bridge)　양모를 이루는 섬유상 단백질인 케라틴에는 글루탐산과 아스파르트산 등의 산성 아미노산과 아르기닌이나 리신과 같은 염기성 아미노산이 존재한다. 이들 산성 아미노산과 염기성 아미노산이 펩티드 분자 사이에 서로 염을 만들면서 결합하여 분자간 가교를 형성하여 결과적으로 양모에 좋은 탄성 및 리질리언스를 부여한다.

조영(組纓)　관(冠)의 부속물로 끈의 일종으로 면류관(冕旒冠), 원유관(遠遊冠), 양관(梁冠), 갓 등에 달려있는 끈이다.

조우관(鳥羽冠)　삼국 시대에 남자들이 공용으로 쓰던 절풍모(折風帽)에 새깃을 꽂은 형태의 관(冠)으로 관모부(冠帽部)와 조우부(鳥羽部)로 나뉜다.

조의(皁衣)　고려 시대 금곡(金穀)이나 포백(布帛)을 출납하는 인리(人吏)가 입던 검은색의 겉옷으로 조의에는 복두(幞頭)를 쓰며, 검은색 가죽으로 만든 구리(句履)를 신는다.

조젯(georgette)　① 투명하게 비쳐 보이는 가벼운 견직물로서 품질이 좋은 크레이프 직물로 이루어진 것이다. 좌연과 우연을 교대로 배열하여 평직으로 짜거나 2올씩의 우연과 좌연을 교대로 넣어 짜는 경우도 있다. 천을 염색하거나 날염하여 블라우스, 가운, 내의류에 사용한다. 또한 조젯 크레이프, 크레이프 조젯이라고도 한다. 부인용 드레스, 커튼, 베드스프레드, 램프의 갓 등에 쓰인다. ② 영국의 용어로서, 8매 종광의 가는 면직물로 크레이프 효과를 낸 것을 말한다. 이집트면을 사용하며 2합으로 된 정소면사에 가스 털태우기를 한 것을 사용한다. 경사에는 2올 우연, 2올 좌연을 교대로 배열하고, 위사에도 같은 방법으로 교대로 투입하여 가공 후 크레이프 효과를 나타낸다.

조바위

조젯

조포

조젯 크레이프(georgette crepe)　⇒ 조젯

조지프(Joseph)　① 18세기 중엽에 여성이 입었던 녹색 승마용 코트를 말한다. ② 유대인 남성이 입는 긴 튜닉과 비슷하게 생겼으며 헐렁한 소매를 단 여성의 겉옷으로 19세기 초기에 입었다.

조직도(point diagram)　의장지를 사용하여 경사와 위사가 교차하는 상태를 표시한 그림으로, 가로 방향은 경사를, 세로 방향은 위사를 표시한다. 이때 의장지에서 네모진 한 칸은 경사와 위사가 교차하는 조직점으로, 경사가 직물 표면에 나타나는 점을 업(up)이라고 하여 검게 또는 점, 가위표, 음영 등으로 표시하고, 경사가 밑으로 들어가는 점을 다운(down)이라고 하여 공백으로 남겨둔다.

조차(繰車)　방차(紡車), 사조차(絲繰車)라고도 하며 누에고치에서 명주실을 뽑을 때 사용하는 돌곗이다.

조키 셔트(jockey shirt)　안과 겉이 대조가 되는 색으로 조화를 이룬 여성의 승마용 스타일의 실크 셔트이다. 1960년대 후반기에 여성들도 승마 자키로 등장하면서 스포츠 웨어로 유행하였다.

조키 실크스(jockey silks)　경마시에 기수가 타고 있는 말을 표시하기 위해 기수가 착용하는 화려한 색상의 셔트나 캡, 코트, 팬츠를 말한다.

조키 웨이스트코트(jockey waistcoat)　단추를 채웠을 때 턱 아래로 여유분이 있는 낮은 스탠딩 칼라가 달려 있는 직선형의 남성 조끼나 웨이스트코트로, 19세기 초에 유행하였고 1880년대에 다시 입게 되었다.

조키 캡(jockey cap)　보통 두 가지 색상의 조각으로 구성된 챙이 있는 모자로 베이스볼 캡(baseball cap)과 비슷하지만 두상 부분이 더 깊은 경마의 기수용 모자이다. 비슷한 모자를 1960년대 중반 여자들이 착용한 바 있다.

조키 캡

조키 팬츠(jockey pants)　승마복 바지인 조드퍼즈(jodhpurs) 스타일로서 승마 경기 때 자키들이 바지를 장화 속에 넣어서 착용한다.

조포(粗布)　경위사(經緯絲)에 20번수 이하의 굵은 실로 제직된 포로 추포(麤布)가 있는데 삼승 정도의 포이다. 또 섬세하지 않은 포의 형용(形容)으로도 사용하였다.

조포(調布)　세(稅)로서 바친 포이다.

조포(條布)　중국산 면직물로 유조포(柳條布)라고도 하는데 일반적으로 호직물(縞織物), 즉 체크 또는 줄무늬로 된 침구, 의료용 직물이다.

조포(朝袍)　중국 청대 황후 조복의 하나로 명황색은 단으로 만들고, 위에는 구룡과 구름을 함께 수놓았으며 바닷물과 팔보를 함께 수놓았다. 목둘레와 소매는 석청색을 이었고 금(金)으로 연(緣)을 둘렀고, 어깨 위에는 용문을 수놓은 피령을 덧둘렀다.

조포(造布)　함경북도산 마포로 환포(換布)라고도 한다. 환포는 함경북도 회령군, 경성 지역에서도 제직되었다.

조하금(朝霞錦)　통일신라 시대 경문왕 때에 당나라에 보낸 직물 중의 하나로 조하방이라는 공장에서 제직되었다고 본다. 조하주(朝霞紬)도 있었는데 역시 조하방에서 제직되었다고 본다. 일본의 덴치 천황, 덴무 천황 때 신라에서 하금(霞錦)을 일본에 보냈는데 조하금과 같은 것으로 보인다. 일본에서 '태자간도(太子間道)'로 명명된 힐직물(纈織物, Ikat)이 오늘날까지 전해지고 있는데 8세기의 쇼토쿠 태자[聖德太子]의 소용물로 보고 있으며, 붉은기가 많이 도는 이와 같은 직물이 하금류라고 생각된다. 우리 나라에서 일본으로 전해진 것으로 추측된다.

조하방(朝霞房)　조하금, 조하주를 제직하였던 공장을 말한다.

조하주(朝霞紬)　통일신라 시대 성덕왕 22년(723년), 경덕왕 7년(748년), 혜공왕 9년(773년)에 당나라에 보낸 주로 우리 나라에서 사용된 기록은 없다.

조화　배색된 색들의 성격이 감각적으로 융합되어 안정된 관계를 갖는 경우에는 그 상태가 사람들에게 유쾌하고 아름답게 느껴진다. 이러한 경우 서로 색의 성격이 맞고 어울린다는 것을 의미하여 조화라고 부른다. 조화에는 동일 색상들에서 보이는 동일 조화, 성격이 가까운 색들에서 보이는 유사 조화, 보색 등의 반대 성격의 색들에 보이는 대조 조화 등으로 구분한다.

조화문(鳥花紋)　화초(花草)와 조류(鳥類)를 조합(組合)한 문양으로 보상화, 봉황(鳳凰) 등 길상(吉祥)의 의미를 가진 문양을 조합하는 경우가 많다.

족답기(足踏機)　발의 운동으로 종광, 바디, 북을 조작하는 직기로, 1802년 영국에서 발명되었다. 수직기(手織機)와 역직기(力織機) 사이의 과도적인 직기이다.

족두리(簇頭里)　부녀자가 예복에 갖추어 쓰던 관(冠)의 하나이다. 검은 비단으로 싼 여섯 모가 난 모자로 위는 넓고 아래로 갈수록 좁다. 속에는 솜을 넣고 가운데는 비게 만든다. 족두리에는 민족두리, 꾸민족두리, 어염족두리, 솜족두리 등이 있다. 족관(簇冠), 족두(簇兜)라고도 한다.

존 머천다이징(zone merchandising)　개개의 상품보다는 소재, 색상, 디자인 등 전체의 상품군을 하나의 존(zone)으로 전개하는 새로운 머천다이징의 하나이다. 상품의 특성보다 전체의 이미지가 더 특성이 있는 경우 사용되는 상품기획법이다.

존스, 스티븐(Jones, Stephen 1957~)　영국 태생의 디자이너로 세인트 마틴 예술학교에서 공부한 후 그의 친구들(보이 조지, 스티브 스트랜지, 듀란듀란 등)을 위한 모자를 만들기 시작했다. 1980년 자신의 숍을 열고 웨일지 공주부터 그레이스 존슨, 잔드라 로즈, 장 폴 골티에 등에 이르는 폭 넓은 고객의 모자 디자인을 하고 있다. 그의 디자인의 특징은 위트와 귀여운 분위기이다.

존슨, 베시(Johnson, Betsey 1942~)　미국 코네티컷 출생의 디자이너로 플랫 인스티튜트와 시라큐스 대학에서 공부하였다. 《마드모아젤》지 여름 대학교의 초대 편집인이었고 1년 동안 이 잡지사에서 일한 후, 프리랜서 디자이너가 되었다. 1969년 '베시, 벙키 앤

드 니니'라는 부티크를 열고 1970년대 디스코 의상으로 전향하여 보디 콘셔스 의상을 선보였으며 1978년 스포츠 웨어 사업을 시작하였다.

종(綜)　종광(綜絖)을 말하기도 하고 경사를 한 올씩 교차하여 능(綾)으로 한 경우와 평조직을 일컫기도 한다. 종포(綜布)는 곧 평조직포를 말한다.

종광(綜絖, heddle)　⇒ 잉아

종광틀(harness)　⇒ 잉아틀

종모 섬유(seed fiber)　천연 섬유소 섬유 중 면이나 케이폭처럼 식물의 종자에 붙어 있는 섬유를 가리키며, 종자모 섬유라고도 한다.

종선(綜線)　잉아의 실올이다.

종이 초크(chalk paper)　바탕천 위에 종이 초크를 깔고 그 위에 패턴의 선대로 룰렛으로 그어서 천 위에 표시선이 생기도록 하는 것으로, 보통의 초크와 같은 기능을 한다.

종종머리　여자 아이들의 머리 형태. 머리를 땋는 방법의 하나로 한쪽에서 세 층씩 세 줄로 땋고, 그 끝을 모아 다시 땋아서 댕기를 드린다.

종포(綜布)　평조직의 포로 《동국통감(東國通鑑)》에는 통일신라에서 사십종포(四十綜布), 삼십종포를 당나라에 보낸 기록이 있다. 사십종포와 사십승포는 같은 것이다. 오종포(五綜布)는 일반적으로 고려에서 사용된 오승마포(五升麻布)를 말한다.

좌능(left handed twill)　능직에서 능목이 사문전기 왼쪽 위에서 오른쪽 아래로 그어져 있는 것을 말한다.

좌능

좌연(left hand twist)　실의 끝에서 보아 시계 바늘 반대 방향으로 꼰 것을 말한다. 실의 측면에 Z자가 보이고, 왼쪽으로 내려간 꼬임이

보이므로 Z 꼬임이라고도 한다. 단사의 경우 일반적으로 면사에 Z 꼬임을 많이 사용한다. 우연(right hand twist) 참조.

좌임(左袵) 상대 사회의 유(襦) · 포(袍)에서 많이 볼 수 있는 의복의 오른쪽 섶을 왼쪽 섶 위로 여미는 형태이다.

주(紬) 견(絹)의 평직물로 중국에서 주(紬)는 태사직(太絲織)으로 전해져 있으나 우리 나라에서는 일찍이 섬세주(纖細紬)가 제직되어 특산이 되었다. 고려 시대의 면주, 조선 시대부터 오늘날까지의 명주(明紬)가 대표적인 것이며 그 외에 토주(吐紬), 정주(鼎紬), 반주(班紬), 쌍주, 춘주, 분주 등 그 종류가 대단히 많다. 우리 나라 견 의복으로 가장 많이 사용된 것이다.

주(朱) 안료(顔料)의 일종으로 유화수은(硫化水銀), 천연진사(天然辰砂), 아름다운 주색분말(朱色粉末)을 말한다. 주묵(朱墨), 주육(朱肉) 또는 직물의 착색에도 사용되었다. 중국 장사마왕회의 출토 직물에 이와 같은 채색 직물이 있다.

주니어 사이즈(junior size) 미국 사이즈로 키가 5. 4~5. 5 피트(feet)가 되는, 등길이가 짧고 체격이 좋은 여성들의 사이즈로 대개 주니어 프티트 사이즈(junior petite sizes) 5~15에 해당되는 치수이다.

주례(周禮) 중국 유학의 고전으로 복식과 직물에 관한 기록이 많이 전한다.

주르나드(journade) 크고 풍성한 소매 또는 트임이 있으며 긴 소매가 달려 있는 원형(circular)의 짧은 재킷으로, 14세기, 15세기에 승마시에 착용했다.

주립(朱笠) 조선 시대 당상관이 융복(戎服)에 착용한 붉은색의 갓. 융복 착용시 주립에는 전후 좌우에 호수(虎鬚)를 꽂고, 정자(頂子)를 장식하고 패영(貝纓)을 드리웠다. 주사립(朱絲笠)이라고도 한다.

주머니 자질구레한 물품이나 논 따위를 넣고 입구를 졸라매어 허리에 차거나 들도록 만든 물건으로 실용적인 면과 장식적인 면을 겸비하였다. 주머니의 형태는 귀주머니와 두루주머니로 크게 나뉜다. 재료는 견(絹) · 무명을 주로 사용하며 겉감에 자수 및 금은 세공 장식을 한 것이 많다.

주머니

주문복(custom made) 개별적인 고객들의 주문에 따라 만들어진 옷으로 의복 표준 치수에 따라 대량 생산된 의복과는 달리 개별적인 측정에 따라 재단한다.

주반[襦袢] 일본의 전통 의복 중 속옷의 일종이다. 이 밖에 속옷류로 훈도시[褌], 고시마키[腰卷] 등이 있다.

주사(走紗) 개항 이후의 우리 나라에 수입된 일본산 견축면(絹縮緬)이다.

주아브(Zouave) 경보병이 입었던 배기 바지, 볼레로, 셔트로부터 유래하였거나 또는 세르비아 원주민이 입었던 옷으로 자수가 놓인 짧고 빨간 조끼로부터 전래된 19세기 후반의 남녀복을 의미한다. ① 퀼트된 실크 안감을 사용했으며 벨벳 칼라와 커프스를 단 남성용 클로크로서 19세기 후반기에 승마, 산보 또는 오페라 참관시에 착용하였다. ② 남성의 페그톱(peg-top : 팽이 모양)바지. ③ 목선에서 여며졌으며 앞자락은 옆선으로 어슷하게 재단되었고 3/4 길이의 소매를 단 여성용 볼레로 재킷으로 군복에 사용되는 브레이드로 장식했다. 19세기 후반기에는 부풀리는 효과를 내기 위해 스커트의 밑단을 안으로 잡아넣은 풍성한 스커트와 함께 착용하였다. ④ 길고 풍성한 소매가 달렸으며 칼라는 없고 뒤에는 단추로 여밈을 한 여성용 셔트로, 앞중앙선에는 끈을 교차시켜 만든 얇고 주름진 천으로 장식하였으며, 커프스와 목선에도 레이스로 장식했다. 1860년대에 주아브 재킷 밑에 입었다. ⑤ 1860년대에 입었던 칼라가 없는 여성용 조끼로서 길고 풍성한 소매의 끝에는 제천으로 접어 올린 커프스가 있으며 오픈된 앞중앙선과 커프스에는 주아브 재킷과 조화를 이루기 위해 자수를 놓았다.

주아브 셔트(Zouave shirt)　단추가 뒤에 달린 셔트로, 작은 밴드의 칼라, 작은 스탠딩 주름, 깊고 풍성한 퍼프 슬리브가 특징이며, 주아브 재킷 아래에 입었다.

주아브 재킷(Zouave jacket)　앞단이 둥글게 된 짧은 볼레로 타입의 여성들의 재킷이다. 1985년 이탈리아 전쟁 때 주아브 군대 유니폼을 흉내내어 만든 것으로, 때로는 소매가 없는 것도 있다. 1859년에서 1870년대에 유행하였다.

주아브 코트(Zouave coat)　1840년대 중반의 남성 클로크로, 벨벳 칼라와 커프스, 퀼팅된 실크 라이닝이 있다. 승마, 산책, 오페라 관람 때 착용하였다. 알제리와 튀니지에 사는 베르베르 부족의 하나인 아랍의 주아브인들이 착용한 복식에서 전래되었다.

주아브 파우치(Zouave pouch)　1860년대 여성들이 착용한 정사각형·삼각형 등의 다양한 모양의 작은 핸드백으로 술장식이 있으며, 주아브 재킷 아래 허리 밴드에 매달았다.

주아브 파우치

주아브 팔토(Zouave paletot)　1840년대에 남성들이 입은 방수처리된 라마 울 코트로, 수트 코트와 함께 입는 경우도 있었다.

주아브 팬츠(Zouave pants)　허리와 바지단이 개더나 주름으로 되어 있는 무릎 길이 또는 약간 밑으로 내려온 바지이다. 알제리인들로 편성된 프랑스의 주아브라 불리는 보병들의 유니폼 모양에서 힌트를 얻어 디자인되었다. 대개 부드러운 직물로 풍성하고 짧게 만들어

이브닝 팬츠로 많이 입는다. 1980년대에는 여성들에게 유행하였다.

주아브 퍼프(Zouave puff)　1870~1880년대에 착용한 스커트 뒷부분에 있는 수평으로 된 한두 겹의 퍼프를 말한다.

주야 능직(checkerboard twill)　능직의 표면과 이면의 조직을 가로, 세로 방향으로 교대로 배합하여 얻는 능직물이다.

주야 수자직　경수자와 위수자의 조직을 상하 좌우로 교대로 배합한 것이다. 직물면에 밝고 어두운 무늬를 나타낸다.

주얼 네크라인(jewel neckline)　몸에 딱 맞고 간편하게 된 둥근 네크라인을 말한다.

주얼드 팬티호즈(jeweled pantyhose)　발목에 자수와 모조 다이아몬드로 장식된 얇게 비치는 팬티호즈로 1986년에 소개되었다.

주얼리 컬러(jewelry color)　보석에 보이는 밝고 선명한 색조를 말한다. 에메랄드 그린, 사파이어 블루, 루비 레드, 애미시스트, 펄 화이트 등이 대표적이지만 각각의 색을 지칭하는 것이 아니고 전체 색조의 총칭으로 표현하는 경우가 많다. 주얼 컬러(jewel color)라고도 한다.

주얼 벨트(jewel belt)　보석류가 장식된 벨트를 말한다. 웨이스트 컨셔스(waist conscious) 경향에 의해 여러 가지 방법으로 허리를 강조하거나 부각시키면서 허리 장신구의 하나인 벨트도 주목받게 되었다. 이때 다양한 보석류가 장식으로 부착된 벨트도 즐겨 사용된 바 있다.

주염(注染)　형지로 방염호(防染糊)를 인날하고 그 외의 부분에 염액을 주입하여 염색하는 문양염의 기법이다.

주의(周衣)　⇒ 두루마기

주의 집중성(attention)　의복을 통하여 자기의 지위나 권위를 나타내려는 행위이다.

주자(朱子, 繻子)　주자 조직으로 제직된 직물이다. 오늘날 흔하게 공단(孔緞)이라고 하는 직물이다. 중국에서는 저자(紵子), 저사(紵絲)라고 하기도 한다. 보통 오매주자직과 팔매주자직으로 제직된다. 팔매주자직을 팔사

주아브 팬츠

(八絲) 또는 팔사단(八絲緞)이라고도 한다.

주자직(satin weave)　⇒ 수자직

주자 직물(朱子織物)　주자 조직으로 제직된 직물을 말한다. 오매주자(五枚朱子)와 팔매주자(八枚朱子)의 조직으로 대체로 공단(貢緞)과 문단(紋緞)을 제직한다. 공단은 경주자직으로 제직되는 것이 일반적이며 문단은 지(地)는 경주자, 문(紋)은 위주자로 제직한다.

주재 구매 사무소(resident buying office)　시장 정보를 제공해 주고 시장 대표로 활동하면서 다른 관련 서비스들을 바이어를 소유하고 있는 상점들에게 알려 주는 서비스 기관으로 주요 시장의 중심부에 위치하고 있다. 때때로 상품 상담소를 열거나 상품의 주요 정보에 관한 품목별 시사회를 개최하기도 한다.

주토(朱土)　산화철을 많이 포함한 석회암으로, 채색에 사용된다.

주트 룩(zoot look)　극단적으로 크고 헐렁한 주트 스타일을 말한다. 1940년대 초반에 런던 거리에서 젊은 남성들에게 유행하였다. 어깨폭이 넓고 품이 크고 길이가 긴 재킷이 있고, 무릎 길이의 크고 헐렁한 팬츠에는 대개 어깨 끈, 서스펜더를 착용하였다.

주트 수트(zoot suit)　1940년대에 사회적,경제적으로 혜택을 받지 못했던 흑인과 멕시코계 미국 젊은이들이 즐겨 입었던 남성복 스타일이다. 재킷은 무릎 길이이고, 하이웨이스트에 주름 잡은 바지는 위가 넓고 발목 부분이 좁으면서 통은 넓다. 넓은 챙의 모자, 시계를 넣는 주머니에 연결된 늘어진 긴 체인 등이 특징이며, 밝은 색상의 직물을 사용하였다. 어깨와 라펠이 넓게 강조된 아주 긴 수트 코트와 함께 착용하였다.

주트 실루엣(zoot silhouette)　극단적으로 헐렁헐렁한 실루엣을 말한다. 1940년대 초기에 유행했던 주트 수트의 실루엣에서부터 온 것으로, 어깨폭이 극단적으로 넓고 몸통둘레가 넉넉하고 무릎까지 오는 길이의 상의와 다리둘레의 2~3배나 되는 극단적으로 넓은

팬츠 등이 대표적인 것이다.

주트 컬러(jute color)　주트는 인도를 원산지로 하는 마(麻)의 일종으로 황마라고 부르며, 보통 포장용 자루와 스니커 등에 사용하는 매우 질긴 섬유이다. 주트 컬러는 황마에서 보이는 색으로 갈색계(茶系)의 소박한 색조가 특징이며, 자연색의 하나로 캐주얼 의복에 많이 사용된다.

주트 팬츠(zoot pants)　주트 룩 참조.

주품목 재고품(deep-stock of key items)　인기있는 상품은 여러 가지 색상과 치수의 것들을 대량 구입하나 스타일, 패턴, 형태의 다양성은 엄밀하게 베스트 셀러에 한한다.

주피방(周皮房)　조선 시대에 말안장 따위를 만들던 곳이다.

죽관(竹冠)　고려 시대 뱃사람이 쓰던 삿갓의 하나로 《선화봉사고려도경(宣和奉使高麗圖經)》에는 죽관의 모양이 모나기도 하고 둥글기도 하여 일정한 제도가 없었다고 하였다. 대올을 결여 만든다.

죽사립(竹絲笠)　죽사(竹絲)를 사용하여 만든 갓이다. 조선 시대 왕 · 양반층에서 사용하되 갓으로 은각 밑부리에 사(絲)를 감아 색으로 신분을 나타냈다. 올이 가는 죽사(竹絲)로 대우와 양태(凉太)를 엮은 최고급품이다. 진사립(眞絲笠)이라고도 한다.

준거 집단(reference group)　개인이 어떤 것을 인정하거나 보류할 때 또는 다른 사람과 자신을 비교하여 평가할 때 기준이 되는 집단을 말한다. 개인이 관련을 맺고 속해 있으며 개인 행동에 직접 · 간접으로 영향을 미치는 집단으로 학교 동료, 직장 동료, 종교 집단, 스포츠 동우회, 서클 등 여러 형태가 있다. 준거 집단은 꼭 소속되어 있지 않더라도 자신이 소속하기를 원하는 집단이나 어떤 집단의 가치나 행동을 회피하고자 할 때 그 집단 역시 준거 집단이 될 수 있다.

준거틀　준거틀이란 기준이 되는 개념으로서 우리가 체계적으로 설명할 수 있도록 도와주며, 어느 정도까지 인간행위의 기초가 되는 성질이나 유형들을 예측할 수 있게 해 주

고, 이런 이론들은 더 넓은 시각 또는 준거를 제공하는 가치관, 신념, 태도와 의미에 기초를 둔다.

준목(準木) 품질이 좋은 목면(木綿)을 말한다.

줄긋기 마름질을 할 때 재단선을 표시하기 위해 줄을 긋는 데 쓰이는 용구로 서양의 룰렛과 같은 역할을 한다.

줄리엣 가운(Juliet gown) 허리선이 올라간 하이 웨이스트 스타일의 길이가 긴 가운으로 부풀린 적은 소매는 레이스로 장식을 하고 치마단 끝은 러플로 된 경우가 많다.

줄리엣 드레스(Juliet dress) 중세의 여성들이 착용하였던 것으로 허리 위치가 올라가 있고 소매가 부풀리게 된 여성다운 드레스이다. 1968년 셰익스피어 원작 '로미오와 줄리엣'이 영화화되면서 더 유행하였다. 줄리엣 가운 참조.

줄리엣 슬리브(Juliet sleeve) 상단부는 불룩하게 퍼프가 지고 하단부는 팔에 꼭 맞게 만든 긴 소매이다. 셰익스피어(Shakespeare)의 희곡 '로미오와 줄리엣'의 여주인공 이름을 따라 이름이 지어졌다.

줄리엣 캡(Juliet cap) 두개골이 꼭 달라붙는 모자로서 결혼식 베일과 함께 쓰거나 이브닝용 모자로 쓴다. 셰익스피어의 연극 '로미오와 줄리엣'에 나오는 중세 줄리엣의 복장에서 유래한 모자로 전체가 진주와 조개 또는 금속 사슬들로 만들어지기도 한다. 저녁에 또는 면사포와 함께 사용되었던 풍부한 천의 스컬 캡(skull cap)의 일종이다.

줄무늬(stripe) 프린트나 직조에 의한 다양한 넓이의 줄무늬로 바탕 직물의 색이나 직조와는 대비되는 색이나 직조 방법을 사용한다.

줄자(tape measure) 인체의 치수, 옷감 또는 의복이나 원형의 직·곡선 길이를 잴 때 사용하는 눈금이 새겨진 테이프 모양의 자를 말한다. 천, 비닐, 유리섬유 등의 다양한 재료로 만들어진다.

중간색 난색계, 한색계로 분류하는 색상 분류 방법에서 어디에도 해당되지 않는 녹색계와 자색계를 중간색이라고 부른다. 중성색은 순수한 회색을 의미한다. 또 매우 엷은 색조의 색은 보통 파스텔 톤이나 파우더 톤이라고 부르는데, 전에는 이것들을 중간색이라고 부른 적도 있다.

중공(lumen) 면 섬유의 단면을 보면 가장 밖으로부터 표피층, 일차막, 이차막 그리고 중심의 중공으로 이루어져 있다. 가장 중심부에 있는 중공은 면화가 개화하기 전에는 원형질이 차 있던 곳이며, 건조가 진행됨에 따라 그 공간이 감소하여 원형질의 성분이었던 단백질, 염류, 색소 등이 잔존하고 있어 원면의 누런색의 원인이 된다.

줄리엣 드레스

중공 섬유(hollow fiber) 내부에 기공을 가진 섬유로서 가볍고 부피감이 있으며 보온성이 좋다. 미세한 기공이 내부 전체에 많이 난 마이크로보이드(microvoid) 등이 있고, 하이테크 섬유로서 역침투용의 중공 섬유도 있다.

중국 융단(中國絨毯) 중국산 융단. 지나융단(支那絨毯), 천진융단(天津絨毯)이 유명하다. 수직기로 제직된 파일직으로 넓은 연중(緣中)에 초화(草花) 문양을 짰으며, 거의 견사로 제직된다.

줄리엣 슬리브

중금(重錦) 《좌전(左傳)》에 나타나 있는 금명(錦名)으로 중금(重錦)은 숙세견금(熟細絹錦)이다. 중금 외에 동금, 미금, 폐금 등으로 제직 양식, 포장, 용도에 따라 명명된다.

중단(中單) 예복(禮服) 안에 받쳐 입는 중의(中衣)로 직령(直領)에 중거형(重鋸型)이고 광수(廣袖)이며, 통재(通裁)한 것이다. 이것은 심의(深衣)를 고쳐 만든 것으로 장포(長袍)의 유래가 된다. 흰색·옥색의 사(紗)·라(羅)로 만들며 깃·도련·소매끝은 선(襈)을 두른다. 단의(襌衣) 참조.

중-상층(upper-middle class) 전인구의 약 10%를 차지하며 전문직에 종사하거나 성공한 중규모기업의 소유주들이고, 교육수준이 높고 상층사회(上層社會)의 규범이나 가치관을 추종한다.

줄리엣 캡

중수자직 정칙 수자직의 조직점을 경위 방향

으로 하나씩 덧붙여서 만든 것이다. 조직점이 많아 튼튼한 직물을 얻는다. 외관은 수자직과 같으며, 기모용 직물로 쓰인다.

중심특질　애시(Asch)의 연구로서 인상형성에 가장 영향을 미치는 특질을 중심특질이라고 했으며, '따스하다-차다'가 중심특질이라고 보았다.

중앙 구매(central buying)　중앙의 통제를 받는 상점들의 구매 행동으로서 일반적으로 이러한 상점들은 상품을 획일적으로 대량 구입하여 구매 가격을 낮추려 한다. 특히 새롭고 흥미로운 요소의 상품을 계획, 선택, 주문하여 상품의 광고와 판매에는 책임을 지지 않는다.

중앙 통제 사무소(central control office)　상품 통제 시스템과 타당한 계산에 의한 정확한 축적물(accumulation)의 책임을 맡고 있는 사무소를 말한다.

중의(中衣)　남자용의 여름 홑바지. 모시·삼베·옥양목 등을 사용하여 만든다. 고의(袴衣) 참조.

중절모　⇒ 나카오리 모자

중조직(重組織)　고대에는 금(錦)이 중조직이었다. 중조직 경금, 중조직 위금이 있었다.

중직물(compound fabric)　경사와 위사에 두 종류 이상의 실을 사용하여 제직한 직물로서 특수 경·위사를 사용한 것이다. 이사(裏絲)가 있는 것, 두 종류 또는 세 종류의 실을 사용한 것 등이 있다.

중치막(中致莫)　조선 시대 사인(士人) 계급이 착용하던 직령포(直領袍)로 중치막은 겨드랑이에 무가 없이 터져 있고 아래 부분이 세 자락으로 되어 있다.

중-하층(lower-middle class)　사무직 종사자, 판매 사원, 소규모 기업 소유주 등이 이에 속하며, 직무에 충실하고 가정일에는 철저하며 자녀의 대학교육을 위해 저축도 한다.

중합도(degree of polymerization)　중합도는 분자의 크기의 척도가 되는 것으로 중합체를 형성하고 있는 단량체의 수를 말한다. 셀룰로오스의 경우, 면의 중합도는 5,000인데 비해 비스코스 레이온의 중합도는 250이다.

중합체(polymer)　단위 분자가 다수 결합되어 이루어진 거대 분자(macromolecule)를 중합체 또는 고분자라고 한다. 종류로는 선상 중합체, 가지달린 중합체, 망상 중합체 등이 있으나, 섬유를 구성하고 있는 분자들은 모두 선상 중합체이다. 중합체를 이루는 중합 반응에는 축합 중합과 첨가 중합의 두 종류가 있다.

쥐스토코르(justaucorps)　① 헐렁하며 주로 무릎 길이의 짧은 남성용 코트로 웨이스트 코트(조끼) 위에 입었다. 군인용 코트에서 유래하였으며 17세기 중엽에서 18세기 초까지 영국과 프랑스에서 입었다. ② 남성용 프록 코트처럼 생긴 여성의 승마용 코트로서 17세기 중엽에서 18세기까지 입었다. 체스티케어(chesticare), 쥐스타코르(justacor), 쥐스테(juste)라고도 불렀다.

쥐스토 코르

쥐펠(jupel)　① 보디스의 직물과 대비되거나 조화를 이루는 여성의 속치마로서 1850년에서 1870년 사이에 입었다. ② ⇒ 시퐁(gipon)

쥐프(jupe)　① 17세기 말부터 여성의 스커트를 일컫는 프랑스 용어이다. 스커트는 가끔 3겹으로 되어 있는데 수수한 겉층, 장난스러운 중간층과 은밀한 아래층으로 되어 있다. ② ⇒ 지퐁(gipon) ③ 보호용 스커트나 안전 장치로 감싼 여성의 승마용 코트를 일컫는 16~17세기의 영국 용어로 가스콘(gascon) 코트라고도 불린다. ④ 스코틀랜드 여성의 재킷이나 보디스를 말한다. ⑤ 복수형일 때는 코르셋이나 뻣뻣한 심을 말한다.

쥬니히도에[十二單] 12벌의 옷으로 제일 겉부터 카라기누[唐衣], 우와기[表着], 우치기[掛], 우치기누[打衣] 순서로 입는다.

쥬니히도에

쥬미－히토(Jumi－hitou) 기모노의 고대 양식으로 일본의 왕녀, 고관의 부인 또는 딸들이 공식석상에서 입었다. 후에는 황녀의 결혼식복으로 입었다.

쥬바(jubbah) 극동 지방에서 남녀가 입는 발목 길이의 풍성한 겉옷으로, 풍성한 소매가 달린 경우도 있고 소매가 없는 경우도 있으며 모피를 대기도 하고 앞중심선에서 끈으로 여밈을 하기도 한다. 명칭은 쥬바(jubba), 지바(jibba), 조바(jobba), 지베(gibbeh), 듀바(djubba), 듀베(djubbeh), 데바(djebba)와 같이 다양하다. 이 의상은 터키인, 이집트인, 아랍인, 모슬람인, 힌두교인 사이에서 볼 수 있으며 모로코나 알제리에서의 데바(djebba)는 쥬바(jubbah)보다 짧아서 마치 셔츠와 같은 의복이다.

쥬반(juban) 일본인들이 기모노 밑에 입는 실크나 면으로 된 언더셔트로 겨울에는 깃을 흑색으로, 여름에는 백색으로 댄다. 남성용 쥬반은 짧으며 면으로 된 로인클로스와 함께 입으며 검은색 실크 넥밴드(neckband)는 에리(eri)라고 부른다. 여성용 쥬반은 길며 자수가 놓인 에리와 함께 착용한다.

쥬브 튜닉(juive tunic) 힙 길이이며 프린세스형인 오버드레스로서 진동둘레가 크고 앞뒤 목둘레선이 V형이며 스커트 뒤에는 트레인이 달려 있다. 1870년대 중엽에 외출용 의상으로 일반 드레스 위에 착용하였다.

쥬빌리 다이아몬드(jubilee diamond) 1895년 발견된 650. 80캐럿의 다이아몬드로, 세공하여 245. 35캐럿이 되었다. 1897년 빅토리아 여왕의 60세 기념 축제인 다이아몬드 쥬빌리의 명칭을 따라 호칭되었다.

쥬케토(zucchetto) 로마 카톨릭교의 성직자들이 착용하는 작은 원형의 스컬 캡으로 교황은 흰색, 추기경은 붉은색, 주교는 자주색을 사용하여 신분을 상징한다.

증(繒) 견직물(絹織物)의 총칭(總稱).《설문》에 '증백야(繒帛也)'라는 구절이 있다.

증기 전기 다리미(steam electric iron) 다리미 자체에서 증기가 나와 천에 수분을 주어 분무기와 전기 다리미의 복합적인 역할을 하는 다리미로 셀프 댐퍼닝 아이언(self dampening iron)이라고도 한다.

증량 가공 직물(weighting finished fabric) 견직물을 좀더 두껍고 뻣뻣한 직물로 만들기 위해 금속염으로 처리하여 주는 과정을 거친 직물을 말한다.

증량견(weighted silk) 생사를 정련하면 약 10~25%의 무게가 감소하는데, 이러한 중량 감소를 보충하고 드레이프성을 위해 견의 외관과 기타 성질을 해치지 않는 범위 내에서 중량을 증대시키는 가공을 한다. 주로 견이 금속염과 친화성이 큰 것을 이용해 탄닌철, 염화 주석 등을 견의 무게의 10~15% 정도 견에 고착시키는데, 이와 같이 증량 가공을 한 견을 증량견이라고 한다.

증정 품목(gift item) 선물에 적합한 상품으로 일상적이지 않고 매혹적이며 받는 사람이 좋아할 만한 것을 말한다.

지각 투입되는 자극(사회 문화적 · 심리적)에 대하여 의미를 부여하는 과정이다.

지각연상검사(Perceptual Recall Measure) 의복에 대한 지각기억검사로 일곱 개 컬러 슬라이드를 사용하여 사람, 의복, 배경의 유형에 대한 기억을 측정하는 것이다. 페리(Perry)의 연구에서 의복관심도를 측정하기 위하여 사용한 것으로서 이 도구의 가정은, 의복에 관심이 높은 사람은 슬라이드에 뚜렷이 나타나지 않은 의복에 대해 더 많이 지각하고 기억한다는 것이다.

지각의 특성 지각은 주관적이고 많은 자극 중에서 한두 가지만 선택적으로 받아들인다는 특성을 가진다.

지경(地脛) 위금(緯錦)에 있어서 지(地)를 조직하는 경사이다. 중국에서는 교직경(交織脛), 일본에서는 모경(母脛)이라고 한다.

지고 슬리브(gigot sleeve) 어깨 부분은 불룩하고 소맷부리로 내려갈수록 좁아지는 형으로 레그 오브 머튼 슬리브와 비슷하다.

지그재그 가위(zigzag ─) 날이 지그재그로 되어 있는 양재용 가위로 핑킹가위라고도 한다.

지그재그 심(zigzag seam) 솔기를 박은 후 가장자리를 지그재그 재봉틀로 박고 여분의 시접을 자른다. 주로 메리야스 직물에 사용한다.

지그재그 재봉틀(zigzag machine) 바늘대가 좌우로 움직이며 지그재그로 땀을 만드는 재봉틀로, 바늘이 움직이는 폭을 조절하여 지그재그의 간격을 정한다. 직선봉 외의 각종 모양을 만들 수 있어 자수 등에 광범위하게 사용할 수 있다. 수동식과 자동식이 있으며, 수동식은 지그재그의 폭조절 다이얼을 스스로 조작하면서 모양을 만들기 때문에 숙련되지 않으면 모양이 정확하게 나오기가 어렵고, 자동식 지그재그(auto zigzag) 재봉틀은 모양에 따라 각종 요철을 만드는 캠(cam)을 부착하여 폭이 이 캠의 명령에 따라 변한다. 캠의 장치에는 '다이얼식'과 '캠식'이 있어 캠식은 캠을 사용할 때 재봉틀의 본체에 넣어 사용하지만, 다이얼식은 여러 개의 캠을 본체 안에 내장하고 있어, 다이얼을 맞추는 데 따라 필요한 캠을 선택하도록 되어 있다.

지그재그 체인 스티치(zigzag chain stitch) 기본적인 체인 스티치와 같이 하는데, 사선 방향으로 방향을 바꾸면서 한다.

지그재그 체인 스티치

지그재그 코럴 스티치(zigzag coral stitch) 지그재그로 자수한 코럴 스티치를 말한다. 코럴 매듭을 중앙에 두지 않고, 좌우 끝에 번갈아두는 지그재그형 스티치이다.

지그재그 코럴 스티치

지기(地機) 수직기(手織機)에 대한 일본어 명칭으로 하기(下機) 또는 거좌기(居坐機)라고도 한다. 발끈으로 종광을 상하 운동시켜 직물을 제직하는 직기로, 우리 나라의 베틀이 여기에 속한다. 지면에 낮게 앉아 제직한다고 하여 이와 같이 명명하였다. 우리 나라에서는 베, 모시, 무명, 명주를 짜고 일본에서는 결성주(結城紬), 월후상포(越後上布) 등 전통 직물을 짠다.

지라프 프린트(giraffe print) 기린의 털가죽 무늬를 모티브로 한 프린트이다.

지로메(zirjoumeh) 2~3개의 무릎까지 오는 길이의 속치마가 부착된 주름 스커트로 페르시아 여성들의 홈 드레스이다.

지르콘(zircon) 보석에 광채를 주는 다면체 연마 세공을 하면 다이아몬드 수준에 이르는 투명한 보석이 된다. 무색인 지르콘은 때때로 마투라 다이아몬드(matura diamonds)로 지칭되어 다이아몬드로 혼동을 주기도 한다. 노란색, 오렌지색, 붉은색 그리고 갈색의 지르콘은 히아신스(hyacinth) 또는 제이신스(jacinth)로 불리며, 무색, 회색 그리고 연기빛을 포함한 다른 모든 색깔은 자르곤(jargon)으로 불리며, 청색은 블루 지르콘(blue zircon)으로 불려 구분된다. 워싱턴의 스미스소니언 박물관에는 103캐럿의 지르콘이 소장되어 있다.

지문(地紋) 문직물(紋織物) 중에는 지조직(地組織)을 문조직(紋組織)으로 제직하고 그 위에 다시 회위(繪緯)로 문양을 나타내는 것이 있다. 이와 같은 문직물에서 지조직에 조직된 문양을 지문이라고 한다.

지바고(Zhivago) 보리스 파스테르나크의 소설로 1965년 제작된 영화 '닥터 지바고'에서 보인 의상의 영향을 받아 만들어진 옷으로, 20세기 초반기의 러시아 의상 양식이 1960년대 후반기에 코트와 블라우스에 응용되어 나타났다. 스탠딩 칼라와 양쪽 옆이 트인 블라우스단 가장자리, 소매끝 등을 수놓은 밴드로 트리밍을 했다.

지바고 블라우스(Zhivago blouse) 높게 깃을 세운 칼라에 옆으로 여미게 되어 있고, 소매에는 풍성하게 주름을 넣었다. 칼라 앞단, 소매끝 부분에 수를 놓은 장식 테이프 트림을 달았다. 대개 길이가 길어서 벨트를 매는 경우가 많다. 러시아 시대의 마부 복장에서 유래되었고 남녀 공용으로 입을 수 있다. 1960～1970년대에 유행하였다. 영화 '닥터 지바고'의 남자 주연 배우가 입은 스타일에서 생긴 이름이다. 코사크 블라우스와 그 형태가 유사하다.

지바고 셔트(Zhivago shirt) 1917년 러시아 혁명을 배경으로 한 보리스 파스테르나크의 작품 '닥터 지바고'가 1965년 영화화되어 주인공이 이 셔트를 입고 등장함으로써 더 유행하였다. 코사크 셔트라고도 한다.

지바고 코트(Zhivago coat) 목과 커프스 단에 털을 대고 매듭 단추, 프록(frog) 여밈으로 된 7부 길이의 코트이다. 러시아 혁명에 관한 보리스 파스테르나크의 작품 '닥터 지바고'가 1965년에 영화로 상영됨에 따라 유래하였다.

지방시, **위베르 드**(Givenchy, Hubert de 1927～) 프랑스 보베 출생으로, 파리 대학에서 미술과 법률을 전공하고 보자르 예술학교에서 패션 디자인을 공부하였다. 1945년 패션 디자이너로 입문하여 르롱, 파캥, 파투, 스키아파렐리 밑에서 '실용적이고 입기 편한 의상'의 개념을 배웠다. 1952년 발렌시아가의 격려로 자신의 회사를 독립하여, 값싼 무명으로 가슴을 튼 넓은 셔트 블라우스, 크고 넓은 데콜테, 부풀린 소매의 블라우스·스커트가 신선하게 받아들여졌다. 1953년 심플하고 스포티한 튜닉 룩, 1957년 색 드레스, 1960년대의 네크와 개더 스커트의 볼 가운 등을 디자인하였다. 특히 지방시는 재클린 오나시스, 오드리 헵번과 연관되며 '티파니에서 아침을(1961)'의 영화 의상을 담당한 것으로 유명하다. 1984년에는 힙 위치를 부풀린 프로 라인을 발표하는 등 최근까지 활발한 활동을 벌이고 있다.

지벌린(zibeline) 지벌린은 '검은 담비의 털가죽'이란 뜻으로 경사에는 소모사나 방모사, 위사에는 모헤어, 캐시미어 등의 광택이 강한 털과 양모를 혼방한 방모사를 사용하여 제직한 직물이다. 제직 후 축융, 기모시켜 보풀을 한쪽 방향으로 눕혀 견과 같은 광택을 지니게 하며 주로 코트 등에 사용된다.

지부 양모(greased wool) 한 마리 면양으로부터 전모된 플리스를 우선 품질에 따라 대체적으로 선별을 하게 되는데 이렇게 선별만 끝난 양모를 말한다.

지 아이 팬츠(GI pants) 지 아이(GI)는 미군을 가리킨다. 지 아이 팬츠는 진 팬츠와 유사한 말로 제1차 세계대전 후 미국 해병대의 진즈 스타일에서 이름이 유래하였다.

지오메트리컬 니트(geometrical knit) 기하학적인 모티브를 표현한 니트 웨어로서 트라이앵귤러 라인, 렉탱귤러 라인, 아워글라스 라인 등과 같이 실루엣 자체가 기하학적인 것을 말한다.

지오메트리컬 컷아웃(geometrical cutout) 보통 지오메트릭 컷이라 불리며, 기하학적으로 재단된 디자인, 실루엣을 말한다.

지오메트릭 컷아웃(geometric cutout) 의복의 일부분을 원, 사각형, 삼각형 등 기하학적으로 도려내어 팬시한 창작 효과를 낸 디자인

지바고 코트

지방시, 위베르 드

기법이다. 예를 들면 드레스의 어깨나 가슴, 배, 등 부분 등을 도려내어 피부를 드러내는, 1960년대 팝 모드의 재현이라고 볼 수 있다.

지오메트릭 패턴(geometric pattern)　기하학적인 선, 도형 등으로 구성된 문양으로 단순한 반복적 구성에서부터 복잡하고 다양한 것에 이르기까지 여러 용도로 사용되는 문양을 말한다.

지위(地緯)　지조직을 제직하는 위사이다. 직물에는 한 종류의 경사와 위사가 조직되는 것이 있는 반면에 다채로운 문양을 제직하기 위하여 별종(別種)의 채사(彩絲), 금은사(金銀絲) 등을 회위(繪緯)로 사용하여 조직하는 직물이 있다. 첨모(添毛) 직물의 경우에는 모위(毛緯)가 사용된다. 이와 같은 모위와 회위(繪緯)같은 위사와는 달리 지조직(地組織)을 조직하는 위사를 지위(地緯)라고 한다. 중국에서는 문직위(文織緯), 일본에서는 모위(母緯)라고도 한다.

지위불일치(status inconsistency)　한 개인이 차지하는 교육·소득·위신의 지위들이 높이가 서로 다를 때 이를 지위불일치 현상이라고 한다.

지의(紙衣)　조선 시대 군사(軍士)가 입었던 종이를 두어서 만든 옷으로 겨울에 입는 방한용이다.

지익(地搦)　회위(繪緯)가 있는 문직물(紋織物)에서 길게 뜬 회위를 지경(地脛)으로 조직하여 조직을 강하게 하는 것이다. 회위에 특별한 경사가 사용되는 때는 별익(別搦)이라고 한다. 금란(金襴)에 사용된다. 온양 민속박물관에 소장된, '만초화문금(蔓草花紋錦)'으로 필자가 명명한 문직물이 지익으로 회위를 조직한 문직물이다.

지점(branch store)　본점에서 분리되어 나와 본점에 종속되어 운영되는 소매 기업체로서 대개 교외 지역에 위치한다. 본점과 소재는 달리하지만 본점에 의해 통제되면서도 지배인이나 경영주가 따로 있어 어느 정도 본점과는 분리된 독립적인 경영도 가능하다.

지지 드레스(gigi dress)　무릎 위까지 오는 짧은 길이의 2중으로 된 스커트에 허리가 꼭 맞는 귀엽고 사랑스러운 스타일의 드레스이다. 콜레트의 소설에 등장하는 주인공 이름 '지지'에서 유래하였다.

지직(地織)　일본 각지에서 자급자족하는 실용적 직물에 대한 명명이다. 지목면(地木綿), 지견(地絹) 등과 그외 마직물(麻織物) 등이 있다.

지퍼(zipper)　지프 파스너(zip fastener), 슬라이드 파스너(slide fastener)라고도 불린다. 열고 닫을 때의 소리가 지프(zip)와 닮았다고 하여 이러한 이름이 붙여졌다. 금속으로 된 것과 플라스틱으로 된 것이 있으며, 또한 콘실 지퍼와 같이 지퍼의 이가 보이지 않는 것도 있고, 자이언트 지퍼는 이가 보이는 것이 특징이다.

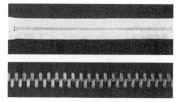

지퍼

지퍼드 거들(zippered girdle)　앞중심이나 또는 옆에 달려 있는 지퍼로 열고 닫게 된 거들의 하나이다.

지퍼드 팬츠(zippered pants)　지퍼로 열고 닫는 대개 직선으로 된 바지를 말하며 여성, 남성, 아동들이 모두 입는다. 대개 지퍼가 양쪽으로 부착되어 있는데 하나는 허리에서 발목 쪽으로, 다른 하나는 허리에서 양쪽 다리에 부착되어 있다. 1970년대에 유행하였으며 대개 앞부분에 지퍼가 부착되어 있는데 앞지퍼로 된 것은 플라이 프런트라고 한다.

지퍼 슬릿(zipper slit)　타이트 스커트의 트임에 지퍼를 사용한 것으로, 기능성과 하이테크한 감각을 나타낸다.

지퐁(gipon)　① 푸르푸앵의 원조로 중세 때 십자군들이 신변 보호의 목적으로 착용한 누빔 속옷이다. ② 감비손(gambeson)이 변형된 몸에 꼭 맞는 14세기의 군복으로 소매가 없고 가죽이나 패드가 있으며 앞부분에 레이스로 장식되어 있다. 무릎 길이까지 오며, 벨트를 매기도 하고 손목에서 팔꿈치까지 단추로 채운 길고 꼭 맞는 소매를 달기도 한다. 더블릿에서 유래하였으며 쥐프(jupe), 쥐펠(jupel)이라고도 한다.

지피 니트 스웨터(jiffy knit sweater) 큰 바늘로 굵은 실을 사용하여 단지 몇 시간 안에 쉽게 손으로 짠 스웨터로 1960년대에 유행하였다.

지피 드레스(jiffy dress) 단시간에 전문가가 아닌 사람들이 쉽게 만들 수 있는 드레스를 말한다.

지 피 피(GPP ; Gorden Personal Profile) 올포트(Gorden W. Allport)가 개발한 성격진단검사지이다.

직각복두(直脚幞頭) 복두의 각(脚)이 옆으로 뻗은 직각으로서 송대에 가장 긴 형태가 나타났다.

직각복두

직각자(square measure) 제도시 직각선을 그을 때 사용하는 90도 각도의 모서리가 있는 자로, 정바이어스나 단부분의 제도시 편리하다.

직금(織金) 평직, 능직, 수자직 등의 바탕에 평금사(平金絲), 연금사(撚金絲)로 무늬를 짠 화려한 직물이다. 우리 나라에서는 통일신라의 직관에 금전이 있었는데 이 금전이 경덕왕 때에는 직금방으로 되었다는 《삼국사기(三國史記)》의 기록이 있어 금전에서 직금이 많이 짜여졌음이 나타난다. 고려 시대의 유물 직물에 직금이 많이 발견되어 우리 민족이 직금을 많이 사용하였던 것으로 나타난다. 직금은 금란이라고도 하며, 은란, 동란도

짰다. 동국대학교 박물관에 소장된 문주사 복장 중에 은란이 있다. 바탕은 3매 경능직이고 은편사는 위사를 일월(一越)하여 한 올씩 무늬 부분에 위입하였다. 온양 민속박물관에 소장된 아미타불 복장유물 중의 직금으로 3매 경능직에 4매 위능직으로 짜여진 것도 있다. 직금의 무늬에 보문이 보이고, 편금사를 위입하여 무늬를 짜는 방식이 있다. 직금의 편금사 또는 연금사를 짜는 방법으로는 지경(地經)으로 하는 법과 별경(別經)으로 하는 방법이 있다.

직금

직기(loom) 직물을 만드는 데 사용되는 장치로, 위사 전달 방법에 따라 북직기와 무북직기가 있다.

직녀(織女) 포백(布帛)을 짜는 여인으로 직부라고도 한다. 직임지사(織任之事)의 여인이다.

직뉴(織紐) 직물과 같이 바디, 북으로 경위사를 조직하여 제조한 조물(組物)이다. 소폭(小幅)으로서 진전뉴(眞田紐)가 일본의 대표적 직뉴이며, 정창원에 그 유물이 있다. 우리 나라의 다회(多繪)와 같은 용도로 사용되는 것이나 다회는 조물이고 직뉴는 직물이다.

직령(直領) 깃의 하나. 깃이 곧은 데서 나온 명칭으로, 직령으로 된 포(袍)를 일컫기도 한다. 우리 고유 복식의 포(袍)는 직령에 교임·직수형이었으며, 고려 시대의 백저포(白紵袍)가 발전하여 조선 시대의 편복(便服)과 관리들의 상복(常服)으로 정착되었다.

직물 권취(taking up) 제직 운동의 마지막 단계로, 제직이 된 직물을 직물 빔에 감아 주는 것이다.

직물 밀도(fabric count) 단위 길이 안에 있는 경사 올수와 위사 올수를 말한다. 보통 경사 올수와 위사 올수의 합으로 표시하거나, 경사×위사 올수의 형태로 표시한다. 한 예로 120×110/5cm로 표시할 수 있다.

직물 빔(cloth beam) 직기에서 짜여진 직물을 감는 빔을 말하는 것으로, 홍두깨라고도 한다.

직물사(織物師) 《일본서기(日本書紀)》에는 백제, 고구려, 신라에서 우수한 직물 기술자가 도일되어 일본 직물 제직인의 조상이 된 사실이 기록되어 전한다. 이와 같이 일본에서 기직에 종사한 사람을 직물사(織物師)라고 하였다.

직방법(direct spun yarn method) 직방사를 만드는 방법을 말한다.

직방사(direct spun yarn) 인조 섬유 토우의 섬유의 평행성 및 실의 형태를 그대로 유지하면서 스테이플화하여 얻은 실을 말한다. 이러한 방법으로는 섬유의 절단과 방적을 동시에 행하는 펄록(perlock) 직방기를 사용하는 방법과 토우의 섬유 배열을 그대로 유지하면서 절단기로 절단하고 연조하여 실을 만드는 퍼시픽 컨버터(pacific converter)를 이용하는 방법이 있다.

직부사(織部司) 일본에서 나라[奈廊] 시대에 대보령(大寶令)에 의하여 중앙 행정에 직물을 조달한 관서이다. 대장성(大藏省) 관할하에 직부(織部)의 장관의정과 그 아래에 기술자 도문사(桃文師)가 4인, 도문생(桃紋生)이 8인이 배치되어 있었다.

직색능(織色綾) 능(綾)의 일종으로, 경위사를 이색(異色)으로 하여 제직한 문능(紋綾)이며, 이색능(二色綾)이라고도 한다. 온양 민속박물관에 소장된 아미타불 복장 유물 중에 있다.

직선박기 틀바느질법의 일종으로, 재봉틀로 직선을 박을 때는 바늘땀의 간격을 주의하며 똑바로 박아나간다. 옷감을 두 장 이상 겹쳐 박는 경우 밑의 천을 약간 당겨주면서 박는다.

직성(織成) 지위(地緯)와 문위(紋緯), 2종의 위사(緯絲)가 조직된 것이다. 문위 일월(一越)마다 지위를 위입(緯入)하여 제직하므로 지와 문, 문과 문 사이에 벌어지는 간격이 생기지 않는 것이 특징이다.

직업적 흥미 측정 검사지(Vocational Interest for Men and Women) 1927년 스트롱(Strong)이 직업적 흥미의 측정을 위한 표준화된 도구로 제작한 것으로, 420문항으로 되어 있으며, 흥미 측정을 위한 최초의 도구라고 할 수 있다.

직자(織子) 일본의 직인(織人), 직녀(織女)를 말한다.

직접 날염(direct printing) ⇒ 롤러 프린팅

직접 마케팅(direct marketing) 직접 우편, 우편 주문, 직접 회답(direct response)을 포함하는 용어이다.

직접 염료(direct dyes) 면, 리넨, 레이온, 울, 실크, 나일론 등을 염색할 수 있으며 내일광성이 좋으나 세탁 내구성이 나쁘다.

직접 우편(direct mail) 상품 판매, 서비스 판매, 상점 판매, 영역, 부서, 성격, 비즈니스 방법들을 알리기 위해 우편을 이용하는 것으로서 정선된 고객에게 접근한다.

직접 질문 어떤 사실에 관한 응답자의 태도, 견해 등을 직접 물어보는 것으로써 예를 들어 '당신은 명랑한 편입니까 또는 우울한 편입니까?' 와 같은 질문을 말한다.

직조국(織造局) 우리 나라에서 개항 이후 1884년에 설립한 직물 제직을 하던 곳이다. 사와 문양물을 제직하는 직기를 수입하여 사용하였다.

직철(織綴) 문직물(紋織物)의 일종에 대한 일본의 명칭이다.

직철(直綴) 중국 송나라 문무백관들이 조복으로 입고 사대부들이 집무시 복장으로 입은 난삼(襴衫)은 수구(袖口)가 넓은 장삼(長衫)으로 깃은 원령(圓領) 또는 교령(交領)이며 거단에는 횡란(橫襴)이 있는 상의하상(上衣下裳) 형태이나, 횡란이 없는 것을 직철이라 한다.

직판(direct selling)　도매상들과 소매상들에 의해 최후의 고객들에게 매각인이 직접 판매 하는 것으로, 대부분의 소매 회사의 많은 종 사자들이 직접 판매를 담당한다.

직판업자(direct seller)　가호 방문이나 가내 파티 계획을 통해 고객들과 접촉하여 상품을 판매하는 소매업자를 말한다.

진(jean)　1/2 좌향 능직으로 제직한 면직물 로, 주로 색무지염이지만 프린트로 무늬를 넣거나 광택을 내어 사용하기도 한다. 드릴 이나 데님보다 밀도는 크고 두께는 얇은 3매 능직이다. 스포츠 웨어, 아동복, 셔트, 침구 등에 사용된다.

진동 솔기(armhole seam)　앞뒤 길의 진동선 에 소매를 박아 붙인 솔기로, 암홀 심이라고 도 한다.

진마(眞麻)　저마(苧麻)의 다른 이름이다.

진면(眞綿)　풀솜을 말한다. 제사용(製絲用)으 로 부적합한 견섬유를 수중에서 손으로 넓게 펴서 말린 솜으로, 이불솜, 옷솜으로 사용되 었다.

진면 모자(眞綿 帽子)　진면으로 만든 모자로 충북대학교 박물관에 임란 전후의 출토 복식 유품 중에 전박장군묘(傳朴將軍墓)에서 출 토된 소색의 진면 모자가 있다. 진면을 모자 모양으로 하고 실로 누벼서 만든 것이다. 높 이는 17cm, 모자 둘레는 50cm이다.

진모진(眞毛津)　백제로부터 도일(渡日)된 봉 의공녀(縫衣工女)이다. 《일본서기(日本書 紀)》에 응신천황(應神天皇) 14년 봄 2월에 백제의 왕이 봉의공녀를 보낸 기록이 있다.

진목(晉木)　경상남도 진주산 무명을 말한다.

진사전(眞絲廛)　당사(唐絲), 향사(鄕絲), 갓 끈, 주머니끈 등을 팔던 곳이다.

진신　기름을 먹여 만든 신. 가죽과 밑창에 기 름을 먹여서 물이 스며들지 않게 튼튼하게 만들었다. 밑창에 징을 박기도 했다. 여자용 의 형태는 당혜(唐鞋)와 같으나 징을 박고 기름을 먹였다. 유혜(油鞋)라고도 한다.

진열창 디스플레이(window display)　소매 상 점에서 외부와 접한 지역에 보행자를 끌기

위해 상품이나 아이디어를 진열하여 보여 줌 으로써 판매에 유용하게 하려는 것이다. 일 반적으로 상점의 '얼굴(face)'이라고 불리기 도 하며 상점 안에 진열장이 덮여 있는 디스 플레이는 진열창 디스플레이라고 하지 않는 다. 명성 디스플레이(prestige window)는 판매 증가보다는 상점의 이름을 널리 알리기 위한 것이며, 판매 진열창은 즉각적인 판매 결과를 얻기 위해 사용된다.

진주사(眞珠紗)　경(經)에 생사(生絲), 위(緯) 에 연사(練絲)로 제직한 문사(紋紗)의 일종 으로 지문(地紋)은 화릉문(花菱紋)인데 문양 은 주위는 사직이고 평직과 위부문(緯浮紋) 으로 제직되었다. 지문간에 드문드문 문자문 또는 화문의 문양을 사직과 위부문의 조합으 로 제직하였다. 합섬사로 된 것도 많이 제직 된다. 진주를 이어놓은 듯한 문양의 익직물 (搦織物)이다. 늦은 봄, 가을, 초여름의 한복 감, 특히 여인의 한복감으로 많이 사용되어 오늘날까지 제직된다. 각 색이 있으며 진주 문을 지(地)로 하고 소문(小紋)으로 화문, 문자문이 직입되어 있다.

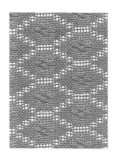
진주사

진주선(眞珠扇)　조선 시대 궁중에서 사용한 부채로 방구부채의 하나이다. 둥근 금속테에 꽃무늬를 수놓은 붉은 비단을 끼워 만들며 손잡이에 진주 장식을 한다.

진즈(jeans)　원래 진즈(genes)라고 불렸던 데 서 진즈(jeans)는 말이 시작된다. 단수로 진 (jean)이라고 하면 능직으로 짠 목면의 질긴 작업복 등에 많이 쓰이는 데님지와 유사한 옷감을 말하며, 복수로 진즈(jeans)라고 하 면 오늘날 진이라고 부르는 데님지로 만든

진즈

바지, 작업복 바지 또는 오버올즈(overalls)를 말한다. 앞뒤에 장식 스티치로 박은 주머니들이 달려 있으며, 덩거리, 리바이스, 오버올즈이라고도 불린다. 1810년부터 해군들이 진 옷감으로 만든 바지를 착용함으로써 입기 시작하였다.

진즈 톤(jeans tone)　청바지인 진즈, 특히 인디고 블루(남빛)에서 볼 수 있는 색조를 말한다. 진즈의 색은 선명한 감청색이 아니라 흰색을 섞은 듯한 색을 보이는데, 이 색은 현대적인 감각을 내포하고 있어 진즈 외에도 여러 패션 아이템에 폭넓게 사용되었다. 특히 남성복에서 신선한 인상을 주고자 하는 의도에서 이 색을 도입하여 사용한 바 있다. 진즈 컬러라고도 한다.

진현관(進賢冠)　조선 시대 아악(雅樂)의 문무(文舞)를 추는 악생(樂生)과 악공과 둑잡이가 쓰는 관이다. 종이를 배접하여 겉은 검은 칠을 하고 안은 고운 베를 바른다. 모자에 황색 선(襈)을 그리고 청색 명주끈을 단다.

질레(ghille)　아일릿보다는 루프식으로 앞에서 끈으로 여미는 여성용 옥스퍼드형 구두이다. 대체로 구두 혓바닥인 텅이 없으며 발등이 평평한 모양이다. 길리즈(gillies)라고도 한다.

질레(gilet)　① 1850~1860년대의 남성들이 착용한 베스트 또는 짧은 웨이스트코트를 가리킨다. ② 약식의 블라우스로 소매가 없이 짧게 몸판만으로 된 가슴받이로 대개 레이스 또는 자수 등으로 만들어진 것이 많다. 19세기 중반부터 20세기 중반까지 입었으며 1980년대에 다시 유행하였다.

질레(ghille)

질리, 로메오(Gigli, Romeo)　이탈리아 태생의 디자이너로 건축학을 공부하였으나 중퇴하고 기념품을 파는 사업을 시작하였다. 여자 친구를 위해 동양산 옷감으로 의상을 만들어 준 것이 계기가 되어 28세 때 뉴욕으로 가서 신사복 제작을 배우고 1984년 첫 컬렉션을 가졌으며, 5년 후에는 세계적으로 160여 개의 점포를 갖게 되었다. 일정한 라인이 없는 작품을 선보이며 지적이고 정적인 우아

질레(gilet)

함, 관능적인 매력이 느껴지는 그의 디자인은 강한 주장을 담고 있다.

질문지법(questionnaire method)　응답자 자신이 답을 직접 기입하도록 되어 있는 일련의 질문문항으로 된 특정도구이다.

짐네스틱 수트(gymnastic suit)　체조복을 의미하는 것으로, 여성복으로는 레오타드를 착용하고 남성복으로는 운동 셔츠와 발바닥에 고리가 달린 긴 바지를 착용한다.

짐 백(gym bag)　운동 용구를 넣어 가지고 다니는 가방의 총칭이다. 스포츠 백, 더블 백이라고 부르는 가방을 새롭게 부르는 명칭이다. 특히 체조할 때 운동 용구나 의류를 담는 캐주얼 가방으로 젊은이들의 필수품으로 대두되었다.

짐 블루머즈(gym bloomers)　허리 밴드에 주름이 잡히고 무릎보다 약간 길게 내려온 7부 길이의 흑색 새틴이나, 감색의 저지 옷감으로 된 바지 끝이 조여진 블루머를 말한다. 1900년대부터 1920년대 말에 여성들이 캠핑 때나 체육 시간에 입었다. 블루머즈 참조.

짐 수트(gym suit)　체육 시간에 입는 학생들의 체육복을 말한다. 처음 여성용 체육복으로 만들어졌을 때에는 흰 블라우스에 푸른색의 무명이나 새틴으로 만든 블루머와 검정색 스타킹으로 구성되었던 것이 1930년대에는 롬퍼즈로, 1970년대 중반기 이후로는 다양한 T셔츠와 풀온 쇼츠(pull-on shorts)로 구성되었다.

집경장(執經匠)　조선 시대 연산 10년(1504년)에 통직(通織)이라는 직물 제직 공장을 두었는데 그 안의 경사를 관장한 공장이다. 감직관(監織官), 직조장(織造匠), 인문장(引紋匠), 집경장(執經匠), 집위장(執緯匠), 염장(染匠)이 있어 문직물(紋織物)이 제직된 것을 알 수 있다.

집단면접법　어떤 집단을 대상으로 집중적으로 면담하여 소비자의 자극을 파악하는 방법이다.

집 수트(zip suit)　지퍼를 사용하여 여미게 만든 수트의 총칭이다.

집시 블라우스(gypsy blouse)   집시들이 착용한 의복에서 유래된 것으로, 짧은 길이의 주름이 많은 소매가 달려 있고 목선이 깊게 파인 풍성한 블라우스를 말한다. 1960년대에 유행하였으며, 페전트 블라우스와 유사하다.

집시 스커트(gypsy skirt)   집시를 연상하게 하는 민속복 분위기의 스커트이다. 전체적으로 여유있으면서 넓은 폭을 가진 롱 스커트로, 크고 작은 프릴을 여러 겹으로 달아 외관상으로 커트하는 등 집시 특유의 디자인을 하고 있다. 페전트 스커트, 풀 스커트라고도 한다.

집시 슬리브(gypsy sleeve)   집시들의 복장에서 볼 수 있는 튜닉 블라우스에 사용된 이국적 분위기의 볼륨이 큰 소매이다. 형태가 레그 오브 머튼 슬리브와 유사하다.

집시 이어링(gypsy earring)   보통 동이나 금속으로 만든 큰 후프 모양의 귀고리로 원형의 무늬없는 동으로 만들어 보통 귓밥을 뚫어 착용한다. 뚫지 않은 귀에 귀고리의 뒷부분에 클립을 부착하여 작은 단추가 달린 후프를 매달기도 한다.

집업 네크라인(zip-up neckline)   칼라 끝까지 지퍼가 달려 있어 전부 채우면 터틀 네크라인과 유사하게 되는 네크라인을 말한다.

집오프 코트(zip-off coat)   속이 지퍼로 되어 떼었다 붙였다 할 수 있는 코트로 대개 안감은 파일로 된 것이 많다. 듀오 렌스 코트라고도 한다.

집위장(執緯匠)   조선 시대 연산 10년(1504)에 설치된 통직(通織) 안에 있는 위사를 관장한 공장이다.

집합 선택 이론(theory of collective selection)   블루머(Blumer)에 의해 정립된 이론으로 새로운 유행이 집합적 선택의 한 과정, 즉 군중들의 취향이 많은 사람들에 의해 형성되는 과정에서 나타난다는 것이다.

집합행동의 개념   집합행동이란 구성원들 사이에서 일어나는 상호자극의 결과로서 집단

안에 형성되는 비교적 자발적이고 비구조적인 사고, 느낌, 행동양식을 의미한다.

징금수   윤곽선을 수놓을 때나 넓은 면을 변화 있고 쉽게 수놓으려 할 때 응용되는 기법을 말한다. 금사, 은사, 색금사, 깔깔사, 굵은 꼰사 등을 윤곽선에 놓고, 다른 실로 0.3～0.5cm 정도의 간격으로 징거나가며, 또한 마름모꼴이 되도록 실을 건너지르고 교차된 곳을 －자나 ＋자로 징거서 교정시키기도 한다. 방법으로는 가는 실로 나타나지 않게 징그는 방법과 나타나게 징그는 방법이 있다.

징크(zinc)   아철의 색으로 엷은 황색을 띤 쥐색을 말한다.

짚신[草履]   짚을 재료로 하여 엮어 만든 신으로 우리 나라에서 가장 오래된 신으로 왕골짚신·엄짚신·부들짚신 등이 있다. 코가 짧고 엉성하게 엮어 짜며, 비오는 날에는 신기가 불편하고 쉽게 해진다. 초리(草履)·초혜(草鞋)라고도 한다.

짜집기 바늘(aiguille reprises)   감침용 바늘을 의미하는 것으로, 영어의 다닝 니들이 여기에 속한다.

짝짓기 가설(matching hypothesis)   사람들이 자신의 속성(외모, 경제적 지위, 재산 등)을 평가하고 그 다음에 동등하게 어울려 보이는 파트너를 선택함을 말한다.

쪽가위   손가락을 넣는 부위가 없이 손으로 쥐고서 사용한다. 큰 것은 실과 천을 자를 때에 사용하고 작은 것은 주로 실을 자르는 데 사용한다.

쪽집게(tweezers)   실표뜨기한 실을 뽑을 때 사용하는 금속제의 기구로, 털을 뽑아 내거나 그외 다른 용도로 사용한다.

쪽찐머리   삼국 시대부터 조선 시대까지 이어진 결혼한 부녀자들의 일반적인 머리 형태이다. 앞 이마 중심에 가리마를 타고 양쪽으로 빗어 넘긴 다음, 뒤에서 모아 한 가닥으로 땋아 쪽을 찐 후 비녀로 고정시킨다.

집시 블라우스

집시 스커트

집오프 코트

쪽찐머리

차도르(chaddor) ① 인도나 이란에서 착용하는 숄이나 망토로, 길이가 약 3야드 정도된다. ② 흰두교의 남성이 어깨나 허리에 두르는 숄을 말한다. ③ 아랍 의상에 쓰이는 천으로 40×100cm 정도이며, 평직의 면으로 짠 것이다. ④ 로인클로스용으로 아프리카나 인도에 수출하는 영국 천으로, 단색으로 되어 있거나 한쪽에 가장자리 장식이 있는 반표백의 면으로 만든다. ⑤ 고대 페르시아에서 여성들이 착용한 몸을 완전히 감싸는 겉옷으로, 정해진 형태가 없다.

차로 팬츠(charro pants) 미디 길이의 멕시칸 스타일의 팬츠로 가우초 팬츠와 유사하다.

차르샤프(tcharchaf) 터키 여성들이 비공식적인 차림에 착용한 두르개로, 각각 길이가 다르고 앞이 트인 두 개의 스커트 중 짧은 것을 스카프처럼 머리 위로 잡아 끌어올린 후 턱 밑에서 묶었다.

차별적 마케팅(differentiated marketing) 기업이 여러 세분 시장을 목표로 영업하면서 각 세분 시장에 별개의 적절한 마케팅 믹스를 제공하는 것을 말한다.

차별적 소비(differential consumption) 주거, 의복, 일상용품, 시간과 상징적 문화소비, 금전과 시간의 기준에서 계급 사이에 차별적 소비가 나타난다.

차이나 밍크(China mink) 황색 계통의 중국산 밍크를 일컫는다. 염색을 하여 값비싼 북아메리카산 밍크를 모방하기도 한다. 콜린스키 참조.

차이나 블루(China blue) 중국 도자기에 보이는 남색으로 어두운 라벤더 블루를 말한다. 가끔은 중국의 전통 복식에서 볼 수 있는 흑에 가까운 블루로 백과 함께 사용되는 경우도 많다.

차이나 실크(China silk) 중국에서 생산된 평직의 견직물로 가볍고 부드러워 주로 안감으로 쓰인다.

차이니즈 네크라인(Chinese neckline) 앞 여밈이 서게 된 전통적인 밴디드 칼라 네크라인으로 차이니즈 칼라라고도 불린다.

차이니즈 도그(Chinese dog) 몽골과 만주에서 산출되는 긴 털을 지닌 개과 동물의 모피이다. 주로 값이 싼 코트 등의 트리밍에 사용된다.

차이니즈 드레스(Chinese dress) 몸에 꼭 맞고 몸체 양쪽 옆선에 트임이 있는 직선의 드레스로, 높게 선 만다린 칼라에 중국 고유의 매듭 단추를 단다. 중국 여성들의 고유 의상에서 영향을 받아 1930년대 미국 서부에 소개되었으며, 만다린 드레스라고도 부른다.

차이니즈 라운징 로브(Chinese lounging robe) 차이니스 칼라와 풍성한 기모노 소매로 이루어졌으며, 소매끝은 넓어서 플레어로 되어 있고 사선으로 옆에서 여미게 된 길이가 긴 로브이다. 1900년 초에 유행하였다.

차이니즈 래쿤(Chinese raccoon)　　우수리언 래쿤과 유사한 동물의 모피이다.

차이니즈 램(Chinese lamb)　아시아에서 산출되는 양의 모피이다. 윤택이 있고 새끼 양일 때는 검정색을 띠며 점점 갈색이나 회색으로 변한다.

차이니즈 블라우스(Chinese blouse)　중국풍의 블라우스를 뜻한다. 중국복의 스탠드 칼라, 즉 만다린 칼라와 중국 단추 등 중국 옷을 생각나게 하는 디자인의 블라우스로 오리엔탈 민속복풍의 대표적인 아이템이다.

차이니즈 슈즈(Chinese shoes)　메리제인 타입의 끈이 하나 있고, 코 부분이 여러 가지 색상으로 되어 있으며, 굽이 없고 바닥이 크레이프로 된 신발이다. 때로는 자수 장식을 하기도 한다.

차이니즈 스티치(Chinese stitch)　먼저 백 스티치(back stitch)를 한 다음 실의 여유를 두면서 돌려 꽂는 자수법이다.

차이니즈 슬리브(Chinese sleeve)　중국 옷에 사용되는 소매로 매우 짧은 프렌치 슬리브(French sleeve)이다.

차이니즈 엠브로이더리(Chinese embroidery)　한국 자수의 기원이 되고 있는 화려한 자수로 가느다란 비단실을 사용해 아주 세밀하게 놓는 자수이다. 수법은 중국 고대의 전통 기술인 사슬수와 평수가 주류를 이루고, 원색이 강하며 선명한 색조가 특징이다.

차이니즈 재킷(Chinese jacket)　깃이 서 있고 매듭 단추 등으로 앞여밈을 한 중국풍의 재

차이니즈 재킷

킷으로 중국 사람들이 입는 상의에서 유래하였다고 하여 이와 같은 이름이 붙었다.

차이니즈 칼라(Chinese collar)　앞을 여밈이 없이 벌어지게 세워 만든 밴드 칼라로 만다린 칼라, 네루 칼라와 동의어이다.

차이니즈 칼라

차이니즈 트라우저즈(Chinese trousers)　중국인들이 보온을 위해 청색의 면을 누벼서 두껍게 만든 바지이다.

차이니즈 파자마(Chinese pajamas)　상의 길이는 힙까지 오며 양쪽 옆은 터지고 슬릿으로 되었으며, 만다린 칼라에 앞여밈은 장식 매듭단추로 된 투피스 형태의 파자마를 말한다. 바지는 직선의 일자바지로 되어 있고 새틴 옷감으로 많이 만들어지며, 여성들이 주로 입는다. 중국인들의 옷에서 유래하였다.

차이니즈 화이트(Chinese white)　중국산 자기에서 볼 수 있는 백색으로 회구(繪具)에서는 아연색이라고 불린다.

차콜 그레이(charcoal gray)　나뭇재에 보이는 흑에 가까운 매우 어두운 회색이다.

차키타(chaqueta)　미국 텍사스의 카우보이들이 많이 입었던, 가죽으로 만든 두꺼운 재킷을 가리킨다. 에스파냐어로 차키타는 재킷을 뜻한다.

차파라호스(chaparahos)　외부의 충격을 막기 위해 질긴 가죽이나 털로 바지 위에 덧입힌 2중의 바지를 말한다. 멕시코, 미국의 달라스 카우보이들이 주로 착용하였다.

차판(tchapan)　헐렁하게 걸치는 남자들의 긴 로브이다. 누빈 실크 또는 빨강, 오렌지색의 줄무늬가 있는 면직물로 만든 것으로 풍성한 소매가 달려 있다. 파키스탄에서 입었다.

착색 발염　발염한 부분에 새로운 색을 첨가하여 디자인 효과를 내는 날염법을 말한다.

착수(窄袖)　북방 유목민족 계통의 배래 부위가 좁은 소매의 의복을 말한다. 조선 시대에

는 광수(廣袖) 의복이 활동이 불편하여 착수로 고칠 것을 주장하여, 선조 때는 융복(戎服)을 착수로 바꾸었다. 고종 때에도 관복을 반령착수(盤領窄袖)로 했다.

착수삼(窄袖衫)　　착수 형태의 모피로 장식한 삼이다.

착척(着尺)　　일본의 화장착물(和裝着物)용의 직물(織物). 일반적으로 폭(幅)은 경9촌(鯨九寸 : 약 34.1cm). 길이 3장(三丈 : 약 11.36m)으로 한 필이 두루마리에 말리거나 개여 있는 일본의 옷감이다.

찬염전(攢染典)　　신라의 공장 중의 하나이다.

찰리 채플린 코트(Charlie Chaplin coat)　　풍성한 소매, 단추가 달린 넓은 소매 커프스, 큰 겉주머니가 달린 치수가 큰 듯한 발목까지 오는 헐렁한 코트이다. 파리 디자이너 클로드 몽타나가 1985년 춘하 컬렉션에서 소개하였다. 코미디언 찰리 채플린이 무성 영화에서 착용한 코트에서 이름이 유래하였다.

찰리 채플린 토(Charlie Chaplin toe)　　배우인 찰리 채플린의 상징처럼 보이는 구두로 구두의 앞부분이 넓고 큰 것이 특징이다. 파리의 디자이너인 앙드레 쿠레주의 1967년 봄 컬렉션에서 부각된 바 있다.

참 네크리스(charm necklace)　　금속의 장식이 정면 중앙에 부착된 목걸이로 하트, 동물, 스포츠 문양, 슬로건이나 이름 등을 조각한 것을 금이나 은의 줄에 걸어 착용한다. 열쇠, 전화기, 테니스 라켓, 롤러 스케이트, 연필 그리고 기타 장식물의 작은 플라스틱 모조품이 매달려 있는 소녀들의 플라스틱 줄 목걸이를 말한다.

참 링(charm ring)　　① 액운을 물리치는 기능을 한다고 믿는 반지를 말한다. 재해나 근심거리로부터 착용자를 지켜주는 부적의 기능을 가지고 있다고 믿는 반지이다. ② 체인을 연결하여 만든 가늘고 섬세한 반지를 참 링이라 부르기도 한다.

참 브레이슬릿(charm bracelet)　　원반형, 하트 등이 한 개 이상 부착된 금속 체인 팔찌를 말한다. 개인적인 의례나 행사를 기념하기 위

참 브레이슬릿

해 착용하며, 1940년대와 1950년대에 유행하였다.

참빗　　빗살이 아주 가늘고 촘촘한 직사각형의 빗으로 머리카락을 단정히 하거나 머리에 기름을 바를 때 또는 머리의 때나 비듬 등을 제거하기 위해 사용한다. 보통 대나무로 만들지만 대모를 사용하기도 한다.

참여 관찰(participant observation)　　참여 관찰에는 객관성, 전체주의, 자연주의의 세 가지 목적이 포함된다. 예를 들어 자연주의적 환경에서의 의복관찰은 개인이 새롭고 다른 환경에 들어가는 것보다 더 현실적이 될 수 있다.

참최(斬衰)　　상복의 일종으로 참최의 대상은 아버지와 큰 아들이며 기간은 3년이다. 재료로는 극추생마포(極麤生麻布)를 사용하며 옷의 가장자리를 꿰매지 않고 자른 그대로 놓아두어 시접을 밖으로 나오게 하여 슬픔의 극한 상태를 나타내며, 장식을 하지 않는다. 참최는 오복(五服) 중 가장 중복(重服)으로 상징적으로 나타낸 것이다.

창의(氅衣)　　조선 시대 사대부가 착용한 포(袍)로 소창의(小氅衣)라고도 한다. 소매가 좁고 길이가 그다지 길지 않으며, 무가 없이 양옆이 트여 아랫자락이 세 자락으로 갈라졌다. 집 안의 편복(便服)으로 입거나 대창의(大氅衣)·중치막(中致莫)의 밑옷으로 착용한다.

창조적 자아(creative power of the self)　　창조력이란 인간에게 작용하는 자극과 반응 사이에 존재하는 것으로서 인간은 유전과 경험이라는 자료에서 자신의 성격을 만든다는 주장이다.

창포 비녀[菖蒲簪]　　단옷날 부녀자가 사용하는 창포 부리를 깎아 만든 비녀로 비녀에 수복(壽福)이란 글씨를 새기고, 끝에 연지를 발라서 창포물에 머리를 감고 꽂는다.

채(綵)　　채색견직물(彩色絹織物). 채색문양직물(彩色文樣織物).

채도　　표색계에 보이는 3속성의 하나이다. 물체의 표면에서 등명도의 무채색에서 어느 정

도 떨어져 있는가 하는 지각의 속성을 척도
화한 것으로 색의 탁함, 칙칙함, 맑음, 투명
함의 정도를 나타내는 기준이다. PCCS시스
템에서는 각 색상에도 9단계에 있으며 JIS에
서는 색상에 의해 채도 단계의 계수 방식이
달라진다. 무채색에 가까운 것은 저채도, 순
색에 가까운 것은 고채도라고 말한다.

채전(彩氈)　고려(高麗) 때 공경(公卿)의 저택
에 바닥깔개로 사용되었던 것으로, 카펫의
일종이다.

채전(彩典)　신라의 공장 중의 하나로, 채칠
(彩漆)에 관한 것을 맡은 곳이다. 경덕왕(景
德王)이 전채서(典彩署)로 고쳤다가 후에 다
시 그대로 하였다.

채택(adopt)　한 개인이 특정 제품에 호의적인
반응을 갖게 되어 정규적 사용자가 되는 데
필요한 의사 결정을 의미한다.

채택 단계(adoption stage)　빌(Beal)과 로저
스(Rogers)의 구매의사결정 5단계 중 소비
자가 채택하여 구매를 하게 되는 마지막 5단
계를 말한다.

채택자(adoptor)　특정 제품에 호의적인 반응
을 갖고 수용 결정을 내린 사람이다.

채플렛(chaplet)　머리에 쓰는 둥그런 화환을
말한다. 네크리스와 비슷한 구슬 줄을 말한
다.

채플린 룩(Chaplin look)　어깨 멜빵이 달린
넓은 바지와 정장형의 테일러드 재킷에 높은
흑색 모자로 이루어진 영화배우 채플린의 의
상을 여성복에 도입한 턱시도풍의 스타일을
말한다.

채플 베일(chapel veil)　레이스나 면직의 얇
은 직물로 교회 안에서 예배를 드리는 동안
착용하는 작은 원형의 여성용 머리쓰개이다.
때로는 러플로 가장자리를 처리하기도 하며
채플 캡(chapel cap)이라고도 불린다.

채힐(彩纈)　방염기법(防染技法)으로 다채(多
彩)한 문양을 염색한 염직물이다.

책(幘)　상고 시대에 사용하던 두건(頭巾)형
의 관모로 두건보다는 조금 발달한 형태이
다. 안제(顔題)라 하여 책의 전면을 절식(截
飾)하였고, 상개(上蓋)가 없는 책의 상부에
건의 융기부를 책의 내연(內緣)으로 부가하
고 있다. 책건(幘巾)이라고도 한다.

챕스(chaps)　바지 위에 덧입는 것으로 힙부분
이 없고 다리 부분만 있는 바지이다. 가죽으
로 만들어 카우보이들이 착용한 데서 유래하
였으며, 1960년대 후반기에는 여성들에게
유행하였다. 에스파냐어로 벗겨진 양가죽이
라는 뜻의 차파레조(chaparejor)라는 단어를
줄여서 불렀다.

처네　조선 후기 서민층 부녀자들의 방한을 겸
한 내외용 쓰개로 작은 치마와 같이 네모진
폭에 맞주름을 깊게 잡아 허리에 끈을 단다.
밝은 자주·다홍색의 다듬이질한 명주에 솜
을 두어 만든다. 천의(薦衣)라고도 한다.

처네포대기　어린아이를 업을 때 두르는 누비
로 된 이불로 아래 너비를 넓게 만들어 아기
를 따스하게 해 준다. 자주색·남색으로 많
이 만들며, 곱게 수를 놓기도 한다.

처비 코트(chubby coat)　'토실토실 살이 찐'
이라는 의미를 지닌 말로 긴 털의 모피로 만
든, 목선이 없는 힙 길이의 코트를 말한다.
모피를 수축시킬 때 수직선의 방향으로 수축
시키는 방법을 썼으며 어깨는 패드를 많이
넣어 토실토실한 느낌을 주도록 했다. 1940
년대 여성들에게 유행했다.

처비 코트

처커 부츠(chukkar boots)　끈으로 여미며 길

처커 부츠

이가 발목까지 오는 부드러운 부츠로, 두꺼운 고무 구두창으로 되어 있으며, 주로 스웨이드 가죽으로 만든다. 데저트 부츠라고도 한다.

처커 셔트(chukker shirt)　칼라가 없이 목에 꼭 맞게 된 둥근 네크라인의 스포츠 셔트이다. 대개 흡수성이 좋은 부드러운 면으로 만들어진다. 폴로 셔트에도 이 스타일이 이용된다.

처커 셔트

처커 해트(chukkar hat)　폴로(polo) 선수들이 쓰는 모자에서 모방한 것으로 작은 챙이 있고 크라운이 둥근 모자로 영국 경찰들의 보비 해트와 비슷하다.

처케스카(czerkeska)　러시아의 코카서스 지역의 코사크 군인들이 입었던 무릎까지 오는 코트로 가슴 양쪽에 화약을 보관하기 위하여 여러 개의 상자 주름이 잡혀 있다. 일명 버카 코트(bourka coat)라고도 한다.

척(尺)　길이를 측정하는 기본 단위로 촌(寸)을 기준으로 한 10진위 단위명이며, 척도에 표시될 수 있는 최대한도의 단위이고, 길이의 표준원기(標準原器)의 길이이다. 1치의 10배, 1m의 3분의 1에 해당된다. 고려와 조선 초기에 1척은 32.12cm였으나, 한일합방과 더불어 곡척(曲尺)으로 바뀌어 33. 33cm로 통용된다.

천(fabrics)　옷감이 될 만한 재료를 총칭하는 말로 직물뿐 아니라 편성물, 펠트, 부직포를 비롯한 모든 피복 재료를 지칭하는 용어로 사용된다. 피륙이라고도 한다.

천(茜)　염료식물의 하나로, 적근과(赤根科)의 다년생만초(多年生蔓草)이다. 가을에 담황색 꽃이 피고 부리가 적색이며, 염료로는 부리가 사용된다. 적근을 건조시킨 것을 뜨거운 물로 염료를 삽출하여 회즙, 명반으로 매염하여 염색한다. 색소성분은 아리자린이다. 서양천과 동양천이 있으며, 적색염료로 보통 저녁노을과 같은 적색이다. 비(緋), 천비(淺緋), 훈(纁) 등이 천으로 염색된 색이다. 농담(濃淡)은 염색 횟수로 조절하는데 농색염에는 십수회의 염색을 한다.

천권(千卷)　포권(布卷)을 말하며 직기(織機)에서 제직된 직물을 감는 원통형 횡목(橫木)에 대한 일본의 명명이다.

천담복(淺淡服)　조신이 착용하던 엷은 옥색의 상복(喪服)으로 문무백관들이 상중(喪中)에 왕을 진현(進見)할 때 입는다.

천색(茜色)　천(茜)으로 염색한 황색을 띤 홍색(紅色), 비색(緋色)이 이에 속한다.

천수국수장(天壽國繡帳)　일본의 성덕태자(聖德太子)가 서거한 후 비(妃)의 청으로 태자의 명복을 축원하기 위하여 태자생전의 이상경구성(理想境構成)을 수국정토(壽國淨土)로 상상하여 구도(構圖)한 수장(繡張)이다. 고려의 가서익 외 3인의 회사(繪師)가 하회(下繪)를 그리고 소구마(素久麻)가 감독을 하여 제작됨으로써 이국적(異國的), 즉 한적(韓的) 이상경(理想境)의 풍미(風味)를 나타낸다. 자수는 성덕태자 가까이에서 시중들던 여인들에 의하여 이루어졌다고 한다. 그리하여 소인적(素人的)인 지(技)의 아름다움이 엿보이는 작품이기도 하다. 포지(布地)는 자라(紫羅)와 능(綾), 평견(平絹)이 사용되었고 수사(繡絲)는 흑(黑), 백(白), 적(赤), 청(靑), 황(黃), 녹(綠) 등 견사(絹絲)가 사용되었다.

천연 꼬임(convolution)　면섬유는 단세포로 되어 있어 현미경으로 보면 측면이 리본 모

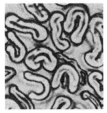

천연 꼬임

양으로 되어 전 길이에 걸쳐 천연 꼬임이 있다. 이를 컨벌루션이라고 하며, 이는 면섬유의 독특한 형태로서 면섬유에 좋은 방적성 및 탄력을 부여한다. 천연 꼬임은 섬유가 섬세할수록 그 수가 많으며, 방향은 일정하지 않고 좌연, 우연이 반반 정도이다.

천연 섬유(natural fiber)　섬유 중에서 천연 그대로의 상태에서 이미 섬유상으로 생산되어 비교적 간단한 물리적 조작에 의해 섬유로 이용할 수 있는 것으로, 크게 식물성 섬유인 셀룰로오스 섬유, 동물성 섬유인 단백질 섬유 그리고 무기질인 광물성 섬유로 구분된다.

천연 염료(natural dye)　곤충, 식물, 광물, 조개류 등에서 염료를 추출하여 얻는 것으로 1856년 합성 염료가 개발되기 이전까지는 천연 염료만이 쓰였으며, 오늘날에도 그 맥을 유지하는 것도 있다. 우리 나라에서는 특히 식물에서 추출한 천연 염료를 많이 사용하였는데, 쪽, 치자, 감에서 천연의 색을 얻었다. 쪽의 경우, 쪽을 밭에서 베어 이로부터 염료를 추출하고 발효시켜 염색하는 과정을 거치며, 전통 문화를 계승하는 사람들에 의해 그 아름다운 빛깔이 보존되고 있다.

천의(薦衣)　조선 말 개화기에 부인들이 사용하던 방한용, 내외용 쓰개이다. 자주, 다홍색의 명주에 솜을 두어 네모지게 만들어 머리에 쓰고 목 부위에서 끈을 묶는다. 처네라고도 한다.

천익(天翼)　천익은 철릭이나 접리(貼裏), 첩리(帖裏)라고도 한다. 조선 시대 문사(文士)의 편복(便服), 연복(燕服)의 상의(上衣), 조복(朝服)의 중의(中衣)로 사용했다. 선조대(宣祖代)에는 접리(貼裏)를 융복(戎服)으로 입었으며, 인조대(仁祖代)에는 공복(公服)으로 입기도 했다. 첩리 참조.

천축 목면(天竺木綿)　일본 목면(木綿)의 백생지(白生地), 경위(經緯) 20번수(番手) 정도의 면사(綿絲)로 경위사 밀도를 60×60 정도로 거의 같게 제직한 평직물이다. 일본생지면직물(日本生地綿織物)의 표준품으로 우리 나라의 광목과 같은 것이다.

천 측량(cloth measure)　천을 재는 데 사용되었던 척도이다. 단위에는 쿼터(quarter : 1/4 yard, 약 23cm), 엘(Ell : 영국의 1Ell은 45inch, 1.14m), 네일(nail : 고대 단위로 1nail은 1/16 yard, 약 5.7cm)이 있다.

철금(綴錦)　⇒ 철직

철릭　철릭은 한문으로 天益, 千翼, 天翼, 貼裏, 帖裏, 綴翼 등으로 표기하는데 상의하상(上衣下裳)을 연철시킨 옷이다. 이 중에서 왕(王)이 입은 철릭은 天益이라고 표기하고, 왕세자가 입은 철릭은 天翼 또는 帖裏라고 표기하였으며, 신하들이 입은 것은 帖裏, 貼裏, 帖裡, 千翼, 綴翼, 裰翼으로 표기했다. 천익 참조.

철직(綴織)　일본(日本)의 명명(命名)으로 철금(綴錦)이라고도 한다. 경사 아래의 대(台) 위에 실물 크기의 하회(下繪)를 놓고 거기에 맞추어 색사(色絲)를 적은 북으로 위입(緯入)하여 지(地)와 문(紋)을 평직으로 제직하는 변화평직이다. 위사가 포폭(布幅) 전폭(全幅)에 위입하지 않고 문양 부분에서만 오고 간다. 지와 문을 따로 제직하므로 인접(隣接)한 2색의 경계에는 경방향(經方向)으로 틈새가 생긴다. 중국에서는 케시[緙絲]라

천익

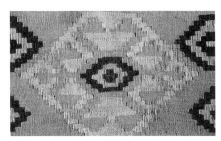

철직

고 한다. 이집트의 코푸트직, 프랑스의 코푸랑직도 같은 것이다.

첨가 중합(addition polymerization) 2중 결합 또는 3중 결합을 가진 분자에 다른 원자 또는 원자단이 결합하여 중합체를 얻는 반응을 첨가 중합이라 한다. 중합체 내에서 단량체와 단량체를 연결해 주는 것은 탄소와 탄소의 결합이며, 첨가 중합에 이용되는 합성 섬유 제조의 원료가 되는 단량체로는 올레핀, 아크릴로니트릴, 초산 비닐, 염화 비닐 등이 있다.

첨모직 ⇒ 파일직

첩리(帖裏) 철릭이라고도 하며 상의와 하의를 따로 구성하여 허리에 연결시킨 형태의 포(袍)이다. 즉 상의와 주름잡은 치마를 허리에서 연결시킨 직령교임(直領交衽)의 특수 형태이다. 조선 초에는 여러 계층에서 다양한 용도로 착용되었고, 널리 보편화되었다. 무관의 공복(公服) 및 교외 거동 때 시위복(侍衛服)으로 가장 널리 착용했다. 철릭·접리(貼裏)·천익(天益·天翼·千翼)·철익(綴翼·裰翼)이라고 한다.

첩연(疊緣) 일본의 다다미(たたみ) 방바닥에 까는 두꺼운 자리의 연(緣)으로 양면연(兩面緣), 자연(紫緣), 황연(黃緣)과 고려연(高麗緣)이 있다. 고려연은 일본에서 백지(白地)에 화문(花紋)을 흑색(黑色)으로 제작한 것으로 대문(大文), 소문(小文)이 있다. 대문은 신왕(新王)·대신(大臣)이, 소문은 대거(大巨) 이하가 사용하였다.

첩지 머리를 치장하는 장신구인 수식(首飾)의 일종으로 상류 계층 여인들의 예장시나 궁중에서 평상시에 가리마 위에 장식한 것이다. 길이는 5.5~6cm이며 머리 부분과 긴 부분으로 되었으며 머리 부분에는 용, 봉황, 개구리 모양이 조각되어 있다.

첩포(艷布) 면포(綿布)를 말한다.

청금(靑錦) 금(錦)의 일종으로 《당서(唐書)》에 백제의 왕이 청금고(靑錦袴)를 입었다고 전한다.

청금고(靑錦袴) 청색 비단으로 만든 바지로

백제의 왕이 자주색의 넓은 포(袍)와 함께 입었던 바지이다.

청남(靑藍) 남(藍)의 주성분인 인디고를 뜻한다.

청룡(靑籠) 고대 중국의 사신(四神)의 하나로 동방(東方)을 돕고 지키는 신이다.

청삼승(靑三升) 개항 이후에 우리 나라에서 사용된 남염소폭면(藍染小幅綿)의 상등품으로 조선산, 일본산이 있었다.

청색(靑色) 순색에 백 또는 흑을 섞으면 각각 순색보다도 명도가 높거나 낮아지지만, 회색이 섞이지 않은 경우 탁하다거나 칙칙한 느낌이 없고 투명한 뉘앙스를 갖기 때문에 청색이라고 한다. 맑다는 의미의 청색은 등색 상면의 외측에 배열시킨 명도가 높은 것을 명청색, 낮은 것을 암청색이라고 부르기도 한다.

청석(靑舃) 심청색(深靑色) 공단으로 만든 신이다. 왕비·동궁비가 적의(翟衣)를 입을 때 신었던 신으로 청석(靑舃)의 코에는 보라색 술 장식이 달렸으며, 콧날 위를 보라색 실로 곱게 감침질하여 수놓았다.

청염장(靑染匠) 조선 시대의 경공장(京工匠)에 소속된 염색 공장이다.

청저(靑紵) 저마의 정제품(精製品)으로 청미(靑味)가 도는 상품(上品)에 대한 일본의 명명이다.

청초의(靑綃衣) 조선 시대 1품~9품관이 입던 푸른색의 초로 만든 제복(祭服)이다. 깃·도련·소매끝에는 청색이나 흑색의 선(線)을 두르며 양옆을 튼다. 목에는 방심곡령(方心曲領)을 두르고, 속에는 흰색 중단(中單)을 입는다.

청키 슈즈(chunky shoes) 두꺼운 가죽으로 앞을 둥글게 만든 구두이다. 가끔 두꺼운 플랫폼 구두창이나 힐을 붙이기도 하며, 1960년대와 1970년대 젊은층에서 유행하였다.

청키 힐(chunky heel) 넓이가 과장된 구두굽으로 1960년대 말과 1970년대 초에 잠시 유행하였다. 구두의 높이는 높거나 중간이다.

청포(靑布) 《한원(翰苑)》에 고구려에서 청포

청키 힐

를 짠다고 하였다. 신라의 김춘추가 고구려의 사절로 갈 때 신라의 대매현(代買懸) 고을에서 청포 3백보를 주었다고 《삼국사기(三國史記)》에 전한다. 고려에서는 군복(軍服)에 사용되었다는 기록이 《고려도경》에 나타나 있다. 우리 나라의 각지에서 많이 제직된 포이다.

청포전(青布塵)   육주비전(六注比塵)의 하나로 화포(花布), 홍포(紅布), 전(氈), 담욕(毯褥), 담모자(毯帽子) 등을 파는 포전이다.

청해파문(青海波紋)   파문을 기하학적으로 나타낸 문양(紋樣)이다. 우리 나라에서는 어전(御前)의 병풍문에 많이 나타나 있다. 중국과 일본에서는 의복문(衣服紋)으로 많이 사용되고 있다.

체비엇(Cheviot)   잉글랜드와 스코틀랜드 경계의 체비엇 힐즈 주변을 원산지로 하는 양모에서 얻은 직물을 말한다. 평직 또는 능직으로 제직하는데 서지와 비슷하지만 광택이 없고 조직은 트위드와 비슷하며 표면에 거친 냅(nap)을 가지는 방모 직물 또는 소모 직물을 가리키는 말이다. 주름이 생기지 않고 입었을 때 늘어나지 않아 재킷, 코트, 신사복 등에 사용된다. 오늘날에는 스펀사, 합성 섬유, 양모 혼방, 교배된 양모 섬유, 재생모 등 값싸게 만든 직물도 포함한다.

체스넛 브라운(chestnut brown)   밤껍질 색으로 적과 황을 띤 엷은 갈색을 말한다.

체스 보드(chess board)   다리미대의 일종으로, 장기에서의 말과 같은 형상으로 진동둘레의 시접을 나누어 다림질할 때 사용한다.

체스터필드 코트(chesterfield coat)   스탠드 칼라를 젖히면 노치트 칼라가 되는 약간 맞는 듯한 직선의 테일러드 코트로 처음에는 앞여밈이 싱글이었으나 그 후에 더블로도 만들어졌다. 검은 벨벳 칼라를 다는 경우가 많으며 남녀 모두 입는다. 때로는 어깨에 한 자락이 덧달리는 경우도 있다. 1830~1840년대의 패션의 리더였던 체스터필드 백작 6세가 최초로 입은 데서 이름이 유래하였다. 1920년대 후반에서 1940년대 후반에 유행하

였고 그 후에도 계속 많이 이용되고 있다.

체스터필드 코트

체인 네크리스(chain necklace)   보석이나 모조석이 산발적으로 연결된 금속 체인의 목걸이로 길이는 긴 것에서 짧은 것까지 다양하다. 긴 것은 목걸이로 목 주위를 여러 번 둘러서 착용하기도 한다. 16세기에는 간혹 사용되었으며, 1960년대와 1980년대에 매우 유행하였다.

체인드 페더 스티치(chained feather stitch)   체인 스티치를 한 다음 직선으로 꽂아가는 자수 방법이다.

체인드 페더 스티치

체인 벨트(chain belt)   주로 금속 체인으로 만들어진 벨트를 말한다.

체인 브레이슬릿(chain bracelet)   체인으로 이루어진 팔찌로 넓이는 다양하다.

체인 스모킹(chain smocking)   체인 스티치를 하면서 실을 당겨 스모킹을 한다.

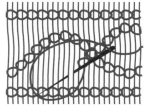

체인 스모킹

체인 스티치(chain stitch)　물방울 모양의 고리가 연속되게 하는 수법으로, 굵기는 실의 굵기와 실을 당기는 정도를 달리 하여 조절할 수 있으며, 너무 잡아당기면 사슬 모양의 효과가 없어진다. 이 스티치는 선을 그리거나 면을 메우는 데 이용된다. 레일웨이 스티치, 피코 스티치(picot stitch)라고도 한다.

체인저블 이어링(changeable earring)　금속 원형이나 플라스틱 원판이 서로 교환될 수 있는 귀고리를 말한다.

체인지 퍼스(change purse)　주로 동전을 넣어 다니는 지갑으로 딱딱한 것과 지퍼가 있는 부드러운 것이 있다.

체인지 포켓(change pocket)　표나 동전을 넣어 두는 포켓이다. 티켓 포켓과 같은 종류로서 우측의 사이드 포켓의 안쪽에 작은 주머니를 만들어 넣는 경우를 말한다.

체커드 체인 스티치(chequered chain stitch)　하나의 바늘에 색이 다른 두 개의 실을 끼워서, 우선 1개의 실을 바늘에 걸어 체인 스티치를 하고, 다음에 다른 실로 같은 모양의 체인 스티치를 하여 표면에는 실이 각각 상호 번갈아 나타나게 한다. 구멍의 크기가 균일하도록 주의한다. 레시프로시티 스티치, 매직 체인 스티치라고도 한다.

체커드 체인 스티치

체커보드 체크(checkerboard check)　체커보드는 체크와 체스(chess)로 사용하는 적·흑 또는 백·흑 교대로 64개가 있는 바둑판으로 이것과 닮은 체크 무늬를 말한다. 단순히 체커보드라고 부르기도 하며, 체스보드 체크라고도 부른다.

체커보드 호즈(checkerboard hose)　서양 바둑판의 문양처럼 네모진 문양이 조직의 투명하고 불투명한 재질감에 의해 표현되기도 하고 두 가지의 색으로 표현되기도 하는 호즈를 말한다.

체코슬로바키안 엠브로이더리(Czechoslovaki-an embroidery)　기하학적 디자인의 리넨에 밝은 색상의 면사, 명주사, 모사로 자수하며 카우칭 스티치나 그려진 패턴을 사용하는 것을 말한다.

체크(check)　일정한 크기의 격자 문양을 말하는 것으로, 프린트나 직조에 의해 만들어질 수 있다.

체크보드(checkboard)　흑백 또는 빨강과 검정의 격자 무늬가 번갈아 배열되어 있는 문양으로 체스에 쓰이는 판과 유사한 모양이다.

첼시 칼라(chelsea collar)　목선의 모양이 낮게 파이고 V 네크라인과 같은 모양의 끝이 뾰족한 플랫 칼라이다. 1960년대 후반에 유행하였다.

첼시 칼라

초(綃)　생견평직물(生絹平織物)의 일종이다.

초가(choga)　허리 위에서 몇 개의 루프를 여미는 무릎 길이의 오버코트로 면이나 브로케이드, 캐시미어로 만든다. 인도의 회교도 남자들이 입었다.

초구(貂裘)　담비의 모피로 만든 갖옷이다. 저고리 위에 덧입는 것으로 저고리보다 소매도 길고 품이 넉넉하다. 조선 시대 양반층의 남녀가 겨울에 방한용으로 입었다.

초기 사춘기(early adolescent)　육체적으로나 정서적으로 성적 특징이 시작되어 굉장한 변화를 보이는 시기(12~15세)이다.

초기 채택자(early adopter)　신제품의 도입 초기에 수용 결정을 내린 패션 리더를 말한다.

초기 탄성률(initial modulus)　섬유의 강신도 곡선에서 모든 섬유는 원점 부분에서는 하중과 신도가 비례하여 직선을 이루는데, 이 신장의 초기에 있어서 신장률과 하중의 비, 즉 원점에서 강신도 곡선이 이루는 각의 탄젠트를 초기 탄성률이라고 하며, 이는 섬유의 강연성(stiffness)을 나타낸다. 마, 면 등은 초기 탄성률이 큰 강직한 섬유인 데 비해 양모, 나일론 등은 초기 탄성률이 작은 유연한 섬유이다.

초두 효과(primacy effect)　먼저 주어진 특질에 대한 정보가 뒤에 오는 것보다 훨씬 우세하다는 이론이다.

초록색(草綠色)　푸른색과 누런색의 중간색으로 조선 시대 당의(唐衣)·단령(團領)·도포(道袍)·장의(長衣) 등에 많이 사용되었다. 역사적 기록을 보면, 세종(世宗) 22년에는 관리에게 초록색 옷을 입는 것을 허락하였으며 중종(中宗) 23년에는 진초록의 염색 금지령을 내린 적도 있다.

초립(草笠)　나이가 어린 남자로서 관례(冠禮)를 치른 사람이 쓰던 갓으로 누런 빛깔의 가는 대를 엮어 만든다. 위는 좁고 아래가 넓은 원통형의 모옥(帽屋)과 원형의 양태(凉太)로 되어 있으며 모정(帽頂)이 평평한 형태로, 패랭이에서 흑립(黑笠)으로 이행하는 중간형이다.

초사(蕉紗)　중국의 파초포(芭蕉布)이다.

초커(choker)　① 목덜미 주위에 밀착되도록 착용하는 목걸이로, 하나의 주된 장식 구슬을 부착하거나 스웨이드나 리본 밴드를 사용하는 등 다양한 소재가 사용된다. 개목걸이 형태라 할 수 있으며 1930년대와 1960년대에 유행하였다. ② 목에 꼭 맞고 높게 세운 밴드가 달린 칼라로, 거의 턱까지 닿고 뒤에서 여미게 만들며, 때로 레이스나 비치는 천을 사용하여 만들기도 하고 안에 심을 넣어 빳빳하게 하거나 좁은 러플 장식을 가장자리에 달기도 한다. 1890년에서 1910년까지 유행하였으며, 1960년대 중반기와 1980년대에 다시 유행하였다. 빅토리안 칼라(Victorian collar)라고 부르기도 한다.

초커 네크라인(choker neckline)　뒤편에 단추가 달리고 목에 붙게 높게 선 네크라인으로

1895년부터 1910년 깁슨 걸 블라우스에서 유래하였고 1968년부터 1980년대에 다시 유행하였다. 초커 칼라라고도 불린다.

초커 네크라인

초콜릿 브라운(chocolate brown)　갈색 또는 밤색으로 초콜릿에서 볼 수 있는 짙은 색의 갈색을 말한다.

초크(chalk)　양재에서 천에 패턴을 옮겨 표시할 때 사용하는 도구로, 테일러스 초크(tailors chalk), 프렌치 초크(French chalk)라고도 한다. 시침질을 하기 전에 먼저 초크로 시침 부위를 표시할 때 주로 사용한다. 색은 흰색이 많고, 그 외 빨간색, 파란색, 분홍색, 노란색 등의 여러 종류가 있어 옷감과 구별되기 쉬운 색을 사용한다. 사용 목적을 다한 후에는 쉽게 지워 버릴 수 있는 것이 좋은 초크이며 재료로 주로 쓰이는 원석이 있다. 초로 된 초크도 있는데, 이 초크는 털어서 잘 지워지지 않지만 열에 의해 녹는 것이 특징이다.

초크 마크 가공 패브릭(chalk mark finished fabric)　직물 표면을 파라핀으로 처리하여 발수효과와 함께 긁힌 자국(chalk mark)이 나타나도록 한 것이다. 이 긁힌 자국은 다림질 등의 열에 의해 제거되며 주로 아동복, 재킷, 바지 등에 사용된다.

초크 스트라이프(chalk stripe)　분필로 그린 것처럼 보이는 흰색의 줄무늬를 말한다.

초크 펜슬(chalk pencil)　천에 표시할 때 쓰이는 초크를 연필 모양으로 만든 것으로, 손에 초크가 묻지 않는다는 장점이 있다.

초피(貂皮)　돼지 가죽을 말하는 것으로 부여인들이 사용한 사실이 《삼국사기(三國史記)》에 전한다. 조선 시대에는 초피가 대전(大殿), 세손궁(世孫宮)의 모자 재료로 사용된 것이 《상방정례(尙方定例)》, 《도지정례(度支定例)》에 전한다.

초커

촐리

초핀(chopine) 나무나 코르크로 만든 나막신으로 가죽으로 덮여 있으며, 높이가 18인치나 될 때도 있다. 원형으로 사용되거나 신발 위에 덧신는 신으로 사용되기도 한다. 16~17세기에 착용하였다.

초화문(草花紋) 식물문의 일종으로 꽃, 잎, 줄기 등을 문양화한 것이다. 지역에 따라서 초화의 종류가 다르다.

촉금(蜀錦) 일반적으로 중국의 한(漢)에서 삼국 시대의 촉부(蜀部), 곧 오늘날의 사천성 도(四川成都) 일대에서 제직된 금의 통칭으로 알려져 있다. 촉강금(蜀江錦)이라고도 한다. 붉은색을 주조로 하는 금이다. 그러나 《촉금보(蜀錦譜)》에는 문양과 색이 다양한 많은 금명(錦名)이 있어 그 종류가 많았던 것으로 나타난다.

촐리(choli, cholee) 힌두교도 여성이 착용하는 짧은 소매의 블라우스이다. 가슴 바로 밑까지 오는 길이로 목선은 깊고 넓다. 주로 목면으로 만들며 사리와 함께 입는다. 파리에서 일어난 인도붐과 함께 이러한 인도풍의 민속 의상이 컬렉션에도 많이 등장하였으며 1960년대 후반에 미국에서 유행하였다. 복부를 노출시키는 것이 유행이었던 1968년경 인도의 힌두교 여성들이 널리 착용하였다.

총삼(cheongsam) 높게 선 만다린 칼라와 짧은 소매에 스커트의 한쪽 또는 양쪽 옆선이 많이 터져 있는 모던한 중국 드레스이다. 베트남에서는 드레스 속에 긴 바지를 받쳐 입는다.

최(衰) 상복(喪服) 시에 왼쪽 가슴에 다는 천 조각으로 효자가 비애를 억누른다는 의미를 지녔다. 베를 사용하여 길이 6촌, 넓이 4촌의 크기로 만든다.

최소 재고 조절(minimum stock control) 선결된 최소량에 따라 주요 상품을 재주문하는 방법으로 상품이 최소량이 될 때 최초의 주문량만큼 다시 구입된다.

최신 유행(high fashion) 유행주기의 소개단계에서 유행 지도자들에 의해서 채택된 새로운 영감의 근원이 될 만한 스타일이나 디자인을 뜻한다.

최활 활처럼 가는 나무 양쪽 끝에다 쇠꼬챙이를 끼워 만든 것으로 직조시 짜여진 포목의 양쪽에 버팀대를 질러 폭이 좁아지지 않도록 하며, 가로 넓이를 지켜 주고, 양쪽 가장자리를 자른 것 같이 깨끗하게 만들어 준다. 방언으로는 쳇발, 최발, 쳇둥 등이 있다.

추결(椎結) 상대 사회의 상투를 트는 방법을 말한다. 상투의 모양이 추(椎)와 같다고 하여 추계라 하며, 우리 나라에서는 고구려 고분 벽화인 감신총(龕神塚)에서 찾아볼 수 있다. 추계(椎髻)라고도 한다.

추라(秋羅) 개항기에 3매능직(三枚綾織)으로 제직하여 려(絽)와 같이 보이나 익직물(搦織物)이 아니다.

추리다스(choori－dars) 윗부분은 풍성하고 밑으로 내려오면서 꼭 맞도록 된 길이가 긴 바지이다. 1960년대부터 입기 시작하여 1980년대에 더욱 유행하였으며, 인도에서 입었던 바지 스타일에서 이름이 유래하였다.

추사(抽絲) 실 켜는 것을 말한다.

추상 무늬(abstract pattern) 사물이나 기하학적 도형이 아닌 전혀 비구상적인 문양으로 도안 작성자의 창조적인 작업을 통해 만들어진 날염 무늬로, 구성적인 사물을 변형시키거나 관념적인 것을 형상화한 것 등이 있다.

추포(麤布) 굵은 실로 제직된 포로 3승(三升) 정도의 포를 말한다.

축면(縮緬) 강연사(强撚絲)로 제직하여 포면(布面)에 요철이 나타나 있는 직물을 말한다.

축면사(crepe yarn) 실의 꼬임이 약 3000t.p.m. 이하인 꼬임이 많은 실을 의미한다. 축연사를 경사나 위사 중의 한쪽에만 사용해서 짠 천을 쭈글쭈글해지도록 끝손질을 한 천을 크레이프라고 한다.

축면직 ⇒ 크레이프직

축융성(felting) 양모의 표피 세포층인 스케일이 기계적 마찰, 열, 알칼리, 수분 등에 의해서 서로 얽혀 수축하는 현상을 말한다. 펠트 직물을 만들 때 꼭 필요한 성능이다.

축합 중합(condensation polymerization) 2 분자가 결합시 물, 알코올 등 간단한 분자를 분리하면서 결합하는 반응을 축합이라고 하며, 이와 같은 축합에 의해 중합체를 얻는 반응을 축합 중합이라고 한다.

충동 제품(impulse merchandise) 고객이 상품을 구입하기 전에 계획을 세우지 않고 순간적으로 구입하는 상품의 목록이다. 대상은 가격이 싸고 취미성이 강한 것이 많고 이는 매장의 디스플레이, 쇼, 광고 등에 따라서 이루어진다.

취득 욕구 사회심리학자들은 소비하는 물건을 통해서 자신을 표현하려는 인간욕구로서 취득욕구에 대해 기술하였는데, 갈망하는 물질의 소유가 사회에서 종종 가치가 있다고 여겨진다.

취향(taste) 무엇이 매력적이고 적절한가, 적절하지 않은가를 식별할 수 있는 능력을 말한다. 개인의 주관적 판단이기 때문에 그 기준은 보편적인 것이 못되며 개인에 따라 다를 수 있다.

츄디다 파자마(chudidar pajamas) 위쪽이 풍성하고 밑이 좁아져서 꼭 맞는 승마 바지로 조드퍼즈와 유사한 팬츠이다. 인도의 모하메드 여인들이 입었던 바지이다.

치노(chino) ① 평직 또는 능직으로 짠 광택 있고 튼튼한 면직물로 여름철 유니폼과 운동복으로 널리 이용된다. ② 질긴 면인 치노 옷감으로 만든 남성들의 스포츠용 바지로, 대개 카키색으로 만들며 1950년대와 1960년대 초반기에 학교에서 또는 스포츠용으로 많이 입었다. 제1차 세계대전 전부터 중국에서 옷감을 구입하여 여름철 군복 옷감으로 이용한 데서 유래하였다.

치리파(chiripa) 인디언의 웃옷으로 허리와 다리 주위를 담요로 둘러서 만들었다. 칠레나 남아메리카의 목동 가우초, 카우보이들이 입었다.

치마[赤亇] 저고리와 함께 입는 여자의 하의(下衣)로 폭을 붙이고 주름을 잡아 허리에 달아 가슴 부위에서 매어 입는다. 옛 문헌에는 상(裳)·군(裙)으로 표현되어 왔다. 치마는 바느질법에 따라 홑치마·겹치마로 구분되며, 긴치마, 짧은 통치마 등이 있다.

치자(梔子) 치자나무 열매로 열매에서 염료를 삽출하여 노란물을 들인다. 명주에 물들여 수의로도 사용한다. 홍화(紅花)와 같이 써서 적색을 띤 황색염에도 사용된다.

치즈(cheese) 작업과 수송의 편의를 위해 정방기에서 얻은 여러 개의 목관의 실을 이어 감는 공정을 권사라고 하는데, 이 권사 공정에서 목관이나 지관에 원통상으로 감은 제품을 치즈라고 한다. 치즈 외에 콘 제품도 있다.

치즈 클로스(cheese cloth) 거즈와 유사한 직물로 밀도를 성글게 제직한 평직물로, 치즈, 버터, 육류 등의 포장에 사용된다.

치즐(chisel) 단춧구멍을 만들 때 사용하며, 버튼홀 커터(buttonhole cutter)라고도 한다.

치크 래퍼즈(cheek wrappers) 18세기 후반에 여성들이 잠잘 때 착용한 모자나 프렌치 나이트 캡의 귀싸개를 말한다.

치타(cheetah) 표범의 일종으로, 전신이 황색 바탕에 둥글고 검은 무늬가 있어 표범과 비슷하나 표범은 검은 무늬가 고리형인데 비해 치타는 둥근 것이 특징이다. 고급품의 캐주얼한 코트나 재킷에 쓰인다.

치터링즈(chitterlings) 18세기 말부터 19세기 중엽까지 유행된 레이스 주름으로 남자 셔츠의 앞을 장식한 것이다.

치파오

치파오[旗袍] 청나라 말기부터 입기 시작한 것으로 비단에 수를 놓은 것이 많았다. 태평천국(太平天國)과 중화민국(中華民國)을 거쳐 현재까지도 민속복으로 입고 있다.

치포관(緇布冠) 조선 시대 유생(儒生)들이 평거(平居)시에 쓰던 관이다. 검은 베로 상투를 쌀 정도의 크기로 만들어 쓴 관이다.

친 밴드(chin band) 모자를 고정시키기 위한 것으로, 보통 뺨을 지나 턱에서 묶기 때문에 이러한 이름이 붙었다.

친잠례(親蠶禮) 양잠의 신에게 제사지내는 예로 조선 태종 때에 시작되었다고 한다. 친잠례는 궁중에서 중전, 세자빈이 친히 거행하였다.

친츠(chintz) 친츠란 힌두어의 '스포티드(spotted)'란 의미이며, 평직인 면직물에 정련·표백·염색 후 방축 및 방추 가공을 하고, 전분이나 수지 처리 후 캘린더로 광택을 낸 문양염직물의 일종이다. 사라사(sarasa)라고도 한다. 일본에서는 사라사를 음역(音譯)하여 갱사(更紗)라 하고, 중국에서는 인화포(印華布)라고 한다. 우리 나라에서는 조선 시대에 일본에서 반병위갱사(半兵衛更紗)라고 하는 염직물의 기법이 일본에 전파된 사실이 있다. 주로 밝은 색의 꽃무늬로 날염한 것이 많으며, 커튼, 가구용 천, 쿠션 등에 이용된다.

친츠 가공(chintz finish) 면직물을 정련, 표백, 염색 후 방축 또는 방수 가공을 하고 수지나 전분 처리 후 캘린더로 광택을 내는 것을 말한다.

친칠라(chinchilla) 남아메리카 안데스 산맥이 주산지인 다람쥐의 모피를 말한다. 털의 길이는 2~4cm 정도이고 털색은 짙은 청회색이다. 모피는 실크와 같이 섬세하며 부드럽고 매우 값이 비싸며 드레시한 취향이 있다.

친 칼라(chin collar) 턱이 가려질 정도로 높게 세운 칼라이다. 주로 겨울 코트에 모피 등을 사용하여 만든다.

친 클로크(chin cloak) 1535~1660년경 머플러나 스카프의 동의어로 쓰이던 말로, 친 클로스(chin cloth)라고도 한다.

칠보문(七寶紋) 일곱 가지의 길상문. 보문은 불교적, 도교적 영향으로 이루어져서 우리 나라, 중국, 일본에서 직물(織物), 의복(服飾), 기타 기물(器物)에 사용되었다. 보문의 내용은 지역에 따라 다르나 문화의 교류로 지역에 관계 없이 혼용(混用)되기도 한 것으로 나타난다. 산호 등이 있고 《법화경(法華經)》에는 금, 은, 마노, 유리, 진주 등이 있다. 전륜성왕(轉輪聖王)이 가지고 있는 칠보에는 윤보(輪寶), 상보(象寶), 마보(馬寶), 여의주보(如意珠寶), 여보(女寶), 장보(將寶), 주장신보(主藏臣寶) 등이 있는데, 우리 나라에서는 이와 같은 것이 많이 사용되었다. 중국에서는 팔보문(八寶紋)을 즐겨 사용한다. 칠보란 반드시 일곱 가지가 한꺼번에 시문되는 것이 아니고 그 중에서 필요한 것을 선택적으로 시문하는 것이 조선 시대의 보문단(寶紋緞)에 나타나 있다.

칠보수(七寶繡) 칠보 문양을 표현하는 수법으로 주로 세 가지 방법이 사용된다. 실 사이를 1올만큼 띈 2선으로 사선 격자를 만든 후 교차점을 +자로 징거 주고, 격자로 꾸민 2선 중 안쪽선을 각 변에서 0.1cm 정도 안으로 당겨 ×자로 고정시킨 후 ×의 중심을 작은 +자로 고정한다. 그런 다음 벌어진 공간에 1땀씩 건넘수를 한다. 실 사이를 1올만큼 띈 2선으로 직선 격자를 만든 후 교차점을 ×자로 징거주고 안쪽의 선을 약간 당겨서 3등분되는 두 곳을 징그고 그 중심의 공간에 사각형을 돌려 수놓는다.

칠사(漆紗) 평직(平織)으로 성글게 짜서 흑색 칠을 하여 빳빳하게 된 직물이다. 모자사(帽子紗), 방공사(方空紗)로 명명된 것으로 우리 나라에서 많이 만들어져 교역품으로 사용되었다. 평양 교외의 낙랑 지역의 유적에서 발굴되었다. 국립중앙박물관에 그 유품이 있다.

칠족항라 여직물(絽織物)의 평직 부분의 경위사가 일곱 번 조직되어 된 항라를 말한다.

칠직(七織)**의 장**(張)   일본의 긴메이제[欽明帝] 23년에 고구려의 궁전으로부터 칠직(七織)의 장(張)과 오색번(五色幡)을 가져갔다고 한다. 칠직의 장은 칠채금(七彩錦)으로 된 것으로 극도로 정교한 제직기술로 제직된 금(錦)으로 본다.

침낭(針囊)   바늘집을 말하는 것으로 바늘을 넣어 보관하는 주머니이다. 흑각·은·백동으로 만든 것, 비단에 자수를 놓은 것, 은에 칠보를 입힌 것 등이 있다. 침낭은 뚜껑의 구실을 하는 윗부분과 머리카락을 넣고 바늘을 꽂아 두는 아랫부분으로 나뉘며 술과 매듭을 연결한다. 실용적인 효과와 장식적인 효과를 겸비한다.

침염(dyeing)   염료를 물에 녹여 직물을 담금으로써 색을 내는 방법을 말한다. 요즈음은 용제를 사용하거나 거품을 쓰기도 한다. 이에 반해 안료를 사용하여 색을 넣거나 무늬를 내는 방법을 날염이라고 한다.

침의(寢衣)   잠잘 때 착용하는 의복으로 자리옷이라고도 한다.

침입(sink)   경위사를 교차시킬 때 경사가 위사 아래로 내려가는 것을 말한다. 경사가 위사 위로 올라가는 경우를 부출(float)이라고 한다.

칩(chip)   ① 혼합 다이아몬드에 대한 용어로 작은 장미 모양의 다이아몬드 또는 불규칙한 모양의 다이아몬드를 말한다. ② 큰 다이아몬드의 가장자리가 파손된 부분을 표현하는 용어이다.

카고 쇼츠

카고 쇼츠(cargo shorts) 캠프 쇼츠와 흡사한 대퇴부 길이의 반바지이다. 앞에는 커다란 패치 포켓이 있고 뒤에는 단추 장식과 함께 커다란 박스 플리츠 포켓이 달려 있다. 거의 바지 밑단까지 닿을 정도로 크게 만들어지기도 하는 포켓은 상단부가 벨트 고리의 역할을 할 수 있도록 루프로 되어 허리 끝까지 연결되어 있다.

카고 팬츠(cargo pants) 화물선의 승무원이 작업용으로 입는 팬츠이다. 대개 커다란 뚜껑이 달린 패치 포켓이 양쪽 앞에 있고 벨트 고리 사이로 벨트가 지나가게 되어 있으며 금속 버클이 달려 있다.

카나디엔(canadienne) 1940년대 파리에서 디자인된 힙 길이의 여성용 코트로, 더블 브레스티드에 벨트가 달려 있으며 캐나다 병사들이 입었던 코트에서 유래하였다.

카나르 블루(canard blue) 카나르는 프랑스어로 오리를 뜻하는 말로, 오리에 보이는 파랑색을 뜻한다. 매우 아름답고 밝은 푸른색으로 쇼킹 핑크나 자색 등과 같이 선명한 색의 하나이며 검은색과 대비를 함으로써 악센트 컬러로 사용되기도 한다.

카나리 다이아몬드(canary diamond) 완전한 노란빛의 환상적인 다이아몬드의 총칭이다. 노란색을 착색한 것이 아니고 천연의 노란색 다이아몬드는 희귀하고 비싸다. 티파니 다이아몬드 참조.

카나리 브리치즈(canary breeches) 카나리 새와 같은 색인 연한 불그스레한 황색의 옷감으로 된 승마복 바지를 가리킨다.

카나리 옐로(canary yellow) 카나리 새의 날개에서 보이는 약간 녹색 기미와 밝은 회색이 가미된 황색을 말한다.

카나비 드레스(Carnaby dress) 백색의 큰 칼라가 달리고 벨트가 없으며 색배합이 괴상하게 된 간단한 드레스이다. 1960년대 영국 런던에서 유별난 복장을 한 10대 젊은이 모드족들의 모드(Mode, Moden) 패션이 유행했던 카나비 거리에서 이름을 따서 명명하였다.

카나비 스트리트(Carnaby street) 현재 패션계를 통해 알려진 이 거리는 1965~1966년에 '현대 의상 패션과 스타일'이 들어오게 됨으로써 한층 더 유명하게 되었다. 이 거리의 길이는 두 블록에 불과하지만 런던의 서쪽에 위치한 유명한 새빌 거리(Savile Row)만큼 잘 알려져 있다. 나팔바지, 데님, 화려한 밀리터리풍의 재킷과 꽃무늬 프린트 셔트, 좁은 바지, 미니 스커트 등이 대표적이다. 특이한 날염을 해서 야성적으로 보이게 한 셔트, 야성적인 색깔로 된 스카프, 부츠 그리고 몇 종류의 재킷과 같은 품목들이 비틀즈(Beatles)와 카나비 스트리트를 통해 소개되었다. 1870년 프랑스와 러시아의 전쟁 이후 최근 100년 동안에 남성 의복에서 처음으로 진정한 변화가 있었는데, 여기에는 카 나비 스트리트의 영향력이 컸다.

카나비 스트리트 룩(Carnaby street look) 카 나비 스트리트 참조.

카나비 칼라(Carnaby collar) 끝이 둥글고 색 상이나 무늬를 조화시켜 만든 칼라이다. 1960년대 중반기에 물방울 무늬의 셔츠에 흰색으로 매치시켜 사용되었다. 런던의 카나 비 스트리트(Carnaby street)에서 유래하였 다.

카나비 캡(Carnaby cap) ⇒ 뉴스보이 캡

카낙 면(karnak cotton) 이집트에서 가장 널 리 재배되고 있는 품종으로서 사켈면과 비슷 한 섬유장을 지니며, 순백색을 얻기 위해서 충분한 표백을 필요로 한다.

카네기, 하티(Carnegie, Hattie 1889~1956) 오스트리아 빈 출생으로 미국 뉴욕으로 이민 을 가서 여생을 마쳤다. 15세 때 뉴욕의 머 시 백화점에서 모자 장식하는 일을 시작하였 고, 1909년 자신의 모자 가게를 열고 옷을 생산하였다. 그녀는 재단이나 스케치를 잘하 지 못했으나 자신의 놀라운 패션 감각을 재 단사나 디자이너에게 전달하는 능력은 뛰어 났다. 1920년대와 1930년대 많은 활약을 하 였으며, 1939년 니만 마커스상을 수상하였 고, 1948년 코티 비평상을 수상하였다.

카네기, 하티

카노티에(canotier) 챙이 똑바른 모자를 일컫 는 프랑스어이다.

카농(canons) 흰 레이스로 된 무릎 장식으로 램프의 갓처럼 생긴 것도 있다. 17세기에 주 로 남자들이 착용하였다.

카닐리언(carnelian) ① 토마토 케첩의 색과

비슷한 적갈색을 말한다. ② 투명하고 붉은 옥수의 종류로 옅은 빨강, 짙고 투명한 빨강, 적갈색 또는 황녹색 등이 있다. 사드(sard) 라고 불리기도 한다. 라틴어 프레시 컬러드 (fresh colored)에서 파생되었다.

카데트 블루(cadet blue) 뉴욕의 웨스트 포인 트에 있는 미 육군 사관학교의 제복색으로 청색을 띤 쥐색을 말한다.

카데트 칼라(cadet collar) 미 육군 사관학교 생도들의 제복에 달린 목선에서 곧게 올린 밴드 칼라이다. 앞에서 여미게 되어 있으며 차이니즈 칼라와 같다.

카데트 클로스(cadet cloth) 웨스트 포인트 육 군 사관학교나 다른 사관학교의 생도들이 입 는 오버코트를 만드는 무거운 플란넬 천으 로, 푸른 회색이며 옷감은 두꺼운 이중직으 로 되어 있다.

카드사(carded yarn) 방적시 첫단계에서 행 해지는 공정인 카딩을 거친 실을 말한다. 즉 원료 상태에서는 섬유가 엉켜 덩어리를 이루 고 있는데 이를 섬유 하나하나 직선상으로 뻗치게 하고 섬유가 서로 평행하도록 하는 것을 카딩이라 하며, 이 공정만을 거친 실을 카드사라고 한다.

카디건(cardigan) 19세기 초 크림 전쟁 때 영 국 군인들이 입었던 짧은 재킷으로, 그 당시 카디건(Cardigan) 백작이 애용한 데서 유래 한 명칭이다. 칼라가 없고 프런트 오프닝이 간단한 상의로 현재까지 계속 유행하고 있 다.

카디건 네크라인(cardigan neckline) 앞중심 에 단추가 있거나 또는 단추 없이 여는 높고 둥글게 된 간단한 네크라인을 말한다. 1854 년 크리미아 전쟁 때 카디건(Earl Cardigan) 7세 백작이 보온을 위해 군복 위에 덧입은 데서 이러한 이름이 유래하였다.

카디건 드레스(cardigan dress) 긴 카디건 스 웨터와 비슷한, 칼라가 없는 드레스이다. 몸 에 꼭 끼지 않아 편하게 입을 수 있으며 앞터 짐에 목둘레만 둥글게 또는 V자형으로 되어 있다.

카디건 스웨터

카디널

카디건 셔트(cardigan shirt)　카디건 스웨터와 유사하나 좀더 가벼운 얇은 니트로 만들어졌다. 1854년 크리미아 전쟁 때 추위를 막기 위해 카디건 7세 백작이 유니폼 위에 입음으로써 이러한 이름이 붙었다.

카디건 수트(cardigan suit)　카디건 스타일의 재킷과 스커트로 이루어진 수트이다.

카디건 스웨터(cardigan sweater)　칼라가 없으며 단추가 앞중심에 달려 있는, 니트로 만든 스웨터로 헐렁하게 셔트나 블라우스, 드레스 위에 앞 부분을 끝까지 열어 놓든가 아니면 적당히 단추를 잠그든가 하여 간편하게 걸치도록 되어 있으며 카디건 재킷과 모양은 같다. 남성, 여성, 아동 모두가 가장 많이 입는 20세기의 정통 스타일이다. 19세기 중엽 영국의 카디건 7세 백작이 1854년 크리미아 전쟁 때 보온을 위하여 유니폼 위에 입었다는 데서 이러한 이름이 붙었다.

카디건 재킷(cardigan jacket)　칼라가 없이 약간 짧은 듯한 심플하면서 단정한 재킷을 말한다. 앞단과 소맷단에 장식단, 트림을 댄 단 처리 방법으로 효과를 주는 경우가 많다. 19세기 초에 영국의 카디건 백작이 애용하였다고 하여 그의 이름이 붙여졌다. 직물로도 만들지만 니트로 만드는 경우가 많다. 남성, 여성, 아동 모두에게 애용되는 20세기의 정통 스타일이다.

카디건 재킷

카디건 코트(cardigan coat)　칼라가 없는 V자형 또는 U자형의 카디건 스타일의 코트를

말하며 이러한 스타일의 드레스를 카디건 드레스라고 한다. 1854년 크리미아 전쟁 때 보온을 위한 군복 코트로 카디건 7세 백작이 착용하였다는 데서 이름이 유래하였다.

카디널(cardinal)　① 18, 19세기에 입은 후드가 달린 3/4 길이의 주홍색 클로크로 모제타(mozetta)와 비슷하며, 로마 카톨릭 교회의 추기경들이 입었다. ② 후드나 칼라가 달린 무릎 길이의 붉은 클로크로 17세기부터 19세기 초반까지 여성들이 입었다.

카디널 레드(cardinal red)　휘파람새의 일종인 카디널 깃에서 유래한 타는 듯한 심홍색을 말한다. 추기경이 입는 제복의 심홍색에서 전래되었다고 한다.

카딩(carding)　면, 양모, 기타 스테이플 섬유들은 원료 상태에서 섬유가 서로 엉켜 덩어리를 이루는데, 이로부터 실을 얻기 위해 행해지는 첫 번째 공정을 말한다. 즉 섬유 하나하나를 직선상으로 뻗치게 하고 섬유를 서로 평행으로 배열하는 공정을 카딩이라고 한다. 면사의 경우 소면, 모사의 경우 소모라고도 한다.

카라스 염색　새까만 염료로 염색한 천이나 그러한 염색 방법을 말한다. 더 이상 더러운 것이 없을 정도로 짙게 염색하는 것이 특징으로 과격한 룩의 유행에서 생긴 젊은이의 초개성 패션의 하나로 1983년 일본 신주쿠 거리를 중심으로 인기를 끈 것이다. 여러 가지 유행어나 재미 있는 언어, 메시지를 프린트한 카라스 염색의 티셔트가 대표적이다.

카라카 스웨터(Karaca sweater)　화려한 터키 토속 무늬를 수놓은 조각을 앞중심이나 소매에 댄 터틀 네크라인의 풀오버 스웨터이다. 동유럽 남쪽의 흑해 지역에서 많이 생산된다.

카라코(caraco)　프랑스에서 1780년대에 부인들에게 유행했던 것으로 힙까지 오는 길이의 페플럼이 달린 드레스이다. 상반신은 몸에 꼭 맞도록 되어 있으며 앞 옷자락은 뒤보다 짧게 되어 있다. ① 허리선에는 스커트 같은 페플럼(peplum)이 달려 있어서 투피스 수트

처럼 보이는 원피스 드레스를 말한다. ②
1969년 이브 생 로랑이 툴루즈 로트렉의 그림에서 영감을 받아 디자인하였으며, 18~19세기에 걸쳐 유행하였다. 때로는 소매가 없는 스타일도 있다.

카라쿨 양(karakul lamb)   러시아 보카라 지방의 양 종류인 카라쿨의 태어나기 전이나 생후 얼마 되지 않는 새끼양을 일컫는 것으로 고급 모피이다.

카란, 도나(Karan, Donna 1948~)   미국 뉴욕 출생으로 파슨스 디자인 학교에서 공부하였다. 2학년 여름에 앤 클라인에서 스케처로 일하다가 잠시 그만두었으나 다시 일하게 되어 1969년에는 클라인의 후계자로 지목받았다. 클라인이 죽은 후 루이 델오리오와 함께 공동 디자이너가 되었고 착용하기에 적합한 중가격대의 스포츠 웨어를 자신의 이름으로 생산하였다. 1983년에 가진 자신의 첫번째 컬렉션에서 보디 수트를 현대적으로 제안한 것이 돋보였다.

카르댕 스타일(Cardin style)   프랑스 디자이너 피에르 카르댕의 디자인이나 그와 유사한 스타일들을 말한다. 탑과 같은 형태의 파고다 스타일이나 하이 네크의 만다린 칼라에 허리가 타이트하게 맞고 길이가 긴 튜닉 형태의 남자 재킷이 대표적이다.

카르댕, 피에르(Cardin, Pierre 1922~)   이탈리아의 베네치아에서 태어나 프랑스에서 활약하고 있는 디자이너로 패션계가 낳은 세계적인 '외고집 천재' 중 한 사람이며 지적이고 냉철하기로도 유명하다. 고등학교를 졸업하고 프랑스 비쉬의 양복점 견습공으로 들어가 신사복 재단 기술을 익힌 뒤 파캥, 스키아파렐리, 르롱, 발맹 등에서 활동했다. 파캥에 있을 때 장 콕토 감독의 영화 '미녀와 야수'의 의상을 담당한 것이 계기가 되어 크리스티앙 디오르에게 소개되었다. 디오르사에 입사하여 아틀리에의 제작 담당 주임으로 뉴룩의 탄생에 참여하기도 했으며 1949년 말 독자적인 활동을 시작하여 1953년에 마침내 피에르 카르댕 컬렉션을 개최하게 되었다.

1957년 리뉴 셀프(Ligne Sealpe)와 후프 라인을 발표하였고 1960년대 초기에는 페미닌 룩, 파이프 라인 등 소프트하고 호리호리한 젊음이 넘치는 카르댕 룩을 확립했다. 1962년에는 프렝탕 백화점에 카르댕 코너를 개설하고 저렴한 가격으로 판매를 단행, 프레타포르테 진출의 기선을 잡았다. 1963년 신사복 업계에 진출하였고 1966년에는 어깨나 허리, 네크라인 등을 유머러스하게 도려내어, 다른 배색천을 끼워 넣어 지퍼를 달고 색채 조화를 살린 권위적인 코스모코르 룩(cosmocorps look)을 발표함으로써 아직도 전위적 디자이너로 취급받기도 한다. 1979년 외국인으로는 처음으로 중국에서 패션쇼를 개최하였으며, 유니섹스 패션의 창안자로 간주되기도 하며, 항상 실험적이며 창조적인 기술 혁신으로 패션의 영역을 넓혀 온 디자이너이다. 최근에는 어린이 옷, 일상용품, 가구, 주방 기구, 완구, 와인, 초콜릿 등 매우 다양하게 디자인의 영역을 넓혀 나가고 있다.

카르마뇰(carmagnloe)   ① 18세기 말 남부 프랑스에 거주하는 이탈리아 노동자들이 공식 석상에서 정장 차림으로 착용하였던 의례적인 재킷이다. ② 1792~1793년 프랑스 혁명가들이 검정 판탈롱과 붉은 자유 모자와 함께 입은, 넓은 칼라, 라펠, 금속 단추가 장식된 재킷, 또는 짧은 스커트가 달린 코트를 말한다.

카르방(Carven)   카르방 말레가 1937년 파리에 세운 패션 하우스이다. 특히 작은 여성을 위한 디자인으로 유명하며 여기에 맞추어 액세서리도 디자인하였다. 하이패션과 기성복을 함께 만들었다.

카르티에(Cartier)   1847년 루이 프랑수아 카르티에가 파리에 세운 보석제조 회사이다. 그의 아들 알프레드 카르티에는 1898년 회사를 화려하게 확장하고, 전 세계의 왕족에게 보석을 제공하는 회사로 발돋움하게 하였다. 알프레드 카르티에의 둘째 아들 피에르는 런던과 뉴욕에 지점을 열었다. 카르티에

카르티에 보석

는 보석뿐 아니라 손목시계로도 유명하며 1931년 경에는 방수 기능을 갖춘 시계를 생산하였다.

카리비안 블루(caribbean blue)　중앙·남아메리카, 서인도섬으로 둘러싸여 있는 카리브해에서 볼 수 있는, 번쩍이는 듯한 청색조를 말한다. IWS에서 1987년 춘하를 겨냥한 소재 예측에 사용된 색명으로 터쿼이즈와 함께 여성용의 컬러 스토리에서 윈드 서프라고 명명된 그룹의 주요 색채였다. 남성복 분야에서는 페니키안 블루라고도 한다.

카마르고(Camargo)　마리 앤 드 카마르고(Marie Ann de Camargo)에서 유래한 것으로, 힙 주위에 풍성한 주름이 잡혀 있는 여성용 재킷을 말한다. 1870년대 후반에 웨이스트코트 또는 조끼와 함께 착용하였다.

카마신(kamarchin)　금색 자수 장식의 실크나 벨벳으로 된 튜닉으로 페르시아 남자들이 셔트 위에 입었다. 속옷의 포켓은 길이 방향으로 옆트임 부분에 놓여졌다.

카말리, 노마(Kamali, Norma 1945~)　미국 뉴욕 출생으로 FIT에서 패션 일러스트레이션을 전공했다. 페르시아인과 결혼하여 남편과 함께 뉴욕에서 영국, 프랑스제 수입 의류 부티크를 열었다. 그 후 독창적인 디자인 작업을 하였으며 차차 명성이 알려지게 되었다. 1978년 남편과 헤어지고 OMO 노마 카말리를 세웠다. 그녀의 의상은 청순하고 현대적인 최신 감각을 지니고 있는데, 점프 수트, 듀베 코트(duvet coats), 라이크라 아웃피츠(Lycra outfits), 라라 스커트 등이 있고 파라슈트나 면으로 된 두껍고도 헐렁한 스웨터를 이용하여 스포츠 웨어를 외출복으로 바꾸어 놓기도 하였다. 1983년 미국 패션 디자이너 위원회는 그 해의 가장 뛰어난 디자이너로 그녀를 뽑았다.

카메오(cameo)　① 조개의 껍질에 아름다운 여인을 새기거나 다른 여러 가지 형상을 조각하여 사용하는 장신구를 말하며, 조개의 상태나 조각의 예술적 품격에 따라 가격의 폭이 매우 크다. 조각된 조개는 브로치, 귀고리, 목걸이, 반지 등에 장식으로 다양하게 사용되고 있다. ② 카메오 조개 장식에서 볼 수 있는 주황색이 가미된 분홍색을 말한다.

카메오 핀(cameo pin)　층이 있는 얼룩마노, 붉은색 마노로 층이 다른 것을 활용하여 하나 또는 두세 개의 층이 있다. 흑색이나 오렌지색을 배경으로 사용하는 경우가 많고, 윗부분은 보통 흰색이다.

카멜(camel)　낙타의 모피에서 볼 수 있는 색으로, 엷은 황갈색을 말한다.

카멜레온(chameleon)　한 가지 색의 경사와 각기 다른 두 색의 위사를 써서 직조하여 세 가지 색조로 변하는 효과를 갖는 직물이다. 대개 태피터(taffeta)나 파유(faille), 포플린(poplin)과 같은 조직의 직물이며 견이나 합성 섬유를 주로 이용한다.

카멜리아(camellia)　동백꽃의 적색에 가까운 짙은 장미색을 말한다.

카말리, 노마

카멜 헤어

카멜 헤어(camel hair)　중국, 러시아, 중앙아시아 등이 주산지인 낙타털을 말하는 것으로, 털색은 황갈색이나 다갈색이다. 부드러운 솜털과 딱딱한 긴 털로 되어 있으므로 양쪽을 나누어 다른 용도로 사용한다. 솜털은 고급 모직물이나 털 메리야스용으로 사용하고, 긴 털은 우단이나 심지용 등으로 쓰인다.

카무플라주 룩(camouflage look)　카무플라주 팬츠 참조.

카무플라주 수트(camouflage suit)　방수 처리된 부드럽고 두꺼운 무명으로 만든 수트이다. 주변의 지형과 비슷하게 보이도록 초록색과 갈색의 추상적 패턴이 프린트되어 있다. 1960년대 중반기에 오리 사냥을 위한 사냥복으로 착용되었으며 1980년대 초반에 이르러 일상복화되기 시작하였다. 제2차 세계대전 중의 전투복에서 유래하였다.

카무플라주 팬츠(camouflage pants)　전시에 은폐를 위하여 무기나 초소들을 잎사귀, 그물 등의 모양으로 칠할 때 사용되는 초록색과 밤색의 무늬를 이용하여 디자인된 군인들의 바지이다. 1980년대 밀리터리 룩이 유행하면서 각광을 받는 팬츠 아이템이 되었다.

카무플라주 프린트(camouflage print)　전쟁터에서 적의 눈을 속이기 위하여 모자와 의복 등에 덧붙인 나뭇잎 모양의 프린트 무늬에서 시작된 것으로, 자연지향 패션과 밀리터리 룩의 재연으로 인하여 캐주얼복에 채용되고 있는 프린트이다. 베트남 패턴, 타이거 스트라이프 패턴 등 여러 가지 종류가 있으며 배색은 그린 베이스와 브라운 베이스가 있다.

카미사 블라우스(camisa blouse)　① 파인애플 원료로 만든 비치는 얇은 옷감으로 풍성하게 주름을 잡고, 팔목까지 넓게 퍼진 소매에 몸판이나 허리에는 수를 놓은, 필리핀 여성들이 즐겨 입는 스타일의 일종이다. 19세기에 유행하였으며, 에스파냐어의 카미(camis)는 블라우스라는 데서 유래하였다. ② 19세기 중엽 이탈리아의 가리발디 장군(1807~1882)과 그의 부하들이 착용한 붉은색 셔츠에서 유래하였다.

카미시모[裃]　일본 무가(武家) 남성의 복장으로 일반의 예장(禮裝)으로도 입었다.

카미시모

카미크(kamik)　자수를 놓아 손으로 만든, 장딴지까지 오는 부츠로 그린란드 에스키모인들의 부츠이다.

카민(carmine)　자주색 색조를 띤 화려한 붉은색을 말한다. 다소 자색을 띤 투명한 홍색으로서 크림슨 레드와 같다.

카바나 세트(cabana set)　트렁크스와 재킷으로 이루어진 남성용 수영복이다. 때로는 상하의를 각기 다른 소재로 만들기도 한다.

카바나, 존(Cavanagh, John 1914~)　아일랜드 태생으로 1932년부터 제2차 세계대전 전까지 몰리뇌의 조수로 일하다가 1946년 미국에서 패션 프로모션에 대하여 공부하고 1947년 파리로 돌아와 발맹에서 조수로 일하였다. 1952년 런던에서 '더 숍'이란 하우스를 열었다.

카바야(kabaya)　대개 백색의 가벼운 면에 레이스나 자수를 곁들여서 만든, 직선으로 내려온 재킷이다. 특히 자바인과 동양인들이 허리에 둘러입는 치마인 사롱(sarong)과 같이 입었다.

카방(caban)　최초로 몸에 맞게 재단된 것으로 보이는 유럽식 코트로, 앞여밈이 있으며, 넓은 진동둘레의 소매가 달려 있고 때로는 벨트를 매기도 한다.

카번클(carbuncle) 짙은 적색, 보랏빛 적색, 적갈색 그리고 흑색의 다양한 앨먼다이트 가 넷을 말한다. 투명한 적색 종류는 보석으로 사용된다. 과학적인 실험 전에는 종종 루비나 스피넬로 혼동되었다.

카보나이즈드 컬러(carbonized color) 탄화된 색이라는 의미로, 명도는 낮고 어두워 가라앉은 분위기의 잿빛을 말하는 새로운 용어이다. 어시 컬러(earthy color)에 검은 느낌이 가미된 회색을 첨가한 색으로 지금까지의 어시 컬러와는 다른 새로운 방향을 제시하였다는 점이 주목된다. 단지 어둡지만은 않고 일종의 광택 느낌이 나는 것이 특징이다.

카본 블루(carbon blue) 탄소의 '탄화된' 이미지를 갖는 검은색에 가까운 청색조를 가리킨다. 순수한 블루를 중심으로 하는 한색계의 인기가 중국 전통 복식에 보이는 특이한 차이나 블루로 전이되면서 나타난 춘하 유행색의 하나이다. 일반적으로 다크 블루, 디프 블루와 같다.

카브 셔트(cavu shirt) 거의 오른쪽 솔기에 가까이 갈 정도로 뾰족하게 사선으로 내려온 칼라와 왼쪽에 주머가 하나 달려 있는 긴 팔의 남성용 스포츠 셔트이다. 1940~1950년대에 유행하였다.

카샤(kasha) 기모가공한 표면과 샴브레이를 모방한 이면을 가진 면 플란넬 직물이다. 경사는 풀을 먹여 염액을 빨리 빨아들이고 위사는 천연 왁스를 입혀 염액을 받아들이지 않아 미미한 색을 지니게 된다. 직물이 기모될 때 가벼운 갈색 기운이 나온다. 염색하지 않은 경사, 염색되고 부드럽게 꼬인 위사로도 만들어진다. 본래 파리의 로디에 프리에르(Rodier Frières)사가 만든 부드럽고 가는 모 플란넬 의복 직물로 비큐나로 만들었으나 현재는 개시미어와 메리노 울 또는 혼방의 능직으로 짠 것이다. casha라고 쓰기도 한다.

카샤렐, 장(Cacharel, Jean 1932~) 프랑스 님 출생으로 파리로 가서 남성용 셔트를 만드는 작은 아틀리에를 개장한 후 남성복에 많은 제한점이 있음을 깨닫고 여성복 회사를 설립했다. 1960년대에는 리버티 꽃무늬가 프린트된 면직물 블라우스와 스커트를 주로 디자인하였으며 1970년대에는 아프리카와 근동 지방의 직조법과 염색법을 사용한 대담하고 컬러플한 기성복을 소개하였다.

카세인 섬유(casein fiber) 재생 단백질 섬유를 말한다.

카센티노(casentino) 이탈리아의 카센티노 지역의 마부들이 착용하였던, 초록색 안감을 댄 적색의 오버코트를 말한다. 나중에 동계 스포츠 웨어로 수용되었다.

카슈미르 프린트(Kashmir print) 인도 북서부 캐시미어 지방의 민족복에서 모티브를 얻어 디자인한 프린트 무늬이다. 페이즐리 무늬를 중심으로 꽃, 동물, 스트라이프 등의 모티브를 조합시킨 무늬에서 신선함이 보인다.

카스케트(casquette) 부드러운 직물로 만든 크라운에 앞 챙이 부착되어 있는 모자를 말한다. 평평한 크라운에 짧은 챙은 활동성이 요구되는 사냥 등의 야외 활동에 적합하여 소위 헌팅 풍의 모자로 많이 착용된다. 여성은 스포티한 복장이나 경쾌한 복장에 주로 착용한다. 견고한 앞 챙이 있는 모자의 총칭으로 사용되기도 하며, 일명 헌팅 캡이라고도 한다.

카스텔바자크, 장 샤를 드(Castelbajac, Jean Charles de 1950~) 모로코의 카사블랑카 출생으로 파리로 이주하여 법학을 공부하였으나, 1968년 어머니가 경영하는 의류업체에서 디자이너로 일을 시작하였다. 그 후 잠시 피에르 달비사에서 디자이너로 일한 뒤 1975년 자신의 회사를 설립하였다. 1970년대 중반에 그의 기능적이고 현대적이며 고도의 기술이 가미된 옷은 많은 사람에게 반응을 일으켰으며 1980년대 핸드 프린팅을 시도하여 '입고 다니는 예술'을 대중화 시켰다.

카스티요, 안토니오(Castillo, Antonio 1908~) 에스파냐 마드리드 출생으로 1936년 파리로 가서 피게와 파캥에서 일하다가 1942년 뉴욕의 엘리자베스 아덴 의상실의 수석 디자이너로 일하였다. 잔느 랑뱅을 위해 13년 간 일하다가, 1964년 자신의 하우스를 열어 고객에게 우아하며 장식적인 옷을 디자인하여 주었다.

카스티유(Castille)　카스티유는 에스파냐 중부에 있던 고왕국을 의미하는 단어로 황색 기미가 선명하게 부각되는 강한 인상의 적색을 말한다. 여성복의 주요 경향색인, 포도주에 보이는 버건디와 테라코타의 적토색 등이 포함된다.

카시니, 올레그(Cassini, Oleg 1913~)　프랑스 파리에서 이탈리아-러시아 계통의 부모 밑에서 태어났다. 영국 카톨릭 학교를 다녔으며 1934년 아카데미아 델르 벨라르티(Accademia delle Belle Arti)를 졸업하고 1938년 미국으로 건너가 그의 부인 타이어니(Tierney)가 출연하는 영화의 의상을 담당하기도 하였으며, 1950년 자회사를 열고 1961년 제클린 케네디의 의상을 담당하여 공식 디자이너로 활약하였다.

카우나케스(kaunakes)　기원전 3000년경 수메리아(Sumeria)인들이 사용했던 튜닉과 같은 스커트로, 털이 길게 늘어진 짐승털이나 울(wool) 다발로 여러 가지 기하학적인 무늬 효과를 냈다.

카우나케스

카우보이 벨트(cowboy belt)　무늬가 새겨진 넓은 가죽 벨트로 권총집이 부착되기도 하며 1960년대 남성의 스포츠 웨어에 적용되기 시작하였다.

카우보이 부츠(cowboy boots)　굽이 높은 장딴지 중간까지 오는 부츠로 무늬가 새겨져 있거나 가죽에 아플리케가 되어 있으며 주로 두 가지 색조로 만든다. 원래 미국의 카우보이들이 신던 부츠이나 여성과 아동에게도 전파되었다. 딥 톱 부츠라고도 한다.

카우보이 셔트(cowboy shirt)　미국 카우보이들이 입었던 셔트에서 유래되었다. 각이 진 컨버터블 칼라에 주머니가 달렸고 셔트의 앞과 뒤는 몸판이 잘린, 영문자 V자 모양의 요크로 처리하고 단추나 조임쇠 장식으로 여닫도록 되어 있다. 파이핑으로 가장자리 처리를 하는 경우가 많으며 처음에는 남성들만 입었다. 어떤 셔트는 요크 부분에 수를 놓아서 장식하기도 했으며 1970년대, 1980년대 후반에 유행하였다. 미국 서부의 카우보이들이 입었던 것이 시초였으나 지금은 세계적으로 남녀 노소를 불문하고 모두가 입는다. 웨스턴 셔트라고도 한다.

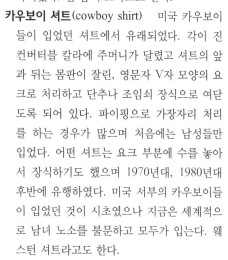

카우보이 셔트

카우보이 해트(cowboy hat)　높은 크라운과 챙이 넓은 모자로 주로 펠트로 만든다. 미국의 카우보이들이 썼던 모자로 챙을 양옆으로 올리거나 가죽이나 은으로 된 해트 밴드(hat band)로 장식하기도 한다. 텐갤런 해트라고도 한다. 스텐슨, 솜브레로 참조.

카우 스킨(cow skin)　암소 가죽을 말한다. 불 스킨 참조.

카우첸 스웨터(Cowichan sweater)　원래 캐나다의 밴쿠버섬 카우첸 인디언이 만들었던 스웨터로 산양의 털에 아메리카 섬의 나무껍질을 혼방한 실로 만들었으며 기름기를 빼지 않았고 방수 처리가 되어 있다. 흰색, 회색, 검은색의 기하학적인 인디언 무늬를 넣

카우보이 벨트

카우보이 해트

카우치트 필링 스티치

카우칭 스티치

카울 네크라인

카울 드레이프

카이트 팬츠

어서 짠 것이 특징이다. 때로는 작은 숄 칼라를 달기도 한다. 1940~1950년대와 1970년대에 유행하였으며, 시워시(siwash) 스웨터라고도 한다.

카우치트 트렐리스 스티치(couched trellis stitch) ⇒ 카우치트 필링 스티치

카우치트 필링 스티치(couched filling stitch) 사선으로 건너 놓고 교차점을 한 번씩 징그는 것으로, 카우치트 트렐리스 스티치라고도 한다.

카우칭 스티치(couching stitch) 굵은 실이나 코드 리본 같은 것을 문양의 윤곽선에 놓고 다른 실로 징거나가는 방법이다. 징글 때는 간격을 고르게 하고 놓인 실과 직각이 되게 하며, 심한 곡선으로 돌아갈 때에는 징그는 간격을 좁혀야 한다.

카운슬 오브 패션 디자이너스 오브 아메리카(Council of Fashion Designers of America) 1962년에 100여 명이 넘는 미국의 패션 디자이너들이 모여서 설립한 비영리 단체를 말한다. 제1회 회장은 디자이너 노먼 노렐이었고 멤버십은 그 회의에서 추천된 디자이너로 초청에 의해서만 가입이 된다. 국내외에 미국 디자이너를 소개하고 매년 컬렉션 및 전시회를 통해 사회의 패션을 리드해 가는 일을 하며, 뉴욕시에 있는 세계적인 메트로폴리탄 뮤지움 인스티튜트(metropolitan museum institute), 스미스소니언(smithsonian), 뉴욕시에 있는 패션 인스티튜트(metropolitan museum institute), 스미스소니언(smithsonian), 뉴욕시에 있는 패션 인스티튜트 오브 테크놀로지(fashion institute of technology) 등의 세계적인 패션 전문 대학 재정에 도움을 준다. 1985년부터 어워즈 이브닝(awards evening)이라는 연례 행사로 패션 분야와 패션 신문계에서 가장 공헌이 큰 사람에게 시상을 하고 있다. 회의 명칭을 약자로 CFDA라고도 한다.

카울 네크라인(cowl neckline) 부드럽게 입체적으로 주름진 네크라인으로, 블라우스나 드레스 등에 더 효과적인 드레이프 방법으로는 바이어스 드레이프가 있다.

카울 넥 스웨터(cowl neck sweater) 입체적인 주름의 드레이프로 된 카울 네크라인의 풀오버 스웨터로 1980년대에 유행하였다.

카울 드레이프(cowl drape) 카울은 중세 카톨릭 승려가 착용한 후드가 붙은 외투를 의미하나, 여기에서는 등이나 가슴에 부드럽게 드레이프가 된 네크라인을 의미한다. 여성스러운 드레시한 드레스나 이브닝 니트 등에서 많이 볼 수 있다.

카울 칼라(cowl collar) 주로 바이어스로 재단되어 거의 어깨 끝까지 닿도록 크게 늘어지게 만든 원형의 칼라이다. 1930년대에 유행하였으며 1980년대에 다시 유행하였다.

카울 후드(cowl hood) 머리 위로 당겨 올려 쓸 수 있게 만든 후드 모양의 칼라로, 수도사의 복장에서 유래하여 만들어진 것이다.

카이놀(Kynol) 노볼로이드 섬유의 상품명으로 내열성과 내약품성이 우수한 인조 섬유이다.

카이트 팬츠(kite pants) 배의 돛과 같은 역삼각형 바지로 엉덩이 부분을 극단적으로 확장시킨 조형적인 실루엣을 빳빳하고 뻗치는 소재로 표현하거나 또는 유연성 있는 부드러운 소재를 가미하여 이브닝 웨어에 많이 이용한다.

카자웩(Casaweck) 길이가 짧은 여자의 누빈 겉맨틀로 꼭 맞는 칼라와 소매가 달렸으며, 때로는 모피, 벨벳 레이스로 트리밍되었다. 1830년대 중반부터 1850년대 중반까지 입었다.

카자캥(casaquin) 18세기 후반에 착용한 최초의 재킷 중 하나로 드레스 위에 착용하였다. 몸에 꼭 맞고 소매는 길며, 앞부분은 허리 길이이고 뒷부분은 앞보다 더 길게 한 재킷으로, 카라코(caraco)와 비슷하다.

카자캥 보디스(casaquin bodice) 남성의 테일코트처럼 몸에 꼭 맞게 재단된 데이타임 드레스(daytime dress)로, 앞이 단추 여밈으로 되어 있으며 1870년대 후반에 착용하였다.

카자크(casaque) ① 1850년대 중반부터

1870년대 중반까지 여자들이 입었던, 앞에 단추가 달린 꼭 맞는 재킷으로, 초기의 형태는 바스크(basque)이고 나중에는 폴로네즈 (polonaise) 형태로 드레이프신 스커트가 달렸다. ② 기수들이 입은 재킷의 프랑스말로, 밝은 색상으로 만들었다. ③ 프린세스 라인으로 재단된 소녀의 코트로 1860년대에 입었다.

카자크 재킷(casaque jacket)　프랑스에서 경마 기수 자키(jockey)들이 입은, 앞을 단추로 여미는 밝은색의 짧고 꼭 맞는 재킷을 말한다. 초기에 여성들의 스타일로 때로는 길고 헐렁한 팔리니시언 스타일의 스커트와 함께 착용하였다. 1850년대에서 1870년대 중반기에는 여성들에게 많이 유행하였으며, 1860년대에는 소녀들의 프린세스 라인 코트로 유행하였다.

카 코트(car coat)　길이는 힙까지 오는 것도 있고 무릎 바로 위 길이도 있어 운전할 때 입기에 편리하며, 1950년대와 1960년대에 교외 거주자들이 가족을 위한 스테이션 왜건이라는 차를 탈 때 이 코트를 많이 입었다. 이 코트를 스타디움(stadium) 또는 교회에서 많이 입는다고 해서 서버번 코트(suburban coat)라고도 부르며, 남성, 여성, 아동 모두 입는 스포티한 스타일이다.

카 코트

카키(khaki)　더스트 컬러(dust color) 또는 어스 컬러(earth color)에서 파생된 힌두어로 흙이라는 의미가 있으며, 약간 적색 기미가

가미된 짙은 황색이다. 다양한 색조가 있으며 군복에 주로 많이 보인다. 흐릿한 노란빛이 도는 황갈색 직물의 조직과는 상관없이 이 색의 섬유는 모두 이 명칭으로 부른다. 1848년 프랑스, 영국, 미국의 군대에서 사용하였고, 제1차 세계대전 이후 미국군이 군대 물품의 색으로 올리브 담갈색을 첨가하였다.

카타간(catagan)　① 그물로 묶은 머리나 머리 다발을 뒷부분에 매달고 목덜미에 리본을 매는 여성의 헤어 스타일을 말한다. 1870년대에 유행하였으며, 18세기 남성의 카토간 가발과 유사하다. ② 같은 스타일을 18세기에 여성들이 승마복과 함께 착용하였다. 보통 머리를 뒤로 모아 고리로 묶어 리본을 맸고, 머리카락 자체가 밴드를 형성하기도 하였다.

카탈로그(catalogue)　상품의 구매 대상자인 고객들에게 구매 의욕을 불러일으키도록 상품의 기능과 효용, 모양, 종류, 특징, 디자인, 가격 등을 사진과 그림을 넣어 상세하고 알기 쉽도록 설명하고, 물건을 구입할 때 참고할 수 있는 여러 가지 사항을 적어둔 상품 소개 인쇄물이다.

카탈로그 숍(catalogue shop)　상품 견본만 매장 내에 진열한 숍이다. 실제 상품은 창고에 보관하므로 적은 수의 세일즈맨으로도 가능하여 경비를 절감할 수 있으며, 고객은 쇼핑 시간을 절약할 수 있는 것이 특색이다.

카토간(catogan)　18세기에 보인 남자들의 머리 모양으로 머리를 뒤에다 묶어 곤봉 모양으로 만든 것으로, 클럽위그(club-wig)라고도 한다.

카툰 에이프런(cartoon apron)　푸줏간에서 입는 부처즈(butcher's) 앞치마에 재미있는 그림이나 만화의 내용들, 슬로건들을 인쇄하여 넣은 것을 말한다.

카툰 워치(cartoon watch)　만화의 주인공이 그려진 어린이용 시계로 미키마우스나 스타 워즈의 등장 인물, 스머프 등이 그려졌다. 1930년대 이후 대중화되었다.

카툰 컬러(cartoon color)　'만화, 만화 영화'의 색이라는 의미로, 즉 만화에 보이는 밝고

카트리지 벨트

카푸치, 로베르토

선명한 색을 말한다. 보통 밝고 선명하며 젊고 활기있는 이미지를 만들어 내는 데 도움이 된다.

카툰 티셔트(cartoon T-shirt)　둥근 네크라인의 반팔 셔츠에 만화의 내용, 인물의 초상화나 이름, 자동차 이름, 운동 선수의 이름이나 팀명, 각종의 슬로건 등을 인쇄하여 넣은 셔츠를 말한다.

카트리지 벨트(cartridge belt)　탄약통 줄로 된 벨트로 1970년대에 잠시 유행하였다.

카트리지 플리츠(cartridge pleats)　장식용으로 사용되는 둥근 형태의 작은 주름이다. 군복용 벨트 고리인 카트리지 루프에서 유래하였다.

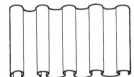

카트리지 플리츠

카트휠 슬리브(cartwheel sleeve)　바퀴 모양의 소매라는 의미로 서클 슬리브(circle sleeve)와 유사한 슬리브이다.

카트휠 해트(cartwheel hat)　챙이 매우 넓은 여성용 모자로, 픽처 해트라고도 한다.

카트휠 해트

카파(capa)　로마 제국과 16~17세기에 에스파냐와 프랑스에서 유행한 후드가 달린 큰 두르개를 말한다.

카페(café)　짙은 갈색의 커피색으로 '커피(coffee)'에서 파생된 불어이다.

카펜터즈 에이프런(carpenter's apron)　옷감이나 가죽으로 되었고 포켓이 여러 칸으로 갈라져 있는 앞치마. 못이나 작은 연장들을 담을 수 있도록 되어 있다.

카펫 백(carpet bag)　두꺼운 태피스트리(tapestry)로 만들어진 작은 손가방으로 남북전쟁 이후 여행용 가방으로 유행하였던 커다란 새츨(satchel) 모양의 가방에서 유래하였

다. 1960년대 후반기에 다시 유행하였다.

카포(capot)　18세기 말 남성들이 착용하였던 여유 있는 코트로서, 위로 접어올린 칼라와 커프스가 있으며, 커포트(capote)라고도 한다.

카푸치, 로베르토(Capucci, Roberto 1929~)　이탈리아 로마 출생으로 로마에 있는 미술대학교에서 공부한 후 21세 때 로마에서 아틀리에를 열었다. 피렌체에서 새로운 이벤트가 있는 것을 알고 거기서 조반 바티스타 조지니에게 자신의 데생을 보여 준 것이 계기가 되어 디자이너가 되었다. 흰색과 회색만을 사용하며 복부가 부풀고 등이 크게 파여 흉부가 평평하게 보이는 '더브 라인'으로 실패를 보았으나 1956년 '핑크 라인', 1958년 '막스 라인'으로 미국에서 호평을 얻어 패션 오스카상을 수상했다. 그는 파리에서 6년 간 사업을 하다 로마로 다시 돌아와 향수, 보석, 라이터, 고급 이브닝 드레스 등으로 확고한 지위와 명성을 쌓고 있다. 특히 카푸치의 디자인은 '형에 대한 연구'라 불리며 라인과 실루엣에 있어서 특징적이며 사치스럽고 웅장하고 대담하며 건축적이다.

카퓌숑(capuchon)　이탈리아어 카푸치오(cappuccio)에서 유래한 용어로 망토에 달린 후드의 일종이다. 두건이 달린 망토, 재킷, 풀오버, 드레스 등에 여러 모양으로 첨부되어 있다.

카퓌숑 칼라(capuchon collar)　카퓌숑은 프랑스어로 '(외투 따위에 달린) 두건'이라는 의미이다. 즉 두건도 되는 큰 칼라를 의미하며, 크게 접어서 오프 터틀과 같이 사용된다. 프란시스코파 카퓌숑회의 수도승이 입은 외투에서 유래하였으며, 카퓌숑은 19세기 후반의 여성용 후드가 달린 외투를 의미하기도 한다.

카퓌신(capucine)　너스터셤(nasturtium)에서 유래된 프랑스어로, 노란 오렌지 색을 말한다.

카플렛(capulet)　작고 머리에 꼭 맞는 모자이다. 주로 뒤 머리둘레선을 따라 쓰는데 앞 모

자 부분에 커프 브림(cuff brim)이나 약간 기울어진 브림이 있다. 셰익스피어의 작품에 나오는 줄리엣 카퓰렛의 모자인 줄리엣 캡에서 따온 형태이다.

카프(calf) 짧고 뻣뻣한 털을 지닌 어린 송아지의 모피이다. 주로 갈색이나 검정색을 띠고 있으며 때로 흰색 반점무늬가 있는 것도 있다. 벨트 등의 액세서리나 구두, 조끼, 트리밍에 사용된다.

카프라로, 앨버트(Capraro, Albert 1943~) 미국 뉴욕 출생으로 파슨스 예술학교를 졸업한 후 모자 생산업체인 릴리 다셰다, 오스카 드 라 렌타의 디자이너로 근무하다가 1974년 자회사를 설립하였다. 1975년 영부인 포드 여사의 옷을 디자인하면서 유명해졌다.

카프리 거들(Capri girdle) 무릎 아래로 약 4인치 정도 더 내려오는 매우 긴 스트레치 팬티 거들을 말한다. 여성들이 몸에 꼭 맞는 바지를 입을 때 착용한다.

카프리스(caprice) 넉넉하고 소매가 없는 짧은 여성용 이브닝 재킷으로, 19세기 중반에 착용하였다.

카프리 팬츠(Capri pants) 발목에서 약간 올라간 7부 정도 길이로 바지 끝부분이 바깥쪽 트임으로 된 바지이다. 이탈리아의 휴양지인 카프리 섬의 사람들이 많이 입었다 하여 카프리라는 이름이 붙여졌다. 1950년대, 1970년대 후반기, 1980년대 초반기에 유행하였다. 카프리 진즈(Capri jeans)라고도 한다.

카프 스킨(calf skin) ⇒ 송아지 가죽

카프타(kapta) 머리에서부터 써서 입는 풍성한 튜닉으로, 힙을 가리는 길이로 좁은 새시 벨트를 매도록 되어 있고 겨울에는 털로 만든다. 유럽 북부 지역인들이 착용하였다.

카프탄(caftan) 직사각형의 천으로 앞, 뒤판을 만들어 팔과 목 부분만 구멍을 내고 앞부분은 터서 간편하게 입을 수 있는 로브 스타일의 길이가 긴 드레스이다. 북아프리카의 모로코, 중동 지역에서 모로코의 판타지아(Fantasia in Morocco)라고 불리는 의상에서 응용된 것으로 1960년대와 1970년대 후

반에 미국에서 유행하였다. 길이가 짧은 것은 낮에 드레스로 입고, 긴 것은 홈 웨어 또는 이브닝 웨어로 착용하였다. 이집트인들은 줄무늬 옷감을 사용하여 허리에 새시 벨트를 매어 코트처럼, 러시아에서는 남성들의 긴 코트로 착용하였다.

카프탄 네크라인(caftan neckline) 둥근 네크라인에 앞중심이 터져 이루어진 네크라인이다. 대개 자수로 되어 있으며, 1960년대 말에 유행하였고, 아프리칸 카프탄에서 인용되었다고 하여 이런 이름이 지어졌다.

카플랭, 자크(Kaplan, Jacques 1924~) 프랑스 파리 출생의 모피 디자이너로 1941년부터 그의 아버지가 1889년 파리에 설립했던 모피 업체의 뉴욕 지점에서 일하였다. 채색된 모피, 재미있는 모피 디자인, 부츠, 등사판으로 무늬가 찍힌 모피로 유명하다.

카플레 칼라(caplet collar) 카플레란 '작은 케이프' 라는 뜻으로 로맨틱한 분위기의 드레스에 많이 사용되며, 숄더 요크(shoulder yoke)풍으로 표현된다.

카플린(capeline) 잔잔하게 물결치는 폭넓은 챙과 머리에 꼭 맞는 반구형의 크라운으로 된 모자를 말한다. 카플리네라고도 한다.

카피 마켓(copy market) 유명상표 브랜드를 모방한 위조상품이 유통되는 시장 또는 이와 같은 상황을 뜻한다.

카피 브랜드(copy brand) 유명 브랜드와 유사한 상표명 브랜드로, 비슷한 이미지로 전

카프리 팬츠

카프탄

칵테일 드레스

개하나 가격, 품질면에서 저급이다.

칵테일 드레스(cocktail dress)　길이가 길지 않은 드레스로 오후나 저녁 모임 때, 칵테일 마실 때 입는 옷이라는 데서 이름이 붙었다. 이브닝 드레스보다는 덜 화려하며, 1950년대, 1960년대, 1980년대에 특히 유행하였고, 앞으로도 계속 비공식 파티 때 기본 드레스로서 애용될 것이다.

칵테일 링(cocktail ring)　커다란 형태의 과시용 반지로 보석이나 모조보석으로 만드는 등 다양하다. 때때로 디너 링이라고도 한다.

칵테일 백(cocktail bag)　일상적으로 사용하는 가방보다 우아하고 부드러운 느낌을 주는 가방으로, 칵테일 파티 등의 특별한 모임에 적합한 가방을 말한다. 소재도 다양하고 화려하다.

칵테일 수트(cocktail suit)　저녁 시간의 칵테일 파티에 입는 옷으로 준정장의 드레시한 수트를 말한다.

칵테일 에이프런(cocktail apron)　그물이나 레이스 또는 옷감으로 만든 아주 작은 앞치마를 말한다.

칸디스(kandys)　① 비잔틴, 페르시아 통치자들이 착용한 것이 시초가 된, 소매가 꼭 끼는 카프탄이다. ② 아시리아인과 페르시아인이

입었던 품이 넓은 튜닉으로, T자로 네크라인을 내고 소매에는 팔꿈치부터 소매끝까지 다른 천을 대어 주름을 잡은 것이 특징이다. 품이 넓고 허리띠를 둘러서 양옆에 주름이 지게 했다.

칸, 엠마누엘(Khanh, Emmanuelle 1937~　)　프랑스 파리 출생으로 1950년대 발렌시아가와 지방시의 모델로 일했다. 1962년 그녀의 디자인이 《엘》지에 소개된 것을 계기로 디자이너가 되었다. 도로테 비스와 카사렐에서 일했으며 1970년 자신의 사업을 시작하였다. 1960년대 파리 젊은이의 개성을 상징하는, 얇고 몸에 착 감기는 부드러운 느낌의 의상으로 파리 프레타포르테계의 창시적 존재로 인정받는 디자이너이다. 활동적이고 누가 입어도 어울리는 옷, 그리고 균형 잡힌 생활, 자연적 체형을 연출하는 부드러운 란제리, 스포츠 웨어, 안경, 우산 등 다양한 분야에서 활약하고 있다.

칸주(canezou)　① 소매가 없는 허리 길이의 여자 재킷으로 레이스로 만들거나 화려하게 자수를 놓았으며, 19세기 초까지 입었다. ② 1830년대에 입은 짧고 각이 진 케이프이다.

칸티유(cannetille)　① 레이스처럼 보이는 금·은사로 만든 군대용 브레이드를 말한다. ② 자수에 쓰이는 원추형으로 꼰 가는 금은사를 말한다.

칼간(kalgan)　중국에서 융단으로 사용되는 양모를 일컫는다.

칼라(callar)　상의의 목둘레를 말하며 칼라의 종류는 다양하다.

칼라 네크리스(collar necklace)　옷의 칼라와 같은 형태를 연상시키는 목걸이로 보통 금속 재질로 되어 있으며, 1960년대 후반에 유행하였다. 작은 구슬이 칼라의 형태로 섞여 짜여 있는 네크리스를 말한다.

칼라리스 칼라(collarless collar)　칼라가 따로 없이 마치 칼라를 단 것과 같은 느낌이 들도록 만든 것을 말한다.

칼라시리스(kalasiris)　① 고대 이집트인들이 입었던 대표적인 의상으로, 직사각형의 천을

칼라시리스

칸디스

가운데 목선을 내고 길이로 반을 접어서 양쪽 끝으로 팔목이 나오게 한 후 팔목 밑 옆선을 앞쪽으로 접은 후 스트링(string)이나 벨트로 매었다. ② 몸에 꼭 끼는 듯하게 맞는 시스 타입의 롱드레스로 가슴 밑부분에서부터 발목까지 두 개의 어깨끈이 늘어져 있으며, 대개 연속적인 기하학 무늬와 옷감으로 만든다. 초기에 이집트인과 고대 그리스인들이 착용한 데서 유래하였다.

칼라 체인(collar chain)　　드레스 셔트의 깃 부위에 장식과 실용을 겸하여 부착하는 작은 체인을 말한다. 핀홀 칼라의 장식핀으로 좌우 칼라를 가로질러 부착한다.

칼라 핀(collar pin)　　셔트 칼라에 수놓은 구멍을 통해 꽂도록 한 핀을 의미한다. 분리된 셔트 칼라를 부착하도록 19세기 후반에 남성들을 위하여 사용된 장치를 말한다.

칼래시(calash)　　1720~1790년에 착용한 넓은 후드로, 1820~1839년에 다시 유행하였다. 고래뼈나 나무로 된 아치는 컨버터블 자동차의 윗부분이 접히는 것과 비슷한 방식으로 헝겊으로 덮여 있다.

칼럼너 힐(columnar heel)　　원형의 높은 힐로 신발 바닥 부분은 넓으나 아래로 내려가면서 좁아지는 구두 뒷굽을 말한다.

칼럼 스커트(column skirt)　　원추형의 스커트로 엉덩이의 폭이 그대로 끝까지 내려오는 스커트이다. 타이트 스커트, 스트레이트 스커트라고도 한다.

칼로트(calotte)　　카톨릭 성직자들이 쓰는 챙이 없는 작은 모자로 중앙에 꼭지나 단추와 같은 작은 돌출이 있는 모자이다. 가죽이나 스웨이드 등의 소재를 사용한 모자로 비니(beanie)와 유사하다.

칼립소 셔트(calypso shirt)　　테일러드 칼라나 V자 모양의 네크라인에 중심이 꼭 막히지 않은, 캐주얼한 타이를 맬 수 있는 셔트로, 서부 인디언들이 입은 데서 유래하였다.

칼립소 슈미즈(calypso chemise)　　1790년대에 넉넉한 로브 아래 입었던 여성용 드레스로, 색깔 있는 머슬린(muslin)으로 만들었다.

칼립소 해트(calypso hat)　　칼립소 스타일에 어울리게 착용할 수 있는 여성용 모자를 말한다. 삼각형의 크라운과 말아올린 넓은 차양이 특징이다.

칼소(kalso)　　두꺼운 창으로 된 덴마크의 오픈 샌들이다. 얇은 조각으로 된 마호가니를 잘라 고무로 된 창에 마무리하고 두 개의 넓은 가죽끈을 사용하여 하나는 발등을, 하나는 굽 주위를 덮어서 착용한다.

칼팩(calpac)　　근동, 터키, 아르메니아에서 남성들이 착용하는 커다란 검은색 양가죽이나 펠트로 된 캡이다. 코사크 해트와 유사하다.

캉캉 드레스(cancan dress)　　브라 형태의 뷔스티에처럼 어깨끈이 달리지 않았으며, 상체 뒤편에서 끈으로 엇갈리게 묶고 에이프런 스커트처럼 부풀린 스커트로, 짧고 여러 겹으로 풍성하게 하였으며 뒤편에는 큰 리본이 달렸다. 여러 겹의 러플이 달린 속치마를 드레스 밑에 입으며, 디자이너 빅토리안과 샤넬이 1986년 가을 컬렉션에서 유행시켰다. 뮤직홀이나 1890년대 영화 '캉캉 스테이지 쇼'의 댄서들이 착용한 것으로 유명하며, 화가 툴루즈 로트렉의 그림에 등장한 여인들의 옷차림 등으로 더 유행하였다.

캐나디안 엠브로이더리(Canadian embroidery)　　캐나다의 인디언들이 만든 원시적인 자수로, 동물의 가죽을 길고 가늘게 하여 자수한 것을 말한다.

캐논 슬리브(cannon sleeve)　　어깨에서는 넓고 팔목으로 가면서 좁아지는 여성용 소매로, 패드를 대고 심을 넣었으며 대포 모양으로 되어 있다. 1575~1620년경 여성의 가운에 사용하였으며, 트렁크 슬리브(trunk sleeve)라고도 불린다.

캐니언즈(canions)　　꼭 끼는 커프스가 달린 부풀린 형태의 남자의 반바지로 때때로 다른 직물과 색상으로 되었으며, 1570년대부터 1620년대까지 입었다.

캐도로 브라(cadoro bra)　　스카프, 비키니, 액세서리들을 디스플레이하기 위하여 쇠로 만

캐니언즈

들어진 디스플레이용 브라로서 대개 쇠사슬로 걸게 되어 있다. 1960년대 말에 몸에 액세서리를 많이 장식하는 보디 주얼리(body jewelry)를 위하여 소개되었다.

캐디(caddie) ⇒ 부시 해트

캐러밴 백(caravan bag) ⇒ 플라이트 백

캐럿(carrot) 홍당무색으로 적색을 띤 밝은 오렌지를 말한다.

캐롤라인 코르사주(Caroline corsage) 레이스와 러플로 장식된 여성용 이브닝 보디스를 말하는 것으로, 앞이 V자형으로 되어 있으며 1830년대에 착용하였다.

캐리 백(carry bag) 복고풍의 복장에 어울리며, 손에 들게 되어 있는 단단한 모양의 핸드백을 말한다. 엘레강스 패션 경향의 영향으로 이러한 구축적인 가방이 관심을 끌게 된다. 단순하고 작아서 현대적인 감각이 엿보이는 가방이다.

캐리지 부츠(carriage boots) 털장식을 댄 여성용 겨울 부츠로, 보통 천으로 만들며 가죽을 사용하기도 한다. 20세기 초 난방이 안되는 마차나 차안에서 발을 따뜻하게 하기 위해 신발 위에 덧신었다.

캐리지 수트(carriage suit) 재킷, 바지, 모자로 구성된 아동용 스리피스 세트를 말하는 것으로, 외출시 착용하였다.

캐리지 파라솔(carriage parasol) 작은 파라솔로 때때로 프린지를 달기도 한다. 19세기 후반에서 20세기 초반에 오픈된 마차를 탈 때 여성들이 애용한 액세서리이다.

캐릭(carrick) 얼스터(ulster)와 비슷하며 케이프가 세 개 달린 마부의 코트 형태로, 전신 길이의 남녀 더스터(duster)이다. 1810년대부터 1870년대까지 입었다.

캐미세트(camisette) 받쳐주는 힘이 적은 자연적인 브라와 힙 부분은 꼭 맞고 길이가 긴 개더가 달린, 아래 부분이 연결된 속옷이다. 때로는 비키니 팬츠로 될 수도 있다.

캐미솔(camisole) ① 정사각형 모양의 가는 끈이 달린 속옷으로, 비치는 블라우스 속에 많이 입으며 레이스로 가장자리를 두르기도

한다. 슈미즈(chemise)라고도 부르며 1950년대와 1980년대에 유행하였다. ② 잠옷의 일종인 짧은 네글리제 재킷으로 베드 색(bed sacque)과 비슷하다. 처음에는 여성 전용이었으나 후에 남성들이 착용하는 저지로 된 소매가 달린 상의도 같은 이름으로 부르게 되었다.

캐미솔

캐미솔 네크라인(camisole neckline) 직선으로 된 가슴선에 어깨끈이 달려 있는 네크라인이다. 캐미솔 참조.

캐미솔 수트(camisole suit) 여성의 속옷인 캐미솔과 유사한 재킷에 같은 소재로 만든 스커트가 한 벌을 이룬 것이다. 간편한 서머 웨어로도 착용되며, 특히 10대를 위한 귀여운 느낌의 것이 인기를 끌었다.

캐미솔 슬립(camisole slip) 가는 끈이 달린 속옷으로 비치는 블라우스 속에 많이 입으며 레이스나 자수로 되어 있다. 옆으로 직선으로 된 네크라인에 때로는 넓은 어깨끈이 달리기도 하며 1950년대와 1980년대에 유행하였다. 슈미즈 슬립이라고도 한다.

캐미솔 재킷(camisole jacket) 잠옷의 일종인 짧은 네글리제 재킷으로 베드 색(bed sacque)과 비슷하며 처음에는 여성 전용이었으나 남성들이 착용하는 저지로 된 소매가 달린 상의도 같은 이름으로 부르게 되었다.

캐미솔 톱 블라우스(camisole top blouse) 속옷 상의의 일종인 캐미솔과 비슷한 상반신의 블라우스로, 윗부분은 수평으로 잘라 끈으로 당겨 조이는 드로스트링이나 개더로 되어 있고 어깨끈을 달았다.

캐미스(camis) 인도의 회교도 여성들이 착용하였던 블라우스를 말하는 것으로, 볼록한 자루 같은 츄다 파자마와 함께 착용하였다.

캐미스(camyss) 터키의 남성들이 착용하는 리넨으로 된 셔츠이다.

캐미스(Kamis) 발목 길이의 흰색 면 셔츠로 목둘레와 앞을 자수로 장식하였으며, 아랍과 모로코 남자들이 입었다.

캐미탭 세트(cami−tap set) 투피스로 된 속옷 세트로, 상의는 캐미솔과 유사하며 블라우스로도 입을 수 있다. 약간 플레어로 재단된 짧은 반바지 위에 착용하며 보통 새틴으로 만든다.

캐벌리 능직(cavalry twill) 기병대(cavalry)의 승마용 바지를 만드는 탄탄한 직물에서 유래된 명칭으로, 63°의 이중 능선이 보이는 탄력있고 탄탄한 직물이다. 보통 모사를 사용하지만 스펀 레이온을 비롯한 인조 섬유를 사용하기도 한다.

캐벌리 능직

캐벌리 메스 베스트(cavalry mess vest) 1630 ~1640년대 반다이크(Vandyke) 시대의 영향을 받아 넓은 레스 칼라에 주름이 잡힌 풍성한, 소매의 남자 셔츠와 함께 착용한, 새틴으로 된 넓게 젖혀진 싱글의 조끼를 말한다.

캐벌리어 부츠(cavalier boots) 발목까지 오는 커프스가 접힌 부츠이다. 주로 남성용 부츠로 부드럽고 유연한 가죽으로 만든다.

캐벌리어 슬리브(cavalier sleeve) 앞소매의 솔기가 벌어져 셔츠가 보이거나 팔꿈치 위에 트임이 있게 만든 불룩한 소매이다. 17세기 기사들의 웃옷인 더블릿 소매와 같다.

캐벌리어 커프스(cavalier cuffs) 글러브 커프스의 일종으로 손목은 꼭 맞고 위로 올라가면서 벌어지게 꺾어 접은 커프스로 영국의 샤를(Charles) 1세를 지지하던 왕당원의 복장에서 유래하였다.

캐벌리어 해트(cavalier hat) 캐벌리어는 17세기경의 기사라는 의미로, 캐벌리어 해트는 당시 그들이 애용했던 모자를 말한다. 넓은 챙의 한쪽은 위로 젖혀져 있고, 그 위에 꽃이나 열매 또는 깃털 등이 장식되어 있는 것이 특징이다. 카사노바 스타일에 어울리는 액세서리의 하나로 컬렉션에 등장한 바 있다. 실제 이 모자들은 반다이크의 회화에서 자주 볼 수 있다.

캐비아 백(caviar bag) 캐비아란 철갑상어의 알을 소금에 절인 것으로, 캐비아와 같은 작고 귀여운 구슬로 만든 가방을 말한다. 구슬은 다양한 색의 플라스틱으로 만들며, 이 구슬들은 엮어서 가방으로 만든다. 가방은 안과 겉 양면을 모두 다 사용할 수 있는 것도 있다. 백색, 빨강색, 청색 등 다양한 색이 사용된다.

캐비아 스타일(caviar style) 캐비아란 술안주 등으로 사용하는 철갑상어의 알인데 이와 비슷한 형의 니트를 가리키는 용어로 의장연사(意匠撚絲)를 사용하여 이면감(裏面感)을 변화시킨 니트를 말한다. 표면효과가 있는 릴리프(relief)풍의 니트로서 동색계 농담으로 대비를 표현한 타입을 선호하기도 한다.

캐속(cassock) ① 스탠딩 칼라가 달린 코트와 같은 전신 길이의 예배용 로브로, 목사, 성가대원들이 입었으며 때로 흰색 서플리스(surplice)나 코타(cotta) 아래 입었다. ② 성직자들이 입은, 앞에 단추가 달린 짧은 재킷이다. ③ 케이프 칼라가 달린 길고 헐렁한 오버 코트로, 16세기 말부터 17세기에 사냥, 승마 때 남녀 모두가 입었으며, 보병대도 입었다.

캐속 맨틀(cassock mantle) 무릎 길이의 짧은 소매가 달린 클로크로 어깨에 셔링(shirring)이 있으며 뒤에 여밈이 있다. 1880년대에 여자들이 입었다.

캐벌리어 커프스

캐비아 백

캐스케이드 드레이프(cascade drape)　폭포처럼 흘러내리는 느낌을 주는 드레이프로 풍성한 블라우스 등에서 볼 수 있다.

캐스케이드 스트라이프(cascade stripe)　흰 바탕에 선명한 원색의 줄무늬 문양을 말한다.

캐스케이드 이어링(cascade earring)　캐스케이드는 '폭포, 작은 폭포, 인공 폭포' 등의 뜻으로, 이러한 모양을 가지는 흘러내리는 듯한 디자인의 귀고리를 말한다. 화려한 분위기를 보이는 이러한 귀고리는 야회용 드레스와 같이 성장할 때 주로 착용한다. 초커나 롱 네크리스 등과 함께 사용하여 신비스러운 분위기를 자아내는 경우도 많다.

캐스케이드 칼라(cascade collar)　원형으로 재단하여 주름을 잡고 늘어지게 만든 칼라이다. 주로 블라우스에 많이 사용하며 허리선까지 늘어지게 만들기도 한다. 캐스케이드는 작은 폭포라는 뜻으로 주름이 잡혀 늘어지는 모양이 마치 폭포가 흘러내리는 것과 같이 보인다 하여 붙은 이름이다.

캐스케이드 프릴(cascade frill)　폭포 모양의 프릴 장식천을 의미한다. 스커트의 단이나 드레스의 부분에 사용되어 패셔너블한 분위기를 고조시킨다.

캐스터(castor)　비버털 혹은 매끄러운 털, 직물로 만든 모자이다. 캐스터는 라틴어로 비버를 뜻한다.

캐스퍼, 허버트(Kasper, Herbert 1926~)　미국 뉴욕 출생으로 파슨스 예술대학에서 공부했고 파리 의상조합학교에서 공부한 후 자크 파트, 마르셀 로샤, 그리고 《엘》지에서 일했다. 1960년대 초반, 미국으로 돌아와서 존 프레드릭스와 합류하여 여성 모자 디자이너로 일했으며, 1965년 조안 레슬리의 부사장이 되었다. 니트 웨어 스웨이드와 실크 디자인에 탁월하다.

캐시미어(cashmere)　티베트, 인도 북부, 이란, 이라크, 중국 남서부 등지에서 사육되는 캐시미어 산양으로부터 얻는 헤어 섬유로서, 다른 수모와 달리 전모하는 것이 아니라 6~7월에 손으로 빗어서 떨어지는 털을 모아 사용한다. 주로 산양의 몸 표면에 나와 있는 무겁고 거칠며 긴 아우터 헤어(outer hair) 안에 있는 곱고 부드러운 언더코트(undercoat)를 가리킨다. 캐시미어는 부드럽고 가볍고 고상한 광택을 지닌다. 그러나 강도가 약하고 방적성이 나빠 양모를 20~30% 섞어서 방적하는 것이 보통이다.

캐시미어(cassimere)　① 굵은 방적사로 제직한 모평직물 또는 능직물이다. 대개 경사에 소모사를, 위사에 방모사를 써서 제직하며 때때로 경사에 면사를, 위사에 모사를 써서 2/2 능직물을 만들기도 한다. 광택이 있으며 비교적 가볍고 촉감이 거칠다. 미국에서 개발되었으며 색소니에서 유래되었다고 알려져 있다. 캐시미어(cashmere) 산양과 혼동하기 쉬우나 둘 사이의 공통점은 거의 없다. 수트나 바지 등에 쓰인다. ② 경사에 견사를, 위사에 방모사를 써서 만든 자카드 능직물이다. 19세기 중엽에 프랑스의 세단(Sedan)에서 처음 만들었으며, 나중에 면으로 대신하기도 하였다.

캐시미어 숄(cashmere shawl)　인도의 북서쪽 캐시미어 계곡과 티벳, 터키, 이란, 이라크, 중국 등에서 캐시미어 염소의 털로 만드는 부드럽고 화려한 숄이다. 파즘(pashm)이라 불리는 질좋은 털은 18인치 길이로 흰색, 검은색, 노란색이 있다.

캐시미어 스웨터(cashmere sweater)　캐시미어사로 짠 고가의 스웨터로 부드럽고 사치스러우며, 영국이나 스코틀랜드에서 많이 생산된다.

캐시미어 워크(cashmere work)　인도 자수의 한 종류로 캐시미어 지방에서 만들어진 것을 말한다. 캐시미어 바탕천에 필 스티치(fill stitch)로 자수한 것으로, 색감이 풍부하여 주로 숄에 이용된다.

캐시미어 코트(cashmere coat)　부드러운 고급 캐시미어 모직으로 만든 남녀 정통 스타일의 코트로 대개 큰 노치트 칼라에 단추가 3개 정도 달리며 주로 직선 스타일로 만든다.

캐시미어(cashmere)

캐신, 보니(Cashin, Bonnie 1915~　) 미국 캘리포니아주 출생으로 뉴욕과 파리에서 회화를 공부한 후 20세기 폭스사의 의상 디자이너로 캘리포니아에 왔다. 그러나 1949년 뉴욕으로 돌아가서 패션 디자인에 전념하며 1953년 자신의 스튜디오를 개설하였다. 그녀는 깨끗하고 단순한 이미지를 추구하였으며, 자연적이며 시간에 구애받지 않도록 디자인하였다. 또한 덜 형식적이며 시골풍이 느껴지는 디자인은 나바호 인디언의 직조 또는 조지아 오키프의 그림처럼 우아하며 세련되었다. 캐신 룩에는 레이어드 룩이나 소매 없는 가죽 재킷, 판초, 저지로 된 후드 달린 드레스 등이 있다.

캐주얼 수트(casual suit) 형식에 얽매이지 않고 자유롭고 편하게 입을 수 있는 스타일의 스포티한 재킷과 스커트나 팬츠로 이루어진 수트를 일컫는다.

캐주얼 클래식(casual classic) 전통적인 클래식한 모드를 주조로 하면서 꾸민 듯한 정장이 아닌 간편하게 착용할 수 있는 현대풍의 패션을 말한다.

캐처즈 마스크(catchers mask) 야구 경기 중 포수가 머리를 보호하기 위해 착용하는 가면으로, 머리 주위를 끈으로 단단히 조여주고 얼굴 부분은 철사나 플라스틱으로 가리도록 만든 가면을 말한다.

캐츠 아이(cats eye) ① 단백광(opalescent)의 초록색 베릴 종류로, 둥글게 세공하면 색깔이 변한다. 조명 아래에서는 보석의 방향에 따라 광택이 세로로 파동하는 것처럼 보인다. ② 석영과 금록석의 종류로 회색, 갈색 또는 녹색의 준보석이다.

캐치 스티치(catch stitch) ⇒ 새발뜨기

캐치 스티치트 심(catch stitched seam) ⇒ 새발뜨기 가름솔

캐터포일(quatrefoil) 기하학적인 네 잎 장식의 디자인으로, 문장으로부터 유래하였다.

캔들위크 니들(candlewick needle) 6cm 정도의 바늘귀가 계란형인 긴 바늘로, 캔들 위크 자수(candle wick embroidery)를 할 때

사용되기 때문에 이 이름이 붙었다.

캔디 컬러(candy color) 캔디에 보이는 원색조의 선명한 색들로 비비드 컬러 또는 브릴리언트 컬러 등의 강렬한 색의 유행에서 주목된 색의 하나이다. 특히 액세서리류에 많이 사용되어 비비드 블루의 귀고리나 새빨간 팔찌 등이 출현하게 되었다.

캔디 케인(candy cane) 사탕수수의 녹색을 말한다.

캔디 파스텔(candy pastel) 캔디에 보이는 차가운 분위기를 특징으로 하는 파스텔 컬러로 독특한 광택을 지닌 색조이며 크레용 컬러와 함께 맵시있고 다이내믹한 느낌을 주는 색으로 주목하게 되었다.

캔디 핑크(candy pink) ⇒ 봉봉 핑크

캔버스(canvas) 원래는 대마 또는 아마포를 말하나, 현재는 대부분 면사로 제직된다. 강하고 치밀한 직물로 바지, 신발, 천막, 포대, 우편낭, 실내 장식 등에 쓰인다.

캔버스 슈즈(canvas shoes) 신발의 등 부분을 캔버스 직물로 만든 운동화의 총칭이다. 스니커도 여기에 포함된다.

캔터루프(cantaloupe) 캔터루프라고 불리는 남아메리카산 멜론의 내부 육질에 보이는 밝은 주황색이 가미된 황색을 말한다.

캔톤 크레이프(canton crepe) 경·위사를 모두 크레이프사를 써서 만들어 부드럽고 울퉁불퉁한 표면을 갖는 견 또는 레이온 직물이다. 경사는 가는 것을, 위사는 보다 굵은 것을 써서 위사 방향으로 가는 골을 이룬다. 견사로 만들 때에는 14/16~20/22데니어의 실을 쓰며, 크레이프 드 신(crepe de Chine)과 비슷하나 보다 두껍다. 처음에는 캔톤 실크(canton silk)라 불렸다.

캘리그래픽 스카프(calligraphic scarf) 알파벳 철자를 문양화하여 장식으로 표현한 스카프를 말한다. 1960년대 후반에 도입되었다.

캘리스세닉 커스튬(calisthenic costume) 블루머(bloomer)와 비슷한 무릎 길이의 드레스로, 1850년대 후반에 여성들과 소녀들이 착용하였으며, 김나지움(gymnasium)이라고

캐신, 보니

부르기도 한다.

캘리코(calico)　처음에 인도의 캘커타에서 생산되었다는 데서 유래한 명칭으로, 경량의 날염 면포로서 광택이 있는 직물이다. 원래는 화려하고 섬세하게 동물, 조류, 화초, 수목 등의 모양을 날염한 것이었는데, 근래에는 태사(太絲) 직물에 작고 간단한 무늬를 날염한 것이 많다.

캘리포니아 엠브로이더리(California embroidery)　캘리포니아가 스페인의 식민지가 되기 이전에 행해진 원시적인 수예로서 동물에서 난 재료로 만든 끈, 생선뼈로 만든 바늘을 이용하여 하는 수예기법이다.

캘리포니아 엠브로이더리

캘린더(calender)　직물 가공의 마지막 단계에서 직물 표면을 평평하고 매끄럽게 하기 위해 사용하는 롤러이다. 금속으로 되어 있는 것과 목질이나 섬유로 표면을 덮은 두 개의 롤러 사이로 직물을 통과시키며, 이때 열을 가해 뜨거운 롤러 사이를 통과하거나 가늘고 섬세한 대각선이 조각된 롤러를 사용하여 직물 표면에 무늬를 넣어 주는 것이 있다. 이러한 캘린더를 특히 슈라이너 캘린더라고 한다.

캘린더링(calendering)　직물 표면을 매끄럽고 평활하게 하는 캘린더 롤러를 사용하여 직물에 광택을 부여하는 가공을 의미한다.

캘린더 워치(calender watch)　시간을 알려주는 기능 외에도 연, 월, 일을 알려주는 시계를 말한다.

캘세더니(chalcedony)　투명하고 밝은 종류의 옥수(玉隨)를 말한다. 색에 따라 여러 명칭으로 불리는데 직색은 카닐리언(carnelian), 신록색(apple green)은 크리소프레이즈(chrysoprase), 붉은 점이 있는 짙은 녹색은 블러드스톤(bloodstone) 또는 헬리오트로프(heliotrope), 흰색과 붉은 띠가 있는 것은

오닉스(onyx), 갈색과 흰색 띠가 있는 것은 사드 오닉스(sard onyx)라고 한다.

캘큘레이터 워치(calculator watch)　계산용 시계로 세계 8곳의 다른 시간대의 시각을 알려 주며 얼람 기능도 있는 시계이다. 또한 16가지 종류의 수학적 문제를 처리할 수도 있다.

캠퍼스 스트라이프(campus stripe)　아이비 룩의 스웨터 등에서 볼 수 있는 줄무늬로 특히 왼쪽 소매의 상부에 대조적인 색을 사용하여 배합한 것을 말한다.

캠페인 코트(campaign coat)　원래는 1667년 경부터 계급에 따라 입었던 군사용 오버코트이며, 나중에는 시민복으로 남자들에게 채택되어 17세기 말에 입었다.

캠프 셔트(camp shirt)　캠프를 할 때 자주 입는다는 점에서 붙여진 호칭으로 오픈 칼라형의 캐주얼한 셔트이다. 보이 스카우트의 유니폼과 같은 디자인으로 반소매, 패치 포켓이 특징이며 소재로는 두꺼운 면을 많이 사용한다.

캠프 쇼츠(camp shorts)　앞판과 뒤판에 커다란 패치 포켓이 달린 반바지로, 포켓의 상단부는 벨트 고리의 역할을 하는 루프로 디자인되었다. 여름 캠프에서 많이 착용되며 때로는 유니폼으로 사용되기도 한다. 트레일 쇼츠라고 부르기도 한다.

캠프 칼라(camp collar)　보이 스카웃의 유니폼에서 볼 수 있는 활동적인 이미지의 스포츠 셔트를 캠프 셔트라고 하며, 캠프 셔트의 칼라형을 캠프 칼라라고 한다.

캡(cap)　테 또는 챙이 없는 모자의 총칭으로 중절모자와 같이 챙이 있는 모자보다는 편한 형태에 보통 앞쪽에 빛가리개가 있는 경우도 있다. 펠트, 가죽, 밀짚, 천 등으로 만들어지고 스포츠나 비공식 모임에서 주로 착용한다. 16세기에는 하인, 건습생들이 썼고, 19세기에는 신사들이 시골에서나 스포츠를 할 때 착용하였으며 도시에서는 거의 사용하지 않았다. 1500년부터 19세기까지 숙녀들은 실내에서 사용하였는데 모브 캡(mob cap)이

캡

라고 불렀다. 그 이후로는 여자 하인이나 노인들만 사용하였다.

캡리스 가발(capless wig)　머리 모양에 맞게 그물띠가 있는 모든 모양의 가발로 공기 순환이 잘 되도록 되어 있어 썼을 때 시원함을 느낀다.

캡 슬리브(cap sleeve)　소매 진동선이 없이 몸판에서 어깨선을 연장시켜 재단하여 어깨를 살짝 덮게 만든 소매이다. 1940년대에 유행하기 시작하였으며 1980년대에는 캡 슬리브에 턴오버 커프스가 첨가되어 디자인되기도 하였다.

캡틴 시스템(captain system)　문자 도형 정보로 네트워크 시스템의 약칭이다. INS(고도 정보 통신 시스템), VAN(부가가치 통신망)과 연계되어 각 도시에 보급되는 상용 서비스 시스템으로 전화, TV, 컴퓨터 등에 연결하여 각종 서비스가 제공되어 홈 쇼핑을 가능하게 한다.

캣 수트(cat suit)　유니타드와 비슷한 옷으로 긴 소매에 몸판에서 발끝까지 연결되어 있는 타이트한 원피스 수트이다.

캣 스티치(cat stitch)　⇒ 새발뜨기

캥거루(kangaroo)　캥거루의 가죽을 말하는 것으로, 오스트레일리아에서 생산되고 주로 미국에서 무두질한다. 대개 식물성 타닌이나 크롬 무두질을 하며, 때때로 스웨이드 가공을 하기도 한다. 안락하고 질기며 남자의 고급 구두나 운동화, 장갑 등에 이용된다.

캥거루 스커트(kangaroo skirt)　1940년대 초에 엘 시 프랭크퍼트(Elsie Frankfurt)가 디자인한, 앞중심의 윗부분이 둥글게 재단된 임신부를 위한 스커트이다. 이 부분은 태아가 커지면서 조절이 될 수 있도록 신축성 있는 옷감으로 만들어진다.

캥거루 포켓(kangaroo pocket)　상의나 스커트의 중앙에 달린 캥거루의 배와 같은 모양의 포켓을 말한다. 아동복이나 에이프런, 젊은 여성의 점퍼 슈트 등에서도 볼 수 있는 실용적인 장식의 의미가 있는 포켓이다.

커드링턴(Codrington)　남자의 헐렁한 오버코트로 체스터필드와 비슷한 싱글이나 더블 브레스티드로, 1840년대에 입었다. 1827년 나바리논(Navarinon)에서 함대를 승리로 이끈 영국의 에드워드 커드링턴(Edward Codrington)경의 이름에서 유래하였다.

커런덤(corundum)　모스 경도계로 9인 아주 단단한 광석으로 루비나 사파이어 등의 보석을 만든다. 색깔이 다양하고 값이 그리 비싸지는 않아 팬시 사파이어로 불리며, 적색 커런덤은 루비로도 불린다.

커리 브라운(curry brown)　카레라이스에 보이는 카레의 갈색으로 염황색에서 카키 브라운의 짙은 갈색계까지 다양한데 특히 갈색계를 지칭한다. 1981년 춘하 파리 컬렉션에서 보인 독특한 색의 하나이다. 한편 향신료인 파프리카(paprika) 레드 등 향신료의 색이 많이 부각되는 것과 관련이 있다.

커리어 수트(career suit)　어떠한 작업에 알맞는 기능성을 살린 작업복을 일컫는 새로운 호칭으로 미국 기성복 업계에서 만들어낸 용어이다.

커리어 웨어(career wear)　업무용 의복, 유니폼이라는 의미이지만, 특히 일하는 여성을 위한 의복이라는 뉘앙스가 강하다. 커리어 우먼의 증가 때문에 이러한 의복의 수요가 늘고 있다. 스포츠 웨어, 액티브 웨어가 중심이 되지만 편안하고 기능적인 의복이 좋으며 새롭고 패셔너블한 유니폼으로서의 성격이 강하게 요구된다.

커리클 드레스(curricle dress)　허벅지 길이의 짧은 소매가 달린 오버 튜닉으로 1790년대부터 1800년대 초까지 여자들이 긴 드레스 위에 입었다.

커리클 코트(curricle coat)　① 19세기 초의 좁고 긴 여성용 외투를 말하는 것으로, 라펠(lapel)이 있고 앞가슴에서 허리까지 잘려 있으며 뒤에는 경사진 선으로 디자인되어 있다. 기그 코트(gig coat)라고도 불렀다. ② 19세기 중반에 입었던 남성용 박스형 코트 또는 드라이빙 코트를 말하는 것으로, 커리클 클로크(curricle cloak)라고도 한다.

캡 슬리브

커리클 펠리스(curricle pelisse)　1820년대에 입혀진 세 개의 케이프가 달린 여자들의 펠리스이다.

커맨더즈 캡(commanders cap)　⇒ 애스트러너츠 캡

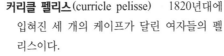
커머번드

커머번드(cummerbund)　넓고 주름이 잡혀 있는 천으로 만들어진 허리띠로, 주로 뒤에서 고정한다. 남성의 정장용 수트에 함께 매기도 한다. 인도의 카마밴드(kamarband)에서 유래하였다.

커뮤니언 드레스(communion dress)　로마 카톨릭 교회에서 소녀들이 처음 맹세받을 때 입는 백색 드레스에 짧은 백색 베일이 달린 드레스이다.

커뮤니언 베일(communion veil)　카톨릭 교회에서 첫 영성체 때 소녀들이 착용하는 팔꿈치 길이의 얇은 베일을 말한다.

커미셔네어(commissionaire)　미국의 소비자와 외국의 상품 구매자 사이에서 에이전트 역할을 해 주는 사람을 말한다.

커버드 힐(covered heel)　가죽 또는 다른 플라스틱으로 덮어씌운 나무 또는 플라스틱 힐을 말한다.

커버올즈(coveralls)　상의와 하의가 하나로 연결된, 기계공이나 노동자들의 작업복으로 의복을 보호하기 위하여 옷 위에 덧입게 만든 의복을 말한다. 데님, 진, 코듀로이 등과 그 외에도 튼튼한 옷감으로 만든다. 포켓의 위치, 크기, 스티치 등에 따라 스타일이 다양하며 어린이복에 많이 이용된다. 처음에는 1920년대에 주유소에서 일하는 사람들이 착용하였으며, 1960년대 후반기부터 스포츠웨어로 유행하였다.

커버트(covert)　두꺼운 능직의 일종으로 서로 다른 두 가지 색의 경·위사를 써서 직조하여 얼룩덜룩하게 보인다. 면이나 모 외에 인조 섬유로 만들 수도 있다.

커브 헴(curve hem)　여성용 반코트나 원피스 등에 많이 사용되는 방법으로 의복의 도련선이 둥글게 처리된 라인을 말한다.

커버올즈

커스텀 메이드(custom made)　손님의 주문으로 체촌하여 그 사람만을 위해 특별히 만들어진 옷을 말한다. 일명 오더 메이드라고 칭하며 기성복인 레디 메이드에 반대가 된다.

커스튬(costume)　1860년대에 긴 옷자락이 달린 외출용 드레스나 애프터눈 드레스를 가리키는 용어이다.

커스튬 메이드(costume made)　고급 주문복 의상점에서 개개인의 손님에게 맞도록 특별히 오리지널한 디자인을 하여 고급 봉제로 개별적인 가봉에 의하여 의상을 맞추어 주는 과정을 말한다. 이러한 일을 하는 사람을 커스튬 디자이너라고 한다.

커스튬 수트(costume suit)　원피스 드레스와 코트나 재킷으로 이루어진 앙상블을 일컫는다.

커스튬 아 라 컨스티튜션(costume à la constitution)　모슬린이나 론(lawn)으로 된 드레스로 빨강, 흰색, 파랑 줄무늬나 꽃무늬가 있으며 주홍색 띠와 헬멧 형태의 모자와 함께 입었는데, 이것은 프랑스 혁명의 3색의 상징으로, 애국자들이 입었다.

커스튬 주얼리(costume jewelry)　장신구에 진품 대신 모조품을 사용한 액세서리를 말한다. 특히 샤넬이 대중적인 확산을 위하여 진품 대신 인조 보석을 대량 사용하여 제안한 긴 목걸이가 대표적이다. 보석이 귀중품이라기보다는 의복의 일부라는 의미를 담고 있다.

커지(kersey)　① 표면이 광택이 매우 많고 섬세하게 기모 처리된 방모 직물로, 빽빽하며 비버털보다 짧지만 무게는 마틴이나 비버의 털과 같거나 더 가볍다. 내구성이 있고, 오버코트나 유니폼에 쓰인다. ② 대각선으로 교

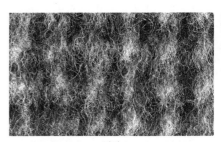
커지

차되었거나 능직이고, 성기거나 꽉 짜여져 있다. 전체가 모섬유이거나 면 경사와 모 위사 직물이다. 영국의 커지라는 마을에서 이름이 비롯되었고 11세기에 만들어졌다.

커치프(kerchief)　머리 또는 목에 덮어서 착용하는 스카프로 보통 정사각형을 삼각형으로 접어 포개어 교차시킨 끝부분을 가슴에서 묶는다. 네커치프라고도 불린다.

커쿤 드레스(cocoon dress)　타원형으로 된 드레스로 바이어스로 잘라서 몸에 두르듯이 입는 옷으로 1970년대 후반부에 유행하였다.

커쿤 셰이프(cocoon shape)　‘누에고치형’이라는 의미로 이러한 독특한 둥근 형태의 실루엣을 말한다. 1981, 1982 추동 파리 오트 쿠튀르에서 이브 생 로랑이 발표한 블라우스 신작에서 나타났다. 상의가 넓고 옷자락으로 가면서 가늘어지는 실루엣을 말한다.

커쿤 재킷(cocoon jacket)　커쿤은 누에고치를 말하는데 재킷의 모양이 어깨에서부터 고치처럼 둥글게 되어 있으며 아래 부분은 대개 끈을 잡아당기는 드로스트링(drawstring)으로 풍성하게 되어 있다. 대개 꼭 맞는 타이트한 팬츠를 매치시킨다.

커쿤 코트(cocoon coat)　넓은 어깨에 넓은 소매 커프스가 달린 풍성한 배트윙 소매에 접어서 서게 된 롤 칼라가 달리고 밑으로 내려가면서 좁아진 형태가 누에고치 모양으로 된 코트이다. 1984년 봄 컬렉션에서 파리의 디자이너 이브 생 로랑이 벨벳으로 된 코트를 통하여 소개하였다.

커터 셔트(cutter shirt)　남자들이 양복 밑에 입는, 목과 소매 커프스를 덧대어 만든 셔트로 군함의 승무원들이 착용하였던 셔트에서 유래하였다고 한다.

커터웨이 슬리브(cutaway sleeve)　크게 끊어 떨어뜨린 소매를 의미하는 것으로, 부드럽게 흔들리는 듯한 이미지를 갖는 루스 타입의 드레스 등에 많이 보이는 소매이다. 경사지게 절개하여 소맷부리를 크게 한 것이 대표적이다.

커터웨이 칼라(cutaway collar)　일반적인 셔트 칼라의 끝을 절개한 느낌을 주는 둥근 칼라이다. 라운드 칼라라고도 하며 캐주얼 셔트에 많이 사용된다.

커터웨이 코트(cutaway coat)　길이는 거의 무릎까지 오며, 재킷의 앞자락 일부가 뒤쪽으로 비스듬하게 잘려나간 코트이다. 주로 검은 천으로 만들며, 남성들이 조끼와 줄무늬진 바지를 함께 입는다. 코트는 허리에 단추 하나만 달고 뒤의 끝은 뾰족하게 단을 처리했으며, 모닝 코트, 라이딩 코트라고도 불린다. 19세기부터는 뉴마켓 코트라 불렸다. 이 코트는 결혼식 때나 다른 공식적인 행사 때 주로 낮동안에 입는 정장이기 때문에 모닝 코트라고 불렸다. 영국의 산업 혁명 시기에 신사들과 귀족들이 입던 겉옷으로, 단추가 뒤쪽에 붙어 있다.

커쿤 코트

커터웨이 프록(cutaway frock)　프록 코트와 비슷한, 거의 무릎 길이인 남자들의 수트 코트로 허리선에서부터 옆솔기까지 둥근 곡선으로 재단되었다. 1890년대와 1900년대 초에 입었다.

커틀(kirtle)　① 10~16세기 중반까지 여성들이 스목(smock) 위나 가운 아래에 착용하였던 소매 길이가 긴 기본 의복을 말하는 것으로, 남성들은 무릎 길이의 튜닉으로 착용하였다. 16세기 중반부터 17세기 중반까지의 하프 커틀(half-kirtle)은 페티코트로 사용되었다. ② 18~19세기의 짧은 재킷에 붙여진 이름으로, 세이프가드(safeguard)와 동의어로 사용되었다.

커터웨이 코트

커팅 테이블(cutting table)　⇒ 재단대

커포트(capote)　넓은 케이프 칼라로 된 적색의 안감을 댄 플레어진 넓고 둥근 형태의 케이프이다. 에스파냐 마라도의 투우사들이 투우할 때 착용한 케이프이다. 때로는 capot라고도 표기한다.

커프 밴드(cuff band)　⇒ 밴디드 커프스

커프 브레이슬릿(cuff bracelet)　폭이 넓거나 좁으며 뒷면이 연결되지 않고 열린 상태의 타원형의 팔찌를 말한다.

커프스 링크(cuffs link)　커프스 버튼의 총칭

이다. 드레스 셔츠의 소맷부리에 착용하는 장식 단추의 총칭이다. 정장용 의복에 주로 사용되며, 단순한 것은 일상적인 비즈니스 수트에도 착용된다. 보석류와 귀금속 등을 비롯해 다양한 소재가 사용되며, 넥타이 홀더와 한 벌로 착용하기도 한다.

커프스 버튼(cuffs button)　드레스 셔츠나 블라우스의 더블 커프스를 고정시키기 위해 착용하는 단추의 일종으로 기능성과 장식성을 모두 충족시킬 수 있는 것이 특징이다.

커프톱 거들(cuff-top girdle)　윗부분이 넓은 고무 밴드로 된 지퍼로 여닫는 거들로, 하이 라이즈 거들이라고도 한다.

컨덕터즈 캡(conductor's cap)　윗부분은 각지고 둥근 필박스 모양으로 된 모자로 앞쪽에 기장이 있고 모자의 챙 위는 실로 장식되었으며 주로 기관사가 앞쪽을 수평으로 하여 쓰는 모자이다.

컨버터(converter)　직물 도·소매상과 직물 재료업과의 중간인으로 패션의 경향, 옷감의 선호 경향 등을 잘 알아서 각종 정보를 제공하여 옷감이 되어 나오기까지 염색, 방수 등 모든 문제를 관여하고 책임지는 사람이다.

컨버터 레더(converter leather)　가죽을 구입하는 회사로서 농장에서 가죽을 보급업자에게로 가져와 완성품을 판매한다.

컨버터블 칼라(convertible collar)　스포츠 칼라처럼 작은 라펠이 달린 칼라로, 앞목 부분에서 단추나 고리로 여미면 셔츠 칼라처럼 목에 꼭 맞게 된다.

컨버터블 칼라

컨버터블 커프스(convertible cuffs)　단추나 커프스 링크로 여미게 만든 셔츠 커프스이다.

컨버터 텍스타일(converter textile)　공장이나 도급업자들로부터 반가공 직물을 구입하거

나 다루는 회사로서 직물을 완성 공장으로 가져와 프린트 등의 가공으로 완성품을 만들어 낸다.

컨벌루션(convolution)　⇒ 천연 꼬임

컨셉트 머천다이징(concept merchandising)　판매상품과 판매전개에 관한 기본적인 생각을 명확히 하고 구체적으로 제안하는 것을 특색으로 한 상품정책이다. 예를 들면 하나의 복종만을 취급하거나 또는 코너를 구성하거나 대상 연령대를 명확히 하는 상품전개 방식이다.

컨셉트 숍(concept shop)　특정한 콘셉트를 부각시키는 상품기획이나 판매전개 방식에 의한 스토어이다. 예를 들면 트래디셔널 패션을 전문으로 하는 숍이나 1950년대의 패션만 취급하는 전문점 등을 말한다.

컨스트럭션 부츠(construction boots)　노란색 가죽으로 두껍게 만들어졌으며, 발목보다 몇 인치 높고 두꺼운 고무창과 쐐기 모양의 굽이 있으며 앞에서 끈으로 여미는 부츠이다. 원래 건설 공사장의 인부들이 신은 부츠였으나 1970년대 젊은층에서 인기를 끌었다.

컨템포러리스트(contemporarist)　현대적인 감성을 지닌 자를 의미한다. 오늘을 앞서가는 사고를 지닌 자로, 유행을 받아들이기 쉬운 층이어서 패션 마케팅의 중요한 타깃이다.

컨트롤 브리프(control brief)　⇒ 가터 브리프

컨트롤 팬티즈(control panties)　브리프(brief), 롱 레그 팬티, 팬츠 라이너 등과 같이 신축성 있는 고무질의 니트로 되어 체형에 맞게 조절이 가능한 팬티를 가리킨다.

컨트롤 팬티호즈(control pantyhose)　크거나 모양의 조절이 가능한 가벼운 거들로 신축성 있는 탄성사와 결합된 나일론사로 팬티 부분을 짠 팬티호즈를 말한다.

컨트리 수트(country suit)　스포티하고 캐주얼한 감각의 수트로, 주로 트위드 같은 컨트리풍의 느낌을 자아내는 소재를 사용하여 만든다.

컨페티 얀(confetti yarn)　컨페티는 '색종이

컨스트럭션 부츠

컨트롤 팬티호즈

조각' 이란 뜻으로 여러 가지 색을 사용한 실을 말한다.

컨펙셔너즈 컬러(confectioners color)   '과자점, 과자 제조자' 의 색이라는 의미로 과자점 가게에서 보이는 사랑스럽고 귀여운 분위기의 색채군을 말한다. 캔디에 보이는 원색조의 선명한 색과 케이크에 보이는 다른 느낌의 색이 대표적인 것으로 로맨틱한 무드의 여성복 등에 사용된다.

컨포메이터(conformator)   목표가 되는 거의 정확한 치수나 모양을 만들어내는 용구로 모자 치수를 만드는 데 사용하기도 한다.

컬(curl)   나선형으로 꼬인 머리 모양으로 머리에 붙게 하거나 얼굴 둘레로 매달린 모양의 헤어 스타일을 말한다.

컬랩서블 글라스(collapsible glasses)   컬랩서블은 '꺾어 접는다' 라는 의미로, 접을 수 있는 안경을 말한다. 좌우 렌즈의 연결 부분인 브리지를 접을 수 있도록 고안된 안경으로 보관하기에 간편하다. 성인들의 원시용 안경에 많이 사용되며, 패셔너블한 선글라스 등에도 활용되는 아이템의 하나이다.

컬러드 그레이(colored gray)   컬러드 블랙(colored black)과 같이 사용되는 유행색의 하나로 색의 기미가 있는 회색을 말한다. 즉 청회색과 같은 색을 가리키는 용어이다.

컬러드 그린(colored green)   약간의 색이 가미된 무채색계의 총칭이다. 실버 그레이, 차콜 그레이, 블루 그레이 등이 대표적인 예로 오프 뉴트럴과 동의어이다. 1978년 추동부터 1983년 추동까지 유행색의 주요 역할을 담당했던 색이다.

컬러드 블랙(colored black)   색상이 가미된 검은색을 뜻한다. 즉, 검은색은 본래 무채색으로 색으로 간주되지 않지만 최근의 유행색으로 인기를 얻게 되자 검은색도 색의 하나로 인정해야 되지 않을까 하는 움직임에서 나온 용어이다. 컬러드(colored)에는 '착색한, 착색하고 있는, 과장한, 외관의' 란 의미도 포함된다.

컬러리스트(colorist)   색채를 전문적으로 다루는 패션 코디네이터를 말한다. 색채에 관한 정보를 수집하고 분석해서 그 결과를 회사의 각 부서에 배부하는 일을 맡는다. 이렇게 하면 회사는 통일된 컬러 시스템을 확립할 수 있게 된다. 때로는 텍스타일 디자인 부분의 배색 전문가도 컬러리스트라고 호칭한다.

컬러 믹스(color mix)   색의 혼합, 즉 혼색조란 뜻으로 컨트리풍의 유행 패션과 어울려 1980년대 후반에 두드러졌던 색배합 방법을 말한다. 또 소재의 표면 효과를 중요시하는 경향과 더불어 소재의 색상을 혼합하여 환상적인 효과를 내기도 한다.

컬러 밸런스(color balance)   배색된 색들이 심리적, 감각적으로 서로 조화를 이루어 시각적으로 안정감을 지닌 경우를 말한다. 바꿔 말하면 색들이 양적으로 조화를 이루고 있는 것을 가리킨다. 밸런스는 좌우대칭의 포멀 밸런스(formal balance), 좌우가 비대칭인 인포멀 밸런스(informal balance)의 두 종류가 있다. 또 의상에서는 전후 밸런스도 있고 상하 관계의 밸런스도 있다.

컬러 블로킹(color blocking)   색의 구획을 형성하는 것을 말한다. 블록은 '덩어리, 구획' 이라는 의미로 색들의 덩어리를 대비시킨 상태로 전체 공간을 표현하거나 그러한 디자인을 말한다. 단순한 사각형의 컬러 블록을 만들거나 계단상으로 배합하기도 하면서 표현되는 다양한 방법은 특히 니트 웨어에 많이 사용된다.

컬러 시스템(color system)   색광(色光, color or light), 또는 색채(色彩, color) 등 표색체계의 통칭이다. 표색계라고도 한다. 색은 광삼원색(光三原色)의 가변혼합으로 모든 색을 삼자격치(三刺檄値)로 표시한 체계이다. 이것에 대해 색채는 물체색으로 표준색을 색상, 명도, 채도 등 계통적으로 배열하여 표색한 것이다. 현색계(color appearance system)라고도 한다.

컬러 어레인지먼트(color arrangement)   색 배합, 배색을 말한다. 작품 전체의 색채 사용

상태를 조절하거나 주가 되는 색에 악센트 컬러를 더하여 통일감을 주기도 하며 배색 전체의 상태를 조절하는 것을 말한다. 컬러 코디네이트와 거의 동의어로 사용된다.

컬러 업(color up) 색의 채도를 높게 하는 것을 말한다. 즉, 원색이나 순색에 가까워지는 것을 말하며 최근의 컬러 경향으로 주목되고 있다. 될 수 있는 한 산뜻하고 강한 색조를 선호하는 경향을 가리킨다.

컬러 차트(color chart) 유행색의 정보를 수집, 정리할 때 색상과 톤을 종축, 횡축으로 배치하여 일목요연하게 파악할 수 있도록 작성된 표를 말한다. 이 위에 색 샘플이나 사인을 기록해 두면 그 계절 유행색의 경향, 정보의 집중도 등을 예측하는 데 많은 도움이 된다. 또 사전에 색상 수와 톤 종류를 한정한 차트를 만들어 두고 이것에 코드 번호를 정해 두면 색 코드화가 가능해진다.

컬러 컨디셔닝(color conditioning) 실내 배색과 유니폼 배색 등에 있어 광의의 생활 기능을 생각해 개인적인 취미나 미적 요구를 억제하고 색의 심벌성이나 이미지성을 중시해 실내 공간이나 의복이 갖는 기능성을 우선적으로 고려한 배색 방법을 말한다. 색채 관리, 컬러 컨트롤(color control)이라고도 한다. 또한 컬러콘으로 약칭하는 경우도 있다.

컬러 코디네이트(color coordinate) 색상의 배색과 조화를 고려하여 조절하는 것을 말한다. 조화를 이룬 의복을 착장하려 할 때 윈도에 코디네이트된 복장 제안을 디스플레이할 때 색채는 중요한 조화의 기준이 된다. 일반적인 경우 동일한 색을 배합하거나 유사 색상을 사용하여 조화시키는 경우가 많다.

컬러 포지션(color position) 색채의 위상을 결정한다는 의미로 배색하는 색을 복장의 어느 부분에 어느 정도 분량으로 어떤 방법으로 사용할까 하는 것을 말한다. 복장의 컬러 밸런스에서는 특히 상하의 밸런스가 중요하며 상의와 하의의 어느 부분에 어떤 색을 사용할 것인가에 따라 배색 효과는 완전히 달라진다. 따라서 이러한 색채의 위치 선정이 컬러 포지션이며, 또 악센트 색채의 위치를 정하는 것도 같은 경우이다.

컬러풀 모노톤(colorful monotone) 모노톤은 '단조(單調)' 또는 '하나의 색'을 의미한다. 즉, 적이면 적, 황이면 황과 같은 컬러풀한 색만을 사용하여 전체를 구성하는 것을 의미한다. 원 컬러 코디네이션과 거의 같으나 색조에 명암을 사용하지 않고 전부 동일색으로만 구성한다는 특징이 있다.

컬렉션(collection) 하이 패션의 주문복을 하는 오트 쿠튀르(Haute Couture) 디자이너들의 창작 작품이나 또는 프레타포르테에 참여하는 메이커가 시즌에 앞서서 발표하는 작품들 또는 발표회를 말하며, 특히 여러 이미지와 테마로 이루어진 것을 함께 모았다는 의미가 내포되어 있다. 1년에 2회씩 봄, 여름 의상들을 모아서 춘하 컬렉션을 2월 중순에, 가을·겨울 의상들을 모아서 추동 컬렉션이라 하여 7월 중순에 모델들에게 입혀서 세계 각국의 패션 전문가들, 패션 바이어, 평론가, 저널리스트들에게 보여 준다. 이때 다른 디자이너들에게는 자기의 디자인을 보호하기 위하여 입장이 허가되지 않는다. 컬렉션 중에서 가장 전통있고 권위가 있는 것은 세계의 패션을 리드해 가는 프랑스의 파리, 이탈리아의 밀라노, 미국의 뉴욕 컬렉션들이다. 라인(line)이라고도 한다.

컬리난 다이아몬드(cullinan diamond) 세계에서 가장 큰 다이아몬드로 원석의 상태에서는 3,106캐럿(11/3파운드)이었다. 1907년 트란스발(Transvaal) 정부가 영국의 에드워드(Edward) 7세에게 선물했다. 이 원석은 유명한 530.2캐럿의 배모양인 스타 오브 아프리카, 광택이 찬연한 317.4캐럿의 사각형 다이아몬드로 세공되어 둘은 모두 영국 왕관의 보석으로 장식되어 있다. 나머지 조각으로는 9개의 커다란 다이아몬드와 96개의 작은 다이아몬드, 그리고 9캐럿의 광택이 강한 다이아몬드가 추가로 만들어졌다.

컬리 웨스턴워드(colley westonward) 보통

맨딜리온 재킷(mandilion jacket)을 뒤틀어 지게 입었다는 16세기의 속어적인 의미이다. 소매에 팔을 넣지 않고 입었으며 소매 하나 는 앞에, 다른 하나는 뒤에 달려 있어서 옆으로 돌아간 상태로 입었다.

컬 얀(curl yarn) ⇒ 루프 얀

컬 업(curl up) 편성물에서 가장자리가 휘말리는 성질을 말하며, 이로 인하여 편성물의 재단과 봉제상의 어려움이 있으나 양면 편성물에서는 이러한 현상이 나타나지 않는다.

컬처드 펄즈(cultured pearls) 양식 진주를 일컫는 것으로 작은 전복 조각을 굴 안에 인공적으로 넣음으로써 생산되는 진주들을 말한다. 1921년에 처음으로 판매되었다.

컬처 마켓(culture market) 1980년대의 새로운 판매 형태이다. 소비자의 지성을 인정하여 패션과 문화를 동일하게 취급하여, 백화점이나 대형 체인 스토어에서 이벤트형 패션 판매를 하는 것이 특징이다.

컴배트 부츠(combat boots) 미국 군인들이 신는 군화로 앞에서 끈으로 여미며 방수처리된 가죽으로 만든다.

컴배트 칼라(combat collar) 가장자리를 스티치로 장식한 셔트 칼라이다.

컴백 울(comeback wool) 메리노 면양과 레스터, 링컨, 햄프셔 등의 재래종과의 교배로 1대 잡종을 얻고 이를 다시 메리노와의 교배로 2대 잡종을, 다시 메리노를 교배하여 3대 잡종을 얻는다. 이 3대 잡종은 유전학상 처음 메리노종과 거의 같은 종류가 얻어져 처음의 메리노와 같은 성질로 돌아가므로 컴백이라 부른다. 컴백으로부터 얻어진 양모는 메리노 양모보다 굵고 거칠어 메리노에 비해 낮게 평가되나 탄력성이 뛰어나 편성물, 특히 수편용 모사에 적합하다. 주로 뉴질랜드, 남아메리카, 영국 등에서 사육된다.

컴퍼스 클로크(compass cloak) 16~17세기의 남성들이 착용하였던 원형 케이프를 말하는 것으로, 케이프가 반원형일 경우에는 하프 컴퍼스 클로크(half compass cloak)라고도 불렀다.

컴포트 슈즈(comfort shoes) 부드럽고 유연하며 굽이 낮은 구두로 편안함을 추구하는 노인이나 여성용으로 착용된다.

컴퓨터 그래픽(computer graphic) 컴퓨터를 사용하여 입체를 포함한 도형, 화상을 제작하는 방법이다. 도형을 형성하는 기본 데이터를 컴퓨터에 기억시켜 그 데이터의 일부 변수를 변화시킴에 따라, 원 그림을 디포르메로 한 도형을 자유롭게 그리는 일이 가능하게 된다. 아울러 컴퓨터 아트, 애니메이션을 시작으로 건축 설계, 의복 디자인, 텍스타일 디자인 등의 분야에서 실용화되고 있다. 약자로 CG라고 한다.

컴퓨터 드레스(computer dress) 한쪽 어깨만 있고 치마단이 층이 진 컴퓨터 칩들로 만들어진 드레스이다. 칩들은 컴퓨터, 텔레비전 그 외 전자 제품들에서 소재를 얻어 만든다. 1984년 이 드레스들은 패나지에 의하여 2,000~50,000달러에 팔렸다.

컴퓨터 패턴(computer pattern) 1960년에 발전된 컴퓨터로 만든, 봉제를 위한 옷본을 가리킨다. 대개 디자인실, 샘플실에서 된 옷본과 옷의 사이즈를 전문 컴퓨터 회사에 보내어 전문적으로 대량 생산한다.

컷스틸 비즈(cut-steel beads) 미세한 면을 가진 철이나 다른 금속으로 된 구슬로, 외모는 백철광(marcasite)과 유사하며 19세기 후반부와 20세기 초에 유행하였다.

컷아웃(cutout) 디자인상 의복의 일부분을 크게 도려내거나 잘라내는 것을 말한다.

컷아웃 글러브(cutout gloves) ⇒ 액션 글러브

컷아웃 드레스(cutout dress) 허리, 등 부분을 잘라내어 살이 들여다보이는 드레스를 말한다.

컷아웃 스윔 수트(cutout swim suit) 몸에 달라 붙는 마이요(maillot) 타입의 수영복이다. 앞중심이나 옆선 또는 어느 부분이라도 절개선을 넣고 그 절개된 부분에 그물이나 레이스 등을 대어 디자인하기도 한다. 1960년대 중반기에 등장하였다.

컷오프스

컷아웃 헴(cutout hem) '잘려진 가장자리' 라는 뜻으로 대개는 밑단에 의도적인 굴곡이 첨가된 헴라인을 말한다. 부드럽고 율동적인 실루엣 표현이 필요한 드레스나 스커트의 디자인에 주로 사용된다.

컷오프스(cut-offs) 블루 진즈 같은 긴 바지를 무릎 위에서 잘라 올을 풀어 만든 반바지이다. 1960년경 청소년들 사이에서 일시적으로 유행하기 시작하여 대중화되었다.

컷오프 스웨트 팬츠(cutoff sweat pants) 조깅이나 트레이닝 등에 착용하는 스웨트 팬츠를 밑위 부근에서 절단한 쇼트 팬츠이다.

컷워크(cutwork) 겉감에 도안을 그리고 뒤에 망사를 대고 시침한 다음 겉으로 무늬에 따라 망사도 같이 스티치하고 겉헝겊만 도안대로 잘라내면 밑에 망사가 나타나게 되는 수법으로, 르네상스 엠브로이더리라고도 불린다. 15세기에 이탈리아에서 정교한 컷 워크를 시작하였으나, 16세기가 되면서부터는 프랑스에서 발달하여 그 시대의 의복 장식으로 쓰였다. 컷 워크는 백색 자수의 일종으로 백색 옷감에 백색 실을 사용한 견고한 자수법으로 실용적인 수예이다. 도안에 따라 자른 곳에 망사를 대는 방법의 스티치로는 롤 스티치, 블랭킷 스티치, 버튼홀 스티치 등을 사용한다.

컷워크 레이스(cutwork lace) 커팅에 의해 만들어지는 디자인에 관한 일반적 용어이다. 특히 바탕 재료가 떨어져 나가고 그 자리를 루프와 스티치로 부분적으로 메운 고대의 장식 형식으로부터 발전하였다. 장식의 일종으로 먼저 장식의 기본 틀을 잡고, 바탕 재료를

컷워크 레이스

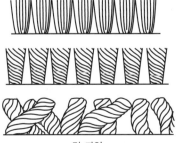

컷 파일

정확한 디자인의 윤곽을 따라 잘라낸 후 그 자리에 수를 놓는다.

컷 파일(cut pile) 파일 직물의 파일 끝 고리를 잘라준 형태를 말한다.

케냐 백(Kenya bag) 아프리카 케냐의 이미지를 보이는 가방으로, 마섬유나 목면 등 자연 소재를 사용하여 만든 가방을 말한다. 천연 마를 사용하여 매우 소박하며, 친근감이 가는 가방이다. 다채색의 굵은 가로 무늬를 활용한 디자인이 많다. 리조트 웨어에 적합한 캐주얼한 가방이다.

케냐 스트라이프(Kenya stripe) 아프리카 케냐 지방 민족의상에 나타나는 줄무늬의 속칭이다.

케냔 토브(Kenyan tobe) 단이 큰 프린트 무늬로 된 옷감으로 만든 어라운드 드레스로 두 개의 큰 스카프를 이어서 만든 것처럼 보이며, 아프리카 동쪽 케냐의 여성들이 착용한 데서 유래하였다.

케라틴(keratin) 양모, 기타 헤어 섬유 등을 이루고 있는 섬유상 단백질로, 같은 섬유상 단백질인 피브로인에 비해 복잡한 구조를 지닌다. 케라틴 단백질은 많은 종류의 아미노산으로 구성되어 있고, 케라틴 사슬은 나선상으로 되어 있다. 황 함유 아미노산인 시스틴, 메티오닌 등의 산성 아미노산과 염기성 아미노산에 의해 조염 결합을 이루어 양모에 좋은 탄성과 리질리언스를 제공한다.

케미컬 레더(chemical leather) 합성 피혁이나 인조 피혁을 말하는 것으로, 비에 젖어도 튼튼하여 비즈니스 슈즈의 소재로 사용된다. 이미테이션 레더라고도 한다.

케미컬 레이스(chemical lace) 엠브로이더리 레이스의 일종으로 니들 포인트풍의 레이스 직물을 말한다. 바탕천에 큰 무늬를 자수한 후 바탕천을 용해시켜 제거하여 만드는 것으로, 원래는 바탕천에 견이나 면사를 사용하여 자수한 뒤 강한 알칼리싱의 약품으로 견을 분해 제거하고 남은 면의 자수실만으로 된 레이스였으나, 현재는 바탕천으로 수용성 비닐론을 사용함으로써 여러 종류의 자수실

을 사용할 수 있다.

케블러(kevlar) 파라페닐렌 디아민(H2N ⌒NH2)과 테레프탈산(HOOC⌒COOH)을 중합시켜 얻는 섬유로 약 22g/d의 강도를 지녀 강철보다 강하며 내열성이 특히 좋아 용융되는 일이 없이 498℃에서 분해된다. 주로 방탄복, 타이어코드 등 특수 용도에 쓰인다.

케수블(chesuble) 고대 로마의 페누라(paenula)에서 유래된 것으로 천주교 사제가 앨브(alb) 위에 입는 소매없는 맨틀을 말한다.

케언곰(cairngorm) 스코틀랜드에서 유행하는 보석의 하나이다. 스모키 쿼츠 참조.

케이블 네트(cable net) 굵은 면사로 짠 커다란 그물망으로, 영국에서 커튼이나 드레이퍼리로 사용하던 것이다.

케이블 스모킹(cable smocking) 웨이브 스모킹과 같이 뜨면서 바늘을 상하 교대로 꽂아 빼는 수법이다.

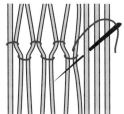

케이블 스모킹

케이블 스티치(cable stitch) 굵은 매듭이 이어지는 수법으로, 먼저 사선이 되게 짧게 한 땀을 뜬 다음, 이 땀에 실을 통과시키고 다시 한 번 더 통과시켜 바늘을 실 위로 하여 천천히 당긴다. 입체적인 선을 수놓을 때 쓰이며, 두꺼운 감에 굵은 실을 쓰는 것이 효과적이다.

케이블 체인 스티치(cable chain stitch) 사슬을 한 번씩 꼬아 가면서 스티치한다. 완성된 모양이 체인 스티치와 비슷한데 루프가 짧은 외가닥실로 맺어진 것이 다르다.

케이블 체인 스티치

케이블 플레이트 스티치(cable plait stitch) 케이블 스티치와 같은 방법이나 차이점은 실의 방향이 다르고 케이블 스티치보다 실의 여유분이 많다.

케이스먼트 클로스(casement cloth) 론 (lawn)보다 무거운 면 코마사로 제직한 영국의 평직물이다. 창문 커튼이나 드레이퍼리로 쓰이는 직물을 통칭하기도 한다.

케이스트 보디(cased body) ① 16세기 후반에 더블릿 위에 입은 남자의 소매 없는 저킨을 말한다. ② 수평으로 플리츠나 앞에 사선으로 셔링이 잡힌 여성의 보디스로 케이싱즈(casings)라고도 불리며, 19세기 초에 입었다.

케이 이 에스 시스템(KES system) 직물의 태를 평가하기 위해 직물의 여섯 가지 역학 특성을 측정하여 이를 회귀식에 넣어 기본태 값과 종합태 값을 산출하는 방식으로, 일본의 가와바다(kawabata) 교수가 개발했다. 파스트 시스템보다 가격이 비싸고 복잡하다. 측정 역학 특성은 인장, 굽힘, 전단, 압축, 표면, 두께/무게의 여섯 가지이며, 하위 요소로는 17가지가 있다.

케이, 존(Kay, John) 1730년 플라잉 셔틀 (flying shuttle)을 발명한 사람이다.

케이지(cage) 케이지는 '새장' 이라는 의미로, 속이 비치는 얇은 옷감으로 만든 옷을 말한다. 겉에 내어 입는 오버블라우스나 드레스가 있다.

케이지 드레스(cage dress) 몸에 타이트하게 맞으며 겉이 얇은 풍성한 실루엣 속으로 윤곽이 들여다 비치는 두 겹으로 된 드레스이다. 1960년대 파리 디자이너 이브 생 로랑과 에스파냐 디자이너 크리스토벌 발렌시아가에 의하여 유행하였다.

케이지 아메리칸(cage American) ⇒ 케이지 페티코트

케이지 엠파이어(cage empire) 1861~1869 년에 볼 가운 속에 입은 케이지 페티코트로, 스틸로 만든 층이 진 후프로 만들었으며, 뒤는 약간 트레인 모양으로 되어 있다.

케이프

케이프 슬리브

케이지 페티코트(cage petticoat)　⇒ 아티피셜

케이폭(kapok)　인도네시아나 열대 지방에서 기르는 케이폭 나무에서 얻어지는 종자 섬유로서 외견상 면과 비슷하여 굵은 원통상이나, 면과 같은 천연 꼬임은 없다. 강도가 적고 미끈미끈하여 방적성이 거의 없으나, 섬유 내 중공이 완전하여 물이 침투하지 않아 부유성이 좋으므로 구명구의 충진재로 사용되었고, 가볍고 탄력과 보온성이 좋아서 침구재 및 베갯속으로 이용된다.

케이프(cape)　소매가 없이 어깨와 팔을 덮어 헐렁하게 드리워지도록 입으며, 팔이 나올 수 있게 터짐으로 되어 있고, 다양한 길이에 대개 앞여밈으로 된 전통적인 코트의 일종이다. 덧붙은 자락은 보온이나 패션의 효과를 내기 위한 경우가 많으며, 중세에는 케이프를 거의 맨틀이라 하였다. 케이프를 코트에 부착시킨 스타일도 있으며, 겉감과 안감의 배색으로 효과를 내는 경우가 많다. 사관 생도들의 유니폼에 많이 이용된다.

케이프

케이프 루비(cape ruby)　가닛(garnet)류로 적색에서 흑색을 띠는 루비를 가리키며 아프리카 지역에서 다이아몬드와 함께 발견된다. 진짜 루비와는 관계가 없다.

케이프 메이 다이아몬드(Cape May diamond)　뉴저지(New Jersey)의 케이프 메이(Cape May)에서 생산된 큰 수정에 잘못 붙여진 용어이다.

케이프 숄더(cape shoulder)　어깨가 약간 내려와서 세트 인(set-in) 소매가 달린 풍성한 케이프 모양으로 재단된 어깨를 말한다.

케이프 스킨(cape skin)　케이프 레더라고도 하며, 양이나 새끼 양의 가죽으로 견고하고 세탁에 내구성이 있다. 원래는 남아프리카 공화국의 희망봉(the Cape of Good Hope)에서 자란 산양의 가죽을 말한다.

케이프 슬리브(cape sleeve)　① 케이프처럼 보이도록 원형이나 반원형의 천을 어깨 위에 붙여 박은 블라우스 소매이다. ② 목까지 연장시킨 래글런 스타일의 풍성하게 벌어진 소매로, 1920년대에 등장하였으며 1960년대 후반기에 케이프 코트에 사용되어 유행하였다.

케이프 칼라(cape collar)　원형으로 재단된 칼라로 어깨를 덮을 정도로 크게 만들어졌다.

케이프 칼라

케이프 코트(cape coat)　소매가 없이 어깨와 팔을 감싸서 헐렁하게 드리워 팔이 나올 수 있게 옆터짐을 준 코트이다. 덧붙은 자락은 몸을 좀더 보호하기 위해서나 패션 효과를 위해서 있는 경우가 많다. 또 다른 모양으로는 발마칸과 비슷하게 생긴 것으로, 일직선

케이프 코트

으로 내려오는 보통 코트 위에 짧은 케이프가 달려있는 것도 있으며, 배색을 잘하여 안쪽, 바깥쪽을 바꿔서 착용할 수도 있다. 남성, 여성, 아동 및 사관 생도들의 제복에도 이용된다.

케이프 해트(cape hat)　바이시클 클립(bicycle clip)으로 고정시키는 펠트나 직물로 만들어진 모자로 머리 뒤로 드레이프가 진다.

케이플릿(capelet)　떼었다 붙였다 할 수 있는 작은 칼라가 달린 코트로 드레스나 수트 위에 착용하는 작은 케이프류를 총칭한다. 16세기에 여성들이 많이 착용하였던 어깨에 걸치는 케이프로 티핏(tippet)이라고도 한다.

케이플릿 블라우스(capelet blouse)　두 층으로 된 칼라가 케이프 스타일로 된 블라우스. 풍성한 비숍 소매에 묶게 된 보 타이 스타일의 블라우스를 말한다.

케임브리지 코트(Cambridge coat)　단추가 세 개 달려 있는 싱글 또는 더블 브레스티드 정장 코트를 말하는 것으로, 1870년경 남성들이 착용하였다.

케임브리지 팔토(Cambridge paletot)　남자의 무릎 길이의 오버코트로 넓은 케이프 칼라, 크게 접어 젖힌 커프스 그리고 거의 단까지 연장된 접은 라펠로 재단되었으며, 1850년대에 입었다.

케임브릭(cambric)　올이 섬세하고 부드러운 평직의 면직물 또는 마직물로, 표백하거나 무지염으로 하여 손수건, 에이프런, 아동복, 안감 등으로 사용된다. 프랑스의 캄브레 (Cambrai)가 원산지이다.

케튼 라셀 니트(ketten raschel knits)　탄성 편침(bearded needle)의 1열 침상 편기로 보통 프레서가 중앙에 있고, 상하에 컷 프레서 (cut presser)가 있는 경편기로 만든 겉옷용 저지 편성물을 말한다.

케피(képi)　크라운이 높고 앞에 챙이 달려 있는 군인 모자로 새 깃털로 장식하기도 한다. 프랑스의 육군 모자이며 미국에서는 행진 밴드의 유니폼과 함께 쓰는 모자이다.

케피 캡(képi cap)　햇빛을 차단하기 위해 뒤

쪽에 햇빛가리개 천이 부착되는, 위쪽이 평평하고 챙이 있는 모자로 프랑스 외인 부대와 프랑스 장군, 그리고 정치가인 샤를 드 골 (Charles de Gaulle)이 썼다. 레지오네르 (Legionnaires) 캡으로도 불린다.

켈림 스티치(kelim stitch)　구간 자수의 일종으로, 올이 성근 천에 경사지게 스트레이트 스티치를 세로로 하거나 가로 방향으로 징그는 스티치이다. 완성된 모양이 메리야스의 표면 구조와 비슷하여 니팅 스티치라고도 한다.

켐프(kemp)　⇒ 사모

코(kho)　기모노 타입의 무릎까지 오는 길이의 코트로 단색이나 줄무늬로 때로는 허리를 풍성하게 하여 새시 벨트를 매도록 되어 있다. 작은 숄 칼라의 기모노 소매에 한 조각으로 된 평면적인 드레스 같이 보인다. 티벳에 근접한 북쪽 인도인들이 착용하였다.

코냑 컬러(cognac color)　코냑주에 보이는 색으로 황색을 띤 밝은 갈색을 말한다.

코놀리, 시빌(Connolly, Sybil 1921~)　웨일스 스원시 출생으로 제2차 세계대전 후 더블린에서 자신의 사업을 시작하였다. 섬세한 리넨 블라우스와 드레스를 만들고, 1950년대와 1960년대 손으로 짠 울과 트위드, 모헤어 등의 대중화에 기여하였다. 인테리어 디자이너로도 유명하다.

코니(coney)　토끼의 모피, 특히 유럽, 오스트레일리아, 뉴질랜드에서 서식하는 토끼의 모피를 말한다. 종종 염색 가공 등에 의해 더 값비싼 모피를 모방하기도 한다.

코더너스(cothurnus)　그리스의 비극 배우들이 신었던 7.5~8cm의 높은 창의 신발을 말한다.

코델(kodel)　미국 이스트만사(Eastman Co.)의 개발품으로 일반 폴리에스테르와 비슷하나 비중이 약간 가볍고(1. 22) 내열성이 좋아서 융점이 290~295℃이며 내추성이 우수한 특징을 지닌다.

코도반(Cordovan) **가죽**　주로 말의 궁둥이 부분으로 만들어진 가죽으로 부드럽고 매끈하

케이프 해트

케이플릿

케피 캡

며, 또한 기공이 전혀 없고 튼튼하여 값비싼 가죽이다. 무겁고 좋은 구두나 부츠, 벨트 등에 사용되며, 가죽색은 흑색이나 진한 적갈색이 많다. 중세 에스파냐의 코르도바(Cordova)가 세계적인 제혁업 중심지였기 때문에 유래한 말이다.

코듀로이(corduroy)　　코르덴이라고도 하며, 기경사·기위사 외에 파일 위사를 넣어 제직한 후 파일사를 잘라 경방향의 파일 두둑을 나타낸 직물로, 두둑의 폭은 2~3mm의 것이 많다. 두꺼우면서 부드러워 바지, 재킷, 아동복 등에 많이 사용된다.

코드(cord)　　두 개 또는 그 이상의 합사를 다시 연합하여 하나의 제품으로 완성된 실을 말하며, 스레드(thread)라고도 한다. 재봉사, 끈, 로프 등이 여기에 속한다.

코드 심(cord seam)　　⇒ 상침

코드 엠브로이더리(cord embroidery)　　코드를 이용하여 선으로 여러 가지 무늬를 나타내는 수법을 말한다. 도안을 나타내기 때문에 배색을 잘 맞추어 효과를 살리며, 또한 코드의 굵기는 도안과 감의 용도에 따라 조절한다.

코드직(cord織)　　코드로 경위의 표면에 두둑을 만든 직물로 렙, 벵갈린, 베드포드 코드 같은 것이 있다.

코드 커프스(cord cuffs)　　가는 끈으로 장식된 커프스를 말한다.

코드피스(codpiece)　　남자의 바지(trunk hose) 앞부분의 삼각형 덮개로, 포켓 정도의 크기에 패드가 들어가기도 하며 장식이 되어 있다. 남자의 성기를 보호하고 나타내기 위해 바지의 앞에 돌출된 부분으로서 심(pad), 슬래시(slash), 부풀림(puff), 보석 등으로 장식되었다. 15~16세기에 유행하였으며 17세기 초까지 바지 앞여밈에 달려 있었다.

코디드 심(corded seam)　　바이어스 천으로 감싼 코드를 겉이 마주보게 맞춘 두 장의 천 사이에 넣어 재봉질하는 것을 말한다.

코디네이트(coordinate)　　본래의 의미는 '동등한, 동격의, 등위의' 또는 '조정하다, 통합하다'로 패션 용어로 사용될 때는 둘 이상의

코드피스

것을 조합해서 하나의 감각으로 만드는 것 또는 조정하는 것, 통합하는 것을 뜻한다. 미리 조합된 수트, 앙상블과는 달리 스스로 색, 소재, 무늬, 스타일 등의 밸런스를 계산해서 토털 패션으로 조화시키는 것이 특색이다.

코디네이트 수트(coordinate suit)　　⇒ 세퍼레이트 수트

코디네이트 의복(coordinate 衣服)　　현대적인 프로젝트 팀이 마케팅 전략으로 제작한 의복이다. 디자인은 특정 디자이너가, 제작은 의복, 벨트, 소품 등 각 메이커에서 담당하고, 판매는 별도로 이루어지는 형태를 취한다. 최근 디자이너 브랜드의 상품은 이런 종류가 많다.

코디드 커프스(corded cuffs)　　가느다란 끈으로 가장자리 장식이 된 커프스를 말한다.

코디드 턱(corded tuck)　　턱의 접은 선속에 코드를 끼워 넣어 시침을 한 후 코드에 가깝게 바느질하는 것이다.

코디드 파이핑(corded piping)　　바이어스 천의 접은 곳이 늘어나지 않도록 모사 또는 코드를 심으로 집어 넣은 파이핑으로, 장식을 한층 두드러지게 할 수 있다.

코라자(corazza)　　몸통과 소매가 좁고 단추가 뒤에 달렸으며 케임브릭이나 면으로 만들어진 남자 셔트로, 19세기 중반에 입었다.

코럴(coral)　　천연 산호에 보이는 적색으로 밝은 등적색을 말한다. 열대 해양에 사는 작은 수중 고기에 의해 분비되는 석회질의 뼈같은 투명한 물체인 산호로, 적색, 핑크색의 값진 산호는 나뭇가지 같은 모습으로 자란다. 구슬 형태로 만들 수 있어서 목걸이, 묵주, 팔찌 등으로 사용된다.

코럴 스티치(coral stitch)　　코럴은 신호라는 뜻으로, 맺음코를 작게 만들면서 세운 모양으로 떠 나가는 스티치이다. 작은 매듭이 연

코럴 스티치

속적으로 이어지는 수법으로 주로 선을 표현할 때 사용하며, 이중실로 수놓으면 더욱 효과적이다.

코로나(corona) 로마 시대의 대표적인 머리 장식으로 월계관과 같이 나뭇잎으로 만든 둥근 환상(環狀) 장식이 대부분이다.

코로네이션 로브(coronation robe) ① 영국의 왕과 왕후가 대관식 때 입었던 복장으로, 붉은색 로브는 종교 의식 때 흰색으로 단 장식이 되었고, 보라색 벨벳 로브는 족제비털로 단 장식이 되었다. ② 영국 귀족들이 대관식 참여시에 입었던 로브로 계급에 따라 족제비털 장식의 길이가 달랐으며, 관의 형태도 계급에 따라 다양하였다. 스테이트 로브(robes of state)라고도 한다.

코로네이션 컬러(coronation color) '대관식'에 사용된 색이라는 의미로, 특히 현재 엘리자베스 여왕의 대관식에서 사용된 색을 가리킨다. 영국 황실의 의례복에 사용하는 퍼플, 귀족들의 의례 복식에 이용하는 적, 문장에 사용하는 청, 황, 녹, 회색 등의 7색을 가리킨다.

코로넷(coronet) 금, 은, 보석, 꽃 등으로 화사하게 장식한 여성용 머리쓰개의 하나이다. 의례나 포멀한 경우에 착용한다.

코르도네(cordonnet) 말털로 만든 알랑송 레이스의 일종으로 돌출된 가장자리를 박음질로 완전히 덮은 것이다. 가장자리를 편환으로 장식한 것은 쿠론네(couronné)라고 한다. 세 가닥의 실로 된 편성 또는 자수용의 명주나 나일론 실이다.

코르사주(corsage) 중세 때의 상체를 조이기 위한 코르셋 또는 가슴이나 어깨에 다는 꽃묶음을 말한다.

코르세르(corsaire) 시초에는 해적들이 착용했던 바지에서 힌트를 얻어 디자인된 것으로, 무릎 근처가 꼭 끼며 양쪽 옆솔기를 터서 끈으로 묶게 되어 있다. 해군 수영복 스타일의 머린 룩(marine look)에 많이 이용된다.

코르셋(corset) 파운데이션의 일종으로 허리 부분의 체형을 유지시키기 위한 부인용 내의이다. 가슴 밑 부분부터 허리 부분에 걸쳐 체형을 만들어 유지하기 위해서 사용하는 것으로, 가로로 주름지지 않게 하기 위하여 고래의 연골이나 철강 골 등으로 모양을 유지시켰다. 재료로는 면포, 견포(특히 새틴), 나일론에 고무를 넣은 천 등이 사용되고 있다. 뒷부분을 끈으로 엮어서 그때 그때 몸의 크기에 따라 민감하게 사이즈를 조절할 수 있는 것도 있었으나 현재는 끈을 꿰어서 졸라매는 대신에 고무를 넣은 천을 사용하여 조절하고 있다. 20세기에 들어와서는 거들에 속하게 되었다.

코르셋

코르셋 벨트(corset belt) 코르셋을 착용한 것과 같은 분위기를 내는 벨트를 말한다. 일반적인 코르셋은 아니며, 벨트의 기능을 하는 섹시 룩의 하나로 나타난 패션 아이템이다.

코르셋 프록(corset frock) 앞에는 세 쪽의 흰색 새틴으로 보디스가 구성되고, 뒤에는 레이스로 되어 있는 코르셋과 비슷한 드레스로 18세기 말에 입었다.

코르크 레더(cork leather) 코르크를 주원료로 해서 만들어진 패션 소재를 일컫는다. 천연의 코르크를 0.07mm 정도로 당겨서 늘인 후 우레탄 가공을 한 레더를 접착시킨다. 가볍고 보온성이 있으며 탄력성, 발수성, 영구성을 갖춘 소재로 완성된 것을 말한다.

코르크스크루(corkscrew) ⇒ 스파이럴 얀

코르크스크루 캡(corkscrew cap) 코일 모양의 자유분방한 컬의 형태를 유지하기 위해 칠을 입히는 것을 말한다.

코르세르

코르크스크루 컬즈(corkscrew curls)　나선형의 컬이 자유롭게 늘어져 있는 헤어 스타일이다.

코르키스(corkies)　⇒ 웨지 힐

코르 피케(corps piqué)　16세기의 코르셋으로 바스킨이라고도 한다.

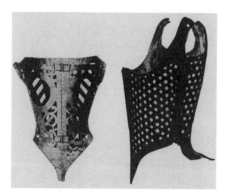

코르 피케

코리지아리, 조르지오(Corriggiari, Giorgio 1943~)　이탈리아 태생으로 원래 볼로냐 대학에서 정치학을 공부하였으나 아버지의 사업 실패로 독일, 영국, 프랑스로 옮겨다니면서 봉제 공장에서 일을 한 것이 계기가 되어 패션에 대해 관심을 갖게 되었다. 현재 250명이 넘는 종업원을 거느린 자회사를 갖고 자신의 컬렉션을 열고 있다. 페르시아에서는 IGI사와의 계약으로 피혁 제품의 컬렉션을, 안코나에서는 레포트사와의 계약으로 남성복을, 클레오 앤드팻 브랜드의 니트 웨어 컬렉션을 디자인하고 있다.

코마사(combed yarn)　코밍 공정을 거친 실을 말한다. 코마사는 카드사에 비해 성도가 균일하고 강도가 크며 보풀이 적어 광택이 좋으며 가격이 비싸다.

코머도 드레스(commodore dress)　브레이드 장식이 있는 드레스로 1890년대 초에 젊은 여성들이 입었으며, 전형적인 드레스는 브레이드로 장식된 넓은 칼라와 치마단에 브레이드 장식이 있는 개더 스커트로 되어 있다.

코먼 센스 힐(common sense heel)　구두의 뒷굽이 바깥쪽으로 점점 커지게 고안된 것으로 노인, 어린이, 아이들을 위한 구두에 많이 사용되는 낮은 굽을 말한다.

코먼 핀(common pin)　코먼은 '보통의, 통상의' 라는 의미로 보통 볼 수 있는 핀을 의미한다. 3～7번까지의 치수가 있으며 치수 7은 약 2인치(5cm 정도)이다. 양재용뿐만 아니라 여러 다른 용도로도 쓰인다.

코모드(commode)　높은 퐁탕주 헤드드레스(fontange headdress)를 지탱하기 위한 철사 프레임을 싸는 실크로, 17세기 후반에서 18세기 초반에 사용하였다.

코모디티 웨어(commodity wear)　코모디티는 '필수품, 일용품, 상품' 이라는 의미로 코모디티 웨어란 평상복을 지칭한다. 트랜드를 따르는 패셔너블한 의복과는 별도로 트랜드에 좌우되지 않고 예사 감각으로 착용할 수 있는 완성도 높은 의복이다. 이런 의복으로 구성된 새로운 패션 분야를 코모디티 패션이라고 한다.

코몽, 장 밥티스트(Caumont, Jean Baptiste 1932~)　프랑스 베른 출생. 《보그》와 《마리 클레르》의 일러스트레이터와 프리랜서로 일하였으며 1968년 니트 웨어 회사를 차렸다.

코밍(combing)　면 방적에 있어 카딩 후에도 짧은 섬유가 완전히 제거되지 않고 냅을 포함하기 때문에, 가늘고 양질인 실을 얻기 위해 빗질을 더하여 짧은 섬유와 냅을 완전히 제거하여 섬유를 좀더 평행으로 배열하는 것이다. 정소면이라고도 한다.

코밍 재킷(combing jacket)　여성들이 화장할 때 나이트가운이나 라운징 웨어의 잠옷 위에 입는, 허리에서 약간 내려온 길이의 헐렁한 재킷을 가리킨다. 19세기 후반에서 20세기 초반에 착용하였다.

코발트 바이올렛(cobalt violet)　코발트 혼합물에서 만들어진 밝은 보라 또는 자주색을 말한다.

코발트 블루(cobalt blue)　코발트 혼합물에서 만들어진 강한 중간 블루 컬러이다.

코베리, 엔리코(Coveri, Enrico 1952~)　이탈리아 피렌체 출생으로 아카데미아 델라 벨라르티(Accademia delle Belle Arti)에서 무대 디자인을 배웠으며 1973년 니트 웨어 디자이너로 데뷔하였다. 터치, 젠트리, 타이코스의 세 컬렉션에서 크게 성공하고, 파리로 가서 촉망받는 디자이너가 되었다. 색채 감각, 젊은 취향, 위트가 넘치는 디자인과 저렴한 가격은 입는 사람을 즐겁게 하며, 또한 만화 인물이나 대중적 특성을 옷에 장식하는 것도 특징이다.

코블러 에이프런(cobbler apron)　구두 수선공이나 목수들이 착용하는 것과 같이 큰 주머니가 달리고 길이가 힙까지 오는 긴 앞치마이다. 1960년대 말에 옷감으로 만들어서 여성들에게 유행하였다. 카펜터즈 에이프런(carpenter's apron)이라고도 한다.

코빼기　장방형의 나무에 끝을 갈고리 형태로 만들어 버선을 뒤집을 때 등에 사용한다. 자의 끝부분을 뾰족하게 하여 사용하기도 한다.

코사크 고라지 캡(Cossack gorage cap)　밴드의 상부가 부드러운 윗부분으로 된 모자로 뒤쪽보다는 앞쪽으로 눌러쓰게 되어 있다. 보풀이 부드러운 스웨이드 소재 자체, 검은 색 또는 녹색이 섞인 소대 등으로 만들어진다. 러시안 코삭스(Russian Cossacks)가 썼던 것에서 유래하였으며, 1960년대 후반에 남녀 일반 복장에 유행하였다.

코사크 네크라인(Cossack neckline)　옆쪽 여밈으로 된 밴드 네크라인. 일반적으로 자수로 장식이 되어 있으며 러시아 마부들의 셔트에서 응용되었고, 여기에서 이런 이름이 붙었다.

코사크 베스트(Cossack vest)　타이트한 몸체에 풍성한 긴 소매로 된 여성의 백색 블라우스나 남자들의 풍성한 바지 위에 입는 조끼로서, 옆선에서 단추, 스냅, 훅 또는 버클로 잠그게 되어 있다.

코사크 블라우스(Cossack blouse)　높게 깃을 세운 칼라에 옆으로 여미게 되어 있고, 소매는 풍성하게 주름을 넣었다. 칼라, 앞단, 소매끝 부분에 수놓은 장식 테이프 트림을 달았고 대개 길이가 길어서 벨트를 매는 경우

가 많다. 러시아의 마부 복장에서 유래하였으며 남녀 공용으로 입을 수 있다. 기원은 1960년대 후반이며 1970년대에 유행하였다. 러시아 작가 보리스 파스테르나크(Boris Pasternak)의 작품 '닥터 지바고'가 영화화되어 주연 남자 배우가 입은 옷 스타일에서 이름이 지어져 지바고 블라우스라고도 한다.

코사크 블라우스

코사크 셔트(Cossack shirt)　러시아의 마부 복장에서 유래된 이 스타일은 높은 칼라에 옆으로 여미게 되어 있으며 소매는 풍성하게 주름을 잡았다. 1960년대, 1970년대에 유행하였고 '닥터 지바고'라는 영화가 상영된 후에 더욱 유행하였다. 지바고 셔트, 러시안 블라우스, 코사크 블라우스라고도 한다.

코사크 재킷(Cossack jacket)　러시아 남부 코사크 지방의 민속 의상에서 유래되었으며, 깃은 높게 세워졌으며 길이는 힙을 가릴 정도로 길다. 1960~1970년대에 유행하였고 털트림을 대는 경우가 많다.

코사크 칼라(Cossack collar)　차이니즈 칼라나 밴디드 칼라와 비슷한 모양으로 옆에서 여미게 만든 높게 세운 칼라이다. 주로 밴드에 수를 놓아 장식한다. 유럽쪽 구소련 남부에 사는 코사크인의 복장에서 유래하였으며 지바고 칼라 또는 러시안 칼라라고 부르기도 한다.

코사크 캡(Cossack cap)　러시아 남부 코사크 지방의 민족의상으로 착용되었던 모피 모자를 말한다. 처음에는 카라쿨(caracul), 아스트라칸(astrakhan)등 양의 모피가 보이는 권모(卷毛) 상태의 표면 재질감을 특징으로 하는 모자였다. 크라운이 높으며, 소재로는 보통 울 펠트나 모피 등을 사용한다.

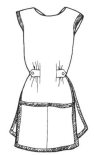
코블러 에이프런

코사크 베스트

코사크 재킷

코사크 칼라

코사크 해트

코사크 코트(Cossack coat)　남녀 또는 16세기에 군인들이 착용하였던 평평하고 길이가 긴 코트이다. 코사크 재킷, 코사크 블라우스 참조.

코사크 파자마(Cossack pajamas)　앞여밈에 스탠드업 칼라로 된 상의와 일직선의 긴 바지를 함께 입는다. 1930년대와 1960년대에 유행하였다.

코사크 해트(Cossack hat)　챙이 없고 크라운이 높은 모자로 주로 털로 만들어졌다. 원래 러시아의 마부들이 쓰는 모자였으나 1950년대와 1960년대 영국과 미국에서 남성용 겨울 모자로 유행하였다.

코삭스(Cossacks)　허리 밴드에 주름이 잡혔으며 리본으로 발목을 여며 준 매우 풍성한 바지였으나, 나중에는 안쪽에서 두 줄의 가죽끈으로 매는 좁은 바지로 변하였다. 1814년부터 1850년까지 남자들이 입었다.

코스(course)　편성물에서 반원형의 코가 좌우로 나타난 줄을 말하며, 직물에서 위사 방향에 해당한다. 직물의 경사 방향에 해당하는 것은 웨일(wale)이라고 한다.

코스모너트 룩(cosmonaut look)　처음 우주를 탐험한 우주인이 입었던 점프 수트와 헬멧을 말한다.

코스모스(cosmos)　코스모스 꽃에 보이는 옅은 적색을 말한다.

코스모 프린트(cosmo print)　우주 프린트로서 별과 달, 유 에프 오(UFO) 등을 모티브로 한 구상적인 프린트이다.

코슬릿(corselet)　① 크리트의 여인들이 유방을 내놓고 윗배를 끈으로 조인 것을 말한다. ② 신축성이 많은 그물 조직을 양쪽 상체 부분에 대었고 앞부분은 신축성이 없는 나일론 태피터로 되었으며, 받침대인 보닝(boning)으로 된, 몸을 강하게 조이는 코르셋. 때로는 배를 누르는 데 도움이 되도록 안쪽에 벨트나 고리걸이가 되어 있는 것도 있다. 상체의 브라 부분이 나일론 레이스로 되어 있고 조절할 수 있는 어깨끈이 달려 있으며, 하체 부분은 고리걸이와 지퍼, 6개의 가터(garter)로

고정시키도록 되었다. 1921년에 소개되었다.

코시마키(koshimaki)　일본인들이 입는 기모노 밑에 쉬타쥬반과 유모지라는 옷 위에 착용하는 페티코트로, 밝은 색조의 크레이프나 모슬린으로 되어 있다.

코어 스펀사(core spun yarn)　스판덱스와 같은 잘 늘어나는 실을 심사로 하고 그 주위를 면 또는 그 밖의 스테이플 섬유로 덮어서 제조한 실을 말한다.

코요테(coyote)　이리보다 작은 개과 동물로 재칼과 흡사하다. 털색은 밝은 회색에서 황갈색이며 털끝은 검다. 프레리 울프(prairie wolf)라고도 한다.

코이누르 다이아몬드(Kohinoor diamond)　인도에서 나온 가장 오래된 유명한 다이아몬드의 하나이다. 처음 세공하였을 때에는 187캐럿이었으나 1850년 빅토리아(Victoria) 여왕에게 선물로 준 후 다시 세공되어 108.93캐럿이 되었다. 현재는 영국 여왕 모후의 왕관에 장식되어 영국 왕관들과 함께 런던 탑(Tower of London)에 전시되어 있다. 페르시아어에서 파생된 용어로 빛의 산(Mountain of Light)이라는 뜻을 갖고 있다.

코이프(coif)　① 원래 머리 장식을 총칭하는 단어이나 현재는 쿠아퓌르(coiffure), 즉 헤어 스타일을 언급하는 단어이다. ② 중세에 머리에 꼭 맞게 쓴 캡으로, 부드러운 흰색의 마직으로 만들어 턱 아래나 얼굴 양옆을 감싸는 스타일이다.

코인 네크리스(coin necklace)　5달러 금화, 은화, 인디언 인물이 새겨진 동전, 또는 버펄로 문양의 5센트 동전 등과 같은 고대 동전을 장식으로 사용한 목걸이로, 동전의 가장자리는 금, 은 또는 기타의 금속으로 테를 둘러 장식 효과를 내고 있다.

코인 도트(coin dot)　동전 크기의 물방울 무늬로, 여성복이나 넥타이의 문양으로 많이 이용된다.

코인티스(cointise)　시클라스(cyclas) 위에 사용한 장식 또는 11~13세기까지 입었던 시클

라스와 같은 겉옷이다.

코인 프린트(coin print)　동전 모양이 반복 배열된 도트 패턴의 일종이다.

코인 프린트

코일드 브레이슬릿(coiled bracelet)　용수철 모양의 긴 금, 은의 금속줄로 된 팔찌로 팔에 꼭 끼도록 착용한다.

코치닐(cochineal)　멕시코, 중부 아메리카의 식물에서 자라는 암곤충의 몸체에서 얻어지는 밝은 붉은색의 염색체로, 17세기와 18세기에 모(毛)를 염색하기 위해 사용한 양홍(洋紅)의 원료이다.

코치맨즈 베스트(coachman's vest)　영국의 마부들 복장에서 영향을 받은 숄 칼라로 된 조끼이다.

코치맨즈 코트(coachman's coat)　허리 부분이 몸에 맞고 스커트 부분은 풀 플레어로 된 더블 여밈의 코트로 매우 크고 넓은 케이프 칼라와 금색의 쇠단추를 달았다. 19세기 영국의 마부들이 많이 입었기 때문에 코치맨즈 코트라고 이름이 붙었으나 지금은 남성, 여성, 아동 모두 입는다.

코치 블라우스(coach blouse)　코치는 '사두(四頭)마차, 역마차'의 의미로 이것에서 주제를 얻어 디자인된 고풍스러운 블라우스이다. 미국 디자이너 랠프 로렌이 1982년 춘하 컬렉션에서 발표한 소프트 컨트리 룩 중의 하나로 오래된 서부의 분위기를 나타낸다.

코커즈(cockers)　① 14~16세기에 노동자, 선원, 시골 사람, 양치기들이 착용한 거칠게 만든 높은 부츠를 말한다. ② 17세기에 어부들이 신던 부츠이다. ③ 양쪽 끝을 버튼이나 버클로 채우는 레깅으로 18세기에 착용하였으며, 영국 북부에서는 오늘날에도 사용된다.

코케이드(cockade)　장미꽃 장식 또는 리본매듭을 단추 중심에 평평하게 만드는 것으로 유니폼의 일부나 배지로 착용되기도 하며, 깃털 장식을 의미하기도 한다.

코코아 브라운(cocoa brown)　코코아 열매의 껍질에서 볼 수 있는 짙은 갈색을 말한다. 1887년에 색명으로 채용되었다.

코테니(kotény)　헝가리 여성들이 장식으로 착용하는 민속 의상의 에이프런을 가리킨다.

코테프(courtepye)　때때로 파티컬러로 되거나 보석으로 장식된 쉬르코 타입의 짧은 겉옷으로 둥근 목둘레선이거나 높은 칼라가 달리고 양옆 솔기는 슬래시가 있으며 14~15세기에 입었다.

코토리나스(cotorinas)　밝은 색 수직의 손으로 짠 줄무늬지로 만든, 멕시칸 의상에서 영향을 받은 조끼이다. 멕시코에서 사용하는 손으로 짠 서라피(serape)에 사용하는 것과 유사하다.

코트(coat)　다른 의복 위에 덧입는 겉의상의 총칭으로 추위, 비, 눈 등으로부터 보호하기 위해서 입으며, 목적에 따라 옷감의 종류와

코치맨즈 베스트

코트(cotte)

형태가 달라지고 동물의 털로도 만든다. 상체는 대개 몸에 맞으며 길이는 엉덩이 둘레선이나 그보다 길어질 수도 있으며, 길이와 스타일은 경향에 따른다. 다른 종류의 옷들보다 적은 종류로 오랫동안 입는 것이기 때문에 너무 유행을 따르는 색과 스타일보다는 어느 옷과도 잘 어울릴 수 있는 기본적인 색과 스타일을 택해야 하며, 여자·남자·아동들 모두가 입는다.

코트(cotte) 긴 소매가 달리고 치마폭이 넓은, 길이가 발목까지 오는 여자 튜닉으로 13세기까지 입었다. 코트(cote)라고도 쓴다.

코트 드레스

코트 드레스(coat dress) 코트풍의 원피스 드레스로, 앞트임에 단추가 한 줄 또는 두 줄로 달렸거나, 입고 벗기에 쉽게 목에서부터 치마 끝까지 단추나 지퍼가 달렸다. 1930년대부터 1960~1980년대까지 계속 유행한 전통적인 드레스이다.

코트 드레스(court dress) 행사나 예식 때 착용하는 드레스를 가리킨다. 17세기와 18세기에 프랑스궁에서 착용했던 의상에서 이름이 유래하였다. 정부를 통치하는 동안 기능복으로나 의례적인 경우에 입어야 하는 의복 종류들을 말한다.

코트 세트(coat set) 모자와 팬츠를 코디네이트시켜서 함께 판매하기 시작한 어린이들의 코트이다.

코트 셔트(coat shirt) 코트처럼 앞쪽에 단추가 달린 셔트로 1890년대에 남자들에게 소개되었고, 현재는 전통적인 셔트가 되었다.

코트 수트(coat suit) 코트와 팬츠를 같은 소재를 사용하여 만든 수트이다.

코트 슈즈(coat shoes) 테니스 코트 등과 같은 운동 경기장에서 신는 스포츠 슈즈의 총칭이다. 농구나 테니스용의 운동화가 주류를 이룬다. 운동화의 소재로 일반적으로 사용하는 캔버스(canvas) 소재보다 유연한 소재를 사용하며, 소프트한 레저 개념이 개입되어 있는 것이 특징이다.

코트 스웨터

코트 스웨터(coat sweater) 옷감 대신에 니트로 된 코트로 부피가 크고 무거우며 네크라인의 길이가 긴 스웨터이다. 옷 길이는 힙까지 오거나 더 길게 내려올 수도 있다. 칼라가 있는 것도 앞중심은 단추나 끈으로 여미게 되어 있고, 남성을 비롯해 때로는 여성, 아동 모두가 입는다. 1930~1960년대까지 대개 노인들이 입었으며 1980년대에 다시 유행하였다.

코트 스타일 파자마(coat style pajamas) 컨버터블 칼라에 단추가 한 줄 또는 두 줄로 달려 있는 테일러드된 정통 스타일의 파자마로, 대개 파이핑으로 처리되며 바지의 허리 부분은 끈으로 잡아당겨 고정시키거나 고무줄로 처리된다.

코트아르디(cotehardie) ① 12세기 말에서 14세기에 걸쳐 남녀 공통으로 입은 튜닉으로 전체적으로 코트(cotte)와 비슷하다. 보디스는 몸에 꼭 끼고 앞중심과 팔꿈치에서 손목까지 단추가 촘촘히 달린 것이 특징이다. 남자의 코트아르디는 넓적다리 길이로 짧고, 여자의 것은 바닥에 끌릴 정도로 길다. ② 14~15세기의 남자 겉옷으로 타이트한 소매, 얕게 파인 목둘레, 허리까지 단이 달린 보디스, 개더 주름이 잡힌 풍성한 스커트로 구성된다. ③ 14~15세기 여자의 꼭 맞는 드레스로 고급 직물로 만들어졌으며, 레이스로 장식되었고, 긴 타이트 소매가 달렸으며, 스커트 옆에 트임이 있다.

코트아르디

코트 점퍼(coat jumper)　단추가 한 줄 또는 두 줄로 달린 소매없는 코트 스타일의 점퍼 스커트이다.

코트 커프스(coat cuffs)　소매끝을 접어넘긴 커프스로 일반적으로 코트에서 많이 볼 수 있기 때문에 코트 커프스라고 말한다. 슬리브 커프스(sleeve cuffs)라고도 하며, 코트와 같은 천으로 커프스를 따로 만들어서 탈부착이 가능하게 디자인된 것도 있다.

코트 테일(coat tail)　앞쪽보다 뒤쪽이 길이가 더 길게 된 코트이다. 스왈로 테일드 코트, 컷 어웨이 코트가 이에 속한다.

코트 해빗(court habit)　17~18세기 프랑스 법정(法廷)에서 입었던 남성용 의복을 가리킨다.

코튼 다마스크(cotton damask)　다마스크 참조.

코튼 백 새틴(cotton back satin)　경사에는 견이나 화학 섬유의 필라멘트사를 사용하고, 위사에는 견사를 넣어서 경수자로 짠 직물이다. 경수자이므로 표면에는 경사로 사용한 견이 부출되어 매끄럽고 풍부한 광택이 있으며, 위사로 사용한 면사는 직물의 튼튼함을 유지시켜 준다.

코튼 수트(cotton suit)　면을 사용하여 만든 수트의 총칭으로 주로 안감을 넣지 않고 편히 입도록 만든다.

코튼 트위드(cotton tweed)　대조되는 색의 너브(nubs)와 플레이크(flakes)를 넣어 제직한 복지로, 선염에 의한 스트라이프나 체크 무늬를 볼 수 있다. 울 트위드(wool tweed)와 같이 거친 질감을 나타낸다.

코티(coatee)　짧은 스커트와 플랩(flap)에 옷 웃자락이 달린 짧고 꼭 맞는 코트로 18세기 중반에 유행하였다.

코티 아메리칸 패션 크리틱스 어워드(Coty American Fashion Critics Award)　미국의 화장품 회사 코티가 주최하여 매년 패션 분야에 기여한 공이 큰 사람에게 주는 상을 말한다. 1942~1985년에 패션에 관계되는 신문, 잡지인, 방송인, 패션 메이커, 패션 소매자 등이 심사위원으로 구성되어 패션 디자인 분야에서 우수한 사람에게 시상을 하였다. 시초에는 여성복에만 시상하였으나 1968년부터는 남성복 분야도 포함시켜 남성복 분야에서 세 번이나 수상을 하였다.

코티지 드레스(cottage dress)　긴 소매가 달린 모닝 드레스로 더블 케이프 칼라와 길이가 긴 스커트로 구성되었으며 가장자리가 잎무늬 디자인으로 장식되었다. 1820년대 초 긴 에이프런과 함께 입었다.

코티지 클로크(cottage cloak)　턱 밑에서 끈으로 매게 되어 있고 후드가 달린 19세기의 여성용 외투로, 동화 《리틀 레드 라이딩 후드(Little Red Riding Hood)》의 인물이 입었던 케이프와 비슷하다.

코팅 패브릭(coating fabric)　바탕 직물로 레이온, 나일론, 면직물 등을 사용하고 폴리비닐린 클로라이드나 폴리우레탄, 래커, 니스, 플라스틱 수지, 고무 등으로 얇은 막을 피복시킨 직물을 말한다. 책의 표지, 의자 커버, 가방 등에 사용된다.

코퍼(copper)　동색(銅色). 어두운 적갈색[赤茶色]을 말한다.

코퍼레이트 아이덴티티(corporate identity; C.I.)　코퍼레이트란 '법인의, 공동의' 라는 뜻이고 아이덴티티란 '동일성, 일치' 등의 의미이다. 기업이 타기업과의 차별화를 촉진하기 위해 심볼 마크, 로고, 코퍼레이트 칼라, 점포 인테리어 디자인 등을 통일하여 보다 명확하게 기업 이미지를 소비자에게 전달하고자 하는 시스템이다.

코펜하겐 블루(Copenhagen blue)　맑은 스카이 블루 컬러를 말하며, 줄여서 코펜이라고 한다.

코프(cope)　화려하게 자수가 놓인 둥그스름한 맨틀로 쇠장식으로 케이프 앞자락을 여민다. 로마 카톨릭 교회의 교황이나 주교들이 착용하는 케이프로 처음에는 비가 올 때 입는, 소매와 후드가 달린 앞여밈으로 된 코트였으나 후에 소매가 없고 장식이 많이 가미된 케이프로 변하였다.

코프

코프트직 기원 초에 이집트에서 제직된 태피스트리의 일종으로 아마사를 경사(經絲)로 하고 채색모사(彩色毛絲)를 위사(緯絲)로 하여 경무직(經畝織)을 기본 조직으로 제직한 것이다. 후세(後世)에는 견(絹), 금은사로 문양을 제직하여 화려해졌다. 케시[緙絲] 태피스트리의 일종으로, 일본에서는 쓰즈레직[綴織]이라고 한다.

콘(cone) 권사 공정에서 지관을 사용하여 실을 원추형으로 감은 것을 콘이라고 한다. 콘으로부터 실을 직접 풀어 쓰기가 편리하므로 오늘날 대부분의 실들은 치즈보다는 콘 제품으로 만들어진다.

콘란, 재스퍼(Conran, Jasper 1959~) 영국 런던 출생의 디자이너로 뉴욕의 파슨스 예술학교에서 공부하는 동안 피오루치(Fiorucci)에서 일하기도 하였다. 귀국 후 윌리스에서 일하였고, 1978년 첫번째 컬렉션을 갖고 런던 디자이너 컬렉션의 회원이 되었다. 그의 디자인의 특징은 단순성과 편하고 부드럽게 맞는 착용감에 있다.

콘벡스 라인(convex line) 돌출한 볼록렌즈처럼 양옆이 둥글고 두터운 실루엣을 말한다.

콘벡스 슬리브(convex sleeve) 볼록하게 가운데가 튀어 나온 모양의 소매로 1981~1982년 추동 프레타포르테 컬렉션(preta-porte collection)에서 소개되었던 디자인이다.

콘케이브 라인(concave line) 상하는 비교적 넓고 가운데가 움푹 들어간 실루엣으로 1980년대 중반에 유행하였다.

콘케이브 숄더(concave shoulder) 유러피안 풍의 양복에서 주로 볼 수 있는 숄더 라인의 한 형태이다. 전체적으로 부드러운 곡선을 이루며 소매산 끝이 올라가 있다.

콘투쉬(kontush) 18세기 여자 가운인 아 라 프랑세즈(á la française)를 말하는 것으로, 독일과 북유럽에서 부르는 이름이다.

콘튜어드 요크(contoured yoke) 콘튜어는 '윤곽, 외형, 외곽선' 또는 에 윤곽을 그리다' 라는 뜻으로 콘튜어드 요크는 물체의 윤곽에 따라 붙은 요크를 의미한다. 신체의 선에 꼭 맞도록 한 바지의 요크 등을 의미한다.

콘튜어 벨트(contour belt) 콘튜어는 '윤곽, 외형' 이라는 뜻으로, 일반적인 벨트와는 달리 신체의 선에 따라서 곡선적으로 만들어진 벨트의 총칭이다.

콘튜어 브라(contour bra) 속을 채워 넣어 패팅한 브래지어이다.

콘트라스트(contrast) '대조, 대립, 대비'를 말한다. 질적으로나 양적으로 다른 요소가 대립될 때, 상대와 반대되는 성질에 의해 서로의 특질이 한층 강하게 부각되는 경우를 말한다. 콘트라스트는 색상, 명도, 채도, 크기, 밀도 등 다양한 특질에서 나타날 수 있다.

콘티넨털 룩(continental look) 어깨가 둥글게 내려오고 허리는 꼭 맞으며, 재킷 길이가 약간 짧고 가슴은 큰, 아래로 내려오면서 좁아지는 스타일을 말한다. 유럽 대륙의 신사복 차림으로 영국의 브리티시 스타일, 미국의 아메리칸 트래디셔널, 프렌치, 이탈리안, 저먼 등으로 대륙에 따라 세분화하는 경우도 있다.

콘티넨털 셔트(continental shirt) 다트가 잡혀 몸에 꼭 맞는 남자들의 셔트로 아래로 내려올수록 더 좁게 되어 있다. 유러피안 컷 셔트라고도 부른다. 1960년대에서 1980년대까지 젊은 남성들에게 대유행하였다.

콘티넨털 수트(continental suit) 자연스러운 어깨선에 편하게 맞게 만든 재킷과 벨트가 없는 팬츠로 이루어진 유럽풍 남성용 수트로, 1950년대에 이탈리아에서 등장하였다.

콘티넨털 칼라(continental collar) 폭이 좁고 끝을 비스듬히 마름질하여 둥글린 모양의 롤드 칼라(rolled collar)이다. 1950년대와 1960년대, 1980년대에 남성들의 셔트에 달아 입었다.

콘티넨털 타이(continental tic) 셔트의 칼라 아래에서 묶지 않고 서로 교차시켜서 타이핀으로 고정시키는 턱시도용 넥타이를 말한다. 보 타이의 일종이다.

콘케이브 숄더

콘티넨털 팬츠(continental pants)　1950년대 남자 바지에서 영향을 받아 디자인된, 허리가 꼭 맞고 벨트가 없는 바지로, 다리 부분은 꼭 맞고 커프스가 없으며 대개 슬릿 또는 상자 포켓이 옆선에 있다. 1960년대 후반기에 유행하였으며, 이탈리아에서 유행이 시작되었다.

콘티넨털 힐(continental heel)　바닥은 사각형이지만 뒷부분이 약간 곡선으로 처리된, 앞면이 똑바른 좁은 구두 뒷굽을 말한다. 과장되게 높고 좁은 변형된 형태의 힐은 스파이크 힐(spike heel)이라고 부른다.

콘티뉴어스 플래킷(continuous placket)　여성복이나 아동복의 소맷부리에 사용되는 트임의 일종이다. 콘티뉴어스는 '끊임없는, 연속적인'이란 뜻으로, 천에 이음선이나 가윗밥을 넣어 가늘고 긴 천을 한쪽에서 다른 쪽으로 이어붙여 만든다.

콘플라워 블루(cornflower blue)　팔랑개비 국화의 밝은 청자색을 말한다.

콘피던츠(confidants)　17세기 후반에 귀를 덮은 여성들의 머리카락 컬을 일컫는다.

콜 드루아(col droit)　콜(col)은 칼라(collar)라는 뜻의 프랑스어이다. 스탠드 칼라와 동의어이다.

콜드 마스크(cold mask)　⇒ 핫 마스크

콜 라바튀(col rabattu)　롤드 칼라, 하프 롤드 칼라 등과 같이 칼라 허리가 있고 말아 접어 젖힌 칼라를 말한다.

콜라주(collage)　콜라주는 프랑스어로 '풀로 붙이다. 물건을 펴서 붙이다'라는 의미로 패션에서는 의복에 표정을 줄 목적으로 여러 가지의 것을 붙인 디자인을 의미한다.

콜라주 프린트(collage print)　여러 종류의 것을 서로 붙여서 하나의 테마를 만들어 낸 디자인을 프린트한 무늬이다.

콜로니얼 슈즈(colonial shoes)　중간 정도의 힐에 발등이 빳빳한 텅(tongue)이나 버클로 장식되어 있는 구두로, 17~18세기에 유행하였다.

콜로니얼 옐로(colonial yellow)　미국의 콜로니얼 옐로에서 전래된 다소 희미하며 밝은 황색을 말한다.

콜로니얼 웨어(colonial wear)　콜로니얼은 '식민(지)의, 식민지풍의, 구식의'라는 의미이지만 현재 이탈리아 패션계에서 사용되는 의미는 형태에 구애받지 않고 심플 라이프 지향의 생활 혁명을 배경으로 한 캐치플레이즈로 사용되고 있다. 본질을 추구하는 의복이다.

콜로니얼 컬러(colonial color)　식민지풍의 색이란 뜻으로, 특히 강렬한 태양이 내리쬐는 남국의 섬을 연상시키는 약동적인 색의 총칭이다. 열대풍의 유행으로 푸에르토리코의 맘보 스타일 등이 부활되면서 거기에 사용되는 남국적인 원색을 지칭하는 용어이다.

콜로니얼 해트(colonial hat)　열대 지역의 식민지에서 착용되었던 모자를 말한다. 콜로니얼은 식민지를 가리키며, 특히 아프리카, 인도, 동남아시아 등의 유럽 식민지를 의미한다.

콜로비움(kolobium)　고대 로마에서 히마티온(himation) 아래 입었던 언더튜닉으로, 중세 시대에는 전례복으로 착용하였으며, 앵글로색슨인들은 셔트라고 불렀다. 보통 두 개의 수직선으로 장식이 되어 있다.

콜론 라인(colonne line)　콜론은 불어로 '원주, 둥근 기둥'의 의미로, 원주처럼 생긴 통 모양의 실루엣을 가리킨다. 파이프 라인, 튜브 라인과 같은 실루엣으로 가늘고 긴 타이트 경향에 심플한 형이 특징이다.

콜 롱(col rond)　칼라 끝이 둥글고 평평하게 접힌 칼라를 말한다.

콜롱브(colombe)　옅은 비둘기색을 말하는 것으로 도브(dove)에서 파생된 불어이다.

콜 뤼세(col ruché)　주름 장식이 되어 있는 칼라를 말한다.

콜리에(collier)　목장식으로, 개나 말에 채우는 목걸이를 말한다. 영어의 네크리스와 같다.

콜린 본 클로크(Colleen Bawn cloak)　여자의 흰색 클로크로, 커다란 케이프를 뒤 중심쪽

콜로니얼 슈즈

콘티넨털 팬츠

콘티넨털 힐

콘티뉴어스 플래킷

콤비네이션

으로 끌어서 리본으로 묶었다.

콜린스키(kolinsky) 아시아산 밍크의 모피로, 주로 중국, 시베리아, 우리 나라에서 얻을 수 있다. 보호털은 길고 실키하며 황갈색을 띠고 있다. 대개 어둡게 염색하며, 종종 레드 세이블, 타타 세이블이라고도 하는데, 우리 나라 콜린스키가 특히 우수하다.

콜 마랭(col marin) 세일러 칼라와 동의어이다.

콜 무(col mou) 소프트 칼라와 동의어이다.

콜 볼랑(col volant) 프릴 칼라와 동의어이다.

콜 슈미네(col cheminée) 터틀넥 칼라의 프랑스어 명칭이다.

콜 오피시에(col officier) 스탠딩 칼라와 동의어이다.

콜 카세(col cass) 싱글 칼라와 동의어이다.

콜 카퓌슈(col capuche) 칼라와 후드가 하나로 이어진 것을 말한다. 콜은 칼라, 카퓌슈는 후드를 의미한다.

콜 크라바트(col cravate) 셔트에 넥타이가 장식이나 부속으로 미리 부착된 칼라를 말한다. 특히 중세의 기사들이 착용했던 화려한 셔트 블라우스는 콜 크라바트로 되어 있었다.

콜타르 컬러즈(coal-tar colors) 아날린, 나프탈렌, 페놀, 기타 다른 종류의 콜타르로부터 화학적으로 얻어낸 색조들이다.

콜포스(kolpos) 키톤(chiton)의 허리선에서 직물의 블라우징에 붙여진 그리스의 용어로서, 두 번째 벨트는 더블 콜포스를 만드는 힙에서 매듭을 짓는다.

콜 폴로(col polo) 폴로 칼라(polo collar)와 동의어이다.

콜하푸리 샌들(kolhapuri sandal) 물소 가죽을 손으로 다듬어 만든 것으로 인도에서 수입된 가죽끈 형태의 샌들로, 샌들을 처음 착용할 때 착용자의 발바닥 자국이 신발창의 영구적인 형태를 만든다.

콤보이스(comboys) 스리랑카에서 남녀가 입었던 발목 길이의 랩 스타일 스커트로 밝은 색상의 무늬가 있는 직물로 만들었다.

콤비네이션(combination) 슈미즈나 페티코트 세트로 된 속옷의 총칭으로 슈미즈와 드로어즈 또는 팬티가 함께 이어진 것과 소매 없는 언더 셔트와 드로어즈가 함께 이어진 것 등이 있다. 위, 아래의 경계가 없이 하나로 이어진 것이어서 주로 어린이용으로 쓰인다. 1880년에 남성복이 소개되었고, 1920년에는 여성들의 노동복인 유니언 수트를 콤비네이션이라고 하였다.

콤비네이션 스티치(combination stitch) ⇒ 섞음질

콤비네이션 얀(combination yarn) 교합사라고도 불리며, 서로 다른 섬유 또는 꼬임수가 다른 단사를 연합하여 만든 실을 말한다.

콤퍼티션 스트라프트 셔트(competition striped shirt) 대담한 색깔의 넓은 줄무늬들을 백색과 조화시켜서 디자인한 스포츠 셔트로 럭비 셔트가 이에 속한다.

콤포 부츠(compo boots) 발 부분과 다리 부분이 끈으로 연결되어 있는 부츠를 말한다. 끈을 풀면 보통 신이 된다. 콤포는 콤포지션(composition)의 줄임말이며, 긴 부츠와 일반 신으로 사용된다는 점에서 투 웨이 부츠라고도 부른다.

콤플렉스 컬러 하모니(complex color harmony) 복잡한 색들을 사용하여 조화를 꾀하는 새로운 배색법을 말한다. 즉, 의외성이 있는 복잡한 색채 구성으로, 예를 들면 칸딘스키의 회화에 보이는 것이 대표적이다. 지금까지 계속된 내추럴 컬러 중심의 자연 지향적인 패션에서 인공 지향으로 변화를 보이는 것이 주목된다.

콰이어 로브(choir robe) 학사복과 비슷한 발목 길이의 로브로 원래 검정이나 붉은색으로 교회의 성가대에서 입었다.

콰이어보이(choir-boy) 교회의 성가대 소년 복장에 사용되는 끝이 둥근 플랫 칼라이다. 피터 팬 칼라보다 조금 크게 만들며 모양이 비슷하다.

쾌락 원리(pleasure principle) 프로이트(Freud)의 이론 중 인간의 생물적 요소인 원

콰이어보이

욕이 만족되면 얻는 쾌락 원리로 긴장을 즉각 발산하여 유기체를 편안하고 낮은 에너지 수준으로 돌아가도록 작용하는 긴장 해소의 원리를 말한다. 즉 반사작용(눈을 깜빡이는 것, 재채기 등)이나 기초작용(꿈) 등을 들 수 있다.

쾌자(快子) 깃·소매·무·앞섶이 없고 양옆 솔기의 끝과 뒤솔기의 허리 아래가 터진 마상의(馬上衣)로, 답호·배자·몽두리 등과 형태가 비슷하다. 조선 초에는 군신(君臣)이 철릭 위에 입었으나, 후에는 하급 군속 및 조례의 제복(祭服), 무동(舞童)이 검기무(劍器舞)를 출 때 입는 무복(舞服)으로 착용하였다.

쾌화(快靴) 중국 청나라 때의 신으로 밑이 두껍고 발목이 짧다.

쿠레주 룩(Courrèges look) 활동성 있고 쾌활한 젊음이 강조된 대담한 스타일로, 스커트 길이는 짧고 우주복을 연상시키는 은색 비닐 등을 사용하였으며 직선, 기하학적인 선을 표현하였다. 디자이너 쿠레주가 1960년대 초에 유행시켰다.

쿠레주, 앙드레(Courrèges, André 1923~) 프랑스의 작은 도시 포 출생으로 건축학을 전공하고 토목 기사가 된 그는 패션 디자이너에 대한 꿈을 버리지 못하고 디자이너가 되기 위하여 파리로 진출했다. 그곳에서 발렌시아가의 문하생으로 11년 동안 감각을 익힌 다음 1961년 자신의 살롱을 열고 데뷔하였다. 처음에는 발렌시아가풍인 페미닌 룩을 선보였으나 1963년부터 그의 독창적인 작품인 시가렛 팬츠(cigarette pants), 무릎 위 스커트 등의 전위적인 시도로 엘레강스한 파리 패션계의 고정 관념을 뒤엎는 충격을 주었다. 1964년에도 기능적인 의상으로서 브래지어와 코르셋을 착용하지 않는 이른바 '울트라 모던 컬렉션'을 발표하고, 미니 룩, 흰옷에 검정과 빨강의 줄무늬 재킷, 대담하게 파인 암홀, 건축적이며 각이 진 실루엣의 드레스, 유니섹스 룩 등을 선보였다. 1970년대에는 부드러운 소재와 색상을 주로 사용하고

러플을 사용하기도 했으며 스포티하고 잘 재단된 테일러드 수트 등을 선보였다. 최근에는 자동차, 인테리어, 액세서리, 잡화류에 이르기까지 모드의 대중화를 추구하는 창작 활동을 하고 있다.

쿠레주 컬러(Courrèges color) 미니 스커트와 기하학적이고 미래 지향적이며 스포티한 의상 디자인으로 잘 알려진 파리의 디자이너 앙드레 쿠레주가 디자인한 의상에서 보이는 독특한 색채를 말한다. 오렌지, 황록, 백색, 황색, 쇼킹 핑크 등의 화려한 색들이 특징이다.

쿠레주 플라워 삭스(Courrèges flower socks) 무릎 아래까지 오는 우아한 여성 양말로 보통 윗부분은 흰색의 꽃무늬가 자수된 레이스로 되어 있다. 1967년 파리의 디자이너 앙드레 쿠레주에 의해 소개되었다.

쿠뢰르(coureur) 짧은 페플럼이나 바스크(basque)가 있는 꼭 맞는 카라코 재킷으로 프랑스 혁명기간 동안 여자들이 입었다.

쿠르케(khurkeh) 좁은 어깨와 소매에 팔목 주위는 플레어로 되었으며, 풍성한 허리를 벨트로 맨 길이가 긴 리넨 드레스이다. 상체 부분, 소매끝, 치마단 부분이 자수로 장식되고, 고대 팔레스타인 사람들이 착용하였다.

쿠르타(kurta) ① 왼쪽 옆에서 여미는 힙 길이의 셔트로 손목에 단추가 달린 긴 소매가 달렸으며 인도의 회교도인과 힌두교 남자들이 입었다. ② 짧은 소매가 달린 안기야(angiya)와 함께 남부 인도의 회교도 여자들이 입은 소매 없는 셔트이다.

쿠바베라 재킷(Cubaverra jacket) 네 개의 컷 주머니가 달린 백색 면으로 된 비어 재킷(beer jacket)과 유사한 스포츠 재킷이다. 1940~1950년대에 남성들이 가벼운 하복 바지와 함께 착용하였다.

쿠반 힐(cuban heel) 뒤쪽이 약간 곡선이 지고 중간에서 높아지는 넓은 힐이다.

쿠션솔 삭스(cushion-sole socks) 격렬한 운동시에 신는 양말로 발에 물집이 생기지 않도록 발바닥 부분을 특수하게 짠다. 주로 목

쿠레주, 앙드레

쿠반 힐

쿨리 해트

면과 신축성이 있는 나일론 테리 클로스 (terry cloth)로 만든다. 흔히 진균류, 박테리아, 냄새로부터 보호하기 위해 특수 가공을 한다.

쿠션 스타일 엠브로이더리(cushion style embroidery) 쿠션 스티치를 이용해서 천의 표면을 덮는 자수를 말하며, 독일 자수의 일종이다.

쿠션 스티치(cushion stitch) ⇒ 텐트 스티치

쿠아란(cuaran) 말이나 소를 탈 때 신는 가죽 끈이 달린 무릎 길이의 부츠로, 1500년경 스코트 하이랜더들이 착용하였다.

쿠쿨루스(cuculus) 로마 시대 하류층 사람들이 작업복으로 입던 후드가 달린 케이프를 말한다.

쿠튀르(couture) 디자이너에 의한 오리지널 스타일로, 고급 천으로 잘 봉제하고 테일러링한 의상을 일컫는 프랑스어이다. 1년에 두 번 컬렉션을 통해 디자인이 발표된다.

쿠튀리에(couturier) 프랑스어로 '재봉사'란 뜻으로 각 점포의 대표 남성 디자이너를 일컫는 용어이다. 여성의 경우는 쿠튀리에르 (couturière)라고 부른다.

쿠틸(coutil) 면 또는 면과 레이온 혼방으로 강하고 견고하게 제직한 3매 종광 경사 부출 헤링본 트윌직으로, 중간 번수의 면 카드사 또는 면 코마사를 쓴다. 코르셋이나 브래지어 등에 쓰인다. 코르셋 쿠틸의 경우 경사의 절단강도는 54kg이 되어야 한다.

쿨라 캡(kulah cap) 페르시아나 인도에서 회교도들이 쓰는 양가죽이나 펠트로 된 원추형 모자이다.

쿨리야(Kulijah) 롤링 칼라, 라펠이 달리고 뒤에 플리츠가 있는 오버코트로, 낙타털로 만들고 실크나 모피로 안감을 장식하였으며 이란 남자들이 입었다.

쿨리 코트(coolie coat) 허리를 가리는 짧은 상자형의 박스 스타일에 밴드 칼라, 기모노 소매, 매듭 단추로 여미게 된 코트를 말한다. 중국의 여성 노동자 쿨리들과 동쪽 인디언들이 착용하였다. 비치 코트, 란제리 코트에 많

쿼크

이 이용되며, 차이니즈 재킷, 마오 재킷이라고도 한다.

쿨리 해트(coolie hat) 대나무나 야자나무 또는 밀짚으로 만들며 챙이 넓어 그늘진 중국의 모자로 버섯 모양이나 원추형으로 여름에 해변에서 주로 쓰는 모자이다.

쿨 파스텔(cool pastel) 차가운 또는 시원한 느낌이 강한 파스텔 컬러를 말하는 것으로 한색계가 느껴지는 페일 핑크나 민트 그린, 페일 블루, 오프 화이트, 라이트 그레이 색상가 대표적이다. 쿨 페미닌으로 불리는 시원한 이미지의 여성스러운 패션의 대두에서 이와 같이 섬세한 색이 출현한 것이다.

쿰야(kumya) 앞에서 여러 개의 작은 단추를 루프로 끼우게 된 셔츠로 모로코인이 착용하였다.

쿵푸 슈즈(kungfu shoes) 쿵푸를 할 때 신는 신발로 주로 밑창이 얇고 평평하며 검은색 헝겊으로 만든다. 평상시에도 신는다.

쿼츠(quartz) 보석에 사용되는 광석으로, 수정류의 투명한 여러 가지 변종과 투명하거나 불투명한 여러 변종이 있다. 수정류의 변종은 무색의 수정(rock crystal), 자수정 (amethyst), 장미석영(rose quartz), 스모키 쿼츠(smoky quartz), 타이거 아이 그리고 캐츠 아이 등이 있다. 쿼츠는 얼핏 보아 결정이 없는 것처럼 보이지만 현미경으로 보면 수정체인 것이 드러난다. 다양한 색깔에 따라 각각 다른 이름으로 불리지만 대개는 캘세더니로 여겨진다. 다른 이름으로는 카닐리언 또는 사드, 크리소프레이즈, 블러드스톤 또는 헬리오트로프, 아게이트, 오닉스, 사드 오닉스, 재스퍼 등 다양하게 있다.

쿼크(quirk) 장갑의 손바닥에서 엄지 손가락 밑부분의 덧댄 작은 삼각형으로, 장갑을 손바닥에 밀착시키고 유연성을 준다.

쿼크 섬(quirk thumb) 엄지를 자유롭게 움직이기 위하여 장갑에서 삼각형의 무늬가 들어간 부분이다. 프렌치 섬(French thumb)라고도 한다.

쿼터 삭스(quarter socks) 발목 길이보다 더

짧은 양말로 아크릴과 나일론으로 만든다.

퀀트, 메리(Quant, Mary 1934~) 영국 런던 출생으로, 1950년대와 1960년대 청소년 문화 혁명과 때를 맞추어 모즈 룩, 미니 스커트의 창시자로 유명하다. 런던의 골드 스미스 대학에서 회화를 공부한 후 1955년 남편인 플런켓 그린과 함께 런던의 킹스 로드에 바자 상점을 개점했다. 1959년 획기적인 미니 스커트를 발표하여 1960년대 미니 스커트의 유행을 전세계적으로 확산시켰으며, 1966년 엘리자베스 여왕으로부터 비틀즈와 함께 제4등 영국 훈장을 받았다. 그녀는 코코 샤넬을 존경하며, 주로 캐주얼 차림의 옷을 디자인하였으며 진저 그룹(ginger group)과 함께 주로 대량 생산되는 기성복 디자인에 역점을 두고 있다. 그녀는 의상뿐 아니라 속옷, 양말, 레인 코트, 구두, 모자에서 인테리어에까지 개척 정신을 갖고 창의적인 디자인을 강조하였으며, 현재는 화장품까지 생산하고 있다. 1973년 런던 박물관에서 회고전을 갖기도 하였다.

퀄리티 머천다이징(quality merchandising) 품질을 중심으로 한 상품정책을 말한다. 제품의 고품질화, 서비스의 최대화 등 퀄리티 라이프(quality life) 지향의 소비자층에 대응한 정책이다.

퀘이커 보닛(Quaker bonnet) 불룩한 크라운과 딱딱한 챙으로 된 작고 꼭 끼는 여성들의 보닛으로, 장식이 없고 턱밑에서 묶었다. 드레스와 같은 천으로 만들고, 러플로 장식된 흰색 머슬린 캡 위에 썼다. 17세기에서 19세기의 퀘이커 교도 여성들이 착용하였다.

퀘이커 칼라(Quaker collar) 퓨리턴 칼라와 비슷한 폭이 넓은 플랫 칼라로 퀘이커 교도들의 복장에서 유래하였다.

퀘틀(cueitl) 컬러풀한 팜나무 잎사귀 원료의 면으로 만든 길이가 긴 랩 어라운드 스커트로 멕시코의 튜안 여성들이 착용하였다.

퀘일파이프 부츠(quail-pipe boots) 16세기 말에서 17세기 초에 유행한 남성 부츠로, 부드러운 가죽으로 만들었으며 목이 높다. 착용시 밑으로 밀어서 주름이 접히게 신었다.

퀴라스(cuirasse) ① 고대 그리스와 로마인이 입은 소매 없는 튜닉으로 허벅지까지 오는 길이의 옷이다. ② 쇠로 가슴과 등을 댄 갑옷으로 14세기 중엽부터 17세기 중엽까지 옷 안이나 위에 입었다.

퀴라스 튜닉(cuirasse tunic) 1870년대 중반 여성들이 퀴라스 보디스와 함께 착용한 꼭맞는 튜닉 스커트를 말한다.

퀴스(cuisse) 중세에 허벅지를 바로 하기 위해 입었던 갑옷 또는 패딩의 한 형태를 말한다.

퀵 클로딩(quick clothing) 입고 벗기가 용이한 의복의 총칭이다. 랩 형, 풀온(pull-on) 형의 의복이 대표적이다. 단독으로 입을 수 있고, 범용성, 실용성이 강한 홈 드레싱적인 의복으로 이러한 경향은 타운 웨어에서 받은 영향도 크다.

퀸 네크라인(queen neckline) 웨딩 드레스 등 드레시한 의복에서 볼 수 있는 칼라이다. 앞은 오픈되고, 목 뒤는 세워진 칼라를 의미한다.

퀸 엘리자베스 핑크 다이아몬드(Queen Elizabeth pink diamond) ⇒ 윌리엄슨 다이아몬드

퀸 오브 홀랜드 다이아몬드(Queen of Holland diamond) 1904년 암스테르담에서 세공된 136.5캐럿의 푸른색의 다이아몬드로 1924년 파리 박람회에서 전시되었다. 인도인인 마하라자(Maharajah)에게 백만 달러에 판매되었으며 현재 어디에 소장되어 있는지는 알 수 없다.

퀼로트(culottes) 스커트처럼 보이지만 실제로는 팬츠처럼 두 개로 나누어진 디바이디드 스커트형 바지로 16~17세기에 걸쳐 프랑스 귀족 남성들이 입기 시작하였고, 1930년대, 1940년대, 1960년대에 다시 유행하였다. 1986년에 퀼로트는 무릎 정도까지 오는 길이에 주름으로 되어 때로는 재킷을 매치시켰다.

퀼로트 드레스(culotte dress) 바지에 블라우

퀼로트

스가 부착된 퀼로트풍의 스커트나 드레스로
허리선이 없으며, 팬츠 드레스라고도 부른
다. 1967년에 유행하였다.

퀼로트 드레스

퀼로트 수트(culotte suit)　길이가 짧고 헐렁
한 여성용 바지식 스커트인 퀼로트와 재킷으
로 이루어진 수트이다.

퀼로트 스커트(culotte skirt)　플레어 스커트
처럼 보이지만 앞, 뒤 중앙에 주름을 크게 넣
어서 다리 부분이 분리되어 바지처럼 입는
다. 디바이디드 스커트, 팬츠 스커트, 스플릿
스커트, 가우초라고도 한다. 1910년경 처음
에는 여성들이 승마복으로 입었으나 최근에
는 기능적인 면에서 각종 스포츠 웨어나 평
상복으로 다양하게 입는다.

퀼로트 슬립(culotte slip)　넓은 팬티같이 생
긴, 무릎까지 또는 길이가 약간 더 짧은 속치
마이다.

퀼로트 파자마(culotte pajamas)　바지통이 넓
고 길이가 긴 롱 드레스처럼 보이는 파자마
로 1960년대 후반기와 1970년대 전반기에
유행하여 저녁 식사 때 많이 입었으며, 호스
테스 파자마 또는 파티 파자마라고도 한다.

퀼링(quilling)　관 모양으로 주름이 잡힌 레이
스로, 19세기에 사용하였다.

퀼 스티치(quill stitch)　페더 스티치와 같은
수법이나 스티치의 균형과 간격을 바꾸면서

일직선상에 수놓도록 한다. 소나무 가지와
같은 종류의 잎을 묘사하는 데 사용한다.

퀼트(quilt)　두 직물 사이에 솜이나 우레탄 폼
등을 물리적으로 삽입하고 누벼서 만드는 것
으로, 이들 세 겹의 천은 보통 대각무늬로 봉
합하는 방식으로 겹쳐진다.

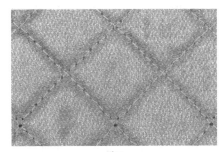

퀼트

퀼티드 직물(quilted fabrics)　원래는 솜을 넣
은 이불을 이불 겉천과 함께 꿰매어 솜의 이
동을 방지하고 꿰매는 방법에 따라 무늬를
나타낸 것으로서, 쿠션, 베드, 매트 등에 쓰
인다.

퀼티드 코튼 백(quilted cotton bag)　코튼의
직물을 누벼서 만든 가방을 말한다. 캐주얼
한 분위기가 특징이며, 섬세한 금속 장식을
부착한다거나 고급스런 장식을 가하여 엘레
강스한 분위기에 적합하게 만든 것도 있다.

퀼팅 니들(quilting needle)　⇒ 누빔바늘

퀼팅 엠브로이더리(quilting embroidery)　형
겊 사이에 솜을 넣고 도안에 따라 러닝 스티
치나 백 스티치로 누벼서 무늬를 나타나게
하는 방법을 말한다. 17세기 유럽 대륙과 영
국에서 장식용으로 이용되었으며, 프랑스에
서는 이불에 주로 쓰였으나, 20세기에 와서
는 복식용, 방한용에 많이 이용되고 있다. 종
류에는 이탈리안 퀼팅과 잉글리시 퀼팅이 있
다.

퀼팅 재킷(quilting jacket)　보온을 위하여 또
는 입체적인 멋을 위하여 속에다 솜이나 스
펀지를 넣고 누빈 재킷을 말하며, 누빔 종류
에 따라 디자인이 다양해진다. 벨벳, 새틴 같
은 화려한 옷감으로 누비면 이브닝 웨어에
효과적이다. 누빈 조끼를 퀼팅 베스트, 누빈

퀼팅 재킷

코트는 퀼팅 코트라고 한다.

큐(queue) 뒤로 한 갈래로 길게 땋아 내린 헤어 스타일로 때로는 색깔 있는 코드(cords)와 함께 꼬기도 한다. 사자꼬리(lion's tail)라고도 한다.

큐브 힐(cube heel) 가죽 또는 루사이트(lucite)로 된, 뒤가 사각인 힐이다.

큐비즘 프린트(cubism print) 큐비즘은 '입체파'라는 20세기의 미술주의의 하나를 말하며, 입체파 화가의 그림과 같은 프린트 무늬로 큐브 프린트(cube print)라고도 한다.

큐빅 지르코니아(cubic zirconia) 다이아몬드를 모방한 인조 보석을 말한다.

큐폴라 코트(cupola coat) 고래뼈, 등나무, 후프 등으로 만든 반원형의 페티코트로, 1710~1780년경 영국에서 유행하였다.

크라바트(cravate) ① 모닝 코트와 가는 세로 줄무늬 바지로 이루어진 한 벌의 남성복에 착용하는 넓은 넥타이를 말한다. ② 1660년에서 19세기 말까지 사용한 장식용 스카프로 앞중심에서 리본이나 매듭으로 묶어 착용하였으며 소재는 리넨, 목면, 실크 등을 사용하였다. 때때로 풀먹인 칼라에 맬 때는 스티프너(stiffener)라고 한다.

크라에, 줄 프랑수아(Crahay, Jules François 1917~) 벨기에 태생으로 파리에서 공부한 후 1952년부터 니나리치에서 11년 간 일했고 지금은 랑방사의 크리에이터로 일하고 있다.

크라운 다이아몬드(crown diamond) 한때 러시아 황제가 소유했던 벌꿀색의 84캐럿 다이아몬드로 1939년 디비어(Debeers)에 의해 뉴욕 세계 박람회에 전시된 바 있다. 그 후 뉴욕의 바움골드(Baumgold Bros)에게 팔렸다가 달라스의 에버트 회사(Evert Co.)에 다시 팔려 자주 전시되고 있다.

크라프트매틱(kraftmatic) 영국에서 개발된 니트 스티치를 만드는 기계를 말한다.

크래버넷(Cravenette) 개버딘의 일종으로 일반적으로 발수가공되어 있는 소모 직물과 방모 직물의 상호이다.

크래시(crash) 슬러브사와 같이 형태가 불규칙한 실로 제직하여 표면이 불규칙하다. 원래 러시아산 크래시는 미표백 마포였는데 요즘은 면 또는 면과 아마, 마와 폴리에스테르 등의 혼방이 많다. 실의 굵기가 고르지 않은 것을 혼용해서 거친 느낌을 줄 때가 있는데 이때는 면이나 합성혼방으로 짠, 마디가 많은 실을 사용하여 투박한 촉감이 나도록 한다.

크랜베리(cranberry) 크랜베리 열매에 보이는 어두운 자색을 띤 적색을 말한다.

크레슨트 슬리브(crescent sleeve) 안쪽은 직선으로, 바깥쪽은 곡선으로 만들어 실루엣이 마치 초승달처럼 보이는 소매이다.

크레용 컬러(crayon color) 크레용의 색을 의미하며, 패션에 다이내믹한 느낌을 주기 위해 주로 사용된다. 어두운 색조는 강한 인상을 주는 반면 눈부시게 아름답지 않은 색이 호감을 끄는 경향도 있다.

크레이즈(craze) 많은 사람들의 흥분과 감정에 의해 형성된 일시적인 유행이나 패션을 말한다. 특히 한 대상에 대해 낭비적이고 수명이 짧은 열광이라는 의미를 가지며, 또한 어떤 대상이나 행동에 대한 무의미성을 포함한다.

크레이프(crepe) 제직할 때 크레이프사를 사용하고 크레이프 가공을 하여 표면에 미세하고 불균일한 무늬가 생겨 표면이 오돌토돌한 직물을 말한다. 크레이프는 촉감이 깔깔하며 신축성, 드레이프성이 향상되어 구김도 덜 생기지만 세탁에 의해 크게 수축된다. 가장 많이 사용하는 조직은 평직이며, 속옷, 잠옷, 블라우스 등에 사용된다.

큐브 힐

크라바트

크레이프

크레이프 드 신(crepe de Chine)   경사에 무연사, 위사에 S·Z 강연 생사를 교대로 두 올씩 넣어 제직한 위크레이프 직물이다. 제직 후 정련하면 위사의 꼬임이 풀리면서 직물표면에 크레이프 효과가 나타난다. 광택과 드레이프성이 좋아 양장지로 널리 쓰이는 직물로, 플랫 크레이프나 팰리스 크레이프에 비해 위사의 꼬임수가 많아 크레이프 효과가 더 잘 나타나 있다. 견 외에 레이온, 나일론, 폴리에스테르 등이 사용된다. 신(Chine)은 고대 중국의 진나라를 말하는 것으로, 중국 축면을 모방하여 제작한 데서 유래하였다. 여성복, 넥타이, 스카프, 커튼 등에 사용된다.

크레이프 마로캥(crepe marocain)   실크나 레이온으로 만든 두꺼운 크레이프 드레스 직물을 말한다. 직물표면의 교차된 리브 효과는 경사보다 굵은 위사를 사용함으로써 얻어진 것이다. 캔톤 크레이프와 재질감이 유사하다. 경사는 실크나 레이온을 쓰고 위사는 면 크레이프사를 사용하여 평직으로 짠 직물이다.

크레이프 미티어(crepe meteor)   2/2 또는 2/1의 능직 이면과 수자직의 표면을 지닌 부드럽고 광택이 나는 실크 크레이프를 말한다. 경사는 단사이며 위사는 두 가닥의 S꼬임과 Z꼬임이 교대한다. 이 직물은 후염된다.

크레이프 백 새틴(crepe back satin)   정련된 경사와 크레이프 위사로 이루어진 실크, 레이온 또는 인조 섬유의 새틴 직물로서 이면이 크레이프 조직을 가져서 양면으로 쓸 수 있다. 인치당 경사의 올 수가 위사의 2~3배가 되며 한 면은 부드럽고 광택이 나고 다른 한 면은 광택이 없으며 거칠거칠하다. 새틴 크레이프라고도 한다. 뒷면을 앞면으로 사용하면 새틴 백 크레이프 직물이 된다.

크레이프 새틴(crepe satin)   순견직물로 경수자이다. 경사는 240~300올의 가는 생사를 사용하고 위사는 크레이프 연사로 60회/2.54cm인 꼬임을 준 것이며, 폭은 43~44

×2.54cm 정도이다.

크레이프직(crepe weave)   축면직이라고도 하며 조직에 의해서 곰보 효과를 표현한 것으로, 능직이나 수자직 또는 그 변화 조직에 조직점을 가감하거나 다른 두 가지 이상의 조직을 배합하여 조직점이 불규칙하고 복잡하게 배치된 직물이다. 아문젠, 오트밀(oatmeal) 등이 크레이프직으로 만들어진 대표적인 직물이다.

크레이프 트위스트(crepe twist)   보통보다 단위 길이당 꼬임의 수를 훨씬 많이 준 강연사의 일종이다. 이 실은 철사와 같이 뻣뻣하고 가공 중에 줄어들기도 하여, 직물의 경우에 골이 지거나 오글조글한 크레이프 효과를 타낸다. 이러한 표면효과는 S꼬임과 Z꼬임을 기술적으로 사용함으로써 생긴 것이다. 크레이프사는 필라멘트사의 경우에는 스로잉(throwing) 과정을 통해서 만들어지고, 스펀사의 경우에는 방적과정에서 강연을 함으로써 만들어진다.

크레탄 스티치(cretan stitch)   크로스 스티치와 같은 방법으로 계속하여 스티치하는 것을 말한다.

크레톤(cretonne)   경·위사에 가는 실을 쓰고 평직이나 능직, 수자직 또는 크레이프직으로 짜서 큰 꽃무늬를 침염한 직물로, 커튼이나 가구 커버용으로 사용된다. 친츠(chintz)와 거의 같은 직물로, 차이점은 감광 가공을 하여 광택이 친츠보다 나쁜 점과 친츠에서보다 더 큰 꽃무늬 프린트가 쓰인 점이다.

크레퐁(crépon)   꼬임이 많은 경사를 이용하여 짠 직물로 크레이프와 비슷하나 더 두껍고 뻣뻣하다. 주로 실크로 만들어지며 그 외에 레이온, 면, 모 등으로 직조하기도 한다.

크레피다 부츠(crepida boots)   앞발가락 부분이 개방된 고대 로마의 짧은 부츠이다.

크로매틱 컬러(chromatic color)   크로마는 색채 용어로 채도이지만 크로매틱 컬러는 색기미가 있는 색, 즉 유채색을 말한다. 이 색은 채도가 높다(선명하다), 채도가 낮다(탁하다) 등의 정도를 지니며 채도가 없어지면

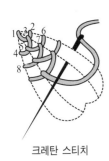
크레탄 스티치

무채색(achromatic color), 즉 백, 그레이, 흑 등의 색이 된다.

크로모 메트릭 워치(chromo metric watch) 속도, 거리 등의 킬로미터나 노트로의 변환, 연료 소모 등을 계산해 내는 항공 컴퓨터가 장치된 시계. 비행, 자동차 경주, 항해 등에 사용되며 1962년 5월 비행 부분의 우주 개척자에 의해 처음으로 사용되었다.

크로셰 니들(crochet needle) 크로셰 뜨기에 사용되는, 바늘귀가 없는 끝이 갈고리형인 바늘로 크기는 여러 가지가 있다. 갈고리 바늘이라고도 한다.

크로셰 레이스(crochet lace) 옛 에스파냐와 베니스에서 니들포인트 레이스를 본따서 만든 레이스이다. 가장 좋은 종류는 아일랜드 산이고 프랑스와 벨기에에서도 생산된다. 또한 중국과 일본에서 생산되는 크로셰 레이스는 품질이 떨어진다. 이 레이스는 정사각형 본에 꽃이나 잎사귀의 인미댈리언(inmedallion) 패턴을 코바늘뜨기하고 공작이나 부채꼴 모양으로 가장자리를 처리한다.

크로셰 주트 백(crochet jute bag) 사이잘 삼 등을 소재로 사용하여 코바늘 뜨기를 한 가방을 말한다. 시원한 느낌으로 여름철 평상복에 가볍게 들 수 있는 가방이다.

크로셰티드 숄(crocheted shawl) 코바늘 뜨개질에 의해 만들어진 숄을 말한다.

크로셰티드 캡(crocheted cap) 코바늘 뜨개질에 의한 모자로 헬멧형, 베레모형 등 다양하다. 금속이나 플라스틱 조각으로 장식된 것도 있다.

크로스 네크리스(cross necklace) 기독교의 상징인 십자가 펜던트가 부착되고 금이나 은 등의 금속 재질을 사용한 목걸이이다. 기독교와 카톨릭에서 쓰는 가장 흔한 십자가는 라틴 십자가로 수직대와 그보다 조금 짧은 수평대가 윗부분에서 교차하는 로마형이며, 양대의 길이가 똑같은 그리스식의 십자가 역시 착용되고 있다.

크로스 다이드 클로스(cross dyed cloth) 이색염 직물을 말한다.

크로스 드레싱(cross dressing) 여자가 남자 옷을, 남자가 여자 옷을 입는 차림새를 말한다. 페미닌, 마스큘린이라는 용어처럼 한 복장에 남성적, 여성적 요소가 동시에 포함된 차림새를 뜻하기도 한다.

크로스 라인(cross line) X자형으로 교차된 모티브를 여러 가지로 이용한 디자인의 실루엣이다. X라인이라고 할 때가 많고 1981, 1982 추동 크리스티앙 디오르의 스포츠 웨어에 단적으로 나타나 있다. 엷은 색 바탕에 선명한 색으로 X를 곁들인 테니스 블루종 등을 말한다.

크로스 머천다이징(cross merchandising) 매장의 활성화를 기하기 위하여 단일상품 뿐 아니라 이와 관련된 상품도 같이 코디네이트 하는 것이다.

크로스 머플러 칼라(cross muffler collar) 목에 감아 앞에서 교차시킨 짧은 머플러처럼 보이게 만든 칼라로, 풀오버 스웨터에 많이 사용한다.

크로스 밴드 스티치(cross band stitch) 크로스 스티치를 놓은 후, 그 위 중심에 한 번 징그는 수법이다.

크로스 스트라이프(cross stripe) 가로 줄무늬를 말한다.

크로스 스티치(cross stitch) 십자뜨기의 방법으로, 천의 올이 가로, 세로로 질서정연하게 짜인 천이나 크로스 스티치용 캔버스로 자수하게 되면 가장 간편하고 곱게 뜰 수 있다. 단목 무늬나 연속 무늬를 나타내는 캔버스 워크에 사용하며, 홀 스티치(whole stitch)라고도 한다.

크로셰티드 캡

크로스 스티치 패고팅(cross stitch fagoting) 옷감과 옷감 사이를 새발뜨기로 장식해 가는 패고팅으로, 크리스 크로스 패고팅이라고도 한다.

크로스 염색(cross dyeing) 혼방 직물을 후염할 때 섬유들이 염료에 대한 친화력이 다른 것을 이용하여 두 가지 이상의 색을 띠도록 염색하는 것을 말한다. 이색염이라고도 한다. 유니언 염색 참조.

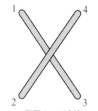

크로스 스티치

크로스오버 브라(crossover bra)　앞중심이 X
자 모양이고 신축성 있는 고무형의 끈으로
된 브라이다.

크로스오버 송 샌들(crossover thong sandal)
⇒ 송 샌들

크로스오버 수트(crossover suit)　코디네이트
수트로 대표되는 뉴 수트의 별칭의 하나이
다. 크로스오버는 다른 요소의 것을 혼합해
서 새로운 스타일을 만들어내는 '이종교배
(異種交配)'의 사고를 가리키는데, 여기서는
재킷, 베스트, 슬랙스 등의 색, 무늬, 소재를
다르게 만들어 재치있게 코디네이트시킨 수
트를 의미한다.

크로스오버 칼라(crossover collar)　커다란 깃
이 달린 컨버터블 칼라로 목 위로 끌어 올려
단추를 채우면 한쪽 깃이 다른쪽 깃 위로 겹
쳐 올라가게 만들어진다.

크로스 크루 네크라인(cross crew neckline)
스웨터 등에서 볼 수 있는 네크라인으로 크
로스 머플러 칼라와 같이 깃고대를 전혀 없
애지 않고 앞에서 교차시킨 디자인을 가리킨
다. 크로스 머플러 칼라 참조.

크로스 턱(cross tuck)　가로 턱과 세로 턱을
서로 교차되도록 잡아 주는 것을 말한다.

크로스트 백 스티치(crossed back stitch)
⇒ 클로즈드 페더 스티치

크로스트 블랭킷 스티치(crossed blanket
stitch)　블랭킷 스티치의 일종으로 한 개의
스티치를 오른쪽으로 경사지게 수놓고, 다음
에는 왼쪽으로 경사지게 하여 먼저 한 스티
치와 교차시켜 자수한다.

크로스트 블랭킷 스티치

크로스 프런트(cross front)　여성의 드레스나
상의에서 주로 볼 수 있는 교차된 앞여밈을
말하며, 허리 부분을 벨트나 끈으로 묶어 고
정시키기도 한다. 팬시한 효과를 내는 디자
인이다.

크로즈풋(crowsfoot)　경사와 위사에 흑과 백
같은 대조되는 두 가지 색사를 사용하여 평

직이나 바스켓직으로 짠 직물이다.

크로커스(crocus)　크로커스 꽃에 보이는 엷은
자적색을 말한다.

크로코다일(corcodile)　나일강, 아시아, 아프
리카에서 서식하는 악어의 가죽으로 각질이
두껍고 검은 얼룩 무늬가 있으며 광택이 있
다. 미국산 악어 가죽은 앨리게이터라고 부
른다.

크로키(croquis)　기성복 또는 가구를 디자인
할 때 모델의 형태를 짧은 시간 내에 설명할
수 있는 작고 간략한 스케치이다. 즉 균형이
나 운동감, 특징 등의 인상적인 포착을 통한
사물의 존재 파악을 목적으로 한다.

크롤러즈(crawlers)　앞가슴 바대와 어깨끈이
있는 코듀로이로 만든 비브, 오버올즈 스타
일의 바지이다. 1~3세 사이의 아기들이 많
이 입은 데서 명칭이 유래하였으며, 대개 바
지 밑은 기저귀를 채우기에 편하도록 단추나
스냅으로 여미게 되어 있다.

크롬 그린(chrome green)　원래는 안료(顔料)
의 명칭으로, 황록에서 청록까지 포함한다.

크롬 레더(chrome leather)　크롬 무두질한 피
혁 종류를 말하며 보통 염색하여 여러 용도
에 사용된다.

크롬 옐로(chrome yellow)　안료의 명칭으로
적색 기미가 있는 황색을 말한다.

크롭트 톱(cropped top)　가슴과 허리 사이가
노출된 셔트. 1980년대 초부터 남녀, 어린이
들이 많이 입었다.

크롭트 톱

크롭트 팬츠(cropped pants)　무릎이나 발목
까지 오는 다양한 길이로 만들어진, 농촌에
서 많이 착용하는 작업용 바지이다. 대개 길
이는 무릎 바로 밑까지 오며 바지폭이 넓고
길이가 길며 허리 부분이 주름으로 처리된
스타일이 1984년에 유행하였다.

크루 네크라인(crew neckline)　목둘레가 꼭 맞는 둥근 네크라인으로 대개 니트지로 마무리가 되어 있다. 선원들이 입었던 스웨터에서 유래하였다.

크루 네크라인

크루 넥 셔트(crew neck shirt)　목에 높게 꼭 맞도록 된 크루 네크라인 스타일의 반팔셔트이다. 선원들이 착용한 크루 네크라인에 머리에서 뒤집어 써서 입는 풀오버 스타일의 셔트에서 유래하였다.

크루 넥 스웨터(crew neck sweater)　라운드 네크라인에 큰 롤 칼라가 달리고 목선이 메리야스 뜨기로 된 풀오버 스웨터로 대학의 보트 경기팀이 많이 입었기 때문에 거기에서 이름이 유래하였다. 1950년대, 1980년대에 유행하였다.

크루 삭스(crew socks)　발을 포함하여 장딴지 아래까지 오는 도톰한 양말로 기본형으로 편직되었으며, 윗부분은 리브 스티치(rib stitch)가 되어 있다. 본래 흰색으로 배젓기(rowing)와 다른 스포츠를 할 때 착용하였으나, 이제는 다양한 색상을 사용하고 성인 남자와 소년들 사이에서 많이 착용되고 있다.

크루세이더즈 크로스(crusaders cross)　목걸이용 펜던트로 사용된 커다란 십자가로 1960년 말티스(Maltese) 십자가에서 따온 명칭이다. 세인트 조지 크로스라고도 불린다.

크루세이더 후드(crusader hood)　머리나 목에 꼭 맞고 어깨까지 덮는 후드로 한 장으로 재단되었다. 주로 체인 메일(chain mail)로 만들었으나 지금은 모직으로 짠다.

크루아제(croisé)　능직을 말하는 프랑스 용어이다. 면사를 경사로, 소모사를 위사로 써서 제직한 가벼운 능직물이다. 조직의 다양성이 직물 이면에 능선을 형성한 실의 교차에 의해 생긴다.

크루얼 스티치(crewel stitch)　크루얼은 '자수용 모사'라는 의미로서 주로 모사 자수에 사용되는 아우트라인 스티치이다. 스템 스티치라고도 하며, 아우트라인 스티치나 러닝 스티치에 다른 색실을 한 개 넣은 것이다.

크루즈, 미겔(Cruz, Miguel 1944~)　쿠바 태생의 디자이너로 파리 의상 조합 학교에서 공부한 후 카스티요와 발렌시아가사에서 일했다. 1963년 이탈리아로 옮겨와 로마에서 자신의 기성복 회사를 차리기 전까지 프리랜서로 일하기도 하였다.

크루즈 라인(cruise line)　크루즈는 '순환, 떠돌아 다님, 만유 선박여행'의 뜻으로, 크루즈 라인은 리조트용 상품군으로 한 여름의 더위나 한겨울의 추위를 피해 여행하는 소비자층을 대상으로 한 상품군이다.

크루 컷(crew cut)　남성의 짧게 깎은 헤어 스타일로 1950년대에 유행하였다.

크룹 다이아몬드(krupp diamond)　미국의 여배우 엘리자베스 테일러의 남편 리처드 버튼이 그녀에게 준 33.1캐럿의 다이아몬드로 305,000달러에 구입하였다.

크리놀린(crinoline)　19세기 중엽 나폴레옹 3세가 치세하던 시기에 유행했던 여자들의 스커트 버팀대로 1840년대에는 말털을 섞어

크리놀린

크루세이더즈 크로스

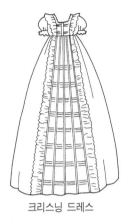

크리스닝 드레스

짠 천으로 만든 페티코트였고, 1850년대에는 고래수염과 함께 코튼을 누벼서 만들었다. 크리놀린은 재료에 따라 계속 변화했으나 전체적인 실루엣은 종모양(bell shape)이나 닭장 모양을 이루었다.

크리놀린 스커트(crinoline skirt)　스커트 속을 부풀려서 실루엣을 크게 만든 스커트의 총칭으로, 스커트 속에 크리놀린이라는 버팀대를 사용하였으며 1845~1850년에 대유행하였다. 크리놀린이란 명칭은 원래 라틴어로 '머리카락'이란 뜻인데 스커트의 폭을 둥글고 넓게 늘리기 위하여 말털을 넣어 짠 천으로 페티코트를 만들어 입었다는 데서 이름이 유래하였다. 후프 스커트가 발명되기 이전인 1850년대, 그리고 1940~1950년대, 1986년에 유행하였다.

크리놀린 스커트

크리놀린 슬리브(crinoline sleeve)　퍼프 슬리브의 일종으로 종모양으로 부풀린 소매이다.

크리놀린 페티코트(crinoline petticoat)　후프와 같은 빳빳한 소재로 넓은 드레스를 부풀게 만든 속치마로 1940~1950년대에 많이 입었으며 크리놀린 또는 호스헤어(horsehair)라고도 한다.

크리미 컬러(creamy color)　크림색을 띤 색재를 의미하며, 부드러운 느낌의 밝은 그레이시 컬러를 말한다. 1984년 춘하의 캐주얼 패션에 등장하여 성숙한 분위기의 니트와 마, 코튼 의류 등에 사용되었다.

크리미 파스텔(creamy pastel)　크림색이 들어

크리놀린 페티코트

간 파스텔 컬러로, 종래의 파스텔 컬러보다는 전체적으로 더 밝은 색으로 최근 색채 경향의 하나이다. 이 가운데 황색 기미의 파스텔이 따뜻한 이미지와 어울려서 특히 주목되고 있다. 예를 들면 핑크색, 옐로계 등의 색이다.

크리소베릴(chrysoberyl)　금록석(金綠石)을 일컫는 것으로, 알렉산드라이트 오리엔탈 캐츠 아이(oriental cats eye), 크리솔라이트와 같이 색깔이 변하는 이 특별한 보석은 경도 8.5의 광물이다.

크리소프레이즈(chrysoprase)　연옥수(緣玉隨)를 말하는 것으로, 캘리포니아, 오레곤, 실레지아 등에서 나는 캘세더니 쿼츠(chalcedony quartz)의 신록색 종류이다.

크리솔라이트(chrysolite)　귀감람석(貴橄欖石)을 말한다.

크리스닝 드레스(christening dress)　유아가 세례받을 때 입는 옷으로 안이 들여다 비치는 아주 얇은 천의 긴 드레스이다. 턱, 비드, 자수 등으로 장식하고 가장자리는 레이스로 우아하게 장식하며, 전통식은 아기의 키보다 6~12인치 정도 더 길게 입힌다. 크리스닝 로브(christening robe)라고도 한다.

크리스크로스 거들(Criss-Cross girdle)　걷고 앉는 데 편하도록 한쪽이 다른 한쪽을 싸듯이 되어 있다. 각 면은 넓적다리까지 오도록 되어 있고 플레이텍스 회사의 상품명에서 따온 것이다.

크리스크로스 패고팅(crisscross fagoting)　⇒ 크로스 스티치 패고팅

크리스털 비즈(crystal beads)　순수 투명 수정으로 세공된 구슬을 말한다. 순수한 석영으로 깎아 낸 구슬로 19세기 말부터 1930년대까지 유행하였다. 높은 가공 비용으로 인해 현대는 거의 사용하지 않으며 가끔 유리로 대체되기도 한다.

크리스털 페일 컬러(crystal pale color)　크리스털은 '수정, 매우 투명한 유리'이며 페일 컬러는 '엷은 색'의 의미로, 거기에서 상상되는 것처럼 매우 투명하게 비치는 이미지가

있는 엷은 색이다. 색의 부활에서 나온 것으로 1985년 춘하 유행색의 하나로 내추럴 컬러, 파스텔 컬러와 함께 유행하였다.

크리스털 플리츠(crystal pleats)　아주 폭이 좁고 섬세하게 잡은 주름이다. 열처리를 가하여 만들며, 주로 얇은 소재인 나일론이나 폴리에스테르 등을 사용하여 만든다. 머시룸 플리츠와 유사하다.

크리스핀(crispin)　① 칼라와 암홀이 있는 케이프로 19세기 초에 여배우가 대기실에서 입었으며, 후에 남자, 여자, 어린이들도 착용하였다. ② 넓은 소매와 패드, 퀼트 장식이 있는 남성용 이브닝 외투를 말하는 것으로, 1830년대 후반에 착용하였다. ③ 1840년대 초에 착용한 모피 솔(pelerine) 외투를 말하는 것으로, 목선이 꼭 맞고 때로는 소매가 있으며 바이어스 새틴, 벨벳, 캐시미어로 만들었고 패드를 달기도 하였다.

크리아르드(criardes)　풀을 먹인 리넨으로 옆을 부풀게 만든 속치마를 말한다.

크리치아(Krizia)　1954년 이탈리아의 밀라노에 세워진 회사이다. 만델리, 마리우치아(Mandelli, Marioucia) 참조.

크리케팅 셔트(cricketting shirt)　영국에서 시작된 국가적인 경기인 크리켓 경기 때에 착용하는 셔트를 가리킨다.

크리퍼즈(creepers)　발 부분이 달려 있고 앞여밈이고 상하가 하나로 된 파자마이다. 타월지와 비슷한 테리나 가벼운 저지로 만들기도 하며 유아들이 많이 입는다.

크리핑 에이프런(creeping apron)　옷의 밑단을 끈으로 조여 놓은 1900년대 초기에 많이 착용하였던 유아복을 말한다. 때로는 밑단을 무릎 위까지 치켜올려서 불룩한 짧은 바지 모양인 롬퍼즈(rompers)와 같은 형태이다.

크림(cream)　크림에서 볼 수 있는 매우 밝은 황색이나 밝고 부드러운 미색을 말한다.

크림슨(crimson)　심홍색으로 카마인과 유사하다. 보라색 기미가 약간 보이는 것이 특징이다.

크림프(crimp)　⇒ 권축

크링클 크레이프(crinkle crepe)　경량의 견직물로서 수자직의 크레이프 직물이다. 표면에 주름이 있기 때문에 생긴 이름으로 주름의 모양은 다양하다.

크사(k'sa)　의복 형태를 만들기 위해 소재의 길이를 약 6야드 정도 주름지게 한 것으로 모로코의 무리시(Moorish) 남자들이 입었다.

큰머리　궁중이나 반가(班家)에서 예식 때 하던 머리 모양으로 어여머리 위에 떠구지머리를 얹고, 두 개의 비녀를 떠구지 안쪽과 바깥쪽에 꽂아 고정시킨다. 머리 위・양옆에는 옥판(玉板)을 꽂고, 뒤는 붉은 댕기를, 떠구지에는 검은 댕기를 드리운다.

클라리사 할로 코르사주(Clarissa Harlowe corsage)　어깨를 드러낸 이브닝 드레스로 리본 밴드로 되어 허리에서 주름이 잡히고, 짧은 소매는 2~3개의 레이스 러플로 장식되었다. 1840년대 말에 입었다.

클라리사 할로 해트(Clarissa Harlowe hat)　챙이 넓고 레이스로 장식한 모자로 1857년에 사용하였다. 옆은 늘어지고 머리 부분은 작고 둥글게 되어 있으며, 커다란 타조털을 꽂아 모자의 뒤쪽 챙 부분을 굴곡있게 표현하였다.

클라미스(chlamys)　약 5~6피트의 장방형 맨틀로 오른쪽 어깨나 앞가슴에 피뷸라로 고정시켜 입는 두르개이다. 고대 그리스의 여행

크리퍼즈

크리핑 에이프런

클라미스

클라인, 캘빈

자나 젊은이, 병사, 사냥꾼들이 입었다.

클라비(clavi)   로마의 튜닉이나 토가에 사용된 수직선의 장식으로, 사회적인 계급에 따라 색과 폭이 결정되기도 하였다.

클라우드 얀(cloud yarn)   장식사의 일종으로 운사라고도 한다. 2올의 가는 실을 꼬아서 여러 군데에 굵고 부드러운 거친 실을 짧게 잘라 꼬아 마디를 만든 실을 말한다.

클라이드 팬츠(Clyde pants)   서스펜더를 단 클래식한 팬츠의 총칭이다. 1930년대의 갱을 주인공으로 한 영화 '우리에게 내일은 없다'에서 클라이드가 착용하고 나온 팬츠에서 이름이 붙여진 것으로 클래식한 동시에 미국 농부를 연상시키는 이미지가 현대의 댄디 룩과 결합된 팬츠이다.

클라이본, 리즈(Claiborne, Liz 1929~)   벨기에 브뤼셀 출생으로 벨기에 미술대학에서 수학하고 1949년 하퍼즈 바자 잭킨스아임 디자인 경진에서 수상하였으며, 뉴욕으로 가서 디자이너로 활약하였다. 1976년 리즈 클라이본 자회사를 설립한 후 젊고 단순하며 스포티하고 기술적인 숙련에 기초를 둔 디자인에 주력하고 있다.

클라이브, 에반스(Clive, Evans 1933~)   영국 런던 출생으로 캔터베리 예술학교에서 공부하고, 미첼, 존 카바나, 라체스에서 보조 디자이너로 일한 후 1961년 자신의 브랜드를 가졌으나 곧 문을 닫았다. BOAC 스튜어디스 유니폼을 디자인하였고 최근에는 디자인 컨설턴트로 활약하고 있다.

클라인, 돈(Kline, Don)   미국 펜실베이니아 출생의 여성 모자 디자이너로, 1969년 FIT를 졸업하고 모자상 엠메에서 일하다가 스포츠 웨어 디자이너가 되어 여성 모자 제조 판매업을 하였다. 1973년 모자 부분의 코티 특별상을 받았다.

클라인, 앤(Klein, Anne 1921~1974)   미국 뉴욕 출생의 디자이너로 실제 본명은 한나 고로프스키(Hannah Golofski)이다. 1938년 뉴욕에서 스케처로 일했으며, 다음해 벤 클라인과 결혼하고 바덴 프리츠에 합류하여 주니어 라인을 담당하였다. 1968년 앤 클라인 회사를 설립하여 영 패션을 세련되게 만들었으며, 미국에서 가장 유명한 스포츠 웨어 디자이너 중 한 명이 되었고, 드레스와 재킷의 조화, 블레이저와 배틀 재킷, 블루종, 늘씬한 저지 드레스가 유명하다. 임종 후 도나 카란, 루이스 델로리오가 디자인 부분을 물려받아서 경영하고 있다.

클라인, 캘빈(Klein, Calvin 1942~)   미국 뉴욕 출생으로 1962년 FIT를 졸업하고 7번가에서 코트 디자이너로 잠시 일했다. 1968년 친구에게 자본금을 빌려 시작한 사업이 빠른 속도로 번창하여 이름이 전세계에 알려지게 되었다. 첫번째 코트들은 이브 생 로랑이 격려해 줄 정도로 일류 감각이었으며 미국적 색채를 사용하였으나 그 후에는 유럽적인 독특한 스타일을 개발해냈다. 기성복 이외에도 모피 제품, 구두, 가방, 침대, 남성 의류, 메이크업, 향수 등이 클라인 상표를 가지고 있으며 특히 진 의류는 마력을 지니는 상징처럼 되어 있다. 미국에서 3년 연속 코티상을 수상한 최초의 디자이너이기도 하다. 1973년 위니상, 1974년 리타상을 수상하였고 1975년 명예의 전당에 헌액됐다. 실용적이며 즐겨 입을 수 있는 옷이 특징적이다.

클라크, 오지(Clark, Ossie 1942~)   영국 리버풀 출생으로 맨체스터 예술학교와 영국 왕립 예술학교에서 공부하였다. 쿠오람 회사에서 디자이너로 활약하며 다양한 패션 디자인을 하였다. 디자인의 특징은 크레이프와 새틴, 저지, 시폰 등을 이용한 보디 콘셔스 라인이 주종을 이룬다.

클라프트(klaft)   고대 이집트인들의 머릿수건인 커치프(kerchief) 중 왕이나 왕 비가 쓴 것으로 줄무늬가 독특하고 삼각 피라미드를 연상하게 한다.

클래럿(claret)   붉은 포도주의 청색을 띤 짙은 적색을 말한다.

클래스 링(class ring)   동창생들이 각 학교 또는 대학을 기념하기 위하여 각각의 독특한 디자인을 사용한 반지로, 때때로 보석, 가문 또는 개별적인 이니셜을 사용한다. 스쿨 링이라고도 불린다.

클래식(classic)　의상에서 유행을 타지 않고 오랫동안 지속되는 스타일을 말한다. 예를 들면 테일러드 재킷, 카디건, 스웨터, 플리티드 스커트 등이다. 즉, 약간의 세부적인 변화는 있으나 그 스타일의 기본형은 그대로 있는 것을 말한다.

클래식

클래식 섀도(classic shadow)　'클래식한 그림자' 라는 의미이지만 패션 용어에서는 고풍스럽고 수수한 느낌의 색 전반을 지칭한다. 네오 바로크풍의 패션에서 자주 보인다.

클래식 수트(classic suit)　전통적 스타일의 남성복을 일컫는다. 테일러드 수트 참조.

클래식 코트(classic coat)　오랜 기간 동안 변형 없이 인기가 있는 전통적인 유형의 코트로서, 체스터필드 코트, 폴로 코트, 발마칸 코트 등을 말한다.

클래식 팬츠(classic pants)　바지 끝부리는 단으로 되어 있고 바지길이 끝은 구두에 닿으며 바지폭은 넓지도 좁지도 않은 정상적인 폭으로 된 전통적인 스타일을 말한다. 파티오 팬츠(patio pants)라고도 부른다.

클랜 타탄(clan tartan)　스코틀랜드 지방의 체크 무늬 모직물로 각 가문마다 특정한 색무늬로 장식을 하였다.

클랜 플래드(clan plaid)　스코틀랜드의 삼색

체크 무늬로서 하이랜드(highland) 종족의 타탄을 말한다.

클램디거(clamdigger)　7부 길이의 바지로 대개 밑단을 넘긴 커프로 되어 있고 1950년대와 1980년대 초기에 스포츠 웨어로 유행하였다. 처음에는 조개를 주울 때 편하도록 입은 청색의 진 바지의 길이를 자른 데서 유래하였다.

클러스터 링(cluster ring)　크고 작은 보석들이 덩어리처럼 한꺼번에 장식된 반지로 때로는 고가의 다이아몬드가 주로 사용되기도 한다.

클러스터 이어링(cluster earring)　크고작은 보석들이 덩어리를 이루면서 함께 장식된 귀고리로 진주, 유리나 구슬 등이 같이 사용될 수 있다.

클러스터 플리츠(cluster pleats)　집단으로 배열하여 잡은 주름으로, 눌러 다리거나 자연스럽게 허리에만 주름을 잡아 늘어뜨리게 만들기도 한다. 주로 중앙에 커다란 박스 플리츠를 하나 잡고 양쪽에 작은 나이프 플리츠를 여러 개 잡아 넣어 만든다.

클러치 백(clutch bag)　손잡이와 같은 끈 없이 손으로 잡아 드는 가방의 총칭이다. 비교적 작고 납작한 봉투와 같은 모양이 많다. 소재로는 가죽, 직물 등이 다양하게 사용되며, 정장용의 포멀 웨어에는 의복과 같은 소재를 사용하여 만들기도 한다.

클러치 코트(clutch coat)　단추를 잠그지 않으며, 대개 안감과 겉감을 두 가지의 다른 색깔이나 질감으로 만들어 조화의 효과를 최대로 살린 스타일의 코트이다. 이 스타일은 불룩한 블루종 톱에 허리가 내려온 로 웨이스트라인, 풍성한 소매, 목에 높게 선 큰 밍크 칼라로 이루어져 감싸 입게 된 이브닝 랩으로도 이용이 되었다. 1920년대에는 낮에 주로 입는 데이타임 코트로 소개되어 1950년대와 1960년대 전반기, 1980년대 중반기에 유행하였다.

클러치 퍼스(clutch purse)　손잡이가 없는 부드러운 손지갑을 말한다.

클래식 코트

클램디거

클러치 백

클러치 코트

클럽 컬러(club color)　영국 각지에 산재된 전통적인 신사 클럽에서 공통적으로 사용하는 각 클럽 상징의 줄문양 넥타이나 문장 등의 색을 말한다. 전통적인 패션에 사용되는 기본 색이라 할 수 있으며 트래디셔널 룩의 부각으로 인해 다시 유행하였다.

클레리컬 베스트(clerical vest)　승려 스타일의 조끼로서 스탠드 칼라에 깃의 앞부분은 약간 벌어지게 되어 있다. 싱글의 앞여밈으로 하고 대개 검정색 무지로 만들어진다.

클레리컬 셔트(clerical shirt)　흑색이나 회색 또는 줄무늬의 셔트에 칼라와 소매 커프스를 산뜻하게 백색으로 배색한 셔트를 가리킨다. 클레릭이란 성직자를 말하며, 성직자들이 많이 입는 스타일로서 백색의 밴드형 칼라, 클레리컬 칼라를 단 것이 특징이다.

클레리컬 베스트

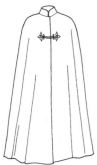

클레리컬 케이프

클레이슈터즈 베스트

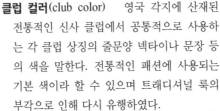

클레리컬 셔트

클레리컬 칼라(clerical collar)　카톨릭 성직자의 복장에서 볼 수 있는 빳빳하고 폭이 좁은 흰 칼라이다. 로만 칼라(Roman collar)처럼 목 뒤에서 여미게 만들거나 앞에 오프닝이

있게 만들기도 하며, 성직자가 입는 캐속(cassock)이나 라바(rabat)의 검은색 칼라에 절반 정도 겹치게 만들기도 한다.

클레리컬 칼라

클레리컬 케이프(clerical cape)　모직의 멜턴지를 사용하고 안감은 새틴으로 한 7부 길이의 작은 벨벳 칼라가 부착된 케이프이다. 앞여밈은 대개 땋은 브레이드로 된 매듭 단추 프로그(frog)로 되었으며 성직자를 가리키는 클러지(clergy)들이 착용한 데서 유래하였다.

클레리컬 프런트(clerical front)　성직자의 검은색 수트나 설교할 때 입는 옷과 함께 착용하는 셔트의 앞 부분이다. 보통 흰 칼라 위에 목 주위에 꼭 맞게 검은색 칼라가 달려 있고 허리 부분에서 옷에 고정시킨다. 검은색 파유(faille)나 울로 만들며, 앞 중심에 주름이 있는 것도 있다.

클레이 브라운(clay brown)　점토에 보이는 갈색 기미가 없는 회색계의 색으로 애시 컬러의 일종이지만 어딘가 시원한 감각이 있다. 현재 도회풍의 수트 등에 많이 사용되는 색조의 하나이다. 브라운 중에서도 베이지에 가깝다고 할 수 있다.

클레이슈터즈 베스트(clayshooter's vest)　큰 옆주머니가 있고 소매가 없으며 뒤쪽에만 벨트가 달렸고 가죽 파이핑을 낀, 보브 리(Bob Lee)가 디자인한 조끼로 비둘기 사냥을 할 때 착용하였다. 가죽을 누벼서 만들었고 어깨에는 패드를 대었고 지갑이나 열쇠를 넣는 속주머니가 달려 있다.

클레이 컬러(clay color)　'점토, 흙'에 보이는 색으로 도자기나 점토의 이미지에서 나온 흙색을 말한다. 1987년 춘하 여성 패션 경향색의 하나로 카키 바리에이션 중에서 출현한 자연스런 색조의 하나이다.

클렝, 롤랑(Klein, Roland 1938~)　프랑스 태

생으로 파리 의상 조합 학교에서 공부한 후 크리스티앙 디오르의 하우스에서 재단법을 배우고 1962년 파투로 옮겨 라거펠트의 조수로 일하였다. 1965년 영어를 배우기 위해 런던으로 가서 마르셀 페니즈와 결합하고 1973년 자신의 상표를 가졌다. 우아하고 세련되고 정확한 재단이 특징적이다.

클로그(clog) ① 두꺼운 코르크 창의 나막신으로, 여러 개의 가죽끈을 배열하여 발을 고정시킨다. 1930년대 후반 비치 웨어의 하나로 인기가 있었고, 1960년대 말과 1970년대에는 보편적으로 유행하였다. ② 사보(sabot)와 유사한 두꺼운 나무창으로 된 굽 없는 신발로, 1960년대 말과 1970년대 초반에 스웨덴에서 주로 수입되었다. ③ 중세에서 19세기까지는 패튼(patten)과 같은 뜻의 용어로 사용되었다.

클로딩(clothing) 어패럴과 같은 의미이다.

클로버(clover) 빨간 클로버 꽃에서 볼 수 있는 담홍에 가까운 라벤더색을 말한다.

클로슈(cloche) 크라운이 깊고 테가 없거나 아주 좁은 종 모양의 여성용 모자로 머리에 비교적 꼭 맞으며 짧은 머리를 거의 감추어 주고 눈썹을 덮을 정도로 푹 눌러 쓴다. 1920년대에 유행하였고, 1960년대에 다시 유행하였던 모자이다.

클로슈

클로스 볼(cloth ball) 다림질대 중의 하나로, 원형의 입체적인 형이며 의복의 어깨 부위나 소매 등 부풀림이 있는 부위의 마무리에 사용한다. 톱밥을 가운데에 넣고 두껍고 딱딱한 느낌의 천을 덮은 것으로 원형이나 타원형을 이루고 있다. 다림질의 마무리에 사용될 뿐 아니라 입체적인 양복의 가봉이나 봉제 등에 사용되기도 한다. 클리닝 볼(cleaning ball)이라고도 한다.

클로스 엠브로이더리(cloth embroidery) 여러 가지 색의 천조각을 모아 도안대로 이어 붙여 아플리케같이 자수한 것을 말한다.

클로스, 존(Kloss, John 1937~) 미국 미시간 출생으로 건축을 공부했고 뉴욕 트라파겐에서 패션을 공부했다. 파리의 미국인 디자이너인 버그낸드에서 잠시 일한 후, 뉴욕에서 자신의 브랜드를 설립했다. 주로 잠옷이나 라운지 웨어, 란제리 디자인으로 유명하다. 1971년, 1974년 란제리 부문에서 코티 특별상을 수상했다.

클로즈 나르시시스트(clothes narcissist) 매코버(Machover)가 성격진단을 위하여 사용한 투사적인 방법의 결과로서, 체형에 의복을 강조하여 그러한 사람들은 상당히 사교적이며 외향적인 성격을 지닌 사람들이라고 하였다.

클로즈드 바스켓 스티치(closed basket stitch) 바스켓 스티치의 일종으로 한쪽의 스티치를 오른쪽으로 사선으로 자수하고 다음에는 왼쪽을 향하여 사선으로 앞의 스티치와 교차하도록 하는 자수기법이다. 파상의 크로스가 생기며 가장자리 장식용으로 사용된다.

클로즈드 버튼홀 스티치(closed buttonhole stitch) 버튼홀 스티치와 같은 방법으로 스티치하나 스티치한 부위에 몇 번씩 방사상으로 수놓는 것으로, 가장자리 등에 주로 사용된다.

클로즈드 크레탄 스티치(closed cretan stitch) 기본적으로 오픈 크레탄 스티치와 똑같은 방법으로 스티치해 나가는데, 수직 방향으로 그리고 중앙에 좌우 같은 비례로 교차하여 수놓는다. 나뭇잎, 면 등을 메우는 데 사용한다.

클로즈드 페더 스티치(closed feather stitch) 페더 스티치의 일종으로, 싱글 페더 스티치처럼 바늘을 경사지게 하지 않고, 수직으로 두어서 바느질해 가는 스티치이다. 이 스티치는 좁은 폭의 선에 주로 적용되며, 크로스

클로그

트 백 스티치라고도 한다.

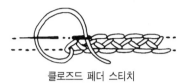

클로즈드 페더 스티치

클로즈드 플라이 스티치(closed fly stitch) 폭을 넓히고 좁히면서 수놓을 수 있어 잎사귀의 표현에 적합하다. 수놓기 전에 중심선을 표시한다.

클로즈드 헤링본 스티치(closed herringbone stitch) 헤링본 스티치의 간격을 좁힌 자수 기법이다.

클로즈드 헤링본 스티치

클로즈 스티치(close stitch) ⇒ 버튼홀 스티치

클로즈 코트(close coat) 18~19세기에 입은 단추로 여미게 된 코트를 가리키는 용어이다.

클로케(cloqué) '부푼(blistered)'에 해당하는 프랑스어 표현으로서 마틀라세, 팬시 등과 비슷한 부푼 효과로 표면이 불규칙하게 돌출한 모든 직물에 적용된다. 클로키(cloky)라고도 쓰며, 최근에는 이면에 비스코스 레이온 크레이프사를 사용하고 표면에 부푼 효과를 내는 아세테이트 필라멘트사를 사용하여 이중 직물을 만들고 있다.

클로크(cloak) 앵글로색슨(Anglo-Saxon)족에서 유래한 여유 있는 외의를 말하는 것으로, 케이프, 맨틀, 코트와 같은 외의의 한 형태이며, 특히 19세기 중반에 유행하였다.

클로크 백 브리치즈(cloak bag breeches) 풍성한 타원형의 남자 바지로, 무릎 위아래에서 장식적인 요소로 여며졌으며, 17세기 초에 입었다.

클로 해머 코트(claw hammer coat) 19세기 초에 유행한 이브닝 코트로, 끝이 뾰족하게

클로케

꼬리처럼 나온 스타일을 말한다.

클록트 호즈(clocked hose) 다리 양쪽 측면에 길게 무늬가 있는 호즈나 스타킹으로 16세기에 처음으로 사용되었으며 그 후에는 가끔씩 보였다. 문양의 방법은 다양하나 자수가 활용되기도 한다.

클루아존네 네크리스(cloisonné necklace) 광택있는 색채의 에나멜을 칠하고 불로 구운 황동의 큰 메달과 그 밑으로 또 하나의 펜던트와 함께 사용하는 목걸이를 말한다. 칠보자기로 만든 몇 개의 구슬로 된 구슬 목걸이를 말한다.

클뤼니 레이스(cluny lace) 아이보리 화이트색의 마사 또는 면사와 거칠고 검은색의 견사를 사용하여 짠 레이스이다. 기계로 짠 클뤼니는 면사를 이용한다. 원래는 꽃무늬가 있는 니들포인트 레이스였으나 지금은 기하학적 무늬를 가지거나 고전적 문양을 따르는 경향이 있다. 파리의 클뤼니 박물관에 많이 보존되어 있는 데서 그 이름이 유래하였다. 커튼, 장식 트리밍이나 스카프의 장식, 드레스나 블라우스의 장식용으로 쓰인다

클리닝 볼(cleaning ball) 의복의 마무리에 사용되는 다리미대의 일종으로 천으로 싸서 클로스 볼(cloth ball)이라고도 한다. 형태는 납작한 구의 형상이다.

클리블랜드 다이아몬드(Cleveland diamond) 50캐럿의 다이아몬드로 1884년 메이든 레인(Maiden Lane)의 데스큐(S. Descu)에 의해 128면으로 연마, 세공되었다. 이것은 뉴욕에서 다듬어진 최초의 다이아몬드로 클리블랜드(Grover Cleveland) 대통령의 이름을 따라 명명되었다.

클리어 가공(clear finish) 직물 표면의 보푸라기를 제거하기 위한 시어링(shearing), 신징(singeing) 등을 포함하는 가공으로, 특히 소모사 직물에 주로 행해진다.

클리어 컬러(clear color) 탁하거나 흐리지 않고 맑고 깨끗한 색의 총칭이다. 1980년대에 들어와 패션에 많이 등장한 색조로, 스포츠 지향이나 건강 지향을 배경으로 출현한 것이

다. 스포츠 웨어뿐만 아니라 타운 웨어의 악센트 컬러로도 많이 사용되는 것이 주목된다.

클린 스티치트 심(clean stitched seam)　⇒ 접어박기 가름솔

클린 커트(clean cut)　전체적으로 간결하고 말끔한 형으로 재단한 라인이나 그러한 재단법을 말한다.

클립(clip)　핀과 유사한 장식품이지만 천의 가장자리를 고정시키기 위해 사용한다.

클립백 이어링(clip-back earring)　스프링 클립에 의해 귀에 꽉 조여지는 귀고리를 말하며 1930년대의 혁신품이다.

클립온 선글라스(clip-on sunglasses)　귀에 걸치는 부분이 없는 안경으로, 기존의 안경 윗부분에 고정시켜 착용하도록 V자형 돌출부로 만들어진 선글라스이다. 더러는 손가락으로 튀길 수 있는 경첩이 있다.

클립온 타이(clip-on tie)　보통 신사복에 매는 넥타이의 매듭 부분이나 나비 넥타이의 위를 고정시키는 금속 클립을 말한다.

클립 이어링(clip earring)　귀에 클립으로 고정시키는 이어링의 총칭이다.

클립트 스폿 패턴(clipped spot pattern)　스폿 직물 참조.

키네틱 니트(kinetic knit)　날염 또는 패터닝 기구를 이용하여 동적(動的)인 무늬를 넣어 짠 편성물을 말한다.

키드(kid)　중국, 아프리카, 유럽, 남아메리카, 인도 등에서 주로 서식하는 어린 염소의 가죽이나 성숙한 염소의 가죽을 무두질한 가죽으로 광택이 있으며 부드럽다. 가죽은 흰색, 흑색, 회색이며 장갑, 구두, 핸드백, 벨트, 코트, 트리밍 등에 사용된다.

키드니 벨트(kidney belt)　폴로 벨트(polo belt)와 비슷한 대단히 넓은 벨트로, 주로 모터사이클을 탈 때 부상을 당하지 않도록 착용하는 벨트이다.

키드 모헤어(kid mohair)　앙고라 산양과 비슷한 새끼 산양의 털을 말한다.

키드 카라쿨(kid caracul)　중앙 아시아와 중

국에서 산출되는 산양의 모피로 물결 모양의 컬이 진 털을 지니고 있다. 흰색, 회색, 검정색, 은색, 갈색의 색상이 있고 모자나 코트에 사용된다.

키디브 다이아몬드(khedive diamond)　1869년 이집트 수에즈 운하의 개통식에서 유제니(Eugenie) 황후가 이집트로부터 받은 43캐럿의 샴페인 빛깔의 다이아몬드로 지금은 벨기에에 있는 것으로 추정된다.

키디 프린트(kiddy print)　자동차, 배 또는 비행기 등의 모티브를 사용한 어린이 기호의 화려한 프린트 무늬이다.

키스 컬(kiss curl)　⇒ 기슈

키아나(qiana)　1968년 미국 뒤퐁사에서 견의 대용을 목표로 개발한 폴리아미드 섬유로서 3.0~3.5g/d의 강도, 31~35%의 신도를 지니며 융점이 275℃ 정도이다. 보통 나일론과 화학적 성질이 비슷하지만 내산성이 더 우수하고, 산성 염료 및 분산 염료로 염색된다.

키암, 오마(Kiam, Omar 1894~1954)　멕시코 몬테레이 출생으로 뉴욕의 퍼프킴시 사관학교에 다녔으며 1912년 텍사스 휴스턴에 있는 백화점에서 일하다가 모자부의 수석 디자이너가 되었다. 그 후 뉴욕으로 가서 프리랜서로 일했으며 파리에서도 일하였다. 1930년 뉴욕에 돌아와 브로드웨이 의상을 만들었고 1935년 사무엘 골드윈 제작회사의 수석 디자이너가 되었으며 1941년 기성복 라인을 만들기 시작하였다.

키키 스커트(kiki skirt)　무릎까지 오는 아주 좁은 치마로 1923년 키키라는 연극에서 여배우 리누아 얼릭에 의하여 유명해졌다.

키톤(chiton)　고대 그리스에서 입었던 리넨, 면, 울로 만든 튜닉으로, 대형의 직사각형 천을 접어 몸에 걸치고 장식핀인 피불라(fibula)로 어깨에서 고정시켰다. 도릭 키톤(Doric chiton)은 보다 단순한 거친 울을, 이오닉 키톤(Ionic chiton)은 주름이 많고 부드러운 리넨을 많이 사용하였으며, 가장자리를 다른 헝겊으로 두르거나 수를 놓기도 했다.

키트 폭스(kit fox)　북반구의 사막 지대에 서

클립온 선글라스

키키 스커트

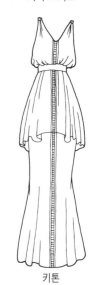

키톤

식하는 약 50cm 정도의 몸길이를 가진 소형 여우를 말한다. 코트나 재킷용으로 사용된다.

키퍼(kipper)　보통 줄무늬나 무늬 있는 소재의 보(bow)와 같이 끝이 4~5인치인 넥타이로 1960년 후반에 영국으로부터 도입되었다.

키홀 네크라인(keyhole neckline)　라운드 네크라인의 중앙이 삼각이나 사각형 등의 열쇠 구멍 모양으로 절개된 네크라인을 말한다.

키홀 네크라인

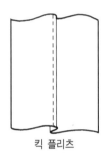

킥 플리츠

킥 플리츠(kick pleats)　보행에 편하도록 폭이 좁은 스커트의 앞이나 뒤에 나이프 플리츠나 플랫 플리츠를 하나 잡아 넣은 것을 말한다.

킥 플리츠 스커트(kick pleats skirt)　킥은 '차다' 라는 의미로 보행시의 동작을 뜻하는 것이며, 여기에서는 타이트 스커트의 보행을 편하게 하기 위해 허리부분에서 밑으로 15~20cm 정도 스티치를 박아 윗부분은 날씬하게 보이고 밑단에 워킹 플리츠를 잡은 것을 말한다.

킬트(kilt)　① 가죽끈이나 버클 또는 장식용 핀으로 한쪽 부분을 감싸도록 되어 있고 한쪽 방향으로 외주름을 잡은 무릎 길이의 랩 스타일 스커트로 앞은 밋밋한 형태이다. 옷감은 스코틀랜드에서 오래 전부터 전해온 타탄 체크가 사용되었으며, 무늬에는 여러 격식이 있고 무늬에 따라 계급이 구별된다. 스커트와 스툴을 같은 옷감으로 코디네이트시키는 경우가 많다. 원래 남성들이 입었으나 1860년대 이래로 아이들과 여성들도 입기 시작하였다. ② 고대 이집트에서 착용한 간

킬트

단한 스커트로 초기의 로인클로스가 길어져 킬트가 되었다. 전체적으로 주름이 정교하게 잡혀 있다.

킬트 플리츠(kilt pleats)　주름의 방향이 같은 쪽으로 납작하게 접히고 주름 넓이의 반 정도가 접히는 주름이다.

킬트 핀(kilt pin)　스코틀랜드의 민속치마인 킬트의 앞여밈을 고정하기 위해 사용하는 핀을 말한다. 세이프티 핀이라고도 한다.

킬티 드레스(kiltie dress)　스코틀랜드의 전통 의상인 킬트 모직의 큰 격자무늬 옷감을 둘러싸서 입고 핀으로 고정시킨 드레스이다. 치마는 칼날 모양의 주름인 나이프 플리츠로 되어 있고, 1960년대에 소개되었다.

킬티 슈즈(kiltie shoes)　앞 부분이 접힌 숄이나 프린지로 장식된 텅(tongue)이 있는 구두로 스코틀랜드의 골프화에서 유래하였다.

킴벌리 다이아몬드(Kimberly diamond)　흠이 없고 샴페인 빛깔을 띠며 에메랄드 식으로 세공된 70캐럿의 다이아몬드이다. 원래는 러시아 황제 소유로 하나의 큰 보석이었다. 1921년과 1958년에 나뉘어져 현재는 55캐럿으로 뉴욕의 바움골드(Baumgold Bros.)가 소유하고 있다. 종종 전시되며, 킴벌리 광산의 산물이다.

킵스킨(kipskin)　소가죽의 한 종류이다.

킹스톤 스트라이프(kingston stripe)　여름철의 캐주얼한 셔츠에서 많이 보이는 굵은 줄무늬이다. 흰색 바탕에 같은 간격의 보라색 줄무늬가 대표적이지만 빨간색 등 원색의 줄무늬를 사용한 것도 있다.

킹피셔 블루(kingfisher blue)　킹피셔는 아름다운 깃털로 알려진 '물새, 물총새'로 그 새에게서 볼 수 있는 광택을 띤 청색을 말한다. 자색, 남색과 함께 추동 남성복의 악센트 컬러의 하나로 사용된 바 있다.

타경(打經) 씨실을 넣는 일을 말한다.

타글리오니(Taglioni) 남자들의 몸에 꼭 맞는 그레이트 코트로서 보통 더블 브레스티드로 되어 있으며 뒤로 접어 젖힌 라펠, 큰 플랫 칼라, 새틴 또는 벨벳으로 만든 커프스, 뒤트임, 슬릿 포켓이 있고, 트윌 직물로 가장자리를 장식하였다. 19세기 중엽에 입었으며 이탈리아 발레의 거장 필리포 타글리오니(Filippo Taglioni, 1777~1871)의 이름을 딴 것이다.

타글리오니 프록 코트(Taglioni frock coat) 남자들의 싱글 브레스티드 프록 코트로 짧고 넉넉한 옷자락과 넓은 칼라, 한 장으로 된 케이프, 슬래시 포켓 또는 플랩 포켓이 달려 있으며 뒤트임이 있으나 주름은 잡혀 있지 않다. 19세기 중엽에 등장하였다.

타누키(tanuki) 래쿤 도그의 일본어 명칭이다. 미국 내에서는 우수리언 래쿤이라는 상표명으로 판매된다.

타니시트 브론즈(tarnished bronze) '흐리게 하다, 녹슬게 하다'는 의미에 적합하거나 그런 느낌을 강조한 브론즈색을 말한다. 금속색의 하나로 짙은 바이올렛 등과 함께 주목된 1984년 춘하 유행색의 하나이다.

타라바간(tarabagan) 알타이 산맥, 시베리아 동부, 몽골 등지에 분포되어 있는 설치류로서 몽골 마못(Mongol marmot)이라고도 한다. 보호털이 길고 실키하다.

타래(hank) 대부분의 면사는 권사 공정시 치즈와 콘의 형태로 출하되지만, 특수한 경우에는 면사를 둘레 1.5야드(1.3716m)의 목형에 360회 감아서 전체 길이가 840야드가 되는 실의 묶음으로 출하되기도 한다. 이때 전장 840야드가 되는 실의 묶음을 타래라고 한다.

타래버선 어린이용으로 예쁘게 만든 버선으로 솜을 두어 누빈 후 색실로 수를 놓고, 발목 뒤에 끈을 달아 앞으로 맬 수 있도록 하였다.

타룹, 아게(Thaarup, Aage 1908~) 덴마크 태생의 런던 왕가의 모자 디자이너이다. 원래는 모자 상인이었으나 인도에서 디자인을 시작, 영국으로 와서 왕가의 모자를 디자인하였고, 젊은층을 위한 도매업도 하였다. 모자 디자인계의 스키아파렐리로 여겨질 정도로 초현실주의 감각을 지닌 독창적이고 재치 있고 대담한 디자인을 하였다.

타를라치, 안젤로(Tarlazzi, Angelo 1942~) 이탈리아 태생의 디자이너로 로마에서 5년간 일하다가 1966년 파리의 파투로 옮겼다. 자신은 항상 프랑스의 감각을 지녔다고 말하고 있지만, 그의 스타일은 확실히 이탈리아에서 형성된 것으로, 그의 의복은 이탈리아의 환상과 프랑스의 세련됨을 훌륭하게 혼합시킨 것이다. 크고 꽉 찬 형태를 사용하며 형태에 대한 감각이 뛰어나다.

타바드

타바드(tabard)　① 13세기부터 16세기까지 유행한 옷으로 갑옷을 보호하기 위해 입은 쉬르코와 비슷한데, 캡 슬리브가 달렸으며 가문을 나타내는 문장이 새겨져 있다. 길이가 긴 것은 예복으로 입었고, 짧은 것은 병사들이 갑옷 위에 입었다. ② 두꺼운 천으로 만든 짧고 무거운 케이프로 19세기에 남녀가 실외에서 입었다.

타바드 베스트(tabard vest)　길고 헐렁하며 앞뒤 네모난 천조각을 옆구리에서 끈으로 서로 연결하는 7부 길이의 튜브형 조끼이다. 1970년대에 여성들에게 유행하였으며, 13세기부터 16세기에 걸쳐 기사들이 입었던 의상에서 응용된 것이다.

타바드 재킷(tabard jacket)　원래는 중세 말기의 기사들이 갑옷 위에 입거나, 종이나 서민들이 추운 날씨에 많이 입었다. 오늘날에는 소매와 칼라가 없이 직선적인 판초 형식을 지닌 재킷을 말한다.

타바코(tabacco)　건조시킨 담뱃잎에 보이는 약간 황색을 띤 따뜻하고 짙은 다색을 말한다.

타부슈(tarboosh)　높고 위가 평평한 헤드드레스로, 챙이 없는 펠트 캡이다. 끝이 잘린 원추형이며, 크라운의 중간부터 빨간색과 검정색의 술장식이 있다. 터번 밑에 착용하기도 한다.

타블리에(tablier)　에이프런을 연상시키는 나풀거리는 패널이 앞판에 장식된 스커트로, 1850년대부터 1870년대까지 유행하였다.

타블리에 스커트(tablier skirt)　타블리에란 에이프런이라는 뜻으로 어린 소녀들이 착용하는 에이프런 스타일의 스커트로서 벨트 또는 끈을 뒤로 하여 묶는다.

타블리온(tablion)　비잔틴 제국에서 팔루다멘툼(paludamentum)에 달렸던 네모난 헝겊 장식으로 금·은·색실 등으로 새나 황제의 초상화 등을 수놓았다.

타셀, 구스타브(Tassell, Gustave 1926~)　미국 필라델피아 출생. 펜실베이니아 예술학교에서 회화를 공부하고 뉴욕의 카네기

타이 네크라인

(Carnegie)에서 디스플레이어로 출발해 디자이너가 되었다. 절제된 선으로 세련된 단순성과 완벽한 마무리가 특징인 의복을 만들어냈다. 1961년 코티 아메리칸 패션 비평상을 수상하였다.

타소(tasseau)　① 중세 말기에 맨틀을 고정시키기 위해 사용한 핀 또는 클래스프(clasp)를 말한다. ② 15세기 말에 여성들이 많이 파인 목선을 가리는 데 사용한 삼각형의 스카프로, 보통 검정색이다.

타소

타운 수트(town suit)　이름 그대로 도시에서 입는 수트를 일컫는다. 테일러드 수트와 같은 스타일의 단순하고 남성적 감각을 지닌 수트이다.

타운 웨어(town wear)　도시에서 착용하는 캐주얼한 의상을 말한다.

타워 셰이프 타이(tower shape tie)　탑의 모양과 닮은 모양의 넥타이를 말한다. 목 부분의 매듭은 작고, 밑단으로 갈수록 넓어져서 타워를 연상시키는 것이 특징이다.

타이거(tiger)　벵갈, 기타 아시아 동남부에서 주로 서식하며, 털은 짧고 깊게 누웠다. 황갈색에 검은 줄무늬가 있고 보온성이 좋은 고가품으로 코트, 재킷, 카펫 등에 사용된다.

타이거 아이(tiger's-eye)　석영의 준보석 변종으로 황갈색 또는 적색을 띤다. 남아프리카에서 발견된다.

타이거 프린트(tiger print)　호랑이의 털가죽 무늬를 모티브로 한 문양의 프린트를 가리킨다.

타이 네크라인(tie neckline)　스탠딩 칼라나 타이처럼 목에서 매는 네크라인이다.

타이드 컬러(tide color)　타이드는 '조(潮), 조류(潮流), 조(潮)의 간만'이라는 의미로 1984년 추동 패션 컬러의 하나이다. 바다를 연상시키는 차가운 느낌의 다크 블루를 중심

으로 한 한색계의 그룹이 여기에 속한다.

타이드 헤링본 스티치(tied herringbone stitch) 기본적인 헤링본 스티치를 장식하는 간단한 수법으로, 한 줄의 헤링본 스티치를 수놓고 나서 엇갈리는 부분에 다른 색의 실로 작은 스티치를 만든다.

타이드 헤링본 스티치

타이 백 스커트(tie back skirt) 앞면은 평평하고 뒷면은 트레인을 끈으로 잡아당겨 뒤에서 묶는 스커트로 1870년대 중반기에서 1880년대 초기에 많이 착용하였다.

타이 벨트(tie belt) 버클이나 잠금쇠를 사용하지 않고 묶어 매는 밸트를 말한다.

타이 스티치(tie stitch) 작은 스티치를 만들어 그 실끝을 14~15cm 정도 남기고 그 실로 매듭을 만드는 스티치로, 주로 모자나 장신구에 이용된다.

타이 실크(tie silk) 남성용 넥타이를 만드는 견직물의 통칭으로, 너비가 좁고 조직과 질감, 색상 등이 다양하다.

타이츠(tights) ① 몸에 꼭 붙는 남자들의 바지로 보통 흰색 또는 밝은 색상으로 가슴에서 발목까지 일직선으로 재단하여 제2의 피부처럼 인체의 형을 만들고 바지 어깨끈을 달아 어깨 위에서 고정시켰다. 18세기 말 프랑스 혁명 이후 과장된 유행가들이 입었다. ② 힙까지 올라오는 신축성 있는 니트로 된 양말식의 의류를 말한다. 때로는 상체까지 가리는 것도 있다. 속팬츠와 스타킹이 합쳐진 것으로 서커스나 댄스 등의 운동복에 이용되며, 19세기 후반기에 무용가들이 많이 입었다. 여성들과 아동들이 필요에 따라 면, 나일론, 모직의 니트 등 각종의 재질과 여러 색깔로 된 것을 입는다. 다리 부분과 때로는 발부분까지도 연결이 되어 있다.

타이 칼라(tie collar) 스탠드 칼라의 끝을 길게 연결하여 앞에서 묶은 칼라이다.

타이트 부츠(tight boots) 장딴지까지 오는 꼭

끼는 부츠이다.

타이트 스커트(tight skirt) 허리에서 힙까지는 몸에 맞게 하고 힙선에서 아랫단까지는 직선으로 똑바로 또는 약간 좁게 내려온 형을 말한다. 허리는 개더 등으로 몸매에 맞게 해 주며 걷기에 불편하지 않게 아래에 주름을 잡아주거나 슬릿으로 처리한다.

타이트 슬리브(tight sleeve) 폭이 좁고 팔에 꼭 맞는 소매로 피티드 슬리브(fitted sleeve)라고 부르기도 한다.

타이 핀(tie pin) ⇒ 스틱 핀

타입스 오브 멘(Types of Men) 심리학자인 에드워드 스프렌저(Edward Spranger)가 1922년에 출판한 저서명이다. 이 책에서 그는 인간을 가치관에 따라 6가지 형태, 즉 이론적인 형, 경제적인 형, 심미적인 형, 사회적인 형, 정치적인 형, 종교적인 형으로 크게 분류하였다. 이를 기초로 하여 올포트(Allport)가 1931년 가치관 연구검사지를 개발하였고 3차의 수정을 거쳐 AVL(Allport-Vrenon-Lindzey)로 불리는 성격검사도구로 이용되고 있다.

타지(taj) 이슬람교를 믿는 사람들이 주로 착용했던 뾰족한 원추형의 모자를 말한다. 원래 고대 메소포타미아 지방의 왕관의 영향을 받았다고 하며, 페르시아어에서 유래하였다.

타탄(tartan) 영국 스코틀랜드 주민의 의복감으로 널리 사용된 것으로, 2/2 우능직으로 제직하며 색사의 배합에 의하여 특색이 있는 체크 무늬를 사용하였다. 타탄 체크, 스카치 플래드라고도 하며 수트, 코트, 스커트, 담요 등에 사용된다.

타탄 체크(tartan check) 스코틀랜드의 전통적인 격자 무늬로, 체크 문양이 이중·삼중으로 겹쳐져 독특한 체크 무늬를 형성한다.

타탄 플래드(tartan plaid) 타탄 체크 문양 중 문양이 큰 것을 말한다.

타태미스(tatamis) 뒤쪽으로 가면서 차차 높아지는 쐐기형 굽을 가지며 유연성이 없는 고무창으로 된 샌들로, 발등 부분은 밀짚의 매트식으로 엮어서 만들었다. 끈은 여러 개

타이트 스커트

타탄

타탄 체크

의 내구력 있는 넓은 벨벳을 사용하였다. 일본의 다다미인 밀짚 매트에서 유래하였다.

타터 세이블(tartar sable)　⇒ 레드 세이블

타파(tapa bark cloth)　상과식물(桑科植物)의 수피(樹皮)의 내피(內皮)를 나무 방망이(beater)로 두들겨서 종이와 같이 넓고 얇게 펴서 만든 부직포(不織布). 단색포(單色布) 황갈색(黃褐色), 자색(紫色) 등 외에 염색된 것이 있고 또 기하학적인 문양으로 된 것도 있다. 신석기 시대부터 제조되어 사용되었다. 인도네시아 제도(諸島). 폴리네시아 제도, 남태평양 지역 등 여러 지역에서 제조되었다. 오세아니아, 인도네시아, 아프리카, 남아메리카 등지에서 근간까지 제조되었다고 한다. 의복(sarong, 두건), 생활용포(침구 등) 등으로 사용된 원시적인 포(布)이다. 수피포라고도 한다.

타피(tapis)　필리핀에서 밝은 색상의 사야(saya)나 언더스커트 위에 입는, 그물로 된 3/4길이의 겉스커트를 말한다.

탁색　순색에 회색을 섞은 색으로 회색의 밝기와 그 양에 따라 다양한 뉘앙스의 동일 색상이 얻어진다. 이 색들을 명도, 채도를 기준하여 배열하면 등색상면 중 맑은 색[靑色]을 제외한 부분이 탁색이다. 청색과 비교할 때 탁한 분위기를 갖고 있으므로 덜 컬러(dull color), 토널 컬러(tonal color)라고도 부른다. 탁색 중 명도가 낮은 것을 암탁색이라고 부르기도 한다.

탄궁(彈弓)　면타(綿打)의 용구(用具)로 솜을 타는 활을 말한다.

탄성(elasticity)　섬유가 외력에 의해 늘어났다가 외력이 사라졌을 때 본래의 길이로 돌아가는 능력을 탄성이라고 한다. 섬유의 탄성은 섬유의 리질리언스, 섬유 제품의 내추성, 형태 안정성에 크게 영향을 끼치므로 섬유의 품질 평가시 중요 인자가 된다. 또한 늘어난 길이에 대한 회복된 길이의 백분율을 탄성 회복률(elastic recovery)이라고 하며, 최근 애용되고 있는 인조 섬유들은 모두 100%에 가까운 좋은 탄성 회복률을 가지므

로 구김이 잘 생기지 않는다.

탄소 섬유(carbon fiber)　유기질의 섬유를 그 모양은 유지하면서 가열 조정하고 탄화시켜 만든 무기질의 합성 섬유를 말한다. 최근 우주 과학 시대의 새로운 섬유 소재로 주목을 끌게 되었으며, 강도가 1020g/d로 매우 크고 탄성률 또한 매우 크다. 또한 유리 섬유나 강철보다 비중이 작고 내열성 및 내약품성은 스테인리스 스틸보다 우수하다. 용도는 주로 우주 항공 분야의 경량 내열재로 쓰이는 FRP(fiber reinforced plastic)의 심으로 각광받고 있으며 앞으로 대전 방지 등의 특수 피복 재료, 기타 공업용으로 그 용도가 넓어질 것이다.

탄소섬유

탄자나이트 링(tanzanite ring)　아프리카 탄자니아의 킬리만자로 산의 기슭에서 처음 발견된 보석이 장식된 반지. 1968년 보석학자들에 의해 최초로 청색 조이사이트(blue zoisite)로 증명되었다. 뉴욕의 티파니에서 이것이 발견된 장소의 이름을 따라 탄자나이트로 바꾸었다. 고가의 보석은 아니지만 세공하면 아름답다. 불빛에 비추면 색깔이 변하며 사파이어보다 풍부한 색채를 보인다. 애미시스트(amethyst)와 비슷한 자주색을 띠며 핑크빛 연어색 또는 살색이 된다. 발견된 보석 하나는 2,500캐럿이었는데 세공하여 360캐럿이 되었다.

탄화 양모(carbonized wool)　탄화 과정을 거친 양모를 말한다. 전모된 플리스는 품질에 따라 대체적인 선별을 하고 비눗물로 세척하여 정련 과정을 거친 후에도 식물성 협잡물이 남아 있게 된다. 이를 제거하기 위해 양모를 묽은 황산에 담가 식물성 물질을 탄화시키고 묽은 알칼리로 중화 세척하는 탄화 공

정을 거친다. 즉, 이 과정을 거친 양모를 탄
화 양모라고 한다.

탈린 르댕고트(Tallien redingoat)　　1867년 프
랑스 의상 디자이너 워스(Worth)에 의해 발
표된 실외용 코트로 하트 형태의 네크라인이
있고 뒤판에 헐렁하며 허리에 달린 새시를
뒤에서 리본 형태로 묶어 장식하였으며 리본
의 끝을 양쪽으로 늘어뜨렸다. 드레스와 조
화를 이루게 하거나 검은색 실크를 사용하여
만들었다. 다양한 색상의 가발을 서른 개나
가졌다고 하는 사교계의 여왕인 테레사 탈린
(Theresa Tallien)의 이름을 딴 것이다.

탈마(Talma)　　① 후드가 달린 여성들의 긴 케
이프 또는 클로크로 19세기 초에 입었다.
1860년대에는 뒤판을 몸에 꼭 맞도록 하고
허리선 아래로는 작은 주름을 잡기도 하였
다. ② 단 자락에 프린지가 달려 있고, 자수
가 놓여 있는 새틴이나 레이스, 벨벳 등으로
만든 여성들의 케이프로 1850년대에서 1870
년대 중엽까지 실외용 의복으로 사용되었다.
③ 몸 전체 길이의 여성 코트로 헐렁한 소매
와 레이스로 된 케이프 또는 짙은 색의 벨벳
칼라가 달려 있으며 1890년대에 착용하였
다. 프랑스의 섭정 시대와 제1 제정 시대의
비극배우 프랑수아 조제프 탈마(Froncois
Joseph Talma, 1763~1826)의 이름을 딴
것이며, 탈마 맨틀이라고도 불렀다.

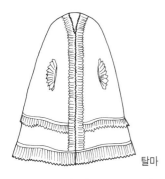
탈마

탈마 오버코트(Talma overcoat)　　1898년에
남성들이 착용한 넓은 진동의 래글런 소매가
있는 그레이트 코트(방한용의 두꺼운 외투)
를 말한다.

탈마 클로크(Talma cloak)　　1850년대에 남성

들이 착용한 무릎까지 오는 소매없는 망토로
밤 외출시 착용하였다.

탑등(毾𣯾)　　일본의 긴메이 천황[欽明天皇]때
백제에서 보낸 바닥깔개(rug, carpet)의 종
류로, 구유(氍毹)와 같은 것이다.

탑자포(塔子袍)　　이색(二色) 화포(花布)로 된
금(錦)으로 만든 비단포이다. 고려 시대 충
렬왕(忠烈王) 때 원(元)에서 사여받았으며,
원 공주가 왕비로 올 때 가져와 궁중에서 착
용하였다.

탕건(宕巾)　　조선 시대 사대부가 평거시 착용
하거나 망건의 덮개, 입모(笠帽)의 받침으로
사용하던 관건(冠巾)의 하나이다. 말총으로
길게 줄을 세워 뜬 것으로, 앞쪽은 낮고 뒤쪽
은 높아 턱이 져 있다.

탕건

태(hand, handle)　　촉감의 포괄적인 표현이
다. 넓은 의미로는 촉각과 시각에 의한 평가
량을 말하고, 좁은 의미로는 촉각을 중심으
로 하는 관능 평가량을 말한다.

태극선(太極扇)　　방구 부채의 하나로 우리 나
라를 상징하는 대표적인 부채이다. 참대로
둥글게 살을 만들며 그 전체에 삼원색 태극
무늬 종이를 붙이고 나무 자루를 붙인다.

태도　　태도란 일반적으로 어떤 특정한 사람이
나 집단에 대해 개인이 지속적으로 가지는
호의적 또는 비호의적인 인지적 평가와 감정
적 느낌 및 행동 경향을 말한다.

태도 변화　　태도 속에 포함되는 신념 명제와
상반되는 사실이나 정보가 주어지면 신념 명
제 자체가 변화되거나 하여 태도 변화가 일
어난다.

태머섄터(tam-o'-shanter)　　① 스코틀랜드

태머섄터

태브 벨트

태브 칼라

태슬 슈즈

농민이 쓰는 모자로 부드럽고 둥근 천이 머리 밴드에서 주름이 잡혀 쓰도록 되어 있다. ② 여성용 또는 아동용 캡으로 니트나 코바늘뜨기로 만들며 탬(tam)이라고도 한다. 베레 참조. 시인 로버트 번스(Robert Burns)의 시의 주인공 이름에서 유래하였다.

태브(tab)　버튼홀, 버클 또는 코트의 스냅, 칼라, 슬리브, 커프스에 사용된 직물의 루프, 스트랩, 플랩을 말한다.

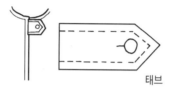

태브

태브리스 태브 칼라(tabless tab collar)　태브 칼라와 비슷하나 태브가 없어 짧게 만들어졌으며 핀홀 칼라라고 부르기도 한다.

태브 벨트(tab belt)　태브를 이용하여 벨트의 역할을 하게 하는 것을 말한다. 짧은 코트 등의 앞여밈에 태브를 부착하여 그 끝을 단추로 여미는 것이 특징이다.

태브 칼라(tab collar)　작은 고리끈이 끝에 달려 넥타이 밑에서 여미게 만든 셔츠 칼라이다.

태블릿 만틸라(tablet mantilla)　1850년대 중반에 착용한 실크로 된 어깨두르개로, 톱날 모양으로 가장자리를 처리한 좁은 리본과 술장식이 있다.

태블릿 만틸라

태블릿 직조(tablet weaving)　여러 개의 사각형의 카드에 구멍을 뚫어 여기에 실을 걸고

도안에 따라 카드를 돌리면서 위사를 삽입시켜서 직조하는 것으로 벨트나 폭이 좁은 옷감을 짠다.

태사혜(太史鞋)　조선 시대 운두가 낮은 신의 일종으로 코와 뒤축에 태사문(太史紋)을 놓은 신으로 양반 노인과 사인(士人)이 신던 마른 신이다. 신울은 비단이나 가죽으로 하고 밑둘레를 실로 꿰맸다.

태사혜

태슬 슈즈(tassel shoes)　발등에 태슬이 장식되어 있는 남성용 구두이다.

태슬 스티치(tassel stitch)　태슬은 '장식다발'의 의미로서 거친 올을 지닌 캔버스 천에 같은 크기의 루프를 한 면에 만들고, 그 루프를 잘라 다발 상태로 만드는 스티치이다. 플러시 스티치라고도 한다.

태슬 이어링(tassel earring)　밑에 술장식이 부착된 귀고리를 말한다. 착용자가 움직일 때마다 흔들리는 율동감을 보이는 것이 특징이다.

태슬 타이(tassel tie)　인디언이 신던 모카신, 윙팁 옥스퍼드(wing-tip oxfords), 로퍼즈 등에 달린 나비 매듭의 술장식을 말한다.

태자간도(太子間道)　일본의 중요문화재 직물로 평직(平織)으로 된 천색지(茜色地)에 주(朱), 황(黃), 녹(綠), 청(靑), 백(白)의 경사(經絲)로서 문양은 천색지에 산형파상문(山波波狀紋)이 추상적으로 표현되어 있다. 성덕태자(聖德太子)가 강찬(講讚) 때 사용한 대표적인 면직물이라고 한다. 법륭사(法陸寺) 납보물(納寶物)로서 동경국립박물관에 소장되어 있다.

태킹(tacking)　⇒ 시침질

태터솔 베스트(tattersall vest)　6개의 단추와 4개의 플랩 포켓이 달린 싱글 브레스티드형의 남성용 조끼로 작은 체크 직물로 만든다. 1890년대 중반에는 스포츠맨들이 착용하였고 그 후에는 승마용 조끼로 또는 남성들이 스포츠 코트로 착용하였다. 1770년에 설립된 태터솔 경마장의 설립자인 영국의 승마인 리처드 태터솔의 이름을 따서 명명되었다.

태터솔 체크(tattersall check)   밝은 바탕색 직물에 어두운 두 가지 색의 규칙적인 격자 무늬가 겹쳐진 형태의 격자 무늬로 남성용 조끼에서 많이 사용된다. 명칭은 런던 마시장에서 말을 위해 사용하던 작은 격자 무늬 담요에서 유래하였다.

태투잉(tatooing)   원시인의 장식 방법 중 얼굴이나 몸에 문신을 새기는 것을 말한다.

태투 팬티호즈(tattoo pantyhose)   멀리서 보면 다리에 문신을 한 것처럼 보이도록 다리의 양쪽에 꽃무늬 디자인이 놓인 매우 얇게 비치는 팬티호즈를 말한다.

태팅(tatting)   레이스의 일종이며 실로 편조하는 수예를 말한다. 명칭은 인도의 깔개로 타티(tattie)라고 하는 것에서 비롯되었다.

태포(太布)   일본에서 곡(穀), 저(楮) 등 수피(樹皮)에서 섬유를 채취하여 수방(手紡)한 실로 제직한 포(布)이다. 고대에는 고포(栲布), 목면(木綿)이라고도 하였다. 광의(廣義)로는 등(藤), 갈(葛) 등으로 제직한 포(布)를 말한다.

태피(taffy)   부드러운 황색을 띤 따뜻한 느낌의 갈색으로 추동 신사복의 주요색이다. 이와 유사한 색명에는 호도의 브라운, 일반적으로 캐러멜 컬러가 있다.

태피스트리(tapestry)   여러 가지 색깔의 위사를 사용하여 손으로 짠 직물로, 위사는 각기 작은 북에 넣고 그 색의 위사가 필요한 부분만 경사와 교차시켜 무늬를 나타낸다. 주로 벽걸이 등의 장식적인 목적으로 사용된다.

태피스트리 니들(tapestry needle)   바늘 끝이 뾰족하고 바늘귀가 커서 캔버스나 거친 천에 자수할 때 이용한다.

태피스트리 다닝 스티치(tapestry darning stitch)   다닝 스티치처럼 자수하는 태피스트리이다. 실을 걸어 좌우로 번갈아 수놓아 튼튼하게 마무리하는 기법으로 올이 성긴 천

의 가장자리 장식에 많이 사용된다.

태피스트리 스티치(tapestry stitch)   태피스트리 직물을 모방하기 위하여 바탕천에 사용하는 짧은 사선의 스티치를 말한다.

태피터(taffeta)   경사보다 굵은 위사를 사용하여 경사 밀도를 위사 밀도의 두 배 정도가 되도록 평직으로 짠 필라멘트 직물로, 위사 방향에 두둑 효과를 나타내기도 한다. 드레스, 안감, 리본, 우산 등에 쓰인다.

탠(tan)   탠은 햇빛에 그을린다는 의미로, 적갈색이나 담황색을 띤 그을린 피부의 색을 말한다.

탤리스(tallith)   13세 이후 유태인들이 착용한 술장식이 달린 기도용 숄로, 보통 파란색이다. 로마의 팔리움에서 유래한 것으로 알려지고 있으며, 세월이 지나면서 다양한 형태를 갖게 되었다. 현대의 것은 울이나 실크로, 흰색 바탕에 검은색이나 파란색의 줄무늬가 있다.

탤리즈만 링(talisman ring)   고대 그리스와 중세 시대 건강, 사랑, 부, 행복 등을 확인하기 위해 착용한 반지이다. 근래에는 우정의 언약 표시로 사용한다.

탬(tam)   윗부분이 평평한 모자로 서너 가지의 제작 방법이 있다. ① 두 조각의 원형 직물을 사용하여 하나는 완전한 상태로 다른 하나는 원형의 중심에 머리에 착용하기 위한 구멍을 뚫어 봉제하여 완성하는 방법이다. ② 편물 기법을 활용하거나 코바늘 뜨기로 짠 모자로 머리의 정수리 부분에 털실 방울을 부착하는 방법이다. ③ 원형의 틀에 펠트로 주조해 내는 방법으로 일명 베레모라고도 불린다. 베레모는 원래 태머섄터의 미국식 약어이다.

탬부어(tambour)   자수할 때 천을 팽팽하게 하는 원형의 틀을 말하는 것으로, 큰 틀과 작은 틀 사이에 천을 끼워 자수한다. 엠브로이더리 프레임, 엠브로이더리 후프와 같다.

탬부어 스티치(tambour stitch)   ⇒ 루프 스티치

탬플러 클로크(Templar cloak)   소매를 통해

팔을 넣지 않고도 입을 수 있을 정도로 넓고 헐렁한 남자용 로브로 1840년대에 입었다.

탭 슈즈(tap shoes)　탭 댄서들이 신는 구두로, 소리를 내기 위하여 구두 뒤축과 구두 앞부리에 금속 장식이 부착되었다. 루비 킬러 슈즈 참조.

탭 팬티즈(tap panties)　짧은 반바지 형태의 팬티로 단끝으로 내려가면서 약간 플레어가 진다. 새틴이나 꽃무늬로 만들어지거나 레이스로 장식을 하는 경우도 있으며, 상체의 캐미솔과 조화시키는 경우가 많다. 이것을 캐미솔 세트라고 한다.

탱크 수트(tank suit)　탱크 톱 상의와 쇼츠로 구성된 수트이다.

탱크 워치(tank watch)　단순한 직사각형을 한 복고풍이 강한 시계를 말하며, 카르티에(Cartier)의 것이 유명하다.

탱크 톱(tank top)　러닝 셔츠의 모양을 한 여성들의 상의로서 여름철에 많이 입는다. 1970년대 후반에 유행하였으며, 1980년대에 원피스 스타일의 수영복인 탱크 수트에서 유래한 이름이다. 탱크란 실내 또는 옥외의 풀을 가리킨다. 애슬레틱 셔츠와 유사하다.

탱크 톱

탱크 톱 레이어드(tank top layered)　러닝 셔츠형의 간단한 상의인 탱크 톱을 티셔트나 남방 셔트 위에 겹쳐입는 차림새이다. 이처럼 여유있는 실루엣을 가진 것끼리 겹쳐 입는 것이 1983년 여름에 유행하였으며, 특히 얼룩지고 탈색된 탱크 톱을 착용하는 것이 대유행하였다.

터널 웨이스트라인(tunnel waistline)　⇒ 드로스트링 웨이스트라인

터널 칼라(tunnel collar)　터널처럼 보이는 둥글게 말아 만든 칼라이다.

터닙 팬츠(turnip pants)　1890년대 착용한 자전거용 니커즈(knickers)로, 접어 내리면 긴 길이의 바지가 된다.

터릿 보디스(turret bodice)　1880년대 초에 유행한 페플럼이 있는 보디스로, 페플럼이 허리선 아래에서 네모난 조각들로 잘린 것을 말한다.

터번(turban)　중동이나 인도에서 긴 천을 머리에 둘러매어 쓰는 형태로 원래 심한 더위나 바람으로부터 머리를 보호하기 위하여 썼다. 1930년대에 서양 여성의 패션에 적용되어, 1970년대에 다시 유행하였으며, 한낮이나 저녁에 쓴다.

터보건 캡(toboggan cap)　⇒ 스타킹 캡

터보 스테이플러(turbo stapler)　직방사를 만드는 장치의 일종으로 펜실베니아 렌스테일의 터보사 제품이다. 아크릴, 모드아크릴 같은 하이 벌크사를 제조하는 데 사용된다.

터소(tussore)　포플린의 일종으로 위사에 굵은 실을 사용하여 이랑 효과가 위사 방향으로 두드러진다.

터스크 펜던트(tusk pendant)　뿔형의 펜던트를 말하며, 상아를 소재로 한 것이 많다.

터쿼이즈(turquoise)　하늘색, 청록색, 사과빛 녹색 등의 불투명한 무정형의 장식용 돌로 흔하게 발견된다. 미국의 애리조나와 멕시코의 인디언들이 은과 함께 세공한 터쿼이즈 팔찌, 목걸이, 핀, 귀고리 등은 액세서리로 인기가 있다. 터키 옥의 색, 밝은 청록색을 말한다.

터쿼이즈 그린(turquoise green)　① 터키석에서 보이는 청색 기미의 녹색을 말한다. ② 터쿼이즈는 선명한 청색, 즉 터쿼이즈 블루로 잘 알려져 있으나, 이 청색과 같은 명도, 같은 채도의 그린을 터쿼이즈 그린이라고 한다. 터쿼이즈색을 떠올리는 산뜻한 색조가 현대적이어서 호감이 가는 색채이다.

터키 가운(Turkey gown)　① 영국의 헨리 8

세를 위하여 만든 것으로 금과 검은색 에나멜로 된 77개의 단추가 달려 있다. 시라소니 털가죽으로 가장자리를 장식한 검은색 벨벳 가운이다. ② 앞이 트여 있어 여미도록 되어 있는 긴 가운으로 길고 좁은 소매의 팔꿈치 부분에 슬릿을 내어 팔이 통과하도록 하였고 소맷자락은 그대로 늘어뜨렸다. 17세기 초부터 입었으며 성직자용 가운의 패턴이 되었다.

터키 레드(Turkey read) '터키 적색'이라 불리는 색으로 꼭두서니색에 가까운 적색이다.

터키시 타월(Turkish towel) 다양한 조직과 무게의 테리 클로스 타월(terry cloth towel)로, 면 단사나 합사를 써서 만든다.

터킹(tucking) 가로 또는 세로 방향으로 옷감에 주름을 접어 일정한 간격으로 박아 장식하는 바느질법으로 블라우스, 스커트, 드레스 및 특히 유아복에 많이 쓰이며, 다트와 같이 몸에 꼭 맞는 구실을 하기도 한다. 종류에는 핀 턱(pin tuck), 턱트 셔링(tucked shirring), 셸 턱(shell tuck), 코디드 턱(corded tuck), 크로스 턱(cross tuck), 블라인드 턱(blind tuck), 스페이스트 턱(spaced tuck), 선버스트 턱(surburst tuck), 테일러즈 턱(tailor's tuck) 등이 있다.

터틀 네크라인(turtle neckline) 목에 높게 붙어 올라간 칼라를 한 번 혹은 두 번 접어 넘겨 놓은 모양이 거북이 목처럼 생겼다 하여 붙여진 이름이다. 스웨터 블라우스 등에 많이 이용된다.

터틀 네크라인

터틀넥 스웨터(turtleneck sweater) 칼라가 높아서 좁게 또는 넓게 접어내린 스웨터를 말하며, 찬바람이 들어가지 않도록 목에 붙도록 되어 있어 가을철과 겨울철에 많이 입는다. 거북의 목처럼 생긴 네크라인이라 하여 터틀넥이란 이름으로 불린다. 접은 효과를

내기 위하여 한 번 또는 두껍게 두 번을 접을 수도 있다.

터틀넥 스웨터

터틀넥 칼라(turtleneck collar) 목 근처에서 말아 접은 높은 밴드 칼라로 보통 니트 소재를 사용하여 만든다. 1860년대에 남성복에 소개되었고, 1920년대와 1930년대에 유행하였으며, 1960년대 후반과 1980년대에 남성복과 여성복, 아동복 등을 통해 재유행하였다.

터프트(tuft) ① 잘 관리된 양(羊)으로부터 얻는 수백 개 또는 그 이상의 양모섬유 뭉치를 말한다. 여러 개의 터프트가 모여서 스테이플을 형성한다. ② 퀼트 메트리스, 소파를 채우는 데 사용되는 직물로부터 빼낸실이나 고리 형태의 실뭉치를 말한다. ③ 터프트 직물이나 카펫의 파일사 형태로 돌출된 부분을 말한다.

터프티드 클로스(tufted cloth) 털술이 있는 직물을 총칭하며, 털술 실이란 파일 직물의 파일사로서 시팅이나 얇은 덕(duck) 같은 직물에 털술을 심는 것과 제직에 의하여 털술을 만드는 것이 있다. 배스 매트(bath matt), 카펫 등에 사용된다.

터프티드 파일(tufted pile) 기포에 바늘을 사용하여 루프상의 파일을 심는 것으로, 기포에는 대개 면포나 마포가 사용되고 파일사는 여러 가지 섬유가 사용된다. 터프티드 파일의 제조 속도는 매우 빠르고 비용도 보통 파일직에 비해서 적게 들기 때문에 대부분의 카펫은 이 방법에 의해서 제조된다.

터핀, 샐리(Tuffin, Sally 1938~?) 영국 태생

의 디자이너로 월덤스터 미술학교와 런던 왕립 미술대학에서 공부하였다. '포에일과 터핀(Foale & Tuffin)' 이라는 의상실을 차리고, 젊은 기성복 시장을 대상으로 옵 아트, 아르 데코를 통해 영국 패션 혁명의 중심부를 이루었다.

턱(tuck) 블라우스, 셔트, 드레스, 팬츠, 스커트, 특히 아동복이나 유아복에 장식적 또는 실용적인 목적을 위해 일정한 폭을 접어 박은 플리츠를 말한다.

턱

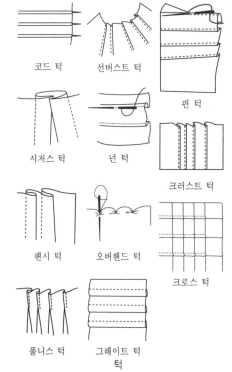

코드 턱   선버스트 턱

시저스 턱   넌 턱   핀 턱

크러스트 턱

팬시 턱   오버핸드 턱

크로스 턱

풀니스 턱   그레이트 턱

턱

턱 스티치(tuck stitch) 편성 캠에 의한 응용 조직으로, 편성 중 편침이 1회 또는 몇 회 이상 편환을 완성시키지 않고 편사를 공급받은 후, 필요한 다음 번째의 코스에서 복수로 일제히 한 개의 편환을 완성시킨 조직이다.

턱시도(tuxedo) 남성용 준정장으로 보통 검은색이며, 새틴 또는 그로그랭으로 만든 숄 칼라가 달린 재킷과 양옆 솔기에 줄을 댄 팬츠로 이루어졌으며, 허리띠(cummerbund)와 검정색 나비 넥타이를 함께 착용한다. 비공식적인 이브닝 행사 때 착용하였다. 턱스 또

는 블랙 타이라고 부르기도 하며, 1886년 뉴욕의 턱시도 파크(Tuxedo Park)에 있던 컨트리 클럽에서 유래되어 이름이 지어졌다.

턱시도

턱시도 블라우스(tuxedo blouse) 남자들의 정장 셔트와 같은 스타일의 블라우스로 앞이 턱받이처럼 되었거나, 러플이 수직으로 달렸거나, 대조가 되는 다른 색의 깃이 달려 있는 블라우스이다. 턱시도 재킷에 흑색 보 타이를 매어 흑색 코트 스타일과 완전 세트가 되게 입는다.

턱시도 셔트(tuxedo shirt) 남성들의 정장 턱시도 재킷 밑에 입는 정장 셔트로 정면에 주름, 턱을 잡았으며 검정 보 타이를 곁들이는 경우가 많다. 턱시도 블라우스라고도 하며 1980년대에 유행하였다.

턱시도 스웨터(tuxedo sweater) 단추가 없이 목에서 양쪽으로 칼라가 젖혀져 내려온 코트 스타일의 스웨터로 숄 칼라 카디건이라고도 한다.

턱시도 재킷(tuxedo jacket) 연미복 대신으로 착용하는 반정장의 일종이다. 새틴, 파유(faille) 또는 본 바탕 직물과 대비를 이루는 기타 직물로 만들어졌으며, 숄 칼라가 달려 있다. 겨울용에는 검은색이나 군청색을 사용하고 여름용에는 흰색을 사용했으며, 1950년대 이후부터는 같은 색상이나 격자무늬가 있는 직물로 만들었다. 1890년대 후반 뉴욕의 턱시도 호숫가에 있는 턱시도 공원 클럽

의 이름에서 명칭을 따왔다. 19세기 말에 미국 뉴욕주에 있는 턱시도 공원의 컨트리 클럽 멤버가 입었다. 디너 재킷이라고도 한다.

턱시도 재킷

턱시도 팬츠(tuxedo pants)　남성 정장의 예복 바지에서 시초가 된 일직선으로 내려온 모양에 넓은 커머번드를 매는 검은색 바지로 옆솔기에 파이핑이나 테이프, 브레이드 등을 가미하여 더욱 효과있게 보이며, 소재로는 겨울철에는 도스킨을 많이 사용한다. 1980년대에 여성들에게도 소개되어 입기 시작하였다.

턱인 블라우스(tuck-in blouse)　⇒ 언더 블라우스

턱트 셔링(tucked shirring)　옷감을 핀 턱 정도의 분량으로 주름을 잡아 바느질한 후 실을 잡아당겨 셔링을 주는 장식 바느질로, 얇고 유연한 옷감에 주로 이용한다.

턱트 슬리브(tucked sleeve)　소매산에 턱을 잡아 넣은 소매를 말한다.

턱트 심(tucked seam)　⇒ 외주름 솔기

턱트 플리츠(tucked pleats)　허리에서 20cm 정도 아래까지 턱을 잡고 그 아래는 플리츠로 처리하는 디자인으로, 스커트나 퀼로트에 사용된다.

턴드백 커프스(turned-back cuffs)　소매를 길게 연장시켜 뒤집어 접어 올려 커프스처럼 보이게 만든 것이다.

턴드 앤드 스티치트 심(turned and stitched seam)　⇒ 접어박기 가름솔

턴어라운드 매니지먼트(turnaround manage-ment)　침체된 기업을 다시 회복시키는 경영정책을 말한다.

턴업스(turn-ups)　영국 용어로 바지끝이 접힌 것을 말한다. 1893년 영국의 하원에서 처음으로 착용하였다.

턴업 커프스(turn-up cuffs)　꺾어 접은 커프스의 총칭으로, 소매에 꼭 맞게 접은 것이다. 턴 오버 커프스라고도 한다.

턴오버 커프스(turn-over cuffs)　⇒ 턴업 커프스

턴오프 커프스(turn-off cuffs)　턴드백 커프스의 일종으로 소매끝에 폭이 넓은 밴드 모양의 커프스를 달고 그 끝에 나팔 모양의 커프스를 꺾어 접어 만든 것이다.

털 깎기(shearling)　양의 털을 깎는 것을 말한다. 또한 직조를 하거나 파일로 패턴을 만들기 위해 직물의 파일을 형성한 실이나 표면의 보풀을 자르는 것을 말하기도 한다.

털배자　겨울용 방한복의 일종으로 배자(褙子)의 안쪽에 털을 넣어 만든 것이다. 소매·섶·깃 등이 없으며 도련 및 진동둘레에 털로 선을 두른다.

털실자수 바늘(crewel needle)　이 바늘은 자수용 털실(crewel)을 사용하여 자수할 때 사용되는 귀가 큰 자수용 바늘이다. 1~12호까지 있으며, 호수가 커지면 바늘은 가늘고 짧아진다.

털토시　동물의 털 가죽을 사용하여 만든 토시[吐手]의 하나로 겨울 방한용이다. 저고리 소매 형태인데, 동물의 털 가죽을 안에 덧대어 양끝 또는 한쪽 끝을 연식(緣飾)하기도 했다.

테니스 드레스(tennis dress)　테니스를 칠 때 입는 백색의 짧은 드레스. 때로는 색을 사용하기도 하며 1930년대에 착용하기 시작하였다. 1940년대에 구시 모란이 러플이 달린 팬티에 짧은 드레스를 소개하였다.

테니스 셔트(tennis shirt)　테니스를 칠 때 입는 셔트로 형태는 다양하게 변하였지만 아직도 백색을 사용한다는 규칙은 지켜지고 있다.

턱트 플리츠

테니스 쇼츠(tennis shorts)　테니스용 운동복으로 착용되는 보수적인 스타일의 반바지이며 전통적으로 흰색을 선호하여 즐겨 사용하였다. 원래 여자 선수들은 스커트를 착용하였으나 1933년 앨리스 마블(Alice Marble)이 반바지를 입은 것이 시초가 되어 유행하였다.

테니스 슈즈(tennis shoes)　테니스 경기에서 주로 착용하는 운동화를 말한다. 백색의 캔버스 직물과 백색의 고무 바닥을 사용하는 등 모두 백색인 것이 특징이다. 의상과 조화를 이루기 위하여 여러 가지 색을 사용한 테니스 슈즈도 있다.

테니스 스웨터(tennis sweater)　백색에 감색이나 자주색으로 V자 모양의 네크라인이나 팔목에다 산뜻하게 선을 댄, 뒤집어 써서 입는 풀오버 스타일의 긴 팔 테니스용 스웨터이다. 1930년대부터 계속 애용되고 있다.

테니스 스트라이프(tennis stripe)　테니스 웨어 등에 사용되는 흰색의 바탕천에 네이비블루나 붉은색의 스트라이프가 일정 간격으로 배열되어 있는 폭이 넓은 줄무늬로서 테니스 웨어 등에 사용되며, 스포티한 느낌을 준다.

테니스 플란넬(tennis flannel)　순모의 2/2 능직으로 크림색, 회색 등으로 염색하여 클리어 가공한 얇은 소모직물이다.

테더드 스터드(tethered stud)　1830~1840년대의 남성들이 사용한 이브닝용 보석으로 3개의 셔트 스터드(shirt studs : 와이셔트 등에 달았다 떼었다 하는 장식단추나 커프스 버튼)가 작은 체인에 연결된 것이다.

테드 폴 스티치(ted pole stitch)　프렌치 노트 스티치와 같은 방법으로 실을 길게 늘이고 바늘에 감아 수놓는다.

테디(teddy)　① 목선이 많이 파이고 허리는 고무줄로 된 여며 입는 랩 스타일의 옷이다. 때로는 짧은 스커트가 달릴 수도 있으며 나일론 새틴이나 조젯으로 많이 만들며 레이스나 러플로 장식을 했다. 속옷으로 입는 경우도 많다. ② 앞뒤, 상체 부분과 다리 부분이 많이 파여서 노출이 많고 조임이 덜한 한 조각으로 된 여성다운 속옷을 말한다. ③ 짧은 속치마가 곁들인 간편한 슈미즈풍의 드레스나 팬티가 곁들여진 길이가 긴 조끼로 1920년대에 유행하였던 직선으로 재단된 옷을 말한다. 1960년대 후반과 1980년대에 몸에 꼭 끼는 원피스 형태로 재유행하였다.

테디 걸(teddy girl)　유행하는 전통 스타일에 반대하고 기이한 스타일을 착용한 영국의 젊은 여성들을 가리킨다.

테디 베어(teddy bear)　양모 또는 양피로 만든 잔털이 길고 많은 직물로 외투감으로 쓰인다.

테디 베어 코트(teddy bear coat)　자연색의 알파카 파일로 된 부피가 큰, 남녀 및 아이들이 착용하는 1920년대에 유행한 코트이다. 루즈벨트 대통령이 1920년대 초에 아이들의 인형에 지어 준 이름인 테디 베어에서 유래하였다.

테라이 해트(terai hat)　모피나 펠트로 된 승마용 모자로, 빨간색의 안감이 있다. 크라운에 금속으로 된 통풍구멍이 있는 중산모의 형태이다. 두 개의 모자를 챙의 가장자리를 함께 연결하여 만든 것으로, 1880년대 이후 열대성 기후에서 영국인들이 착용하였다.

테라코타(terracotta)　테라코타는 이탈리아어로 '구워 낸 점토'라는 의미로 흙에 보이는 갈색을 띤 등적색을 말한다.

테러리즘(terrorism)　의복으로 적에게 공포를 느끼도록 해서 달아나게 하거나 적에게 경고하는 것을 말한다.

테레사 다이아몬드(Theresa diamond)　1886년 미국 위스콘신주 워싱턴 카운티에서 발견된 21.25캐럿의 다이아몬드로 세공 과정에서 여러 개의 작은 보석으로 나뉘었고 그 중 가장 큰 것은 1.48캐럿이다.

테리 벨루어(terry velour)　벨벳과 비슷하게 보이는 직물로 한 면은 테리 클로스와 같은 로프 파일로 덮여 있고 그 뒷면은 루프를 절단한 컷 파일로 덮여 있다. 타월, 운동복 등에 쓰인다.

테리 클로스(terry cloth) 일반적으로 타월이라고 불리는 면직물로, 경루프 파일 직물의 일종이다. 별경사를 사용하여 꼬인 상태로 제직한 다음에 직물을 이완시키게 되면 이완된 슬랙사가 직물의 상하면에 루프를 형성하게 된다. 이 직물은 흡수성이 커서 수건, 해변 의상, 아동복 등에 이용된다.

테마 머천다이징(theme merchandising) 특정한 테마를 선정하여 이에 따라 상품구성 및 판매촉진을 하는 상품기획 방법이다. 차별화 전략을 목표로 백화점업계에서 사용한다.

테마 숍(theme shop) 특정한 테마에 상품구성이 압축된 숍이다. 라이프 스타일 제안형의 숍이다.

테벤나(tebenna) 에트루리아인의 두르개로, 직사각형이나 반원형으로 만들어졌다. 로마인들이 후에 이를 모방해서 만든 옷이 토가(toga)이다.

테이블(table) 재봉틀의 중앙에 나무판으로 되어 있는 부분으로, 뚜껑이 덮이는 형식으로 되어 있어 재봉틀을 작동시킬 때는 작업대가 되고, 일하지 않을 때는 중요한 두부(頭部)를 넣어두는 역할을 한다.

테이스트 리더(taste leader) 물질적 가치보다도 그 상품이 지닌 감각적인 장점을 중요하게 여기는 소비자를 지칭한다. 한 가지 명확한 취미를 주장하는 사람들도 포함된다.

테이스트 숍(taste shop) 유사한 감각상품을 여러 가지 종류로 다양화시킨 새로운 감각의 패션 전문점이다. 즉, 다양한 상품들이 진열되나 점포 전체의 분위기는 하나로 통일되어 보이는 전문점 형태이다.

테이스트 앤드 패션(Taste and Fashion) 제임스 레이버(James Laver)의 저서명으로, 그는 이 책에서 '유행이란 어느 방향으로 불어 오는지 알 수 있는 심리적인 바람개비'라고 설명하였다.

테이퍼드 셔트(tapered shirt) 아래로 내려오면서 점점 좁아져서 몸에 꼭 맞는 셔트로 보디 셔트라고도 한다.

테벤나

테이퍼드 스커트(tapered skirt) 허리에서 밑으로 내려가면서 점점 좁아진 스커트를 말한다.

테이퍼드 팬츠(tapered pants) 허리에서부터 바지 자락으로 내려가면서 통이 점점 좁아지는 바지로 1960년대 초, 1980년대 초에 유행하였다.

테이프 대기 가름솔(binding seam) 미리 접어놓은 바이어스 테이프를 시접 가장자리에 대고 박아 시접을 가름솔로 처리한다. 접은 바이어스 바운드 심, 바운드 심, 바인딩 심, 바이어스 테이프트 헴이라고도 한다.

테이프 대기 단(bias taped hem) 두꺼운 모직물이나 첨모직물, 플레어가 많이 생기든 단 등에 사용하거나 옷감의 단 넓이가 좁을 때 넓혀 주기 위해서도 사용한다. 바이어스 테이프를 4~6cm 넓이로 잘라 겉을 마주대고 박은 후 테이프의 시접을 한 번 꺾어 감치기를 한다.

테이프 벨트(tape belt) 아이비풍의 캐주얼 웨어에 자주 사용하는 헝겊 벨트를 말한다. 문양이 없는 다채색의 레지멘틀 스트라이프(regimental stripe) 테이프의 끝에 작은 가죽이나 금속 버클을 붙인 경우도 있다.

테이프트 심(taped seam) 천의 당김으로부터 솔기를 보호하기 위해 능직 테이프를 사용하여 솔기를 지탱하는 것으로, 의복의 솔기 부분 안쪽에 테이프를 놓고 바느질을 하는 동안 테이프의 한쪽을 잡아당긴다.

테일러드(tailored) 깃이 달린 셔트 칼라에 앞단과 커프스가 남자의 정장 셔트 스타일처럼

테일러드 수트

테일러드 아웃 피트

테일러드 파자마

되어 있는 것을 말한다.

테일러드 셔트(tailor shirt)   테일러한 감각이 강한 여성용 셔트이다. 남성 수트 특유의 칼라 디자인을 채용하여 면, 실크, 마 등의 소재를 사용하여 제작한다.

테일러드 수트(tailored suit)   전통적 스타일의 남성복과 같이 만든 여성용 수트로 주로 신사복에 쓰이는 소재와 디자인을 사용하여 만든다.

테일러드 스커트(tailored skirt)   정장의 단정한 느낌이 나는 스커트로 타이트 스커트나 고어드 스커트에서 많이 볼 수 있는 스타일이다.

테일러드 슬립(tailored slip)   부드러운 레이스형이 아니고 아플리케, 끈이 끼워진 코딩(cording), 트림 등으로 된 속치마이다. 1940년대와 1970년대에 유행하였다.

테일러드 아웃 피트(tailored out fit)   모자, 장갑, 부츠, 털로 된 숄 등이 갖추어진 완전 정장 차림을 칭한다.

테일러드 칼라(tailored collar)   신사복 정장 수트에 다는 남성적인 느낌의 칼라이다.

테일러드 택(tailored tack)   ⇒ 실표뜨기

테일러드 파자마(tailored pajamas)   테일러드 칼라에 박스 스타일로 된 상의와 바지 세트로 바지는 짧거나 긴 것도 있고 일자로 내려오는 직선 모양으로 된 것이 많다. 트임이나 장식이 없이 끈을 속에 넣어 만든 파이핑으로 처리된 심플한 스타일로 남녀노소 모두를 위한 정통 스타일이다.

테일러드 팬츠(tailored pants)   블라우스와 상의에 조화시켜 입는 정장 바지로 여성과 아동들이 입으며, 1970년대에 유행하였다.

테일러의 불안표출검사(Taylor Scale of Manifest Anxiety)   테일러가 개발한 심리 검사이다.

테일러즈 버튼홀 스티치(tailor's buttonhole stitch)   대개 버튼홀 스티치의 끝이 매듭지어진 것을 말하며, 의복의 버튼홀에 사용되는 데서 이런 이름이 붙었다. 이 매듭은 스티치 전체를 튼튼하게 하고 또한 장식적인 효

과를 더해 준다.

테일 재킷(tail jacket)   테일은 '꼬리'의 의미로 모닝 코트나 이브닝 코트처럼 뒤쪽에 끝단을 늘어뜨린 재킷을 말한다.

테일즈(tails)   수트의 일종인 풀 드레스, 풀 드레스 수트를 말한다.

테일 코트(tail coat)   스왈로 테일드 코트 참조.

테크노 숍(techno shop)   뉴 미디어나 일렉트로닉 기술을 활용하여 고객에게 정보, 서비스, 상품 등을 제공하는 소매점의 총칭이다. 예를 들어, CATV, VAN, INS라고 하는 뉴 미디어나 VTR, 비디오 디스크 등을 구비하여 점포의 이미지업과 판매 촉진을 시도하는 점포를 말한다.

테크니 컬러(techni color)   원래 영화 컬러 필름의 일종으로 1914년 발표된 이래 유행하던 것을 파리에서 패션에 이용하여 일렉트릭 컬러라고 새롭게 부르게 되었다. '총천연색'에서 볼 수 있는 기이하게 선명한 원색이 특징으로 스포티한 감각의 옷에 많이 사용된다.

테플론(Teflon)   사불화에틸렌($CF_2 = CF_2$)이 첨가 중합되어 폴리사불화에틸렌이 되며 이로부터 테플론이 얻어진다. 테플론의 강도는 1.6g/d이고 신도가 낮고 좋은 유연성을 지녔으며, 타지 않고 260℃의 온도에서도 잘 견딘다. 의복용으로는 사용되지 않으나 산, 알칼리 또는 유기 용매 등에 영향을 받지 않으므로 공업용품이나 산업용품으로 쓰인다.

텍스(tex)   데니어와 함께 섬유나 실의 섬도를 나타내는 항장식 표시법으로, 실의 무게가 10g이면 10tex가 된다. 텍스의 수가 커질수록 섬유나 실의 굵기는 굵어진다.

텍스처드 스타킹(textured stocking)   소재의 재질감이 강조된 스타킹을 말한다. 직조에 의한 여러 가지 문양의 표현이나 프린트에 의한 서페이스 디자인 등과 같은 시각적인 효과가 부각되는 것이 특징이다. 옵티컬 스타킹(optical stocking)도 시각적인 재질감을 보여주는 좋은 예이다.

텍스처드 호즈(textured hose) 다양한 소재와 질감의 호즈를 말한다. 즉 레이스, 줄무늬 등의 호즈가 있는데 루디 게른라이히(Rudi Gernreich)이 1964년에 도입하였으며, 1969년에는 지방시(Givenchy)를 포함한 고급 디자이너들에 의해 대중화되었다.

텍스처사(textured yarn) 필라멘트사를 절단하지 않고 여러 가지 기계적 처리를 하여 루프 또는 권축을 만들어 실의 함기량을 크게 함으로써 방적사와 비슷한 성질을 갖도록 가공한 실을 말한다. 텍스처사는 제조 방법에 따라 벌크형(bulk type)과 스트레치형(stretch type)으로 나뉜다. 벌크형의 텍스처사는 루프형, 권축형, 나이프에지법을 사용해 만들어져 함기량은 증대하나 신축성이 별로 증가하지 않는 데 비해, 스트레치형의 텍스처사는 주로 가연법에 의해 만들어져 2배 이상의 신축성을 갖는다.

텍 스카프(teck scarf) 1890년대에 남성들이 착용한 넓은 넥타이로, 보통 넥타이 길이보다 약간 짧다. 네 손가락으로 감아서 매듭을 만들며, 끝을 똑같게 자르거나 양옆을 경사지게 해서 뾰족하게 하였다.

텐 갤런 해트(tengallon hat) 카우보이가 쓰는 챙 넓은 모자이다. 카우보이 해트라고도 한다.

텐드릴스(tendrils) 이마, 옆면, 목덜미에 늘어진 길고 느슨한 머리카락으로 퐁파두르(pompadour) 머리 스타일과 함께 유행한 머리를 말한다.

텐셀(tencel) 영국의 코탈드(Courtaulds)사가 개발한 섬유로서 목재 펄프를 유기 용매에 녹여 방사한 섬유이다.

텐트 드레스(tent dress) 텐트처럼 위는 좁고 밑으로 점점 퍼져나간 피라미드 모양의 폭이 넓은 텐트 실루엣 드레스이다. 1960년대 후반에 유행하였으며, 1966년 봄에 다시 피에르 카르댕에 의하여 소개되었다.

텐트 스트라이프(tent stripe) 차양용의 텐트 등에서 볼 수 있는 극단적으로 큰 폭의 줄무늬를 말한다.

텐트 스티치(tent stitch) 캔버스 자수의 일종으로, 바탕천의 가로·세로의 올을 벌리고 작은 싱글 스티치를 비스듬히 수놓아 천 전체를 덮는다. 쿠션 스티치라고도 한다.

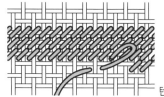

텐트 스티치

텐트 코트(tent coat) 피라미드 형태의 코트로, 단으로 내려가면서 플레어가 퍼진다. 1930년대, 1940년대, 1960년대 중반에 여성들이 많이 착용하였다.

텔레스코프 슬리브(telescope sleeve) 다단식 망원경의 통처럼 포개어 끼워 넣은 이중으로 된 소매이다. 속소매가 약간 나오게 만들어 마치 커프스처럼 보인다.

템플러 클로크(templar cloak) 1840년대의 클로크로, 넓고 큰 종 모양의 소매에 후드가 달리거나 작은 숄더 케이프가 있다.

토가(toga) ① 고대 로마인들이 몸에 둘러 입었던 것으로 모서리를 둥글게 하거나 한쪽 끝만 장식하기도 했던 흰색 또는 짙푸른 자주색의 면, 울, 실크의 큰 직사각형 천으로 구성된 실외용 의복이다. 기본 패턴이 그 시대의 드레스, 나이트 가운, 로브의 디자인에 응용되었다. ② 무늬가 있는 넓은 직사각형의 천을 한쪽 어깨 위에서 핀으로 고정시키고 반대쪽 팔 아래로 드레이프를 만든 것으로 오늘날 아프리카의 여러 나라에서 착용하고 있다.

토가 나이트가운(toga nightgown) 한쪽 어깨에 걸치도록 된 가운으로 드레스의 양쪽 옆선은 힙선까지 높게 터짐이 되어 있다. 로마인들이 착용하였던 토가에서 유래하였으며, 1960년대 말에 유행하였다.

토가 드레스(toga dress) 집에서 입는 로브 스타일로 한쪽만 어깨끈이 달려 있는 언밸런스 드레스로 1960년대에 유행하였으며 고대 로마 시대의 로마인이 입었다. 로마의 토가

텐트 코트

토가

토가 드레스

에서 응용되었으며 원 숄더 드레스 또는 포스터 드레스라고 한다.

토그(tog) 중세 때 사용한 용어로, 코트를 말한다.

토글 코트(toggle coat) 더블 앞여밈으로 된 7부 길이의 코트로 나무나 금속으로 된 술통 모양의 독특한 여밈 장식인 토글로 되어 있고 때로는 모자와 후드가 달려 있다. 아동, 주니어들이 많이 이용하고 남성, 여성들이 경쾌한 느낌을 주는 겨울 스포츠용 코트로 많이 착용한다. 더플 코트라고도 한다.

토글 코트

토끼털(rabbit hair) 양식한 토끼를 주로 사용하여 비교적 싼 값으로 손쉽게 구할 수 있고, 모피 코트로 인기가 있다. 흰색, 황색, 검정 등 여러 종류가 있으며, 코니(coney), 라팽(lapin)이라고도 한다.

토끼털 클로스(rabbit hair cloth) 토끼털만을 다양하게 가공하여 얻은 부인용의 옷감이다. 이것을 만들 때, 실제 앙고라털의 느낌은 직물의 표면 효과를 관찰해 봄으로써 알게 되는데, 이것은 헤어의 사용량에 따라서 각기 다르게 나타난다.

토널 위브 이펙트(tonal weave effect) 색조의 변화로 효과를 낸 직조로 컬러 포 웨이브(color for wave) 효과라고도 말하며, 토널(tonal)은 톤을 맞춘다는 의미로 사용된다. 색과 색조의 미묘한 대조에서 새로운 시각 효과를 노리고 있다.

토널 컬러링(tonal coloring) 색상의 배색법을 말하며, 톤 온 톤(tone on tone), 톤 인 톤(tone in tone), 인조 카메오 등의 톤을 중심

으로 한 배색법의 총칭이다. 즉, 같은 계통의 색의 농담이나 색상의 미묘한 차이가 있는 색들의 농담 배색으로 미묘한 색조화를 표현하는 것을 목적으로 한 배색이다. 매우 세련되고 성숙한 분위기를 내는 배색의 일종이다.

토들러즈(toddlers) 아주 어린 유아를 위한 1~4 범위의 사이즈를 말한다.

토 러버즈(toe rubbers) 여성들이 신발 위에 착용하는 것으로, 신발의 앞부리에 꼭 맞게 되어 있다. 힐 주위를 끈으로 조이든지 발등 위에서 스냅으로 잠그든지 하여 착용한다.

토레아도르 수트(toreador suit) ⇒ 수트 오브 라이츠

토레아도르 재킷(toreador jacket) 어깨에 견장이 달려 있고 허리까지 오는 길이에 장식 테이프로 화려하게 장식한 앞이 열려진 짧은 길이의 여성 재킷으로 에스파냐와 멕시코의 투우사 재킷에서 유래하였다.

토레아도르 팬츠(toreador pants) 무릎 바로 밑 길이의 꼭 끼는 바지로 허리는 대개 넓은 밴드로 처리하고, 밴드와 옆솔기에는 테이프로 장식한다. 벨벳, 양단, 새틴 등으로 만들어 홈 웨어와 이브닝 웨어로 착용한다. 에스파냐 투우사의 바지에서 유래하였으며, 1950년대 후반, 1960년대 초반, 1980년대에 유행하였다.

토르사드(torsade) 1864년의 여성들이 쓴 이브닝용 작은 머리 장식관으로, 긴 래핏(lappet)이 있는 주름잡은 벨벳이나 튤(tulle)로 만들었다.

토르소 드레스(torso dress) 몸체가 길고 허리가 내려온 로웨이스트형의 드레스로, 때로는 벨트가 달리며 팬츠 드레스 스타일로도 만들어진다.

토르소 라인(torso line) 토르소는 이탈리아어로 '인체에서의 몸통'이라는 의미로 머리와 팔다리가 없는 나신의 조각상을 말한다. 토르소 라인이란 이 부분을 강조한 라인이다. 롱 토르소 라인은 허리선을 낮게하여 몸통을 길듯하게 하고 전체적으로 슬림한 감각을 강

토레아토르 재킷

토레아도르 팬츠

조한 실루엣을 말한다.

토르소레트(torsolette)　몸체에 꼭 맞는 가장 작은 단위의 의복을 말한다. 뷔스티에 참조.

토르소 블라우스(torso blouse)　몸에 꼭 맞고 길이가 힙까지 오는 긴 블라우스로 위에 내어 입는 긴 소매 블라우스이다.

토르소 스커트(torso skirt)　힙 근처가 요크로 되어서 요크 밑으로 주름이나 개더가 잡힌 스커트를 말한다.

토리(bobbin)　재봉틀의 밑실을 감아 놓는 바퀴형을 한 실패를 말한다.

토리아(tholia)　크라운이 뾰족하고 넓은 브림이 달린 원추형의 모자로 고대 그리스 여성이 착용하였다.

토 링(toe ring)　발가락에 끼는 가락지를 말하며 주로 엄지 발가락에 낀다. 1967년에는 플라스틱, 파피에르, 펠트로 된 토 링이 유행하였다. 토 앵클 체인 참조.

토마스, 샹탈(Thomass, Chantal 1947~)　프랑스 파리 출생으로 공식적인 패션 공부는 하지 않았지만 1967년 국립미술학교 학생이던 브뤼스(Bruce)와 결혼하여 함께 '테르 방티느(Ter and Bantine)'라는 회사를 차리고 대담한 젊은층을 위한 값싼 의복을 디자인해 성공을 거두었다. 1976년 '샹탈 토마스'를 설립해 고가의 젊고 여성스런 스타일을 생산해 냈다. 그녀는 언제나 빠른 속도로 분위기의 변화를 반영하므로, 항상 순간의 분위기에 적합한 옷을 만들어 낸다. 즉 그녀는 젊음으로 성공한 디자이너이다.

토마스, 샹탈

토마토 레드(tomato red)　잘 익은 토마토 색으로 약간 오렌지 색조를 띤 색을 말한다.

토비 러프(Toby ruff)　1890년대의 여성들이 사용한 작은 러프로, 2~3겹의 프릴로 되어 리본과 함께 목에 묶었다.

토션 레이스(torchon lace)　느슨하게 꼬인 굵은 실을 사용하여 팬과 같은(fan-like) 디자인으로 짠 가격이 저렴한 보빈 레이스를 말한다.

토스카나(Toscana)　어린 양으로 만든 양모피를 말한다. 무스탕 참조.

토스카나 램(Toscana lamb)　이탈리아에서 산출되는 털이 긴 양의 모피를 염색하거나 털을 늘여 트리밍 소재로서 마무리한 것이다. 토스카나에서 생산되는 양의 모피가 가장 적합하게 사용된다 하여 지명을 따라 토스카나 램이라고 하였다.

토시　방한·방서용으로 팔목에 끼는 물건. 한쪽 끝은 좁고 다른 한쪽 끝은 넓은 형태로 저고리 소매와 비슷하게 생겼으며, 4겹 박음질을 하고, 좌우가 구분되게 만든다. 남녀 모두 사용하였으며 겨울용은 비단·무명 등을 겹으로 만들고 솜을 두며 털을 사용해 만들며, 여름용은 등·대나무 말총을 사용해 통풍이 잘 되도록 엮어 만든다.

토 앵클 체인(toe ankle chain)　발가락찌가 사슬로 연결된 발목찌이다. 1970년대에 유행하였으며 노예 발찌라고도 불린다.

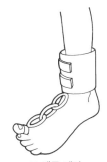
토 앵클 체인

토염(土染)　백토(白土), 황토(黃土), 적토(赤土), 흑토(黑土) 등으로 염색하는 것으로 세계 각지의 원시 사회에서 이루어졌다.

토케(toquet)　1840년대에 여성들이 착용한 드레이프진 작은 이브닝 모자로, 머리 뒷부분에 썼다. 새틴이나 벨벳으로 만들며, 앞은 접어 넘긴 작은 챙과 타조 깃털로 장식하였다.

토 코트(tow coat)　7부 길이의 겨울 스포츠용 코트로 토글 코트, 더블 코트와 유사하다.

토크(toque)　작고 챙이 없이 머리에 꼭 맞도록 만들어진 비교적 우아한 모자로 장식은 깃이나 베일로 한다. 19세기에는 이브닝 드레스와 같이 썼다. 영국 조지(George) 5세의 부인 메리(Mary)에 의해 만들어졌다.

토터스셸 글라스(tortoise-shell glasses)　귀

토크

갑, 즉 거북의 등부분으로 만든 안경을 말한다.

토털 룩(total look)　① 의상이나 모자, 백, 구두 등의 액세서리들과의 통일, 연합, 전체적으로 조화된 모양을 가리킨다. ② 모든 형태의 코트, 수트, 드레스의 넓은 부서 대신 연령, 취미, 수입에 따라 그룹을 이룬 고객들에게 어필하기 위해 개발된 판매 영역으로 일반적으로 부티크라고 불린다. 이곳에서 고객은 여기저기를 돌아다니며 원하는 물건을 고를 필요가 없이 한 장소에서 모든 것을 살펴볼 수 있다.

토테미즘(totemism)　동물의 뼈나 이빨로 된 장신구를 몸에 지님으로써 이들이 악귀를 쫓는 부적의 효과를 가진다는 미신적 기대에서 비롯된 복식의 기원설 중 하나이다.

토테미즘(호주 티위족)

토트 백(tote bag)　가방 위에 손잡이가 있으며 위가 트여 있는 쇼핑 백 모양의 가방으로 많은 물건을 넣어 다닐 수 있다. 주로 부드러운 캔버스로 만든다.

토파졸라이트(topazolite)　투명한 횡색 석류석(石榴石)이다. 안드라다이트 가닛 참조.

토파즈(topaz)　① 토파즈석에서 보이는 셰리색과 비슷한, 차색을 띤 황색을 말한다. ② 황옥에 보이는 황색으로 갈색 기미를 가진

밝은 색이다. ③ 수정의 일종으로 무색, 황갈색, 회색, 녹색의 옅은 색조, 청색, 연한 자주색, 그리고 적색 등이 있으며, 포도주빛 황색이 가장 귀하게 취급된다. 경도는 8로 다이아몬드, 루비, 사파이어, 그리고 크리소베릴보다는 약하고 에메랄드와 스피넬과는 같다. 유럽, 남아메리카, 스리랑카, 일본, 멕시코, 미국의 유타주, 콜로라도주와 메인주에서 많이 생산된다.

토퍼 코트(topper coat)　힙을 가리는 정도의 길이에 풍성하게 플레어가 지고 간편하게 입을 수 있는 반코트를 말한다. 1940년대 초에 유행하였으며, 하프 코트라고도 한다.

토퍼 코트

토포(土布)　하등품(下等品) 마포(麻布)이다.

토플리스(topless)　1964년 미국의 디자이너 루디 게른라이히(Rudi Gernreich)에 의해 소개된 스타일로, 가슴을 드러낸 수영복 디자인에서 출발하였다. 처음에는 미국의 전지역에서 착용이 금지되었으나 캘리포니아의 한 나이트 클럽에서 토플리스 웨이트리스를 쓰면서 정착되었다.

토피(topee, topi)　둥근 크라운에 챙이 아래로 처진 모자로 주로 자귀풀로 만들어졌다. 열대 지방에서 태양열로부터 보호하기 위하여 만들어진 헬멧 스타일이다. 피스(pith) 또는 피스 헬멧이라고도 한다.

토피

토픽 컬러(topic color)　유행색을 말한다.

토핑(topping)　⇒ 블렌딩

톤(tone)　명도와 채도를 함께 생각한 색의 성질과 뉘앙스로 등색상면을 몇 개의 블록으로 분할하고 각각의 블록색의 평균적인 뉘앙스로 수식어를 붙인다. PCCS 시스템에서는 비비드 톤 등의 영어 명칭이 사용되며, JIS에서는 '맑은 선명한' 등의 수식어로 표현한다.

톤 다운 브라이트(tone down bright)　색조가 낮으면서도 밝게 빛나는 듯한 색채를 의미한다. 1984년부터 나타난 라이트 톤 계열색의 하나로, 강조색으로 많이 사용되었다.

톤 온 톤(tone on tone)　톤을 중첩시킨 배색이란 의미로 같은 계통의 색상 중 다크 톤과 페일 톤이라는 명도차가 있는 톤의 색들을 조합시키는 배색법을 말한다. 예를 들면 황적 계통의 다크 브라운과 베이지, 청 계통의 네이비 블루와 아쿠아색을 조합시키는 것으로 주로 명도차를 강조한 배색법이다.

톤 온 톤 룩(tone on tone look)　톤 온 톤의 배색법을 활용한 복장 전반을 가리킨다.

톤 온 톤 체크(tone on tone check)　색상은 같고 색조가 다른 위사·경사가 서로 겹쳐서 만들어진 가로·세로 줄무늬로 이루어진 격자 문양을 말한다.

톤 인 톤(tone in tone)　동색 계열의 색 중 다소 농담의 차가 있는 색들을 대비시키는 배색법을 말한다. 동일한 톤 또는 그것에 가까운 톤의 색상 중에 하나의 톤을 더 넣는다는 뜻으로 다소의 농담차가 있는 배색법에 사용되는 용어이다. 동색계 또는 유사색 농담의 배합에 의해서 그 농담의 차가 작은 것이 특징이다. 주로 단색에서 볼 수 있는데 미묘한 색의 변화가 부드럽게 표현된다. 최근 유행하는 소프트한 배색의 하나로 사용되고 있다. 예를 들면 같은 베이지색이라도 약간 진한 베이지색과 약간 엷은 베이지색을 조합시킨 경우를 말한다.

톨 칼라(tall collar)　귀가 거의 가려질 정도로 높게 세워 만든 칼라로 주로 코트나 재킷과 같은 겉옷에 단다.

톰 본즈(tom-bons)　면직물의 긴 바지로, 아프가니스탄 여성과 남성들이 착용하였다. 매우 풍성하며, 힙에서 발목으로 내려오면서 차츰 좁아진다.

톰 존스 셔트(Tom Jones shirt)　어깨에 요크를 대고 스카프를 매는 스톡 타이나 슬릿 네크라인으로 된 셔트로, 소매폭이 풍성하다. 1950년 헨리 필딩의 작품을 영화화한 '톰 존스'에 나오는 앨버트 피니(Albert Finney)가 이 셔트를 입었기 때문에 톰 존스라는 이름으로 불려졌으며, 1960년대와 1970년대 남성, 여성 모두에게 대유행하였다.

톰 존스 셔트

톰 존스 슬리브(Tom Jones sleeve)　소맷부리에 러플을 단 남성용 셔트 소매이다. 필딩(Henry Fielding)의 소설 '톰 존스'를 1963년에 영화로 만들면서 극중에 소개되었던 18세기경의 셔트에서 유래하여 유행하였다.

톱(top)　모사의 방적시 선모, 정련, 카딩, 길링 후 코밍 과정을 거친 슬라이버를 다시 빗질하여 섬유를 평행으로 배열하고 잡물과 짧은 섬유를 제거하게 된다. 이와 같이 코밍이 끝난 슬라이버를 모 방직에서 톱이라고 한다.

톱니(fleed dog)　바늘판의 바늘구멍에서 조금씩 윗방향으로 돌출되어 있는 톱니 모양으로 된 부분으로, 바늘봉의 상하운동에 따라 상승 → 전진 → 하강 → 후퇴에 따라 한 땀마다 천을 앞으로 보내 주는 역할을 한다.

톱니 모양의 단(saw-toothed hem)　지그재그 모양의 뾰족한 가장자리 선을 완성시키는 단(hem)이다. 소 투스트 헴이라고도 한다.

톱 다잉(top dyeing)　톱 상태에서 섬유를 염색하는 것을 말한다.

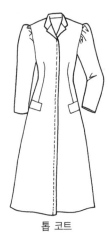

톱 코트

톱 해트

톱 부츠(top boots)　윗부분에 장식을 첨가한 부츠로 사냥이나 낚시 등의 레저 스포츠용으로 착용한다.

톱스티치(top stitch)　⇒ 상침

톱스티치트 심(top‑stitched seam)　상침이 된 시접(솔기)을 말한다.

톱스티치트 플레인 심(top‑stitched plain seam)　시접을 한쪽으로 몰아 시접이 있는 부분을 겉에서 스티치한다. 시접이 눌려서 평평해지기 때문에 앞치마나 내의류에 쓰인다.

톱 코트(top coat)　봄, 가을에 가벼운 천으로 만들어서 수트 위에 간편하게 걸칠 수 있게 만든 힙까지 오는 남성, 여성의 코트를 총칭한다. 오버코트라고도 하며, 1950년대 초에 유행하였다.

톱 퍼프트 슬리브(top puffed sleeve)　소매의 윗부분을 부풀린 소매이다.

톱 프록(top frock)　프록 코트처럼 재단된 남자들의 코트로 프록 코트보다 더 길고 보통 더블 브레스티드로 되어 있으며 언더코트를 입지 않고 착용했던 것으로 여겨진다. 1830년대부터 입었다.

톱 해트(top hat)　크라운이 평평하며 높고, 챙이 작은 검정색의 남성용 실크 모자로 주로 정장에 쓴다. 토퍼(topper), 오페라 해트(opera hat), 플러그 해트(plug hat), 침니포트 해트(chimneypot hat)라고도 한다.

톱핸들 백(top‑handle bag)　가방 위쪽에 하나나 두 개의 끈이 있어 가지고 다니기 쉬운 핸드백을 일컫는다.

통(bundle)　면사 몇 타래를 한 덩어리로 만든 방치(knot)를 모아서 10파운드의 뭉치로 만든 것을 통이라고 하며, 통 40개를 모은 것을 짝이라고 하여 포장 단위가 된다.

통대자(通帶子)　전대(戰帶)와 같이 가운데 부분이 비게 짠 띠의 일종이다.

통렛(tonlet)　금속 조각 또는 견고한 금속으로 만든 플레어 스커트 형태의 옷으로 16세기에 갑옷으로 사용되었다. 램보이(lamboy), 잼보이(jamboy) 또는 베이스(base)라고도 불렸다.

통솔(French seam)　바느질한 감의 안을 서로 맞대고 시접 0.5cm 정도를 박은 다음 안으로 뒤집어서 겉쪽의 시접이 보이지 않을 정도로 다시 안에서 박는다. 비치는 옷감이나 올끝이 풀리는 가벼운 옷감에 이용되기도 하고 튼튼하게 꿰매야 하는 운동복이나 바지 배래 솔기에 많이 쓰인다. 프렌치 심이라고도 한다.

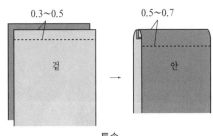

통솔

통수(筒袖)　착수의(窄袖衣) 같은 통형(筒形)의 소매가 좁은 의복으로 고대 복식의 하나이다. 한대(寒代) 지역의 의복 양식으로 동체(胴體) 사지(四肢)까지 완전히 덮게 되어 있다. 통수의(筒袖衣)는 교임(交衽)·합임(合衽)의 양식을 갖는다.

통수삼(筒袖衫)　통수가 달린 삼을 말한다.

통직(通織)　조선 시대 연산 10년(1504년)에 설치되었던 제직공장으로 감직관(監織官), 염장(染匠), 직조장(織造匠), 인문장(引紋匠), 집경장(執經匠) 등이 있었다. 사(紗), 라(羅), 능(綾), 단(緞)은 누구든지 짜서 온 나라가 같이 쓰게 하기 위함이라고 하였다.

통천관(通天冠)　조선 말 황제가 조하(朝賀) 시에 착용하던 관(冠)으로 1897년 광무 원년부터 원유관 대신 통천관을 썼다. 강사포(絳紗袍)와 함께 쓰는 것으로, 오사모(烏紗帽)의 앞뒤에 각각 12량이 있고 청·황·홍·백의 오색 구슬 12개를 꿰었다. 홍색의 조영(組纓)을 달고 옥 비녀를 꿴다.

통치마　개화기에 신여성이 입던 통으로 지은 치마로 주름을 넓게 잡아 어깨허리에 달았으며, 길이는 지면에서 20cm 정도 올려 활동이 용이하게 했다.

통형의(筒形衣, tunic) 머리 위로부터 내려 입어 전신이 통형을 이루는 옷의 형태로 관두의의 발전된 형태이다. 통형의는 관두의와 같이 머리 위에서부터 입는 형태이나 몸이 노출되지 않도록 옆을 꿰맸으며, 소매를 달기도 하였다. 유럽 지역과 몽골 지역의 기마민족이 많이 입었다.

통형의(핀란드 랩랜드족의 민속복)

퇴홍색(退紅色) 연한 홍색을 말한다.

투구[兜鍪] 전쟁시 갑옷(甲衣)과 함께 쓰는 쇠로 만든 모자로 적의 공격으로부터 머리를 보호하는 방어용이다. 삼국 시대부터 사용되었으며, 조선 시대 투구는 모정(帽頂)에는 삼지창(三枝槍)에 삭모(槊毛)를 달고, 투구 앞뒤에는 당초문을 투조하며 드림을 단다.

투르뉘르(tournure) ① 1870년대 초의 버슬로 고래 힘줄로 보강해서 만든 옥양목의 기초 위에 6줄의 말털 러플을 얹었다. 밴드가

투르뉘르

붙어 있어 허리에 찬 후 앞허리 부분에서 묶었다. ② 1870년대에 착용한 속옷으로, 밑단에 러플이 있는 드레스의 트레인을 허리에 매달아 붙인 것으로, 착용을 위해 앞에는 일정한 간격을 두고 여러 개의 끈이 붙어 있었다.

투르뉘르 앤드 페티코트(tournure and petticoat) 1875년부터 1885년에 걸쳐 착용한 버슬과 페티코트의 혼합된 형이다. 전체가 하나로 구성되거나 아니면 힙 근처에서 단추로 연결됨으로써 투르뉘르 또는 버슬이 분리되었다.

투르뉘르 앤드 페티코트

투르뉘르 코르셋(tournure corset) 1850년대 말에 슈미즈 위에 착용한 레이스로 장식된 속옷의 일종이다. 스커트의 형태를 유지하기 위해 뻣뻣한 직물로 만든 힙 길이의 언더 스커트로 어깨끈이 있다.

투르말린(tourmaline) 준보석의 하나로 투명하며 색상이 다양하다. 무색, 루비색, 장미빛, 적색, 바이올렛, 인디고라이트(indigolite), 암청색, 녹색, 청색 그리고 녹황색 등이 있다. 때때로 브라질리안 에메랄드, 브라질리안 페리도트, 브라질리안 사파이어 그리고 실론(Ceylon)의 페리도트 등으로 잘못 불리기도 한다.

투명 벨벳 벨벳 직물의 일종이다. 벨벳 참조.

투문사(透紋紗) 평조직지(平組織地)에 사조직(紗組織)으로 문양을 제직한 견직물(絹織物)의 일본명이다.

투사(project mechanism) 프로이트의 자아방어기제 중의 하나로 사람들이 받아들일 수

투구

없는 충동이나 태도 및 행동을 무의식적으로 타인이나 환경의 탓으로 돌리는 과정을 말한다.

투 사이디드 스티치(two sided stitch)　⇒ 더블 러닝 스티치

투습 발수 직물(vapor permeable water repellent fabrics)　직물 표면에 여러 개의 미세한 구멍이 있는 피막인 폴리우레탄 코팅을 하거나, PTFE(polytetrafluoro ethylene) 필름을 라미네이트 시키거나, 초극세사로 제직 후 발수 처리를 하여 만든 직물로 땀과 같은 수증기는 통과하고 빗방울과 같은 물분자는 스며들지 않도록 처리된 직물을 말한다.

투알(toile)　① 저마와 아마를 사용하여 평직 또는 능직으로 제직한 식물성 섬유직물을 일컫는 프랑스 용어이다. ② 금·은·구리 등의 금속사를 이용하여 무늬를 넣어 만든 얇은 직물을 일컫는다. ③ 파일 직물에서 지직물의 경사를 말한다. ④ 면과 아마로 만든 얇은 직물을 말한다.

투알 드 주이(toile de Jouy)　꽃이나 전원풍경 등의 소재가 문양으로 디자인되어 바탕이 되는 천에 프린트된 것을 말한다. 크리스토퍼 필립 오베르캄프(Christopher Philip Oberkampf)가 최초로 구리 롤러(동판)를 이용해서 천을 프린트해 유명해졌다. 그의 프린트는 고전적인 소재가 단색으로 섬세하고 아름답게 인쇄되었다. 인쇄된 직물은 주로 인테리어 장식에 사용되었고 일부만이 의복에 이용되었다. 프랑스의 베르사유 근처의 주이(Jouy)에 공장이 설립된 데서 명칭이 유래하였다.

투 앤드 투 체크(two and two check)　두 가지 색으로 구성된 체크 무늬로, 한 색을 각각 2줄씩 경·위사에 배열하여 평직으로 제직한다.

투어링 수트(touring suit)　위아래가 붙은 점프 수트 스타일의 모터사이클복을 일컫는다.

투어링 캡(touring cap)　챙이 밑으로 내려 달린 가죽 또는 직물의 방수 처리가 된 모자. 20세기 초에 자동차 여행용 모자로 유행하였

투어링 캡

으며, 1980년대에 다시 유행하였다.

투웨이 스트레치 파운데이션(two-way stretch foundation)　라이크라 스판덱스로 앞부분은 새틴 조각을 댄 신축성이 강한 속옷이다.

투웨이 커프스(two-way cuffs)　손목에서 단추, 스냅, 파스너 등을 이용하여 여미는 커프스를 의미한다. 다양한 기능성이 부여되는 손목 디자인이다.

투웨이 패턴(two-way pattern)　방향성을 갖는 문양을 위아래 방향으로 배열하거나 좌우로 배열하여 방향성이 없이 어느 쪽이나 위로 사용할 수 있는 문양을 말한다.

투직(透織)　사(紗), 라(羅), 려직(絽織)의 얇고 비치는 직물류를 말한다.

투톤 컬러(two-tone color)　두 개의 색조라는 의미인데, 색상이 다른 두 색을 조합하는 의미로 사용되는 경우가 많다. 바이 컬러(bi color)와 동의어로 색상이 동일한 톤의 두 색만을 사용해 그것이 색채나 디자인의 특징이 될 때에 투톤 컬러라고 표현한다.

투톤 펌프스(two-tone pumps)　콤비네이션 슈즈의 일종으로 구두코와 발등 부분이 다른 색으로 된 펌프스를 말한다. 대부분의 경우 구두코 부분은 다른 부분보다 짙은 색을 사용한 것이 특징이며, 성숙한 분위기의 클래식한 복장에 잘 어울린다.

투툴루스(tutulus)　모직으로 만든 여자용 원추형 모자와 원추형 머리 스타일로 고대 로마 시대 때 유행하였다.

투페(toupee, toupet)　대머리를 감추기 위하여 쓰는 남성용 부분 가발이다.

투피스 수트(two-piece suit)　상하의로 짝지어진 일반적인 수트를 말하며 제2차 세계대전 이후 보급되었다.

투피스 슬리브(two-piece sleeve)　두 장으로 만든 소매로 주로 수트에 많이 사용된다.

툰드라 베이지(tundra beige)　마치 북극해 연안 지방의 빙원인 툰드라를 이미지화한 베이지라는 의미에서 명명되었는데 넓게 말하면 백색이 가미된 베이지가 된다. 밝게 빛나는 것이 특징으로, 유행하는 베이지 중에서도

도회적인 감각이 강한 것으로 수트 등에 이용된다.

튀튀 스커트(tutu skirt)　튀튀는 프랑스어로 클래식 발레리나가 입는 발레복의 짧은 스커트이다. 개더를 넣어 겹친 것으로 길이가 짧고 옆으로 퍼져 있는 튀튀 클래식이나 발목까지 오는 길이가 긴 튀튀 또는 이브닝 드레스의 좁은 시스 스커트 위에 플레어를 넣어 부풀린 짧은 오버스커트도 튀튀라 부른다.

튜닉(tunic)　① 헐렁한 소매가 달린 무릎길이의 직선형의 기본형 옷으로 고대 그리스, 로마 시대에 수세기 동안 헐렁한 겉옷 또는 속옷으로 모든 계층에서 입었다. 황제가 입는 것은 정교하게 장식되었다. ② 7부 정도 길이의 긴 밀리터리 재킷으로 스커트나 바지 위에 입으며 벨트로 변화를 주는 경우가 많고, 때로는 단이 이중으로 된 스타일도 있다. ③ 19세기와 20세기에 여자 운동 선수들이 입었던 짧은 스커트 형태의 옷이다. ④ 1868년 파리에서 디자이너 워스(Worth)가 처음 선보였던 긴 이브닝 가운의 몸판 부분에 부착되어 있던 얇은 오버블라우스로, 1890년대 말부터 1914년까지 입었다.

튜닉

튜닉 블라우스(tunic blouse)　길이가 허벅지 중간까지 오는 오버블라우스로, 남자는 바지 위에 여자는 바지나 스커트 위에 입었다.

튜닉 수트(tunic suit)　약간 플레어가 진 긴 재킷과 폭이 좁은 스커트로 이루어진 수트이다.

튜닉 블라우스　　　　　튜닉 수트

튜닉 스윔 수트(tunic swim suit)　원피스 드레스처럼 보이게 디자인된 상의와 그 속에 입는 팬티로 구성된 투피스 수영복이다. 상의는 가슴 부분이 일직선으로 재단되고 옆솔기선에서 갈라져 있다.

튜닉 스커트(tunic skirt)　겉의 스커트가 안의 스커트보다 더 짧게 층이 나게 된 스커트로 대개 일직선의 슬림(slim)한 스커트 위에 그보다 짧은 오버 스커트를 겹친 것을 말한다. 티어드 스커트(tiered skirt) 또는 에이프런 스커트(apron skirt)라고 부르기도 한다. 1930년대에 유행하였다.

튜닉 아 라 로맹(tunic à la romain)　거즈나 톤과 같은 평직 면으로 만든 몸 전체 길이의 튜닉으로서 하이웨이스트로 되어 있으며 긴 소매가 달려 있다. 18세기 말에 입었다.

튜닉 아 라 마멜루크(tunic à la mameluke)　19세기 초엽에 유행한 여성의 무릎 길이의 긴 소매 튜닉으로, 후에 튜니크 아 라 쥐브(tunique à la juive)라 불렸다. 나폴레옹의 이집트 원정에서 영향을 받았다.

튜닉 알로하(tunic aloha)　극도로 큰 실루엣이 특징인 알로하 셔츠로 이것을 입고 허리를 벨트로 묶는 등 튜닉처럼 입기 때문에 튜

튜닉 점퍼

튜브 톱

튜브 팬츠

닉 알로하라고 부르게 되었다.

튜닉 점퍼(tunic jumper) 7부 정도 길이의 점퍼로 대개 블라우스나 길이가 긴 바지와 함께 입는다.

튜닉 코트(tunic coat) 긴 코트보다는 짧은 7부의 코트류를 총칭한다. 대개 직선으로 내려온 박스 스타일에 스커트 위에 또 다른 스커트를 덧입은 것처럼 단이 2층으로 된 스타일이 많다.

튜닉 코트

튜닉 파자마(tunic pajamas) 길이가 긴 것으로 겉에 내어 입는 오버블라우스 형태의 상하로 된 파자마류를 가리킨다. 코사크 파자마와 유사하다.

튜더 케이프(tudor cape) 벨벳으로 만든 메디치 칼라가 달려 있는 여자들의 짧고 둥근 원형의 케이프로 일반적으로 자수가 놓여 있고 앞과 뒤를 요크로 강조하였으며 양쪽 어깨에 장식 견장을 달았다. 1890년대에 입었다.

튜브 벨트(tube belt) 튜브 모양으로 생긴 벨트를 말한다. 일반적인 벨트는 평평한 띠 모양으로 된 소재를 그대로 사용하나, 이것은 입체적인 호스형의 소재를 사용하여 만든다. 단순한 비닐 튜브를 벨트로 사용한 것도 많은데, 그 중에는 가스관의 이미지를 갖는 튜브를 그대로 사용하여 버클을 부착한 것도 있다. 이러한 것은 펑크 스타일의 액세서리로 인기가 있다.

튜브 브라(tube bra) 앞터짐이 없이 튜브관처

럼 생겨서 머리에서부터 써서 입는 브라로 신축성 있는 스트레치로 되어 있고 어깨끈이 없다.

튜브 삭스(tube socks) 뒤꿈치도 상관없이 짠 자루 모양의 양말로, 신축성이 강한 실로 짜서 착용하기 편안하며, 장딴지 또는 무릎까지 올라가는 양말이다.

튜브 칼라(tube collar) 둥글게 부풀린 통 모양의 칼라로 스웨트 셔트(sweat shirt)에 많이 단다.

튜브 톱(tube top) 튜브관처럼 생긴 모양의 어깨끈이 달리지 않은, 어깨가 노출된 상의를 가리킨다. 어깨끈이 없어서 흘러내리는 것을 방지하기 위하여 가슴의 윗부분을 고무줄이나 끈으로 잡아당겨서 묶거나 탄력성이 좋은 니트로 일부 또는 전체를 만들어서 몸에 딱 붙도록 한 것도 있다. 뷔스티에라고도 하며, 1950년대, 1970년대 후반, 1980년대에 유행하였다.

튜브 팬츠(tube pants) 아주 가느다란 스트레이트 라인으로 다리를 꼭 맞게 한 팬츠이다. 이것 하나만을 착용하기보다는 미니 렝스의 튜닉이나 개더 스커트 등과 함께 착용한다.

튤(tulle) 오각형이나 육각형의 투시 편환(loop)으로 되어 있고 두 장의 가이드 바(guide bar)를 사용해서 얻어진 경편 조직을 말한다. 트리코 편기 또는 라셀 편기에 의해서 편성되지만, 구갑사라고도 하는 레이스 편조직의 일종이다.

튤립 라인(tulip line) 1983년 크리스티앙 디오르가 발표했던 실루엣이다. 부드러운 어깨선, 부풀린 가슴, 허리에서 꼭 끼게 한 형태가 마치 튤립꽃 같고, 좁은 스커트가 줄기 같아 튤립 라인이라고 한다.

튤립 스커트(tulip skirt) 튤립 모양처럼 치마폭이 포개져서 만들어진 스커트. 튤립 모양을 닮았다고 하여 튤립 스커트라는 명칭이 붙었다. 버블 스커트라고도 한다.

튤립 슬리브(tulip sleeve) 앞뒤 두 장으로 나누어져 이어진 튤립 모양의 소매를 말한다. 전통적인 여성다운 디자인으로 블라우스나

스웨터 등에서 볼 수 있다.

튤립 칼라(tulip collar)　튤립처럼 종 모양이 되게 만든 칼라를 말한다.

튤 베일링(tulle veiling)　매우 정교하고 섬세한 망사 직물로, 베일, 드레스 등에 사용된다.

튤 엠브로이더리(tulle embroidery)　튤이란 '망사'라는 뜻으로, 프랑스 튤(Tulle)이라는 곳에서 처음 시작되어 망사에 여러 종류의 스티치를 이용하여 수놓는 것을 말한다. 시원하고 우아한 미를 주는 자수이기 때문에 여름철 실내장식에 알맞는 기법이다. 망사자수, 그물자수라고도 한다.

트라베아(trabea)　로마 제국과 비잔틴 제국 초기에 원로원 의원들이 사용한 스카프로, 브로케이드로 만들었다.

트라우저링(trousering)　바지를 만드는 직물로 울, 소모직물 또는 면직물이 주로 사용된다. 줄무늬가 있거나 단색으로 되어 있으며 다양하게 마무리 처리 하였다.

트라우저 스커트(trouser skirt)　옆선이 트임으로 되어 있어 허리선에 부착된 블루머 팬츠가 들여다보이는 활동적인 스커트이다. 1910~1920년에 유행에 앞서가는 대담한 여성들이 착용하였다.

트라우저즈(trousers)　① 19세기 초에 브리치즈에서 교체된 것이다. 각각의 다리를 따로 감싸는 길고 헐렁한 의복으로 조지(George) 4세가 1814년에 입었으며, 충격적인 것으로 간주되어 언멘셔너블(unmentionable), 네더인테규먼트(nether integument)라고도 불렸다. ② 영국풍의 명칭으로 남자들의 긴 바지를 가리킨다. 미국에서는 팬츠라고 하며 프랑스어로는 판탈롱, 독일어로는 호젠이라고 한다. 트라우저즈라는 말은 영국 황제 헨리 8세 때부터 사용하기 시작하였다.

트라우저즈 포켓(trousers pocket)　바지에 붙어 있는 포켓을 말한다. 스커트의 세로 절개선을 이용하여 만든 포켓도 이렇게 부른다.

트라이 수트(tri suit)　탱크 수트처럼 컬러 블록이 된 대퇴부 중간 길이의 타이츠 수트로 라이크라 스판덱스로 만든다. 특히 수영이나 자전거 경주, 달리기 등의 3종 경기에 참가하는 운동 선수들의 복장으로 사용된다.

트라이앵귤러 블랭킷 스티치(triangular blanket stitch)　완성된 모양이 삼각형이 되도록 경사지게 수놓는 블랭킷 스티치로, 가장자리에 많이 사용된다.

트라이앵귤러 블랭킷 스티치

트라이앵글 미시(triangle missy)　새로운 30대(new thirty)를 칭하며 부인 역할, 어머니 역할, 딸로서의 역할을 겸비한 현대 여성상을 말한다. 업계나 소매업계에서 소비자를 위한 코스트 다운(cost down)에 초점을 둔 상품전략이다.

트라이앵글 칼라(triangle collar)　삼각형 모양을 이룬 칼라로 V자형 네크라인에 붙는다.

트라이얼 컬러(trial color)　유행색.

트라팔가 터번(Trafalgar turban)　1806년에 영국 여성들이 착용한 이브닝 터번으로, 영국의 해군제독인 넬슨(Nelson) 장군의 이름이 수놓아졌다. 1805년 트라팔가 곶에서 벌어진 스페인과의 해전 승리를 기념해서 나온

튤립 스커트

트라우저즈

트라페즈 드레스

스타일이다.

트라페즈 드레스(trapèze dress)　좁은 어깨에 치마는 A 라인보다 약간 더 플레어가 진 드레스로, 1950년대 후반과 1960년대 초에 유행하였다. 1985년 크리스티앙 디오르 하우스에서 이브 생 로랑이 디자인하였고, 유사한 스타일을 1986년에 다시 선보였다.

트라페즈 코트(trapèze coat)　어깨에서 밑단으로 내려가면서 점차 퍼져나간 모양이 곡예 그네를 걸치는 수평봉과 같다는 데서 이름이 유래하였다. 1950년 파리의 이브 생 로랑이 디자인하여 발표하였다.

트라페즈 코트

트라푼토(trapunto)　퀼팅의 한 종류로, 천에 아웃라인으로 디자인한 후 안쪽에 솜을 채움으로써 입체적으로 튀어나오는 엠보싱 효과를 준다.

트라헤 차로(traje charro)　멕시코의 승마용 복식으로, 러플 셔츠, 짧은 재킷, 발목 길이의 꼭 맞는 바지와 화려하게 장식된 펠트 모자로 구성되어 있다. 금·은 단추들을 재킷의 앞과 바지의 양쪽 솔기에 장식한다.

트래디셔널 브라이트 컬러(traditional bright color)　아메리칸 트래디셔널에 보이는 강렬하고 밝은 색으로, 특히 캐주얼한 복장에 많이 사용되며, 핫 레드, 게리 그린, 아름다운 크림 옐로 등이 대표적이다. 이들은 브라이트 컬러의 유행으로 나타난 것이 아니라 전통적인 아메리칸 컬러이다.

트래블링 백(travelling bag)　커다란 두 개의 둥그런 자루 모양의 가방(행낭)이 하나로 연결된 것으로, 가장자리에는 술장식이 있다. 1860년대에 여행을 할 때 사용하였다.

트래블링 백

트래블 코트(travel coat)　여행할 때 쉽게 주름이 지지 않는 나일론 저지 같은 옷감으로 된 로브 형태의 코트이다.

트래저디 마스크(tragedy mask)　고대 그리스의 극장에서 사용된 마스크로, 입가가 처진 비극적인 얼굴 표정을 하고 있다.

트랙 쇼츠(track shorts)　⇒ 러닝 쇼츠

트랙 수트(track suit)　육상 선수들의 훈련복으로 타월지를 사용하여 헐렁하게 만든다.

트랜스베스티즘(transvestism)　이것은 꽤 대중적인 것으로, 남자가 의도적으로 비도덕적이거나 어울리지 않아 보이게 여자처럼 외모를 꾸미는 것이다. 이것은 즉, 반대 성(性)의 복식을 착용하는 것을 말한다.

트랜스 컨트롤러(transcontroller)　고정관념에 제한되지 않고 자유로운 감성으로 라이프 스타일을 영위하는 젊은층을 지칭한다. 독특한 가치관으로 의·식·주뿐 아니라 레저, 휴식 등을 다른 감각으로 받아들인다.

트랜스 트래드(trans trad)　트래디셔널에서 벗어나 새로운 이미지로 직장 여성이나 상류층 여성들의 착용하는 현대적 감각을 지닌 고급 패션이다.

트랜스퍼 프린팅(transfer printing)　문양이 그려진 종이로부터 다른 곳으로 문양이 옮겨짐으로써 날염되는 과정으로, 다양한 방법이 이용되는데 도안이 그려진 종이나 필름을 직물에 대고 170~220℃의 열을 가해 주어 문양이 직물에 옮겨지도록 하는 것이다. 전사 날염 참조.

트랜스페어런트(transparent)　옷감이 얇아 투명하게 살이 들여다보이는 상태를 가리킨다. 주로 저녁 차림이나 야회복에 많이 이용된다.

트랜스페어런트 드레스(transparent dress)　1675~1700년에 착용한 드레스로, 금 또는 브로케이드의 완전한 성장차림의 드레스 위에 한 겹의 레이스를 겹친 것을 말한다. 사용된 레이스는 검정색의 푸앵 당글르테르(point d' Angleterre)라 한다.

트랜스페어런트 벨벳(transparent velvet)　얇

은 벨벳으로, 광선을 반사시키면 굴절되는 광선의 각도에 따라 색상이 달라 보인다. 우수한 드레이프성을 가졌으며, 레이온의 파일로 만들어서 눌림 방지 처리(crush resistant finish)가 되어 있다.

트랜스페어런트 컬러(transparent color)　투명해 보이는 듯한 색상을 말한다.

트랜슬루슨트(translucent)　보석이나 직물에 적용되는 용어로, 반투명성을 말한다.

트랜슬루슨트 컬러(translucent color)　반투명의 색채를 의미한다. 즉, 투명감이 있는 색을 칭하는 것으로 매우 엷은 상태의 오프 화이트(off white), 펄 블루(pearl blue), 펄 옐로, 펄 사이몬 핑크 등이 모두 여기에 포함된다.

트러커즈 에이프런(trucker's apron)　앞면에 큰 주머니가 달린 부처즈 에이프런과 같은 앞치마로 앞중심이 터짐으로 되어 양쪽에서 각각 다리 부분을 묶도록 되어 있다.

트러커즈 에이프런　　트럼펫 드레스

트럼펫 드레스(trumpet dress)　몸에 맞게 내려오다가 무릎 부분에서부터 퍼져나간 드레스로 그 형태가 트럼펫 같다고 하여 이런 이름이 붙여졌다. 1930년대와 1980년대 초에 유행하였다.

트럼펫 스커트(trumpet skirt)　악기 트럼펫을 거꾸로 놓은 것 같은 모양으로 생겼다고 하여 이름이 유래하였다. 허리에서부터 조금 밑까지는 타이트하게 맞도록 되어 있고 그 밑에서부터 플레어, 개더 주름 등으로 넓어

진 스커트를 말한다. 모닝 글로리 스커트라고도 부른다.

트럼펫 슬리브(trumpet sleeve)　팔꿈치까지는 일직선으로 내려오고 하단부에서 트럼펫 모양으로 벌어지게 만든 소매이다.

트렁크 쇼(trunk show)　제한된 시간 동안 고객들로부터 주문을 받기 위해 생산자나 디자이너의 완성된 견본의 컬렉션을 상점으로 가져오는 것을 말한다.

트렁크스(trunks)　수영, 권투, 트랙 경기 등에 입었던 남성들의 간편하고 헐렁한 짧은 바지로, 18세기 후반 이후에는 속옷으로 입었다.

트렁크 호즈(trunk hose)　① 브리치즈와 호즈를 한 벌로 만들었고 윗부분에 패드나 슬래시를 넣기도 하였다. 16~17세기에 남자들이 입었다. ② 무릎 길이보다 짧은 것은 봄배스트 브리치즈(bombast breeches), 라운드 호즈(round hose), 트렁크 슬롭스(trunk slops), 트렁크 브리치즈(trunk breeches), 어퍼 스톡스(upper stocks) 등으로 불렸으며 베니션(Venetian)으로 만들었다. 무릎 길이보다 긴 것은 네더 스톡스(nether stocks) 또는 로어 스톡스(lower stocks)라고 불렸다.

트레들 재봉틀(treadle machine)　⇒ 발재봉틀

트레블 페더 스티치(treble feather stitch)　페더 스티치를 세 번씩 실땀을 붙여 스티치한 다음 간격을 두는 방법이다.

트렁크스

트레블 페더 스티치

트레이닝 셔트(training shirt)　면 메리야스로 된 운동복, 조깅복 등으로 트레이닝할 때 입는 셔트를 말한다. 코튼 니트로 만든 풀오버 스타일이나 또는 앞에 지퍼가 달려 있는 스타일이 있으며 목, 커프스, 단 끝에 리브뜨기를 붙였다. 니트는 편물 방법에 변화를 주거나 골이 지게 뜰 때 디자인이 다양해질 수 있으며 신축성이 있는 것이 특징이다. 소매끝, 허리 밑단 등에 이용되며 때로는 스포츠 웨

어 전체에 이용되기도 한다.

트레이닝 팬츠(training pants) 운동할 때 편하게 입을 수 있는 바지로, 활동에 편하게 주로 저지 니트로 만든다.

트레이싱 휠(tracing wheel) 펜과 같은 모양의 대 끝에 작은 구슬이 붙은 형태를 원형지 위에서 굴려 표시를 하는 점선기(點線器)이다. 주로 제도시 완성선을 다른 종이에 옮길 때 사용하며, 때로는 목면에 완성선을 표시할 때 쓰기도 한다. 트레이서(tracer), 룰렛(roulette)과 동의어이다.

트레일 쇼츠(trail shorts) ⇒ 캠프 쇼츠

트렌드(trend) 극히 일부의 상품에 나타나는 새로운 패션 경향으로 바로 대량 판매에 직결되지는 않으며, 수많은 트렌드 현상 중에서 다만 한정된 수만이 판매와 연결된다.

트렌드 컬러(trend color) 일정한 시기를 대표할 수 있는 색으로 유행색을 의미한다.

트렌처 해트(trencher hat) 1810년경에 착용한 여성들의 실크 모자이다. 삼각형의 챙이 이마 위로 뾰족하게 튀어나와 있다.

트렌치 드레스(trench dress) 어깨에 견장이 달려 있고, 앞뒤 몸체 윗부분은 겹으로 되어 있으며, 앞여밈은 스냅으로 된 트렌치 코트형의 드레스이다. 트렌치 코트 참조.

트렌치 코트(trench coat) 방수가 된 옷감으로 각이 진 큰 컨버터블 칼라에 더블 브레스티드로 되어 있으며 어깨에는 견장이 달려 있고 양쪽에 주머니가 있다. 앞과 뒤쪽 중심에는 날개처럼 요크가 한 자락씩 덧붙어 있고 대개 제 천으로 된 벨트를 매게 되어 있으며, 비가 올 때는 물론이고 사계절에 걸쳐서 다목적으로 멋스럽고 편하게 입을 수 있는 전형적인 남녀 코트이다. 제1차 세계대전 때 영국 군인 장교들이 참호 안에서 착용한 데서 시작되어 1940년대에는 여성들도 착용하기 시작하였다. 트렌치 색이라고도 한다. 후에는 앞이 더블 브레스티드로 되었고 벨트를 매는 방수된 옷감으로 만든 코트를 의미하게 되었다.

트렐리스 스티치(trellis stitch) 영국에서 발생

하여 16세기 중반에 널리 유행한 스티치이나 현재는 거의 쓰이지 않는다. 먼저 체인 스티치로 수놓은 후 그 위에 평행하게 매듭을 엮듯이 중첩하여 수놓는 것으로, 다이아몬드형이나 그 밖의 다양한 모양으로 천의 표면을 메워간다.

트렐리스 스티치

트렐리스 헴 스티치(trellis hem stitch) 헴 스티치

트로피즘(trophyism) 장식한 사람의 힘, 용기, 뛰어난 기술을 의복(장식 포함)을 통해 과시하는 것을 말한다.

트로피컬(tropical) 꼬임이 많은 실을 사용하여 성글게 짠 가벼운 소모 직물로 주로 여름용 수트감으로 사용된다.

트로피컬 수팅(tropical suiting) 남성들의 여름용 수트에 사용되는 가벼운 직물로 요즘은 사계절 모두에 사용된다. 울과 폴리에스테르, 면과 폴리에스테르 등 모든 종류의 실이 직조를 하는 데 사용된다. 많이 꼰 실을 사용하여 조밀하게 직조한다.

트로피컬 컬러(tropical color) 마치 남국을 연상시키는 밝고 쾌활한 색의 총칭이다. 열대 지방의 색이라는 뜻으로 트로피컬 붐과도 맞아 캐주얼한 패션에 많이 사용되고 있다. 오프 화이트, 베이지, 크림, 로즈 핑크, 핑크 머스터드, 버건디, 레드가 그 예이다.

트로피컬 파스텔(tropical pastel) 남국의 이국적인 꽃을 생각나게 하는 비비드로 투명감을 갖는 색조이다. 지중해 부근의 본격적인 리조트 웨어에 이와 같은 이국적인 정서가 풍부한 색이 많이 사용되는 것이 요즈음의 경향이다.

트로피컬 패브릭(tropical fabric) 더운 지방에서 사용하는 얇고 가벼운 직물을 말한다.

트로피컬 패턴(tropical pattern) 하와이 제도나 카리브해 등지의 열대 식물이나 풍경을

트렌치 코트

문양화한 프린트로서 밝고 선명한 색상과 큰 무늬가 특징이며, 리조트 웨어에 많이 이용한다.

트롱프 칼라(trompe collar)　시각적인 착각을 이용하여 색을 매치시키거나 선을 둘러 칼라가 달린 것처럼 보이게 만든 것으로 트롱프 뢰유 칼라(trompel'œil collar)의 줄임말이다.

트루바두르 룩(troubadour look)　중세에 주로 프랑스 남부에서 활약한 서정 시인들의 옷차림에서 유래한 헐렁한 스타일을 말한다.

트루 브라이트(true bright)　진실로 밝은 색채라는 의미로 특히 미국의 동부에서 오래전부터 사용되어 온 전통적인 브라이트 컬러를 가리킨다. 스쿨 컬러(school color)로서의 적, 황, 게리 그린, 로열 블루 등이 바로 그것이다. 미국의 복식 전문지 '멘즈 웨어'가 붙인 브라이트 컬러의 새로운 명칭의 하나이다.

트루사르디, 니콜라(Trussardi, Nicola 1942~)　이탈리아 태생으로, 최고 품질의 가죽 상품, 특히 핸드백, 가방, 벨트 디자인으로 유명하다.

트루스(trousse)　17세기에 유행한 넓적다리에 꼭 끼는 반바지를 말한다.

트루즈(trews)　① 스코틀랜드에서 착용한 좁은 체크무늬의 바지로 산악지대의 사람들이 입었으며, 반바지(breeches)와 긴 양말(hose)이 원피스로 구성되어 있다. ② 영국의 속으로 바지를 말한다.

트루퍼 캡(trooper cap)　가죽, 직물, 인조 가죽 등으로 만든 모자로 앞과 양귀, 뒤 목덜미 부분을 덮을 수 있는 덮개가 부착되어 있다. 모자의 안쪽은 모피로 안감을 부착하여 방한모의 역할을 담당하고, 덮개를 위로 올리면 양귀와 목덜미가 노출되며 덮개 안에 댄 모피도 밖으로 보이게 된다. 주로 남성들이 착용한다.

트리밍(trimming)　장식한다는 뜻으로, 일반적으로 구슬 테두리로 파이핑하거나 브레이드로 테두리를 하는 것, 모피나 다른 천 같은

것으로 부분적으로 꾸미는 것을 말한다.

트리밍 밴드(trimming band)　정바이어스를 2.5~3cm 폭으로 재단하여 세 번 접어 옷감의 겉쪽에서 산모양으로 촘촘히 홈질한 후 실을 잡아당겨 만든 모양이다.

트리 바크 스트라이프(tree bark stripe)　세로 줄무늬를 이루게 될 경사의 꼬임이나 색상에 변화를 주어 직조 후 직물과 모양이 나무껍질 같은 느낌을 갖게 하는 줄무늬를 말한다.

트리아세테이트(triacetate)　아세테이트 섬유의 일종으로 2 초산 셀룰로오스 섬유와는 달리 셀룰로오스가 가졌던 수산기($-OH$)의 거의 전부가 아세틸기($-COCH_3$)로 치환된 3초산 셀룰로오스 섬유이다. 3초산 셀룰로오스는 염화메틸렌에 용해하여 방사원액을 만든 후 건식 방사하여 섬유를 얻는다. 트리아세테이트는 보통 아세테이트에 비해 열에 강하고, 열가소성이 매우 좋으므로 주름치마, 블라우스 등에 열고정이 가능하며 열고정된 것은 물세탁을 하여도 되기 때문에 워시 앤드 웨어(wash and wear)성 의복이 가능하다.

트루바두르 룩

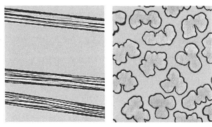
트리아세테이트

트리제르, 팔린느(Trigère, Paline 1912~)　프랑스 파리 출생으로 양복 기술자인 아버지와 양재사인 어머니는 1905년 중·러 전쟁을 피해 중국에서 파리로 왔다가 1937년에 미국으로 이주하였다. 천을 직접 모델에게 걸치고 재단과 드레이핑을 하므로 그녀의 단순하고 개성 있는 의복은 기성복이라기보다는 쿠튀르에 가깝게 세련되고 화려하다. 1949년, 1951년에 코티상을, 1950년에 니만 마커스상을 수상했다.

트리코(tricot)　대표적인 경편성물의 하나로,

트루퍼 캡

트리제르, 팔린느

트리코르느

한 바에 속하는 가아드 바의 수에 따라 1바 트리코, 2바 트리코, 3바 트리코 등으로 분류되지만 가장 보편적인 것은 2바 트리코이다. 이 편성물은 다공성이어서 투습성, 통기성이 좋고 부드러우며 구김이나 전선(run)이 잘 생기지 않는다. 란제리, 블라우스, 셔트 등에 사용된다.

트리코

트리코르느(tricorne)　삼각형을 이루는 모자를 말한다. 프랑스 루이 14세 때부터 유행하였고, 펠트로 만들었다.

트리코 스티치(tricot stitch)　⇒ 아프간 스티치

트리코틴(tricotine)　기모 직물의 일종으로 개버딘과 비슷한 두둑이 높은 직물이며, 트리코 형상 때문에 이러한 이름이 붙었다. 원래는 메리야스 옷감이었으나 이것을 모조한 모조 트리코틴이 있다. 이것은 보타니 기모사의 가는 실을 사용하여 급사문 조직으로 제직하였으며, 현재는 면 또는 인조 섬유 실을 사용하며, 무줄무늬의 면 포플린 직물을 만들되 경·위사는 Ne100 2합사를 이용하고, 밀도는 120×120/2.54cm로 제직한 것이 많다. 용도는 스포츠 셔트, 제복, 슬랙스, 외투 등에 사용하며, 캐벌리 능직, 엘라스티크라고도 한다.

트리콜로르(tricolore)　'3색'이란 뜻으로 특히 프랑스의 3색기를 가리키는 경우도 있으나, 여기에서는 최근 패션에 나타난 '3색 사용'의 경향을 가리킨다. 예를 들면 적색과 그린과 백색처럼 대조적인 3색을 사용해 대담한 패션 표현을 시도한다. 백, 흑으로 대표되는 두 색의 바이 컬러의 상층부를 접하는

것으로 자주 사용된다.

트리플 스트라이프(triple stripe)　세 개의 줄무늬가 반복해서 배열된 3중 줄무늬를 말한다.

트릴, 크리스토퍼(Trill, Christopher 1951~)　영국 태생으로 런던에서 사진 작가로 시작하였으며, 핸드백과 벨트를 만들어 1973년 이후 런던, 미국, 일본의 상류층에 판매되고 있다.

트림 컬러(trim color)　전반적으로 작고 아름다운 색이라는 의미이다. 트림은 '(잔디나 울타리 등을) 손질하다, 고치다' 또는 '고르게 하다'라는 뜻을 지닌다. 예를 들면 최근의 캐주얼 웨어에서 보는 더럽혀진 느낌의 애시 톤에서 나온 상큼한 감각의 색을 말한다.

트사로키아(tsarouchia)　앞부리 끝이 뾰족하고 발가락 위치가 위로 솟은 신발로, 방울술 장식이 있다. 이전에는 그리스의 궁전 보초병이 신었다.

트와일라이트 컬러(twilight color)　황혼색, 해질 무렵의 하늘과 대지의 색을 말하는 것으로 트와일라이트 그레이, 트와일라이트 브라운, 트와일라이트 레드 등의 여러 가지 색조로 표현한다. 따뜻함과 인간다움을 느끼게 하는 난색계의 새로운 색으로 1985년에 스포츠 웨어에 주로 사용하였던 색채 용어이다.

트위기(Twiggy 1949~)　영국 런던 출생으로 1966년 패션 무대에 등장해 프랑스의 엘(Elle), 미국과 영국의 보그(Vogue) 등을 포함한 전세계의 뉴스와 잡지의 모델이 되었다. '1966년의 얼굴'로 이름 붙여진 그녀는 곧 그 시대의 상징이 되었고, 큰 눈과 가냘픈 체구는 모방의 대상이 되었다.

트위드(tweed)　순모로 된 스코틀랜드산 홈스펀을 말하며, 현재는 방모사를 사용하여 평직이나 능직 또는 삼능직으로 짠 굵고 거친 방모 직물로, 축융 기모 가공하지 않는 것이 특징이다. 대개는 두 가지 색으로 선염직하며, 때로는 두 가지 이상의 색을 사용하고 창

살무늬, 삼능무늬를 많이 넣는다. 코트, 수트, 스포츠 웨어에 주로 쓰인다.

트위드 재킷(tweed jacket)　전통적인 싱글 브레스티드 스타일의 텍스처가 있는 직물을 사용하여 만든 남성용 재킷이다. 1920년대와 1930년대에는 컨트리 스타일의 여성복 재킷으로 유행하기도 하였다.

트위스티드 러닝 스티치(twisted running stitch)　⇒ 휘프트 러닝 스티치

트위스티드 루프 스티치(twisted loop stitch)　실을 바늘에 한 번 꼬아 걸어 매듭짓는 방법으로, 작은 꽃이나 잎, 폭이 넓은 선을 채우는 경우 등에 사용한다.

트위스티드 바 스티치(twisted bar stitch)　패고팅 바에 사용되는 스티치로서 5~6회 정도 오픈 심 스티치를 한다. 스티치와 스티치의 간격은 천 두께의 3분의 2정도이다.

트위스티드 백 스티치(twisted back stitch)　백 스티치 위에 트위스티드 러닝 스티치와 같은 방법으로 다른 실을 얽어 맨다. 윤곽을 표현하는 데 이용된다.

트위스티드 체인 스티치(twisted chain stitch)　사슬 모양을 꼬이게 표현하는 수법으로, 체인 스티치보다 입체감이 나며 꼬임의 느낌을 나타낼 수 있다. 굵은 선이나 거친 면을 표현할 때 사용된다.

트위스티드 체인 스티치

트위스티드 터번(twisted turban)　터번을 착용하는 여러 방법 중의 하나로, 비틀어서 꼰 천을 머리에 둘러서 착용하는 터번을 말한다. 중동풍을 디자인의 영감으로 활용했던 이브 생 로랑은 흑색의 이브닝 드레스에 금색의 트위스티드 터번을 코디네이트한 바가 있다.

트윈 세트(twin set)　같은 옷감이나 조화가 되는 두 가지 블라우스를 함께 입어서 조화를 이루도록 한 블라우스 세트이다. 위에 입는 블라우스는 대개 긴 소매에 앞이 단추로 되어 있고 속에 입는 블라우스는 목에 딱 맞는 셸(shell)이나 캐미솔 스타일로 되어 있다.

트윈 스웨터(twin sweater)　두 가지 다른 색깔의 스웨터를 같이 코디네이트시켜서 입으며, 풀오버 스타일 위에 카디건 스타일을 덧입는다.

트윌 위브(twill weave)　⇒ 능직

트윌 패브릭(twill fabric)　뚜렷한 사선의 이랑진 줄무늬가 뚜렷하게 표면에 나타나는 직물로 개버딘, 데님 등이 있다.

트윌 하부다에(twill habutae)　⇒ 수러

특수 재봉틀　공업용 재봉틀 중에서 봉제의 목적에 따라 각각의 봉제 처리를 할 수 있는 것이다. 종류가 많아 현재 세계에서 사용되고 있는 재봉틀의 대부분이 특수 공업용 재봉틀이다.

특수 주문(special orders)　고객이 재고가 없는 상품을 요구할 때 신속하게 조달하는 것을 말한다.

특질 이론(trait theory)　특유하면서도 비교적 변화가 없는 개인의 특징을 특질(trait)이라고 보아 성격의 차원에서 연구하는 학설이다.

티 가운(tea gown)　풍성하게 맞는 연한 색의 긴 가운으로, 1877년~20세기 초에 많이 입었다. 얇은 모직이나 실크로 만들고 러플이

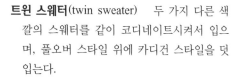

트위스티드 루프 스티치

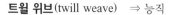

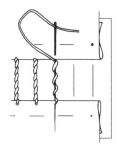

트위스티드 바 스티치

트윈 스웨터

티 가운

티 가운

티롤리안 해트

나 레이스를 소매와 앞단에 달아 코르셋 없이 반정장 차림으로, 오후에 차를 마실 때나 정원에서의 파티 드레스로 1920~1930년대에 많이 입었다. 이러한 스타일의 재킷을 티재킷이라고 한다.

티롤리안(Tyrolean) 오스트리아 티롤 지방의 원주민들이 입었던 옷으로 여자들은 던들 스커트(dirndle skirt), 자수가 놓여 있는 베스트, 에이프런을 착용하였으며 남자들은 레이더호젠(lederhosen), 무릎까지 오는 양말, 깃털 장식이 달린 펠트 알파인 해트를 같이 착용하였다.

티롤리안 룩(Tyrolean look) 오스트리아 사람과 바바리아(Bavaria)의 고산지대 사람들이 입은 농부들의 복식 스타일이다.

티롤리안 부츠(Tyrolean boots) 알프스의 티롤 지방에서 착용하였던 전통적인 부츠를 말한다. 부츠의 길이는 그리 길지 않고, 발이 들어가는 입구는 넓게 접어서 티롤 지방의 독특한 자수로 장식한 것이 특징이다. 티롤리안 룩이 유행될 때 이러한 민속적인 구두도 인기있는 패션 아이템으로 주목받게 되었다. 낮은 굽이 있거나 없다.

티롤리안 재킷(Tyrolean jacket) 알프스 산맥 지역인 티롤 지방의 사람들이 착용하였던 재킷으로 허리를 가리는 정도의 길이에 스탠드 칼라와 어깨 견장이 달려 있으며 몸에 꼭 맞

티롤리안 재킷

티롤리안 재킷

게 되어 있다.

티롤리안 해트(Tyrolean hat) 알프스의 티롤 지방에서 착용하였던 전통적인 부드러운 펠트 모자를 말한다. 크라운의 가장 윗부분은 작고 챙은 비교적 좁다. 챙의 앞부분은 내려가고 뒷부분은 접혀 올라갔으며 옆부분은 깃털, 꽃, 열매 등으로 장식하였다. 알파인 해트라고도 하며 스포티한 복장에도 잘 어울린다.

티미악(timiak) 그린랜드(Greenland)의 에스키모인들이 보온을 위해 착용한 셔트로 새의 깃털이 그대로 붙은 새의 껍질을 가공하여 안감을 댔다.

티셔트(T-shirt) 면이나 면과 폴리에스테르 혼방의 기계로 짠 니트지로 만든 반팔 또는 긴팔의 셔트로, 소매가 몸판에 직각으로 붙어 있어서 소매를 펼치면 T자형이 되므로 티셔트라고 하게 되었다. 대개 라운드 네크라인의 풀오버 셔트이다. 원래 속옷이었으나 1960년대부터 겉옷으로 착용되었고, 1970년대 후반 이후 입기 쉽고 가슴이나 등에 독특한 프린트 무늬를 그려서 젊은이들 사이에서 대유행하였다.

티셔트 드레스(T-shirt dress) 편물로 짠 셔트풍의 간단한 캐주얼 드레스이다. 1950년대에 티셔트에서 응용된 스타일로 대개 실크 스크린 디자인으로 프린트되었으며 벨트로 묶는다. 1970년대와 1980년대에 유행하였다.

티셔트 백(T-shirt bag) 인도산 면 니트인 티셔트용 저지로 만든 가방을 말한다. 부드러운 주름이 있고, 황마로 된 굵은 끈 두 개를 부착하여 어깨에 맬 수 있도록 하였다. 진즈를 애용하는 젊은이들 사이에서 유행하는 가방이다.

티셔트 온 티셔트(T-shirt on T-shirt) 문자 그대로 티셔트를 겹쳐 입는 것이다. 색이 다른 티셔트를 겹쳐 입고, 위에 걸친 티셔트의 소매를 말아 올려서 아래의 티셔트 소매가 보이도록 한다든지, 헐렁한 티셔트를 위에 입어서 네크라인과 단 밑으로 속에 입은 티

셔트가 보이도록 한다. 대조적인 색상의 티셔트를 입는 것이 포인트이다.

티셔트 파자마(T-shirt pajamas)　　니트로 만든 티셔트 형태의 투피스 형인 파자마이다.

티슈 태피터(tissue taffeta)　투명하게 비치는 대단히 가벼운 태피터를 말한다.

티 스트랩 샌들(T-strap sandal)　신발을 발에 고정시키기 위해 발의 안쪽에서 발등 위를 가로질러 발의 바깥쪽에 단추나 고리를 연결하여 구두의 앞부분에서 올라온 끈과 연결되어 T자형을 이루게 되는 신발을 말한다. 굽은 낮거나 높은 경우도 있고 뒤꿈치 부분이 노출되는 경우도 있다. 1920년대 이후에 대중화되었다. 샌들 참조.

티아라(tiara)　서남아시아 국민들의 민족 복식의 하나로, 19세기와 20세기에 와서 미국과 영국의 최신 유행을 따르는 여성들이 착용한 머리띠이다. 보석 박힌 초생달 모양으로 되어 있다.

티어드 드레스(tiered dress)　티어드란 '계단처럼 겹친다'는 뜻으로 2층 또는 그 이상의 층층으로 된 드레스를 말한다. 개더, 턱, 플리츠, 플레어, 플라운스 등으로 몇 층이 겹쳐서 된 드레스이다. 1960년대와 1980년대에 유행하였다.

티어드 드레스

티어드롭 브라(teardrop bra)　노출한 것과 똑같이 보이는 삼각형 모양의 누드 브라로 비키니 수영복의 위쪽 부분에 사용한다.

티어드롭 비키니(teardrop bikini)　작은 삼각형 형태의 브래지어를 목과 등에서 끈으로 묶게 디자인된 티어드롭 브래지어와 비키니

팬티로 이루어진 수영복이다.

티어드 스커트(tiered skirt)　층층으로 여러 겹으로 이어진 스커트를 말한다.

티어드 슬리브(tiered sleeve)　층층으로 늘어지게 만든 소매로 주름을 잡아 넣기도 한다.

티어즈(tiers)　대여섯 겹의 러플이나 바이어스로 재단된 조각들이 차례로 겹쳐진 것으로 스커트, 풍성한 소매, 바지 등의 장식에 사용하였다.

티 에이 티(TAT ; Thematic Apperception Test)　지각통각검사로, 심리학에서 간접 질문을 통한 투사적 방법으로 사용하는 도구이다.

티 에이프런(tea apron)　작은 주머니가 달리고 러플이 달린, 허리에서는 백색 에이프런이다. 20세기 초반 바느질할 때 드레스를 더럽히지 않기 위해 옷 위에 착용한 앞치마이다.

티 재킷(tea jacket)　풍성한 재킷 또는 상의로 뒤판을 몸에 꼭 맞게 했으며, 때로는 타이트 슬리브와 펄럭거리는 앞장식을 달기도 하였고, 레이스를 풍성하게 장식하기도 하였다. 1880년대부터 여성들이 오후의 다과회를 위한 드레스 위에 주문용 상의 대신에 입었다. 매티네(matinée)라고도 불렀다.

티재킷(T-jacket)　티셔트를 모티브로 하여 만든 재킷으로 앞여밈은 단추로 되어 있고 길이가 짧은 경쾌한 상의이다.

티코지 캡(tea-cozy cap)　1960년대 후반기에 등장한 모자로 착용자의 머리카락을 완전히 가릴 수 있도록 머리에 꼭 맞는 모자이다. 식탁에서 차 주전자의 보온을 위해 덮었던 누비 덮개에서 유래하였다.

티 큐 시(TQC)**운동**　토털 퀄리티 컨트롤(total quality control)의 약자이다. 소비자의 요구에 적합한 품질의 상품을 경제적으로 제조하기 위한 수단을 시스템화 한 것이다. 이를 철저히 관리하기 위한 QC서클을 생산 현장마다 자발적으로 만들어 하나의 운동으로 추진하는 것을 뜻한다.

티크(teak)　동인도에서 산출되는 목재의 종류

티 스트랩 샌들

인 티크목에 보이는 밝은 황갈색을 말한다.

티킹(ticking)　경·위사 모두 20s 내외의 표백사 또는 색사를 사용하여 능직이나 수자직으로 치밀하게 제직한 두꺼운 직물이다. 흑, 적, 감(紺), 회색의 줄무늬를 가지며 침대 매트리스, 베개 커버로 많이 쓰인다.

티킹 스트라이프(ticking stripe)　트윌로 직조된 자연색상의 바탕에 좁은 청색의 줄무늬가 있는 튼튼하고 질긴 공장에서 생산된 천이다.

티 티 에스(TTS ; Thurstone Temperament Schedule)　성격이론 중 특질과 요인이론을 많이 이용하여 검사하는 도구이다.

티파니 다이아몬드(Tiffany diamond)　원석으로 발견되었을 때 287.42 캐럿의 짙은 황색의 다이아몬드로 90개의 면을 가진 쿠션 모양으로 가공된 후에는 128.5 캐럿의 광택이 많은 보석이 되었다. 처음에 킴벌리(Kimberly) 광산에서 발견되었으며 뉴욕시 티파니 보석 가게가 소장하게 되어 카나리 다이아몬드라고 명명하게 되었다.

티파니 세팅(Tiffany setting)　1870년대에 뉴욕의 보석상인 티파니 회사가 제작한, 단일 보석을 위해 높이 올려서 가공하는 보석 가공 방법으로 자주 모방된다. 1971년에 티파니 회사는 이 유명한 가공법의 현대판을 소개하였다.

티포, 자크(Tiffeau, Jacques 1927~)　프랑스 태생으로 파리 쿠튀르 하우스에서 디자인을 시작하였다. 1958년 뉴욕에서 티포 부시(Tiffeau-Busch)사를 설립하고 젊고 스포티한 의복을 생산했다. 1960년과 1964년에 위니상을, 1966년에 선데이 타임즈상을 수상하였다.

티 피 아이(t.p.i. ; twist per inch)　실의 꼬임수를 표시하는 데 사용되는 단위로 1인치 간의 꼬임수를 말하며, 관례상 면사의 경우에 t.p.i.를 사용한다.

티 피 엠(t.p.m. ; twist per meter)　티피아이와 함께 단위 길이 사이의 실의 꼬임수를 표시하는 것으로 이때 단위 길이로 1m가 사용되는 것을 말한다. 즉, 1m 간의 꼬임수를 말하며 관례상 필라멘트사의 경우에 t.p.m.을 주로 사용한다. 점차 모든 실의 꼬임수는 t.p.m.으로 통일되어 가고 있다.

티 피 오(TPO)　때(time), 장소(place), 경우(occasion)의 머리글자를 딴 것으로 1960년대 초부터 옷을 입는 데 위의 세 가지를 기본적인 원칙으로 하여야 한다는 주장이 강하게 대두되었다. 예식에 참석할 때에는 정장을, 운동 경기에 참석할 때에는 거기에 적합한 활동적인 옷차림을 해야 된다. 아무리 훌륭한 옷이라도 TPO에 맞지 않으면 옷의 효과를 상실하게 된다는 옷 착용시의 가장 중요한 규칙이다. 후에 반체제의 영향으로 이 주장에 반대되는 앤티티피오(anti TPO)에 대한 역설도 나왔다.

티핏(tippet)　① 중세 동안 드레스에 사용된 행잉 슬리브를 말한다. ② 16세기에 여성들이 착용하였던 어깨에 걸치는 케이프를 가리킨다. 케이플릿 참조.

티핑(tipping)　⇒ 블렌딩

틴링, 테디(Tinling, Teddy 1910~)　영국 런던 출생으로 1930년대 초반 테니스 스타들의 테니스복을 디자인하면서 유명해진 후 테니스 스타들의 웨딩드레스와 테니스복 디자이너로 자리를 굳혔다. 1971년 영국 의상연구소의 올해의 디자이너상을 수상하였다.

틴 브라(teen bra)　가슴이 덜 발달된 소녀들을 위한 보조 브라이다.

틴트 뉴트럴 컬러(tint neutral color)　중간색에 색채의 기미가 첨가되었다는 의미로 매우 적은 색을 띤 중성색을 말한다. 즉, 색상이 가미된 회색을 말한다.

틸라크(tilak)　동인도의 여성들의 이마 중심에 표시한 마크로, 세습적 신분을 나타냈으나 지금은 장식적인 의미로 사용한다.

틸 블루(teal blue)　물오리의 깃털에서 보이는 회색이 가미된 청색으로 일반적으로는 녹색이 나는 청색을 말하며, 리어 퍼플, 다크 로즈 등과 함께 숙녀 코트 등에 자주 보이는 새로운 색의 하나이다.

파고다 드레스(pagoda dress) 여러 층으로 된 드레스로 대개 소매가 없고 어깨는 끈이 달려 뒤로 연결시킨다.

파고다 슬리브(pagoda sleeve) 1730년대에 유행하였던 남자 코트의 소매 모양으로, 팔꿈치까지 오는 긴 커프스가 달려 있다. 밑으로 내려갈수록 길이는 짧아지고 옆으로 퍼지는 형태의 층으로 이루어져 있다. 19세기 나폴레옹 3세의 제2제정 당시 여자들의 의복에서 다시 나타났으며, 동양의 탑이 디자인의 모티브가 된 것 같다. 퍼클 슬리브라고도 한다.

파그리(pagri) 동인도인의 터번으로 색상이나 직물의 종류, 디자인, 감는 방법 등으로 사회적인 지위나 속한 계층 등 착용자에 대한 정보를 나타낸다. 두 가지의 길이가 사용되는데 짧은 것은 20~30인치의 넓이에 6~9야드이며, 긴 것은 6~8인치의 넓이에 10~50야드이다.

파나마(panama) 19세기 말과 20세기 초에 유행했던 남자들의 모자로, 둥근 크라운의 밀짚모자를 말한다.

파나마 수팅(panama suiting) 남성들의 여름용 수트로 주로 경사는 면사를, 위사는 소모사나 혼방사를 사용해 직조한 직물을 사용한다. 주로 어두운 색상의 염색을 하고, 방추가공과 방오가공 처리를 한 직물로 만든다.

파나마 해트(panama hat) 뒤쪽의 챙은 약간 올라가고 낮은 크라운이 있는 모자로 주로 히피하파(jipijapa)의 잎으로 만든 밀짚 모자로 파나마에서 썼다는 데서 유래하였다.

파눙(panung) 태국의 남녀가 착용한 의상으로 길이가 약 3야드, 넓이가 1야드 정도 되는 천으로, 인디언의 도티(dhoti) 같이 느슨한 바지나 스커트의 형태로 드레이프지게 감아 착용한다.

파뉴(pagne) ① 고대 이집트에서 왕이 입은 스커트형의 로인클로스(loincloth)를 말한다. 여기에 쉔도트(shendot)라는 장식 패널(panel)을 늘어뜨려 왕의 권위를 표시했다. ② 줄무늬나 셰브런(chevron) 무늬 등을 넣어 손으로 짠 면직물로 만든 타이트한 랩 어라운드 스커트, 또는 오른쪽에 드레이프를 잡은 로인클로스이다. 가나, 벨기에, 콩고, 그 외 아프리카의 여러 지역에서 입었다.

파뉴엘로(pañuelo) 사각형의 스카프로 주로 필리핀 여성들이 어깨 주위에 착용하였으며, 섬세하게 비치는 천으로 만들었다.

파니에(panier) 18세기 초 여자들의 스커트를 부풀리기 위한 버팀대로, 금속이나 고래 수염, 나무 줄기 등으로 만들었다. 큰 것은 스커트를 8~10피트 정도로 넓혔다고 한다.

파니에 두블(panier double) 파니에가 발전한 것으로, 파니에의 양옆을 더 크게 부풀린 스커트 버팀대를 말한다.

파니에 드 페슈(panier de peche) 물고기를

파고다 드레스

파나마 해트

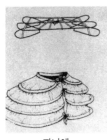

파니에

넣는 망으로 된 바구니에서 영감을 얻은 가방을 말한다. 대나무를 사용하여 엮고 손잡이는 가죽을 사용하여 만든 것이 특징이다.

파니에 스커트(panier skirt)　스커트 양쪽 옆을 드레이프나 주름을 풍성하게 넣어서 튀어나오도록 부풀린 스커트이다. 18세기 로코코 시대에 유행하였던 넓게 퍼진 후프 스커트나 뒤 중심 힙쪽이 튀어나오도록 부풀린 버슬 스커트 속에도 파니에를 입었다. 코르셋으로 허리를 꼭 맞게 조이고, 그 위에 파니에라는 스커트 버팀대를 속치마 위에 입어 퍼진 실루엣을 더욱 효과적으로 잘 만들 수 있었다. 소재로는 양단 종류의 브로케이드를 많이 사용하였다.

파니에 아 부레(panier à bourelet)　프랑스에서 스커트의 폭을 넓히기 위해 스커트 속에 사용한 페티코트 버팀살을 말한다. 버팀살 밑단에 두꺼운 롤(roll)이 부착되어 스커트를 플레어지게 하였다.

파니에 아 쿠드(panier à coudes)　1720년대 말 프랑스에서 사용된 스커트 버팀대로, 양옆을 넓게 하고 악뒤는 납작하게 만들었다.

파니에 앙글레(panier anglais)　페티코트 버팀대를 지칭하는 프랑스어이다.

파니에 컬(panier curl)　귀의 악쪽으로 얼굴의 양쪽에 내려온 머리의 컬을 말한다.

파도문 격자수　격자 속에 파도 무늬를 표현하는 수법이다. 사선 격자를 만든 후 징거두고, 격자의 2변을 3등분하여 1/3지점끼리 실을 걸고 Y자형을 만들 듯이 그 중간 위치의 약간 뒤쪽에서 바늘을 뽑아 바늘에 실을 걸어 실을 당겨 징거 주며, 2/3 위치에서 이를 반복한다.

파드리 해트(padre hat)　파드리는 카톨릭 교회의 사제를 지칭하는 말로, 이들이 쓰는 모자를 말한다. 삽 모양의 모자로 앞과 뒤에는 긴 사각형의 챙이 있고 양옆의 챙은 위로 말아올렸다.

파라솔 스커트(parasol skirt)　여러 조각으로 이어서 파라솔처럼 보이도록 스티치로 장식한 폭이 넓게 재단된 스커트로, 19세기 후반에서 20세기 초까지 착용하였다.

파라슈트 스커트(parachute skirt)　여러 개를 이어서 퍼지도록 만든 스커트로, 허리에서부터 밑으로 갈수록 점점 퍼져나가서 낙하산이나 우산 모양처럼 생겼다. 엄브렐러 스커트, 파라솔 스커트라고도 불린다.

파라슈트 슬리브(parachute sleeve)　낙하산 모양으로 소맷부리가 벌어진 소매를 말한다.

파라슈트 팬츠(parachute pants)　발목에 꼭 맞게 하기 위해서 약 6인치 정도의 지퍼가 다리에서 단까지 부착된 직선의 팬츠이다. 주머니가 바지 양옆에 세 개가 있으며 힙에도 달려 있다.

파러웨이 칼라(faraway collar)　목선을 넓게 파고 스탠드 업 칼라나 롤 칼라 등을 단 칼라이다. 스탠드 어웨이 칼라와 비슷하다.

파레오 스커트(pareo skirt)　파레오는 남태평양 섬에 사는 여성들이 착용한 로인클로스 형식의 스커트이다. 이것을 현대적인 분위기에 맞게 디자인한 것으로 배를 드러낸 캐미솔 톱과 함께 착용하여 이국적인 분위기를 더해 준다.

파르드쉬(pardessus)　① 남자용 코트에 해당하는 불어 명칭으로, 위에 입는 옷 'par(for) des(on) sus(top)' 에서 파생되었다. ② 레이스나 벨벳으로 장식된 케이프가 달려 있으며, 소매가 달려 있고 허리선이 몸에 꼭 맞는 1/2 또는 3/4 길이의 여성용 실외 의상에 대하여 19세기 말에 사용한 일반 명칭이다. 망틀레, 팔토라고도 불렀다.

파리다나(paridhana)　인도에서 착용한 도티(dhoti) 타입의 복식을 말한다.

파머즈 칼라(farmer's collar)　유럽 지역의 농민들이 입는 파머 셔트(farmer shirt)에 달린 칼라로 폭이 좁은 밴드 칼라이다.

파멜라 보닛(pamela bonnet)　1845년부터 1860년대 말까지 착용한 밀짚 보닛을 말한다. 밀짚이나 천으로 만든 컵받침 접시 모양의 모자를 머리 위에 쓰고, 모자 끈으로 얼굴 주위를 U자형으로 감싸 묶어 고정시켰다. 꽃, 깃털, 잎 등으로 장식하였다.

파문(波紋)　천태만상(千態萬象)한 파도의 형
태를 문양화한 것으로 우리 나라에서는 임금
의 어전(御殿) 병풍문양에 사용된 예가 있
다. 중국, 일본에서는 의복문양으로 많이 사
용된다.

파믈 슬리커(pommel slicker)　승마 때 입는
레인 코트로, 다른 레인 코트와 비슷하나 뒤
에 긴 홈이 있다.

파비아니, 알베르트(Fabiaani, Albert)　이탈
리아 티볼리 출생으로 가족의 친구인 이탈리
아 재단사를 만나러 파리에 갔다가 파리에서
3년 간 지낸 후 1909년 설립한 부모의 회사
에서 일하였다. 프랑스풍에 영향을 받지 않
는 뚜렷한 이탈리아 룩을 선보였으며, 1961
년 파리에서 개업했으나 실패하고 다시 로마
로 돌아와 성공하였다.

파셜 플리츠(partial pleats)　부분적인 플리츠
를 뜻하는 것으로, 의복의 한부분에 장식과
기능성을 목적으로 만든 넓은 플리츠를 말한
다. 주로 스커트에 많이 사용되며 이에 반대
되는 용어로 풀 플리츠가 있다.

파소네 벨벳(façonné velvet)　벨벳 직물의 일
종이다. 벨벳 참조.

파스너(fastener)　단추나 접착제로 된 그리퍼
(gripper), 매듭, 단추, 걸고리 역할을 하는
프로그(frog), 스냅, 토글(toggle), 지퍼 등
으로 옷이나 액세서리를 여미는 기구류를 총
칭한다. 클로징(closing)이라고도 한다.

파스망트리(passementerie)　장식끈, 금, 은,
몰(mole), 플린징 장식 또는 장식제품 등을
말한다. 의복의 가장자리 장식이나 자수 등
에 이용된다. 칼라가 없는 샤넬 재킷의 가장
자리에 장식으로 사용된 것을 볼 수 있다.
1976년경에는 벨트나 목걸이 등에도 이것들
을 많이 사용하였다. 이브 생 로랑의 모로코
풍 튜닉에서도 폭이 넓은 장식끈이 이용된
것을 볼 수 있다.

파스키아(fascia)　① 로마인들의 얼굴이나 허
리, 팔 등에 두르던 밴드를 총칭하는 라틴어
로, 그 폭이나 종류는 다양하다. ② 머리를
묶기 위하여 사용하는 밴드나 가는 끈을 말
한다. 영어로는 파시아라고 한다.

파스텔 마드라스(pastel madras)　파스텔조의
색채로 표현한 마드라스 체크를 말한다.

파스텔 밍크(pastel mink)　양식 밍크의 일종
으로 청색을 띤 다갈색의 긴 털보다 엷은 솜
털이 있다. 다크 밍크에 이어 생산 수량이 많
다.

파스텔 어스 컬러(pastel earth color)　파스텔
칼라가 가미된 땅색을 말한다. 어스 컬러에
파스텔 분위기가 첨가됨으로써 도회적인 분
위기를 내는 것이 특징이다. 따라서 춘하 남
성용 캐주얼에 애용되는 색으로 주목받는다.

파스텔 컬러(pastel color)　파스텔화와 같은
부드러운 색조의 총칭이다. 등색상 절단면에
의하면 페일 톤, 라이트 톤, 라이트 그레이
톤 등에 걸쳐 전반적으로 부드럽고 엷은 색
들의 무리를 가리킨다.

파스트 시스템(FAST system)　직물의 태를
정량화하는 방식의 하나로, KES 시스템보다
간단하고 값이 싸다. 직물의 네 가지 역학 특
성, 즉 압축, 굽힘, 신장, 형태 안정성을 측
정한다.

파예트(paillette)　무대의상, 여성복, 이브닝
의상, 핸드백 등의 장식에 사용되는 금속이
나 플라스틱으로 만든 둥근 모양의 번쩍거리
는 장식 스팽글을 말한다.

파우더링 재킷(powdering jacket)　18세기에
남자들이 가발에 머리분을 바르는 동안 옷을
보호하기 위해 사용하였던 헐렁한 두르개를
말한다. 파우더링 가운이라고도 한다.

파우더 블루(powder blue)　가루를 부린 것같
이 엷고 부드러운 파스텔 분위기의 블루를
말한다. 대청이라는 식물 염료에서 얻을 수
있다.

파우치(pouch)　부드러운 가죽이나 천으로 만
들어진 가방으로, 끈으로 잡아당기거나 셔링
이 잡혀 딱딱한 손잡이에 연결된 가방이다.

파우치 백(pouch bag)　파우치는 '돈 주머니,
지갑'이라는 의미로, 즉 돈지갑처럼 여미는
쇠붙이 장식이 붙어 있는 주머니형 가방을
말한다. 입구쪽에는 잔주름이 많이 생기게

되며, 여밈은 지퍼나 끈을 사용하는 것도 있다.

파운데이션(foundation)　브라와 거들이 하나로 된 속옷으로, 어깨끈이 있는 것과 없는 것이 있으며, 때로는 양말이 흘러내리지 않도록 양말걸이가 달려 있는 것도 있다. 탄력성 있는 고무류와 늘어나지 않는 옷감을 같이 배색하여 쓴다. 코르셋에서 변화하여 1920~1980년대에 많이 입었다.

파워 네트(power net)　래치 바늘을 사용하여 폴리우레탄과 함께 균일하게 편성한 것으로 신축성이 매우 우수하다. 파운데이션에 쓰인다.

파유(faille)　경두둑이 있는 직물로서, 경사 4~6올마다 특별 실을 1올씩 배열하여 조직을 튼튼히 한, 경사 밀도가 큰 견직물 또는 이것과 비슷한 직물이다. 광택이 좋고 굵은 실을 위사로 하여 평조직으로 제직하였으며, 그로그랭보다 두둑은 평면적이고 직물은 촘촘하며 드레이프성이 충분하여 봉제에도 적당하다. 견, 면, 양모, 합섬 또는 이들을 혼방한 것도 있다. 용도는 여성용 드레스, 블라우스, 리본 코트, 수트, 커튼 등에 사용된다.

파유(paille)　밀짚에 보이는 노란 색상을 말한다.

파유 태피터(faille taffeta)　가로 방향에 뚜렷한 이랑이 있는 태피터를 말한다.

파이버 스티치(fiber stitch)　⇒ 피시본 스티치

파이버 필(fiber fill)　인조 섬유의 솜으로 완충과 보온을 위해 면, 케이폭, 레이온, 합성 섬유의 스테이플 등을 사용한다. 탄성과 함기성이 중요하다.

파이선(python)　뚜렷한 무늬가 있는 스네이크 스킨(snake skin)의 한 종류로 액세서리에 사용된다.

파이어리츠 네크리스(pirates necklace)　해적풍 목걸이의 총칭이다. 파이어리츠 룩의 영향에 의하여, 여성의 액세서리에도 해적풍 모티브가 활용되어 나타난 것이라 할 수 있다. 열대어, 조개 등 바다에서 볼 수 있는 모티브들이 사용된 것이 특징이다. 이러한 장신구들을 파이어리츠풍 액세서리라고 부르며, 파이어리츠 룩 외에도 여러 의복에 활용된 바 있다.

파이어리츠 수트(pirates suit)　장식이 많은 재킷과 스커트나 팬츠로 한 벌을 이룬 수트이다. 젊은이들에게 인기 있는 디스코복으로 착용되기도 하며 중세 시대 해적의 복장에서 유래한 것이다.

파이어리츠 팬츠(pirates pants)　헐렁한 실루엣의 팬츠이다. 허리에는 턱이나 개더를 충분히 잡고 바지도련을 끈으로 조절하여 착용하는 팬츠 모양이 마치 해적의 팬츠와 비슷한 것 같아 이와 같은 이름을 붙였다. 다카다 겐조(Takada Kenzo)의 해적 룩 팬츠가 중요한 아이템이다.

파이어 오팔(fire opal)　화단백석(火蛋百石)으로 반투명하거나 투명하다. 색은 황색, 주황색, 적색 등 다양하다.

파이프 라인(pipe line)　파이프 같은 실루엣을 말하는 것으로 토막낸 통 모양의 가늘고 긴 라인을 가리키는 것이다.

파이프 슬리브(pipe sleeve)　통 모양으로 만든 소매로 주로 노동복이나 아동복에 사용된다.

파이프 오르간 플리츠(pipe organ pleats)　⇒ 고데 플리츠

파이프트 심(piped seam)　바느질하기 전에 두 겹의 옷감 사이에 바이어스 테이프를 넣어 장식한 솔기로서, 코디드 심과 유사하나 둥근 가장자리보다 다소 평평한 가장자리에 사용한다.

파이핑(piping)　칼라, 커프스, 포켓, 헴라인 등의 가장자리나 옷감과 옷감 사이의 솔기선에 배색이 좋은 천을 끼워 넣어 장식하는 방법이다. 파이핑할 감은 동색 또는 배색이 좋은 같은 재질의 것을 선택하며 종류에는 가장자리 댄 파이핑, 솔기선에 끼우는 파이핑, 코드 파이핑, 스캘럽 파이핑, 바이어스 파이핑 등이 있다.

파이핑 커프스(piping cuffs)　가느다란 바이어스 천으로 가장자리를 말아 박은 커프스이

다.

파인 마틴(pine marten) ⇒ 바움 마틴

파일(pile) 기능 또는 장식의 목적을 위해 기저 직물의 양면 또는 한쪽 면에 실을 심은 직물을 파일 직물이라고 하는데, 이때 심는 실을 파일이라고 한다. 파일의 길이, 꼬임 정도, 파일의 모양 및 밀도 등을 변화시켜 여러 가지 장식적인 효과를 부여할 수 있다. 카펫이나 가구용 직물, 침대 커버 등에는 내구성을 부여하기 위해 밀도가 조밀한 파일 직물을 사용하며, 타월 등에는 밀도가 성긴 파일 직물을 사용한다.

파일 니트(pile knit) 이중 편성물과 유사한 제조 공정으로 만들어진 편성물이다. 제편시 형성된 루프를 그대로 둔 루프 파일과 필요에 따라 자른 컷 파일이 있다. 슬라이버를 파일로 사용하여 부드럽고 화려한 인조모피를 만들어 코트나 완구 등에 주로 사용한다.

파일럿 셔츠(pilot shirt) 미공군 파일럿들이 입는 허리까지 오는 짧은 상의에서 응용하여 디자인 된 셔츠를 말한다. 과장된 느낌을 주는 풍성한 오버셔츠들이 1960년대에 유행하였다. 에폴렛 셔츠라고도 한다.

파일럿 재킷(pilot jacket) 파일럿들이 입는 가죽이나 모직으로 된 짧고 두꺼운 재킷으로, 이러한 스타일의 코트를 파일럿 코트라고 한다.

파일럿 재킷

파일럿츠 수트(pilot's suit) 1912년에 나타난 투피스 형태의 여자 비행사복으로, 발목 길이의 니커즈, 팔목까지 오는 길고 풍성한 소매가 달린 몸에 꼭끼는 블라우스, 후드가 붙은 하이 네크라인의 상의로 구성되었다. 무릎 길이의 풍성한 양말, 끈으로 졸라매는 목이 긴 부츠, 승마용 긴 장갑 등과 같이 착용하였다.

파일리어스(pileus) 로마에서 남자들이 착용했던 펠트 캡(felt cap)을 말한다.

파일올러스(pileolus) 카톨릭의 교황과 신부들이 미사의식 집전에 착용하는 머리관 밑에 쓴 스컬 캡으로, 실크나 벨벳 따위로 만든 테두리 없는 실내모자이다.

파일직(pile weave) 짧은 섬유, 즉 파일 섬유를 기포면에 수직으로 밀생시킨 일종의 입체적 직물로 기포를 만드는 기경사, 기위사 외에 제3의 실을 필요로 한다. 파일의 형태에 따라 컷파일, 루프 파일이 있으며, 직물의 종류에 따라 경사로 파일을 만들기도 하고 위사로 만들기도 한다. 첨모직이라고도 한다.

파일 패브릭(pile fabric) 직물의 한면이나 양면에 루프를 만든 직물이다. 경사로 루프를 형성하는 것도 있고 위사로 루프를 형성하는 것도 있는데, 루프를 자른 것을 컷 파일이라고 하고 루프를 그대로 둔 것을 루프 파일이라고 한다.

파자마(pajamas) ① 페르시아와 인도의 모슬렘교의 남성들이 착용한 바지로 허리에서부터 무릎까지는 풍성하게 주름이 잡혀 있고 무릎 밑에서부터 발목까지는 꼭 조이도록 된 조드퍼즈와 유사하다. 다리를 의미하는 힌두어의 파에(pae)와 옷을 의미하는 자마(jamah)에서 파생된 말이다. ② 잠을 편하게 자기 위하여 디자인된 옷으로 상의와 하의가 따로 되었거나 위에서 아래까지 하나로 된 잠옷을 말한다. 잠옷이 변하여 집에서 입는 홈 웨어, 라운징 웨어로 입었고 1960년대 후반에는 손님을 접대하는 이브닝 파티 웨어나 외부에서 열리는 디너 파티까지도 입었다. 약 1880년경에 인도 남성들이 잠잘 때 입는 나이트 가운 대신에 착용하기 시작해서 1920년대 중반기에는 여성들에게도 잠옷으로 소개되었다. 1920년대 후반기와 1930년대에는 라운징 웨어와 바닷가에서 착용하는

파자마

비치웨어로 많이 입었다. 약자로 PJS라고도
한다.

파자마 세트(pajama set)　파자마와 그 위에
걸치는 가운, 로브가 한 세트가 되는 테일러
드형의 남녀 파자마이다.

파자마 팬츠(pajama pants)　인도의 남녀 회
교도들이 착용하였던 헐렁하고 플레어가 진
라운징 형태의 팬츠로 잠옷으로 쓰이는 경우
가 많고 앞뒤 한 장으로 만든다. 허리는 끈이
나 고무줄로 하여 입고 벗기에 편하며, 대부
분 면이나 실크 같은 드레이프성이 좋은 소
재로 만든다.

파자마 팬츠

파지(page)　리본, 코드 형태의 긴 루프가 양
옆에 부착된 벨트를 말한다. 이 루프는 드레

파지

스의 겉스커트를 커튼처럼 걷어올리는 데 사
용하는 것으로, 1850~1867년경까지 사용하
였다. 드레스 클립(dress clip)이나 드레스
홀더(dress holder)라고도 한다.

파초포(芭蕉布)　사파초(絲芭蕉)의 엽맥섬유
(葉脈纖維)로 제직한 포(布)로 경(硬)한 촉
감과 조직(組織)의 특징으로 통기성이 있어
고온다습한 지역의 의료(衣料)로 사용된다.

파치먼트 카브즈(parchment calves)　18세기
후반에 남성들이 사용한 것으로, 스타킹 속
에 양피지 등으로 패딩을 하여 다리의 근육
을 남성답게 보이게 만든 패드이다.

파카(parka)　비와 바람을 막을 수 있는 방수
처리된 옷감으로 누비거나 보온을 위해 안감
에 털을 대어 만든 모자 달린 상의로 알래스
카 에스키모인들이 착용하기 시작하였다. 에
스키모의 언어에서 유래된 아노락 재킷과 동
일한 스타일로서 아노락이 스포티한 재킷이
라면 파카는 약간 정장풍의 재킷이다. 추운
계절에 등산할 때 많이 착용한다고 하여 마
운틴 파카라고도 한다. 1930년경부터 스키
나 스케이트 같은 겨울 운동복으로 채택되었
다.

파카

파캥(Paquin ?~1936)　마담 파캥으로 알려졌
으며 1891년 사업가인 남편과 함께 하우스
를 창설했다. 고객은 에스파냐나 영국의 왕
실이었고 고급 드레스나 란제리를 디자인하
였다. 수트나 코트의 트리밍에 모피를 사용

한 것이 특징이며 프랑스 패션사상 최초의 중요한 여성 디자이너의 한 사람이다. 1922년 그녀의 푸프푸프(pouf-pouf) 이브닝 드레스는 이 시기의 대표적인 디자인이었다. 1917년, 1919년 파리 의상 조합 회장을 역임하였고 1936년에 사망하였으며 1956년에 파캥 하우스는 폐점되었다.

파키스타니(Pakistani) 볼레로와 흡사한 길이가 매우 짧은 조끼로 자수, 구슬, 비드, 술이나 끈으로 꼰 밴드 등으로 장식을 했다. 수나 구슬 장식을 상하지 않게 하기 위하여 보이지 않게 걸개를 달아서 앞여밈을 하는 경우도 많다. 1960년대 후반, 1970년대 초에 여성들이나 아동들이 민족 특유의 고유한 모습을 나타내기 위해 많이 입었다.

파키스타니

파타기움(patagium) 여성용 튜니카의 앞부분을 장식하는 긴 선 장식으로 비자색(緋紫色)이나 금색이 애용된다. 남성 복식의 클라비에 해당된다.

파투, 장(Patou, Jean 1887~1936) 프랑스 태생의 피혁상의 아들로 1914년 '페리(Perry)'라는 작은 매장을 개장한 후 작품을 전시하다가 1919년 '장 파투'로 모드계에 데뷔했다. 그의 단순하고 활동적인 디자인은 미국인들에게 각광을 받았으며, 샤넬이나 몰리뇌와 나란히 1920년대 모드의 리더로 부상했는데 롱 스커트의 유행은 파투의 영향에 힘입은 것이라 할 수 있다. 특히 미국식 경영이념을 사업에 적용하기도 했으며, 그의 쇼맨십은 유명하다. 처음으로 컬렉션을 야간에 열었으며 고객에게 샴페인을 대접하거나 점포 안에 칵테일 바를 설치하여 손님을 유치

하기도 했다. 넓은 작업장 내에 자수나 염색, 직조, 모피 작업장을 마련하여 창작과 제작을 동시에 진행하는 시스템을 도입하고 오늘날의 쇼 리허설이나 프레스 쇼 등과 같은 전례를 만들어 내기도 하였다. 이 파투 하우스는 레이몽 바르바스, 마크 보앙, 미셸 고마 등의 전속 디자이너에게로 이어졌다. 1924년 향수 '조이(Joy)'를 만들어 유행시켰으며 '아무르 아무르(Amour-Amour)'라는 향수도 유명하다.

파트, 자크(Fath, Jacques 1912~1954) 프랑스 라피트 출생으로 증조모는 유제니 황후의 전속 디자이너였으며 아버지는 화가였으나 자크는 부모님의 반대로 예술적 자질을 키우지 못하고 회계를 배우게 되었다. 병역을 마친 후 그는 드라마 학교에 들어가게 되었고 연극 의상을 담당한 것이 계기가 되어 1937년 자신의 아틀리에를 개장하였으며, 제2차 세계대전 후 모드의 기업화에 박차를 가하였다. 그는 회계학에 대한 지식을 바탕으로 전쟁 후 의류의 수요가 급증할 것을 예상하고, 기성복을 생산, 미국에 대량 수출한 최초의 파리 디자이너였다. 1949년 텐트형 코트, 1950년 오블리크 라인(oblique line : 사선), 1954년 S 라인 등 걸작을 만들어 내기도 하였다. 제2차 세계대전 후 10년 간 발렌시아가, 디오르와 함께 명성을 떨쳤던 '자크 파트' 하우스는 경영난으로 1957년 폐점되고 말았다.

파티 드레스(party dress) 각종의 파티 모임에 참석할 때 입는 드레스류를 총칭한다.

파티오 드레스(patio dress) 대담하고 발랄한 꽃무늬나 추상적인 프린트지로 만든 시프트 드레스로 뒷마당에서 열리는 바베큐 파티 때나 바닷가의 비치 웨어에 적당하다.

파티오 웨어(patio wear) 뒷마당 파티오에서 바베큐할 때 또는 바닷가에서 입는 밝고 화사한 큰 꽃무늬나 추상적인 무늬의 옷감으로 만든 옷들을 말한다.

파티컬러드(parti-colored) 수직으로 양쪽에 각각의 색을 달리한 의복으로, 12세기에서

파캥

파트, 자크

15세기에 걸쳐 유행하였다.

파티컬러드 드레스(parti-colored dress)　옷을 반으로 나누어 각각의 색을 달리한 드레스를 지칭한다. 12~14세기에 걸쳐 유행했다.

파티 파자마(party pajamas)　저녁 만찬이나 춤출 때 적합한 상의와 하의로는 퀼로트나 각종의 바지 종류로 된 파자마로, 호스테스 파자마 또는 퀼로트 파자마라고도 한다.

파티 팬츠(party pants)　화려한 옷감으로 풍성하게 만든 팬츠로 1960년대 후반기에 명칭이 붙었으며 때로는 아코디언 주름이 잡혀진 스타일도 있다. 이브닝 웨어의 일종으로 저녁 파티나 춤출 때 입는다.

파푸시(papush)　아라비아(Arabia)의 남녀가 신는 노란색이나 빨간색 계통의 평평한 가죽 샌들로 정교한 자수 장식이 있다.

파피용 슬리브(papillon sleeve)　폭이 넓은 소매로 그 형태가 나비와 같은 데서 이름이 유래하였다. 파피용은 프랑스어로 나비를 가리키는 말이다. 버터플라이 슬리브 참조.

파피용 칼라(papillon collar)　앞부분을 주름잡아 만든 작은 나비장식의 스탠딩 칼라로, 1860년대 말에 여성들이 착용하였다. 커프스에도 주름잡힌 작은 나비 모양이 장식되었다.

파피용 칼라

파하(faja)　원래 띠 또는 띠형의 긴 천을 의미하는 에스파냐어로, 남성들이 민속복에 착용하는 허리띠를 말한다. 흰색 셔트에 감색, 짙은 녹색, 검은색 등의 바지를 입고 볼레로를 착용하는 에스파냐 남성 민속복에는 허리에 폭이 넓은 선명한 색상의 파하를 매는 것이 특징이다. 멕시코 남성의 민속복에도 이러한 종류의 띠를 맨다. 영어의 새시, 밴드, 리본과 같은 의미를 가지며, 때에 따라서는 스카프나 스트라이프를 가리키기도 한다.

파홈(pahom)　몸을 감는 한 조각의 긴 천으로, 몸을 감은 끝을 왼쪽 어깨 위로 넘겨 드레스의 형태를 만들었다. 샴(Siam)의 낮은 계급 여인들이 착용하였다.

판매 계획(sales plan)　대체로 6개월 동안 부서에 의해 행해지는 촉진 프로그램으로서 기획적인 구입과 다른 예측 불허의 머천다이징 기회를 얻기 위해 매달 개정한다. 마케팅 계획과 동의어로서 최근에는 마케팅 프로그램이라는 용어가 일반적으로 사용된다.

판매 구역(selling area)　포괄적으로 판매에 공헌하는 판매대의 한 부분으로서 신발, 기성복 재고실, 가봉실, 포장실 등을 말하며 이들 없이는 판매가 완전하게 이루어질 수 없다.

판매 시점(point of sales)　약어로 POS라고 하며, POS 정보 관리 시스템이란 판매 시점에서의 정보를 컴퓨터에 의해 처리하는 방법이다.

판매 체재(sales system)　고객과의 거래가 기록되는 방법을 말한다.

판매 촉진(sales promotion)　판촉이라고도 한다. 기업이나 특정 제품에 대한 표적 소비자들의 인지도와 관심을 증대시켜서 단기간 내에 제품 구매를 직접적·간접적으로 이끌어 내기 위해 행해지는 커뮤니케이션 활동이다. 일반적으로 광고, 디스플레이, 스페셜 이벤트, 판매원에 의한 판매 등 인적 또는 비인적 판매 촉진 행위를 말한다. 즉, 고객에게 특정 상품이나 서비스에 대하여 호기심을 갖게 하여 구매 욕망을 자극하는 데 그 목적이 있다.

판 벨벳(panne velvet)　가볍고 광택이 강한 벨벳으로 강한 압력 아래에서 캘린더를 통과시켜 파일사를 한쪽으로 눕힌 것이다. 원래는 양모 또는 견을 파일사로 썼지만 최근에는 파일사를 인견사로 쓰고 바닥 조직을 견으로 쓴다. 모자, 이브닝 드레스 등에 사용된다.

판체염(板締染)　직물을 여러 가지 형태로 병풍과 같이 접은 양면에 각양(各樣)한 판(板)을 대어 밀착시켜 염색하는 방법이다. 판을 밀착시킨 부분이 방염(防染)이 되어 문양으로 나타나게 하는 염법(染法)이다.

판초(poncho)　사각형이나 타원형 담요의 중앙에 구멍을 뚫어 머리가 들어갈 자리를 만들고, 팔이 나올 곳만 박아서 한 장으로 만들었으며, 단 끝에는 술을 풀어 늘어뜨렸다. 1960년대 후반에 유행하였으며, 남아메리카의 원주민들이 방한용으로 착용한 데서 유래하였다. 때로는 비옷으로도 이용된다.

판초 수트(poncho suit)　관두의의 일종인 판초(남아메리카 안데스 인디오가 사용함)에서 힌트를 얻어 만든 현대 여성용 수트이다. 1981년 춘하 이탈리아 오트 쿠튀르 컬렉션에서 등장하였다.

판초 슬리브(poncho sleeve)　어깨만 연결하여 앞뒤 판을 박고 소매 아랫부분은 터놓아 케이프처럼 보이게 만든 소매로 남아메리카 지방의 판초와 비슷하여 이름지어졌다.

판초 코트(poncho coat)　직사각형이나 사각형, 원 또는 기하학적 모양으로 만들며 머리가 들어갈 만한 구멍을 만들거나 앞여밈을 하도록 되어 있다. 주로 담요 같은 천으로 많이 만드나 때로는 편물뜨기나 코바늘로 뜬 것도 있으며 남성, 여성, 아동 모두가 입는다.

판탈레츠(pantalettes)　19세기 중엽 어린 소녀들의 바지로 스커트 아래에 보이게 입었다.

판탈롱(pantalon)　① 힙과 다리에 꼭 맞는 남자 바지의 일종으로 종아리 또는 발목까지

판탈롱

오는 바지 끝에 가죽끈을 달아 발에다 끼워서 입었다. 18세기 말 프랑스 혁명 이후부터 입기 시작하여 19세기 전반에 걸쳐 입었다. ② 종아리까지는 꼭 맞고 종아리부터 발목까지는 헐렁한 남자용 팬츠로 때로는 발등 윗부분에 덮이는 자락을 잘라내기도 하였으며, 판탈롱 트라우저즈라고도 불렀다. 브리치즈, 트렁크 호즈 참조. ③ 여성들의 직선형 언더 팬츠로 19세기 초에 입었다. 판탈레츠라고도 불렀다.

판탈롱 수트(pantalon suit)　재킷과 바지로 구성된 한 벌의 수트를 의미한다. 팬츠 수트 참조.

판탈룬 팬츠(pantaloon pants)　16세기 이탈리아의 희극 배우 판탈로네의 이름에서 유래하였으며, 원래는 남자들의 전용물인 바지였으나 1970년대 초에 부인용 타운웨어로 유행한 이래 슬랙스와 구별하여 부르기 시작하였고, 팬츠라고도 부른다. 시대에 따라 바지 길이, 바지품, 바짓부리폭의 변화가 다양했지만 1970년대 부리가 넓은 바지가 대유행한 이후부터 부리가 넓은 바지를 판탈롱이라고 부르게 되었다. 18세기 베니스 사람들에 의하여 소개된 것은 무릎에서 묶는 바지로 판탈룬즈(pantaloons)라고 하며, 바지와 양말이 하나로 연결되어 있다.

팔길상문(八吉祥紋)　불교적인 여덟 가지의 길상문으로 법라(法螺), 법륜(法輪), 보상(寶傘), 백개(白蓋), 연화(蓮花), 보병(寶瓶), 쌍어(雙魚), 반장(盤長) 등이다. 온양민속박물관에 소장된 조선 시대 후기 안동 김씨의 유의 직물 중에 팔길상문의 직물이 있다.

팔라(palla)　그리스의 히마티온과 비슷한 고대 로마의 숄 형태의 옷으로 직사각형의 천을 드레이프지게 하였으며 때로는 한 쪽 끝을 머리 위로 올려 휘감기도 했다.

팔라초 팬츠(palazzo pants)　힙라인에서 단까지 바지폭이 아주 넓고 플레어진 여성들의 긴 바지이다. 파자마나 퀼로트 스타일로 많이 만들며 허리에는 대개 잔주름이 잡혀 있

판초 코트

판탈룬 팬츠

팔라초 팬츠

다. 드레이프성이 좋은 소재로 만들어서 라운징 웨어나 이브닝 웨어로 많이 입는다. 1960년대 후반, 1970년대 후반, 1990년대 초에 이브닝 드레스로 유행하였다.

팔라틴(palatine) ① 17세기 중반경에 낮은 네크라인 드레스의 노출 부위를 커버하기 위해 착용한 튤(tulle)로 만든 작은 스카프나 목장식을 말한다. ② 1840년대에 착용한 모피나 레이스로 된 여성들의 작은 어깨망토로, 길고 평평한 끝여밈이 망토 앞의 허리 아래까지 내려왔다.

팔라틴 로열(palatine royal)　　1851년경에 착용한 모피 망토로 퀼팅된 후드와 여밈의 짧은 매듭이 악에 있다. 빅토린(victorine)이라고도 한다.

팔로미노 밍크(palomino mink)　　양식 밍크의 일종으로 호박색과 크림색이 섞여 있다. 최근에는 수요가 적어 거의 생산하지 않고 있다.

팔루다멘툼(paludamentum)　　비잔틴의 공식복으로 견직의 직사각형 천을 두르고 한쪽 어깨에서 고정시킨 극히 간단한 형태이나, 그 크기가 매우 크고 자수 장식을 많이 했다. 타블리온(tablion), 브로케이드(brocade) 등을 사용하여 화려한 위용을 자랑하였다.

팔리사드(palisade)　　1670~1710년에 여성들의 퐁탕주 헤드드레스를 보강하기 위해 사용한 철사틀이다.

팔리움(pallium)　　고대 로마의 남성들이 착용하였던 직사각형의 숄을 말한다.

팔매단(八枚緞)　　8매주자문직(八枚朱子紋織)을 말하는 것으로 지(地)는 8매의 경주자직(經朱子織)이고 문(紋)은 8매의 위주자직(緯朱子織)으로 제직된 문직물(紋織物)이다. 우리 나라에서는 조선 시대 후기에 사용되어 온양 민속박물관 소장 안동 김씨의 유의의 팔매단이 많이 전한다. 고단류(庫緞類)가 팔매단이며 그 외에 얇은 팔매단도 많이 사용되었다. 중국에서는 청대(淸代)부터 팔매단이 많이 사용되었다. 장화단(狀花緞), 한단(閑緞), 송금단(宋錦緞), 모본단(募本緞),

고단(庫緞) 등이 팔매단이다.

팔머스턴 래퍼(Palmerston wrapper)　　싱글 브레스티드로 된 남자들의 헐렁한 색 오버코트(sack overcoat)로 넓은 칼라, 라펠, 커프스가 없이 소맷자락이 넉넉한 소매, 사이드 플랩(side flap)이 있는 주머니가 달려 있다. 1855~1865년 사이에 영국의 국무총리였던 정치가 헨리 존 템플(Henry John Temple) 3세, 비스카운트 팔머스턴(Viscount Palmerston)의 이름을 딴 것이다.

팔방식 재봉틀　　특수 공업용 재봉틀의 일종으로, 바늘대를 원의 중심에서 여러 곳으로 보내 주는 기구를 사용하여 재봉 방향을 마음대로 조절할 수 있도록 되어 있는 재봉틀이다.

팔보문(八寶紋)　　8종(八種)의 보물을 길상도안(吉祥圖案)으로 문양화한 것을 말한다. 보주(寶珠), 방승(方勝), 경(磬), 서각(犀角), 금전(金錢), 능경(菱鏡), 서본(書本), 애엽(艾葉) 등으로 문양화한 것이다.

팔사단(八絲緞)　　8매주자직물이다.

팔자누비　　테일러드 칼라의 라펠이나 칼라에 심을 마련하여 형태를 바로잡기 위해 A자형으로 뜨는 수법인데 빗뜨기를 왕복으로 반복하면 A자 형태로 보이므로 이렇게 지칭한다. A자 뜨기는 심쪽을 보면서 뜨게 되는데 겉천은 아주 작게 뜨게 된다.

팔자 뜨기(padding stitch)　　겉옷에 심감을 고정시킬 때 사용되는 바느질법이다. 주로 테일러드 재킷이나 코트의 칼라 또는 라펠에 심지를 부착시키고 형태를 고정시킬 때 사용한다. 어슷시침과 비슷한 방법이나 길이가 더 짧고 완성된 모양이 팔자 형태가 되며 겉에서는 바늘땀이 거의 나타나지 않는다. 심뜨기, 패딩 스티치라고도 한다.

팔찌　　팔목에 끼는 장신구. 금·은·동·옥 등을 사용해 고리 모양으로 만든 것이 일반적이다. 우리 나라에서는 신석기 시대부터 팔찌를 사용하였는데, 고려 시대에는 적칠도동 팔찌와 화조당초문을 음각한 도금 은팔찌가 있었다. 조선 시대에는 거의 착용하지 않아 유물이 없다.

팔토(paletot)　① 1830년대부터 19세기 말까지 남녀가 입었던 여러 가지 형태의 코트를 일컫는 말이다. 여자용은 넓은 커프스가 있는 소매와 뒤판에 와토 주름이 있는 몸에 꼭 맞는 재킷으로, 19세기 말에 입었으며 요팅 재킷이라고도 불리었다. ② 팔토 르댕고트, 팔토 맨틀이라고 부르는 원형의 케이프가 달린 3/4 길이 또는 긴 길이의 프린세스 코트로서 몸에 꼭 맞고 악판은 단추를 채우도록 되어 있으며 뒤집어 입을 수 있고 행잉 슬리브가 달려 있다. 남자용은 짧고 헐렁한 오버 코트로서 옆주름이 있고 뒤트임이 있다. ③ 진동에 슬릿이 있는 싱글 또는 더블 브레스티드로 된 힙 길이의 케이프로 팔토 클로크 라고 하는 3개의 케이프가 달린 클로크이다. ④ 짧은 직선형의 코트로서 칼라 또는 팔토 색(paletot sack)이라고 하는 후드를 달기도 하였다. 모두 19세기 중엽에 여성들이 정장할 때 착용하였다.

팔토 르댕고트(paletot redingote)　1860년대 말 실외에서 착용한 길고 밀착된 형태의 여성 코트이다. 허리선에 이음선이 없는 프린세스 스타일로, 코트의 앞면과 깃이나 소매의 젖혀진 부분에는 단추를 일렬로 장식했다. 서큘러 숄더 케이프(circular shoulder capes)가 달리기도 했다.

팔토 멘틀(paletot mentle)　1860년대에 착용한 3/4 길이의 망토나 케이프와 비슷한 느슨한 겉옷으로, 소매는 없고 행잉 슬리브와 케이프 칼라가 있다.

팔토 클로크(paletot cloak)　1850년대에 착용한 힙 길이의 남성 망토로 싱글 또는 더블 브레스티드 스타일이며 암홀에 슬릿이 되어 있어 팔의 움직임이 활동적이다.

팔톡(paltock)　14세기부터 15세기 중엽까지 착용한 남성의 짧은 겉옷으로, 더블릿과 비슷한 형태이다. 호즈(hose)로 불린 후에 푸르푸앵(pourpoint)이라 불렸다.

팝 아트(pop art)　팝(pop)은 포퓰러(popular)의 약자로, 영국에서 시작되어 1954년 대중

문화에 의해 창출된 대중미술이다. 전후 물질만능, 과학기술 시대에 대량 생산, 대중문화, 소비문화, 도시문화 등에 관심을 갖고 대중적인 매체를 소재로 다루었다. 대표 화가로는 앤디 워홀을 들 수 있다.

팝오버(popover)　약간 플레어진 스커트 앞면에 큰 주머니가 달려 있고 두 줄의 톱 스티치가 박힌 반팔의 드레스로 데님으로 되었으며 여며 입는 랩 어라운드 형태이다. 1924년 《하퍼스 바자》라는 잡지에 클래어 매카델이 디자인한 것이 발표되어 유행하기 시작하였으며, 저렴한 가격의 홈 웨어로 수년 동안 많이 팔렸다.

팝콘 스티치(popcorn stitch)　둥근 방울같이 돌출시키는 뜨개질이나 크로셰 스티치를 말한다.

팡타쿠르(pantacourt)　종아리가 나올 정도로 길이가 무릎 밑에 오는 바지를 말하며, 프랑스어로 '짧은 팬츠'를 뜻한다.

패고트 필링 스티치(fagot filling stitch)
⇒ 번들 스티치

패고팅(fagoting)　옷감의 조각을 사이를 떼어 놓고 배치한 후, 그 사이를 실 등으로 잇대어 붙이거나 바이어스 루프를 만들어 무늬를 나타내게 도안하여 얽어 배치한 후, 꿰매는 수법을 의미한다. 대단히 손이 많이 가는 수공예적 요소의 디자인으로 고급스러운 드레스

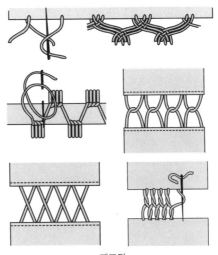

패고팅

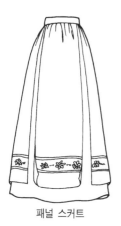

패널 스커트

나 블라우스의 네크라인, 가슴 부분, 칼라나 길의 솔기선 등에서 볼 수 있으며, 바 패고팅, 크로스 스티치 패고팅 등 그 종류가 다양하다.

패고팅 스티치(fagoting stitch) 자신이 원하는 모양이 되도록 옷감의 실을 뽑아 그 뽑힌 실 사이의 중간에 실을 연속해서 감쳐 가는 스티치이다.

패널(panel) 세로 방향으로 장식 천을 붙이는 것으로 부인복의 스커트나 베스트 옆부분의 천 사이에 집어넣은 천을 말한다. 패널 스커트는 스커트 위에 장식을 목적으로 세로로 천을 댄 것을 말한다.

패널 드레스(panel dress) 사각의 서로 다른 천이나 같은 천을 어깨나 웨이스트 라인에서 매달아 볼륨감이나 율동감 있는 장식을 한 드레스이다.

패널 드레스

패널 디자인(panel design) '전장(全長) 디자인', 또는 '한판 디자인'이라고도 하며, 연속 무늬 이음 방식에 의한 원 프린트 디자인이 일반적인 디자인처럼 스크린상에 반복되는

패널 디자인

것이 아니라 스크린 전체 크기만큼 제작된 대형 디자인을 말한다. 보통 디자인의 패턴들이 큼직하고 대담하게 그려져 있는 것이 특징이며, 여성복의 투피스, 코트, 재킷 등에 활용된다.

패널 스커트(panel skirt) 슬림한 평범한 스커트 위에 변화를 주기 위하여 또는 볼륨과 입체감을 주기 위하여 부분적으로 덧댄 스커트를 말한다. 부분적으로 다른 천을 대어서 질감의 변화를 준다든지 색을 조화시키고, 디자인이 장식용으로 응용되고 있다. 플라잉 패널 스커트라고도 한다.

패널 패턴(panel pattern) 정사각형 또는 직사각형의 격자 속에 다양한 문양이 들어가 있는 날염 문양으로 격자의 크기는 디자인에 따라 다양하다.

패널 팬츠 드레스(panel pants dress) 앞·뒷면에 자유롭게 펄럭이는 자락이 부착된 드레스이다.

패니(fanny) 힙을 덮을 수 있을 정도로 길이가 긴 풍성한 여성용 스웨터로 1970년대 초에서 1980년대까지 유행하였고 현재도 유행하고 있다.

패니어 드레스(pannier dress) 1860년대 말의 데이타임 드레스로, 겉스커트를 고리 모양으로 감아서 양옆이나 뒤로 잡아빼서 부풀렸으며, 여러 겹의 주름으로 장식된 트레인 위에 착용하였다.

패니어 드레이프(pannier drape) ① 1860년대 말, 드레스의 겉 스커트를 고리 모양으로 둥글게 감아서 힙 양쪽에 퍼프를 만든 것을 말한다. ② 1880년대에 여벌의 천을 보디스나 허리선에 이어붙여서 힙 양쪽에 드레이퍼리나 퍼프를 주고, 나머지 여분은 뒤로 잡아당겨서 폴로네즈 스타일을 만든 것이다. 제1차 세계대전 무렵에 힙 양쪽의 드레이퍼리가 튜닉의 효과를 내기도 했고, 때로는 드레스의 일부를 페그톱 룩(peg-top look)으로 만들기도 했다.

패니어 크리놀린(pannier crinoline) 1870년대에 사용한 드레스의 폭을 넓히기 위한 언더스커트이다. 버슬(bustle) 형태가 있는 케이지 크리놀린 페티코트(cage crinoline petticoat)와 결합한 형태이다.

패더링(feathering) ⇒ 블렌딩

패덕 코트(paddock coat) 길고 몸에 맞는 싱글 또는 더블 브레스티드 남성 코트로, 단추가 달려 있는 앞여밈 부분에는 단추 가리개가 있으며 큰 주머니가 달려 있고, 뒤트임이 주름으로 덮여 있다. 19세기 말부터 입었다.

패드(fad) 비교적 소수의 일부 집단, 특히 젊은층에 의해서 순식간에 받아들여졌다가 같은 속도로 빨리 소멸되는, 주기가 짧은 유행이며 특히 액세서리에 많이 나타난다.

패드(pad) 봉제에서 피복의 양어깨에 넣는 솜을 말한다. 일반적으로 다림질할 때 사용하는 푹신한 방석 모양의 받침대로서 유행에 따라 패드의 두께와 크기가 변화한다.

패디드 새틴 스티치(padded satin stitch) 꽃잎이나 잎사귀 등을 볼록하게 표현할 때 밑그림의 속을 다닝 스티치로 애벌뜨기를 한 후 심을 싸듯이 하여 새틴 스티치를 만든다.

패디드 숄더(padded shoulder) 어깨에 솜으로 만든 패드를 넣어서 넓어 보이도록 한 어깨로 1930년대에 여성들에게 소개되어 1980년대 중반에 디자이너 샤파레리에 의하여 더욱 유행하였다.

패딩(padding) 누비를 뜻하는 말로 쓰이는 영어이며, 두껍고 빳빳하게 만들기 위해 또는 보온을 위해 하는 누비를 말한다.

패딩 스티치(padding stitch) ⇒ 팔자 뜨기

패딩 웨어(padding wear) 패딩은 '속을 채워 넣다' 라는 의미로, 다운(오리의 솜털), 합성솜 등을 속에 넣고 퀼팅한 의복의 총칭이다. 다운 웨어, 각종 퀼팅 웨어 등이 그것이며, 추동 패션의 주역이다.

패랭이 천인 계급이나 상주(喪主)가 쓰던 갓의 하나로 가늘게 오린 댓개비로 성기게 엮어 만든 것이며 모자집과 테의 구분이 분명하며 모정(帽頂)은 둥글다. 방립(方笠)에서 흑립으로 이행하는 중간 단계에 속한다. 평량자(平凉子), 평량립(平凉笠)이라고도 한

다.

패랭이

패디드 새틴 스티치

패물(佩物) 사람이 몸에 차는 장식물. 조선 시대의 패물은 크게 노리개와 주머니로 대별된다. 패물은 몸을 장식·미화하려는 욕구에서 장신구의 하나로 생긴 것으로, 허리띠에 찼기 때문에 요패(腰佩)라고도 한다.

패물삼작(佩物三作) 조선 시대 부녀자들의 노리개의 일종으로, 산호(珊瑚)·호박(琥珀)·밀화(蜜花) 등으로 장식하여 세 개의 노리개가 한 벌이 되게 만든 것이다.

패브리스, 시몬(Fabrice, Simon) 아이티 태생으로 미국으로 이주하여 뉴욕 FIT에서 직물 디자인과 패션 일러스트레이션을 공부한 후 5년 간 직물 디자이너로 활약하다가 의상 디자이너로 전환하였다. 비드 자수가 놓인 화려한 이브닝 드레스로 명성이 높았다. 1981년 코티 패션 비평상을 수상하였다.

패브릭 핸드백(fabric handbag) 직조된 헝겊으로 만든 가방의 총칭이다. 소재로는 주로 캔버스 직물이나 개버딘, 포플린, 퀼팅한 면 등을 사용한다. 주말 여행용의 큰 가방이나 숄더 백으로 사용한다.

패션(fashion) 패션(유행)이란 일정한 기간 내에 사회의 상당수의 사람이 그들의 취미, 기호, 사고방식과 행동양식 등에 의식적 혹은 무의식적으로 많이 수용하게 되는 전염되는 사회적 동조현상을 말한다. 원래는 상류 사회의 사람들에 의해 이루어지는 의상 관계의 유행을 말했고, 그 정의로서 일정 지역이나 시기에 사회적, 문화적, 경제적인 영향으로 다수의 사람들에게 공통적으로 행해지는 경우를 말한다. 패션은 하나의 회오리 바람처럼 과거의 스타일에서 서서히 변화의 붐을 일으켜서 절정을 이루었다가 서서히 사라지

면서 또 다른 새로운 패션을 부각시키고 되풀이되는 현상이다. 대개 미디와 같은 인기가 없는 패션은 1년 정도에서 쉽게 사라질 수도 있지만, 활동적이고 발랄한 사회의 호응도가 높은 미니 패션은 몇 번씩이나 반복되어 재현되기도 한다. 시대에 따라 말의 뜻도 변하듯 현대에는 패션을 의상에만 국한시키는 것이 아니라 전체 생활 필수품에 부가되는 정보이며, 그 정보가 많은 사람들에게 공유됨으로써 가치가 창조되며, 그 가치가 시간과 공간을 유동하면서 문화를 이룩하는 과정 그 자체라고 말할 수 있다.

패션 그룹(Fashion Group)　패션에서 제조업, 마케팅, 디자이너, 매스컴, 교육…… 등의 패션 분야에 종사하는 전문 경영인들로 구성된 국제적인 기구이다. 1931년에 설립되었고 초대 회장은 패션 사전을 편찬한 매리 브룩스 피켄(Mary Brooks Picken) 여사가 역임하였으며, 뉴욕에 본거지를 두고 세계적으로 정보, 패션쇼, 전시회, 강연회, 세미나, 토의 등을 통하여 패션 분야의 발전을 도모한다.

패션 글라스(fashion glasses)　기능성이나 실용성의 차원을 넘어 액세서리로 착용하는 안경을 말한다. 안경의 테도 크거나 아주 작게 만드는 등 다양한 디자인으로 변화를 주며, 렌즈의 색도 노랑, 핑크, 보라 등 특이해 보이는 것이 특징이다.

패션 기본 상품(fashion basic stock)　의복 분류의 한 라인에 반드시 포함되는 품목, 수, 모델로서 주상품을 일컫는 용어이다. 주상품이 아닌 품목도 일시적으로 고객의 수요를 증가시킨 유행 상품은 기본 상품이 될 수 있다. 기본 상품에 대한 최선책은 고객들이 원하는 상품을 고객들이 원할 때 보유하고 있는 것이다.

패션 기업(fashion business)　가내 공업적인 단계에 머물고 있던 패션업계가 고도한 단계로 발전된 시스템으로, 정보화된 현대 사회에서 패션의 대중화가 진전되어 높아진 소비자의 욕구에 부응하기 위한 것이다.

패션 디스플레이(fashion display)　판매 촉진책으로서 소비자의 감정적인 욕구 만족과 경제적인 욕구 만족을 전제로 한 판매 연출을 말한다. 일반적으로 '전시하다, 진열한다' 등의 의미로 쓰이고 있으나 다른 의미로는 목적 의식을 가진 진열이나 전시의 뜻으로 공간 조형이나 입체 구성에 의하여 광고 목적을 표현하는 것을 말한다.

패션 디자이너(fashion designer)　아이디어의 발상에서부터 스타일에 적합한 옷감과 거기에 따르는 부속품의 선택, 입체 재단이나 패션 메이킹을 거쳐서 봉제하여 옷이 완성되기까지의 모든 과정을 세심하고 정성스럽게 다루어서 자기의 독창적인 디자인의 옷을 만들어 나가는 사람을 일컫는다. 현대사회에서 각자의 생활 스타일이 모두 다르기 때문에 패션 디자이너는 항상 자기 고객의 취향을 관찰하고 염두에 두어야 한다. 미래를 지향하는 패션 디자이너들은 토속적인 디자인이나 의류, 미술, 스포츠, 세계적인 사건이나 이야깃거리들을 잘 관찰해서 자기의 아이디어와 세부적인 것들을 함께 최신의 옷으로 디자인하여 만들어 낼 수 있어야 한다. 패션 디자인에서 아트, 평면 재단, 입체 재단은 필수적인 과목이며 스케치도 자유롭게 잘 할 수 있는 능력을 갖추어야 한다.

패션 리더(fashion leader)　유행을 만들어 내는 유행 선도자들을 말한다. 즉 디자이너, 유명인, 옷을 잘 입는 사람들로 많은 사람들이 모방하게 되는 소수의 유행 선도자이다.

패션 마인드 머천다이징(fashion mind merchandising)　패션에 대한 감성을 기준으로 상품기획을 하는 방법이다. 1980년대 이후 TPO에 따른 머천다이징으로는 소비자의 요구에 대응할 수 없는 분야가 많아져 이와 같은 감각적인 방법이 사용된다.

패션 마케팅(fashion marketing)　패션 상품이나 서비스를 생산자로부터 소비자에 이르기까지 원활하게 이행하는 활동으로 패션 비즈니스에서의 시장 조사, 상품화 계획, 판매촉진, 선전 광고 활동 등의 마케팅 활동을 말한다.

패션 머천다이저(fashion merchandiser) 패션 제조, 유통업체에서 머천다이징의 기능을 수행하는 사람이다. 머천다이저의 임무와 책임 한계는 기획의 첫 단계인 예측 기능에서 판매의 마지막 단계까지에서 발생되는 실적 평가 분석까지 할 수 있어야 한다. 좀더 구체적인 실무 내용을 열거한다면 시장 조사와 패션 정보를 통한 다음 시즌의 상품을 종합 기획하고 기획 구성 내용의 수량과 가격을 책정하며 디자인실과 생산 공정을 보조, 지원해 주어 유통 정책과 매장 전개를 주도한다. 이와 더불어 재고 처분과 실적 분석 결과를 다음 계획에 참조, 반영시키는 총괄적인 임무도 지닌다.

패션 머천다이징(fashion merchandising) 일반 기업에서 통용되는 마케팅의 개념과 유사하다고 할 수 있으며, 상품 기획이라고도 부른다. 즉 비즈니스에서의 주요 업무 기능인 기획, 생산, 판매 부문에 걸친 모든 활동을 전개, 진행시키는 포괄적인 의미의 용어라고 하겠다. 패션 머천다이징의 기본 구성 요소를 크게 분류하면 다음과 같다. 예측(forecasting), 기획(planning), 가격 및 이윤 측정(pricing & profit), 생산(production), 분배(physical distribution), 판매 촉진(promotion) 등이다.

패션 블랙(fashion black) 검정색 중에서도 유행의 영향으로 사용하는 검정색을 말한다. 종래의 검정색은 상복이나 사회적인 포멀 웨어에 관습적으로 착용되어 온 것임에 비해, 패션 블랙은 젊은 여성들의 야간 사교 모임이나 특별한 행사를 위한 드레스 등에 사용된다. 뉴 포멀 개념으로 독자적인 분야를 형성함으로써 주목받게 된 색명이다.

패션 사이클(fashion cycle) ⇒ 패션 주기

패션 산업(fashion industry) 패션 물품 생산 활동의 영역으로 패션 상품(텍스타일, 어패럴, 액세서리) 및 이들의 정보, 서비스의 생산·유통을 통해 부가가치를 창조하는 각종 기업의 경제 행위라고 할 수 있다. 넓은 뜻으로는 유행이 있는 모든 상품, 즉 화장품, 인

테리어, 가전 제품, 자동차, 음악, 영상 등 유행이나 정보성이 요구되는 산업을 모두 포함한다.

패션 소매업(fashion retailling) 다양한 자원(resources)으로부터 패션에 관계 있는 상품을 구입하여 궁극적으로는 고객들에게 재판매하기 위해 적합한 위치에 진열하는 사업이다.

패션쇼(fashion show) 디자이너, 소매상 및 도매상, 제조업자들의 패션 상품 판매를 증진시키기 위하여 모델에게 옷을 입혀 하나의 주제, 프로그램, 음악, 조언자, 대본 등에 따라 상품을 형식적으로 디스플레이하는 것 또는 계절의 신상품을 보여 주거나 디자이너의 특정 스타일을 형식적으로 제시하는 것이다. 1914년 11월에 '에드나 울맨 체이스 보그(Edna Woolman Chase Vogue)' 패션 잡지사에서 자선을 위해서 개최한 패션쇼가 시초가 되어 세계적으로 퍼져 나갔다. 근래에는 패션쇼, 텔레비전, 비디오테이프, 필름 등을 매체로 유행 경향이 이루어진다. 스타일쇼라고도 한다.

패션 예측(fashion forecast) 미래 시기에 유행할 패션이나 스타일을 예견하는 것이다.

패션 이미지(fashion image) 패션 리더십, 질, 선택, 가격 등과 같은 소매업자의 위치와 특성에 대해 고객이 갖는 인상을 말한다.

패션 일러스트레이션(fashion illustration) 의복의 디자인 및 특징 등을 그림으로 표현하는 패션 스케치이다.

패션 주기(fashion cycle) 패션이 혁신자들에 의해 도입되어 상승, 대중화, 쇠퇴되는 과정을 의미하는 용어로서 대개 파도 같은 곡선에 따라 시각적으로 표현된다. 또한 패션이 소멸한 다음 다시 부활하기까지의 기간을 뜻하기도 한다. 패션 사이클이라고도 한다.

패션 캐드(fashion CAD) 디자인 작업시 시간이 많이 소요되던 수작업을 대치하는 컴퓨터 지원 설계(computer aided design)로, 좀더 빠르고 용이하게 다양한 표현을 효과적으로 할 수 있다.

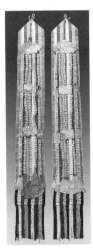

패옥

패션 컨설턴트(fashion consultant)　전문적인 패션 어드바이스나 서비스를 제공하는 사람으로 패션경향을 예측하며, 기업의 경영 정책 분야의 체계적인 지식을 갖고 있어야 한다.

패션 컬러(fashion color)　① 유행색 전반을 말한다. ② 일본에서 발행되는 패션 컬러 정보 잡지를 말한다. 패션 컬러와 새로운 패션 경향 등을 수록하고 있으며, 패션 컬러를 알 수 있는 자료가 된다.

패션 코디네이션(fashion coordination)　코디네이션이란 '대등하게 함', '통합', '조정' 등의 의미를 가진 단어로서 이 용어가 사용된 것은 1960~1970년대부터이다. 특히 1973년 오일 파동 이래로 소비자의 생활 방식이나 구매 형태가 전환되면서 일반화된 말이다. 1970년대 중반기 이후부터 성행한 캐주얼화와 레이어드 룩의 유행은 블라우스, 셔트, 스웨터, 조끼, 재킷, 코트 등의 단품옷을 색깔, 무늬, 소재, 액세서리나 구두, 핸드백, 헤어 스타일, 화장법과 잘 어울리게 조화시키는 토털 코디네이션에서 비롯된 것이다. 특히 생활 공간이나 생활 양식과의 조화, 1~2년 후에 예상될 시대의 흐름을 파악하고 정보화시켜 패션업계에 정보 제공의 역할 등을 하는 코디네이터의 영역은 넓어져가고 있다. 다시 말해서 코디네이터의 대상은 의상을 중심으로 한 물질에서 생활 공간이나 생활 양식에 이르기까지 범위가 확대된 것이다.

패션 코디네이터(fashion coordinator)　패션 경향의 개발에 대한 책임을 맡고 있는 사람으로 조직 내의 다른 사람들에게 패션 정보의 원천으로서의 역할을 하며 장소에 따라 다양한 책임이 따른다. 패션 디렉터라고도 하며, 모든 패션 매장이 최신 경향을 유지하는가를 관리한다.

패션 트렌드(fashion trend)　스타일, 컬러, 옷감의 변화하는 경향을 총칭한다. 정치, 사회, 경제, 문화, 영화, 드라마, 스포츠, 개성들이 패션에 영향을 주는 요소가 된다.

패션 포트폴리오(fashion portfolio)　취업, 편입, 대학원 진학, 유학 준비를 위한 필수과정으로서 패션 아트, 일러스트레이션 등 전과정을 연결시켜 본인의 능력을 타인에게 최대한 표현할 수 있도록 작성하는 소개물을 말한다.

패션 프레스(fashion press)　신문, 잡지, 방송 매체 등을 통해 패션 소식을 알리는 것을 말한다.

패실 클로징 백(facile closing bag)　열고 닫기 쉽도록 탄력이 좋은 쇠붙이를 여밈 양쪽에 부착시킨 핸드백으로 여미는 금속이나 뚜껑은 없다.

패옥(佩玉)　조선 시대 왕과 문무백관이 조·제복(朝·祭服)시 양옆에 늘이는 장식물의 일종이다. 위에 가로 댄 형(珩)에는 세 개의 끈을 달아 빈주(璸珠)를 꿴다. 가운데 끈에는 우(瑀)를, 양끈에는 거(琚)와 황(璜)을 달아, 서로 엇갈리게 우(瑀)에 꿴다.

패치(patch)　검정 실크 조각이나 고무 천을 얼굴이나 목에 붙이는 것으로, 17세기 여자들에게 유행하였다. 뷰티 스폿(beauty spot)으로도 표현한다.

패치 앤드 플랩 포켓(patch & flap pocket)　뚜껑이 달린 엔벨로프 포켓과 같은 모양이다.

패치워크(patchwork)　여러 가지 헝겊을 모아 구성하는 것으로 면분할과 배색이 중요하며, 일종의 조각보 형식의 자수를 말한다. 6세기에서 9세기에 실크로드에 위치한 인도에서 패치워크 형태의 기(旗)가 발견되기도 하였으며, B.C. 7세기경 인도에서 불교가 번성하면서 승복에 패치워크가 출현하였다. 11~12세기경에는 십자군이 중동이나 이집트 등에서 패치워크를 가지고 돌아갔다고 전해지며, 그 후 십자군에 의해 유럽에 전해진 패치워크는 17세기 초 유럽에서 미국으로 전해졌다. 입체적인 효과를 위해서는 속에 솜이나 스펀지를 넣고 누빈다. 재활용 정신과 섬세함이 표현되어 있으며, 프린트의 무늬로도 이용된다.

패치워크 드레스(patchwork dress)　작은 조각 옷감을 이어서 만든 드레스로 미국 식민지 시대의 여성들이 사용하였던 누비에서 영향을 받아 1969년 이브 생 로랑이 디자인하여 유행하였다.

패치워크 프린트(patchwork print)　다양한 색상과 문양의 천 조각을 이어서 만든 패치워크와 같은 느낌이 나는 문양을 날염으로 직물에 표현하는 것을 말한다.

패치 포켓(patch pocket)　패치는 '붙이다' 라는 의미로서 붙이는 포켓을 말한다. 가장 간단하고 튼튼한 포켓이기 때문에 아동복, 에이프런, 스포티한 재킷, 블라우스, 스커트 등 가볍고 경쾌한 복장에 실용적이고 장식적인 목적으로 많이 사용된다.

패키지 수트(package suit)　감각이 비슷한 옷을 다양하게 짝맞춰 입어 여러 벌의 효과를 낼 수 있게 만든 수트이다.

패킷 스커트(packet skirt)　스목이나 요크 등으로 허리 부분은 맞게 하고 그 밑으로 볼륨의 효과를 주는 볼록한 주머니 형태의 디자인으로 된 스커트이다.

패턴(pattern)　옷본을 말한다. 페이퍼 패턴 참조.

패턴 메이킹(pattern making)　패션 디자이너가 자신의 다자인을 옷으로 제작하기 위해 몸에 맞도록 패턴을 제작하는 것을 말한다. 인체의 동작에 맞춰 옷감을 직접 인체나 폼(form)에 대고 자유롭게 표현하는 입체재단과, 평면전개도를 과학적으로 제도하는 평면재단이 있다. 패턴을 제작하는 사람을 패턴 메이커라고 한다.

패튼(patten)　15세기에서 17세기에 걸쳐 남녀 공통으로 애용한, 신을 보호하기 위한 나무밑창 또는 나무밑창에 둥근 쇠가 스프링처럼 달린 나막신으로 패틴(patin)이라고도 한다.

패틀록(patlock)　15세기에 예비 기사들이 입던 짧고 꼭 끼는 더블릿을 말한다.

패티(pattee)　운동선수들이나 병사들이 발꿈치에서 무릎까지 나선형으로 감는 좁고 긴 직물로, 일종의 각반을 말한다. 또한 승마할 때 사용하는 가죽제의 각반을 의미하기도 한다. 19세기 말 인도에 주둔했던 영국군에 의해서 대중화되었으며, 인도어 패티(patti)에서 와전된 것이다.

패티 색(patti sack)　플레어가 진 소매가 달린 짧은 재킷으로 악이나 뒤 또는 옆에 단추가 달려 있다.

팩 니들(pack needle)　'팩'은 '싸다', '짐'의 의미로 마대 따위를 꿰맬 때 사용되는 돗바늘의 일종으로 패킹 바늘(packing needle)이라고도 한다.

팬백트 드레스(fan-backed dress)　인체에 밀착된 드레스에 허리선 밑으로 아코디언 주름이 잡혀 있고 리본이 달려 있는 이브닝 드레스이다. 주름이 부채 모양처럼 아래 위로 뻗쳐 있어 이런 이름이 붙여졌으며, 디자이너기 라로시가 1986년 가을 컬렉션에서 흑색 드레스를 발표함으로써 유행하였다.

팬시 도트(fancy dot)　다양한 크기의 여러 가지 색의 물방울이 자연스럽게 배열되어 있는 물방울 무늬를 말한다.

팬시 메스 재킷(fancy mess jacket)　열대지방의 밤 예장인 메스 재킷을 현대풍으로 표현한 재킷이다. 본래의 메스 재킷은 허리 밑을 연미복(燕尾服)처럼 처리하고 흰색 마(麻)로 구성하였으나 이것은 검은색 턱시도 클로스를 사용하거나 블루종형 등으로 변화시켜 일년 내내 입을 수 있도록 한 것이 많다.

팬시 커프스(fancy cuffs)　장식성이 강한 변형된 모양의 커프스이다.

팬시 코디네이트 수트(fancy coordinate suit)　상하의를 각각 다른 소재를 사용하되 색상이나 무늬가 서로 연관성 있게 만든 남성용 코디네이트 수트이다.

팬츠(pants)　허리에서 시작하여 힙과 양쪽 다리를 포함한 하반신의 옷을 말한다. 영어로는 트라우저즈(trousers), 슬랙스(slacks), 팬츠(pants)라고 부르며 불어로는 판탈롱(pantalon)이라고 한다. 바지의 시작은 직물의 발명 이전으로 최초로는 피혁으로 만들어

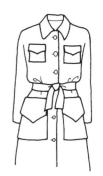

패치 포켓

팬 백트 드레스

팬츠가운

팬츠 수트

입었고 그 후에 서아시아에서 농업, 목축 생활과 함께 헝겊으로 만든 바지 형태가 선을 보이기 시작하였다. 보온성과 기능성을 겸비한 바지는 그 후 서아시아, 시리아, 팔레스타인 등에 보급되었으며, 게르만의 이동과 함께 로마에 도입되어 로마인들이 1세기와 2세기에 걸쳐서 튜닉 상의에 바지 형태의 브레(braes)를 입었다. 아우구스투스 황제가 입었던 짧은 브레가 오늘날 바지 형태의 시초라고 할 수 있다. 현대의 바지와 같은 길이는 1792년에 영국의 수병 바지에서 유래하였다. 사라센인은 남녀의 구별없이 큰 실루엣의 바지를 착용하였고 지금까지는 대개 추운 한랭 지방에서만 필연적으로 사용하던 바지가 뜨거운 사막지대에서 특이한 기후 풍토를 견딜 목적으로 쓰이기 시작하였다. 16~17세기에 걸쳐 유럽의 귀족 남성들이 퀼로트 스타일의 바지를 입기 시작하였고 여성들은 바지를 속옷으로 치마 밑에 받쳐입는 정도였다. 1830년에 바지가 여자들에게 입혀지기 시작한 것은 당시 남성이 즐겼던 승마가 여성에게까지 보급됨에 따라서였다. 중세기 초기 이래 남자 전용이라고 생각되던 바지가 여성복으로 정착하기에는 1910년대 자동차의 발명과 제1차 세계대전의 영향이 컸다. 이 시대에는 바지 스타일이 홀쭉하고 우아한 모양이었고 1830년대 초의 것은 길이가 조금 짧은 것이었다가 1840년대에 와서는 길이가 조금 길어졌다. 1850년대에는 퀼로트와 판탈롱의 중간형 스타일이 디자인되었으며 그 후 판탈롱이 공식 의복이 되어 1850년대 이후부터는 바지 길이가 발등을 덮게 되었고, 1860~1870년대에는 기본적인 형을 굳히는 시기가 되었다. 1890년대에 다시 바지통이 좁아지기 시작하여 1902년경에는 길이가 짧아지면서 바지단에 커프스가 달리기 시작하였다. 1960~1970년대의 팬츠 패션은 미국의 젊은 케네디 대통령이 세계의 각광을 받고 인공위성이 달을 향해 올라가면서 발달한 영 패션의 극치를 달리는 짧은 핫팬츠까지 대두되었다. 그 뒤 길이가 길지도 짧지도

않은 어중간한 미디 패션이 반응을 얻지 못하자 구두를 가릴 정도로 길이가 긴 팬츠 수트가 등장하여 인기를 끌면서 넓은 판탈롱이 거리를 쓸고 다녔다. 곧이어 1970년대를 대표하는 블루 진즈가 유행하였다. 청바지는 기성 세대에 대한 반발의 상징이라고도 하나, 그 실용성은 앞으로도 남녀노소를 불문하고 스포티한 바지 패션으로 계속 애용될 것이다. 바지의 유행 변천은 옷 전체 실루엣에 따라 변화하며 계속 다양하게 디자인이 개발될 것이다.

팬츠가운(pantsgown)　정장시에 입는 길이가 긴 바지로 된 팬츠 드레스로 1960년대 말에서 1970년대 초에 유행하였다. 아코디언 주름으로 된 바지가 많이 노출된 홀터 상의와 연결되어 있는 경우가 많다.

팬츠 라이너(pants liner)　타이트하게 맞는 바지 모양을 보조하기 위해 바지 안에 착용하는 타이트한 컨트롤 팬티를 말한다.

팬츠 수트(pants suit)　상의 재킷과 바지가 같은 옷감으로 만들어져 완전히 한 세트가 되는 것으로 상하가 다른 옷감으로 만들어진 투피스 차림보다는 날씬하게 보이는 데 효과적이며 더 정장 차림으로 보인다.

팬츠 스커트(pants skirt)　바지로 된 스커트를 말한다. 퀼로트, 스플릿 스커트, 디바이디드 스커트, 스쿠터 스커트와 동일한 용어이다. 1960년대 중반부터 유행하기 시작하였다.

팬츠 시프트(pants shift)　치마 대신에 팬츠형으로 된 간단한 직선 형태의 시프트 드레스이다.

팬츠 점퍼(pants jumper)　소매없는 팬츠 드레스와 유사하며, 때로는 블라우스나 셔트, 길이가 긴 바지를 곁들인다.

팬 칼라(fan collar)　목 뒤를 세워 부채를 펼친 것과 같은 모양이 되게 만든 칼라이다. 17세기 영국 엘리자베스 여왕 시대에 유행하였다 하여 엘리자베스 칼라라고도 한다.

팬타일(pantile)　1640~1665년까지 여성과 남성들에게 유행한 원뿔형의 슈거 로프(sugar loaf) 모자를 말한다.

팬터플(pantofle)　①15~17세기 중반까지 남성과 여성들이 신던 슬리퍼이다. ②패튼과 비슷한 나무 바닥의 덧신을 말한다. ③침실에서 사용하던 슬리퍼를 말한다.

팬트드레스(pantdress)　퀼로트나 갈라진 치마가 몸체 부분에 달린 드레스로 1960년대와 1980년대에 유행하였고 길이가 긴 드레스는 이브닝 웨어로 사용된다.

팬트 코트(pantcoat)　코트와 바지를 같은 옷감으로 만들어서 상하가 완전한 세트가 되는 코트를 가리킨다.

팬티 거들(panty girdle)　가랑이 부분까지 달린, 잘 늘어나는 스트레치 옷감으로 만든 팬티와 비슷한 모양의 거들이다.

팬티 드레스(panty dress)　풍성한 반바지로 블루머와 같이 입는 소녀들의 드레스로 1920년에 유행하였으며 블루머 드레스라고도 한다.

팬티 스타킹(panty stocking)　팬티와 스타킹이 연결되어 있는 타이츠 형태의 스타킹을 말한다. 보온용 타이츠와는 달리 얇고 부드러우며 신축성이 풍부하다. 고대에는 무대의상이나 체조복으로 사용되었으며, 1960년대 후반 미니 스커트가 유행하면서 일반에게 보급되었다. 가터가 필요없으므로 편리하고 가벼우며, 스마트하게 보이는 특성 때문에 일반에게 널리 애용되었다. 팬티 스타킹은 나일론 가공사를 사용하며, 바탕이 두꺼운 것은 타이츠라고 한다. 따라서 계수가 360번 이상의 편물기로 짠 것은 팬티 스타킹, 그 이하의 두껍고 거친 것은 타이츠라고 한다.

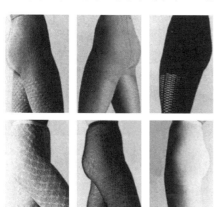
팬티 스타킹

팬티 슬립(panty slip)　허리에 팬티가 부착된 짧은 속치마, 페티코트로 어린 소녀들이 많이 입었다.

팬티 웨이스트(panty waist)　19세기 후반부터 20세기 초반까지 어린이들이 많이 착용한, 면으로 된 몸에 꼭 맞고 힙까지 오는 조끼형의 속옷이다. 소매가 없이 앞단추로 되었으며 팬티와 긴 양말을 거는 양말걸이, 가터가 달려 있으며, 언더웨이스트 또는 페리스 웨이스트라고도 한다.

팬티즈(panties)　허리 밑에서부터 입는 짧은 속바지를 가리킨다. 1930년대 이전에는 드로어즈라고 불렀으며, 1980년에는 노출이 더 많은 짧은 팬티들이 유행하였다.

팬티 파운데이션(panty foundation)　양쪽으로 신축성 있는 고무로 된 가벼운 팬티 스타일의 속옷류를 총칭한다.

팬 플리츠(fan pleats)　⇒ 아코디언 플리츠

팰리스 크레이프(palace crepe)　경사에 무연사, 위사에 S 꼬임과 Z 꼬임을 2올씩 교대로 넣어 평직으로 짠 크레이프 직물이다.

팽송(pinson)　14세기 말부터 16세기까지 남녀가 신은 가벼운 실내용 슬리퍼로, 모피로 만든 것도 있다.

퍼(fur)　가늘고 부드러운 포유류의 털로 대개 헤어의 이중 코팅으로 구성되어 있어서, 한 층은 짧고 부드럽고 컬이 있는 헤어이며, 다른 층은 이 헤어를 보호하는 길고 부드러우며 보다 뻣뻣한 보호 헤어이다. 모나 면, 레이온 등의 스테이플 섬유와 혼방한다. 퍼는 보통 매우 부드럽고 실의 표면으로부터 돌출되어 있으며, 때로는 잘 빠지는 경향이 있다.

퍼거리(puggaree, pugree)　인도를 중심으로 한 동남아시아 지역에서 머리에 감는 차가운 터번의 일종이다. 차양용 헬멧과 밀짚모자의 맨 위에 두른 견·목면 등이 뒤로 드리워져 햇빛을 막아주는 것이 특징이다. 여러 가지 다양한 색의 날염 직물이 사용된다. 터번을 의미하는 힌두어의 파그리(pagri)에서 유래

팬트 코트

하였으며 1880년경에 등장하였다.

퍼그 후드(pug hood)　18세기에 나타난 여성들의 부드러운 후드로, 뒤쪽의 머리에 맞는 부분부터 방사선의 주름이 있다. 보통 검정색의 겉감에 색상이 있는 안감을 사용하여 턴백(turn-back)시키는 효과를 냈으며, 턱밑에서 리본으로 묶었다.

퍼늘 네크라인(funnel neckline)　어깨선이 목에 붙은 채 높게 올라가서 끝이 약간 젖혀진 모양이 깔때기 같은 모양을 한 네크라인이다.

퍼늘 슬리브(funnel sleeve)　⇒ 파고다 슬리브

퍼늘 칼라(funnel collar)　얼굴에서 거리를 두고 떨어지게 세워 만든 커다란 칼라이다. 앞에서 지퍼나 단추로 채우게 되어 있으며 모양이 깔때기(funnel) 같아 붙여진 이름이다. 두꺼운 겨울 코트나 재킷에 주로 사용된다.

퍼디타 슈미즈(perdita chemise)　몸판이 몸에 꼭 맞으며, 처지는 큰 칼라가 달린 V 네크에 길고 타이트한 소매가 달려 있는 평상복에 대한 영어 명칭이다. 앞여밈을 단추나 리본 타이로 고정시켰고, 허리에 새시를 매어 뒤에서 묶었다. 1780년대 초에 입었다.

퍼레이올로(ferraiolo)　성직자들이 리셉션, 졸업식, 큰 연회 같은 정장을 요하는 때에 조끼 위에 착용하는, 길이가 길고 플레어진 흑색의 둥근 케이프를 말한다.

퍼루크(peruke)　프랑스어 페뤼크(perruque)에서 유래한 말로, 17세기부터 19세기 초까지 사용된 가발을 뜻한다.

퍼뤼키에(perruquier)　18세기에 사용된 용어로 가발을 세팅하기 위해 예약한 사람을 말한다.

퍼머넌트 웨이브(permanent wave)　머리카락의 웨이브나 컬로 머리를 자를 때까지 웨이브나 컬이 유지되는 것을 말한다. 원래는 화학약품이나 뜨거운 롤러에 의해 만들어졌으며 최초의 퍼머넌트 웨이브는 1906년에 발명되었다. 1940년대 초에는 뜨거운 롤러를 사용하지 않아도 되는 최초의 콜드 웨이브

퍼 커프스

퍼머(화학약품 사용)가 소개되어 가정에서도 퍼머를 하는 것이 가능하게 되었다. 1960년에는 바디 웨이브라는 좀더 부드럽고 풍성한 효과를 주는 방법을 사용하게 되었으며 1970년대 말에는 남자들이 많이 사용하였다.

퍼머넌트 커프스(permanent cuffs)　붙였다 떼었다 할 수 없게 소매에 붙여 만든 커프스를 말한다.

퍼머넌트 프레스(permanent press)　의복의 봉제 부분에 생기는 주름을 방지하기 위한 수지 가공의 일종이다. 수지 처리한 후 의복을 만들고 의복 상태에서 큐어링해 주거나 의복을 만든 후 수지 처리하여 큐어링하여 주는 방법으로 세탁이나 착용 중 전혀 주름이 생기지 않게 하는 가공이다.

퍼멀 슬리커(pommel slicker)　말을 탈 때 편하도록 뒤가 긴 터짐으로 된, 20세기 초반기에 유행하였던 승마용 비옷으로 새들 코트(saddle coat)라고도 한다.

퍼빌로(furbelow)　플라운스나 프릴 또는 리본으로 이루어진 장식적인 트리밍을 말한다.

퍼스널 웨어(personal wear)　지극히 개인적인 즐거움을 목적으로 한 의복으로 라운징 웨어를 뜻하는 신용어이다. 면 실크의 파자마 수트와 나이트 가운의 조화가 대표적이다.

퍼시픽 컨버터(pacific converter)　직방사를 만드는 장치의 하나로, 토상의 섬유를 그대로 절단기로 절단하고 연조하여 만드는 장치이다. 미국 오하이오 클리블랜드의 워너 스와시 회사 제품이다. 터보 스테이플러 참조.

퍼 실(fur seal)　물개를 말하는 것으로, 털은 짧고 드레시한 느낌이 있으며 검정색이나 진한 갈색으로 염색한다. 보호털을 뽑으면 담갈색의 부드럽고 촘촘한 솜털이 있으며 내구성이 뛰어나다. 코트, 재킷, 트리밍 등에 사용된다.

퍼 커프스(fur cuffs)　화려한 분위기를 자아내게 만든 모피를 사용한 커프스의 총칭이다.

퍼케일(percale)　경·위사의 밀도가 80×80

과 같고, 견고한 면평직물로 카드사로 제직한다. 날염하거나 후염하며 드레스나 아동복, 셔트, 잠옷 등에 쓰인다.

퍼트롤 재킷(patrol jacket)　남자용은 프러시안 칼라(Prussian collar)가 달려 있는 군인들의 재킷으로 싱글 브레스티드로 되어 있으며 그 위에 5개의 단추가 달려 있다. 1870년대 말에 자전거를 탈 때 타이트한 니 팬츠(knee pants)와 함께 입었다. 여자용은 힙 길이의 재킷으로 스탠딩 칼라, 커프스가 있는 좁은 소매가 달려 있으며 앞판은 밀리터리 브레이드(military brade)를 십자형으로 교차시켜 장식하였다. 1889년에 입었다.

퍼티(puttee)　제1차 세계대전시 미국의 군인이 착용한 각반으로, 긴 카키색의 울로 만들었으며, 약 10cm 넓이로 발목에서 무릎까지 감았다. 보통 버클로 고정시켰다.

퍼티그 스웨터(fatigue sweater)　탄탄한 리브 니트로 된 V자 모양의 요크, 둥글게 젖혀진 칼라에 5개의 앞단추로 여미게 된 긴팔 스웨터이다. 제2차 세계대전 때 시초가 되어 1980년대에는 면으로 된 스웨터가 남녀 모두에게 유행하였다.

퍼티그즈(fatigues)　질긴 옷감으로 된 오버올즈형의 긴 바지로 미국의 남녀 군복에서 유래하였으며 스카이 다이버, 기계공, 자동차 경기의 운전자, 캠프대 유니폼으로 많이 입는다. 제2차 세계대전 때 군인들이 착용하였으며, 때로는 녹색 숲과 유사한 카무플라주 컬러로 만들어진다. 커버올즈, 필드 팬츠라고도 한다.

퍼티그 캡(fatigue cap)　군인들이 작업시에 착용하는 모자를 말한다.

퍼 패브릭 코트(fur fabric coat)　밍크나 기린, 표범, 호랑이, 얼룩말 같이 보이는 각종의 컬러와 줄무늬 등의 털로 만든 코트로 1960년대와 1980년대에 유행하였다.

퍼포레이션(perforation)　원래는 '구멍을 뚫는 것, 관통, 구멍, 바늘구멍, 도려낸 점선' 등의 의미로 옷의 일부분에 장식을 목적으로 작은 구멍을 뚫어 패셔너블한 효과를 주는

것이나 그 구멍 자체를 의미한다.

퍼퓸(perfume)　향수, 향료, 향기, 파르핑 등을 말한다.

퍼퓸 콘(perfume cone)　향을 내는 원추형 왁스로 고대 이집트인들이 파티나 저녁 식사 동안 머리 위에 썼다. 콘이 체온이나 주위의 온도에 의해 녹아내림에 따라 향기를 풍겼다.

퍼프 슬리브(puff sleeve)　소매산과 소맷부리 양쪽에 또는 어느 한쪽에만 개더를 넣어 둥근 형태를 이루게 만든 소매이다. 1920년대와 1930년대에 유행하였으며 1960년대 후반기에 다시 유행하였다. 유아복이나 아동복에 특히 많이 사용된다.

퍼티

퍼티그즈

퍼프 슬리브

퍼프트 팬츠(puffed pants)　전체적으로 부풀린 실루엣의 팬츠로, 부팡 팬츠나 배럴 팬츠가 대표적인 아이템이다. 여성다움을 느끼게 하는 로맨틱한 스타일의 팬츠이다.

퍼플(purple)　자색으로, 청색과 적색의 혼합에서 생기는 색을 말한다. 자색은 그리스, 로마, 비잔틴 등에서 약 3000년에 걸쳐 강력하고 부유한 권력자 계급의 복색으로 사용되었다. 자색의 염료는 처음에 페니키아인(Phoenician : 고대 시리아 지방의 도시국가의 인종, 소아시아의 고대국가인)에 의해 만

퍼 패브릭 코트

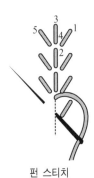

펀 스티치

들어졌다. 염료는 조개의 분비물에서 추출하며, 염료 1g을 얻으려면 약 900개의 조개가 필요했다. 따라서 그 희소 가치 때문에 부유층의 복색이 되었다. 카이사르나 아우구스투스는 황제 이외에 일반인들이 자색을 착용하는 것을 금했고, 네로의 집정에서는 자색 의복을 파는 자를 사형에 처하기도 하였다. 고대 자색은 두 가지가 있었는데, 하나는 어두운 청색에 가까운 자색이고 다른 하나는 티리안 퍼플(Tyrian puple)이라고 부르는 짙고 선명한 적색이었다. 현대 자색은 여러 종류의 합성염료에 의해서 염색되고 있다.

펀 스티치(fern stitch) 같은 길이의 스트레이트 스티치 3개로 이루어지는 간단한 수법이다. 잎맥, 잔가지 또는 가장자리를 가볍게 수놓는 데 효과적이다.

펀치 워크 스티치(punch work stitch) 비교적 느슨하게 짜여진 천 위에 약 0.3cm 정도로 처음에는 수평으로 바느질을 하고 다음에는 수직으로 같은 구멍에 자수하여 간다. 실을 잡아당겨 사각형 오픈 워크(open work) 같은 느낌을 주도록 마무리한다.

펀칭 벨트(punching belt) 펀칭 레더(punching leather)로 만든 벨트로, 캐주얼한 의복에 사용된다. 또는 그것과 비슷하게 구멍이 뚫린 소재를 사용하여 만든 벨트를 말한다.

펀칭 슈즈(punching shoes) 펀치는 '구멍을 뚫는다'의 의미로, 여러 개의 구멍으로 표면에 기하학 문양을 만들어 디자인 모티브로 활용한 구두를 말한다. 다양한 기하학 문양의 펀칭이 남성과 여성의 클래식한 구두에 활용되어 새로운 분위기를 낸다.

펀 클로스(fun cloth) 재미있게 즐거움을 느끼기 위해 캐주얼하게 착용하는 의류들을 말한다. 비닐, 플라스틱 같은 반짝이는 합성소재로 셔츠, 오버올즈, 팬츠 등을 만드는 경우가 많다.

펄 그레이(pearl gray) 진주에서 볼 수 있는 희미한 청색 기미의 밝은 회색을 말한다.

펄 드레스(pearl dress) 몸에 꼭 붙는 보디 스타킹 위에 여러 줄의 긴 진주를 조화시켜 만든 드레스를 말한다. 동양 패션의 영향을 많이 받았으며 리체러 진주 회사에서 1969년 빌 스미스 디자이너에게 의뢰하여 진주로 장식된 옷을 디자인하여 발표함으로써 더욱 유행하였다.

펄록 직방기(perlock —) 섬유의 절단과 방적을 동시에 행하면서 직방사를 제조하는 기계를 말한다.

펄론(perlon) 독일에서 합성한 폴리아미드 섬유로서 오늘날의 나일론 6에 해당한다.

펄리 파스텔 컬러(pearly pastel color) 펄리는 '진주색의, 진주 같은, 진주로 꾸민'이라는 의미로 진주색을 연상시키는 파스텔 컬러를 말한다. 약간의 회색 기미에 부드럽고 품위있는 광택을 특징으로 하기 때문에, 코튼 100%의 니트나 코튼 보일, 투명한 마, 부드럽고 온화한 레이온 등에 주로 사용된다.

펄 스티치(purl stitch) 평편조직의 표면과 뒷면이 각각 1코스씩 교차한 편조직으로, 양면에 같은 모양의 골이 생긴다. 이 조직은 경사 방향의 신축성이 좋다.

펄편(pearl stitch) 평편성물에서의 이면의 코스가 한 줄씩 표리에 교대로 배열된 조직으로 표리가 모두 평편의 이면과 비슷하다. 웨일 방향의 신축성이 대단히 좋아서 아기들의 옷에 많이 이용되며, 스톨, 스카프 등에도 이용된다.

펀 클로스

펌프스(pumps)　① 앞부리가 막힌 클래식한 여성용 구두의 총칭이다. 다양한 힐과 스타일에 따라 명칭이 다르다. 오페라 펌프스, 플랫폼 펌프스, 도르세이 펌프스, 슬링백 펌프스 등이 있다. ② 16세기에 하인들이 신었던 끈 없는 가벼운 신발 또는 윤나는 검정 가죽 신발에 보(bow)가 달린 댄싱 슈즈를 말한다.

펑크(punk)　아방가르드(Avant-garde), 우트레 스타일(outré style)로 1970년대 말 남녀 모두에게 유행한 스타일이다. 1970년대 말에 유행한 펑크 록 음악에서 유래하였다.

펑크 패션(punk fashion)　1960년대 후반부터 대두된 반체제 지향으로 기존의 질서와 격식을 깨뜨린 차림이다. 펑크란 '시시한, 보잘 것 없는 불량배'를 칭하는 말로 이 패션은 영국 런던에서 반항적이고 불량스러운 젊은 이들 사이에서 유행하기 시작하여 1970년대에 전성기를 이루었다. 그 후 하나의 패션 스타일로 정착하였다. 예를 들면 넥타이를 축 늘어뜨려 맨다든가 백을 어깨에 사선으로 매며, 금속의 쇠사슬이나 안전핀들을 의상에 많이 응용하였고, 머리 스타일은 짧게 하여 분홍색, 청색, 노랑색 등으로 물을 들이고 혐오감을 주는 짙은 화장을 한다. 또한 마이크로 미니 스커트와 비닐, 가죽, 고무 등으로 된 타이트한 바지, 낡고 찢어진 의상들을 즐겨 착용하였다. 틀에 박힌 정상적인 사고 방식에서 탈피하여 자유주의를 추구하는 경향이다.

펑키(funky)　저속한 것으로 간주되는 어떤 것들을 말한다. 그런데 이런 것들이 장난처럼 시작되어서 변화된 취향이나 유행으로써 받아들여지기도 한다.

페그레그(peg-leg)　허리를 플레어나 개더로 하여 힙 근처를 크게 보이도록 하고 밑으로 내려가면서 좁게 맞도록 되어 생김새가 팽이 모양 같다고 해서 이름이 붙었으며, 페그 톱 팬츠라고도 부른다. 1950년대, 1970년대 후반, 1980년대 초에 유행하였다.

페그 톱(peg top)　허리에서 힙 부위는 풍성하고 밑단으로 갈수록 좁아지는 바지나 스커트를 말한다.

페그 톱 스커트(peg top skirt)　힙 부분이 과장되게 부풀어지도록 개더, 개더 포켓 등으로 윗부분을 크게 하고 밑으로 내려갈수록 좁아진 스커트 모양이 팽이를 닮았다고하여 이름이 붙여졌다. 롱 스커트에서 많이 볼 수 있으며 이와 같은 팬츠를 페그 톱 팬츠라고 한다. 1910년대에 유행하였다.

페그 톱 슬리브(peg top sleeve)　1857~1864년에 착용한 남성복의 소매 형태로, 어깨 부위는 풍성하고 손목 부위는 좁은 형태이다.

페그 톱 트라우저즈(peg top trousers)　바지의 허리 부분은 주름이 잡혀 있고, 발목 쪽으로 갈수록 차츰 가늘어져 발목 부근에서 꼭 맞도록 되어 있는 팽이 형태의 남자용 바지로, 19세기 중엽에서 20세기 초까지 유행하였다. 주아브 트라우저즈라고도 불리었다.

페그 톱 팬츠(peg top pants)　허리에 주름을 잡아서 힙 주위를 크게 보이도록 강조하고 밑으로 내려가면서 좁아진 바지로 생김새가 팽이 모양 같다고 하여 이런 이름이 붙여졌으며, 페그 레그라고도 한다. 1950~1970년대 후반과 1980년대 초기에 유행하였다.

페기 칼라(peggy collar)　가장자리가 반 조개껍질 모양(scalloped)으로 장식된 둥근 칼라로, 피터팬 칼라와 비슷한 형태이다.

페내뉴라 브로치(penannular brooch)　11~13세기에 옷을 고정시키기 위해 사용한 불완전한 원형 모양의 핀을 말한다.

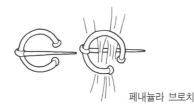

페내뉴라 브로치

페네바(paneva)　줄무늬나 체크의 모직에 때로는 자수로 장식된 러시아의 민속 셔츠이다. 소매나 앞치마가 있는 튜닉이나 루바하(rubakha)와 같이 입는다.

페넬로프(penelope)　영국에서 많이 착용하였

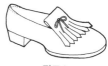

펌프스

펑크 패션

페그 톱 스커트

페그레그

페뉴아르

페니 로퍼

던 소매가 없는 니트로 된 재킷을 말한다.

페뇨(pen-wa)　⇒ 네글리제

페누라(paenula)　두꺼운 모직이나 가죽으로 된 모자가 달린 케이프나 판초로 고대 로마인들이 여행할 때나 기후가 좋지 않을 때 착용하였다.

페뉴아르(peignoir)　머리를 손질할 때 착용하는 트레싱 가운으로 네글리제의 하나이다. 몸판 부분에 코르셋을 대지 않았으며 비숍 슬리브(bishop sleeve)를 달기도 했다. 18세기 말부터 격식을 차리지 않은 모닝 웨어로 입었다.

페뉴아르 세트(peignoir set)　길이가 긴 가운과 어울리는 로브 세트로, 가운은 니트나 나일론으로, 로브는 비치는 얇은 시어나일론으로 만든다. 부드럽게 만들어진 긴 팔의 가운은 1830~1840년대에 유행하였다.

페니 로퍼(penny loafer)　동전을 넣을 수 있을 정도 크기의 가죽 조각이 발등에 덧붙여진 로퍼로 통학용 구두로 인기가 있다. 로퍼 참조.

페달 푸셔즈(pedal pushers)　자전거에 발을 올려 놓는 페달을 의미하는 것으로, 자전거 타기에 편하도록 만들어진 여성들의 7부 길이 바지이다. 날씬한 실루엣에 무릎에서 약간 내려온 길이로, 1940년대 후반기와 1950년대에 유행하다가 1980년대에 다시 유행하

페달 푸셔즈

였다. 대개 데님지로 만드는 경우가 많다.

페더 본 스티치(feather bone stitch)　⇒ 페더 스티치

페더 스모킹(feather smocking)　페더 스티치로 장식하면서 주름을 만드는 방법이다. 페더 스모킹은 스티치를 하면서 주름을 모으면 효과적인 주름이 나오기 어려우므로 먼저 주름을 잡아놓고 그 위에 페더 스티치를 하여 주름을 고정시키는 것이 좋으며, 한 주름산씩 사선 위, 사선 아래를 번갈아 실로 장식하면 된다.

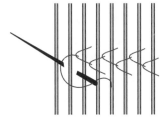

페더 스모킹

페더 스티치(feather stitch)　좌우 번갈아 연속하여 수놓는 스티치로, 부드러운 깃털의 느낌이 나므로 이런 이름이 붙었다. 의복의 가장자리 선이나 면을 메우는 데 주로 사용하며, 페더 본 스티치라고도 한다.

페더 스티치

페더 워크(feather work)　페더 스티치로 한 페더 모자이크(feather mosaic)를 말한다.

페도라(fedora)　크라운의 가운데가 들어가고 테가 휘어진 여성·남성용 중절모로 주로 펠트로 만들어진다. 1882년 사르두(Sardou)의 희곡 '페도라'에서 유래하였다.

페도라

페둘(pedule) 고대와 중세의 양말로 부드러운 가죽이나 모직으로 만든다.

페디먼트 헤드드레스(pediment headdress) 16세기에 착용한 위가 뾰족한 후드를 말한다.

페라가모, 살바토레(Ferragamo, Salvatore 1898~1960) 이탈리아 나폴리 출생의 구두 디자이너이다. 13세에 구두 제조자로 일하기 시작하였고, 16세에 미국으로 건너가 구두 생산 방법을 배우고 할리우드에서 구두 상점을 열었으며, 1936년 이탈리아로 돌아와 기반을 잡았다. 1938년 웨지 힐(wedge heel), 플랫폼 솔, 금속의 힐 등을 발표하였다.

페레데자(feredeza) 큰 소매가 달린 헐렁한 코트 혹은 케이프로, 야외에서 목부터 발까지 완전히 커버하기 위해 착용하였다. 보스니아의 모슬렘 여성이 착용하였다.

페레, 지안 프랑코(Ferré, Gian Franco 1945~) 이탈리아 태생으로 밀라노에서 건축학을 공부하고 졸업 후 가구 디자이너가 되었다. 잠시 여행을 한 뒤 금시계줄, 보석류를 디자인한 것이 계기가 되어 1970년대 초 액세서리 디자이너로 두각을 나타내기 시작하였으며, 그가 디자인한 구두, 스카프, 핸드백은 매우 훌륭하여 칼 라거펠트가 전량을 구입해 갈 정도였다. 이 무렵 피오루치가 주문한 줄무늬 티셔트가 큰 성공을 거두면서 1972년 스포츠 웨어 디자인으로까지 확대해 나갔다. 1974년 첫번째 컬렉션을 발표하고 1976년 밀라노의 기성복 컬렉션에도 데뷔한 이래 1980년대 조르지오 아르마니, 지아니 베르사체와 함께 이탈리아를 대표하는 최고의 디자이너로 인정받기에 이르렀다. 디오르의 디자인을 맡은 첫번째 컬렉션(1989년)에서 황금골무상을 수상하기도 하였다.

페레티, 알베르타(Ferretti, Alberta 1950~) 이탈리아 태생으로 1975년 회사를 세워 자신이 디자인한 옷들을 판매하기 시작하였으며, 1981년 밀라노에서도 그녀의 옷이 선보이기 시작하였다. 이탈리아 중산층 여성들을 위한 옷을 디자인하고 있다.

페로니에르(ferronière) 보석을 끈으로 연결하여 이마에 두른 머리 장식을 말한다. 프랑수아 1세(재위 1515~1547)의 애인 이름에서 유래하였다. 19세기 초에 다시 유행하였으며, 레오나르도 다빈치 작품인 '아름다운 페로니에르'는 유명하다.

페로, 루이(Féraud, Louis 1921~) 프랑스 아를르 출생으로 그의 모드는 하나의 화폭이며 낭만과 율동의 정취가 가미된 환상의 세계를 추구하고 있다. 쿠레주, 라피두스, 파코 라반을 미래파로, 이브 생 로랑, 지방시, 웅가로를 대중적인 모드파로, 마담 그레, 베네통을 소재의 중요성을 강조하는 것으로 든다면 루이는 환상적인 색채와 민속 의상에서 영감을 끌어내는 낭만파 디자이너의 독보적인 존재이다. 제2차 세계대전 중 레지스탕스 운동에 참가 투옥된 경험이 있으며, 이 무렵 화가가 되려던 계획을 바꿔 패션 디자이너가 되기로 하였다. 1953년 고향 아를르에서 스포츠 의류용품점을 개점하였으나 실패하였고, 각고 끝에 1956년 오트 쿠튀르에 정식 데뷔하고 1965년 프레타포르테에 참석하여 세계적 명성을 떨치고 있다.

페루비안 해트(Peruvian hat) 19세기 초에 여성들이 비올 때 쓴 모자로, 종려나무(palm) 잎을 엮어서 만든 것이다.

페르마유(fermail) 15세기에 의복의 슬래시를 묶는 버클이나 핀을 일컬었던 말이다.

페르소나(persona) 라틴어로 '가면'이란 뜻으로 인성(personality)이란 단어의 어원이다. 이것은 가면이 다른 사람에게 공공연히 제시되고, 개인이 쉽게 조절 또는 관리할 수 있는 자아의 측면이라는 점을 시사한다.

페르시안(Persians) 가죽제품의 산업 용어로, 인도에서 털이나 양털, 가죽 등을 제조(무두질)하는 것을 말한다.

페르시안 램(Persian lamb) 중앙 아시아가 주산지인 생후 1주일 정도 된 새끼양의 가죽을 말한다. 털색은 주로 검정, 갈색, 회색이며 실키하고 광택있는 털로 내구성이 있다. 드레시한 느낌을 가진 고급 모피로 코트, 트리

페레, 지안 프랑코

밍, 모자 등에 사용된다.

페르시안 패턴(Persian pattern)　페르시아는 현재 중앙아시아 이슬람 지역으로 이 지역의 미술 양식을 표현한 패턴이다. 대표적인 패턴 문양으로 날개, 힘센 앞발을 가진 사자 형상, 로더스의 연속 문양, 기하학적인 문양이나 식물 문양, 수렵도, 신상, 종교적인 것이 있으며, 동물의 싸우는 모습, 포도 문양 등 다양한 모티브를 여러 가지 방법으로 배열하였다.

페르시안 패턴

페르시안 포(Persian paw)　코트를 만들고 남은 페르시안 램 모피의 작은 조각들을 이어 박아 재단할 수 있게 크게 만든 것으로, 주로 코트나 칼라에 사용된다.

페리스 웨이스트(Ferris waist)　⇒ 팬티 웨이스트

페리위그(periwig)　18세기에 유행한 머리형으로, 컬한 긴 머리를 앞가슴에 늘어뜨린 스타일이다.

페모라리아(femoralia)　길이가 무릎까지 오는 짧은 팬츠. 로마 아우구스투스 황제 시대 고대 서유럽의 대지역, 골(Gaul)의 남쪽 지대의 로마 군인들이 입었던 바지로, 페미나리아(feminaria) 또는 로만 레깅스(Roman leggings)라고도 한다.

페미닌 룩(feminine look)　여성다운 아름답고 우아한 인체의 곡선미를 강조한 스타일로 어깨 라인은 둥글게, 버스트는 부풀게, 허리는 가늘게 보이도록 하여 여성다움을 추구한 스타일이다. 로맨틱하게 보이는 여성다운 감각을 강조하기 위하여 소재도 부드럽고 투명한 것을 이용하며 레이스, 리본, 프릴 등을

코디네이트시킨다.

페블(pebble)　① 페블은 '오랫 동안 물에 씻겨 둥글어진 조약돌이나 자갈'이나, '마노수정, 수정으로 만든 렌즈' 등을 의미한다. 패션 용어로 사용될 때에는 가죽과 천 등의 표면의 결을 거칠게 하는 것을 말한다. ② 1981년 춘하 파리 프레타포르테 컬렉션에 나타난 퍼티(putty : 황회색, 담황색)와 벽돌색, 찰흙 등의 중간색을 의미한다.

페어 숍(pair shop)　유니섹스 숍(unisex shop)이라고도 한다. 남성과 여성 공용의 상품을 전개하는 상점이다. 남녀 별도의 상품 구성을 하지 않으며 S 사이즈를 여성용으로 한다.

페어 아일 스웨터(Fair Isle sweater)　스코틀랜드 만의 셔틀랜드 제도에 모여 있는 페어 섬에서 만들어진 스웨터로 컬러풀한 혼합된

페어 아일 스웨터

털실로 만들어졌다.

페어 오브 보디즈(pair of bodies)　17세기에 착용한 코르셋으로, 고래수염이나 금속 또는 나무 등을 심지로 사용해 떠받치거나 조이는 힘을 보강했다.

페어 프라이스(fair price)　미국의 패션업계에서 사용되는 가격에 관한 용어이다. '공정한 가격'이라는 의미로 할인가격에 대응한 판매 가격을 말한다.

페이드 내추럴 컬러(fade natural color)　페이드는 '색이 바래다. 소리가 꺼져가다'라는 의미로, 즉 색이 없는 자연색을 말한다.

1980년대 패션 컬러로 부각된 색으로 향수를 유발하는 색의 하나이다.

페이스트 헴(faced hem)　옷을 이루는 천이 아닌 다른 천을 사용하는 데 보통 가볍고, 바이어스 컷(bias cut) 된 천이 쓰인다.

페이스티즈(pasties)　젖꼭지나 젖가슴 부분만을 가리고 장식하기 위하여 예쁘고 작은 물질을 부착한다. 주로 이국적인 춤을 추는 댄서들이 많이 착용한다.

페이싱(facing)　커프스나 칼라, 헴 가장자리를 퍼(fur)나 화려한 직물로 장식하는 것으로, 원래 그 의복 안으로 연속되어 있는 것처럼 보이게 했다.

페이즐리(paisley)　스코틀랜드의 페이즐리에서 만들어진 페이즐리 숄에 자주 사용되는 양모 직물로 문양은 매우 다양하다.

페이즐리 디자인(paisley design)　인도의 카슈미르(Kashmir) 지방에서 발생하여 영국의 스코틀랜드에서부터 세계로 넓게 보급된 디자인으로서, 신라 시대의 곡옥(曲玉) 모양의 무늬를 중심으로 작은 꽃이나 당초 무늬를 배열하여 무늬를 구성한 것을 말한다. 여러 색깔의 날염용 무늬로 이용되고 있다.

페이즐리 숄(paisley shawl)　페이즐리는 스코틀랜드 남서부에 있는 섬유공업 도시의 이름으로, 18세기 이 도시에서 생산된 숄을 말한다. 대부분 캐시미어 숄을 모방하였으며, 장식 문양으로는 페이즐리, 곡옥, 망고 등이 주로 활용되었다. 세밀하고 다채로운 색을 지닌 유연한 모직물이 사용되었다.

페이지 보이 보브(page boy bob)　어깨 정도 길이의 부드러운 스트레이트형 헤어 스타일로 뒤에 약간 컬이 있다. 중세 소년들의 헤어 스타일에서 유래하였으며 1940년대와 1970년대 여성의 헤어 스타일로 유행하였다.

페이지 보이 재킷(page boy jacket)　스탠드 칼라가 달리고 신체에 꼭 맞는 짧은 재킷으로 호텔에서 메시지를 전하는 페이지 보이 제복과 같이 금속 단추를 많이 붙이는 것이 특징이며, 벨보이 재킷이라고도 한다.

페이크 퍼(fake fur)　인조 모피를 말하는 것

으로 이미테이션 퍼라고도 하며, 드라이클리닝이 가능한 것이 최대의 특징이다. 포스 푸뤼르 참조.

페이턴트 레더(patent leather)　소, 염소, 송아지 등의 가죽을 부드럽고 튼튼하고 광택이 나게 광택면을 두껍게 코팅한 가죽을 말한다. 에나멜 레더라고도 한다.

페이퍼 돌 드레스(paper doll dress)　꼭 맞는 몸체와 타이트한 허리에 많이 부푼 스커트로 된 드레스로 나일론으로 많이 만들어지며 드레스 속에는 넓은 크리놀린 스타일의 속치마를 입는다. 디자이너 앤 포거티가 1950～1960년대에 유행시켰다. 1920～1930년대에 넓은 스커트를 입은 아이들의 장난감 종이 인형의 인기로 더 유행하였다.

페이퍼 돌 스타일(paper doll style)　1950～1955년에 많이 착용한 드레스로 밀착된 보디스, 꽉 조인 허리선, 속에 나일론 네트 스커트와 크리놀린 페티코트를 착용하여 불룩하게 만든 스커트의 형태를 말한다.

페이퍼 드레스(paper dress)　옷감이 아닌 한 번 쓰고 버리는 종이나 또는 그 외 같은 질로 만들어진 드레스를 말한다. 1968년에 잠시 유행하였으며 파티 때나 바닷가에서 입었다. 때로는 옷에 그림을 그려 넣기도 하며 가격이 비싸지 않아 재미로 즐겁게 입을 수 있다. 1986년에 다시 유행하였으며, 수잔 레인이라는 디자이너가 만든 페이퍼 드레스는 140달러에 팔렸다. 포일 드레스라고도 한다.

페이퍼 백 웨이스트라인(paper bag waistline)　허리선에 터널을 하여 드로스트링을 만들면 허리 위로 적은 러플 주름이 서게 되는 웨이스트 라인이다.

페이퍼 태피터(paper taffeta)　종이와 같이 바스락거리게 가공한 가벼운 태피터를 말한다.

페이퍼 패턴(paper pattern)　미국의 보그(Vogue), 버터릭(Butterick) 매콜즈(Mccalls), 심플리시티(Simplicity) 같은 회사에서 판매하는 종이로 만든 옷본을 가리킨다. 각 사이즈별로 그려져 있으며, 1872년에 버터릭 회사가 발명해 낸 것이 시초였다. 가

페이즐리

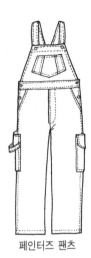

페인터즈 팬츠

페전트 코트

페즈　　　페전트 드레스　　　페전트 스커트

정에서 하는 봉제 방법으로 많이 쓰인다.

페이퍼 프레스(paper press)　1~2회 착용하도록 만들어진 종이옷으로 병원용 가운이나 어린이 파티옷 등의 용도로 사용된다.

페인(panes)　1500~1650년대에 호즈, 더블릿, 소매 등의 일부분을 구성하는 데 사용한 수직의 긴 조각들로, 속의 옷감을 끄집어내어 페인과 속옷과의 색상대비를 보여주었다.

페인터즈 팬츠(painters pants)　자연색이나 백색의 다리 부분에 빗이나 물건을 꽂을 수 있도록 한 팬츠로, 페인트칠하는 사람들이 작업할 때 편하게 입을 수 있도록 옆주머니가 크게 달린 바지에서 유래하였다. 1970년대 후반기에 유행하기 시작하여 스포츠 웨어로 많이 이용되었으며, 1980년대에는 여러 색으로 만들어졌다. 그 형태가 유사하여 오버올즈라고도 한다.

페일 컬러(pale color)　페일은 '색이 창백하다, 엷다, 바래다'라는 의미로, 엷은 색조에 속하는 컬러의 총칭이다.

페자권 바흐(pais-a-gwn bach)　웨일스 토착민의 의복으로 몸에 꼭 맞는 보디스, 줄무늬가 있는 페티코트가 보이도록 뒤를 말아올린 오버스커트, 에이프런으로 구성되어 있다. 웨일스에서 해마다 개최되는 시인·음악가 대회(eisteddfod) 때 입었다. 웨일스어의 'pais'는 나라 또는 사람을 의미하며, 'gwn'은 옷을 의미한다.

페전트 네크라인(peasant neckline)　⇒ 드로스트링 네크라인

페전트 드레스(peasant dress)　부풀린 퍼프소매에 네크라인을 잡아당겨서 주름이 진 드로스트링으로 되어 있고, 코르셋 모양의 조끼가 달려 있는 풍성한 주름 스커트의 드레스이다. 조끼는 끈으로 여미도록 되어 있고 치마는 주름을 넣어 풍성하게 하고 단에는 러플을 달았다. 1970년대 후반에 유행하였다. 유럽의 여성 농부들이 입는 의상에서 응용된 것으로, 1980년대에는 시골풍이란 이름을 만들어내기도 했다.

페전트 룩(peasant look)　농부들의 복장에서 이미지를 딴 스타일로 파이어니어 룩 또는 시골풍의 표현에 적당하다.

페전트 보디스(peasant bodice)　1880년대 중반의 보디스, 코르셋으로 앞의 가슴선과 어깨선의 가장 바깥 부위를 가죽끈으로 졸라맨 형태이다.

페전트 블라우스(peasant blouse)　유럽의 농부들이 입던 옷 모양에서 힌트를 얻어 디자인되었다. 목둘레나 소매끝은 주름을 잡았고 거기에 수를 놓거나 장식 레이스 트림으로 끝마무리를 하는 경우가 많다. 집시 블라우스라고도 한다.

페전트 스커트(peasant skirt)　유럽의 농민복풍으로 여성들이 입는 치마폭이 넓은 스커트이다. 던들 스커트와 같은 것으로, 개더 스커트의 일종이다.

페전트 슬리브(peasant sleeve)　상단부와 밑단에 주름을 잡아 넣은 소매이다. 짧고 부풀게 만들거나 길고 풍성하게 만든다.

페전트 코트(peasant coat)　앞단과 소매단, 스커트 단에 자수를 놓고 털을 댄 종아리 정도까지 오는 미디 길이의 코트이다.

페전트 패션(peasant fashion)　유럽에서 축제일이나 민속행사 때 농부들이 착용한 의상에서 영향을 받은 스타일이다.

페즈(fez)　원래는 붉은 바스켓을 엎어 놓은 모양에 검정술이 달려 있는 터키 모자로 시리아, 팔레스타인 등지에서 썼는데, 이것이 검정술이 없는 붉은 바스켓 모양의 여성용 모자로 도입되었다. 모로코에 있는 페즈라는

도시의 이름에서 유래하였다.

페칸(pekan)　족제비과 담비의 모피로 피셔라고도 한다.

페커리(peccary)　중남 아메리카가 주산지인 돼지의 일종으로 가죽의 결이 가늘고, 가벼운 것이 특징이다. 드레스, 장갑 등에 사용된다.

페키니즈 스티치(pekinese stitch)　백 스티치를 한 다음 다른 실로 느슨하게 원을 그리듯이 휘감아 수놓는 방법이다. 루프는 원하는 효과에 따라 줄무늬에 악센트를 주거나 느슨한 느낌을 나타내는 데 사용하며, 장식적인 윤곽선이나 꽃잎 등에 적합하다.

페타소스(petasos)　넓은 챙이 달리고, 크라운이 낮고 둥글거나 약간 뾰족한 모자를 말한다.

페타소스

페탕레르(petenlair)　1745~1770년에 나타난 상하가 분리된 여성들의 드레스로, 앞이 꼭 끼는 스터머커가 있는 넓적다리 길이의 보디스와 넉넉한 등, 팔꿈치 길이의 소매로 구성되었다. 긴 페티코트와 함께 입어 드레스의 형식을 갖췄으며, 프렌치 재킷(French jacket)으로도 불린다.

페털 드레스(petal dress)　꽃잎을 여러 개 겹친 듯이 디자인한 드레스로, 부드럽고 로맨틱하게 보인다.

페털 스티치(petal stitch)　한쪽 방향에 루프를 일렬로 두는 체인 스티치로 원모양이나 두꺼운 선 등에 사용한다. 마치 아우트라인 스티치에 체인이 한 개씩 연결된 것 같은 모양이다.

페털 슬리브(petal sleeve)　소매단이 곡선으로 커브가 진 짧은 소매이다. 소매 중심에서 서로 겹치게 하여 꽃잎처럼 보이게 만든다.

페털 칼라(petal collar)　꽃잎 모양처럼 여러 조각의 천을 겹쳐 만든 칼라이다.

페털 팬츠(petal pants)　휘감은 듯 둘러싼 치마같이 슬림하게 싸여 이루어진 팬츠로 꽃송이같이 겹쳐졌다고 하여 페털이라는 이름이 붙었다.

페털 헴(petal hem)　⇒ 꽃잎 모양 단

페트롤 블루(petrol blue)　페트롤은 프랑스어로 석유라는 의미로, 석유에서 볼 수 있는 맑은 청색을 말한다. 가솔린 위에 비쳐 보이는 투명한 청색으로 머린 룩이나 로열 블루 등과 함께 패션 디자인계에서 청색의 대표적인 색으로 주목받고 있다.

페티보커즈(pettibockers)　20세기 초에 여성들이 속옷으로 입은 실크 저지로 된 발목 길이의 판탈롱이다.

페티스커트(pettiskirt)　페티코트를 가리키는 다른 용어이다.

페티스커트 브리프(pettiskirt brief)　허리에 속치마와 짧은 팬티가 같이 부착된 속치마이다.

페티 슬립(petti-slip)　⇒ 하프 슬립, 페티코트

페티코트(petticoat)　안감과 같은 역할을 하는 것으로 허리에서부터 입는 속치마로 여성들이나 아동들이 드레스 속에 입으며, 주로 가벼운 천으로 만든다. 겉옷의 실루엣을 잘 표현하기 위하여 크게, 작게, 넓게, 좁게, 길게, 짧게 보이도록 보조 역할을 하며 때로는 빳빳한 옷감에 철사류를 넣어서 뻗치도록 만드는 경우도 있다. 웨이스트코트, 페티 슬립이라고도 한다.

페티코트 드레스(petticoat dress)　드레스의 치맛자락 밑으로 장식적인 속치마인 페티코트풍의 장식을 한 드레스이다.

페티코트 보디스(petticoat bodice)　① 소매 없는 보디스의 허리선에 연결되는 페티코트로, 약 1815~1890년에 착용되었다. ② 1890년대의 코르셋 커버(corset cover)의 일종이다.

페티코트 브리치즈(petticoat breeches)　17세기 중엽에 유행한 통이 넓은 바지로, 치마같이 생겼다. 원래는 네덜란드 농부들이 입던

페털 스티치

페털 드레스

페털 슬리브

옷을 유럽에서 받아들인 것으로, 긴 직사각형을 스커트처럼 둘둘 말아 입은 것도 있고, 치마처럼 보이지만 가운데를 막아 바지로 만든 것도 있다. 프랑스에서는 랭그라브라고 불렀다.

페티 퀼로트(petti culottes)　속치마와 팬티가 합쳐져 된 속옷으로 바지통은 플레어졌으며, 악뒤 중심은 맞주름으로 되었고 레이스로 장식된 것도 많다.

페티 팬츠(petti pants)　속치마, 페티코트를 바지로 변형시킨 형태를 총칭한다. 바지통이 넓은 밝은 색의 니트로 된 속바지로 길이가 무릎까지 오는 것도 있고, 그보다 길이가 더 긴 것도 있다. 주로 여성들이 퀼로트 스커트 밑에 많이 입는다. 1960년대 후반에 소개되었으며, 짧은 미니 길이로 된 것도 있는데 이를 미니 페티 팬츠라고 한다. 1980년대 초 레이어드 룩의 등장으로 인하여 유행하였다.

페플럼(peplum)　그리스의 페플로스를 로마에서 페플럼이라 했다. 또한 짧은 스커트란 뜻으로 드레스의 허리선이나 블라우스 · 재킷의 허리선에 달린 짧은 스커트를 말하기도 한다.

페플럼 드레스(peplum dress)　날씬한 실루엣의 드레스로 힙 주위에 덧단이 달려 있고 그 밑으로 플레어 또는 타이트 스커트가 받쳐진 투피스처럼 보이는 원피스 드레스이다. 1930년대, 1940년대, 1980년대에 여성들에게 인기가 있었다.

페플럼 로통드(peplum rotonde)　여자의 허리 길이 원형 클로크로서 뒤트임이 있고 가장자리에 술장식을 하였다. 1870년대 초에 입었다.

페플럼 바스크(peplum basque)　1860년대 중반에 나타난 허리에 페플럼이 부착된 여성의 드레스로, 보통 앞과 뒤의 페플럼은 짧고 양옆은 길다.

페플럼 보디스(peplum bodice)　1870년대에 입었던 이브닝 드레스의 보디스로, 양옆의 긴 패널이 드레이프져서 힙의 양옆에 파니에(paniers) 같은 모양을 만든다.

페플럼 블라우스(peplum blouse)　허리선에서 스커트 쪽으로 잔주름 플레어로 다른 한 조각이 이어진 블라우스를 말한다. 벨트를 매지 않으면서 웨이스트를 강조하는 스타일에 많이 이용된다. 고대 그리스 시대에 몸에 옷감을 두른 의복을 페플로스(peplos)라고 부른 데서 유래하였다. 1970년대와 1980년대에 유행하였다.

페플럼 블라우스

페플럼 수트(peplum suit)　허리에서 밑으로 플레어가 달려 엉덩이를 가리게 만든 재킷과 스커트로 이루어진 클래식한 분위기의 여성용 수트이다.

페플럼 스커트(peplum skirt)　허리에서부터 밑으로 다른 스커트 위에 한 장 더 끼어 넣은 덧붙인 스커트를 가리킨다. 밑부분은 대개 주름, 개더, 플레어로 되어 있으며, 허리에 벨트를 매지 않고 허리가 강조되어 보이는 짧은 재킷에도 많이 이용된다. 1970년대와 1980년대에 유행하였다. 고대 그리스 시대에 몸에 걸친 긴 전통 의상을 페플로스(peplos)라고 한 데서 유래하였다.

페플럼 슬릿(peplum slit)　페플럼에 넣은 절개를 가리킨다. 1960년대의 레트로 붐에 따라 이러한 페플럼을 특징으로 한 디자인이 부활하였다.

페플로스(peplos)　그리스 키톤의 가장 초기의 형태로 직사각형의 울로 만든 것으로 호머 시대의 여자들이 입었다. 때로는 전체에 자수를 놓기도 하였고, 신체 주위로 휘감아 어깨에서 피불라 또는 핀으로 고정시켰으며,

끈으로 된 벨트를 허리에서 묶었다. 한쪽 가슴을 노출시켜 옆이 벌어진 채로 걸치기도 하였다.

펜던트(pendant)　　걸거나 늘어뜨리는 귀고리나 목걸이를 말한다.

펜디(Fendi 1897~1978)　　이탈리아 태생의 디자이너로 1918년 회사를 설립하였으며, 지금은 다섯 명의 딸들이 운영하고 있다. 1982년에 고용한 수석 디자이너인 칼 라거펠트를 제외하고는 가족으로 이루어진 회사이다. 유명한 'FF' 머리글자를 디자인한 것도 펜디였다. 그는 무엇보다도 모피 분야의 재단과 염색 디자인에서 새로운 장을 열었다. 훨씬 가볍고 입기 편하게 하기 위하여 모피에 수천 개의 작은 구멍을 냈고 길쭉한 조각(strip)으로 만들어 아코디언 주름을 주거나, 밍크를 꽃잎 모양의 숄로도 만들었다. 이는 라거펠트의 모피에 대한 전반적인 이해와 탁월한 상상력을 나타내 주는 것이다.

펜디

펜디클(pendicle)　　17세기 남성들의 귀고리로 펜던트 형태이다.

펜슬 스커트(pencil skirt)　　슬림하게 좁아지기 시작하여 연필끝처럼 아주 가늘어진 스커트로, 실루엣의 형태가 연필과 같다고 하여 붙여진 이름이며, 이러한 스타일의 드레스를 펜슬 드레스라고 한다.

펜슬 스트라이프(pencil stripe)　　연필로 그은 선 정도의 굵기를 가진 줄무늬로 줄무늬 간의 간격은 문양에 따라 다양하다. 대개 엷은 색 바탕 직물에 진한 색을 이용하여 줄무늬를 만든다.

펜싱 블라우스(fencing blouse)　　17세기의 유럽 남자 셔트에서 인용한 것으로, 부드러운 백색의 크레이프지나 저지로 만든 각이 진 노치트 칼라가 달리고, 어깨가 늘어지게 달린 드롭 숄더에, 풍성하고 긴 소매끝은 커프로 꽉 조이게 되어 있는 남녀 블라우스 및 셔트를 말한다. 듀얼링 블라우스라고도 한다.

펜싱 셔트(fencing shirt)　　길고 뾰족하게 내려온 칼라에 풍성하고 넓은 긴 소매가 달린 남녀 공용의 셔트이다. 대개 목 주위는 레이스로 장식하였으며, 에롤프린과 타이론 파워가 모험적으로 칼싸움과 펜싱을 하는 영화에 출연함으로써 더 유행해졌다. 듀얼링 셔트와 유사하다.

펜싱 수트(fencing suit)　　타이트한 팬츠와 허리 길이의 짧은 재킷으로 이루어진 수트이다. 스탠딩 칼라에 왼쪽 가슴에는 빨간색의 작은 하트 표시가 되어 있으며 대각선으로 여미게 디자인된다. 상의는 펜싱 검으로부터 보호하기 위하여 솜을 넣어 누비거나 패드를 대어 만들고 색상은 흰색을 사용한다.

펜싱 재킷(fencing jacket)　　높은 스탠딩 칼라가 달린 몸에 꼭 맞는 허리 길이의 재킷이다. 패드를 대거나 누벼서 만들며, 왼쪽 가슴에 붉은색의 하트를 수놓고 오른쪽을 향하여 대각선으로 여미게 되어 있다. 펜싱 경기 때 착용하며 때로는 일상복으로 응용되기도 한다.

펜테스(pentes)　　두 겹으로 재단된 독특한 스커트로서, 실크와 벨벳 사폭을 교대로 사용하여 만든 언더스커트가 보이도록 오버 스커트를 드레이프지게 하였다. 1880년대 중엽에 입었다.

펠레린(pèlerine)　　① 모피, 벨벳, 기타 직물로 만들어진 여성들의 짧은 숄 케이프로 때로는 긴 스카프의 양끝을 교차시켜 허리에서 묶기도 하였다. 1740년대 초부터 1880년대 전반에 걸쳐 사용되었다. ② 레이스가 장식된 모슬린으로 만든 케이프 칼라로, 18세기 중엽부터 19세기 전반에 걸쳐 사용되었다.

펠론(Pellon)　　미국 펠론사에서 생산된 부직포의 상품명이다.

펠리스 로브(pelisse robe)　　데이타임 드레스

펠레린

펠레린

로 코트 스타일이다. 앞은 리본으로 나비 모양의 매듭을 만들어 고정시키거나 훅 앤드 아이(hook and eye)로 고정시킨다.

펠리스

펠리슨(pellison)　　14세기부터 16세기의 남녀가 착용한 가장자리가 모피로 장식된 튜닉이나 가운을 말한다.

펠 심(fell seam)　⇒ 쌈솔

펠트(felt)　　양모 또는 양모와 다른 섬유와의 혼합 섬유를 가온 압축하에서 문질러 양모의 축융성에 의해 섬유가 얽혀서 된 피륙을 말한다. 펠트는 실을 거치지 않고 섬유의 얇은 층을 축융하여 만든 것이므로 표면에 실로 이루어지는 표면결이 없고 압축에 대한 탄력성은 있으나 인장과 마찰에는 대단히 약하

다. 따라서 일반 피복용으로는 별로 사용되지 못하고 모자와 의복의 장식 등에 사용되며, 주로 보온재, 흡음재, 여과포, 연마용 등의 공업용으로 사용된다.

펠트

펠트벨트(pelt－belt)　　1968년 페더웨이트(featherweight) 재킷에 부착되었던 7cm 정도 넓이의 벨트로, 주로 추운 날씨에 몸을 보호하기 위해 여미는 데 쓰인다.

펨브루크 팔토(Pembroke paletot)　　남자들의 종아리 길이의 코트로서 넓은 라펠, 8개의 단추가 달려 있는 더블 브레스티드, 접어 꺾은 커프스가 있는 넉넉한 소매가 특징이며, 뚜껑이 있는 옆주머니와 가슴에 세로 방향의 주머니가 있으며, 목에서 허리선까지 갸름한 형태이다. 1850년대 중엽에 입었다.

편발(編髮)　　만주족의 머리 모양으로 머리의 가운데 부분만 남기고 가장자리 부위는 깎아 길게 땋는 방법을 말한다. 변발(辮髮)이라고도 한다.

편복(便服)　　평상시에 입는 옷으로 신라 시대에는 편복으로 표의(表衣)를, 고려 시대에는 백저포(白紵袍)를 입고 조건(早巾)을 쓰고 검은 신을 신었다. 조선 시대 사대부의 편복 포제에는 답호·철릭·직령포 창의(氅衣)·두루마기가 있었으며, 흑립(黑笠)을 쓰고, 태사혜를 많이 신었다.

편복문(蝙蝠文)　　박쥐 형상으로 구성된 금문(錦文) 형식의 문양이다. 박쥐는 복(福)을 상징하기 때문에 복(福)을 대신하여 박쥐문을 식기(食器)·떡실·능화판(菱花板) 등에 시문하였다. 편복이 쌍으로 대치하면 쌍복(雙福)을 뜻하고, 다섯 편복을 넣어 표현하면 오복(五福)을 의미한다.

편성(knitting)　한 올 또는 여러 올의 실을 바늘로 고리를 만들어서 얽어 편성물을 만드는 과정을 말한다.

편성기(knitting machine)　편성물을 만드는 데 사용하는 장치로, 위편성물을 편성하는 기계에는 횡편기와 환편기의 두 종류가 있으며, 경편성물을 편성하는 기계에는 트리코, 밀러니즈, 심플렉스, 라셀이 있다. 환편기, 횡편기 참조.

편성물(knit, knitted fabric)　니트, 메리야스라고도 하며, 실의 고리를 만들고 이 고리에 실을 걸어서 새 고리를 만드는 것을 되풀이하여 만든 피륙을 말한다. 편성물은 그 구조와 편성 방법에 따라 크게 위편성물과 경편성물의 두 가지로 분류된다. 편성물은 직물에 비해 신축성, 유연성, 방추성이 좋고, 함기량이 많아 보온성이 우수하며, 투습성, 통기성이 좋은 옷을 만들 수 있다.

편성 파일(knitted pile)　위 2중 편성법으로서, 파일사가 긴 코를 만들면서 편성하여 얻어진 루프를 절단하거나 또는 루프 그대로 사용하며, 파일 직물과 외관이 거의 같고 제조 속도가 빠르며, 파일 직물보다 더 유연하고 드레이프성도 더욱 좋다.

편의점(convenience store)　1950년대 후반 미국에서 탄생한 소매업으로 대형화된 슈퍼마켓이나 쇼핑 센터의 불편함을 보충하는 편리성을 가지고 있다. 주택지에 접하여 연중무휴로 24시간 영업하고, 재고 회전율이 빠른 식품과 일용잡화, 편의품 등의 한정된 제품 계열을 중심으로 셀프 서비스로 판매하는 체인 시스템의 소형 점포이다.

편의품(convenience goods)　편의점에서 판매하는 품목들로 소비자가 빈번하게 구입하며 최소한의 쇼핑 노력을 들여서 구입하는 제품이다. 제품 분류에 있어서 소비자가 제품을 잘못 구입했을 때 느낄 수 있는 제품에 대한 위험이 제일 낮다.

편자　망건(網巾)의 끈을 말하는 것으로 망건의 아랫시울에 붙여 망건을 매는 말총으로 짠 두꺼운 띠이다. 좌우 당줄을 맞바꾸어 관자(貫子)에 꿰어 망건 뒤에 엇갈려 매고 다시 상투 앞으로 맨다.

평견(平絹)　경사(經絲)와 위사(緯絲)를 거의 같은 굵기의 실로 평조직(平組織)으로 제직한 견직물의 총칭으로 유류(紬類)가 이에 속한다.

평균 모델　개개의 특질의 평가치를 평균하여 전체 인상이 형성된다는 개념이다.

평균 총판매(average gross sale)　전체 판매의 화폐량을 전체 판매를 가능하게 하는 판매 계약이나 판매 대조의 수로 나눈 것이다.

평극자(平屐子)　이(履)의 한 종류로 나무를 사용하여 만든 평바닥의 신으로 앞의 발가락 부분에 끈으로 고리를 연결하여 걸치게 만들었다. 임란 이후 굽 달린 나막신으로 변천하였다.

평량립(平凉笠)　⇒ 패랭이

평량자(平凉子)　⇒ 패랭이

평면관(平冕冠)　고려 시대 대악령(大樂令)·알자(謁者)·대관령(大官令) 등이 제복(祭服)에 착용하던 관(冠). 유(旒)가 없는 면(冕)으로 겉은 현색(玄色), 안은 주색(朱色)이다. 청색(靑色) 굉(紘)을 늘어뜨렸고, 그 끝에 청색옥 진(瑱)을 장식하였다.

평솔　⇒ 가름솔

평수　우리 나라 자수의 수법 가운데 가장 광범위하게 쓰이는 기초 수법으로 프랑스 자수의 새틴 스티치와 같다. 수직이나 수평으로 실을 촘촘히 메우는 수법으로 사선 평수보다 넓은 면을 메우며, 메우는 면이 틈이 나거나 겹쳐지지 않도록 주의한다. 아주 넓은 면을 수놓을 때는 실이 뜨지 않도록 가는 실로 눌러 주며, 평수한 위에 다른 수법으로 장식을 하기도 하고, 원형·사각형 또는 꽃이나 잎을 표현할 때 사용한다. 실땀이 오른쪽으로 향하는 것을 오른편수라고 하고 왼쪽으로 향하는 것을 왼편수라고 한다.

평정건(平頂巾)　앞이 낮고 뒤가 높아 턱이 진 두건 형식의 관모(冠帽)로 고려·조선 시대에 사용되었으며, 검정 무명을 두 겹으로 하고 그 사이에 심을 넣어 빳빳하게 만든다. 유각평정건(有角平頂巾)과 무각평정건(無角平頂巾)이 있다.

평정법(rating scale method)　미리 만들어 준 평점척도에 체크하게 하는 자료수집 방법이다.

평직(plain weave)　직물 조직에서 가장 간단한 조직으로서 경사 한 가닥이 같은 한 가닥의 위사 위아래에 매회 걸쳐지면서 만들어지는 것이다. 태비직(tabby weave)이라고도 하며 표리가 없고 조직점이 많아서 얇으면서도 강직하고 강하며 실용적이다. 모슬린, 깅엄, 바티스트, 론, 오건디 등이 평직물에 속한다.

평천관(平天冠)　왕이 면복(冕服)을 입을 때 쓰는 관으로, 위에 놓인 판이 평평하다고 하여 평천관이라 한다. 겉은 현색(玄色), 안은 홍색으로 하며 유(旒)를 관의 앞뒤에 달기 때문에 면류관(冕旒冠)이라고도 한다.

평편(plain stitch, plain knitting, jersey stitch)　편성물의 가장 기본적인 조직으로 1열의 편침을 써서 한 방향으로 코를 형성한 조직이다. 평편성물에서는 표면에 웨일만이 나타나 있고 이면에는 코스만이 나타나 있어 표면과 이면의 구별이 뚜렷하다. 스웨터, 내의, 드레스 및 스포츠 의류에 많이 사용된다.

평행봉 재봉틀　두 개의 바늘대를 가지고 두 줄의 땀을 만드는 공업용 재봉틀로, 브래지어, 코르셋, 레인 코트, 청바지, 가죽 코트 등에 두 줄 장식을 할 때 사용된다.

폐금(幣錦)　중국의 《좌전(左傳)》에 나오는 금명(錦名)으로 증물(贈物)의 금(錦)이다.

폐슬(蔽膝)　무릎을 가리는 하의(下衣)의 하나. 왕의 곤복(袞服)·강사포(絳紗袍), 왕비의 적의(翟衣), 사대부의 조복(朝服)·제복(祭服)에 딸린 것이다. 조선조 왕의 폐슬을 보면, 훈색의 비단으로 만들어 동색 옷감으로 위에 비(紕), 아래에 준(純), 준식(純飾) 안에 오색선조(五色線條)의 순(紃)을 둘렀다. 조(藻)·분비(粉米)·보(黼)·불(黻)의 4장문을 수놓았다.

포(布)　고대(古代)에는 인피섬유류(靭皮纖維類) 직물에 대한 총칭으로서 사용되었다. 오늘날에는 직물류의 총칭으로 사용된다. 등포(藤布), 갈포(葛布), 마포(麻布), 저포(紵布), 파초포(芭草布), 수피포(樹皮布)로부터 면포(綿布), 견포(絹布), 모포(毛布) 등으로 시대에 따라 포의 명명범위가 넓어져 왔다. 포백(布帛)과 같이 직물의 일반적 용도로도 사용되었다.

포(袍)　바지·저고리 위에 입는 외의(外衣)로 우리 고유의 포는 북방 호복 계통에 속하며, 구성은 장유(長襦)가 길어진 것이다. 표의(表衣)라고도 한다.

포건(布巾)　상중(喪中)에 기혼 남자 복인(服人)이 사용한 두건의 한 가지이다. 재료로는 마포(麻布)를 사용한다.

포 고어 슬립(four gore slip)　웨이스트라인이 없이 위에서 밑으로 퍼져나간 네 조각으로 된 플레어진 속치마이다.

포권(布卷)　직기의 부품으로 제직된 직물을 감는 직구이다.

포니(pony)　러시아, 폴란드, 중국, 남아메리카가 주산지인 조랑말을 말한다. 생후 2개월까지의 조랑말만 모피로 사용하며, 러시아산이 최고급품이다. 짧고 아름다운 긴 털에 물결 무늬와 광택이 있으며, 갈색, 회색, 검정 등 여러 색조의 털을 자연색으로 사용하거나 염색하여 사용한다. 코트, 재킷, 트리밍 등에 쓰인다.

포니테일(pony tail)　긴 머리를 뒤로 고무줄로 묶어 말총처럼 길게 늘어뜨리는 헤어 스타일로 1950년대에 유행하였다.

포 당주(peau d'Ange)　에인젤 스킨의 상품명이다.

포대(袍帶)　고구려 무용총 벽화에서 용례(用例)를 볼 수 있는 포(袍)에 매는 띠로 포의 뒤에서 맺어 길게 늘어뜨리며, 포백(布帛)을 사용하여 만든다.

포대 입구 막음 재봉틀　특수 공업용 재봉틀의 일종으로, 포대의 입구를 봉합하는 재봉틀로 재봉이 끝난 방향에서 시작한 방향으로 쉽게 풀리게 된다.

포도당초문(葡萄唐草紋)　포도가 주문(主紋)이 된 당초문으로 통일신라 이후에 특징적으로 나타나는 보상화문, 보상당초문, 석류문, 파초문 등과 같이 나타난다. 조선 시대의 직금(織金) 문양에도 포도당초문이 나타나 있으며 그 유품(遺品)이 단국대학교 부설 석주선 민속박물관에 있다.

포도문(葡萄紋)　포도송이 및 포도넝쿨을 문양화한 것이다. 고려 시대에는 도자기에 포동넝쿨 사이에서 노는 동자(童子)의 모습을 표현하였는데, 이는 장수 · 다남(多男) · 다복(多福) 등을 의미한다. 조선 시대에는 회화적(會畵的)인 포도문이 성행하였다. 포도당초문(葡萄唐草紋)이라고도 한다.

포두(包肚)　고려 시대 배자(褙子)의 일종으로 공복(公服)에 착용하던 소매가 없는 괘자형(掛子形)의 짧은 웃옷이다.

포 드 수아(peau de soie)　'견의 표피(skin of silk)'란 프랑스어이며, 원래는 두둑 외관 또는 나뭇결 모양의 외관을 한 변화수자직의 섬세한 견직물을 뜻하는 것으로, 현재는 인조 섬유 직물도 포함한다. 이때는 사용하는 섬유의 명칭을 표시하는 것이 바람직하다. 여성용 야회복, 예복의 코팅 및 트리밍에 사용된다.

포랄(poral)　기공이 많은 직물이라는 뜻에서 그 명칭이 유래한 것으로, 경 · 위사에 강연의 까슬까슬한 포랄사를 사용하여 밀도를 적게 평직이나 변화 조직으로 제직한 소모 직물이다. 여름용 수트, 드레스에 사용된다.

포랄

포로메릭(poromeric)　인조 피혁을 통칭하는 것으로 천연 피혁과 같이 다공성이어서 통기

성과 투습성을 지니고 있으며, 상품명으로는 코팸(미), 그라리노(일), 체에프(독) 등이 있다. 이 중 코팸의 조직은 3층 구조로, 폴리에스테르 섬유로 된 부직포층이 하층에, 중간에는 직물층이 있고 상부에 다공성 폴리우레탄으로 된 표피층이 있다.

포르모네(port-monnaie)　1850년대에 여성들이 착용한 수놓인 핸드백으로, 금속 프레임으로 만들었다. 체인으로 된 손잡이가 있거나 클러치 스타일(clutch style : 움켜쥐는 형태)이 있다.

포르투기즈 노트 스티치(portuguese knot stitch)　포르투기즈는 '포르투칼'이라는 의미로 포르투갈풍의 노트 스티치를 말한다. 여러 개의 아웃트라인 스티치 중앙에 매듭이 있고, 무늬의 윤곽 등을 나타내는 데 사용한다.

포르튜니, 마리아노(Fortuny, Mariano 1871~1949)　에스파냐에서 출생하여 이탈리아에서 사망하였다. 경제적으로 부유하고 예술적이며 귀족적인 배경에서 태어난 그는 에스파냐에서 회화와 염색을 공부하였고, 1889년 이탈리아에 정착하면서 사진, 조각, 판화 등을 배웠다. 1890년대 말 이탈리아의 15세기와 16세기 벨벳으로부터 영감을 얻어 직물을 직접 프린트하여 주름잡힌 가운과 클로크를 만들어 냈다. 또한 1901~1934년 사이 파리에 무대 조명 장치와 직물 염색 공정에 관하여 20개 이상의 발명 특허 신청을 하였다. 사각의 실크 베일로 다양한 방법인 '크노소스 스카프(Knossos scarf)'와 '델포스 가운(Delphos gown)'의 디자인이 유명하며, 이사도라 덩컨이 그의 유명한 고객이다. 포르튜니는 일본의 기모노, 북아프리카의 버누스, 인도의 사리, 터키의 돌먼 등 민속복에서 영감을 얻기도 하였으며, 그의 가운과 베일은 구슬로 장식되어 가치를 더해 주고 있다. 그의 디자인의 특징은 독특한 방법으로 재단되어 색과 직물의 조합에 있어서 새로운 가능성을 제시하여 주고 있다.

포르트쥐프 퐁파두르(porte-jupe Pompa-

포도문

dour)　1860년대에 언더드레스에 사용한 벨트로, 8개의 추를 매달아서 걸을 때 겉 스커트가 둥글게 감기도록 하였다.

포르트쥐프 퐁파두르

포리스트 그린(forest green)　삼림의 깊은 숲 속에서 볼 수 있는 짙은 녹색을 말한다.

포립(布笠)　상중(喪中)에 착용하는 입자(笠子)의 하나로 베로 만들어 쓴다. 영조(英祖) 대왕대비 상시(喪時), 진사(進士)·생원(生員) 등은 포립(布笠)을 착용하다가 기년(朞年)이 되면 벗었다.

포말(布襪)　베로 만든 버선을 말한다.

포멀(formal)　싱글이나 더블의 앞여밈으로 된 정장 조끼, 남성의 수트이다. 턱시도와 조화를 이루기 위해 만들어졌는데 여성들의 정장 차림에도 입는다. 주니어들이 많이 입는다.

포멀 드레스(formal dress)　정식 연회에 착용하는 사교복으로, 이브닝 드레스나 애프터눈 드레스가 여기에 해당된다. 이브닝 가운, 볼 가운이라고도 부른다.

포멀 셔트(formal shirt)　앞에 주름이 잡히고 날 듯이 치켜올라간 윙 칼라에 긴 팔의 소매 끝에는 더블로 된 프렌치 커프스가 있는 정장의 셔트. 턱시도 재킷에 검정 타이 또는 뒤쪽이 꼬리처럼 길게 된 상의에 백색 타이를 매며, 러플로 장식을 하여 결혼식 때나 정장 차림에 1960년대 말부터 유행하였다. 때로는 빳빳하게 풀을 먹인 앞부분만 턱받이 같이 떼었다 붙였다 할 수 있는 유동성 있는 스타일로도 만들며, 보일드 셔트라고도 한다.

포멀 수트(formal suit)　격식을 갖춘 정장용 수트를 말한다. 풀 드레스 수트 참조.

포목(布目)　포(布)의 경(經)·위(緯) 직목(織目)이다.

포방라(布紡羅)　통일신라의 흥덕왕 복식금제에 나온 직물로 식물성 섬유로 된 라(羅)이다.

포백(布帛)　직물 일반을 뜻한다.

포백대(布帛帶)　상고 시대에 연복용(燕服用), 평민용·여인용으로 널리 사용된 옷감으로 만든 대(帶)이다. 나중에는 라(羅)·능(綾) 등을 사용하고, 장식을 더하기도 했다.

포백척(布帛尺)　옷감·직물 등의 길이를 재는 바느질용 자[尺]를 말한다.

포선(布扇)　기물의 명칭으로 양반들의 장례 시에 상복(喪服)을 입는 자가 휴대하였으며, 근신하고 얼굴을 보이지 않게 하기 위하여 사용하였다. 두 막대기 사이에 삼베를 이어 만들며, 복선(服扇)·상선(喪扇)이라고도 한다.

포셰트(pochette)　가슴의 작은 주머니에 넣는 액세서리용 행커치프, 포켓치프, 작은 포켓이라는 의미도 있지만, 여기에서는 긴 끈이 있는 작은 백을 말한다. 실용적인 가방이라기보다는 장식용 액세서리로, 어깨에서부터 아래로 비스듬히 내려 착용하는 경우가 많다.

포스 몽트르(fausse montre)　18세기 말에 두 개의 시계를 차던 것을 일컫는 말로, 하나는 시계처럼 보이는 코담뱃갑이었다.

포스터 드레스(poster dress)　1960년대 중반에 유행하였던 퇴색된 밤색조 사진의 드레스이다.

포스트(posts)　가슴을 완전히 노출한 후 젖꼭지만을 가리고 장식하기 위하여 부착하였다. 페이스티즈(pasties) 참조.

포스트보이 해트(postboy hat)　1885년에 머리에 얹어 쓴 여성들의 작은 밀짚모자로, 높고 평평한 크라운과 좁은 챙이 부드럽게 경사를 이루며, 깃털 장식이 있다.

포스틸리언(postillion)　① 여성들이 말을 탈 때 주로 쓰는 비버털로 짠 모자로, 점점 가늘어지는 긴 크라운과 좁은 챙이 있다. ② 19세기 후반에 착용한 드레스의 보디스로, 뒷부분이 허리 아래까지 내려오고 주름이나 러플이 바깥쪽으로 벌어졌다. 포스틸리언 바스크라고도 한다.

포스틸리언 코르사주(postillion corsage)　몸에 꼭 맞는 재킷 톱으로, 긴 소매가 달려 있고 목선이 높게 되어 있으며 힙 위에 여러 개의 더블 박스 플리츠가 풍성하게 2단으로 잡혀 있다. 때로는 뒤판의 힙 위에 버슬을 달고 그 위에 장식을 하기도 하였다. 스커트와 대조를 이루도록 하여 입었으며, 1880년대에 입었다. 밸모럴 보디스라고도 한다.

포스틸리언 코트(postillion coat)　뚜껑달린 주머니와 높게 선 하이 리전시 칼라에 상체는 꼭 맞고 더블 브레스티드로 된 넓고 큰 코트로 승마나 마차 여행 때 많이 입었다. 말의 기수를 가리키는 포스틸리언에서 이름이 유래하였다.

포스 푸뤼르(fausse fourrure)　인공 모피를 말하는 것으로, 영어의 페이크 퍼(fake fur)와 같은 의미를 가진다. 화학 섬유를 사용하여 진짜 모피와 비슷하게 만든 것으로, 인공 피혁의 등장과 인기로 새로운 패션 소재가 되고 있다.

포이츠 칼라(poet's collar)　⇒ 바이런 칼라

포인텔 스웨터(pointelle sweater)　화려함을 더하기 위해서 레이스 조직을 넣어서 짠 스웨터를 말한다. 주로 여성과 소녀들이 화려한 분위기를 낼 때 많이 입어 이브닝 스웨터로 애용되었다.

포인트 칼라(point collar)　① 끝이 뾰족한 셔트 칼라로 길이에 따라 롱 포인트 칼라, 미디엄 포인트 칼라, 쇼트 포인트 칼라로 나뉜다. ② V 네크라인으로 가운데가 깊이 뾰족하게 파인 칼라를 말한다.

포인티드 심(pointed seam)　칼라, 커프스 또는 라펠에서 모서리를 처리하는 방법이다. 포인티드 심은 뭉툭한 모서리를 보다 더 모양이 좋게 해야만 하며, 얇은 천은 뾰족한 부분에서 한 번 스티치하고 중간 두께의 천은 두 번, 그리고 두꺼운 옷감은 세 번 스티치해준다. 겉면으로 돌리는 뾰족한 부분이 뻗치지 않도록 조심해야 한다.

포인티드 커프스(pointed cuffs)　윙드 커프스처럼 양쪽 끝이 사선으로 재단된 커프스이다.

포인팅(pointing)　값싼 여우 가죽을 실버 폭스와 비슷하게 하기 위해 염색한 후 배저 등의 보호털을 솜털의 모근에 접착시키는 과정을 말한다.

포일 드레스(foil dress)　알루미늄 포일로 만들어진 한 번 입고 버리는 드레스를 말한다. 1968년에 종이로 만든 드레스와 함께 소개되어 1986년에 창의적이고 상상적인 디자인이 많이 소개되었다.

포전(布廛)　베를 파는 전(廛)을 말한다.

포카혼타즈 드레스(pocahontars dress)　⇒ 아메리칸 인디언 드레스

포켓치프(pocketchief)　포켓행커치프의 약자이다. 재킷의 가슴 포켓 밖으로 약간 내보이도록 착용하는 액세서리의 하나이다. 남성복에서는 넥타이와 같은 직물로 만들며 외견상으로는 손수건을 꽂은 듯하지만 손수건으로 사용할 수 없는 경우도 있다. 포켓 스퀘어라고도 한다.

포켓 티셔트(pocket T-shirt)　왼쪽 가슴에 둥글고 작은 주머니가 부착되고, 목에 꼭 맞는 크루 네크라인이 달린 심플한 스포츠 셔트이다.

포 퀴르(faux cuir)　인공 피혁이나 모조 피혁을 말한다. 영어로는 페이크 레더(fake leather), 또는 맨메이드 레더(man-made leather)라고 한다.

포큐파인 헤드드레스(porcupine headdress)　18세기 말의 남성 헤어 스타일로, 짧은 머리카락을 닭벼슬처럼 세웠다.

포크 보닛(poke bonnet)　19세기의 보닛으로, 넓은 챙이 작은 크라운으로부터 비스듬히 앞으로 내려옴으로써 얼굴에 그늘을 만들어준다.

포크파이 해트(pork-pie hat)　19세기 중엽 미국에서 유행했던 독특한 크라운의 모자를 말한다. 크라운 부분이 마치 포크 파이처럼

포스틸리언 코르사주

포클로어 룩

움푹 들어가 있다 하여 붙여진 이름이다. 여성용은 일반적으로 작고, 뒤에 두 개의 긴 리본을 달아 늘어뜨린다. 남성용은 초기에는 크라운이 낮아 챙이 반으로 접혔으나, 그 후에는 챙의 모양과 관계 없이 오늘날의 크라운과 같은 모양이 착용되어 오고 있다.

포클로어(folklore)　민속풍의 복장을 말하며, 1969년부터 1970, 1980년대에 유행한 형식적인 복장과 대조가 되는 즉흥적이며 신비한 고유 의상의 지향에 의하여 나타난 스타일이다. 집시 룩, 인디언 룩, 유럽의 농민복에서 유래한 페전트 룩 등 유목민의 소박한 전통적인 민속 의상에서 응용된 것으로 장식적이며 전원적이다. 소재도 자유로운 표현에 의한 대담하고 신비적인 프린트나 액세서리를 이용하여 이국적인 분위기를 가진 것이 많다. 에스닉(ethnic)과 유사하다.

포클로어 룩(folklore look)　1969년부터 1970~1980년대에 유행한, 형식적인 복장에 대조되는 즉흥적이고 신비한 고유의상의 지향에 따라 나타난 스타일을 말한다. 집시 룩, 인디언 룩, 유럽의 농민복에서 유래한 페전트 룩 등 유목민의 소박한 전통적인 민속의상에서 비롯된 것으로, 장식적이며 전원적이다. 소재도 자유로운 표현에 의한 대담하고 신비적인 프린트나 액세서리를 이용하여 이국적인 분위기를 가진 것이 많다. 에스닉 룩과 유사하다.

포튜리(poturi)　검정 장식 테이프 브레이드로 처리된 백색 저지로 만든 넓은 바지로 불가리아 남성들의 바지에서 유래하였다.

포트레이트 칼라(portrait collar)　반원 모양으로 움푹 패인 목선에 달린 낮게 세운 칼라이다.

포트 홀더 베스트(pot holder vest)　어깨를 가리고 소매가 없는, 손으로 짠 크로셰 조끼이다. 그래니 스퀘어라고도 한다.

포티잔(fortisan)　제2차 세계대전 전에 사용되기 시작하여 대전 중 주로 군용으로 사용된 강력 레이온이다. 셀룰로오스 원료를 초산과 우수초산의 혼합액 속에 넣어 아세틸화

시킨 후 방사하여 아세테이트 실을 만들고, 이를 고온의 증기 중에서 약 10배로 연신하여 배향을 향상시킨 후 알칼리로 처리하여 아세틸기를 모두 검화하여 셀룰로오스를 재생하여 얻는 섬유이다. 따라서 이 검화 아세테이트 섬유는 분자의 배향이 잘 발달되어 강도가 특별히 크다.

포폭(布幅)　직물의 폭을 뜻한다.

포플린(poplin)　경사 밀도를 위사 밀도보다 크게 하거나 경사를 위사보다 가는 실을 사용하여 위사 방향으로 두둑 효과를 낸 질긴 평직물로서, 제직 후 표백하고 실켓 가공하여 광택이 나타난다. 모, 견, 인조 섬유 등이 사용되기도 하지만 근래에는 면과 함께 면·폴리에스테르 혼방 직물이 주로 사용된다. 드레스, 셔트, 운동복, 파자마, 커튼 등에 쓰인다.

포해태(布海苔)　학명(學名)이 글로이오펠티스(gloiopeltis)인 홍색 해조류(海藻類)로 건조하여 물에 끓여서 사용한다. 경사(經絲)·위사(緯絲)의 호료(糊料)이며 염료(染料)·안료(顔料)의 날염호(捺染糊)로 사용하며, 견포(絹布)의 호료(糊料)로도 사용된다.

폭스, 프레드릭(Fox, Fredrick 1931~)　오스트레일리아 태생의 모자 디자이너이다. 1958년 런던으로 가서 하디 에이미스, 존, 베이츠 등과 같은 유명한 디자이너들을 위해 모자를 디자인하여 주었다.

폰데로사 코트(ponderosa coat)　북아메리카 서부의 목재를 다루는 목재상들이 착용하는 서부 스타일의 코트를 말한다.

폰데로사 코트

폰지(pongee)　비단 명주라고도 하며 경, 위

사에 작잠사를 사용하여 평직으로 짠 견직물로, 원래는 중국 산둥성에서 짠 소박하고 순수한 취향이 있는 견직물이다.

폴(falls) 1730년부터 남성 바지의 앞의 오프닝을 일컫는 말이다.

폴드런(pauldron) 15세기 말에 착용한 갑옷으로, 한 개의 단단하고 커다란 어깨판이 갑옷의 가슴과 등 부위에 겹쳐졌다.

폴랭, 기(Paulin, Guy 1945~) 프랑스 프레타포르테 디자이너로 1968년 도로테 비스의 자크리느 자콥슨의 보조 디자이너로 일하게 되었고 이곳에서 최초로 니트와 접하게 되었다. 1986년 뉴욕으로 가서 체인 스토어인 패러퍼네일리아와 계약을 체결하였다. 여기에서 메리 퀀트, 베시 존슨, 에마누엘 칸과 같은 젊은 디자이너처럼 어깨를 노출시키는 옷을 디자인했으며, 2년 후 파리로 돌아와 조르주 에델망(Georges Edelman)을 위한 컬렉션을 가졌다. 막스 마라, 베르체, 비가, 믹마크사를 위해 디자인하였고, 1975년 기 폴랭 스튜디오를 설립하였으며, 주 고객은 바블로스(Byblos)와 믹마크사였다. 오늘날 기 폴랭사는 프랑스를 비롯하여 전세계에 200개의 지점을 갖고 있다.

폴로네즈(polonaise) ① 폴란드풍의 의복인 발목 길이의 여성용 드레스로서, 몸판은 몸에 꼭 맞고 목선이 낮게 되어 있으며, 팔꿈치 길이의 러플이 달린 타이트한 소매가 달려 있다. 스커트는 앞판을 잘라내었으며, 뒤판은 화려한 언더스커트가 보이도록 졸라매는 끈을 잡아당겨 커튼 모양으로 드레이프지게 하였다. 18세기에 입었으며, 19세기 후반에는 가운 아 라 폴로네즈(gown à la polonaise) 또는 퐁파두르 폴로네즈라고도 불렀다. ② 오버스커트를 떼내고 앞을 단추로 채우도록 되어 있는 여성들의 몸에 꼭 맞는 재킷으로, 케이프가 달려있기도 하며 19세기 중엽에는 폴로네즈 파르드쉬(polonaise pardessus)라고도 불렸다. ③ 18세기 말의 남자들의 프록 코트이다. ④ 19세기 초의 남자들의 푸른색 밀리터리 코트로, 프랑스, 폴

란드어의 여성다운 형태에 대한 형용사구에서 파생된 말이다.

폴로 벨트(polo belt) 앞에 세 개의 버클이 있고 좁은 가죽끈으로 조이는 넓은 가죽 벨트로 원래 폴로 경기자들을 보호하기 위한 벨트이다.

폴로 셔트(polo shirt) 줄무늬 니트나 단색으로 된 풀오버 셔트이다. 대개 반팔이며 크루넥이나 네모진 셔트 칼라로 되어 있고, 머리가 들어갈 정도의 앞터짐에 단추가 세 개 달린 스포티한 셔트로, 흡습성이 강하며 세탁에 견고한 감으로 되어 있다. 1920년대 말을 타고 작대기로 공을 치는 폴로 게임 때 입는 셔트에서 유래하여 지금도 그 그림이 티셔트에 로고로 남아 있으며, 1930년대 남성들의 스포츠 웨어로 소개되었다. 현재는 스포츠 셔트뿐만 아니라 일반적인 캐주얼 웨어의 셔트로 남성, 여성, 아동 모두에게 애용되고 있다. 이러한 스타일의 스웨터를 폴로 스웨터라고 한다.

폴로 칼라(polo collar) 폴로 셔트에 다는 칼라로 단추로 여미게 만든 짧은 앞섶에 달린 칼라이다.

폴로 코트(polo coat) 정통 스타일의 노치트 칼라에 직선 코트로 벨트가 있거나 또는 없게도 입을 수 있으며, 앞여밈은 대개 단추가 없이 제천으로 된 끈과 벨트로 매도록 되어 있고 싱글이나 더블로 되어 있다. 남아메리

폴로네즈

폴로 코트

카산 야생의 라마털이나 낙타지, 모직으로 만들며 남성, 여성, 아동 모두 입는다. 1920년대에 남성의 스포츠 코트로 소개되어, 1930년대에는 여성의 클래식 코트로 착용되었다.

폴로 클로스(polo cloth)　중량이 무거운 외투감으로, 양면을 기모한 것이다. 소프트 방적사로 만들고 연한 갈색으로 염색한다. 실은 양모, 낙타 헤어 또는 그 혼방사를 사용한다.

폴로 해트(polo hat)　폴로 선수들이 쓰는 모자로 챙이 작고 크라운이 둥글다. 처커 해트 참조.

폴리노직 레이온(polynosic rayon)　보통 레이온의 습윤시 강도가 현저히 감소되고 초기 탄성률이 줄어드는 등의 결점을 개량하기 위해 연구 개발된 레이온이다. 중합도가 높은 원료 펄프를 사용하고 제조 공정에서 노성 및 숙성을 생략하거나 단축하여 셀룰로오스의 중합도 저하를 방지하고, 방사시 응고액의 산의 농도를 줄여 셀룰로오스의 재생을 늦추며 완전히 응고하기 전에 연신하여 섬유를 얻는다. 따라서 중합도가 높고 결정과 배향이 발달되었으며, 표면과 같이 미세 섬유인 피브릴(fibril)이 형성, 집합되어 섬유가 형성되므로 습윤 강도와 습윤시의 초기 탄성률이 크고 내알칼리성이 좋아져 모든 성질이 면에 가깝다. 또한 보통 레이온과는 달리 미생물에 대하여 좋은 저항성을 지닌다.

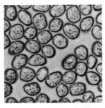
폴리노직 레이온

폴리니전 프린트(Polynesian print)　태평양 중서부 일대를 폴리네시아라고 부르며 폴리네시안 프린트는 남태평양의 이미지를 디자인한 프린트 무늬를 총칭한 것이다. 트로피컬(tropical) 프린트와 동종의 것이다.

폴리시 그레이트 코트(Polish great coat)　몸에 꼭 맞는 몸 전체 길이의 남자용 코트로 칼라, 커프스, 라펠에 어린 러시아 양의 모피가 부착되어 있으며 프록(장식 단추)과 패스너로 잠그도록 되어 있다. 19세기 초에 이브닝 드레스와 함께 입었다.

폴리시 맨틀(Polish mantle)　새틴으로 만든 무릎 길이의 클로크로서 케이프가 달려 있으며 모피로 가장자리를 장식하였다. 1840년대 중엽에 입었다.

폴리시 재킷(Polish jacket)　여성들의 허리 길이의 코트로서 소맷부리가 넓게 되어 있고 팔꿈치 부분에는 안쪽 솔기선과 직각을 이루는 슬릿이 나 있다. 보통 캐시미어로 만들었으며 누빈 새틴을 안감으로 대었다. 1840년대 중반에 격식을 차리지 않는 실외용 의복으로 사용되었다.

폴리아미드(polyamide)　나일론이라는 일반명으로 통용되고 있는 섬유로 아미드(-C-NH-)결합에 의하여 단량체가 연결되어 중합체를 이루고 있다. 항장력이 큰 특징을 지니며 특히 모든 섬유 중에서 가장 좋은 내마찰성과 내굴곡성을 지닌다. 주로 여자용 스타킹, 란제리, 양말, 트리코 등 편성물에 쓰이며, 탄성, 리질리언스 등이 우수하여 다른 섬유와의 혼방에도 쓰이나 초기 탄성률이 너무 작으므로 직물에는 많이 쓰이지 않는다. 이형 단면 나일론의 경우 광택이 좋고 리질리언스, 내오염성이 좋으므로 의복용 외에 카펫 등으로 용도가 넓어져 가고 있다.

폴리에스테르(polyester)　에스테르 반응이 되풀이되어 얻어지는데, 이때 에스테르 결합(-OOC-)이 단량체와 단량체를 이어 주는 사슬의 역할을 한다. 현재 우리 나라에서 생산되는 폴리에스테르 섬유 및 미국의 데이크론(Dacron), 영국의 테릴렌(Terylene), 일본의 테토론(Tetoron) 등은 모두 화학적으로 동일한 폴리에스테르 섬유들로 탄성과 리질리언스가 특히 우수하며, 흡습성(0.4%)이 적어서 세탁 후 쉽게 마르고 구김이 안 생기며, 열가소성이 좋으므로 열고정한 피복은 세탁 후에도 거의 다림질이 필요하지 않다.

주로 신사, 숙녀, 아동복 및 편성물에 많이 쓰이며, 스테이플 섬유는 양모, 면, 아마 그리고 레이온 등과 혼방시 강도, 내추성, 피복의 형체 안정성을 향상시킬 수 있고 또한 폴리에스테르 섬유의 낮은 흡습성과 대전 등의 단점이 상당히 개선된다. 내일광성이 좋고 황변 현상이 없어 커튼감으로 좋다.

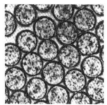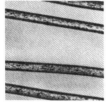

폴리에스테르

폴리우레아(polyurea)　요소와 노나메틸렌디아민을 축합 중합하여 얻은 중합체를 용융 방사하여 섬유를 만드는데, 1952년 일본에서 개발되어 유릴론(urylon)이라고 명명되었으며, 나일론에 비해 손상이 없으나 원료인 노나메틸렌디아민의 생산가가 비싸서 공업적 생산에 성공하지 못하고 있다.

폴리우레탄(polyurethane)　우레탄 결합(−OOCNH−)에 의해 단량체가 연결되어 중합체를 이룬다. 중합 반응시 물이나 다른 화합물이 생기지 않으나 반응의 형식이 다른 축합 반응과 같이 진행되고 우레탄 결합으로 단량체들이 연결되므로 축합 반응에 속한다. 고탄성을 지닌 대표적인 폴리우레탄 섬유로 라이크라(Lycra), 클리어스펀(Cleerspun), 글로스판(Glospan) 등이 있으며, 거들, 브래지어, 스키 팬츠, 수영복 등에 사용된다.

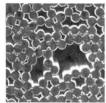

폴리우레탄

폴리프로필렌(polypropylene)　대표적인 올레핀 섬유로서, 화학적으로 탄소와 수소로만 된 탄화 수소이므로 시각적으로나 감촉이 양초나 비누와 비슷한 미끈미끈한 감을 준다. 그러나 폴리에틸렌에 비해 비교적 상쾌한 감을 주며 비중이 0.91로서 물보다 가벼워 물에 뜬다. 좋은 강도와 내약품성을 갖고 있어 산업용으로 많이 쓰이며 스플릿사나 슬릿사로도 생산된다. 강도가 크고 가벼우며 수분을 전혀 흡수하지 않으므로 로프 등에 쓰이며, 염색의 난점이 점차 해결되면서 다림질을 필요로 하지 않는 편성물로 스웨터, 스포츠 셔트, 인조 모피 등에 많이 사용되고 있어 그 사용 범위가 더욱 넓어질 것이다.

폴링 밴드(falling band)　1615년경부터 1670년 사이에 유럽의 남녀 의복에 유행한 칼라로, 고급 리넨, 레이스 등으로 만든 어깨 위를 덮는 넓은 칼라를 말한다. 러프의 대용으로 나타났으며 일반적으로 가장자리에 레이스로 장식하였다. 1615년경까지는 러프와 함께 사용되었으나 1640년경부터 러프가 완전히 사라지고 폴링 밴드만이 사용되었다. 반다이크 칼라 혹은 루이 13세 칼라 등으로도 불린다.

폴스 슬리브(false sleeves)　14세기 초부터 나타나 르네상스 시대에 전성을 이룬 장식 소매의 일종으로, 어깨에서 늘어뜨려 땅에까지 닿은 것도 있었는데, 이를 티핏(tippet), 행잉 슬리브(hanging sleeve)라 하기도 하고 프랑스에서는 리리피프(liripipe)라고 하였다.

폴 위그(fall wig)　머리 크라운(crown)에 부착되어 길게 늘어지는 머리 형태의 가발이다.

폴카(polka)　① 여성들의 실외용 짧은 재킷으로, 캐시미어 또는 벨벳으로 만들었으며 실크로 안감을 대었고 풍성한 소매가 달려 있다. 1840년대 중반에 입었으며, 카자웩이 변형된 것이다. ② 편물직으로 된 여성들의 몸에 꼭 맞는 재킷이다. ③ 레이스에 꽃무늬를 아플리케 하고 크로셰 뜨개질을 한 크림색 튤이 있는 여성용 프렌치 캡으로, 넓은 귀덮개가 있으며 턱 아래에서 끈으로 묶었다.

폴카 도트(polka dot)　코인 도트보다는 작고

폴카 도트

핀 도트보다는 큰 크기의 물방울 무늬를 말하는 것으로, 가장 많이 이용되는 물방울 무늬이다.

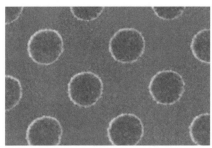
폴카 도트

폼 드 상퇴르(pommes de senteur)　1500~1690년대까지 사용한 보석으로 만든 금·은 세공품으로 향기를 지니는 데 사용하였다. 몸에 지니거나 벨트에 매달았다.

폼페이안 실크 새시(Pompeian silk sash)　넓고 검은 실크 벨트로 주로 여성들의 보디스나 색상이 있는 스커트, 그리고 1860년대의 여름용 흰색 재킷에 착용하였다.

퐁탕주(fontange)　1680년경부터 시작된 여자들의 머리 모양으로, 컬(curl)로 머리를 높이 만들고 리본으로 고정했다. 후에는 좀더 발전하여 모슬린, 러플, 레이스와 리본 등을 이용한 정교하고 높은 머리 장식이 되었다. 루이 14세 말기까지 여러 가지 형태로 변형되면서 성행하였다.

퐁파두르(Pompadour)　앞이마에서부터 머리를 높게 롤 모양으로 올리는 헤어 스타일. 로코코 시대의 마담 퐁파두르의 헤어 스타일에서 유래하였으며 1940년대와 1960년대에 유행하였다. 또한 남자의 올백형 헤어 스타일을 말한다.

퐁파두르 백(Pompadour bag)　1880년대 중반에 유행한 원형이나 타원형의 자루 모양의 백으로 새틴, 벨벳, 플러시(plush) 등으로 만들며 금·은실로 가장자리에 꽃무늬 수를 놓아 장식했다. 프랑스 루이 15세의 애인인 퐁파두르 후작 부인의 이름에서 명칭이 유래하였다.

퐁파두르 슬리브(Pompadour sleeve)

퐁파두르 백

1830~1840년에 유행한 러플로, 가장자리 처리가 된 팔꿈치 길이의 소매를 말한다. 프랑스의 루이 15세의 정부인 퐁파두르 후작 부인이 착용하였다.

퐁파두르 폴로네즈(Pompadour polonaise)　로브 아 라 폴로네즈의 변형이다.

퐁퐁(pompon)　울, 리본 혹은 새털 등의 동그란 뭉치를 말하는 프랑스어이다. 주로 모자에 장식한다.

푀트르 앙달루(feutre andalou)　안달루시아 지방의 남성들 사이에서 착용한 모자로, 크라운이 크고 위가 평평하다. 펠트로 제작되었으며, 커다란 형태로 보이시한 분위기를 보이는 것이 특징이다.

표리백면포(表裡白綿布)　조선 시대에 의복의 겉감과 안감으로 쓰는 면포이다.

표리백토주(表裡白吐紬)　조선 시대 의복의 겉과 안감으로 사용된 백토주(白吐紬)이다.

표면특질　표면적으로 일어나는 행동의 표현을 뜻하는데, 이것은 항상 일관성 있는 것이 아니어서 수시로 변한다. 즉 고결, 정직, 신중 등과 같이 모두 함께 나타나는 한 묶음의 명백한 행동 반응들을 말한다.

표백(bleaching)　⇒ 블리칭

표의(表衣)　겉옷, 즉 바지·저고리 위에 입는 외의(外衣)인 포(袍)를 말한다.

표적 시장(target market)　시장 표적(market target)이라고도 하며 광고자가 직접 머천다이징과 상품, 촉진행사에 관여할 수 있도록 전체 시장에서 세분화한 것의 한 부분으로 인구 통계학에 의해 규정될 수 있다. 즉, 시장을 구매자의 취미, 기호, 연령, 소득 등으로 세분화하여 품질이나 사이즈, 색깔, 스타일 등으로 분류하여 기업이 판매 계획을 하는 특정의 고객 집단이다.

표주(表紬)　세주(細紬)

표준검사　어떤 과제를 주고 그 성과에 따라 개인의 제능력을 검사하는 것으로 목적에 따라 지능 검사, 학력 검사, 적성 검사, 성격 검사, 욕구 검사 등 다양한데 이 중 표준화가 된 것이 표준검사이다.

표현적 기능 복식이 착용자의 감정적·심리적 욕구를 충족시키는 기능을 말하며, 개인의 자기표현 욕구의 충족을 통한 심리적 만족과 커뮤니케이션을 통한 상징적 전달이 표현적 기능에 속한다.

푸들 컷(poodle cut) 머리를 전부 짧게 잘라 곱슬곱슬하게 한 헤어 스타일이다.

푸들 클로스(poodle cloth) 프랑스 푸들개에게 덮어준 코트와 비슷한 직물을 말하는 것으로, 보통 이 직물을 염색한 모헤어 루프사와 모사를 혼합한 것을 쓴다. 직물의 무게는 390~510g의 범위에 있으며, 계절에 따라 다르게 만들어진다.

푸로(fourreau) 칼집이라는 뜻의 프랑스어로 허리선 솔기가 없고 단추를 사용하였으며, 보통 허리 주변에 페플럼을 착용한 프린세스 스타일의 드레스를 말한다. 1864년경에 유행하였다.

푸로 스커트(fourreau skirt) 허리선에 주름이 없는 고어드 스커트로, 1860년대에 크리놀린 위에 착용하였다.

푸르셰트(fourchette) 손에 꼭 맞는 장갑을 만들기 위하여 손가락 사이에 천이 삽입된 부분을 말한다.

푸르푸앵(pourpoint) 14~17세기까지 남자들이 입었던 것으로 솜을 넣고 누빈 더블릿 또는 재킷에 대한 불어 명칭이다. 공식적으로는 팔톡(paltock) 또는 지퐁(gippon)으로 불렸다. 영어로는 푸어포인트라고 한다.

푸르푸앵

푸서 직물의 가로 방향으로 맨 끝에 올이 풀리는 부분을 말한다.

푸시업 브라(push-up bra) 앞이 많이 파이고 속에 패드 폼을 넣었다 뺐다 할 수 있도록 된 브라이다.

푸시업 슬리브(push-up sleeve) 소매끝을 꼭 맞게 하고 위로 밀어올려 팔꿈치 위에 여유가 있게 만든 소매이다.

푸아레, 폴(Poiret, Paul 1879~1944) 프랑스 파리 출생의 20세기 패션사에서 빼놓을 수 없는 디자이너로서 '패션의 제왕'의 위치를 차지하고 있다. 코르셋으로부터 여성을 해방시켰고 화가 뒤피(Dufy), 만 레이, 시인 장 콕토 등 많은 예술가와의 교류를 통해 패션과 예술을 접목시킨 디자이너로서 평가받고 있다. 자크 두세(Jacques Doucet)와 월터의 점포에서 기술을 배운 후 1904년 오페라좌 근처에서 자신의 점포를 열었다. 한 시대의 작가이며 화가이며 무대장치 디자이너로서 폴 푸아레는 의상뿐 아니라 직물, 향수, 액세서리 등 넓은 영역에서 활약하였으며, 그의 작품의 특징은 동시대의 아르데코 양식에 나타난 큐비즘의 영향인 직선과 사선의 기하학적인 단순성, 러시아 발레단의 영향에 의한 동양적인 외래적 요소, 신고전주의를 바탕으로 한 엠파이어 룩의 요소가 강하게 나타나 있다. 그는 처음으로 패션 일러스트레이션으로 고객에게 패션 정보의 문을 열어 준 계기를 마련하기도 하였다. 신고전주의적 요소인 하이 웨이스트라인의 호블 스커트, 미나레 스커트 또는 램프셰이드 스커트(lampshade skirt)를 선보였으며 동양적인 하렘 팬츠, 터번, 기모노 슬리브, 새의 깃털 등을 애용하였고 동양적인 강한 원색의 배색을 사용하였다. 1911년 파리 고급 의상조합(Chambre Syndicale de la Couture Parisienne)을 창시하였다. 당시 예술가와 친분이 두터웠던 그는 여배우 사라 베르나르의 의상을 디자인하였으며, 화가 뒤피는 그를 위해 직물을 디자인해 주기도 하였다. 또한 이들과 그의 저택에서 가장 무도회를 열기도 하였는데 이때의 의상이 패션으로 정착되기도 하였다. 제1차 세계대전 후 샤넬 등의 진출과 시대의 흐름

표현적 기능

푸르셰트

푸어 보이 스웨터

푸아레, 폴

을 따르지 못한 이유로 만년에는 빈곤과 병고 속에서 생을 마쳤다.

푸아종 링(poison ring)　① 로마 시대부터 17세기까지 착용한 반지로, 1회 치사량의 독약을 지닐 수 있게 디자인되었다. 로마 시대에는 미어 셸(mere shell : 바다나 연못의 조개류 껍질)을 세팅했고, 그 뒤에 독약을 넣었다. ② 1960년대 말의 비슷한 신종 아이템으로 향수를 간직하는 데 사용하였다.

푸앵 당글르테르(point d'Angleterre)　섬세한 보빈 네트 바탕을 가지는 보빈 필로 레이스 또는 니들포인트 필로 레이스를 말한다. 원래 브뤼셀에서 만들어졌으나 수입 관세를 피하기 위해 영국에서 이름지어졌다.

푸앵 데스프리(point d'esprit)　① 망사 바닥에 있는 단색의 도트(dot) 무늬를 말한다. 1934년 말리(marly)를 모방하여 프랑스에서 처음 만들었다. ② 망사 바닥에 패턴을 형성하는 루프를 이용하여 만든 오픈된 스티치를 말한다. ③ 작은 도트 무늬가 전체적으로 흩어져 있는, 기계로 짠 망직물을 말한다.

푸앵 데스프리 네트(point d'esprit net)　점들로 수놓은 네트류의 레이스를 말한다.

푸앵 데스프리 튈(point d'esprit tulle)　점으로 수놓은 튈(tulle)류의 레이스를 말한다.

푸앵 드 베니스(point de Venise)　섬세한 니들 포인트 레이스로서, 디자인이 반복해서 돌출되며 심지가 들어가는 코도네(cordonnet)가 있는 것이 특징이다. 무늬의 가장자리

와 줄은 피코(picot)와 별무늬로 화려하게 장식되어 있으며 여러 종류의 정교한 스티치로 되어 있다.

푸어 보이 셔트(poor boy shirt)　푸어 보이 스웨터 참조.

푸어 보이 스웨터(poor boy sweater)　리브 니트로 짠 터틀넥이나 높은 둥근 넥에 풀오버로 된 스웨터로 소매는 대개 접어올리도록 되어 있다. 1960년대 중반에 남녀노소 모두에게 유행하였다. 이러한 스타일의 셔트를 푸어 보이 셔트라고 한다. 20세기 초기에 신문 배달 소년들이 입기 시작하여 1960년대 중반에 다시 입었다.

푸치 셔츠(pucci shirts)　밑단을 각이 지게 마름질하고 테일러드 칼라를 단 오버블라우스로 주로 밝은 색상의 무늬가 있는 천으로 만든다. 원래 이탈리아 디자이너 에밀리오 푸치에 의해 소개되었던 커버업(cover-up)이다.

푸치, 에밀리오(Pucci, Emilio 1914~)　이탈리아 태생으로 밀라노에서 공부한 후 1938년 미국에서 사회학으로 석사 학위를 받았고 1941년 플로렌스 대학에서 정치학 박사 학위를 받았다. 이러한 배경에도 불구하고 귀족 가정에서 태어난 그는 자연스럽게 생활 속의 디자인에 대해 흥미를 갖게 되었다. 그가 디자인한 스키 웨어가 1948년 '하퍼스 바자'의 지면을 장식한 데서 이름이 알려지게 되었고, 그 후 스포츠 웨어 디자인이 이탈리아 지중해 연안의 관광지에서 좋은 평판을 얻게 되었다. 1954년 니만 마커스상을 수상하였다.

푸티드 파자마(footed pajamas)　발 부분이 달린 파자마로 발바닥 부분은 미끄러지지 않게 비닐로 되어 있고 주로 추운 날씨에 아동이나 어른들이 입는다.

푸프(pouf)　① 18세기 여성들 사이에서 유행했던 높게 부풀려 감아 올린 헤어 스타일의 하나를 말한다. ② 의복의 부풀린 상태를 의미하며 특히 허리 밑부분을 부풀린 스커트를 푸프 스커트라고 한다.

푸프 오 상티망(pouf au sentiment)　프랑스 혁명 전인 18세기의 여성들에게 유행한 높게 과장된 헤어 스타일로, 꽃이나 그 외의 장식물로 화려하게 장식했다. 거즈(gauze)로 기초 틀을 만들고 그 위에 머리형을 만들었다.

푼기명머리　상고 시대에 행해진 좌우 양볼에 두발(頭髮)의 일부를 늘어뜨린 양식으로 두발을 삼분하여 한 다발의 머리채는 뒤로 하고 두 다발의 머리채는 좌우의 볼쪽에 각각 늘어뜨리는 것이다. 남녀 모두 다 행하였다.

푼사 누름수　푼사수로 넓은 면을 메울 때 땀의 길이가 길어 실이 밀리거나 들뜨는 것을 막기 위해 같은 색의 가는 실로 어슷하게 눌러주는 수법이다.

푼사수　푼사로 바탕천의 결을 따라 수놓는 방법으로, 땀과 땀 사이에 틈이 생기거나 겹치지 않도록 홀대로 조정하여 수놓는다.

풀 드레스(full dress)　격식을 갖춘 정장 의복을 가리키는 것으로, 여성용 이브닝 드레스와 남성의 연미복 등을 표현하기 위해 사용된 용어이다.

풀 드레스 수트(full dress suit)　① 정장으로 남성은 연미복, 여성은 바닥까지 닿는 드레스를 입는다. ② 남성용 정장 수트로 새틴 라펠이 달린 연미복과 새틴 줄무늬로 양옆을 장식한 바지로 구성되어 있다. 정장용 셔츠와 흰 조끼, 흰 타이와 함께 입는다. 화이트 타이 앤드 테일즈라 부르기도 한다.

풀 드 수아(poule de soie)　평직의 실크 직물로 경사는 합사, 위사는 굵은 단사를 사용해 직물 표면에 두둑 효과를 나타낸다.

풀라드(foulard)　가볍고 광택이 있는 2/2 능직으로, 원래는 견으로 만들었으며 평평한 바닥 위에 작은 디자인이 있었다. 현재는 레이온이나 면, 다른 인조섬유로도 만들며, 때때로 평직으로 구성되기도 한다. 넥타이나 스카프, 드레스 등에 쓰인다.

풀 라인(full line)　소비자가 주어진 가격으로 충분히 구입할 수 있도록 다양한 스타일, 색상, 치수, 재료에 따라 상품을 분류해 놓은 것으로서 네 개의 명확한 영역, 즉 주요 상품, 스타일 상품, 색다른 것, 특대형으로 구성된다.

풀 랭스 스커트(full lenght skirt)　땅에 닿을 정도로 길이가 긴 스커트를 말하며, 일명 플로어 렝스 스커트, 롱 스커트라고도 한다.

풀레느(poulaine)　14세기에 유행한 앞이 대단히 뾰족한 신발을 말한다.

풀 롤 칼라(full roll collar)　앞뒤 높이가 거의 같을 정도로 올려 접어젖힌, 목에 꼭 맞는 칼라이다.

풀 롤 피터 팬 칼라(full roll Peter Pan collar)　끝이 둥근 풀 롤 칼라이다.

풀링 아웃(pulling out)　16세기부터 17세기 중반까지 장식적인 효과로 사용된 것으로, 겉옷의 슬래시 사이로 색상이 있는 속옷을 끄집어내는 것을 말한다. 퍼프(puff)라고도 부른다.

풀맨 슬리퍼(Pullman slipper)　장갑용 가죽으로 만든 남성들의 가볍고 굽이 없는 평평한 슬리퍼로, 여행시 작은 봉투에 넣을 수 있다.

풀 백(pull back)　뒤판을 풍성하게 늘어뜨려 드레이프지게 만든 스커트로, 1880년대에 유행하였다.

풀 백 스커트(full back skirt)　앞은 심플하게 하면서 실루엣의 변화는 뒤로 옮겨간 스커트를 말한다. 빅토리아 시대에 힙 근처를 튀어나오도록 만든 버슬 스타일도 여기에 속한다.

풀 블루(pool blue)　수영장의 물에서 볼 수 있는 색으로, 반짝반짝 빛나는 투명한 청색을 말한다. 1981년 춘하에 새롭게 제안되었던 패션 컬러의 하나이다. 이처럼 물에 보이는 것 같은 색을 워터 파스텔이라고 부르며, 춘하의 화제색으로 부각된 바 있다.

풀 스커트(full skirt)　타이트 스커트나 슬림한 스커트와 반대되는 스커트로 잔주름을 잡거나 플릿을 잡아 풍성한 플레어가 생기도록 한 스커트의 총칭이다. 폭이 넓은 페전트 스커트와 집시 스커트도 풀 스커트의 일종이다.

풀 슬리브(full sleeve)　넉넉하고 여유가 있게

풀 드레스 수트

풀 백 스커트

풀 스커트

풀오버 스웨터

풋볼 저지 셔트

만든 소매의 총칭이다. 퍼프 슬리브, 벌룬 슬리브 등이 여기에 속한다.

풀 아 카굴(pull à cagoule) 카굴은 후드를 의미하는 것으로, 1976년경 나타난 후드 달린 풀오버를 말한다.

풀오버(pullover) 머리에서부터 뒤집어서 입는 형식으로 된 블라우스, 스웨터, 재킷을 가리킨다.

풀오버 블라우스(pullover blouse) 머리에서부터 뒤집어서 입는 블라우스를 총칭하며, 슬립 온 블라우스라고도 부른다.

풀오버 스웨터(pullover sweater) 앞이나 뒤에 트임이 없어서 머리 위에서부터 뒤집어써서 입는, V자 모양의 깊게 파진 네크라인, 목에 붙는 둥근 네크라인, 크루 네크라인 등의 스웨터를 가리킨다. 특히 활동적인 학교 생활에 편리하게 입을 수 있어 학생들에게 인기가 있다. 풀 온 스웨터 또는 슬립 온 스웨터라고도 한다.

풀온 거들(pull-on girdle) 지퍼나 끈이 없이 그냥 입게 되어 있는 거들의 일종으로 착용이 편하여 많이 입는다.

풀온 쇼츠(pull-on shorts) 입기 편하게 고무줄로 된 허리밴드가 달린 반바지이다.

풀온 스웨터(pull-on sweater) ⇒ 풀오버 스웨터

풀온즈(pull-ons) ⇒ 슬립 온즈

풀온 팬츠(pull-on pants) 허리에 고무줄이나 끈을 잡아당겨서 입는다는 풀 온의 의미대로 고무줄로 되어 입고 벗기에 편하게 된 바지이다.

풀카리(phulkari) 인도의 펀자브 지방에서 '펀자브의 미(美)'로 불리는 아름다운 자수이며, 풀카리용으로 짜여진 특별한 천에 꼬임이 없는 견사로 자수한 것을 말한다. 이 자수는 화려하게 아름다운 색의 조합 때문에 실을 만드는 데도 공정이 매우 까다로운 것이 있다. 대개는 약 228cm 길이, 약 160cm 폭의 장방형 천에 자수하고 실크 같은 광택이 있는 태피스트리로 만들어진다. 이 자수는 스틸(F.A. Steele)이 "장식으로 수놓아

천을 만들어 낸다"라고 말한 것과 같이 한 장의 천 전체를 수로 완전히 뒤덮은 것이며, 디자인은 반드시 기하학적인 식물 문양이 사용되며, 특히 꽃문양이 많이 사용된다.

풀 티셔츠(full T-shirt) 이음선이 없는 형태의 소매에 둥글고 넓게 몸판을 재단하여 몸판의 앞뒤 끝을 주름을 잡아서 처리하였으며, 밴드, 페플럼은 허리보다 낮게 달았고 입고 벗기 위해서 머리가 들어갈 정도로 앞이나 뒤에 약간 터짐을 한 셔츠이다. 시초는 1980년 중반에 파리 디자이너 피에르 카르댕이 디자인하여 발표하여 유행하였다.

풀 패션(full fashion) 제품의 크기와 모양에 따라 횡편기로 편성하여 재단이 필요없이 꿰매어 만드는 옷이나 양말류를 말한다.

품대(品帶) 관인이 관품(官品)에 따라 착용하는 띠를 뜻한다. 조선 시대에는 1품의 조복·제복·공복·상복에는 서대(犀帶), 정2품에는 삽금대(鈒金帶), 종2품은 소금대(素金帶), 종3품은 소은대(素銀帶), 3품 이상의 사복(私服)에는 홍도아(紅絛兒), 4품의 공복에는 흑각대(黑角帶) 등을 착용하여 구별을 두었다.

품목(item) 항목, 품목을 말한다. 특별한 스타일, 색상, 치수, 가격의 상품으로 단품 관리상의 단위 품목을 말하기도 한다.

품월(品月) 색명(色名)의 하나로 순청색(鈍靑色)을 말한다.

풋맨즈 드레스 베스트(footman's dress vest) 길게 파인 앞 네크라인에 둥근 숄 칼라가 달린 조끼로, 마부들이 착용하였던 조끼에서 유래하였다.

풋볼 저지 셔트(football jersey shirt) 축구 선수들의 유니폼에서 응용되었으며, 머리에서부터 입게 된 풀오버 셔트는 대개 면과 저지 니트, 면과 폴리에스테르를 혼방해서 짠 니트지로 만든다. 네크라인과 소매끝은 대가 되는 니트로 처리하고, 대개 숫자가 크게 앞뒤에 새겨져 있다. 1960년대, 1970년대에 아이들과 청소년들에게 특히 유행하였다. 숫자를 나타낸다고 하여 뉴머럴 셔트(numeral shirt)라고도 한다. 1980년대 초에는 어깨를 많이 떨어뜨린 숄더 스타일을 주로 그물지를 이용하여 만들었다.

풋 투게더 룩(put together look) 옷차림에서 각 아이템의 개별성이 강조된 것으로, 레이어드(layered)와 믹스 앤드 매치 룩(mix and match look)과 비교할 수 있다.

풍잠(風簪) 조선 시대 양반층에서 사용한 망건(網巾)의 앞이마에 다는 장식품이다. 갓이 벗겨지는 것을 방지했으며, 호박(琥珀)·소뿔·대모(玳瑁)·마노(瑪瑙) 등을 사용하여 만들었는데 신분에 따라 재료가 달랐다.

풍차(風遮) 조선 시대 방한모(防寒帽)의 일종으로 남녀 공용이며, 흑·자·남색의 단(緞)을 사용하여 만들며, 가장자리는 흑·밤색의 털을 두른다. 위에는 둥근 공간을 두었고 형태는 남바위와 비슷하다.

풍차

풍차바지[風遮把持] 어린 사내아이의 바지로 겨울철 방한용으로 누비 바지나 솜바지로 만든다. 풍차는 바람막이로서 바지의 마루폭에 좌우로 길게 헝겊 조각을 대어 바람이 스며드는 것을 막았다. 대님을 붙박이로 달아 버선을 신은 후 매게 하였다.

퓌스타넬(fustanelle) 그리스 시대 때 궁정 호위병들이 착용한 무릎 길이의 헐렁하고 뻣뻣한 아코디언 주름의 스커트를 말한다.

퓨리턴 칼라(puritan collar) ① 정방형으로 마름질한 넓고 흰 플랫 칼라이다. ② 17세기 경 유럽에서 남자들이 착용한 레이스 장식이 달린 크고 넓적한 깃인 폴링 밴드를 일컫는 말로, 초기 청교도 복장에서 유래하였다.

퓨리턴 해트(puritan hat) 중간 정도 크기의 챙과 딱딱하고 크고 평평한 크라운이 있는 검은색의 남성용 모자로 넓은 검정색의 밴드(band)와 앞중심에 은 버클(buckle) 장식이 있다. 17세기 초 미국에서 청교도 남성이 썼던 모자이다.

퓨리티 라인(purity line) 퓨리티는 '청정, 청결 또는 청렴, 결백'의 뜻으로 그러한 청순한 이미지를 표현한 실루엣을 말한다. 그린 모드의 등장으로 주목받게 되었는데, 구체적으로 웨이스트를 약간 끼게 한 슬림 라인을 가리키는 것이 많다.

퓨즈드 헴(fused hem) 도화선, 폭약이나 폭탄의 신관 형태의 단으로, 뜨겁게 용해된 강철 금속으로 압력이 가해진 특별한 테이프를 천에 붙이는 형태이다. 1960년대에 발명되었으며, 간혹 의복을 세탁하거나 드라이 클리닝할 때 분리될 수도 있다는 단점이 있다.

프라이스 머천다이징(price merchandising) 가격정책에 중점을 둔 상품전개 전략이다. 1980년대 후반기 미국의 불경기에 가장 유력한 상품 정책으로 가격 경쟁이 보다 격화되는 양상도 보인다.

프라이스, 안토니(Price, Antony 1945~) 영국 브래드포드 출생으로 브래드포드 미술대학과 왕립 미술대학에서 공부했으며, 졸업 후 스터링 쿠퍼 그룹에 들어가 4년 간 일했다. 1970년대 초 팝 뮤직에 대한 관심으로 브라이언 페리와 그의 밴드, 백업 싱어들을 위한 옷을 디자인했다. 그 후 1977년 킹스 로드에서 상점을 개점하고 제리 홀, 마리 헬빈, 미크 제이거를 포함한 명사 고객을 위해 디자인했다. 1986년 미국에도 상점을 열어 성공을 거두었으며 현대적 '찰스 제임스(Charles James)'와 같은 디자인의 소양을 보여주고 있다.

프라임(prime) 모피가 가장 최상의 상태에 있을 시기에 채취한 동물의 펠트를 말하며, 이때 털색이 제일 좋고 털이 매우 치밀하게 나 있다. 한겨울의 모피가 주를 이룬다.

프라티니, 지나(Fratini, Gina 1934~) 일본 고베 출생으로 어릴 때 영국, 미얀마, 인도 등지에서 성장하였으며 1950년 영국 왕실

퓨리턴 칼라

프레리 드레스

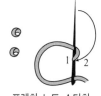

프렌치 노트 스티치

미술학교에서 공부하였다. 1964년 자신의 첫 브랜드를 갖고 편한 작업복 스타일을 디자인하다가 후에 거즈나 시폰 드레스를 발표하였다. 로맨틱하고 동화적인 이브닝 드레스가 특징적이다.

프런트 지퍼 파운데이션(front zipper foundation) 정면 앞부분이 지퍼로 된 속옷류를 총칭한다.

프런트 클로저 브라(front closure bra) 양쪽 가슴이 가까이 붙도록 된 브라로 대개 걸개나 끈으로 여민다.

프런티어 팬츠(frontier pants) ⇒ 웨스턴 팬츠

프레리 드레스(prairie dress) 빅토리안 스타일의 네크라인에 어깨에는 주름이 있고, 소매끝은 밴드로 되어 있고, 러플이 달린 넓은 스커트로 된 드레스이다. 19세기에 서부 마차 여행을 할 때 착용하였던 여성들의 옷차림에서 응용되었다. 페전트 드레스와 비슷하나 거기에 비하면 덜 화려하다. 1980년대에 유행하였다.

프레리 스커트(prairie skirt) 작은 꽃 프린트의 면 캘리코 옷감으로 치마 끝단에는 1~2줄의 러플을 대고, 허리 밴드 밑으로 주름을 잡은 풍성한 스커트이다. 서부 개척 시대 마차 여행 때 여인들이 입은 스커트에서 유래하였다.

프레서(presser) 편성 요소의 하나로 편성시 수염 바늘이 코를 통과할 때 수염을 눌러 주는 역할을 한다.

프레셔 버튼(pressure button) 눌러서 잠그는 버튼으로 스냅 형식을 말한다. 드레스 앞이나 드레스 앞 주름속, 커프스 등을 잠그는 데 사용된다.

프레스코(Fresco) 대부분 역연인 3올의 소모사를 경·위사에 사용하여 2×2의 사자직(斜子織)으로 직조된 영국 기니아 상회의 포라지에 대한 상표이다.

프레스턴, 나이젤(Preston, Nigel 1946~) 영국 태생의 디자이너로 1972년에 막스필드 파리시(Maxfield Parrish) 하우스를 세웠다.

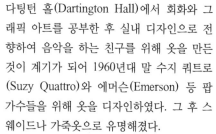

다팅턴 홀(Dartington Hall)에서 회화와 그래픽 아트를 공부한 후 실내 디자인으로 전향하여 음악을 하는 친구를 위해 옷을 만든 것이 계기가 되어 1960년대 말 수지 쿼트로(Suzy Quattro)와 에머슨(Emerson) 등 팝 가수들을 위해 옷을 디자인하였다. 그 후 스웨이드나 가죽옷으로 유명해졌다.

프레타포르테(pret-a-porter) 문자상으로는 'ready-to-wear'를 뜻하는 프랑스 용어로 주문형 의복과 구분되는 프랑스의 고급기성복 박람회를 말한다. 제2차 세계대전 후 염가 의류에 싫증을 느낀 멋쟁이들이 지금까지의 컬렉션과는 다른 고급 기성복을 요구함에 따라 생겨난 용어이다. 이 행사는 공식적으로는 1960년부터 연 2회, 봄·여름 의상을 보여 주는 춘하 컬렉션을 2월 중순에, 가을·겨울 의상을 보여 주는 추동 컬렉션은 7월 중순에 파리에서 개최하기로 파리의 하이패션을 하는 오트 쿠튀르 디자이너들에 의해 결의되어 오늘에 이르고 있다.

프레피 슈즈(preppie shoes) 프레피(미국의 아이비 리그에 속하는 대학에 진학하기 위한 예비학교 학생 또는 졸업생)들이 애용하는 신발을 말한다. 로퍼 슈즈(loafer shoes)나 덱 슈즈(deck shose) 등이 대표적이다.

프렌치 노트 스티치(French knot stitch) 바늘에 1~3번 정도 실을 감아 실이 나왔던 바로 옆에 꽂아 매듭이 생기게 하는 수법으로, 꽃씨 등을 표현할 때 사용한다. 실을 여러 번 감을수록 매듭이 커지게 되며, 굵은 실을 사용하면 다른 효과를 낼 수 있다. 줄기, 윤곽, 면적을 메우는 데 응용된다.

프렌치 드레스(French dress) 사각형이나 둥근 네크라인에 넓고 큰 버서 칼라가 달려 있고, 허리선이 많이 내려온 어린 소녀들의 드레스이다. 소매는 짧게 하거나 양의 다리 모양인 레그 오브 머튼(leg-of mutton) 소매에 러플로 부풀게 만들었으며, 스커트는 넓게 하여 허리선에 폭 넓은 새시 벨트로 묶여져 있다.

프렌치 드로어즈(French drawers) ① 가장자

리를 레이스나 러플 또는 천조각으로 사치스
럽게 장식한 플레어진 바지를 말하는 것으로
보통 무릎 길이이며, 때로는 길이를 조절하
기 위해 뒤에서 끈으로 허리 밴드를 묶었다.
스플릿 크로치(split crotch)가 달려 있으면
'오픈(open)'이라 불렀고, 솔기를 꿰맨 것은
'클로즈(close)'라고 하였다. 질 좋은 케임
브릭, 론, 머슬린 등으로 만들었으며, 1890
년대 후반과 1900년대 초에 착용하였다. ②
조금 더 짧고 주름 장식이 덜 달린 옷으로
1920년대에 착용하였으며, 프렌치 팬티즈라
고도 불렀다.

프렌치 메이드 슬리퍼(French maid sleeper)
얇은 옷감으로 된 상의는 레이스로 장식되었
으며, 여기에 아주 짧은 비키니 팬티를 곁들
인 투피스로 된 잠옷이다. 프렌치 메이즈 에
이프런(French maid's apron)과 유사하다.

프렌치 보텀즈(French bottoms)　19세기에 많
이 착용한 단이 플레어진 남성의 바지를 가
리킨다.

프렌치 브라(French bra)　가슴을 받쳐 주기
위해서 가슴 밑이 꼭 맞게 된 컵이 없는 브라
로 가슴이 많이 파인 드레스를 입을 때 자연
스럽게 보이기 위해 착용한다.

프렌치 세일러 드레스(French sailor dress)
허리선이 길게 내려와서 불룩하게 블루종되
고 주름 스커트에 작은 세일러 칼라가 달린
테일러드 드레스로 20세기 초에 유행하였다.

프렌치 신치(French cinch)　허리를 가늘어 보
이게 하고 강조하기 위해 디자인된 힙까지
오는 거들의 하나이다. 게피에르 참조.

프렌치 심(French seam)　⇒ 통솔

프렌치 엠브로이더리(French embroidery)　서
양 자수 중 가장 많이 각국에 보급된 것으로
서양 자수를 대표할 수 있으며, 모든 자수의
기본이 되는 것을 말한다. 장점으로는 재료
와 용구의 준비가 간단하고 세탁에 강하며
손질하기 쉬워 실용적이다. 또한 기술이 부
족하여도 색채와 도안으로 조화미를 얻을 수
있어 응용 범위가 넓다.

프렌치 오프닝 베스트(French opening vest)

셔트 앞부분이 많이 드러나도록 가슴이 깊이
파인 남성들의 베스트로서, 1840년대에 착
용하였다.

프렌치 지고 슬리브(French gigot sleeve)　상
단부의 어깨 부분은 불룩하고 밑으로 내려갈
수록 소맷부리가 좁아지는 소매이다. 레그
오브 머튼 슬리브와 유사하다.

프렌치 커프스(French cuffs)　셔트 등의 소매
단을 길게 만들어 접어서 착용하도록 한 커
프스를 말한다. 더블 커프스와 유사한 두 장
으로 된 커프스이다.

프렌치 지고 슬리브

프렌치 커프스

프렌치 컷 레그(French cut leg)　엉덩이 부분
을 높게 올려 마름질하여 다리를 많이 노출
시킨 여성용 원피스 수영복이다. 1970년도
와 1980년도에 크게 유행하였다.

프렌치 코트(French coat)　1770~1800년대
에 남성들이 정장에 입은 프록 코트(frock
coat)로서, 보통 수놓은 금색 단추로 장식되
어 있다.

프렌치 클로크(French cloak)　스퀘어 플랫 칼
라 또는 숄더 케이프가 달린 길이가 긴 서큘
러 또는 세미서큘러 케이프를 말한다.

프렌치 트위스트(French twist)　뒷머리를 틀
어올려서 빗으로 고정시키는 헤어 스타일로
1940년대에 유행하였다.

프렌치 컷 레그

프렌치 파딩게일(French farthingale)　옆솔기에 넓고 앞이 약간 평평한 뻣뻣한 뼈대를 끼운 드럼형 스커트로서, 1580～1620년대에 착용하였다.

프렌치 팬티즈(French panties)　바지통이 넓고 플레어진 짧은 팬티로 실크 소재의 레이스로 되어 있다. 1920년대에 유행하였다.

프렌치 퍼스(French purse)　돈을 집어 넣기 위해 접는 지갑으로 한쪽은 동전을 넣도록 되어 있기도 하다.

프렌치 폴리스맨즈 케이프(French policeman's cape)　프랑스 경관들이 착용한 무릎까지 오는 흑색의 두꺼운 모직이나 고무로 된 둥근 형태의 케이프로 스포츠 웨어와 1960년대 후반기에 미국에서 육군 유니폼으로 착용하였다. 잔담 케이프라고도 한다.

프렌치 폴 부츠(French fall boots)　자연스럽게 주름이 잡히도록 부츠 위쪽이 넓게 디자인된 부츠이다.

프렌치 힐(French heel)　구두의 높은 굽이 뒤에서 안쪽으로 휘다가 바닥으로 가면서 약간 넓어지는 구두를 말한다.

프로그(frog)　길고 브레이드 된 루프로, 단추의 여밈 장식으로 사용된다. 프랑스의 몰(mol)과 같다.

프로머네이드 스커트(promenade skirt)　1850년대에 착용한 페티코트로, 철로 만들어진 후프가 머즐린에 부착되어 착용시 드레스를 강하게 지지해준다.

프로머네이드 커스튬

프록

프로머네이드 스커트

프로머네이드 커스튬(promenade costume)　19세기 후반에 사용한 용어로, 걷거나 쇼핑할 때 적합한 옷을 말한다.

프로모셔널 아이템(promotional item)　패션 업계의 광고상품이나 계절상품, 신제품 등 소비자에게 새로운 이미지로 부각될 수 있는 상품을 말한다.

프로믹스 파이버(promix fiber)　우유의 카세인과 같은 천연 단백질과 아크릴로니트릴을 그래프트 중합하여 습식 방사하여 얻는 섬유로, 가볍고 견과 같은 광택이 있으며 촉감이 따뜻하고 부드럽다.

프로블럼 체크 리스트(Problem Check List)　무니(Mooney)가 개발한 성격검사 도구로서 건강, 재정, 사회활동 등에 관한 문제점을 열거하여 한 분야에 체크된 문제의 수가 많을수록 그 분야에 대한 적응 상태가 좋지 않은 것을 암시한다.

프로스펙터스 셔트(prospector's shirt)　전기가 일어나지 않는 실크 니트로 된, 여행에 적합한 니트 셔트로 월리스 비어리 니트 셔트와 유사하다.

프로파일 해트(profile hat)　머리 한쪽으로 비스듬히 쓰는 모자로 얼굴의 옆모습 윤곽이 두드러지게 나타난다. 1940년대에 유행하였다.

프로파일 해트

프로포션드 팬츠(proportioned pants)　여성들의 치수 중 작은 치수, 작다는 뜻의 프티트(petite)와 보통 치수 애버리지(average), 큰 치수 톨(tall)과 남성들의 바지 길이 치수 27～31인치에 해당하는 바지이다. 1950년대부터 여성들의 신축성이 좋은 스트레치 바지에 많이 적용되었다.

프록(frock)　일반적으로 여성용 의복에 대한 동의어로, 16～17세기에는 비형식적인 가운을, 19세기에는 얇은 직물의 의복을, 그리고

20세기에는 어린이의 의복을 가리킨다. 중세 시대부터 수도승의 의복에 근원을 둔, 헐렁한 소매의 남성용 외출복으로 스목 프록(smock frock)이라고도 불렸다. 16~18세기 말까지 남성들이 착용한 몸에 꼭 맞는 재킷 또는 프록트 재킷(frocked jacket), 언드레스 코트(undress coat)를 말한다.

프록 그레이트 코트(frock great coat) 프록 코트(frock coat)와 재단법이 유사한 남성용 코트로서, 길이가 길며 언더코트 없이 외출복 스타일에 맞추어 만든 것이다. 1830년대부터 입었으며, 톱 프록(top frock)이라고도 하였다.

프록 오버코트(frock overcoat) 1880~1890 년대에 주로 소년들이 입은 오버코트로, 라인이 꼭 맞고 길이는 장딴지까지 오며 큰 케이프 칼라를 달기도 하였다.

프록 코트(frock coat) ① 싱글 또는 더블 브레스티드이며 허리선까지 단추로 채우는 몸에 꼭 맞는 남성용 수트 코트로, 헐렁한 스커트와 평평한 포켓과 뒤트임이 있다. 처음에는 프러시안 칼라(Prussian collar)가 달렸으며, 라펠이 없었다. 수년 동안 의복에 변화가 거의 없었으며, 18세기 말에서 19세기까지 착용하였는데 길이만 무릎까지 길어졌다. 모닝 프록 코트라고도 불렀다. ② 1890년대에 여성들이 입었던 힙 길이의 꼭 맞는 테일러드 재킷을 말한다.

프록 오버코트   프록 코트

프루프루 드레스(frou-frou dress) 1870년대의 목을 깊게 판 보디스를 가진 일상복으로, 작은 분홍색 플라운스가 많이 장식되어 있고, 실크 언더스커트의 일부가 보이도록 앞이 터 있으며, 짧은 머슬린 튜닉 아래에 입었다.

프루프루 맨틀(frou-frou mantle) 1890년대 후반에 착용한 여성용 실크 숄더 케이프 또는 펠레린을 말하는 것으로, 3줄의 주름 장식이 있으며 긴 장식 리본으로 악중앙 부분을 매듭지었다. 프루프루 케이프라고도 하였다.

프리미티브 컬러(primitive color) 프리미티브는 '원시의, 원시적인, 소박한' 또는 '근본의, 기본의'라는 의미로 원색을 뜻하며, 달리 '프라이머리 컬러'라고도 한다. 패션의 유니섹슈얼(unisexual)화 경향이나 캐주얼화 경향에 따라 남녀 모두가 이러한 원색을 자주 사용하게 되었다. 파스텔 칼라나 카키 등과 대비시켜 자유롭게 사용하기도 하는 색이다.

프리미티브 패턴(primitive pattern) 민속풍의 대단히 소박한 느낌을 주는 무늬의 총칭으로 잉카 문양이 대표적이다.

프리 스티치(free stitch) 방향과 길이를 자유롭게 꽂으며 도안에 따라 길이를 조절한다.

프리 스티치

프리종, 마날(Frizon, Manal 1941~) 프랑스 파리 출생으로 1960년대 초반 파리에서 모델로 활동하다가 1970년대 구두 디자이너로 전환하였다. 우아하고 기품이 있으며 도마뱀과 뱀가죽 또는 스웨이드와 공단, 악어가죽과 캔버스천의 조합으로 디자인하는 것이 특징이다.

프리즈(frieze, frez) 모헤어(mohair)나 양모, 면, 인조 섬유로 제직하며 루프(loop)를 자

프린세스 드레스

르지 않아 표면에 줄이 있다. 드레이퍼리나 가구용 직물 등에 쓰인다. 원래는 13세기에 네덜란드의 프리슬란드(Friesland)에서 만들어진, 표면이 기모되어 있는 거친 방모직물을 말하였으며, 프리제(frisé)로 표기하기도 한다.

프리지안 니들 워크(Phrygian needle work) 프리지아(phrygia)는 그리스 신화에 나오는 소아시아 중앙 및 서북부를 점령했던 고대 왕국으로 프리지아 자수는 제사용 예복이나 제단용 덮개에 쓰였으며, 종교화를 표현한 것이 많고 금사가 많이 사용되었다. 오럼 프리지안(aurum phrygian), 금자수라고도 부른다.

프리지안 보닛(Phrygian bonnet) 펠트나 가죽으로 만든 원시적인 캡(cap)으로, 턱에서 끈으로 매 주었다. 그리스와 로마에서 노예를 해방시킬 때 이 모자를 내 주었기 때문에, 그 후 이 모자는 자유를 상징하게 되었다. 18세기 말 프랑스 혁명 당시 혁명가들이 이 모자를 다시 착용하였다.

프리지안 캡(Phrygian cap) 고대 그리스 시대와 9~12세기에 착용한 캡이다. 높고 둥근 끝이 앞으로 꺾였고, 양옆의 드림이 늘어져서 묶기도 했다.

프리커프트 트라우저즈(pre-cuffed trousers) 처음부터 미리 바지단이 접혀서 제조된 바지를 가리킨다. 대개 바지단은 만들어지지 않고 상점에서 입어본 후에 길이와 단을 만들도록 되어 있다. 남성들의 바지 길이는 27~31인치까지 다양하다.

프리 크로스 스티치(free cross stitch) 색실자수의 표면자수에 이용하는 기법으로 크로스 스티치를 자유롭게 흩뜨려서 면을 메우며 자수하는 기법이다.

프리티케팅(pre-ticketing) 제조업자가 상품에 표시를 하는 것을 말한다.

프릭션 캘린더 가공(friction calender finish) 크고 작은 캘린더의 마찰로 인해 직물 표면에 광택을 주는 가공이다.

프릭 스티치(prick stitch) ⇒ 점 박음질

프린세스 드레스(princess dress) 허리 부분에 이음선이 없이 어깨에서부터 가슴에서 치마단까지 박음선이 한 줄로 이어진 몸체가 꼭 맞는 플레어 스커트 드레스를 말한다. 날씬하게 보이는 데 효과적이며, 코트 드레스와 유사하다. 워스(Worth)라는 디자이너가 디자인하였고, 1860년에 유제니 황후에 의하여 소개되었으며, 1940~1950년대에 유행하였다.

프린세스 슈미즈(princess chemise) 코르셋 커버와 페티코트가 허리의 이음선이 없이 붙어서 하나로 만들어진 여성들의 속옷으로, 레이스로 네크라인, 암홀, 단 등을 화려하게 장식하였다. 19세기 말에서 20세기 초에 착용하였다.

프린세스 스타일(princess style) 앞뒤의 어깨에서 밑단까지 세로로 된 패널들로 이루어진 것으로, 패널의 이음선을 허리선이 따로없이 상반신에 꼭 맞게 하고, 단으로 내려갈수록 플레어를 준 스타일이다. 드레스, 코트, 슬립 등에 적용되며, 1860년대부터 사용하였고 특히 1930년대 말과 1940년대에 많이 사용하였다.

프린세스 스톡(princess stock) 1890년대 중반에 착용한 목에 꼭 끼고 깃을 높이 세운 칼라로, 주로 주름잡힌 천으로 만들었으며, 2개의 나비매듭이 칼라의 양옆에 장식되었다. 가슴받이가 앞의 네크라인 중심에 붙어 있을 때는 프린세스 스톡 칼라렛(princess stock collarette)이라고 한다.

프린세스 슬립(princess slip) 직선이거나 플레어이거나 허리선이 없이 몸에 맞도록 된 조각, 패널로 된 속치마이다. 1870년대에는 프린세스 페티코트라고 하였다.

프린세스 웨이스트라인(princess waistline) 허리선이 없이 허리에 꼭 맞게 된 웨이스트라인을 말한다. 목에서부터 치마 끝단까지 수직으로 몸에 꼭 맞도록 되어 있다. 1860년대에 황후 유제니가 입은 데서 명칭이 유래하였으며, 그때부터 계속 많이 이용하게 되었다. 디자이너 찰스 프레드릭 워스(Charles

Frederick Worth)가 1860년에 에스파냐 태생 나폴레옹 3세의 황후 유제니(Eugenie, 1829~1920)의 상복을 이 웨이스트라인으로 디자인하였다.

프린세스 코트(princess coat)　어깨나 진동 밑부분에서 가슴을 지나서 단까지 길게 한 조각으로 재단되어 허리에 솔기가 없이 허리에 꼭 맞게 되어 있고, 허리에서부터 단으로 가면서 플레어로 되어 있으며, 단추는 싱글이며 앞여밈으로 되어 있다. 1860년대에 디자이너 워스(Worth)가 프랑스 나폴레옹의 유제니 황후의 상복 드레스를 만들어 소개하였으며, 1950년대 여성과 소녀들에게 유행하였다.

프린스 루퍼트(Prince Rupert)　벨벳 또는 플러시 천으로 만든 몸 전체 길이의 꼭 맞는 여성 코트로 19세기 말에 블라우스, 스커트와 함께 입었다.

프린스 앨버트 코트(Prince Albert coat)　벨벳으로 만든 플랫 칼라가 달려 있는 더블 브레스티드의 긴 프록 코트로 1920년대까지 결혼식, 장례식 등의 공식적인 행사에 입었다. 무릎 길이의 코트로서 뒤중심에 단추 장식을 한 2줄의 누르지 않은 주름이 잡혀있고 접어 젖힌 칼라와 리버스(revers)가 있다. 1890년대 말에 입었으며, 영국의 빅토리아 여왕의 남편이었던 앨버트 공의 이름을 딴 것이다.

프린스 오브 웨일즈 재킷(Prince of Wales jacket)　1860년대 말의 남성 재킷으로 선원들의 몸에 꼭 맞는 청색 재킷과 비슷하다. 3쌍의 더블 브레스티드 스타일로, 영국의 에드워드 7세가 왕이 되기 전에 사용한 이름을 딴 것이다.

프린스 오브 웨일즈 플래드(Prince of Wales plaid)　격자 문양의 이름이며 글렌 플래드의 별칭이다.

프린스턴 오렌지(Princeton orange)　미국 프린스턴 대학의 학교색인 주황색을 말한다. 검정색을 대비색으로 사용하여 매우 강한 인상을 준다.

프린지(fringe)　천의 올을 뽑아 몇 올씩 묶어

준 것이다. 이것은 코트, 재킷의 단과 어린이옷, 블라우스의 칼라, 단, 커튼, 가구 커버의 가장자리 장식에 이용된다.

프린지드 커프스(fringed cuffs)　테두리에 긴 술장식이 달린 가죽으로 만든 손목 밴드이다. 1960년대 후반기에 새롭게 고안되었다.

프린지드 커프스

프린징　실을 사용하는 프린징과 직물의 올을 풀어서 하는 프린징이 있다. ① 모사, 견사, 금은사 등을 몇 올씩 코바늘로 천에 걸어 매듭을 지어 매다는 방법이다. 견사를 사용하는 경우, 풀어지지 않도록 매듭을 짓기 전에 실에 수분을 주어야 한다. 숄, 스카프의 가장자리를 장식하는 데 많이 이용한다. ② 천의 올을 뽑아 몇 올씩 묶어준 것이다. 이것은 코트, 재킷의 단과 어린이 옷, 블라우스의 칼라, 단, 커튼, 가구커버의 가장자리 장식에 이용된다.

프린트 워크(print work)　어두운 색으로 문양을 프린트한 천 위에 검은 실로 수놓은 자수법을 말한다.

프린트 클로스(print cloth)　28~42번수 카드사로 제직한 면평직물을 말한다. 조직과 질이 다양한, 중간 정도의 무게를 갖는 직물로 대표적인 직물 밀도는 60×60과 80×80이다. 블라우스나 드레스, 속옷, 커튼, 셔츠 등에 다양하게 쓰인다.

프린팅(printing)　완성된 직물 표면에 금속 롤러, 스크린 등을 사용하여 짙은 유동성 날염호를 직물에 묻혀 디자인을 표현하는 방법을

프릴 칼라

말한다. 날염이라고도 한다. 프린팅 기법에는 롤러 프린팅, 듀플렉스 프린팅, 피그먼트 프린팅, 전사 날염, 방염, 사진 날염, 경사 날염, 스크린 프린팅, 시매틱 프린팅 등이 있다.

프릴(frill)　드레스 또는 블라우스의 트리밍으로 붙어 있으며 러플 모양을 형성하기 위한 직물 또는 레이스 개더의 폭이 좁은 조각을 뜻한다.

프릴뢰즈(frileuse)　누빈 새틴이나 벨벳으로 만든 몸에 꼭 맞고 뒤품과 소매가 헐렁한 여성용 케이프 또는 펠레린 랩(pelerine wrap)을 말하는 것으로, 1840년대 후반에 실내나 극장에서 착용하였다.

프릴 칼라(frill collar)　주름을 잡아 만든 칼라이며, 러플드 칼라보다 주름분이 적다.

프스켄트(pschent)　상·하 이집트가 합쳐진 상징적인 왕의 모자를 말한다.

프티 카자크(petit casaque)　1870년대의 폴로네즈 드레스를 지칭하는 프랑스식 용어이다.

프티트(petite)　평균 신장보다 작은 여성을 위한 기성복의 사이즈 범위로, 보통 6~16까지의 크기가 있다. 주니어 프티트 사이즈는 짧은 허리의 여성들을 위한 기성복의 크기 범위로, 5~15까지가 있다.

프티 푸엥 스티치(petit point stitch)　태피스트리 자수로 이용되는 스티치의 하나이다. 바탕천에 한 가닥 실로 메우는 대각선 스티치로, 배경을 메우거나 모양을 만들 때 사용한다. 텐트 스티치, 니들 태피스트리 워크 등도 의미한다.

플라멩코 드레스(flamenco dress)　긴 몸체에 서큘러 스커트가 부착된 드레스로 1960년대 말에 일반에게 유행이 되었고, 에스파냐의 플라멩코 댄서들의 드레스에서 영향을 받아 디자인되었다.

플라운스(flounce)　① 러플보다 폭이 넓고 아래로 늘어지는 주름을 말한다. ② 천을 주름 잡아 층층이 배열한 장식의 일종으로, 18세기 여성들의 드레스에 주로 사용되었다.

플라이 스티치(fly stitch)　레이지 데이지 스티치의 끝을 벌리고 매듭짓는 실을 약간 길게 하여 Y자형으로 수놓는 방법이다. 이것을 연결시켜 기하학적 모양이나 넓은 면적을 망사처럼 나타내는 데 사용하며, 작은 꽃이나 기하학적 무늬에 사용한다. 와이 스티치라고도 한다.

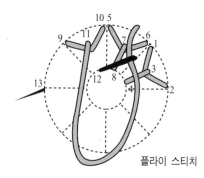

플라이 스티치

플라이 어웨이 재킷(fly away jacket)　허리 부분은 맞으면서 옷의 뒷면과 옆면이 과장되게 플레어진 재킷을 말한다.

플라이 어웨이 재킷

플라이트 백(flight bag)　주로 부드러운 캔버스로 만들고 위에서 지퍼로 여미며 손잡이가 있는 가방으로 비행기에서 승객에게 주는 가방에서 유래하였다. 사파리 백 또는 캐러밴 백이라고도 한다.

플라이트 재킷(flight jacket)　스탠딩 칼라와 리브 니트나 고무줄로 처리한 허리 밴드에, 앞지퍼가 달린 허리 길이의 재킷이다. 제2차 세계대전 당시 미국 공군 조종사들의 가죽 재킷에서 유래하였으며, 1960년대에 스포츠웨어로 채택되었다. 1980년대 초반에 이르러서는 다양한 스타일로 변형되어 만들어지기도 했으며, 주로 나일론 섬유를 소재로 사용하였다.

플라이 플래킷(fly placket)   단춧구멍을 만든 천 위에 다른 천을 덧대어 달아 단추를 잠그었을 때 밖에서 보이지 않도록 한 여밈자락을 말한다. 스커트나 바지, 셔트나 재킷 등의 여밈자락에 쓰인다.

플라이 휠(fly wheel)   재봉틀 머리 부분의 오른쪽에 있고, 아래로부터 벨트에 의해 돌아가는 바퀴이다. 이 바퀴의 회전에 의해 상축이 돌려져 바늘, 실채기, 보내기 기구 등 모든 부분이 움직이도록 되어 있다. 중앙에 있는 스톱 모션을 헐겁게 한 후 밑 실패꽂이에 토리를 꽂고, 실패바퀴가 플라이 휠의 벨트에 접촉하면서 실이 감기므로 토리에 90% 정도 실이 감기면 자동적으로 보빈누르개가 튀어나와 실패가 멈춘다. 최근에는 이것이 암(arm)의 오른쪽 윗부분에 붙어있기도 하다. 밸런스 휠이라고도 한다.

플라잉 셔틀(flying shuttle)   1730년 존 케이(John Kay)가 발명한 것으로, 손에 의하지 않고 직물의 폭 방향으로 운동할 수 있는 북으로서, 재래 수직기보다 직물의 폭을 크게 하고 생산 속도를 향상시킬 수 있는 장점이 있다.

플라잉 패널 스커트(flying panel skirt)   허리에 또 다른 여분의 스커트 자락이 부착된 스커트로, 1940년대와 1950년대에는 드레스의 기본적인 스커트에, 1960년대 말에는 팬츠 타입의 드레스에 적용되었다.

플라타(plahta)   러시아의 우크라이나 여성들이 입던 랩 어라운드 스커트로, 두 자락의 격자무늬 직조의 울이나 실크를 몸에 두르고 앞부분은 겹치게 한 후 벨트로 고정시켰다.

플란넬(flannel)   본래는 방모 직물이지만 때로는 위사로 방모사, 경사로 소모사를 사용하기도 하며, 플라노(flano)라고도 한다. 또한 기모가공한 면직물을 플란넬이라고 부르기도 한다.

플란넬 나이트가운(flannel nightgown)   사각으로 된 몸판의 요크에 러플이 달려 있으며 길이가 긴 전통적인 플란넬 옷감으로 된 겨울 나이트 가운이다.

플란넬렛(flannelette)   기모 가공한 면직물을 말한다.

플란넬 페티코트(flannel petticoat)   아기와 여성들이 보온을 위해서 착용하는 겨울 속치마로 1870~1920년대 초에 유행하였다. 대개 모직, 플란넬, 캐시미어 등으로 만들며, 플란넬 스커트라고도 한다.

플란넬 피니시(flannel finish)   방모사 직물, 특히 플란넬 직물에 실시하는 마무리 가공으로, 직물 표면의 직조가 거의 보이지 않게 축융시킨 후 기모 전모를 해 준다.

플람 얀(flamme yarn)   특수사의 일종으로 서로 다른 색실을 여러 가지로 조합하여 꼰 것으로, 활활 타오르는 듯한 불꽃 모양으로 마무리한 실을 말한다.

플래그 프린트(flag print)   여러 가지 깃발이나 국기를 모티브로 사용한 프린트 문양을 말한다.

플래널렛 셔트(flannelette shirt)   앞가슴에 주머니가 두 개 달린 컨버터블 칼라에 격자무늬나 색깔이 있는 셔트이다. 초기에는 목재상들이 입기 시작하여 사냥 등의 스포츠 웨어로 입었으며, 1960~1980년대에 걸쳐 재킷으로 많이 유행하였다.

플래드(plaid)   스코틀랜드에서 방한용으로 사용하는 사각형 숄 또는 모포를 말하며, 보통 타탄 무늬로 짠다. 이 용어는 주로 타탄 무늬의 실줄 무늬, 체크 무늬를 가리킬 때도 있고, 직물의 제직 무늬나 날염 줄무늬, 또는 3색 이상의 체크 무늬를 말하기도 한다.

플래스트런(plastron)   갑옷의 가슴받이를 뜻하는 말로 여성의 드레스나 블라우스의 가슴 장식이나 남성 셔트의 빳빳하게 풀 먹여 붙인 가슴받이를 일컫는다.

플래시 나이트 셔트(flash night shirt)   래글런 소매에 양쪽 옆선이 터져 있고 목선이 둥글게 많이 파인 셔트를 말한다. 회색 폴리에스테르 니트로 된 플래시 댄스 니트 셔트와 비슷하다.

플래시 댄스 톱(flash dance top)   반팔 소매에 목이 많이 파인 것으로, 땀을 많이 흘리는

플라잉 패널 스커트

플래시 댄스 톱

플랩 포켓

운동을 할 때 착용하는 니트로 된 스웨트 셔트와 유사하다. 1983년에 영화 '플래시 댄스'에서 마이클 카플란(Michael Kaplan)이 디자인하였다.

플래카드(plackard)　① 체스트 피스(chest piece) 또는 스터머커를 말한다. 15세기 말에서 16세기 중반에 남성의 더블릿의 오픈 네크라인을 가리킨 말이다. ② 14세기 중반부터 16세기 초기 동안 여성들이 착용한 오픈 사이디드 서코트(open-sided surcoat)의 앞판으로, 모피와 자수로 장식하기도 했다.

플래킷(placket)　의복을 입고 벗기에 용이하게 목부분의 옆·앞·뒤, 드레스의 허리 부분, 블라우스, 바지 또는 스커트에 트임을 주는 것을 말한다. 초기에는 끈 종류, 단추 또는 훅, 루프를 이용하여 채웠다.

플래킷 네크라인(placket neckline)　네크라인에 터짐이 있어 사선의 테이프로 싸는 바이어스나 직선 테이프로 처리하는 바인딩으로 마무리를 한 네크라인을 말한다. 경우에 따라서는 대조되는 색으로 하거나 간단한 칼라를 부착하기도 한다.

플래터 칼라(platter collar)　끝이 둥근 모양의 플랫 칼라로 중간 사이즈에서 커다란 사이즈까지 다양한 크기로 만들어진다.

플래트(plait)　① 땋은 머리를 말한다. ② 3가닥 또는 그 이상의 섬유 가닥을 한 가닥의 끈이나 브레이드로 직조한 것으로, 장식을 위한 모자의 밀짚 밴드나 리본 등이 포함된다.

플래티나 폭스(platina fox)　노르웨이에서 1933년에 처음 생긴 레드 폭스의 두 번째 돌연변이 종을 말한다. 솜털은 연한 청회색이고, 긴 털은 흰색이나 연한 회색이며 끝부분은 희다. 머리, 목부분, 배부분, 다리의 끝, 꼬리의 끝이 하얗다. 스톨이나 트리밍 등에 쓰인다.

플래퍼(flapper)　처음에는 지그재그(zigzag) 모양의 스커트 단을 가리켰으나, 그 범위가 넓어져 아주 짧은 스커트나 또는 등이 깊이 파인 드레스 등 눈에 뛰는 차림을 한 젊은 여성 전부를 가리키게 되었다.

플래퍼

플래퍼 드레스(flapper dress)　1920년대의 젊은 여성들이 착용하였던 짧은 드레스이다. 드레스를 입고 춤출 때마다 펄럭거리는 치마 단의 모양을 따서 플래퍼라고 부르게 되었다. 1920년대와 1960년대에 유행하였다.

플랜지 숄더(flange shoulder)　소매통 가장자리를 밴드로 장식하거나 또는 주름을 깊게 잡은 어깨를 말한다.

플랩(flap)　나부낌, 너풀거림 등의 뜻을 가진 용어로 주머니, 가방 등의 덮개 또는 포켓의 입술 덮개를 가리킨다.

플랩 포켓(flap pocket)　의복에 부착하는 뚜껑이 있는 분리된 포켓으로, 바운드, 웰트, 패치 포켓이 여기에 해당된다.

플랫베드 스크린 프린팅(flat-bed screen printing)　스크린 프린팅 기법의 하나로, 컨베이어 벨트로 스크린을 이동시키며 직물에 프린트하는 방식이다. 로터리 스크린 프린팅법보다는 생산 속도가 느리다. 자동 스크린 날염기를 사용한다.

플랫 슈즈(flat shoes)　뒷굽이 없이 평평한 신이라는 의미로, 아주 낮은 힐이 있거나 뒤축이 없는 아주 납작한 것 등이 여기에 속한다. 일상복용과 이브닝용이 있다 플랫 캡의 정수리 부분이 낮고 평평하며, 챙이 없는 모자의 총칭이다. 형태와 소재는 다양하며, 16세기경 영국에서 남녀가 착용했던 모자에서 유래하였다. 주로 빌로드, 펠트, 울, 브로케이드 등이 많이 사용되며, 1930년대에는 스포츠용으로 제작되어 착용된 적도 있다.

플랫 스모킹(flat smocking)　실을 잡아당겨 오므리지 않고 천의 면이 그대로 편평한 모양이 되게 하는 스모킹을 말한다.

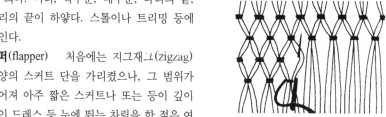

플랫 스모킹

플랫 스티치(flat stitch)　매듭이 없게 평평하게 면을 채우는 스티치의 총칭이다. 대표적인 것으로 새틴 스티치, 피시본 스티치 등을 들 수 있다.

플랫 얀(flat yarn) 밀짚과 비슷한 느낌을 주는 여름용 모자나 백을 짜는 레이온과 같은 실을 말한다. 슬릿 얀이라고도 한다.

플랫 칼라(flat collar) 목선에서 바로 젖혀져 칼라 허리가 없게 평평하게 만든 칼라이다.

플랫 캡(flat cap) 평평하고 낮은 크라운으로 된 캡을 말한다.

플랫 크레이프(flat crepe) ① 경사에 생사를 쓰고 위사에는 S·Z 강연 생사를 2올 교대로 넣은 평조직 크레이프의 일종으로, 크레이프 드 신 또는 팰리스 크레이프와 비교하면 경사의 밀도가 약간 높으나 요철이 낮고 평활한 외관을 나타낸 것 또는 이와 비슷한 직물이다. 평직의 견 또는 인견 직물로서 표면을 매끄럽게 가공하였다. 보통 2.54cm 간의 경사 밀도는 위사 밀도의 두 배로 하고, 크레이프라는 명칭을 가진 직물 중 가장 미끈하다. 프렌치 크레이프라고도 하며, 인견으로 짠 것은 인견 크레이프라고 하여 인기가 있었다. ② 경사에 인견 실을, 위사에 면실 S·Z 꼬임을 각각 한 올씩 교대로 넣은 크레이프를 말한다. 크레이프 꼬임 실은 사용하지 않는다. 모크 크레이프(mock crepe)라고도 한다.

플랫 펠트 심(flat felled seam) ⇒ 쌈솔

플랫폼 솔(platform sole) 코르크나 스폰지, 고무로 만든 신발로 땅에서 발이 들어올려진 듯한 느낌이 들며, 1/4인치에서 3인치까지 높이가 다양하다. 1940년대 여성들의 신발로 유행했으며, 1960년, 말 파리에서 다시 소개되었고, 1970년대 초부터 미국에서 대중화되었다.

플랫폼 슈즈(platform shoes) 힐뿐만 아니라 구두의 바닥인 솔(sole) 전체를 높인 신을 말한다. 단이 넓은 플레어 팬츠를 입을 때 신으면 구두 부분이 팬츠 속에 감추어져 외견상 다리가 길어보이는 효과가 있다. 1970년대에 핫 팬츠 등과 함께 특히 유행하였다.

플랫폼 슈즈

플랫폼 펌프스

플랫폼 펌프스(platform pumps) 두꺼운 구두창과 일자형의 두꺼운 힐이 있는 구두를 말한다. 펌프스 참조.

플랫 힐(flat heel) 1인치보다 낮은 평평한 구두축을 말한다.

플러그 해트(plug hat) 톱 해트를 가리키는 미국 용어로, 1830년대의 남성들이 착용하였다.

플러스 사이즈(plus size) 기존의 치수를 초과하는 큰 치수를 말한다. 특히 큰 크기는 슈퍼 사이즈(super size)라고 한다.

플러스 포스(plus fours) 무릎까지 오는 니커즈(knickers)를 말한다. 1920년대 영국의 윈저(Windsor)공이 무늬 있는 모직 양말과 브로그(brogue)와 함께 골프를 비롯한 스포츠 웨어에 착용한 데서 유래하였다. 1960년대 후반에 다시 유행하였고 이때는 평상적인 니커즈보다 길이가 약 4인치 정도 길었다.

플러스 포스 수트(plus fours suit) 니커즈와 함께 한 벌이 이루어지는 수트이다.

플러시(plush) 라틴어의 모발(pilus)의 의미로부터 온 명칭으로 파일 직물을 말한다. 파일의 길이는 0.125cm 또는 그 이상이며, 벨벳보다 더 길다. 견, 인견, 면, 모, 모헤어 등 기타 섬유가 사용된다. 방모 또는 소모플러시 직물은 품질이 우수하고, 면플러시 직물은 벨벳이나 벨루어에 비해 파일이 더 길고 부드러우며, 레이온 플러시나 면플러시 직물은 분첩, 실내 장식품, 코트, 기타 의상에 사용된다.

플러시 레더(plush leather) 동물의 털이 일어선 모피를 말한다. 보통은 인조 피혁 직물을 기모시켜 놓은 것이나 비교적 털발이 긴 파일 직물을 레더식으로 마무리한 것을 가리킨

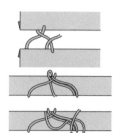

플레이트 인서션 스티치

플레어드 레그 팬츠

플레어드 스커트

다.

플러시 스티치(plush stitch)　⇒ 태슬 스티치

플러킹(plucking)　모피의 필요없는 보호털을 손이나 기계로 뽑는 것을 말한다. 비버나 뉴트리아 등의 모피는 보호털을 플러킹하여 사용한다.

플런지 브라(plunge bra)　앞모양이 V자로 많이 파인 브라로 목선이 깊게 파인 플런지 네크라인의 옷을 입을 때 착용한다.

플런징 네크라인(plunging neckline)　가슴이 보일 정도로 허리선까지 앞중심을 깊게 판 네크라인으로 이브닝 드레스에 많이 이용되며 1960년대부터 1980년대까지 유행하였다.

플런징 라펠(plunging lapel)　V 네크라인을 보다 깊게 예각으로 판 칼라형을 의미한다. 네크라인이 칼라에서 웨이스트를 향해서 깊이 파인 것이 특징으로 플런징 네크라인이나 플런징 칼라라고도 한다.

플럼퍼즈(plumpers)　코르크로 만든 가볍고 얇은 둥근 볼로, 17세기 말에서 19세기 초에 여성들이 뺨을 좀더 둥글게 보이기 위해 입안에 물어 사용하였다.

플레미시 레이스(flemish lace)　북서 유럽의 플랑드르 지방의 질이 좋은 포인트 레이스로 기술적으로 우수하다.

플레어 단(flared hem)　단의 시접 끝선이 바느질하는 선보다 매우 길기 때문에 단끝을 먼저 한 번 땀이 굵게 박음질하여 오그려 다림질로 눌러 고정하고, 싸개단을 하여 속감치기를 한다. 플레어드 헴이라고도 한다.

플레어드 레그 팬츠(flared leg pants)　허리 밑에서부터 바짓자락에 걸쳐서 완만한 플레어를 준 여유있는 팬츠로 플레어 팬츠라고도 한다. 1930~1940년대에 유행한 여성용 속바지를 말하기도 한다.

플레어드 레그 팬티즈(flared leg panties)　바지통이 넓고 약간 길이가 긴 속바지로, 1920년대에 소개되어 1930년대, 1940년대에 유행하였다.

플레어드 스커트(flared skirt)　허리 부분은 대개 주름없이 평평하게 꼭 맞으면서 아래로 갈수록 넓게 나팔꽃 모양으로 퍼지도록 만들어진 스커트이다. 대개 바이어스 재단으로 하여 플레어가 자연스럽고 아름답게 펼쳐지도록 한다.

플레어드 헴(flared hem)　⇒ 플레어 단

플레어즈(flares)　허리 밑에서부터 바지 밑단까지 점점 넓어지는 바지로 1960년대 후반기와 1970년대 초반기에 유행하였던 벨 보텀즈라고도 한다.

플레이 수트(play suit)　셔트와 쇼츠가 이어진 원피스 수트로 스커트와 코디네이트하여 입기도 한다. 1940년대 초반에 등장한 이래 현재까지 지속적으로 유행하고 있다.

플레이트(plate)　스킨이나 펠트 조각을 봉합하는 것을 말한다.

플레이트 인서션 스티치(plate insertion stitch)　패고팅 사이에 연속해서 하는 스티치를 말한다.

플레인 니팅 스티치(plain knitting stitch)　바늘에 실을 감아 앞의 스티치를 통과시켜 바늘을 넣고 잡아끌어 만든다. 뜨개질의 기초가 된다.

플레인 스웨터(plane sweater)　장식이 없는 심플한 스타일의 스웨터를 말한다.

플레인 스티치(plain stitch)　⇒ 싱글 스티치

플레인 심(plain seam)　⇒ 가름솔

플레인 칼라(plain collar)　극히 일반적인 모양의 셔트 칼라를 일컬으며, 레귤러 칼라라고 부르기도 한다.

플레인 커프스(plain cuffs)　장식이 없이 단순한 느낌의 커프스를 일컫는 말로 밴디드 커프스나 싱글 커프스 등이 이에 속한다.

플레인 헴(plain hem)　가장자리선을 접어 손으로 공그르거나 휘감치기를 사용하여 보통의 플레인 헴을 완성한다. 만약 솔기에 선을 두르는 것이 사용될 때는 우선 기계수가 쓰이고, 손바느질이 헴을 완성하는 뒷공정에 쓰인다.

플레임 스티치(flame stitch)　불꽃형의 스티치을 말한다.

플레임 엠브로이더리(flame embroidery)　채

색된 실로 지그재그 패턴에 하는 캔버스 자수를 말한다. 플로렌틴 엠브로이더리라고도 한다.

플렉스 칼라(flex collar)　자유롭게 취급이 가능한 칼라를 뜻하는 것으로 대부분 남자의 드레스 셔트나 오픈 셔트에서 볼 수 있다. 칼라를 조작하는 것에 따라 오픈 칼라나 일반적인 셔트 칼라가 가능하므로 컨버터블 칼라라고도 할 수 있다.

플렉시 글라스(plexi glass)　① 유리처럼 투명한 합성수지를 말하며, 파스텔색 등 색상이 다양하다. ② 플렉시 글라스의 상표명이다.

플로럴 슬리브(floral sleeve)　리조트용의 드레스나 포멀한 드레스에서 볼 수 있는 소매이다. 커다란 꽃잎모양으로 표현하여 화려한 이미지를 준 디자인으로 반소매나 짧은 소매가 많다.

플로럴 프린트(floral print)　꽃을 문양의 모티브로 하여 제작한 프린트 방식으로 꽃의 크기나 반복되는 방식에 따라 여러 가지 종류가 있다.

플로럴 프린트

플로렌틴 네크라인(Florentine neckline)　어깨에서 앞쪽으로 비스듬하게 어깨쪽보다 밑부분이 약간 좁게 내려온 사각형 모양의 네크라인이다. 르네상스 시대의 화가들이 많이 이용한 네크라인이라고 하여 이렇게 불렀다.

플로렌틴 스티치(Florentine stitch)　올이 성근 천에 스트레이트 스티치를 이용하여 기하학적 문양의 경사진 선을 표현하는 데 적합하다.

플로렌틴 엠브로이더리(Florentine embroi-

플로렌틴 네크라인

dery)　어두운 색상과 지그재그 패턴의 캔버스에 하는 자수로 스티치를 서로 지그재그 모양으로 자수하는 기법이다. 어두운 색부터 밝은 색으로 변화시켜 활활 타는 불꽃과 같은 형상을 나타내므로 플레임 엠브로이더리라고도 한다.

플로어 렝스 스커트(floor length skirt)　땅에까지 오는 긴 스커트이다. 스커트 중에서 가장 길이가 긴 스커트로 홈 웨어나 이브닝 웨어에 많이 이용된다.

플로잉 수트(flowing suit)　플로잉의 의미 그대로 흐르는 듯한, 완만하게 늘어져 있는 모습이 특징인 수트이다. 특히 넓은 팬츠나 스커트가 특징인 여성용 셔트 수트를 이렇게 부르는 경우가 많다.

플로킹(flocking)　매우 짧은 섬유인 플록을 직물의 표면에 부착하는 기법을 말한다. 접착제를 사용하여 일정한 무늬를 표현하거나, 직물 표면 전체를 덮는 식으로 부착한다. 직물 이면에 전기를 띠게 하고 플록을 전기적으로 끌리도록 하여 접착제가 묻어 있는 부분에 부착하기도 한다.

플로테이션 베스트(flotation vest)　잘 찢어지지 않는 질긴 나일론과 폴리에틸렌을 소재로 넓게 수직으로 누비고 앞이 지퍼로 된 가벼운 다용도용 조끼이다. 배를 탈 때 구명 조끼를 비롯한 여러 가지 레저용으로 이용된다.

플로테이션 재킷(flotation jacket)　물에 잠기면 자동적으로 공기가 들어가서 팽창해 부풀어오르는 재킷이다.

플로트 드레스(float dress)　어깨에서부터 치마단까지 풍성하게 흘러내린 텐트 실루엣의 드레스이다. 아코디언 주름 스커트나 바이어

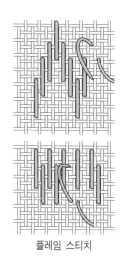

플레임 스티치

스 컷의 스커트로 되어 있으며 레저 웨어나 호스티스 가운으로 입는다. 슈미즈 드레스라고도 한다.

플록(flock)　매우 짧은 양모, 면, 레이온 섬유 등을 말한다. 이 짧은 섬유는 못쓰는 섬유로부터 얻거나 직물 표면의 기모된 섬유를 잘라냄으로써 얻을 수 있다. 이 섬유들은 질낮은 방모 직물이나 가구용 직물을 증량할 목적으로 사용되기도 한다. 레이온 섬유가 인조 섬유 중에서는 가장 많이 쓰이며, 가루처럼 짧은 섬유 형태의 플록은 플록 프린팅에 사용되거나 또는 인조 스웨이드나 벨벳의 표면 효과를 내는 데 사용하기도 한다.

플록트 파일 직물(flocked pile fabric)　바탕천에 짧은 섬유를 접착제로 직모하여 얻은 파일 직물로, 표면이 벨벳 또는 스웨이드와 비슷하다. 바탕천으로는 직물, 경편성물, 부직포, 필름 등이 쓰이나 의류용으로는 트리코가 많이 쓰이며, 짧은 섬유로는 레이온이 가장 많이 사용되고 기타 나일론, 폴리에스테르, 아크릴, 올레핀 등도 사용된다.

플록 페이스 본드 직물(flock faced bonded fabric)　플로킹으로 만들어진 직물이 표면이 되도록 하고 이면 직물과 접착하여 만든 직물을 말한다.

플록 프린팅(flock printing)　직물에 원하는 문양의 모양을 접착제로 그려 준 후 그 위에 0.1~2 mm로 자른 극세사 섬유를 부려 주어 접착제로 고정함으로써 섬유 보풀의 문양을 나타내는 방법을 말한다. 시어, 론, 보일 등 얇은 직물에 많이 사용한다. 플로킹의 한 방법이다.

플리세

플루더 호즈(pluder hose)　16세기 후반에 독일과 스위스 남성들이 착용한 패딩이 안된 트렁크 호즈로, 실크 라이닝이 바지의 넓은 슬래시 사이로 드러나 보인다.

플루어레슨트 컬러(fluorescent color)　형광색, 인공적인 광택이 나는 선명한 색을 말한다. 빨강, 오렌지, 핑크, 펄 그린, 옐로, 흰색 등에 많다. 이러한 색이 주목받는 것은 디스코색이라는 점 때문이며, 시각적으로 선명하다는 점 때문에 야외용 복장에 자주 이용되고 있다.

플루언트 라인(fluent line)　플루언트는 '유동성의, (곡선 등이) 완만한'의 뜻이다. 결국 전체적으로 완만한 곡선을 특징으로 한 여성스러운 실루엣으로, 어깨선이 둥글고 힙에 걸쳐서 소프트하게 끼게 한 드레스나 약간 긴 듯한 튜닉 등이 대표적이다.

플루티드 헴(fluted hem)　비치는 나일론 직물의 피코(picot) 무늬로 된 작은 가장자리 장식의 헴이다. 그 가장자리선은 바람이 불 때마다 안에서 밖으로 S자 곡선으로 굽이치는 모양을 이루는데, 대개 수정 주름(crystal pleats)이 의복에 쓰일 경우 헴 라인 장식으로 사용한다.

플루팅(fluting)　얇은 직물에 물결 모양의 효과를 주는 작은 플리츠를 말한다.

플뤼메 페티코트(plumet petticoat)　1870년대에 착용한 러플로 만들어진 버슬 형태의 좁은 페티코트를 말한다.

플리세(plissé)　얇은 면직물을 짙은 수산화나트륨 용액으로 부분 처리하여 처리한 부분의 수축 효과로 무늬를 나타낸 직물이다. 시어서커는 제직시의 장력 차이로 요철을 나타낸 반면 플리세는 약품 처리로 요철을 나타내었기 때문에 시어서커에 비해 세탁 내구성이 떨어진다.

플리스(fleece)　면양은 보통 1년에 1회 양모를 전모하게 되는데, 이때 복부에서 좌우로 전모하여 모두 깎아 놓으면 한 장의 모피와 같은 형태가 되며, 이를 플리스라고 한다. 이는 양모가 면양의 피지인 래널린에 의해 점

플뤼메 페트코트

플록 프린팅

착되어 있어 전모시 한 장의 양모를 얻을 수 있기 때문이다. 또는 털발이 길고 부드러운 양모나 기모된 방모 직물, 첨모 직물, 파일뜨기의 니트지 등을 포함한 코트지의 총칭으로도 사용된다.

플리스(pelisse)　① 중세에 남녀가 함께 착용한 긴 코트로, 가장자리에 퍼(fur)를 두르고 패드를 대었다. 19세기 왕정복고 당시 여성들의 야회용 코트로 다시 부활되었는데, 역시 퍼로 안을 대거나 가장자리를 장식했다. 19세기 말 남자들도 야회용 코트로서 플리스를 입었다. ② 18세기 중엽 여자들의 발목 길이의 코트로, 실크나 벨벳으로 만들고 양 옆에 팔을 내 놓을 수 있는 슬릿이 있는 것이 특징이다. ③ 19세기 중엽에는 어린 아이들의 실외용 코트를 의미한다. ④ 방한용으로 플랫 칼라와 어깨를 덮는 케이프가 달린 망토 스타일의 외투를 말한다.

플리스 베스트(fleece vest)　부드럽고 매끈한 털로 짠 모직 옷감으로 만들어진 조끼를 말한다.

플리스 피니시(fleece finish)　모포로 사용되는 방모사 직물의 마무리 가공으로, 축융한 후 기모하여 표면의 직조가 전혀 보이지 않게 해 준다. 기모 후 염색하여 주며 기모된 털의 길이가 비교적 길다.

플리츠(pleats)　주름을 가리키며 주름을 잡은 방법에 따라 여러 가지로 분류된다.

플리츠 가공(pleats finishing)　⇒ 플리팅

플리츠 타이(pleats tie)　매듭 아래 부분에 주름이 생기게 착용하는 넥타이를 말한다. 1940~1950년대에 유행했던 것으로, 클래식 룩의 복고 현상의 영향으로 다시 등장한 것이다. 보틀(bottle)형 타이, 픽쳐 프린팅 넥타이(picture printing necktie)와 함께 뉴 웨이브 넥타이의 대표적인 것이다.

플리티드 쇼츠(pleated shorts)　앞판과 뒤판에 인버티드 플리츠를 잡고 그 속에 나이프 플리츠를 잡아 넣어 스커트처럼 보이게 디자인한 반바지이다.

플리티드 스커트(pleated skirt)　잔주름, 큰주름, 외주름, 겹주름, 맞주름 등 어떠한 형태이든간에 플리츠로 된 스커트류를 총칭한다.

플리티드 오버올즈(pleated overalls)　오버올즈 참조.

플리티드 팬츠(pleated pants)　허리에 주름이 잡혀서 앞쪽 힙 근처가 풍성한 팬츠를 말한다.

플리팅(pleating)　직물에 주름을 잡아주는 것을 말한다. 플리츠 가공이라고도 한다.

플립(flip)　1960년대 재클린 케네디에 의해 유명해진 헤어 스타일로 머리 끝의 컬이 밖으로 향하도록 한 머리 모양이다.

플립 칩 드레스(flip chip dress)　컬러풀한 사각 및 각종 모양의 플라스틱을 연결하여 만든 드레스이다.

플립 타이 블라우스(flip tie blouse)　스카프 칼라가 달린 블라우스로, 가장자리를 남성의 애스콧 타이처럼 매는 것이 특징이며, 스톡 타이 블라우스와 유사하다.

피(皮)　짐승의 가죽을 말하는 것으로 털을 깎은 것과 깎지 않은 것이 있다. 피물(皮物)은 '털이 있는 것은 령(有毛曰令)', '털이 없는 것은 장(無毛曰張)'이라 하여 털이 없는 가죽은 한 장, 두 장 등으로 개수를 헤아리고 털가죽은 일령, 이령 등으로 헤아렸다. 우리 나라에서는 호(狐), 이(狸), 묘(猫), 유(貁), 초(貂), 구(狗)의 피(皮)가 부여 시대에 사용되었고 동예(東濊)에서는 반어피(班魚皮), 해구피(海狗皮)가 특산이었고 읍루(挹婁)에서는 초피(貂皮), 한(韓)에서는 우저피(牛猪皮)가 사용된 이래 계속 피물(皮物)이 사용되었다. 또한 삼국 시대(三國時代)에는 수루기[須流枳], 누루기[奴流枳] 등 혁공(革工) 2인이 고구려에서 도일(渡日)되어 일본의 조상(祖上)이 되었다. 고려승무염(高麗勝武染)이 일본에 전하여져서 사슴의 가죽을 염색하여 갑옷[鎧の威]을 만들었다. 고려 시대에도 호피(虎皮), 초피(貂皮), 웅피(熊皮), 달피(獺皮), 표피(豹皮), 수달피(水獺皮), 묘피(猫皮), 서피(鼠皮)가 사용되었다. 조선 시대에는 호피(虎皮), 표피(豹皮), 달피(獺

플리티드 스커트

皮), 웅피(熊皮), 당피(唐皮), 구피(狗皮), 초피(貂皮) 등이 사용되었다.

피가체(pigache) 12세기에 유행한 위로 뽀족하게 구부러진 신발을 말한다.

피갑(皮甲) 조선 시대 가죽으로 만든 갑의(甲衣)의 하나로 미늘은 돼지 가죽으로 하여 검게 그을린 사슴 가죽으로 엮어 만든다.

피게, 로베르(Piguet, Robert 1901~1953) 스위스 태생으로 17세에 파리로 진출하여 폴 푸아레 등의 점포에서 디자인을 배운 후 1933년 자신의 상점을 열었다. 세련되고 심플한 흑백의 드레스가 유명하며 특히 작은 무늬로 디자인한 옷으로 유명하다. 귀족적이며 고독을 사랑하고 감수성이 풍부한 그는 '엘레강스한 옷은 심플해야만 한다'라는 지론을 바탕으로 디자인을 하였다. 이 점포에서 일한 디오르는 '심플함의 가치와 어떻게 하면 디자인을 파악할 수 있는가'를 피게에게서 배웠다고 회상하였으며, 지방시, 마크 보앙, 갈라노스 등도 지도를 받았다. 이탈리아의 정기 패션쇼 개최지인 피터궁에서의 10회에 걸친 컬렉션이 성공을 거두자 자신의 이름으로 디자인을 발표하고 싶다는 마음이 생겼다. 1975년 이후 3년 간 그는 비약적으로 성장하였으며, 1978년 이탈리아의 섬유 산업연합회와 계약을 맺고 다시 기업의 보호 아래 들어갔다. 숙련된 기술자와 완비된 유통망을 얻게 되어 불과 2~3개월만에 밀라노, 브뤼셀, 바레지오, 뉴욕, 토론토, 파리, 런던, 취리히, 몬트리올 등에 부티크를 개설하게 되었다. 그의 디자인은 과장이나 허례가 일체 배제된 밖으로 드러나지 않는 우아함, 특별한 형식의 옷보다는 간결한 룩, 여성 실루엣의 초보적인 혁명이 특징이라 하겠다. 재킷, 스커트, 베스트로 이루어진 스리피스는 전세계를 석권하였으며 칼라 없는 셔트, 우아하고 대단히 미묘한 무채색계의 색소와 몸을 아주 가늘게 보이도록 하는 재킷의 좁은 라펠 등이 특징이다. 1979년 니만 마커스 상을 수상하였다.

피나포어 드레스

피겨드 텍스쳐(figured texture) 기조직과는 다른 조직을 사용하여 문양을 만들어 준 직물의 총칭으로 주로 자카드 직기를 이용하여 생산한다.

피견(披肩) 조선 시대 두식(頭飾)의 하나로 밖은 모(毛), 안은 주(紬)를 대었고, 단원(團圓)이 매우 크고 뒤에 꼬리를 늘인 형태이다.

피규러티브 패턴(figurative pattern) 회화적인 문양을 말한다.

피그 리프(fig leaf) 1860~1870년대에 여성들이 착용한 작은 흑색의 실크 에이프런을 말한다.

피그먼트 프린팅(pigment printing) 불용성의 안료(pigment)를 레진과 시크너(thickener)에 혼합하여 날염호를 만들어 레진이 섬유와 고착하는 방식으로 날염하는 것을 말한다. 섬유에 구애없이 거의 모든 섬유에 할 수 있다.

피그스킨(pigskin) 돼지 가죽을 말하는 것으로 지방층이 많고, 거친 털을 제거하면 털 구멍이 크며 부드럽고 질기다. 주로 식물성 유지로 무두질하며 통기성과 신축성이 있다. 구두, 핸드백, 가방, 장갑, 벨트 등에 사용된다.

피그테일(pigtail) 두 갈래로 땋은 헤어 스타일이다.

피그테일 위그(pigtail wig) 변발, 즉 뒤로 땋아 내린 머리형을 말한다. 18세기에 남성들에게 유행했던 머리형으로, 모발을 가늘게 땋아 리본으로 묶은 것이다. 더블 피그테일 위그는 변발이 두 개인 것을 말한다.

피금(皮金) 금(金)을 입힌 양피(羊皮)를 말한다.

피나포어(pinafore) 19세기 중반 이후 여성과 어린이들이 흙이나 더러움으로부터 옷을 보호하기 위해 입었던 소매 없는 옷으로, 에이프런과 같은 형태이다.

피나포어 드레스(pinafore dress) 어린아이들이 착용하는 턱받이가 상의 부분에 달린 에이프런 스타일의 드레스로, 뒤편에서 끈으로 묶도록 되어 있으며, 1870년대 초에 착용하기 시작하여 1930년대, 1960년대, 1980년대에 다시 유행하였다. 어린아이들이 많이 착용하며, 앨리스 인 원더랜드 드레스 또는 에이프런 드레스라고도 불린다.

피나포어 스윔 수트(pinafore swim suit)　피나포어와 비키니로 이루어진 수영복이다. 피나포어는 가슴 위에서 타이트하게 조여 주고 등에서 끈으로 묶어 자연스럽게 매달려 있도록 디자인되어 안에 착용한 비키니 팬츠가 드러나 보이도록 되어 있다. 에이프런 스윔 수트 참조.

피나포어 에이프런(pinafore apron)　잔주름의 개더 스커트에 가슴 바대가 부착되고 어깨끈이 달린 것으로 어린 소녀들이 착용하였던 앞치마이다. 때로는 어깨에서 허리선까지 어깨끈에 레이스나 러플로 장식한다.

피나포어 점퍼(pinafore jumper)　가슴 바대가 부착된 비브 점퍼나 피나포어 에이프런과 유사한 점퍼 스커트이다.

피나포어 힐(pinafore heel)　평평한 구두축으로 가죽이나 고무로 만들어졌으며 주로 새들 옥스퍼드 구두축으로 사용된다.

피니시(finish)　⇒ 가공

피니언(pinion)　중세 남성 상의인 푸르푸앵에서 볼 수 있는, 새의 날개처럼 옆으로 확장된 어깨선을 가리킨다. 원래는 '새의 날개 끝부분, 새 날개, 깃털'의 의미로, 이와 유사하다 하여 붙은 명칭이다. 윙 숄더와 유사하며 캐주얼한 재킷류에서 볼 수 있다.

피드먼트 가운(Piedmont gown)　1775년경에 착용한 색 가운(sack gown)의 한 종류이다. 몸에 꼭 끼는 보디스에 뒷부분은 겹주름이 어깨부터 허리선까지 늘어졌으며, 허리선부터는 겉스커트로 합해진다.

피라미드 코트(pyramid coat)　좁은 어깨와 넓은 치마단이 텐트형으로 된 여성 코트로 1940년대 후반기와 1950년대 초반기에 유행하였다.

피라한(pirahan)　고대 페르시아(Persia) 여성들이 입었던 수놓인 셔트로 진주로 장식되었다.

피륙(fabrics)　⇒ 천

피마 면(Pima cotton)　미면(美綿)의 일종으로, 미국의 재래종과 이집트면의 교배로 얻어지는 품종이다. 섬유장이 36mm 정도로 비교적 균일하고, 백색을 띠며 견과 같은 광택을 지니고 있어 아주 좋은 품종으로 평가된다.

피몽수(皮蒙首)　고려 시대 군모(軍帽)의 하나로 신기군(神旗軍)이 주의(朱衣)에 썼던 가죽으로 만든 몽수이다.

피벗 슬리브(pivot sleeve)　⇒ 웨지 슬리브

피벗 헴(pivot hem)　가장자리 장식의 작은 동그라미 모양의 단으로, 러플(ruffle)의 부피가 커보이게 하는 데 주로 쓴다. 1920년대에 인기가 있었다.

피변(皮弁)　가죽으로 만든 모자의 총칭으로 조선 시대에는 아악(雅樂) 및 속악(俗樂)의 무무(武舞)들이 쓰던 종이를 배접하여 만든 모자를 가리킨다. 안은 고운 베를 바르고 검은 칠을 하고 겉에는 얼룩무늬 형상을 그리고 청색 명주끈을 단다. 또 좌우에는 구리 운월아(雲月兒)를 붙인다.

피복(被服)　우리의 몸을 감싸거나 몸에 걸치는 일체의 의류를 총칭한다. 옷, 모자, 장갑, 양말, 신발 및 머플러 등 몸에 걸치는 것 전체를 말한다.

피복 구성　옷의 구성에 관한 제작 테크닉으로 옷의 종류에 따라 디테일, 소재 디자인을 완벽하게 조화시킬 수 있는 봉제기법을 연마하여 블라우스, 스커트, 원피스, 재킷, 코트, 웨딩 드레스 등 다양한 스타일을 제작하는 과정을 말한다.

피불라(fibula)　고대 그리스나 로마에서 두르는 형식의 의복을 고정시키기 위해 사용했던 안전핀으로, 장식을 겸하기도 했기 때문에 고대인들의 주요 장신구 중의 하나였다.

피불라

피셔맨 스웨터

피브란(fibranne) 레이온 방적사를 말하는 프랑스 용어이다.

피브로인(fibroin) 견을 이루고 있는 섬유상 단백질로서, 삼각 단면을 갖고 있으며 생사의 경우 2가닥의 피브로인을 세리신이 감싸고 있다. 피브로인은 글리신, 알라닌, 세리신, 티로신 등의 아미노산이 주가 되어 약 10여 종의 아미노산으로 구성되어 있고, 폴리펩티드의 사슬이 거의 쇄상으로 뻗쳐 규칙적으로 배열되어 결정과 배향이 잘 발달되어 있다.

피브릴(fibril) 아주 작은 섬유층을 말하며 면섬유의 섬유소층을 이룬다. 고분자의 배향시 생기는 구조를 말하기도 한다.

피 브이 시 재킷(PVC jacket) 가죽처럼 보여 가죽 대용품으로 사용되는, 방수 처리가 되고 가벼우며 유연한 비닐 클로라이드로 만든 재킷이다. 컨버터블 칼라와 벨트가 달리고 요크가 있는 전통적 스타일로 디자인된다.

피 비 티 섬유(PBT fiber) 폴리 부틸렌 테레프탈레이트(poly buthylene terephthalate) 섬유로 PET 섬유보다 탄력성이 좋다.

피셔(fisher) 캐나다 등지에 서식하는 담비의 모피로, 털은 암갈색이며 담비류 중에서 가장 크다. 보호털은 길고 윤기가 나며 색이 진하고, 스톨이나 칼라 등에 사용된다. 페칸(pekan)이라고도 한다.

피셔맨 베스트(fisherman vest) 허리선까지 오는 조끼로 주로 어부들이나 운동 선수들이 많이 입는다. 낚싯대나 운동 장비들을 넣기 위해 많은 주머니가 달려 있는 것이 특징이다.

피셔맨 베스트

피셔맨 샌들(fisherman sandal) 샌들 참조.

피셔맨 스웨터(fisherman sweater) 부피가 큰 수편물 스웨터로 자연 색상을 많이 넣어 꼬은 듯한 선과 씨앗무늬 박음질이 특징이다. 이 옷을 입는 어부들의 마을과 이름을 나타내기 위해 밧줄 무늬 뜨기와 박음질을 해 넣은 것에서 피셔맨이라는 이름이 붙었다. 아일랜드 서방의 아란 섬의 어부가 만든 스웨터가 시초였다. 1960년대와 1980년대에 유행했다.

피셔맨 스웨터

피슈(fichu) 보통 삼각형으로 재단되어 목에 두르고 가슴 앞에서 묶게 만든 여성용 네커치프로, 주로 비치는 천이나 레이스 등을 사용하여 만든다. 목을 두르고 매듭지어 어깨에 늘어뜨리거나 드레스의 네크라인 가장자리에 두르고 앞가슴에 찔러 넣기도 했다. 피슈 칼라는 피슈를 군데 군데 묶어서 목선에 단 것과 같다. 주로 데콜테에 많이 사용했으며, 18세기와 19세기 말에 크게 유행하였다. 1868년에는 앞에서 엇갈려 허리 뒤에서 묶도록 만들어지기도 하였다.

피스 다이드 클로스(piece dyed cloth) 후염 직물을 말한다.

피스 다잉(piece dyeing) 직물을 완전히 직조한 후 염색을 해 주는 것을 말한다. 후염이라고도 한다.

피스카드벨리(peascod-belly) 16세기 말 남성미를 강조하기 위해 더블릿의 앞이 튀어나오게 만든 패드 폼(pad form)을 말한다.

피스카드벨리드 더블릿(peascod-bellied doublet) 허리선 위에 솜을 넣어 만든 오리 가슴 모양의 돌출부가 있는 남자용 더블릿으로, 스페인에서 프랑스로 도입되어 1570년부터 1600년까지 유행하였다. 총알을 막기 위해 갑옷을 모방한 것이라고도 한다. 벨리드 더블릿(bellied doublet), 구즈벨리 더블릿(goosebelly doublet), 카드피스트 더블릿(kodpeased doublet), 롱벨리드 더블릿(long－bellied doublet)으로도 불리었다.

피스타치오 그린(pistachio green)　남유럽과 소아시아를 산지로 하는 옻나무과의 소목인 피스타치오의 열매색과 유사한 엷은 황록색을 말한다. 쇼킹 핑크, 콘 옐로, 로열 블루 등과 함께 1960~70년대의 패션을 연상시키는 색이다.

피스 헬멧(pith helmet)　⇒ 토피

피시네트(fishnet)　리노 직물(leno fabric)로 그물눈이 넓고 거칠며 보스턴 네트(Boston net)보다 무겁다. 스카프와 드레스의 장식용으로 쓰인다.

피시네트 셔트(fishnet shirt)　둥근 네크라인의 래글런 소매에 헐렁하게 맞는 다이아몬드 형태의 니트로 된 셔트이다. 노르웨이 군인들이 추운 영하의 날씨와 섭씨 90°의 더운 날씨에 견디기 위하여 100% 면으로 만들어서 착용한 언더셔트이다.

피시네트 판초(fishnet poncho)　그물이나 들여다보이는 감으로 만든 것으로 높게 올라간 큰 터틀 네크라인에 중간 사이즈의 판초이다. 칼라와 단의 끝은 둥근 술로 장식이 되어 있다.

피시본 스티치(fishbone stitch)　물고기의 뼈와 같은 느낌을 주는 것으로, 롱 암드 스티치보다 직선적인 수법이며, 엽맥이나 간격이 있는 줄무늬에 변화를 주는 데 사용한다. 파이버 스티치라고도 한다.

피시테일 드레스(fishtail dress)　몸에 꼭 맞고 몸체 부분이 뒤로 갈수록 길어진 것으로 자락에 러플을 풍성하게 단 드레스이다. 1940년대와 1970년대에 유행하였다.

피시테일 스커트(fishtail skirt)　물고기의 꼬리 모양처럼 앞이나 뒤쪽이 추가로 길게 뻗어나간 스커트이다.

피싱 부츠(fishing boots)　웨이더즈 참조.

피싱 파카(fishing parka)　뒤집어써서 입게 만든 무릎 길이의 슬립 온 재킷이다. 커다란 캥거루 포켓이 가슴 복판에 있고 붙였다 떼었다 할 수 있는 후드가 달려 있다. 방수천으로 만들며 폭풍우 때 낚시복으로 착용된다.

피암시성(suggestibility)　군중 안에서의 사람들이 그들에게 내려지는 지시, 명령들을 비판없이 받아들이는 것을 말한다.

피어스트 이어링(pierced earring)　귀에 구멍을 뚫어 고정시키는 모든 종류의 이어링을 말한다.

피어 억셉턴스(peer acceptance)　또래 집단으로부터의 수용으로, 자신들의 친구들에게 수용되기 위하여 친구들과 비슷한 옷을 입으려고 하며, 또한 친구들도 비슷한 옷을 입으려 한다고 생각하는 것을 말한다.

피에로(pierrot)　1780~1790년 사이에 착용한 몸에 꼭 맞고 네크라인이 깊이 파인 보디스로, 허리선 아래로 길이가 약간 내려와서 층층으로 된 주름장식이 있는 스커트와 매치된다.

피에로 보디스(pierrot bodice)　몸에 꼭 맞고 목선이 파여 있으며 허리 아래 부분은 약간 퍼지는 형태의 몸판으로, 18세기 후반에 플라운스가 장식된 스커트와 같이 입었다.

피에로 블라우스(pierrot blouse)　프랑스의 어릿광대 의상에서 유래하였다고 하여 피에로라는 이름이 지어졌으며, 목에는 폭이 넓은 주름, 러플이 달려 있고 긴 소매끝은 조여서 러플로 되어 있다.

피에로 칼라(pierrot collar)　러플을 두 겹으로 달아 만든 작은 칼라이다. 판토마임 피에로

피시네트 판초

피에로 칼라

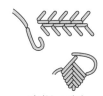

피시본 스티치

피에로 커스튬

(Pierrot)에 등장하였던 희극 배우의 의상에서 모양이 유래하였다.

피에로 커스튬(pierrot costume) 프랑스의 판토마임에서 코미디를 하는 배우가 입은 광대 의상이다. 헐렁한 스타일로 흰색의 큰 단추나 방울술 장식이 재킷의 앞에 있다. 보통 방울술이 있는 슬리퍼와 긴 모자를 함께 착용한다.

피에로 팬츠(pierrot pants) 광대 피에로의 의상과 같은 팬츠이다. 전체적으로 헐렁한 실루엣으로 무릎 아래 부근에서 바지 밑단을 벨트로 여민 것 같은 느낌이 드는 팬츠이다. 짧은 팬츠와 페그 톱 실루엣을 믹스한 디자인을 하고 있다.

피에스타 셔트(fiesta shirt) ⇒ 멕시칸 웨딩 셔트

피엘트로(fieltro) 16세기 에스파냐에서 유행하였던 남자용 외투로, 길이가 넓적다리까지 내려왔다.

피오루치, 엘리오(Fiorucci, Elio 1935~) 이탈리아 밀라노 출생으로 부친으로부터 신발 가게를 물려받아 운영하던 중 잔드라 로즈나 오지 클라크의 옷을 팔다가 큰 인기를 얻었다. 1970년대 자신의 디자인으로 진의 변혁을 가져와 큰 반향을 불러일으켰다.

피온혜(皮溫鞋) 가죽을 사용하여 만든 단요형의 신을 말한다.

피의(皮衣) 짐승의 털을 사용해 만든 의복으로 방한용으로 겨울에 입는다. 짐승의 털이 붙은 가죽을 그대로 말려서 만든다.

피자(帔子) 당에서 성행했던 피백(披帛)을 칭하는 것으로, 송에서도 피백이라 하였는데 명에서는 피자라고 하여 사용하였다. 여기에는 채색 구름, 바닷물, 붉은 태양 등을 수놓기도 하였는데, 무늬는 품계에 따라 달랐다.

피장(皮匠) 조선 시대의 외공장(外工匠)에 속하여 경기도, 충청도, 경상도, 진라도, 강원도, 황해도, 영안도, 평안도 등에 있었다는 기록이 《경국대전(經國大典)》에 나타나 있다. 《육전조례(六典條例)》에는 산택사(山澤司)에 속해 있었던 것이 나타나 있다.

피커부 드레스

피 재킷(pea jacket) 미국 해군복에서 유래한 직선형의 더블 브레스티드 재킷으로, 노치트 라펠과 뒤트임이 있다. 주로 검정색과 감색의 담요 같은 모직으로 만들었으며, 대개 금속 단추가 달려서 경쾌함을 더해 준다. 1960년대에 파리에서 이브 생 로랑에 의하여 코트로 디자인되었으며, 피 코트 또는 파일럿 코트라고 부르기도 한다.

피 제이(PJ) 뉴욕의 남자들 사이에서 사용되기 시작한 파자마(pajamas)의 약자이다. 파자마는 고대 페르시아어의 pa(다리를 뜻한다)와 jamah(의복을 뜻함)에서 유래한 말로 발목길이의 편안한 바지를 뜻한다. 여기에서부터 바지로 된 잠옷을 지칭하게 되었다.

피체트(fitchet) 13세기에서 16세기 중반에 가운의 스커트 앞판 옆쪽에 만든 수직 방향의 슬릿으로, 속옷에 달린 주머니에 손이 닿을 수 있도록 만든 것이다.

피초혜(皮草鞋) 조선 시대 상류층에서 신던 가죽과 풀을 사용하여 만든 신으로 운두는 초(草)·마(麻)로 만들고 신창에는 가죽을 댄다.

피치(fitch) 유럽산 족제비의 일종으로 주로 독일, 러시아 등지에서 서식한다. 크림색 같은 황색이나 흰색 솜털이 길고 윤기가 나며 어두운 색의 보호털로 이루어져 있고 밍크와 같은 느낌을 준다. 밍크보다 값이 싸며 가볍고 내구력이 있다.

피치 바스켓 해트(peach basket hat) 브림에서 크라운 끝쪽으로 뾰족해지는 모자로 주로 스트로나 직물로 드레이프지게 만든다.

피커부 드레스(peek-a-boo dress) 흿히 들여다보이는 얇은 옷감이나 또는 구멍이 뚫린 자수로 된 천으로 만들어 살짝살짝 보인다는 데서 피커부라는 명칭이 붙었다. 20세기 초에 유행하였다.

피케(piqué) 경이중직을 이용하여 위사 방향의 두둑 무늬를 표현한 것으로서, 대부분 목면천을 사용하고 레이온을 사용하기도 한다. 같은 조직으로 경방향의 두둑을 가진 것을 베드포드 코드라고 한다.

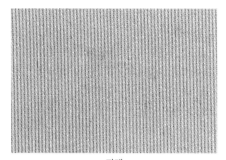

피케

피케 드방(piqué devant) 1570~1600년에 나타난 남성들의 짧고 끝이 뾰족한 턱수염으로, 코밑수염과 함께 표현하였다.

피케 보일(piqué voile) 경사를 이용해서 피케 직물의 코드 효과를 내도록 짠 보일 직물을 말한다.

피코(picot) 천의 한쪽 또는 양쪽 가장자리선을 따라 부착된 한 줄의 작은 루프 또는 레이스로, 가장자리에 무늬 장식을 할 때 쓰인다.

피코 스티치(picot stitch) ⇒ 체인 스티치

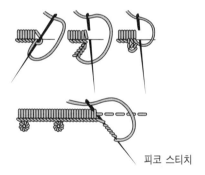

피코 스티치

피코 심(picot seam) 표시선 위에 피코 재봉을 한 후 그 재봉선 위의 가운데를 잘라내어 생기는 솔기로, 주로 얇은 천에 이용한다.

피 코트(pea coat) 더블로 단추가 달리고 각이 진 노치트 칼라에 힙을 가리는 길이의 일직선으로 내려온 두꺼운 코트이다. 단추를 수직으로 달았고 주로 검정색과 감색의 담요 같은 모직으로 만들었으며, 미국 해군 제복에서 응용하였다. 금속 단추가 대개 6개 정도 더블로 달려서 경쾌함을 더해 준다. 남성, 여성, 아동 모두가 입으며 피 재킷 또는 파일럿 코트라고 부르기도 한다. 더블 여밈의 단

추의 배열이 완두콩이 깍지 속에 들어 있는 것과 비슷하다고 하여 붙여진 이름이다. 이러한 스타일의 재킷을 피 재킷이라고 한다. 1830년부터 1850년대에 많이 착용하였고, 1860년대부터는 리퍼 코트로 알려졌다.

피콕 그린(peacock green) 피콕은 공작의 날개와 긴 꼬리에서 볼 수 있는 선명한 청록색을 말한다.

피콕 블루(peacock blue) 공작 수컷의 목, 가슴 부위에서 볼 수 있는 녹색 기미가 있는 청색을 말한다.

피크 계절(peak season) 한 품목이나 라인의 상품에 대해 고객의 수요가 가장 급증하는 달이나 계절로, 예를 들면 눈이 많이 오는 달 동안의 스키복에 대한 수요의 증가를 들 수 있다.

피크트 라펠(peaked lapel) 피크트는 '뾰족한'이란 뜻으로, 테일러드 칼라의 라펠(밑 칼라) 끝이 위를 향해서 뾰족하게 예각을 이루고 있는 것을 말한다.

피타전(皮打典) 신라의 갖바치의 공장으로, 신라의 공장에는 피전(皮典)도 있었다.

피터샘(petersham) 거친 털이 많이 있는 모직감으로 된 두꺼운 재킷으로 대개 짙은 청색으로 되어 있다.

피터샘 그레이트코트(Petersham greatcoat) 1830년대에 남성들이 착용한 짧은 어깨 케이프가 있는 오버코트로, 피터샘 자작의 이름에서 명칭이 유래하였다.

피터샘 코삭스(Petersham Cossacks) 부리를 넓게 재단한 바지로서 바짓부리에 달린 끈을 잡아당겨 플라운스를 만들어 발등 위로 펼쳐지도록 하였다. 1817~1818년 사이에 남자들이 입었으며, 피터샘 트라우저즈라고도 불렀다. 비스카운트 찰스 피터샘(Viscount Charles Petersham)의 이름을 딴 명칭이다.

피터샘 프록 코트(Petersham frock coat) 1830년대의 프록 코트로 칼라, 라펠, 커프스를 벨벳으로 만들었으며, 뚜껑 있는 호주머니가 힙에 경사지게 붙어 있다. 피터샘 자작의 이름에서 명칭이 유래하였다.

피터 톰슨 드레스(Peter Thompson dress)　피터 톰슨이라는 디자이너의 이름을 붙인 드레스로, 미디 칼라에 세일러 블라우스를 본따서 만들어졌고 벨트를 매도록 되어 있다. 많은 사립 학교의 유니폼으로 입었다.

피터 톰슨 드레스

피터 팬 칼라(Peter Pan collar)　작고 끝이 둥근 플랫 칼라로, 어린이 옷에 이용되기 시작하여 후에 여성복에도 사용되었다. 1904년에 제임스 배리(James M. Barrie)의 연극 피터 팬(Peter Pan)에 등장했던 주인공의 복장에서 유래하였다.

피터 팬 칼라

피터 팬 해트(Peter Pan hat)　앞챙은 넓어지고 뒤쪽 챙은 위로 접힌 작은 모자로, 원추형의 크라운에 깃털 장식이 있다. 1905년에 초연된 배리(James M. Barrie)의 연극 피터 팬에서 여배우 모드 아담스(Maude Adams)가 이 형태의 모자를 쓴 후에 생긴 이름이다.

피트(fit)　몸에 꼭 끼게 맞는 상태를 생각하기 쉬우나 정확히는 '알맞게, 적합하게, 정확하게' 잘 맞는 상태를 말한다. 꼭 끼게 맞는 상태는 타이트 피트(tight fit)라 하며, 여유있게 헐렁하게 맞는 것은 루스 피트(loose fit)라고 한다. 옷을 몸에 맞추는 것은 가봉, 피팅 피트라 하며, 좋은 피트를 위해서는 기술적인 패턴 메이킹을 요한다. 고급 옷일수록 피트가 좋으며 현대의 옷, 특히 여성의 옷은 피트로 입는다고 할 만큼 피트는 매우 중요하다.

피트니스 라인(fitness line)　충분히 신체에 맞는 라인이라는 뜻으로 조이지도 않고, 느슨하지도 않은 적당한 정도로 조정한 실루엣이다.

피트니스 팬츠(fitness pants)　타이츠와 팬츠의 기능성을 조화시킨 꼭 맞는 여성용 팬츠로 타이츠와 팬츠의 중간 성격을 가진 팬츠이다. 피트니스는 적합, 건강을 의미하여 피

피팅

지컬 피트니스에서 유행한 말이다.

피트먼대　각부 발판의 동력을 벨트 바퀴 크랭크를 지나 벨트 바퀴에 전해 주는 것이다.

피트 앤드 던들 라인(fit & dirndle line)　상반신이 꼭 끼고 하반신에서 완만하게 퍼지는 실루엣을 말하는 것으로 내추럴 루스 라인과 같다.

피트 앤드 오프 라인(fit & off line)　어깨와 웨이스트 등 상반신은 꼭 맞게 하고 밑으로 내려가면서 개방적인 라인으로 이루어진 실루엣이다. 1982년 춘하 여성복의 주요한 라인의 하나이다. 피트 앤드 풀 라인, 피트 앤드 던들 라인과 같은 종류이다.

피트 앤드 오프 스커트(fit & off skirt)　무릎 근처에서 꼭 끼고 그 밑은 넓은 스커트로 플레어 스커트와 같은 의미이다.

피트 직기(pit loom)　인도에서 사용한 직기로 두 개의 종광틀이 있으며, 페달을 이용해서 개구를 만든다.

피티드 슬리브(fitted sleeve)　팔에 꼭 맞는 소매의 총칭으로 짧은 소매나 긴 소매로 만들어진다.

피팅(fitting)　패턴이나 옷을 몸에 맞추는 작업의 총칭이다.

피파르, 제라르(Pipart, Gerard 1933~)　프랑스 태생의 디자이너로 16살 때 발맹에서 일하였고 그 후 파스, 파토, 보앙에서 일하였다. 군대를 갔다 와서 프리랜서 디자이너로 일하다가 니나 리치의 수석 디자이너로 활약하였다.

피퓌(p'u-fu)　검은자주색 실크로 만든 3/4 길이의 코트로, 중국에서 1644~1912년까지의 기간 동안에 황제가 입었다. 자수가 놓인 헝겊 조각 또는 피팡(p'u-fang)으로 만든 것으로 칭(Ch'ing)왕조 기간의 큰 관심거리였다.

피프티즈 룩(fifties look)　1950년대 미국 젊은이들 사이에서 대유행했던 로큰롤 음악에 영향을 받아 만들어진 스타일이다. 높게 치켜올려 하나로 묶은 포니 테일 머리 스타일에 넓은 플레어 스커트를 날리면서 로큰롤

뮤직에 맞추어 틴 에이저들은 춤을 추었다. 미국에서 영화 '아메리카 그래피티'로 인하여 대유행하여 일명 그래피티 룩이라고도 한다. 1970~1980년대에 다시 유행하였다.

피 피 엠(ppm ; picks per minute)　직조시 1분 간에 위사가 투입되는 횟수를 말한다.

피혜(皮鞋)　조선 시대 낮은 운두의 가죽으로 만든 신으로 세종(世宗) 11년 금지 이후 귀자(貴者)는 녹피(鹿皮), 천자(賤者)는 우피(牛皮)를 사용하도록 하였다. 향리가 상복(常服)에도 신었다.

픽시 컷(pixie cut)　남자처럼 짧게 불규칙적으로 깎은 헤어 스타일로 1950년대 말에서 1960년대 초에 유행하였다.

픽처 해트(picture hat)　챙이 넓은 여성용 모자이다. 18세기 영국의 화가 토머스 게인즈버러(Thomas Gainsborough)가 그린 초상화의 여인이 주로 쓴 모자로, 많은 새 깃털로 장식되었다. 게인즈버러 해트 또는 레그혼 해트, 셰퍼드 해트, 카트휠 해트라고도 한다.

픽트 숄 칼라(peaked showl collar)　V자형으로 벤 자국이 있어 픽트 라펠(peaked lapel)처럼 만든 숄 칼라이다. 신사용 턱시도에 많이 사용된다.

픽트 슈즈(picked shoes)　발가락 부분이 굉장히 긴 신발로 14세기 말과 15세기 초, 그리고 다시 1460~1480년대에 신었다. 픽트 슈즈(peaked shoes)라고 부르기도 한다.

핀(pin)　⇒ 드레스메이커 핀

핀대(pin board)　벨벳 전용의 다리미로 두께 5mm 정도의 가는 철사가 1~2mm 간격으로 한쪽 면에 있다. 이것을 사용하여 다림질을 하면 벨벳 표면의 털이 눕는 것을 방지할 수 있다.

핀 도트(pin dot)　매우 작은 물방울 무늬를 말한다.

핀볼 칼라(pin-ball collar)　칼라 끝에 구멍을 뚫고 핀으로 고정시킨 칼라이다.

핀 스트라이프(pin stripe)　소모사 직물에 견 등을 경사로 사용하여 만든 줄무늬로, 줄무늬 폭이 1/16인치부터 다양한 가는 줄무늬를

말한다.

핀 시침(basting with pins)　핀 시침질은 가봉이 필요하지 않은 의복 구성시 자주 사용된다. 핀을 솔기선을 따라 꽂고 바느질하는 동안 하나씩 뺀다. 가늘고 끝이 뾰족한 핀을 사용하여 완성선에 직각 방향이 되도록 꽂는데, 이때 핀 끝이 완성선의 안쪽을 향하도록 한다. 베이스팅 위드 핀즈라고도 한다.

핀인 브라(pin-in bra)　양쪽 브라의 컵 중앙을 고무줄로 이어 놓은 브라로 브라의 양쪽 끝은 옷에 부착하였다.

핀 재규어 밍크(finn jaguar mink)　양식 밍크의 일종으로 흰바탕에 검정 또는 갈색의 얼룩 무늬가 있다. 재규어와 비슷한 데서 붙여진 이름이다.

핀 체크(pin check)　셰퍼드 체크보다 더 작은 격자 무늬를 주로 색이 다른 실을 이용하여 직조에 의해서 만든다. 드레스 직물이나 트위드 직물에 많이 사용한다.

핀 칼라(pin collar)　칼라 끝에 구멍을 뚫어 핀을 꽂을 수 있게 만든, 목에 꼭 맞고 높은 셔트 칼라이다.

핀 컬스(pin curls)　머리를 곱슬곱슬하게 말아서 핀으로 고정시킨 헤어 스타일이다.

핀 케이스(pin case)　바늘을 넣는 데 쓰이는 도구로, 책상 위에 두는 상자형도 있으나 프랑스의 오트 쿠튀르의 재봉사들은 늘 핀을 몸 곁에 두기 위해 가죽으로 주머니를 만들어 허리에 다는 핀 케이스를 사용하기도 한다.

핀 쿠션(pin cushion)　재봉바늘이나 핀을 꽂아 놓는 작은 쿠션으로, 형태와 재질은 여러 가지이나 핀이나 바늘을 녹슬게 하지 않는 재료로 속을 채워 넣어야 한다.

픽처 해트

핀 쿠션

핀 턱(pin tuck)　옷감을 입체적으로 보이게

필로 슬립 드레스

하는 섬세한 장식주름으로, 여름용 블라우스, 원피스의 장식에 사용한다.

핀홀 칼라(pinhole collar) ⇒ 아일릿 칼라

필그림 칼라(pilgrim collar) 칼라 끝이 길고 뾰족하며 어깨 끝까지 닿는 커다랗고 둥근 칼라이다. 초기의 순례자 복장에서 유래하였다.

필드 팬츠(field pants) ⇒ 퍼티그즈

필라멘트사(filament yarn) 필라멘트 섬유를 여러 가닥 모아 실로 쓰거나, 한 가닥을 실로 쓰는데 이를 필라멘트사라고 한다. 멀티 필라멘트사와 모노 필라멘트사로 나뉜다.

필라멘트 섬유(filament fiber) 견과 같이 섬유의 폭에 비해 길이가 무한히 긴 것을 장섬유 또는 필라멘트 섬유라고 한다. 인조 섬유는 제조 과정에 따라 먼저 필라멘트 섬유를 얻으며, 사용 목적에 따라 필요 길이로 절단하여 스테이플 파이버를 만들기도 한다. 일반적으로 필라멘트 섬유로 제직된 옷감은 치밀하며 광택이 좋고 촉감이 차다.

필라멘트 토(filament tow) 인조 섬유는 방사 원액을 다수의 작은 구멍을 뚫은 방사구에서 압출하여 섬유상으로 하는데, 제조 과정에 따라 먼저 필라멘트 파이버를 얻게 된다. 이때 스테이플 파이버를 만들기 위한 방사구에는 필라멘트사의 경우보다 훨씬 다수의 작은 구멍이 뚫려 있으며, 레이온의 경우에는 수십만 가닥의 섬유상의 것이 한 다발이 되어 나오는데 이것을 토라고 한다. 이 토에 권축을 주고 필요한 길이로 절단하여 스테이플 파이버를 얻는다.

필레 레이스(filet lace) 레이스의 일종으로, 18세기의 제품은 꽃모양의 무늬가 있는 것이 유명하다. 근대의 필레 레이스는 여러 가지의 실을 사용하여 단순한 박음질로 자수한 것이 많다. 필레 레이스의 기본이 되는 것은 네팅(netting)이다.

필박스

필로 레이스(pillow lace) 16세기 경부터 제노아에서 생산되어 스웨덴, 독일, 스페인, 이탈리아 등으로 전해진 레이스이다. 레이스 제작용 대가 베개 모양의 원통형이나 쿠션형, 상자형이라는 데서 이름이 붙여진 보빈 레이스의 일종이다.

필로 레이스

필로스(pilos) 그리스의 농부들이나 어부들이 쓰는 모자로 고대 그리스와 로마인들에 의해 전래되었다.

필로 슬립 드레스(pillow-slip dress) 직선으로 재단된 슈미즈 형태의 드레스로, 대개가 짧은 기모노 소매에 길이도 짧으며 1920년에 유행하였다.

필름 얀(film yarn) ⇒ 슬릿 얀

필름 페이스트 본드 직물(film faced bonded fabrics) 필름이 직물의 표면이 되고 이직물과 접합하여 만든 이중층 직물을 말한다.

필릿(fillet) 머리 둘레에 매는 좁은 밴드나 머리카락을 묶는 끈을 말한다.

필링(pilling) 직물 또는 편성물로부터 섬유가 빠져나와 탈락되지 않고 직물 표면에서 뭉쳐 섬유의 작은 방울을 형성한 것을 말한다. 주로 나일론, 폴리에스테르, 아크릴 섬유 등과 같이 강도와 신도가 커서 강인성이 클 때 잘 생기며, 여기에 먼지가 묻으면 미관상 매우 보기 좋지 않다. 그 밖에도 섬유의 단면 형태, 실의 꼬임, 직물의 조직 등에도 영향을 받는다.

필링 스티치(filling stitch) 자수 스티치의 다른 형태로, 부분적으로 디자인 윤곽을 채우는 데 사용된다.

필박스(pillbox) 작고 둥그스름하며 챙이 없는 클래식한 모자로 약상자 모양과 비슷한 데서 이름이 유래하였으며 1920년대 말에 소개되었다.

필 스티치(fill stitch) 아우트라인 디자인의 부분을 채우기 위해 사용한 장식적인 스티치의 한 종류이다.

필치(pilch) ① 14세기부터 16세기까지 겨울

에 남녀가 입었던, 몸에 꼭 맞고 안에 털이 있는 겉옷용 가운으로 지금도 추운 지방에서 기독교 성직자들이 착용하고 있다. ② 유아용 니트 기저귀 커버에 대한 영어 명칭이다.

핑거링 얀(fingering yarn)　양말용의 가는 털실로서 불룩함을 주기 위해 단섬유를 제거하지 않고 만든 메리야스용의 소모사를 말한다.

핑거 스톨(finger stall, finger tip, finger ring) ⇒ 골무

핑거 웨이브(finger wave)　기름을 바른 머리를 손가락이나 머리핀으로 눌러 웨이브를 만드는 헤어 스타일이다.

핑크(pink)　분홍색으로 색상, 명도, 채도 등의 변화에 따라 베이비 핑크, 쇼킹 핑크 등의 명칭을 붙인다.

핑크 코트(pink coat)　단추가 하나 달린 남자의 수트 코트와 같은 사냥용 재킷으로, 뾰족한 라펠, 검정 벨벳 칼라가 달려 있으며 여우 사냥시 남녀가 모두 입었다. 헌트 코트라고도 한다.

핑크트 가름솔(pinked seam)　솔기를 가름솔로 하고 올의 풀림을 방지하기 위해 시접 가장자리를 핑킹가위로 자른다. 올이 잘 풀리지 않는 감에 이용되며, 핑킹가위로 자른 부분의 안쪽에 재봉틀로 한 줄 박아주기도 한다. 핑크트 심이라고도 한다.

핑크트 심(pinked seam)　⇒ 핑크트 가름솔

핑킹 가위(pinking scissors)　지그재그의 날이 서 있는 가위이다. 천 가장자리 풀림을 방지하기 위해 지그재그 형태로 잘림선이 나오게 할 경우에 필요하다.

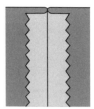

핑크트 가름솔

하관포(下棺布)　하관(下棺)시에 광중(壙中)
에 관(棺)을 들어내리는 데 사용되는 베로
관(棺)의 네 귀퉁이에 건다.

하그리브스, 제임스(Hargreaves, James)　제
니 방적기(Spinning Jenny)를 발명한 사람
으로, 이 방적기는 여러 개의 보빈을 함께 방
적하여 생산성을 높인 장치이다.

하금(霞錦)　《일본서기(日本書記)》에는 천무
천황(天武天皇) 10년 10월에 신라에서 하금
(霞錦)을 일본에 보냈다는 기록이 있다. 일
본에서는 가스미긴(かすみにしき)이라 하고
간도류(間道類)로 보고 있다. 곧 이캇(ikat)
류이다.

하기(下機)　⇒ 거좌기(居坐機)

하나이 유키코(Hanai Yukiko 1923~)　일본
태생으로 고등학교 졸업 후 직장에 다니다
'세스 모드'에서 일러스트레이션을 공부한
것이 계기가 되어 패션 디자이너가 되었다.
1968년 자신의 부티크를 설립하고 '마담 하
나이'를 탄생시켰다.

하내목면(河內木綿)　일본 대판하내(大阪河
內) 지역에서 제직되는 면포(綿布)이다.

하니와(埴輪)　4세기 후반부터 5, 6세기의 고
분에서 발견된 인물상으로 일본 고대 복장인
기누하카마[衣袴]를 착용한 모습이다.

하드위크, 캐시(Hardwick, Cathy 1933~)
대한민국 서울 출생으로 본명은 서가숙이다.
조선의 마지막 황제의 직계 자손인 그녀는

일본에서 음악 공부를 한 후에 미국으로 갔
다. 1954년 샌프란시스코에서 부티크를 열
고 1960년대 말 뉴욕으로 이주해서 자회사
인 캐시 하드윅과 프렌드를 설립했다. 진취
적이면서 기성복을 디자인하는 데 있어 특히
실크에 대하여 독창적인 아이디어를 가지고
있다.

하렘 니커즈(harem knickers)　무릎까지 오는
부풀린 블루머즈와 유사한 하렘 팬츠를 가리
킨다. 1960년대 후반기에 소개되었다.

하렘 니커즈

하렘 드레스(harem dress)　회교도 의상에서
기인하여 드레이프나 개더 주름을 부드럽게

하니와

잡아 늘어뜨린 것을 스커트의 밑단에서 조이게 된 드레스이다. 파리 디자이너 폴 푸아레와 드레콜(Drécoll)에 의하여 1910년대에 유행하였다. 하렘 스커트 참조.

하렘 수트(harem suit) 회교도 의복에서 볼 수 있는 하렘 팬츠와 기모노풍 상의를 짝지은 한 벌이다. 하렘 팬츠는 바짓부리를 끈으로 묶는 헐렁한 실루엣의 민속풍 바지이다.

하렘 스커트(harem skirt) 허리에서부터 밑으로 드레이프나 개더로 부드럽게 주름을 잡아서 늘어뜨리고 밑단은 발목에 맞도록 조이게 만든 스커트이다. 중동 지역에서 착용하였던 의상에서 영감을 얻어 하렘 팬츠나 하렘 스커트가 디자인되었고 이름도 거기에서 유래하였다. 파리의 디자이너 폴 푸아레가 1912년에 서양에 소개하였다.

하렘 팬츠(harem pants) 하렘, 즉 이슬람교국의 후궁에 있는 여성들이 입는 바지에서 비롯된 것으로, 발목 부근에 개더를 잡아 꼭 맞게 오므린 바지를 가리키며 전체적인 라인은 풍성한 느낌을 준다. 중동 지역의 궁정에서 착용하였던 전통 의상에서 힌트를 얻어 디자인된 부인용 팬츠로, 라운지 웨어로 인기가 있다. 1980년대 초기에 유행하였으며 이러한 스타일의 치마를 하렘 스커트라고 부른다. 샬와라고도 한다.

하복(夏服) 여름에 입는 옷으로 모시, 사 등의 시원한 옷감을 이용하여 만든다.

하부다에[羽二重] 경위(經緯)에 무연(無撚)의 생사(生絲)로 평조직(平組織)으로 제직한 후 정련(精練)한 직물이다. 이 것은 바디[筬] 1칸에 경사(經絲) 2올을 끼워 제직한 직물의 일본 명칭이다. 1올을 넣은 것보다 성목(筬目)이 생겨나는 것이 특징이다. 평직(平織)이 많으나 능(綾), 문(紋)도 있다. 드레스, 블라우스, 란제리, 스카프 등에 쓰인다.

하-상층(upper-lower class) 육체노동자로서 대부분 그날그날 생활을 적당히 꾸려나가는 집단들이다. 이 계층에서 숙련공들은 야심이 많아 금전을 중시한다.

하오리[羽織] 일본 전통 의복으로 나가기(長着) 위에 덧입으며 방한을 목적으로 한다. 남자의 경우 예장용이며, 여자는 예장용이 아니다.

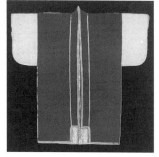
하오리

하오리하카마[羽織袴] 에도시대 공업·상업에 종사하던 중상류층이 입었던 문양이 있는 정장이다. 약식 정장은 하오리[羽織]를 고소데[小袖] 위에 걸친 것이다.

하와이안 셔트(Hawaiian shirt) 반팔의 풍성한 스포츠 셔트로 화려한 큰 꽃무늬가 있는 면으로 만든 것이 많고 앞단추로 여미게 되어 있으며, 바지 위에 내어 입는 것이 특징이다. 알로하 셔트라고도 하는데, 하와이에서 입기 시작하여 안녕이라는 뜻의 알로하라는 이름이 붙게 되었다. 1936년에 소개되었고 1950년, 1980년대에 유행하였다. 1951년 미국의 해리 트루먼 대통령이 이 셔트를 입고 라이프 잡지 표지 모델이 됨으로써 더 유행하였다.

하우스 드레스(house dress) 집에서 활동하기 편하게 만든 드레스로 명랑한 분위기의 면 프린트 옷감으로 만든다. 1950년대와 1960년대에 유행하였다. 홈 드레스 또는 집에서 아침에 입기에 적당하다고 하여 모닝 드레스라고도 한다.

하우스 웨어(house wear) 파자마, 나이트 가운, 바스로브에 이르기까지 집안에서 착용하는 모든 개인적인 의복을 지칭한다. 리빙 웨어, 라운징 웨어와 동의어이다. 하우스 웨어는 의복을 포함한 리빙 관련 제품의 총칭이기도 하다.

하우스 코트(house coat) 집에서 편하게 가사

하렘 수트

하렘 팬츠

하오리하카마

일을 할 때 입는 가운으로, 브런치 코트, 라운징 로브라고도 한다.

하운즈 투스 체크(hound's tooth check) 도그즈 투스 체크 참조.

하웨스, 엘리자베스(Hawes, Elizabeth 1903~1971) 미국 뉴저지 출생으로 뉴욕 파슨스 예술 학교에서 공부했으며 1925년 파리로 건너가 스케처로 일했다. 1928년 미국에서 자신의 숍을 열었으며 1932년 그녀의 자서전격인 《패션 이즈 스피니치(Fashion is spinach)》를 출간했다.

하위 문화(subculture) 하위문화는 구성원들이 일반 문화와는 다른 가치관을 갖는 경향이 있다는 점에서 집합성이 있을 수 있다. 하위문화가 큰 사회에서 수정되어 받아들여지기도 한다.

하위 문화 집단(subculture group) 소수문화 집단 또는 낮은 사회계층, 즉 소수 민족, 흑인, 젊은이, 노동자 등을 말한다.

하의(下衣) 아래옷을 총칭하는 것으로 아랫바지 및 아랫도리를 말한다. 고의, 대님, 행전, 속고의가 이에 속한다.

하이 네크라인(high neckline) 1인치 또는 2인치 이상으로 제 목선에서 자연스럽게 위로 연장되어 있는 네크라인을 가리킨다. 목이 짧은 사람에게는 부적당하며, 빌트업 네크라인이라고도 한다.

하이 네크라인

하이드(hide) 무게가 25파운드 이상되는 큰 동물의 가죽을 말한다. 작은 동물의 가죽은 스킨이라 한다.

하이 라이즈 거들(highrise girdle) 허리 위까지 높게 올라오는 거들로 커프 톱 거들이라고도 한다.

하이 라이즈 드레스(high rise dress) 허리 라

하이랜드 수트

인이 정상보다 높게 올라간 드레스로 일명 하이 웨이스트 드레스, 엠파이어 드레스라고도 칭한다.

하이 라이즈 벨트(high rise belt) 제허리선보다 높게 맨 벨트를 말한다.

하이 라이즈 웨이스트라인(high rise waist-line) 정상적인 허리선보다 더 높게 올라가서 이루어진 웨이스트라인으로 바지에 많이 이용된다.

하이 라이즈 웨이스트라인

하이 라이즈 팬츠(high rise pants) 정상적인 허리선보다 허리선이 위로 올라간 바지로 힙 허거즈와 반대되는 용어이다.

하이랜드 수트(Highland suit) 스코치 하이랜드 드레스(Scotch Highland dress)에서 모방한 수트로 1880~1890년대 초에 소년들이 착용하였다. 재킷, 킬트(kilt), 글렌개리(glengarry) 모자와 격자 무늬의 양말로 구성되어 있으며, 스코치 수트(Scotch suit)라고도 하였다.

하이 레그(high leg) 다리가 길어 보이기 위해 다리 부분을 최고로 높게 노출시키는 디자인으로 된 여자 수영복을 말한다.

하이브리드 숍(hybrid shop) 여러 가지 기능을 복합시킨 숍으로 패션 판매와 커피 라운

지, 카운터 바, 스낵 코너 등이 복합화된 새로운 형태의 숍이다.

하이 빌트업 칼라(high built-up collar)　목을 덮어 가릴 정도로 높게 올려 만든 폭이 넓은 칼라를 말한다.

하이 삭스(high socks)　무릎 바로 밑까지 올라오는 긴 양말을 말한다.

하이 숄 칼라(high shawl collar)　칼라 허리를 높게 세운 숄 칼라이다.

하이 웨이스트 드레스(high waist dress)　허리선을 올려서 대개 개더나 턱으로 스커트가 직선으로 내려온 실루엣을 말한다. 나폴레옹과 결혼하여 황후가 된 조제핀이 이용한 스타일로서 엠파이어 스커트라고도 한다.

하이 웨이스트 드레스

하이 칼라(high collar)　보통의 칼라보다 높게 세워 만든 모든 칼라의 총칭이다.

하이크(haik)　아랍인들이 머리로부터 온몸에 걸친 타원형 외투로 보통 손으로 짠 울로 만들었다. 하이크 로열(haik royal)은 고대 이집트 왕족이 입은 투명한 숄로 이집트 전문 고고학자들이 후에 붙인 이름이다.

하이킹 부츠(hiking boots)　하이킹 때 신는, 앞에서 끈으로 여미는 구두이다.

하이 터치(high touch)　하이테크에 상대되는 말로 쓰인다. 고도의 첨단기술이 도입될수록 인간이 지닌 고도의 감성이나 감각이 요구되고 있는데 이러한 인간적인 감촉이나 유기적인 따스함을 표현하는 말로 쓰이고 있다. 또한 하이테크나 휴먼 터치와의 합성어라고도

할 수 있으며, 고도의 기술과 감성이 융합된 상태를 가리키는 말로 의미를 지닌다.

하이 패션(high fashion)　유행 주기의 소개 단계에서 유행 지도자들, 즉 유행의 변화를 처음으로 받아들이는 한정된 수의 사람들에 의해 채택된 최첨단의 스타일이나 디자인으로 파리의 오트 쿠튀르 드레스가 전형적인 하이 패션이라고 할 수 있다. 유명 디자이너에 의해 디자인되고 고급 옷감과 부속품을 사용하며 아주 숙련된 기술자에 의해 만들어져서 값이 매우 비싼 것을 특징으로 한다. 최근에는 디자인과 개성이 짙게 반영된 작품성 있는 의상을 말하기도 하며, 대부분 소량 생산으로 판매되기 때문에 값이 비싸며 극단적으로 시도된 스타일이므로 실용적인 면보다는 창의성과 개성이 중요시된다.

하이 힐(high heel)　높은 굽이 부착된 구두의 총칭이다. 6~9cm의 힐이 보통이며, 힐의 모양에 따라 구두의 이름이 다양하다.

하축(下軸)　베드(bed)에 장치되어 상축에서 크랭크 로드를 통과한 동력을 받아 안북의 반회전 운동을 시켜주는 중심축이다.

하카마[袴]　일본의 전통 의복 중 하나로 품이 넓은 남자의 예장용 하의이다. 앞에 주름을 깊게 잡아 아래단까지 주름이 진다.

하트넬, 노만(Hartnell, Sir Norman 1901~1979)　영국 런던 출생으로 처음에는 건축가

하이 칼라

하이크

하카마

하트넬, 노만

가 되려고 하였으나 패션 디자이너로 전환하였다. 1923년 파리에서 자신의 숍을 열고 1927년 첫번째 컬렉션을 가졌다. 주로 북아메리카인들로부터 주문이 쇄도했으며 메리 여왕의 옷을 만든 이후 1958년 엘리자베스 여왕의 의상 디자인까지 맡게 되었다. 1947년 니만 마커스상을 수상했으며, 1977년 기사 작위를 받았다. 그는 왕실의 화려한 이브닝 가운 디자인으로 가장 먼저 기억되는 디자이너이다.

하퍼즈 바자(Harper's Bazzar)   1867년에 창간된 월간 여성 패션 잡지명으로 시초에는 타블로이드판에 주간 신문 형태였으나 1901년 월간지로 바뀌어 1913년에 윌리엄 랜돌프 허스트(William Randolph Hearst)가 인수하였다. 이전의 편집자는 애드나 울먼 체이스(Edna Woolman Chase), 카멜 스노(Carmel Snow), 다이애나 브릴랜드(Diana Vreeland)였다.

하포(夏布)   중국의 마포(麻布)를 말한다.

하프 드레스(half dress)   18세기 후반에서 19세기에 일상복이나 비공식적인 이브닝 드레스를 일컬었던 용어로, 하프 투알레트 또는 데미 투알레트라고도 한다.

하프 롤드 칼라(half rolled collar)   뒤는 높이가 있고 앞은 평평하며 높이가 보통 롤드 칼라의 절반 정도쯤 되게 접어 젖힌 칼라이다.

하프 롤드 피터 팬 칼라(half rolled Peter Pan collar)   약간 올려 세운 피터 팬 칼라로 끝을 둥글린 하프 칼라와 같다.

하프 문 숄더 파우치(half moon shoulder pouch)   어깨에 매는 주머니형 가방으로 형태가 반달형인 것이 특징이다. 지퍼로 잠그는 포켓이 두 개 달려 있는 파우치 가방을 말한다.

하프 미트(half mitt)   손가락 끝부분은 잘라내고 손가락 관절까지만 있는 반장갑을 말한다. 미국 서부개척 시대의 농부들이 사용했던 실용적인 스타일이 현대 패션 아이템으로 재현된 것이다. 운전이나, 골프 등의 운동에 편리하도록 디자인된 것이 대표적이다. 옛날

비행사들이 사용한 가죽제품인 파일럿 글러브나 헐렁한 긴 장갑 등도 인기 있는 아이템이다. 소재는 다양하여 니트나 레이스를 사용하여 드레시한 것도 있으며, 가죽으로 만든 전형적인 드라이버 글러브(driver glove)와는 구별된다. 미트라고도 한다.

하프 백 스티치(half back stitch)   ⇒ 반박음질

하프 벨트(half belt)   허리 부분의 옆솔기나 등 부분에 부착된 부분 벨트를 말한다. 스포츠 재킷이나 코트에 많이 사용되며, 등 밴드라고도 한다. 마르탱갈과 같다.

하프 브라(half bra)   ⇒ 데미 브라

하프 사이즈(half size)   보통 사이즈가 맞지 않는 여성을 위한 코트, 수트, 드레스의 치수를 말한다.

하프 셔트(half shirt)   앞부분에 장식 패널(panel)이 있는 남성용 짧은 셔트를 말하는 것으로, 16~18세기에 플레인 셔트(plain shirt), 소일드 셔트(soiled shirt) 위에 입었으며 샘(sham)이라고도 하였다.

하프 슬리브(half sleeve)   팔꿈치 정도까지 오는 중간 길이의 소매이다.

하프 슬립(half slip)   허리에서부터 하반신을 감싸는 직선으로 내려온 속치마로 페티코트 또는 페티 슬립이라고도 하며, 1940년대에 소개된 가장 평범한 속치마의 하나이다.

하프 앤드 하프 슬리브(half & half sleeve)   안소매와 위쪽 소매의 폭이 같은 두 장 소매를 말한다.

하프 에이프런(half apron)   허리까지만 오고 가슴 바대가 없는 앞치마를 말한다.

하프 코트(half coat)   ⇒ 데미 허빌리먼트

하프 크로스 스티치(half cross stitch)   크로스시키지 않고 비스듬히 바느질한 것으로 천에

하프 크로스 스티치

비해 두꺼운 실을 사용한다. 대부분은 바느질하는 위치에 실을 미리 징거두고, 그 위를 캔버스의 올대로 자수한다.

하프 투알레트(half toilette) ⇒ 데미 투알레트

하프 팬츠(half pants) 반바지, 즉 무릎 정도 길이의 팬츠를 말한다. 워킹 쇼츠나 버뮤다 쇼츠가 대표적인 아이템으로 쇼트 팬츠 룩이 유행하면서 더욱 길이가 짧아진 팬츠도 이와 같이 부른다.

하피(霞帔) 조선 시대 비·빈의 법복(法服)으로 적의(翟衣)를 입을 때 어깨의 앞뒤로 늘이는 것이다. 감은 저사사라(紵絲紗羅)로 하고 바탕색은 심청(深青)이며, 여기에 친왕비는 운하봉문(雲霞鳳文), 군왕비는 운하적문(雲霞翟文)을 금박하고, 하피를 여미는 금추자(金墜子)에도 친왕비는 봉문, 군왕비는 적문을 새겼다.

하피 코트(happi coat) 힙 길이의 재킷으로 넓은 기모노 소매를 달았고 칼라가 없으며 벨트를 매도록 되어 있다. 주로 밝은 색깔의 새틴 옷감으로 만들며 등에 일본인들이 우상화하는 심벌의 새나 용의 초상화 등을 수놓기도 한다. 주로 남성, 여성들의 홈 웨어로 많이 애용되며, 1950년대와 1960년대에 미국에서 비치 코트로 많이 이용되었고 1970년대에도 유행하였다.

하피 코트

하－하층(lower－lower class) 미숙련노동자, 만성적 실업자, 자리잡지 못한 이민, 사회보호기금 수혜자 등으로 교육에도 무관심하고 돈은 있는 대로 쓰는 것이지 모으는 것이 아니라고 생각한다.

하향 이동(downward mobility) 집단 또는 개인의 사회적 지위가 내려가는 현상을 말한다.

하향 전파 이론(trickle－down theory) 유행의 창시자는 왕실로서 이것이 차츰 아래로 모방되어 나간다는 설로, 이것은 사회학자인 조지 심멜(George Simmel)이 1904년 연구 논문으로 발표하여 인정을 받았다.

학문(鶴紋) 삼국 시대부터 사용된 학 문양은 운문(雲紋), 산문(山紋) 등 여러 장수문(長壽紋)과 조화를 이루어 장수의 상징을 나타내는 문양에 사용된다. 조선 시대 문관(文官)의 흉배에 단학(單鶴)·쌍학(雙鶴)이 사용되었다.

학습 학습이란 경험의 결과로서 발생하는 상대적이고 지속적인 행동변화를 뜻한다.

학습의 특징 학습은 상대적이고 지속적인 행동변화이며, 학습 행동의 영역은 매우 광범위하며 학습이 연속되지 않을 경우에는 시간이 지나면 소멸 또는 망각된다.

학정금대(鶴頂金帶) 조선 시대 종2품의 관리가 사용하던 대(帶)로 금으로 테두리를 하고 가운데 부분에 붉은 장식을 한 원형(圓形)과 방형(方形)의 서각(犀角)을 대(帶)에 붙여 만든다.

학정금대

학창의(鶴氅衣) 조선 시대 사대부의 연거복이나 덕망 높은 도사·학자가 입던 포(袍)를 말한다. 그 형태는 소매가 넓은 백색 창의(氅衣)에 깃·도련·수구 등에 검은 헝겊으로 넓게 선(襈)을 두른다. 허리에는 세조대(細條帶)를 띠고 복건(幞巾)·정자관(程子冠)·와룡관(臥籠冠)·동파관(東坡冠) 등을 착용한다.

한계 효용(marginal utility) 재화의 소비량이 증가할 때의 추가 1단위당의 효용을 말하며, 재화의 소비량 증가와 함께 한계 효용은 점

한 땀 시침

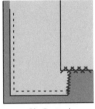

한 올 뜨기

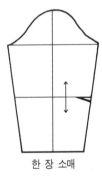

한 장 소매

차로 감소하게 된다. 한계 효용 이론이란 한계 효용이라는 개념과 관련하여 소비자 행동이나 상품의 가치를 해명하려는 이론이다.

한금(漢錦) 한(漢)에서 제직된 금으로 경금(經錦)이다.

한단(閑緞) 지(地)는 경주자, 문(紋)은 위주자이며 경위사의 색이 다른 것으로 제직된 단으로 팔매문단이다.

한 땀 시침 가장 일반적인 시침으로 천을 임시로 누르기 위해 표면의 실땀을 크게, 안쪽은 작은 땀이 나게 뜬다.

한라(漢羅) 한라(寒羅)라고도 한다. 개항 이후 일본과 서양에서 수입된 견 플란넬로, 곧 융(絨)이다.

한랭사(寒冷紗) 얇게 제직된 평직물로서 사(紗)와 같은 직물이다. 원래는 마직물(麻織物)이었으나 촉감이 강한 면사로 제직하게 되었다. 40번 정도의 단사로 제직하여 농도가 짙은 풀로 후처리를 한 것이다.

한방향 재봉틀 앞으로 전진만 하는 재봉틀로, 최근의 후진 재봉이 가능한 재봉틀과 반대되는 명칭으로 종래 대부분의 재봉틀이 이 방식이었다.

한사린(hanseline) 14세기 후반에서 15세기 초반에 유행한 남성용 짧은 더블릿을 말하는 것으로, 팔톡라고도 한다.

한산 모시 우리 나라 충남 한산 지방에서 생산되는 모시를 지칭하며, 가는 실로 짠 세모시는 우아하고 기품 있는 여름옷으로 널리 쓰인다. 열전도성이 크고 통기성이 좋으며 촉감이 차서 매우 시원한 의복 재료이다. 잠자리 날개와 같은 느낌을 준다. 오늘날에는 무형문화재로 한산모시 짜기가 지정되어 있는데 12승 세모시를 짠다.

한삼(汗衫) 속적삼의 하나로 땀받이 옷이라는 뜻으로 조선 시대 궁중에서 비롯되었다. 남녀 모두 속에 입고 백색이며, 모양은 겉옷과 같으나 치수가 약간 작았다. 예복의 속옷으로 입을 때는 소매 길이가 손끝에서 30~50cm 더 길었다. 이는 웃어른께 손을 보이지 않음으로써 예를 갖추기 위함이다. 조선

중기 이후에는 손목에 끼우도록 만들어 한삼 소매끝만 갈아 사용하였다. 백한삼, 색동한삼 등이 있다.

한양(韓樣) 삼한 시대에 일본에 전파된 각양(各樣)의 우리 문화에 대해 일본에서는 한양(韓樣)이라는 말을 썼으며 이국적이라는 의미로도 사용되었다. 당(唐)과의 교통 이후에는 당양(唐樣)을 가라요(からよう)라고 하여 한양과 당양이 혼돈되었다.

한 올 뜨기 여밈의 끝이나 시접과 심을 고정시키기 위한 꿰매기의 일종으로, 안섶 쪽에서 보아 아주 작은 땀눈을 내고 표면 몸판은 뜨지 않고 시접 전체만 되꿰맨다. 별뜨매기라고도 한다.

한 장 소매 셔츠, 블라우스에서 볼 수 있는 한 장으로 구성된 소매를 말한다.

한 줄 상침(single cord seam) 바느질 땀이 옷감의 뒤에 한 줄로 나타나게 한 바느질 방법으로, 외줄 상침, 싱글 코드 심이라고도 한다.

한직(漢織) 우리 나라 가라(加羅) 지역에서 도일된 직인을 말한다. 일본에서는 중국의 한나라에서 도일된 직인이라고 하나 잘못된 것이다.

한홍(韓紅) 일본의 농홍색(濃紅色)을 말한다. 한(韓)은 일본에서 가라(から)라고 하는데 가야국[加羅國], 임유국[任那國], 가야인[加羅人]의 호명(呼名)이거나, 조선 또는 조선인의 호칭이기도 하다. 그러나 당(唐)나라와의 교통(交通) 이후 당도 가라라고 하여 혼동되게 되었다. 그러나 한홍은 우리 나라에서 홍(紅)이 전파된 데서 명명된 것으로 본다.

할럿(harlot) 14세기 후반에 영국의 남성들이 착용한 스타킹과 팬츠로 구성된 의복으로, 끈으로 서로 연결하였다.

할로 팬츠(Harlow pants) 힙에서부터 단까지 넓어진 바지로 1960년대 후반기에 소개되었다. 1930년대 여배우 진 할로(Jean Harlow)가 입은 데서 유래하였다.

할리우드 수트(Hollywood suit) 왕년의 할리

우드 스타들의 의상을 연상시키는 수트이다. 1982~1983년 추동 파리 프레타포르테 컬렉션에서 발표되었다.

할리우드 톱 슬립(Hollywood top slip) 1920년대에 소개된 V자형의 상체가 꼭 맞는 속치마이다. 이전의 속치마는 옆으로 직선으로 재단되어 넓은 어깨끈이 부착되었다.

할리퀸 오팔(harlequin opal) 백색 오팔로, 유니폼의 장식에 모자이크의 형태로 사용된다.

할리퀸 체크(harlequin check) 색상이 다른 마름모꼴의 격자 무늬로 마름모꼴이 격자 무늬의 블록을 형성한다.

할리퀸 해트(harlequin hat) 할리퀸은 서커스 단원을 의미하며, 이탈리아 희극이나 무언극에 나오는 어릿광대가 쓴 모자를 말한다. 두 가지 색이나 얼룩말색을 사용한다.

할스턴(Roy Halston Frowick 1932~) 미국 아이오와주 출생. 시카고 아트 인스티튜트를 다녔다. 찰스 제임스의 조수로 일하기 위해 뉴욕에 왔으며 1968년 자신의 부티크를 열었다. 1970년 기성복 회사를 설립하였으며 1975년에는 남성복과 향수 사업도 시작하였다. 1962년과 1969년 코티 특별상을, 1971년 위니상을 수상하였다. 완벽한 재질과 색상으로 단순함과 절제를 추구하고 있으며, 환상적인 드레스 대신 캐시미어 스웨터, 셔트 웨이스트 드레스 그리고 폴로 코트를 선보였다.

할인 머천다이징(discount merchandising) 이윤이 낮은 소매로서 일반적으로 셀프 서비스가 이루어지는 곳에서 많으며 상품은 표시된 가격보다 낮은 가격에 팔린다.

할인 상점(discount store) 같은 형태의 상품을 판매하는 보통의 상점보다 더 낮은 마진을 남기고 운영하는 상점을 말하며 일반적으로 서비스가 덜 제공된다. 노동조합이나 협동조합 또는 공무원과 같은 특정한 집단에만 개방하는 상점은 흔히 비공개 할인 판매점이라고 한다.

할인 업체(discounter, off-price) 다른 비용을 절감할 수 있는 기술을 사용한 셀프 서비스와 같은 것들을 이용한 특매 체제를 말한다.

함부르크 해트(Homburg hat) 크라운의 중앙이 전후로 움푹하게 들어가고, 차양이 양쪽으로 젖혀진 중절모의 일종을 말한다. 이 형태는 원래 티롤 지방에서 유래했지만, 독일 서부의 함부르크에서 제조되었기 때문에 이처럼 명명된 것이다. 제2차 세계대전 후 영국의 이튼 수상이 애용하면서 일반인에게 유행하였다.

함수율(moisture content) 수분을 흡수하고 있는 시료의 무게에 대한 흡수된 물의 양의 백분율을 말한다. 수분율 = 함수시료의 무게 − 건조시료의 무게 / 건조시료의 무게 × 100%이다.

합동 광고 디스플레이(cooperative advertising display) 제조업자, 수입상, 도매 상인이 소매 상인과 협조하여 자금을 대어 행하는 광고 디스플레이를 말한다.

합사(ply yarn) 단사 몇 개를 합쳐 꼬아서 만든 실을 합사 또는 합연사라고 한다. 합연사로 만든 직물은 깔깔하면서 힘이 있는 장점을 지닌다. 단사 두 올을 꼬아서 한 올의 실을 만들면 이합사라고 한다. 서로 꼰 방향이 단사가 꼬아진 방향과는 반대로 된 것이 보통인데 이를 순연이라 하고, 단사와 이합사의 꼬는 방향이 같은 것을 역연이라고 한다. 또 단사에 있는 꼬임을 하연이라 하고, 이합사를 만들 때는 보통 단사와 반대 방향의 꼬임을 주어 연합하는데 이때 꼬임을 상연이라 한다.

합성섬유(synthetic fiber) 석유 화학 공업에서 얻는 간단한 화합물을 원료로 중합체를 합성하고 이 합성 중합체로 섬유를 만든 것을 말한다. 즉, 순화학적으로 석유, 석탄, 석회석, 염소 등의 저분자를 사용하여 자연계에 없는 유기 합성품을 만들어, 이로부터 섬유상의 가늘고 긴 고분자 화합물을 만들어 방사하여 섬유를 제조한다. 합성 중합체를 얻는 방법에 따라 축합 합성 섬유(폴리아미드, 폴리에스테르, 폴리우레탄)와 첨가 합성

할스턴

섬유(아크릴, 모드아크릴, 올레핀, 폴리비닐 알코올)로 나뉜다.

합성염료(synthetic dyes)   오늘날 4,000여 종에 이르는 합성염료가 있으며, 1856년부터 개발되기 시작했다. 염료 참조.

합연사(ply yarn)   ⇒ 합사

합임삼(合袵衫)   상의의 깃을 앞길과 다른 색으로 선을 대어서 가슴 앞에서 합임되도록 입는 삼이다.

합장봉   여밈이나 커프스 등을 합장할 때처럼 맞붙여 재봉하는 방법이다.

합죽선(合竹扇)   접선(摺扇)의 하나로 대나무 껍질로 부챗살을 만들고 종이를 붙여 접고 펼 수 있게 만든 부채이다. 부채에 글씨를 쓰거나 그림을 그려 넣으며 선추에는 술장식을 하기도 한다.

핫 리시버(hot receiver)   리시버형으로 되어 있는 방한용 귀마개를 말한다. 컬러플한 인조 모피를 붙인 워크맨 스타일(walkman style)이 특징이며, 이어 머플(ear muffle)이라고도 한다.

핫 마스크(hot mast)   ① 해변용 모자로 눈 부위만 구멍이 뚫린 챙이 넓고 깊게 얼굴을 덮을 정도로 내려온 유형을 말한다. ② 머리 뒤에서 묶어 착용하는 가면을 말한다. 칠 마스크(chill mask)는 붓거나 긴장되거나 피곤해진 눈을 위해 착용한다. 히트 마스크(heat mask)는 얼얼한 통증을 느낄 때나 코가 막혔을 때 진정시키기 위해 착용하며, 콜드 마스크라고도 부른다.

핫저고리[襦赤古里]   솜을 둔 저고리를 뜻한다. 핫저고리는 인조 장렬후 《가례도감의궤》(1638년)에 처음으로 기록이 나타난 이후로 《의대단자》에 기록이 있고, 1906년 순종 순종비 《가례도감의궤》에 이르기까지 기록이 나타난다.

핫치마[襦赤亇]   솜을 둔 치마를 뜻한다. 솜치마는 인조 장렬후 《가례도감의궤》에 처음으로 기록이 나타난 이후로 《의대단자》에 기록이 있고, 1906년 순종 순종비 《가례도감의궤》에 이르기까지 기록이 나타난다.

핫 팬츠(hot pants)   짧은 반바지로, 가죽이나 화려한 소재를 사용하거나 다양한 색상의 타이츠와 함께 이브닝 웨어로 착용하기도 한다. 1970년대에는 짧은 핫 팬츠에 목이 긴 장화를 신고 발목까지 오는 치렁치렁한 긴 맥시 코트 자락을 휘날리는 것이 유행하였다. 1971년 봄에 패션 신문 '우먼즈 웨어 데일리(Women' s Wear Daily)'에 의하여 이름이 지어졌다.

핫 팬츠

항라   평직과 사직이 일정한 간격으로 배합되어 가로선이 나타나는 직물로, 생사로 촘촘히 짠 것은 당항라, 중간에 무늬가 있는 것은 문항라라고 한다. 여직물(絽織物), 삼족항라(三足亢羅), 오족항라(五足亢羅), 칠족항라(七足亢羅), 문항라(紋亢羅) 등이 있다. 현대에는 견 외에 나일론, 폴리에스테르 등도 사용된다.

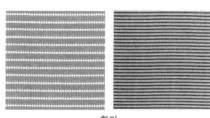

항라

항영(亢永)   중국 영덕천산(永德川産) 단(緞)의 상품(上品)으로 접영이라고도 한다. 접영(接永)은 영초단(永綃緞)을 말하는 것으로, 이것은 지(地)는 평직(平織), 문(紋)은 주자직(朱子織)인 문직물(紋織物)이다.

해도면(Sea Island cotton)   ⇒ 시 아일랜드 면

해동주(海東紬)   우리 나라에서 제직된 주(紬)

로 조선 시대의 조선산(朝鮮産), 산동주(山東紬)에 대한 명칭이다.

해리스 트위드(Harris tweed)　스코틀랜드 북부 해안 지역에서 손으로 직조한 방모직물을 말한다. 손으로 방적한 실을 써서 제직한 것과 기계에 의한 방적사로 제직한 것 두 가지가 있다.

해빗 셔트(habit shirt)　서게 된 칼라에 앞과 손목이 러플로 된 리넨 셔트로 18~19세기에 여성들이 승마할 때 조끼 밑에 입었다. 19세기 초반에는 슈미제트(chemisette)라고도 하였다.

해클링(hackling)　아마 섬유를 강철 바늘 모양의 해클로 빗질하여 직선 모양으로 간추리고, 섬유를 찢어 적당한 굵기로 놓으며, 불순물이나 짧은 섬유를 제거하는 방적 과정을 말한다.

해킹 재킷(hacking jacket)　캐주얼한 스타일의 남성용 수트 코트와 흡사한 싱글 브레스티드 재킷이다. 뒤트임이 있고 몸에 꼭 맞게 만들어지며 경마 시합 때 착용하기도 하였다.

해태(獬豸)　시비 선악을 판단하여 안다는 상상의 동물이다. 정의를 지키는 동물로 믿어져 법관은 해태가 새겨진 관모를 쓰기도 했다. 우리 나라에서는 대사헌의 흉배, 궁궐의 건축물에 장식되기도 하였다.

해태관(獬豸冠)　법을 집행하는 관원이 쓰는 관으로 《경국대전》에 의하면 '조복 사량관 앞에 해태를 붙인다'라고 되어 있다. 해태는 싸우는 모습이 소와 같되 사악한 자(者), 부정한 쪽을 문다는 전설에 의해 법관(法冠)으로 규정되었다. 어사관(禦使冠)이라고도 한다.

해태 흉배(獬豸 胸背)　조선 시대 대사헌(大司憲)이 착용하던 해태를 수놓은 흉배이다. 심청색 바탕 위에 머리에 뿔이 달린 포효하는 듯한 해태를 중심으로 운문(雲紋), 바위, 산, 물결무늬, 불로초 등이 수놓아져 있다.

해트(hat)　모자의 영어식 표현으로 펠트나 털, 밀짚으로 만들어진 머리 덮개의 총칭으로, 주로 크라운과 테 또는 차양이 있는 모자형이다. 추위나 더위를 막는 기능적 목적이나 신분 상징 또는 장식을 목적으로 착용한다.

해트 박스(hat box)　모자를 보관하는 박스로 종이나 나무 등으로 만든다.

해트 밴드(hat band)　주로 모자의 크라운 둘레를 장식하는 리본을 말한다. 검정색은 죽음을 애도하는 해트 밴드이다.

핸드 니트(hand knit)　손으로만 짠 편물을 말한다.

핸드백(handbag)　돈이나 화장품 등을 넣고 다니기 위한 여성용 액세서리로 배럴, 바스켓, 엔벨로프, 파우치 등 여러 가지 형태로 손잡이가 있는 것도 있고 없는 것도 있다. 주로 가죽이나 캔버스, 플라스틱, 밀짚 또는 직물이나 태피스트리, 구슬, 금속망으로 만든다. 1960년대 말에서 1970년대 초에는 남성용 핸드백이 등장하기도 하였다. 백, 포켓북 또는 지갑(purse)이라고도 한다.

핸드 펠드 바인딩 심(hand felled binding seam)　바이어스 파이핑을 말한다. 천의 겉에서 바이어스 끝과 시접 끝을 박은 후, 바이어스 테이프를 안쪽으로 접어올려 감침질한다. 보통 바이어스 테이프의 폭은 시접 폭의 네 배가 필요하다.

핸들링 제너레이션(handling generation)　물건이 풍부한 시대에 필요한 것을 선택하면서 성장해 온 세대를 지칭한다. 제3세대의 젊은층의 상징이다.

햄닛, 캐서린(Hamnett, Katharine 1948~)　영국 태생으로 외교관 가문에서 태어난 그녀는 세인트 마틴 예술학교에서 패션을 공부하였다. 졸업 후 학창시절 인연을 맺은 앤 벅과 함께 투타반켕에서 프리랜서 디자이너로 일하기도 했으나 회사가 문을 닫자 프랑스, 이탈리아, 홍콩 회사들에서 프리랜서로 일하였다. 1979년 자신의 회사를 설립하였고 파리, 밀라노 등지에서 재능을 인정받기 시작하였다. 그녀의 디자인의 특징은 작업복에 기초를 두며 뉴욕의 노마 카말리와 유사하다는

해트 박스

평을 듣는다. 1984년 반핵 운동에서 모티브를 얻은 메시지 티셔츠가 유명하다.

햄스터(hamster)　시베리아, 중국 북부에 분포되어 있는 몸길이 20~30cm의 비단 털쥐를 말한다. 황색 기미가 있는 갈색이며, 상반신에 진한 색의 무늬가 있다. 남자 코트 안쪽에 주로 사용하며, 캐주얼한 재킷이나 드레스에도 쓰인다.

햄프셔 울(hampushire wool)　영국 남해안에서 사육되는 양을 햄프셔라고 하는데, 이는 시로프셔와 함께 대표적인 단오종의 재래종이다. 햄프셔로부터 얻은 양모를 햄프셔 울이라 하며, 다른 재래종과 마찬가지로 주로 양육을 목적으로 사육되므로 섬유는 조경하고 굵어서 하급품에 속한다.

행동(behavior)　사람의 가치관에 의하여 신념이나 인식과정이 형성되고 그에 따라서 행동을 취하는 것이다.

행엽(杏葉)　은행나무 잎사귀 모양의 마구(馬具) 가운데 치레거리[製飾具]의 하나인 말띠드리개이다. 행엽은 말 등에 안장을 붙들기 위해 가슴과 엉덩이 쪽으로 돌아간 끈에 치레로 매달아 흔들리게 하는 납작한 드리개이다. 우리 나라에서는 신라·가야의 고분에서 많이 나오는데 살구잎꼴, 팽이꼴, 주름진꼴 등이 있다.

행전(行纏)　바짓가랑이를 좁혀 보행과 행동을 간편하게 하기 위해 정강이에 감아 무릎 아래에 매는 물건으로 신분에 귀천없이 사용했으며 광목·옥양목으로 만들었다. 소매통 모양에 끈을 두 개 달아 정강이에 끼고 위쪽 끈으로 무릎 아래에서 맸다.

행주치마　여자들이 일할 때 치마를 더럽히지 않기 위해 그 위에 덧입는 작은 치마이다. 흰색 무명을 사용해 치마의 반폭 정도로 만들며, 뒤가 휩싸이지 않게 하였고 치마보다 짧게 만들었다. 거들치마 위에 다시 입었으며, 웃어른 앞에서는 벗는 것이 법도였다.

행커치프(handkerchief)　손수건을 일컫는다. 19세기 동안 상당히 유행하였던 액세서리로 자수가 놓여지거나 레이스로 장식되며 리넨,

행커치프 스커트

행커치프 슬리브

머슬린 혹은 실크로 만든다. 기능적 목적으로 사용되기도 하며 코트나 재킷의 포켓에 장식용으로 꽂기도 한다.

행커치프 드레스(handkerchief dress)　치맛자락의 길이가 앞뒤 차이가 나는 드레스이다. 옆에서 보면 스커트 단의 앞뒤·좌우의 차이가 많이 남으로써 균형이 잡힌 것으로, 정상적인 안정된 단에서 느낄 수 없는 언밸런스의 재미있고 독특한 멋을 연출할 수 있다. 손수건의 중심을 잡고 늘어뜨린 모양으로 만든 치마로, 치마 길이가 일정하지 않으며 치마 끝단이 손수건같이 뾰족뾰족하다고 하여 이런 이름이 붙었다.

행커치프 드레스

행커치프 리넨(handkerchief linen)　가늘고 얇은 아마 직물로, 손수건이나 유아복, 속옷, 드레스 등에 쓰인다.

행커치프 스커트(handkerchief skirt)　손수건의 중심을 잡고 늘어뜨린 모양으로 만든 치마로, 끝단의 길이가 일정하지 않으며 손수건같이 뾰족뾰족하다. 부드러운 천으로 만들어야 이런 모양이 잘 살아난다. 1920년대, 1960년대, 1970년대, 1980년대에 유행하였다.

행커치프 슬리브(handkerchief sleeve)　어깨에서 팔을 향하여 길게 늘어진 소매이다. 장방형으로 재단된 천이 어깨 위에서부터 밑으로 늘어질 때 모양이 마치 손수건을 늘어뜨

린 것처럼 보인다고 하여 붙여진 명칭이다.

행커치프 튜닉(handkerchief tunic)　손수건 형태의 큰 사각형 옷감을 허리에 두른 튜닉으로 앞뒤 스커트 위에 수건의 끝부분이 뾰족하게 내려와 있으며, 1917년 드레스에 많이 이용되었다.

행커치프 포인트(handkerchief point)　커다란 손수건의 한쪽 끝과 같이 V 포인트가 헴라인에 있어 지그재그를 이루는 드레스를 말한다. 20세기 초와 1960~1970년대에 유행하였다.

행커치프 헴(handkerchief hem)　손수건을 장식하는 가장자리 헴으로, 중앙에 손수건이 오게 하고 사방을 행커치프 헴으로 완성한다.

향(香)　향내를 풍기는 물건 또는 제전(祭典)에 피우는 향내가 나는 물건의 총칭이다. 우리 나라에서는 불교 전래와 함께 향을 사용하였고, 향을 태우면 나쁜 냄새를 없애고 심신(心身)을 깨끗이 하므로 공양구로 사용하였다. 향을 주머니에 넣거나 조각향·발향·줄향으로 만들어 노리개 삼아 패용하였다.

향갑(香匣)　향을 담는 갑으로 향갑의 특징은 상하에 작은 고리가 있어 상하단(上下端)을 따로 맺고, 상하부(上下部)가 개폐식(開閉式)으로 되어 있다. 겉은 금·은·산호·비취·밀화 등으로 각 길상문(吉祥紋)을 곁들여 여러 모양으로 만들고 금사(金絲)로 엮는다.

향낭(香囊)　향(香)을 넣어 차는 주머니로 고려 시대 귀부인은 금향낭(錦香囊)을 많이 찰수록 자랑으로 여겼으며, 조선 시대에는 노리개로 사용하고 차기도 했다. 향은 실용적·주술적·장식적 의미가 있으므로 수향낭(繡香囊)·갑사낭(甲紗囊)에 넣거나, 줄향·발향·조각향으로 만들어 찼다.

향리복(鄕吏服)　고려·조선 시대 지방관 아래에서 행정 실무를 담당하던 계층이 입는 의복이다. 고려 현종, 1018년 향리의 공복(公服)을 제정했는데, 주·부·군·현의 호장은 자삼(紫衫), 호정 이하 사옥부정 이상

은 녹삼(綠衫)으로 가죽신을 착용하게 하였다.

향직(鄕織)　조선 시대 말까지 경복궁 안에 향직원이 있어 향직이 제직되었는데 그 절가(折價)가 대단류(大緞類)와 같았다.

향직원(鄕織院)　조선시대 말까지 경복궁 내에 설치되어 향직을 제직하던 곳이다.

허그 미 타이트(hug me tight)　① 따뜻하게 하기 위하여 어깨나 소매 부분을 니트나 크로셰로 조화시켜서 만든 재킷이다. ② V 네크라인으로 된 앞면을 단추로 여미는, 니트나 누비로 된 조끼로 대개 나이든 사람들이 보온을 위해 코트 밑에 입는다.

허니콤(honeycomb)　⇒ 워플 클로스

허니콤 스모킹(honeycomb smocking)　⇒ 시드 스모킹

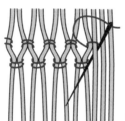

허니콤 스모킹

허니콤 스티치(honeycomb stitch)　플라이 스티치와 같은 방법을 연속하여 벌집 모양처럼 수놓는 방법으로, 성근 느낌으로 면적을 채우는 데 많이 사용한다. 특히 바느질한 실이 표면에 씨앗처럼 조금 보일 때에는 시드 스모킹이라고도 한다.

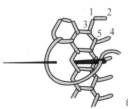

허니콤 스티치

허드슨 베이 코트(Hudson Bay coat)　1670년 북아메리카 토인과 모피 거래를 허가받은 영국의 회사 제품인 코트를 가리킨다.

허드슨 실(Hudson seal)　허드슨 실 염색을 한 머스크랫을 일컫는다. 머스크랫 참조.

허먼, 스탠(Herman, Stan 1932~)　미국 뉴욕

향낭

허드슨 베이 코트

헌팅 재킷

헝가리안 엠브로이더리

출생의 디자이너로 트라파겐 패션 스쿨에서 공부하였다. 1969년 위니상을 수상하였고, 1974년 란제리로 특별상을 받았다.

허버드 블라우스(Hubbard blouse)　소매단, 스커트 단, 네크라인에 러플을 댄 헐렁하게 맞는 튜닉형의 블라우스로 1880년에 어린 소녀들이 킬트(kilt)형의 주름 스커트와 함께 착용하였다.

허버트, 빅터(Herbert, Victor 1944~)　영국 레이세스터 출생으로 미술을 공부한 후 왕립 예술학교에서 패션을 공부하였다. 리틀우즈, 브리티시 홈스톨 등에서 프리랜서로 일하며, 패션 일러스트레이터로 일하였다. 1977년 크리스틴 러프해드와 함께 스포츠 웨어 회사를 설립하였다. 또한 남성복도 디자인하고 있으며 색체 컨설턴트로도 일하고 있다.

허시 퍼피즈(Hush Puppies)　캐주얼 옥스퍼드형 구두의 상표명이다.

허커백(huckaback)　도비 직기로 제직되며, 평직을 기초로 한 봉소직의 효과를 낸 직물로 평직의 부분과 경사 또는 위사가 길게 떠서 나오게 되는 부분을 대칭으로 배치한 것이다. 타월, 자수용 직물로 쓰인다.

헌터 그린(hunter green)　사냥꾼들이 착용하는 의복색에서 유래한 명칭인데, 약간 황색을 띠는 녹색을 말한다.

헌트 브리치즈(hunt breeches)　힙 주위는 풍성하고 무릎에서부터는 꼭 맞는 승마복 바지. 대개 옅은 베이지색 트윌지에 무릎 안쪽에다 가죽을 덧댄다.

헌트 코트(hunt coat)　⇒ 핑크 코트

헌팅 백(hunting bag)　가죽이나 캔버스지를 사용하여 만든 큰 숄더 백으로 사냥물을 넣는 망모양의 포켓이 달려 있다. 클래식 레저의 경향으로 부각되었으며, 비닐의 가장자리 장식이 둘러져 있기도 하다. 스포츠 룩이나 안티 모드 등이 유행할 때 일반적이지 않은 기능적인 가방을 선호하면서 헌팅용 백이 젊은이들 사이에서 유행하였다.

헌팅 베레(hunting beret)　사냥할 때 착용하는 베레 모자를 말한다. 헌팅 베레 대신에 헌팅 캡(hunting cap)을 착용하기도 한다.

헌팅 베스트(hunting vest)　오리털을 넣고 누빈 면에 고무로 안감을 댄 큰 주머니가 달린 스포츠 조끼이다.

헌팅 셔트(hunting shirt)　멀리서도 눈에 잘 뛰도록 밝은 붉은색으로 만든 사냥인들이 입는 모직 셔트이다. 개척자들이 사냥할 때 입었던 것처럼 은은한 가죽으로 만드는 경우도 있다.

헌팅 재킷(hunting jacket)　아프리카 밀림에서 사냥할 때 착용하였던 상의에서 유래하였다고 하여 이런 이름이 붙었다. 테일러드 칼라에 포켓이 위아래에 네 개가 달려 있으며 힙을 가리는 길이에 벨트를 매게 되어 있다. 코듀로이나 그 외 튼튼한 옷감으로 만들어진다.

헌팅 캡(hunting cap)　끝이 뾰족한 모자로 자키(jockey) 캡과 유사하다. 사냥할 때 쓰는 모자로 주로 벨벳으로 되어 있다.

헝가리안 엠브로이더리(Hungarian embroidery)　마직물에 새틴 스티치나 플랫 스티치로 일반적인 모양을 자수한 자수기법이다. 헝가리 농민들의 복식에 많이 이용되었고 밝은 색조가 특징이다.

헝겊 보자기　평소에 쓰다가 남은 여러 헝겊을 모아 두는 보자기로 사각형이 대부분이며, 네 귀에 끈을 달기도 한다. 흔히 모란 모양의 수를 놓으며 뚜껑없는 반짇그릇을 덮기도 한다.

헤너(henna)　① 적갈색 또는 적황색을 띤 갈색을 말한다. ② 이집트산의 관목으로 향기가 나는 백색의 꽃이 핀다. 이 나무의 잎에서 추출한 염료는 머리카락이나 수염, 손톱 등을 적갈색으로 염색하는 데 사용된다.

헤더 믹스처(heather mixture)　섬유상태에서 염색한 양모를 사용하여 다양한 색을 띠는 혼방사나 플레이크사(flake yarn)를 말한다. 트위드, 홈스펀, 체비엇, 셰틀랜드 직물을 만드는 데 사용된다.

헤드기어(headgear)　해트, 캡, 보닛, 헤어 밴드 등 모자나 머리에 착용하는 모든 것의 총칭이다.

헤드드레스(headdress)　머리 부분을 덮는 것의 총칭이다. 해트, 캡, 보닛, 후드, 베일 등의 모자류와 가발, 헤어 스타일, 헤어 액세서리 등을 포함한 머리장식 전반을 가리킨다.

헤드 레일(head rail)　16~17세기경 유럽의 여성들이 착용했던 커다란 커치프나 베일을 말한다. 레이스로 가장자리를 장식하거나 풀을 먹였다. 1590년에서 1602년 사이에는 철사를 사용하여 이마 위에 올려 놓기도 하였다.

헤드 커치프(head kerchief)　머리에 착용하는 보자기형의 머리쓰개를 말한다. 커치프는 머리가 흐트러지는 것을 방지하거나 장식하기 위하여 사용하는 여성용 사각형 헝겊을 말한다. 원래는 머리를 싼다는 의미의 고대 프랑스어에서 유래하였으며, 행커치프, 네커치프 등도 여기에서 파생되었다.

헤랠딕 프린트(heraldic print)　헤랠딕은 '문장(紋章)'이라는 의미로 특히 영국의 전통적인 문장을 프린트 무늬로 한 것을 의미한다.

헤링본(herringbone)　변화 능직의 하나로 능선을 연속시키지 않고 완전 조직 내에서 도중에 끊고 반대 방향으로 마주 보게 한 능직물이다. 수트, 재킷, 코트 직물로 쓰인다.

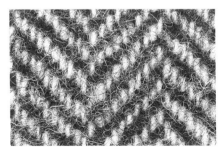

헤링본

헤링본 스모킹(herringbone smocking)　스티치를 하면서 주름을 모으는 것이 어려우므로 먼저 주름을 잡고 그 위에 스티치하여 주름을 고정시킨다.

헤링본 스트라이프(herringbone stripe)　사선의 줄무늬로 히말라야 삼나무 문양을 본뜬 것이다.

헤링본 스티치(herringbone stitch)　일정한 폭의 상하를 교차하여 새발뜨기와 같은 방법으로 수놓는다. 넓이가 있는 줄무늬를 수놓는데 사용하거나 나뭇잎이나 솔방울, 꽃잎 등을 수놓을 때 쓰인다.

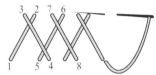

헤링본 스티치

헤밍 스티치(hemming stitch)　⇒ 감침질

헤시안 직물(hessian cloth)　황마나 대마를 원료로 하여 직조된 거칠고 까칠까칠한 감촉의 마직물로, 두껍고 튼튼하다.

헤어(hair)　부드럽고 짧은 털을 지닌 산토끼의 모피로, 약간 엉켜 있는 경향이 있다. 아시아와 북유럽의 북극 지방에서 산출되는 헤어는 긴 털을 갖고 있으며 때로 북극 지방의 여우털을 모방한 모조품으로 사용되기도 한다.

헤어라인(hairline)　가는 줄무늬를 촘촘하게 나타낸 직물로 두 종류 이상의 색사를 사용하여 평직, 능직으로 제직한다. 수트, 드레스, 재킷, 바지, 스커트 등에 쓰인다.

헤어라인

헤어라인 스트라이프(hairline stripe)　머리카락처럼 가는 줄무늬로 경사 한 올을 사용하여 줄무늬를 만들며 대개 흰색이 많이 사용된다.

헤어 섬유(hair fiber)　헤어 섬유란 양모 외의 동물모를 말하며 양모와 구별한다. 헤어 섬유는 크게 세 가지로 분류되며, 캐시미어와 낙타모를 제외하고는 대체로 억세며 권축과

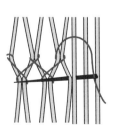

헤링본 스모킹

헬멧

스케일이 양모에 비해 적은 특징을 지닌다.

헤어 실(hair seal)　주로 대서양에서 서식하는 바다 표범을 말하며 솜털이 없고 보호털만 있다. 종류에 따라 무늬가 다르며 어느 것이나 캐주얼한 느낌이 있다. 링 실(ring seal), 레인저(ranger), 하프 실(harp seal) 등이 있는데, 이 중 하프 실은 성장하면서 털색이 변화한다. 생후 2~3주된 하프 실을 화이트 코트라고 한다.

헤어코드(haircord)　경·위사에 30~40s 단사를 사용하여 직조한 것으로 경사는 몇 올마다 무세 올을 나란히 넣어 경방향의 가는 줄무늬를 나타낸 면직물이다.

헤어클로스(haircloth)　양복의 심에 쓰이는 것으로, 경사는 주로 면사를 사용하나 다른 섬유를 사용할 수 있고, 위사는 마모, 산양모, 인모 등을 사용하여 평직, 수자직 또는 익조직으로 제직한 뻣뻣한 직물이다.

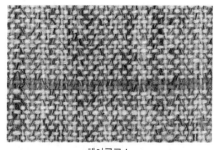
헤어클로스

헤일로 해트(halo hat)　챙이 크고 둥근 모자로 뒤로 써서 얼굴 윤곽이 둥글게 보인다. 1940년대에 유행하였으며, 요즈음은 아동용 모자로 쓰인다.

헨리 네크라인(Henley neckline)　둥근 네크라인이 리브 조직으로 끝마무리가 되어 있고, 앞중심이 플래킷으로 되어 있다. 영국 헨리왕이 보트 경기 때 입었던 셔츠에서 유래하였다. 헨리 셔츠 참조.

헨리 셔츠(Henley shirt)　깃이 없는 반팔에 앞터짐의 단과 소매단은 골이 지게 뜬 메리야스로 가장자리를 처리한 가벼운 셔츠이다. 남성, 여성, 아동들이 캐주얼 웨어로 입는다. 영국 헨리 왕이 보트 경기 때 착용하였던 반

헨리 셔츠

팔 셔츠에서 유래하였으며, 1960년대 초와 1980년대에 유행하였다.

헬리오트로프(heliotrope)　① 양꽃마리의 색인 엷은 자줏빛, 혹은 그 향기를 말한다. ② 혈옥수(血玉髓)를 말한다.

헬멧(helmet)　(중세 무사의) 투구를 말하는 것으로 군인이나 소방관, 경찰관, 또는 펜싱이나 럭비 경기에서 선수가 쓴다. 챙이 없으며 머리 전체를 감싸주고 턱밑에서 스냅(snap)으로 고정되며 단단한 재료로 만든다.

헬시 수트(healthy suit)　건강 유지를 위하여 개발된 수트이다. 사마륨 코발트(samarium cobalt)의 특수 자석을 어깨와 허리에 네 개씩 붙여 요통과 육체 피로를 방지하게 만든다.

헴(hem)　의복이나 천의 가장자리를 지칭하며 주로 드레스나 스커트류의 아래단을 총칭한다.

헴 스티치(hem stitch)　드론 워크(drawn work)의 기본 스티치의 일종으로 가장자리(hem) 부분에 사용한다. 직물의 실을 몇 개 빼고 남은 실을 3~5개 정도씩 묶는 동시에 물림을 방지하는 스티치이다. 헤밍 스티치, 클로즈드 버튼홀 스티치, 트렐리스 헴 스티치라고도 한다.

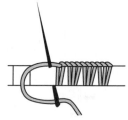
헴 스티치

헴 스티치 엠브로이더리(hem stitch embroidery)　두꺼운 바늘을 사용하여 백 스티치로 자수한 오픈 아플리케를 말한다. 드론 워크(drawn work)와 같은 효과를 내기 위하여 실마다 다른 강도로 잡아당긴다.

혁대(革帶)　가죽으로 만든 띠의 총칭이다. 곤복(袞服)의 구성물 중 하나로 혁대는 호족(胡族)의 풍속이 전국 시대(戰國時代)에 들어와 제도화된 것이다.

혁리(革履)   우리 나라 상고 시대부터 있어 온, 가죽으로 만든 운두가 낮은 단요형의 신발이다.

혁신(innovation)   기업의 특별 소득을 목적으로 하는 신제품, 신과정 등에 관한 기업화 활동을 의미한다.

혁신성(innovation)   소비자 행동을 인지적 차원에서 살펴볼 때 새롭거나 전위적인 스타일에 대한 개인의 선호가 앞서는 성향을 말한다.

혁신자(innovator)   소비자들을 신제품 수용이 이루어지는 시점에 따라 나누어 볼 때 제품을 수용하는 소비자를 일컬으며, 이들은 모험적이어서 신제품 수용에 수반되는 위험을 기꺼이 감수하려는 경향을 가지고 있다.

혁탑(革鞜)   부여 시대의 가죽으로 만든 신으로 이(履)에 속하는 운두가 낮은 단요형(短靿形)의 신발이다.

현금출납보고서(cash receipts report)   매일 영업의 마지막 시간에 상품을 판매하여 받은 현금을 영업 사원이 기록하는 문서이다.

현금 할인(cash discount)   송장에 제시된 기간 내에 현금을 지불하는 것이 용인될 때 현금 가격의 비율을 낮추는 것(예를 들어, 2/10는 만일 송장의 10일 내에 지불하면 현금에서 2% 할인할 수 있는 것을 뜻함)을 말한다. 이러한 현금 할인은 전체 이윤을 계산하는 것을 포함해서 상품을 구입한다.

현문사(顯紋紗)   일본의 문사(紋紗)의 일종으로 사조직(紗組織)의 지(地)에 평직으로 문양을 제직한 것이다. 반대로 평직지(平織地)에 사직문양(紗織紋樣)으로 제직된 것을 투문사(透紋紗)라고 한다.

현색(玄色)   중국의 색명(色名)으로 흑다색(黑茶色)을 말한다.

현의(玄衣)   조선 시대 왕이 착용하던 검붉은 색의 옷으로 오장문(五章紋)이 그려져 있다. 즉 양어깨에는 용(龍), 등에는 산(山), 소매에는 화(火)·화충(華蟲)·종이(宗彝)를 각 세 개씩 그렸다. 선(襈)을 깃·도련·소매끝에 두른다.

현훈(玄纁)   장사(葬事)를 지낼 때 산신(山神)에게 드리는 폐백(幣帛)으로 검붉은색과 분홍빛의 두 조각의 헝겊을 사용한다. 장사 지낸 다음 무덤 속에 묻는다.

협힐(纈纈)   염법(染法)의 하나로 포(布)를 접고 문양을 파낸 목판(木板)을 밀착시키고 목판이 파인 부분에 염료(染料)를 주입하여 염색하는 목판방염기법(木板防染技法) 또는 그 염직물(染織物)을 말한다. 통일신라 시대 복식금제에 협힐의 의복을 금한 기록이 있다. 판(板)에 무늬를 오려내어 두 개의 판 사이에 포(布)를 끼워 고정하고 염색하기도 한다.

형광 염료(fluorescent dyes)   자외선을 흡수한 후 단파장의 가시광선으로 방사하는 특성을 지닌 염료를 말한다.

형광 표백제(fluorescent brightener)   유색 또는 무색의 직물에 흡착된 후 가시광선 영역에서의 반사율을 증가시켜 주어 직물 표면이 더 밝고 하얗게 보이도록 해 주는 물질을 말한다.

형성(becoming)   인본주의 심리학이 실존주의로부터 추출한 가장 중요한 개념으로서 인간은 결코 정적인 존재가 아니라 무엇인가 다른 존재가 되어가고 있다고 보는 개념이다.

형염(型染)   문양염기법(紋樣染技法)의 하나로 문양을 조각한 형지(型紙)를 직물 위에 놓고 주염(注染)하거나 솔로 염료를 염착(染着)시켜 염색하는 기법이다. 사라사, 남형(藍型), 가죽 염색에 사용된다.

형원, 제원(兄媛, 弟媛)   일본 응신천황(應神天皇) 37년에 고려의 구례파(久禮波), 구례지(久禮志)의 안내로 오왕(吳王)으로부터 인솔하여 간 공녀(工女)이다. 구례하도리[吳織], 아나하도리[穴織]와 함께 도일(渡日)되어 일본의 봉공(縫工), 기직(機織)의 조(祖)가 되었다.

혜(繐)   15승 마포를 말한다.

혜(鞋)   발목이 짧은 신의 일종으로 신발의 일반적 의미를 지닌다. 풀[草]·삼[麻]·포백

호문

(布帛) · 피혁 · 지(紙) · 목(木) 등의 재료를 사용한다. 혜의 종류에는 흑피혜(黑皮鞋) · 분투혜(分套鞋) · 투혜(套鞋) · 태사혜(太史鞋) · 운혜(雲鞋) 등이 있다.

호(縞) 줄무늬직물의 일종으로 경(經) 또는 위(緯) 방향으로 직선문이 가늘게 또는 굵게 제직, 염색된 직물이다. 종호(縱縞), 횡호(橫縞), 격자호(格子縞)가 있으며 《석증(釋繪)》에는 소(練)한 백견(白絹)으로 나타나 있다.

호구(狐裘) 갖옷의 한 종류로 여우의 겨드랑이 밑의 흰색 털로 만든다. 호백구(狐白裘)라고도 한다.

호금(好錦) 백제의 성명왕(聖明王)이 고구려와의 싸움에 군사를 보냈던 일본천황에게 보냈다는 금(錦)이다. 한금(韓錦), 곧 백제에서 짠 백제의 금명이다.

호난(honan) 중국의 하남 지방에서 야잠견으로 만든 실크 폰지(silk pongee) 직물이다. 야잠견을 쓰며 염색의 균일성을 나타내는 점이 유명하다.

호니턴 고서머 스커트(Honiton gossamer skirt) 1850년대에 착용한 가벼운 여름용 페티코트로 허리 벨트에 줄무늬 천을 대었으며 힙선에서 시작되는 밴드에는 세 개의 둥근 러플을 달았다.

호니턴 레이스(Honiton lace) 영국 데번셔의 호니턴에서 16세기경에 생산되었던, 작은 나뭇가지 모양을 한 보빈 레이스의 일종이다. 기계로 짠 바닥 위에 보빈으로 꽃이나 잎맥 등을 넣은 것이다.

호두잠(胡桃簪) 호두문을 조각한 비녀이다. 칠보(七寶)나 흑각(黑角)으로 만들며, 잠두(簪頭) 부위를 호두(胡挑) 형태로 하여 화문(花紋)을 조각하거나 옥(玉)을 박는다.

호로병 삼작(胡蘆瓶三作) 호로병 모양을 가진 부녀자들의 노리개의 하나이다. 세 개의 노리개가 한 벌이 되도록 만든 것으로 그 형태에 따라 구분한 것이다.

호리존탈 스트라이프(horizontal stripe) 수평 줄무늬를 가리킨다.

호리존탈 칼라(horizontal collar) 칼라의 벌어진 각도가 거의 수평 상태가 될 정도로 크게 벌어진 칼라이다.

호모 사파이어 밍크(homo sapphire mink) 양식 밍크의 일종으로 배 부분과 솜털은 순백색이며, 등 부분의 긴털은 엷은 청회색을 띠고 있다. 매우 연한 색의 사파이어, 바이올렛 등의 밍크와 교배하여 태어나며, 생식능력이 없어서 생산량이 매우 적다.

호문(虎紋) 호랑이 무늬로 우리 나라에서는 산신(山神)으로 여겨져 호랑이의 용력(勇力)과 주력(呪力)을 이용하였다. 무관의 흉배(胸背)와 호수관(虎鬚冠)에 호문을 수놓았으며 노리개에 호랑이 발톱을 찼다.

호박(琥珀) ① 호박은 송백과 식물의 화적으로 광물성보다는 식물성에 가까우며, 색은 황색을 나타내는데 그 안에 적색 · 백색 · 갈색을 띨 때도 있다. 갈고 다듬어서 옥으로 사용하였다. ② 경휴직(經畦織)으로 제직된 직물이다. 경에 제연사(諸撚絲) 또는 편연사(片撚絲)를 쓰고 위에 편연사를 수본씩 직입한 것이다.

호박풍잠(琥珀風簪) 조선 시대 사대부가 망건(網巾)에 부착한 호박으로 만든 풍잠으로 갓이 뒤쪽으로 넘어가지 않게 하며 신분에 따라 재료를 달리 하였다. 풍잠(風簪) 참조.

호버크(hauberk) 머리를 덮을 정도의 소매가 있고 달리는 말등에서 편하도록 앞과 뒤가 허리선 아래에서부터 갈라진 무릎 길이의 셔트를 말하는 것으로, 11~13세기에는 갑옷으로 입었으며 누빈 갬비소나(gambesona) 위에 착용하였다. 코트 오브 메일(coat of mail)이라고도 하였다.

호보 팬츠(hobo pants) 호보는 미국의 부랑자들을 가리키는 것으로, 방랑생활을 하면서 때로는 이동해야 하는 생활 패턴을 가지고 있는 이들이 착용하는 팬츠에서 나온 명칭이 바로 호보 팬츠이다. 두꺼운 옷감으로 낡고 헐어 구겨진 모양으로 만든 팬츠로 컨트리룩의 한 아이템이다.

호복(胡服) 몽고인(蒙古人)의 복식으로 원(元)의 의복을 뜻한다. 호복고(胡服考)에 의

하면, '관(冠)은 혜문관(惠文冠), 대는 구대 (具帶), 신은 화(靴)를 신었으며, 위에는 슬 갑[褶], 아래에는 바지[袴]'라고 되어 있다. 우리 나라에는 고려 시대 호복의 습속이 들 어왔는데, 변발(辮髮)과 전립(氈笠)이 대표 적이다.

호블 스커트(hobble skirt)　1910~1914년에 유행한 디자인으로 원래는 길이가 발목까지 오는 긴 스커트이다. 복사뼈 근처에서 폭을 좁게 한 스커트로, 걷기 곤란하다는 뜻에서 호블(절름발이)이란 이름이 붙었다. 현대에 는 무릎에서 밑으로 스커트 폭을 아주 좁게 하여 걷기에 불편하므로 치맛자락에 슬릿 (slit)을 넣는다든가 랩(wrap)식으로 되어 있 는 것도 있다. 시대 변천에 따라 활동하기 편 하도록 치마폭도 넓어졌고 길이도 짧아졌다. 1912년 파리의 디자이너 폴 푸아레(Paul Poiret)가 디자인하였으며, 후에 페그 톱 스 커트라고 하였다.

호소노 히사시(Hosono Hisasi 1919~)　일본 동경 출생으로 일본의 부인복 디자이너의 일 인자이다. 신사복 재단사 가문에서 태어난 그는 긴자에 있는 '이사미야'에서 재봉사로 일했으며, 아버지 친구인 디자이너로부터 디 자인화를 배웠다. 제2차 세계대전 군복무를 마치고 1946년 동경에서 아틀리에를 창설하 였다. 1961년 오트쿠튀르 형태로 일본에서 는 처음으로 본격적인 패션 비즈니스를 확립 하였다. 1965년 뉴욕에서 제1회 컬렉션을 열 고 세계 무대에 진출하였다. 1966년 일본 패 션 에디터즈 클럽(FEC)상을 받았다.

호수(虎鬚)　조선 시대의 입식(笠飾)의 하나이 다. 문·무관이 융복(戎服) 착용시 주립(朱 笠)의 네 귀에 장식으로 꽂던 흰 털이다.

호스슈 네크라인(horseshoe neckline)　말발굽 모양처럼 앞이 깊고 우묵하게 파인 네크라인 으로 말발굽 모양과 같다고 하여 호스슈라는 이름이 지어졌으며 U 네크라인이라고도 불

호스슈 네크라인

린다.

호스슈 점퍼(horseshoe jumper)　앞뒤의 네크 라인이 말발굽 형태처럼 깊게 파였으며 또한 소매둘레, 진동도 많이 파인 점퍼 스커트이 다. 대개 어깨끈이 점퍼 스커트에 한 조각으 로 연결이 되어 있다.

호스슈 칼라(horseshoe collar)　편자 모양의 플랫 칼라로 좌우측의 칼라가 달린 끝부분이 앞중심에서 맞닿지 않고 떨어져 있다.

호스테스 로브(hostess robe)　땅바닥까지 오 는 긴 길이의 화사한 옷감으로 만든 로브로, 여성들이 집에서 손님을 맞을 때 주로 입으 며, 앞은 지퍼로 여미도록 되어 있다. 호스테 스 가운, 호스테스 코트라고도 한다.

호염(糊染)　찹쌀과 같은 전분호(澱粉糊)를 방 염제(防染劑)로 하여 염색하는 방염기법(防 染技法)이다.

호의(號衣)　조선 시대 군사가 입던 소매가 없 거나 짧은 세 자락의 웃옷으로, 방위에 따라 색을 달리 하여 소속을 나타냈다. 더그레 참 조.

호인(胡人)　중앙·서아시아 민족에 대한 한 인의 일반적인 호칭으로 이들을 따라 들어온 복식을 특별히 호복이라고 한다.

호좌망건(虎坐網巾)　조선 시대 성인 남자가 상투를 틀 때 쓰던 건(巾)의 하나. 전고후저 (前高後低)하여 형태가 호랑이가 앉은 모양 과 같다 하여 호좌망건이라 한다.

호주 양모(Australian wool)　세계 최대의 양 모 생산국인 오스트레일리아에서 생산되는 모든 양모를 말한다. 대부분이 잡종의 하나 인 메리노(merino)이며 보다 나은 품질의 제 품을 얻기 위하여 1797년부터 생산되었다. 색상이 선명하며 가는 섬유로서 펠팅이 잘 되는 반면 정련시에 수축률이 높다. 보타니 항구(Botany Bay) 부근에서 가장 먼저 수출 하였기 때문에 보타니 울로 알려져 있기도 하다.

호표 흉배(虎豹胸背)　조선 시대 무관(武官) 1·2품의 흉배에 사용된 범과 표범의 문양을 말한다. 흑색의 동전 문양의 표범과 좀 작은

호블 스커트

호수

호인

호랑이가 수놓아져 있다.

혼례복(婚禮服)　　혼례식 때 입는 옷으로 의복은 신분과 절차에 따라 왕과 왕세자는 면복(冕服), 강사포(絳紗袍)에 원유관(遠遊冠), 곤룡포(袞龍袍)에 익선관(翼善冠)을 착용하였고, 대군과 왕자·의빈은 초포와 단령포(團領袍)를 입었으며, 왕비와 빈궁은 적의(翟衣)를 입었다. 《사례편람》에서 일반 신랑은 단령포(團領袍)에 품대(品帶)를 띠고 사모(紗帽)에 흑화(黑靴)를 신는다고 하였다. 신부는 염의(袡衣)에 대(帶)를 띠고 피(帔)를 하였다.

홀

혼방(blending)　　서로 다른 섬유의 단섬유를 원료 단계부터 조합시켜 각 섬유가 갖고 있는 장점 및 단점을 상호 보완하도록 하는 것을 말하며, 혼방으로 얻는 실은 단일 섬유를 원료로 한 실과는 전혀 다른 심이성 및 특성을 지닌다. 면과 폴리에스테르 섬유를 혼방한 경우 면의 강도, 내추성 그리고 피복의 형체 안정성이 향상되며 폴리에스테르 섬유의 흡습성, 대전성 등의 결점이 상당히 개선된다.

혼방사(blended yarn)　　방적시 서로 다른 섬유를 원료나 소모기를 통해 나온 굵은 끈 모양의 슬리버(sliver) 상태로 섞어서 방적한 것을 말한다.

혼방 직물(blended fabric)　　두 종류 이상의 실로 제직된 옷감을 말한다.

혼섬(filament blending)　　섬유 종류가 서로 다른 필라멘트를 고속의 공기 분류 등을 사용하여 혼합해서 한 올의 필라멘트사로 만드는 것을 말하며, 일반적으로 아세테이트, 폴리에스테르, 나일론 중 두 가지 섬유를 조합한다.

혼섬사(blended filament yarn)　　종류가 다른 두 가지 화합섬의 멀티 필라멘트사를 제트 에어 등을 사용해서 혼합한 실로서 혼섬한 섬유의 열수축률의 차이 또는 염색성의 차이로 인한 믹스 효과, 강도와 촉감 또는 흡습성의 보완 효과 등을 얻을 수 있다. 혼섬사의 종류는 크게 전혀 다른 종류의 화합섬을 혼

홀바인 워크

섬한 이섬유 혼섬과 열수축률이 다른 두 개의 형을 혼섬한 이수축혼섬으로 나뉜다. 이수축혼섬사의 경우 짜고 나서 열처리를 하면 적게 수축하는 것의 길이가 남아서 부풀고 건조한 촉감을 지닌다.

혼, 캐롤(Horn, Carol 1936~)　　미국 뉴욕 출생으로 콜롬비아 대학에서 순수 예술을 공부하고 디테일 스타일리스트로 시작하여 '브라이언트 9'의 스포츠 웨어를 디자인하였다. 1975년 패션 비평상을 받았다.

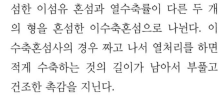

홀(笏)　　관위(官位)에 있는 자가 관복을 하였을 때 손에 드는 수판(手板)으로 상아 또는 나무로 만들며 길이는 1척이다. 조선 시대의 홀은 약간 굽은 것으로 33cm의 장판(長板)에 위너비는 5cm, 아래너비는 3.5cm 정도이며 손 부분은 비단으로 쌌다. 관리할 때는 홀대(笏袋)에 넣는다.

홀드업 레인 코트(hold-up rain coat)　　가지고 다니기 편하게 작게 접어지는 가벼운 레인 코트이다. 대개 비치는 비닐로 만들며 접으면 포켓 사이즈만큼 작아진다. 1850년에 소개되었으며, 포켓 사이퍼니아(siphonia)라고도 한다.

홀라, 다비드(Holah, David 1958~)　　영국 런던 출생으로 미들 섹스 예술대학에서 패션을 공부한 후 스티비 스튜어트와 함께 보디 맵 그룹을 조직하였다. 보디 맵 참조.

홀리 스티치(hollie stitch)　　자수 방법은 버튼 홀 스티치와 같지만 바늘에 실을 걸 때 실을 비틀어 거는 것으로 주로 홀리 포인트 레이스(hollie point lace)에 이용되며, 종교적인 목적에도 이용된다.

홀바인 스티치(Holbein stitch)　　⇒ 더블 러닝 스티치

홀바인 엠브로이더리(Holbein embroidery)　　양면을 사용할 수 있는 더블 러닝 스티치로 수놓는 자수의 일종이다. 기하학적인 단순한 문양을 특징으로, 마처럼 짜임새가 뚜렷한 헝겊을 바탕 천으로 사용한다.

홀바인 워크(Holbein work)　　독일 화가 홀바인 부자의 그림에 나오는 인물들의 의장에

나타나는 무늬와 비슷한 데서 붙여진 명칭이다. 양쪽 면에 사용되는 라인 스티치로 백 스티치 등을 사용하거나 러닝 스티치로 자수한다. 홀바인 시대에만 유행한 것이 아니라 그 이전에도 이미 친숙하게 사용되었던 민족적인 수예로서 안과 겉에 나란히 2열이 나타난다. 기하학적인 문양을 특징으로 하며, 마직물과 그 외의 여러 가지 직물에도 많이 사용된다. 루마니아에서 이러한 기법에 의한 수예가 많이 보이므로 루마니안 엠브로이더리라고도 한다.

홀 스티치(whole stitch)　⇒ 크로스 스티치

홀치기염(tie dye)　직물의 곳곳에 염료를 흡착하지 않는 실을 이용하여 나란히 묶어준 후 염색한다. 실로 묶인 부분은 염색이 되지 않아 독특한 문양이 나타나게 된다.

홀태바지　통이 아주 좁은 바지로 큰 사폭과 작은 사폭을 같이 붙여서 마름질하여 만든다.

홀터 네크라인(halter neckline)　목에서 달아맨 것처럼 보이는 끈이나 줄로, 목 뒤쪽에서 매게 되어 있으며, 어깨와 등이 전부 노출된 네크라인이다. 말이나 소를 끄는 고삐 같다는 뜻에서 홀터라는 이름이 지어졌다. 여름철의 선 드레스나 파티 드레스에 많이 이용된다. 앞부분은 네크라인의 끈을 잡아당겨 잔주름이 지도록 뒤쪽에서 묶게 되어 있거나 또는 도그 칼라처럼 목에 딱 붙어서 스탠딩된 밴드로 처리된다. 1930년대부터 이브닝 드레스에 사용하기 시작하였다.

홀터 네크라인

홀터 드레스(halter dress)　홀터 네크라인에 마치 드레스를 목에서 조인 것 같은 느낌이 나는 드레스이다. 등을 노출시키는 경우가 보통이고 선 드레스나 칵테일 드레스, 이브닝 드레스에서 볼 수 있다.

홈 쇼핑(home shopping)　백화점이나 쇼핑센터에서 구입하는 것처럼 가정에서 상품 정보를 보고 상품을 선택하여 주문하는 쇼핑 방법을 말한다.

홈스펀(homespun)　원래는 손으로 방적한 실을 사용하여 수직기로 제직한 것이었으나 근래에는 이것과 비슷한 모든 직물을 가리킨다. 거칠고 불균일한 방모사를 사용하여 평직으로 제직하고 축융하지 않은 직물이다.

홀터 드레스

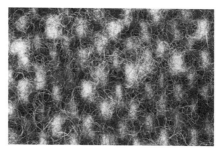

홈스펀

홈질(running stitch)　안과 겉에 똑같은 바늘땀이 나오는 바느질의 기초 스티치이며, 솔기를 붙이거나 개더를 할 때 이용하는 것으로, 땀의 간격을 좁고 고르게 바느질한다. 촘촘한 홈질과 드문 홈질이 있으며, 러닝 스티치라고도 한다.

홈질

홈질 가름솔(self-stitching seam)　시접 끝을 접어 홈질한 후 시접을 가름솔로 처리하는 것으로, 셀프 스티치 심이라고도 한다.

홉새킹(hopsacking)　거칠고 굵은 실을 두 올씩 나란히 바스켓직으로 짠 것으로, 원래는 황마 또는 대마를 써서 홉을 넣을 포대로 사용되었다.

홍단령(紅團領)　홍색으로 된 깃이 둥근 포(袍)로 조선 시대 문무백관이 공복(公服)에 입었다. 당상관(堂上官) 이상은 담홍색견표

단(淡紅色絹表單)을, 당하관(堂下官)은 심홍색면포표단(深紅色綿布表單)을 입었다.

홍두깨 옷감을 감아서 다듬을 때 쓰는 도구로 빨래의 구김을 펴고, 광택과 촉감을 살리고, 풀기를 고루 배게 하는 다듬이질 도구이다. 70cm 정도의 단단한 나무를 가운데가 약간 굵고, 양끝은 가늘게 깎아 표면을 곱게 간다.

홍람(紅藍) 남엽(藍葉) 중의 홍색 색소로 화학 성분은 인디고진과 같다. 환원제로 류-고 체색소(體色素)가 되어 목면(木綿)의 자적염(紫赤染)에 사용된다.

홍문라포(紅文羅袍) 고려 시대 흥위좌우친위군(興衛左右親衛軍)이 입던 포(袍)의 하나로, 비단 바탕에 오채단화(五采團花)로 점힐(點纈)을 하였다. 금화대모(金花大帽)를 쓰고 홍문라포를 입고 흑서속대(黑犀束帶)를 띠었다.

홍상(紅裳) 여자의 붉은색 치마 또는 관원(官員)들의 조복(朝服)에 속하는 붉은 바탕에 검은색 선(襈)을 두른 하의(下衣)이다.

홍옥당혜(紅玉唐鞋) 젊은 여자들이 신던 마른신의 하나로 위는 비단이고 바닥은 녹피(鹿皮) 같은 가죽으로 만든다.

홍원삼(紅圓衫) 황후·왕비·공주의 예복(禮服)으로 홍색 단(緞)·사(紗)로 만들며, 앞자락이 뒷자락보다 짧고 겨드랑이를 튼다. 소매끝에는 황·남색의 색동과 한삼을 대고, 어깨와 앞뒤 길에는 운봉문(雲鳳紋)을 직금한다.

홍의(紅衣) 각 전(殿)의 별감(別監)과 묘사(廟社)의 수복(守僕)이 착용하던 상복(常服)이다. 붉은색의 착수(窄袖)로 직령이며, 무가 없고 진동선에서 옆트임이 있으며 길이도 짧다. 거친 무명에 붉은 물을 들이며 홑으로 만든다.

홍정대(紅鞓帶) 고려 시대 문관(文官)·상참(常參)이 착용한 붉은색의 가죽으로 만든 띠이다. 공복(公服)에 사용한 것으로 문관은 금어(金魚)를 패식(佩飾)하였고, 상참은 은어(銀魚)를 패식하였다.

홍화(紅花) 염료 식물의 하나로 국과(菊料)의 1년생 초이며 황색(黃色)과 홍색(紅色)의 색소가 꽃에 함유되어 있어 염료로 쓴다. 홍화는 잇꽃, 홍람(紅藍), 황람(黃藍), 오람(吳藍)이라고도 한다. 염색은 홍화에 물을 부어 색소를 우려 황색소(safflower yellow)를 제거하고 회즙(灰汁)을 넣어 적색소(carthamin)를 추출하여 염료로 쓴다. 여러 번 염색할수록 곱게 든다. 《삼국사기(三國史記)》에 의하면 삼국 시대에 '홍전(紅典)'이 있어 홍화염(紅花染)을 한 것이 나타난다.

홍화라수겹포두(紅花羅繡夾包肚) 고려 시대 배자(背子)의 하나이다. 고려 문종(文宗) 때 송(宋)으로부터 사여받은 것으로, 홍색의 꽃수가 비단에 놓인, 겹으로 지은 포두이다.

홑솔 우리 나라 옷 바느질에 가장 많이 쓰이는 바느질법의 한 가지이다. 바느질해야 할 선을 맞추어 0.1cm 밖을 풀로 붙이기도 하고 홈질 또는 박음질하여 오글거리지 않게 박은 선을 훑어 앞뒤를 다리미질한 다음, 선보다 0.1cm 안의 원선을 두 겹 같이 꺾어 네 겹이 된 솔기를 앞뒤에서 눌러 다려 겉으로 바늘땀이 보이지 않는 깔끔한 솔기 바느질 방법이다. 저고리, 마고자, 두루마기의 어깨나 섶솔기, 바지의 마루폭, 사폭, 배래 등은 거의 홑솔 바느질 방법으로 한다.

홑옷 홑으로 지은 옷으로 비단옷 위에 덧입는 옷을 말하기도 한다.

홑치마 안을 넣지 않고 한 겹으로 만든 겉치마이다.

화(靴) 신목이 붙어 있는 신발로 이(履)와 더불어 우리 나라 신의 대표적 종류이다. 가죽을 이용해 만들며, 방한(防寒)·방침(防浸)에 적합한 북방족계의 신이다. 상대 시대부터 화(靴)의 기록이 나타나며, 흑피화(黑皮靴)·오피화(烏皮靴)·적피화(赤皮靴)·자피화(紫皮靴) 등이 있다.

화궁(花弓) 면화활을 말한다.

화금입자(畵金笠子) 조선 시대 부녀자들이 착용한 금장식(金裝飾)의 입자로 세종(世宗) 때에는 사치가 심하여 금장식의 규제를 가하였다.

화기(花機) 견(絹), 능(綾)을 제직(製織)하였다고 보는 직기(織機)의 중국명으로 대기(大機)라고도 한다. 일본에서는 공인기(空引機)라고 한다.

화담(花毯) 화문(花紋)의 융담(絨毯)이다.

화대(靴帶) 신목에 두르는 띠로 통일 신라 시대의 화(靴)는 화대가 붙어 있는 것이 특징이다. 은문백옥(隱文白玉)·서(犀)·유(鍮)·철·동 등의 재료를 사용하며 신분에 따라 고리 장식에 차이가 있었다.

화로 다리미나 인두에 열을 전하기 위한 열원이며 난방용으로 사용한다. 형태는 원형, 사각형, 육각형, 팔각형 등이 있고, 삼국 시대에는 질화로를 사용하다가 고려 시대에는 질화로 외에 청동제, 철제를 사용했으며, 조선 시대에는 형태나 재료가 다양해져서 백동, 청동, 도기, 곱돌 등의 재료도 사용하였다.

화로 받침 화로를 방에 들여놓을 때 방바닥이 긁히는 것을 방지하기 위한 방석이다.

화루(花樓) 공인기(空引機)의 문직(紋織) 장치로 기대(機台) 위에 문축(紋軸)을 걸고 여기에 경사(經絲)를 개구(開口)하는 장치가 붙어 있다. 제직(製織)할 때 문인(紋引)을 하는 직인(職人)이 조거(鳥居) 앞에 앉아 문양(紋樣)에 따라 개구를 하는 조작을 한다.

화문석(花紋席) 우리 나라에서 고려 시대, 조선 시대의 특산으로 제조된 돗자리이다.

화사라사[和更紗] 도래사라사[渡來更紗]에서 습득되어 일본화(日本化)한 사라사이다.

화완포(火浣布) 석면포(石綿布)에 대한 고대(古代)의 명칭이다.

화의(花衣) 중국 청나라 일반 관원들이 입었던 망포(蟒袍)를 말하는 것으로 관원과 명부(命婦)가 외괘(外褂) 안에 입던 복식이었으며, 이들의 등급은 망수(蟒數)나 망조수(蟒爪數)로 구별하였다.

화이트 밍크(white mink) 양식 밍크의 일종으로 약간 청색이 있는 백색의 솜털에 광택이 있는 은백색의 긴 털이 나 있다.

화이트 베스트(white vest) 남자들의 정장 상의 밑이나 정장 세트에 백색 타이와 함께 착용하는 많이 파인 조끼이다.

화이트 셔트(white shirt) 백색 셔트를 말하는 것으로, 남자들의 와이셔트라는 말은 화이트 셔트에서 유래하였다.

화이트 슬립(white slip) 웨일즈의 왕자 에드워드에 의해 1888년에 소개된 패션으로, 남성들의 웨이스트 코트의 앞 가장자리를 따라 흰색의 피케로 테를 두른 것이다.

화이트 엠브로이더리(white embroidery) 화이트 워크(white work)를 말하며, 흰 천에 흰 실을 사용하는 백사(白絲)를 말한다. 흰색은 세탁에 강하고, 내일광성이 강하여 장식과 실용성이 좋은 특징이 있으며, 실내 장식품이나 내의 등에 실용적으로 쓰인다. 컷 워크(cut work), 아일릿 워크(eyelet work) 등이 여기에 속한다.

화이트 온 화이트(white on white) 흰 바탕에 흰색의 무늬가 있는 자카드(jacquard) 또는 도비(dobby) 직물을 말한다.

화이트 칼라(white collar) 정신 노동자를 가리키는 것으로, 이들이 주로 흰색 Y셔트를 습관적으로 입기 때문에 생겨난 말이다.

화이트 코트(white coat) 헤어 실(hair seal)의 일종인 하프 실의 생후 2~3주 이내의 새끼의 털을 말한다. 보호털은 하얀 색이고 가지런하며 길고 부드럽다. 흰색, 밤색, 진한 갈색으로 염색하여 코트나 재킷 등에 쓰인다. 하프 실은 성장하면서 은회색의 바탕에 검정, 회색, 갈색 등의 얼룩 무늬가 나타난다.

화이트 크라운(white crown) 고대 상이집트의 왕관으로, 꼭대기로 갈수록 가늘어지는 높은 원통형의 모양에 꼭대기 끝이 깃대의 둥근 장식처럼 된 형태이다. 상이집트가 하이집트에 의해 통일된 후에는 하이집트의 붉은색 왕관과 함께 착용하였다.

화이트 타이(white tie) ① 남자의 화이트 리본 타이는 연미복과 함께 포멀한 경우에 착용하며 대개 손으로 맨다. ② 특별한 경우를 위한 드레스의 한 가지 명칭이다. 포멀 드레스 또는 남성의 연미복과 여성의 포멀 가운

화이트 크라운

을 의미한다.

화이트 타이 앤드 테일즈(white tie & tails)
⇒ 풀 드레스 수트

화이트 폭스(white fox)　백색의 털을 가진 여우로 치밀하게 난 털은 순수한 백색이다. 보호털과 솜털이 길고 두꺼운 것이 양질의 고급품이다.

화이트 플란넬(white flannel)　백색 모직의 플란넬로 만들어진 바지로 1980년대 남성들에게 유행하였다. 1890~1930년대에 줄무늬진 옷감으로 된 블레이저 재킷에 밀짚 중절모를 곁들여 스포츠 웨어로 많이 착용하였다.

화자(靴子)　조선 시대 왕과 관리들이 관복(官服)에 신던 신으로 신발목이 긴 마른 신이다. 화자의 형태 및 장식은 시대에 따라 조금씩 달랐으나, 검은색 녹피(鹿皮)·융·아청색 공단으로 만들어, 안에는 백공단(白貢緞)을 대고, 가장자리에는 홍색선(紅色襈)을 두른다. 목화(木靴)라고도 한다.

화잠(花簪)　섬세한 꽃무늬를 조각한 비녀이다. 옥판(玉板)에 꽃문양을 입체적으로 조각한 후 금은(金銀)·주옥(珠玉) 등을 박아 꾸민다. 화전(華鈿)·화채(花釵)라고도 한다.

화장　한복 저고리의 등솔에서 소매끝까지의 길이를 말한다.

화전(花氈)　화문(花紋)의 모전(毛氈)이다. 일본 정창원(正倉院)에는 많은 화전(花氈)이 수장되어 있는데 우리 나라에서 간 것이 있다.

화충문(華蟲紋)　절의(節義)를 뜻하는 꿩의 문양으로 조선 시대 면복(冕服)의 현의(玄衣), 후비의 적의(翟衣), 폐슬(蔽膝)에 사용되었다.

화충문

화포(華布, 花布)　사라사의 중국명으로 화문(花紋)의 사라사이다. 인화포(印花布)라고도 한다.

화피관모(樺皮冠帽)　자작나무 껍질을 사용하여 만든 모자의 일종으로 백화수피관모(白華水皮冠帽)라고도 한다.

화학 방사(chemical spinning)　천연 섬유 중 섬유의 형태를 지녔으나 길이가 너무 짧아서 직접 피복 재료 섬유로 이용되지 못하는 것과 식용 단백질, 합성 중합체들과 같이 전혀 섬유의 형태를 지니지 못한 원료로부터 화학적, 기계적 공정을 거쳐 섬유를 만드는 과정을 화학 방사라고 한다. 이때 얻어진 섬유를 인조 섬유 또는 화학 섬유라고 한다. 화학 방사법에는 습식 방사, 건식 방사, 용융 방사 등이 있다.

화학적 권축(chemical crimp)　인조 섬유에 인공적인 권축을 주는 방법으로, 인조 섬유 방사시 한 올의 필라멘트의 단면에 특성이 다른 두 성분을 접합하여 만든다. 이러한 섬유를 복합 섬유(conjugate fiber) 또는 이성분 섬유(bicomponent fiber)라고 하는데, 이들 섬유는 대체로 두 부분이 서로 다른 수축률과 열거동을 보인다.

환(紈)　백견직물(白絹織物)이다.

환도(環刀)　옛 군복(軍服)에 차던 군도(軍刀)이다. 예도의 일종으로 허리에 차는 칼로 전체 길이는 1m 정도이다.

환봉식 재봉틀　영어로 체인 스티치 머신(chain stitch machine)이라고 부르며, 재봉된 뒷면이 체인 스티치 모양으로 나타나서 이런 이름이 붙었다. 실의 수에 따라 단환봉은 윗실만으로 땀을 만들고 2중 환봉은 윗실과 아랫실로 체인형을 만든다. 이때 아랫실은 루퍼(looper)에 의해 움직여지며, 완성된 재봉이 신축성이 높아 여러 용도에 응용되는데, 특히 메리야스류와 같은 신축성이 높은 직물에 적합하다.

환타(丸打)　단면(斷面)이 환형(丸形)인 조뉴(組紐)에 대한 일본명(日本名)이다.

환편기(circular knitting machine)　위편성물

을 편성하는 데 쓰이는 기계의 하나로 편침이 원형으로 배열되어 원통상의 편성물이 얻어진다. 제품이 횡편기에서처럼 다양하지 못하지만 편성 속도가 대단히 빠르며, 직물과 같이 재단과 봉제에 의해 옷을 만들 수 있다.

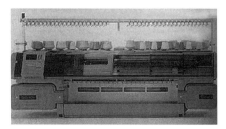
환편기

활동성(activity)　오스구트(Osgood)와 탄넨비움(Tannenbaum)의 조화이론 중에서 활동적 차원을 말한다.

활수포(闊袖袍)　배래가 넓은 소매의 포를 뜻한다. 조선 후기에는 소매가 넓은 포(袍)를 입었으나 고종(高宗)에 이르러 착수포(窄袖袍)를 입었다. 광수(廣袖) 참조.

활옷[華衣]　조선 시대 여자 예복(禮服)으로 봉황·십장생·모란 등이 수놓인 붉은색의 겉길에 청색 안을 넣어 만든다. 활옷의 구성은 뒷길이 길고 앞길이 짧으며 합임(合袵)으로 깃이 없고 동정이 넓다. 머리는 쪽을 찐 후 용잠을 꽂고 화관(花冠)을 쓴다.

활옷

활포(闊布)　중국 청대(淸代)에 산동성(山東省)에서 제직한 면포(綿布)의 일종이다.

황금분할(golden section)　황금비례라고도 하는 분할 법칙을 말한다. 선 또는 면에서 가장 아름다운 상태를 유지할 때 나타나는 비례를 말하며, 그리스 시대 이래로 서양미술의 객관적 미의 기준이 되어 온 것이다. 주어진 선을 둘로 나눌 때 짧은 부분(a)과 긴 부분(b)과의 비율이 긴 부분(b)과 전체(a+b)와의 비율과 같도록 하는 것이다. 즉 $a:b=b:(a+b)$, 또는 $bt=a\times(a+b)$라는 비례식으로 나타날 수가 있으며, 이 비례식을 황금분할 혹은 황금률이라고 한다. 구체적으로 보자면 3:5, 5:8, 8:13, 13:21의 비율이 되며, 이 비율은 1:1.618이다.

황낭(黃囊)　누런색의 두루주머니로 신랑이 혼례시에 찬다.

황룡 자낭(黃籠紫囊)　조선 시대 국왕(國王)이 차던 주머니이다. 궁낭(宮囊)의 하나로 수놓은 문양에 의해 분류된 것이다. 황룡 자낭은 용이 왕을 상징하는 길상문(吉祥紋)이었던 만큼 왕이 사용하였다.

황마(jute)　고온 다습한 지역인 파키스탄, 인도가 주산지이며 다량의 리그닌(24%)을 함유해 황색을 띤다. 표백이 어렵고 표백시 강도가 떨어지며 시간이 경과하면 다시 황변하고 내일광성, 내약품성이 작은 단점을 지니고 있다. 따라서 의류용보다는 부대, 카펫, 기포 등과 패션성이 있는 백이나 벨트 등에 사용된다.

황벽(黃蘗, Phellodendron amurense Ruprecht)　식물 염료의 일종으로 황백(黃栢), 벽목(蘗木), 황경나무, 황병피나무라고도 한다. 수피(樹皮)를 물에 담가 색소(色素)를 추출하여 염욕(染浴)을 만들어 상온에서 염색한다. 방충(防蟲) 효과가 있어 지염(紙染)에도 사용된다. 일본(日本)의 《본초강목요설(本草綱目謠說)》에는 경사내야(京師內野)의 어락원(御藥園)에 조선종(朝鮮種)의 황벽(黃蘗)이 있다는 기록이 있어 우리 나라로부터 일본에 전파된 것이 나타난다. 두록색(豆綠色), 아황색(鵝黃色) 염색에 사용된 것이 《규합총서(閨閤叢書)》, 《임원경제지(林園經濟志)》 등에 전하고 있다.

황색(黃色)　노란색으로 5색(色) 중의 하나로 오행에 의하면 여름의 후반기이며 방위는 중앙이다. 신라에서는 4두품이 황의(黃衣)를 입었고, 고려 시대에는 왕이 시조복(視朝服)으로 황색포(黃色袍)를 착용하였다. 조선 시대에는 황색의 착용이 금지되기도 하였는데 황색은 중앙색으로서 중국에서 천자(天子), 즉 황제의 표상으로 삼는 색이었기 때문에 우리 나라에서는 왕도 황색을 사용하지 못하였다.

황원삼(黃圓衫)　조선 말 왕후의 대례복(大禮服)으로 '긔미신조황직금원삼'은 황색단에 남색으로 단을 단 다홍색 안을 넣고 흰색 한삼이 달려 있다. 가슴·등·양어깨에 금사로 수놓은 오조룡보(五爪籠補)가 붙어 있다. 대홍단의 대대(大帶)를 띠고 비단석(緋緞舃)을 신는다. 머리에는 어여머리를 얹고 선봉잠, 떨잠을 꽂는다.

황잠(黃繭)　황색(黃色)으로 된 잠(繭)을 말한다.

황저포(黃紵布)　영남산 세출이를 말한다.

황포(黃袍)　황색(黃色)의 곤룡포(袞籠袍)로 조선 말 고종(高宗)이 황제 즉위식에 입었다. 황룡포(黃籠袍)라고도 한다.

황화 염료(sulfur dyes)　셀룰로오스 섬유와 나일론에 사용하는 염료이며 검정색을 내는데 매우 유용하다. 값이 싸고 일광 견뢰도, 세탁 견뢰도가 좋으나 색의 선명도가 떨어진다.

황회목(黃灰木)　누런 회색 면포를 말한다.

회문(回紋)　뇌문(雷紋)이라고도 한다로 은(殷)의 청동기(靑銅器) 문양(紋樣)에 많다. 우리 나라 직물문으로도 많이 사용되었다.

회수모(recycled wool)　⇒ 리사이클 모

회염(繪染)　문양염(紋樣染)의 하나로 염료 또는 안료(顔料)에 두즙(豆汁), 포해태(布海苔), 명반(明礬) 등을 가하여 직물에 직접 문양을 그리는 염색기법이다. 그 기법(技法)은 전하여지고 있지 않다. 문양을 그리는 사라사도 이 염색 기법의 일종이다.

회위(繪緯)　문양직(紋樣織)에서 문양을 제직하는 색위사(色緯絲), 지조직(地組織)을 조직하는 지위(地緯)와 상대되는 위사이다. 문위(紋緯)라고도 한다.

회장(回裝)　저고리·포(袍) 등의 깃·끝동·겨드랑이에 다른 빛깔로 색을 맞춘 장식 부분이다. 회장은 상고 시대 복식 중 포(袍)·유(襦)·상(裳)에 있던 선(襈)에서 유래한 것이다. 삼회장과 반회장 두 종류가 있다.

회장 저고리(回裝 —)　저고리의 깃·끝동·겨드랑이·고름 등의 부위를 다른 색의 옷감으로 대어 장식적 효과를 준 저고리이다.

회즙(灰汁)　나무 또는 짚을 태운 재에 물을 부어 시루에 내린 윗물로 알칼리성으로 정연제, 매염제로서 사용되었다.

회혁(繪革)　문양염한 가죽에 대한 일본의 명칭이다.

횡편기(flatbed knitting machine)　편성기의 하나로 편침이 직선으로 배열되고 실이 좌우로 왕래하면서 편성되는 것으로 평면상의 편성물이 얻어진다.

횡편기

효장(孝杖)　상(喪)을 당했을 때 사용하는 지팡이로 상을 당한 최근친(最近親)으로서 애통이 지극해 신체를 지탱하는 데 소요된다는 실효적 요구와 악령과 악마를 진무하는 주구(呪具)의 요구에서 사용되었다. 참최(斬衰)에는 죽장(竹杖), 재최(齋衰)에는 동장(桐杖)을 사용한다.

후광효과(後光效果, halo effect)　어떤 대상에 대하여 한 가지를 좋게 보면 그의 모든 면을 좋게 평가하고, 그렇지 않으면 모두 좋지 않다고 평가하는 심리적인 경향이다.

후궁복(後宮服)　빈(嬪)의 복식으로 법복(法服)을 제외하고는 왕비의 상복(常服) 등에서 1등급 강등된 것을 착용한다. 광화당(光華堂)의 원삼은 어떤 문양도 넣지 않는 자적색

생수(生水)로 만들었다.

후드(hood)   머리를 덮는 쓰개로 보닛형이나 사각형, 둥근형 또는 끝이 뾰족한 형의 천으로 턱밑에서 묶거나 케이프나 코트에 달려 있으며 안에 털을 대기도 한다.

후드 칼라(hood collar)   후드를 겸용한 칼라이다. 칼라의 상부가 그대로 연장되어 후드가 되는 디자인이 많으며 추울 때나 바람이 강하게 불 때는 칼라 전체를 세워 후드로 사용한다. 캐주얼한 코트에 많이 사용하였으나, 근래에는 테일러드 재킷 등에 응용해서 팬시한 분위기를 높이고 있다.

후련(後練)   생사(生絲)로 제직한 후 정련하는 것으로 광목, 명주, 축면 등이 후련물이다.

후루막   두루마기[周衣]의 몽고어 표기. 고려의 백저착의(白紵窄衣)는 중간에 몽고어의 '쿠루막치(xurumakci) → 후루막 → 두루마기'로의 보다 서민적인 포(袍)로 변해가는 과정에서 나타나고 있다.

후루매   두루마기[周衣]의 다른 이름. 두루마기는 곧 전의(全衣)가 휘돌아서 다 막힌 것을 나타내는 이름으로, 후루매는 휘둘러 맨다는 의미이다.

후리소데[振袖]   에도시대에 성행한 복장으로 머리는 시마다마게[島田髷]로 결발(結髮)하고 쿠시[櫛], 코우가이[笄], 칸자시[簪] 등의 머리장식을 하고 오비[帶]를 맨다. 메이지시대를 거쳐 다이쇼[大正] 시대에는 혼례의장으로 유행하였다.

후버 에이프런(Hoover apron)   두 개의 반쪽 앞부분을 싸서 여미는 유용한 랩 어라운드 드레스 스타일의 앞치마이다. 제1차 세계대전 때 미국의 식품 관리 책임자였던 허버트 후버(Herbert Hoover)가 착용한 데서 유래하였다.

후수(後綬)   조복(朝服)·제복(祭服)시에 뒤로 늘어뜨리는 띠로 품계(品階)에 따라 수놓는 문양과 환(環)이 달라진다. 1·2품은 운학문(雲鶴紋)과 두 개의 금환(金環), 3품은 반학문(盤鶴紋)과 두 개의 은환(銀環), 4품은 연작문(練鵲紋)과 두 개의 은환, 5·6품은 연작문과 두 개의 동환(銅環), 7·8·9품은 계칙문(鸂鶒紋)과 두 개의 동환을 단다.

후염(piece dyeing)   제직되거나 편직된 직물을 염색하는 것으로 가장 널리 사용되는 염색법이다. 유행색 변화에 빠르게 대응할 수 있는 장점이 있으며, 경제적이다. 후염은 혼방 직물을 염색할 때 유니언(union) 염색법과 크로스(cross) 염색법으로 구분된다. 무지염(無地染), 날염 등은 거의 후염이다.

후자 재킷(hussar jacket)   웃옷 가슴 부분을 장식 단추로 묶고 끈으로 장식한 여성용 짧은 재킷으로, 이집트 전투에서 돌아온 영국군대의 유니폼에서 영감을 받았다. 웨이스트코트 위에 착용한 것으로 1880년대에 유행하였다.

후판(厚板)   일본에서 후지직물(厚地織物)의 이름으로 널리 쓰인다. 평조직에 회위(繪緯)의 색사, 금은사로 문양을 제직한 것이 대부분이다. 굵은 위사를 사용하여 두껍고, 대지(帶地)로 사용되며, 그 외에 두꺼운 직물의 총칭으로도 사용된다. 우라마지[室町] 시대에 중국으로부터 일본에 들어간 단자(緞子), 윤자(綸子) 등 얇은 직물이 얇은 판(板)에 감겨 있어 박판(薄板)이라고 한 데 반해, 금(錦), 당직(唐織) 등은 두꺼운 판에 감겨 있어 후판(厚板)이라고 하였다. 일본에서는 능장속(能裝束)의 하나로 당직금(唐織錦), 능직물(綾織物), 부직물(浮織物) 등 후판(厚板)을 사용한 소폭(小幅)을 말하기도 한다.

후프 스커트(hoop skirt)   철사나 뼈, 망으로 스커트가 넓게 벌어지도록 속에서 받쳐주는 넓은 스커트를 말한다. 주로 이브닝 드레스에 많이 이용되었으며 크리놀린이나 고래뼈로 도련을 펼친 풍성한 벨 스커트(bell skirt)도 여기에 포함된다. 18세기 로코코 시대에 유행한 파니에는 스커트의 양쪽 옆면을 너무 크게 부풀려서 문을 지날 때는 옆으로 서서만 통과할 수 있었고 남자는 여자 스커트 면적 때문에 앞이나 뒤에서 걸어야만 했다고 한다. 이런 로코코 의상의 특징이 1780년경부터 차차 사라지기 시작하면서 옆으로 했던

후드 칼라

후리소데

후프 스커트

휘갑치기 가름솔

부풀림을 뒤로 옮겨서 18세기에 버슬 실루엣이 탄생하였다. 1850~1870년경에 계속 다시 유행하였다.

후프 이어링(hoop earring)　노예가 달았던 커다란 귀고리 장식을 말한다. 특히 미국 남부의 대농장에서 백인의 아이를 보살피는 흑인이 착용하던 것과 같은 것으로, 슬레이브 이어링이라고도 한다. 대담한 디자인이 애용되었던 70년대에 대중적으로 유행하였다.

후프 페티코트(hoop petticoat)　수직의 금속 조각 테이프를 부착하여 앉았다가 일어나도 형태를 보존할 수 있도록 된 길이가 긴 속치마로 1850년대 후반부터 입었다.

훅(hook)　물건을 잠그거나 고정시키는 연결용 금속의 총칭이다. 의복에서는 주로 옷깃, 칼라, 바지와 스커트 웨이스트의 트임이 벌어지지 않도록 하기 위해 사용한다.

훈상(纁裳)　조선 시대 왕이 면복(冕服)시 착용하는 붉은색의 비단(繒)으로 만든 치마이다. 전(前) 3폭, 후(後) 4폭의 전후상(前後裳)으로 구성되며, 전상(前裳)에는 조(藻), 분미(粉米), 보(黼), 불(黻)의 4장(四章)이 수놓아져 있다.

훌라니키, 바바라(Hulanicki, Barbara 1936~)　폴란드 태생으로 외교관의 딸인 그녀는 제2차 세계대전이 발발하자 영국으로 건너왔다. 브라이튼 예술학교에서 패션 일러스트레이션을 공부하였고 《보그》, 《타틀러》, 《우먼즈 웨어 데일리》지 등에서 아티스트로 일하였다. 1963년 '비바' 라는 상점을 열고 1969년 더비 앤드 톰스라는 백화점이 있었던 아르 데코 건물을 인수받아 아르 누보·아르 데코 양식, 감색이나 적자색, 검정색의 어두운 색으로 실내 장식을 하였으나 퇴폐적이고 과장적이며 비현실적이라 1975년 적자로 문을 닫았다. 1978년 재시도를 하였으나 실패하고 1981년 아이들을 위한 '미니 룩' 이란 상품을 생산하기 시작하였다. 1983년 자서전 《A에서 비바(Biba)까지》가 출판되어 훌라니키 그룹의 계열이 다시 시작되었다.

훌라 스커트(hula skirt)　하와이의 훌라춤 전문 댄서들이 춤출 때 입는, 무릎 또는 그보다 약간 길게 내려오는 풀로 만든 치마를 말한다. 하와이의 훌라 댄서들이 착용하였다는 데서 유래하여 이름이 지어졌다.

훼일 본(whale bone)　고래 수염으로 16~18세기에 코르셋이나 스커트 버팀대에 사용되었다.

휘감치기(overcasting)　시접의 올이 풀리지 않도록 휘감아 꿰매는 바느질법이다. 오버로크와 같은 목적으로 쓰이며 옷감에 따라 촘촘하게 또는 성글게 꿰맨다. 실이 엉키는 것을 막기 위해 바느질은 오른쪽에서 왼쪽으로 한다. 테일러드 재킷의 칼라와 라펠의 형태를 고정시킬 때 이용하며, 오버캐스팅, 휘갑치기라고도 한다.

휘감치기 가름솔　⇒ 휘갑치기 가름솔

휘갑치기　⇒ 휘감치기

휘갑치기 가름솔(overcast stitched seam)　솔기를 가름솔로 하고 끝이 풀리는 것을 막기 위해서 시접 가장자리에 휘감치기를 한다. 휘감치기 가름솔, 오버캐스트 스티치트 심이라고도 한다.

휘스크(whisk)　17세기에 유행한 반원형의 레이스 칼라로, 목 뒤가 메디치 칼라처럼 빳빳하게 뻗쳐 있다.

휘양(揮陽)　머리에서 어깨까지 덮는 방한모의 일종으로 휘항(揮項)이라고도 한다.

휘장(揮帳)　여러 폭의 피륙을 이어 만든 둘러치는 장막이다.

휘트 스티치(wheat stitch)　⇒ 휘트 이어 스티치

휘트 이어 스티치(wheat ear stitch)　실을 팔(八)자로 수놓고 이 사이를 체인 스티치와 같은 방법으로 그림과 같이 연속으로 스티치한다. 휘트 이어(wheat ear)는 '보리씨' 의

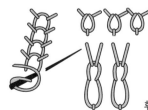

휘트 이어 스티치

의미로 씨앗 등을 수놓는 데 적당하다. 휘트 스티치라고도 한다.

휘프코드(whipcord)　능선각이 63°인 두꺼운 소모 직물로 능선이 잘 나타나도록 클리어 컷 가공을 한 것이다. 개버딘보다 능선이 뚜렷하고 부피감이 있으며 두껍다. 면이나 레이온이 사용되기도 한다.

휘프트 러닝 스티치(whipped running stitch)　러닝 스티치의 바늘땀에 별도의 실을 휘감아 수놓는 방법이다. 선에 변화를 주는 자수 방법으로 선이나 엽맥 등의 굵은 선의 표현에 사용된다. 오버캐스트 러닝 스티치, 트위스티드 러닝 스티치라고도 한다.

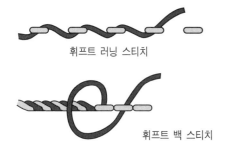

휘프트 러닝 스티치

휘프트 백 스티치

휘프트 백 스티치(whipped back stitch)　백 스티치로 한 후, 다른 색의 실로 휘감아 수를 놓는 방법으로, 선에 변화를 주거나 볼륨(volume)을 나타내는 데 사용한다.

휘프트 블랭킷 스티치(whipped blanket stitch)　휘프트 버튼홀 스티치라고도 하며 색실 자수의 선에 색채나 모양으로 변화를 주고자 할 때 사용된다. 블랭킷 스티치 위에 별도의 실로 휘감는 방법이다.

휘항(揮項)　머리에서 어깨까지 덮는 방한모의 하나이다. 이암(耳掩)에서 비롯된 것으로, 검은 공단으로 하고 서피(鼠皮)·초피(貂皮)로 안을 댔다. 어깨까지 덮을 수 있는 크기로, 앞가슴에서 끈으로 여민다. 상류층 노인이 사용하였으나, 재료를 달리 하여 군복(軍僕)·군병(軍兵)도 사용하였다. 휘양(揮陽)·호항(護項)·풍령(風領)이라고도 한다.

휠 파딩게일(wheel farthingale)　1580~1620년에 착용한 드럼 형태의 파딩게일을 말한

다. 고래수염이나 종려나무의 줄기 등으로 둥글게 틀을 만든 후 리넨이나 코튼 밴드로 감은 버팀대로, 스커트가 허리에서부터 밖으로 퍼져 드럼 모양이 되도록 하기 위해 착용하였다.

휴대용 재봉 세트　여행 등 외출시에 핸드백에 넣을 수 있도록 간단하게 여러 재봉용구를 넣어 만든 것으로, 바늘과 실만 들어 있는 것에서부터 작은 가위나 안전핀, 단추 등까지 다양하게 들어 있는 것의 여러 종류가 있다.

휴대용 재봉틀(portable machine)　가지고 다닐 수 있도록 만들어진 소형 재봉틀로, 보통 크기는 표준형의 3/4 정도이다. 철 대신 가벼운 합금으로 만들어져 매우 가볍고, 전동식·수동식으로 나뉜다.

흉배(胸背)　조선 시대 왕족과 백관 상복(常服)의 가슴과 등에 가식(加飾)하던 장식품으로 그 문양에 따라 품계를 나타내는데, 왕족이 사용하는 것은 보(補)라 한다. 쌍학흉배(雙鶴胸背)·단학흉배·쌍호흉배(雙虎胸背)·단호흉배·백한흉배(白鷴胸背) 등이 있다.

흑각(黑角)　검은 무소의 뿔로 품대(品帶), 비녀, 첩지 등을 만드는 데 사용된다.

흑각대(黑角帶)　조선 시대 문무 관리의 품대와 상중(喪中)에 띠었던 대로 검은색의 소뿔로 장식하여 만든 띠이다.

흑각속대(黑角束帶)　고려 시대에 착용한 띠[帶]의 한 가지로 민장(民長)은 문라건(文羅巾)을 쓰고 검은 주(紬)로 만든 겉옷에 흑각속대를 띠었다.

흑개두(黑蓋頭)　조선 시대 왕비·여관(女官)들이 상복(喪服)에 쓰던 개두(蓋頭)의 일종이다. 예종(睿宗), 1469년 '왕비 이하 내명부는 졸곡 후 백의상(白衣裳)·흑개두(黑蓋頭)·흑대(黑帶)·백피혜(白皮鞋)를 한다'고 하였다.

흑건(黑巾)　삼국 시대 남자들이 착용하던 책(幘)의 일종으로 조선조 복건(幅巾)의 시원형(始源形)이다. 머리에 둘러 쓰고 뒤에 천 자락이 드리워지며, 비단으로 만든다.

흑단령(黑團領)   검은색의 단령으로, 조선 중기 이후부터 문무 관리들이 공복(公服)으로 착용하였고 개화기에는 대례복(大禮服) 및 소례복(小禮服)으로도 입었다. 당상관은 무늬가 있는 검은 사(絲), 당하관은 무늬가 없는 검은 사(絲)를 사용하였다.

흑당피(黑唐皮)   검은 당나귀 가죽을 말한다.

흑립(黑笠)   조선 시대 사용된 입자(笠子)의 하나로 초기에는 양반이 착용하였으나 고종 32년 이후에는 귀천의 구별없이 착용하였다. 양태(凉太)·모자는 가는 대오리나 말총으로 만들며 그 위를 사(絲)·포(布) 등으로 싸고 검은 옻칠을 한다. 형태는 시대에 따라 약간의 변화가 있다.

흑마포(黑麻布)   고려의 특산 마포(麻布)로 공물품(貢物品)에 많이 사용되었다. 《동국통감(東國通鑑)》에는 북원(北元)에 포(布), 백저포(白紵布), 흑마포(黑麻布), 백마관포(白麻官布)가 세공(歲貢)으로 간 기록이 있어 고려의 마포(麻布)가 유명하였음을 알 수 있다. 흑세마포(黑細麻布)도 공물(貢物)로 사용되었다.

흑석(黑舃)   흑단(黑緞)으로 만든 검은 색의 신으로 왕이나 세자빈의 예복에 신었다. 안감으로는 백라(白羅)를 사용하고 신코에는 사화(絲花)로 장식하였다.

흑의(黑衣)   조선 시대 노복(奴僕)이 입던 검은 색의 웃옷이다. 흑색 무명으로 만든 양옆이 트인 세 자락의 옷으로, 무·섶이 없다. 바지·저고리 위에 입었으며, 머리에는 흑립(黑笠)을 쓴다. 더그레 참조.

흑죽립(黑竹笠)   조선 시대 향리(鄕吏) 계층이 사용한 입자(笠子)의 하나. 검은 대나무로 만들었으며 그 크기 및 형태는 방립(方笠)과 같다. 흑죽방립(黑竹方笠)이라고도 한다.

흑초방립(黑草方笠)   고려 시대에 사용한 입자(笠子)의 하나이다. 완초(莞草)를 재료로 하여 만든 검은색의 입자로 형태는 방갓형이나 사각형이다.

흑초의(黑綃衣)   조선 말 문무 백관들이 입던 제복(祭服)의 웃옷으로 흑색 순인(純仁)으로 만들었으며 깃·도련·소매끝에 흑색 선(襈)을 둘렀다. 깃 위에는 백색의 방심곡령을 덧대었다.

흑피혜(黑皮鞋)   조선 시대 백관의 조복(朝服)·제복(祭服)·공복(公服)에 착용한 발목이 짧은 신으로 흑피(黑皮)로 울을 대고 붉은 선을 신코에 둘렀다. 흑혜(黑鞋)라고도 한다.

흑피화(黑皮靴)   검은 가죽을 사용해 만든 신목이 붙은 신발로 조선 시대에는 왕비의 법복(法服)에, 왕세자의 공복(公服)에 흑피화를 신었다. 또 1품에서 9품까지의 문무백관이 공복(公服) 착용시 신었으나, 조선 말에는 흑피화 대신 목화(木靴)를 많이 착용하였다.

흡수성(absorbency)   대부분의 섬유는 대기 중에서 수분을 흡수하는데, 이를 섬유의 흡수성이라고 하며 그 양은 섬유의 종류에 따라 다르다. 흡수성은 수분율과 함수율로 표시한다.

흡수속건 직물   폴리에스테르의 소수성과 면의 친수성을 모두 가지도록 설계된 직물이다. 주로 폴리에스테르 섬유를 사용하며 땀을 빨리 흡수하여 밖으로 빨리 방출시키도록 하기 위해 피부와 닿는 부분에 친수화 처리를 하고, 흡수된 땀이 중간에 머물 수 있는 층을 두고 이어서 외부로 땀이 빨리 이동되도록 설계된다.

흡습량(water absorption)   ⇒ 수분율

흥미 검사지(Interest Schedule)   더스턴(L. L. Thurston, 1947)이 개발한 흥미검사 도구로서, 그 검사방법이 아주 간단한 것이 특징이다. 직업적인 흥미에 있어서 체계적인 통찰능력을 알기 위한 것이다.

히마티온(himation)   남녀가 단독으로 또는 키톤(chiton) 위에 입은 약 12~15피트 길이의 그리스의 맨틀(mantle)을 말하는 것으로, 보통 가장자리가 흰색으로 된 울이나 리넨으로 만든 직사각형의 어깨 걸이를 말한다. 일반적으로 오른팔 아래와 왼쪽 어깨 위에 걸쳤으며, 한쪽 끝을 머리 위로 잡아당기기도

했다.

히마티온

히모오리[紐織] 다회(多繪)에 대한 일본명으로 일본의 《만엽집(萬葉集)》에는 고라이 니시기 히모[高麗錦紐], 사라기구미[新羅組], 고라이구미[高麗組]가 있다. 조물(組物)의 일종이며, 기법이 우리 나라에서 전파되었다.

히피 백(hippie bag) ⇒ 아파치 백

히피 스타일(hippie style) 자연스러움을 추구하는 히피들의 남루한 복장 스타일을 칭한다. 남녀 구별이 안될 정도로 머리를 기르며, 인디언들에게 영향을 받아 머리에 밴드를 늘어뜨리거나 꽃을 꽂고, 또 수염을 기르며, 찢어진 청바지, 면 블라우스, 수공예 액세서리 등을 착용한다.

히후[被布] 일본 전통 의복으로 하오리[羽織]와 같은 용도의 여성용 외출복이다.

힐(纈) 힐에는 교힐(纐纈), 협힐(纈纈), 납힐(臘纈)이 있다. 방염직물(紡染織物)에 대한 고대명(古代名)이다.

힙 라이더 스윔 수트(hip rider swim suit) 상하의가 분리된 여성용 투피스 수영복이다. 배꼽이 보일 정도로 허리 밑으로 내려온 팬츠나 스커트가 특징이며, 1960년대에 혁신을 불러 일으켰던 수영복이다.

힙 랩 스카프(hip wrap scarf) 커다란 스카프를 힙에 둘러 감싸서 앞이나 옆에서 묶어 착용하는 것을 말한다. 스카프를 사용한 다양한 장식 방법이 소개되면서 힙에 착용하는 스카프도 제안된 것이다. 스카프의 크기, 소재, 문양, 색채 등에 따라서 민속풍이나 레저용 등으로 분위기를 연출할 수 있다.

힙 벨트(hip belt) 힙에 착용하는 벨트라는 의미이나 여기에서는 허리의 아래로 걸쳐서 착용하는 벨트를 말한다. 폭이 넓은 띠 모양의 벨트를 천 그대로 둘러서 치장하는 경우에는 매우 거칠어 보이거나 자유분방해 보이는 특징을 보이기도 한다.

힙본 벨트(hip-bone belt) 요골에 걸쳐서 착용하는 벨트를 말한다. 대부분 커다란 금속 장식의 버클이 부착된 굵은 벨트로 1960년대의 미니 스커트에 어울리는 주요 아이템의 하나였다. 미니 스커트가 다시 출현하면서 이 벨트도 함께 유행하게 되었다.

힙본 스커트(hip-bone skirt) 허리선에서 약 5cm 정도 내려와 허리 벨트가 처지게 달린 스커트이다. 뼈에 걸치게 입는 스커트로, 미니 스커트와 동시에 유행하였다. 대개 폭이 넓은 스포티한 벨트를 매며 1960년대 중반과 후반에 유행하였다. 이러한 스타일의 바지를 힙허거즈 팬츠라고 한다.

힙본 팬츠(hip-bone pants) ⇒ 힙허거즈 팬츠

힙 부츠(hip boots) 웨이더즈 참조.

힙스터즈(hipsters) ⇒ 힙허거즈

힙 컷(hip cut) 여성의 수영복에서 볼 수 있는 디자인의 하나로 힙 부분을 도려낸 섹시한 디자인이다. 주로 원피스형 수영복에서 볼 수 있다.

힙행어 스커트(hip-hanger skirt) ⇒ 힙허거즈 스커트

힙행어 팬츠(hip-hanger pants) ⇒ 힙허거즈 팬츠

힙허거 벨트(hip-hugger belt) 제 허리선보다 낮게 맨 벨트를 말한다.

힙허거즈(hip-huggers) 허리선까지 올라오지 않고 힙 부분에 걸쳐 입게 디자인된 반바

히피 스타일

힙허거즈   힙허거즈 스커트

걸치는 스커트의 총칭이다. 허리선보다 낮게
걸쳐지듯 입는 스커트로, 1960년대 후반에
특히 젊은이들에게 유행하였다. 폭이 넓은
벨트 등을 코디네이트하여 스포티한 멋을 준
다. 힙행어 스커트, 힙본 스커트라고도 한다.

지이다. 힙스터즈라고도 한다.

힙허거즈 스커트(hip-huggers skirt)   힙에

힙허거즈 팬츠(hip-huggers pants)   원래의
허리선에서 약 5cm 정도 내려와서 허리 벨
트가 처지게 달린 긴 바지이다. 힙뼈에 걸치
게 입는 바지로 미니 스커트와 동시에 유행
하였다. 대개 폭이 넓은 스포티한 벨트를 많
이 매며, 1960년대 중반과 후반기에 유행하
였다. 힙행어 팬츠, 힙본 팬츠, 로 슬렁 팬츠
라고도 한다.

부 록

섬유패션 관련 대학 및 학과

• 대 학 교 •

학 교	학과(전공)	주 소	전화번호
가톨릭 대학교	의류학 전공	경기도 부천시 원미구 역곡 2동 산 43-1	(032)340-3320
건국대학교	의상학과 섬유공학과 의상디자인과	서울특별시 광진구 모진동 93-1 충북 충주시 단월동 322	(02)450-3782 (02)450-3512 (0441)40-3683
경북대학교	염색공학과 의류학과 천연섬유학과	대구광역시 북구 산격동 1370	(053)950-5638 (053)950-6220 (053)950-5737
경일대학교	섬유공학과 의상디자인과	경북 경산시 하양읍 부호리 33	(053)850-7510 (053)850-7510
경상대학교	의류학과	경남 진주시 가좌동 900	(0591)751-5980
경성대학교	의류학과	부산광역시 남구 대연 3동 110-1	(051)620-4665
경원대학교	의상학과 섬유미술 전공	경기도 성남시 수정구 복정동 산 65	(0342)752-3220 (0342)750-3220
경희대학교	섬유공학 전공 의상학 전공	경기도 용인시 기흥읍 서천리 1 서울특별시 동대문구 회기동 1	(0331)282-2518 (02)961-0265
계명대학교	의류학 전공 패션디자인 전공	대구광역시 남구 대명 7동 2139	(053)580-5486 (053)620-2123
국민대학교	의상디자인과	서울특별시 성북구 정릉동 861-1	(02)910-4630
군산대학교	의류학과	전북 군산시 미룡동 산 68	(0654)469-4661
단국대학교	섬유공학과	서울특별시 용산구 한남동 산 8	(02)709-2606
대구대학교	의상디자인학과	경북 대구시 남구 대명동 2288	(053)850-6820
대구효성가톨릭대학교	의류학과	경북 경산군 하양읍 금락 1리 330	(053)850-3519
대전대학교	의류학과	대전광역시 동구 용운동 96-3	(042)280-2460
덕성여자대학교	의상학 전공	서울특별시 도봉구 쌍문동 419	(02)901-8114
동덕여자대학교	의상디자인 전공	서울특별시 성북구 월곡동 23-1	(02)940-4130
동신대학교	의류학과	전남 남주시 대호동 252	(0613)330-3378
동의대학교	의상학과	부산광역시 부산진구 가야 3동 산 24	(051)890-1598
목포대학교	의류학과	전남 무안군 청계면 도림리 61	(0636)450-2530
밀양산업대학교	의상디자인학과 섬유공학과	경남 밀양시 내이동 1025-1	(0527)350-5320 (0527)350-5380
배재대학교	패션산업 전공 패션디자인 전공	대전광역시 서구 도마 2동 439-6	(042)520-5410 (042)520-5576
부산대학교	의류학과 섬유공학과	부산광역시 금정구 장전동 산 30	(051)510-1719 (051)510-1433

• 대 학 교 •

학 교	학과(전공)	주 소	전화번호
상명대학교	의상디자인학과 섬유디자인학과	충남 천안시 안서동 98-20	(0417)550-5390 (0417)550-5395
상주산업대학교	의상디자인학과 견섬유공학과	경북 상주시 가장동 386	(0582)530-5310 (0582)530-5280
서울대학교	의류학과 섬유고분자공학과	서울특별시 관악구 신림동 산 56-1	(02)880-6845 (02)880-7185
	천연섬유학과	경기도 수원시 권선구 서문동 103	(0331)290-2480
서울여자대학교	의류학과	서울특별시 노원구 공릉 2동 126	(02)970-5621
서원대학교	의류직물학과	충북 청주시 모흥동 231	(0431)261-8750
성균관대학교	섬유공학 전공 의상학 전공	수원시 장안구 진천동 300 서울특별시 종로구 명륜동 3가 53	(0331)290-7310 (02)760-0515
성신여자대학교	의류학과	서울특별시 성북구 동선동 3가 249-1	(02)920-7195
수원대학교	의류직물학과	경기도 화성군 봉담면 와우리 산 2-2	(032)220-2535
숙명여자대학교	의류학과	서울특별시 용산구 청파동 2가 53-12	(02)710-9463
숭실대학교	섬유공학과	서울특별시 동작구 상도 5동 1-1	(02)820-0620
신라대학교	패션디자인산업학 전공	부산광역시 사상구 괘법동 산 1-1	(051)309-5452
안동대학교	의류학과	경북 안동시 송천동 388	(0571)850-5498
연세대학교	의류환경 전공	서울특별시 서대문구 신촌동 134	(02)361-3100
영남대학교	섬유학부 의류학과	경북 경산시 대동 214-1	(053)810-2530 (053)810-2880
울산대학교	섬유디자인학 전공 의류학 전공	경남 울산시 남구 무거동 산 29	(052)259-2616 (052)259-2841
원광대학교	의상학과	전북 이리시 신용동 344-2	(0653)50-6644
이화여자대학교	의류직물학 전공 복식디자인 전공 장식미술학과	서울특별시 서대문구 대현동 11-1	(02)360-3074 (02)360-2509 (02)360-2524
인천대학교	의생활학과	인천광역시 남구 도화동 1777	(032)770-8260
인하대학교	섬유공학과 의류학과	인천광역시 남구 용현동 253	(032)860-7490 (032)860-8130
전남대학교	섬유공학과 의류학과	광주광역시 북구 용봉동 300	(062)520-7010 (062)520-6922
전북대학교	섬유공학과 의류학과	전북 전주시 덕진구 덕진동 1가 664-14	(0652)270-2349 (0652)270-3845
전북산업대학교	의류학과	전북 군산시 임피면 월하리 727	(0654)60-3739

◦ 대 학 교 ◦

학 교	학과(전공)	주 소	전화번호
우석대학교	의상학과	전북 완주군 삼례읍 후정리 490	(0652)290-1426
중앙대학교	의류학과	경기도 안성군 대덕내리 산 40-1	(0334)670-3277
창원대학교	의류학과	경남 창원시 사림동 9	(0551)68-7470
청주대학교	의상디자인학과	충북 청주시 내덕동 36	(0431)229-8682
충남대학교	섬유공학과 의류학과	대전광역시 유성구 궁동 220	(042)821-6611 (042)821-6824
한남대학교	의류학과	대전광역시 대덕구 오정동 133	(042)629-7496
한성대학교	의류직물학과 의상학과	서울특별시 성북구 삼선동 2가 389	(02)760-4147 (02)760-4114
호남대학교	의상디자인학과	광주광역시 서구 쌍촌동 산 148	(062)940-5520
홍익대학교	섬유미술디자인과	서울특별시 마포구 상수동 72-1	(02)320-1957

◦ 전문대학 ◦

학 교	학 과(전공)	주 소	전화번호
가톨릭상지대학	의상디자인학과	경북 안동시 율세동 393	(0571)851-3170
경동정보대학	의상디자인학과	경북 경산시 하양읍 부호리 산 224-1	(053)850-8215
경원전문대학	의상디자인학과	경기도 성남시 수정구 북정동 산 65	(0342)750-8728
계명전문대학	패션디자인학과 섬유디자인학과	대구광역시 남구 대명 7동 2139	(053)620-2656 (053)620-2671
대구미래대학	패션디자인학과	경북 경산시 평산동 270	(053)810-9374
대구산업정보대학	의상디자인학과	대구광역시 수성구 만촌동 산 395	(053)757-4162
대경대학	패션디자인학과	경북 경산시 자인면 단북리 산 24	(053)850-1452
대전보건전문대학	의류직물학과	대전광역시 동구 가양 2동 77-3	(042)630-5898
동부산대학	패션디자인과 섬유디자인과	부산광역시 해운대구 반송동 640	(051)540-3783 (051)540-3795
동주대학	의상디자인과 섬유디자인과	부산광역시 사하구 괴정동 산 15-1	(051)200-3262 (051)200-3314
배화여자대학	의상학과 전통복식과	서울특별시 종로구 필운동 12	(02)399-0773 (02)399-0808
백제예술전문대학	의상디자인학과	전북 완주군 봉동읍 제내리 30	(0652)250-5170
부천대학	섬유과 의상디자인과	경기도 부천시 원미구 심곡동 424	(032)610-3320 (032)610-3390
서라벌대학	의상학과	경북 경주시 효현동 산 42-1	(0561)770-3660

∘ 전문대학 ∘

학 교	학 과(전공)	주 소	전화번호
상지대병설전문대학	의상학과	강원도 원주시 우산동 660	(0371)730-0806
선린대학	의상디자인학과	경북 포항시 북구 흥해읍 초곡동 146-1	(0562)261-2161
성심외국어대학	전통의상학과 섬유디자인과	부산광역시 해운대구 반송동 249	(051)540-7181 (051)540-7186
숭의여자대학	의상디자인학과	서울특별시 중구 예장동 8-3	(02)3708-9121
신구대학	의상학과 섬유디자인학과	경기도 성남시 중원구 금광 2동 2685	(0342)740-1322 (0342)740-1316
안양과학대학	의상디자인학과	경기도 안양시 만안구 안양 3동 산 39-1	(0343)441-1385
양산전문대학	패션디자인학과	경남 양산시 병곡동 산 105-1	(0523)370-8261
영남전문대학	섬유과 의상과	대구광역시 남구 대명 7동 1737	(053)650-9290 (053)650-9370
영진전문대학	의상디자인학과	대구광역시 북구 복현 2동 218	(053)940-5350
오산대학	의상디자인과	경기도 오산시 청학동 17	(0339)370-2808
우송정보대학	의상학과	대전광역시 동구 자양동 226-2	(042)629-6292
원광보건대학	의상학과	전북 이리시 신용동 344-2	(0653)840-1320
원주대학	의상학과	강원도 원주시 흥업면 흥업리 산 2-1	(0371)760-8400
장안대학	의상학과	경기도 화성군 봉담면 상리 460	(0331)294-8549
전주기전여자대학	패션디자인학과	전북 전주시 완산구 중화산동 1가 177	(0652)280-5220
진주전문대학	의상디자인학과	경남 진양군 문산면 상문리 산 270	(0591)751-8174
창원전문대학	패션디자인학과	경남 창원시 두대동 196	(0551)279-5107
충청대학	의상디자인학과	충북 청원군 강내면 월곡리 330	(0431)230-2180
한양여자대학	의상과 섬유디자인과 컴퓨터니트섬유과	서울특별시 성동구 행당동 17	(022)2290-2140 (02)2290-2420 (02)2290-2220
혜전대학	섬유과 의상디자인과	충남 홍성군 홍성읍 남장리 산 16	(0451)630-5217 (0451)630-5263

섬유패션 관련 학원

• 텍스타일 디자인 학원 •

학 원	대표자	주 소	전 화
미래디자인학원	김유리	경기도 안산시 고잔동 537-6 유창빌딩 401호	(0345)401-4119
신라텍스타일디자인교육원	이창근	서울특별시 강남구 논현동 1-5 축전빌딩 3층	(02)517-4547
인터모드텍스타일연구원	권오중	서울특별시 서초구 잠원동 23-7 서광빌딩 2층	(02)542-6425
원시섬유디자인학원	강선기	인천광역시 남구 주안 2동 473-20	(02)874-2761
춘빈종합디자인연구원	배만실	서울특별시 강남구 역삼동 668-5 상은빌딩 2층	(02)538-5127
한국견직연구원	진영하	경남 진주시 상대동 33-106	(0591)761-0214
한국섬유디자인교육원	김도경	서울특별시 강남구 논현동 13-7	(02)549-6116~7
ICC텍스타일디자인아카데미	심춘섭	서울특별시 강남구 논현동 238 신화실크빌딩 6층	(02)517-8582
YMCA노원지부 텍스타일디자인반	홍정혜	서울특별시 노원구 상계 2동 324-4	(02)951-0187

• 패션 디자인 학원 •

학 원	대표자	주 소	전 화
국제패션디자인학원	신혜순	서울특별시 종로구 관철동 13-13 코아빌딩 8층	(02)733-7666~7
국제패션디자인연구원	신현장	서울특별시 중구 장충동 2가 186-28	(02)275-6031~5
김철패션디자인연구원	김 철	서울특별시 강남구 논현동 199 대남빌딩 302호	(02)549-9924
꼬레모드스쿨	최복호	대구광역시 서구 내당동 61-13	(053)552-1334
노라노복장학원	이주삼	서울특별시 종로구 숭인동 191	(02)744-1300
뉴스타일패션디자인학원	이순자	대구광역시 중구 동성로 2가 162	(053)421-4678
대전국제패션디자인학원	윤경애	대전광역시 중구 은행동 115-15	(042)221-2422
디자인스쿨 아트프랜	박옥현	광주광역시 동구 호남동 56-3 아트빌딩	(062)222-0380
라사라 패션디자인학원	김창준	서울특별시 종로구 숭인동 200-20	(02)234-0027
모드연구소	이광훈	서울특별시 강남구 신사동 541 경수빌딩 201호	(02)547-2506
보누루 패션디자인학원	강경자	서울특별시 강남구 신사동 537-8 보누루빌딩	(02)543-1515
부산노라노디자인아카데미	박기완	부산광역시 진구 부전동 156-28	(051)635-6111
서울모드패션산업연구원	조병규	서울특별시 강남구 논현동 16-30 서울모드빌딩	(02)516-5550
시대패션디자인아카데미	김종복	서울특별시 서초구 잠원동 26-8 시대빌딩	(02)549-7751~3
안피가로모드학원	안성찬	서울특별시 강남구 신사동 532-1	(02)518-3111/9111
에꼴엠지엠	김기희	서울특별시 성동구 성수 2가 3동 277-9	(02)468-1582
에스모드서울	박윤정	서울특별시 강남구 신사동 528-8	(02)511-7471~3
코오롱패션산업연구원	권오상	서울특별시 강남구 신사동 584-3	(02)548-3567~9
한국디자인스쿨	오충근	대구광역시 동구 신암 3동 219-1 태웅빌딩	(053)957-0554
현대악세사리산업디자인학원	박옥경	서울특별시 강남구 신사동 576-5 전화빌딩 6층	(02)516-7480~1
FIC디자인학원	김영수	부산광역시 서구 동대신동 3가 507	(051)244-5400

섬유패션 관련 전문지

◦ 신 문 ◦

회 사 명	주 소	대표자	전 화
국제섬유신문사	서울특별시 강남구 역삼 1동 696-27	조영일	(02)564-2260
섬유경제신문사	서울특별시 중구 중림동 149-2	장의소	(02)364-8211
어패럴뉴스사	서울특별시 마포구 서교동 408-4	김상무	(02)326-0891~4
텍스헤럴드	서울특별시 서초구 서초동 1561-8	이양우	(02)522-1500
한국섬유신문사	서울특별시 마포구 서교동 440-15	김시김	(02)326-3600

◦ 잡 지 ◦

회 사 명	주 소	대표자	전 화
국제패션문화사 (W.W.D. 코리아)	서울특별시 강남구 삼성동 38-25 진도빌딩 4층	김영철	(02)512-0923
니트산업사	서울특별시 서초구 잠원동 18-18 잠원빌딩 5층	신현우	(02)540-1791~2
마리끌레르	서울특별시 동대문구 신설동 96-19 대원빌딩 2층	한우연	(02)253-6877
모던텍스타일	서울특별시 강남구 역삼동 702-13 성지하이츠 1813호	염상주	(02)566-2190
복장신문사	서울특별시 중구 소공동 121-11 다가빌딩 601호	문병기	(02)774-3442
서울문화사 (에꼴)	서울특별시 용산구 한강로 2가 2-35	심상기	(02)799-9114
섬유디자인정보사	서울특별시 마포구 아현 3동 615-27 한홍빌딩 5층	김가희	(02)313-8921~2
섬유저널사	서울특별시 강남구 신사동 586-1 화일빌딩 6층	김일웅	(02)515-2235
섬유소재뉴스사	서울특별시 동대문구 장안 4동 138-5호	엄영숙	(02)214-9001
시사섬유사	서울특별시 서초구 서초동 159-2 센추리오피스텔 2관 105호	이승우	(02)598-0227
어패럴유통정보사 (패션마케팅)	서울특별시 강남구 포이동 194-2 쌍봉빌딩 302호	이병우	(02)571-6904~5
염색경제사	서울특별시 용산구 서빙고동 199-5 유한빌딩 4층	배상연	(02)796-7861
월간복장	서울특별시 중구 신당 2동 361-13호 복장문화회관 3층	손수근	(02)234-7327
월간봉제계사	서울특별시 중구 산림동 207-2 대림상가빌딩 8층	심춘섭	(02)273-1641~3
월간섬유사	서울특별시 강남구 논현동 18-3 영창빌딩 802호	오근창	(02)516-2127
텍스타일타임즈사	서울특별시 서초구 방배동 981-24	이상일	(02)583-4445~7
패션정보사 (FASHION TODAY)	서울특별시 강남구 논현동 234-27 명진빌딩	윤근영	(02)544-5425
한국섬유정보사 (월간섬유산업)	서울특별시 시초구 서초동 1355-8 중앙로얄 1009	윤덕민	(02)501-1567
한국종합미디어 (엘르)	서울특별시 종로구 내자동 200 기쁜빌딩 4층	김충한	(02)723-1184~7

해외 유명 패션 전문지

• 여성복 패션 잡지 *MAGAZINES* •

타이틀	국 가	타이틀	국 가
AMICA	이태리	HARPERS BAZAAR USA	미 국
BOOK MODA	이태리	JARDIN DES MODES	프랑스
COLLEZIONI DONNA	이태리	JEUNE ET JOLIE	프랑스
DÉPÊCHE MODE	프랑스	L'OFFICIEL	프랑스
DONNA	이태리	MARIE CLAIREF RANCE	프랑스
ELLE FRANCE	프랑스	MARIE CLAIRE ITALY	이태리
ELLE ITALY	이태리	MARIE CLAIRE UK	영 국
ELLE UK	영 국	MARIE CLAIRE USA	미 국
ELLE USA	미 국	MODA IN	이태리
FASHION	이태리	NINETEEN	영 국
FASHION	영 국	유행통신	일 본
FASHION GUIDE	독 일	VOGUE DEUTCH	독 일
FASHION LINE	그리스	VOGUE PARIS	프랑스
FASHION SHOW	일 본	VOGUE UK	영 국
FASHION TREND FORECAST	독 일	VOGUE ITALY	이태리
GAP COLLECTION	일 본	VOGUE USA	미 국
GAP MONTHLY	일 본	W EUROPE	프랑스
GLAMOUR	이태리	W USA	미 국
GLAMOUR	미 국	WWD USA	미 국
HARPERS BAZAAR ITALY	이태리		

• 여성복 컬러지 *COLORS* •

타이틀	국 가	타이틀	국 가
CASUAL DIRECTION	일 본	MODA IN TESSUTO & ACCESSORIES	이태리
D.I.WOMEN'S COLOR	영 국		
FASHION COLOR	일 본	NOA COLOR CLOTH	일 본
FOCUS COLOR PROJECTIONS	미 국	SAY COLOR	일 본
HUE POINT COLOR	미 국	S.C.S. COLOR	일 본
INDEX COLOR	영 국	TIMELY HUE COLOR	일 본
ICA 15MONTH FORECAST	영 국	TINSTYLE COLORACE	독 일
ICA 21MONTH FORECAST	영 국	TREND 3 COLOR	일 본
MITSBISHI COLOR	일 본	VIEW ON COLOR	독 일

◦ 여성복 소재지 *SWATCH COLLECTIONS* ◦

타이틀	국 가	타이틀	국 가
ALBERTO & ROY	이태리	FRANCITAL	프랑스
• COTTON FOR BLOUSE & SHIRTS		• CAMICERIA	
• LADIESWEAR + POSTER		• COTON	
• MINI PRINTS		• NEW TRENDS	
• NEW VISION		• SPECIAL PRINTS	
• CHECKS + POSTER		• STUDIO DONNA	
• SILK FABRICS + POSTER		ITALTEX	이태리
• PRINTED COTTON		• JERSEY + POSTER	
• PRINTED SILK		• LADIES' WEAR	
SANWA LADIES' PRINTED FABRICS	일 본	• PLAINS	
		• SILK PRINTS	
SANWA PRINTED COTTON FABRICS	일 본	• WOMEN'S WEAR PROMOTIONAL	
		• WOVEN COTTON	

◦ 여성복 일반 트렌드 정보지 *GENERALTREND* ◦

타이틀	국 가	타이틀	국 가
CHANNELLER	일 본	TEXTILE SUISSES	스위스
INTERNATIONAL TEXTILES	영 국	TEXTILE WIRTCHAFT	독 일
TEXTILE REPORT	프랑스	TREND COLLEZIONI	이태리
TEXTILE VIEW			

◦ 니트 컬러지 *COLORS* ◦

타이틀	국 가	타이틀	국 가
NOA COLOR YARN	일 본	VIEW ON COLOR	독 일
TIMELY HUE COLOR	일 본		

◦ 니트 소재지 *SWATCH COLLECTIONS* ◦

타이틀	국 가	타이틀	국 가
A & ROY MAGLIERIA	일 본	FRANCITAL FILATI	일 본

∘ 여성복 트렌드지 *TREND BOOKS* ∘

타이틀	국 가	타이틀	국 가
CHECK UP T-SHIRT CASUAL	이태리	INDEX	영 국
DESIGN INTELLIGENCE	영 국	• ACTIVE	
• CAREER DRESSING		• CASUAL	
• CASUALWEAR		• FABRICS	
• SHIRTS, BLOUSES		• JEANS	
• UNISEX ACTIVE		• OUTWEAR	
• UNISEX JEANS WEAR		• SHIRTS	
• UNISEX T-SHIRTS		• TOPS	
FASHION FOCUS	미 국	JEAN GABRIEL PEYRE	프랑스
• CAREER DRESSING		• BLOUSES	
• CASUALWEAR		• COORDONNÉS	
• UNISEX DENIM, SPORTSWEAR		• CUIR / JEANS	
• UNISEX T-SWEAT SHIRTS		• JUPES / PANTALONS	
• UNISEX TEXTILE PRINTS		• ROBES	
FASHION TRENDS	독 일	LOGOS ADULTS	프랑스
• WOMEN'S WEAR STYLING GUIDE		MODE IN THE WORLD	일 본
• WOMEN'S WEAR FORECAST		SACHA PACHA	프랑스
FOCUS	미 국	• CHEMISIERS ROBES	
HERE & THERE	미 국	• JUPES / PANTALONS	
• FULL SERVICE		• VESTS / TAILEURS	
• COLOR		• WOMEN'S WEAR	
• FABRIC			

∘ 니트 트렌드지 *TREND BOOKS* ∘

타이틀	국 가	타이틀	국 가
CHECK UP KNITWEAR	이태리	• ESSENCE	
FASHION FOCUSED KNITWEAR	미 국	• MAILLE MAILLE	
FASHION LIBRARY	일 본	GENCHI KNIT	일 본
• CASUAL KINT		MODE IN THE WORLD	일 본
• CATCHING		• CUT & SEW	
• CREATION		• KNIT	
• CUT & SEW		• ELEGANCE IN	
• ELEGANT KNIT			

∘ 여성 니트 패션 잡지 *MAGAZINES* ∘

타이틀	국가	타이틀	국가
FILATI COLLEZIONI	이태리	MODA LINEA MAGLIERIA	이태리
MAGLIERIA ITALIANA	이태리		

∘ 모피 관련지 *FUR* ∘

타이틀	국가	타이틀	국가
ARPEL FUR	이태리	PEELICCE MODA	이태리
LA PIEL	스페인		

∘ 웨딩 관련지 *WEDDING FASHIONS* ∘

타이틀	국가	타이틀	국가
ALTA MODA SPOSA	이태리	LA SPOSA	이태리
BOOK MODA SPOSA	이태리	SPOSABELLA	이태리
BRIDES'	미국	VOGUE SPOSA	이태리

∘ 스포츠 웨어 관련지 *SPORTS WEAR* ∘

타이틀	국가	타이틀	국가
SAZ	독일	SPORTSWEAR INTERNA TIONAL	미국
SPORT & STREET	이태리	SPORTSWEAR INTERNA TIONAL	독일
SPORT SCHECK	독일	EUROPE	
SPORT SCHUSTER	독일		

섬유패션 관련 교육기관

◦ 프 랑 스 ◦

파리 의상조합학교 Chambre Syndicale De La Couture Parisienne

주소	45, Rue Saint-Roch, 75001 Paris
특징	파리의 의상조합원들인 동시에 프랑스의 톱디자이너들이 후배양성을 위해 창설한 학교로 오트 쿠튀르에 있어서는 세계 제일의 명성을 갖고 있다. 입체재단의 비중이 강조되어 파리 패션스쿨 중에서 가장 철저하고 성실한 입체재단을 배울 수 있는 곳이다.
교육과정	학과 : 재단과(Modelisme) 교과목 : 입체재단, 평면재단, 색채학, 텍스타일, 복식사, 데생, 날염, 컬렉션 계획·준비
수업 연한 및 학위제도	전 과정은 3년으로 매학년 끝날 때마다 진급시험을 치르며, 2학년으로의 편입도 가능하다. 1학년은 기초과정으로 주당 27시간이며, 2학년은 주당 27시간, 3학년은 주당 30시간이다. 3학년까지의 과정을 이수한 후 3학년 말에 졸업시험을 치르게 되며, 이 시험을 통과하지 못한 학생들은 수료증을 취득할 수 없다.
입학 및 졸업	응시원서 마감은 1월이며, 응시자의 작품과 면접을 통해 입학을 결정한다.

IFM Institut Fran ais De La Mode

주소	33 Rue Jean-Goujon, 75008 Paris
특징	섬유, 의류, 오트 쿠튀르 분야의 전문가들이 패션과 관련된 모든 분야, 즉 공학, 마케팅, 창작 활동을 연구하는 고급인력을 배출해 내자는 목적하에 1985년 창설한 상급 의상학교이다. 역사가 짧은 만큼 아직 한국에는 잘 알려져 있지 않으나 앞으로 이 학교의 학위는 점점 높아질 전망이다.
교육과정	직조공학과 : 직물과 의복의 생산공정, 직조기술, 원단의 가격결정과 취급법, 창작된 의류품의 개념, 의류·섬유 산업의 생산성 마케팅경영학과 : 마케팅의 기초이론, 의류 광고학, 의류·섬유 산업의 생산목표, 판매, 의류산업과 정보 패션디자인과 : 디자인 용구, 컬렉션 과정, 유행 사이클, 패턴 그리기, 디자인과 분업, 패션사진사, 장신구
수업 연한 및 학위제도	전 과정 15개월로 수업은 10월 초에 개강하여 그 이듬해 9월 말에 끝나며, 12월 말까지 3개월간 현장실습을 함으로써 15개월 간의 과정을 끝마치게 된다. 15개월 간의 전 과정을 이수하면 이 학교 고유의 학위를 받게 되는데, 이 학위는 문교부에서 인정하는 국가박사는 아니지만 대학의 박사과정에 해당하는 것으로서 현재로서는 세계 패션계에서 가장 권위 있고 높은 수준의 학위이다.
입학 및 졸업	매년 5월 25일까지 신청, 입학시험은 6월에 수험생 작품심사와 인터뷰로 시행한다. 응시자격은 고졸학력+4년이며, 공학·상업·창작 분야에서 4년 이상 수료한 학위를 요구한다. 한국 학생이 응시하려면 관련 분야(의상, 직물, 디자인, 섬유미술)를 끝내고 석사 이상의 학위를 갖추어야 하지만 실무경력을 중시하므로 4년 이상의 경력자는 작품심사 없이 인터뷰만으로도 입학할 수 있다.

에스모드 파리 ESMOD Paris

주소	16, BD Montmartre 75009 Paris
특징	세계 50여 개 국의 1천 여명의 학생이 공부하는, 세계에서 가장 규모가 큰 패션 스쿨이다. 파리 이외에도 니스, 태국, 일본, 브라질에 각각 분교를 운영하며, 한국에도 있다. 학교의 성격은 실용적인 기성복 지향이며, 입학은 쉬운 반면 졸업은 매우 어렵다. 즉 각 학년 진급 때 학생들의 평소 작품집 제출 점수를 종합해서 50%를 탈락시키므로, 졸업 때는 입학정원의 25%만이 졸업작품 발표회를 거쳐 수료증을 받게 된다.
교육과정	패션디자인과 : 색채학, 의상사, 평면재단, 누드 데생, 의상 크로키 재단과 : 평면재단, 입체재단 복식사, 데생 마케팅과 : 직물학, 색채학, 염색
수업 연한 및 학위제도	패션디자인과 및 재단과의 경우 3년이고, 마케팅과는 2년이다. 이곳 역시 다른 곳에서 편입이 가능하다. 또한 재학 중에도 담당 선생이 인정하는 학생으로서 학교 당국에 심사를 신청하면 작품제출, 종합평가, 개인면담 등을 거쳐 월반도 가능하다. 3학년 또는 2학년이 끝나는 매년 6월 말에 졸업 컬렉션을 거친 후에 에스모드의 학위 수료증을 받는다. 이 졸업 컬렉션에는 프랑스 패션계의 거장 디자이너 및 전문 인사들이 심사위원단으로 초청된다.
입학 및 졸업	17세 이상 고등학교 졸업장 소지자면 누구나 가능하다. 입학은 시험이나 면접 없이 학교 소정양식과 등록금을 납부하면 된다.

국립고등장식미술학교 ENSAD

교육과정	의상디자인 : 의상디자인, 색채학, 복식사회학, 스타일화, 기호학, 사진학, 재료학
수업 연한 및 학위제도	전 과정은 4년으로 제1과정과 제2과정으로 구별되며, 제2과정부터 각각 전공이 분리된다. 제2과정을 끝내고 졸업작품과 졸업논문을 병행해서 전과정을 마쳤을 경우 한국의 석사학위에 해당하는 졸업 증서를 받을 수 있다.
입학 및 졸업	제2과정(3~4학년)에 편입하기 위해서는 대학 졸업장과 연관 전공분야 필수 소정양식, 최종학교 졸업증명서, 장기체류 비자와 어학능력을 증명하는 서류와 추천서가 필요하다.

조프랭 비르 Cours International Joffrin Byrs

주소	28 Rue Paul-Valery 75116 Paris
특징	프랑스에서 에스모드 다음으로 규모가 큰 의상학교로 마르세유에 분교가 있다. 학교의 성격은 실용성을 강조하는 오트 쿠튀르를 지향하고 있으며, 에스모드처럼 디자인과 재단의 두 과정으로 분리되어 있다.
교육과정	학과는 디자인과와 재단과로 되어 있지만 3년 과정 중 1학년에서는 선택의 여지없이 디자인과 재단 과정을 모두 이수해야 하며, 2학년부터 각자의 적성에 따라 두 과정 중 택일해서 공부하게 된다. 디자인과 : 누드 데생, 패션 디자인, 데생기법, 복식사, 직물공예, 모드 카운셀링 재단과 : 입체재단, 평면재단, 패턴 변형
수업 연한 및 학위제도	전 과정은 3년이고, 3년 과정을 이수하고 6월 말 졸업작품 발표회를 거치고 나면 수료증이 발급된다. 1년 단기 코스도 마련되어 있다.
입학 및 졸업	17세 이상 고등학교 졸업장 소지자면 누구나 가능하다. 미술 전반에 관한 상식과 예술적인 색채감각, 상상력 등의 간단한 테스트를 거쳐 입학하나, 20세 이상의 응시자에게는 이 시험이 면제되며 시험 등록은 7월이다.

MJM Mouvement-Juxtaposition Maquette

주소	38, Quai De Jemmapes 75010 Paris
특징	최근 들어 우리 나라에 알려지기 시작한 학교로 의상뿐만 아니라 사진, 디스플레이, 실내장식, 그래픽, 출판 등 응용미술 종합 아카데미이다. 순수미술과가 없을 뿐 아르 데코(Art Deco)와 비슷한 교과과정을 갖추고 있으며, 파리 이외에 니스, 리용, 툴루즈 스트라스부르 등에 분교가 있다. 규모와 교육내용이 우수한 학교로 점점 평가가 높아지고 있다.
교육과정	패션디자인과 : 패션 디자인, 크로키, 색채학, 직물학, 의상 크로키 재단과 : 평면재단, 입체재단, 패션 수정
수업 연한 및 학위제도	전 과정은 2년이며, 타기관에서 전문과정을 수료한 사람은 의상, 데생, 스타일화 등의 작품집을 제출하여 심사와 면접을 통과하면 2학년에 편입할 수 있다. 2년의 과정을 끝내면 수료증을 얻기 위한 시험을 치르며, 이 시험에 합격하면 수료증을 받게 된다.
입학 및 졸업	16세 이상의 고등학교 졸업장 소지자면 누구나 가능하다. 2학년으로 편입할 경우에는 작품심사와 면접으로 편입시험을 보지만, 1학년으로 등록할 경우에는 시험 없이 가등록비와 필요한 서류만 제출하면 된다.

패션 포름 Fashion Forum

주소	44, Boulevard De Sebastopol 75003 Paris TEL : 42789375
특징	프랑스에서는 유일하게 매년 4월에 3일 간의 실험캠프(캉데세 : Camp Dessai)를 열어 이 학교에 지원하려는 학생들에게 학교를 개방하는 오리엔테이션을 개최한다. 재학생들의 작품전시 및 설명회와 함께 상상력에 관한 강의 등을 통해 학교 소개를 한다. 이 외에도 패션분야에 입문하려는 학생들에게 도움되는 순수한 프로그램이 있으며, 마지막 날에는 지원자 개개인과 부모 또는 보호자들과의 개인 면담이 있다.
교육과정	디자인과 재단의 두 과가 있으나 주로 디자인 쪽에 치중하는 교육을 실시한다. 내용은 창작기술, 복식사, 텍스타일, 액세서리, 데생, 색채학, 패션 일러스트레이션, 마케팅, 재단 등을 강의한다.
수업 연한 및 학위제도	교육과정은 1년이며, 1년 간의 과정이 끝나면 작품을 제출해서 평가받은 뒤 수료증을 받게 된다. 점수가 미달되어 수료증을 받지 못하는 학생의 경우, 수료증 대신 학교과정을 이수했다는 증명서만을 발급받는다. 대부분의 패션 스쿨에서 졸업작품 쇼를 하는 데 비해 이곳에서는 전시회를 열고 그것으로 전 과정을 마치게 된다.
입학 및 졸업	18세 이상의 고등학교 졸업장 소지자면 누구나 응시 가능하다. 입학시험은 주로 서류심사와 면접, 미술이나 패션 계통의 개인작품 검사로 하며, 타기관에서 디자인 전문과정을 마친 경우에는 작품심사가 면제된다. 그 외 최종학교 졸업증명서, 사진 1장 , 추천서 등의 서류를 제출한다. 1월에 시작하는 전문과정에 자리가 있을 경우, 디자인 분야의 2년 이상 수료증명서와 작품을 제출하여 통과하면 편입할 수 있다.

쿠르 오르탕시아 Cours Hortensia

주소	90, Rue De Provence 75009 Paris TEL : 45266939
특징	스틸리즘(stylisme)만을 전문으로 하는 학교로 스타일화의 다양한 표현을 교육하는 데 중점을 두고 있다. 프랑스에서는 유일하게 여학생만을 입학시키는 학교이다.
교육과정	패션디자인과 하나밖에 없지만 기초과정, 디자인과정, 데생과 기초재단, 색채학, 복식사 등의 다양한 프로그램으로 구성된다.
수업 연한 및 학위제도	교육과정은 2년이며, 2년의 과정이 끝나면 학생은 평소 작품집을 담당 선생에게 제출하고, 그것으로써 능력이 인정되면 수료증을 받으며, 졸업작품 쇼는 없다.
입학 및 졸업	17세 이상, 시험은 없고 필요한 서류와 간단한 면접을 거쳐 입학한다. 주민등록등본(불문 공증번역), 최종학교 졸업증명서(불문 공증번역), 장기비자 복사본이 필요하다.

아틀리에 르 틀리에 Atelier Le Telier

주소	57, Rue Letelier 75015 Paris
특징	전문 미술 아틀리에의 성격이 강한 만큼 스타일화의 다양하고 개성 있는 표현에 교육의 중점을 둔다.
교육과정	1학년 : 색채와 구성, 데생, 원근법 등 일반적인 미술 실기 과정 2, 3학년 : 재단, 스타일화 기법 등 전공별 디자인 과정
수업 연한 및 학위제도	총 3년으로 1학년은 상급 미술학교 입학시험 준비과정, 학년말에 실기시험과 평소성적을 종합해서 커트라인을 통과하는 학생들만 전문과정인 2, 3학년으로 진급. 전과정이 끝나면 수료증 발급
입학 및 졸업	18세 이상의 고등학교 졸업자. 1학년 입학은 시험없이 면접만으로 전형. 타기관에서 전문과정을 수료한 사람은 실기시험과 작품심사를 2학년에 편입 가능

아틀리에 플뢰리 드 라 포르트 Ateliers Fleuri De la Porte

주소	1 Bis, Impasse de L'astrolabe 75-15 Paris TEL : 45670980
특징	패션 스타일화에서 치중하는 디자이너 전문학교이다.
교육과정	전일 수업과정(오전 오후 하루종일 수업) : 미술실기, 누드 크로키, 패션모델 크로키, 패션경향과 주제 분석 및 디자인 정리, 텍스타일, 재단 부분 수업과정(주당 2회 수업) : 스타일화 창작과정, 정해진 주제에 대한 경향 분석, 관련자료 정리, 과제평가
수업 연한 및 학위제도	학생의 연령이나 수준에 따라 1~3년으로 다양하며, 정규 수업 연한이 끝나면 작품발표회를 하고 수료증을 발급한다.
입학 및 졸업	18세 이상 고등학교 졸업자면 누구나 가능하다. 입학시험은 없고 학교에서 요구하는 서류와 가등록비만 내면 된다.

스튜디오 베르코 Studio Bercot

주소	29, Rue des Petities Ecuries 75010 Paris
특징	1970년 설립 이후, 개개인의 세계관을 중시하여 수작업 교육을 진행하고 있으며, 정해진 커리큘럼이나 교육 시스템 등은 없다. 말티누 시트봉, 가즈꼬 요레다 등 파리 모드계에는 이 학교 졸업생이 많다.
교육과정	학생 수 120명에 스타일리스트과만의 2년제 모드 학교
수업 연한 및 학위제도	첫 1년 간은 주로 디자인의 일반지식이나 어시스턴트로 실습함으로써 많은 경험을 얻게 된다. 이 기간 중 프로 디자이너의 아틀리에에서 어시스턴트로 일하면서 실무를 쌓게 된다.
입학 및 졸업	면접과 디자인(데생의 대상은 패션에 한정되어 있지 않고, 식물이나 정물인 경우가 많음), 프랑스어 가능자면 입학할 수 있다.

라자　Lissa

주소	13, Rue Vanguelin 75005 Paris
특징	이론은 물론 실천적 노하우 제공을 목적으로 한다.
수업 연한 및 학위제도	수업 연한은 3년이다. 1년째는 디자이너가 되기 위한 준비기간으로 크로키나 일러스트 등의 드로잉 테크닉에 주력하며, 2년차에는 디자인화, 텍스타일 기술, 디자인 등의 실습을 하고, 3년차부터 컬렉션을 위한 제작이 시작된다. 3년차에는 연 2회, 10점씩 작품을 발표하는 컬렉션도 개최한다.
입학 및 졸업	고교졸업자로 면접과 데생력을 심사하여 입학생을 선발한다.

∘ 이 탈 레 아 ∘

피렌체 폴리모다　Instituto Politecnico Internazionale della Moda

주소	Polimoda Villa Strozzi Via Pisana, 77 50143 Firenze　TEL : (055)717173/700296〜7
특징	이탈리아의 '모드와 의복을 위한 예술협회'의 '패션산업교육 설립위원회'와 뉴욕주립대학인 FIT가 1988년에 공동으로 설립한 패션교육기관이다. 이탈리아뿐 아니라 전유럽에서 최고의 대학학제로 인정받고 있으며, 학교의 연륜은 짧지만 미국식 교육제도(FIT)와 이탈리아의 패션산업이 접목된 형태로 전세계 패션계 지망생들의 주목을 받고 있다.
교육과정	패션 디자인과, 패션 마케팅과, 직물 디자인과, 각과 정원 25명
수업 연한 및 학위제도	수업 연한은 2년 4학기이다.
입학 및 졸업	최소한 이탈리아 고등학교 졸업학력 이상이면 가능하다. 우리 나라 학제로는 전문대졸 이상이어야 입학 자격이 있다. 패션 디자인과의 경우 10장 이상의 오리지날 패션디자인 포트폴리오, 개별 구두시험, 재봉능력을 보여줄 수 있는 창의적인 의상 3점을 시험 당일에 제시해야 한다.

도무스 아카데미 Domus Academy

주소	Edificio I/C, Milanofiori, Assage 20090 Milano TEL : (02)8244017~9
특징	1983년 몇몇 건축가와 '도무스 매거진'에 관련된 젊은 실업인들이 설립한 학교로서 명분보다는 산업현장에 필요한 실제적인 지식과 창의력 배양에 역점을 둔다. 강사진도 전문 직업인들이거나 디자인 및 산업·문화분야에서 적극적인 활동을 하는 사람들로 구성되어 있다.
교육과정	디자인과 : 35명 디자인경영과 : 10명 패션디자인과 : 25명 패션디자인과의 경우, 디자인적인 측면에만 집착하지 않고 제품의 생산과 분배 마케팅과 이미지 관리에 이르기까지 다양하게 구성되어 있으며, 강의에 못지 않게 세미나도 중시한다.
수업 연한 및 학위제도	10개월 3학기제 1학기 : 기초자료 수집과 조사연구 2학기 : 디자인의 계통과 방법론 3학기 : 석사 연구과제 전 과정이 대학원 과정이며, 강의는 이탈리아어로 이루어지나 처음 4개월은 영어도 병행한다.
입학 및 졸업	대학졸업 및 동등 이상의 학력소지자에, 소정양식의 응시원서와 대학 성적증명서, 최근에 작성한 포트폴리오, 응시사유 진술서, 최근의 작품관 심사설명서가 요구된다.

마랑고니 Instituto Artistic dell'Abbigliamento Marangoni

주소	Via M. Gonzaga, 6 20123 Milano TEL : (02)808706/800017
특징	재단사겸 디자이너였던 설립자의 교육이념에 따라 이론과 실습의 조화를 중시하며, 산업현장에 응용할 수 있는 신기술의 개발에도 앞장섬으로써 업계로부터 인력요청이 많은 이탈리아 최고의 명문이다.
교육과정	패션 디자인과, 패션 드로잉과, 패턴 제작과, 그 외에 직물디자인, 연극영화 의상디자인, 니트웨어 디자인 등의 특별과정이 있으며, 외국인 학생을 위한 특별과정과 여름 단기특강이 있다.
수업 연한 및 학위제도	수업은 출석수업과 자유수업으로 구분된다. 출석수업은 정해진 시간에 출석해 수업하는 것이며, 자유수업은 자신에게 가장 적당한 시간에 출석해 2시간 30분의 한 강좌를 마치는 것이다. 이 밖에 외국인 학생을 위한 과정은 1년이며, 여름 단기특강은 4주이다.
입학 및 졸업	지원학과나 과목에 따라 자신의 작품(사진 또는 슬라이드 등)을 보내야 한다. 학교측에서지원서를 보내오면 기재해서 사무국에 제출하는 것으로 등록절차가 시작되며, 등록금은 지정된 은행구좌로 송금한다. 위와 같은 절차로 신청하면 입학허가가 나오지만, 현지에서 시험을 거쳐야 할 때도 있다.

인스티튜토 세콜리 Instituto Secoli

주소	20154 Via G. Prina 5 Milano TEL : (02)314541/342958
특징	1934년에 설립된 의상 관련 전문직업인 양성학교로 '이탈리아 기성복 기술연합회' 산하의 의상산업연합회의 공인을 받고 있다. 협회 관련업체에 재단사, 디자인 실장, 공장장 등의 자격으로 취업이 용이한 편이다. 이탈리아 전역에 분교가 설치되어 있다.
교육과정	1년 과정 : 산업재단과, 여성의상제작과, 의상제작 경영과, 의상경영 감독과 의상제작과, 의상편집과 2년 과정 : 전문재단과
수업 연한 및 학위제도	각 과정은 1년 연한이며, 이수 후 다른 과정을 선택해 들을 수 있다(전문재단과만 2년 과정). 학기는 9월에 시작해 이듬해 6월에 끝난다. 각 과정이 끝나면 지방교육 감사위원회에서 선임한 위원 앞에서 시험을 거쳐 수료증 혹은 자격증을 받게 된다. 또한 매년 말에는 작품 발표회를 열어 평가를 받는다.
입학 및 졸업	산업재단과는 중졸 이상이며, 나머지는 고졸 이사의 학력이면 된다. 입학시험은 없고, 학교 측이 요구하는 간단한 서류만 제출하면 별 어려움 없이 입학할 수 있다

오리지날 시스템 Scuola Original System

특징	의상 전문학교로 예술분야와 기증분야로 크게 나위어져 있다. 기초 재봉기술부터 전문의상 디자인에 이르기까지의 과정과 교양학과가 있으며, 언어강좌도 주 4시간씩 있다. 각 과정마다 단기 속성과정이 있어 수업기간을 반으로 줄일 수 있고, 학교측에서 교재를 10% 할인하여 판매하며, 학교에서 편집한 모델교재는 무료로 받을 수 있으나, 기숙사 등 학생에 대한 특별한 복지시설은 없다.
교육과정	초급재단 및 재봉, 전문재봉, 산업의상 디자인, 일러스트레이션, 디자이너, 단기모델과정, 패션모델과정, 분장술
수업 연한 및 학위제도	각 과정에 따라 3개월, 6개월, 1년, 2년 등으로 나뉘어 있으며, 단기 속성과정은 그 과정의 절반으로 야간수업과 토요일 수업이 있어 선택할 수 있다. 1년 이상의 과정은 9월에 시작해서 다음해 6월에 끝나며, 단기과정은 수시 접수한다. 전문직 과정의 학생들은 학기말에 수료증을 받기 위한 시험을 치른다.
입학 및 졸업	8년 이상의 정규학교를 마친 사람이면 누구나 입학할 수 있다. 전문과정의 입학신청은 6월 20일까지이며, 이 기간 내에 전공학과와 강의시간을 조절, 확정한다.

AIM   Accademia Italiana Moda

주소	Via Pisana 173 50143 Firenze TEL : (055)712679
특징	패션과 인테리어 분야의 디자이너를 양성하는 학교로, 이론보다는 창조력 배양에 역점을 둔다.
교육과정	패션디자인, 인테리어 디자인, 텍스타일 디자인의 세 과가 개설되어 있으며, 학생들의 창의력 개발을 위한 개별학습 프로그램(선택과목)을 운영하고 있다.
수업 연한 및 학위제도	3개 학과 모두 기초과정 2학기, 상급과정 2학기 등 총 4학기로 수업이 이루어진다. 학기는 9월 9일~12월 21일, 1월 14일~이듬해 5월 14일로 나뉘어지며, 텍스타일 디자인과는 9월에만 등록이 가능하다.

인스티튜토 하이두크 부가 토시   Instituto Haiduk Vuga Tosi

주소	Via Larga, 19 20122 Milano TEL : (02)860414, 808747
특징	이탈리아 의류산업계의 인재양성을 위한 공업 전문학교 형태이다. 이탈리아 여타 패션 스쿨과 달리 파리 의상조합학교와 유사한 형태로 운영된다.
교육과정	크리에이션 &디자인과 : 디자인과를 별도로 운영하지 않고 반드시 패턴 메이킹을 이수케한다.
수업 연한 및 학위제도	각과 정규 수업 연한은 2년이나 학생이 희망할 경우, 3년 과정(상급과정)을 마칠 수 있다.

스쿠올라 수페리오레 델라 모다 Scuola Superiore della Moda

특징	이탈리아 최초로 '이탈리아 공인 학위'를 취득한 의상교육 학교로, 의류산업체와 직접적인 협조망을 구축하여 실질적인 교육프로그램 개발하고 있다.
교육과정	회화, 조소, 무대장식, 광고, 시각디자인, 의상
수업 연한 및 학위제도	4년 과정으로 매년 11월에 개강해 6월에 종강하며, 주당 수업시간은 25~36시간, 교과내용은 27개 과목이다. 매년 6월과 10월에 학년 진급시험이 있고, 4학년말 졸업논문, 컬렉션 기획과 제작, 패션쇼 등을 최종 평가하여 학위를 수여한다.
입학 및 졸업	고등학교 졸업 이상이면 입학이 가능하나, 전 수업이 이태리어로 진행되므로 이태리어 이해가 필수적이다. 입학정원은 20~25명으로 매년 9~10월 입학원서를 접수받아 10월말에서 11월초 입학시험을 치른다.

Institute Europa di Design

주소	Via A.S. Ciesa 4-20135 Milano Italy
특징	1966년 창설되었으며, 밀라노를 비롯 로마, 트리노 등 모두 7개의 디자인 학교로 운영되고 있다.
교육과정	인더스트리얼 디자인, 그래픽 아트, 컴퓨터 그래픽스, 패션, 보석디자인, 일러스트레이션, 사진, 인테리어 디자인, 무대 디자인의 9개 과정에 각 반 25명 수업 석사(MA)과정 별도 운영
수업 연한 및 학위제도	수업기간은 4년으로, 1년차에서는 실습 20%, 강의 80%인 수업이 4년차에서는 실습 80%, 강의 20%로 실천적 지식과 기술 양쪽을 동시에 습득하게 한다.
입학 및 졸업	고교졸업 이상이면 가능하다. 입학시험은 없고 인터뷰만 실시하나 외국인은 이태리어 구사가 요구된다.

∘ 영 국 ∘

성 마틴 예술학교 Saint Martin's College

교육과정	패션학부
수업 연한 및 학위제도	학부과정은 3년제와 4년제가 있으며, 대학원 과정은 원칙적으로 2년제이다.
입학 및 졸업	학기가 시작되는 10월 1일 현재 만 18세가 넘어야 입학 자격이 주어진다.

왕립예술학교 (RCA) Royal College of Art

주소	Kensington Gore, London SW7 2EU
교육과정	패션디자인과
수업 연한 및 학위제도	수업 연한은 2년이고, 석사과정이므로 이론교육은 거의 없고 실습에 중점을 둔다.
입학 및 졸업	원서를 제출한 후 서류심사를 별도로 받아야 한다. 서류전형에 합격한 학생들 중 인터뷰와 실기 시험을 통해 최종합격자를 뽑는다.

◦ 독 　 일 ◦

모드 직업전문학교 Deutsche Meisterschule für Mode

교육과정	의상디자인과, 사진과, 그래픽과
수업 연한 및 학위제도	전 과정은 3년이며, 매학기 시험을 통해서 탈락과 진급을 가리는 철저한 학업관리를 하고 있다.
입학 및 졸업	응시서류로는 이력서, 사진 3장, 베를린 거주 증명서, 최종학교 성적표 공인증명서, 건강진단서, 의료보험, 출생신고서(공인증명서), 그리고 소정의 신고서류 기재 등이 필요하다.

베를린 예술대학 Hochschule der Künste Berlin

주소	Immatrikularions und Prufungsant(FB3)Hardenbergstrabe 33　TEL : (030)3185/2208
교육과정	상업·공업 디자인과, 의상디자인과
수업 연한 및 학위제도	전 과정은 10학기 5년이다. 그러나 4학기, 7학기에 시험을 거쳐야 하기 때문에 각 개인에 따라서 길어질 수도 있다. 1~2학기는 산업디자인과 함께 기초를 연수하는 기간이며, 3~6학기에는 중요한 시험을 치르게 된다. 7~10학기는 최종 학기로 학위를 준비하는 학기이다.
입학 및 졸업	이력서, 독일의 고등학교 졸업장에 해당하는 증명서, 명함판 사진 등의 응시서류를 3월 15일부터 4월 30일까지 접수시켜야 한다.

◦ 벨 기 에 ◦

왕립 예술학원 패션학부 Royal Academy of Fine Arts Antwerpen

주소	Mutsaertstraat 31, B-2000 Antwerpen Belgium
특징	1663년 창설되어 330년의 역사를 갖고 있는 왕립 안트베르펜 예술학원은 보석디자인 학부가 유명하다. 1962년에는 패션학부가 창설되어 교사와 학생이 함께 만들어 가는 수업을 실시하고 있다.
교육과정	패션디자인, 보석디자인, 사진, 조각 그래픽 아트, 그래픽 디자인, 도기, 회화, 무대 디자인, 기념 미술의 10개 학부
수업 연한 및 학위제도	커리큘럼은 1년차에 드로잉을 중심으로 배우고, 2년차는 역사를, 3년차는 민족의상을 연구하며, 각 연차별로 3, 5, 8패턴씩의 작품을 제출한다. 4년차에는 자신의 테마를 결정하고 졸업쇼를 위해 작품 12개를 제작해야 한다.
입학 및 졸업	고교졸업 또는 동등자격 소지자로 2일 간에 걸친 드로잉 시험과 면접을 거친다.

∘ 스 위 스 ∘

Art Center College of Design

주소	Chateau de Sully Route de Chailly 144 1814 La Tour-de-Peilz Swiss
특징	미국 Art College of Design의 유럽학교로 1986년 개교했다. 수업의 일환으로 기업에서 프로젝트를 받아 학생에게 테마의 설정에서부터 프리젠테이션까지 하게 하는 참신한 방법을 채택함으로써 실천적인 프로그램 경험이 가능하다.
교육과정	학위 과정: 커뮤니케이션 디자인, 프로덕트 디자인, 트랜스포테이션 디자인 지도 과정
수업 연한 및 학위제도	수업기간은 14주간씩 8학기이며, 상반기 4학기에는 디자인 기본지식을, 나머지 4학기에는 각 프로젝트를 담당한다.
입학 및 졸업	고교졸업 자격 이상자로서 영어실력 증명서 및 포트폴리오 제출이 필요하다.

∘ 스 페 인 ∘

Arty Moda

주소	Prde Vergra 45 28001 Madrid Spain
특징	현장에서 배운 패션 노하우를 그대로 수업에 반영시키는 스페인 제일의 패션학원이다.
교육과정	코스수업 : 패션 경제적 여유가 없는 학생을 위하여 수업시간을 1일 3시간, 9개월 수업기간으로 디자인부터 의복제작까지 가능하게 하는 단기 집중 수업
수업 연한 및 학위제도	전 과정은 2년, 1년째는 기본적인 패션 디자인과 패션 메이킹 이외에 패션의 역사 등을 수업하며, 2년째부터는 졸업 컬렉션을 위한 제작실습을 시작한다.
입학 및 졸업	입학자격은 스페인어 가능자에 한하여 연령, 패션경력은 불문이다.

Institute Professional de Deseno U Patronaje

주소	Antonio Maura 7 28014 Madrid Spain
특징	1989년에 창설되었으나 커리큘럼이 완벽하다. 패션디자인 코스에 등록된 50여 명의 학생에게 수작업 교육을 실시한다.
교육과정	3년간의 패션과정 단기 무대의상 과정
수업 연한 및 학위제도	1년째에는 폼(form)의 분석이나 디자인의 기본을 배우고, 최종 학년에는 졸업 제작 이외에 마케팅 강의도 시작된다.
입학 및 졸업	입학자격은 스페인어 가능자에 한하며 연령, 패션 경력은 불문이다.

∘ 포르투갈 ∘

Instituto de Artes Visuais Design e Marketing

주소	Rua Capelo 18 1200 Lisboa Portugal
특징	포르투갈 패션교육의 개혁자적 존재. 학생이 유학을 희망하면 희망학교측과 접촉, 학생을 지원하는 시스템을 갖고 있다. 따라서 해외로의 유학뿐만 아니라 높은 수준의 교육기관으로 옮기는 경우가 많다. 취직도 적극 연결하여 주므로 취직률이 높다.
교육과정	과정 : 패션 디자인, 인테리어 디자인, 비디오, 컴퓨터, 그래픽 등 다수
수업 연한 및 학위제도	수업 연수는 3년과 추가 1학기. 1년째에 패션 디자인 입문, 색소와 소재에 관한 패션의 기초지식을 배운다. 2년째부터는 보다 고도의 실습과 이론으로 병행한 강의가 시작되며, 마지막 1학기에는 총마무리로서 학생의 작품을 발표하는 패션 쇼를 개최한다.
입학 및 졸업	포르투갈어 가능한 고교졸업자면 가능하다. 입학심사로는 시사문제에 대한 시험, 면접, 창조성을 보는 테스트를 실시한다.

∘ 미　　국 ∘

파슨즈 디자인 스쿨 Parsons School of Design

주소	66 5th Avenue New York NY 1011　TEL : (212)741/8910
	2401 Wishire Blvd. Los Angeles, CA 90057　TEL : (213)251/0505
특징	1896년 설립된 파즌즈 캠퍼스는 뉴욕 이외에 LA와 파리에도 있는데, 학생이 원하면 1년 한도 내에서 다른 캠퍼스에서 공부할 수 있다. 매년 60여 국가에서 온 서로 다른 문화적 배경을 가진 2천여 명의 지원자들을 대상으로 소수정예를 원칙으로 신입생을 엄선해 교육하며 그 내용 역시 체계적이고 정선된 양질의 것으로 평가받고 있다. 막강한 교수진과 미국 의류산업 중심지의 교육환경을 자랑한다.
교육과정	순수미술(회화, 조각), 도예, 섬유, 금속디자인, 환경 및 실내 디자인, 사진학, 커뮤니케이션 디자인, 패션디자인, 일반 일러스트레이션, 패션 일러스트레이션, 미술교육, 미술 및 디자인의 역사와 비평
수업 연한 및 학위제도	4년 정규과정에 이수 학점 134학점이며, 4년 정규과정을 3년만에 마칠 수 있는 학제도 마련되어 있다(이 경우 매해 여름방학 학기에 인문학 9학점씩을 이수). 패션디자인, 그래픽 및 광고 디자인, 일러스트레이션, 실내 디자인, 사진학 등에 한해 2년제 과정도 있으며, 이 과정의 졸업취득학점은 65학점이다.
입학 및 졸업	학교측의 특별한 양식은 없고, 경력이나 예술적 성장 가능성을 기준으로 개별적으로 검토한다. 주요 입학기준은 학생의 포트폴리오와 학교성적이며, 책임감 있고 매우 적극적인 학생을 선호하며 추천장도 참조한다.

FIT Fashion Institute of Technology

주소	7th Avenue at 27 Street New York, N.Y. 10001-5992 TEL : (212)760/7625
특징	1944년에 설립된 뉴욕주립대학의 한 단과대학. 뉴욕 맨하탄에 위치하여 좋은 문화적 입지조건하에 주변 자체가 학생들의 연구 터전이며 일터이다. 실제 패션산업과 교량역할을 해 주는 자원국이 설치되어 있는데, 거기에 등록된 유명 패션인 단체들이 학생의 수업을 직·간접적으로 돕고 있어 산학협동체제의 모범을 보이고 있으며, 교육시설 및 관련 문화시설이 잘 갖추어져 있다.
교육과정	미술 및 디자인 전공 : 광고 디자인, 전시 디자인, 패션 디자인, 미술, 일러스트레이션, 인테리어 디자인, 보석디자인, 사진섬유 디자인 패션 비즈니스 및 기술 전공 : 광고 및 커뮤니케이션, 어패럴 생산경영, 화장품·향수·패션 판매, 남성복 디자인 및 마케팅, 패션 구상기술, 섬유기술
수업 연한 및 학위제도	1년 혹은 2년 과정의 A.A.S Degree(Associate in Applied Science), 2년 과정의 미술 학사(B.F.A.)와 이학사(B.Sc.) , 85년부터는 문학 석사 학위(Master of Arts)도 수여한다.
수업료	수업료는 1학기당 1,625달러, 교재값 400~800달러, 개인경비는 500~800달러 정도이며, 숙박비는 1학기당 2,200달러 정도이다.
입학 및 졸업	야간, 여름 및 겨울 특강은 학점당 80달러 성적표 사본, 졸업장 사본 자필 이력서(소정양식) 영어능력평가서(소정양식) 토플점수 재정보증(소정양식) 포트폴리오 9월 학기 신청마감은 3월 15일이며, 2월학기 신청마감은 11월 15일

시카고 미술대학 School of The Art Institute of Chicago

주소	Columbus and Jackson, Chicago, IL 606003 TEL : (312)443/3717
특징	1866년 설립된 사립 순수미술교육기관으로서 현대적 예술감각이 뛰어난 인재를 배출하는 곳이다. 수업은 교내 수업뿐 아니라 교외수업, 해외수업이 종합적으로 이루어지는데, 패션 디자인과의 수업은 유럽과 일본에서도 진행된다.
교육과정	패션 디자인, 섬유공예, 사진학, 회화, 염직, 시각매체, 요업
수업 연한 및 학위제도	수업 연한은 4년이며, 패션 디자인과는 다른 학과와 달리 석사과정이 없으나 총 144학점을 들어야 학부과정을 이수할 수 있다.
입학 및 졸업	외국 유학생의 입학이 어렵고 까다롭다. 500점 이상의 토플성적과 함께 미술 전 분야에 걸친 포트폴리오를 15~20매 정도 슬라이드로 만들어 보내야 한다. 전문예술가나 교수의 추천도 필요하며, 패션디자인과의 경우도 순수미술에 대한 기반을 중요시한다.

뉴욕 프랫 인스티튜트 New York Pratt Institute

주소	200 Willoughby Avenue Brooklin, NY 11205 TEL : (718)636/3600
특징	1887년 설립된 미국의 가장 큰 아트스쿨 중의 하나. 패션을 전공할지라도 회화, 사진, 광고 등 패션과 밀접한 학문들과 자연스럽게 연결되어 폭넓은 지식을 습득할 수 있으며, 최근에는 현대적 시설을 완비한 컴퓨터 그래픽학과가 신설되었다.
교육과정	5개의 학부 과정과 3개의 대학원 과정을 가지고 있으며, 예술과 디자인 학부에는 광고, 디자인, 필름, 순수미술, 사진과 등이 있고, 패션 관련 학과로는 패션 디자인과, 패션 머천다이징과가 있다.
수업 연한 및 학위제도	학부과정은 4년 간 140학점 정도를 이수하면 졸업할 수 있고, 대학원 과정은 50학점을 이수해야 졸업이 가능하다.
입학 및 졸업	입학자격은 고졸 이상이면 가능하고, 토플이 500점 이상이거나 학교 자체 어학 테스트에 합격하면 된다.

FIDMLA The Fashion Institute of Design and Merchandising

교육과정	학과 : 패션 디자인과, 실내장식과, 기성복과, 시각 및 공간디자인과, 상품시장발과 텍스타일과, 화장품·향료과
수업 연한 및 학위제도	각 과마다 30여 개의 과목이 있으며, 과목당 3~6학점으로 90~138학점을 2년 동안 이수해야 졸업이 가능하고, 졸업 후 정규 4년제 대학 편입자격이 주어진다.
입학 및 졸업	고등학교 졸업 이사이면 입학지원 가능 고등학교 1~3학년 영문성적표 소정의 실기 테스트 영어 테스트(미달시, ESL반에서 따로 공부해야 하며 기준치 이상에 도달하면 입학 허용) 재정증명서

∘ 일 본 ∘

문화복장학원

주소	東京都 澁谷區 代木 3-22-1 TEL : (03)3299/2211 (03)3370/3111
특징	1919년 설립된 일본에서 가장 오랜 역사와 전통을 가진 명문학교이다. 야마모토 요지, 다카다 겐조, 고시노 히로코, 고시노 준코, 마쓰다 마쓰히로 등 세계적 디자이너를 배출한 일본 패션업계의 중추역할을 담다하고 있는 교육기관이다.
교육과정	복장과(2년), 복식전공과(1년), 복식연구과(1년), 어패럴 디자인과(2년), 어패럴 기술과(2년), 텍스타일과(2년), 머천다이징과(2년), 산업니트디자인과(2년), 패션 비즈니스과(2년), 스타일리스트과(2년), 패션정보과(2년), 디스플레이 디자인과(2년), 패션유통전공과(1년), 패션공예과(2년)
수업 연한 및 학위제도	전 학년의 소정과정을 이수한 뒤 졸업작품을 제출, 통과된 자에 한해 졸업장이 수여된다.
입학 및 졸업	고졸 이상이면 입학이 된다. 가능하며 입학시험은 1, 2차로 나누어 실시한다. 1차시험의 경우 매년 10월 초에 입학원서 접수를 마감하고, 11월 중순경에 일본어 능력 시험을 실시하며 12월초 학과시험을 실시한다.

에스모드 자퐁 Esmod Japon

주소	東京都 澁谷區 代木 神官前 1-14-4 TEL : (03)3475/6464 (03)3478/2188
특징	1984년 도교 하라주쿠에 파리 에스모드의 자매교로 설립되어 짧은 기간에 일본의 명문 패션 스쿨로 자리잡고 있다.
교육과정	패션 디자인과(3년), 재단과(3년), 패션 비즈니스과(2년), 패션 크리에이터과(2년). 야간반(1년)
입학 및 졸업	고졸 이상이면 입학 가능하지만 패션 전공과는 대졸 이상의 학력을 요구보다. 입학시험은 디자인, 작문, 면접으로 이루어지며 비즈니스과는 영어, 패션 전공과는 실기가 추가된다. 4월 입학생의 경우 10월~3월 사이, 10월 입학생은 7~9월에 입학원서를 접수한다.

반탄 디자인 연구소 Vantan Design Institue

주소 3-1-8 Ebisuminami Shibuya-Gu Tokyo

특징 현업에서 일을 하고 있거나 이미 패션 스쿨을 졸업한 사람 혹은 패션 스쿨 고학년 재학생들에게 보다 프로페셔널한 감각과 지식을 키워주기 위해 설립된 단기강습 위주의 디자인 연구소이다.

교육과정 기초부터 배우는 종합과정(1년), 단과별로 배우는 6개월 과정, 최신 비즈니스 정보 세미나의 세 과정이 있다. 설치과로는 패션, 광고, 인테리어, 비즈니스 세미나 과정에 여러 과가 있다.

도쿄 모드 Tokyo Mode

주소 東京都 新宿區 西新宿 1-6-2　TEL : (03)3344/6000

특징 1966년에 설립되었으며, 오사카와 나고야에 분교를 두고, 파리에는 사무국을 설치·운영하여 졸업여행을 반드시 파리로 보낸다. 독창성과 잠재력 배양을 중시하는 학교이다.

교육과정 기초과정 : 패션 기초(1년), 비주얼 기초(1년),인테리어 기초(1년)
전문과정 : 패션 전문, 스타일리스트 전문, 메이크업 전문, 인테리어 전문, 패션 디자인, 패션 비즈니스, 패션 아트 각 2년

입학 및 졸업 고졸 이상이면 입학 가능하나 외국인일 경우 일본어 학교를 1년 이상 수료한 자이거나 그와 동등한 일본어 구사능력이 있어야 한다. 기초과정은 면접으로 전형하며, 직접 전문과정에 편입을 원할 때는 실기시험과 작품심사를 거친다. 신입생은 1년에 2회(4월, 10월)선발한다.

◦ 원단 전시회 ◦

행 사 명	시기(월)	장 소	특 징
파리 원사전 (Expo-fil)	6, 12	파리 카루젤 뒤 루브르	• 유럽의 대표적인 패션 원단 원사전으로 이태리 피렌체의 Potti Filati와 명성을 나누고 있다. 프랑스와 이태리를 중심으로 유럽각국의 메이커 180여 개 사들이 출전해 다음 시즌의 최신 유행소재나 패션 정보를 소개한다. 텍스타일 개발 및 창조의 원점이며 트렌드의 출발점이기도 하다.
프랑크푸르트 국제 의류직물 박람회 (Interstoff World)	3, 9	프랑크푸르트 Messegelaude	• 세계의 복식업계를 리드하는 복지전문 전시회로 1959년에 시작했다. 각종 복지를 메인으로 액세서리와 디자인 등이 전시되는 세계 최대 규모의 원단, 부자재이다. 전시회 각사의 최신 제품을 모은 '라스트미니트', 3주일 이내 배달가능한 상품 주문의 '스톡 마켓' 및 트렌드 제안의 '트렌드 쇼'와 '패션 포인트' 등 특별 분야에도 충실하다. • 최신의 텍스타일 제품의 인터내셔널 출전자나 독일 내의 유럽 기성복 메이커에 시즌 개막을 알리는 전시회이며, 프리미에르 비종에 출전하지 않은 메이커의 동시기 최적의 무대가 되는 전시회이다.
프라토 엑스포 (Prato Expo)	3, 9	피렌체 Fortezza Da Basso	• 이탈리아의 산지 가운데 볼륨으로 전개해 온 프라토는 세계 최대의 섬유 지대로 울의 산지이며, 방모로도 유명하다. 프라토 엑스포는 이태리 주정부 주최로 이곳에서 열리는 직물전시회로 여성, 남성, 아동용 직물을 주로 발표한다.
파리 의류직물 박람회 (Première Vision)	3, 10	Paris-Nord Villepinte	• 1974년 리용의 실크공업 프로모션을 위하여 텍스타일 메이커 15사가 파리에서 'Première Vision-Tissus De Lyon'이란 전시회를 개최하면서 설립, 기초를 확립하였다. 1980년에는 유럽이 출전하면서 규모가 확대되었고, 1990년 3월 '신생 프리미에르 비종'이라 명명하여 이전의 국별전시에서 소재별 전시로 변경, 새로운 개혁을 시도했다. • 제안되는 갈라트렌드는 현재 섬유업계 및 패션 관련 업종까지 영향을 미치고 있다. 또한 복지 메이커, 어패럴 메이커, 디자이너, 스타일 부류 등으로 대표되는 P.V.의 유럽 패션 협의회는 부문별 포럼이나 오디오 비주얼, 컬러 카드, 트렌드북을 통해 다음 시즌 기획에 필요한 요인을 분석해 상품 차별화를 위한 유효정보를 제공하기도 한다. 수년 동안의 불분명한 트렌드 제시로 인한 부진을 메우기 위해 트렌드 결정방법의 개혁에 착수하여 종전의 스타일리스트, 패션 디자이너에 텍스타일 제조업자와 기성복 디자이너 및 제조업자가 참가하는 것으로 오리지널리티와 밸런스라는 감각의 부활을 도모하고 있다.
교토 스코프 원단 전시회 (Kyoto Scope)	5, 11	국립교토국제회관	• 1977년부터 시작된 원단 전시회로 초기에는 이데아요토란 타이틀이었으나 교토 스코프로 명칭을 전환, 이태리 직물류 전시회 가운데 가장 권위있는 이데아 코모와 비교될 수 있는 일본 복지전시회이다. 특히 화섬직물이 강하다.

● 원단 전시회 ●

행 사 명	시기(월)	장 소	특 징
동경 원단/부자재 전시회(Pre-Tex)	7, 12	동경	• 프랑크푸르트의 인터슈토프 등 유럽의 국제전시회를 모방한 전시회로 현재 일본 최대의 텍스타일전으로 발전하고 있다. • 동경의 여성·아동복지상, 의류 부자재상 등과 텍스타일 컨버트가 한곳에 모여 방직·합성 메이커 단계에서 어패럴 단계까지 다양한 개발 소재를 제안하며, 전시장 내의 컨셉트 룸에서는 다음 시즌의 텍스타일, 색상, 실루엣 등의 트렌드가 제안된다.
홍콩 의류직물 전시회 (Interstoff Asia)	3, 10	홍콩 컨벤션 센터	• 프랑크푸르트 인터슈토프의 아시아판으로서 96년부터 봄과 가을 연 2회 개최된다. 다음 시즌의 트렌드 컬러 및 소재, 텍스처, 스타일이 제안되며, 트렌드 쇼와 포럼을 통해 다양한 정보를 제공한다. 아시아 시장을 발판으로 한 실질적인 전시회로서 아시아의 트렌드를 세계화해 가고 있는 행사이다.
인텍스(Intex)	9	싱가포르 컨벤션 센터	• 트레이드 마트 싱가포르(Trade Mart Singapore)의 주최로 개최되는 싱가포르 최대 규모의 의류·직물 통합 전시회이다.
국제 패션 트레이드 페어(IGEPD)	3, 9	뒤셀도르프 전시장	• 여성, 남성, 아동복, 인너웨어, 비치 웨어, 캐주얼에서 니트, 모자, 액세서리 등이 전시되는 대규모 패션전이다. 철저한 마켓 리서치와 적극적인 시장전개를 실시한다. 제품 분야별 전시 방법, 각종 서비스 시설 및 섬세한 구성으로 정평이 나 있다.
모다인(Moda In)	3, 9	Padeglione Sudlacchiarella 밀라노	• 1984년 밀라노 시정부, 섬유협회(Tessili Varil)와 면협회(Associuzione Cottonteral)가 설립, 공동 주관하고 있다. • 중·고급제품 전시에 목적을 두고 실크, 울, 마, 니트, 액세서리 등 다양한 섬유류와 생산제품의 전시로, 큰 규모이다. 현재 Moda In 은 이태리와 유럽인에게만 개봉되어 있다.
비엘라 남성복지전 (Ideabella)	3, 9	체르노비오빌라 에르 밀라노	• 1979년부터 시작, 남성용 모직물 소모복지 캐시미어 면모 혼방 등을 전시하며, 최선의 서비스를 통한 고객관리를 목적으로 한다.
코모 여성복 원단전 (Idea-Como)	3, 10	체르노비오빌라 에르 밀라노	• 1979년 4월 코모 지역을 찾아다니는 전세계 구매자들의 편리도모를 목적으로, 코모 지역 섬유 생산업자들의 사적인 모임을 주축으로 개최된다. • 세계 최고 수준의 실크 섬유, 프린트와 실크, 마, 면, 울 제품을 전시하며, 시즌마다 각 참여 업체들이 나름대로의 개성과 품질 개발, 새로운 컨셉트를 제시한다. 실크에 대한 전통을 바탕으로 신소재 개발과, 실크와 화학섬유의 혼방 및 합성, 텍스타일 크리에이션에도 큰 비중을 두고 있다.
TOP LOOK 동경유럽원단전	4	동경	• 수주를 목적으로 하는 소재부분 전문 전시회로 유럽 메이커들의 COMITEXTIL 협회에서 기획한 행사이다. 면, 마, 실크, 울, 레이스 등의 원단과 액세서리 라이닝 등이 전시된다.
피렌체 이태리 Yarn 페어	7	Foretezza Da Basso	• 니트 웨어와 직물을 위한 실 및 인공섬유를 전문으로 하는 전시회로 이태리 톱기업 및 주요 외국업체가 새로운 컬렉션을 발표, 스티치 컬러 패션 정보 등을 제공한다. 얀, 팬시얀, 니트 직물, 니트웨어, 스타일리스트, 웨딩팩토리 등이 전시된다.

◦ 의류 전시회 ◦

행 사 명	시기(월)	장 소	특 징
마드리드 국제 기성복 전시회	2	마드리드 후앙카를로스	• 여성 어패럴을 메인으로 하는 업자용 전시회로 수영복, 속옷, 캐주얼 웨어, 드레스 등 다채로운 아이템을 취급한다.
추동 홍콩 유럽 컬렉션 패션 전시회	2	홍콩 컨벤션 & 전시 센터	• 독일, 벨기에, 오스트리아, 이태리, 스위스, 스페인 등의 패션업체들 150여 사가 출전, 그 해 추동 컬렉션을 선보인다.
오사카 세계 패션 종합 박람회	3	오사카 머천다이징마트	• 일본 토털 패션협회 주최로 열리는 국제의류 박람회이다.
뒤셀도르프 의상박람회	2. 12	뒤셀도르프 전시장	• 여성·남성·아동복 등 각종 의류 전문 패션이 소개되는 상담 위주의 전문 박람회이다.
밀라노 패션박람회	3, 10	밀라노 국제전시회장	• 각 장르별로 나누어 열리는 패션 박람회로서 1991년 이후 '오디트전', '밀라노 벤데오다전', '컨템포러리전' 등, 3개의 전시회가 하나로 통합되었다. 최고급 오리지낼리티를 중재하는 고급이미지 전시회로 창의적이고 격정적인 디자인을 제공하는 유명 메이커들이 대거 참여해 트렌드 제안을 한다.
뉴욕 의상 및 부티크 전시회	1, 3, 6, 8, 10	뉴욕 자콥자빗 컨벤션 센터	• 여성 어패럴을 중심으로 한 미국 최대의 패션 트레이드 쇼. 봄과 가을 패션 주간에는 텍스타일 제조업자와 디자이너에게 정보제공 및 교환을 목적으로 한 국제 패션 및 직물 쇼와 신사복 중심의 '국제 아동복 전시회' 등이 개최된다.
뮌헨 국제 패션 박람회	3, 10	뮌헨 Messegelaude	• 최신 여성 어패럴 패션 및 독립 품목 중심이며, 전시회는 패션 전문 박람회로 대부분 국가관 형태로 참가한다. • 전시 품목은 파티 및 이브닝 웨어, 진·스포츠·레져 웨어, 언더웨어, 비치 웨어, 혁제 및 오피의류 등이다.
홍콩 패션 위크	1, 7	홍콩 컨벤션 센터	• 세계 20여 개국에서 참가하며, 홍콩무역발전국(HKTPC)의 주최로 개최되는 아시아 최대 규모의 패션 박람회이다. 각급 의류에 액세서리류 전반에 걸친 패션의 모든 영역을 포괄하며, 특히 보석류 및 액세서리, 구두 등을 집합한 특별전시회와 패션쇼, 컨테스트 등을 실시한다.
Outerwear 일본 국제 패션 전시회	2	요코하마 퍼시픽 요코하마	• '92년 일본 최초의 모피·가죽에 관한 국제 전시회로 탄생하여 현재 모피, 가죽, 캐시미어, 울 등 고급 아우터웨어 전반에 걸쳐 출품한다.
뒤셀도르프 국제 점포설비 및 디스플레이 머천다이징 전문 전시회	2	뒤셀도르프 견본전시회장	• 판매촉진 마케팅 분야에서는 세계 최대 규모의 전문전시회로, 내장시스템, 공조설비 윈도 디스플레이, 판매 프로모션 점포, 마케팅 상품 및 기기 등이 출전된다.
COMISPEL Int'l 모피, 피혁 패션 전시회	3	스위스 로잔 comis 전시센터	• 이태리의 세계적 디자인, 유피가공, 봉제, 염색 등을 선보이던 전시회였으나, 올해부터 각국 모피 및 의류제조업체들이 참여해 스위스에서 개최된다.

• 의류 전시회 •

행 사 명	시기(월)	장 소	특 징
Fur & Fashion 프랑크프루트 국제 의류 전시회	3	프랑크푸르트 견본전시회장	• 여러 종류의 모피와 산업의류 및 피혁의류, 패턴 액세서리, 장비, 서비스 등을 선보이며 소재 믹스 등의 새로운 혁신을 시도하는 중요한 포럼으로 자리잡고 있다.
홍콩 피혁 박람회	4	홍콩 컨벤션 & 전시 센터	• 각종 가죽 원단 완제품, 인조·합성피혁, 가죽제품 관련 액세서리와 부품, 화학약품과 관련 기기류, 각종 관련 소프트웨어 및 시스템이 전시된다.
이태리 국제 피혁 전시회	5	볼로냐 피에라	• 이태리 전문 디자이너들이 출품하는 구두 가죽제품의 신모델을 통하여 패션의 흐름을 파악할 수 있는 전시회로, 5월 행사에는 색채와 선을 소개하는 'Area Moda'가 마련된다. 피혁 액세서리 합성섬유 모델 상품 등에서 패션과 기술을 동시에 선보이게 된다.
밀라노 니트웨어 패션전	6, 12	밀라노 센트로 피에라	• 다른 전시회보다 빨리 여성·남성·아동용 니트 제품 및 패션 코디네이트를 소개하는 전시회로서, 인더스트리얼 니트의류 협회인 EFIMA에서 기획한 전시회이다. 각종 니트웨어, 의류, 양말, 스포츠웨어 등이 전시된다.
뉴욕 남성복·스포츠·캐주얼전		뉴욕 자콥자빗 컨벤션 센터	• 스포츠에 한하지 않고 기성복, 고급 진의류, DC 브랜드 액세서리, 가죽제품, 신발 등 남성복 전체를 커버하는 종합 전시회로, 연4회 개최되며, 중심은 3월의 가을상품과 10월의 봄상품이다.
파리 스포츠·레저 용품전	6	포르트 드 베르사유 견본전시회장	• 30년 이상의 역사로 아웃도어 등산용품, 라켓볼 경기, 건강식품, 비치웨어 등 총 다섯 개 부문이 전시된다.
피렌체 아동복전	6	Foretezza Da Basso	• '75년부터 연 2회씩 개최된 아동복 및 액세서리 분야 대표급 전시회. 0~13세까지를 대상으로 이너웨어, 캐주얼, 스포츠웨어, 포멀웨어 용품 등을 소개한다.
파리 국제 유·아동 복전	6~7	포르트 드 베르사이유 견본전시회장	• 0세에서 주니어물까지, 언더웨어에서 프레타포르테, 스포츠웨어, 슈즈, 액세서리는 물론 각종 용품을 전시한다. 풍부한 아이템 구비를 자랑하는 박람회이다.
시카고 세계 스포츠 용품 박람회	7	시카고 맥코믹플레이스	• 세계 최고 스포츠 관련 트렌드 쇼로 최신 스포츠용품, 각종 경기단체의 인허가 제품, 애슬레틱슈즈, 스포츠웨어 등 약 1,500사의 제품이 전시된다.
Herren-Mode-Woche 남성복 패션 위크	8	쾰른 쾰른 견본전시장	• 클래식하고 하이클라스 모드를 주류로 하는 기업출전이 중심이다. 병설전시회 'Fashion on Top'에서는 특정 계층을 위한 패션을 디자이너 스타일로 발표한다.
Inter Jeans 캐주얼·영 패션전	8	쾰른 견본전시장	• 진, 스포츠웨어, 영패션 등 캐주얼 웨어의 유력기업들이 출전하는 유럽 남성 트렌드 동향을 알기 위한 최적의 견본시장이다. 병설되는 스포츠 패션에서는 아메리칸 스포츠 스트리트 웨어, 클럽 패션 스노보드 웨어가 주로 전시된다.

◦ 의류 전시회 ◦

행 사 명	시기(월)	장소	특징
IGEDO Dessous 란제리·홈웨어·수영복전	8	뒤셀도르프 전시회장	• 란제리, 홈웨어, 비치웨어의 월드 페어로 오더를 목적으로 한 인터미트 어패럴과 비치웨어 컬렉션의 세계 최대 규모 전문 전시회이다. 남성·여성 언더웨어, 홈웨어, 바디웨어, 인도어웨어, 스타킹 등이 전시된다.
ISPO 스포츠용품 및 패션 박람회	8	뮌헨 국제 견본전시회장	• 매년 2회 개최되는 세계 최대 규모의 스포츠용품 업계의 트렌드를 결정하는 견본 전시로서 풍부한 상품이 분야별로 보기 쉽게 전시된 것을 비롯, 쾌적한 비즈니스를 위한 서비스가 장점이다. 사전등록으로 트렌드 비지테패스를 입수해 둬야 입장 가능하다.
쾰른 국제 아동·영 패션 전시회	8	쾰른 무역견본전시회장	• 0세에서 16세까지를 대상으로 베이비·어린이·영패션은 물론이고, 가구, 베이비카, 육아용품의 모든 것이 전시된다. 패션 온 스테이지, 트렌드 인포메이션 등의 행사가 개최된다.
뉴욕 국제아동복쇼	8	뉴욕 자콥자빗 컨벤션 센터	• 1979년부터 시작된 아동복 테마의 세계적 패션 트레이드 쇼로 '94년 가을부터 출전기업의 증가에 따라 데이터 베이스를 사용하여 고객을 관리하며 기업간행물에 대한 세미나 등도 실시된다.
WWD·MAGIC 라스베이거스 패션 박람회	8	라스베가스 컨벤션 센터	• 1932년 창설된 MAGIC은 '79년부터 전세계 전시회로 확대되어 현재 대소백화점, 맨즈숍, 체인스토어, 부티크, 통신판매업 등에 최신 소재 및 디자인 제품을 판매한다. 작년부터 WWD와 협력하여 여성복전을 공동 개최하면서 더욱 주목받고 있다.
파리 국제 스트리트 패션 및 클럽웨어 전시회	9	포르트 드 베르사유 견본전시회장	• 프랑스·영국을 중심으로 한 유럽의 스트리트클럽계의 브랜드가 한꺼번에 전시되는 트레이드쇼이다. 현재 파리의 스트리트계를 대두하는 테크노사이버의 경우 그래픽 디자인, 홀로그램, 형광, 하이테크 소재 다용 등이 특징이다.
파리 국제 피혁 전시회	9	Paris-Nord Villepinte	• 국제 최대 피혁 전시회 중 하나로 원자재 전시실, 부품 직물 및 화학 제품 전시실, 제혁기술 전시실, 제조상품 전시실 등 4곳으로 분류되어 전시된다. 이외에도 기술 포럼과 패션 포럼이 병행되어 각 분야 전문가들에게 제공한다.

• 컬렉션(해외) •

행 사 명	시기(월)	장 소	특 징
파리 오트 쿠튀르 컬렉션(맞춤 정장)	1, 7	카루젤 뒤루브르, 파리시내 전역	주최 : 파리 의상조합연합회 후원 : 라라니 참가 브랜드 : 80~90 특징 : 창의성, 실험성, 홍보지향적, 개방성 문제 : 규모 비대, 언론과의 불화, 내수산업 불황
파리 프레타포르테 컬렉션(여성 기성복)	3, 10	포르트 드 베르사유 견본전시회장	
파리 국제 남성복 전시회 (남성 기성복)	1, 7		
밀라노 컬렉션	3, 10	모다 밀라노 중심 밀라노 시내 전역	주최 : 이태리 국립패션조합(Camera Nazionale Della Moda Italiana) 후원 : 통산성, 밀라노시 참가 브랜드 : 60~70 특징 : 창의성, 실용성, 폐쇄성, 유통지향적 문제 : 결속력 부족, 행정 미숙
런던 컬렉션	3, 10	런던	주최 : 런던 패션 카운슬 후원 : 통산성, 로이드 은행, 비달사순 등 민간기업 참가 브랜드 : 30~40 특징 : 실험성, 극단성, 신인 중심, 캐주얼 우세 문제 : 참가자의 불안정, 파리·밀라노에 위축, 유통과의 연계 부족
마드리드 컬렉션	2, 9	마드리드시 전역	주최 : 스페인 패션협회 후원 : 마드리드시 참가 브랜드 : 15~20 특징 : 지역성, 정장 드레스 중심, 톱 디자이너 위주 문제 : 바이어 부재, 행정 부재, 홍보 부족, 파리·밀라노에 위축
뉴욕 컬렉션	4, 10	뉴욕 브라이언트 공원 내 가설 텐트홀	주최 : 뉴욕 섬유패션 진흥협의회 후원 : 뉴욕시, 패션, 영화 등 대기업 참가 브랜드 : 40~50 특징 : 실용성, 유통지향적, 연예·광고산업과의 연대, 흥행성 문제 : 실험성 부족, 파리·밀라노에 위축, 디자이너보다 연예인의 부각
홍콩 컬렉션	1, 7	홍콩 컨벤션 센터	주최 : 홍콩 무역발전국(홍콩 패션디자이너협회와 협조 진행) 후원 : 홍콩 정부, 에비앙 등 다국적 기업 참가 브랜드 : 15~20 특징 : 실용성, 마케팅 지향적, 중국 문화 부각, 그룹부스전시 병행 문제 : 소재 부족, 트렌드성 부족
동경 컬렉션	5, 11	동경 컨벤션 센터	주최 : 동경 패션디자이너협의회 후원 : 동경시, 대기업 참가 브랜드 : 20~30 특징 : 다양성, 개방성, 실험성, 홍보지향적 문제 : 고정멤버 변동, 바이어 부재, 보편성 부족

• 컬렉션(해외) •

행 사 명	시기(월)	장 소	특 징
오사카 컬렉션	5, 11	오사카 마이돔	주최 : 오사카 토털패션협회·패션디자이너 모임 후원 : 오사카시, 대기업 참가 브랜드 : 15~20 특징 : 지역성, 캐주얼 강세 문제 : 바이어 부재, 보편성 부족

• 기 타 •

행 사 명	시기(월)	장 소	특 징
파리패션액세서리전	3	Espace Branly -Eiffel파리	• '90년부터 프레타포르테 내에 병설, 세계 패션경향을 상세히 반영한 액세서리를 엄선 소개하는 고급 전시회이다.
미국섬유 봉제, 어패럴 산업박람회	3	애틀란타 조지어워드콩그레스 센터	• 섬유 봉제 어패럴 산업을 대상으로 봉제품의 설계 생산 유통에 관한 최신장치 제시 및 리본 버튼 엠블렘 등 모든 종류의 쇼 케이스가 되고 있는 종합전시회로 BOBBIN SPRING EXPO로 개명해 새로운 CAD 소재전을 선보인다.
뒤셀도르프 국제 구두 전시회	3, 10	뒤셀도르프 견본전시회장	• 봄·가을 연 2회로 개최되는 구두산업의 트렌드 센터로서 업계의 동향을 지시하는 바로미터적 전시회이다. 분야별 최신 디자인과 스포츠 구두 존 등 4개의 특별 존이 현 구두 산업계를 명확히 파악할 수 있도록 전개되어 있다.
미국 셔렛 양말 박람회	4	셔렛 머천다이즈 마드	• 1906년에 시작한 세계 유일의 양말생산견본시로 제조업자용의 최신 제조기술과 서비스를 전시한다. 양말 제조기기, 염색 화학제품, 연사컴퓨터 등이 주요 전시 품목이다.
뉴욕 NADI 비주얼 마케팅 & 스토어 디자인 쇼	5	뉴욕 자콥자빗 컨벤션 센터	• 비주얼 머천다이징이나 점포의 내장 디자인 등 마케팅 가운데 소비자의 시상에 호소하는 분야의 전시회이다. 점내 디스플레이에 사용되는 각종 소모품, 인테리어품, 가구류 등과 아이디어 전략 등을 소개한다.
오사카 봉제기계 박람회	5	오사카 인텍스 전시장	• 세계 3대 봉제기계전의 하나로서 테이프, 심지, 지퍼, 호크 등 부자재를 비롯, 최첨단 어패럴 머신 및 생산 시스템을 집결하여 하드·소프트 양면에 걸친 첨단기술 정보를 제공한다.
프랑스 국제보석 액세서리 전시회	9	파리 Porte de Versailles	• 85개국 700업체가 참가해 시계, 보석, 패션 액세서리, 향수 액세서리 등을 전시한다. 또한 '다이아몬드, 고독한 보석'이라는 주제의 컬렉션도 마련된다.

• 컬렉션(국내) •

행사 명	시기(월)	장소	특징
SFAA(Seoul Fashion Artist Association)	5, 11	한국 종합전시장	주최 : 서울패션아티스트협의회(회장 오은환) 대표 디자이너 : 오은환, 배용, 한혜자, 루비나, 박윤수 성격 : 국내 고급 여성정장 디자이너 브랜드 중심의 신제품 발표, 캐릭터 남성복 브랜드와 캐릭터 디자이너 회원도 영입, 대부분 청담동 패션거리에 위치한 중견 디자이너들로 구성 참여 브랜드 : 15~19 시작 연도 : 1991년 예산 : 참여 디자이너의 회비 + 참가비
KFDA(Korea Fashion Designers Association Collection)	5, 10	인터컨티넨탈 호텔	주최 : 대한복식디자이너협회(회장 김연주) 대표 디자이너 : 김연주, 안지히, 영선리 성격 : KFDA 회원 중 중년여성복 브랜드 중심의 컬렉션, 최근에 젊은 디자이너 영입 참여 브랜드 : 4~8 시작 연도 : '80년대에는 회원의 친목행사를 위주로 진행되었으나, '90년대부터 연 2회 컬렉션 형태로 개최 예산 : 자체 조달
New Wave In Seoul Collection	5, 11	야외공간 이용	주최 : 뉴웨이브인서울 모임(회장 유정덕) 대표 디자이너 : 양성숙, 우영미, 박춘무, 박윤정 성격 : 서울에서 활동하는 30대 젊은 디자이너 중심의 컬렉션, 캐릭터 디자이너 브랜드 중심 참여 브랜드 : 6~8 예산 : 자체 조달
JDG(JoongAng, Designer Group) Collection	6, 12	호암아트홀 (변동가능)	주최 : 중앙디자이너그룹 대표 디자이너 : 길연수, 김유경, 김태각, 양복형 성격 : 중앙일보사(중앙 디자이너 컨테스트) 입상자들로 구성된 가장 젊은 신인 디자이너들의 컬렉션, 1966년 정기 컬렉션으로 전이 참여 브랜드 : 5~6 시작 연도 : 1996년 예산 : 자체 회비
The Fashion Group Show	12	서울 시내 호텔	주최 : THE FASHION GROUP 한국 지부(회장 한혜자) : THE FASHION GROUP은 미국 뉴욕에 본부를 둔 패션 및 산업디자인 전문가들의 친목 및 정보교환을 위한 클럽, 한국 지부는 트로아 조가 결성하였고 여성 패션 디자이너 위주로 회원 유지, 주요활동은 월례 모임과 자선행사 대표 디자이너 : 한혜자, 김동순 등 성격 : 회원들의 찬조로 진행되는 자선 패션쇼 및 바자회 행사 테마에 따라 작품 1~3점을 제출하여 그룹 쇼 진행, 컬렉션이 아님 참여 브랜드 : 20~30 예산 : 자체 회비

· 컬렉션(국내) ·

행 사 명	시기(월)	장 소	특 징
대구 FA Collections	4, 10	대구 프린스 호텔	주최 : 대구패션아카데미(회장 최복호) 대표 디자이너 : 최복호, 김영만, 주영빈 등 성격 : 대구 젊은 남성 디자이너의 그룹 컬렉션, 최복호 운영 패션학원(코레 모드) 출신 회원이 다수, 하이패션 여성복 주류 참여 브랜드 : 6~9 예산 : 자체 회비 + 대구시 지원금
부산 Collections	10	KBS 부산홀	주최 : 부산패션협회(회장 김근호) 대표 디자이너 : 배용, 이숙희, 패션상우 성격 : 부산 패션 협회 회원 브랜드의 단체 쇼, 부산 패션 디자인 컨테스트의 부대행사로 진행 참여 브랜드 : 10~20 시작 연도 : 1994년 후원 : 부산시 예산 : 협회기금

· 전시회(국내) ·

행 사 명	시기(월)	장 소	특 징
서울 섬유 소재 전시회(Tex-Vision)	1	인터컨티넨탈 호텔	섬유저널 주최로 개최되는 섬유소재 전시회
서울 피혁품전 (Seoul Leather Goods Fair)	8	인터컨티넨탈 호텔	섬유저널 주최로 개최되는 가죽 슈즈 및 가방 전시회
한국 텍스타일 디자인 협회전	3.	산업디자인포장센터	한국텍스타일 디자인협회 회원들의 텍스타일 디자인전
코튼 홈 패션 설명회	4, 10		대한방직협회 주최로 개최되는 행사로, 시즌별 코튼 홈 패션의 색상과 소재 및 디자인 경향을 분석, 발전
대한민국 국제 섬유 기계전시회(Kortex)	5.	한국종합전시장	한국 섬유산업 연합회 주최로 개최되는 섬유기계 전시회
면방 패션 소재전	5, 10	힐튼 호텔	대한방직협회 주최로 개최되는 면방소재직으로 신소재와 주력 아이템을 소개
쿨울 프리젠테이션	5, 10	섬유 센터	IWS 주최로 진행되는 쿨울 소재 관련 신소재와 주력 아이템 소개
서울 패션 페어 (Seoul Fashion Fair)	3, 9	여의도 종합전시장	주최 : 한국패션협회(회장 공석붕)
서울 스토프 (Seoul Stoff)	3, 9	한국종합전시장	주최 : 한국섬유산업연합회(회장 장익용)

참고문헌

● 국내 서적 ●

강혜원. 의상사회심리학, 교문사,1985.

고려대학교 문과대학 심리학과 교수실 편. 심리학 개설, 고려대학교 출판부, 1977.

고영득. 현대사회심리학, 법문사, 1973.

권윤희. *Symbolic and Decorative Motifs of Korean Silk : 1875-1975*, 일진사, 1988.

김기태 역. S. 프로이트, 꿈의 해석, 선영사, 1988.

金東旭. 增補韓國服飾史硏究, 亞細亞文化史.

김성련. 세제와 세탁의 과학, 교문사, 1998.

김성련. 피복재료학, 교문사, 1992.

金英淑. 朝鮮朝末期王室服飾, 民族文化文庫刊倖會.

金龍德. 實學派의 社會經濟思想, 韓國思想史大系 Ⅱ, 成均館大學校 大東文化硏究所, 1976.

金用淑. 朝鮮朝宮中風俗硏究, 一志社.

金元龍. 壁畵, 韓國美術全集 4, 同和出版公社, 1973.

金元龍. 韓國考古學槪說, 一志社, 1977.

金元龍. 韓國美術史, 汎文社, 1973.

金元龍. 韓國壁畵古墳, 一志社, 1980.

노명식. 世界史年表, 창원문화사, 1980.

文明大. 韓國道釋人物畵, 韓國의 美 20, 中央日報社, 1985.

文化公報部. 朝鮮時代 宮中服飾.

문화재관리국문화재연구소. 한국민속종합조사보고서(직물공예편), 1991.

민길자. 세계의 직물, 한림원, 1998.

민길자. 전통옷감, 대원사, 1997.

민길자. 조선시대의 문양염색직물, 한림원, 1998.

민철홍 · 한도룡 外. 디자인 사전, 안그라픽스, 1994.

朴炳善. 朝鮮朝의 儀軌, 韓國精神文化硏究院, 1985.

朴趾源. 熱河日記, 洋畵, 民族文化推進會.

縫製大百科全書, 用語名鑑編, 縫製界社.

서병숙 · 이인자 외. 인간과 가정, 동명사, 1986.

서울特別市. 서울六百年史, 1978.

石宙善. 續韓國服飾史, 高麗書籍株式會社, 1982.

石宙善. 衣, 民俗學資料 第三輯 石宙善紀念 民俗博物館.

石宙善. 韓國服飾史, 寶晋齊.

石宙善. 胸背, 民俗學資料 第一輯 石宙善紀念 民俗博物館.

송용섭. 현대소비자행동론, 법문사, 1982.

安輝濬. 朝鮮王朝實錄의 書畵史料, 韓國精神文化硏究院, 1983.

安輝濬. 風俗畵, 韓國의 美 19, 中央日報社, 1985.

安輝濬. 韓國의 文人契會와 契會圖, 韓國人과 韓國文化, 심설당, 1982.

安輝濬. 韓國繪畵史, 一志社, 1980.

吳世昌. 槿城書畵微, 卷五 鮮大編.

우종길 역. 디디에 그룹바크, 패션의 역사, 도서출판 창, 1994.

월간미술 편. 세계미술용어사전, 중앙일보사, 1989.

劉復烈. 韓國繪畵大觀, 文敎院, 1979.

劉頌玉. 冠婚喪祭, 韓國文化財保護協會, 1982.

유송옥. 복식의장학, 수학사, 1991.

劉頌玉. 四禮服飾, 韓國의 服飾, 韓國文化財保護協會, 1982.

劉頌玉 外. 文化財大觀, 重要民俗資料篇下, 文化公報部.

유송옥 외. 복식문화, 교문사, 1996.

劉頌玉. 朝鮮王朝宮中儀軌服飾, 修學社, 1991.

劉頌玉. 韓國服飾史, 修學社, 1998.

劉承國. 韓國儒學思想史 序說, 韓國民族思想史大系

유태순 역. Alison Lurie, 복식의 언어, 경춘사, 1986.

劉洪烈. 韓國基督敎史, 韓國文化史大系 Ⅳ, 高麗大學校 民族文化硏究所, 1978.

劉洪烈. 韓國史大辭典, 敎育出版會社, 1981.

유희경. 한국복식문화사, 교문사, 1998.

劉喜卿. 한국복식사연구, 梨花女子大學校出版部.

의류학회 편. 의류용어집, 한국의류학회, 1994.

李東洲. 高麗佛畵, 韓國의 美 7, 中央日報社, 1985.

李東洲. 우리 나라의 옛그림, 博英社, 1975.

이부련 · 안병기 공저. 현대와 패션, 형설출판사, 1996.

이상로 외. RORSCHACH 성격진단법, 중앙적성출판사, 1986.

이상로 외. TAT 성격진단법, 중앙적성출판사, 1986.

이선재. 의류학 개론, 수학사, 1994.

이선재. 의상학의 이해, 학문사, 1998.

이선재. 패션머천다이징, 수학사, 1994.

이순원 · 조길수 · 이영숙. 피복과학총론, 교문사. 1991.

李佑成. 韓國經濟思想史序說, 韓國文化史大系 Ⅱ, 成均館大學校 大東文化硏究所, 1976.

이은영. 패션마케팅, 교문사, 1997.

李瀷. 星湖僿設 萬物門, 民族文化推進會, 1976.

이인자. 복식사회 심리학, 수학사, 1984.

이종하 역. J.H. 마이어스 & W.H.레이놀드, 소비자행동과 마케팅 원리, 박영사, 1975.

이현수 역. 제프리 A. 그레이, 파블로프와 조건반사, 지성문화사, 1986.

이현수. 이상행동의 심리학, 대명사, 1985.

이현수. 정신세계의 병리와 해부, 양영각, 1983.

이호정. 의류 상품학 개론, 교학연구사, 1994.

李弘稙. 國史大辭典, 三榮出版社.

장병림. 사회심리학, 박영사, 1970.

張三植. 大漢韓辭典, 博文出版社.

정삼호. 현대패션모드, 교문사, 1996.

정시화 역. Herbert Read 저, 디자인론, 미진사, 1979.

鄭良謨. 檀園金弘道, 韓國의 美 21, 中央日報社.

정양은. 사회심리학, 법문사, 1981.

정한택. 최신 심리학, 법경출판사, 1985.

정흥숙. 근대복식문화사, 교문사, 1989.

정흥숙. 서양복식문화사, 교문사, 1999.

정흥숙 · 정삼호 · 홍병숙. 현대인과 의상, 교문사, 1998.

趙善美. 韓國의 肖像畵, 悅話堂.

조은숙. 교육심리학, 진명문화사, 1974.

震檀學會. 韓國史, 乙酉文化史, 1978.

차재호. 사회심리학습실습서, 법문사, 1987.

차하순, 西洋史總論, 탐구당, 1980.

昌德宮日誌

千寬宇. 韓國實學思想史, 韓國文化史大系 IV, 高麗大學校 民族文化研究所, 1978.

崔淳雨. 韓國美術, 陶山文化社, 1981.

崔淳雨. 繪畵, 韓國美術全集 12.

崔敬子. 崔敬子自傳年鑑 패션 五十年, 衣裳社出版局.

韓國圖書館研究會. 韓國古印刷史, 1976.

韓國纖維工學會. 纖維辭典, 韓國纖維産業聯合會.

漢唐壁畵, 外文出版社, 1974.

韓永愚. 鄭道傳思想의 研究, 서울大出版部, pp. 38~40, 1983.

韓永愚. 朝鮮前期 性理學派의 社會經濟思想, 韓國思想史大系 II, 成均館大學校 大東文化研究所, 1976.

現代패션用語事典, 東亞日報社.

홍대식. 사회심리학, 전영사, 1983.

洪大容. 淇軒燕記, 燕行祿選集, 成均館大學校 大東文化研究所, 1962.

● 고서(古書) ●

兼山筆記

經國大典

景宗端懿后嘉禮都監儀軌, 1696.

景宗宣懿后嘉禮都監儀軌, 1718.

景宗實錄, 朝鮮王朝實錄, 國史編纂委員會.

高麗圖經

高麗史

高麗史節要

高宗明成后嘉禮都監儀軌, 1865.

高宗實錄, 朝鮮王朝實錄, 國史編纂委員會.

國朝續五禮儀

國朝續五禮儀補

國朝續五禮儀補序例

國朝續五禮儀序例

國朝五禮儀

國朝五禮儀序例

國婚定例

宮中撥記

南齊書

論語

端宗實錄, 朝鮮王朝實錄, 國史編纂委員會.

唐書

大明集禮

大明會典

大典通編

大典會通

東國大獻錄

東文選

文祖神貞后嘉禮都監儀軌, 1819.

文宗實錄, 朝鮮王朝實錄, 國史編纂委員會.

普書

北史

秘書院日記

史記

四禮便覽

三國史記

三國志集解

尙方定例

璿源系譜

宣祖國葬都監儀軌

宣祖實錄, 朝鮮王朝實錄, 國史編纂委員會.

成宗實錄, 朝鮮王朝實錄, 國史編纂委員會.

世祖實錄, 朝鮮王朝實錄, 國史編纂委員會.

世宗實錄, 朝鮮王朝實錄, 國史編纂委員會.

昭顯世子嘉禮都監儀軌, 1627.

昭顯世子禮葬都監儀軌

續漢書

宋史

隋書

肅宗實錄, 朝鮮王朝實錄, 國史編纂委員會.

肅宗仁敬后嘉禮都監儀軌, 1671.

肅宗仁元后嘉禮都監儀軌, 1702.

肅宗仁顯后嘉禮都監儀軌, 1681.

純祖純元后嘉禮都監儀軌, 1802.

純宗純明后嘉禮都監儀軌, 1882.

純宗純宗妃嘉禮都監儀軌, 1906.

純宗實錄, 朝鮮王朝實錄, 國史編纂委員會.

承政阮日記

樂學軌範

梁書

譯語類解

燕山君日記

英祖國葬都監儀軌

英祖貞純后嘉禮都監儀軌, 1759.

英祖實錄, 朝鮮王朝實錄, 國史編纂委員會.

禮記

睿宗實錄, 朝鮮王朝實錄, 國史編纂委員會.

五洲衍文長箋散稿

備齊叢話

園幸乙卯整理儀軌

仁祖實錄, 朝鮮王朝實錄, 國史編纂委員會.

仁祖壯烈后嘉禮都監儀軌, 1638.

林下筆記

莊祖獻敬后嘉禮都監儀軌, 1744.

正祖實錄, 朝鮮王朝實錄, 國史編纂委員會.

正祖孝懿后嘉禮都監儀軌, 1762.

中宗實錄, 朝鮮王朝實錄, 國史編纂委員會.

增補文獻備考

眞宗孝純后嘉禮都監儀軌, 1727.

哲宗哲仁后嘉禮都監儀軌, 1851.

太宗實錄, 朝鮮王朝實錄, 國史編纂委員會.

憲宗孝定后嘉禮都監儀軌, 1844.

憲宗孝顯后嘉禮都監儀軌, 1837.

顯宗明聖后嘉禮都監儀軌, 1651.

華城日記

孝宗實錄, 朝鮮王朝實錄, 國史編纂委員會.

後漢書

● 국외 서적 ●

故宮圖像選萃, 故宮博物館, 1973.

梅原末治. 蒙古, イソう發見の 遺物, 陶山文化社.

服飾大百科事典, 日本文化出版局, 昭和54年.

西村兵部. 紋織Ⅰ, Ⅱ, Ⅲ, 日本: 藝草堂, 昭和50年.

沁從文 編著. 中國古代服飾究所, 商號印書館, 1981.

趙豊. 絲綢藝術史, 浙江美術學院出版社, 1992.

陳維稷. 中國紡織科學技術史(古代部分), 北京 : 科學出版社, 1984.

Adler, Alfred. *Individual Psychology*, Helix Books, 1973.

Adler, Alfred. *Superiority and Social Interest*, W.W.Norton & Company, Inc., 1979.

Aldred, Cyril. *The Egyptians*, London : Thames & Hudson, 1987.

Alexander, P.R. *Textile Products*, Houghton Mifflin, 1997.

Ashelford, J. *A Visual History of Costume*, London : B. T. Batsford, Ltd., 1986.

Assael, Henry. *Consumer Behavior and Marketing Action*(2nd ed.), Kent Publishing Company Boston, Massachusetts A Division of Wadsworth, Inc., 1984.

Barilli, Renato. *Art Nouveau*, N. Y. : Paul Hamlyn, 1969.

Bigelow, S. M. *Fashion In History*(2nd ed.), Minnesota : Burgess Pub., 1970.

Black, J. Anderson & Garland, M. *A History of Fashion*, N. Y. : William Morrow, 1975.

Blalock, Hubert M.Jr. *Social Statistics*, International Student Edition, 1979.

Blum, Stella. *Everyday Fashion of the Twenties*, N. Y. : Dover Pub., 1981.

Blum, Stella. *Victorian Fashion & Costumes 1867~1898*, N. Y.:Dover Pub., 1974.

Boardman, John. *Greek Art*, N. Y. : Oxford University Press, 1981.

Boucher. François. *20,000 Years of Fashion*, N. Y. : Harry N. Abrams, Inc., 1997.

Bradfield, Nancy. *Costume in Detail, 1730~1930*, London : George G. Harrap & Co., 1968.

Bradley, Carolyn. *History of World Costume*, London : Peter Owen, Ltd., 1970.

Breward, Christopher. *The Culture of Fashion*, Great Britain : Bell & Bain, Ltd., 1995.

Brinton, C. & Christopher, J. *A History of Civilization*, New Jersey : Prentice-Hall Inc., 1960.

Brion, Marcel. *Art of the Romantic Era*, N. Y. : Frederick A. Praeger Pub., 1966.

Brown, P. C. *Art in Dress*, Mendocino : Shep., 1992.

Brown, P. *Ready to Wear Apparel Analysis*, Macmillan, 1992.

Bruhn, W. & Tilke, M. *A Pictorial History of Costume*, N. Y. : Frederick A. Praeger Pub., 1965.

Byrde, Penelope. *Nineteenth Century Fashion*, London : B. T. Batsford, Ltd., 1992.

Calasibetta, Charlotte. *Fairchild's Dictionary of Fashion*(2nd ed.), N. Y. : Fairchild, 1988.

Carnegy, Vicky. *Fashion of a Decade : The 1980*, N. Y. : Facts On File, Inc., 1990.

Carter, Alison. *Underwear : The Fashion History*, N. Y. : Drama Book Pub., 1992.

Chaplin, James. P. *Dictionary of Psychology*, A Laurel Book, 1972.

Cone, Polly. *The Imperial Style*, N. Y. : Metropolitan Museum of Art, 1980.

Constantino, Marie. *Fashion of a Decade : The 1930S*, London : B. T. Batsford, Ltd., 1991.

Contini, Mila. *Fashion*, N. Y. : Crescent Books, 1972.

Contini, Mila. *Fashions from Ancient Egypt to the Present Day*, N. Y. : The Odyssey Press, 1995.

Cohen, David. The Circle of Life, Harper San Francis Co., 1991.

Cunnington, W. & P. *Handbook of English Costume in 16C*, London : Faber & Faber, 1970.

Cunnington, W. & P. *Handbook of English Costume in 17C*, London : Faber & Faber, 1973.

Cunnington, W. & P. *Handbook of English Costume in 18C*, London : Faber & Faber, 1972.

Cunnington, W. & P. *Handbook of English Costume in 19C*, London : Faber & Faber, 1970.

D' Assailly, G. *Ages of Elegance*, London : Macdonald & Co., 1968.

Diamonstein, Barbaralee. *Fashion(The Inside Story)*, N. Y. : Rizzoli, 1986.

Dictionary of Textile Terms, N. Y. : Dan River, 1980.

Dickerson, K.G. *Textiles an Apparel*(2nd ed.), Merrill Prentice Hall, 1995.

Dickerson, K.G. *Textiles an Apparel The International Economy*, Macmillan, 1991.

Dickie, George. *Aesthetics An Introduction*, The Bobbs-Merrill Company Inc., 1971.

Druesedow, J. L. *In Style*, N. Y. : The Metropolitan Museum of Art, 1987.

Duncan, A. *Masterworks of Louis Comfort Tiffany*, N. Y. : Harry N. Abrams., 1990.

Eicher, J. & Roach, M. *The Visible Self : Perspectives on Dress*, N. J. : Prentice-Hall Inc., 1973.

Engelmeier, P. W. *Fashion in Film*, Munich : Prestel. Verlag., 1990.

Erwin, Mabel D. *Clothing for Moderns*, Macmillan Publishing Co. Inc. 1979.

Fashion '86-The Must Have Book for Fashion Insiders, N. Y. : St. Martin's Press, 1984~1987.

Flugel, J.C. *The Psychology of Clothes*, International Universities Press, Inc., 1930.

Francois Boucher. *2000 Years of Fashion-The History of Costume and Personal Adornment*, Abrams, 1987.

Freedman, Jonathan L., Sears, David O.& Carlsmith, J. Merril. *The Social Psychology*, Prentice-Hall, Inc., 1978.

Frings, Gini Stephens. *Fashion from Concept to Consumer*(2nd ed.), Prentice-Hall, Inc, 1987.

Garland, Madge. *Fashion*, Middlesex : Pengin Books, Ltd., 1982.

Garland, Madge. *The Changing Face of Beauty*, London : Weidenfeld & Nicolson, Ltd., 1957.

Garland, Madge. *The Changing Form of Fashion*, London : J. M. Dent & Sons, Ltd., 1970.

Gilbert, S. K. *Treasures of Tutankhamun*, N. Y. : The Metropolitan Museum of Art, 1976.

Ginsburg, Madeleine. *Victorian Dress*, London : B. T. Batsford, Ltd., 1988.

Gioello, D.A. *Profiling Fabrics*, Fairchild Publications, 1981.

Gold, Annalee. *75 Years of Fashion*, N. Y. : Fairchild, 1975.

Goldstein, Arnold D. *The Practice of Behavior Therapy*, Pergamon Press, Inc., 1973.

Hampden-Turner, Charles. *Maps of The Mind*, Macmillan Publishing Co.Inc., 1986.

Handy, Amy. *Revolution in Fashion*, N. Y. : Abbeville Press, 1990.

Harris, Christie. *Figleafing Through History*, N. Y. : Halliday Lithograph Co., 1972.

Hartnell, Norman. *Royal Courts of Fashion*, London : Cassell & Co. Ltd., 1971.

Hatch, K.L., *Textile Science*. West, 1993.

Helmin, Horgenstein Harrier Strongin. *Modern Retailing*, Regents/Prentice Hall, Englewood cliffs New Jersey, 1992.

Hill, Margot H. *The Evolution of Fashion*, London : B. T. Batsford, Ltd., 1967.

Hollander, Anne. *Seeing Through Clothes*, London : U. C. Press., 1993.

Holme, B. *The World in Vogue*, London : Martin Secker & Warburg, Ltd., 1963.

Hope, Thomas. *Costumes of the Greeks and Romans*, N. Y. : Dover Pub., 1962.

Hurlock, Elizabeth B. *The Psychology of Dress*, Arno Press A New York Times Company, 1976.

Houston, Mary G. *A Technical History of Costume, I, II, III*, London : B. & N. Inc., 1965.

Jackson, Sheila. *Costume for the stage*, N. Y. : Gallery Book, 1978.

Jaffe, Hilde & Relis, Nurie, *Draping for Fashion Design*, N. Y. : Reston Pub. Co., 1973.

Janson, H. W. *History of Art*, N. Y. : Harry N. Abrams Inc., 1991.

Jarnow, Jeannette A. & Judelle, Beatrice. *Inside the Fashion Business*, Textile & Readings(2nd ed.), N. Y. : John Wiley and Sons Inc, 1974.

Jenkins, Ian. *Greek and Roman Life*, London : British Museum Publications, Ltd., 1986.

Jervis, Simon. *Art & Design in Europe and America 1800~1900*, N. Y. : V. & A. Museum, 1987.

Joseph, M.L. *Introductory Textile Science*(5th ed.), Holt Rinehart Winston, 1986.

Kadolph, S.J., Langford A.L., Hollen N. and Saddler J. Textiles(7th ed.), Macmillan, 1993.

Kaiser, Susan B. *The Social Psychology of Clothing and Personal Adornment*, N. Y. : Macmillan Publishing.

Karen, Horney M.D. *Self-Analysis*, W.W.Norton & Company, Inc. 1970.

Kefgen, Mary & Touchie-Specht Phyllis. *Individuality in Clothing Selection and Personal Appearance*, N. Y. : Macmillan Publishing Company, 1986.

Kenett, F. L. & Shoukry, A. *Tutankhamen*, Boston : N. Y. Graphic Society, 1978.

Khomak, Lucile, *Fashion 2001*, N. Y. : Viking, 1982.

Kitson, Michael. *The Age of Baroque*, London : Paul Hamlyn, 1966.

Kohler, Carl. *A History of Costume*, N. Y. : Dover Pub., 1963.

Kopp, Einestine, Rolfo, Vittorina & Zenlin, Beatrice. *Designing Apparel through the Flat Pattern*, N. Y. : Fairchild Publications, Inc, 1992.

Kopptiz, Elizabeth Munsterberg. *Psychological Evaluation of Children's Human Figure Drawings*, Grune & Stration, Inc., 1968.

Kybalova, Ludmila. *The Pictorial Encyclopedia of Fashion*, N. Y. : Crown Publishes Inc., 1968.

Lambert, Eleanor. *World of Fashion*, N. Y. : Bowker, 1976.

Latour, A. *Kings of Fashion*, London : Weidenfeld & Nicolson, Ltd., 1958.

Laver, James. *Costume & Fashion*, London : Thames & Hudson, Ltd., 1998.

Lewis, Paul & Lewis, Elaine. *Peoples of Golden Triangle*, Thames and Husdon, 1987.

Lobenthal, J. *Radical Rags : Fashion of The Sixties*, N. Y. : Abbeville Press, 1990.

Lurie, Alison. *The Language of Clothes*, N. Y. : Landom House, 1981.

Maeder, Edward. *Hollywood and History*, London : Thames & Hudson, 1987.

Marilyn, Horn J. *The Second Skin* (2nd ed.), Boston : Houghton Mifflin Company, 1975.

Maslow, Abraham. *The Third Force-The Psychology of Abraham Maslow Frank G. Goble*, Washington Square Press, 1970.

McDowell, Colin. *McDowell's Directory of Twentieth Century Fashion*, London : Frederick Muller, 1984.

Merkel, R.S. *Textile Product serviceability*, Macmillan, 1991.

Mullins, Edwin. *The Art of Britain*, Phaidon Press, Ltd., 1983.

Mulvagh, J. *Vogue Fashion : History of 20th Century*, N. Y. : Viking Penguin Inc., 1988.

Murray, P. M. *Changing Style in Fashion*, N. Y. : Fairchild Pub., 1989.

O'hara, Georgina. *The Encyclopaedia of Fashion*, N. Y. : Abrams, Inc., 1986.

Olian, Joanne. *Authentic French Fashions of the Twenties*, N. Y. : Dover Pub., 1990.

Olian, Joanne. *Everyday Fashions of the Forties*, N. Y. : Dover Pub., 1992.

O'Neill. J. P. *The Age of Napoleon*, N. Y. : Harry N. Abrams, Inc., 1989.

Ostrow, Rona & Smith, Sweetman R. *The Dictionary of Marketing*. Fairchild, 1988.

Osvald Siren. *Chinese Painting, Vol 3*, The Ronald Press Company Newe York, Lund Humphires London, 1950.

Pervin, Lawrence A. *Personality : Theory, Assessment, and Research*, John Wiley & Sons, Inc., 1975.

Picken, Mary Brooks. *The Fashion Dictionary*, N. Y. : Funk & Wagnalls, 1973.

Pizzuto, J.J. & Allen E. Cohen. *Fabric Science*, N. Y. : Fairchild, 1980.

Powell, A. *The Origins of Western Art*, London : H. B. J. Inc., 1973.

Probert, Christina. *Sportswear in Vogue*, Abbeville.

Proshansky, Harold M., Ittelson, William H.& Rivlin Leanne G. *Environmental Psychology : Man and His Physical Setting*, Holt Rinehart and Winston, Inc., 1970.

Quant, Mary. *Quant by Quant*, London : Casell & Co. Ltd., 1966.

Ragghianti, L. C. *Great Museums of the World : Egyptian Museum*, Cairo., 1980.

Ribeiro A. & Cumming, V. *The Visual History of Costume*, London : B. T. Batsford, Ltd., 1989.

Rice, T. D. *Art of the Byzantine Era*, London : Thames and Hudson. 1986.

River, D. *A Dictionary of Textile Terms*, Danville : Dan River Mills Inc., 1967.

Roach, Mary Ellen & Eicher, Joanne B. *Dress, Adornment and The Social Order*, John Willey & Sons, Inc., 1965.

Roach-Higgins, Mary Ellen. *Dress and Identity*, Fairchild, 1995.

Roach, Mary Ellen & Elcher, Joanne B. *The Visible Self : Perspectives on Dress*, Prentice-Hall, Inc., 1973.

Robinson, J. *The Golden Age of Style*, London : Orbis Pub., 1983.

Rosencranz, Mary Lou. *Clothing Concepts*, N. Y. : Macmillan Company, 1972.

Ross, J. *Beaton In Vogue*, London : Thames & Hudson, 1986.

Rothstein, N. *Four Hundred Years of Fashion*, London : Victoria & Albert Museum, 1984.

Ryan, Mary shaw. *Clothing : A Study in Human Behavior*, Holt Rinehart and Winston, Inc., 1966.

Russell, Douglas A. *Costume History and Style*, New Jersey : Prentice-Hall, 1983.

Russell, Douglas A. *Stage Costume Design*, N. Y. : Meradith Co., 1973.

Salomon, Rosalie K. *Fashion Design for Moderns*, N. Y. : Fairchild, 1976.

Saunder, E. *The Age of Worth*, London : Longman Group, Ltd., 1954.

Selz, Peter. *Art Nouveau*, Boston : New York Graphic Society, 1975.

Sherrard, Philip. *Byzantium*, N. Y. : Time-Life Ltd., 1988.

Singer, Jerome L. *The Human Personality*, Harcourt Brace Jovanovich, Inc., 1984.

Smith, Charles H. *The Fashionable Lady in the Nineteenth Century*, London : HMSO, 1960.

Squire, Geoffrey. *Dress Art and Society, 1560~1970*, London : Studio Vista, Ltd., 1974.

Stamper, A.A., Sharp, S.H. and Donnell L.B. *Evaluating Apparel Quality*(2nd ed.), Fairchild, 1991.

Steele, Valerie. *Women of Fashion*, N. Y. : International Pub., Ltd., 1991.

Stegemeyer, Anne. *Who's Who in Fashion*, N. Y. : Fairchild, 1980.

Stephen, Calloway & Stephen, Jones. *Royal Style*, Great Britain : Pyramid Books, 1991.

Stierlin, Henri. *The Pharaohs Master-Builders*, Paris : Finest. S. A. 1995.

Strathern, Andrew J. *Face of Dapua New Guinea*, Phil Birmbaum, 1990.

Sullivan, Michael. *The Art of China*, Univ of California Press, 1973.

Tate, Sharon Lee. *Inside Fashion Design*, N. Y. : Haper & Row, 1984.

The MacGrow-Hill Guide to Clothing, MacGrow-Hill, 1982.

The Random House Dictionary of The English Language, Random House, 1987.

Tortora, P. & Eubank, K. *Survey of Historic Costume*, N. Y. : Fairchild Pub., 1994.

Tortora, P.G. *Understanding Textiles*(4th ed.), Macmillan, 1992.

Tozer, Jane & Levit, Sarah. *Fabric of Society-A Century of People and Their Clothes. 1770~1870*, A Laura

Ashley Publication.

Tranquillo, Mary D. *Styles of Fashion*, Van Nostrand Reinhold Co., 1984.

Troxell, Mary D. & Stone, Elaine. *Fashion Merchandising*, MacGrow-Hill, 1971.

Twenty Century Fashion, McDowell's Dictionary, 1985.

Tyson, Alan. *The Psychopathology of Everyday Life : Sigmund Freud*, W.W.Norton & Company, 1960.

Urban, William H. *The Draw-A-Person*, Western Psychological Services, 1986.

Visual Merchandising, *PBC International*, Inc., 1986.

Wilcox, R. T. *The Mode in Costume*, N. Y. : Charles Scribner's Sons, 1969.

Wingate, I.B. *Fairchild's Dictionary of Textiles*(6th ed.), Fairchild Publications, 1984.

Winters, Arthur A.& Goodman, Stanley. *Fashion Advertising and Promotion*, Fairchild, 1980.

Wolfe, Mary. Fashion, *The Goodheart-Willcox Company*, Inc., 1989.

Yarwood, D. *English Costume from the Second Century B.C. to 1972*, London : Batsford, 1972.

Zarnecki, G. *Romanesque : The Herbert History of Art and Architecture*, Herbert Press, 1989.

찾아보기

찾아보기 (인명)

cable chain stitch   575
cable net   575
cable plait stitch   575
cable smocking   575
cable stitch   575
Cacharel, Jean   554
caddie   562
cadet blue   549
cadet cloth   549
cadet collar   549
cadoro bra   561
café   558
caftan   508, 559
caftan neckline   559
cage   575
cage American   575
cage dress   575
cage empire   575
cage petticoat   576
cairngorm   575
calash   561
calculator watch   566
calender   566
calender watch   566
calendering   566
calf   559
calf skin   324, 559
calico   566
California embroidery   566
calisthenic costume   565
callar   560
calligraphic scarf   565
calotte   561
calpac   561
calypso chemise   561
calypso hat   561
calypso shirt   561
cam   379
Camargo   552
cambric   577
Cambridge coat   577
Cambridge paletot   577
camel   552

camel hair   54, 553
camellia   552
cameo   552
cameo pin   552
camis   563
camisa blouse   553
camisette   562
camisole   562
camisole jacket   562
camisole neckline   562
camisole slip   562
camisole suit   562
camisole top blouse   562
cami－tap set   563
camouflage look   553
camouflage pants   553
camouflage print   553
camouflage suit   553
camp collar   566
camp shirt   566
camp shorts   566
campaign coat   566
campus stripe   566
camyss   563
Canadian embroidery   561
canadienne   548
canard blue   548
canary breeches   548
canary diamond   548
canary yellow   548
cancan dress   561
candlewick needle   565
candy cane   565
candy color   565
candy pastel   565
candy pink   565
canezou   560
canions   561
cannetille   560
cannon sleeve   561
canons   549
canotier   549
cantaloupe   565

□ 패션큰사전 편찬위원회

금기숙 : 홍익대학교 미술대학 섬유미술학과 교수
김민자 : 서울대학교 생활과학대학 의류학과 교수
민길자 : 국민대학교 사범대학 가정교육학과 명예교수
신혜순 : 국제패션디자인학원장, 한국현대의상박물관장
유송옥 : 성균관대학교 생활과학대학 의상학과 교수
이선재 : 숙명여자대학교 생활과학대학 의류학과 교수
이인자 : 건국대학교 생활문화대학 의상학과 교수
장동림 : 덕성여자대학교 예술대학 의상학과 교수
정흥숙 : 중앙대학교 생활과학대학 의류학과 교수
조길수 : 연세대학교 생활과학대학 의류환경학과 교수

□ 패션 일러스트레이션

박혜숙 : 수원대학교, 덕성여자대학교 강사

패션큰사전

1999년 11월 1일 초판 인쇄
1999년 11월 5일 초판 발행

저　　자　패션큰사전 편찬위원회

발 행 인　류 제 동
발 행 처　㈜교문사

□□0-0□□ 서울특별시 종로구 필운동 214
영업부 ☎ 737-6111~2 / 4919
편집부 ☎ 737-6113 / 6681
FAX　735-3343
등록 1960. 10. 28. 제1-2호
e-mail　webmaster@kyomunsa.co.kr

* 잘못된 책은 바꿔드립니다.　　　　　값 40,000원

ISBN 89-363-0506-9(91590)